THE YEARBOOK OF
CHINA AGRICULTURAL UNIVERSITY

中国农业大学年鉴
2021

中国农业大学年鉴编委会　编

中国农业大学出版社
·北京·

图书在版编目(CIP)数据

中国农业大学年鉴.2021/中国农业大学年鉴编委会编.--北京:中国农业大学出版社,2024.2

ISBN 978-7-5655-3147-7

Ⅰ.①中… Ⅱ.①中… Ⅲ.①中国农业大学-2021-年鉴 Ⅳ.①S-40

中国国家版本馆 CIP 数据核字(2024)第 017746 号

书　　名 中国农业大学年鉴 2021
Zhongguo Nongye Daxue Nianjian 2021

作　　者 中国农业大学年鉴编委会　编

策划编辑 王笃利　魏　巍　　**责任编辑** 魏　巍　刘彦龙
封面设计 郑　川　李尘工作室
出版发行 中国农业大学出版社
社　　址 北京市海淀区圆明园西路 2 号　　**邮政编码** 100193
电　　话 发行部 010-62733489,1190　　读者服务部 010-62732336
编辑部 010-62732617,2618　　出　版　部 010-62733440
网　　址 http://www.caupress.cn　　**E-mail** cbsszs@cau.edu.cn
经　　销 新华书店
印　　刷 涿州市星河印刷有限公司
版　　次 2024 年 8 月第 1 版　2024 年 8 月第 1 次印刷
规　　格 185 mm×260 mm　16 开本　40.5 印张　931 千字　插页 9
定　　价 180.00 元

1 月 22 日，我校第一届教师教学创新大赛在图书馆学术报告厅举行，21 位教师同场竞技，交流课堂教学经验。最终，臧日宏、董玉兰、韩宇、胡剑、段蕾五位教师获得一等奖

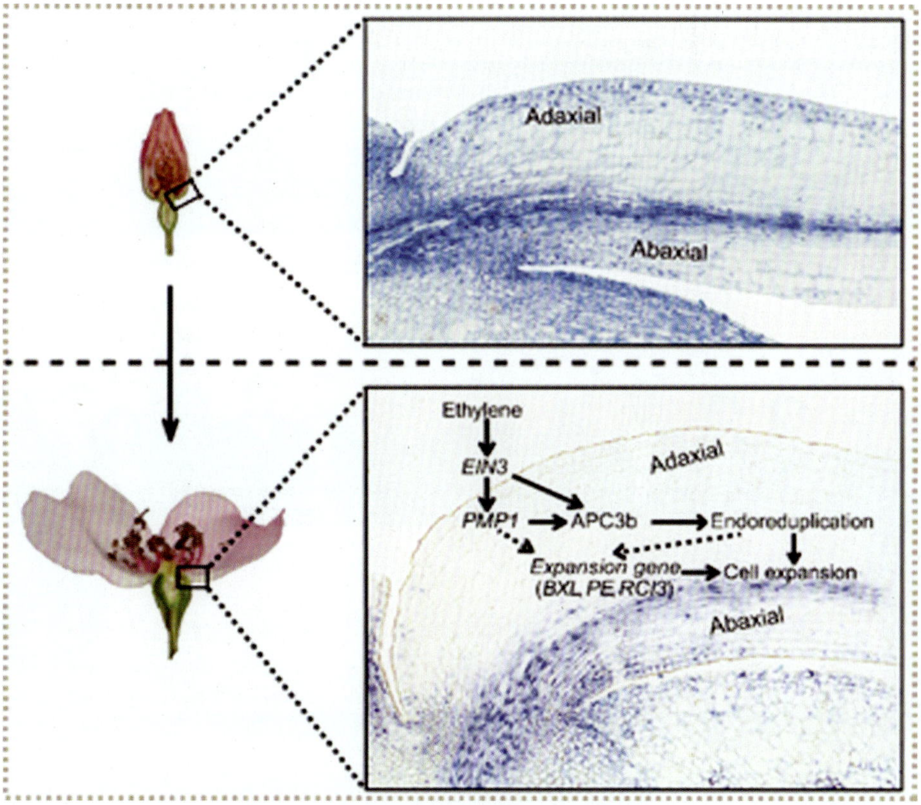

2 月 2 日，我校园艺学院高俊平和马男教授团队在 *The Plant Cell* 杂志上在线发表了题为“Ethylene-regulated asymmetric growth of petal base promotes flower opening in rose (Rosa hybrida)”的研究论文。该研究揭示了月季响应乙烯调节花朵开放的分子机制

2 月 25 日，中共北京市委常委、统战部部长孙梅君一行赴"统农 005 号"门头沟区清水镇黄安坨科技小院、"中建・百花山社"精品民宿及首都多党合作实践教育基地九三学社北京市委分基地调研

3 月 11 日，中国农业大学农村基层党建研究中心成立大会在东区新图书馆报告厅举行，中央马克思主义理论研究和建设工程咨询委员、全国党建研究顾问欧阳淞被聘为中心名誉主任、首席专家和学术委员会主任。校党委书记姜沛民、党委常务副书记张东军、党委副书记李培景出席成立大会

3 月 16 日，“中国科学家精神教育基地”授牌仪式在曲周王庄科技小院举行。由中国科协批准、河北省科协授牌曲周科技小院设立“中国科学家精神教育基地”

4 月 9 日，我校康绍忠院士与孙其信校长共同承担的中国工程院战略研究与咨询项目“面向 2035 的农业新兴、前沿、交叉学科研究”启动会在金码大厦召开

4 月 9 日上午，学校组建“中国农业大学党委理论学习宣讲团”

4 月 19 日下午，中国农业大学—中国银行战略合作签约仪式在东区主楼 513 会议室举行

4 月 20 日下午，“玉汝于成——脱贫攻坚伟大事业中的中国农业大学”主题展览在东校区新图书馆西侧展厅开展

4 月 30 日，由中国农业大学、内蒙古自治区呼和浩特市政府以及地方企业共同建设的内蒙古现代农牧研究院揭牌仪式在呼和浩特市举行

4 月 30 日，中国农业大学国家农业农村发展研究院、全球食物经济与政策研究院、经济管理学院、企业家校友联谊会、MBA 教育中心联合承办的 2021 年中国农业发展论坛暨中国与全球食物政策报告发布会在我校国际会议中心举行

5 月 10 日，以色列新任驻华大使潘绮瑞(Irit Ben－Abba Vitale)带队来我校访问。校长孙其信会见了潘绮瑞大使一行

5 月 10 日，我校工学院汤修映教授团队自主研发制造的“气流－激光力学特性分析仪”凭借其原创性、非侵入式、稳定性好、检测范围广等特点以综合评分第三名成绩摘夺“CISILE 科仪展自主创新金奖”，我校是唯一一所产品入围高校

5 月 28 日，中国乡村大讲堂在中国农业大学西区新教报告厅拉开序幕。全国政协经济委员会副主任、农业农村部原党组书记、部长韩长赋受邀以《农村改革的历史逻辑》为题作了首场报告

6 月 27 日，农学门类学科目录和专业学位类别修订工作论证会在我校举行

6 月 30 日，作为学校党史学习教育“为师生办实事”项目，“心灵花园”工程竣工，党委常务副书记张东军、副校长钱学军共同为心灵花园揭牌

7 月 1 日，我校 742 名青年师生参加庆祝中国共产党成立 100 周年大会、庆祝中国共产党成立 100 周年文艺演出，以合唱、献词、志愿服务等多种形式，用最饱满昂扬的奋进姿态、最精益求精的完美呈现、最热情向上的青春风貌，圆满完成了党中央交予的光荣而重大的政治任务，向党和人民交上了一份满意答卷

7 月 13 日，我校与重庆市人民政府签署科技战略合作协议

8 月 3—4 日，孙其信校长、科技部基础司原副司长郭志伟、甘肃省科技厅副厅长朱晓力一行，怀着对实验站建设发展的深切关注、对全站师生的深切关怀来到甘肃武威石羊河实验站

9 月 25 日，在第十四届全运会群众组赛事活动羽毛球 A 组比赛中，我校体育与艺术教学部教师徐菲聆、王帅作为北京队运动员分别战胜对手，为北京队拿下了群众组女双、男双两项比赛冠军

10 月 7 日，中国科学院院士、著名土壤微生物学家、中国农业大学生物学院教授陈文新同志因病在北京逝世，享年 95 岁

10 月 14 日，第七届中国国际“互联网+”大学生创新创业大赛全国总决赛于南昌大学迎来首个比赛日。在上午结束的高教主赛道研究生创意组比赛中，由动物医学院张国中教授指导的项目“中农优苗-创新型动物疫苗引领者”（项目负责人：动物医学院博士研究生赵静）以小组第 3 名的优异成绩锁定金奖。这是自 2015 年我校参加大赛以来收获的首枚国赛金牌

10 月 14 日，我校邀请世界顶尖涉农大学联盟（A5 联盟）院校和联合国涉农国际组织等，以线上与线下结合方式召开首届“A5 联盟大学与国际组织论坛”，孙其信校长与 A5 联盟各院校的校长以及国际组织主要负责人参会，大会取得圆满成功

10 月 15 日，学校召开新一轮"双一流"建设高校整体建设方案专家论证会

10 月 15 日上午，2021 年度教学大师奖、杰出教学奖和创新创业英才奖在南昌大学举行。经评选专家委员会评选，我校张福锁院士荣获 2021 年度"杰出教学奖"

10 月 25 日，我校与世界顶尖涉农大学联盟（A5 联盟）院校圣保罗大学举行视频签约仪式，孙其信校长和 Agopyan 校长分别代表两校签署两校合作办学协议，并展望未来建设与发展

10 月 27 日，中国农大种业科技创新论坛在西校区新楼报告厅举行，贯彻落实习近平总书记关于种业发展的重要指示精神，服务国家农业科技自立自强。论坛发布中国农大种业科技创新十大行动，助力种业装上更多“中国芯”

11 月 3 日，2020 年度国家科学技术奖励大会在北京人民大会堂隆重召开。我校共有 7 项科技成果获得 2020 年度国家科学技术奖励，其中 4 项主报项目实现三大奖大满贯

12 月 6 日，学校召开学生工作党委成立会议，宣布中国农业大学学生工作党委正式成立

12 月 16 日，由中国国际农业合作促进协会和中国作物学会共同主办、中国农业大学作为发起支持单位的 2021 年国际种业科学家大会在海南省三亚市开幕，会上举行了国际种业科学家联盟(联合体)成立仪式。校长孙其信代表学校出席大会并致辞，并受聘担任国际种业科学家联盟(联合体)副主席

12 月 17 日，各民主党派、工商联、无党派人士为全面建成小康社会作贡献评选表彰大会在京召开。中国农业大学土地科学与技术学院教授李保国主持的项目“以‘黑土地保护性耕作技术’促进生态保护和脱贫攻坚”荣获“各民主党派、工商联、无党派人士为全面建成小康社会作贡献社会服务优秀成果”表彰

12 月 27 日，中国农业大学作物分子育种创新中心开工典礼在学校涿州教学实验场举行

12 月 28 日，中国农业大学垃圾分类“驿百分”启动仪式在中国农大东、西校区同时举行，副校长钱学军出席启动仪式。据悉，这是北京高校设立的首家智能化垃圾分类驿站

12 月 30 日，全国乡村振兴高校联盟在中国农业大学国际会议中心成立

《中国农业大学年鉴 2021》编委会

《中国农业大学年鉴 2021》编辑部

目　　录

中国农业大学简介

中国农业大学作为教育部直属高校，是我国现代农业高等教育的起源地，其历史起自于1905年成立的京师大学堂农科大学。1949年9月，由北京大学农学院、清华大学农学院和华北大学农学院合并为北京农业大学。1952年10月，北京农业大学农业机械系与中央农业部机耕化农业专科学校、华北农业机械专科学校、平原省农学院合并成立北京农业机械化学院，1985年10月更名为北京农业工程大学。1995年9月，北京农业大学与北京农业工程大学合并成立中国农业大学，江泽民同志亲自题写校名。现任党委书记姜沛民，校长孙其信。

长期以来，学校的建设与发展得到了国家的高度重视。北京农业大学于1954年被国务院列为全国6所重点院校之一，于1984年被列为全国重点建设的10所高等院校之一。北京农业机械化学院于1960年被列为全国重点大学之一。学校于1995年进入首批“211工程”建设行列，于2004年被确定为“985工程”重点建设的高水平研究型大学，2017年入选一流大学建设高校（A类）。2003年5月4日，国务院总理温家宝视察中国农业大学，发表了重要讲话。2005年10月13日，全国人大常委会吴邦国委员长视察中国农业大学，祝贺农大建校百年，鼓励学校再创辉煌。2009年5月2日，中共中央总书记、国家主席胡锦涛视察中国农业大学，与师生代表亲切座谈，对青年学生提出了殷切期望，对学校提出了“加快建设世界一流农业大学步伐”的要求。2010年5月2日，胡锦涛总书记给中国农业大学师生回信，鼓励全校师生为发展现代农业作出更大贡献。2012年9月15日，习近平同志来校参加全国科普日北京主场活动，在视察学校时要求学校教书育人和党的建设要“两手抓两促进两不耽误”“真正建成有中国特色的、具有农业特色的一流大学”，为学校发展进一步指明了方向，极大激发了全校师生的责任感和使命感。

历经百年的世纪风雨，中国农业大学已经发展成为一所以农学、生命科学、农业工程和食品科学为特色和优势的研究型大学，形成了特色鲜明、优势互补的农业与生命科学、资源与环境科学、信息与计算机科学、农业工程与自动化科学、经济管理与社会科学等学科群。学校是全国首批20个学位授权自主审核单位之一，通过自主审核增设了“营养与健康”“土地科学与技术”交叉学科博士学位授权点、农林高校首个“马克思主义理论”一级博士学位授权点。学校共设有 18 个学院、1 个实体教学单位和 1 个直属系，涉及农学、工学、理学、经济学、管理学、法学、文学 7 大学科门类；设有本科生院、研究生院、继续教育学院和体育与艺术教学部。在第四轮一级学科水平评估中，6 个一级学科获评 A+，获评 A+的学科数量在全国高校中排第六位；学校现有 11 个国家级科研平台，包括 3 个国家重点实验室、1 个国家工程实验室、2 个国家工程技术研究中心、1 个国家级研发中心、1 个国家级国际联合研究中心、3 个国家野外科学观测研究站；108 个省部级科研平台，包括 3 个示范型国际科技合作基地、1 个省部级国际科技合作基地、95 个省部级重点实验室/研究中心/基地、9 个省部级野外科学观测实验站。

中国农业大学拥有一支实力雄厚、结构合理的师资队伍。现有专任教师 2 007 人，其中教授（含研究员）731 人、副教授（含副研究员）988 人。专任研究生导师 1 582 人，其中博士生导师 1 020 人、硕士生导师 562 人。聘期内兼职研究生第一导师 205 人，其中博士生导师 74 人、硕士生导师 131 人。中国农业大学具备培养学士、硕士、博士的完整教育体系。学校拥有 19 个博士后流动站，23 个博士、33 个硕士学位授权一级学科，1 个专业博士、15 个专业硕士学位类别，76 个本科专业，8 个第二学士学位专业。全日制本科生 13 483 名，第二学士学位学生 511 名；全日制研究生 12 134 名，其中全日制硕士研究生 7 026 名，全日制博士研究生 4 279 名；非全日制在籍研究生 829 名；在站博士后研究人员 341 名。

中国农业大学坚持“德才兼备、全面发展、通专平衡、追求卓越”的人才培养理念，培养德、智、体、美、劳全面发展，具有宽厚的人文与自然科学基础、扎实的专业知识与实践技能、富有创新精神与能力、厚植“三农”情怀的拔尖创新人才和行业领军人才。在教育部、中国高等教育学会的支持下，学校牵头成立全国新农科建设中心、高等教育学会高等农林教育分会，引领推动高等农林教育改革与创新。学校大力推进专业认证工作，牵头制定普通高等学校农林类专业认证标准，成为农科专业认证标准的制定者。农学专业率先通过国家农科专业（第三级）认证；植物保护、园艺 2 个专业率先通过中俄联合认证；农业水利工程、水利水电工程、车辆工程、电气工程及其自动化、计算机科学与工程、食品科学与工程 6 个专业通过工程教育专业认证。学校拥有 3 名国家高层次人才特殊支持计划（“高层次人才支持计划”）教学名师、2 名国家级教学名师和 46 名北京市教学名师，5 个国家级优秀教学团队、1 个全国高校黄大年式教师团队、10 个北京市优秀教学团队和 3 个北京高校优秀本科育人团队。学校积极推进一流本科专业建设，23 个专业入选国家一流本科专业建设点，11 个专业入选省级一流本科专业建设点，2 个专业入选北京市重点建设一流专业。此外，拥有 14 个教育部高等学校特色专业建设点、10 个北京市级特色专业建设点。10 个专业入选“卓越农林人才教育培养计划”改革试点项目，是获批专业数量最多的学校。服务国家重大战略需求，生物科学、生物育种科学获批开展基础学科招生改革试点（简称“强基计划”），我校是全国唯一入选“强基计划”的农林高校。学校生物科学拔尖学生培养基地入选首批国家基础学科拔尖学生培养计划 2.0 基地，拥有生物学、化学 2 个国家理科基础科学研究和教学人才培养基地、1 个国家生命科学与技术人才培养基地和 2 个国家人才培养模式创新实验区。学校不断深化教学内容和教学方法改革，建成了 23 门国家精品课程、15 门精品资源共享课、2 门精品视频公开课、23 门国家级一流本科课程、4门国家级课程思政示范课程、8门北京市高校课程思政示范课程、25门北京市精品课程和15门北京高校优质本科课程；122种教材入选国家级"十一五"规划教材、17种教材入选国家级"十二五"规划教材，获全国优秀教材一等奖3项、二等奖1项，全国教材建设先进个人1项、先进集体1项，北京高校优质本科教材15项；强化实验室、实习基地建设，拥有3个国家级实验教学示范中心、3个国家级虚拟仿真实验教学中心、3个国家级农科教合作人才培养基地和6个北京市实验教学示范中心。强化实践创新能力培养，构建了创新人才培养体系，为开展高水平的研究性教学奠定了良好的基础，大学生科技创新活动活跃。近五年来，在各类创新项目支持下，本科生以第一作者身份发表国内外高水平论文338篇，参与申请获批专利127项、软件著作权102项，获得省部级及以上学科竞赛奖励3 965项。30多支学生创业团队获得北京市优秀大学生创业团队。深入贯彻习近平总书记关于研究生教育的重要指示精神，推进学校"新时代研究生教育改革发展12 358行动方案"，服务国家战略需求和经济社会发展，不断提高研究生培养质量。2021年，研究生招生规模创历史新高，录取硕士研究生3 419人、博士研究生1 070人。优化课程体系建设，截至2021年12月，累计建有混合课程、全英文课程、案例课程、思政课程、前沿交叉课程等特色课程共435门。专业学位研究生全部实现专项制招生和培养，2021年全校共设置11个大类、58个专项，"实践-理论-实践"的三段式培养模式积极推进。强化实践基地建设，建有国家级基地2个、校院级基地共330个、重点建设校级优秀基地10个、研究生公共教学开放实验平台重点建设项目5个。推进专业学位双导师制，聘请兼职第二导师1 141人。强化案例教学，20个案例入选中国专业学位案例库。科教融合、产教结合的研究生培养模式改革成效显著，我校研究生教育成果获"北京市教育教学成果奖"一等奖2项，获"中国学位与研究生教育学会研究生教育成果奖"特等奖1项、一等奖1项、二等奖1项，获"全国农业专业学位研究生实践教学成果奖"13项。研究生在各类竞赛中斩获佳绩：获国家级特等奖2项、一等奖8项、二等奖15项、三等奖7项；获省部级特等奖5项、一等奖32项、二等奖44项、三等奖16项。进一步完善研究生学位论文的质量保障体系，促进学位论文的质量不断提高。学校总计有23篇博士学位论文入选"全国优秀博士学位论文"，在全国高校中位居前列。开设"学位＋"项目、研究生自主创新研究基金项目，组织中国研究生创新实践系列大赛"乡村振兴科技强农＋"创新大赛，为提高学生综合素质搭建平台。学校已培养了13万余名合格的毕业生，办学质量和办学水平得到了社会各界的广泛认可。2021年，学校共有本科毕业生2 811人，硕士毕业生1 945人，博士毕业生810人。

中国农业大学围绕人类营养与健康，在国家农业科技重大需求和国际学术前沿为导向，开展高水平科学研究、社会服务和文化传承与创新。在生物育种、健康养殖、兽医公共卫生安全、农业绿色发展、农业工程、食品制造、中国农业农村发展与全球食物安全等领域的研究居国内外领先水平。石元春院士主持完成的"黄淮海平原中低产地区综合治理的研究与开发"研究成果曾获国家科学技术进步奖特等奖。在国际著名杂志《科学》(*Science*)、《细胞》(*Cell*)、《自然》(*Nature*)和《遗传学》(*Nature Genetics*)上发表28篇高水平研究论文，奠定了学校在基础研究方面的领先地位。"十三五"以来，学校主持国家重点研发计划项目48项；主持国家社会科学基金重大项目10项，教育部哲学社会科学研究重大课题攻关项目1项。现有国家现代农业产业技术体系首席科学家6名，获国家级科技奖励31项，其中主报14项，获省部级科技奖励196项。在ESI学科评价指标中，学校的农业科学、植物与动物科学、环境/生态学、生物学与生物化学、化学、微生物学、工程学、分子生物学与遗传学、社会科学总论、药理学与毒理学、免疫学、地球科学、临床医学、计算机科学14个学科论文总引用量进入了全球前1%，其中农业科学、植物与动物科学2个学科的总引用量保持在全球前1‰，农业科学总引用量保持全球前1‱。社会服务工作围绕国家重大战略和区域经济社会发展，以顶层设计、统筹布局、引领带动的工作思路，探索科技服务地方的新机制和新模式。学校已与十余个省、自治区、直辖市和百余个地市签署了合作协议，在全国27个省建设综合实验站27个、产业研究院3个、教授工作站131个，支撑了地方经济的发展，提升了农业科技水平，加快了农业产业化进程；学校积极与地方政府和企业开展政产学研用合作，通过科技成果转让、技术实施许可、作价入股等方式，推进科技成果转移转化，为企业科技创新提供动力，学校的专利成果和实用技术覆盖全国绝大部分省份，一批重大科技创新成果成为相关行业的主导技术，学校面向新型农场主、农业经营管理人才、基层农业干部、基层技术人员、职业农民、创业者、跨界投资者等开展理论政策、素质提升、能力建设、农业科技培训和服务，参与人数每年达到5.5万人次，有力地推动了学校科技推广和成果转移转化工作的开展。

中国农业大学近年来显著加快教育对外开放步伐。学校与亚、非、拉、欧、美各洲52个国家和地区的242所大学、研究机构和国际组织建立了友好合作关系。在加快世界一流大学建设中，学校与美国康奈尔大学、荷兰瓦赫宁根大学、美国加州大学戴维斯分校和巴西圣保罗大学成立了“世界顶尖涉农大学联盟（A5）”，并在联盟机制下建立了近20个教育和科研合作项目，其中与康奈尔大学合作举办的食品科学与工程、食品质量与安全2个本科中外合作办学项目，是我国全面引进的第一批常春藤院校本科学历项目；与瓦赫宁根大学合作建设的中荷奶业中心，是全面服务国家奶业产业国际合作的平台。学校面向国际前沿，建设高端智库和跨学科合作平台，成立了国际发展与全球农业学院、全球食物经济与政策研究院，启动了国家级农业科研创新和产业人才培育基地——国际玉米技术创新与成果转化中心。学校在服务国家“一带一路”倡议工作中，组织国内40所、国外35所农林院校联合成立了“一带一路”农业教育科技创新联盟，依托联盟建设了11个“一带一路”农业合作中心。学校与联合国粮农组织、世界粮食计划署、联合国开发计划署、联合国南南合作办公室、世界银行、亚洲开发银行、非洲绿色革命联盟等重要组织长期保持合作关系，共同开展政策对话、智库研究和国际发展项目等合作。学校长期与美国科罗拉多大学丹佛分校、美国俄克拉荷马州立大学开展中外合作办学项目，与一批友好院校开展内容丰富的本科、硕士、博士联合培养、学术竞赛、夏令营等各类国家公派和校际交流项目，这些院校包括英国爱丁堡大学、德国霍恩海姆大学、法国国家农业食品与环境研究院、加拿大阿尔伯塔大学、东京农业大学、坦桑尼亚苏库因大学等。

中国农业大学十分重视学生综合素质的培养，积极开展第二课堂教育活动，校园文化生活丰富多彩。充分发挥学生会、研究生会的桥梁纽带作用，聚焦权益服务、引领学风建设，引导学生规范有序地参与学校民主管理。学校现有学生社团79个，包含思想政治类、志愿公益类、学术科技类、文化体育类、创新创业类等多种类型。国旗班曾获北京高校国旗仪仗队检阅式比赛一等奖；国际交流协会曾获哈佛大学模拟联合国会议二等奖；向日葵爱心社、绿脉环保协会曾被评为“榜样 100”全国最佳大学生社团；峰云社人文科考队、向日葵爱心社曾被评为“全国优秀大学生团队”。学校持续聚焦脱贫攻坚、乡村振兴等国家重大战略，开展系列社会实践活动，每年组织 3 000 余名青年学子深入基层一线，在实践中受教育、长才干、做贡献，在服务“三农”的过程中将论文写在祖国大地上，把科技成果应用到实现农业现代化的伟大事业中，先后获得全国大中专学生志愿者暑期“三下乡”社会实践优秀单位等 200 余项荣誉称号。大学生科技创新与创业活动蓬勃开展，中国农业大学师生多次在“挑战杯”全国大学生课外学术科技作品竞赛、“创青春”中国大学生创业大赛、中国“互联网＋”大学生创新创业大赛、全国大学生农业建筑环境与能源工程相关专业创新创业竞赛、国际遗传工程机器大赛、全国农科学子创新创业大赛、全国电子设计大赛、全国机械创新设计大赛、全国大学生数学建模与计算机应用竞赛等赛事中取得优异成绩，大学生创新创业能力和热情不断提高。积极推进志愿服务工作，将其融入新生入学教育，培养学生担当精神与奉献意识。学校积极组织学生参与北京奥运会、冬奥会、中非合作论坛北京峰会、中国北京世界园艺博览会、国庆 70 周年大会、建党 100 周年大会等大型赛会志愿服务，曾获得北京市服务保障国庆 70 周年先进集体、第十一届中国青年志愿者优秀组织奖等。学校现有百余个志愿服务项目可供学生进行自主菜单化选择，覆盖扶贫、济困、扶老、救孤、助残、助学等多个领域，“青春悦动温馨家园”项目和“服务‘三农’育英才　志愿人生第一课”项目分别在第三届和第四届中国青年志愿服务项目大赛中荣获银奖。学校体育以“因材施教、分类指导、达标管理、四年一贯”为指导思想，立足“教会、勤练、常赛”深入推进教学改革，不断优化“体能课＋专项基础课＋体育俱乐部课”三层次课程体系，创新建立“理论＋专项实践＋身体综合测试＋课堂思政＋课外体育活动”五位一体的体育课考核评价体系，全面实施“身体综合测试一票否决”的制度，从目标、机制、路径上做到有效保障，帮助学生在体育锻炼中“享受乐趣、增强体质、健全人格、锤炼意志”。学生体质健康水平显著提高。课堂内外体育活动全面开花，成绩斐然。学校橄榄球队作为中国大陆第一支橄榄球队，多次代表国家参加国际比赛，为祖国争光。2010 年，以我校学生为主的中国女子橄榄球队曾夺得广州亚运会银牌；2017 年，学校男子橄榄球队蝉联全国七人制大学生橄榄球锦标赛五连冠；2018—2021 年，我校橄榄球队连续 4 年夺得首都高等学校春季触式橄榄球比赛甲组冠军。学校足球队在 2017 年，获得特步中国大学生校园足球联赛超级组全国总决赛亚军。田径队近年来也在全国大学生运动会和北京高校运动会中多次获得单项冠亚军。学校艺术教育蓬勃发展，在艺术教育、艺术团管理等方面形成了自己的特色。目前学校有 7 个建制完善的大学生艺术团，包括合唱团、管乐团、舞蹈团、戏剧团、民乐团、弦乐团和音乐剧团。各艺术团在近几年的大学生艺术节活动中多次取得优异成绩，在 2017 年共获得 7 项奖励，受国家委派由校民乐团代表中国大学生参加了希腊国际音乐节。在 2018 年北京市大学生音乐节中，合唱团、民乐团荣获两项金奖，弦乐团、管乐团荣获三项银奖。学校合唱团和管乐团连续多届通过了北京市大学生艺术团评估验收。2019 年，原创话剧《稼穑之歌》在全国“金刺猬大学生戏剧节”中脱颖而出，斩获了本届戏剧节唯一最高奖项——“金刺猬”奖。

国富民殷，强农为本。解民生之多艰，育天下之英才，是学校百年不变的追求。数代农大人，情系乡土，忧患苍生，为实现中国人千百年来的温饱之梦和富庶之梦不遗余力，与祖国和人民保持着最紧密的血肉联系，形成了学校特有的勤勉持重、爱国忧民的精神传统和严谨求实、厚德博学的办学传统。今天的中国农业大学，以习近平新时代中国特色社会主义思想为指导，以培养“三农”人才、提升农业科技水平为己任，保持农业优势学科，发展多种新兴学科，同瞬息万变的世界紧密相连，与日新月异的科技同步发展，朝着建设中国特色、农业特色的世界一流大学目标阔步迈进。

2021年学校基本情况数据

表1　在校学生数　　人

全日制博士	全日制硕士	普通本科生	成人教育本科生	成人教育专科生	网络教育本科生	网络教育专科生	留学生
4 279	7 026	13 483	3 902	0	33 448	3 995	316

注：数据截至2021年12月31日。

表2　全校教职工数　　人

在职人数	专任教师			党政管理人员	教辅人员
	正高级	副高级	其他		
2 931	731	988	288	524	400

注：数据截至2021年12月31日。

表3　2021年度科研情况

获国家级奖励/项	获省部级奖励/项	获授权专利数/项	SCI、SSCI、EI收录论文数/篇	到校经费/万元
7	11	883	3 696	108 721

注：数据截至2021年12月31日。

党委书记姜沛民在农村基层党建研究中心成立大会上的讲话

（2021 年 3 月 11 日）

尊敬的欧阳淞主任，各位专家、老师们、同学们：

大家上午好！

成立中国农业大学农村基层党建研究中心，是中国农业大学党委立足服务党建工作大局、充分发挥农大研究专长、主动承担学校党组织政治使命的重大举措，是学校服务乡村振兴战略、推动我校马克思主义理论学科建设、加快建设中国特色农业特色世界一流大学的重大布局。今天我们在这里隆重举行中国农业大学农村基层党建研究中心成立大会，有幸聘请到全国著名党史研究专家欧阳淞主任和各位校外同行加盟。大家抱着共同的目标和强烈的愿望，一起就新时代农村党建工作开展研究，是一件可喜可贺的大事。首先我代表学校党委向农村基层党建研究中心成立表示热烈的祝贺！对各位专家的到来并积极参与研究中心的工作表示诚挚的欢迎！对欧阳淞主任和各位专家表示衷心的感谢！

习近平总书记在去年召开的中央农村工作会议上郑重指出："历史和现实都告诉我们，农为邦本，本固邦宁。我们要坚持用大历史观来看待农业、农村、农民问题，只有深刻理解了'三农'问题，才能更好理解我们这个党、这个国家、这个民族。必须看到，全面建设社会主义现代化国家，实现中华民族伟大复兴，最艰巨最繁重的任务依然在农村，最广泛最深厚的基础依然在农村。"新发展阶段"三农"工作依然十分重要，须臾不可放松，务必抓紧抓实。

我国是一个农业大国，农业历来是我国改革发展稳定的重要基础，"三农"问题也一直是我们党治国理政的重大课题。过去，我们党依靠广大农民取得了新民主主义革命的伟大胜利；中华人民共和国成立后，我们又依靠农业的积累建立起独立完整的工业体系；

改革开放时期，农村的改革率先拉开了改革开放的序幕；进入新时代，全面实施乡村振兴、优先发展农业农村，再次成为新发展阶段全党工作的重中之重。

党的农村基层组织全面领导乡镇村的各种组织和各项工作，是党在农村全部工作和战斗力的基础，是我们党直接组织、宣传、凝聚、服务广大农民群众的纽带，是在广大农村地区宣传党的主张、贯彻党的决定、领导基层治理、团结动员群众、推动改革发展的坚强战斗堡垒。在革命、建设、改革开放时期，曾发挥了重要作用，立下了汗马功劳。在奋力开启全面建设社会主义现代化国家新征程中，农村基层党组织也将肩负着极为重大的历史使命，他们是带领广大农民群众实现乡村全面振兴、推进农业农村现代化、创造美好幸福生活的生力军。

自党的十八大以来，以习近平同志为核心的党中央高度重视“三农”工作，大力加强党的农村基层组织建设。习近平总书记多次作出重要指示：强调党的工作最坚实的力量支撑在基层，最突出的矛盾和问题也在基层，必须把抓基层、打基础作为长远之计和固本之举；农村工作千头万绪，抓好农村基层党组织建设是关键，无论农村社会结构如何变化，无论各类经济社会组织如何发育成长，农村基层党组织的领导地位不能动摇、战斗堡垒作用不能削弱；强调要从巩固党的执政基础的高度出发，坚持问题导向，进一步加强农村基层党组织建设，为农村改革发展稳定提供有力保障。习近平总书记的这些重要论述为加强新时代农村基层党建指明了前进方向。各级党委认真贯彻落实习近平总书记的战略部署，坚持把党的全面领导贯彻落实到“三农”各个领域，为推动农业农村优先发展、实施乡村振兴战略提供坚强的政治和组织保障。近年来，农村基层党组织的组织、宣传、凝聚、服务群众能力和水平持续提高，党建引领脱贫攻坚、乡村振兴、社区治理成效明显，党的思想优势、政治优势、组织优势和密切联系群众优势充分发挥，党的凝聚力和战斗力不断增强，党的组织体系更加健全，党的执政根基进一步夯实。我们党领导亿万农民改天换地的伟大实践，尤其是党的十八大以来，我们党在加强农村党建所形成的宝贵经验，需要我们进一步加强研究、凝练提升、全面总结。

今年，恰逢中国共产党百年华诞。我国脱贫攻坚战取得了全面胜利，现行标准下9 899万农村贫困人口全部脱贫，832个贫困县全部摘帽，12.8万个贫困村全部出列，区域性整体贫困得到解决，完成了消除绝对贫困的艰巨任务，创造了又一个彪炳史册的人间奇迹！但“脱贫摘帽不是终点，而是新生活、新奋斗的起点”。习近平总书记再三叮嘱：“我们要切实做好巩固拓展脱贫攻坚成果同乡村振兴有效衔接各项工作，让脱贫基础更加稳固、成效更可持续。”全面实施乡村振兴战略是以习近平同志为核心的党中央立足新发展阶段作出的重大决策部署，是加快农业农村现代化的重大历史机遇。聚焦产业兴旺、生态宜居、乡风文明、治理有效和生活富裕的总要求，着力推进乡村产业振兴、人才振兴、文化振兴、生态振兴和组织振兴，农村基层党建也面临着前所未有的机遇和挑战，承担着历史赋予的重大使命和责任。在新的形势下，需要我们深入基层调查研究，充分了解掌握农村党建的发展现状，建立一批研究基地，加强与地方党委的合作，深刻分析农村党建所面临的挑战和突出问题，为加强新时代的农村党建工作建言献策。

做好农村工作是我们党的优良传统，更是中国农业大学的重大使命。中国农业大学具有深厚的红色基因，在学校百年发展历程中，与党风雨同舟、同向同行。在新时代，加强农村党建，推进乡村振兴，中国农业大学大有可为，也必须大有作为！乘着历史和时代的东风，中国农业大学农村党建研究中心的成立可以说正当其时、重任在肩。

中国农业大学党委始终重视农村基层党建研究工作。2016 年，在学校党委的指导下，我校马克思主义学院组建了农村基层党建研究团队，聚焦农村基层党建深入开展研究。这是我国高校较早成立的从事农村基层党建研究的专业研究团队。自研究团队成立以来，以服务党和国家的重大需求为导向，聚焦农村基层党组织建设这个固本强基工程，注重与中国社会科学院、中共中央党校、北京市委党校的高端党建研究机构以及北京大学、中国人民大学等兄弟院校的合作，积极开展农村基层党组织组织力建设、农村基层党建与扶贫开发以及农村基层党建与乡村社会治理等方面的研究，连续几年开展全国范围内农村基层党建的实地调研，形成了一批研究成果，为今天研究中心的成立打下了较好的基础。

今天，中国农业大学农村基层党建研究中心正式挂牌，标志着我校农村党建研究的全面展开，也预示着中国农业大学的农村党建研究工作将迈上新的台阶，开创新的局面。

新成立的研究中心将紧紧围绕习近平总书记关于农村基层党建的重要论述、农村基层党建的理论与实践、农村基层党建的历史与现实、农村基层党建与乡村重大发展战略、农村基层党建与乡村治理等领域展开广泛而深入的研究。

新成立的研究中心将以习近平总书记关于“三农”工作和党建工作的重要指示精神为指引，以《中国共产党章程》《中国共产党农村工作条例》《中国共产党农村基层组织工作条例》等党内法律法规为准绳，全面梳理中国共产党建党 100 周年以来关于农村工作和基层党建的文献资料，深刻分析我们党关于农村党建理论和实践的历史演变和发展趋势，充分运用和整合各类资源，投身研究农村基层党建的伟大实践，致力于农村基层党建基础性、应用性、长效性研究成果持续推进，总结一批农村基层党建的有效实践模式，提炼出一些农村基层党建的规律性认识，为各级党委主管农村基层党建的部门建言献策，成为名副其实的党建“智库”。

在此基础上，今年我们将结集出版一部《农村基层党建》研究报告，启动建立中国农村基层党建研究数据库，在《中国农业大学学报(社科版)》开设农村基层党建研究专栏并持续性刊发优秀成果，编写“农村基层党建研究论丛书”，为党的百年诞辰献礼。

这项工作意义重大，使命光荣。学校党委将举全校之力，列入重点工作，创新研究机制，广泛开展合作，将该研究中心打造成为农村党建研究的理论基地、人才培养的重要场所，成为学校“双一流”建设的新的学科亮点。我们也有基础、有条件，更有信心、有决心把这项工作做好。加之我们有欧阳主任的精心指导和在座的各位专家、合作单位的倾情加盟，我们相信在不久的将来，中国农业大学农村党建研究中心必将培育出一批有影响力的学者，产出一系列有价值的研究成果，为乡村振兴事业贡献更多的农大力量和农大智慧！

最后，预祝在座的各位专家、各位同志的研究取得丰硕成果，预祝学校农村党建研究中心实现良好开局、事业蒸蒸日上！

谢谢大家！

党委书记姜沛民在学校党史学习教育动员大会上的讲话

（2021年3月24日）

同志们：

中央决定，今年在全党开展党史学习教育。这是党中央的重大决策，是党的政治生活中的一件大事。今天，我们在这里召开学校党史学习教育动员大会，主要任务是深入学习贯彻习近平总书记在党史学习教育动员大会上的重要讲话精神和中央印发的《关于在全党开展党史学习教育的通知》的精神，认真贯彻落实党中央总体部署和教育部党组、北京市委及北京市委教育工委的各项工作要求，对全校开展党史学习教育进行部署，动员全体党员、干部和广大师生、员工从党的百年伟大奋斗历程中汲取接续奋进的力量，切实增强“四个意识”、坚定“四个自信”、做到“两个维护”，以更加昂扬的姿态奋力谱写全面建设中国特色、农业特色世界一流大学的新篇章。

2月20日，习近平总书记在党史学习教育动员大会上发表重要讲话，站在统筹中华民族伟大复兴战略全局和世界百年未有之大变局的高度，深刻阐述了开展党史学习教育的重大意义，深刻阐明了党史学习教育的重点和工作要求，系统回答了为什么学、学什么、如何学等重要问题，高屋建瓴、视野宏大、思想深邃，为全党同志上了一堂生动的党课，为我们开展党史学习教育指明了方向、提供了根本遵循。近期，教育部党组和北京市委也分别召开了党史学习教育动员大会，对党史学习教育各项工作任务进行了安排。我们要认真学习领会，不折不扣抓好贯彻落实。

下面，我讲四个方面的意见。

一、提高政治站位，切实增强开展党史学习教育的思想自觉和行动自觉

中国共产党的历史，是中国近现代以来最为可歌可泣的篇章，是最生动、最有说服力的教科书。在庆祝中国共产党成立100周年的重大时刻，在“两个一百年”奋斗目标历史交汇的关键节点，党中央部署开展党史学习教育正当其时、意义深远。习近平总书记在党史学习教育动员大会上的讲话强调，我们党的一百年，是矢志践行初心使命的一百年，是筚路蓝缕奠基立业的一百年，是创造辉煌开辟未来的一百年。回望过往的奋斗路，眺望前方的奋进路，必须把党的历史学习好、总结好，把党的成功经验传承好、发扬好。习近平总书记用“三个必然要求”深刻阐述了开展党史学习教育的重大意义。在全党开展党史学习教育，是牢记初心使命、推进中华民族伟大复兴历史伟业的必然要求；是坚定信仰信念、在新时代坚持和发展中国特色社会主义的必然要求；是推进党的自我革命、永葆党的生机活力的必然要求。我们要提高政治站位，切实把思想和行动统一到习近平总书记重要讲话精神和党中央决策部署上来。

中国农业大学始终与党和人民的事业同向同行，与国家、民族共命运，形成了优良的

办学传统，积淀下深厚的红色基因。1919 年学校师生走在五四运动前列，1921 年成立“社会主义研究小组”，1924 年成立第一个党支部，是高校中最早的一批党的基层组织。在新民主主义革命时期，学校为民族解放事业培养和输送干部人才，15 位农大英烈浩气长存。新中国成立以来，学校为国家培养、输送了大批优秀农业人才，成为我国农业战线的骨干力量，涌现出众多的农业科技英才和领导骨干人才，为我国农业农村现代化建设做出了重要贡献。开展党史学习教育，也是我们不断汲取精神力量、传承红色基因、发扬优良传统、担负起新时代办学使命的内在要求。

我们要把开展党史学习教育作为新时代的“大思政课”，进一步砥砺初心使命、坚定理想信念，推进全面从严治党，切实鼓起迈进新征程、奋进新时代的精气神。

一是自觉开展党史学习教育，上好砥砺初心使命的“必修课”。回顾中国共产党 100 年波澜壮阔的奋斗历程，就是一部为中国人民谋幸福、为中华民族谋复兴的奋斗史。我们党团结带领全国各族人民流血牺牲，历经千难万险，推翻了帝国主义、封建主义和官僚资本主义的反动统治，建立了人民当家作主的新中国，确立了社会主义基本制度，开创了中国特色社会主义道路，取得了举世瞩目的辉煌成就，可谓是开天辟地、改天换地、翻天覆地，全面建成了小康社会，实现了第一个百年奋斗目标。开展党史学习教育，就是要教育、引导全体党员以史为镜、以史明志，就是要不断砥砺“为党育人、为国育才”的初心使命，以更好地落实好立德树人根本任务，努力培养德、智、体、美、劳全面发展的社会主义建设者和接班人。

二是自觉开展党史学习教育，上好坚定理想信念的“必修课”。对马克思主义的信仰，对社会主义和共产主义的信念，是共产党人的政治灵魂，是共产党人经受住任何考验的精神支柱。在新时代，坚定理想信念，最重要的就是要坚定中国特色社会主义道路自信、理论自信、制度自信、文化自信。党的百年奋斗历程和伟大成就是我们坚定“四个自信”最坚实的基础。经过 100 年的奋斗，我们党用伟大的社会变革、辉煌的发展成就，一次又一次地证明着党的领导和我国社会主义制度的显著优势，不断增强全党全国各族人民实现伟大复兴的信心信念。通过学习党史，我们要深切感受信仰之光、精神之钙、力量之源，深切感悟“头可断、血可流，革命意志不能丢”的坚定信仰、“为有牺牲多壮志，敢教日月换新天”的英雄气概、“大道之行，天下为公”的价值追求、“党让去哪儿就去哪儿，打起背包就出发”的忠诚担当，更加清醒地认识到我们从哪里来、要往哪里去，深刻认识中国共产党的领导、中国特色社会主义道路是历史的选择、人民的选择，不断增强“四个意识”、坚定“四个自信”、做到“两个维护”。

三是自觉开展党史学习教育，上好推进全面从严治党的“必修课”。勇于自我革命，是我们党最鲜明的品格，也是我们党最大的优势。百年风霜雪雨、百年大浪淘沙我们党能够从最初的全国 50 多名党员发展到今天的 9 100 多万名党员，战胜一个又一个困难，取得一个又一个胜利，关键在于我们始终坚持党要管党、全面从严治党不放松，在推动社会革命的同时进行彻底的自我革命。我们党的百年发展史，就是一部自我净化、自我完善、自我革新、自我提高的发展史，就是一部经历大浪淘沙、不断剔除杂质、永葆生机活力的发展史。开展党史学习教育，就是要教育引导全体党员、干部，从党的非凡历程中读懂强党之路，深刻领悟党永葆青春活力的基因密码，在开启新征程的关键时刻，要继续发扬彻底的革命精神，自觉继承发扬党的光荣传统和优良作风，进一步提升我们的政治品格、思想素质和工作作风。通过党史学习教育，也有助于我们从党的自我革命历程中汲取党的建设经验和智慧，以更好地实现党建引领作用，以永远在路上的坚韧和执着把全面从严治党向纵深推进，营造风清气正的校园政治生态。

四是自觉开展党史学习教育，上好艰苦奋斗干事创业的"必修课"。实践证明，我们党之所以发展成为伟大、光荣、正确的党，并克服无数艰难险阻走到今天，根本的一条就在于无论在什么社会历史条件下，面临怎样的困难局面，都能以大无畏的勇气和科学的态度正视自己的过去，从而总能以崭新而良好的精神状态接受新挑战、完成新任务、实现新发展。进入新时代，党和国家事业发展对高等教育的需求和对建设高水平大学的期待比以往任何时候都更加迫切，对科学知识和卓越人才的渴求比以往任何时候都更加强烈。在我国，科技创新已步入由跟踪转向并跑、领跑并存的新阶段，我们比历史上任何时期都更需要建设世界科技强国、教育强国。新时代要求我们要把握大势、抢占先机，直面问题、迎难而上。现在我们全面开启建设中国特色、农业特色世界一流大学的新征程，目标定位高远、任务繁难艰巨，这考验着我们的信念、定力和智慧。开展党史学习教育，有助于我们从党带领广大教育工作者艰辛探索中国特色社会主义教育发展道路的非凡历程和伟大成就中，进一步强化教育报国、强农兴农的使命担当，进一步增强艰苦奋斗、干事创业的能力本领，进一步增强全面建设中国特色、农业特色世界一流大学的信心与定力。

二、严格对标对表，切实把握开展党史学习教育的目标要求和学习内容

开展党史学习教育，要紧紧围绕学懂、弄通、做实习近平新时代中国特色社会主义思想，牢牢把握"学党史、悟思想、办实事、开新局"12个字的要求，始终聚焦"学史明理、学史增信、学史崇德、学史力行"四项具体目标，深入学习"六方面重点内容"。

一是牢牢把握"学党史、悟思想、办实事、开新局"12个字的要求。

学党史。就是要学习我们党不断推进马克思主义中国化，不断推进理论创新、进行理论创造的历史，学习一代又一代中国共产党人顽强拼搏、不懈奋斗的历史，胸怀中华民族伟大复兴战略全局和世界百年未有之大变局，树立大历史观，从历史长河、时代大潮、全球风云中分析演变机制、探究历史规律。

悟思想。就是要从党的非凡历程中领会马克思主义是如何深刻改变中国、改变世界的，感悟马克思主义的真理力量和实践力量，深化对中国化马克思主义既一脉相承又与时俱进的理论品质的认识，坚持不懈用习近平新时代中国特色社会主义思想武装头脑、指导实践、推动工作。

办实事。就是要深刻认识党的性质、宗旨，坚持一切为了人民、一切依靠人民，始终把人民放在心中最高位置、把人民对美好生活的向往作为奋斗目标，始终与人民心连心、同呼吸、共命运。

开新局。就是要进一步总结党的历史经验，从历史中获得启迪，从历史经验中提炼出克敌制胜、攻坚克难的法宝，不断增强斗争意识、丰富斗争经验、提升斗争本领，以更好应对前进道路上各种可以预见和难以预见的风险挑战。

二是始终聚焦"学史明理、学史增信、学史崇德、学史力行"四项具体目标。

学史明理，悟创新理论伟力。要通过党史学习教育，树牢唯物史观，强化理论思维、

历史思维，不断深化对共产党执政规律、社会主义建设规律、人类社会历史发展规律的认识，深入理解把握马克思主义中国化成果，特别是习近平新时代中国特色社会主义思想的科学性、真理性，系统掌握贯穿其中的马克思主义立场、观点、方法，提高全体党员的思想理论水平，深刻感悟党的创新理论的真理力量和实践力量。

学史增信，强“两个维护”自觉。通过党史学习教育，增强历史自觉，保持战略定力，筑牢信仰之基，深刻认识红色政权来之不易、新中国来之不易、中国特色社会主义来之不易，坚定对马克思主义的信仰，对社会主义、共产主义的信念，对实现中华民族伟大复兴中国梦的信心，增强忠诚核心、维护核心、看齐核心的政治自觉和行动自觉。

学史崇德，守立德树人初心。通过党史学习教育，弘扬优良传统，传承红色基因，始终坚守立德树人初心，始终牢记为党育人、为国育才使命，加强党对教育工作的全面领导，全面贯彻党的教育方针，培根铸魂、启智润心，努力培养担当民族复兴大任的时代新人，永葆对党的忠诚之心、对人民的赤子之心，永葆党的先进性和纯洁性。

学史力行，开强农兴农新局。通过党史学习教育，加强党性锤炼、砥砺政治品格，办实事、开新局，不断提高把握新发展阶段、贯彻新发展理念、构建新发展格局的政治能力、战略眼光、专业水平，紧紧围绕全面建设中国特色、农业特色世界一流大学，推动学校“十四五”高质量发展，积极投身乡村全面振兴，更好地服务国家重大战略。

三是深入学习理解“六方面重点内容”。

第一，深刻铭记中国共产党百年奋斗的光辉历程。通过党史学习教育，深刻铭记我们党走过的光辉历程、付出的巨大牺牲、展现的巨大勇气、彰显的巨大力量，深刻认识中国共产党的领导、中国特色社会主义道路是历史的选择、人民的选择，不断增强继往开来走好新时代长征路的自觉性、坚定性。

第二，深刻认识中国共产党为国家和民族做出的伟大贡献。通过党史学习教育，牢牢铭记我们党为实现国家富强、民族振兴、人民幸福和人类文明进步事业做出的伟大历史贡献，深刻认识中国共产党是中国人民和中华民族的主心骨，没有中国共产党就没有新中国、就没有中国特色社会主义、就没有中华民族的伟大复兴。

第三，深刻感悟中国共产党始终不渝为人民的初心宗旨。通过党史学习教育，始终牢记为了谁、依靠谁、我是谁，牢记人民是真正的英雄，是我们党执政的最大底气，自觉坚持人民立场、践行群众路线，永远和人民群众同呼吸、共命运、心连心，不忘初心、牢记使命、永远奋斗。

第四，系统掌握中国共产党推进马克思主义中国化形成的重大理论成果。通过党史学习教育，深刻认识马克思主义是我们立党立国之本，在当代中国坚持和发展习近平新时代中国特色社会主义思想，就是真正坚持和发展马克思主义，必须坚持不懈用党的创新理论武装头脑、指导实践、推动工作。

第五，学习传承中国共产党在长期奋斗中铸就的伟大精神。通过党史学习教育，始终牢记革命理想高于天、崇高精神永不过时，高度珍视精神财富，自觉继承革命传统、传承红色基因、补足精神之钙，在具有许多新的历史特点的伟大斗争中，不断书写中国共产党人新的精神史诗。

第六，深刻领会中国共产党成功推进革命、建设、改革的宝贵经验。通过党史学习教育，充分认识中国共产党为什么能、马克思主义为什么行、中国特色社会主义为什么好，深刻汲取我们党坚持真理、修正错误的经验教训，统筹中华民族伟大复兴战略全局和世界百年未有之大变局，认清形势，把握规律，抓住机遇，应对挑战，为实现第二个百年奋斗目标而接续奋斗。

三、紧密结合实际，明确学校党史学习教育的进度安排和重点任务

这次活动面向学校全体党员，以处级以上领导干部为重点，针对不同对象提出党史学习教育任务要求。同时，也要以此次党内教育带动全体干部、全体教师和全体学生加强对党史的学习。

总的要求是：坚持以习近平新时代中国特色社会主义思想为指导，紧紧围绕学懂弄通做实党的创新理论，坚持学党史、悟思想、办实事、开新局，坚持学史明理、学史增信、学史崇德、学史力行，坚持对标对表、突出特色、分类指导、统筹推进，坚持学讲结合、学研一体、学用贯通，教育引导广大党员、干部坚定正确方向，传承红色基因，牢记初心使命，以立德树人为根本，以强农兴农为己任，守正创新抓住机遇，锐意进取开辟新局，为全面建设社会主义现代化国家、实现中华民族伟大复兴中国梦而不懈奋斗。

为了开展好党史学习教育，党委已经研究和印发了学校《党史学习教育实施方案》，明确了三个阶段的进度安排、六个方面二十项重点任务。主要说明如下：

一是时间安排上要贯穿2021年全年，主要分为三个大的阶段。党史学习教育贯穿2021年全年，把学习习近平新时代中国特色社会主义思想贯穿始终，把学史明理、学史增信、学史崇德、学史力行贯穿始终，把学党史、悟思想、办实事、开新局贯穿始终。启动时召开动员大会，结束时召开总结大会，实施过程中根据习近平总书记关于党史学习教育的最新要求和党中央的最新部署以及上级要求，及时做好工作安排的动态调整，要注重融入日常、抓在经常。

第一阶段。从动员大会到“七一”庆祝中国共产党成立100周年大会（以下简称“七一”庆祝大会）。全面系统学习党的百年奋斗史，以中国共产党百年历史为基本时间线索，对学习作出全面系统安排。专题学习新民主主义革命时期、社会主义革命和建设时期、改革开放新时期、党的十八大以来四个阶段的历史，要结合学习习近平总书记重要著作篇目，深化对马克思主义中国化成果，特别是习近平新时代中国特色社会主义思想的理解。

第二阶段。从“七一”庆祝大会到党的十九届六中全会。同中国共产党成立100周年庆祝活动贯通起来，重点学习习近平总书记在庆祝中国共产党成立100周年大会上的重要讲话精神。按照中央要求，以强烈的政治责任感抓好学习贯彻，通过专题学习、交流研讨、宣传阐释、基层宣讲，掀起学习贯彻的高潮。

第三阶段。从党的十九届六中全会到总结大会。深化党史学习教育，同学习党的十九届六中全会精神结合起来，引领党员领导干部、师生更好地用党中央的精神统一思想、统一意识、统一行动，同系统总结学校历史经验结合起来，坚持学、思、用贯通，深入研究重大问题，更好地在党的领导下奋进新征程、创造新业绩。学习习近平总书记在党史学习教育总结大会上的重要讲话精神。以习近平总书记重要讲话精神为指导，认真做好党史学习教育总结工作，确保党史学习教育善始善终、善作善成。以总结为新的起点，使党史学习教育融入日常、抓在经常，形成长效机制、发挥长效作用。

二是学习安排上，要抓实学习培训，推动教育开展。以个人自学为基础，静下心来，原原本本研读指定的学习材料，同时用好其他参考资料、网络学习平台。目前，我们已经为党员、干部配备《论中国共产党历史》《毛泽东　邓小平　江泽民　胡锦涛　关于中国共产党历史论述摘编》《习近平新时代中国特色社会主义思想学习问答》《中国共产党简史》等指定学习材料。自学时要做到对当时的主要脉络有基本了解，对党史上的重大事件、重要会议、重要人物有基本把握，对党的思想理论、精神谱系、历史经验有基本理解，为深化党史学习教育打下坚实基础。同时深入学习习近平总书记关于教育工作、“三农”工作、北京工作、扶贫工作等的重要论述。在此基础上，学校各级党组织要组织开展好集中学习研讨，推动各基层党组织开展丰富多彩的学习活动。要把党史学习教育作为2021年党员干部教育培训重点任务，开设专题班次或相关课程，组织好处级干部、年轻干部等专题培训。“七一”前后，学校党委领导班子成员、各级党组织负责人要讲授一次党史学习教育专题党课，以交流学习体会，深化学习成果。

三是活动安排上要抓好政治引领，提升育人实效。要组织好学生“四史”教育活动，把党史学习教育有机融入思政课教学中，发挥好课堂教育主阵地的作用。实施好学生“学百年光辉党史，做强农兴农青年”教育活动方案，广泛开展“名师大家讲党史”“网上重走长征路”“百年党史主题电影展映”“我给先烈写封信”“永远跟党走”等特色活动，通过读经典、唱革命歌曲、讲党课、拍视频、写书信、走基层、做调查、提供志愿服务等方式，加强对学生的教育引导。动员广大青年学生积极参与老党员讲述“口述史”系列访谈活动，精心组织走访、采编和对谈交流活动，引导青年学生传承红色基因。为了突出学校特色、传承红色基因，学校正在认真组织编纂《红色足迹：中国农大许党报国的奋斗故事》图书，以党的事业发展为主线，以农大红色足迹为线索，深耕党史学习教育，用身边事教育身边人。适时举办“玉汝于成——脱贫攻坚伟大事业中的中国农业大学”“红色足迹”等系列专题展览，通过线上线下展览展示，讲好砥砺奋进的故事。组建学校宣讲团，加强以党史为重点的“四史”宣讲教育，增强吸引力、感染力。同时用好红色资源，开展红色实践教育，组织党员、干部、教工参观革命遗址遗迹、革命博物馆与纪念场馆等，接受革命传统教育，引领大家走好“红色育人路”。

四是工作安排上要抓牢党性锻炼，实现学做结合。要把“我为师生办实事”实践活动作为党史学习教育的重要载体，与巩固深化巡视巡察整改成果结合起来，与做好学校“十四五”开局各项工作结合起来，组织广大党员立足岗位实际，从教学科研管理、学习生活服务等方面，为师生服务，切实解决群众的操心事、烦心事、揪心事。坚持“学党史、干实事”“学党史、解难事”“学党史、谋大事”“学党史、创新事”“学党史、长本事”，推动学校重点工作落实见效。校、院两级党政领导班子成员至少推动一项工作取得重大进展。“七一”前后以党史学习教育为主题召开专题组织生活会，年底校、院两级党委领导班子围绕党史学习教育召开专题民主生活会，认真进行党性分析，开展批评与自我批评，检验“我为师生办实事”实践活动以及整个党史学习教育的成效。

四、加强组织领导，切实保障全校党史学习教育的深入开展和取得实效

学校各级党组织、各部门和各单位要高度重视，集中精力，增强责任感和紧迫感，加强组织领导，加强统筹协调，加强督促指导，加强宣传总结，切实提高全校党史学习教育

的质量。

一是加强组织领导，负起主体责任。学校党史学习教育在学校党委领导下开展。党委常委会决定成立学校党史学习教育领导小组，我作为校党委书记任组长，担负起第一责任人责任。副组长由张东军、秦世成、李培景、王勇副书记担任，成员包括所有党员校领导和党委常委。领导小组办公室设在党委宣传部，办公室主任由党委副书记李培景同志担任，成员单位包括党政办公室、党委组织部、党委宣传部、纪委办公室、党委学生工作部、党委研究生工作部、党委教师工作部等。领导小组下设学习宣传组、干部教工组、学生教育组、巡回指导组四个专项工作组，由各位党委副书记分别担任组长，党委相关部门参加。各二级党组织也要认真履行组织领导责任，创新方式方法，既要认真落实统一部署，确保“规定动作”做到位、不走样，又要结合自身实际，使“自选动作”有特色、有深度。基层党支部也要积极行动起来，形成层层推动、齐抓共管合力。学校校院两级党委班子、党委理论学习中心组和党员领导干部要先学一步、学深一点，发挥头雁效应。

二是加强统筹协调，两手抓、两促进。今年，我们党史学习教育和改革发展稳定各项任务异常繁重，要以好的作风开展党史学习教育，坚持围绕中心、服务大局，把开展党史学习教育同落实学校第四次党代会精神结合起来，同完成学校改革发展稳定任务结合起来，同“双一流”建设的各项任务结合起来，同党中央部署正在做的事结合起来，同庆祝中国共产党成立 100 周年结合起来，使党员干部焕发出来的工作热情和奋斗精神转化为攻坚克难、干事创业的实际成果。在整个党史学习教育过程中，要坚持两手抓、两促进，切实防止“两张皮”。要结合党史学习教育，深入推进马克思主义学院和马克思主义理论学科建设；以教育评价改革为牵引，统筹推进育人方式、办学模式、管理体制，保障机制改革；举全校之力，组建重大科研平台和团队，集中力量攻克更多关键核心技术“卡脖子”难题，助力国家重大科技战略实施；要深入研究和前瞻布局，加快建设若干新兴前沿学科、交叉学科和基础支撑学科；要大力推动巩固拓展脱贫攻坚成果同乡村振兴的有效衔接，打造服务“三农”的新样板。要将社会服务与资源拓展有机融合，积极解决制约发展的重大瓶颈问题。要发扬马克思主义优良学风，力戒形式主义、官僚主义，教育引导党员干部学思践悟、真抓实干、转变作风、主动作为，将党史学习教育成果转化为干事创业的强大动力。

三是加强督促指导，促进精准施策。领导小组办公室要建立工作专班，健全工作联络、简报编辑、信息报送、定期总结、交流研讨、材料管理等日常工作机制。学校党史学习教育领导小组采取巡回指导、调研访谈、列席集中学习研讨会和专题民主生活会等方式，对院(部、处)领导班子的党史学习教育进行督促指导。督导工作要分类指导、精准施策，重点从领导干部自身素质提升、解决问题成效、群众评价反映等方面，客观评估党史学习教育效果，防止“一刀切、一锅煮”。对开展党史学习教育消极对待、敷衍应付的，要严肃批评；对走形变样、问题严重的，要问责追责、及时纠正。

四是加强宣传总结，营造良好氛围。坚持正面宣传、总结提升和监督提醒相结合，要综合运用新闻报道、专题访谈、典型宣传、工作综述等形式，充分利用校园网、微信公众号、校报校刊等载体，深入宣传党中央精神，及时反映党史学习教育进展成效，总结推广基层党组织的好经验、好做法，为党史学习教育营造良好氛围。要选树宣传先进典型，形成学先进、当先进的良好风尚。要注重健全制度，把党史学习教育中形成的好经验、好做法用制度形式运用好、坚持好，不断巩固党史学习教育成果。

同志们，扎实开展党史学习教育，是坚持不懈用习近平新时代中国特色社会主义思想武装师生头脑的生动实践，是当前首要的政治任务，也是加快中国特色、农业特色世界一流大学建设的重要契机。各单位和广大党员要坚决落实党委工作部署，迅速行动起来，掀起学习热潮，以扎扎实实的党史学习教育成效，推动各项工作的开展，以更加优异的成绩庆祝中国共产党成立100周年！

谢谢大家！

加强理论宣讲，凝聚奋进力量

——党委书记姜沛民在学校党委理论学习宣讲团成立大会上的讲话

（2021年4月9日）

同志们：

大家上午好！

深入学习贯彻习近平新时代中国特色社会主义思想，是摆在我们面前的一项长期的政治任务。党的十九大以来，我们认真部署开展“大学习”“大宣讲”“大落实”，各级党组织精心组织，探索创新，取得扎实的成效。特别是，面向广大师生的理论学习宣讲工作更加活跃。多年来，学校干部师生理论骨干组织了党的十九大精神宣讲团、党的十九届四中全会精神宣讲团、党的十九届五中全会精神宣讲团、“学思”宣讲团、博士宣讲团、“稼穑先锋”爱国主义宣讲团、“稼穑英才”青年宣讲团、“红色基因　初心使命”宣讲团等，开展丰富多彩的宣讲活动，积累了有益的经验，同时也锻炼了一批骨干，形成了一些亮点。

在迎接建党100周年，深入开展党史学习教育的重要时刻，为了整合力量、壮大队伍、打造品牌、提升质量，我们决定组建学校党委理论学习宣讲团。目的就是高举思想旗帜，提升理论宣讲水平，通过开展大规模、多层次、常态化宣讲活动，持续推动理论学习走深走心走实，让党的创新理论“飞入寻常百姓家”，成为新时代最强音，引导广大师生切实把思想和行动统一到习近平新时代中国特色社会主义思想上来。

当前，对于加强和改进新时代理论学习宣讲工作，中央及上级党组织提出了明确要求。结合学校实际，切实加强党委理论学校宣讲团建设，是进一步宣传普及马克思主义中国化最新成果的迫切要求，是牢牢掌握意识形态领域主导权和话语权的迫切要求，是紧紧围绕立德树人根本任务不断提升思想政治工作水平的迫切要求。

今天在学校党委理论学习宣讲团成立之际，请允许我代表学校党委对宣讲团的成立表示热烈祝贺！对所有参加宣讲团的同志们表示衷心的感谢！

下面，我对宣讲团的工作讲几点意见：

一是凝练宣讲内容。政治理论学习宣讲，根本上是通过组织开展宣讲活动来调动干部师生的理论学习热情，破解政治理论学习中的难点问题，释疑解惑，增进共识。开展理论宣讲，要突出重点。

第一,要深入研究和阐释习近平新时代中国特色社会主义思想,学习宣传习近平总书记系列重要讲话和指示批示精神,加强马克思主义理论教育,不断用科学理论武装广大师生头脑,高举马克思主义、中国特色社会主义伟大旗帜不动摇,坚持习近平新时代中国特色社会主义思想指导地位不动摇。

第二,要深入学习宣讲党和国家重大决策部署,引导师生准确理解党的基本理论、基本路线、基本方略,讲清楚讲明白党和国家的重大决策部署,让师生听得懂、能领会、可落实。

第三,要深入学习宣讲党史、新中国史、改革开放史、社会主义发展史,尤其在党史学习教育中发挥重要作用,引导师生深刻理解中国共产党为什么能、马克思主义为什么行、中国特色社会主义为什么好,传承红色基因,讲好农大故事,持续激发广大师生许党报国的巨大热情。

第四,要深入学习宣讲新时代坚持和发展中国特色社会主义的生动实践,联系国内外形势,解读世情国情党情,及时回应师生关注的热点问题,讲好"大思政课",帮助师生正确认识世界和中国发展大势,正确认识中国特色,正确认识时代责任和历史使命。

二是创新宣讲方式。理论宣讲只有接地气、聚人气,因地制宜、因事而化,不断创新宣讲方式,才能把有意义的事做得有意思,才能把理论学习内容讲活、讲对、讲准、讲好,讲到师生心坎里。一方面,要针对重大理论学习教育活动,深入研讨制定宣讲提纲,统一安排宣讲日程,进行重大学习教育宣讲定制,把规定动作、规定内容、规定要求做到位,打造一批宣讲示范精品课程,以点带面推动重大学习教育主题宣讲落地落实、深入开展;另一方面,要围绕常态化理论学习教育主题,制定日常理论学习宣讲"菜单",紧贴师生需要提供多种宣讲服务,组织生动活泼的宣讲"对谈",不断提升理论学习的亲和力和感染力,推动"线上"与"线下"有效结合,采取灵活多样的方式,满足师生不同群体自主化、差异化学习的需要。

三是强化制度保障。理论学习宣讲工作,必须坚持正确的政治方向,必须深刻学习领会基本精神,必须坚持理论联系实际,每一位宣讲的同志都要做到"了然于胸、运用自如、深入浅出、入脑入心"。因此,从宣讲团的建设来讲,要坚持集体备课制度,深入研讨宣讲中遇到的问题,帮助宣讲团成员更好地把握宣讲知识点和精髓要义,认真准备好宣讲稿。要建立健全学习培训制度,使宣讲者先学一步、深学一层,创造更多的学习培训机会,不断提高宣讲团成员的理论素养和宣讲水平。要研究建立宣讲评价制度,对宣讲活动跟踪分析,客观评价,注重听取师生的意见建议,试行同行及听众综合评价机制,及时反馈评价信息,改进工作方法。要完善资源共享制度,搭建学校宣讲团信息平台,加强与基层单位学习活动的有效对接,推送优质学习资源。

四是加强组织领导。各级党组织要高度重视宣讲工作,始终坚持党对意识形态工作的领导权,不断加强政治领导和具体指导。要切实创造条件,提供各种平台,充分发挥党委理论学习宣讲团作用。尤其要大力支持师生骨干参加理论学习宣讲活动,注意发现和培育宣讲过程中涌现出来的典型,采取必要的政策措施,激励学习宣讲工作人员的积极性。各有关部门要加强内外宣传,打造宣讲精品,形成宣讲品牌,扩大宣讲成果,不断增强宣讲活动的影响力。

五是勇担责任使命。所有宣讲团成员都是学校理论战线的骨干,都受学校党委委托，担负着党组织交付的重要政治任务，责任重大，使命光荣。希望大家要提高政治站位，自觉增强责任意识，认真贯彻中央精神、上级部署和学校具体要求，对党的创新理论和中央重大部署，要先学一步，深刻领会，融会贯通，深入浅出，紧紧围绕习近平总书记和党中央提出的一系列新的重要思想、重要观点、重大论断、重大举措，紧紧围绕当前干部群众在学习贯彻中普遍关注的热点问题和存在的思想困惑，进行深入思考和研讨，密切联系实际，积极回应群众关注关切的问题，以高昂的工作热情和深厚的理论功底，积极投身于学习宣讲活动中去，充分展现出党委宣讲团成员应有的风采和水平。

最后，衷心祝愿党委理论学习宣讲团越办越好！

谢谢大家！

深入贯彻全面从严治党方针 全面引领保障学校建设高质量发展

——党委书记姜沛民在全面从严治党大会上的讲话

（2021 年 4 月 28 日）

同志们：

我们今天召开全面从严治党大会，主要任务是深入学习领会习近平总书记在十九届中央纪委五次全会上的重要讲话和全会精神，贯彻落实教育部、北京市委和北京市教育系统全面从严治党工作会议要求，总结一年来的学校全面从严治党工作，分析研判形势，安排工作，充分发挥全面从严治党的引领保障作用，为加快中国特色、农业特色世界一流大学建设提供坚强政治保证，以优异成绩庆祝中国共产党成立 100 周年。

刚才，世成同志通报了教育系统全面从严治党方面存在的问题和案例，通报了校内巡察和信访举报的共性问题，主要目的就是以案为鉴、以案促改，开展警示教育，希望大家从中吸取教训，举一反三，做到警钟长鸣，筑牢防范底线。

下面，我对抓好学校全面从严治党工作讲三点意见。

一、充分认识学校全面从严治党取得的积极成效

过去一年，学校各级党组织和广大党员干部坚持以习近平新时代中国特色社会主义思想为指导，全面贯彻党的十九大和十九届二中、三中、四中和五中全会精神及《党委（党组）落实全面从严治党主体责任规定》，深入贯彻习近平总书记关于教育的重要论述，以习近平总书记给全国涉农高校的书记校长和专家代表重要回信精神为根本遵循，增强“四个意识”、坚定“四个自信”、做到“两个维护”，加强党的全面领导，牢牢把握社会主义办学方向，坚持立德树人根本任务，强化强农兴农使命担当，以党的政治建设为统领，以严的标准、实的作风、硬的措施切实把全面从严治党责任抓紧抓牢、落实落地，推动全面从严治党各项任务取得新成效，为推进学校高质量发展提供坚强政治保证。

一是坚决贯彻习近平总书记重要回信精神和党中央决策部署，坚定扛起政治责任。

学校党委坚持全面从严治党首先要从政治上看，不断提高政治判断力、政治领悟力、政治执行力，把发现和推动解决影响党的领导、弱化党的建设作为全面从严治党的根本性、全局性问题，开展政治对标，查找和纠正政治偏差，确保令行禁止、步调一致。坚持以习近平新时代中国特色社会主义思想为指导，全面贯彻习近平总书记给全国涉农高校的书记校长和专家代表的重要回信精神和党的十九届五中全会精神，各方面工作都取得了新进展和新突破，扎根中国大地办好社会主义大学的信心更加坚定。一年来，学校深入实施“5＋1”工程，知农爱农人才培养持续加强；优势学科建设持续推进；重大科技创新实现新突破；智库建设取得新进展，以实际行动践行乡村振兴、食品安全、健康中国等国家重大发展战略；师资队伍建设成果丰硕，“315 人才引进工程”与“2115 人才培育发展支持计划”成效显著；“三全育人”扎实推进，加强理想信念教育，创新人才培养模式，突出社会实践锤炼，推动拔尖人才培养，综合改革成效日趋凸显。

二是认真履行管党治党主体责任，全面加强政治领导。学校胜利召开第四次党代会，始终锚定习近平总书记为我校指出的建成中国特色、农业特色世界一流大学的奋斗目标，充分发挥学校党委领导核心作用，精心谋划了新的三步走发展战略，确立了今后五年的工作思路，领导制定“十四五”规划和二〇三五年远景目标。不断完善党委领导下的校长负责制，持续强化学校党委把方向、管大局、作决策、抓班子、带队伍、保落实的领导核心作用。完善全面从严治党责任体系，成立学校党的建设和全面从严治党工作领导小组，制定落实《党委深化落实全面从严治党主体责任清单》，完善二级党组织、党政班子议事规则，强化党支部政治功能，落实各级党组织的政治责任。

三是持续深化思想理论武装，有效维护政治安全。学校党委把深入学习贯彻习近平新时代中国特色社会主义思想作为首要政治任务，以党史学习教育为契机，掀起新的学习高潮。建立健全三级理论学习体系，完善校院两级党委理论学习中心组学习制度，重新组建党委理论学习宣讲团，深入推进北京市重点马克思主义学院建设，将全校 2 300 余门本科课程教学大纲转变为育人大纲，组织实施“传承红色基因，讲好农大故事”思想引领行动，持续推进党的创新理论在学校工作中落地生根。牢牢掌握意识形态工作领导权，严格落实意识形态工作责任制，加强网络舆情研判，建立部门联动机制，抓好意识形态教育培训，开展专项工作督查。全校党员干部、师生、员工思想状况和精神面貌总体积极向上，政治认同、思想认同、感情认同进一步增强，全年未发生重大政治敏感事件。

四是全面落实新时代党的组织路线，突出干部政治标准。学校党委加强学校干部队伍建设规划，坚持正确选人用人导向，研究制定处级领导干部政治把关和政治素质考核实施办法，扩大选人用人视野，注重在脱贫攻坚一线考察锻炼干部，干部政治素质和政治能力有效提升，学校干部工作满意度明显提高。严格领导干部兼职审批，开展个人有关事项报告专项整治，加强干部出国（境）管理，干部在监督管理下工作的意识不断增强。学习贯彻《中国共产党基层组织选举工作条例》，指导 9 个二级党组织顺利换届，完善校外机构党建工作机制，坚持二级党组织、基层党支部书记述职考核评议全覆盖，持续推进“全覆盖双提升”建设工程，严格抓好党员日常管理。学校新增 1 个全国“双带头人”教师党支部书记工作室，3 个党组织和 5 名党员获北京市“两优一先”表彰。

五是不断巩固纪律建设成果，涵养良好政治生态。党委常委会领导纪委落实深化高校纪检体制改革任务，支持纪委以政治监督为统领，精准发挥监督专责，以零容忍的态度查处违纪违法问题，认真听取纪委提出的意见建议，完善定期听取信访举报受理及处置情况的机制。就李宁一案召开专题警示教育大会，着力建设清正廉洁的教书育人环境。修订学校《巡察工作办法》，党委常委会5次研究部署巡视巡察工作，围绕“四个落实”监督重点，实现了党委一届任期内对25个二级党组织的巡察全覆盖，并已经开展对16个单位巡察整改回头看检查工作，通过民主测评等方式进一步发现问题、压实整改责任。锲而不舍纠治“四风”，制定《落实校级领导干部一线规则实施方案》，修订《督查督办工作办法》，进一步完善年终考核机制，形成干事创业的良好风气。紧盯形式主义、官僚主义问题，开展专项整治，研究制定整治措施，出台《加强会议统筹管理的通知》，梳理精简“一票否决”事项，优化网上办事流程，推进校园一站式网上服务大厅建设，持续为基层减负。定期组织公务用车、公务接待、公务出国和办公用房情况专项检查，持续拧紧落实中央八项规定精神的阀门。

六是不断深化中央巡视整改，强化政治巡视效果。2017年学校接受中央巡视以来，党委高度重视巡视整改工作，针对反馈意见做到即知即改、立行立改；对标中央提出的新标准、新要求，推动巡视整改常态化、制度化；组织开展中央巡视整改落实情况自查自评，把深化中央巡视整改作为“不忘初心、牢记使命”主题教育的一项重要内容，持续巩固巡视整改成果。2020年，学校党委以学习贯彻习近平总书记回信精神一周年为契机，进一步全面梳理学校各项工作，持续深化落实。2021年，学校党委对新一届领导班子明确提出再整改、再深化要求，对标对表“四个落实”，主动开展自查自纠，把深化巡视整改作为贯彻落实党的十九届五中全会精神的重要举措，以深化巡视整改新成效为学校改革发展新格局奠定坚实基础。

二、准确把握全面从严治党新形势新要求

习近平总书记在十九届中央纪委五次全会上强调“全面从严治党首先要从政治上看”，我们要认真学习贯彻党的十九届五中全会和十九届中央纪委五次全会精神，深入贯彻全面从严治党方针，不断提高政治判断力、政治领悟力、政治执行力，充分发挥全面从严治党引领保障作用，确保“十四五”规划的发展目标任务落到实处。

(一)认真学习领会党的十九届五中全会的部署要求

党的十九届五中全会强调，必须坚持党的全面领导，确保党中央决策部署有效落实。这是“十四五”时期经济社会发展必须遵循的基本原则，是实现“十四五”规划和二〇三五年远景目标的根本政治保证。“十三五”时期，面对错综复杂的国际形势、艰巨繁重的国内改革发展稳定任务，我国经济社会发展仍然取得新的重大成就。这些成就的取得，根本在于有以习近平同志为核心的党中央坚强领导，有习近平新时代中国特色社会主义思想科学指引。实践证明，中国共产党的领导是中国特色社会主义最本质的特征，是中国特色社会主义制度的最大优势。这是推进我国经济社会发展不能脱离的最大国情。“十四五”时期乃至更长时期，我国经济社会发展将面临极其复杂的国际形势，要破解一系列难题、战胜一系列风险挑战，形势越是复杂，任务越是艰巨，越离不开中国共产党这个指引方向的指南针、凝心聚力的主心骨、社会稳定的压舱石，越要坚持和加强党的全面领导。开局“十四五”，只有坚定不移全面从严治党，一体推进不敢腐、不能腐、不想腐，把党

建设得更加坚强有力，才能为开启全面建设社会主义现代化国家新征程提供坚强保证。

(二)认真学习领会十九届中央纪委五次全会的部署要求

在今年年初召开的十九届中央纪委五次全会上，习近平总书记充分肯定过去一年全面从严治党取得新的重大成果，深刻阐述全面从严治党新形势新任务。要深入贯彻全面从严治党方针，充分发挥全面从严治党引领保障作用，坚定政治方向，保持政治定力，做到态度不能变、决心不能减、尺度不能松，确保“十四五”时期我国发展的目标任务落到实处。习近平总书记明确指出：党的十八大以来，尽管党风廉政建设和反腐败斗争取得了历史性成就，但形势依然严峻复杂。必须清醒看到，腐败这个党执政的最大风险仍然存在，存量还未清底，增量仍有发生。腐蚀和反腐蚀斗争长期存在，稍有松懈就可能前功尽弃，反腐败没有选择，必须知难而进。中纪委十九届五次全会深入贯彻落实习近平总书记重要讲话精神，提出要更加突出政治监督，更加突出高质量发展主题，更加突出整治群众身边腐败和作风问题，更加突出发挥监督治理效能，更加突出严管厚爱结合、激励约束并重，为推进全面从严治党向纵深发展提出了具体任务和要求。大家一定要深入学习贯彻习近平总书记重要讲话和会议精神，自觉把思想和行动统一到党中央决策部署上来，旗帜鲜明讲政治，知责于心、担责于身、履责于行，结合工作实际把全会部署落实到位。

(三)认真学习领会教育系统全面从严治党工作会议的部署要求

前不久，教育部党组和北京市教工委分别召开了全面从严治党工作会议。教育部党组书记、部长陈宝生充分肯定了教育系统全面从严治党取得的工作成绩，强调教育系统各级党组织和党员干部要切实把思想和行动统一到习近平总书记的重要讲话精神和党中央决策部署上来，充分发挥全面从严治党引领保障作用，确保“十四五”开局之年教育改革发展稳定各项任务落到实处，要做到 6 个“扎实推动”：一是扎实推动“两个维护”具体化走深走实；二是扎实推动政治建设制度化更密更牢；三是扎实推动正风肃纪长效化长管长严；四是扎实推动基层组织标准化从严从实；五是扎实推动安全稳定常态化抓常抓长；六是扎实推动管党治党责任化落地落细。北京市教工委书记夏林茂围绕北京市委工作部署，强调了重点要抓好的 7 个方面工作：一要强化政治引领；二要抓好党史学习教育；三要抓好巡视整改；四要坚决惩治腐败；五要纠治“四风”顽疾；六要维护好师生利益；七要强化责任落实。

刚才，世成同志传达通报了教育系统全面从严治党存在的一些情况，里面的一些问题在我们学校也不同程度的存在，需要引起我们的高度警惕，切实引以为戒。从我校情况来看，虽然过去一年学校党委不断压实管党治党政治责任，广大干部职工政治意识不断增强，学校全面从严治党工作取得了阶段性成果，但也要清醒看到，与党中央全面从严治党要求相比，与广大师生群众对学校高质量发展的需求相比，我校全面从严治党工作还有差距。这主要表现为：党建工作意识还不够强，基层党组织建设还不平衡，个别单位仍存在重业务、轻党建的倾向；意识形态管控还不够准，对师生思想政治工作还不够精准有效，在肯定学校意识形态领域没有出现重大问题的同时，要警惕松懈情绪，充分认识到在世界百年未有之大变局下，高校意识形态阵地依然存在风险挑战；制度规定落实还不够好，制度执行的监督机制还不够完善，检验工作成效的机制还不精准；党员干部素质还不够硬，党员干部队伍的改革意识、创新精神、担当作为和抗风险能力有待增强，一些部门和干部的服务意识和工作作风仍需改进；日常教育管理还不够严，全面从严治党的阀门还要进一步拧紧，反腐败形势依然严峻复杂，特别是"李宁案"教训极其深刻，暴露出一些教学科研人员法纪意识淡薄，一些管理漏洞、制度欠缺的问题不容忽视，深挖细查的能力还要不断提升。

这些问题警示我们，党风廉政建设和反腐败斗争既是攻坚战也是持久战，全面从严治党永远在路上，我们决不能有"差不多了""该松口气""歇歇脚"的想法，不能有打好一仗就一劳永逸的念头，不能有初见成效就见好就收的心态，必须保持定力、久久为功，把严的主基调长期坚持下去，一以贯之学习贯彻习近平新时代中国特色社会主义思想，一以贯之督促推动党员、干部自觉增强"四个意识"、坚定"四个自信"、做到"两个维护"，一以贯之贯彻落实全面从严治党方针要求。

三、坚定推进全面从严治党向纵深发展

学校党委根据中央要求，在今年《党政工作要点》中对 2021 年全面从严治党工作进行了部署，总的要求是：以习近平新时代中国特色社会主义思想为指导，贯彻落实党的十九大和十九届二中、三中、四中、五中全会精神，贯彻落实习近平总书记关于教育的重要论述和全国教育大会精神，增强"四个意识"、坚定"四个自信"、做到"两个维护"，立足新发展阶段，坚持新发展理念，把握新发展机遇，构建新发展格局，坚持和加强党对学校工作的全面领导，坚持立德树人根本任务、担当强农兴农使命，按照学校第四次党代会战略部署和目标任务，统筹推进"5＋1"工程，为奋力谱写全面建设中国特色、农业特色世界一流大学新篇章开好局、起好步，以优异成绩庆祝中国共产党成立 100 周年。相关工作要求已经下发，希望大家认真学习贯彻。对于今年学校全面从严治党工作，我再强调三个方面。

一要始终围绕一个中心，坚决贯彻习近平总书记重要讲话和指示批示精神，不折不扣落实党中央重大决策部署。今年学校制定了《中国农业大学深入贯彻习近平总书记重要讲话、指示批示精神和中央重大决策部署的实施办法》(以下简称《办法》)，将学习宣传贯彻习近平总书记重要讲话、指示批示精神和中央重大决策部署作为重大政治任务，作为政治对标对表的第一要求，明确了学习宣传到位、思想认识到位、工作落实到位、督导督办到位、激励问责到位"五个到位"的总体要求。各级要深入抓好《办法》的贯彻落实，要系统学习习近平总书记关于高等教育、"三农"工作、科技创新和党的建设的重要论述，特别是深入学习 4 月 19 日习近平总书记视察清华大学的重要讲话精神。要把深入学习贯彻习近平总书记给全国涉农高校书记校长和专家代表的重要回信精神与视察清华大学的重要讲话贯通起来学习，深刻把握总书记对党的十八大以来，我国高等教育与祖国共进、与时代同行，创造了举世瞩目的发展成就的充分肯定，深刻理解习近平总书记对"建设什么样的一流大学"和"怎么建设一流大学"的重要论述，深刻研究习近平总书记对"一流大学群体""一流人才方阵""一流大学体系"的系统阐释，立足中华民族伟大复兴战略全局和世界百年未有之大变局，心怀"国之大者"，切实担起"立德树人、强农兴农"的时代责任，更加积极主动对接国家农业农村现代化战略需求，凝练重点科研方向，持续协同攻关和全链条创新，在重要领域努力取得突破性成果，在乡村振兴中继续发挥农大独特的重要作用。各级党组织要把总书记视察清华大学讲话精神作为制定实施"十四五"规

划的重要指引，全面落实、准确落实、有力落实，学校将进一步强化政治监督，把落实情况列入巡察重点和监督重点，开展专题检查，全面梳理、总结各单位落实情况，查找落差温差，督促制定有针对性的工作推进方案，以强有力的政治监督保障中央重大决策部署在学校落实见效。

今年是党的历史、新中国历史上极其重要的一年，加强意识形态建设工作意义重大。要深入贯彻习近平总书记关于意识形态工作的系列讲话精神，严格落实意识形态工作责任制，认真落实《党委（党组）意识形态工作责任制实施办法》，将落实意识形态工作责任制情况纳入各级领导班子重要议事日程、纳入领导班子和领导干部目标管理、纳入巡察工作重点，开展全覆盖专项督查，确保责任落实。要精准研判风险，进一步健全完善意识形态领域专题研究、情况通报、风险研判机制，重点加强对历史虚无主义的辨析引导，坚决防止有害信息向校园渗透。要加强阵地建设，落实"一会一报"制度，加强教材建设管理，抓好专门教育培训，健全各类应对预案，始终守好意识形态前沿阵地。

二要突出抓好两项任务。首先是抓实党史学习教育。在建党100周年的重大时刻，党中央部署开展党史学习教育，正当其时，意义深远。前期学校专门召开了动员部署会，下发了工作通知，明确了3个阶段、6个方面、20项重点任务，各单位也正在部署推进。要继续加强组织领导，做到责任再压实。切实将党史学习教育作为贯彻全年的一项重大政治任务推进，确保"规定动作"做到位，"自选动作"有特色，真正学出坚定党性、信仰担当。要坚定把握正确导向，做到认识再深化。强化阵地意识，旗帜鲜明反对历史虚无主义等不良倾向，引导师生树立正确的历史观、民族观、国家观、文化观。要着力加强统筹协调，做到知行再促进。把开展学习教育同完成改革发展稳定各项任务结合起来，同"双一流"建设的各项任务结合起来，同谋大事、干实事、解难事、创新事结合起来，确保实事办实、新局开好。要筹划开展督促指导，做到工作再对标。筹划加强巡回指导、分类督导工作，健全工作制度，建立工作台账，不断巩固党史学习教育成果。

其次是配合中央巡视，深入推进全面从严治党。中央已经下发通知，将对中国农业大学开展常规巡视。今天的会议，既是对学校全面从严治党工作的总结部署，也是为认真配合中央巡视做好思想准备。大家要认真学习习近平总书记关于巡视工作的重要讲话精神，把接受中央巡视工作作为当前重要政治任务，切实增强"四个意识"，坚定"四个自信"，做到"两个维护"，全力配合做好巡视工作，自觉主动接受巡视监督。要主动对照全面从严治党主体责任清单，严格对标"四个落实"的工作要求，全面检视工作的短板和不足，全面落实已经出台的中央巡视、中央审计和"不忘初心、牢记使命"主题教育整改方案和整改任务，主动整改、未巡先改。持续深化中央巡视整改推进工作，以深化整改的新成效迎接中央新一轮巡视，以最坚决的态度、最优良的作风、最严明的纪律，全力支持配合中央巡视监督。并以此次巡视为契机，大力加强学校党的全面领导、党的建设、全面从严治党，不断提高各级党组织和党员干部理论素养、治理能力和工作水平。初步确定5月上旬召开动员大会，请大家调整好工作安排，按时参加。

三要全力推进三项建设。一是推进干部监督体系建设。要聚焦对主要领导干部和领导班子的监督，今年3月中央专门下发意见，突出强调对"一把手"和领导班子监督的重要意义、原则要求、重点任务和方法途径，各级组织和党员领导干部一定要旗帜鲜明把严实标准立起来，把各项监督要求不折不扣落实下去，正确对待监督，主动接受监督，使在监督下开展工作成为一种习惯、一种常态。要加大对基层干部和公职人员用权监督约束力度，让基层干部感受到监督，使其适应在监督中履职尽责、干事创业，营造良好的基层政治生态，密切党群干群关系，振奋党心民心，推动管党治党责任传导到党组织的神经末梢，这是全面从严治党、党风廉政建设和反腐败斗争向纵深推进的必然要求。要严格落实党管干部和党管人才原则，坚持“干部政治素质、班子政治功能、单位政治生态”三位一体加强单位班子建设，加强干部培训，严格管理监督，抓好干部工作“选—育—管—用”全链条，不断提升干部政治判断力、政治领悟力、政治执行力。要以新修订的《中国共产党普通高等学校基层组织工作条例》为主线抓好基层党建工作，加强培训宣讲，细化落实措施，用高质量党建引领高质量发展。要深化大学生党支部建设，持续做好党建“双创”单位培育与引领示范，指导提升研究生党支部建设质量。

二是持续深化作风建设。十九届中央纪委五次全会明确指出，要深化整治形式主义、官僚主义顽瘴痼疾，让求真务实、清正廉洁的新风正气不断充盈。近期，中央释放出坚定不移推进作风建设的强烈信号。全体同志必须深刻认识不正之风的政治本质和政治危害，切实将作风建设抓紧抓好抓出成效。要坚持全面从严、一严到底，对违反中央八项规定及其实施细则精神的行为露头就打、反复敲打，继续严查享乐主义、奢靡之风。要深入整治形式主义、官僚主义，坚决查处对党中央决策部署阳奉阴违、做选择、搞变通、打折扣等问题，持续为基层松绑减负。要深化整治群众身边腐败和不正之风，今年我们修订完善了《党风监督员工作办法》，重新选拔聘任了 17 位党风监督员，要充分发挥群众监督作用，结合党史学习教育中“我为群众办实事”实践活动，推动“急难愁盼”问题的有效解决。

三是一体推进“三不”机制建设。一体推进不敢腐、不能腐、不想腐，不仅是反腐败斗争的基本方针，也是新时代全面从严治党的重要方略。要以系统施治、标本兼治的理念正风肃纪反腐，使党员干部因敬畏而“不敢”，因制度而“不能”，因觉悟而“不想”。要着力强化“不敢腐”的震慑，突出纪律审查重点，加大查信办案力度，完善纪律处分程序，为党委领导案件办理提供制度保障。要着力推进“不能腐”的制度建设，用好纪律检查建议书，制定相关工作办法，既要向相关部门精准提出纪律检查建议，更要加强后续跟进检查，督促及时反馈办理和制度建设情况，深化标本兼治。要着力彰显“不想腐”的效果，以庆祝建党 100 周年为契机，筹划开展全面从严治党、党风廉政建设和反腐败斗争系列教育活动，进一步推动纪律教育、警示教育体系建设，发挥专兼职纪检干部教育宣讲作用，有效拓宽教育覆盖范围，增强教育效果。

尤其是要推动全面从严治党向基层延伸，把整治群众身边腐败和不正之风摆到更加突出位置。民心是最大的政治。习近平总书记在党的十九届五中全会上强调，要坚持把实现好、维护好、发展好最广大人民根本利益作为发展的出发点和落脚点，不断增强人民群众获得感、幸福感、安全感。基层领域的“微腐败”，啃食群众利益，败坏政治生态和校园风气，损害党的形象，我们应进一步加大对“微腐败”的治理和防范，让人民群众感受到全面从严治党就在身边、正风肃纪反腐就在身边、纪检监察就在身边，不断厚植党执政的政治基础和群众基础。

同志们，今年是实施“十四五”规划、开启全面建设社会主义现代化国家建设新征程的第一年，做好开局之年的全面从严治党工作，使命光荣，责任重大！让我们牢记初心，勇于担当，同心同德，奋力攻坚，深入贯彻全面从严治党方针，坚定政治方向，保持政治定力，充分发挥全面从严治党引领保障作用，为学校迈向中国特色、农业特色的世界一流大学建设新征程提供坚强政治保证，以优异成绩庆祝中国共产党成立100周年！

党委书记姜沛民在2021年“五四青年标兵”“五四青年标兵集体”表彰大会暨庆祝建党100周年诗歌朗诵会上的讲话

（2021年4月29日）

同学们：

今天，有机会和同学们一起参加今年“五四青年标兵”和“五四青年标兵集体”的表彰大会，我感到非常高兴。首先，祝贺获得表彰的老师和同学们，希望你们珍惜荣誉、坚守初心、接续奋斗，再立新功！

100多年前，在轰轰烈烈的五四运动中，中国青年谱写了动人的青春乐章，作为在五四运动中13个首批参与高校之一，中国农业大学始终站在运动的前列，有着光荣的历史和优良的传统。今天我看到受表彰的青年标兵们，不由得从中看到红色基因的薪火相传。每一代青年都有属于自己的际遇和机缘，大家作为与新时代同向同行的一代，生逢盛世，肩负重任。正如习近平总书记在清华大学考察时强调，广大青年要肩负历史使命，坚定前进信心，立大志、明大德、成大才、担大任，努力成为堪当民族复兴重任的时代新人。今天，借此机会提几点希望与同学们共勉。

一是要爱国爱民。爱国爱民是千百年来积淀起来的对祖国和人民的深厚感情和热爱态度。爱国，是人世间最深层、最持久的情感，是同学们的立德之源、立功之本；爱民，是牢牢站稳人民立场，“先天下之忧而忧，后天下之乐而乐”，深深植根于人民当中，从中获取不竭的动力。在五四运动中，我们的革命先辈们无一不是将个人的得失融入国家的存亡和人民的幸福之中。今天，我们也要接过前人的火炬，将自己的事业融入强农兴农的伟大事业，踏上建设社会主义现代化强国的伟大征程。爱国不是抽象和空洞的，相反，正如习近平总书记指出的“当代中国，爱国主义的本质就是坚持爱国和爱党、爱社会主义高度统一。”我们党的革命历史就是一部爱国爱民的生动教材，希望同学们能结合当前的党史学习教育活动，进一步增强对中国共产党和中国特色社会主义的政治认同、思想认同和情感认同，点燃心中的理想信念之火，用自己一生来践行为祖国、为人民不懈奋斗的誓言。

二是要立德立心。优良品德的养成对人的一生至关重要，中华民族自古以来都重视对个人德行的淬炼。在当代社会，我们评价一个人的标准同样是德才兼备、以德为先。若是人无佳德，他的才华就如无本之木，没有根基，难以丰茂。同学们是新时代的大学生，正是世界观、人生观、价值观形成的关键时刻，应当牢记“勿以善小而不为，勿以恶小而为之”，做到见善则迁，有过则改，成为引领社会风气之先的力量。在生活中既要修大德，弘扬爱国主义，担当社会责任、服务人民群众；也要重小节，学会助人为乐，学会见贤思齐，学会宽和谦让。只有这样，才能获得更有高度、更有境界、更有品位的人生。

三是要创新创造。当今世界是快速变化的世界，知识经济蓬勃发展，科技创新层出不穷，变革创新的潮流滚滚向前，这一切都对我们的创新创造能力提出了更高要求。正如习近平总书记所说：“谁排斥变革，谁拒绝创新，谁就会落后于时代，谁就会被历史淘汰。”创新是引领发展的第一动力，当代青年思想活跃、思维敏捷，这种青春天性赋予青年的活力、激情和想象力，正是创新创业创造的重要源泉。希望大家务必秉持上下求索、锐意进取态度，保持与时俱进、一往无前的精神；同时要努力扩展自己的观察视野、提升自己的思维能力、增加自己的思考深度、突破自己的思路局限。只有这样，才能跟上时代的发展。新时代中国青年，应以创新的勇气、创业的实干、创造的能力，托举起新时代中国之命运。

四是要实学实干。大学是一个研究学问、练就本领的地方，同学们正处于学习知识、增强本领的黄金时期，要为将来成为走在时代前列的奋进者、开拓者、奉献者夯实一生发展的基础。近代以来，久经磨难的中华民族实现了从站起来、富起来到强起来的历史性飞跃，靠的就是接续奋斗、继往开来。新时代是大有可为的时代，但是奋斗的道路往往荆棘丛生，大家未来在征程上会遇到艰难险阻，甚至惊涛骇浪。希望同学们要打牢根基、厚积薄发，仰望星空、脚踏实地，成功一定在前方等你。

同学们，回顾五四运动以来的历史，我们就更加深刻地感受到中国共产党的初心使命，感受到中国人民的伟大创造，感受到中华民族的不屈不挠。“为有牺牲多壮志、敢教日月换新天”。在这个过程中，学校从办学之初就与国家命运和我们党的发展紧密相连，以一腔热血教民稼穑，以科教硕果奉献国家。今天，这个接力棒交到了你们手中，等到21世纪中叶社会主义现代化强国建成之时，在座的大部分同学还不到60岁，也就是说，同学们将全过程地参与和见证“两个一百年”奋斗目标的实现。希望你们能在这千载难逢的历史机遇中，建功立业，梦想成真，让青春在为祖国、为民族、为人民、为人类的不懈奋斗中绽放绚丽之花。

再过几天，就是五四青年节了，我代表学校党委向大家致以节日的问候，祝同学们学习进步，节日快乐！

党委书记姜沛民在中国农业发展论坛上的致辞

（2021 年 4 月 30 日）

尊敬的陈锡文主任，尊敬的各位专家，各位企业界、媒体朋友们：

非常感谢大家来参加这场期盼已久的盛会，首先请允许我代表中国农业大学对各位的到来表示最热烈的欢迎和最真挚的感谢，并向论坛的又一次召开表示最热烈的祝贺。

“三农”问题是关系国计民生的根本问题，是全党工作重中之重。从2011年开始，中国农业发展论坛就聚焦“三农”问题，在以陈主任为代表的一批著名专家学者的关注与支持下，本论坛已成为对我国农业农村的发展具有品牌性的、标志性的重要活动，这里传出的声音深受社会各界瞩目。

本次论坛将发布由国际知名经济学家、我校讲席教授樊胜根博士担任院长的全球食物与经济政策研究院牵头撰写的《中国与全球食物政策报告》，该报告运用多学科视角和全球视野分析农业食物系统重大议题，为中国乃至全球农业食物系统未来的转型路径提供科学决策的依据。这一成果也是他们秉守科研工作者的本心，不忘为国解忧，为民服务使命的又一体现。他们都在不平凡的时期为党和国家做出了属于农大人的贡献。我在这里代表学校祝贺他们！感谢他们！

大家都知道，今年是中国共产党的百年华诞。从1921年到2021年，我们党已经发展成为一个走过百年光辉历程、在最大的社会主义国家执政70多年、拥有9 100多万党员的世界上最大的马克思主义执政党。百年恰是风华正茂。回首党的百年历史，成就斐然，积贫积弱、内忧外患的中华民族在党的带领下披荆斩棘，勇往直前，创造了一个又一个辉煌。我想在这里主要围绕“三农”问题，谈一下党领导中国人民创造的三个贡献。

第一，中国共产党领导人民攻坚克难，取得脱贫攻坚战役的伟大胜利。贫困是人类社会的顽疾，中国的先贤多次发出“哀民生之多艰”的感慨，表达摆脱贫困的夙愿。中国共产党始终将为中国人民谋幸福、为中华民族谋复兴作为初心使命。新中国成立以来，党领导人民实施扶贫开发，贫困人口大大减少，农村地区民生明显改善。特别是党的十八大以来，党中央进一步提出精准扶贫理念，数百万扶贫干部扎根农村，吹响了打赢脱贫攻坚战的号角。截至2020年年底，832个贫困县全部摘帽，贫困地区基础设施、生态环境大大改善，贫困人口全部告别绝对贫困，实现“两不愁三保障”，创造了人类减贫史上的奇迹，为世界减贫事业作出了伟大的贡献。

第二，中国共产党领导人民勠力改革，推动农村土地制度不断创新。“劳动是财富之父，土地是财富之母”。土地制度的演变对于农业发展、农民生活有重要意义。新中国成立以来，根据社会经济发展的实际情况，党积极调整农村生产关系，我国农村土地制度发生过多次变革。新中国成立初期，党领导人民发动土地改革，废除封建土地所有制，消灭了几千年来的剥削制度；党的十一届三中全会后，党根据农村实际情况，推动家庭联产承包责任制，极大地调动了农民生产的积极性，解放了农村生产力；2016年，中共中央办公厅、国务院办公厅印发了《关于完善农村土地所有权承包权经营权分置办法的意见》，在尊重农民意愿、守住政策底线、坚持循序渐进、坚持因地制宜的原则上，逐步推动土地“三权分置格局”，这是我国农村土地生产关系在新的历史阶段的又一重大创新。土地制度的创新推动了粮食生产的大发展，为我国的粮食安全作出了重要的贡献。

第三，中国共产党领导人民奋勇争先，推动农业科技取得重大进步。“农业现代化，关键是农业科技现代化”。为解决农业的“卡脖子”问题，我国科技工作者呕心沥血，废寝忘食，农业生产已彻底改变了传统的“靠天吃饭”的局面，良种覆盖率超过96%，农作物耕种收综合机械化率超过67%，节水灌溉面积达到4.66亿亩，智能农机与机器人、无人机植保服务、农业物联网、植物工厂和农业大数据等新产业蓬勃发展。目前，我国农业科技创新整体水平已进入世界第二方阵，农业科技进步贡献率达到58.3%，科技进步成为解决“三农”问题、推动乡村振兴战略的重要动力。

各位来宾，当今世界恰逢百年未有之大变局，相信我们农业人将在这个变局中一如既往地开拓进取，为乡村振兴战略的顺利实施、为中华民族伟大复兴作出我们的贡献！

再一次预祝本次论坛圆满成功！

谢谢大家！

精心组织　突出特色　扎实开展党史学习教育

——党委书记姜沛民做中国农业大学党史学习教育汇报

（2021 年 6 月 23 日）

尊敬的程书记，巡回指导组的各位领导：

大家上午好！

自党中央和教育部党组部署党史学习教育工作以来，学校党委坚持以习近平新时代中国特色社会主义思想为指导，紧紧围绕学懂、弄通、做实党的创新理论，坚持学党史、悟思想、办实事、开新局，坚持学史明理、学史增信、学史崇德、学史力行，把党史学习教育同“永远跟党走”群众性主题宣传教育活动、“四史”宣传教育统筹部署，统一推进，取得初步成效。简要汇报如下：

一、精心组织，分类指导，迅速掀起党史学习教育活动高潮

一是迅速部署、全面展开。学校党委及时成立党史学习教育领导机构和专项工作组，党委书记亲自挂帅担任领导小组组长。学校党委先后研究出台了《党史学习教育实施方案》《“永远跟党走”群众性主题宣传教育活动工作方案》《在全校开展党史、新中国史、改革开放史、社会主义发展史宣传教育工作方案》《学生“学百年光辉党史做强农兴农青年”教育活动方案》《“我为师生办实事”实践活动工作方案》《关于进一步加强学校教职员工党史学习教育的意见》《关于做好“七一”前后有关工作的通知》等一系列文件。在全校学生错峰返校后，第一时间召开全校党史学习教育动员大会。为学校全体党员、领导干部配发指定学习材料 9 000 余套，为各二级党组织配发“四史”系列重要参考资料 100 余套。党委宣传部编辑印发了《习近平总书记重要致信回信和教育重要论述学习资料》和《习近平总书记关于高等教育、“三农”工作、科技创新和党的建设重要论述摘要》两本学习资料，覆盖全体领导干部和师生党支部书记。

二是深入学习、掀起高潮。学校党委理论学习中心组组织专题读书班，深入学习领会习近平总书记关于党史的重要论述，以中国共产党百年历史为基本时间线索，对学习做出系统安排，坚持紧扣时政“跟进学”、全面深入“系统学”、联系实际“研讨学”。学校党委理论学习中心组率先垂范，召开学习会专题学习习近平总书记在党史学习教育动员大会上的重要讲话精神，邀请原中央党史研究室主任欧阳淞到校做题为“关于认真学习党的百年历史的几个问题”的辅导报告。利用两个工作日的时间举办专题读书班，重点研

读习近平同志《论中国共产党历史》一书，坚持读原著、学原文、悟原理。学校领导班子成员还深入二级党组织开展联学、带头导学，全校26个二级党组织全部按规定组织专题学习会、举办读书班，广泛开展多种形式的理论学习，深刻领会开展党史学习教育的重大意义、重大部署、工作要求。重点聚焦贯彻落实习近平总书记关于教育的重要讲话、指示批示和贺信回信寄语精神，特别是习近平总书记给全国涉农高校的书记校长和专家代表重要回信精神，学校党委制定《中国农业大学深入贯彻习近平总书记重要讲话、指示批示精神和中央重大决策部署的实施办法》。印发《关于深入学习贯彻习近平总书记在清华大学考察时重要讲话精神的通知》，通过"学习路上"微信平台及时推送习近平总书记致厦门大学建校100周年的贺信、给《文史哲》编辑部全体编辑人员回信等，定期推送支部书记"每月学理论菜单"，迅速掀起学习热潮。

三是拓展资源、丰富形式。党委要求全体师生党员在系统学习的基础上，原原本本学习习近平总书记重要讲话和指定学习材料；开设了"开展党史学习教育扎实推进百年行动——中国农业大学建党百年专题网站"，系统刊登习近平总书记关于建党百年历史的重要论述、党中央关于开展党史学习教育的重要精神和决策部署、丰富的百年光辉党史文献资料，打造一站式红色学习平台；加强"两微一端"的网络宣传报道，采取图文解读、短视频等形式，推送党史知识、党史理论和党史学习教育要点，营造良好的理论学习氛围；组织全体处级干部参加中国干部网络学院"党史百年"网上专题班学习；组织党员学生骨干参加国家教育行政学院大学生网络党校党史学习教育专题网络培训；策划出版了《初心弥坚：中国农业大学许党报国的红色故事》图书，深入挖掘校史资料，全面梳理红色基因，认真讲好农大故事，用身边事教育身边人，用农大的光辉历史和前辈的感人事迹教育鼓舞广大师生。

四是深入基层、狠抓落实。学校党委抓实规定动作，明确党史学习教育"七个一"要求，即：全体党员系统学习一系列党史学习教育材料；领导干部每个学习阶段以读书班的形式安排一次集中学习研讨；全体党员干部、党支部书记至少参加一次培训；学校党员领导班子成员、各级党组织负责人讲授一次党史学习教育专题党课；"全覆盖双提升"师生共建党支部至少展开一次主题党日活动；每位党员至少办一件实事；学校领导班子成员至少推动一项工作取得重大进展。学校党委深入推动基层党组织开展丰富多彩的学习活动，继续深化"全覆盖　双提升"大学生党支部建设工程成果，包括所有党员校领导在内的82名党员干部作为党建指导员深入75个本科生党支部，讲授党课，指导开展学习实践，举办党史知识竞赛、红色诗歌朗诵比赛等500余次党史学习教育活动。打造本科生宿舍"党员责任区"，深化"五十百千万"辐射育人模式，通过千名学生党员在点滴作为中引导万名青年学生学习光辉党史，坚定理想信念。在研究生党支部中围绕"学史悟思践初心"主题教育，结合红色"1+1"开展社会实践专项行动，加强基层党建与科技服务相融合。

五是分类指导、全面覆盖。针对全体青年学生，学校党委组织开展"学百年光辉党史　做强农兴农青年"教育活动，具体实施"六个一百"行动计划，引导学生通过"百堂党课讲百年""百场书会读百年"，学习历史知伟力，坚定理想信念；通过"百人宣讲颂百年""百件作品赞百年"，弘扬传统筑信仰，传承红色基因；通过"百队实践寻百年""百项活动敬百年"，躬身实践见行动，争做强农兴农新青年。清明节前夕，党委组织青年师生"缅怀革命英烈传承红色基因”，赴圆明园祭奠“三一八”惨案中我校牺牲的英烈，满怀深情书写致革命先烈的亲笔信，完成穿越时空的特殊对话。学校党委举办“百年征程　初心不忘”五四文化活动，近 5 000 名师生在“青春心向党　奋斗新征程”五四升旗主题团日活动暨集中入团仪式上共同缅怀五四先驱、重温入团誓词、传承五四精神。全校师生积极参与教育部“网上重走长征路”、师生网络拉歌、全国大学生党史知识竞答大会云答题、北京市学生“四史”学习知识竞赛、我听亲人讲“四史”等活动。学校党委建立学生党史学习教育工作台账，定期梳理学生党史学习教育开展的相关活动和特色亮点工作，及时宣传典型做法和经验交流。

针对全体教职工，学校积极开展教职工党史宣传教育活动，印发了《关于进一步加强学校教职员工党史学习教育的意见》；充分发挥教职工每月理论学习制度作用，在师德专题教育中强化以党史学习教育为重点的“四史”学习教育，在青年教师育人能力培训中设置党史专题内容，作为新入职教师取得教师资格和上岗任教前的“必修课”；组织 120 多名新教师参观北京市党性教育基地、爱国主义教育基地，开展“跟党走扬师德育新人”师德故事征集、“赓续精神血脉展示育人风采”教师风采短视频征集活动；举办蔡旭、吴仲贤先生诞辰 110 周年纪念会、设立纪念展，以先辈名师在坚定跟党走的历程中的动人事迹为鲜活素材，引导教师为党育人、为国育才。

二、注重实践，强化服务，积极推动办实事开新局

一是全面部署开展“我为师生办实事”实践活动。印发《“我为师生办实事”实践活动方案》，定期召开办实事推进会，建立健全台账清单。在学校党委层面，结合学校 2021 年党政工作要点和重要民生实事项目，着力办好一批有利于学校改革发展的实事好事，切实解决一批困扰师生群众的难点问题。在二级党组织层面，结合学校年度重点工作和基层单位情况，着力推进 5～10 项本领域本单位师生群众最关心、最直接、最现实、在预期内可以得到解决的突出问题。以党支部为单位，党员领导干部带头，组织全体党员立足本职岗位积极行动，广泛开展“学党史、见行动”承诺践诺活动。每位党员尽力而为、量力而行，至少办成 1 件实事。同时，根据党政管理人员、专任教师、学生、离退休人员等不同群体党员情况，有针对性地组织党员立足岗位特点、发挥专业特长为师生办好实事。管理服务部门重点在简化办事流程、提高服务水平上办实事求实效。后勤保障部门重点在提供高质量公共服务、实施利民项目上办实事求实效。学生工作部门重点在带领学生党员通过建立“党员责任区”、参与志愿服务活动上办实事求实效。群团组织重点在解决师生群众身边事、争做师生群众贴心人上办实事求实效。各学院重点在培养知农爱农新型人才、提升科技创新水平和社会服务能力上办实事求实效。

二是着力推动服务乡村全面振兴。学校成立农村基层党建研究中心，全面梳理建党百年来关于农村党建理论和实践的历史演变和发展趋势，打造高端智库助力农村基层党的建设。创立“中国乡村大讲堂”，解读乡村振兴的政策、探讨乡村振兴的前沿观点、交流乡村振兴的实践经验。张福锁、康绍忠等院士领衔的科技小院团队组织党员专家驻村蹲点，解决农业生产的实际问题，打造全县域、整建制推进农业绿色发展的样板，在“党建＋绿色发展”方面蹚出了新路子。发布《致全国涉农高校学子“学习党史服务‘三农’”行动的倡议书》。启动“中国农业大学乡村振兴红色万里行”活动，将党史学习教育的实践成

果从校内延伸至校外。组织校友走进革命老区教育基地、建立乡村振兴红色服务站，对革命老区进行有效智力帮扶、人才帮扶、科技帮扶、产业帮扶，建立起优秀企业家校友资源和革命老区乡村振兴事业的深度对接桥梁。

三是积极构建学校发展新格局。学校深入开展校地合作，与海南三亚、四川成都、北京平谷等区域的战略合作均取得重大进展，特别是推进国家农业科技创新港在平谷落地，拓宽办学资源取得积极成效。深化科研评价改革，激发科技创新活力，探索构建新的科研组织方式，以黑土地保护与利用为试点，组建跨学院、跨学科的紧密型科技攻关创新团队，试行“揭榜挂帅”制度、推行团队整体考核、建立以产业问题为导向的评价体系。在建设世界一流大学过程中，坚持立德树人的根本任务，扎根中国大地，积极发挥在高端人才培养、战略科技力量建设、基础前沿探索方面的引领作用。

四是努力开创学校党建新局面。组织召开“坚持党建引领推动事业发展”二级党组织书记系列经验交流会，以会代训全面提升党建工作水平。实施教师党支部“双融合、双促进”工程，探索开展“课程思政 1+1+1”建设，即一个机关党支部对接一个学院的一门课程，以推动课程思政建设为抓手，进一步提升教师党员将党建与业务深度融合的意识和能力，教师党支部带头、辐射带动广大教师积极参与、抓实抓强“课程思政”建设，推动党建与业务“双融合、双促进”。

五是推动校园民生建设取得新进展。学校实施促进 2021 届毕业生就业八件实事，保障和实现毕业生更加充分、更高质量就业；克服因时间跨度大、资料不全、新旧政策变化等多重困难，积极推进我校东区教职工住宅不动产权证办理工作，已陆续完成地上物不动产权证书办理，基本完成房屋买卖合同签订工作，涉及教职工约 600 人。从 5 月起，师生每月免费上网的流量提高一倍，使互联网资源更好地支撑教学、科研和管理。

六是优化服务让广大师生有切实的获得感。学校坚持优化网上办事大厅，全力打通跨部门业务流程，全面实现师生“一网通办”，让群众少跑腿、让数据多跑腿。截至目前，共推出各类型服务近 200 项，7 256 名师生在线办理业务 65 177 次，师生少跑腿 206 878 次，为我校师生的教学、科研、管理提供了极大的便利。

三、突出特色，注重创新，扎实推动党史学习教育走向深入

一是切实加强党史学习教育课堂阵地建设。我校马克思主义学院作为北京市首批重点建设马克思主义学院之一，充分结合学校在农业领域的办学传统与特色，于今年春季学期在学校率先开设“社会主义发展史”课程，帮助学生了解社会主义发展历程的主流和本质，理解社会主义取得的成就，受到了学生的一致好评。在秋季学期，将全面开设另外三门“四史”课程，继续深入挖掘北京市和学校红色育人资源，成为全国首批全面开设“四史”系列课程的学校之一。我校“四史”理论研究成果《从〈共产党宣言〉到新时代中国特色社会主义》获批教育部思想政治工作文库项目。同时，学校深化专题教育融入“第一课堂”开展党史学习教育的特色模式，依托“形势与政策”课程全融入 79 个课堂、全动员 66 名专兼职教师、全覆盖万名本科生宣讲党史，以宣讲促学习、以学习促实践，为全体本科生上好党史学习教育“大思政课”。

二是大力弘扬学校红色文化传统。近年来，学校党委深入开展“传承红色基因，讲好

农大故事”思想引领行动，梳理总结悠久的红色历史和光荣的革命传统，2019 年编写出版《念兹在兹：中国农大强农兴农的十个篇章》一书，反映了新中国 70 年来一辈辈农大人爱国奉献、服务“三农”事业的情怀。2020 年编写出版《玉汝于成：脱贫攻坚伟大事业中的中国农大》，全景展现学校在脱贫攻坚中的特色和亮点，记录师生用汗水和智慧助力脱贫攻坚的感人故事。2021 年编写出版《初心弥坚：中国农业大学许党报国的红色故事》一书，以党的事业发展为主线，以农大红色足迹为线索，深耕党史学习教育，用身边事教育身边人，激励全校师生以立德树人为根本，以强农兴农为己任，牢记初心使命，坚定理想信念。学校党委把这三本图书作为引领师生传承红色基因、赓续红色血脉的校本教材。

三是努力创新党史学习教育宣讲方式。学校党委部署开展“大学习”“大宣讲”“大落实”，整合“学思宣讲团”“博士宣讲团”“稼穑英才宣讲团”“稼穑青年宣讲团”等宣讲力量，组建“中国农业大学党委理论学习宣讲团”，重点宣讲习近平新时代中国特色社会主义思想、党和国家重大决策部署、“四史”和新时代国内外形势。先后为全校师生讲解“玉汝于成：脱贫攻坚伟大事业中的中国农大”（以下简称“玉汝于成”）和“初心弥坚：中国农业大学许党报国的红色故事”（以下简称“初心弥坚”）主题展览，精心编制百年大党的历史故事在《前线》客户端连载，结合党委理论学习中心组学习、教职工双周集中理论学习、“三会一课”等形式下院系、下基层开展宣讲。通过开展大规模、多层次、常态化宣讲活动，持续推动理论学习走深走心走实，让党的创新理论成为新时代最强音。

四是隆重举办党史学习教育主题展演。举办“百年风雨稼穑同行”党史学习教育大型主题展演，精心打造学校“赤诚红”“厚土金”“生命绿”三色文化名片，按照历史脉络分别梳理出“醒农先锋浸润红色基因”“扎根大地创造金色希望”“爱国奉献铸就绿色梦想”三个篇章，将一代代农大人与党同心同向同行的故事以艺术的形式展现，用一场触及心灵的入党宣誓、一场不忘初心的生动党课、一本饱含着农大红色足迹的鲜活教材带领全校师生同上一堂大思政课。主题展演也作为学生党史学习教育的重要资料包，通过学校融媒体平台集中发布，在更广范围内、更大群体中发扬学校红色传统。同时举办“青春学思会”，聚焦“我和我的入党故事”“我眼中共产党人的精神谱系”“科学报国下的青年理想”“田野地头间的乡土乡情”等 10 个宣讲主题，将党史宣讲与讲述故事、演唱歌曲、表演舞蹈、录制访谈、诗歌朗诵等结合，激励新时代农大青年传承红色基因，砥砺奋进力量。

五是举办系列党史学习教育专题展览。举办“玉汝于成”主题展览，全景展现学校在科技扶贫、湘西扶贫、毕节扶贫、滇西扶贫、对口支援、精准扶贫、扶贫研究等诸多方面作出的积极贡献。举办“初心弥坚”主题展览，通过“五四洗礼醒农先锋”“热血青春丹心铸魂”“延河弄潮艰苦创业”“自强不息爱国奉献”“扎根大地科学为民”“求是创新敢为人先”“高举旗帜勇担使命”7 个篇章，讲述农大人许党报国的一串串红色故事，展现农大师生坚定跟党走，红色基因代代相传的精神传统。连续 4 个多月来，广大师生参观展览达 2 万余人次，产生积极的反响，发挥了潜移默化的思想引领作用。

六是就近就便开展红色实践教育。学校党委理论学习中心组带头走进香山革命纪念馆，通过参观学习、研讨交流，回顾中共中央进驻香山时期的辉煌历史，学习和发扬斗争精神;组织120多名教师参观北京市党性教育基地、爱国主义教育基地——中国农机院北京农机试验站、卢沟桥事变旧址及大瓦窑村党支部专题展览(我校师生帮助建立的北京市第一个农村党支部),组织少数民族学生集体参观民族文化宫。创新实践形式,利用“现场+VR”技术手段,全景式参观中共一大会址。新闻网开展“寻踪‘红色基因’实践教育精品线路,为师生红色实践教育提供支撑与服务”活动,陆续推出红色线路推荐和红色印记系列报道,带领师生重走农大与党同行的百年道路,重温红色记忆,助力学校师生学党史,帮助基层党组织丰富党史学习教育内容及形式。

各位领导,各位同志,中国农业大学党委将以此次教育部巡回指导组入校指导工作为契机,以各位专家的意见为鞭策,更加深入地推进党史学习教育,全面落实立德树人根本任务,加快推进知农爱农新型人才培养,切实加强新时代学校党建和思政工作,把中国农业大学建设成党的教育事业中的坚强阵地,以更加奋进的姿态确保“十四五”开好局、起好步,以更加优异的成绩迎接建党100周年。

坚守初心为党育人　真抓实干开拓新局

——党委书记姜沛民在学校2021年“两优一先”表彰大会上的讲话

(2021年6月24日)

党员同志们:

在中国共产党百年华诞即将到来之际,我们召开2021年度中国农业大学“两优一先”表彰大会,隆重表彰中国农业大学优秀共产党员、优秀党务工作者和先进党组织,并为老党员代表颁发“光荣在党50年”纪念章,目的就是表彰先进、树立榜样,激励全体党员干部和学校各级党组织,不忘初心,牢记使命,锐意进取,真抓实干,在全面建设中国特色、农业特色世界一流大学新征程中继续奋勇前进,以更加饱满的精神状态和优异成绩庆祝中国共产党成立100周年。

一年来,我们深入学习贯彻习近平总书记重要讲话精神和中央重大工作部署,认真学习和大力弘扬伟大抗疫精神、科学家精神、脱贫攻坚精神,同心抗疫,同谋发展,扎实开展党史学习教育,深入推进“5+1”工程,成功召开学校第四次党代会,研究制定“十四五”规划和二〇三五远景目标,接受中央巡视以及北京市党建和思政工作进校检查,学校各项事业迎来了新的发展。

在奋力拼搏、干事创业的实践中,全校涌现出一批先进党组织和优秀共产党员、优秀党务工作者,他们不忘初心,牢记使命,干在实处,走在前列。他们都是教育教学、科学研究、社会服务和管理服务等一线的工作骨干,在各自平凡的岗位上创造了不平凡的业绩,在他们身上充分彰显了一代代农大人立德树人、强农兴农、许党报国、为民服务的精神传承。这是共产党人精神谱系在学校发展进程中的真实写照,生动诠释了新时代基层党组织的政治品格和先锋形象,充分展现了共产党人的政治本色和时代风采。

刚才几位代表的精彩发言,使在场的同志们倍感振奋,也备受感动。在这里,请允许我代表学校党委，向全体受到表彰的先进集体和优秀个人表示热烈祝贺！向所有为学校发展作出重要贡献的老党员们致以崇高敬意！向奋战在工作第一线的全校共产党员致以亲切问候！向为党和人民的事业辛勤耕耘、默默付出，为学校事业发展尽职尽责、无私奉献的同志们表示衷心感谢！

在建设中国特色社会主义现代化国家的伟大实践中，在奋力开启我校“双一流”建设的新征程中，一个基层党组织就是一座战斗堡垒，一名党员就是一面团结引领群众的旗帜。各个先进党组织在工作中积累和创造的宝贵经验，值得我们认真加以总结，在今年开展的“党建双创年”中大力推广。做好新时代学校党建工作，必须更加自觉坚持和加强党的全面领导，坚持党要管党、全面从严治党，进一步增强“四个意识”、坚定“四个自信”、做到“两个维护”，紧紧围绕全面贯彻党的教育方针、坚持正确办学方向、落实立德树人根本任务来展开，始终聚焦“为谁培养人、培养什么人、如何培养人”这个重大问题来谋划和推进。学校党委立足全面贯彻落实新修订的《中国共产党普通高等学校基层组织工作条例》，以“党建双创年”为统领，提出了用高质量党建庆祝建党100周年的工作目标，对于基层党组织建设提出了一系列工作任务。作为基层党组织，要聚焦政治责任，提升履职能力；要强化思想引领，涵养政治生态；要坚持立德树人，把握政治方向；要坚守思想阵地，增强斗争精神；要夯实基层基础，做好群众工作；要创建工作品牌，提升党建水平。此次受到表彰的21个先进党组织，包括荣获北京市委表彰的1个先进基层党组织，在这些方面都总结了不少好经验、好做法。我们要以庆祝建党百年和此次表彰为契机，进一步集中提炼、相互借鉴、形成模式、示范推广，切实增强基层党组织的凝聚力、战斗力和组织力，推动全面提升学校党建水平。

各位受表彰的优秀共产党员、优秀党务工作者，立足本职岗位，积极创先争优，所展现出的好学上进、拼搏奋斗、服务师生、争创一流的优秀品质，是我校共产党员干事创业精神的集中体现，是广大师生身边的学习榜样。此次学校表彰了101名优秀共产党员、20名优秀党务工作者（含基层党支部书记13人），其中1人荣获“北京市优秀共产党员”称号。每一位优秀同志都有着努力学习、冲锋在前、甘于奉献的不凡事迹。广大党员干部要以这些优秀个人为榜样，见贤思齐、争当先锋，在全校营造学习先进、争做先进的浓厚氛围。也希望各位受到表彰的同志们更加珍惜荣誉，再接再厉，努力争取更大成绩。

各位老党员，特别是荣获党中央首次颁发的“光荣在党50年”纪念章的413名老党员们，他们每个人都有着对党的深厚感情，几十年如一日，为党的教育事业、科技事业、“三农”事业发展作出了不可磨灭的突出贡献，也亲身见证了党和国家事业的发展变化。老党员们的先进事迹、崇高精神、可贵品质，是激励一代又一代农大人传承红色基因，赓续共产党人精神血脉，不断开拓学校发展新局的宝贵精神财富。广大年轻党员要向老党员学习，把干事创业的接力棒传递好，走好新时代的长征路。学校各级党组织要主动关心关爱老党员，为老同志舒心生活、安享晚年、发挥作用创造良好条件，多办实事、办好事。

同志们，再过几天，我们就迎来了党的百年华诞。中国共产党立志于中华民族千秋伟业，百年恰是风华正茂！习近平总书记讲话强调，我们党的一百年，是矢志践行初心使命的一百年，是筚路蓝缕奠基立业的一百年，是创造辉煌开辟未来的一百年。在百年接续奋斗中，党团结带领人民开辟了伟大道路，建立了伟大功业，铸就了伟大精神，积累了宝贵经验，创造了中华民族发展史、人类社会进步史上令人刮目相看的奇迹。

今年以来，我们按照中央部署深入开展党史学习教育，进一步感悟思想伟力，进一步把握历史发展规律和大势，进一步深化对党的性质宗旨的认识，进一步总结党的历史经验，进一步发扬革命精神，进一步增强党的团结和集中统一，努力做到学史明理、学史增信、学史崇德、学史力行，生动践行学党史、悟思想、办实事、开新局。

在党的百年奋斗历程中，我们一辈辈农大人与党和国家的事业发展同向同行，立德树人，强农兴农，许党报国，服务人民，积淀下深厚的红色基因，谱写出一连串红色故事。早在 1919 年，我校师生就积极参加五四运动，走在时代大潮的前列。1921 年，在北京党组织的领导下，杨开智、乐天宇等进步学生组织学校"社会主义研究小组"，随后建立社会主义青年团支部，在本校最早开始了马克思主义的学习、研究和传播。1924 年 1 月，经中共北京地委批准，我校正式建立了中国共产党支部，成为全国最早建立党组织的高校之一。随后，在新民主主义革命时期、社会主义革命和建设时期，改革开放新的伟大革命时期，再到今日迈进新时代，学校党的历史不断谱写着新的光辉篇章。特别是，在烽火连天的战争岁月里，曾任学校第一任党支部书记的乐天宇同志，辗转奔赴革命圣地延安，参加创办延安自然科学院生物系（后改为农业系），成为解放区培养农业专门人才和进行农业科学研究的开端，也成为今天中国农业大学的红色源头之一。回顾百年的光辉历程，农大师生始终保持着共赴国难、民族救亡的一腔热血，教民稼穑，救亡图存，科学报国，为党育人，走过了激情燃烧的岁月，书写了光荣骄傲的历史，奠定了优良的办学传统，用青春和生命谱写了醒农先锋、热血青春、延河弄潮、艰苦创业、自强不息的动人篇章，用汗水和心血铸就了爱国奉献、科学为民、敢为人先、协同奋战、勇担使命的感人事迹，这都将成为激励我们不忘初心、继续前进的不竭的力量源泉。

展望未来，开启全面建设社会主义现代化国家新征程，我们为党育人、为国育才使命重大；加快推进农业农村现代化，学校服务国家大有可为；面对百年未有之大变局，农业科技高水平自立自强和科技创新形势逼人；建设新时代教育强国，实现高质量发展使命艰巨；构建人类命运共同体，解决全球性农业问题，我们重任在肩。就像习近平总书记前不久在清华大学考察时讲话强调的那样，党和国家事业发展对高等教育的需要，对科学知识和优秀人才的需要，比以往任何时候都更为迫切。我们志在建设中国特色、农业特色世界一流大学，就是要立足中华民族伟大复兴战略全局和世界百年未有之大变局，心怀国之大者，始终坚持党对学校的全面领导，坚持马克思主义指导地位，全面贯彻党的教育方针，坚持社会主义办学方向，抓住历史机遇，紧扣时代脉搏，立足新发展阶段、贯彻新发展理念、服务构建新发展格局，准确识变、科学应变、主动求变，把发展科技第一生产力、培养人才第一资源、增强创新第一动力更好结合起来，拓展学科专业新领域，谋划办学空间新格局，形成学校发展新动能，作出服务国家新贡献，也就是把学校高质量发展推向新阶段，为服务国家富强、民族复兴、人民幸福作出农大新贡献。

借此机会，对深入推进党史学习教育，全面开展百年行动和"党建双创年"工作，提出几点希望，与同志们共勉。

一要大力加强理论武装，深入学习贯彻习近平新时代中国特色社会主义思想。理论就是灯塔，思想就是力量。明理才能增信、崇德、力行。要进一步抓好党的创新理论学习，不断跟进学习贯彻习近平总书记重要讲话精神，深刻领悟中国共产党为什么能、马克思主义为什么行、中国特色社会主义为什么好的科学道理，弄清楚其中的历史逻辑、理论逻辑、实践逻辑。要进一步在学深悟透做实上下功夫，不断创新方式方法，注重联系实际，更好坚持党的创新理论的思想指引，切实筑牢广大师生"四个自信"的思想根基。

二要始终坚定共产党人理想信念，进一步锤炼党性修养和自觉践行初心使命。理想信念就是共产党人精神上的"钙"。心中有信仰，脚下有力量。只有坚定对共产主义的信仰、对中国特色社会主义的信念、对实现中华民族伟大复兴中国梦的信心，坚守共产党人的政治灵魂，我们才能肩负起新时代共产党人应当肩负的历史使命。作为党员干部，就要坚持锤炼党性修养，不断拧紧世界观、人生观、价值观这个"总开关"，永葆政治本色。

三要继承和发扬革命精神，始终保持奋发有为的精神状态。回顾农大与党同心同向同行的光辉历程，农大人始终保持着百折不挠、攻坚克难、奋力开拓、敢为人先的精神品质。进入新时代，在决战决胜脱贫攻坚的伟大事业中，农大师生冲锋在前、披荆斩棘、栉风沐雨，发扬"钉钉子"精神，敢于啃硬骨头，把论文写在大地上，助力攻克了一个又一个贫中之贫、坚中之坚，共同锻造了"上下同心、尽锐出战、精准务实、开拓创新、攻坚克难、不负人民"的脱贫攻坚精神。在今后的干事创业中，我们依然需要发扬善打硬仗、能办大事的优良传统，始终保持旺盛的工作热情和高昂的战斗意志，始终保持一往无前的奋斗姿态。全校党员干部要勇做立说立行的"干将"、冲关夺隘的"闯将"、敢抓敢拼的"猛将"，努力创造出无愧于党、无愧于人民、无愧于时代的业绩。

四要不断强化基层建设，进一步夯实党的组织基础。在新时代党的建设中，学院党建工作是学校党建工作的重中之重，也是管党治党、办学治校的中坚力量。党支部是党的基础组织，是党的全部工作和战斗力的所在，党支部建设成效如何更是检验党建工作成效的基本标准。校院两级党委要强化党的一切工作到支部的鲜明导向，坚持和完善党对基层工作的全面领导，深入实施学校党支部建设两项工程，深入开展"党旗在基层一线高高飘扬"活动和"我为群众办实事"实践活动，充分彰显党组织战斗堡垒作用和党员先锋模范作用。

五要全面落实主体责任和监督责任，推动全面从严治党向纵深发展。要始终坚持首先讲政治的工作要求，把严的主基调长期坚持下去，不断提高政治判断力、政治领悟力、政治执行力，不断增强党自我净化、自我完善、自我革新、自我提高能力。要以政治监督为统领，推动巡察整改落地见效，推动全面从严治党向基层延伸。要锲而不舍落实中央八项规定精神，坚决克服形式主义、官僚主义，持续整治广大师生群众身边腐败和作风问题，坚定不移深化反腐败斗争，不断营造风清气正的良好政治生态。

六要推动党史学习教育走深走实，在党史学习教育中厚植为民情怀。历史充分证明，江山就是人民，人民就是江山，人心向背关系党的生死存亡。我们党的百年历史，就是一部践行党的初心使命的历史，就是一部党与人民心连心、同呼吸、共命运的历史。我们要从党的辉煌成就、艰辛历程、历史经验、优良传统中深刻领悟中国共产党与人民群众的血肉联系和鱼水之情。要坚持一切为了人民、一切依靠人民，只有赢得人民信任，得到人民支持，就能够克服任何困难，就能够无往而不胜。不忘初心、牢记使命，就要坚持以人民为中心的发展思想，不断强化公仆意识和为民情怀，主动为师生办实事、为群众解难题，用心用情解决好群众的操心事、烦心事、揪心事，让师生群众有更多获得感。要切实开展好"我为群众办实事"实践活动，通过我们富有成效的工作，进一步调动和激发广大师生的改革创新、攻坚克难的主动性和积极性，凝聚起各方面开创新局、加快发展的强大合力。

同志们，百年征程波澜壮阔，百年大党风华正茂。站在新的历史起点上，回顾党的奋进之路，我们深感无比骄傲和自豪；展望党的光明前景，我们充满必胜的信心和力量。让我们更加紧密地团结在以习近平同志为核心的党中央周围，以永不懈怠的精神状态、一往无前的奋斗姿态，坚守初心、真抓实干，脚踏实地、久久为功，努力在全面建设社会主义现代化国家新征程上创造新的时代辉煌，作出更大贡献，以更加优异的成绩庆祝中国共产党成立100周年！

谢谢大家！

党委书记姜沛民在中国农业大学第十八次学生代表大会、第十六次研究生代表大会上的讲话

（2021年9月26日）

各位代表、各位同学：

大家好！

开学伊始，金秋送爽，中国农业大学第十八次学生代表大会、第十六次研究生代表大会顺利召开。首先，我代表学校党委，对大会的召开和各位新当选的学生会、研究生会主席团成员表示热烈的祝贺！向长期以来指导和支持我校学生工作的上级团组织、学联组织表示衷心的感谢！同时也向各位学生代表，并通过你们向我校全体本科生、研究生同学们致以亲切的问候！

学生双代会是全校同学行使民主权利的重要方式，是学校深入了解学生诉求的重要途径，也是推进学生组织建设、加强学生思想政治工作的重要抓手。今年召开的这次大会有更加特殊的背景和意义。今年是伟大的中国共产党成立100周年，是全面建设社会主义现代化国家新征程的开局之年，同时也是我校师生砥砺奋进，奋力谱写全面建设中国特色、农业特色世界一流大学新篇章的关键时期。在这样新的形势下，此次大会对于动员广大同学，凝聚精神力量，参与学校发展，服务“三农”事业，投身国家战略，具有重要的意义。

在过去的一年里，学生会和研究生会以习近平新时代中国特色社会主义思想为指引，认真贯彻落实学校党委和上级学联要求，在校团委的指导下，聚焦思想引领、服务同学需求、关注学业发展、创新工作机制、繁荣校园文化，在开启全面建设社会主义现代化国家新征程的历史起点上，团结带领广大同学积极进取、勇于担当，在服务国家重大活动、服务同学们日常学习生活中发挥了重要作用，成绩值得充分肯定。

一是聚焦思想引领。积极开展党史学习教育活动，引领全校同学学党史、悟思想；向全国涉农高校学子发出《致全国涉农高校学子“学习党史服务‘三农’”行动的倡议书》，带

领广大农科学子将强农兴农作为使命担当。

二是服务同学权益。积极开展"我为同学做件事",深度挖掘权益服务内涵,强化同学权益意识,解决同学关心问题,鼓励同学们为学校发展建设畅所欲言。

三是关注学业发展。通过搭建师生交流平台,及时解答同学疑问,细心整合课程资源,举办农科学子高校论坛,激发同学们在学业发展中的主观能动性。

四是创新工作机制。通过充分发挥校-院-班三级联动机制,严格落实工作人员的选拔标准与选拔规范,全面改进工作人员的能力素质、工作作风,做到从同学中来、到同学中去。

五是繁荣校园文化。通过创新活动举办形式,完善活动主题内容,以政治引领为导向,以同学发展为内涵,依托文体比赛、学术论坛等,丰富同学们的校园生活,与广大同学一起构建温馨和谐的校园氛围。

第十七届学生会、第十五届研究生会和全体工作人员,勇于拼搏、积极奉献、求真务实、担当重任,圆满地完成了各项工作,我代表学校党委和全校师生向你们表示衷心的感谢!希望你们能坚守初心、继续拼搏,将个人成长成才与祖国建设、学校发展紧紧联系在一起,继续关心和支持新一届学生会的工作,用所思所学、所感所悟去谱写新时代的青春之歌。

今天,新一届学生会和研究生会主席团已经选举产生,刚才,新当选的学生会和研究生会主席团成员表达了新一届主席团服务同学、开拓创新、推进工作的信心和决心,我们感到非常欣慰,也充分相信新一届学生会在历届同学们打下的工作基础上,能够继续保持光荣传统,赓续红色血脉,不畏艰难、勇往直前,在新的起点上砥砺奋进、继往开来!在此,对同学们提几点希望,与大家共勉。

一要牢记使命担当,做民族复兴的奋斗者。中国农大的前辈们曾高喊抗日救亡的口号扎根陕北,用双脚丈量南泥湾的土地;也曾带着周恩来总理的嘱托进驻曲周,开始了改土治碱的历史创举。一代代农大人教民稼穑、薪火相传,始终将党、国家和人民的事业摆在最高位置上。同学们背负着时代的使命和厚望,不仅要有个人的"小理想",更要有大理想。正如习近平总书记所说:"理想因其远大而为理想,信念因其执着而为信念。"我们要努力将自己的事业融入强农兴农的伟大事业之中,踏上建设社会主义现代化强国的伟大征程之中。

牢记使命担当,就要审视历史、把握潮流,勇担时代责任。我们所处的时代是一个伟大的时代,我们每一个人都是新时代的见证者、开创者、建设者,过去的路怎么看,未来的路怎么走,这些问题必须想清楚、弄明白。同学们要认真学习习近平总书记的"七一"重要讲话精神,从中感悟思想伟力、汲取奋进力量,将思想统一到党中央的决策部署中来;同学们要以强农兴农为己任,与农民同呼吸,与农村同命运,与农业同发展,为乡村振兴战略和农业农村现代化贡献力量;同学们要将自己的人生规划与社会主义现代化事业结合起来,用自己的大爱、大情怀和大抱负服务人民,在社会主义现代化强国建成的时候,能够问心无愧地告诉那时的孩子、那时的青年"中华民族的伟大复兴,在我们的手上实现!"

牢记使命担当,就是要永不懈怠、百折不挠,矢志艰苦奋斗。近代以来,中华民族从山河破碎、风雨飘摇,走向了伟大的复兴之路,靠的不是谁的恩赐,而是自己的接续奋斗。

现在网络上有“佛系”“躺平”等各种说法，但幸福生活终究是要依靠不断奋斗才能实现。马克思在中学毕业之际就表达了自己的雄心壮志：“如果我们选择了最能为人类福利而劳动的职业，那么，重担就不能把我们压倒，因为这是为大家而献身；那时我们所感到的就不是可怜的、有限的、自私的乐趣，我们的幸福将属于千百万人……面对我们的骨灰，高尚的人们将洒下热泪。”习近平总书记也勉励广大青年勇做走在时代前列的奋进者、开拓者、奉献者，让青春在为祖国、为人民、为民族的奉献中焕发出绚丽光彩！未来属于青年，希望寄予青年。奋斗道路固然充满艰难险阻、惊涛骇浪、荆棘丛生，但同学们必须接过艰苦奋斗的接力棒，以一往无前的奋斗姿态和永不懈怠的精神状态，实学实干，才能创造无愧于人生、无愧于时代的业绩！

牢记使命担当，就是要乐于奉献、服务国家，积极投身国之大事。习近平总书记在刚刚过去的中国农民丰收节的贺词中说道：民族要复兴，乡村必振兴。在给全国涉农高校的书记校长和专家代表的回信中习近平总书记也强调：中国现代化离不开农业农村现代化，农业农村现代化关键在科技、在人才。新时代，农村是充满希望的田野，是干事创业的广阔舞台，我国高等农林教育大有可为。在实现农业农村现代化的新的伟大征程中，中国农业大学使命光荣，每一位农大学子都重任在肩，同学们要为实现乡村全面振兴勤奋学习、刻苦钻研。在校期间，同样也可以服务国家大事，作出自己的贡献。今年是中国共产党成立 100 周年，为全力做好庆祝中国共产党成立 100 周年有关活动的服务保障工作，我们全校 700 多名师生不辞辛苦，精益求精，经受多项考验，在各个岗位上圆满完成了各项任务。在 2022 年的冬奥会上，我们还会有一大批志愿者奔赴延庆赛区雪车雪橇中心，用自己的出色服务向全世界展示中国魅力。在这一系列重大活动和事件中，同学们不一定每一个人都有机会直接参加，但一样可以用自己的方式来间接参与和全力支持。这种支持可以是在屏幕前观看鸟巢文艺表演时的真诚鼓掌，也可以是为身边同学科普一次冬奥小知识。在宏大叙事下，我们每个人能做的东西很少，但汇聚起来的力量很大，繁星绘就苍穹、细流汇成江海，同学们的努力和奉献也终将化为历史的磅礴力量，推动时代不断向前。

二要提高自身素养，做勇攀高峰的学习者。“吾生也有涯，而知也无涯”，正如习近平总书记指出的，“学习是文明传承之途、人生成长之梯、政党巩固之基、国家兴盛之要。”学习是终生的事业，同学们正处于学习的黄金时期，更应当博学审问，慎思明辨，上下求索、开拓进取。当今时代，知识更新周期大大缩短，近 50 年来，人类社会创造的知识比过去三千年的总和还要多。以青春之我，创建青春之国家、青春之民族，这绝不是一句空谈口号，它的践行需要我们优化知识结构、扩宽眼界视野、提高个人素养、掌握过硬本领。

提高自身素养，就要学习科学知识，勇于创新，坚定科学报国的理想。我们农大于国家和民族危难之际诞生，一代代前辈念兹在兹、朝乾夕惕，怀揣科学救国、农业救民的理想信念，谱写了一幕幕可歌可泣的历史征程，振奋了无数华夏儿女的赤子之心。习近平总书记在给全国涉农高校的书记校长和专家代表的回信中指出：“中国现代化离不开农业农村现代化，农业农村现代化关键在科技、在人才。”同学们如今接过了前辈的接力棒，更要在知识殿堂中坚定求学信念，尤其是要在科研创新上孜孜以求，弄潮搏击。青年拥有新锐的思想、旺盛的精力和敢为天下先的勇气，其创造活力、创业毅力和创新能力是其他人所不能比拟的，因而是创新事业中的生力军。当国家踏上社会主义现代化建设的新征程时，在“三农”领域就特别需要一批不惧艰险、勇挑重任、敢于创新的年轻人。同学们的创新之路要放眼全球，时刻紧盯国际上最新的科研动态和学术前沿；要扎根大地，时刻关注国家和人民的现实需要和迫切希望；要始于足下，从一点一滴积累科学文化知识，打牢大厦根基；要持之以恒，以敢于试错、勇于挑战的精神投身于科学事业。只有这样，同学们才能为强农兴农事业贡献力量，为乡村振兴战略注入新鲜的活力。

提高自身素养，就是要学习党的历史，求真务实，用先进理论武装头脑。今年开始，学校按照中央部署积极开展党史学习教育，同学们参与其中，应当深知党的历史就是一部生动而深刻的教科书。在百年党史中，党不断推动马克思主义中国化时代化，将马克思主义与中国实际相结合，开创了中国特色社会主义道路，为我们的发展提供了正确的前进方向。党史中涌现出无数的英雄烈士、先进模范，他们的动人事迹和高贵品质鼓舞着我们奋勇向前，为我们的前进提供了不竭的精神动力。我们在学习的过程中，一定要将党史学习、理论学习与自己的日常生活工作结合起来；要通过学习提高自身政治能力，掌握马克思主义立场、观点、方法，提高政治站位，增强大局意识；要通过学习锻炼自身工作能力，从党的历程中寻找以史为鉴的素材，从党的理论中寻找指导思想的武器，提高自己知识上的空白、经验上的盲区、能力上的弱项、工作上的短板；要通过学习改造自身主观世界，要以党史上的英雄模范为榜样，努力将学习成果落到思想层面，保持自我革命的勇气，用先进理论净化思想灵魂、提升精神境界，真正做到学史明理、学史增信、学史崇德、学史力行。

提高自身素养，就是要学习无字之书，躬身实践，发扬知行合一的作风。习近平总书记强调：“刀要在石上磨、人要在事上练，不经风雨、不见世面是难以成大器的。”人的成长道路无捷径可走，除了经过系统的专业训练，还需要接受严酷的实践锻炼。毛主席深入一线调查，才写下《中国社会各阶级的分析》和《湖南农民运动考察报告》，逐步探索出一条农村包围城市的革命道路；习近平总书记年轻时经历七年知青岁月，让他有机会深入黄土、深入农民，最终培育出习近平总书记“要为人民做实事”的不变信念。“纸上得来终觉浅，绝知此事要躬行”，当我们躬身实践时，我们脑中的知识会越来越清晰，我们眼中的世界会越来越广阔，我们心中的信念会越来越坚定，我们脚下的道路会越来越宽广。同学们在向“无字之书”学习时，会遇到书斋中从未见过的挑战，有些挑战会让同学们感到辛苦、甚至感到无所适从，但是只有在复杂严峻的环境中经风雨、见世面、壮筋骨，才能练胆魄、磨意志、长才干，真正锻造成为烈火真金。希望同学们能在层层历练中积累经验，真刀真枪锤炼能力，以过硬本领展现作为、不负青春。

三要认真履行职责，做起而行之的服务者。习近平总书记指出，“不论过去、现在还是将来，党的光荣传统和优良作风都是激励我们不畏艰难、勇往直前的宝贵精神财富”。同学们是农大学生的优秀代表，也是学校学生工作的参与者、主人翁，必须立志做光荣传统和优良作风的忠实传人，充分发挥工作的积极性、主动性、创造性，以优良作风凝心聚力、迎接挑战、经受考验。

认真履行职责，就要常怀感恩助人之心，在服务同学中牺牲奉献。自学生会、研究生会改革工作开展以来，就将“强三性、去四化”作为改革重点，强调要增强服务意识，帮助同学们解决日常工作生活中最关心、最直接、最现实的权益问题。习近平总书记强调：

"必须心系青年、心向青年……任何时候都不能脱离青年,必须密切联系青年。如果不能深入广大青年,自说自话,自拉自唱,工作是很难做好的。"只有真正站在广大同学们的立场上,真心实意地为同学们的困难想主意、洒汗水、付心血、出力量,才能和身边的同学做到心换心、交朋友。学生会、研究生会的骨干同学们要谨记自己作为一名"服务者"的身份,将学生工作视为服务同学、奉献力量的好机会,在学生工作中培育乐于奉献的情操、锻炼善于奉献的本领、养成勤于奉献的品性,并将这种情操、本领和品性从学生工作带到平时的日常生活,从学生时代带到未来的工作岗位,让青春在奉献中得到绽放。

认真履行职责,就要勤修谦虚宽容之德,在接人待物中从善如流。习近平总书记曾引用古语勉励青年:"从善如登,从恶如崩。"要从善如流,必须保持谦虚宽容的品德,虚心接受他人意见,时刻克己修身。同学们要虚怀若谷,不自大。大家通过层层选拔进入中国农业大学,足以说明是天之骄子、青年才俊,但一定要克服心中的傲气,常怀谦逊之德,并用一颗宽容之心对待他人,不可自大张扬、咄咄逼人。同学们还要戒骄戒躁,不自满。要牢记"满招损,谦受益"的古之明训,大千世界,学海无涯,没有人敢说自己全知全能,只有谦虚者才能随时学习,处处受教,而骄傲自满者却可能因自大而更加无知。同学们更要放低身段,不自负。要时刻保持清醒的头脑,特别是取得成绩后,更要时时警醒,牢记"人外有人,天外有天",千万不能被成绩冲昏了头脑,骄傲自负,自食苦果。同学们只有做到"与人不求备,检身若不及",才能达到"见善如不及,见不善如探汤"的境界。

认真履行职责,就要苦练坚如磐石之能,在人生道路中把稳航向。当代世界是一个知识爆炸、信息爆炸的世界,同学们有了更多的机会接触到不同的事物和看法,既能扩宽视野,也难免受到其中负面信息的影响。如今社会中的消费主义等思想不断进入象牙塔内,有一些青年学生涉世未深,陷入了过度消费、贷款消费的泥潭之中难以自拔;还有一些青年学生迷恋流量明星,形成了错误的人生观、世界观和价值观。越是这样的环境,越考验同学们的定力。同学们正处于三观形成的关键时期,一定要有"不畏浮云遮望眼"的眼界,目观全局;有"学不成名誓不还"的气魄,胸怀天下;有"长风破浪会有时"的信念,一往无前;有"任尔东西南北风"的韧劲,百折不挠。只有这样,才能将自己的个人事业融入国家和民族的事业中,并牢牢地按照正确的道路坚定前行,才能在激情奋斗中绽放青春光芒、健康成长进步,最终成就一番事业。

"不忘初心,方得始终"。学校党委充分相信,各位代表和新一届学生会、研究生会的全体成员,一定能够牢记神圣使命,履行庄严承诺,继承和发扬我校学生会组织的优良传统,在新的起点上接续奋斗、砥砺前行,不断团结同学、服务同学、联系同学,为全面建设中国特色、农业特色世界一流大学贡献青春才智,为全面建设社会主义现代化国家贡献青春力量!

谢谢大家!

持续推进新农科实践　大力培养知农爱农新型人才

——党委书记姜沛民在全国新农科建设工作推进会上的讲话

（2021 年 10 月 19 日）

各位领导，各位专家：

大家上午好！

中国农业大学深入落实习近平总书记给全国涉农高校的书记校长和专家代表的重要回信精神，主动担当、积极作为，努力探索“底色鲜明、特色突出”的新农科实践之路，大力培养“知农爱农”新型人才。下面就有关工作开展情况做简要汇报。

一、以“四个率先”奠定知农爱农情怀教育基石

中国农大作为新农科工作组组长单位，以四个“率先”的创新性举措，深度融合课堂教学与实践育人，构建“大思政”格局，全面加强知农爱农情怀教育。

一是在全国率先将课程“教学大纲”转变为“育人大纲”。把加强德育作为新农科建设的首要任务，覆盖了全部 2 000 余门本科课程，将课程育人使命、教学内容与教学方法有机融合。

二是率先在全国高校中开启“专业课发挥思政教育功能”专项教育改革。形成了“课程门门有思政、教师人人讲育人、支部个个树品牌”的良好态势。

三是率先打造了全国首门“大国三农”在线开放课程。引领了全国知农爱农情怀教育。

四是率先实施了耕读教育与劳动教育相融合的、具有中国农业大学特色的劳动教育。实现了新生劳动实践教育全覆盖，牵头农林高校编写《耕读教育十讲》，将耕读教育和劳动教育融入人才培养体系。

二、以“三个改造”开辟强农兴农创新人才培养新路径

学校在课程体系建设、传统专业改造、学科专业布局优化方面采取针对性措施，在探索引领新农科建设融合发展之路方面取得了实质性进展和成效。

一是改造课程体系。以“通专平衡”理念和“交叉融合”理念为指导，构建核心课程体系和文理农工交叉融合大类课程体系。拓展综合素质发展广度和核心专业能力发展高度。

二是改造传统农科专业内涵。以专业认证为契机，对传统农科专业进行了升级改造。今年，学校被教育部纳入了新一轮本科审核评估试点单位。

三是改造专业布局。新申请或设立生物育种、农业智能装备工程、生物质科学与工程、兽医公共卫生等 6 个全国首创的新农科专业。

三、以“三大对接”铸牢服务“三农”的初心使命

中国农大把牢记强农兴农使命、服务国家重大战略需求作为新农科建设方向，致力

于解决农业领域“卡脖子”问题，打通人才培养服务“三农”事业的“最后一公里”。

一是紧密对接脱贫攻坚战。学校发起“农科学子联合实践行”，形成了影响全国的人才培养新范式，获得2021年“全国脱贫攻坚先进集体”称号。

二是紧密对接乡村振兴战略。目前在全国25个省区建有127个科技小院，先后有26所高校超过500名本研学生进入科技小院。“牛精英计划”搭建了覆盖全国80%的畜牧学科学生培养平台。

三是紧密对接国家科技创新需求。学校持续攻克玉米单倍体育种、黑土地保护等一批农业领域“卡脖子”重大关键技术，形成了“梨树模式”等一批战略成效显著的科技成果，组建国家乡村振兴研究院等高端智库。

四、以“两大平台”牵头全国涉农高校新农科建设

在教育部的支持下，中国农大依托两大平台，牵头组织全国涉农高校大力推进新农科建设。

一是设立全国新农科建设中心。2020年，教育部依托我校设立全国新农科建设中心。我校投入专门场地、专职研究人员和专项工作经费，强化全国新农科建设中心工作。目前，中心正在开展编写全国新农科建设系列简报、出版全国新农科建设年度发展报告、研制新农科人才培养引导性专业目录等工作。

二是成立中国高等教育学会农林教育分会。学校牵头全国150所涉农高校申请成立了中国高等教育学会农林教育分会，围绕新农科建设开展学术交流。

同志们，今年是“十四五”规划的开局之年，也是党和国家开启第二个百年奋斗目标的开局之年。中国农业大学将以此次会议为新的起点，坚持以新农科建设为统领，全面贯彻新发展理念，建设高质量的教育体系，更加聚焦立德树人根本任务，扎根中国大地建设中国特色、农业特色的世界一流大学，为农业农村现代化和乡村全面振兴作出新的更大贡献。

谢谢大家！

坚定信心　深化改革　全力推动
本科教育教学迈上新台阶

——校长孙其信在学校2020年度本科教学工作会上的讲话

（2021年1月26日）

各位同志、各位老师：

大家上午好！

根据学校工作安排，今天我们召开2020年度本科教学工作会。这次会议是在“十三五”规划圆满收官、“十四五”开局之年，学校召开的第一个全校范围的重要会议。2020年的12月19日，学校召开了全校研究生教育大会，今天又召开本科教学工作会，这是全面

贯彻落实习近平总书记关于人才培养工作的重要讲话和指示批示精神的必然要求，也充分体现了学校落实立德树人根本任务，坚持人才培养工作核心地位的政治站位和行动自觉。

会议之前，本科生院牵头制定了学校本科人才大类培养改革的初步方案，并且在全校范围内广泛征求了意见。刚才林万龙副校长就方案的改革背景、总体考虑、任务目标和具体举措等进行了全面介绍，五位院长代表分别结合各自学院本科人才培养工作的创新特色和建设成效分享了经验和体会。大家讲得都非常好，实现了这次会议集中研讨、集思广益、集聚智慧的目标，为我们进一步修改完善并制定出一个设计科学、目标清晰、实施精准、效果更优的高质量改革方案具有重要意义。下面结合具体工作，我谈几点意见。

一、立足根本任务，坚定发展自信，学校“十三五”本科人才培养工作高质量收官

要谋划好进入新发展阶段、贯彻新发展理念的本科教育教学工作，我们首先要清楚地把握自身发展取得的成绩、积累的经验和存在的不足，才能站在新起点上开启新征程。回顾“十三五”期间，学校始终坚持社会主义办学方向，落实立德树人根本任务，牢记为党育人、为国育才的初心和使命，深入贯彻落实习近平总书记在全国教育大会、全国思政教育工作会议、全国研究生教育大会上的重要讲话精神和指示批示精神，全面贯彻习近平总书记给全国涉农高校的书记校长和专家代表的重要回信精神。全校上下从组织保障、资源投入、机制建设、工作作风、精神状态等方面解放思想、深化改革，为本科教学工作提供了强有力的支撑和保障，推动本科人才培养全面提质增效。

一是招生质量持续提升。近几年，学校高考理工类在各省录取分数超重点线分值稳步提升。特别是2020年全国高校排名较上一年度提升15位，生源质量稳固向好。

二是思政教育成效显著。学校下大力气加强马克思主义学院、学科、人才队伍建设，为思想政治教育提供坚实保障，在高校中走在前列。同时我们把2 300余门课程大纲变为育人大纲，在全国实现创新引领。今年，学校还精心打造了全国首门“大国三农”精品在线课程，深化知农爱农价值观和情怀教育，在社会各界引起强烈反响。

三是培养模式创新引领。以“新农科”建设为突破，学校本科人才培养模式的创新改革在全国农林院校中发挥了积极引领示范作用。首批招收的强基计划专业完成度在全国处于上游水平。

四是一流专业、一流课程、一流教师队伍建设实现突破。目前已有39个专业参与国家一流专业“双万计划”建设，23门课程获评国家级“金课”，“十三五”期间新增各级教学名师44人。

五是基层教学组织体系不断完善。全校设置150个基层教学组织，实现了任课教师、本科课程的双覆盖。教师教学发展中心为教师发展培训、教学技能提升、教学质量研究等发挥了积极作用。

以上成绩的取得，充分说明学校在贯彻落实党中央决策部署上是全面深入的，在落实立德树人根本任务上是坚定不移的，在推动学生全面发展上是有所担当作为的，不仅

为实现“十三五”期间本科人才培养工作的高质量收官奠定了坚实基础，同时为我们坚定信心、更进一步发展提供了强大动力。

二、顺应时代需求，增强危机意识，精准研判新时代本科教育教学工作面临的新挑战

“十四五”规划开启了中国特色社会主义建设新征程，习近平总书记反复强调，全党全国上下要深刻把握新发展阶段、贯彻新发展理念、构建新发展格局，这是我们开启建设中国特色、农业特色世界一流大学新阶段的历史坐标和时代方位。党的十九届五中全会描绘了全面建设社会主义现代化国家的宏伟蓝图，提出了贯彻创新驱动发展理念，明确了建设教育强国，建设创新型国家，推动高等教育高质量发展，加快农业农村现代化、全面推进乡村振兴战略等重大部署。

党和国家推进伟大事业、实现中华民族伟大复兴对高水平人才的重大需求，给我们提出了新的历史使命和时代重任。作为一所“双一流”建设的“国字号”大学，作为全国高等农业教育的排头兵，中国农业大学必须在高质量服务和支撑国家战略的人才培养方面发挥职能、履行责任、担当使命，向党和人民交出一份合格的答卷。

但要清醒认识到的是，学校当前的本科人才培养还存在一些明显短板，距离世界一流大学的更高标准还有不小的差距，面临着诸多压力和挑战。

一是高质量支撑党中央对知农爱农新型人才培养的重大要求还有差距。要建设现代化强国，高等教育、农业农村领域就必须率先实现现代化。习近平总书记在给全国涉农高校的书记校长和专家代表回信中明确指出，农业农村现代化关键在科技、在人才，涉农高校要坚持立德树人根本任务，培养更多知农爱农新型人才。但是我们的学科布局和专业结构尚且不能全面支撑农业农村现代化，培养出来的人才也必然不能高质量服务国家战略。

二是高水平匹配经济社会快速发展对创新人才的迫切需要还有差距。当今经济社会发展飞速迅猛，对人才的需求已经从过去单一的专业化、技术化向综合化、交叉化转变。但是我们目前培养的学生在专业素质、人文素养、创新意识、综合能力等方面，还不能高水平匹配各行各业对人才的迫切需要。如果我们培养的学生不能被社会所需求、所认可，就不是合格的，更不是高质量的。

三是高标准满足广大学生自身发展对更高质量教育的强烈渴望还有差距。改革开放以来，高等教育已经实现了跨越式发展，国内部分高校已经向着世界一流水平阔步迈进。但值得反思的是，依然有一部分国内优秀学生毕业以后选择出国深造，这就说明我们自身的教育水平还不能全方位满足广大学生对更好发展的强烈渴望，距离真正建成一批高水平的世界一流大学、真正建成教育强国还存在差距，任重道远。

面对这样的时代需求和重大挑战，我们必须从百年未有之大变局和中华民族伟大复兴的战略全局出发，时刻保持危机意识、不断增强战略定力，培养更多堪当重任的高水平人才。

首先，要明确为谁培养人。为党和国家培养堪当大任的时代新人，是坚持社会主义

办学方向、扎根中国大地办大学的根本要求。特别是当今世界正经历百年未有之大变局，不确定性因素越来越多，实现中华民族伟大复兴的战略任务面临着诸多不可回避的风险挑战。我们培养的人才，就是要成为能够应对挑战、克服困难、战胜风险的可靠人才。

其次，要明确培养什么样的人。作为农业大学，我们要培养出能够服务国家战略的人才，就必须立足农业特色、发挥自身优势。当前农业科技创新领域还存在不少“卡脖子”技术，制约农业农村现代化。中国农大培养的人才要能够急国家之所急、谋国家之所需，成为支撑农业农村现代化的战略力量。

最后，要明确如何培养人。思想政治教育是人才培养的“生命线”，必须牢牢抓住。要通过深化思政教育改革，培养学生厚植家国意识和“三农”情怀，引导学生胸怀民族伟业和远大理想。要准确、科学把握中国特色、农业特色世界一流大学深刻内涵，以服务国家战略、对标科技前沿、引领产业发展为导向，推进专业调整、促进交叉融合，以一流的专业布局为支撑，培养真正具有国际视野、专业精神的高素质人才。

三、系统谋划设计，坚持深化改革，全力推动本科教育教学工作迈上新台阶

推进新时代本科教育教学深化改革，是事关学校发展的战略性、全局性、综合性部署。在这样的重大改革之前，学校必须取智于民、问计于民，才能用之于民、受惠于民。各级干部和广大师生要进一步增强主人翁意识，积极参与、主动献策，在全校范围内开展大研讨，促进思想大解放，促使学校最终能够统一思想、凝聚共识，全力推动本科教育教学迈上新台阶。结合本次会议主题，谈以下四点建议。

一是要科学“分”。大类培养的前提，是要科学划分各类培养中包含的学科和专业组成。要明晰各大类之间专业内涵的边界，构建科学的专业结构和知识体系。同时也要兼顾通专平衡，有利于促进专业的交叉融合。

二是要高效“管”。部分高校在先行先试中已经探索出了书院制等大类培养的管理模式。我们要借鉴先进经验、结合自身特点，打通校内资源，加强学院和部门之间的沟通配合，探索具有农大特色的管理体系和管理模式，实现高效管理服务。

三是要创新“教”。无论培养模式怎么变，“教”永远是核心和根本，只有教师高质量地“教”，才能满足学生全方位地“学”。广大教师主动创新、敢于尝试，圆满地完成了线上线下混合教学的工作任务，这说明我们的教师是有创新意识和创新能力的。新的培养模式在课程设置、教学内容、教学方法等方面都需要持续改革创新，才能更好满足学生需求，真正提升教学质量。

四是要聚焦“学”。“教”与“学”是相辅相成、紧密联系的，只有充分调动学生自主学习的积极性和创造性，才能把知识转化为学生专业素质和综合能力的全面提升，这方面还需精准聚焦、着力突破、大胆创新。

同志们，让我们共同努力，谋划好、设计好、实施好新时期本科教育教学改革，为加快建设中国特色、农业特色世界一流大学努力奋斗！

谢谢大家！

践行“解民生之多艰”办学理念
为打赢脱贫攻坚战贡献农大力量

——校长孙其信在学习贯彻全国脱贫攻坚总结表彰大会精神座谈会上的讲话

（2021年3月1日）

尊敬的各位老师、各位同学、各位媒体朋友：

2月25日，我有幸在人民大会堂全国脱贫攻坚总结表彰大会现场聆听了习近平总书记向全世界发出的庄严宣告：中国的脱贫攻坚事业取得全面胜利。今天，学校党委安排召开学习贯彻脱贫攻坚表彰大会精神座谈会，学习领会习近平总书记重要讲话，弘扬伟大脱贫攻坚精神，交流学校广大师生参与脱贫攻坚的先进事迹，推动学校事业更快更好发展。

刚才听了几位专家、代表的发言，我感触很深。新中国成立70多年，特别是改革开放以来短短40多年的时间里，中国共产党团结带领全国各族人民创造了世界历史上前所未有的发展奇迹，中华民族实现了从站起来、富起来到强起来的伟大飞跃。刚刚发言的几位同志是我们学校在打赢脱贫攻坚战这场历史性社会变革中涌现出的杰出代表，他们用扎实的行动、默默的奉献、丰硕的成果向党和人民交出了一份鲜亮的答卷，向全社会展示了农大人的责任和担当。在这里，请允许我代表学校向数十年来为国家作出历史贡献的农大前辈们致以崇高敬意，向积极投身脱贫攻坚伟大事业的当代农大师生勇于肩负时代使命取得的优异成绩表示衷心祝贺。

在党委的领导和部署下，学校组织编撰完成并出版发行了《玉汝于成：脱贫攻坚伟大事业中的中国农大》一书，集中反映了新中国成立70余年来中国农业大学紧紧围绕党的事业，为民族伟大复兴，国家繁荣富强，特别是助力打赢脱贫攻坚战作出的一系列重大贡献。我想，这本书不仅仅是中国农大师生响应党的号召、服务国家战略的全记录，更是新时代学校坚定发展自信、建设世界一流的宣言书。在这里，我要代表学校对王秀清教授和编写组的全体同志付出的辛勤努力表示感谢！

结合学习习近平总书记重要讲话精神的心得，也结合阅读这本书的深切感受，我谈三点体会。

第一，脱贫攻坚是中国社会发展史、新中国建设史、世界减贫史上的具有里程碑意义的重大社会变革。脱贫攻坚战取得全面胜利，实现了现行标准下农村贫困人口的全部脱贫，这是中国社会发展史、新中国建设史、世界减贫史上的重大历史事件和历史变革，具有里程碑意义。2015年9月25日，联合国可持续发展峰会正式通过的17个可持续发展目标中，明确提出到2030年在世界各地消除一切形式的贫困、饥饿和营养不良。截至2020年，中国提前10年实现了联合国2030年可持续发展目标中首要的减贫目标！中国再一次用彪炳史册的伟大功绩向全世界宣告：中国共产党始终坚持以人民为中心、坚定走共同富裕道路的执政理念，中国特色社会主义制度具有无比强大的生命力和优越性，只有中国共产党才能带领中国人民实现全面小康，带领中华民族实现伟大复兴！在现场聆听习近平总书记的重要讲话，我更加深刻体会到：

一是中国的全面脱贫为全球减贫事业作出突出贡献。在过去几年中，尽管全球贫困人口占总人口数量的比重持续下降，但2015年至今，全球的减贫速率几乎减慢了一半。党的十八大以来，党中央始终坚持把脱贫攻坚摆在治国理政的突出位置，习近平总书记反复强调没有农村地区的小康，特别是没有贫困地区的小康就没有真正意义上的全面小康。中国取得脱贫攻坚的伟大胜利，不仅是中国共产党坚守初心使命的深刻体现，更为全球的减贫事业树立了光辉典范、作出了突出贡献。

二是脱贫攻坚伟大胜利充分彰显了中国特色社会主义制度的强大生命力和巨大优越性。脱贫攻坚全面胜利用事实证明，中国共产党具有无比坚强的领导力、组织力、执行力，是团结带领人民攻坚克难、开拓前进最可靠的领导力量。中国特色社会主义的强大生命力得到充分彰显，中国共产党集中统一领导确保全国上下一盘棋，在全党、全国范围内充分调配资源、整合力量，加强东西部扶贫协作、深化结对帮扶。实践证明，中国特色社会主义集中力量办大事的制度优势，是打赢这场脱贫攻坚战的根本制度保障。

三是在脱贫攻坚的总体设计中创造性提出了精准扶贫的战略举措。我清楚记得2005年时，李小云教授就跟我提出过：范围广大的农村区域、数量庞大的农村人口，到底哪些地区、哪些人是真正的贫困？党的十九大以来，“精准”成为向贫困堡垒发起最后总攻的“瞄准镜”，精准扶贫实现了脱贫攻坚重大制度创新，为确保全部贫困人口实现脱贫提供了根本支撑。正如习近平总书记强调，脱贫攻坚取得举世瞩目的成就，靠的是党的坚强领导，靠的是中华民族自力更生、艰苦奋斗的精神品质，靠的是新中国成立以来，特别是改革开放以来积累的坚实物质基础，靠的是一任接着一任干的坚守执着，靠的是全党全国各族人民的团结奋斗。

第二，新中国成立以来特别是改革开放以来积累的坚实物质基础，为全面打赢脱贫攻坚战提供了坚强经济支撑。社会进步取决于财富的积累，财富的分配决定社会公平。新中国成立以来，特别是改革开放以来，在财富的积累和分配两个方面都取得了历史性成就，为全面打赢脱贫攻坚战积累了坚实的物质基础。根据英国学者麦迪森的研究报告，1870年清朝时期的经济总量占到世界经济总量的17.2%。根据有关统计，1978年改革开放时中国的经济总量占世界经济总量只有1.79%；刚刚发布的最新数据，到2020年中国经济总量占世界经济总量的比重超过了17%。1978年，美国的人均GDP是中国的近70倍，到2019年美国人均GDP是中国的6.3倍，40年间中美人均财富差距从将近70倍缩小到了6.3倍。1949年，中国人均粮食占有量只有209公斤，到2020年则达到了480公斤，远高于国际公认的400公斤粮食安全线。1949年，中国的肉类人均占有量仅为4公斤，到2020年则达到了68公斤。这一系列数据都充分证明了，新中国成立以来，特别是改革开放以来积累的坚实物质基础为打赢脱贫攻坚战提供了有力的基础支撑。

但是，有了物质基础并不代表贫困会自动消失，脱贫会轻松实现，这也更加突显出中国共产党领导的坚强有力。正是因为中华民族有着延续千年“民为邦本”的民族品格和文化动力，才能持续不断推动我们取得脱贫攻坚的伟大胜利。纵观五千年中华灿烂文明,历史上还没有哪一个朝代、哪一位君主能够有勇气、有能力消灭绝对贫困。我们不仅做到了按照世界银行每人每天 1.9 美元的货币贫困标准下的脱贫,还把贫困地区、贫困人口的“两不愁”“三保障”和饮水安全作为真正脱贫的核心指标,更是创造了一个几乎不可能完成的伟大奇迹。

第三,扎根广袤大地、全面深度参与,中国农大师生助力决胜脱贫攻坚伟大事业。在脱贫攻坚这项全党出战、全民参与的伟大事业中,也留下了中国农业大学广大师生扎根广袤大地、主动担当奉献的坚定身影和坚实脚步。《玉汝于成:脱贫攻坚伟大事业中的中国农大》一书用翔实的案例、生动的人物、真实的记录全景式、立体化展现了新中国成立70多年、改革开放40余年,特别是党的十八大以来决战决胜脱贫攻坚过程中,中国农业大学的扎实奋斗和积极作为。这本书高度浓缩了学校“解民生之多艰,育天下之英才”办学理念和办学宗旨的精神内涵,集中体现了一代又一代中国农大师生心系苍生、为民奉献的家国情怀,突出彰显了学校扎根中国大地、坚持社会主义办学方向的鲜亮底色。

我体会到在这场历史性的社会变革中,中国农大师生们的奋斗、付出、奉献、作为可以概括为以下六个方面:

一是以坚定的科技创新和社会服务扎实支撑脱贫攻坚。社会经济的快速发展、农民收入的持续增加、农业农村的不断进步是实现全面脱贫的重要基础。回望新中国成立70多年来,一代代农大人坚定不移履行服务社会责任,持续不断地产出重大成果,扎实支撑脱贫攻坚。从20世纪50年代蔡旭先生引领的北京“小麦会战”、李连捷院士徒步进藏开展土壤考察,到60年代黄瑞纶教授领导农药创制、70年代扎根曲周打赢黄淮海地区盐碱地治理攻坚战,再到21世纪初吴常信院士领衔培育的覆盖全国30余省份、创造巨大经济效益的矮小鸡品种。2020年,在习近平总书记的亲自关心和关切下,学校又掀起了一场轰轰烈烈的东北黑土地保卫战。广大师生创造出的一个又一个经得起人民检阅、历史检验的科技成果,为脱贫攻坚的最终胜利筑牢根基、建强堡垒。

二是以高水平完成对口支援、定点扶贫政治任务引领带动脱贫攻坚。对口支援、定点扶贫,这是只有在中国特色社会主义制度显著优越性中才能孕育而生、茁壮发展、开花结果的伟大创举。中国农大在执行对口支援和定点扶贫政治任务中,向党和国家、向受援人民、向全校师生交出了一份高质量答卷。定点扶贫镇康,学校打出“全方位”定点扶贫组合拳,扎扎实实帮助镇康高质量脱贫,打造出高校定点扶贫的模范样板。20世纪七八十年代,学校引入产业、推广技术、选派干部,走出一条对口扶贫的“湘西云路”。常近时教授40年如一日扎根毕节试验区建设,以个人力量带动团队,助力解决毕节市脱贫攻坚战,不仅受到党和国家领导人的肯定,更在当地老百姓中家喻户晓、人人称赞。这些是中国特色社会主义制度优势淋漓尽致的体现,是中国共产党领导的中国特色社会主义强大生命力的力量之源。

三是以强烈的家国使命和人民情怀广泛参与、深度助力脱贫攻坚。如果说对口支援和定点扶贫是中国共产党领导集中力量办大事的生动诠释,那么广大师生自发参与、主动助力脱贫攻坚的行动就是家国使命、人民情怀的直接反映。刚才发言的李小云教授,就是凭着自己内心的热爱和坚持,在云南勐腊县的瑶族贫困村一住就是三年,帮助这个少数民族贫困村实现全村整体脱贫,实现翻天覆地的变化。平凡铸就伟大,广大师生在各自平凡的岗位上，不计私利、不顾回报，为贫困人民真正过上幸福生活而无悔付出、无私奉献，履行着当代知识分子的爱国情怀和责任担当。

四是以高质量的理论成果和政策建议精准指导脱贫攻坚。习近平总书记亲自部署、亲自督战为全面打赢脱贫攻坚战提供了思想指南和根本遵循。在脱贫攻坚的各个阶段，学校的理论研究和政策建议为党中央制定并出台相关政策提供了科学支撑，为脱贫攻坚的持续深入提供了精准指导。我自己也亲身参与了脱贫攻坚工作，并在2015年向党中央提交了“警惕粮食主产区农地流转的非农化”的政策建议，切实有力地推动了耕地保护。学校还有很多专家都在充分发挥各自所长，为不同区域、不同特点的贫困地区摆脱贫困提供科学指导，这些成果都在脱贫攻坚画卷上书写出浓墨重彩的一笔。

五是以推动构建人类命运共同体的大国担当和全球视野参与国际减贫事业。贫困是世界性难题，东南亚、非洲、美洲等地区和国家也都面临着摆脱贫困这一共同的艰巨任务。中国农业大学贯彻落实习近平总书记提出的构建人类命运共同体的宏大愿景，实实在在拿出中国农大方案。学校先后成立了一带一路农业合作学院/中国南南农业合作学院、国际发展与全球农业学院、全球食物经济与政策研究院，为全球的减贫事业贡献力量。去年得到媒体广泛关注和报道的视频《小技术大丰收》，就是学校在非洲坦桑尼亚开展农业技术推广项目“千户万亩玉米增产增收示范工程”的成果，帮助当地玉米单位产量提升了3倍多。同时，学校与联合国南南合作办公室、博鳌亚洲论坛合作发布的减贫成果和经验，为非洲乃至世界农业发展和减贫发挥了重要作用，贡献了农大智慧和力量。

六是以脱贫攻坚教育广大学生厚植爱国主义情怀、传承优秀传统文化、弘扬社会主义核心价值观。上周，镇康县委、镇康县人民政府发文表彰脱贫攻坚先进集体和先进个人，我校40名研究生支教团志愿者均榜上有名。我曾经在镇康见到过这些志愿者，他们就是学校广大学子深度参与脱贫攻坚的缩影和代表。作为农业大学，我们培养的学生要学农懂农、知农爱农，不仅需要在课堂上教、在书本中学，更需要他们走到田间地头、走向祖国大地，脱贫攻坚就是一场教育广大学生厚植爱国主义情怀、传承优秀传统文化、弘扬社会主义核心价值观的伟大思想洗礼。2017年刚回学校任职一个月，我就前往山西大同灵丘县，看到那里有20多个即将入学的研究生开展扶贫实践，他们住的是条件简陋的寺庙，吃的是素食简餐，我深受感动。《尚书·五子歌》中有讲：“民可近，不可下；民惟邦本，本固邦宁。”人民是国家的根本，只有人民安居乐业，国家才能安定太平。可见早在2 500多年前，中国文化里就已经厚植人文情怀，这种民族精神和文化精髓在脱贫攻坚中传承赓续、发扬光大。脱贫攻坚这场社会革命对当代青年学子深刻的思想教育，深深地烙印在每一个人的心里。

回望历史，中华民族百折不挠、艰苦奋斗的民族气节生生不息、薪火相传。奋斗当下，中华儿女传承中华优秀传统文化，创造脱贫攻坚时代伟业。展望未来，我们要坚定信心、保持定力，用奋斗创造中华民族更加灿烂辉煌的明天！

谢谢大家！

服务国家战略坚定创新自信
以更大作为开创科技创新工作新局面

——校长孙其信在学校 2021 年度科技创新大会上的讲话

（2021 年 3 月 21 日）

尊敬的各位领导、各位同志，老师们、同学们：

根据学校安排，今天我们召开 2021 年度学校科技创新大会，会议的主要任务是：全面贯彻落实党的十九届五中全会精神、习近平总书记关于科技创新的重要指示和讲话精神，总结回顾学校“十三五”期间科技创新工作取得成绩、经验和存在的不足，系统谋划学校“十四五”及未来科技创新工作。这也是 2021 年到目前为止学校召开的规模最大的会议，标志着学校工作开好局、起好步的坚定政治姿态和饱满精神状态。

首先我要代表学校对教育部科学技术与信息化司雷朝滋司长、科学技术部农村科技司胡益锋副司长、农业农村部科技教育司闫成二级巡视员、自然资源部科技发展司单卫东副司长以及出席本次会议的各级领导，长期以来对中国农业大学各项工作的支持和指导表示衷心感谢！特别要感谢雷朝滋司长就高校科技创新工作为我们作了一场思想丰富、内容充实的报告，对我们开好本次会议、完成好科技创新规划具有十分重要的指导意义。此外，我们还要特别欢迎战略合作伙伴华为技术有限公司，经过半年多的深入沟通，今天双方又迈出了校企强强联合的实质性一步。我们也特别高兴地看到，来自云南怒江傈僳族自治州以及临沧市的有关领导出席会议，共同谋划校地战略合作，巩固拓展脱贫攻坚成果，全面推动乡村振兴的新任务、新举措。

刚才田见晖同志代表学校向大家汇报了过去几年来，学校在生物育种原始创新、黑土地保护利用技术研究、脱贫攻坚与乡村振兴、全球农业发展以及成果转化等科技创新和社会服务工作方面取得的一系列成绩，介绍了“十四五”以及未来长远学校科技创新工作的战略布局和目标任务。需要强调的是，“十四五”科技创新规划与以往任何一个五年规划相比，都具有极端特殊性和重要性。学校反复研究、深入研讨、广泛征求意见，目的就是要凝聚共识、集聚智慧，进一步发挥广大师生在学校发展建设过程中的重要作用。刚刚发言的四位同志，分别从不同角度汇报了基础研究、科研公共服务平台建设、高水平校外基地建设、社会服务模式创新牵引资源拓展等方面的创新做法和成功经验。在此，向以他们为代表的学校全体科技工作者的辛勤付出和不懈努力致以崇高的敬意和衷心的感谢！

从 2020 年开始，学校坚决贯彻党中央决策部署，率先推行教育评价改革探索创新。今年，学校在深化改革成效基础上，评选出了 11 项校级科研与社会服务重大成果，这充分彰显了学校当前以及未来科技创新坚持破除“五唯”的政治姿态和鲜明导向。在这 11 项代表性成果中，有获得 2019 年度国家科技奖励的创新成果，有在解决重大科学问题基础研究方面取得突破性进展的成果，也有未来可能实现引领产业高质量发展的代表性成果，还包括以产业研究院为代表的创新推动校地、校企合作、服务国家重大发展战略的创新成果。在此，我代表学校向这 11 个团队以及你们为服务国家战略和推动学校发展作出的重要贡献表示祝贺和感谢！

学校决定召开此次全校范围的科技创新大会，主要有以下三点考虑：

一是学校进一步坚持党的全面领导、坚持社会主义办学方向、服务国家战略的根本要求。近期，党中央、国务院对国家进入新发展阶段、贯彻新发展理念、构建新发展格局做出了一系列重大战略部署。刚刚结束的党的十三届全国人民代表大会第四次会议，审议通过了《中华人民共和国国民经济和社会发展第十四个五年规划和二〇三五年远景目标纲要》，科技创新驱动发展被提升到前所未有的历史高度加以重视强调和安排。习近平总书记指出，在中国进入构建以国内大循环为主体、国内国际双循环相互促进的新发展格局下，科技自立自强成为国家发展的根本战略支撑，在现代化建设全局中处于核心地位。这是党中央基于国内外复杂多变的发展形势做出的战略研判和部署，为学校“十四五”和未来长期做好科技创新工作指明了前进方向、提供了行动指南。作为一所国家重点建设的“双一流”大学，中国农业大学必须时刻把贯彻落实党中央的决策部署作为根本政治任务。

二是学校推动科技创新与社会服务深度融合发展的迫切需要。科学研究与社会服务是一个完整的创新链条，必须要将科技创新成果更多更好地转化为推动经济社会发展的有效动能。作为大学的基本职能，只有实现科技创新和社会服务深度融合发展，才能更好地提升学校服务国家战略的能力和水平。实现这一目标的根本路径，就是刚刚雷司长所指出的“科技创新要脱虚向实”，科技创新只有立足全面建设社会主义现代化国家的大格局中，才能发挥其战略支撑作用。所以，我们谋划学校的科技创新工作，是实现科技创新在助力国家农业农村现代化、实现中华民族伟大复兴全局中发挥重要作用的迫切需要。

三是学校扎实践行群众路线，这是加快建设世界一流大学的根本方式。本次会议采取了线下线上相结合的方式，现场参加会议和收看直播的师生超过了 1 200 人。这是学校出台重大发展改革规划和政策制度前，贯彻群众路线、科学民主决策的本质要求。目的是积极鼓励广大师生深度参与学校的发展建设，凝聚智慧、群策群力、集思广益，共同努力加快建设世界一流大学！

下面，结合今天会议的主题，我谈几点体会和意见。

一、深刻认识，在把握新发展阶段、贯彻新发展理念、构建新发展格局背景下实现科技自立自强的重大历史意义和现实意义

今年 1 月 11 日，习近平总书记在中央党校省部级主要领导干部学习贯彻党的十九届五中全会精神开班式讲话中强调，构建新发展格局最本质的特征是实现高水平的自立自强，必须更强调自主创新，全面加强对科技创新的部署。刚才雷司长从党的十九届五中全会、中央经济工作会议、中央农村工作会议以及刚刚闭幕的全国两会的维度，对党中央的决策部署做了非常全面的解读。听完以后，我深受启发，也谈几点自身的学习体会：

一是国际发展竞争的核心是科技力量的竞争。习近平总书记强调,中美博弈的核心是科技的博弈。回首中国近代历史,1901年辛丑年,清政府被迫签订了丧权辱国的《辛丑条约》。120年以后的2021年又是辛丑年,中国与新一届美国政府进行了首次高层战略对话。双甲子的轮回,情形对比鲜明。如今的中国始终保持战略定力和发展自信,对美国霸凌行为毫不妥协让步,归根结底得益于我们经历了新中国70多年,特别是改革开放40余年,科技快速发展,综合国力显著提升,中国不但积累了实力,更加增强了底气。所以我们必须要看到,当今世界纷繁复杂的竞争最终突显出的还是科技竞争。高校作为国家科技力量的重要组成部分,中国农大作为农业科技创新的主力军,必须要为我们国家在残酷激烈的国际竞争中立于强者之林作出应有的贡献。

二是科技创新是实现高质量发展的支撑力量。在国家"十四五"规划中,最重要的部分就是坚持创新驱动发展战略,高质量发展是全新的发展模式,要找到新的发展路径。新中国成立70多年的中国农业取得了巨大成就,但是也付出了资源过度损耗、环境污染严重的巨大代价,农业要实现高质量发展,也必须依靠科技创新。回顾世界发展历史,18世纪实现由机器代替手工生产,标志是蒸汽机的发明和应用;第二次工业革命期间,电的出现和电气化应用大幅度提高了生产效率;到第三次工业革命,电子信息技术直接推动了产业改造升级。核心都是科学原始创新带动了生产技术的颠覆性变革。有研究指出,当今世界已经进入以人工智能、大数据、生命科学等技术为代表的第四次工业革命。历史证明,科技创新推动了生产方式的革命和经济社会的发展,对人类文明的进步产生了重大而深远影响。与此同时,从原始农业到传统农业再到现代农业,农业的每一次进步都离不开科技创新。从采集种子到传统育种依靠的是遗传学的诞生和技术的进步,以矿质营养元素学说为理论基础的化肥工业兴起实现了养活世界70多亿人口,1953年DNA双螺旋结构被发现所催生出的生物技术奠定了现代生物种业的基础。没有科技创新的支撑,就不可能实现高质量发展。

三是构建新发展格局,建设现代化经济体系必须紧紧依靠科技创新。构建现代化经济体系,着力实现产业链、创新链的紧密衔接,这是中国步入新发展阶段更加依靠创新发展的必然要求。一旦缺少科技创新支撑,国家就将失去自主产业链,甚至危及国家安全。在2020年中国进口贸易中,原油、金属、矿砂等资源型产品进口量分别增加7.3%和7%,粮食、肉类等农产品进口量分别增加了28%和60.4%。要摆脱过度依赖进口的不利局面,必须要有科技创新。

四是农业农村现代化迫切需要更强有力的科技支撑。构建新发展格局,要求必须加快推进农业农村现代化,也必须依靠更大力度的农业科技创新。落实习近平总书记"绿水青山就是金山银山"的发展理念,走出具有中国特色的绿色可持续发展道路,中国农大应该如何通过布局科技创新作出重大贡献?这是摆在全体师生特别是我们领导班子面前的一项重大政治任务,我们必须要交出一张有分量的答卷。

五是要实现中华民族伟大复兴,必须成为世界主要科学中心和创新高地。习近平总书记在2018年两院院士大会上的重要讲话以及今年在《求是》杂志上发表的重要文章中强调,要努力成为世界的主要科学中心和创新高地。纵观世界历史,全球科技中心经历过四次转移,从英国、法国、意大利、德国,最后到美国。每个国家能够保持科技中心地位

70～90 年，到如今的美国，保持世界科技领先水平近 100 年。中华民族要实现伟大复兴，习近平总书记提出努力成为世界主要科学中心和创新高地的重大要求，对科技、教育领域都提出了时代命题和历史重任。

二、坚定发展自信，充分肯定学校“十三五”期间科技创新工作取得的突出成绩

中国农大是一所有情怀、有担当的大学，更是一所有自信、有定力的大学。回首“十三五”，学校的科技创新取得了重大进展和突出成绩，我们必须要坚定自信、保持定力。

一是服务国家重大战略需求取得了突出成就。实践充分证明，中国农大的科技创新始终坚持为党和人民服务，紧紧扣住国家重大发展战略。刚才获得表彰的“黑土地保护和可持续利用”创新成果，是农大建校 116 年来坚持厚植家国情怀、坚定服务国家战略的生动写照。此外，在前不久召开的脱贫攻坚总结表彰大会上，我们学校李小云教授和农学院分别获得了先进个人和先进集体，在这场举全党全国之力打赢的脱贫攻坚战中，他们用自己的实际行动书写了中国农大服务国家战略的崭新篇章。

二是在事关国家农业科技创新的重大领域产出标志性成果。今天获得表彰的成果有些是在“十三五”期间取得的，有些则是长期坚持不懈研究取得的。历史上我们有“农大 108 玉米”获得国家科学技术进步奖一等奖，确立并巩固了学校在种子研究领域的优势地位。在党中央高度重视种业的国家战略需求下，未来种业领域科技创新大有可为。

三是实施深化改革“组合拳”为科技创新提供强有力保障。“十三五”期间，学校通过实施“315 人才引进工程”“2115 人才发展培育支持计划”，全面激发了教师创新活力；通过大力度深化校地合作、校企合作，探索产业研究院等科技创新和社会服务模式，全面提升了服务国家重大战略和地方经济社会发展的能力。通过一系列的改革举措，打出“组合拳”，构建新局面，释放新动能，为“十三五”科技创新提供了有力支撑。

在肯定成绩的同时，我们也必须时刻保持高度清醒，正视存在的短板和差距。

一是优化结构。当前学校的科技创新布局还无法完全满足支撑农业农村现代化的需求，已经涉及的领域还需要实现更高水平的突破，同时还有很多空白领域还需要优化结构、补齐短板。

二是提高效率。科技创新是一场持久战，更是一场攻坚战，必须要提高成果产出效率。比如黑土地保护虽然取得了一系列成果，但我们更要像当年打赢“黄淮海战役”一样，集中力量、攻坚克难，打赢黑土地保护战。

三是提升治理。高水平的治理能够为科技创新的高效率产出保驾护航，从政策设计、机制保障、评价体系、文化氛围等多方面提升综合治理效能，是未来学校科技创新实现新发展的重要保证。总之，在坚持“顶天立地”的科技创新工作方针上，学校科技创新工作还存在“顶天不够高、立地不够实”的问题。

三、抢抓机遇、顺势而上，奋力开创学校科技创新工作新局面

中国特色社会主义建设开启新征程，中国农业大学必须要以在科技创新服务国家重

大战略上作出新贡献，展现新作为。因此，我们谋划学校的科技创新规划不仅要着眼“十四五”，更要以高远的站位、广阔的视野、果敢的魄力瞄准2035年。按照党的十九大作出的新“三步走”战略部署，到2035年我国将基本建成社会主义现代化国家。要实现这样的宏伟目标，科技、教育、农业就必须率先实现现代化。这就要求我们的科技创新工作必须顺势而上、主动作为，为建设科技强国、教育强国、人才强国、农业科技强国作出与学校历史地位相匹配的新贡献。

刚才田见晖副校长把学校“十四五”科技工作的工作考虑和安排部署进行了全面介绍，我表示赞成，下面就抓好落实、抓出成效，我谈点意见。

理念决定道路、思路决定出路。我们谋划学校未来的科技创新工作，绝不能仅仅就事论事，必须坚持顺大势、谋大事、干实事、见实效。学校的总体思路和理念是：立足新发展阶段、贯彻新发展理念、构建新发展格局，以高度的政治责任感和使命感，一以贯之地把谋划推进科技创新工作作为学校坚持社会主义办学方向的根本要求，系统谋划、整体推进，着力实现以顶天立地的科技创新成果服务农业农村现代化，支撑中国特色、农业特色世界一流大学建设。

一分部署、九分落实，科技创新工作能够出真招、见实效，不仅是事关学校服务国家战略的重大责任，更是我们不负时代、不负人民、不负广大师生的崇高使命。要确保学校规划的目标任务如期实现，就需要全校上下团结一心、狠抓落实，以高强度的投入、高水平的保障、高标准的要求，实现高质量的成果。要扎实做好以下八个方面的工作：

一是持续壮大教师人才队伍。刚才雷司长指出，按照习近平总书记提出的“努力成为世界主要科学中心和创新高地”的重大要求，首先要有一支高水平、创新型的人才队伍，才能支撑实现发展目标。当前，学校的教师人才队伍无论是规模、结构、质量，都还远远不能满足打造国家战略科技力量的需求。从规模上看，教师总体数量在“双一流”大学中还处于比较靠后的位置；从结构上看，主要还是传统学科方向为主，新兴、前沿、交叉学科的人才存量有限，新补充的人才力量也亟须进一步加强；从质量上看，高层次人才、特别是在国际国内研究领域有重要影响力的人才还需要持续加强。只有持续不断壮大规模、优化结构、提升质量，才能够释放创新活力、集聚创新能量、引领创新发展。

二是大力创新科技组织模式。当前，高校普遍存在科技创新组织体系、发展模式与科技创新发展规律不相适应的问题，这些问题由来已久，也是难啃的骨头。学校已经努力做了一些新的尝试和探索，但是要满足支撑国家创新驱动发展战略的要求，还必须下大力气从根本上破题。

三是系统谋划一批重大平台基地，实现有效共享。纵观当今世界科技快速发展的趋势，没有一批高水平的平台、基地、设施是不可能产出有重大影响力成果的。当前，学校的科技创新平台总体存在平台分割、力量分散、无法共享的问题，这对我们深化交叉融合、集中优势力量、打造重大成果造成了非常大的阻碍。“十四五”期间，必须要大力推进重大平台建设，并实现有效的共享。

四是彻底深化评价体系改革。评价体系发挥着指挥棒、风向标的作用。只有科学的评价体系，才能催生出高质量的科技成果。近两年学校在人才评价、科技评价等方面率先迈出改革步伐，特别是将社会服务成效纳入评价指标，作为重要评价标准，发挥了很好的示范效果。按照党中央破除“五唯”的战略导向，我们还要持续深入实施“一揽子”的评价体系改革。

五是构建组织有效、服务有力的后勤保障体系。“抗美援朝”的伟大胜利启示我们，没有组织有效、服务有力的后勤保障体系，就不能在条件艰苦、困难重重的不利局面下赢得战争胜利。在科技创新这场没有硝烟但竞争残酷激烈的攻坚战中，只有充分的后勤保障，才能解放科研人员被束缚的手脚，让他们把全部精力百分之百地投入到创新研究中，释放创新能量、提高产出效率。比如，科研平台实验技术支撑队伍建设，科研项目管理和经费报销等环节的优化等，都需要进一步做好顶层设计。

六是多方位、多途径拓展科技创新资源。随着科技创新主体的逐渐多元化，只盯着国家项目资源支持的创新格局已经成为过去时。地方政府、企业的创新需求、创新投入、创新潜力已经成为高校拓展资源和创新路径的重要渠道。刚才发言的李季教授代表的苏州有机循环产业研究院，就是一个发挥自身创新和技术优势获取地方政府和高水平企业支持的典型案例。各级领导班子，特别是学院领导班子，必须解放思想、转变观念，下定决心、拿出魄力，走出学校、放宽视野，多渠道争取创新和发展资源。

七是进一步深度促进国际交流合作。改革开放40多年来，中国的科技创新在开放中持续深化国际交流，在合作中不断发展壮大，未来要实现科技的自立自强，也必定通过更加高水平的国际合作才能实现。中国农业大学在改革开放40多年的征程中，也是通过不断深化与国外高水平大学的交流合作，从跟跑到并跑，再到部分领域实现超越领跑的创新发展。未来在助力全球农业科技教育、推动构建人类命运共同体的国际舞台上，空间广阔，大有可为。

八是弘扬科学家精神，传承发扬农大优秀传统文化。任何创新的种子都必须在优良的文化土壤中才能生根发芽、开花结果。习近平总书记反复强调要大力弘扬科学家精神，就是要弘扬一代又一代科技工作者胸怀祖国、服务人民的爱国精神，勇攀高峰、敢为人先的创新精神，追求真理、严谨治学的求实精神，淡泊名利、潜心研究的奉献精神，集智攻关、团结协作的协同精神，甘为人梯、奖掖后学的育人精神。学校在116年的发展历史中，持续不断地涌现出了一批又一批杰出科学家，他们创造了“解民生之多艰”的辉煌成果，挺直了伟大时代中国科学家的“民族脊梁”，更为我们这一辈农大人留下了为国为民、艰苦奋斗、敢于创新、追求卓越的农大精神与文化。未来要在国家科技创新伟大事业中，建立新时代的农大功绩、发出强有力的农大声音，我们就必须把坚定文化自信、传承农大精神作为推动科技创新事业发展的根本动力！

同志们，今年是“十四五”规划的开局之年，全校上下要全面落实党中央开好局、起好步的总体要求，按照学校第四次党代会谋划的未来学校新“三步走”战略，坚定创新自信、聚焦强农兴农，锚定目标不动摇、攻坚克难不松懈，开创科技创新工作新局面，加快建设中国特色、农业特色世界一流大学，以优异成绩迎接中国共产党成立100周年！

谢谢大家！

构建一流大学学科发展新格局

——《人民日报》约稿校长孙其信

（2021 年 4 月 25 日）

学科是承担大学功能的重要载体、是世界一流大学的核心标志、是支撑大学创新发展的平台基础。“双一流”建设以来，中国高校在科技创新、人才培养、社会服务、国际交流等多方面取得了丰硕成果，带动了我国高等教育整体水平的提升，为经济社会持续健康发展作出了重要贡献。4 月 19 日，习近平总书记在清华大学考察时指出，“追求一流是一个永无止境、不断超越的过程，要明确方向、突出重点”。当前，面对国内外环境的新变化，落实新发展理念、推动高质量发展、构建新发展格局，中国高校迫切需要不断提高高层次人才培养质量，提供更多高水平科技创新供给，多措并举推进一流学科建设，继续发挥在高端人才培养、战略科技力量建设、基础前沿探索方面的引领作用。

一是打造新型学科生态体系。坚持以国家战略需求为导向，引领新兴、前沿、交叉学科的创新领域，突破学科专业壁垒，构建优势特色突出、互动支撑显著、协同发展的学科生态系统。

二是加强急需领域学科建设。落实“四个面向”要求，围绕国民经济和社会发展急需的重点领域，如农科“双一流”大学应聚焦生物种业、耕地保护、山水林田湖草系统治理等农业农村现代化进程中的关键问题，以科技创新为基础，以人才培养为根本，遵循学科发展规律，创新学科建设模式，加快布局一批新学科。

三是坚持学科特色发展。践行新发展理念，用现代科学技术改造提升传统学科专业，突出学科优势与特色，扭转“千校一面”局面，推进新工科、新医科、新农科、新文科建设，满足经济社会发展对不同类型人才的需求。

凝心聚力　奋发有为　推动就业创业高质量发展

——校长孙其信在首届全国高校毕业生就业创业指导委员会成立大会上的讲话

（2021 年 5 月 17 日）

尊敬的宝生部长、铁慧副部长、蕙青主任，各位委员、同志们：

大家上午好！

首先，欢迎各位领导和同仁莅临中国农业大学。在即将迎来中国共产党成立 100 周年，同时也是“十四五”规划开局起步的关键时期，教育部成立全国高校毕业生就业创业指导委员会具有十分重大的政治意义、历史意义和现实意义。这是教育部领导全国高等教育系统贯彻落实习近平总书记关于高等教育，特别是推进建设高质量教育体系，促进高校毕业生更高质量、更充分就业重要指示精神的具体举措。借此机会，我代表农林行业分指委及兄弟高校，交流几点认识和体会。

一、提高站位，深刻认识成立就业创业指导委员会的重大意义

一直以来，高校毕业生就业创业工作是高等教育不可或缺的重要组成部分。当今世界正经历百年未有之大变局，中国发展的内部条件和外部环境正在发生深刻复杂变化，就业创业面对的形势严峻复杂。把握新发展阶段、贯彻新发展理念、构建新发展格局，就业创业极端重要、大有可为。

一是贯彻落实习近平总书记重要指示精神的根本要求。全国高校要以习近平总书记重要指示批示精神为根本遵循，高度认识"稳就业""保就业"的极端重要性，确保毕业生更高质量、更充分就业，推动高校毕业生就业创业工作再上新台阶。

二是落实立德树人根本任务的关键环节。习近平总书记在清华大学考察时强调，建设一流大学，关键是要不断提高人才培养质量。就业是学生报效祖国、服务社会、成长成才的根本途径，不断提升就业创业质量和水平是高校落实立德树人根本任务、着力培养担当民族复兴大任的时代新人的关键环节。

三是培养支撑创新驱动和高质量发展高水平人才的迫切需要。构建新发展格局、实现高质量发展，根本要依靠创新驱动。只有把科技第一生产力、人才第一资源、创新第一动力更好结合起来，才能更好为改革开放和社会主义现代化建设服务。

二、奋发有为，全面提升指导委员会的建设水平

2020 届高校毕业生 874 万、2021 届高校毕业生 909 万，预计"十四五"时期我国高校应届毕业生规模将超千万。从农林牧渔行业对应的主要专业来看，2021 年全国有 15 万相关专业大学毕业生(数据来自教育部)。在严峻考验之下，毕业生就业事业的发展要有于危机中育先机，于变局中开新局的魄力。农林行业分指委将全力以赴在推动全国高校就指委高水平建设上争当标兵、主动作为。

一是要在自身建设上大有作为。打铁还需自身硬。全体委员将牢记使命、不负重托，当好排头兵、先行者，以扎实的工作和良好的形象开拓事业、履职尽责。

二是要在汇聚人才上大有作为。农林行业分指委要发挥好全国就业战线的人才优势，强化体系保障，形成联动机制，广泛团结一批政治坚定、思想敏锐、学识渊博、联系实际的专家学者和实践业务干部。

三是要在服务需求上大有作为。农林行业分指委要紧密结合上级部门的部署安排，树立牢固的服务意识。发挥自身优势，开展农林高校毕业生就业发展战略、重大决策的调研论证、政策咨询；聚焦现实问题，反映农林高校办学实际和社会诉求，发挥好政府与农林高校之间的桥梁纽带作用；立足学术前沿，深入开展毕业生就业工作课题研究等，履行好分指委智囊团职责。

三、多措并举,打造毕业生就业创业特色样板

建校百年来,中国农大始终坚持把就业创业作为一项重要政治任务,为国家输送了30多万名优秀毕业生,为党和国家事业发展作出了重要贡献。学校克服重重困难,加大工作力度,坚持精准施策,以“就业引领导航”“就业帮扶助航”“就业牵手护航”三大行动为抓手,全力推动就业创业工作取得扎实成效。超过七成的毕业生选择到“农业+”行业就业,从事与“三农”紧密关联的工作。切实为助力农业农村现代化、推动乡村全面振兴输送农大人才、贡献农大力量。

下一步,中国农业大学将在教育部的大力支持和有力指导下,发挥农林行业主任委员的职责与作用,坚持就业优先战略和积极就业政策,干在实处,走在前列,让毕业生就业创业工作迈向更高台阶。

谢谢大家!

惟其难志不泄可至善　勇做不负伟大时代的有志青年

——校长孙其信在中国农业大学2021年毕业典礼上的致辞

(2021年6月26日)

亲爱的同学们:

大家上午好!

时光如梭,光阴似箭!四年前,你们是我回学校工作后迎来的第一批新生,今天就要圆满完成学业了。在这个幸福而美好的时刻,请允许我代表学校向今天在现场出席毕业典礼的近5 000名2021届毕业生和去年已经毕业、但心中时刻牵挂母校的656名2020届的返校毕业生,以及在烟台研究院线上参加毕业典礼的全体2021届毕业生同学们,表示衷心的祝贺和诚挚的祝福!

同学们,在今年这样一个特殊的年份,你们迎来了人生中一个重要节点。再过5天,我们就将迎来伟大的中国共产党的百年诞辰。百年征程波澜壮阔,百年初心历久弥坚。在这样的重要历史时刻即将来临之际,同学们完成学业、走向社会,迈向新的、充满希望的人生道路,这将会在你们的一生中留下最深刻、最难忘、最美好的回忆!

同学们,毕业是人生一个阶段性的句号,更是一个新征程的开始。从今天起,你们将翻开逐梦旅程中的崭新一页,迎接新的挑战!离别之际,我想送给你们九个字:“惟其难,志不泄,可至善”,与大家分享三点体会。

笃定目标——人生要有坚定的理想和目的

第一点体会:目的很重要!不管是一段学习、一段生活、还是一段感情,都有最终要实现的目的,要实现人生的幸福也需要时刻胸怀一种目的。一个时代有一个时代的使命,一代青年有一代青年的历史责任。作为新时代的青年,你们要承担怎样的责任呢?

要看清楚你们当今所处的时代，首先要全面了解近代的中国历史和世界历史，了解中华民族是如何一步一步实现从站起来、富起来到强起来的伟大飞跃，只有回望历史、汲取养分，才能担当责任、走向未来！

中国的近代发展史，既是中华民族落后挨打、饱受屈辱的苦难史，又是中国人民救亡图存、自强不息的斗争史。时间回溯到100年前的1921年，中国共产党成立，扛起了挽救人民于水深火热的历史责任；时间回溯到120年前的1901年，八国联军发动侵华战争，战败的清政府被迫签订了《辛丑条约》；时间回溯到181年前的1840年，鸦片战争让中华民族从天朝上国的梦中轰然惊醒，开始沦为半殖民地半封建社会。新中国的第一部宪法——1954年颁布的《中华人民共和国宪法》中的第一句话是这样写的："中国人民经过一百多年的英勇奋斗，终于在中国共产党领导下，在1949年取得了反对帝国主义、封建主义和官僚资本主义的人民革命的伟大胜利，因而结束了长时期被压迫、被奴役的历史，建立了人民民主专政的中华人民共和国。"这是对新中国建立前，中国近代历史的最精准概括！

英国著名经济史学家安格斯·麦迪森的《世界经济千年史》一书中记载：1820年，清朝的经济总量占到当时全球GDP总量的32.7%，是当之无愧的世界第一经济大国。但是自从1840年鸦片战争到1919年巴黎和会的近60年时间里，中华民族迎来了一个苦难深重、不堪回首的悲惨时代。从英国强迫中国签订第一个不平等条约《南京条约》起，中国在1842年到1919年间先后被迫与西方列强签订了《望厦条约》《天津条约》《瑷珲条约》《北京条约》《马关条约》《辛丑条约》等一系列丧权辱国的不平等条约。

时代呼唤觉醒，时势造就英雄！近代中国100多年来中华民族历代先贤都在探求救亡中国之道，从林则徐的虎门销烟到太平天国运动，从曾国藩、左宗棠、李鸿章的洋务自强，到康有为、梁启超的戊戌维新，再到孙中山先生的辛亥革命，这些探索虽然在一定程度上推动了中国的进步，但始终未能根本改变中华民族的前途和命运。前不久，我有幸到上海参观了中共一大旧址和纪念馆，又到浙江参观了南湖革命纪念馆并参观了红船，回顾了那段震撼人心、震荡中国的峥嵘历史。1921年中国共产党成立时，社会各党派共有200多个，但是从党的一大召开时只有13位党员代表出席，到成立28年后带领中国实现民族独立、人民解放、成立新中国的伟大政党，是历史选择了中国共产党，是人民选择了中国共产党！

纵观世界近代历史，1840年第一次鸦片战争爆发之时，西方正在开展轰轰烈烈的第二次工业革命，世界进入了电气化的工业时代。西方的科学进步、技术革命推动了英国、法国、德国等世界强国的经济快速发展。随后，美国充分利用两次世界大战的机遇，在第三次工业革命期间一举成为超级大国。1870年时，中国的经济总量还占全球的17%，但是到了1950年就只占到4.5%，而美国的经济总量则从1820年占全球总量的1.8%跨越式提升到了27.8%。正是在中华民族这100多年的艰难前行中，世界发生了翻天覆地的根本性变革。这个变革是以现代科学技术推动的产业革命和知识创新驱动的世界强国间的激烈竞争。2020年，中国的经济总量恢复占到全球的17%，虽然美国经济依然居于世界最高水平，但是我们看到在中国共产党领导下，一个朝气蓬勃、活力迸发、竞争力十足的中国正在一步步走进世界舞台的中央。

我们所处的，正是这样一个世界百年未有之大变局和中华民族伟大复兴战略全局交织震荡的时代;我们走着的,正是这样一条中国共产党和近代仁人志士不断探索追求走出的中华民族的伟大复兴之路。同学们,你们既是盛世中国的经历者、见证者,更是助力实现中国梦的生力军、主力军。你们将担负起这个民族、这个国家的新责任、新使命,这是你们应当时刻牢记的理想和目的!

美国斯坦福大学威廉·戴蒙教授写过一本书,名为 *The Pathto Purpose*,在中国被译为《迈向目的之路》。他在书中提出:"驱动力是很重要的学习要素,但大部分成人谈论驱动力,通常是通过考试、考上某个大学等短期动机。但是如果没有更大的'目的'(purpose)存在,短期目标和动机通常会徒劳无功,而且很快就在毫无方向的活动中消耗殆尽。"所以他强调,追求崇高目的的人心中是充满喜悦的。从刚才来自内蒙古的 2020 届毕业生代表赵敏楠同学的发言中,我就真切地感受到她是喜悦的,因为她有着坚定的目标和目的,就是把自己的所学所思奉献到家乡的发展建设中。最近在网络上,"躺平"一词十分流行,部分年轻人面对越来越激烈的竞争形势,选择放弃努力、放弃奋斗,以"躺平"的消极姿态面对各种挑战。我认为,"躺平"一族很可能就是心中没有目的、缺乏理想、缺少热情!威廉·戴蒙在书中还提道:真正可以带来快乐的是从事让人觉得充满吸引力、挑战性,感觉非做不可的事情,特别是当他可以实现自我超越,对世界产生有价值的贡献的时候。比如,科学家献身于探索自然真相,他们最快乐的时候,通常就是当他们正处于努力解决困难问题之际。这就是"目的"对一个人至关重要的意义。

前不久刚刚去世的"共和国功勋"获得者袁隆平先生,一生为了中国人民乃至世界人民吃饱肚子致力于杂交水稻的研究。他曾说自己一生有两个梦想:一个是禾下乘凉梦,一个是杂交水稻覆盖全球梦。他一生都在为一个理想、一个目标努力,一辈子都献给了国家、献给了人民,让杂交水稻成为中国改革开放以来第一个向西方转让的专利技术。最近,学校新闻网刊登了一篇标题为《"抗棍棒"的小麦人生》的报道,讲述了中国科学院院士、小麦栽培遗传育种学家、我校蔡旭教授的传奇人生。1945 年蔡旭赴美深造,学习期间他调研美国多地,搜集了各类小麦种子资源 3 000 余份。回国之时,装有生活用品的皮箱丢失,他却拼命守护好装有 3 000 多份小麦种子的 2 个皮箱。正是这 3 000 多份小麦资源,为中国的小麦育种事业奠定了坚实的基础、作出了重要贡献。他毕生的梦想就是让中国人民吃上白面馒头,1985 年 8 月他生病住院,10 月从医院出来的第一站,便来到位于东北旺农场的实验站看小麦,直到去世前一天晚上,他依旧挑灯熬夜研读小麦记载册。这样一位为祖国的小麦事业奉献了一生的科学家,在他 69 岁时选择加入中国共产党,这是他对党的坚守、对国家的忠诚、对人民的奉献!

在中华五千年辉煌历史和灿烂文化中,中国古人很早就对"目的"的重要性有了深刻认识和总结。《论语·子罕》中有:"三军可夺帅也,匹夫不可夺志也。"诸葛亮在《诫子书》中说道:"非淡泊无以明志,非宁静无以致远。""非学无以广才,非志无以成学。"没有刻苦学习就无从增长见识、提高才干,没有坚定不移的目标就难以学有所成。朱熹说:"为学先须立志,志既立,则学问可次第着力,立志不定,终不济事。"读书成才,必须先立志,只有确立了远大的志向,才能够使学问不断巩固加深,如果立志不坚定,最终难以取得成功。所以要成就一番事业,不负这样一个伟大时代,心中必须要有一个坚定的理想和目的!

迎难而上——实现目标的征程永远不是一路坦途

第二点体会：目的一旦确定，就要坚定信心、迎难而上。因为在实现目标的道路上，永远都是荆棘密布、挑战重重！

“朝闻道，夕死可矣”，这是《论语·里仁》中记载的一句话。在孔子眼中，“道”是人生追求的最高境界，懂得了仁义的道理，就要坚守这个目标，用自己的一生去实践它、捍卫它，甚至不惜牺牲自己的生命。

《本草纲目》被达尔文称为“1596年的百科全书”，作者是明代的李时珍，他出身于医生世家，自幼热爱医学。在学习过程中，他发现过去的本草书记载混乱、错误百出，于是他向父亲提出修本草。他父亲苦劝：学医难，行医难，修本草更难。但李时珍以诗明志：“身如逆流船，心比铁石坚，望父全儿志，至死不怕难。”征得父亲同意后，李时珍为了实现这个目的不畏艰辛、不怕牺牲，在总结前人本草学成就的基础上，结合自己长期学习积累的大量药学知识，经过反复实践和刻苦钻研，历时40年编成了历史巨著！

今年是红军长征胜利85周年，长征是中国革命转危为安的一次伟大转折，是中国人民为追求光明而不懈努力的伟大史诗，是人类历史上创造的伟大奇迹。1935年9月，伟大领袖毛泽东主席写下著名的七律《长征》：“红军不怕远征难，万水千山只等闲。”正是因为有着坚定的救国目标和革命气概，才能把历经千山万水的艰难困苦视若等闲。中国人民解放军中最年轻的开国上将肖华将军创作著名的长征组诗《过雪山草地》中一句“官兵一致同甘苦，革命理想高于天”，呐喊出了红军气壮山河的豪情壮志，正是依靠这种崇高的革命信念，红军才完成了挽救革命的伟大远征！任何时代、任何人要走向自己的目标，就必须做好迎接困难的准备，克服一切艰难险阻，才能达到胜利的彼岸！

贵在坚持——让目标在坚持坚守中结出丰硕果实

第三点体会：笃定目标，迎难而上，成功贵在坚持！《周易》讲：“天行健，君子以自强不息。”墨子在《修身》篇中言：“志不强者智不达，言不信者行不果。”《论语》里说：“言必信，行必果。”“苗而不秀者有矣夫，秀而不实者有矣夫！”幼苗从播种、拔苗再到开花结实，才能完成生命的全历程。但并非所有幼苗都能经历这个完整的过程，有的只长苗而没有开花，有的出了穗却没有结果。作为青年一代，有的人树立了志向，但却没有行动，就像只长苗不开花；有的人立志并进行了修行，但却半途而废，就如同只开花而没有结果。只有那些树立远大志向、扎实付诸行动，并能够坚持到底的人才会有所成就！同学们要实现自己心中坚定的目的，就必须付出比别人更多的坚持和坚守，才能让你的目标在坚持和奋斗中结出丰硕的果实！

最近，美国国家情报委员会（NIC）发布了《全球趋势2040——竞争更激烈的世界》报告，对2040年可能出现的世界性趋势进行综合预测。报告指出：在未来二十年中，技术发展的速度可能会加快，技术影响力进一步加强。技术将改变人们的生活经验，增强人类的能力，帮助人们提供应对老龄化、气候变化和低生产率增长等挑战的方法，一些技术领域似乎已经显示出颠覆式变革的潜力。其中，五项技术将主导世界的未来，分别是人工智能、智能材料和制造、生物技术、宇航空间技术、世界物联技术。

同学们，你们正处在这样一个大有可为的时代，未来有着无比广阔的舞台。中国要实现国家科技的高水平自立自强、实现农业农村现代化和乡村全面振兴，全球将迎来第四次工业革命，进入人造生命、全智能的崭新时代！

生逢盛世，重任在肩！奋斗青春，不负时代！

亲爱的同学们，请你们带上学校的真情和祝福，勇敢向前，迈向充满希望和挑战的未来！

让我们坚定信心、锚定目标，为把伟大祖国建设成为社会主义现代化强国而共同奋斗！

最后，衷心祝福同学们万事如意、生活幸福、事业美满！

谢谢大家！

校长孙共信在党委理论学习中心组学习“习近平总书记在庆祝中国共产党成立一百周年大会上的讲话”的发言

（2021 年 7 月 1 日）

今天上午非常荣幸在现场参加了庆祝中国共产党成立一百周年大会，这是一场全党、全国人民期盼已久的大会，对我们每一位同志来说都是一个宝贵的人生经历。在现场，我深深地被庄重、团结、热烈的氛围所震撼、所感动，更加坚定了对党和国家实现新的百年奋斗目标的信心和决心，由衷地为中国共产党这样一个百年的光辉大党感到高兴！

一、中国共产党成立一百周年带领中国人民取得彪炳史册的伟大功绩

习近平总书记在大会上发表了重要讲话，从历史高度、现实视角、全球格局，系统、科学地总结了中国共产党成立 100 年来带领中国人民走过的波澜壮阔的辉煌历程，这是对中国共产党 100 年历史最权威、最全面、最系统的论述。

从历史的视角看，习近平总书记在讲话中三次提到五千年，这是中华民族灿烂、悠久的历史；两次提到 180 年，也就是从鸦片战争开始到现在的中国近代历史。只有从历史的视角才能够看清楚中国共产党的成立，在中国这样一个国家和民族发展进程中的重大历史性作用。习近平总书记指出，中国产生了共产党，这一开天辟地的大事变深刻改变了近代以后中华民族发展的方向和进程，深刻改变了中国人民和中华民族的前途和命运，深刻改变了世界发展的趋势和格局。

为什么说中国共产党深刻改变了中华民族发展的方向和进程？我体会，第一次鸦片战争以后，中华民族开始进入半殖民地半封建社会；到 1901 年八国联军攻占北京，清政府签订了《辛丑条约》，标志着中国已经彻底沦为一个半殖民地半封建社会，直到 1919 年巴黎和会。“十月革命”一声炮响给中国带来了马克思主义，五四运动促进了马克思主义在中国的传播，推动中国共产党成立，是中国新民主主义革命的开端。如果

没有中国共产党的产生，中华民族将会继续身处水深火热，甚至走向生死存亡的边缘。如果没有中国共产党带领中华儿女的救亡图存和艰苦奋斗，中国人民永远也无法翻身站起来！

为什么说中国共产党深刻改变了中华民族的前途和命运？中国共产党成立后，团结带领中国人民开展反帝反封建斗争，取得了伟大胜利，创造了建立新中国的伟大功绩，建立社会主义工业体系，实施改革开放伟大创新，创造了中国特色社会主义建设的伟大奇迹，彻底改变了中华民族和中国人民的前途和命运！

为什么说中国共产党深刻改变了世界发展的趋势和格局？新中国成立以来，西方资本主义国家对共产主义、对共产党领导的社会主义国家始终坚持遏制、封锁的战略政策。20 世纪 90 年代发生的东欧剧变，对世界社会主义的未来、中国特色社会主义的发展都是一次巨大的冲击和挑战。但是在中国共产党领导下，我们走出了一条中国特色社会主义道路，突破了封锁，实现了自强，改变、甚至扭转了世界格局。

习近平总书记在讲话中强调，发展中国特色社会主义，要把马克思主义基本原理同中国的具体实践相结合，同中华传统优秀文化相结合。我们过去一直讲，马克思主义同中国的具体实践相结合是从毛泽东同志探索中国革命道路开始的。习近平总书记特别强调，要与中华传统文化相结合，我体会这是中华民族持续前行不可缺少的文化力量，就是中华民族五千年优秀文化的力量。因为中国是世界四大文明古国中唯一没有中断文明的国家，这是文化的不断赓续，更是精神的代代传承！

习近平总书记庄严地向全世界宣布，在中华大地全面建成了小康社会，历史性地解决了绝对贫困问题。实现小康是中华民族几千年来的理想和目标，全面消除绝对贫困是中华五千年历史上开天辟地的头一次，因为要消除 14 亿庞大人口的绝对贫困，是在汉唐盛世、康乾盛世这样的历史鼎盛时期也没有实现的伟大壮举。这是伟大的中国共产党百年持续奋斗，特别是党的十八大以来，以习近平同志为核心的党中央久久为功取得的伟大成就，必然会载入中华民族的史册，也必然会载入世界发展的史册。

习近平总书记的重要讲话，让我们再一次深刻体会到了中国共产党的伟大。实践证明，中华民族、中国人民选择了中国共产党，是无比正确的历史性选择！

二、风雨兼程百年路，不忘初心启新程

中国共产党走过风雨兼程的一百年，既实现了全面建成小康社会的奋斗目标，又开启了建设社会主义现代化强国的“第二个百年”奋斗目标。习近平总书记的重要讲话展望中华民族伟大复兴的光明前景，系统阐述以史为鉴、开创未来必须牢牢把握的“九个必须”根本要求，进一步深化对执政规律、建设规律、发展规律的认识，为我们在全面建设社会主义现代化国家新征程上以史为鉴、开创未来提供了行动指南。

新征程上，我们必须坚持党的全面领导。习近平总书记指出：以史为鉴、开创未来，必须坚持中国共产党坚强领导。他特别强调了必须坚持“人民至上”，必须团结带领中国人民不断为美好生活而奋斗。最近，习近平总书记多次强调“人民至上”执政理念，明确提出：“江山就是人民、人民就是江山，打江山、守江山，守的是人民的心。”中华民族最有资格讲复兴，因为中国曾经拥有五千年辉煌的文明历史，有过灿烂的、值得骄傲的成就。在中国两千多年历史长河中，先后出现汉朝的“文景之治”、唐朝的“贞观之治”“开元盛

世”、明代的“仁宣之治”、清代的“康乾盛世”。我们国家现行的县、乡治理结构，作为中国古代的一项重要政治制度，早在两千多年前中国政治治理文明中就建立了郡县制。有数据显示，直到 1820 年，鸦片战争前二十年，中国的经济总量还占到世界经济总量的 1/3。自鸦片战争以来，中国与西方列强签署的不平等条约达到了 383 个，累计赔偿白银达到了 16 亿两。中华民族百余年艰苦卓绝的伟大复兴历史也由此拉开了大幕。因此说，在五千多年历史演进中形成灿烂优秀文明的中华民族有资格讲复兴。“第二个百年奋斗目标”就是要扛起中华民族伟大复兴的旗帜。习近平总书记在讲话中指出：“一百年来，中国共产党团结带领中国人民进行的一切奋斗、一切牺牲、一切创造，归结起来就是一个主题：实现中华民族伟大复兴。”总之，我们的一切是为了人民，我们党的根基在人民，党的血脉在人民，党的力量在人民。

新征程上，我们必须坚持和发展中国特色社会主义。习近平总书记在讲话中强调：没有中国共产党就没有新中国，没有社会主义就没有富起来、强起来的中国。实践已经充分证明：中国特色社会主义是我们党将马克思主义基本原理同中国具体实际相结合的历史性成就，中国特色社会主义道路是我们党和人民历经千辛万苦、克服千难万险取得的宝贵成果。习近平总书记讲：“过去一百年，中国共产党向人民、向历史交出了一份优异的答卷。”优异的答卷让我们更加有信心、有决心，只有中国特色社会主义道路才能够保障我们实现第二个百年奋斗目标，实现中华民族的伟大复兴。

新征程上，我们必须加强中华儿女大团结。习近平总书记强调：我们必须坚持大团结大联合，坚持一致性和多样性统一。这既在强调新时代的大团结，又在强调爱国统一战线的重要作用。中国人民是具有伟大团结精神的人民，团结起来的中华民族坚不可摧。在中华民族同心同德、同向同行的坚强意志和团结精神面前，一切分裂祖国的行径都是注定要失败的。同时，习近平总书记从历史、现实、未来等三个维度充分肯定了统一战线的重要作用。中国共产党始终把统一战线摆在重要的位置，不断巩固和发展统一战线。在每一个历史进程当中，统一战线都发挥了重要法宝作用。在新的征程上，要不断巩固和发展最广泛的统一战线，团结一切可以团结的力量、调动一切可以调动的积极因素，最大限度汇聚起实现民族复兴的磅礴力量，统一战线可谓任重道远。

三、牢记总书记嘱托，在新征程中展现新担当

我有幸现场聆听习近平总书记的重要讲话，备受鼓舞，精神振奋，深感中国共产党百年发展之不易，经过岁月的磨砺与淬炼，不断成长和发展，创造了非凡伟绩。作为国字号农业大学，我们要深入学习贯彻习近平新时代中国特色社会主义思想，进一步增强“四个意识”，坚定“四个自信”，做到“两个维护”，要坚持党对学校工作的全面领导，要坚定地在实现第二个百年奋斗目标的进程中履行好中国农业大学的历史使命和历史担当。同时，我们要在全面推进乡村振兴的历史进程中，在推动创新驱动高质量发展、实现科技自立自强、助力农业农村现代化、培养更多堪当民族复兴大任的时代新人等方面主动担当、积极作为，以更加奋进的姿态确保“十四五”开好局、起好步，以更加优异的成绩为祖国的繁荣发展和现代化建设贡献出更多的农大力量。

坚定发展自信　服务国家战略
高质量推动新一轮“双一流”建设

——校长孙其信在学校新一轮“双一流”建设方案编制工作会议上的讲话

（2021 年 8 月 26 日）

同志们：

新学期已经开始，根据学校安排，今天我们召开新一轮“双一流”建设方案编制工作会议。作为新学期伊始召开的第一个重要会议，充分体现了学校对“双一流”建设的高度重视。刚才曲瑛德同志通报了教育部首轮“双一流”建设的评价结果，把教育部关于做好新一轮“双一流”建设方案编制的工作要求进行了解读，并就学校党委常委会审议通过的新一轮“双一流”建设方案编制的总体设计、目标任务和工作安排进行了部署。辛贤副校长就相关工作的重点和难点进行了补充说明和强调，我完全赞成。各学院、学科和部门要严格对照工作方案要求抓好落实。

下面结合学校新一轮“双一流”建设的总体考虑、建设思路和具体任务，我讲几点意见。

一、坚定自信、直面问题，全面客观认识学校首轮“双一流”建设取得的成效和存在的不足

刚才曲瑛德同志通报了教育部下发的首轮“双一流”建设成效评价结果和专家评议意见。从整体发展水平、可持续发展能力、成长提升程度 3 个总体情况，以及人才培养、教师队伍建设、科学研究、社会服务、文化传承创新、国际交流合作等具体建设内容共计 9 个指标的评价结果来看，我们学校均处在第一档。可以说，学校首轮“双一流”建设的总体成效得到了专家组的充分认可，实现了高水平收官。我们能够克服种种困难取得这样的成绩，来之不易、弥足珍贵。这是学校党委坚强领导的结果，是学校大力实施深化改革的结果，也是包括在座每一位同志在内的全体师生辛苦付出、扎实奋斗的结果。我们有理由为取得这样的成绩感到骄傲和自豪，更应该毫不动摇地坚定新一轮“双一流”建设取得更大成效的信心和决心。

在充分肯定成绩的同时，我们也必须清醒地看到，各学科之间还存在发展不平衡的问题，要深入分析和研判评价结果背后隐藏的危机和隐患。从 9 个学科建设评价结果来看，畜牧学在总共 7 个指标中全部排在第一档，兽医学有 6 个排在第一档，作物学有 5 个排在第一档，植物保护学有 4 个排在第一档，农业资源与环境、农业工程、草学各有 3 个排在第一档，食品科学与工程有 2 个排在第一档，生物学全部指标排在第二档。可以明显看出，9 个一流学科建设成效参差不齐。

学校把教育部反馈的评价结果和专家评议意见原汁原味地反馈到各学科，并要求各

学科针对专家组的评议意见，制定整改计划。9 个学科提交的整改报告，我都认认真真看了一遍，整体的感受是跟学科建设成效一样参差不齐。有的学科能够直面问题，整改思路清楚、举措扎实，而部分学科则是走走过场、应付了事。各学院、学科负责人必须要抱着对当下负责、对历史负责、对未来负责的态度，从思想上高度重视、认真反思，决不能回避问题、无视短板。大家对当下负责，就是要扎扎实实做好整改，以改促建，加快发展；对历史负责，就是要对学科的悠久历史和辉煌成就负责，这 9 个一流学科在中国农业大学历史甚至是我们国家农业发展历史上都有着举足轻重的地位，决不能在我们这一代人手中滑落下去；对未来负责，就是要思考、谋划、推动学科不断发展，成为真正能够支撑学校建设世界一流大学的一流学科。

二、贯彻新发展理念、统筹两个一百年大局，深刻认识新一轮“双一流”建设所处的时代背景和历史方位

要谋划好、建设好新一轮的“双一流”，首先必须要站在国家大局、世界大势的高度，深刻认识学校发展所处的时代背景和历史方位。今年是“十四五”规划的开局之年，也是党和国家开启第二个百年奋斗目标的起步之年。为加快实现中华民族伟大复兴的战略步伐，党中央作出了一系列重大战略部署，为我们认清时代背景和历史方位标明了注脚，为实现高质量发展指明了方向。

立足新发展阶段，贯彻新发展理念，构建新发展格局。党的十九届五中全会审议通过了《中共中央关于制定国民经济和社会发展第十四个五年规划和二〇三五年远景目标的建议》，习近平总书记就立足新发展阶段，完整、准确、全面贯彻新发展理念，构建新发展格局提出了一系列重大理论和战略部署。中国发展到当前阶段，如果不坚决贯彻新发展理念，着力构建新发展格局，就很可能在迈向现代化强国的道路上遭遇重重阻碍。从人均 GDP 这个指标来看，目前中国的人均 GDP 刚刚超过一万美元。在近代工业社会发展进程中，成功跨过中等收入陷阱的国家屈指可数，泰国、巴西都曾经接近跨过中等收入陷阱，但又不可避免地陷入历史的旋涡。中国如果要坚定地迈过这道难关，就必须要转变发展方式、贯彻新发展理念、实现高质量发展。在国家处在这样重大的发展关键时期，作为一所“国字号”大学，我们就必须要作出与国家赋予的时代使命和学校历史地位相匹配的贡献。

习近平总书记在今年中央党校中青年干部培训班开班式以及两院院士大会上反复强调，贯彻新发展理念、构建新发展格局，核心是要实现高水平的科技自立自强。高校作为国家战略科技力量和科技创新的主力军，必须要把自身的发展建设紧密融入国家发展大势、服务发展大局，敢于担当、主动担当、能够担当，在实现科技自立自强的战略布局中发挥积极作用，贡献不可替代的力量。华为作为一家坚持以创新作为发展理念的民族企业，面对美国的打压制裁，坚定不移地依靠创新突破了封锁堵截，实现了自立自强。有华为这样的企业标杆，高校应当主动看齐，责无旁贷。

所以学校新一轮的“双一流”建设，必须要更加旗帜鲜明地聚焦服务国家战略需求，全力打造科技创新关键核心领域的“国之重器”，产出高水平重大成果，融入新发展格局，

服务新发展格局，支撑新发展格局，真正成为实现高水平科技自立自强的重要战略科技力量。

胸怀中华民族伟大复兴战略全局和世界百年未有之大变局。在这两个大局相互交织、同步震荡的大背景下，我们在建设“双一流”的战略谋划上，也必须要做到精准识变、积极应变、主动求变，在大局中认清形势、在变局中寻求突破。习近平总书记对国家战略科技领域打造“国之重器”高度重视，对航天领域宇宙飞船等硬核技术达到世界领先水平给予充分肯定。在波云诡谲、错综复杂的全球发展大势中，要努力实现从过去单纯补短板向锻造引领世界水平、并在国际竞争中掌握主动的长板技术转变，只有牢牢地把关键核心技术掌握在自己手中，才能有战胜一切风险挑战的底气和信心。学校在谋划自身发展的同时，必须要看清世界大势、国家大势、行业大势，精准发力、锻造长板。

三、高举服务国家战略旗帜，下大力气补短锻长，明确新一轮“双一流”建设指导思想和发展思路

定位决定地位，思路决定出路。中国农业大学要在新一轮“双一流”建设中取得新的建树，向党和国家交出一份亮眼的答卷，就必须找准定位、创新思路。

一是，精准定位学校在一流大学体系战略布局中的地位和使命。习近平总书记在今年4月19日考察清华大学时强调：“一个国家的高等教育体系需要有一流大学群体的有力支撑，一流大学群体的水平和质量决定了高等教育体系的水平和质量。”在建设高水平一流大学体系的战略布局中，必然要有不同类型的一流大学作为支撑。在涉农领域高校中，中国农业大学一直发挥着排头兵的作用。在一流大学体系中，我们的定位就是要发挥农业科技创新和人才培养的引领和支撑作用。这样的地位决定了学校的使命，就是要在实现国家农业科技自立自强的过程中，补齐短板、锻造长板。近些年，在国家战略科技突飞猛进发展的同时，农业科技领域已经很少能够再出现杂交水稻这样的重量级成果。核心问题就是在解决国家重大农业科技问题方面还没有交出让党和国家满意的答卷，中国农业大学有责任、有义务，也必须担当起这个艰巨而光荣的使命。

二是，高举服务国家重大战略需求的鲜明旗帜。服务国家重大战略需求是党中央对扎根中国大地办大学的本质要求，也是必须要牢牢坚持的社会主义办学方向，更是学校加快“双一流”建设的指南。如果“双一流”建设不能解决国家重大战略问题，就是偏离了方向。所以，学校决定在新一轮的“双一流”建设中，要更加立场鲜明地高举起服务国家重大战略需求的旗帜。在学校层面，初步考虑从种业、耕地、乡村振兴等领域，选取若干个聚焦国家农业科技战略问题的重大命题作为“双一流”建设方向指引，举全校之力开展重大攻关。请各学院和学科对照学校战略布局，紧密结合自身优势，凝练出学院和学科层面服务国家战略的方向，力争取得新的突破。

三是，坚定“补短板、锻长板”双轮驱动的发展思路。中国的科技创新经过新中国成立七十多年，特别是改革开放四十多年的不断发展，已经取得了长足进步。当然，距离西方发达国家的总体发展水平，我们还存在一定差距。纵观世界历史，世界科技的中心先后经历了从英国、法国、德国到美国的迁移。中国要迈入世界科技强国之列，甚至在未来

成为世界科技的中心，就必须在愈发激烈的科技创新竞争中，锻造长板、打造重器，才有可能脱颖而出，立于不败之地。学校新一轮的“双一流”建设，夯实底座、补齐短板是必要的，但是我们要真正迈向世界一流大学行列，就必须坚持在补齐短板的同时，拿出开拓的勇气、果敢的魄力、坚定的决心，在已经打下坚实基础的研究领域和方向锻造长板，打磨成为国家利器，引领世界标准。

四是，打造“9＋X”新型交叉融合一流学科建设体系。根据教育部的建议，学校确定的新一轮一流建设学科与首轮一致。但是在对学科发展总体形势深入研判的基础上，并且为了能够推动学科实质性的交叉融合，更好地支撑锻长板需求，学校决定通过打造“9＋X”的建设体系，来更高质量推进学科建设。也就是说，在9个一流学科基础上，还可以考虑选取能够与一流学科建设紧密融合并提供实质性支撑的若干学科和研究方向，进行交叉融合建设。

从教育部新一轮的学科建设思路来看，可以分为四大类：第一类是一流建设学科，学校入选新一轮的9个学科与首轮相比没有变化。第二类是基础学科，其中我们有生物学入选了一流建设的学科，但是还有像化学、数学等没有进入一流建设的学科，必须要通过“9＋X”模式的交叉创新，纳入学校的“双一流”总体建设中。比如数学与智慧农业、大数据、化学与生物学的交叉融合等，都具有十分广阔的空间。第三类是马克思主义学科，我们要拿出一揽子的建设方案，纳入总体方案。第四类是一流学科培优计划，这是本轮学科建设的重点和特色，要考虑重点强化和支持。无论是哪一类，学校的基本原则就是要通过“9＋X”学科建设体系的构建，畅通学科交叉的路径和渠道，实现服务国家重大需求的战略目标。

四、聚焦精准发力、深化机制改革、拓展办学资源，清醒认识学校新一轮“双一流”建设面临的短板和挑战

新一轮的“双一流”建设，要迈向更高层次、实现更高质量发展，就要把眼界看开阔、目光放长远，对标世界一流、攀登学科顶峰。要攀登顶峰，首先就要清醒地看到学校面临的突出问题和挑战，并且要有针对性的改善和加强。

一是要精确瞄准。磨刀不误砍柴工，想要命中目标，就必须在精确瞄准上下功夫，才能够一蹴而就。学校首轮“双一流”建设中，在一些方向领域和工作环节都存在不精准的问题，比如我们服务国家战略的方向和着力点瞄得还不够精准，各学科引进的人才与学科发展建设的匹配程度也需要进一步提升等。只有瞄准了方向和目标，才能有的放矢。新一轮的“双一流”建设在选择服务国家重大战略需求的方向上务必要精准，不能有丝毫偏差，否则就会选错目标，造成“脱靶”的严重后果。

二是要创新机制。在首轮建设过程中，学校通过实施一系列的改革举措，取得了一定成效。但是我们也必须要深刻反思不足，总结经验教训。比如在给各学科提供资源保障时，考虑到尽可能扩大支持的覆盖范围，我们在个别年度采用了平均分配的模式，整合建设资金平均下发至学科。结果导致了一些学科想实现更大发展但是获得的支持力度还不够，而部分学科拿着钱却没有产出相应成果，导致有限的资金效益没有得到充分发

挥。在新一轮的学科建设中,学院和学科的负责人必须要把责任担起来,决不能害怕担当、逃避担当、无力担当,要通过大胆的体制机制创新改革,激发出新的发展动力和活力。

三是要拓展资源。当前办学空间、财力等资源短缺和不足是制约学校加快发展的最大瓶颈。针对这一突出问题,学校在近几年已经加大力度实施了办学资源拓展工程,并且通过产业研究院等多种模式落地,一定程度上缓解了资源紧张的问题。特别要向大家通报的是,经过将近三年的不懈努力和艰苦付出,学校的平谷校区筹建工作已经取得了实质性进展,按照目前的工作进度,有望在未来一到两年内实现开工建设。学校将下定决心,克服一切困难把平谷校区建设好、利用好、发展好,为加快发展步伐、满足广大师生更高质量的工作和生活需求,创造更有利的条件保障。

五、统一思想、压实责任,举措有力、见行见效,高质量完成“双一流”建设方案编制任务

关于新一轮的“双一流”建设方案编制,学校已经通过务虚研讨会、专题工作会研究制定了工作方案,并经校长办公会、党委常委会审议通过。最终能否扎扎实实地把学校的谋划、思路、设计和部署落地,关键还是要靠各学院、学科和部门从思想上、行动上、方法上、责任上高度重视,落实到位。

一是思想上提高认识。思想决定行动,各学院、学科在编制方案过程中,要站在两个一百年大局的历史高度,坚持服务国家战略需求的鲜明导向,坚定走中国特色、农业特色世界一流大学的发展道路,从思想认识上再提高,贯彻中央指示、吃透文件精神。

二是行动上狠抓落实。没有不折不扣的落实,再好的谋划和设计都是空谈。各级干部在行动上要密切配合、步调一致,确保各项任务落实落地。

三是方法上确保见效。毛主席曾经讲过:“我们不但要提出任务,而且要解决完成任务的方法问题。我们的任务是过河,但是没有桥或没有船就不能过。不解决桥或船的问题,过河就是一句空话。不解决方法问题,任务也只是瞎说一顿。”所以,在明确了“过河”的任务以后,还必须有办法、有举措,能造“船”、会架“桥”。请各学科在建设过程中,在自身力所能及范围内,要想方设法造“船”架“桥”,确保能够实现既定目标。

四是责任上压紧压实。在落实学校党委的决策部署过程中,牵头单位和建设主体要切实担负起责任,特别是二级党委要压紧压实领导责任。对出现担当不足、工作不力的情况,建议按照党纪党规问责。

同志们,新一轮的“双一流”建设是学校加快建设世界一流大学的关键时期,也是对学校服务国家战略成效的重要检验,意义重大、任务艰巨。希望全校上下统一思想、团结一致,编制高质量的建设方案,推动学校事业发展开创新局面!

谢谢大家!

心怀国家 情系学生 为建设中国特色、农业特色世界一流大学贡献力量

——校长孙其信在2021年新教工入职培训开班仪式上的讲话

（2021年9月1日）

各位同事、各位朋友：

大家上午好！

首先请允许我代表学校对加入中国农业大学的316位新同志表示最诚挚的欢迎！借此机会，在第37个教师节即将来临之际，向大家和全校教职员工致以节日的祝贺！在中华传统文化中，“家”是中华民族独特的感情纽带，从今天开始，我们就成了真正的一家人。

加入了中国农业大学这个大家庭，大家首先要对这个“家”有一个全面的了解。特别是对于之前没有在中国农业大学有过学习和工作经历的同志来说，要了解学校的传统和文化，以便更快、更好地融入这个大家庭。所以，借此机会我向大家简要介绍一下学校的历史沿革、发展现状和发展愿景。

回溯历史：中国农业大学是一所拥有深厚积淀的百年老校

中国农业大学是一所拥有116年悠久办学历史和深厚红色基因的高等学府。1905年，作为京师大学堂八个分支大学之一的农科大学开始筹办，这是中国农业大学最早的源头。在西校区主楼的东侧，矗立着学校的标志性建筑——“农科大学”老校门，它伴随学校走过了百年风雨历程，见证了学校与新中国同向同行的坚定脚步，也即将在2025年迎来建校120周年的“双甲子”华诞。

自诞生的那一刻起，中国农业大学就被深深地打上了时代烙印，在屈辱中求自强、在艰难中求自立、在复兴中求报国。伴随着新中国诞生，学校在党和国家事业发展的每个阶段都发挥了不可或缺的重要作用，成为支撑中国农业和农村发展的一支重要力量。学校开创了新中国农业高等教育先河，率先建立了新中国第一个农业微生物学专业、第一个农药学专业、第一个造园专业等等，是当时全国农业科系最多、最齐全的高等农业学府。学校也是在毛主席和周总理亲自关怀下建立起来的全国重点农业大学，师资力量雄厚。新中国成立后，北京农业大学拥有10位一级教授以及一大批大师学者，正是他们在解决国家重大发展需求、培养优秀人才、推动国际交往合作等方面发挥了重要作用。

近几年，学校先后编写出版了三本书，全面系统地总结了学校自新中国成立70多年来，服务国家发展建设的扎实行动和成果。2019年，学校出版了《念兹在兹：中国农大强农兴农的十个篇章》一书，全面反映了中国农业大学服务新中国“三农”事业取得的辉煌成就。2020年，学校又出版了《玉汝于成：脱贫攻坚伟大事业中的中国农大》一书，全景展现了学校在脱贫攻坚中的特色和亮点，记录广大师生用汗水和智慧助力脱贫攻坚的感人

故事。2021年,为庆祝中国共产党成立100周年,学校编写出版了《初心弥坚:中国农业大学许党报国的红色故事》一书,集中展现了农大师生坚定不移跟党走,红色基因代代相传的光荣事迹。可以说,这三本书对学校的历史全貌进行了较为完整的总结和展现,学校已经将这三本书作为引领师生传承红色基因、赓续红色血脉的校本教材。

立足今朝:中国农业大学正昂首阔步走在高质量发展道路上

2009年5月2日,胡锦涛同志视察中国农业大学,同广大师生共迎五四青年节,给学校提出了“加快建设世界一流农业大学步伐”的重要指示和要求。截至2020年年底,中国农业大学的农业科学学科已经进入世界一流学科顶尖行列,仅次于荷兰瓦赫宁根大学,位居全球高校第2位,成为我国进入全球前10位的6个学科之一;农业科学、植物科学与动物科学进入ESI世界前千分之一,环境/生态学、生物学与生物化学、化学、微生物学、工程学、分子生物学与遗传学、社会科学总论、药理学与毒理学、免疫学等11个学科进入全球前百分之一,其他学科也均有较大幅度提升。从软科、USNews以及QS等第三方学科评价的结果来看,学校学科优势地位得到强化。可以说,学校已处于世界一流农业大学前列。

放眼未来:全面开启建设中国特色、农业特色世界一流大学新征程

中国农业大学未来将走向何方?2012年9月15日,时任国家副主席习近平同志到学校参加全国科普日活动,对学校提出了“中国特色、农业特色世界一流大学”的建设目标。学校全面学习领会习近平总书记重要指示的深刻内涵,学校第四次党代会擘画了未来发展蓝图,到2035年基本建成中国特色、农业特色的世界一流大学。深刻、全面、准确领会习近平总书记提出的“建设中国特色、农业特色世界一流大学”重要指示的丰富内涵,我认为要包括五个方面:

一是建设具有农业特色的世界一流大学。在全球高等教育的坐标系中,中国农业大学要对标的不仅仅是农业科学,更要瞄准具有农业特色的世界一流大学,这是目标内涵的重大变化。从更深层次的意义来讲,学校要实现“十四五”规划建设目标和二〇三五年发展愿景的首要任务,就是要调整学科结构、提升学科质量。学科结构要在实现优势学科进一步巩固和提升的基础上,向全方位、更平衡、更优秀的学科结构转变。要形成以农业特色学科为优势引领,带动多学科重点突破,打造若干新兴、前沿、交叉学科的建设体系发展格局。到2035年,中国农业大学的学科建设、人才培养要既能彰显农业特色,又要涵盖当今科技发展的新兴领域。以健康领域为例,健康与农业有着密不可分的关系,但又不仅仅局限于农业。比如,未来的小麦不仅能够提供蛋白质和淀粉等基本能量,还可以治疗疾病,助力人类健康水平提升。我本人就是做小麦育种研究的,我们团队最新的目标就是力争在10年内能够研发出可以治疗糖尿病的小麦品种。在这项研究过程中,就需要结合最新的合成生物学、基因组改造、基因组编辑等学科和技术。因此,建设具有农业特色的世界一流大学,学科布局必须进行重大的结构性调整。

二是建设具有中国特色的世界一流大学。中国的高校必须是在中国共产党领导下的社会主义大学,必须要坚持扎根中国大地,为国家和民族作出与学校定位相符的贡献。

“解民生之多艰、育天下之英才”，这是中国农业大学的校训，也是农大人的初心与使命。到2035年，学校要实现基本建成中国特色、农业特色世界一流大学，首先就要在解决国家重大战略需求上作出一流贡献。中国农业大学历史上，曾经为党和国家作出不可替代的重大标志性贡献。20世纪70年代，学校扎根河北曲周开展科技攻关，把万亩盐碱滩变为米粮川，并辐射整个黄淮海平原，成为我国乃至世界历史上盐渍化低产区综合治理的样板，为实现国家从南粮北运到北粮南运转变作出了不可磨灭的贡献，这一重大成果获得了国家科学技术进步奖特等奖。当前，以智能信息技术为核心的新一轮科技革命和产业变革正在深刻改变经济社会形态。人工智能、5G、区块链等新一代信息技术全面推进，合成生物学、疫苗研发等生命健康领域科技快速发展。到2035年，我们必须要拿出更多的重大科技成果，从根本上助力国家实现科技自立自强。

三是必须培养一大批德智体美劳全面发展的社会主义事业建设者和接班人。习近平总书记强调：“要从党和国家事业发展全局的高度，坚守为党育人、为国育才”“办好人民满意的教育，培养德智体美劳全面发展的社会主义建设者和接班人”，深刻回答了我们举什么旗、走什么路、育什么人的根本问题，彰显了我们党在发展社会主义教育问题上的根本立场，指明了新时代建设教育强国必须牢牢把握的前进方向。这就要求学校要培养创新型人才，培养德智体美劳全面发展的时代新人。未来，中国农业大学要建设成为一所满足人民对更高质量高等教育需求的一流大学，成为一所汇聚并培养包括中国在内的世界各地优秀人才的一流大学。

四是在传承与发展中不断彰显和发扬学校的优秀文化。在人类发展的历史长河中，学校传承千年、从未中断，其核心就是文化的传承。中国农业大学拥有非常优秀的大学文化。比如，西藏和平解放初期，学校李连捷教授率领工作组徒步进藏，考察青藏高原独特的地理环境和农牧业生产，为开拓世界屋脊的农牧业发展立下了汗马功劳。他的事迹彰显出为国履职、为民尽责的担当，是值得代代传承发扬的宝贵精神财富。中国农业大学还有着“敢为天下先”的创新文化，一个又一个重大突破的背后，无不彰显着可贵的开拓精神。我们要大力弘扬这些优秀文化，让它们融入每一个农大人的血液中。

五是建设具有国际视野、国际理念、国际水平，能够解决国际重大发展问题的一流大学。要建设成为一所在世界范围内有影响力、能够发挥引领作用的大学，必须要有世界的眼光、全球的理念，要为解决全球性发展问题作出中国农业大学的贡献。我们学校的李小云教授，是在发展研究领域具有国际影响力的专家。2019年，在阿根廷布宜诺斯艾利斯举办的第二次联合国南南合作高级别会议上发布了一段《小技术大丰收》的视频，它讲述的就是中国农业大学师生助力解决非洲农业发展问题的故事，在国际社会引发了广泛关注。我们用实践证明，中国农业大学是一所可以为世界发展作出贡献的大学，是一所被世界上很多国家、政府组织、学术机构认可的优秀大学，在事关世界发展的重大问题上，我们要拿出农大方案、发出农大声音、贡献农大力量。

用心用情：立志成为新时代的合格教师

教师作为天底下最伟大的职业，在中国传统文化中有着神圣的地位。唐代文学家韩愈的《师说》中有一句千古流传的名句：“师者，所以传道授业解惑也。”鞭辟入里阐明了为师者的真谛，道出了教育事业的真正本质。习近平总书记始终高度重视教育工作，对教师提出了有理想信念、有道德情操、有扎实学识、有仁爱之心的“四有好老师”要求。在座的每一位同志，无论是教师，还是管理人员、教辅人员，本质上都是“师”，都必须要具备“师”所必需的道德修养、职业素质、人文情怀、业务能力，要用心做事，用情做事，做一位好老师。结合自己作为教师三十多年的经历和感悟，我与大家分享几点体会：

一是要心中有国。家国情怀是中华民族几千年来一脉相承的价值理念，是历代胸怀抱负者实现人生理想的毕生追求。如果没有对国家的深刻理解，没有将自己的事业与国家发展紧密联系起来，作为一名人民教师是不合格的。中华民族伟大复兴战略全局和世界百年未有之大变局相互交织，中华民族开启了第二个百年奋斗目标的新征程。作为新时代的农大教师，必须要胸怀“两个大局”，始终厚植对民族的情怀、对国家的情怀、对人民的情怀、对农业的情怀、对教育的情怀，想国家之所想、急国家之所急。2020 年，中国的经济总量达到了 100 万亿元，占世界经济总量的比例超过了 17%，达到了美国经济总量的 71%，这几个数字的背后蕴含着极其重要而特殊的含义。1820 年，中国的经济总量占世界的 30%，1870 年下降到了 17%。1949 年，新中国成立时，中国的经济总量在世界的占比不足 3%。经过 70 年的建设和发展，新中国从一穷二白到成为世界第二大经济体，中国的核心竞争力和国际影响力实现了历史性跨越，世界上没有任何一个国家能够做到中国创造的发展奇迹。

习近平总书记在参观“复兴之路”展览时提出并详细阐述了“中国梦”的重大意义。他明确指出：“每个人都有理想和追求，都有自己的梦想。现在，大家都在讨论中国梦，我以为，实现中华民族伟大复兴，就是中华民族近代以来最伟大的梦想。”中华民族最有理由讲“复兴”，因为中国拥有五千年辉煌的文明历史，有灿烂辉煌的伟大成就，在长达一千多年的世界历史中处于遥遥领先的地位。如今，中国从贫穷落后发展成为具有重要影响力的世界大国，我们可以平视全球，正是因为中华民族正在阔步迈向伟大复兴。习近平总书记强调：“新时代的中国青年要以实现中华民族伟大复兴为己任，增强做中国人的志气、骨气、底气，不负时代，不负韶华，不负党和人民的殷切期望！”

但是世界并不太平，中华民族伟大复兴面临着诸多风险挑战。美国和印度不满中巴经济走廊，中美贸易争端等，充斥着世界上一些国家对中国居心不良的猜忌、嫉妒甚至是遏制和打压。在这样的世界变局下，习近平总书记强调，要把握新发展阶段，贯彻新发展理念，构建新发展格局，实现高水平的自立自强。习近平总书记高度重视科技创新工作，作出要把原始创新能力提升摆在更加突出的位置，要掌握更多关键核心技术，抢占行业发展制高点等重大战略部署。这正是我们的历史使命，就是要在建设世界一流大学的过程中，通过高水平的科技创新来服务国家实现科技自立自强。最近，植保学院的刘山林副教授，利用 5 万年古 DNA 与基因组数据解密了犀牛物种的演化历史，研究成果发表在 *Cell* 上，这是人类在犀牛物种研究领域的开创性成果。今年 3 月，美国国家情报委员会发布了《2040 全球趋势》(*Global Trends* 2040)报告，其中讲到未来社会变革的最大推动力是创新(innovation)，特别是以技术为主体的创新。因此，要实现中华民族伟大复兴，科技自立自强是核心和关键。

二是要眼中有世界。我们身处历史巨变的伟大时代，只有放眼世界，才能精准识变、科学应变、主动求变。没有世界范围内的广泛交流，人类的思想、文明、科技是无法不断进步的。眼中有世界，要对世界发展趋势做出准确判断，因为中国的发展不会脱离世界，而且要融入和引领全球发展。我们必须要以世界的眼光，来审视中国农业大学的时代使命，为世界作出重要贡献。近几年，学校致力于在世界顶尖高校合作交流方面打造具有国际影响力的品牌，发起成立了“世界顶尖涉农大学联盟(A5)”。“A5 联盟”作为国内第一个与康奈尔大学、瓦赫宁根大学等多所世界顶尖院校的合作平台，成功开展了一系列高层次、多领域的品牌项目，在加强世界顶尖涉农大学人才培养、科技创新等交流合作方面展示了农大方案，做出了农大贡献。

三是要心中有校。作为一名中国农大人，大家要时刻牢记中国农大教师的标签，所思所想、所作所为都应该符合中国农大教师的身份。首先，中国农业大学是拥有辉煌历史、优秀文化的学校，这是所有中国农大人的思想共识。其次，每位中国农大人都应该为学校发展贡献一份力量，只有这样我们的“家”才会变得越来越和谐、越来越强大、越来越幸福。作为一家人，我们要有共同的情感纽带，要对学校有深刻认同和情感归属。有了感情基础，才有爱护学校的动力，才能为学校的发展不懈奋斗。

四是要情系学生。教师的职责不仅仅是“教书”，更重要的是“育人”。一位优秀的教师，不仅要传授学生理论知识和专业技能，还应做到以身作则、言传身教，努力用自己优秀的道德品格和精神素养去引导学生、影响学生，帮助学生树立正确的世界观、人生观和价值观。这就要求教师要把自身拥有的知识智慧、价值观念融入教育学生的每个环节，让学生离开校园时不仅获得了毕业证、学位证，更要带着一种家一样的认同感、归属感，这就是教师培育人才的最高境界，用真情、实情、感情去爱护学生、培养学生、教育学生。

五是要心中向党。今年 7 月 1 日举行的庆祝中国共产党成立 100 周年大会上，我有幸在天安门广场现场聆听了习近平总书记的重要讲话，深受震撼、感慨万千。从 1840 年鸦片战争到 1949 年新中国成立，中华民族百年发展历程中的一个根本转折点就是 1921 年中国共产党的成立。鸦片战争至清朝统治结束的七十多年间，清政府签署了几百个不平等条约，加在一起的损失高达数十亿两白银。前一段时间，一张 1901 年《辛丑条约》签订现场和 2021 年中美高层战略对话会议场景的对比图在网络媒体上刷屏传播。同是辛丑年，两个甲子过去了，中国早已不是那个备受欺凌的“东亚病夫”，中方代表立场坚定、有礼有节维护国家主权和尊严，美国居高临下、对中国颐指气使的时代已经成为历史，中国人忍辱负重、不堪回首的时代一去不复返。新中国成立以来，历经 70 余年的快速发展，特别是改革开放 40 余年来的伟大壮举，中国走过了其他国家近百年、甚至数百年的发展历程。只有在中国共产党的领导下，中国才能创造这样的伟大奇迹。作为一名中国农大教师，必须要坚定不移地坚持党的领导，践行党的宗旨，听党话、跟党走，为中华民族的伟大复兴贡献力量！

六是要身心健康。当今社会，各行各业的年轻人都面临着生活、学习、工作等各方面的压力，一些人无法有效地自我调节，出现心理健康问题。我发自内心地希望，大家能够把学校当成“家”，而不是一种简单的聘用关系。作为家人，我衷心祝福大家在农大身心健康、生活快乐、事业成功、家庭幸福。

最后，希望全体教师坚定目标、勇担使命，为党育人、为国育才，在加快建设中国特色、农业特色世界一流大学，全面建设社会主义现代化国家的新征程中贡献力量！

谢谢大家！

感悟袁隆平精神　赓续科学家血脉

——校长孙其信在学习袁隆平精神交流会上的讲话

（2021年11月10日）

尊敬的各位院士、各位专家，同志们、朋友们：

大家上午好！袁隆平先生的一生为所有农业科技工作者树立了丰碑，其宝贵精神是需要我们深刻理解和感悟的精神财富。为此，中国农业科学院、中国农业大学和湖南省农业科学院联合发起并召开袁隆平精神学习交流会，我很荣幸代表学校出席此次会议，也感谢中国农科院的盛情邀请。

当前我们国家已经昂首阔步走进新时代，正在深入贯彻新发展理念，加快构建新发展格局，开启全面建设社会主义现代化国家新征程的新百年。以习近平同志为核心的党中央高度重视科技工作，特别是在今年的两院院士大会、中国科协十大会议上指出，要努力实现高水平科技自立自强。习近平总书记特别强调，在实现高水平科技自立自强过程中，大力弘扬科学家精神，是做好科技工作的根本遵循。所以在袁先生逝世不久之际，我们举行这样一场座谈会，我觉得意义非常重大。这对我们进一步怀念袁先生的伟大功绩，继承发扬好他对中国科技事业、对农业科技事业作出的巨大贡献，对发掘好、弘扬好、传承好袁先生创造的科学家精神，也对我们在新时代做好中国的农业科技工作，都具有十分重要的现实意义。

袁先生和中国农业大学有着非常深厚的情谊。早在2003年，袁先生就在中国农业大学举办了一场名家论坛。当时能够容纳300人的大教室里，座无虚席，走道上、讲台上都坐满了听讲座的学生。袁先生为师生带来了一场精彩的报告，给学生们进行了一场深刻的教育活动，“中国人的饭碗要牢牢端在自己手中”深深刻在了农大学子的心中，同时也给我留下了深刻的认识。我很荣幸能代表学校出席此次会议，心情非常激动。

袁先生是中国当代科学家的杰出代表，是当代中国农业科学家的杰出代表，被誉为“杂交水稻之父”。他也是党外知识分子的杰出代表，是无党派同志们学习的榜样。今天我们学习袁先生的精神，我自己体会，有四个方面值得我们怀念、继承和发扬：

一是袁先生“经邦济农”的家国情怀。袁先生一生有两个梦，一是禾下乘凉梦，二是杂交水稻覆盖全球梦。胡培松院士提到，杂交水稻推广70余年来，我国粮食累计增产数量惊人。改革开放初期，中国是一个粮食不能自主的国家，杂交水稻的成功，为中国人实现温饱作出历史性贡献，也为世界粮食安全作出举世瞩目的贡献。我国杂交水稻事业的发展充分体现了袁先生为国家分忧、为人民解难的毕生志向，体现了其家国情怀、胸怀世界的大格局。

二是袁先生“惟实怀真”的创新胆识。为什么杂交水稻只有在中国取得成功，这跟袁先生“惟实怀真”的创新探索精神是分不开的。有一次我与袁先生一同在中国科协参加会议，我们住在一个房间，我借机向他请教。袁先生早上起来，我说给袁先生带点早饭回来，先生答复“不用了，你给我拿两根香蕉就当作早饭了”。之后我向先生请教杂交水稻技术，他就讲起当年杂交水稻最早制种的时候，只有几公斤的产品。大家都觉得是笑话，一亩地只有几公斤。但是通过袁先生的科学创新，解决了杂交水稻三系稻制种产量低的困难，为之后杂交水稻的产业化奠定了非常重要的基础。从三系杂交稻、两系杂交稻，再到超级杂交稻，袁先生一生不断追求、不断创新，才实现了中国杂交水稻立足世界的领先地位。

三是袁先生“淡泊明志”的奉献品格。袁先生一生牵挂的只有杂交水稻。杂交水稻成功后，党和国家曾想授予他更大的名誉和职位，但我听说他都主动拒绝了。袁先生是无党派知识分子代表，他一生潜心研究、默默耕耘，将为人类作出贡献视为自己的奋斗目标，深深扎根田野，倾其心血，只为饭碗丰盈、稻谷飘香。

四是袁先生“作育英才”的育人情怀。在场的很多同志都谈到袁先生培育下一代的情怀，特别是万院士提到，作为一个大师，正是得益于他对我们后辈的悉心培养，才造就了中国杂交水稻一代又一代的成果，永远立足于世界最前沿。袁先生为我国水稻事业培养了一批又一批优秀的科研人才，为国家打赢种业翻身仗奠定坚实基础。

同志们，中华民族有着五千年灿烂辉煌的文明，也有着五千年灿烂辉煌的农耕文明。中华农耕文明为世界农业文明作出的重要贡献就是稻作的发展，中国是世界上多种主要作物和动物的驯化中心和繁育中心。1840 年鸦片战争爆发，中国开始沦为半殖民地半封建社会，中华民族和中国人民陷入危难时期。今年是伟大的中国共产党成立 100 周年，回顾过去近 180 年的风雨历程，我们更加深刻地体会到，中国共产党的成立，为深刻改变中华民族的发展方向和进程，为根本扭转中国人民和中华民族的前途和命运，为实现中华民族的伟大复兴，发挥了核心的领导作用。而以袁隆平先生为代表的一批中国当代农业科学家，就是在践行“为天地立心，为生民立命，为往圣继绝学，为万世开太平”的精神内涵，以此作为一个爱国人士、爱国志士毕生的前进方向。今天我们怀念袁隆平先生、纪念袁隆平先生，就是要把袁先生的宝贵精神发扬光大，教育更多的年轻人学习好、践行好袁先生的精神，为实现中国农业科技现代化，为实现中国农业农村现代化，也为实现中华民族伟大复兴，贡献应有的力量！

贯彻落实全国教育大会和中央人才工作会议精神
打赢本科教育教学审核评估攻坚战

——校长孙其信在本科教育教学审核评估工作推进会上的讲话

（2021 年 11 月 17 日）

各位同志：

本次本科教育教学审核评估是新时代学校深化贯彻落实全国教育大会精神、中央人才工作会议精神，并结合当前学习贯彻党的十九届六中全会精神的具体行动，也是学校落实中央巡视整改任务、推动学校高质量发展的具体举措，事关重大、意义重大、责任重大。今天我们在这里召开本科教育教学审核评估工作专题会，并且学校计划在放寒假前，结合巡视整改和审核评估工作成果召开学校本科教育教学工作会议。本次会议的目的是对审核评估工作进行战略部署和明确重点任务，对此我想讲以下三点。

一、深刻理解本科教育教学审核评估工作的新背景

一是要站在“为党育人、为国育才”的政治高度，全面提升本科教育教学工作水平。本次审核评估工作是基于全国教育大会和中央人才工作会议的新时代背景下，积极响应“教育强国”战略，提升学校自身办学水平和人才培养质量的重要契机。2018 年 9 月 10 日，习近平总书记在全国教育大会上发表重要讲话，为高等教育改革的根本任务、指导思想和发展目标等作出了一系列的系统论述，对高等教育提出了一系列的任务目标和根本要求，强调必须把培养德智体美劳全面发展的社会主义建设者和接班人作为根本任务。2021 年 9 月 28 日，党中央召开了新中国历史上第一次中央人才工作会议，并成立了人才工作领导小组。习近平总书记在会上作出重要部署，对人才工作提出四个方面要求：第一是要加快建设世界重要人才中心和创新高地，必须把握战略主动，做好顶层设计和战略谋划。这表明未来党中央的人才工作是基于世界科学中心、技术创新中心和经济中心转移的历史规律进行决策部署的。自新中国成立到大踏步进入新时代，中国已成为世界第二大经济体，我们要建设世界科技强国、要建设世界人才强国、要建设世界人才中心，这是重要任务。第二是深化人才发展体制机制改革。当前我国人才体制机制仍存在很多障碍需要破解和克服，亟须形成并实施推动人才开展科研创新的管理制度和评价体系。第三是大力培养使用战略科学家。党的十八大以来，习近平总书记高度重视战略科学家的培养工作，此次会议也是首次提出培养战略科学家的重大任务。第四是要下大气力全方位培养、引进、用好人才。这也是与本次审核评估紧密相关的。习近平总书记特别强调，今后我国人才队伍建设的道路主要依靠自主培养，高校特别是“双一流”高校，要在基础科学研究、人才培养方面发挥好主力军的作用和功能。因此，我们要充分认识到此次评估的重大意义，精准领会、全面贯彻习近平总书记重要指示精神，对标对表，谋准、谋实、谋细、谋深学校本科教育教学各项工作，为实现“教育强国”战略目标培养更多优秀人才。

二是要识变应变，在全面掌握新形势下开展本科教育教学的新模式。学校完成上一轮本科教育教学评估是在 2018 年上半年，我是在 2017 年下半年回到学校工作，距离上次开始审核评估也将近 5 年了。当前，教育部启动新一轮本科教育教学审核评估工作，探索实施评估分类，在评估方式上进行了一系列重大改革，特别是首次使用试点方法来推行评估。我们主动作为、积极申报，经教育部批准，是与清华大学、上海交通大学参加第一类审核评估的试点单位。作为首批试点单位之一，作为行业内第一家试点高校，这就为我们创建评估标准和评估模式提供了优先便利。实际上，从上一轮本科教育教学审核评估工作开始，国家就进行了较大修正。以往采用全国统一模式，但由于高等教育普及化阶段各高校多样化的发展需求，这种方法是不合适的。所以上一轮评估后进行了改革，按照学校自定标准进行督查。本轮又进行创新，采用全新的试点方式推行，高校自主选择评估套餐来开展工作。可以说这是一次重大变化，但我们也要清楚地看到，因为先行先试所以没有标准和经验可循，都需要探索尝试，包括专家进校如何考察、如何组织座谈等，缺少可以借鉴的模式，所以增加了工作难度。因此，各单位要准确把握本次审核评估的新方式、新模式、新要求，正确认识审核评估的一系列重大变化，全面对接新时代本科教育教学新要求，扎实推进学校本科教育教学改革创新。

三是要坚定自信，走出一条具有农大特色的人才自主培养道路。近年来，学校始终坚持立德树人根本任务，以习近平总书记给全国涉农高校的书记校长和专家代表的重要回信精神为指引，持续深化本科教育教学改革，不断提升学生知农爱农的情怀担当和强农兴农的本领能力，举全校之力出台了一系列改革政策，实施了一系列改革措施，创造了一系列显著成果，积累了一系列宝贵经验，学校本科教育教学改革取得了重大进展，迈出了新步伐。根据2021届本科生招生情况，学生整体质量在多数省份保持增长趋势。特别是学校实现了以全国第48名的新生质量培养出全国第21名的本科毕业生质量，生源质量得到进一步提升。同时，学校全面推进思政课程与课程思政改革，将2 300余门本科课程教学大纲转变为育人大纲，举全校之力加强马克思主义理论学科和马克思主义学院建设。引领全国涉农高校新农科建设，着力开展专业建设布局，率先申报开设了一批新农科新工科专业。一流专业、课程、教材建设取得明显进展。精心打造全国首门“大国三农”在线开放课程，学校共有23个本科专业进入教育部“双万计划”，在全国首届教材建设奖的评选活动中斩获6项荣誉，是全国高等农林院校获奖数最多、获奖项目最全的高校。创新创业教育达到更高水平。学校在第七届中国国际大学生“互联网＋”竞赛中斩获“两金一银”，实现历史性突破。2020年在学校精心组织下，顺利完成2020届毕业生的就业工作。面对2021年更为严峻的就业形势，毕业生就业率和就业质量继续保持增长态势。特别是在部分出国深造学生占比大幅缩水的情况下，实现就业目标可谓来之不易。此外，国际教育交流合作逆势增强。中国高校与美国常青藤大学首次开展的本科教育国际合作项目，中国农业大学和康奈尔大学联合培养的两个本科专业正式招生，学校推动国际范围的教育合作实现了新突破。值得注意的是，为深入贯彻落实德智体美劳全面发展工作，党委常委会、校长办公会已经批复了有关体育、美育教育改革工作方案，补齐了教育教学管理体制和治理体系的制度设计短板。以上成绩都是学校近几年取得的重大标志性成果，充分体现出学校教育教学改革措施扎实有效，因此我们要对此次本科教育教学审核评估有充分信心。特别是要在优异成绩中总结经验，在挫折失败中吸取教训，在问题短板上精准发力、夯实基础、坚定信心，打赢本科教育教学审核评估的攻坚战，走出一条具有中国农大特色的、独立自主的、自信自强的人才培养道路。

二、准确把握本科教育教学审核评估工作的新要求

实施新一轮审核评估，是深化新时代教育评价改革、进一步推进教育督导改革的重要举措，相较上一轮审核评估对参评学校提出了新要求。

一是要坚持党的全面领导。在本次评估指标中，坚持党的全面领导单独作为重要考核点，并采用一票否决制进行评判。学校党的建设质量直接影响着立德树人效果，各二级党组织要切实提高政治站位和思想认识，始终坚持党的全面领导和社会主义办学方向，将立德树人根本任务落实到制度建设上，要作为党政联席会议的重要议题，确保有关工作落实处、见成效。

二是以深切理解审核评估为核心要义推动人才培养质量提升。我们要正确认识到这次审核评估的导向变化、内涵变化、体系变化，要全面掌握线上评估、分类考察、制定“个性化”方案、多元评价等全新评估方式，对标对表发现和解决问题，把“以评促建、以评促改、以评促管、以评促强”落到实处。本次评估与以往不同，综合运用现代信息技术，是

基于大量的数据和访谈资料，利用统计学原理等科学方法进行真实、客观的审核评估。本次评估是对学校整体工作的全面检验。这就要求多部门协调配合，把握工作细节，做好各方面准备工作。学校迎评办公室要列出任务清单，明确任务内容，确保各部门、各学院明确工作关键点和着力点。

三、确保完成本科教育教学审核评估工作的新任务

经过三个月的准备，学校的前期准备工作基本完成，线上评估也于本月 15 日正式启动。各部门、各学院要扎实做好各项具体工作，确保高质量完成评估任务。

一要做到思想上高度重视。思想自觉引领行动自觉，思想上重视才能确保行动上有力。第一要充分认识到做好审核评估工作的重要性。开展审核评估工作，必须做好相应的组织准备工作，各单位的党政领导要把此次评估作为本阶段重要任务来抓，要熟悉审核评估工作的各项要求，熟悉与本部门有关的术语、数据表述，要熟悉如何更好展示学校人才培养水平和改革创新成效。第二要充分认识到做好审核评估工作的战略性。本科教育是高校的根本，尤其在教学考评"一票否决制"的要求下，审核评估工作对学校高质量改革发展具有重要影响。同时，审核评估也是国家高等教育质量保障体系中最重要的标志性工作，是全面提升本科人才培养质量的重要举措。因此，学校要以优异的成绩通过本次考评工作，必须从过程上、内容上、形式上、结果上全方位、立体化展示学校近年来本科教育教学的优异成果，树立与学校办学定位、办学地位相符的本科教育教学样板。

二要做到组织上高效有序。学校要进一步加强对评估全局工作的统筹部署。学校层面将进一步加强对评估全局工作的整体协调；各部门、各学院要攻坚克难，健全校内联动机制、保持信息交流畅通，完善组织保障体系，确保审核评估工作顺利完成。

三要做到行动上层层落实。迎评办公室要积极督办，各部门、各学院特别是二级党组织要切实担当起领导责任，紧抓落实工作，把全面做好评估工作的责任扛在肩上、抓在手上、落实在行动上。《道德经》有言："为无为，事无事，味无味。大小多少，报怨以德。图难于其易，为大于其细。天下难事必作于易，天下大事必作于细。是以圣人终不为大，故能成其大。夫轻诺必寡信，多易必多难。是以圣人犹难之，故终无难矣。"审核评估工作就是我们要做的大事，做大事就要做到细微处；同时它也是个难事，就要从一件件容易的事情开始做，这是老子的智慧，也是学校落实具体工作的流程。

最后希望各位同志厘清审核评估工作与巡视整改的辩证关系。大家要把此次审核评估工作与落实好巡视整改任务和推动学校发展改革紧密有机融合。最近学校巡视整改工作进入关键阶段，各部门、各学院都承担着重要任务。巡视整改的目的是为更好推动学校高质量改革发展，所以应将其置于落实党中央重大决策部署和推动学校事业发展的大背景下开展。此次审核评估是在贯彻落实全国教育大会和中央人才工作会议重要精神，因此抓好自评工作也是整改的重要组成部分，并且具有更为深刻长远的影响。

各部门、各学院要高度重视新一轮审核评估试点工作，以新一轮审核评估为契机，全面提升本科教育教学水平，为培养德智体美劳全面发展的社会主义建设者和接班人作出新的更大贡献！

谢谢大家！

新起点　新机遇　新征程
关于农业专业学位研究生教育发展的思考

——国务院学位委员会委员　中国农业大学校长孙其信

（2021 年 12 月 28 日）

质量是我国开展研究生教育的生命线，也是永恒的课题。专业学位研究生教育水平评估作为质量保障体系的重要组成部分，发挥着促进质量提升，推动内涵式发展的重要作用。我国开展专业学位研究生教育 30 年来，在前期试点基础上，2021 年首次开展全方位的专业学位水平评估，目标明确，意义重大。评估促使培养单位回顾和审视是否实现了将立德树人这一根本宗旨与高层次应用型人才培养紧密结合、是否达成了开展专业学位研究生教育的目的和目标、是否探索出了一条既有中国特色又与国际接轨的专业学位研究生教育发展道路。专业学位水平评估评价的是过去五年培养单位开展专业学位教育的水平和质量。农业专业学位研究生教育开展 22 年来，第一次迎来全面的水平评估。为做好评估工作，从全国农业专业学位研究生教育指导委员会到 120 多所培养单位，建言献策，精心组织，广泛参与，力求充分发挥评估以评促建、以评促改的重要作用。在评估结果即将发布之时，我们既要关注评估结果，更要回归专业学位研究生教育支撑创新型国家建设的定位和初心，将评估视作确立新目标的起跑线，视作加速发展的加油站，视作服务国家的新征程，探索出校情、农情和国情紧密结合的具有中国特色的农业专业学位研究生教育高质量创新发展道路。

新起点——将评估作为持续提高农业专业学位质量的起跑线

农业专业学位研究生教育是涉农高校培养高层次应用型人才的主阵地。22 年来，农业专业学位教育在教育部、农业农村部、人力资源和社会保障部的领导下，在全国农业专业学位研究生教育指导委员会的指导下，培养单位从 2000 年的 24 所增至现在的 127 所，招生规模从 2001 年的 1 600 多人发展到现在的近 6 万人。农业专业学位研究生教育始终与国家同呼吸、共命运，始终围绕农业现代化、脱贫攻坚、乡村振兴和绿色发展等国家重大战略，在科学谋划长效发展、适度扩大培养规模、创新培养模式、提升办学质量等方面取得了长足进步。开展专业学位水平评估，对于推动农业专业学位各培养单位落实立德树人根本任务，促进人才培养与行业需求衔接，进一步深化产教融合的专业学位研究生培养模式改革，提升专业学位研究生教育质量具有非常重要的意义。各培养单位结合学校实际和农林经济区位优势，在双导师制、案例库建设和教学、实践基地和实训平台建设等方面探索出了一条区别于学术学位研究生教育的新路径，培养了一大批服务于农业农村现代化和产业发展需要的“下得去、留得住”的高层次应用型人才，“科技小院”作为农业专业学位主动服务“三农”人才培养模式的典型，被写入中共中央办公厅、国务院办公厅印发的《关于加快推进乡村人才振兴的意见》等国家部委文件，较好地解决了人才培养与社会需求脱节、不接地气的问题，解决了专业学位研究生实践能力薄弱等问题，这一模式得到教育部和农业农村部的肯定，被各大媒体宣传报道。

在总结成绩的同时，我们也清醒地认识到，农业专业学位教育还存在着办学质量水平不一、分类培养机制不健全、部分导师和研究生未走出“象牙塔”、人才培养与职业资格衔接不够等问题，这些都亟须通过评估来把脉诊断，找出“病灶”“病因”，开出更有针对性的“良方”。专业学位水平评估绝不是一场排名竞赛，而是发现问题、修正不足的一场体检，是迎接新挑战的加油站和起跑线。

新机遇——新时代赋予农业专业学位教育崇高使命

我国作为农业大国，现阶段面临着诸多科技创新和农业农村发展等问题，面临着巩固拓展脱贫攻坚成果等重大任务。作为以农学和生命科学为特色优势的高校，开展农业专业学位研究生教育，培养更多学农、知农、爱农的高层次应用型人才是义不容辞的责任和使命。2020 年 7 月，全国研究生教育会议隆重举行，习近平总书记做出了关于研究生教育的重要指示，为研究生教育发展指明了方向。新时代、新形势为农业专业学位研究生教育带来了良好发展机遇和严峻挑战。我们培养的研究生的责任感、创新能力、知识结构、学术视野是否满足新时代新需求？我们的教育理念、培养模式是否适应瞬息万变、高速发展的信息化社会？这些都是我们要回答的问题。办人民满意的教育，就是要在国家需要解决农业卡脖子技术难题、种业发展、粮食安全、农业绿色发展和乡村振兴战略的时候，广大师生能够投身其中，用青春、热情、知识和智慧，将最有科学价值和应用价值的论文书写在祖国大地上。农业专业学位研究生教育必须与国家农业发展战略、基层农业农村社会服务紧密结合起来，只有这样，才不辜负这个伟大时代赋予农业专业学位教育的崇高使命和责任担当。

习近平总书记在 2019 年 9 月给全国涉农高校的书记校长和专家代表的回信中，高度肯定全国涉农高校牢记办学使命，精心培育英才，为“三农”事业发展作出了积极贡献。长期以来，各培养单位师生走进乡村、走进企业，将自己的学术专长与农业、农村和农民最迫切需要解决的问题紧密结合起来。以张福锁院士、朱有勇院士、李玉院士为代表的广大教师长期深入乡村，将农业科学技术送到村庄农户，带领农民开展科技创新，致富增收，既是全国脱贫攻坚的表率，也成为教师育人的楷模，更为涉农高校师生树立了榜样。农村是充满希望的田野，是干事创业的广阔舞台，办人民满意的教育，就是要在这个舞台上，扎实开展人才培养、科技创新和社会服务工作。要做到这些，高校必须坚定不移地破除“五唯”，既要做好研究生培养工作，更要做好导师的引导工作，要求研究生下得去、留得住，首先导师要下得去、待得住。我们要做到四个“多样化”：研究生的课程和教材多样化，因材施教和分类培养模式多样化，专业学位研究生论文要求和类型多样化，高校教育评价机制多样化，将分类培养逐一落在实处。专业学位研究生教育培养模式要有利于专业学位研究生实践创新能力的提高，真正发挥专业学位研究生教育在我国高层次人才培养体系中的重要作用。

新征程——探索农业专业学位研究生教育创新发展之路

站在新的历史起点，农业专业学位将继续主动服务国家需求，以“立德树人、服务需求、提高质量、追求卓越”为主线，以评估为导向，积极推动高质量发展。2020 年教育部发布了《专业学位研究生教育发展方案（2020—2025）》，明确了发展专业学位研究生教育是经济社会进入高质量发展阶段的必然选择，是主动服务创新型国家建设的重要路径，是学位与研究生教育改革发展的战略重点。农业专业学位研究生教育将继续以习近平新时代中国特色社会主义思想为指导，全面贯彻落实全国教育大会和全国研究生教育会议精神，面向国家发展重大战略，面向农业行业产业当前及未来人才重大需求，面向教育现代化，按照需求导向、尊重规律、协同育人、统筹推进的基本原则，加强农业专业学位类别层次和领域等顶层设计，完善发展机制，优化规模结构，夯实支撑条件，全面提高质量，为行业产业转型升级和创新发展提供强有力的人才支撑。我们要强化责任、使命和担当，以强农兴农为己任，在加强专业学位研究生导师队伍建设、深化产教融合专业学位研究生培养模式改革、完善专业学位研究生教育评价机制等方面持续改革与创新。我们更应以此次专业学位水平评估为契机，有的放矢，使农业专业学位研究生教育水平更上一层楼，回答好“培养什么人、怎样培养人、为谁培养人”这一根本命题，不辜负为党育人、为国育才的光荣使命。

担当政治使命　汇聚智慧力量
为新时代助力乡村全面振兴做出高校的新贡献

——校长孙其信在全国乡村振兴高校联盟成立大会暨第一届理事会上的讲话

（2021 年 12 月 30 日）

尊敬的桃林副部长、各位领导、嘉宾、媒体朋友：

大家上午好！

在全国上下深入学习贯彻党的十九届六中全会、中央经济工作会议以及刚刚闭幕的中央农村工作会议精神之际，我们今天隆重举行“全国乡村振兴高校联盟”成立大会，恰逢其时、意义重大。

2021 年是中国共产党成立 100 周年，是党和国家开启第二个百年奋斗目标新征程的开局之年，也是巩固拓展脱贫攻坚成果同乡村振兴有效衔接的关键之年。今天，“全国乡村振兴高校联盟”的成立是我们贯彻落实党中央实施乡村振兴战略的重要行动，是落实习近平总书记给全国涉农高校的书记校长和专家代表回信精神的重要举措，是组织全国高校全面支撑和服务乡村振兴的具体行动！

习近平总书记指出：民族要复兴，乡村必振兴！全面建设社会主义现代化国家，实现中华民族伟大复兴，最艰巨最繁重的任务依然在农村，最广泛最深厚的基础依然在农村。总书记特别强调，要举全党全社会之力推动乡村振兴，把乡村振兴作为新时代“三农”工作的总抓手。总书记这一系列重要指示和重大论断，指明了实施乡村振兴的历史意义、发展方向、目标任务，为推动乡村全面振兴提供了根本遵循。高等学校要把全面支撑和服务乡村振兴作为重大政治任务，勇于担当、主动作为，为乡村振兴贡献高校的智慧和力量，以服务乡村振兴的一流成效检验和推动一流大学建设。

基于以上考虑，经过两个多月的充分沟通和酝酿协商，中国农业大学联合全国其他41所高校筹建了“全国乡村振兴高校联盟”。在联盟筹建过程中，我们非常荣幸得到了农业农村部、教育部、科技部、国家乡村振兴局等上级单位的精心指导和大力支持，得到了成员高校的热烈响应和积极参与，也得到企业、媒体、地方政府等社会各界的广泛关注和有力协助。在此，我代表中国农业大学和联盟第一届理事会对上级相关部门的指导关心和各联盟成员单位的支持鼓励表示衷心的感谢！

推动和实施乡村振兴，高等学校是一支十分重要的力量，高校可以充分发挥学科、专业、人才、文化等优势，以乡村发展、定点帮扶、社会实践、人才培养、科技支撑等方式，服务“三农”工作，全面推动乡村振兴。在决胜脱贫攻坚的伟大战争中，高等学校贡献了特殊且不可替代的智慧和力量。各成员高校积累了独具特色、成效显著的模式和经验，这些都为我们深度服务、有力支撑乡村振兴奠定了坚实的工作基础。面向全国2 800多个县域、近4万个乡镇、60多万个村庄的乡村振兴主战场，各联盟成员高校不仅要当好“作战参谋”，提供咨询参考，更要做好“攻城尖兵”，加强与地方政府、企业等产业主体的合作，针对不同区域乡村特点，充分发挥自身学科、人才、技术等综合优势，互补互助、通力合作，打造共建、共享的教学、科研、服务一体化协作体系，搭建服务乡村振兴战略高端智库和协同创新平台，实现共同发展、共赢未来。

我们成立“全国乡村振兴高校联盟”的主要任务包括以下几点。

第一，提供智库服务。一是围绕乡村振兴需求，联合开展乡村振兴领域理论和实践的前瞻性研究，为乡村振兴战略提供新知识、新理论、新思想。二是服务党中央与地方政府的相关决策部门，联合成员定期编撰《高校乡村振兴咨政建议报告》。三是面向各级政府、企事业单位和新型农业经营主体，发挥联盟成员多学科协同优势，开展战略谋划、规划设计、政策咨询、应用对策与第三方评价等咨询服务及评估工作。这里要指出的是，国家乡村振兴局已经委托中国农业大学牵头联合国内其他高校开展全国乡村振兴评估工作，这既是一次业务评估，更是一项重大政治任务。四是在农业科技方面，联合各高校组建“特种部队”，开展技术攻关、解决重大难题。

第二，培养培训人才。一是培养更多知农爱农新型人才，协同发挥联盟成员的人才培养优势，推动专业人才服务乡村振兴工作。联盟成员联合开展大学生实践活动，将立德树人融入乡村振兴、劳动教育嵌入乡村振兴、推动创新创业赋能乡村振兴。通过乡村振兴专项博士后项目、科技小院、学生乡村振兴全国性大赛等形式引导大学生把论文写在祖国大地上。通过教授工作站、教授服务团、科技特派员等形式解决农业技术“最后一公里”问题。二是培训乡村人才。开展乡村致富带头人、实用科技人才、公共服务人才、科技特派员及乡村管理人才等培训。近期，中国农业大学已经与腾讯进行深入合作，开展乡村CEO培训项目。习近平总书记反复强调，乡村振兴，人才是关键。要动员社会力量，共同实施“乡村振兴人才培训计划”，通过农业技术加数字技术等手段为乡村赋能、为乡村人才赋能、为提升乡村治理能力赋能。

第三，开展乡村振兴实践。基于各高校在定点帮扶县开展的工作及其他乡村实践经验，联合实行乡村建设行动，探索出乡村振兴的新模式，联合社会力量参与的新机制，解决地方发展的新问题，推动形成有重大带动力的产业集群和重要影响力的乡村振兴示范的样板间。在这方面，各联盟成员已经探索了很多好的做法和经验，构建了一个内容丰富、体量巨大的知识库、实践库，为推动乡村振兴发挥更大的带动和引领作用。要发现、总结、提炼、推介乡村振兴典型案例并进行社会化传播，每年举办“全国高校乡村振兴实践论坛”，分享高校服务乡村振兴实践经验。中国农业大学在云南省昆明市率先开展了“都市驱动型乡村振兴示范区”建设，经过三年的积极探索和扎实行动，已经取得了初步成效。

第四，搭建成果转化平台。面向农业产业化主体，促进联盟成员聚焦乡村振兴科技需求，形成农业科技成果转化运行新机制，把科研成果应用到乡村振兴中，引导形成新产业和新业态，培育一批乡村振兴科技引领的新型企业，合力推动科技成果“智”富乡村振兴。每两年向联盟成员征集高校科技助力乡村振兴成果，举办“全国高校助力乡村振兴科技成果展”。

非常感谢联盟推选中国农业大学作为“全国乡村振兴高校联盟”第一届理事长单位，这是大家的信任，我们深感责任重大。在即将到来的新的一年中，我们将坚定不移地贯彻落实习近平总书记关于乡村振兴和“三农”工作的系列重要指示精神，全面落实党的十九大和十九届历次全会精神，深入落实中央经济工作会议和中央农村工作会议精神，在农业农村部、教育部、科技部、国家乡村振兴局的指导下，凝心聚力、开拓进取，汇聚联盟成员高校的智慧和力量，立足新发展阶段，贯彻新发展理念，助力推动乡村振兴高质量发展。加强合作，产出一批服务乡村振兴的重大成果，发挥联盟在服务乡村振兴领域的重要作用，推动农业农村高质量发展，为全面推进乡村振兴作出高等学校新的贡献，以服务乡村振兴的新成绩迎接党的二十大胜利召开！

最后，祝各位领导、专家、媒体朋友们工作顺利、身体健康！提前祝大家新年快乐！

谢谢大家！

机构与干部

年鉴

校级领导干部

党委书记　姜沛民
校长　孙其信
党委常务副书记　张东军
党委副书记、纪委书记　秦世成
党委副书记　李培景、王勇
副校长　钱学军、辛贤、林万龙、杜太生、田见晖
党委常委　姜沛民、张东军、秦世成、辛贤、李培景、林万龙、杜太生、田见晖、王勇、洪海燕、杨志、赵竹村
校长助理　曲瑛德、周旭峰、张永生

二级党组织负责人

农学院党委	书记	张远帆
园艺学院党委	书记	初春霖
		吴华杰(2021-03-02 任)
植物保护学院党委	书记	李海滨
	常务副书记	刘姝言(2021-04-20 任)
生物学院党委	书记	孙德昊
资源与环境学院党委	书记	王　雯
动物科学技术学院党委	书记	郭晓旭
动物医学院党委	书记	高铭宇
食品科学与营养工程学院党委	书记	张普光

工学院党委	书记	尤　泳
信息与电气工程学院党委	书记	景　发
水利与土木工程学院党委	书记	沈立峰
理学院党委	书记	李洪栋
经济管理学院党委	书记	尹金辉
人文与发展学院党委	书记	林　涵
马克思主义学院党总支	书记	卢兆彤
国际学院党委	书记	陈明海
土地科学与技术学院党委	书记	刘尚民
草业科学与技术学院党委	书记	李　鹏
机关党委	书记	史长丽
后勤基建党委	书记	袁　强(2021-03-09 免)
		刘　军(2021-03-09 任)
离退休党委	书记	葛树林(2021-08-31 免)
		王　扬(2021-11-24 任)
图书馆党总支	书记	周志强(兼,2021-04-13 任)
涿州教学实验场(农业科技园)	党委书记	李克江
校办产业党委	党委书记	李　洋
学生工作党委	书记	张　银(兼,2021-11-24 任)
烟台研究院党委	书记	于永信(兼)
	常务副书记	周旭峰
体育与艺术教学部直属党支部	书记	杜学振(2021-11-24 免)
继续教育学院直属党支部	书记	吴华杰(2021-03-02 免)

管理服务机构负责人

党政办公室	主任	李青山
党委巡视办公室	主任	陈　旭
研究室	主任	赵竹村(兼)
党委组织部(党校)	部长	洪海燕
党委宣传部	部长	赵竹村
党委统战部	部长	杨　志
纪委办公室(监察处)	主任(处长)	宋明志
党委学生工作部(学生处、武装部)	部(处)长	张　银
党委研究生工作部	部长	宋岳镇
党委教师工作部	部长	江　丽
党委保卫部(保卫处)	部(处)长	黄清波
本科生院	院长	林万龙(兼)
	常务副院长	曹志军(2021-03-09 任)

研究生院	院长	林万龙(兼)
	常务副院长	郭　鑫
科学技术发展研究院	院长	田见晖(兼)
	常务副院长	杨富裕(2021-03-09 任)
发展规划处	处长	曲瑛德
人事处	处长	隋　熠
人才工作办公室	主任	刘竹青
财务处(会计核算中心)	处长	张树彦
审计处	处长	刘　罡
经营性资产管理委员会办公室	主任	张亚中(2021-03-09 任)
国有资产管理处	处长	果雅静
国际合作与交流处(港澳台办公室)	处长	冯伟哲
社会服务处(新农村发展研究院)	处长	杜金昆
就业创业办公室	主任	郭立群
信息化办公室	主任	陈　昕
实验室管理处	处长	马国玉
后勤保障处	处长	张永生
基建处	处长	汪九林
离退休工作处	处长	王　扬(2021-11-24 免)
		高　鹏(2021-12-22 任)

群团组织负责人

工会	主席	张东军
	常务副主席	张海涛
团委	书记	范大年

直属机构负责人

图书馆	馆长	周志强
档案与校史馆	馆长	桂银生
涿州教学实验场(农业科技园)	场长	段刘伟
曲周实验站	站长	江荣风
上庄实验站	站长	肖　杰
		邹东云(2021-11-24 任)
教育基金会秘书处	秘书长	胡金有

继续教育学院(网络学院)	院长	吴海芹
烟台研究院	院长	辛　贤(兼,2021-08-24 免)
		林万龙(兼,2021-08-24 任)
	常务副院长	周旭峰
资产经营公司	董事长	李　洋(兼)
北京中农大创新研修学院	院长	吴加志
校医院	院长	张元忠
体育馆管理中心	主任	杜学振
模式动物重大设施建设办公室	主任	张树川
三亚研究院	院长	龚元石
	常务副院长	苏　洲

各学院负责人

农学院	院长	金危危(2021-12-22 免)
		倪中福(2021-12-22 任)
园艺学院	院长	李天红
植物保护学院	院长	孙文献(聘)
生物学院	院长	郭　岩
资源与环境学院	院长	崔振岭
动物科学技术学院	院长	呙于明
动物医学院	院长	沈建忠
食品科学与营养工程学院	院长	廖小军
工学院	院长	宋正河
信息与电气工程学院	院长	张　漫
水利与土木工程学院	院长	李云开
理学院	院长	王　鹏
经济管理学院	院长	司　伟
人文与发展学院	院长	叶敬忠
马克思主义学院	院长	张　晖
国际学院	院长	李道亮
体育教学部	主任	束景丹
土地科学与技术学院	院长	李保国
草业科学与技术学院	院长	张英俊
营养与健康系(营养与健康研究院)	主任	任发政

2021年新增和调整的各类委员会、领导小组及成员名单

中国农业大学研究生招生工作领导小组(中农大研生字〔2021〕1号)

组　长　孙其信

副组长　林万龙

成　员　纪委办公室(监察处)、研究生院、党委研究生工作部等部门主要负责人

中国农业大学校园建设规划委员会(中农大基字〔2021〕1号)

主　任　孙其信

副主任　钱学军

委　员　张东军、辛贤、林万龙、党政办公室、党委宣传部、党委学生工作部(学生处)、发展规划处、研究生院、本科生院、财务处、审计处、国有资产管理处、后勤保障处、基建处、国际合作与交流处(港澳台办公室)、离退休工作处、工会等部门主要负责人及有关专家3～5名

中国农业大学离退休工作领导小组(中农大党发〔2021〕7号)

组　长　张东军

副组长　钱学军　辛　贤

成　员　党政办公室、党委组织部、党委统战部、人事处、财务处(会计核算中心)、国有资产管理处、后勤保障处、离退休工作处、工会、校医院等部门主要负责人

中国农业大学学生就业创业工作领导小组(中农大学字〔2021〕1号)

组　长　姜沛民　孙其信

副组长　王　勇

成　员　党政办公室、党委组织部、党委学生工作部(学生处、武装部)、党委保卫部(保卫处)、研究生院(党委研究生工作部)、本科生院、科学技术发展研究院、人事处、财务处、经营性资产管理委员会办公室、校团委、北京建设大学、档案与校史馆、教育基金会、校友工作办公室、就业创业办公室等部门主要负责人

中国农业大学创新创业工作领导小组(中农大学字〔2021〕2号)

组　长　孙其信

副组长　林万龙　王　勇

成　员　就业创业办公室、本科生院、研究生院、党委学生工作部、团委、校办产业办公室、北京建设大学、教育基金会、校友工作办公室、科学技术发展研究院、人事处、财务处等部门主要负责人

中国农业大学农业转基因生物安全领导小组(中农大研字〔2021〕2 号)

组　长　孙其信

副组长　田见晖

成　员　辛贤、钱学军、发展规划处、科学技术发展研究院等部门主要负责人，农学院、生物学院、资源与环境学院、动物科技学院、动物医学院、食品科学与营养工程学院等学院院长

中国农业大学动物病原微生物实验室生物安全管理委员会(中农大研字〔2021〕1 号)

主　任　田见晖

副主任　辛　贤　王　勇　杜太生

委　员　科学技术发展研究院、动物医学院、保卫处、国有资产管理处、实验室管理处、后勤保障处、校医院等部门主要负责人及各学院主管安全工作的院领导

中国农业大学农业转基因生物安全委员会(中农大研字〔2021〕2 号)

主　任　田见晖

副主任　戴景瑞

委　员　华金平、孙传清、张华、杨汉春、连正兴、罗云波、赵要风、黄昆仑、赖锦盛，研究生院、党委保卫部(保卫处)研究生院、党委保卫部(保卫处)等单位主要负责人，动物科技学院、动物医学院、植物保护学院、园艺学院等学院院长

中国农业大学思想政治工作领导小组(中农大党发〔2021〕8 号)

组　长　姜沛民　孙其信

副组长　李培景　王　勇

成　员　张东军、秦世成、钱学军、辛贤、林万龙、杜太生、田见晖、洪海燕、杨志

中国农业大学推免生遴选工作领导小组(中农大教字〔2021〕1 号)

成　员　校领导，本科生院、研究生院、纪委办公室(监察处)等相关部门负责人以及师生代表

中国农业大学盘活财政存量资金工作小组(中农大财字〔2021〕2 号)

组　长　辛　贤

成　员　财务处、本科生院、研究生院、科学技术发展研究院、审计处、党委学生工作部、后勤保障处、基建处、发展规划处等部门主要负责人

中国农业大学经济责任审计工作领导小组(中农大审字〔2021〕4 号)

组　长　孙其信

副组长　张东军　秦世成　辛　贤

成　员　党委组织部、纪委办公室（监察处）、财务处、审计处、国有资产管理处、资产经营公司等部门主要负责人

中国农业大学审计工作领导小组（中农大审字〔2021〕3号）

组　长　孙其信

副组长　张东军　秦世成　钱学军　辛　贤　田见晖

成　员　党政办公室、党委组织部、纪委办公室（监察处）、本科生院、研究生院、科学技术发展研究院、人事处、财务处、审计处、国有资产管理处、后勤保障处、基建处、资产经营公司等部门主要负责人

中国农业大学"平安校园"建设工作领导小组（中农大保字〔2021〕1号）

组　长　姜沛民　孙其信

副组长　王　勇

成　员　各管理服务机构、直属机构及学院主管安全工作的负责人

中国农业大学学生学业指导工作领导小组（中农大学字〔2021〕3号）

组　长　林万龙　王　勇

成　员　本科生院、党委学生工作部（学生处、武装部）、党委研究生工作部、人事处、校团委、图书馆等部门主要负责人

中共中国农业大学保密委员会（中农大党发〔2021〕13号）

主　任　姜沛民

副主任　李培景

委　员　党政办公室、党委组织部、党委宣传部、党委保卫部（保卫处）、党委统战部、研究生院、本科生院、人事处、科学技术发展研究院、国际合作与交流处、信息化办公室、档案与校史馆等部门主要负责人

中国农业大学党的建设和全面从严治党工作领导小组（中农大党发〔2021〕14号）

组　长　姜沛民

副组长　张东军　秦世成　李培景　王　勇

成　员　党政办公室、党委巡察办公室、研究室、党委组织部（党校）、党委宣传部、党委统战部、纪委办公室、党委学生工作部、党委研究生工作部、党委教师工作部、党委保卫部、工会、团委等主要负责人

中国农业大学安全稳定工作领导小组（中农大保字〔2021〕2号）

组　长　姜沛民　孙其信

副组长　王　勇

成　员　张东军、秦世成、钱学军、辛贤、李培景、林万龙、杜太生、田见晖

中国农业大学国家留学基金委员会资助出国留学项目领导小组(中农大外字〔2021〕2号)

组　长　孙其信

副组长　杜太生　辛　贤　林万龙

成　员　国际合作与交流处(港澳台办公室)、研究生院、人事处、本科生院等部门主要负责人

中国农业大学交通安全工作部门联席会议(中农大保字〔2021〕4号)

组　长　王　勇

成　员　党政办公室、党委学生工作部(学生处)、党委研究生工作部、党委保卫部(保卫处)、国际合作与交流处、后勤保障处等部门主要负责人

中国农业大学社会治安综合治理委员会(中农大保字〔2021〕6号)

主　任　孙其信

副主任　王　勇　钱学军

委　员　党委保卫部(保卫处)、党政办公室、党委组织部、党委宣传部、党委统战部、财务处、党委学生工作部、本科生院、研究生院、科学技术发展研究院、人事处、后勤保障处、国际合作与交流处(港澳台办公室)、工会、离退休工作处、团委、实验室管理处、资产经营公司等部门主要负责人

中国农业大学消防安全委员会(中农大保字〔2021〕5号)

主　任　孙其信

副主任　王　勇

委　员　党委学生工作部(学生处)、党委研究生工作部、党委保卫部(保卫处)、科学技术发展研究院、国有资产管理处、实验室管理处、后勤保障处、基建处等部门主要负责人

中国农业大学信息公开工作领导小组(中农大党政办发〔2021〕1号)

组　长　孙其信

副组长　李培景

成　员　党政办公室、党委组织部、党委宣传部、本科生院、研究生院、科学技术发展研究院、人事处、财务处、国际合作与交流处、信息化办公室、工会、团委等部门主要负责人

中国农业大学"平抑资金"管理领导小组(中农大后勤字〔2021〕5号)

组　长　钱学军　辛　贤

副组长　后勤保障处处长　财务处处长　审计处处长

成　员　党委学生工作部、本科生院、研究生院、财务处、审计处、后勤保障处、校团委、学生会、研究生会有关人员

中国农业大学国家安全人民防线建设小组(中农大保字〔2021〕3 号)

组　长　姜沛民

副组长　李培景　王　勇

成　员　党政办公室、党委宣传部、党委保卫部(保卫处)、党委学生工作部、党委研究生工作部、国际合作与交流处、科学技术发展研究院、信息化办公室等部门主要负责人

中国农业大学爱国卫生运动委员会(中农大后勤字〔2021〕4 号)

主　任　钱学军

副主任　王　勇

委　员　党政办公室、党委宣传部、党委教师工作部、党委学生工作部、党委研究生工作部、党委保卫部(保卫处)、后勤保障处、校团委、校医院、体育与艺术教育部等部门主要负责人

中国农业大学校园文化建设领导小组(中农大党发〔2021〕16 号)

组　长　李培景

副组长　钱学军　王　勇

成　员　党政办公室、党委宣传部、党委统战部、党委教师工作部、党委学生工作部、党委研究生工作部、发展规划处、后勤保障处、离退休工作处、工会、团委、档案与校史馆、校友工作办公室、体育与艺术教学部、信息化办公室、图书馆等部门主要负责人

中国农业大学建设节约型校园领导小组(中农大后勤字〔2021〕3 号)

组　长　钱学军

成　员　党政办公室、党委宣传部、党委学生工作部、党委研究生工作部、发展规划处、财务处、审计处、国有资产管理处、后勤保障处、基建处、工会、校团委主要负责人

中国农业大学绿化委员会(中农大后勤字〔2021〕2 号)

主　任　钱学军

委　员　党政办公室、党委宣传部、党委学生工作部、党委研究生工作部、财务处、后勤保障处、基建处主要负责人及后勤保障处分管绿化工作副处长

中国农业大学人防工作领导小组(中农大后勤字〔2021〕1 号)

组　长　钱学军

副组长　王　勇

成　员 党委学生工作部、党委研究生工作部、党委保卫部、财务处、国有资产管理处、后勤保障处、基建处主要负责人及后勤保障处分管人防工作副处长

《中国农业大学学报(社会科学版)》编辑委员会(中农大研字〔2021〕5号)

主　任 李培景

副主任 辛　贤　田见晖　叶敬忠　司　伟　张　晖

委　员 王瑞梅、冯开文、任大鹏、刘巍、孙庆忠、李明、李小云、吴惠芳、张正河、张晓红、赵竹村、钟占蓉、臧雷振

中共中国农业大学党校校务委员会(中农大党发〔2021〕19号)

主　任 张东军

副主任 王　勇

委　员 党政办公室、研究室、党委组织部、党委宣传部、党委统战部、纪委办公室、党委学生工作部、党委研究生工作部、党委教师工作部、马克思主义学院等部门主要负责人

专项审核工作领导小组(中农大党发〔2021〕34号)

组　长 姜沛民

副组长 张东军　秦世成　辛　贤

成　员 党委组织部部长、人事处处长、纪委办公室(监察处)主任(处长)

中国农业大学对口支援与对口合作工作领导小组(中农大社服字〔2021〕3号)

组　长 姜沛民　孙其信

副组长 田见晖

成　员 党政办公室、党委组织部、党委宣传部、发展规划处、社会服务处(新农村发展研究院)、研究生院、本科生院、科学技术发展研究院、人事处、财务处等部门主要负责人及相关学院领导

中国农业大学民族宗教工作领导小组(中农大党发〔2021〕24号)

组　长 张东军

副组长 王　勇

成　员 党委统战部、党政办公室、党委组织部、党委宣传部、党委学生工作部(学生处、武装部)、党委研究生工作部、党委教师工作部、党委保卫部(保卫处)、本科生院、科学技术发展研究院、国际合作与交流处(港澳台办公室)、信息化办公室、后勤保障处、离退休工作处、团委等部门主要负责人

中国农业大学党史学习教育领导小组(中农大党发〔2021〕25 号)

组 长 姜沛民

副组长 张东军 秦世成 李培景 王 勇

成 员 钱学军、辛贤、林万龙、杜太生、田见晖、洪海燕、杨志

中国农业大学科技成果转移转化领导小组(中农大社服字〔2021〕4 号)

组 长 孙其信

副组长 田见晖

成 员 党政办公室、社会服务处(新农村发展研究院)、科学技术发展研究院、财务处、审计处、国有资产管理处、经营性资产管理委员会办公室、资产经营公司、图书馆、北京建设大学(中国农业大学国家大学科技园)等部门主要负责人

中国农业大学改善基本办学条件专项项目领导小组(中农大财字〔2021〕14 号)

组 长 校长

副组长 分管财务资产工程维修工作的校领导

成 员 财务处、工程维修部、国有资产管理处、审计处等部门主要负责人

中国农业大学教育对外开放工作领导小组(中农大外字〔2021〕9 号)

组 长 姜沛民 孙其信

副组长 杜太生

成 员 张东军、秦世成、钱学军、辛贤、李培景、林万龙、田见晖、王勇

数据管理领导小组(中农大校字〔2021〕7 号)

成 员 相关业务部门

中国农业大学乡村振兴工作领导小组(中农大党发〔2021〕54 号)

组 长 姜沛民 孙其信

副组长 张东军 田见晖 秦世成 钱学军 辛 贤 李培景 林万龙 杜太生 王 勇

成 员 党政办公室、研究室、党委组织部、党委宣传部、党委统战部、纪委办公室、党委学生工作部、党委研究生工作部、党委教师工作部、本科生院、研究生院、科学技术发展研究院、发展规划处、人事处、财务处、经营性资产管理委员会办公室、国际合作与交流处、社会服务处、就业创业办公室、后勤保障处、继续教育学院、团委、工会等部门主要负责人

中国农业大学校属企业体制改革领导小组(中农大校产字〔2021〕4 号)

组 长 姜沛民 孙其信

副组长 钱学军 辛 贤

成　员　党政办公室、纪委办公室（监察处）、发展规划处、人事处、财务处、审计处、国有资产管理处、校办产业党委、经营性资产管理委员会办公室、资产经营公司等部门主要负责人

中国农业大学党务公开工作领导小组（中农大党发〔2021〕53号）

组　长　姜沛民
副组长　张东军　李培景
成　员　党政办公室、研究室、党委组织部、党委宣传部等部门主要负责人

中国农业大学作物智能育种生物学北京高精尖学科领导小组和工作小组（中农大规划字〔2021〕2号）

组　　长　孙其信
常务副组长　田见晖
副　组　长　郭　岩　金危危
成　　员　曲瑛德、杨富裕、隋熠、张树彦、杨淑华、倪中福

无烟中国农业大学领导小组（中农大后勤字〔2021〕9号）

组　长　王　勇
成　员　党政办公室、党委宣传部、党委学生工作部、党委研究生工作部、党委教师工作部、党委保卫部、人事处、后勤保障处、校医院等部门主要负责人

中国农业大学实验动物福利与动物实验伦理审查委员会（中农大研字〔2021〕15号）

主　任　沈建忠
委　员　李德发、任发政、刘金华、王超、张国中、韩军、马国玉、车会莲、王军军、陈英义

中国农业大学人体研究伦理委员会（中农大研字〔2021〕16号）

主　任　任发政
副主任　黄昆仑
委　员　于政权、王鹏、陈耀星、武振龙、李梅、郭慧媛、魏雪涛

中国农业大学实验室安全管理领导小组（中农大实验字〔2021〕3号）

组　长　杜太生
副组长　王　勇
成　员　保卫处、本科生院、科学技术发展研究院、人事处、财务处、国有资产管理处、实验室管理处、后勤保障处等部门主要负责人

中国农业大学依法治校领导小组(中农大校字〔2021〕13号)

组　长　校党委书记　校长

副组长　分管法治工作的校领导

成　员　各管理服务机构和直属机构

中国农业大学绿色学校创建工作领导小组(中农大后勤字〔2021〕12号)

组　长　孙其信

副组长　钱学军　王　勇

成　员　党政办公室、本科生院、发展规划处、后勤保障处、基建处、财务处、人事处、党委宣传部(新闻中心)、党委学生工作部、研究生院、党委研究生工作部、团委、科学技术发展研究院、党委组织部、实验室管理处、社会服务处、党委教师工作部等部门主要负责人

中国农业大学网络意识形态工作领导小组(中农大党发〔2021〕64号)

组　长　校党委书记

副组长　分管意识形态和网络安全工作的校领导

畜禽育种国家工程实验室评估领导小组(中农大研字〔2021〕24号)

组　长　孙其信

副组长　杨　宁　杨富裕　呙于明　郭　岩

成　员　人事处、财务处、审计处、国有资产管理处、实验室管理处等部门主要负责人

落实中央巡视反馈意见整改工作领导小组(中农大党发〔2021〕69号)

组　长　姜沛民

成　员　孙其信、张东军、秦世成、钱学军、辛贤、李培景、林万龙、杜太生、田见晖、王勇

本科教育教学审核评估领导小组(中农大教字〔2021〕11号)

组　长　姜沛民　孙其信

成　员　各位副校级领导

中国农业大学住房管理委员会(中农大后勤字〔2021〕13号)

组　长　钱学军　李培景

副组长　后勤保障处、工会、教代会负责人

成　员　党政办公室、财务处、国有资产管理处、离退休工作处等部门主要负责人

中国农业大学乡村振兴战略专家咨询委员会(中农大社服字〔2021〕8号)

组　长　李小云

成　员　赵春江(国家农业信息化工程技术研究中心主任、中国工程院院士)、张红宇(农

业农村部农村经济体制与经营管理司原司长、清华大学中国农村研究院副院长)、李伟国(农业农村部农村社会事业促进司司长)、刘守英(中国人民大学经济学院党委书记兼院长)、李铁(新疆中环油林业开发有限公司董事长、乡村发展基金会联合创始人之一)、辛贤、叶敬忠、张晖、何秀荣

中国农业大学招标采购工作领导小组(中农大国资字〔2021〕13 号)

组　长　李培景

副组长　钱学军

成　员　发展规划处、科学技术发展研究院、财务处、审计处、国有资产管理处、实验室管理处、后勤保障处、基建处、图书馆主要负责人

中国农业大学国有资产监督管理委员会(中农大国资字〔2021〕14 号)

主　任　孙其信

副主任　李培景　钱学军

委　员　党政办公室、科学技术发展研究院、财务处、审计处、经营性资产管理委员会办公室、国有资产管理处、社会服务处、信息化办公室、实验室管理处、后勤保障处、基建处、图书馆、档案与校史馆等部门主要负责人

中国农业大学公用房出租管理委员会(中农大国资字〔2021〕15 号)

主　任　李培景

副主任　钱学军

委　员　财务处、经营性资产管理委员会办公室、国有资产管理处、后勤保障处等单位主要负责人

中国农业大学出版社管理委员会(中农大党发〔2021〕90 号)

主　任　李培景　钱学军

副主任　赵竹村　李　洋

委　员　党委宣传部副部长、资产经营公司总经理、出版社董事长、出版社社长、出版社总编辑

中国农业大学师德建设委员会(中农大党发〔2021〕82 号)

主　任　姜沛民　孙其信

副主任　分管教师思想政治和师德建设工作的校领导

委　员　党委组织部、纪委办公室(监察处)、党委教师工作部、党委保卫部、本科生院、研究生院、科学技术发展研究院、人事处等部门主要负责人

中国农业大学网络舆情工作领导小组(中农大党发〔2021〕86 号)

组　长　李培景

副组长 党委宣传部、信息化办公室主要负责人

成　员 党政办公室、党委教师工作部、党委学生工作部、党委研究生工作部、党委保卫部(保卫处)、后勤保障处、团委等部门主要负责人

中国农业大学全国农业科技现代化先行县工作领导小组(中农大社服字〔2021〕9号)

组　长 田见晖

成　员 资源与环境学院、农学院、土地科学与技术学院、社会服务处、科学技术与发展研究院等部门负责人

中国农业大学前沿交叉科学研究院管理委员会(中农大规划字〔2021〕4号)

主　　　任 校长

常务副院长 由负责学科建设工作的副校长兼任

副　院　长 由分管科学研究和人才培养工作的副校长兼任

成　　　员 发展规划处、人事处、科学技术发展研究院、研究生院等部门负责人

中国农业大学延迟退休审批工作专门委员会(中农大人字〔2021〕35号)

主　任 辛　贤

委　员 发展规划处、本科生院、研究生院、科学技术发展研究院、社会服务处、人事处等部门负责人和三个人才工作分委员会主任或副主任各一名

中国农业大学经营性资产管理委员会(中农大校产字〔2021〕17号)

主　任 孙其信

副主任 钱学军　李培景

委　员 党政办公室、纪委办公室(监察处)、发展规划处、科学技术发展研究院、人事处、财务处、审计处、国有资产管理处、社会服务处、后勤保障处、经营性资产管理委员会办公室、资产经营公司等部门主要负责人

中国农业大学大型仪器设备管理委员会(中农大实验字〔2021〕7号)

主　任 杜太生

委　员 本科生院、科学技术发展研究院、发展规划处、财务处、国有资产管理处、实验室管理处等部门负责人

中国农业大学语言文字工作领导小组(中农大教字〔2021〕14号)

组　长 林万龙

成　员 党委宣传部、党委学生工作部、党委研究生工作部、本科生院、研究生院、人事处、国际合作与交流处、团委、人文与发展学院等部门负责人

中共中国农业大学委员会巡视工作领导小组(中农大党发〔2021〕95号)

组　长　姜沛民

副组长　秦世成

成　员　党政办公室、党委组织部、纪委办公室(监察处)、党委宣传部、党委教师工作部、研究室、人事处、党委巡察办公室主要负责人

中国农业大学体育工作委员会(中农大教字〔2021〕15号)

主　任　李培景

副主任　林万龙　王　勇

委　员　党委学生工作部、党委研究生工作部、本科生院、研究生院、工会、团委、体育教学部、体育馆管理中心等相关部门负责人

中国农业大学美育工作委员会(中农大教字〔2021〕16号)

主　任　林万龙

副主任　王　勇

委　员　党委学生工作部、党委研究生工作部、本科生院、研究生院、人事处、团委、园艺学院、工学院、人文与发展学院等相关部门负责人

中国农业大学劳动教育工作委员会(中农大教字〔2021〕17号)

主　任　林万龙

副主任　王　勇

委　员　党委学生工作部、党委研究生工作部、本科生院、研究生院、涿州教学实验场、团委等相关部门负责人

中国农业大学财经工作领导小组(中农大财字〔2021〕32号)

组　长　校长

副组长　分管财务校领导

成　员　党政办公室、本科生院、研究生院、科学技术发展研究院、发展规划处、人事处、财务处、审计处、国际合作与交流处、后勤保障处、基建处、教育基金会等单位主要负责人

农　学　院

【学院概况】

农学院设置4个系：作物生态与农作学系、作物生理与栽培学系、植物遗传育种与种子科学系、作物基因组与生物信息学系。学院拥有9个研究中心：区域农业发展研究中心、作物生理与栽培研究中心、作物化控研究中心、生物质工程研究中心、玉米研究中心、小麦研究中心、水稻研究中心、特用作物研究中心、种子科学与技术研究中心。学院拥有国家创新群体1个，教育部、农业农村部创新团队5个，国家玉米改良中心、作物杂种优势研究与利用教育部重点实验室等国家及省部级重点实验室或工程中心15个。

（胡云　张晨阳）

【学科与专业建设】

学院依托作物学一级学科开设3个本科专业：农学专业、种子科学与工程专业和生物育种科学专业（强基计划）；具有一级学科专业1个，一级学科博士点1个，博士学位授权点5个，硕士学位授权点5个和专业学位授权点1个；博士后流动站1个。

学院现有国家级重点学科2个、部级重点学科1个，农学专业、种子科学与工程专业均为国家级一流本科建设专业，作物学入选国家“双一流”建设学科，在第四轮全国一级学科评估中获评A+。

（倪中福　张晨阳）

【师资队伍】

学院共有教职工129人，其中，专任教师108人，包括教授（含研究员等正高职称）52人，副教授（含副研究员等副高职称）47人；博士生导师99人，硕士生导师20人；中国工程院院士 1 人。

2021 年引进各类人才 5 人，退休 1 人，晋升正教授 5 人，博士后研究人员在站 37 人，进站 10 人、出站 5 人等。

（倪中福　胡云　张晨阳）

【本科教育教学】

在校本科生 459 人，招生 145 人，毕业 104 人。

3 月，获校级在线开放课程建设项目 1 项；《作物田间技术与生物学观察》出版。

5 月，李保云教授获首届“最美课堂”教师教学比赛二等奖。

6 月，获校级“大国三农”一流本科课程（金课）建设项目 3 项；《耕作学》和《分子生物学实验教程》出版。

8 月，获 2021 年第一批产学合作协同育人项目 1 项。

9 月，农学院获“全国教材建设先进集体”；《农业生态学》获“北京高校优质本科教材课件”；获校级“大国三农”系列规划教材建设项目 1 项。

11 月，获全国大学生生命科学竞赛（2021，创新创业类）二等奖（创新类）1 项；获校级“双融合、双促进”教师党支部推动课程思政精品建设项目 2 项、一般项目 4 项；推荐北京市美育改革创新优秀案例 1 项；2020 年“后立项”教改项目获得学校认定 38 项。

12 月，获校级教学成果奖特等奖 1 项、一等奖 2 项、二等奖 1 项；农学院获招生宣传优秀组织奖，孙群副教授获招生宣传优秀个人。

（张海林　吴敏）

【研究生教育教学】

在校研究生 1 003 名，其中博士生 448 名、硕士生 555 名；招收博士生 111 名、硕士生 227 名；授予博士学位 83 名，硕士学位 96 名。

招生工作　4 月至 6 月，开展研究生招生网络远程复试工作；7 月，举办云端夏令营，全国 53 所高校的 180 名学生参加线上入营；9 月，首次召开院长线上宣讲会，线上观看 11 781 人次，积极构建“线上＋线下”“校内＋校外”立体宣传网络，推免及考研人数较往年大幅增长，创历史新高。

人才培养　9 月，鸡泽实验站、吴桥实验站获批校级研究生实践基地，备案 9 个院级实践基地；10 月，成立首届研究生教育督导组，制定了学院督导工作细则；11 月，获评校级优秀博士研究生学位论文 1 篇；至 12 月，完成作物学学位授权点评估材料，牵头 10 个学院完成农业硕士学位授权点评估材料，增设二级交叉学科“作物智能育种”，合作建设中巴联合学院。

教育教学　首次开展院级立项思政建设，14 门核心主干课纳入院级思政课程建设项目，4 门研究生课程纳入校级思政建设项目；牵头举办研究生导师培训会，180 名导师参加培训；“精准扶贫—乡村振兴专项人才培养模式创新与实践”获第二届全国农业专业学位研究生实践教学成果奖一等奖。

（曾昭海　王美芹　田汇兰）

【科学研究】

到校科研经费7 458万元，在研项目220个，其中国家自然科学基金重点项目2项，国家重点研发计划项目2项，国家杰出青年科学基金2项。

科研产出状况：2021年共发表161篇论文，其中，SCI论文145篇、EI论文16篇、SSCI论文5篇。2021年学院成果转化金额609万元，包括2项植物新品种、1项省级审定玉米品种。小麦化控防倒抗逆增产关键技术创建及应用获神农中华农业科技奖一等奖；现代农作制创新团队获神农中华农业科技奖优秀创新团队。原创具有自主知识产权的新型基因编辑系统Cas12i和Cas12j打破国际专利垄断。

（董朝斌　张晨阳）

【社会服务】

中国农业大学依托鸡泽实验站，与河北省鸡泽县共建全国农业科技现代化先行县。高端强筋小麦农大753合同转化经费近1 000万元。获批河北省良种繁育经费500万元，布置3万亩良种繁育田。农学院建设以灵丘北方有机旱作、鸡泽现代种业、吴桥创意农业、定兴智慧农业为龙头带动的四大乡村振兴展示基地。成功举办竞雄玉米育种学校。高旺盛教授组织编写了12份《农科智库要报》，牵头国家农业科技发展战略智库联盟建设。

（董朝斌　张晨阳）

【合作交流】

留学生在籍19人（硕士研究生7人、博士研究生12人），其中在学14人（在校学习7人、远程学习7人），休学5人。

依托“111引智基地”，邀请国际知名专家进行学术交流。开设现代作物学-栽培耕作与生理、遗传育种与种科2门全英文博士必修课程。与康奈尔大学合作开设现代种业自主创新型人才培养项目，2021年资助联合培养博士生、教师访问学者各1名。参与创建中巴联合学院，并设立农艺与种业专硕。获学校世界顶尖涉农大学合作种子基金项目资助2项。

（董朝斌　张莹）

【学生工作】

学院扎实推进教育部“三全育人”综合改革试点工作并通过验收，本年度重点开展以下工作。

社会实践　举办全国农科学子联合实践行动“十三五”总结会暨“十四五”启动会，2021年围绕聚力乡村振兴战略主题，依托农业农村部“百县千村”建设行动，开展科技助农，实践支农行动，共发动357支实践队伍、321名指导教师带领2 654名学生，奔赴全国27个省市的375个乡镇开展实践活动，其中包含92个国家示范村、57个社会实践基地；发布280余篇实践行动宣传报道，总浏览量达77 000人次。

创新创业　搭建“五位一体”创新创业平台，举办第三期“中国乡村振兴青年菁英班”，开展麦芒讲坛等双创培育工作。获第七届中国国际“互联网＋”大学生创新创业大赛全国总决赛金奖，“互联网＋”北京市赛一等奖1项，二等奖1项，实现校院国赛金奖零的突破。

志愿服务　一是完善社会服务长效工作机制。本年度组织近200人次参与北海公园系列志愿服务项目，协助公园完成庆祝建党100周年系列筹备工作。二是传承学科文化。2021年恰逢蔡旭先生诞辰110周年，学院举办蔡旭先生纪念展，受先生精神感召，组建了志愿讲解队，为前来观展的师生们作讲解。

学风建设　继续推行学业指导兼职辅导员计划，招募品学兼优的高年级本科生帮扶学业困难同学，共聘任学业辅导员8人，辅导覆盖人数30人。为进一步深化专业教育，2021年学院组织2期学术创新沙龙、1期师生同学活动，创新开展小麦面食烘焙、甘薯品类品鉴等学科文化沉浸式体验活动。

资助工作　构建精准资助育人机制，完善学院学生综合素质测评细则、奖学金评选细则等。认定家庭经济困难学生69人，评选国家奖学金等各类本科生奖学金204人次、研究生奖学金481人次，评审国家助学金69人次，社会助学金12人次。本科生奖学金覆盖率41%；研究生奖学金覆盖率64%。

网络思政　2021年，围绕建党100周年打造精品宣传项目，创新开设“脱贫故事”“百年党史”“稼穑英才”等系列，总关注量3 851人次，发表文章399篇，总阅读量455 490人次。

心理工作　以“知侬爱侬”二级心理工作站建设为依托，完成145名新生心理普测，累计开展线下心理咨询30余人次。针对导学关系问题，邀请专业心理咨询师开展专题讲座。

（胡云　王婷）

【党建工作】

农学院党委设有28个党支部，其中教工党支部5个（含上庄党支部）、研究生党支部19个、本科生党支部4个。截至2021年12月，党员共计747人，其中教职工党员（含博士后）117人、学生党员567人、组织关系暂存党员63人。至12月，召开党委会19次，党政联席会14次，理论中心学习会16次，全体教职工理论学习13次。

组织管理工作　全力组织迎接北京市党建和思政工作先进校评选。严格落实中央巡视集中整改任务。规范做好党委换届工作。组织推进“七个一”党支部建设工程。种子科学与技术研究中心研究生党支部入选第二批全国高校“百个研究生样板党支部”创建名单，博士研究生杨勇琴入选第二批全国高校“百个研究生党员标兵”创建名单。

党员教育工作　农学院党委扎实开展党史学习教育。坚持理论学习中心组“示范学”、带领师生党支部“联动学”、多形式多内容“创新学”，充分发挥“1—4—1”联动体系；邀请石元春院士、红色宣讲团、抗大后代讲授专题党课；带领教职工参观中国共产党历史展览馆，带领青年教师前往山西灵丘深入开展党史学习教育实践活动，与国家留学基金委开展主题党日活动。启动“五老”资料采集工程，获学校关心下一代工作先进集体。创建党刊《初心》，发行3期。

党员发展工作　坚持吸引高层次人才入党，发展1名教授、1名副教授为预备党员。

推荐入党积极分子153人,发展学生党员135人,转正党员70人。举办二级党校培训,共开展5期,覆盖374人次。在培训班开展“重温红色记忆 诗颂百年征程”诗歌朗诵比赛、“学好党史国史 讲好家国故事”主题演讲比赛、“开卷有益 学史增信”读书分享会,丰富教育形式。

(张远帆 张莹)

【教代会与工会工作】

4月29日,农学院分工会协助校工会举办青年教师学术交流联盟活动——“青盟论坛”第一期活动。

6月23日,农学院在校工会主办的“奋斗百年路 永远跟党走”2021年中国农业大学教职工合唱比赛中获得二等奖。

7月13日,北京高校第十二届青年教师教学基本功比赛农学院刘杰获工科类一等奖。

9月29日,农学院分工会荣获2021年度北京市教育工会先进教职工小家。

10月31日,农学院分工会举办第三届农学院师生羽毛球比赛。

(何绍贞)

园艺学院

【学院概况】

园艺学院由原农学与生物技术学院于2015年10月调整分立而成,下设“四系二所一中心”,分别为:果树系、蔬菜系、观赏园艺系与风景园林系(2021年由原观赏园艺与园林系分立),园艺植物研究所、园林景观规划设计研究所,园艺政策经济研究中心。

(郝京辉)

【学科专业建设】

学院设置园艺学1个一级学科,涵盖果树学、蔬菜学、观赏园艺等3个二级学科。

学院有园艺学博士学位授权一级学科1个,博士学位授权二级学科为3个:果树学、蔬菜学、观赏园艺。硕士学位授权点一级学科2个:园艺学、风景园林学;专业学位授权点2个:农业硕士(农艺与种业领域)、风景园林硕士。博士后流动站1个。

学院现有国家重点二级学科1个(果树学)、北京市重点二级学科2个(蔬菜学和园林植物与观赏园艺),北京市重点一级学科1个(园艺学)。

学院围绕国家园艺产业发展重大科技需求,结合国际同类学科发展趋势,设置5个主要研究方向:园艺作物种质创新与高效育种、园艺作物发育生理与品质调控、园艺作物逆境生理与生物技术、园艺作物生态生理与高效栽培、风景园林规划与设计。

2021年学院完成了学术委员会成员调整,增补张小兰、马男为学术委员会副主任,增补杨文才、李冰冰为学术委员会委员。

(郝京辉)

【师资队伍】

学院共有教职工 97 人，其中专任教师 79 人，包括教授 34 人、副教授 38 人；博士生导师 61 人、硕士生导师 72 人(含博导兼硕导及外聘)；享受政府特殊津贴专家 2 人。

本年度学院引进各类人才 6 人，普通招聘 3 人，退休 3 人，晋升正教授 2 人、副教授 3 人。博士后研究人员在站 13 人，联合培养博士后 2 人，进站 7 人，出站 5 人。

2021 年崔山老师获得宝钢教育基金奖。

(郝京辉)

【本科教育教学】

2021 年园艺学院在校本科生 387 人，招生 120 人，毕业 95 人。

2021 年由韩振海教授牵头，学院联合浙江大学、西北农林科技大学、海南大学、河南农业大学和云南农业大学园艺学科，六校共建园艺专业虚拟教研室，并推荐至教育部。

郭仰东教授主编的《植物生物技术实验教程》入选 2021 年北京高校“优质本科教材”。任华中教授主编的《蔬菜栽培学》和郭仰东教授主编的《植物生物技术实验教程》入选学校“大国三农”系列规划教材建设项目。

沈火林教授主讲的“园艺作物育种学”课程，王倩教授主讲的“植物田间技术”课程获得校级 2021 年度“大国三农”一流本科课程(“金课”)建设项目。田永强副教授主讲的“无土栽培学”获得在线开放课程建设项目。

韩振海老师申报的教学成果“博采众长，聚焦创新——‘园艺学研究与 seminar’课程建设与博士研究生创新培养”、高丽红老师申报的教学成果“产业需求牵引的新型设施园艺人才培养模式创新与实践”和郭仰东老师申报的教学成果“植物生物技术”课程体系与教材建设均获得校级教学成果一等奖；李险峰和常青老师获得校级教学成果二等奖。

张新忠老师申报“振兴园艺种业，解民生多艰”[课程:园艺作物育种学(Ⅰ)与园艺作物育种学(Ⅱ)]，田永强老师申报“情怀育人融入专业课教学全过程的模式探索”(课程:设施园艺学)获得学校课程思政建设精品项目。马男老师申报“栽出美丽，装点生活”(课程:园艺作物栽培学，又称观赏园艺)，徐峰老师申报“风景园林设计师的胸怀、前瞻、责任和使命感养成”(课程:园林设计)获得学校课程思政建设一般项目。

2021 年园艺学院大学生创新创业项目获批立项 62 项，其中国家级项目 4 项、北京市级项目 13 项、学校 URP 项目 45 项。

(张艳)

【研究生教育教学】

在校研究生 667 人，其中博士生 210 人、硕士生 457 人；招生 240 人，其中博士生 47 人、硕士生 193 人；毕业研究生 113 人，其中博士生 41 人，授予博士学位 43 人，硕士生 72 人，授予硕士学位 85 人。

园艺学院组织线上硕士研究生、博士研究生招生工作。组织 3 次线下毕业研究生的资格审查、论文查重、论文评阅、答辩及学位授予工作，对不能返校的研究生，组织完成线上学位授予流程。

学院开展了课程思政建设、全英文课程建设、课程体系构建、研究生实践基地运行模式、教育国际化等教改研究项目。其中，课程思政建设获批"观赏园艺专业课程融入思政教育的探索""'高级园艺作物采后生理'思政协同育人课程体系研究"等17项，混合课程立项1项(风景园林规划设计)，完成验收3项(园林景观生态规划与实践、植物新品种权申请与保护、高级园艺作物栽培生理学)，教改研究项目立项4项("园艺植物基因工程"科教融合培养体系构建、乡村空间与景观规划、蔬菜学研究生实践基地建设与运行"一依托、两融入"模式探索、研究生教育国际化在"观赏园艺专业英语"课程中的实践)，英文课程建设项目1项(植物应用生物技术)。获批3项校级研究生自主创新研究基金项目(黄瓜果棱性状遗传分析与基因挖掘、病毒蛋白p24通过靶标葡萄转录因子 *RAV* 抑制植物SA防卫反应的分子机制、百合 *LoMYB* 调控花药开裂的机理解析)。

学院完成校、院两级导师培训，完成两批次的第二兼职导师遴选聘任工作，共聘任了谢江辉、颜志明等50位第二兼职导师；组织成立了学院研究生教育督导组(郭仰东、孔瑾、徐峰、何俊娜)，制定了学院《研究生教育督导工作细则》；完成了园艺学、风景园林学、农艺与种业专业学位、风景园林专业学位的学位点建设年度报告和学位授权点自我评估总结报告。组织完成了第一届研究生综合能力提升学位＋项目"崇农尚美——涉农研究生美育实践"，有效探索了提高新农科研究生开展美育教育、提高人文艺术素养的改革。

学院组织了首届"博士生论坛暨2021年博士生奖学金评审答辩会"，18位博士生作报告，13位博士生参加墙报展示，150位研究生到现场学习，为研究生展现科研水平、分享科研经验搭建了重要的学术平台。

学院对学位委员会成员进行了届中调整，由新任果树系主任李冰冰教授接替卸任果树系主任贾文锁教授。

(魏微　朱晓暐)

【科学研究】

学院到校科研经费4 160.39万元，其中纵向经费3 587.84万元，横向经费572.55万元。在研项目共计203项，其中纵向项目152项，横向项目51项。国家自然科学基金获批16项，其中面上项目获批11项，国家杰出青年科学基金项目获批5项，资助率分别达到47%和45%，总资助率达37%，全校排名第一。

2021年发表SCI论文76篇、SSCI 3篇，重要中文期刊文章19篇，其中 *Plant Cell*、*PNAS* 等自然指数期刊文章4篇。出版学术专著1部。获植物新品种权1项，品种国际登录4项；专利32项，软件著作权2项。2项科技成果实现转化，转让金额108万元。

高俊平教授团队获神农中华农业科技奖优秀创新团队奖；朱元娣教授与北京农学院联合申报获神农中华农业科技奖一等奖(排名第四，我校为第二单位)；许雪峰教授和山西农业大学联合申报获神农中华农业科技奖二等奖(排名第六，我校为第三单位)。常青教授荣获国土资源部科学技术奖二等奖(排名第二，我校为第二单位)，实现了从科学研究到景观规划设计的融合与传导，是我院风景园林方向获得的首个省部级科学技术奖；李险峰教授团队"富润迷你自然乐园：一个高密度社区中的亲自然儿童友好空间设计"项目荣获社区类(Communities)卓越奖(Excellence Award)、"可食用的屋顶农园:建立与建筑、环境和生活的绿色联系"项目荣获空中绿化类(Skyrise Greenery)荣誉奖(Honorable Mention)。

(张月夕)

【社会服务】

学院分别在河北省承德市、广东省佛山市、广东省深圳市、云南省昆明市、陕西省安康市新增5个教授工作站,使学院教授工作站总量达15个;与保定市曲阳县、赤峰市喀喇沁旗农牧局、山东省菏泽市农业科学院、孝感市大悟县、山东物泽生态农业科技发展有限公司等签署协议,通过共建研究中心、联合实验室等多种形式开展深入合作,拓展社会服务资源。

(张月夕)

【合作交流】

在校留学生10人,招生3人,毕业1人。

学院依托园艺作物发育生理与品质调控学科创新引智基地,通过文章修改、线上交流等多种形式积极开展国际间合作与交流。11月17日至18日,学院邀请来自6个国家、13所国际知名高校与科研院所的16位专家学者,举办园艺植物生物学和生物技术国际研讨会,观看人数累计达1.36万人次。

(张月夕　魏微)

【学生工作】

学院积极推进"达标创优"工作,学院本科生2018级、2019级党支部在2021年度北京高校红色"1+1"示范活动评选中荣获优秀奖,园林181团支部获得"'先锋杯'优秀基层团支部"称号,园林191班团支部获"北京市优秀基层党组织"称号,园艺202班、园林201班获得校级"优秀班集体"称号,园林191团支部、园艺192团支部、园艺193团支部获得校级"优秀团支部"称号,园林191班获得"北京市先进班集体"称号,73人获得校级"三好学生"称号,19人获得校级"优秀学生干部"称号,22人获得校级"优秀团员"称号,9人获得校级"优秀团干部"称号。园艺学院志愿者支队获得第十五届"志愿农大"志愿服务团体称号。

本年度毕业生共203人,其中本科毕业生95人,硕士毕业生71人,博士毕业生37人。本科生就业率为96.84%,深造率为60.00%,其中出国深造率为8.42%,硕士毕业生就业率为94.37%,博士生就业率为94.59%,总就业率95.57%。

扎实完成"奖助勤贷"事务,认定经济困难学生85人,其中特别困难36人,比较困难24人,一般困难25人;学院85名学生获得国家助学金,14名学生获得7类社会助学金,累计金额36万;157人次本科生获得奖学金,累计金额44.6万元;281人次研究生获得各类奖学金,累计金额135.3万元。

(蒋晓彤)

【党建工作】

学院党委围绕党史学习教育和学习贯彻党的十九届六中全会精神等内容，抓好组织实施，以学院领导班子成员为重点，面向全体党员、全院师生，开展学习教育及活动114次，将工作着力点落到推进“十四五”规划和“双一流”建设上。

6月21日，学院按期召开党员大会，选举出新一届党委委员：吴华杰、付国强、李天红、张小兰、李威、张新忠、杨文才、高丽红、孙亮。学院4个教工党支部按期完成换届，果树系教工党支部书记为张新忠、蔬菜系教工党支部书记为杨文才、观赏园艺与园林系教工党支部书记为吴健、行政教工党支部书记为付国强。13个学生党支部也完成支部届中调整。观赏园艺与园林系教工党支部主题党日活动获得学校教职工“十佳主题党日活动”称号。2021年学院共发展党员141名，转正61名。蔬菜系教工党支部书记杨文才进入学院学术委员会。

学院党委继续推进课程育人，通过一个专业方向建设一门核心课程，获学校课程思政建设立项2项。协同校内部门推进劳育、美育建设，观赏园艺与园林系师生参加校园绿化、美化建设，参加学校“心灵花园”工程的设计施工。主持承担学校“崇农尚美”涉农研究生美育实践专题班。探索专业实践＋红色之旅的实践育人模式，组织百名研究生赴山东省寿光市开展“梦园寿光　以艺报国”社会实践；组织百名师生赴山西省壶关县进行“以知促行　以行促知”社会实践等。探索育心＋育德的心理育人模式，以学院二级心理站心林艺站为平台，组织为期六周的园艺疗法活动。

学院党委落实学校十九届中央第七轮巡视整改要求，针对校内巡察中提出的5个方面32个问题逐一进行整改。针对中央巡视提出的6个方面619个问题表现，制定28项整改措施。

（王冰莹）

【教代会与工会工作】

学院分工会组织教职工参加各类体育运动和文化活动强健体魄。组织教职工在百望山开展“悦生活 享健康”登山活动，与继续教育学院联合参加“奋斗百年路 永远跟党走”教职工合唱比赛。

学院工会依托青年教师互助组举办了3场“青椒论坛”。

学院工会承办校工会园艺“润”生活系列活动，举办冬季护肤美妆培训；组织2021年度送老迎新教师茶话会。组织教职工年度体检和女教职工专项体检，发放教师节、中秋节、国庆节“三节”慰问品和新年慰问品。

（付国强　李险峰）

【其他工作】

8月，在园艺学院李险峰教授的联系接洽下，陈张敏聪夫人慈善基金有限公司向学校基金会捐资1 500万元人民币设立“乡村振兴基金”，用于支持园艺学院风景园林专业人才培养、基地建设，推进美丽乡村建设及可持续发展等。

（郝京辉）

植物保护学院

【学院概况】

植物保护学院的前身是始建于清末的京师大学堂农科大学农学门，是我国植物病理学和昆虫学的主要发祥地之一。戴芳澜、俞大绂、刘崇乐、蔡邦华、裘维蕃、陆近仁、林传光、周明牂、沈其益、曾士迈等多名院士和知名学者先后在本学院任教，奠定了学科在国内植物保护学科的领军地位。近年来，学院作为“双一流”建设学科，不断巩固和提升植物保护学科的综合实力。

（李杨璞）

【学科与专业建设】

植物保护学院下设植物病理学系、昆虫学系、植物生物安全系3个系，覆盖植物保护1个本科专业，拥有植物病理学、农业昆虫与害虫防治、植物检疫与农业生态健康3个硕士和博士学位授权点；其中，植物病理学、农业昆虫与害虫防治为国家级重点学科。2007年植物保护学科被批准为国家一级重点学科，2018年通过植物保护学一级学科学位授权点国际评估、农业硕士植物保护领域学位合格评估和植物保护专业中俄联合国际认证，对植物保护学科发展具有重要意义。2019年植物保护专业被评为国家级一流本科专业建设点、北京市高校重点建设一流专业。

（李杨璞）

【师资队伍】

学院有专任教师115人，其中高级职称占85.22%，具有博士学位者占95.65%，45岁以下教师占54.78%；国家级教学团队1个（普通昆虫学）；教授（研究员）44人、副教授（副研究员）50人。

学院整合学科研究人员与资源，通过引进人才、交叉和整合，进一步加强植物分子免疫学、病原物致病机理与农药设计、重大害虫治理、RNAi农药等方向建设。2021年学院在重点方向引进3位教授和4位副教授，晋升正高3位、副高2位、高级实验师1位。2021年共举办“植研问道-新进展交流午餐会”16次、“青年创新沙龙”5期，大大强化了学术交流。

（马佳慧）

【本科教育教学】

在校本科生399人，招生110人。共申报URP项目44项，指导教师参与38人；学生参与84人，占学院在校本科生的21.1%。申请2021年度国家级及北京市级本科生创新创业项目共计8项，参与学生19人。

学院成立教育教学委员会及教师发展分中心，举办教学工作坊4次。设立本科教改培育项目20余项；与中国农业大学出版社签订教材建设战略合作协议，完成16本新教材初步建设规划。彩万志主编的《普通昆虫学》获全国优秀教材（高等教育类）一等奖，李志红获2021年度北京市高等学校教学名师奖及大北农教学名师奖；“普通昆虫学”课程入选首批国家级课程思政示范课程，牵头组织成立昆虫学虚拟教研室，3门课程入选校“大国三农”一流本科课程建设项目，入选学校课程思政建设精品项目2项、一般项目8项；入选国家林业和草原局“十四五”规划教材1本、学校“大国三农”系列规划教材5本。学院评选出2021年度教育教学成果奖“敦本奖”5项，激发广大教师开展教育教学研究改革积极性。

学院继续深入推进“耕耘梦”为主体的培养体系，进行国际化、学术型和创业型人才培养。通过基础班与提高班递进设计，大一、大二所有学生进入基础班，并配备一对一导师与辅导员，选拔大三、大四及研究生的优秀学生进入提高班，通过与国际组织、科研院所、政府企业有效链接，增强培养针对性和实效性。

（吴怡）

【研究生教育教学】

学院研究生，录取学术型硕士60人，其中少数民族骨干计划1人，大学生士兵退伍计划1人；专业型硕士76人，其中植物医生专项41人、绿色植保工程专项24人、海南专项8人、葡萄体系2人、科技小院1人。录取申请考核制博士48人，包括海南专项4人。硕博连读17人，直博生3人，农科院联培8人，共76人。举办第五届夏令营，来自京内外52所农林高校的277名学生报名，遴选159名学生参加，签订招生意向60人，最终32位确定到植保学院攻读研究生。成立学院研究生教育督导组。

2021年，共66人获得博士学位，95人获得硕士学位，其中获得校级优秀硕士学位论文1篇、校级优秀博士学位论文1篇，获得院级优秀硕士学位论文7篇、院级优秀博士学位论文7篇。

学院开展教学质量督导，根据课程满意度调查反馈信息对课程进行调整；学院成立研究生教育督导组；研究生教学获各类教改项目6项，4项研究生自主创新研究基金项目通过评审。举办第一届中外研究生学术论坛，30位研究生现场报告，89位研究生参加墙报展示；10位研究生获得现场汇报奖，17位研究生获得优秀墙报奖。

（苏芳颖）

【科学研究】

学院成立植物生物安全系，聚焦前沿科学问题，在植物有害生物绿色防控、病原微生物致病分子机制、昆虫生长发育与系统进化等领域取得重要进展，在重点学术期刊发表论文215篇，高影响因子论文20余篇。其中，刘山林在《细胞》（*Cell*）杂志上发表封面文章。沈杰团队研究成果入选中国学者2020年度高影响力研究成果。学院获神农中华农业科技奖一等奖1项、二等奖1项、三等奖1项，新入选国家现代农业产业技术体系岗位专家2人。

学院举办十大科研进展——“致远奖”评选活动。学院期刊 *Phytopathology Re-*

search 进入 SCIE 数据库,高峰获 2021 年度中国农业期刊领军人物,石旺鹏获中国科技期刊卓越行动计划 2021 年度优秀审稿人。“人呆手户”科普平台累计阅读量超过 800 万人次,在头条号相同领域排名 TOP 5;举办第一届人呆手户摄影大赛,共收到 800 余幅参赛作品。

(梁沛)

【合作交流】

学院积极对口支援新疆塔里木大学,支援省部共建国家重点实验室建设,举办学术交流 20 余次;组建联合服务团赴西藏农牧学院,促成两校继续深化落实合作战略。

学院联合对口合作高校贵州大学、海南大学共同学习党的十九届六中全会精神,共 500 余名师生参与活动,开展学术交流 30 余次;合作完成花椒套种绿肥相关技术集成示范 1 300 亩;姜临建副教授同贵州大学宋宝安院士团队在创制抗除草剂水稻种质方面获得突破,相关成果发表在 *Nature Plants* 等期刊上。

(谷少华)

【社会服务】

依托学院 11 位国家和北京市产业体系岗位科学家、39 个教授工作站和 120 个示范基地,在全国各地积极推进乡村振兴帮扶工作。20 余位专家进行植物病虫害防控产业帮扶 50 多次,积极推广应用各类绿色、高效植保新技术和新产品,累计推广面积 8 000 万亩,实现农药减量超过 30%,有效保障了当地粮食增产丰收。与北京市农林科学院植保环保所、涿州实验场签署三方合作协议,共同搭建都市型现代农业植保示范基地,实现产学研一体化发展。

(谷少华)

【党建工作】

学院共召开党政联席会 12 次,党委理论学习中心组集体学习 14 次,举办教职工集中学习 8 次。全年共召开党支部书记例会 20 次,召开党建工作办公室例会 10 次,集体学习专题 10 余个,共读经典 6 部。

学院党委制定了“百年风华耀初心”“百年历程传薪火”“百年人物映千秋”“百年足迹坚使命”之“百千万”植物保护学院党史共学共进系列活动策划,各党支部、团支部结合实际开展学习实践活动,真正做到学史明理、学史增信、学史崇德、学史力行。

2021 年,学院共发展党员 151 人,其中本科生 45 人,研究生 106 人,培养考察教职工入党积极分子 4 人。4 月 23 日,学院获得“庆祝建党百年　颂扬青春诗篇”诗歌朗诵比赛三等奖及最佳组织奖;4 月,学院党建工作办公室成立;9 月 15 日,学院第二次党员代表大会召开,新一届党委领导班子换届工作完成;下半年学院植病系教工党支部、昆虫系教工党支部分别完成换届工作;12 月 30 日,植物保护学院生物安全系教工党支部成立;年底在学校党委宣传部开展的“关于‘学习强国’学习先进组织、学习标兵和学习先进个人评选活动”中,学院植病系教工党支部荣获“先进学习组织奖”,范在丰教授荣获“学习强国”学习平台“先进个人”奖；学院2门课程入选学校“双融合 双促进”教师党支部推动课程思政建设精品项目，8门课程入选一般项目。在本科生精品实践项目中期评审中，学院本科生第四党支部获评精品项目、本科生第三党支部获评重点项目、本科生第一党支部、第二党支部获评试点项目。学院1名教师获评校级优秀党务工作者、2名教职工及3名学生获评校级优秀共产党员。

结合支部党史学习教育活动，组织党课培训人次400余名，观看“红色百年”专题纪录片3部，参观校内外红色教育基地10余处，组织参加线上及线下马克思主义学院讲授的专题理论党课15节。

（张旭东）

【学生工作】

学院毕业生共236人，其中本科毕业生94人、硕士毕业生96人、博士毕业生46人。截至8月底，2021届毕业生就业率为95.34％，深造率为56.38％，在2019—2020年校友会中国一流学科排名第一。

学院深入推进“三全育人”工作理念，线上线下共举办“思得沙龙”3期，“农声讲坛”1期，覆盖学生3 000余人；持续深化“导师制”设计，共举办“导师下午茶”16期、“师声花语”1期、“本科生进实验室”4期。

学院推行“三大计划”：“美育计划”举办“水木年华”歌友会等活动；“健心计划”举办“性格色彩”等心理讲座，创建“植保树洞”沟通平台；“强身计划”成立学生体育运动队，举办系列健康讲座3次。

（王轩）

【教代会与工会工作】

学院工会积极组织教职工参加体育运动，全院教职工参加了春季趣味运动会，60名教工到龙庆峡开展“观山桃 赏晚樱 戏绿水 览青山”春游活动，96名教工加入“无羽不研”羽毛球队、“植物医疗队”、瑜伽队等7个兴趣小组；为每位教职工购买公园年票。教职工代表队荣获学校教职工羽毛球团体赛第四名、首届师生羽毛球团队赛第四名、首届教职工篮球赛八强、教职工乒乓球赛女子季军。

组织教职工参加建党100周年合唱比赛，在妇女节和父亲节分别组织女教工和男教工观看电影，邀请心理专家为大家讲解性格色彩，举办慢性疾病管理健康讲座。学院工会申报的“强体魄·健身心”活动荣获学校“品牌项目奖”。

（蒋娜）

【文化建设】

学院承袭“讲好植保故事”等品牌活动进行院史教育；用好院徽院训文化资源，凝聚“覃思精研，敦本致远”植保精神；打造“农声讲坛”“思得沙龙”等一批有社会影响力的文化品牌。

（李杨璞）

生物学院

【学院概况】

生物学院始建于1984年,现设有植物科学、动物学与动物生理学、微生物学与免疫学、生物化学与分子生物学4个系和国家级生命科学实验教学示范中心。2021年共有校内建筑面积4.64万平方米。

(饶晓盼)

【学科专业建设】

学院拥有植物学、微生物学、生物化学与分子生物学三个国家级重点学科,动物学是北京市重点学科(二级)和生物学北京市重点学科(一级)。依托植物生理学与生物化学国家重点实验室、农业生物技术国家重点实验室、农业农村部土壤微生物重点实验室,在植物/作物响应环境胁迫的分子调控机理、水分及养分高效利用的分子生理基础、作物抗逆高效的分子设计与种质创新以及作物抗逆高效的化学调控技术等方面取得一系列具有重要国际影响的研究成果,研究水平已处于国际一流行列;在动物基因组学与基因工程、作物分子遗传与基因工程、农业微生物与基因工程和分子病毒学与免疫工程等领域学术水平处于国内领先、国际上有影响的地位。

学院拥有生物学一级学科博士学位授予权,在植物学、生理学、微生物学、神经生物学、遗传学、细胞生物学、生物化学与分子生物学、生物信息学8个专业招收硕士和博士研究生,并设有生物学博士后流动站。

本科教学开设生物科学和生物技术两个专业,拥有生物学国家理科基础科学研究与教学人才培养基地、国家生物技术人才培养基地、国家生命科学实验教学示范中心,是教育部农业生命科学人才培养模式创新实验区。学院生物科学专业获批国家级一流本科专业建设点,并入选教育部"强基计划"。"生物科学拔尖学生培养基地"入选首批国家基础学科拔尖学生培养计划2.0基地。

(饶晓盼)

【师资队伍】

学院有教职员工161人,其中中国科学院院士1人,正高级职称61人(其中教授59人,研究员1人,教授级高级实验师1人),副高级职称63人(其中副教授50人,副研究员1人,高级实验师9人,高级工程师3人)。

2021年,增加教学/科研辅助人员1人(赵晓菲),专职辅导员1人(贾昊晨)。调出2人,退休4人(胡宏宇、符信贤、刘海虹、韩玉珍)。

博士后进站22人,出站11人,在站38人。

(杜伟)

【党建工作】

2021年,学院党委集中组织学习庆祝中国共产党成立100周年大会、党的十九届六中全会精神等,邀请中央党校教师、知名专家学者为学院师生进行党史学习教育专题辅导报告,组织教师参加理论学习14次,与农学院、资源与环境学院联合开展理论中心组学习13次。

通过微信公众号,发布建党百年年度大事倒计时;设计制作"百年辉煌铸大党"系列党史学习教育课件11期;组织参观各类红色教育基地。

开展"我为群众办实事"系列活动20余次。开展青师工坊;推进强基班轮训;主讲农大附小农和讲堂,制作"稼穑之志文化墙",开展"稼穑青年聚力首都乡村振兴'科普教育'专项"社会实践;开展爱心捐赠活动,为毕业生拍摄证件照,打造标杆工程等,参与师生党员600余人次。

1月4日学院选举产生新一届院党委委员。对标《高校基层党组织工作条例》,加强支部规范化建设。完成28个党支部换届选举工作,教师党支部书记通过换届正高增加2人(3/5),院学术委员会委员任支部书记增加1人(2/5)。

根据巡视整改要求,修订学院党政联席会、党委委员会议事规则,全年召开党政联席会18次,党委委员会12次。

筑牢意识形态阵地。修订学院领导班子在分管领域意识形态工作责任制清单;修订完善教职工出国请假制度;建立学院教材建设委员会;进一步明确党委委员在意识形态工作领域中的作用发挥;严格执行报告会等报备与审批制度。

通过缅怀先贤,营造教书育人氛围;通过多维度实践,将理论学习、教学交流、技能提升、青年教师学术沙龙与扶贫攻坚作为师德考评实践环节;通过了解和掌握师生思想动态,把思想政治工作贯穿于学院管理和人才培养全过程。提升教师育人工作能力,充分发挥教师教学发展分中心作用,4个项目获批"双融合、双促进"教师党支部推动课程思政建设精品项目。

学院发展党员128名,其中教师3名、本科生54名、研究生71名。

(赵淼)

【本科教育教学】

2021年,学院招生166人,其中生物大类86人,生命科学理科试验班50人,强基班30人。截至2021年底,在校本科生680人(含联合培养40人)。

5名学生的本科毕业论文获评校级百篇优秀论文,倪徐平毕业论文《拟南芥AGO4蛋白和3'UTR结合蛋白PUF参与调控异常基因转录通读的研究》荣获北京市普通高等学校优秀本科生毕业设计(论文),指导教师为郭岩教授。学院本科生发表学术论文5篇,其中SCI文章4篇。

学院学生在第七届"北京市大学生生物竞赛"中取得佳绩,共获奖672人次,其中一等奖127人次,二等奖266人次,三等奖279人次;在全国大学生生命科学竞赛中取得全国一等奖。以学院14位本科生为主组建的CAU_China代表队,在田长富、杨金水、王娜3位老师的指导下,于iGEM大赛再度获得金牌,实现连续三年夺金。

学院教师获得教学成果奖8项，其中特级奖1项，一等奖2项，二等奖5项；虚拟仿真实验教学建设项目“大鼠甲状腺摘除手术、甲状腺素对大鼠耗氧量的影响及放射免疫技术测定甲状腺素虚拟仿真实验”项目结题。

学院获批教改项目16项；学院教师主编教材2本，其中1本为“大国三农”系列规划教材；发表教改论文1篇。

学院申请的国家级、北京市级大学生创新项目结题21项，其中国家级大学生创新项目5项，北京市级大学生创新项目16项；URP项目结题93项。共有20项国家级、北京市级大学生创新项目通过项目中期检查，其中国家级项目5项，北京市级项目15项；94个URP项目通过项目中期检查。

（马俊瑜）

【研究生教育教学】

2021年，学院招收博士研究生112人（其中普通博士研究生19人，直博生15人，硕博连读生78人），硕士研究生44人（学术型29人，专业型15人），总计招收研究生156人。截至12月底，学院在校研究生794人，硕士研究生82人，博士研究生135人，直博生和硕博连读生577人。

学院毕业博士研究生97名，毕业硕士研究生42名。96名博士研究生获得理学博士学位（含往届生），42名硕士研究生获得理学硕士学位，其中7人荣获“北京市级优秀研究生毕业生”，37人获得“校级优秀研究生毕业生”。

学院本科生就业率为90.68%，硕士研究生就业率为94.87%，博士研究生就业率为97.94%，总就业率为94.09%。

学院生理学专业博士研究生马文强的学位论文《ZIKV感染对雄性生殖系统影响的研究》获校级优秀毕业论文，导师为李向东教授。

学院12名博士研究生和1名硕士研究生获得国家奖学金，其中姜媛媛同时获得国家奖学金和校长奖学金，马爱芳、游孟昊等6名研究生获得院长奖学金。曾榕、孙龙杰等15名研究生获得宝钢优秀学生奖学金、大北农励志奖学金、拜耳奖学金、寻梦未来学习奖学金、泰渡奖学金等各类专项奖学金。冯子懿等3名研究生获得优秀实验记录奖，张定谅等3名研究生获得优秀学术报告奖，郭文慧等10名研究生获得优秀学术墙报奖。

徐志鹏、杜丽娟等92名学生获博士一等学业奖学金，马璐璐、努尔阿丽耶·阿卜力米提等261名学生获博士二等学业奖学金，包鑫桧、司国辉等6名学生获硕士一等学业奖学金，刘妍汝、刘平等13名学生获硕士二等学业奖学金，奖学金覆盖率达53.1%。

学院通过基金会专项助困款10 000元，对1名申请家庭经济困难认定的研究生进行资助，协助54名学生申请生源地国家助学贷款，协助38名学生申请缓交学费。学院设立研究生助管岗位12个，研究生助教岗位150个，为学生提供多样化勤工助学机会。

7月12—15日，学院举办中国农业大学生命科学夏令营，来自山东大学等几十所高校的500余名同学报名。经过筛选，113名同学参加此次夏令营，其中37人确定拟录取意向，24人推免至学校，13人报考学校研究生。

（麻文华　徐威　贾昊晨　姚启圣）

【科学研究】

2021 年，学院新立项各类项目共计 73 项，其中国家自然科学基金面上项目 10 项、重点项目 1 项、联合基金项目 1 项、杰出青年项目 2 项、优秀青年科学基金项目 2 项、青年科学基金项目 5 项，北京市自然科学基金 2 项，北京市创新团队项目 1 项，现代农业产业技术体系-岗位专家项目 3 项，获批科技部重点研发项目、农业农村部重点研发项目、国家自然重点项目等纵向项目 41 项，新增横向合作项目 19 项，新立项科研项目合同经费累计 5 106.06 万元，累计到校经费 2.23 亿元。

学院教师以第一作者或通讯作者累计发表高水平科研论文 127 篇，获得授权发明专利 59 项，软件著作权 3 项。傅静雁老师以第三申报人荣获高等学校科学研究优秀成果奖(科学技术)一等奖。吴森老师、杜旭光老师分别实现技术许可转让。

(任长华)

【合作交流】

2021 年，学院继续加强与国内外科研院所及来人来访的开放交流。邀请外籍专家合作交流 40 人次，学院协助河北大学申报基础学科拔尖人才培养基地，巩志忠教授任河北大学学术副校长。

4 月，安徽农业大学生命科学学院院长江海洋教授带队来访，学院党委书记孙德昊、院长郭岩等参加了交流座谈会，会后参观生命科学实验教学中心，就实验教学相关问题进行交流。

6 月，农业生物技术国家重点实验室承办第 32 届北京地区果蝇大会(Beijing Area Fly Meeting)，会议由傅静雁教授主持，来自北京大学、清华大学、北京生命科学研究所(NIBS)、中国科学院生物物理研究所、中国科学院遗传与发育生物学研究所及我校等多家北京地区高校、科研院所的果蝇实验室共百余人参会研讨。

9 月，学院举办美国康奈尔大学与德州农工大学国际合作交流项目——能力提升讲座，康奈尔大学 YangNing 教授通过视频会议，为同学们讲授生物信息、统计学和机器学习知识。

(王欣　孙浙)

【行政工作】

2021 年，学院办公室在岗行政人员 10 人。

学院新增固定资产 393 台件，资产总值约 1 010.5 万元，报废固定资产 755 台件，资产总值约 514 万元，完成 2014 年 1 月至 2021 年 10 月 31 日入账的固定资产(5 429 台件)清查工作。

学院共有各类大型仪器设备(大于等于 50 万元)121 台件，累计提供服务达 16.3 万小时，面向中国农业大学相关学科和北京生命科学研究所、农业生物技术联合国家重点实验室(香港中文大学伙伴实验室)等 10 余个校外科研院所提供技术服务。

(王欣)

【学生工作】

2021 年，学院加强育人体系保障工作，继续实行试验班“双班主任制度”，完善学生思政工作队伍建设，何群、郭岩、李溱、施怡婷、赵倩等六位教师班主任年度考核优秀，刘乔治同学班主任助理年度考核优秀。

学院学生获多项集体和个人奖项，包括：生物 182 班级获得“北京市先进班集体”第八名；生物 182 团支部获得“北京市‘先锋杯’优秀团支部”称号；2 名学生获评“北京市三好学生”；1 名学生获评“北京市优秀学生干部”；6 名学生获得“北京市普通高等学校优秀本科生毕业生”称号，18 名学生获得校级“优秀本科生毕业生”称号。生物 201、试验 191、生物 191、生物 192 团支部获评校级“优秀团支部”；生物 201、试验 191 班获得校级“优秀班集体”称号；生物 181 团支部获评校级“五四青年标兵集体”；4 名学生获得第十四届“‘志愿农大’优秀志愿者”称号；106 名学生（本科 51 名、研究生 55 名）获评校级“三好学生”；26 名学生（本科 16 名、研究生 10 名）获评校级“优秀学生干部”；12 名学生（本科 10 名、研究生 2 名）获评校级“优秀团干部”；32 名学生（本科 15 名、研究生 17 名）获评校级“优秀团员”；4 名学生获得崇德先锋奖学金；12 名学生获得文体优秀奖学金；1 名学生获得创新创业奖学金；生物学院学生会“溯流光”社会实践小队、生物学院分团委“万物生长，生生不息”社会实践小队获得校级“优秀实践小队”称号，2 名学生获评“优秀实践个人”。

学院家庭经济困难学生认定 48 人，国家助学金实现家庭经济困难学生全覆盖，其中 12 名学生获得社会助学金，共发放 4.4 万元，春季学期招募助管 26 人，秋季学期招募助管 29 人，勤工助学劳务发放共计 9.44 万元，发放各类临时补助 2 万余元。

学院 466 名学生参评学业类奖学金，获奖 270 人次（192 人），奖金总额 73.85 万元，综合获奖率 41.2%，其中家庭经济困难学生获奖 17 人，获奖率 35.42%；各级各类学生干部 89 人，占总获奖人数的 46.35%；中共党员（含预备党员）获奖 28 人，占总人数比例 14.58%，比 2020 年增加 5.19%，学生党员共有 56 人，学生党员获奖率 50%。

（孙浙）

【工会工作】

2021 年，学院工会努力开展丰富多彩的文体活动。其中，“雅人 深致”教师素质提升系列主题活动，举办多肉栽培、干花标本制作、草莓栽培、美妆培训、烘焙交流、国画交流和水草缸制作等，作为学院特色项目，获得校工会表彰。

1 月，学院工会与教学中心联合举办教学交流活动，邀请教学名师为青年教师“把脉”；4 月，组织“俯仰拾枝，窥花见史——植物标本认知”等科普主题亲子营活动，为工会会员子女讲授校园内植物知识；5 月，举办“跃动研途 师生共羽”羽毛球联谊赛；6 月，组织参加学校“奋斗百年路 永远跟党走”教职工合唱比赛，获二等奖；11 月，举办离退休教工荣休座谈会，为 2020 年和 2021 年退休的十位教师送上诚挚祝福；12 月，与学院教师教学中心联合举办教学创新大赛暨课程思政讨论会。学院工会不间断为教职工和学生组织羽毛球、乒乓球、气排球等体育锻炼活动。

（李溱）

【校庆、校友和文创传承工作】

为迎接建党100周年、农大116周年华诞，举办了征集老照片活动“忆往昔峥嵘岁月——1997级、2007级校友记忆”“校史院情有奖竞答”活动，完成了部分校友信息征集工作。

1月，举办“别样新春味，师生迎牛年”新春暖心系列活动；4月，举办“缅怀先贤　传承精神”清明献花活动、“民族一家亲　温暖老人心”爱心捐赠活动、科学普及亲子营活动、拍摄师生证件照活动；5月，举办“迎百年　正青春”趣味运动会、“五月的花海”之“萤火耀星空，青春心向党”荧光夜跑活动、参观“玉汝于成”主题展览、参观鲁迅博物馆，举办第七届北京市大学生生物学奇思妙想竞赛；6月，组织开展研究生趣味运动会、毕业联欢会；7月、8月，组织师生观看庆祝中国共产党成立100周年大会，举办生命科学夏令营、夏季学期野外实习，参观山东烟台东炮台；9月，组织迎新活动，举办“动物实验安全讲座”，出版发行《中国农业大学校园生物种志》，编写《实验室基础仪器操作指南》；10月，召开中国科学院院士、著名土壤微生物学家、中国农业大学生物学院教授陈文新先生追思会，举行2021级新生风采暨迎新晚会、科兴公司招聘宣讲会，组织“树强农兴农家国情怀　做知农爱农时代青年”赴涿州开展劳动教育实践；11月，举办“无壳孵化　感受孕育之奇”讲座；12月，举办“方寸之间　美不胜收”插画艺术美育活动、“醇香满农大　杯酒敬中华”酿酒大赛、“以诗会友”诗词大会和一二·九文艺展演比赛等。

（宋致远　王欣）

资源与环境学院

【学院概况】

资源与环境学院成立于1992年4月，由原北京农业大学的土壤与农业化学系、土地资源系、农业气象系和遥感研究所等合并而成，始称“农业资源与环境学院”，1995年改为“资源与环境学院”。学院现有植物营养系、农业气象系、生态科学与工程系、环境科学与工程系和本科实验教学中心。

（王雪娟）

【学科与专业建设】

学院开设4个本科专业：资源环境科学、环境工程、应用气象学、生态学。学院具有一级学科专业4个，一级学科博士点3个，即农业资源与环境、生态学、环境科学与工程，另有大气科学一级学科硕士点，资源利用与植物保护、资源与环境2个专业学位硕士点。拥有农业资源与环境、生态学、环境科学与工程3个博士后流动站。其中，农业资源与环境学科为国家“双一流”重点建设学科，生态学为北京市重点学科。

编制完成学院“十四五”发展规划和“农业资源与环境”一流学科建设方案，构建了以“一流”学科为引领的“1＋3”学科群。

“农业绿色发展科学与工程”一级交叉学科点通过学校自主审核。“农业绿色发展”北京高校高精尖学科顺利通过北京市年度审核。农业资源与环境、生态学、环境科学与工程、大气科学 4 个一级学科完成第五轮学科评估工作。

10 月 9 日，科技部下发了《科技部关于批准建设甘肃甘南草原生态系统等 69 个国家野外科学观测研究站的通知》(国科发基〔2021〕295 号)，中国工程院院士张福锁教授负责的“河北曲周农业绿色发展野外科学观测研究站”入选。

（王雪娟）

【师资队伍】

学院共有教职工 135 人，其中，专任教师 117 人，正高职称 52 人、副高职称 64 人；博士生导师 91 人、硕士生导师 13 人；中国工程院院士 1 人。

师资队伍变动，引进各类人才 5 人，晋升正教授 3 人，副教授 2 人，博士后研究人员在站 63 人，进站 27 人、出站 4 人。

成立学院教学指导委员会，设立并评选十大院级教育教学奖；成立学院教师发展分中心，举办 5 期分享交流活动；成立研究生教育督导组。

（王雪娟）

【本科教育教学】

在校本科生 549 人，招收 150 人，分为 5 个自然班，毕业生 107 人，其中资源环境科学专业 27 人，环境工程专业 33 人，应用气象学专业 16 人，生态学专业 31 人。33 人获免试攻读硕士学位研究生资格，推免率为 25.78%。

全年开设本科课程 96 门，春季学期 108 人次、秋季学期 102 人次教师参与本科教学。小学期安排实习课程 11 门。实验教学中心服务于资源与环境学院和土地科学与技术学院，共计承担 40 余门实验课，开设 280 个实验，近 5 万人学时；支持本科生大创、URP 项目 15 项。

继续实行本科生 URP 全员参与，校级 URP 共立项 120 项，资助经费 9.94 万元；获批大学生创新项目 19 项，其中国家级创新项目 5 项，北京市级创新项目 14 项，获批经费共计 17.3 万元。

校级一流本科课程(金课)建设项目获批 3 项，分别为“农业、环境与人类健康”“植物营养学”“基础生态学”“植物营养学”获推申报第二批国家级一流本科课程线下项目；“资源利用与植物保护技术进展”课程获教育部课程思政示范课程；“农业、环境与人类健康”获推北京市一流本科课程资格及北京高校本科生课程思政示范课程。张福锁院士、张俊伶教授领衔的植物营养综合发展教研室获批校级虚拟教研室试点建设项目。环境工程、应用气象学和生态学三个专业获批国家级一流本科专业资格。

鼓励一线教师开展教学研究，2021 年度支持院级教育教学改革项目 16 项，全部被学校认定为 2021 年度“后立项”教改项目。

校级教学成果奖：学院获特等奖 1 项，一等奖和二等奖各 3 项；在首届中国农业大学“最美课堂”教师教学比赛中，张俊伶获二等奖；在第二届教师教学创新大赛中，张俊伶获正高组二等奖，丛汶峰获副高组三等奖；邵小明、宋瑞平两位老师分别获正高组和中级组优秀奖。

从汶峰、郭岩彬、胡琦、李思、龙步菊、芮玉奎、唐傲寒、汪杰、袁力行、张俊伶10位老师获得2021年度院级教育教学奖；乔玉辉、胡琦、张俊伶3位老师荣获2021年度学校优秀教师称号；由汪杰指导的2017级毕业生袁文医同学的毕业论文《不同浓度微塑料对土壤微生物群落结构的影响》被评为北京市优秀毕业论文。丁天宇、戴杰、袁文医、刘皓秋、刘媛媛5位学生的毕业论文被评为校级优秀论文。

学院成立教学指导委员会，负责对学院教育教学重大问题进行学术和政策研究，提出指导意见；成立教师发展中心分中心。

学院完成本科教育教学审核评估试点线上评估工作。开展学院本科教学档案材料整理和检查工作，包括试卷、论文、实验报告、人才培养方案、教学大纲、教学管理文件等。

（刘依）

【研究生教育教学】

在校研究生982人，其中博士生285人、硕士生697人，包含烟台专项硕士研究生89人；海南专项硕士研究生13人、博士生8人。招收研究生379人，其中博士生75人、硕士生296人、硕士留学生8人。

毕业研究生240人，其中博士生52人（含留学生），授予博士学位51人，硕士生188人（含留学生），授予硕士学位188人。

开设研究生课程114门，196人次教师参与研究生课程教学。成功申报校级混合课程6项、交叉课程2项、英文课程2项、课程思政项目2项、教改重点项目1项、教材项目2项、案例教学2项。

验收通过2019年专业学位研究生重点建设实践教育基地1项。通过中期检查的2020年教改项目和教材建设项目6项，继续支持的校级重点建设实践教育基地项目2项。

院级支持建设的研究生校外实践院级基地10项。进行了院级研究生校外实践基地建设进展总结评审，评审出优秀项目12项，并给予资金支持继续建设。

（张玲娥　李扬）

【科学研究】

国家自然科学基金申报数居全校第一，获批23项，其中重点项目2项，获批基金数全校第一，较去年增长116%。全年新增纵向项目52项，共计2 880.18万元；新增横向项目81项，共计4 294.13万元。

共发表论文263篇，发表数量居全校第三。其中SCI 185篇，EI 73篇，SSCI 5篇。影响因子＞10的20篇。

获省部级及以上奖励2项，宇振荣教授团队“农田景观生物多样性保护及生态景观建设关键技术与应用”和潘志华教授团队“北方农牧交错带气候智慧型旱地农业关键技术与应用”获农业农村部神农中华农业科技奖二等奖。

本年度获批专利31项，成功转化5项，共计798万元。郭岩彬副教授的“利用枯草芽孢杆菌生物合成纳米硒的方法及其应用”项目成功转化600万元，获批北京市商用化优秀项目。

创办“绿色发展大讲堂”和“交叉@资环”，搭建跨学院、跨学科学术交流平台，举办交流活动共 12 期。

（齐晓佳）

【社会服务】

获批建立 6 个教授工作站。

科技小院多个研究基地获得奖励，河北曲周获批国家野外科学观测研究站，有机循环研究院获苏州市产学研合作示范载体荣誉称号。

充分发挥智库作用，多项意见被有关部门采纳。

积极拓展对外资源，与多家集团公司签署合作协议，筹资 606 万。北京沃土天地生物科技股份有限公司，安徽易刚信息技术有限公司，北京华杨环保科技有限公司共 3 家校友企业与学院签订公益捐赠协议，捐赠总额 206 万元。通过设立“沃土基金”“易刚智慧农业基金”及“华杨奖学金”，助力学院学科发展及人才培养工作。

学院与黑龙江省佳木斯市，山西省长治市屯留区，河北省保定市涞源县地方政府分别签订院地合作协议，通过合作开展农业绿色生产、科技成果转化等，为地方政府实现农业生产转型和乡村振兴贡献力量。

（齐晓佳　张智烨）

【合作交流】

在校留学生 27 人，招生 8 人。本年度线上邀请短期来访 20 人次，出国交流教师 1 人次；派出联合培养学生 13 名，举办线上国际会议 1 次。顺利完成中德“玉米磷项目”项目 I 期合作；与荷兰瓦赫宁根大学合作开设国际化英文课程、举办中瑞合作暑期学校，构建国际化视角下的教学模式，其共同研究成果“全球农作物间套作种植模式的增产效应”入选 2021 中国农业科学十大重大进展。

学院不断加强与国内高水平大学、研究机构的合作交流。全年学院共主办 38 场次报告，邀请国内知名专家学者教授对最前沿的科技进行交流，参与 3 800 人次。

（齐晓佳）

【学生工作】

本科毕业生 107 人，就业率 96.26%；硕士生毕业生 187 人，就业率 94.12%；博士生毕业生 47 人，就业率 97.87%。学院就业指导工作及就业故事得到学校专题系列报道。学院本科生 551 人，共 228 人次获奖学金，总额为 60.45 万元；研究生 411 人次获奖学金，总额为 175.4 万，其中共计 64 人次获院奖学金，金额为 21.7 万。学院首次设立“华杨奖学金”“沃土奖学金”“绿色发展奖学金”“有机循环奖学金”，共奖励硕士生 56 人次、博士生 4 人次。学院 99 名经济困难本科生获国家助学金，总资助额 32.8 万元，21 名获社会助学金，总资助额 8.3 万元。

182 班获得首都大学、中职院校“‘先锋杯’优秀基层团组织”荣誉称号，杨梦乔获得“北京市三好学生”，陈宇翔获得“北京市级优秀学生干部”。徐志程获得学校“五四青年标兵”称号，北京市委统战部-中国农业大学科技小院获得“五四青年标兵集体”称号。4个班级获校级“优秀班级集体”。2个团支部获得校级“优秀团支部”，25名学生获得校级“优秀学生干部”称号，103名学生获得校级“三好学生”荣誉称号，13人获得校级“优秀团干部”称号，31人获得校级“优秀团员”称号。

“心语涟漪”二级心理辅导站被评为示范辅导站。学院团委年度考核优秀。学院在学校“兴农杯”创新创业大赛中喜获4个一等奖、5个二等奖、5个三等奖，“‘中非小院＋’模式助力非洲青年，推动农业产业发展”获得第七届“互联网＋”全国大学生创新创业大赛(北京市赛)二等奖。

围绕中心，服务大局，全力以赴做好中国共产党成立100周年庆祝活动各项服务保障工作，和2022年北京冬奥会和冬残奥会志愿者选拔、储备、培训、管理、保障、激励等工作。共计40余名师生参与建党100周年纪念活动，2名学生参与冬奥会测试赛志愿服务，10名师生参与冬奥会志愿服务，另有7名师生参与冬奥会城市志愿活动。

（于秋洁）

【党建工作】

学院党委共有党支部30个，其中教工支部8个(含曲周实验站教工党支部)，博士生支部7个，硕士生支部11个，本科生支部4个。中共党员786名，其中教职工党员144名(含博士后45名)，本科生党员102名，硕士生党员290名，博士生党员170名，离退休党员11名，组织关系暂存党员69名。

发展党员208名，其中本科生60名，研究生146名，教职工2名。85名预备党员按期转正。开设学院二级党校入党积极分子、发展对象、预备党员培训班7个班次，培训学员3 400人次，党员骨干110余名。

召开中共中国农业大学资源与环境学院委员会第四次党员代表大会，选举新一届党委委员9名。3个党支部按期换届，30名党支部书记进行述职评议考核。

4门课程获评“双融合、双促进”课程思政建设精品项目。崔振岭、潘志华、郭岩彬、苗琪、杨垸钦、高纹曾等6人获校级“优秀共产党员”，翁雨晴获校级“优秀党务工作者”，曲周实验站教工党支部获校级“先进党组织”；翁雨晴获校级“十佳新闻宣传员”。

学院党委开展“知史爱党，逐梦前行”党史学习教育。学院党委“‘访红迹，再忆峥嵘岁月’——中国农业大学资源与环境学院庆祝中国共产党成立100周年党史学习教育纪实”获得“2021年度中国农业大学新闻宣传工作创新案例——展示案例”，并入选全国高校思想政治工作网“百年珍贵记忆——全国高校庆祝中国共产党成立100周年原创精品档案”。“坚持立学立行立功，树立绿色教育风尚”教师思想政治工作案例，获评学校教师思想政治工作实效奖。“涉农高校学生党建工作与美育融合发展研究”获得2021年度北京高校思想政治工作研究课题立项。

（翁雨晴）

【文化建设】

张福锁院士做客CCTV2《中国经济大讲堂》，推动肥料施用与植物营养知识传播。组织开展实践培训、粮食安全宣传、硕士生驻村锻炼等一系列曲周精神教育活动。学院开展整理编写学科史工作，召开离退休 50 年党龄老党员座谈会。

成立二十四节气工作室，组织“中国农业大学第一届二十四节气传统文化设计大赛”，获批农业农村部“二十四节气保护传承研究课题”，指导本科生获北京高校大学生创新创业训练校际合作计划项目；开发设计一套二十四节气农耕图谱。

启动校友论坛，运营学院官方微信公众号，推出“校友风采”栏目。

（林孟君）

【工会工作】

学院分工会每个学期初召开例行会议。学院分工会保持关注并及时关心教职工的身体锻炼，组织了日常的羽毛球、篮球、乒乓球、气排球、瑜伽、健步走等活动，同时积极开展线上活动，如适合居家自由锻炼的活动跳绳、踢毽子、仰卧起坐等，还组织晒厨艺、读书等趣味“益心益智”活动。坚持全年关注教职工的婚、育、嫁、娶、孩子上学等问题，对有需要的教职工进行及时慰问。本学年组织教职工参加校工会、校研究生院和校羽毛球学会分别组织的团体赛、师生联谊赛和个人赛，还组织教职工参加乒乓球赛、气排球赛等。组织教职工参加学校教职工体检等。

学院分工会荣获“中国农业大学 2021 年度分工会品牌项目奖”。王雯获“中国农业大学职工之友”荣誉称号，于福同获“中国农业大学优秀工会干部”和“协会先进个人”称号，许艇、李辕和李扬阳荣获“中国农业大学工会先进个人”称号。

（于福同）

动物科学技术学院

【学院概况】

动物科学技术学院共 5 个系：动物遗传育种系、动物营养与饲料科学系、智能养殖与环境科学系、动物繁殖与发育科学系、伴侣动物科学系。

国家级重点实验室 2 个：动物营养学国家重点实验室和畜禽育种国家工程实验室。国家级研究中心 1 个：国家饲料工程技术研究中心。部级重点开放实验室 4 个：农业农村部动物遗传育种与繁殖（家畜）重点实验室、农业农村部饲料安全与生物学效价重点实验室、北京市生物饲料添加剂重点实验室和北京市畜禽遗传改良重点实验室。部级研究中心 6 个：国家家禽测定中心、农业农村部饲料工业中心、农业农村部饲料效价与安全监督检验测试中心（北京）、农业农村部家禽品质监督检验测试中心（北京）、农业农村部饲料质量安全监督检验中心、北京市生鲜乳质量安全工程技术研究中心。国家农业产业技术研发中心 4 个：国家蛋鸡产业技术研发中心、国家奶牛产业技术研发中心、国家肉牛产业技术研发中心、国家兔产业技术研发中心。国家级产业技术联盟 1 个。拥有实验与实践教学中心 1 个，农科教合作人才培养基地 3 个。本科生实习基地 39 个，研究生实习基地 23 个。还有 1 个国家一级学（协）会秘书处（中国马业协会），7 个二级学会秘书处（世界家禽学会中国分会、动物遗传育种学分会、动物数量遗传学会、动物营养学分会、养牛学分会、养猪学分会、动物繁殖学分会)挂靠本院。

（金晓露）

【学科与专业建设】

学院有畜牧学国家一级重点学科，其下的二级学科动物遗传育种与繁殖、动物营养与饲料科学是国内本专业领域第一批设有博士点的国家重点学科。学院开设1个本科专业(动物科学)，具有3个硕士、博士学位授权点(动物遗传育种与繁殖、动物营养与饲料科学、畜牧生物工程)和1个专业学位授权点(畜牧学)，还有1个畜牧学博士后流动站。

畜牧学入选第二轮“双一流”建设学科，动物科学专业入选国家首批一流本科专业建设计划。

（金晓露）

【师资队伍】

学院共有教职工137人，其中专任教师107人，正高级49人、副高级53人；博士生导师62人、硕士生导师98人；中国科学院院士1人、工程院院士2人、享受政府特殊津贴专家5人。

师资队伍变动情况，引进人才8人，退休1人；晋升正教授4人、副教授3人；博士后研究人员在站41人，进站21人，出站10人。

（张地方　屈云晨）

【本科教育教学】

在校本科生451人，招生145人，毕业96人。

学院成立教师发展中心分中心，设立工作小组，聘任培训专家。整体统筹，制定系列培训计划。注重教师教学能力提升，落实立德树人根本任务。学院共8名青年教师先后获得教师教学研修结业证书；成功举办3期“为党育人”课程思政大讲堂；组织开展“最美课程思政示范课”比赛。

入选学校课程思政示范学院，全面践行“课程即思政”理念。制定课程思政计划书22门，完成典型案例材料6份，初步完成课程思政素材库建设。王书敏获北京高校第十二届青年教师教学基本功比赛工科类二等奖及“最佳教案奖”；王书敏、俞英获首届校级“最美课堂”教师教学比赛二等奖、三等奖；俞英获首届校级教师教学创新大赛正高组三等奖。

开展“动物生产学”MOOC建设，完成2项虚拟仿真项目。3门课程入选2021年学校“大国三农”一流本科课程(金课)建设名单，“动物遗传学”入选北京高校本科生课程思政示范课程、教学名师和团队学校推荐名单。1项获校级教学成果特等奖，1项获全国动物遗传育种学术讨论会教学成果奖。

共招生“强基计划”学生25人，新聘任强基计划学业导师9位。

2020年院级教改共结题15项，2021年院级教改新立项10项。结题国家级创新创业项目3项，结题北京市级创新创业项目10项，结题校级URP项目52项。

（王朝霞）

【研究生教育教学】

研究生在校 706 人，其中博士生 296 人，硕士生 410 人。招生 273 人，其中博士生 73 人，硕士生 200 人。毕业研究生 139 人，其中博士生 73 人，授予博士学位 66 人，硕士生 68 人，授予硕士学位 63 人。

博士生课程全部实现了按一级学科的宽口径设置，硕士生课程在增设科研诚信与学术规范、科技文献检索与论文写作课程的基础上，设置了不同类型的选修课。聘任外教开设全英文课程 *Nutritional Biochemistry*、中英双语课程“营养与繁殖”。

获批校级课程思政教改项目 5 项、专业课程思政建设项目 1 项、研究生英文建设课程项目 1 项、混合课程建设项目 3 项、教改研究项目 1 项、省级教材建设项目 1 项、校级教材建设项目 1 项、研究生自主创新研究基金项目 5 项。在 2019 年立项、2021 年结题的研究生教改项目考核中，学院获评优秀项目 1 项（全校共 3 项）；在 2020 年立项、2021 年结题的课程思政项目考核中，学院获评优秀项目 1 项（全校共 3 项）；在第三期、第四期研究生混合教学课程建设项目验收中，学院获评优秀项目 2 项。

学院成立教学指导委员会和研究生教育督导工作组，参照评价指标，组织开展对于教学科研团队“教学组织”的指导和“教学质量”的评估。

（屈云晨）

【科学研究】

学院在研项目 780 余项（2021 年新增 200 余项），其中横向合作项目 410 余项（2021 年新增 130 余项），2021 年到院经费约 8 130 万元。新增“十四五”重点研发计划项目 3 项、参加项目并承担课题主持 2 项，青年科学家项目 1 项。新增国家自然科学基金各类项目共 23 项，其中国家杰出青年科学基金项目 1 项，重点项目 1 项，面上项目 10 项，青年科学基金项目 8 项，联合基金项目 1 项，国际（地区）合作与交流项目 1 项，其他项目 1 项。

2021 年，学院被国际科研期刊收录科研论文 286 篇。学院作为主报单位，获得国家技术发明奖二等奖 1 项，获得省部级一等奖 1 项。增补中国工程院农业学部院士 1 人。学院获批授权专利 62 项，其中授权发明专利 55 项，实用新型专利 7 项。完成专利转化的项目共 11 项，转让经费 560 万元。

（杨坤）

【社会服务】

2021 年，学院与新疆塔里木大学、西藏农牧学院开展对口支援工作，参与合作科研项目、学术专题讲座、培养研究生。连正兴教授和刘国世教授团队以科技小院形式服务内蒙古养羊业，作为科技服务典范被《焦点访谈》报道。

（杨坤　张浩）

【合作交流】

留学生在校生 8 人，招生 4 人，毕业 3 人。

动物科学技术学院与草业科技学院联合申报的科技部高等学校学科创新引智计划(简称“111 计划”)项目“草畜拔尖人才培养创新引智基地”获得批准并启动；获批建设 3 个“科创中国”“一带一路”国际农业科技创新院，即国际羊遗传与种质专业科技创新院、国际肉牛产业科技创新院和国际驴产业科技创新院。共邀请外籍专家 23 人次，开展线上学术交流研讨活动 19 场。

9 月 17 日，举办了“日粮组成与饲养体制对猪健康优质肉的影响与调控”学术会议，100 人参加会议。11 月 13 日，动物科学技术学院举办第七届“学科发展前沿暨青年学者论坛”，邀请华南农业大学、四川农业大学、华中农业大学、中国农业科学院北京畜牧兽医研究所 4 位畜牧学学科专家作了主题报告。2 人获得学院“青年英才培育计划”A 类计划资助，1 人获得 B 类计划资助。

（杨柳　杨坤　屈云晨）

【学生工作】

举办首届“卓越畜牧人才＋”创新大赛，成立爱校荣院文化奖学金，承办学校“学百年光辉党史 做强农兴农青年”青春学思会，推出“青立方”项目八期。

学院毕业去向落实率 96.23％，其中本科生 93.68％，硕士生 96.67％，博士生 100.00％。发放奖学金 280.3 万元，共有 674 人次获得奖学金，其中校级奖学金 207.1 万元，院级奖学金 73.2 万元；涉及本科生 236 人次，研究生 438 人次。发放国家助学金和社会助学金 25.3 万元，涉及 71 人次；发放其他各类资助共计 9.2 万元。

学院获评北京市德育工作先进集体。动科 191 班获评北京市先进班集体，动科 191 团支部获首都大学、中职院校“先锋杯”优秀基层团学组织称号；2 人获北京市三好学生，1 人获北京市优秀学生干部。2 支队伍分别获第七届中国国际“互联网＋”大学生创新创业大赛北京赛区一等奖、二等奖。“饲料博物馆志愿项目”获 2021 年首都志愿服务项目大赛银奖。“解忧杂货铺”获评首批中国农业大学示范心理辅导站。学院关工委获“中国农业大学关心下一代工作先进集体”荣誉称号。“领头羊培养创新实践团队”获校级“五四青年标兵集体”，贺腾飞获校级“五四青年标兵”。动科研究生会获校级“优秀研究生会”。

（杨威）

【党建工作】

学院有党员 695 人，其中教职工党员 125 人，研究生党员 466 人，本科生党员 93 人，其他因出国、退休等暂存组织关系 11 人；学院设党支部 18 个，其中教工党支部 5 个，研究生党支部 9 个，本科生党支部 4 个。全年共发展党员 124 人，其中本科生 52 人，研究生 70 人，教师 2 人；71 名预备党员转正；完成春秋季学期党校培训班 2 期。“七一”表彰院级先进基层党组织 3 个，优秀党务工作者 4 人，院级优秀党员 38 人。

召开党委会 19 次，党政联席会 16 次，理论中心组学习 15 次，芝兰社举行活动 1 期。开展理论学习大讲堂 6 期，举行青椒荟活动 2 期。配合学校完成先进校评选入校检查工作，筹备“全国党建工作标杆院系”、动物遗传育种与繁殖教职工党支部“双带头人”工作室验收工作，创建发布《标杆建设工作专刊》5 期，拍摄标杆院系建设专题片 1 部。

增补党委委员 3 人；举办 2 期“高质量党建工作论坛”，评选支部委员“年度优秀”6 人；支持院级党建课题立项 5 项。完善师德建设委员会机制，组织新教工签订承诺书。郑江霞、吴浩入选学院第二届“青年教师育人奖”。

做好党史学习教育和“学党史 办实事”工作，党支部开展党史学习教育活动 60 余项，开展办实事 15 件。

接受校内巡视(察)整改监督检查，反馈师生满意度 97%。落实学校巡视整改任务，梳理具体问题 17 项、整改措施 43 条，按时按质推进立行立改和深化整改。

学院获评校级先进党组织 2 个、优秀党员 6 人，优秀党务工作者 1 人，入选“十佳主题党日活动”1 项；获学校新闻宣传工作创新案例 1 项；获校级优秀关工委称号；入选学校课程思政示范学院，3 门课程入选“双融合、双促进”课程思政建设精品项目、1 门课程获评研工部课程思政项目优秀；学院获教师思政案例实效奖、创新奖。4 个师德故事获优秀奖、优秀组织奖；1 个团队获北京高校师生服务首都“双百行动计划”优秀示范项目；1 项短视频作品获教育部“2021 年新时代教师风采短视频征集活动”优胜奖。学院党委被评为“北京市先进基层党组织”。

(任珊珊)

【教代会与工会工作】

学院工会组织乒乓球俱乐部、合唱团、多彩动科摄影、爱绿行健走、趣味运动会、瑜伽俱乐部、台球比赛和羽毛球比赛等 10 余个项目活动。学院工会合唱团获学校建党 100 周年合唱比赛一等奖。

(张浩)

动物医学院

【学院概况】

学院设置 3 个系：基础兽医学系、预防兽医学系、临床兽医学系。拥有各类科研基地 29 个，包括农业农村部重点实验室 6 个、北京市重点实验室 1 个、教育部高等学校学科创新引智基地 1 个、其他省部级专业实验室和基地 12 个；校级 GCP 实验室 1 个，校级 GLP 实验室 1 个、实验动物平台 1 个，校级公共服务平台 3 个，校级研究中心 2 个，在建校级生物安全三级实验室 1 个。

(许建海　张欣)

【学科与专业建设】

学院开设 3 个本科专业：动物医学、中兽医学、兽医公共卫生学。具有一级专业学科 1 个，一级学科博士点 1 个，二级学位博士学位授权点 5 个，硕士学位授权点 5 个，专业学位博士授权点和硕士学位授权点各 1 个；博士后流动站 1 个。

学院现有国家重点一级学科 1 个，国家级一流专业建设点 1 个，北京市重点建设一流专业1个。

兽医学入围新一轮“双一流”建设学科，深入研讨首轮“双一流”建设成效评价结果，完成新一轮一流学科建设方案（2021—2025年）编制；组织完成第五轮学科评估数据填报、信息公示、质疑反馈等工作；完成全国专业学位水平评估工作；分别对兽医学博士学位授权点、兽医博士学位授权点、兽医硕士学位授权点进行评估、年度信息采集、数据整理、年度报告撰写等工作。

（王继凤　赵世云　张海燕）

【师资队伍】

学院教职工151人，其中专任教师114人，包括教授（含研究员等正高职称）49人、副教授（含副研究员等副高职称）50人，专任教师93%以上具有博士学位，平均年龄44.3岁。博士生导师64人、硕士生导师33人。具有中国工程院院士1人。

本年度引进各类人才9人，其中优秀人才4人，普通人才2人，实验师2人，行政管理岗（校聘A岗）1人；退休5人；博士后研究人员在站15人，进站5人、出站9人。

（王继凤）

【本科教育教学】

在校本科生537人，招生95人，其中港澳台学生5人；毕业92人（含港澳台）。2017级推荐免试研究生33人，保送比例达33%。

2021年开设本科生课程83门；完成国家级、北京市级大学生创新创业训练项目结题18项、URP计划结题34项；获评北京市本科生优秀毕业论文1篇，校级本科生优秀毕业论文4篇。

入选教育部课程思政示范课程、教学名师和团队1项，北京市高校课程思政示范课程、教学名师和团队2项，北京高校优秀本科育人团队1项。陈耀星获评首届全国教材建设先进个人，金艺鹏获评北京市高等学校青年教学名师，董玉兰荣获北京高校教书育人“最美课堂”一等奖、第十一届北京高校教师教学创新大赛三等奖，周雪影在北京高校第十二届青年教师教学基本功比赛中获得三等奖、最佳现场展示奖和最受学生欢迎奖。周磊获北京市本科生优秀毕业生论文（设计）优秀指导教师奖，周磊、杨汉春、刘天龙、陈耀星获得中国农业大学2021届本科生百篇优秀毕业生论文（设计）优秀指导教师奖。汪洋、张国中、周向梅、林珈好被评为中国农业大学“优秀教师”。

完成教育部动物医学类专业课程思政指南研制工作；获批教育部虚拟教研室试点建设项目1项、国家级产学合作协同育人项目1项、北京市高等教育本科教学改革创新项目1项，获批校级虚拟仿真实验教学项目2项、“双融合、双促进”教师党支部推动课程思政建设项目4项、“后立项”教改项目5项。建设“大国三农”课程3门、校级在线开放课程2门；教学成果获校级特等奖1项、一等奖1项、二等奖2项。在首届全国教材建设奖评选活动中，《兽医外科学（第5版）》获全国优秀教材（高等教育类）一等奖、《动物解剖学与组织胚胎学（第2版）》获评全国优秀教材（职业教育与继续教育类）一等奖、《动物免疫学（第3版）》获全国优秀教材（高等教育类）二等奖；出版北京高校优质本科教材3部。

继续加强北京市高等学校实验教学示范中心优化升级，动物医学标本馆于7月2日开馆，截至年底承担本科生实验超1 000人，接待中央第九巡视组、教育部党史学习教育巡回指导组等各类团体14次，开展学生科普活动5次，接待社会各界人士4 000余人次。

（王继凤）

【研究生教育教学】

在校研究生801人，其中全日制学术型硕士257人、博士257人；全日制专业学位硕士150人、博士101人；非全日制专业学位硕士17人、博士19人。招收各类研究生281人，其中，全日制学术型硕士97人（含3名留学生）、博士71人；全日制专业学位硕士77人（含1名港澳台）、非全日制专业学位硕士（双证）6人，博士30名。推免生招收79人，其中学术型48人、专业学位型31人；硕博连读研究生28人。毕业全日制研究生132人，其中博士生69人、硕士生63人，校级优秀毕业生31人，市级优秀毕业生6人；获得学位研究生166人，其中全日制研究生57人获农学博士学位、6人获农学硕士学位、1名同等学力研究生获农学博士学位、14人获兽医博士学位、54人获兽医硕士学位，9名非全日制研究生获兽医博士学位、25人获兽医硕士学位。校级优秀博士、硕士学位论文各1篇。

完成87门研究生课程教学工作。777人次通过培养环节考核。完成89名专业学位研究生实践教育。审核通过9个共建基地，完成18位校外实践基地专业学位指导教师的资格认定。申请全健康兽医公共卫生专项（海南专项）。选拔公派留学攻读博士学位2人、联合培养博士生5人。96名导师通过导师招生资格审核。获批研究生教育在研省部级教材项目4个、校级项目31个，研究生资助创新研究基金项5个。

创新院级导师培训，举办"导师执教技能实战比赛"。培养研究生学术交流和实践创新能力，举办第六届博士论坛、第二届科研数据记录大赛、首届研究生实践教育视频比赛。举办全国高校第七届夏令营（第二届云端夏令营），来自35所国内外大学的218名优秀本科生入营，86人签订拟录取协议。卓越临床兽医专项获校级专业学位研究生优秀专项。

（赵世云）

【科学研究】

2021年到校科研经费1.25亿元，较"十三五"期间年均到校科研经费增长18.25%。新立项各类科研项目共计233项（纵向50项，横向183项），合同总经费1.28亿元，其中横向合同总经费达纵向合同总经费的2倍，较"十三五"期间翻一番。获批国家自然科学基金项目24项、重大课题1项，集中申报期间获批率36.2%，基金经费总额达4 429.5万元，是"十三五"期间的3倍。获批"十四五"国家重点研发计划项目1项、课题2项、子课题1项，合同总经费逾6 000万元。发表SCI、EI及各类中文期刊论文总计290篇，其中SCI论文183篇（IF≥5.0共38篇）、EI论文2篇、中文期刊105篇。获批新兽药6项，授权专利47项，软件著作权1项，制定国家标准1项、地方标准2项、团体标准4项。转化科技成果2项。肖希龙教授主持的"食品动物新型专用药物的创制与应用"与杨汉春教授参与的"猪圆环病毒病的免疫预防关键技术研究与应用"分别获国家科学技术进步奖二等奖，另获省部级一等奖1项、省部级二等奖2项。获评2021年度校级代表性科研成果1项。

中国农业大学生物安全三级实验室通过CNAS认证；牵头申建的海南全健康（兽医公共卫生）研究中心建设项目获三亚崖洲湾科技城管理局批复；完成农业农村部畜牧兽医局开展的“十三五”兽医科技基础信息与研究进展状况专项调研；完成国家卫健委、教育部联合开展的医学科研诚信与作风学风建设学术论文发表专项自查；联合主办第三届国际兽医检测诊断大会，联合承办国际工程科技战略高端论坛“细菌耐药性形成及防控策略国际高端论坛暨第一届细菌耐药青年学术论坛”，承办农业“卡脖子”关键技术及突破途径中国工程科技论坛——动物疫病防控领域分论坛。

（张海燕）

【社会服务】

服务国家重大战略及行业需求，向党和国家提供10余份面向兽医公共卫生体系重大问题对策性研究或政策建议，包括“猪瘟流行趋势及防控建议”等；教师在国内外期刊任职58人次，担任国际学术组织职务6人次，担任国家级联盟/学会/协会/委员会秘书长以上职务26人次、分会秘书长以上职务31人次，担任省部级学会/协会/委员会秘书长以上职务9人次。

学院与大北农集团签署战略合作协议，拟在科研攻关、平台共建、人才培养以及产业政策等方面开展合作；与行业知名企业联合开展兽医行业人员技能提升项目。

（张海燕）

【合作交流】

在校留学生17人，2021年招生3人，毕业2人。

2021年度邀请国（境）外专家51人次；联合主办国际“全健康”学术交流活动，吸引了来自北美洲、亚洲、欧洲和大洋洲29所院校55位专家学者、80余名学生线上参与；联合主办第一届世界青年兽医大会，包含16大专题、70场讲座，2 000余名兽医及高校师生参加；主办教育部“中国-东盟兽药疫苗国际论坛”，东盟10个成员国和非澜湄成员国的兽药与疫苗行业的政府官员、专家及企业代表参会。

获批学校“世界顶尖涉农大学合作种子基金专项”4项。稳步推进与英国爱丁堡大学的本科生“2＋4”联合培养项目，选派第六批本科生赴爱丁堡大学学习，累计已派出11人次。

学院推进合作办学和校际合作协议签署，2月21日与美国北卡罗来纳州立大学达成合作共识；9月15日与香港城市大学赛马会动物医学及生命科学院签署学术合作备忘录；持续推进与美国Chi大学“卓越临床中兽医”项目。

（郭涛）

【学生工作】

本科生毕业88人，就业率96.59%，深造率70.45%；硕士研究生毕业63人，就业率98.41%；博士研究生毕业69人，就业率100%。6名毕业生被选聘为基层选调生。

学院累计发放各类本科生奖学金25项、总额71.65万元，共有173名同学、累计262人次获奖，奖学金覆盖面40%，累计发放各类研究生奖学金20余项、总额255.5万元，共有346名同学、累计425人次获奖，奖学金覆盖面70%。2021年全年经济困难生获得现金资助超过58万元，实现经济困难学生资助全覆盖。4名同学获学校崇德先锋奖学金、11名同学获文体优秀奖学金、3名同学获创新创业奖学金。

学院96名同学获评校级“三好学生”、29名同学获评校级“优秀团员”、15名同学获评校级“优秀共青团干部”、27名同学获评校级“优秀学生干部”，其中2名同学获评北京市“三好学生”，193班、202班获评校级“优秀班集体”，191团支部、201团支部获评校级“优秀团支部”。学院获学校“一二·九”文艺展演三等奖。于荷、卓越临床兽医专项分获学校“五四标兵个人”和“标兵集体”荣誉称号；获校“兴农杯”创新创业大赛一等奖1项，二等奖6项，三等奖1项；获校十佳创业团队1项，获2021年北京地区高校大学生优秀创业团队评选三等奖2项，获“挑战杯”首都大学生课外学术科技作品竞赛一等奖2项。在第六届中国国际“互联网+”大学生创新创业大赛中荣获国赛金奖1项，市赛中获一等奖1项、二等奖1项、三等奖2项。

选派40名师生参与庆祝建党100周年系列活动，分别担任广场活动、大学生方阵、文艺演出、志愿者工作；21名师生参与冬奥相关工作，其中赛会志愿者11人(1人任赛事服务主管)、城市志愿者7人、开闭幕式观众2人、学校冬奥工作专班1人。

本科生党支部带动团员学习的模式效果理想。动医本科17级党支部带动18、19、20级团支部共同开展以“医心向党 共创未来 ”为主题的学风建设指导，覆盖16个团支部、71个党员责任区，300余人。学院积极探索“红色1+1”“我是一面旗帜”主题党日与假期农校、暑期社会实践多元结合的实践模式，其中本科18级党支部联合本科19级党支部成功申报本科生党支部精品项目。

(潘伯阳)

【党建工作】

学院有党员648人，其中正式党员526人，教职工党员82人，学生党员566人；设置教职工党支部4个，研究生党支部12个，本科生党支部3个。2021年，确定入党积极分子143人，新发展党员111人(包含教职工1名)，转正50人。

学院党委落实决策部署，配合学校党委完成中央巡视、北京市党建和思政先进校检查工作。顺利完成学院党委换届工作。组织申报教育部第三轮“双创”工作。

严格执行党委委员会和党政联席会议事规则，以“一个体系五种方法”强化理论学习实效；党委牵头以系为单位，师生党支部联动，主题党日“一系一策”，形成“3-4-15”联动模式；“志愿服务疫苗接种 科普义诊办好实事”第四年百名党员进社区；举办8期党员先锋论坛和明德讲堂。党史学习教育中制作“聆听榜样故事　传承兽医精神”系列微党课视频播放量突破一万；“百名党员进社区”活动收录于学习强国和《人民日报》。

沈建忠获评北京市优秀共产党员，沈建忠、韩军、朱奎、吴伟鑫、杨昕坦、关雅琴获评中国农业大学优秀共产党员，汪洋获评校级优秀党务工作者，本科生2016级党支部获得校级先进基层党组织。本年度学院官网推送新闻279篇，拍摄学院党委宣传片1个(高质量党建引领高质量发展)。入选校教职工"十佳主题党日活动"1项;入选校级双百行动计划项目4个;获校级教师思政工作优秀案例1项,师德故事优秀奖3个。

(邵丹)

【教代会与工会工作】

召开全院教职工代表大会,认真学习党的十九大及十九届二中、三中、四中、五中、六中全会精神以及习近平总书记系列重要讲话精神;列席党政联席会;制定《中国农业大学动物医学院教职工代表大会实施细则》和《动物医学院工会经费使用实施办法》。学院工会获评校工会宣传工作优秀奖;高铭宇同志被评为优秀教职工之友,1人获评学校优秀工会干部,3人获评工会活动积极分子。

学院工会开展了"百名党员进社区""百名兽医下马场""百人红歌庆党生"等庆祝建党100周年系列活动,组织青年教师学术沙龙、导师下午茶、大禹青年学者论坛、兽医大家谈、病例分享会、企业座谈会等20多期活动,以及登山、摄影、公园秋游、双升、羽毛球、乒乓球、跳绳、新教工元旦汇演等文体活动。学院工会关爱女教师;举办退休教师荣休会;多次慰问患重大疾病教职工和去世离退休教师家属。

(江海洋)

食品科学与营养工程学院

【学院概况】

食品科学与营养工程学院设置3个系:食品科学与工程系、食品质量与安全系、食品生物工程系。学院拥有14个研究机构/研究中心:国家果蔬加工工程技术研究中心、农业农村部农产品质量监督检验测试中心(北京)、农业农村部果蔬加工重点实验室、国家果蔬加工技术研发中心、农业农村部农产品贮藏保鲜质量安全风险评估实验室(北京)、植物源功能食品北京市重点实验室、食品质量与安全北京实验室、食品非热加工北京市重点实验室、植物蛋白与谷物加工北京市重点实验室、农业农村部葡萄酒加工重点实验室、农业农村部农业转基因生物安全评价(食用)重点实验室、中国轻工业食品生物工程重点实验室、中国轻工业健康饮品重点实验室、国家粮食产业(青稞深加工)技术创新中心。拥有2个国家级教学中心:食品科学与工程国家级实验教学示范中心、食品科学与工程国家级虚拟仿真实验教学中心。拥有1个省部级科普基地:全国农产品质量安全与营养健康科普基地。

(周晓璇　马祎荻)

【学科与专业建设】

学院本科生按食品科学与工程类招生,入校后第一年、第二年实行统一的基础教学,从第三年开始,分成四个专业,即食品科学与工程、生物工程、食品质量与安全、葡萄与葡萄酒工程。招收食品科学专业、粮食油脂及植物蛋白工程专业、农产品加工及贮藏工程专业、食品生物技术专业、营养与食品安全专业、水产品加工及贮藏工程专业研究生；覆盖食品科学与工程1个学科；具有一级学科专业1个，一级学科博士点1个，博士学位授权点6个，硕士学位授权点6个及专业学位授权点2个；博士后流动站1个。食品质量与安全专业通过美国食品科学技术学会(IFT)国际认证并且入选国家一流本科专业建设点；生物工程专业入选北京市一流本科专业建设点；食品营养与健康专业获教育部批准增设。

学院拥有“农产品加工及贮藏工程”国家级重点学科(二级学科)、“食品科学与工程”北京市重点学科(一级学科)和“食品科学”国家重点(培育)学科(二级学科)。

(尹淑涛　苗敬)

【师资队伍】

学院教职工154人，其中专任教师120人，包括教授(含研究员等正高职称)50人、副教授(含副研究员等副高职称)65人；博士生导师68人、硕士生导师112人；中国工程院院士1人，享受政府特殊津贴专家9人，北京市教学名师1人，北京市优秀教师1人。

本年度引进各类人才5人，退休3人，晋升教授3人，晋升研究员1人，晋升副教授3人。博士后研究人员在站24人，进站7人、出站6人。

(周晓璇　马祎荻)

【本科教育教学】

在校本科生916人，招生256人，毕业198人。

学院本科教育以创新能力培养为核心，全面推进一流专业建设与认证，形成了支撑食品类一流专业建设的“一体两翼三融合”教学体系，获得校级教学成果特等奖1项、一等奖2项、二等奖5项。

打造康奈尔合作办学项目，推进人才培养国际化。与康奈尔大学合作开办“食品科学与工程”“食品质量与安全”中外合作项目，在全国14个省市招收120名学生，本科生联合培养工作顺利开展。

加强教学团队和教学名师培养，廖小军教授领导的“果蔬加工教师团队”获得第二批“全国高校黄大年式教师团队”。汪立君副教授获第二届中国农业大学教师教学创新大赛一等奖。

推进新工科专业认证与专业建设。食品科学与工程专业于2021年1月取得专业认证资格，有效期6年，取得资格后立即开展核心课程的自我评价和持续改进工作。

通过举办和参加各级学科竞赛、创新创业和科研素质训练，推动学院科创平台建设，推进本科教育与科研、产业的交叉融合。学院获批8项国家级大学生创新项目，24项北京市级大学生创新项目，77项校级URP项目。共897名学生参与各类创新创业竞赛，获得159项各级别奖项：获得国家级A类竞赛(中国国际“互联网＋”大学生创新创业大赛)国家级铜奖3项；获得省部级A类竞赛奖项23项，其中获“挑战杯”首都大学生课外学术科技作品竞赛特等奖1项、一等奖1项，获中国国际“互联网＋”大学生创新创业大赛北京市赛二等奖1项，全国食品专业工程实践训练综合能力竞赛连续第3次获特等奖；获得校级竞赛奖项83项。

（殷丽君 周忻）

【研究生教育教学】

在校研究生982人，其中，博士生291人、硕士生691人。招生351人，其中，博士生74人、硕士生277人。毕业研究生232人，其中博士生64人，授予博士学位64人，硕士生168人，授予硕士学位168人。

学术型研究生培养，全过程、重质量，助力拔尖创新型人才培养。全面提升研究生科研素养，2021年与中国知网·知网研学深度合作开展“科研诚信与学术规范”课程深度改革。继续巩固开展博士研究生开题、论文进展报告同行专家评审，大幅增加了校外专家（占比70%）和国家级人才专家（占比30%）的占比。

依托两年烟台专项招生经验，初步建立烟台专项“3-6-1”培养机制，从培养质量、科研成果与企业结合度、实践成果3个方面建立评价指标，实施6项改革举措，形成1套质量保障体系，从而确保了烟台专项研究生的“安全感、幸福感、归属感”。中国农业大学兴化专项建立了专业学位研究生“二元一体四融合”的培养机制，形成了“应用型、集团化、多机制”的新型育人模式，实施了“一人一企一课题”的全过程实践方案。形成了“研究院宏观把控、教师常驻指导、基地深度参与、学生全过程实践”的四位一体的实习管理模式。2021年，经学校专家综合评审，食品学院烟台专项、兴化专项被评为“校级优秀专项”。

夯基础、促融合，为学科发展贡献力量。2021年，在“食品专业学位类别申报论证”工作基础上，上报国务院学位办《新设食品博士及硕士专业学位类别论证报告》；6月，受国务院学位办委托，依据论证会意见和建议进一步对“新设食品博士及硕士专业学位类别”开展论证工作。

2021年，“食品类研究生‘四模块五要素’育人体系的探索与实践”获中国农业大学教学成果特等奖；“‘校企联动·产教融通’专业硕士培养体系建设与实践探索”等三个项目分获中国农业大学教学成果一、二等奖。

（朱鸿亮 李文）

【科学研究】

2021年到账科研经费6 494万元，其中纵向经费3 624万元，横向经费2 870万元。新增纵向课题（主持和参加）45项，合同金额总计2 175万元。其中主持项目包括国家重点研发子课题1项；国家自然基金面上项目12项、青年项目6项。共签署横向技术服务、技术开发合同104项，合同经费总额4 103万元。

江正强教授团队获神农中华农业科技优秀创新团队奖，赵亮主持的“酪蛋白-多糖凝胶稳态化关键技术及在发酵乳中的应用”获神农中华农业科技一等奖，吴继红主持的“优质富硒农产品高效创制关键技术及产业化”获全国商业科技进步特等奖，张昊主持的“食品营养素及健康危害因子快速高灵敏检测关键技术与应用”获全国商业科技进步一等奖，赵亮主持的“优良益生双歧杆菌的开发及产业化”获全国商业科技进步一等奖，郭顺堂主持的“高生物利用率大豆肽-钙加工和稳态化关键技术应用”获中国食品工业协会科学技术一等奖。

发表 SCI 论文 398 篇、EI 论文 145 篇，授权专利 63 项，转化科技成果 7 项。

（尹淑涛　苏春元）

【社会服务】

面向食品产业重大需求，在果蔬加工、乳品加工等关键技术转化与应用方面取得进展。相关研究成果获国家科学技术进步奖二等奖 1 项，教育部高等学校科学研究优秀成果奖-技术发明一等奖 1 项，神农中华农业科技一等奖 1 项，中国商业联合会科学技术特等奖 1 项、一等奖 2 项，中国技术市场协会金桥奖 1 项。专利转化 7 件，到账经费 275 万元，单件专利转化金额有所突破。

“院—站—点”服务产业模式扎实有效，以产业研究院、教授工作站、横向课题合作点模式服务食品产业发展，助力脱贫攻坚和乡村振兴。2021 年，获批国家粮食和物资储备局技术创新中心 1 个，新建教授工作站 7 个，签署横向技术服务、技术开发、技术咨询合同 114 项，合同经费总额 4 428 万元，较 2020 年增长 13.8%。

发挥资源优势，服务国家重大活动和产业发展。与北京市冬奥组委合作，完成北京 2022 年冬奥会 600 余种菜品的营养素计算、过敏原标识、营养标签设计及中英文标识等工作，获得北京冬奥组委运动会服务部颁发的荣誉证书；制定报批国家标准 1 项，发布农业行业标准 5 项、团体标准 1 项，参与国家标准制定发布 3 项。

面向人民健康需求，广泛开展营养与食品安全科普教育。开展“全国农产品质量安全与营养健康科普基地”建设工作；与华中农业大学、西北农林科技大学共同牵头组织 2021 年全国大学生“食品安全与营养中国行”活动。

（尹淑涛　苗敬）

【合作交流】

在校留学生 30 人，均为研究生。招生 9 人，毕业 1 人。

本年度学院申报校级外专项目，共获批 11 项，并依托此项目举办了“研究生国际视野拓展系列讲座”12 场。为巩固中泰农业食品科技合作研究中心建设成果，开展了中泰农业食品科技研究进展研讨会，中泰两国 10 位青年学者进行了学术交流。各项活动近乎覆盖学院全体研究生。

本年度，未来食品科技与产业创新型人才培养项目获批，顺利启动首批申请人遴选工作，共推荐 4 位硕士研究生赴美国康奈尔大学和荷兰瓦格宁根大学与研究中心攻读博士学位。依托国家建设高水平大学公派研究生项目，选派 5 名硕士研究生赴外攻读博士学位、4 名博士研究生赴外联合培养。

（朱鸿亮　何靖）

【学生工作】

2021 年，本科生奖学金总金额达 109.25 万元，共计 398 人次获奖；研究生奖学金总金额达 248.3 万元，共计 508 人次获奖；院校各类奖项共 31 项，总金额共计 357 55 万元，同比增长 1.63%。2021 年有本科生 72 人获得国家助学金，共计 25.55 万元；5 人获得社会助学金，共计2万元。研究生763人获得国家助学金，总金额615.22万元。

毕业生431人，总就业率为96.53%。其中，本科毕业生198人，就业率为94.97%；硕士毕业生167人，就业率为97.04%；博士毕业生64人，就业率为100%。

225人次获得中国农业大学“三好学生”“优秀学生干部”“优秀团员”“优秀共青团干部”等称号，1人获得校“五四青年标兵”称号。2人获得北京市“三好学生”称号，1人获得北京市“优秀学生干部”称号。100人获得校“优秀毕业生”称号，21人获得北京市“优秀毕业生”称号。65名青年师生参与庆祝中国共产党成立100周年系列重大活动，31名志愿者参与北京冬奥会相关志愿服务项目。在集体评优中，共有7个团支部获得中国农业大学优秀团支部称号，3个班级获得中国农业大学优秀班集体称号，食安182班获得北京市“先进班集体”称号。

学院团委举办第一届中国农业大学食品创新大赛。在科创活动中，获第七届中国国际“互联网+”大学生创新创业大赛国家级铜奖3项，北京市一等奖2项、二等奖1项、三等奖1项；第十一届“挑战杯”首都大学生课外学术科技作品竞赛主赛事一等奖1项、三等奖2项，“科技冬奥”专项赛特等奖1项、二等奖1项，“红色实践”专项赛三等奖1项；中国农业大学第二届“兴农杯”校级一等奖7项、二等奖2项、三等奖7项；全国大学生生命科学竞赛特等奖1项、一等奖2项、二等奖3项、三等奖6项；第三届全国食品专业工程实践训练综合能力竞赛总决赛特等奖；第十三届山东省大学生科技节科普类一等奖1项、三等奖1项；第四届全国大学生化工实验大赛华北赛区团体二等奖，实际操作单项二等奖，理论单项三等奖，化工仿真单元操作单项三等奖。

（张普光　杨婉若）

【党建工作】

2021年，学院党委持续加强党政领导班子建设，深入贯彻党的十九届六中全会精神，不断加强党风廉政和师德师风建设。迎接中央巡视，即时完成全部整改工作；全力参与北京市党建和思政先进校评选，迎接评审组进学院检查；开展党史学习教育，弘扬伟大建党精神；组织开展党史学习教育专题组织生活会，深入查摆问题并落实整改；学院党委书记、副书记带队赴延安开展“建党百年 薪火相传”主题党日活动；43名师生党员代表现场参与庆祝建党100周年大会。学院党委组织开展春季学期东校区党课培训班，全校12个学院共584名入党积极分子、226名发展对象完成党课培训并结业；深化“我为群众办实事”实践活动，建设“食苑驿站”空间，打造教师兼职辅导员队伍，召开第一届本科生论坛暨本科生国家奖学金评审答辩会，召开青年教师学术沙龙，提供学院会议室网络化预约服务。学院党委共发展党员210人，其中本科生122人、硕士研究生76人、博士研究生11人、教职工1人；1个“红色1+1”共建项目获评北京市奖项，食品营养与安全党支部被评选为校级优秀党组织，毛立科被评选为校级优秀党务工作者，程永强、杨婉若被评选为校级优秀共产党员，2名研究生、2名本科生被评选为校级优秀共产党员。

（张普光　黄德政）

【教代会与工会工作】

本年度，学院工会全部完成了年初申请的8项工会活动。开展了“秀出美丽春装我家健康美食”展示、春季趣味健身活动、师生羽毛球赛、六一亲子美食制作活动、新老教师教学经验座谈会、秋季趣味健身活动和冬季健步走活动等。承办校级项目 2 项，举办了健康讲座（东区）和青教沙龙。此外，学院还积极参与校工会的各项活动，包括教职工庆祝建党百年合唱活动、气排球赛、乒乓球赛、羽毛球赛、篮球赛等。学院工会组织妇女节暨青年教工交流活动、庆祝建党百年教师线上朗诵活动、乒乓球协会活动、羽毛球协会活动、公园年票办理、健康保险投保等。组织女工体检、全体教职工体检、慰问品发放、教代会提案收集、学院活动组织和信息传达等工作。重新装修建设教职工之家，新的场所整合教职工工会活动、青年教师学术沙龙、学生心理咨询站、学生创新创业基地等多项功能于一体。

范志红获评校级优秀工会干部，劳菲和袁长梅获校级工会先进个人。学院获得教职工庆祝建党百年合唱比赛特等奖，在校级气排球比赛中，前所未有地获得了第二名。

（范志红　杨婉若）

工　学　院

【学院概况】

工学院系 2002 年 8 月学校整合工学门类的部分骨干学科专业群，由原机械工程学院、车辆与交通工程学院和农业工程研究院三个单位共同组成，其发展历史源于 20 世纪 50 年代初期北京农业机械化学院创办的农业机械化专业和农业机械设计制造专业。

工学院下设农业工程、车辆工程、机械设计制造和机电工程 4 个系；教学科研办公用房总面积达 2.3 万平方米，设施设备齐全，条件先进。拥有新工科创新实践中心（含机械工程训练中心和“互联网＋”大学生创新创业中心），生物质能科学与技术国际联合研究中心等 15 个国家级和省部级科研基地以及国家级机械与农业工程实验教学示范中心和国家级机械与农业工程虚拟仿真实验教学中心。

（高茹英）

【学科与专业建设】

工学院学科建设涉及农业工程和机械工程 2 个一级学科。农业工程学科目前是该一级学科全国唯一的国家重点学科，2009 年和 2012 年在教育部组织的全国学科排名评估中均以较大优势位列第一，2017 年在教育部第四轮学科评估中获评 A＋等级。

学院开设农业工程、农业机械化及其自动化、农业智能装备工程、车辆工程、机械电子工程、机械设计制造及其自动化和工业设计 7 个本科专业；设有农业工程、农业机械化工程与装备、车辆工程、机械电子工程、机械设计及理论、机械制造及其自动化等 6 个博士点和硕士点，设有机械类专业学位授权点 1 个；设有农业工程和机械工程 2 个博士后流动站。

2021年，学院以车辆专业工程认证中期考核为试点，以机制专业申请工程认证为契机，出台学院本科专业人才培养持续改进等管理办法，成立车辆工程专业人才培养工作组，创立校企合作新机制，推进学院本科教学工作改革和实验室条件建设。农业机械化及其自动化、机械设计制造及其自动化专业获批国家级一流本科专业，机械电子工程专业获批北京市一流本科专业。"液压与气压传动"获批国家级课程思政示范课程以及"北京高校优质本科课程"，"机械制造工程学(第2版)"入选"北京高校优质本科教材"，"涉农机械类新型人才工程创新实践能力培养体系建设"获批2021年北京高等教育本科教学改革创新项目。启用全校涉农工程类专业的全景智慧教室，建设激光加工、3D打印、人机交互及虚拟仿真、数字化设计实践实验室。强化推进大学生科技创新能力提升，获省部级及以上奖励49项。成功举办2021年中国农业机器人大赛。获批承办2021年度北京市大学生工程实践能力与创新大赛。

学院成立研究生教育督导专家组，制定《工学院研究生教育督导工作管理办法(试行)》等一系列规章制度，加强研究生培养过程动态管理。智能农业装备专项建设获校级优秀。建立研究生院级实践基地4个，完成首批院级教改项目验收。成功立项院级课程思政建设项目5项，实现了核心课程思政建设全覆盖。

(刘冉)

【师资队伍】

学院在职教职工194人，其中专任教师137人，包括教授(含研究员等正高职称)47人、副教授(含副研究员等副高职称)76人、讲师14人；聘请国内兼职教授35人；研究生指导教师113人，其中具有博士研究生招生资格62人。

2021年，学院享受政府特殊津贴专家6人；获北京市青年教师教学基本功比赛一等奖1人；人才培育发展支持计划中期评估获评优秀团队2个，优秀个人1人。

晋升教授2人、副教授2人、高级实验师1人。新进教职工16人，退休教职工4人。博士后研究人员在站14人，进站8人，其中1人获批博士后国际交流计划引进项目；出站5人，退站1人；3位在站博士后成功调整为兴农青年学者岗。4人被评为中国农业大学"优秀教师"，2人被评为中国农业大学"优秀教育工作者"，26人年度考核优秀。

(朱子怡)

【本科教育教学】

在校本科生1 215人，招生357人，毕业236人。招生专业2个，共12个班级，其中农业工程大类专业招生115人、机械工程大类专业招生242人。2017级本科毕业236人，毕业设计(论文)成绩优秀43人，11人入选校级百篇优秀论文，3人获北京高校优秀本科毕业设计(论文)推荐。2018级毕业生总人数285人，获免试资格学生71人，占毕业人数的25%。其中，普通推免64人，依托学术专长推免4人、依托支教推免1人、行政保研2人。农业智能装备工程专业作为国内首次开设专业，2021年首次招生。

春季学期本科生课程194门次，停开0门次，参加工程实训457人次，涉及任课教师90人；夏季实践类校内课程40门次，参加工程实训56人；秋季学期本科生课程224门次，停开 13 门次，参加工程实训 598 人，任课教师 93 人。

完成机械设计制造及其自动化专业、工业设计专业、农业智能装备工程专业培养方案调整，经过学院学术委员会讨论通过，上报学校执行。新增 5 项学院本科教学规章制度，经过学院党政联席会审议通过后公布试行。配合学校完成教育部高等教育教学评估中心对中国农业大学的本科教育教学审核评估工作，组织全体师生学习评估报告。完成工学院大楼一层、二层教育教学展示宣传展板的设计与制作。与智慧树平台合作建设的全景智慧教室正式启用。

学院新增 2 个国家级一流专业建设点和 1 个北京市一流专业建设点；并组织申请 2 个国家级一流专业建设点和 1 个北京市一流专业建设点，均获学校推荐。组织申报中国农业大学教学成果奖，获特等奖 1 项、一等奖 3 项、二等奖 6 项。

学院组织申报首批国家级一流本科课程，“工程材料及成形技术”“机械制造工程学”获学校推荐。“液压与气压传动”入选教育部思政示范课程，授课教师全部入选课程思政教学名师和教学团队。组织申报北京高校“优质本科课程”与“优质本科教材”，“液压与气压传动”获得“北京高校优质本科课程”校级推荐，《机械制造工程学（第 2 版）》获得“北京高校优质本科教材”的校级推荐。组织申报学校“大国三农”一流本科课程（金课）建设项目，宋正河教授的“液压与气压传动”、徐杨教授的“工程材料与成形技术 A”获批。组织申报学校在线开放课程建设项目，谭彧教授的“控制工程基础”课程获批。谢斌副教授的《农业智能装备嵌入式系统开发基础》入选学校“大国三农”系列规划教材建设项目。

工学院青年教师在北京高校第十二届青年教师教学基本功比赛中取得历史性突破，陈建获工科类一等奖，谭彧、谭豫之荣获优秀指导教师奖；陈建还荣获“最佳教案奖”“最佳现场展示奖”“最受学生欢迎奖”“最佳教学反思奖”。

学院组织申报北京市教委 2021 年北京高等教育“本科教学改革创新项目”，宋正河教授申报的“涉农机械类新型人才工程创新实践能力培养体系建设”通过审批获得立项；组织申报教育部产学合作协同育人项目，共 18 项入选。组织申报教育部虚拟教研室建设项目遴选工作，宋正河教授申报的“农机装备虚拟仿真课程群虚拟教研室”获得校级立项。申请校级后立项教改项目 31 项，申报教改项目 5 项，其中 2 项一流专业建设项目、3 项一流课堂建设项目。

学院组织申报评选中国农业大学年度优秀教师，陈建、陈雨、刘彩玲、马少春四位老师入选。第一届中国农业大学教师教学创新大赛，徐扬教授获得正高组二等奖。第一届中国农业大学“最美课堂”教师教学比赛，刘彩玲、卢彩云、张俊雄三位教师获优秀奖。组织申报大北农国际交流奖学金，农业机械化及其自动化专业吴冰获批。组织申报 2022 年国际交换生项目，农业机械化及其自动化专业吴冰和农业工程专业顾恒两位学生获批。

在大学生科技创新项目方面，2021 年完成 URP 立项 98 项，参与学生 363 人次；国创、北创立项 35 项，参与学生 105 人次；在学科竞赛方面，组织 100 余支参赛队伍，参与学生 400 余人次，获省部级及以上奖励 49 项。成功举办 2021 年中国农业机器人大赛，并筹办 2021 年度北京市大学生工程实践能力与创新大赛。

国家级实验教学示范中心建设。学院与北京正天恒业数控技术有限公司、北京太尔时代科技有限公司、北京众联亿诚科技有限公司和北京启维数字科技有限公司举行校企合作座谈会，推进校企合作事宜，向四家公司的负责人颁发了创新创业导师聘书并举行了校企合作基地揭牌仪式。通过校企合作机制，中心建设激光加工、3D 打印、人机交互及虚拟仿真、数字化设计等实践基地，企业投入设备 50 余台(套)，价值 300 余万元。完成本科教学实验室建设支持项目“数控技术创新实验平台建设”。学院积极开展中央高校改善基本办学条件专项建设，梳理并分析学院实验平台的短板，针对新工科/新农科对人才培养的需求，制定了智能测控实验平台建设、车辆智能化实验平台、新工科创新创业实践平台和机械制造及其自动化专业实验条件的建设规划，对提升实践教学质量，培养具有工程实践创新能力的应用型人才具有重要的保障作用。

国家级虚拟仿真实验教学中心建设。新增谷物机械化收获作业虚拟仿真实验及教学资源、液压传动虚拟仿真设计与性能实验模块、拖拉机/联合收割机整车动力学仿真等教学资源，信息化资源年度更新量超过 200 Mb，中心网址年度访问总量超过 1 500 人次。全年虚拟仿真资源总量超过 4 200 Mb，资源数量超过 175 项，持续完善了涵盖农业机械化生产、农机具原理、车辆底盘、发动机、机电测控、液压传动等专业内容的系列虚拟仿真实验教学资源。7 月，机械与农业工程国家级虚拟仿真实验教学中心联合国内涉农高校，成立农业工程类虚拟仿真实验工作委员会。中心积极与国内行业企业开展合作交流，积极探索学校与行业、企业协同培养人才的机制。通过与上海卓越睿新数码科技股份有限公司(智慧树)、中国一拖集团有限公司、国家农机装备创新中心、北京启维数字科技有限公司等行业龙头企业建立战略合作关系。

(魏青)

【研究生教育教学】

在校全日制研究生共 866 人，其中博士研究生 250 人，硕士研究生 616 人。

录取全日制研究生 312 人，其中普通博士研究生 58 人，普通硕士研究生 254 人，含全日制专业学位研究生 137 人，留学生 4 人。毕业研究生 188 人，其中博士生 62 人，授予博士学位 61 人；硕士生 126 人，授予硕士学位 127 人。1 篇学位论文被评为校级优秀学位论文。

学院共 353 人次获得研究生奖学金，总计 187.5 万元。其中学业奖学金 293 人，校长奖学金 2 人，国家奖学金 14 人，大北农励志奖学金 2 人，寻梦未来学习奖学金 6 人，安莉芳奖学金 1 人，上海三久奖学金 14 人，五征奖学金 10 人，思威博奖学金 10 人，未来农机工程师奖学金 1 人。

获批校级教改项目 2 项、教材项目 2 项，研究生综合能力提升学位＋项目 1 项，公共教学开放实验平台重点建设项目 1 项，案例教学课程建设项目 3 项，交叉课程建设项目 1 项，混合课程建设项目 1 项，课程思政建设项目 3 项。建立研究生院级实践基地 4 个。立项院级课程思政建设项目 5 项。

继续实施“国家建设高水平大学公派研究生项目”，录取联合培养博士 4 人、攻读博士学位研究生 3 人。

62 名教师通过博士生导师招生资格年度审核，其中，新增博导 2 人，副教授具有博士生招生资格 37 人；111 人通过硕士生导师招生资格年度审核，其中，新增硕导 4 人，讲师具有硕士生招生资格 11 人。

（郑志伟）

【科学研究】

2021 年，到账科研经费 3 755 万元，其中横向项目经费 2 029.6 万元，占比继续增大。新增国家自然科学基金项目 15 项，其中面上项目 11 项、青年项目 4 项，直接经费 695 万元，创历史新高。横向科技合作取得新突破，单个项目合同经费 200 万以上的有 4 项。参与并获国家科学技术进步奖二等奖 1 项，获省部级科研成果奖励 5 项（主报 1 项）。出版学术著作 5 部，参与完成国家标准 1 项，新增 1 位国际期刊主编，在国际国内重要一级学会/协会及其下设二级分支机构任主要职务的达 22 人次。

发表 SCI、EI 收录论文 409 篇，其中 SCI 论文 213 篇、EI 论文 196 篇；获授权国家专利 225 件，其中发明专利 117 件。

新增省部级科研平台 3 个、院级科研平台 2 个。现有国家级和省部级科研基地 15 个，其中国家级基地 4 个：生物质能科学与技术国际联合研究中心、拖拉机动力系统国家重点实验室（共建）、土壤植物机器系统技术国家重点实验室（共建）和农业生产机械装备国家工程研究中心（共建）。省部级基地 11 个：现代农业装备与设施教育部工程研究中心、农业农村部可再生能源清洁化利用技术重点实验室、农业农村部土壤-机器-植物系统技术重点实验室、农业农村部保护性耕作技术研究中心、农业农村部河北北部耕地保育科学观测实验站、国家农产品加工技术装备研发分中心、现代农业装备优化设计北京市重点实验室、全国名优特新农产品无损评价鉴定识别仪器设备技术北京中心、国家粮食和物资储备局国家粮食产业（减损干燥）技术创新中心、农业农村部保护性耕作农业装备重点实验室、农业农村部“科创中国”“一带一路”国际农业装备产业与智慧农业科技创新院。具有校级研究中心 10 个，院级研究中心 2 个。

实现科技成果转化 46 项，合同金额累计 540 万元。

（张敬芝）

【社会服务】

2021 年，学院积极服务国家“乡村振兴”“中国制造 2025”“黑土地保护”“农业绿色发展”等战略，完善学院科研与社会服务工作信息库，加大科技成果转化引导服务和激励奖励力度，促进科技成果转化应用。

继续支持教师依托横向科研合作对接产业，支持全国政协委员、民主党派教师等为国家发展建言献策，助力农业农村高质量发展。积极参与学校相关研究院（校区）、曲周国家农业绿色发展先行区、山东省乡村振兴等区域性经济社会发展建设。新增 7 个教授工作站，完善了以校外实验站和教授工作站、现代农业产业技术体系为主要平台的“两站一体系”社会服务体系。为乡村振兴重点帮扶县派出 5 位科技特派员：马少春副教授服务于甘肃通渭县，郑永军教授服务于甘肃礼县、重庆巫溪县和宁夏西吉县，苏道毕力格副教授服务于内蒙古科尔沁右翼中旗，徐春诚教授服务于青海共和县，尤泳副教授服务于青海杂多县和宁夏西吉县。与保定市区县开展农业科技合作，分别对接顺平县、涞源县、安国市和高阳县。扎实推进与石河子大学对口合作工作、与塔里木大学对口支援工作，深入推进“三区三州”等科技助力农业产业兴旺工作。

（张敬芝）

【合作交流】

2021年，学院持续推进与美国普渡大学开展的农业工程本科生“2＋2”联合培养项目，录取2人，出国1人。

获批学校外专统筹立项项目4项，其中世界顶尖涉农大学合作种子基金专项1项，“一带一路”学术交流项目3项。线上短期来访项目38项。

成功举办3场线上国际会议，分别为“2021年发展中国家可再生能源发展研讨会”“2021大循环：农业农村碳中和-沼气工程的贡献国际研讨会”“第十三届中日韩国际研究生学术研讨会”。

服务国家“一带一路”倡议，获批建设农业农村部“一带一路”国际农业装备产业与智慧农业科技创新院，继续承担“澜沧江-湄公河合作”专项工作，提升学院国际影响力。

（张敬芝）

【学生工作】

学院共有本科生班级45个，设班主任45名，辅导员12名。

学院经济困难本科生264人，占比21.7%。总体资助：发放助学金260人次，累计93.6万元；生源地贷款271人次，校园地贷款20人次；勤工助学220人，累计近24万元；冬衣补助7人次，累计0.35万元；返乡补助5人次，累计0.18万元；临时困难补助8人次，累计0.8万元；学费减免9人次，累计3.25万元。

2021年，本科生共有473人次获得学习优秀奖学金、国家奖学金、国家励志奖学金、优秀学生奖学金等单、专项奖学金以及社会工作奖学金、文化活动优秀奖学金，奖金总额123.75万元。

根据团中央和学校工作要求，学院完成共青团改革工作。举办5次学生组织共建学习交流会、3次团支书交流大会。召开中国农业大学工学院第十八届学代会，选举第十九届学生会轮值主席3人；召开第十三届研究生学代会，选举研究生会轮值主席3人。优化推优流程，分团委推荐优秀团员入党共计270人。

强化学生志愿服务意识，提高社会实践能力。学院志愿服务支队累计开展志愿服务项目3项，服务千余人，全力参与全国青少年高校科学营中国农业大学分营志愿者招募服务工作，参加庆祝中国共产党成立100周年大会志愿服务保障工作、2022北京冬奥会冬残奥会志愿服务，荣获第十五届“志愿农大”年度优秀志愿团体。联合农学院、信息与电气学院共同承办稼穑青年聚力首都乡村振兴“科技兴农”专项行动，学院8支队伍参与并获优秀实践成果、优秀个人、优秀团队等奖项。

发挥团支部、骨干引领作用，弘扬榜样精神。车辆191班 、车辆193班、机化191班、机械204班、农工201班、研究生机电2班荣获中国农业大学优秀班集体称号；机电191团支部、车辆191团支部、机械205团支部、农工8班团支部、励耘班团支部、新闻通讯社团支部荣获中国农业大学优秀团支部称号。推选中国农业大学“三好学生”本科生85人，研究生57人；推选中国农业大学“优秀团干部”本科生11人，研究生6人；获评中国农业大学“优秀团员”本科生25人，研究生17人；获评中国农业大学“优秀学生干部”本科生20人，研究生14人；崇德先锋、文体优秀奖学金获得者共计23人。刁金鹏、杨圣慧获北京市级“三好学生”，袁盼盼、励耘班临时团支部荣获2021中国农业大学“五四先进个人”及“五四先进集体”荣誉称号。工学院分团委组织师生代表参与校级“百年风雨路·青春心向党”一二·九文化活动展演，以“建工新时代”主题为全校师生奉上精彩演出，获最佳组织奖、表演一等奖。

继续实施第六期励耘班感恩教育项目，2021级学生共17人参加。依托学校学生心理素质教育中心启动二级心理工作站建设，进一步提升学院心理素质教育工作质量，年度开展团培12场，主题活动6场，完成2021级新生心理普查。

对接行业重点企事业单位，举办学院专场招聘会10余场，开展简历面试技巧等系列培训活动5场，进行一对一就业咨询和指导50余人次。建立完善就业信息台账，动态精准掌握每一名毕业生的情况，实现重点关注群体百分之百就业，2021届毕业生就业率为95.71％。

（穆鹤天）

【党建工作】

2021年，学院党委把扎实开展党史学习教育作为全年工作主线，以迎接北京市党建和思政工作先进校评选、接受中央巡视和落实整改为契机，不断加强党的全面领导。

一、“以学促行”，扎实开展党史学习教育

制定《工学院“党史学习教育”实施方案》，举办党史学习教育专题读书班3期，建立党委-支部-党员三级学习教育联动机制；开展了“建党百年　工迎华诞”系列主题活动，举办“两优一先”表彰大会暨新党员集中宣誓仪式，隆重庆祝中国共产党成立100周年；着眼于师生实际需求建立“我为师生办实事”台账清单，充分发挥农业工程和机械工程学科特质，分层分类指导师生党员发挥学科优势赴多地开展科技帮扶、提供技术支撑，切实为群众办实事做贡献解难题。

二、“以评促建”，不断提升基层党建工作质量

现有基层党支部29个，其中教职工党支部7个，本科生党支部4个，研究生党支部17个，励耘党支部(临时)1个；党员总数832人，其中教职工党员总数135人。学院党委不断健全党委集体领导、党政分工合作、协调运行的工作机制，形成督促、检查、协调、反馈的工作闭环，全年组织党委会18次、党委理论中心组学习18次、党政联席会议24次，制定修订规章制度20余项。深入开展“双融合、双促进”行动，入选校级课程思政项目5项。指导党支部“五举措”提升党员发展质量，本年度新发展大学生党员217名，发展教师党员2人，2名引进人才在建党节当天递交入党申请书。选树先进基层党组织、优秀共产党员和优秀党务工作者，王德成教授荣获“全国十佳最美农机教师”称号，研究生党员徐正航勇救落水母子被授予中国农业大学优秀共产党员称号。成立大学生党建研习社，打造“青年先锋”(“COE青锋”)大学生党建品牌。

三、“以巡促改”,持续加强党的全面领导

以接受中央巡视和落实整改为契机,切实做好巡视“后半篇文章”,持续加强党的全面领导。一是举一反三,积极落实巡视巡察问题整改,对照中央巡视反馈意见中六个方面的共性问题和个性问题,逐项制定27项整改任务。二是夯实“一岗双责”责任制,守好意识形态责任田,补齐对专业课和参考类教材选用指导和监督不够的漏洞;严格执行讲座、论坛、报告会等报批、审批制度,细化教职工入职政审流程,严格按照相关规定履行因私出国请假审批手续,加强师生涉外政策宣讲和防范意识形态渗透教育。三是强化纪律建设,落实全面从严治党主体责任,持续加大党风廉政宣传教育力度,全面推动从严治党向基层延伸。

(马婕)

【教代会与工会工作】

2021年,学院15人参加第四届教职工暨工会会员代表大会第五次会议;参加学校“教职工之家”评审,获评“模范教职工之家”;修订《工学院教职工福利费管理使用办法》;增购按摩椅、划船机、咖啡机等设施,持续改善“教职工之家”环境;积极组织教师参加北京高校第十二届青年教师教学基本功比赛;为全院教职工办理在职教职工重大疾病保险;组织发放生日蛋糕卡、节日福利品等;开展工会会员各类慰问活动16人次。

2021年度分工会拥有正式会员184名,6个工会小组,完成“体能提升”趣味健身和“文化传承”教工交流2个工会活动专项,其中“体能提升”趣味健身获校工会品牌项目奖;组织文体活动20余项,其中,组织成立“工之声”教工合唱团,在“奋斗百年路,永远跟党走”全校教职工合唱比赛中获一等奖;参加“建党100周年”系列教职工气排球、篮球、羽毛球和乒乓球等球类比赛;举办“薪火相传　共话初心”教职工茶话会,增强集体凝聚力与向心力;举办“魅力工学院”教职工子女暑期夏令营,通过“与机器人零距离接触”“了解3D打印的奥秘”“现场观察激光切割”“参与拖拉机拼插”等活动,让孩子们了解先进制造技术,通过设置专用暑期小学生活动区,帮助教职工解决子女假期无人看管的难题;举办以冰球体验活动为主题的“迎冬奥　庆元旦”师生联欢活动,积极响应“带动三亿人参与冰雪运动”的国家号召。

(刘贤)

信息与电气工程学院

【学院概况】

信息与电气工程学院起源于1955年筹建的农村电气化系和1958年开始招生的生物物理专业,围绕智慧农业国家战略需求,不断加强信息与电气工程相关学科建设。学院涵盖农业工程(农业电气化与自动化)、计算机科学与技术和电气工程3个学科。学院设5个系(电气工程系、电子工程系、计算机工程系、人工智能系、数据科学与工程系)、

1个计算机图学研究室和1个工程实践创新中心，以及校、院两级管理的中国农业大学计算中心。学院重点依托“双一流”A+学科农业工程，涵盖电气工程与自动化、信息工程与计算机两大学科群，在农业信息与电气工程、智慧农业、农村绿色能源等领域具有重要学术地位和影响力。目前，学院拥有9个省部级重点实验室、科研实践基地，4个校级研究中心及实验站。中国农业工程学会农业电气化与信息化分会、中国电机工程学会农电科教专委会、全国高等院校计算机基础教育研究会农林类专业委员会挂靠学院。

（林建涵）

【学科与专业建设】

学院拥有1个国家级重点学科（农业工程-农业电气化与自动化），2个博士学位点（计算机科学与技术、农业工程-农业电气化与自动化）、3个学术型硕士学位点（农业工程-农业电气化与自动化、电气工程和计算机科学与技术）、3个专业硕士学位点[能源动力-电气工程、电子信息（计算机技术）、新一代电子信息技术（含量子技术）、农业工程与信息技术]。目前开设7个本科专业（电子信息工程、通信工程、人工智能、电气工程及其自动化、计算机科学与技术、数据科学与大数据技术、自动化）。

学院围绕智慧农业发展，形成集计算机技术、大数据技术、人工智能技术、电气技术、生物和生命科学技术等于一体的综合学科体系，并已成为我国高等农业院校中具备完整的电气、电子以及信息工程学科基础的智慧农业高级专门人才培养和科学研究基地。

（许朝辉）

【师资队伍】

学院有教职工188人，其中，专任教师125人，包括正高级教师（含教授、研究员等）34人、副高级教师（含副教授、副研究员、高级工程师、高级实验师）91人；博士生导师50人（含外聘4人）、硕士生导师104人；工程院院士1人；北京市教学名师3人。

本年度师资队伍变动情况，引进各类人才14人，退休4人；晋升正教授2人，晋升教授2人；博士后研究人员在站6人，进站2人、出站2人。

（陈继威）

【本科教育教学】

2021年，学院共招收本科学生289人（9个班，含信息科学试验班50人），电子信息类、计算机类按照专业大类招生；在烟台校区招收数据科学与大数据技术二学位学生150人；招收数据科学与大数据技术辅修专业学生60人。2021届毕业生231人，其中226人获得学士学位；计算机科学与技术辅修专业毕业生25人，其中23人获得辅修学士学位；数据科学与大数据技术辅修专业毕业生63人，其中46人获得辅修学士学位；推荐免试研究生99名；11篇校级优秀毕业论文，3篇获得北京市级优秀论文。本科生申请北京市大学生创新训练计划27项，国家大学生创新训练计划9项，校级URP项目79项。2021年共开设本科生课程357门。

学院获校级教学成果奖11项，其中特等奖1项，一等奖4项，二等奖6项；人工智能专业4本教材及2本教辅类教材列入"大国三农"系列规划教材建设项目；校级及以上教改项目9项，院级教学研究与教学改革立项22项；3门课程列入"大国三农"一流本科课程（金课）建设项目。张漫获得2021年度"宝钢优秀教师"特等奖；陈一飞获得第八届（大北农）中国农业大学教学名师奖；在学校首届"最美课堂"教师教学比赛中，孙红获得二等奖，苏娟获得三等奖；在第二届中国农业大学教师教学创新大赛中，孙红获得正高组一等奖，苏娟获得副高组三等奖，王耀君获得中级（及以下）组二等奖。

（汪志南）

【研究生教育教学】

2021年，学院招收硕士研究生248人，其中，全日制专业学位研究生155人，烟台专项研究生80人，博士研究生43人。毕业博士研究生28人，授予博士学位27人；毕业硕士研究生226人，授予硕士学位221人，其中专业学位164人。316人次研究生获奖学金，48人获校级"三好学生"，12人获校级"优秀学生干部"，9人获北京市"优秀毕业生"，60人获中国农业大学"优秀毕业生"，7名研究生获得国家建设高水平大学公派研究生项目的资助。获得校级优秀硕士论文1篇，优秀博士论文1篇，建立校级研究生校外基地2个，院级研究生校外基地11个。

学院有博士生导师50人，其中外聘4人；硕士生导师104人，其中外聘导师1人。学院共开设研究生课程102门。

（许朝辉）

【科学研究】

2021年，学院在研科研项目276项，到校总经费5 115.718万元，其中纵向2 119.354 3万元，横向2 996.363 7万元。申报国家自然科学基金42项，获批6项，共计293万元。

收录学术论文352篇，其中SCI收录191篇（ESI前10%计46篇，ESI 10%～20%计58篇），EI收录177篇（卓越行动计划23篇），SSCI收录6篇。获得专利授权90项，其中发明专利82项，实用新型专利7项，外观设计1项。成果转化10项，转让金额总计336.2万元。

张领先教授获神农中华农业科技奖三等奖；王蕾博士后获人社部全国博士后创新创业总决赛银奖；唐巍教授获得中国石油和化学工业联合会科技奖励三等奖；叶林教授、夏越副教授获得2020年度新疆维吾尔自治区科技进步奖二等奖；石庆兰副教授获得农业节水科技奖三等奖；李道亮教授获得日内瓦国际发明展金奖一等奖及2021年度中国农业大学校级代表性科研成果与重大社会服务贡献奖。

（王晓红）

【社会服务】

2021年，学院对口支援塔里木大学，孙瑞志教授挂职塔里木大学信息工程学院副院长，协助完成信息工程学院本科专业人才培养方案的修订、成功申请电子信息类专业硕士点建设，联合举办学术论坛；对口支援海南大学，汪懋华院士、林建涵教授获批2021海南省院士创新平台；牵头组建“数字乡村建设创新联盟”，作为联盟的秘书处，负责筹备“数字乡村发展分论坛”、评选“乡村典型案例”和召开联盟工作会等工作；李道亮教授牵头编写《中国数字乡村发展报告》；并新增2个教授工作站，分别是重庆垫江教授工作站和黑龙江生德库村教授工作站；李想副教授的教授工作站研究成果“一体化数字农业体系示范应用”被评为院级代表性社会服务贡献成果。

（王晓红）

【合作交流】

学院为加强国际拔尖创新人才培养，已与美国、英国、日本、韩国、希腊、澳大利亚、荷兰、巴基斯坦等国家的十余所大学建立了友好合作关系，接收国际留学生，并与部分国外知名高校签署学生联合培养协议，拓展国际化的人才培养渠道。目前，留学生在籍3人，毕业2人。

学院十分重视对外交流与合作。2021年7月9～12日，举办第七届智慧农业创新发展国际研讨会（ICSAID 2021），本次大会主题为“智慧农业”，旨在进一步推动智慧农业创新发展，通过线上线下方式交流，共邀请来自英国、日本、韩国、美国等国家和地区的知名专家及国内200余名专家和学者参加了此次会议。大会收到论文149篇（中文116篇，英文33篇），经过52位专家（校外32人，校内20人）的审阅，65篇中文论文发表在《农业机械学报》（EI检索）2021年第52卷增刊上；31篇中文论文被推荐至《农业工程学报》（卓越行动计划、EI检索）编辑部；24篇英文论文被推荐至*International Journal of Agricultural and Biological Engineering*（SCI检索）编辑部。

学院与欧盟、美国、英国、韩国等地的科研单位开展了水产养殖、地空星感知、农机导航、食品安全等方面的合作，获批国家高端外国专家引进计划1项；获王宽诚教育基金项目1项；学校外专项目统筹立项共9项，其中世界顶尖涉农大学合作种子基金专项4项，“一带一路”学术交流项目5项。共邀请外籍专家12人次进行线上讲座，参加国际线上会议2人次，主办国际会议1次。

（史银雪）

【学生工作】

在校本科生1 335人，硕士研究生469人，博士研究生172人，班主任37名，专职辅导员9名，兼职辅导员38名。2021届毕业生478人，整体就业率97.70%。奖优助困工作中，949名本科生参加综合测评，共有507人次获得国家奖学金和国家励志奖学金、社会捐赠类奖学金、学校出资类奖学金，累计金额135.2万元。共有276人次获得“三好学生”“优秀学生干部”“优秀团干部”“优秀团员”等荣誉称号。198名经济困难学生申请国家助学金，资助金额70.05万元；31人获得社会助学金，资助金额13 200元；11名同学获得不同档次学费减免。评选出4个校级优秀班集体、6个校级优秀团支部、7名校级优秀班主任。

学院积极组织学生参加各类创新创业大赛，学生荣获第七届中国国际“互联网+”大学生创新创业大赛全国银奖1项，北京赛区复赛产业命题赛道二等奖1项、三等奖2项；

第十一届“挑战杯”首都大学生课外学术科技作品竞赛获全国三等奖1项、北京市一等奖1项。

（李寿涛）

【党建工作】

学院共召开党委会13次，党委理论学习中心组集体学习14次，举办教职工集中学习12次。学院现有党支部38个，其中教工党支部7个，研究生党支部22个，本科生党支部9个。共有党员664人，其中教工党员107人，占全院教职工总人数62.9%；学生党员531人，其中研究生党员357人，占全院研究生总人数46.6%，本科生党员174人，占全院本科生总人数13.7%。2021年新发展学生党员218人，其中研究生党员116人；76名预备党员按期转正；共有入党申请人317人，确定入党积极分子289人。2个支部分别获得北京高校“红色1+1”二等奖和优秀奖。

（杨梦妍）

【教代会与工会工作】

成功召开学院二级教代会；动员和组织会员申报提交教代会提案；在学校工会评比中蝉联校模范之家；组织申报二级分工会项目，获批6项，总金额27 555元，项目完成度100%。完成教职工大病保险购买、女工保险购买、年度体检、女工体检、“从教30周年”教师慰问、教职工福利发放及慰问等工作。开展青年沙龙12次。

（陈继威）

水利与土木工程学院

【学院概况】

水利与土木工程学院源于1958年成立的北京农业机械化学院农田水利化系。学院下设4个系：水利工程系、农业建筑与环境工程系、流体机械与流体工程系、土木工程系；拥有5个本科专业、1个国家级一流本科专业、1个北京市一流本科专业，1个国家级野外科学观测研究站，8个省部级重点实验室、工程中心及野外观测实验站。学院在作物高效用水理论与技术、节水灌溉技术与产品、农业水资源与水环境、水动力学与水力机械、动物健康养殖环境工程、设施园艺环境工程、城乡规划与建筑工程、废弃物处理与增值利用工程等领域形成了优势互补的研究方向。

（孙艳京）

【学科与专业建设】

学院设有农业水利工程、水利水电工程、能源与动力工程、农业建筑环境与能源工程和土木工程5个本科专业；水利工程、农业水土工程、农业生物环境与能源工程、土木工程4个学术型硕士学位授权点，土木水利类、能源动力类2个专业学位硕士授权点；水利工程、农业水土工程、农业生物环境与能源工程3个博士学位授权点，土木水利类专业学位博士授权点；水利工程、农业工程2个博士后流动站。学院建有农业工程（农业生物环境与能源工程、农业水土工程）、水利工程、土木工程学科，在教育部第四轮学科评估中，农业工程学科评估结果为A＋，水利工程学科评估结果为B＋，土木工程评估结果为C－。农业水利工程、水利水电工程通过全国工程教育专业认证并分别入选国家和北京市一流专业。

学院建设有甘肃武威绿洲农业高效用水国家野外科学观测研究站和中国农业水问题研究中心；牵头组建了农业农村部设施农业工程学科群，并拥有农业农村部设施农业工程重点实验室、农业节水与水资源教育部工程研究中心、水利部农业节水重点实验室（筹建）、北京市畜禽健康养殖环境工程技术研究中心、北京市供水管网系统安全与节能工程技术研究中心以及农业农村部、教育部、甘肃省农业高效用水观测研究站等一批省部级科研平台；建设了科技部温室设备国际科技合作基地、北京市畜禽健康养殖环境与福利国际科技合作基地、现代节水灌溉技术与设备国际科技合作基地、农业农村部沼气质量测试中心华北工作站等多个科研工作平台；在甘肃武威、北京通州、内蒙古巴彦淖尔等地建有多个校级科研教学基地，其中中国农业大学石羊河实验站获批国家农业科技创新与集成示范基地。

（武靓靓）

【师资队伍】

学院现有教职工140人，其中，专任教师111人，包括教授46人、副教授55人（副研究员1人）；博士生导师42人，硕士生导师94人；中国工程院院士1人。

2021年度，引进教师5人，退休教师1人；晋升正教授3人，副教授3人；博士后研究人员在站18人，进站11人，出站5人。

（武靓靓）

【本科教育教学】

在校本科生718人，毕业157人，其中授予工学学位155人，招生205人。

农业建筑环境与能源工程、能源与动力工程通过学校遴选申报国家一流专业，在烟台校区新设城乡规划专业。王福军主持的“工程导向、科教融合、思政铸魂”的水利装备创新人才培养模式构建与实践项目获得北京市高等教育教学成果二等奖。学院共获得学校教学成果奖特等奖1项、一等奖4项，二等奖3项。“设施农业工程工艺”课程入选北京市课程思政示范项目。3门课程入选“大国三农”一流本科课程（金课）建设项目名单。学院获批北京市高校青年教师创新教研工作室，获批国家产学合作协同育人项目4项。新增大北农教学名师1人。韩宇在第一届北京市高校教师创新教学创新大赛获得特等奖，在首届全国高校教师教学创新大赛中获得二等奖。

获批国家级大学生创新计划项目6项、北京市级17项，获得资助经费20.9万元；学校URP项目立项74项，经费7.4万元，本科生以第一作者发表SCI论文6篇。主办第二届华维杯全国大学生农业水利工程及相关专业创新设计大赛，全国42所院校的136

支队伍参赛，获得特等奖1项、一等奖1项以及优秀组织奖；主办第九届全国大学生农业建筑环境与能源工程相关专业创新创业竞赛，全国46所高校的190支队伍参赛，获得特等奖2项、二等奖1项、三等奖1项以及优秀组织奖。联合承办第二届“阶梯咨询杯”美丽乡村・土木工程技术与创意设计大赛，获得一等奖1项；参加第七届全国大学生水利创新设计大赛，获得特等奖1项、一等奖1项、二等奖1项以及优秀组织奖；参加第十四届“上海建工杯”全国大学生结构设计竞赛，获得国家级三等奖1项；参加北京市大学生建筑结构设计竞赛，获得一等奖1项。首次摘取美国景观设计师协会(ASLA)学生荣誉奖。学校推荐申报2021年国家级虚拟仿真实验教学一流课程“地下建筑工程施工教学虚拟仿真实验”，执行经费25万。

免试推荐2022届攻读研究生48人(含3名学术专长学生、2名支教团学生)，2021年7篇本科生毕业设计论文获校优秀毕业论文(设计)称号。

(丁涛　王雅丽)

【研究生教育教学】

学院在籍研究生808人，其中，博士生235人，硕士生573人。2021年招生249人，其中，博士生49人，硕士生200人。毕业研究生113人，其中，博士生30人，授予博士学位29人；硕士生83人，授予硕士学位82人。

学院共开设全日制研究生课程79门；获批4项教学改革项目，5项研究生课程建设项目，1项教材建设项目和1项研究生专业课程思政建设项目；完成了668人次博士生资格考试、开题报告、论文中期检查、教学实践、学术交流以及硕士生开题报告、实践教育等研究生培养环节的考核工作；烟台专项研究生培养与管理工作持续深入推进；依托野外基地培育“四融合”人才培养模式不断深化探索。

积极探索教学和培养新模式，促进研究生教育高质量发展。继续严格推行硕博士论文盲审制，开展研究生学位论文作假行为排查，严把论文质量关和答辩关。2021年有1篇博士研究生论文入选校级优秀学位论文。

整合全院专业学位培养力量，建立土木水利类专业学位博士审核标准和培养方案，获批专业学位博士点。完成学位授权点周期性合格评估年度报告和学位授权点基本信息表撰写和填报工作。完成硕士研究生统考初试科目命题改革工作，整合考试科目为“土木水利综合”。

(王宝芝)

【科学研究】

学院共获批国家级和省部级课题42项，其中，中国工程院战略研究项目3项、国家自然科学基金重点项目3项、国家科技创新2030-重大项目1项。立项横向课题55项，占年度立项经费的45%，创历史新高。牵头编制国家重点研发计划主要作物丰产增效科技创新工程重点专项指南，农业科技攻关农业节水专项。成功研制国内“首台套”大流量超轻便应急抢险污水泵系统。

坚持科研成果分类评价导向，推行代表作评价制度，评选6项学院代表性成果；主持获得省部级科技进步奖一等奖(含社会力量设立科学技术奖)5项、神农中华农业科技奖优秀创新团队奖1项;发表三类高质量论文202篇,其中国际重要期刊论文187篇。授权国家发明专利43项,转化国家发明专利9项。

正式获批甘肃武威绿洲农业高效用水国家野外科学观测研究站,获批筹建水利部农业节水重点实验室,实现了水利工程学科在国家级研究平台和省部级实验室"零"的突破。牵头申报的农业高效用水国家重点实验室已推荐至教育部,牵头的农业农村部绿色高效用水重点实验室已完成申报工作。北京市畜禽健康养殖环境工程技术研究中心"十三五"建设成果获评优秀。

(武靓靓)

【社会服务】

对接国家需求,开展重大咨询,制定发展战略。服务南水北调、乡村振兴等国家需求,牵头中国工程院"中国农业领域工程科技未来20年发展战略研究"等;科技对接甘肃、内蒙古、西藏、贵州等地方需求,形成多份中国工程院建议、行业发展报告和发展战略。

发挥学科和平台优势,助力乡村振兴和产业发展。多层次深入开展社会服务工作,科技服务200余家园区、基地、企业等,被《人民日报》、新华社、人民网等媒体广泛报道。常近时教授深耕贵州毕节试验区37年,建立毕节扶贫模式,出版系列扶贫专著;石羊河实验站申报全国科普基地,康绍忠院士组织"脚踏黄土地,沐浴石羊水——节水科普宣讲,促进乡村振兴"活动。

加强科研与人才对接,深入推进西部高校对口支援与合作。1人挂职石河子大学水利建筑工程学院副院长,与该学院联合申报南疆重点产业创新发展支撑计划项目2项,接收1名对口支援高校教师攻读博士学位。康绍忠院士、李云开院长等赴塔里木大学水建学院扎实推进对口支援工作。获批新疆生产建设兵团科技计划1项。

(武靓靓)

【合作交流】

学院在籍留学生5人,招生1人。16人获批CSC公派研究生项目(其中,联合培养博士生11人,攻读博士学位5人)。博士后交流学习1人。5人新获聘高水平国际期刊副主编。

邀请各类外籍专家线上交流59人次,参加外方主办的线上国际会议20人次。通过线上讲座讲学等新模式,推动国际交流合作。申报世界顶尖涉农大学合作种子基金专项6人次;国际化提升在线课程1人次;"一带一路"学术交流项目立项1人次;召开了"水-农业-环境""变化环境下食物-能源-水系统"国际研讨会;成功主办了2021年高附加值植物高效生产国际研讨会。

"农业绿色高效用水创新型人才联合培养项目"获批国家留学基金委创新型人才国际合作培养项目;"农业高效用水创新引智基地"("111计划")项目继续获得资助;中美、中智、中英、中欧等国际合作项目顺利推进。

(蔡羽羽)

【学生工作】

获得第38届全国部分地区大学生物理竞赛(农、林、医学专业组)二等奖1项,三等奖3项。获得中国农业大学兴农杯创新创业大赛二等奖2项,三等奖4项。1个团支部获北京市“先锋杯”优秀基层团组织称号,3个班级获中国农业大学“优秀班集体”称号,5个团支部获中国农业大学“优秀团支部”称号,1人获北京市“三好学生”称号。22人获得校级“优秀共青团干部”,29人获得校级“优秀共青团员”,43人获得“优秀学生干部”,96人获得校级“三好学生”;学院连续四年荣获“五四青年标兵集体”称号。分团委志愿者支队连续三年获评“优秀志愿团体”。2021年暑期社会实践同校团委承接“基层党建”专项,共承接社会实践队伍40余支,暑期社会实践中共有2支队伍获得暑期社会实践优秀团队三等奖,2支队伍获得暑期社会实践优秀成果奖,2人获得暑期社会实践优秀个人奖。

学院3人获评校级优秀心理委员。学院获新生运动会精神文明奖、校级新生足球赛亚军、女篮获校级赛亚军,并荣获“一二·九文艺展演”比赛二等奖。

全年共有264名本科生次获得各类奖学金80.2万元,319名研究生获得各类奖学金144.6万元。助困方面,共认定家庭经济困难学生186人,全年各类资助390余人次,总金额为18.932 5万元。

本科生就业率95.54%,硕士研究生就业率98.91%,博士研究生就业率100%。

(王胜男)

【党建工作】

大学生入党190人,其中少数民族15人,预备期满转正76人。开办5期学院党课,其中入党积极分子培训班1次,发展对象培训班2次,预备党员培训班1次和党支部书记培训班1次。共培养入党积极分子215名,培养发展对象190名。

学院党委深入落实中央巡视整改要求,以立德树人为根本,全面推进党的政治建设、思想建设、组织建设、作风建设、纪律建设,落实意识形态工作责任制,强化师德师风建设,全面从严治党。全国党建“标杆院系”通过北京市评审并推荐教育部评审;2个全国样板党支部培育取得新成效,水利系教工党支部顺利完成验收。学院关工委荣获中国农业大学关心下一代工作先进集体。

积极配合教师工作部参与教育部组织的教师风采短视频征集活动,其中《浇灌绿色的希望——中国农业大学康绍忠院士》教师风采视频从1 500个视频中入围教育部在第37个教师节献礼中国共产党成立100周年的100个微视频;学院师德案例获评“守初心 担使命 严师德 铸师魂”教师思想政治工作实效奖。

开展“课程思政”示范学院建设,构建“学院—教师党支部—课堂”思政建设共同体,打造“一体、两翼、多羽”的课程思政新模式。认真组织“双融合、双促进”教师党支部推动课程思政工作,配合党委组织部、本科生院、研究生院等部门,进一步提升教师党员将党建与业务深度融合的意识和能力。作为课程思政示范学院共推荐上报精品项目31项,获批立项22项,其中4项被列为学校精品项目。

围绕为党育人、为国育才,学院党委委员和党员教师模范发挥“三全育人”作用,2018—2021年连续四年深入推进“双班主任”支部,2019—2021年连续三年开展“党员教师担任本科生指导员”制度，同时学院始终保持争先创优态势。水利与土木工程学院党委获2021年度中国农业大学二级党组织书记抓基层党建工作考核表彰，水利与土木工程学院获学院（部）行政工作考核表彰单位。

（边明慧）

【教代会与工会工作】

学院组织教工参加学校教代会，就学校工作积极提出提案和意见与建议。组织学院教师教学创新大赛暨第二届中国农业大学教师教学创新大赛选拔赛；积极组织参加学校组织的气排球、篮球、羽毛球等体育比赛；自主开展学院教职工乒乓球比赛和读书活动，组织教职工观看电影并为教工办理北京公园游览年票；组织离退休教师交流座谈会和年度退休离岗与新入职教师座谈会；慰问退休老领导、老教师，慰问因病住院、有生活困难的职工，为结婚和生育青年教工送上慰问金。

（王胜男）

理 学 院

【学院概况】

理学院设置5个系：应用数学系、应用物理系、应用力学系、化学系和应用化学系，拥有北京市实验教学示范中心（化学）、农业农村部农产品质量检验测试中心（北京）。

（秦力）

【学科与专业建设】

理学院设有农药学、化学博士后流动站；农药学、农产品安全、化学3个博士点；数学、化学、力学3个一级学科硕士点；农药学、农产品安全、生物物理3个二级学科硕士点；资源利用与植物保护专业学位硕士点；化学、应用化学、数学与应用数学、工程力学4个本科专业。

理学院拥有农药学国家重点学科（首批国家“双一流”“985工程”“211工程”重点建设学科），国家理科基础科学研究和教学人才培养基地化学专业点（国家化学理科基地），国家一流本科专业建设点2个、北京市一流本科专业建设点1个。

教育部特色专业、北京市特色专业、化学学科进入ESI前1%。

（秦力）

【师资队伍】

理学院共有教职工180人，其中，专任教师150人，包括教授55人、副教授78人。学院有博士生导师39人，硕士生导师83人。

理学院目前有教授工作站4个，教授小院2个，其中2021年新增教授工作站2个，教授小院1个。

2021年，何雄奎受聘担任中国农业大学（平谷）农业无人机系统研究院院长，王鹏获“宝钢教育基金优秀教师奖”称号。

2021年，晋升教授3人、副教授2人，高级实验师1人；引进各类人才11人；退休3人；调出3人。获批延迟退休1人。博士后研究人员在站9人，进站5人，出站2人。

（孙薇）

【本科教育教学】

2021年，理学院承担学校和学院各类本科课程545门次，150位教师承担相应教学任务，涉及学生6 000余人，全年共完成本科生教学工作量89 685标准学时。

组织指导全校各专业学生1 000余人参加国际国内各类学科竞赛，基本情况如下。

1. 大学物理类竞赛

（1）全国大学生物理实验（创新）竞赛：获一等奖2项、二等奖1项、三等奖1项、优秀奖2项。

（2）北京市大学生物理实验竞赛：获一等奖1项、二等奖2项、三等奖2项。

（3）全国部分地区物理理论竞赛：共获奖励59项，一等奖10项、二等奖19项、三等奖30项。

2. 数学类竞赛

（1）全国数学建模竞赛：获一等奖1项、二等奖3项。

（2）北京市建模竞赛：获一等奖16项、二等奖9项。

（3）美国数学建模竞赛：获一等奖9项、二等奖6项、三等奖28项。

（4）全国高等数学竞赛（数学类）：获二等奖1项、三等奖15项。

（5）全国高等数学竞赛（非数学类）：获一等奖20项、二等奖35项、三等奖121项。

（6）北京市高等数学竞赛（数学类）：获一等奖4项、二等奖8项、三等奖9项。

（7）北京市高等数学竞赛（理工A类）：获一等奖30项、二等奖39项、三等奖75项。

（8）北京市高等数学竞赛（经管类）：获一等奖17项、二等奖20项、三等奖33项。

2021年，理学院获批国家级大学生创新项目立项7项，北京市大学生创新项目立项24项，URP项目立项121项。

2021年，理学院级教改项目立项24项，校级教改后立项18项。

（任雪静）

【研究生教育教学】

2021年，理学院在校研究生397人，其中，博士生140人、硕士生257人。招生148人，其中，博士生36人、硕士生112人，新增22名专业硕士，实现了规模和门类双增长。毕业研究生52人，其中博士生32人，授予博士学位33人；硕士生20人，授予硕士学位20人。

2021年，理学院共开设研究生课程54门，其中全校公共基础课10门。主持研究生教育教学研究改革项目5项，研究生专业课程思政建设项目11项，研究生教材建设项目1项，研究生公共教学开放实验平台重点建设项目1项。

（王玉红）

【科学研究】

理学院围绕国家重大需求做好科研顶层设计，探索合理的科研评价体系，营造良好的学术氛围；动员组织教师申报国家重点研发计划项目，并在基础学科数学发展中取得突破，作为合作单位承担重点专项——数学和应用研究项目1项；承担变革性技术关键科学问题重点研发计划项目子课题1项。获批国家自然基金11项，北京市自然基金1项；签订各类科研项目138项，到账经费2 969.9万元。发表研究论文200余篇，其中影响因子大于10的论文2篇，中国科学院一区论文20篇，中国科学院二区论文60篇。理学院共获专利44项，其中授权发明专利38项，实用新型专利6项。

2021年11月，评选了2021年理学院院级代表性科研成果与重大社会服务贡献2项。

（宋慧芳　杜凤沛）

【社会服务】

2021年，理学院师生矢志强农兴农。牵头组建的中国农业大学农业无人机系统研究院落户平谷，助力京郊智慧农业与现代农业发展，受到党和国家领导人重视和肯定。在门头沟黄安坨村建设北京科技小院，形成集研究生培养和助力脱贫于一体的新模式，受到九三学社中央和北京市领导的肯定和表彰。吴学民教授服务北方山区果园生产，引入绿色无公害植保体系，大大降低农药使用量，苹果亩产量超5 000斤。潘灿平教授以富硒植保为引领，带动传统农业转型升级，树立内蒙古通辽扎鲁特旗农产品基地新标杆。

《农药学学报》荣获“2021年度中国农业期刊领军期刊”，编辑部主任荣获“2021年度中国农业期刊领军人物奖”。

（宋慧芳　杜凤沛）

【合作交流】

理学院现有留学生2人。

2021年，理学院邀请3名外国专家在线开设课程，邀请4名外国专家开展学术报告，1名教师作为中方首席代表参加国际组织政府间多边合作，在“一带一路”倡议和“南南合作”中贡献力量。

（秦力）

【学生工作】

学院本科生就业率91.38%，研究生就业率100%。理学院成立毕业生就业工作组，由党政一把手总负责，成员包括导师、班主任和辅导员等。工作组三线齐下，形成“一库一档一策”。健全毕业生就业信息库，对拟就业学生建立就业推荐档案，随时追踪学生就业进展，并进行就业指导。充分利用互联网新媒体技术搭建线上“就业直通车”“空中宣讲”“空中双选会”3个线上就业信息平台，保证就业信息“快、全、准”送达毕业生手中。我们将举办1场理科专场空中双选会以及4场简历和面试培训。

分团委组织举办了“寻找家乡红色记忆，传承红色基因”寒假主题实践活动、寒假运动打卡、“我辈青年，诵党赞歌”五四青年节朗诵比赛、“传承五四精神，共迎建党百年”合唱比赛、“学百年光辉党史 做强农兴农青年”团员主题教育活动、“请党放心 强国有我”团员主题教育活动、“燃情冰雪，共迎冬奥”主题知识竞赛、“信仰的力量”精品团日活动等多个主题鲜明的思想教育活动。理学院学生参加“百年风雨路　青春心向党”一二·九文艺展演比赛，取得二等奖。

2020—2021年度，理学院有3个班级荣获校级优秀班集体称号，4个团支部荣获校级优秀团支部称号，理学院分团委志愿者支队被评为校级“五四青年标兵集体”。同时理学院分团委积极树立榜样典型，引导青年学子向榜样学习，通过“CAU青春理院”开展榜样专访。

积极组织学生参加创新创业类活动，社会实践和志愿服务活动。2021年理学院获得“兴农杯”创新创业大赛一等奖3项、二等奖3项、三等奖1项，其中，1个项目获“挑战杯”创新竞赛三等奖、1个项目获“挑战杯”科技冬奥专项赛三等奖、1个项目获“挑战杯”揭榜挂帅专项赛三等奖、1个项目获北京市“互联网＋”创新创业大赛二等奖、4个项目获北京市“互联网＋”创新创业大赛三等奖。理学院也有多名同学以小组或个人的形式参与社会实践，其中1支小队获中国农业大学2021年暑期社会实践优秀团队三等奖。理学院开展了“智慧知农，与理同行”的特色志愿项目，理学院志愿者服务支队获得中国农业大学优秀志愿团体称号。

2020—2021年，本科生共309人次获国家奖学金、校长奖学金、学业奖学金等各类奖学金，累计奖励金额近83万元，获奖比例约40％；研究生共计183人次获得国家奖学金、大北农奖学金、学业奖学金等，累计奖励金额90万余元，获奖比例达46.21％。资助经济困难学生146人，资助覆盖面达100％。关注心理问题学生24人，处理心理危机事件2起。

（古丽）

【党建工作】

开展党委中心组理论学习18期，编制学习资料12期；构建院系理论学习品牌体系，初步建成院级“明理讲堂”报告会、“稼穑观澜”读书会和“力耕强农”“数耘广智”“知物知理”“化育英才”4个支部学习平台，开展学习活动19次；各党支部“双周三”开展政治学习合计近100次，开展全院层面党的实践教育活动3次。

构建“党建＋”事业发展深度融合机制，完善党委会、党政联席会会议制度，及时传达学习中央重大决策部署和学校党委工作部署，优化议题征集和会议组织形式，规范了会议记录、纪要、报道；落实“七个有力”，深化推进化学教工第一党支部全国样板支部建设；坚持党委委员联系师生党支部制度；2021年共计召开党委会32次，党政联席会24次。

深入开展党史学习教育。组织教职工党支部和学生党团班及学生组织围绕迎接党的百年诞辰开展“六个一”系列主题教育实践活动，唱响爱党爱国好声音，为师生办实事21项，坚定师生“四个自信”。

创新师生思想政治教育。加强师德建设和教职工思想政治工作，在学校“守初心 担使命 严师德 铸师魂”教师思想政治工作优秀案例征集评选活动中，理学院师德案例荣获实效奖和优秀组织奖。健全了学生党支部、团支部、班委会协同工作机制。组织学生党支部采访老党员排演“我的入党故事”主题展演，在校青春学思会上作为首个节目表演，并被北京教育台转播报道。深化“三全育人”，凝聚理学院关工委教师队伍力量，打造优秀育人品牌。理学院关工委获学校“先进集体”，2 名关工委教师获“先进个人”。

加强宣传思想工作，改版理学院网站、升级“CAU 青春理院”微信公众号，加强宣传主阵地建设。建设理学院“融媒体中心”，加强宣传平台、人员队伍整合，统筹内宣外宣，围绕重要节点、重大事件做好策划报道，加强内容建设。2021 年理学院新版网页新闻稿件数 272 篇，活动通知、公告 207 篇，新闻宣传工作获评学校宣传工作创新展示案例。

2021 年，完成理学院党委换届工作，选举出新一届党委委员 7 人，指导 6 个教工党支部规范完成了换届工作。完成巡视整改和迎接北京市党建和思政工作先进校评选相关工作任务。新发展党员共计 152 人。教工数学第一党支部被评为校级先进党组织，1 人获评校级优秀党务工作者，4 人获评校级优秀共产党员，教工力学党支部组织开展的主题党日活动获评学校“十佳主题党日活动”。

（古丽）

【工会工作】

2021 年，理学院分工会围绕庆祝建党 100 周年，先后开展了“走进科技小院　踏寻红色根基”——实地参观走访黄安坨毛主席批示纪念馆、参观中国农业大学科研项目示范基地活动，庆祝建党 100 周年摄影培训及作品展示活动，庆祝建党 100 周年书法交流及作品展示活动，庆祝建党 100 周年师生羽毛球混合团体赛，红色电影《长津湖》观影活动等；在学校工会举办“奋斗百年路，永远跟党走”教职工合唱比赛中，理学院分工会凭借《江山》和《你见过雷公山的山顶吗》两首歌曲喜获比赛特等奖。

理学院分工会于 6 月 30 日举办第一届理学院青年教师成长与发展论坛，旨在引导青年教师加入学科团队，助力其快速成长，开展多方位学科交叉，促进学科建设。30 余位教师参加了此次论坛。

各分工会组织了“浓情端午 夏日放粽”活动、秋季健步走、气排球、羽毛球、扑克牌双升比赛、云游红色故地、家乡春节饮食习俗线上分享等活动。

理学院分工会加大了工会小家建设力度，先后购置了一批健身器材，如台球桌、跳舞毯、跑步机、按摩椅、哑铃凳、椭圆机、手碟等。

慰问生病、生育、退休教职工 20 人次。

（宋慧芳　刘丰茂）

【其他】

2021 年，理学院制定周巡查、月通报机制，用“巡查”保障实验室安全运行，实验室安全管理获评校级优秀；组织开展消防疏散演练 1 次，切实提高突发事件下的应急反应能力和自救互救能力；制定《理学院系务会议制度（试行）》，为各系公平、公正开展工作提供了制度依据；建成公章审批、教职工出京审批、会议室借用（东区）等线上系统，让师生少跑路。

（戚成庭）

经济管理学院

【学院概况】

经济管理学院设置有5个系:农业经济系、金融系、工商管理系、会计系、经济贸易系。拥有3个省部级科研平台:北京市哲学社科基地“北京食品安全政策与战略研究中心”、中央农办农业农村部“乡村振兴软科学研究基地”以及“一带一路”国际农产品流通产业科技创新院;7个校级研究机构:国家农业农村发展研究院、全球食物经济与政策研究院、国家农业市场研究中心、中国农业大学农业经济研究所、中国农业大学农产品市场研究中心、智慧电商研究院、期货与金融衍生品研究中心;14个院级研究机构:农村金融与投资研究中心、国际农产品贸易研究中心、战略与决策研究中心、物流规划与发展战略研究所、健康经济与政策研究中心、中国农业品牌研究中心、中国县域经济研究中心、食物与健康经济研究中心、畜牧经济研究中心、中国农业产业链研究中心、国际经济研究所、东亚农业农村发展研究中心、人力资源发展与农业企业数据中心、会计案例研究中心。

(章博)

【学科专业建设】

拥有农林经济管理和应用经济学2个一级学科博士学位授权点,工商管理一级学科硕士学位授权点,农业经济管理和应用经济学2个学科设博士后流动站。农林经济管理一级学科下的农业经济管理二级学科是国家级重点建设学科。

现有6个博士学位招生专业:农业经济管理、金融学、国际贸易学、产业经济学、食物经济与管理、农业经济史;7个硕士学位招生专业:农业经济管理、国际贸易学、产业经济学、金融学、企业管理、会计学、物流与供应链管理;3个专业硕士学位招生专业:工商管理(MBA)、金融(MF)、会计(MPAcc);5个本科招生专业:农林经济管理、金融学、国际经济与贸易、会计学、工商管理。

(章博)

【师资队伍】

共有教职工155人,其中,专任教师109人,包括教授(含研究员)44人、副教授(含副研究员)50人;博士生导师56人、硕士生导师44人。享受国务院政府特殊津贴专家2人,北京市教学名师1人。

本年度引进人才4人,晋升教学科研型教授2人(王玉斌、陈祁晖)、副教授1人(许骞)。李平教授退休。农业经济管理博士后流动站进站2人(雷鸣、丁心悦),出站2人(程璐、郭华),应用经济学博士后流动站进站1人(罗丽),在站博士后5人。

(章博)

【本科教育教学】

2021年，工商管理、会计学和国际经济与贸易专业获推荐申报国家级一流本科专业建设点。

“农业经济学”“微观经济学”“企业经营模拟实训”获推荐申报第二批国家级一流本科课程；“管理学原理”获评北京市高校“优质本科课程”；“宏观经济学”“管理学原理”获批中国农业大学一流本科课程（金课）；“管理学原理”被列为学校在线开放课程；“领导力”获批校级第五批核心通识课程。

出版《农业经济学》《运营与供应链管理》《农业项目投资评估》《管理学学习指导》《乡村振兴——政策与实践》《大农业与食品企业案例集》6本教材，4本教材被列入学校“大国三农”系列规划教材建设项目。

获批教改项目15项，其中国家级2项，“生猪产业链虚拟经营决策仿真实验”项目通过学校验收并推荐参评国家级虚拟仿真项目，“基于‘IAP’的三位一体涉农新文科复合人才培养”获批教育部新文科教改项目。获批省部级项目9项，教育部高等学校农业经济管理类专业教学指导委员会教改项目4项，教育部产学合作协同育人项目立项5项。获批校级项目4项。

获中国农业大学教学成果奖6项，其中，特等奖1项，一等奖2项，二等奖3项。教师获省部级奖8项，其中，北京市青年教师教学基本功比赛文科组二等奖1项，北京市教师教学创新大赛三等奖1项，省部级及以上学生竞赛优秀指导教师奖3项，北京市普通高等学校优秀本科生毕业设计（论文）指导教师3人；获校级奖9项，其中，中国农业大学教学名师1人，第一届中国农业大学教师教学创新大赛教授组一等奖1项、副教授组二等奖1项，第二届中国农业大学教师教学创新大赛正教授组三等奖1项、副教授组二等奖1项、讲师组一等奖1项，首届中国农业大学最美课堂教师教学比赛三等奖1项、优秀奖2项。教师发表教学研究论文7篇，其中2篇为核心期刊论文。

9月，学院成立“中国农业大学教师教学发展中心-经济管理学院分中心”，廖媛红任分中心主任。

2021年，学院在校本科生1 095人，共招收本科生221人，辅修学生92人；接收转专业学生77人。本科生毕业生244人，双学位本科生毕业生102人。

（郭淑媛）

【研究生教育教学】

2021年，学院在校研究生978人，其中，博士研究生260人（含留学生2人）、硕士研究生718人。毕业研究生356人，其中，博士研究生62人，授予博士学位53人；硕士研究生294人，授予硕士学位292人。共录取研究生400人，其中，博士研究生67人（含硕转博12人），学术型硕士研究生66人（含留学生4人），全日制专业学位硕士研究生90人，非全日制专业学位硕士研究生（工商管理硕士）177人。9月，完成2022级推免研究生接收工作，共录取推荐面试硕士研究生78人，其中，全日制学术学位硕士研究生37人，全日制专业学位硕士研究生41人。

穆月英教授指导的博士研究生徐依婷撰写的学位论文获评校级优秀学位论文；鞠荣

华教授指导的专业学位硕士研究生洪彦菊撰写的案例获得“第七届全国优秀金融硕士教学案例”；兼职导师龙文军研究员指导的专业学位硕士研究生朱云霞撰写的学位论文获得第七届全国优秀金融硕士学位论文提名奖。

2 项课题入选学校研究生教育改革项目；3 项课题入选学校研究生教材建设项目；1 项课题入选学校研究生案例教学课程建设项目；8 项课题入选学校 2021 年研究生核心课程思政建设项目。

MBA 教育中心组织学生参加各类比赛，获第八届全国管理案例精英赛“新悦奖”，第三届“华说赛”北京赛区第一名，第十七届全国大学生数智化企业经营沙盘大赛华北一区晋级赛最佳新锐奖，第六届亚太地区商学院草原挑战赛获“草原新秀奖”及“明星领队”称号等。累计组织讲座、沙龙活动等 40 余次；5 篇案例入选中国管理案例共享中心案例库。

（陈琰　谷征）

【科学研究】

新增科研项目 109 项，到账经费 2 858.05 万元。获批国家社会科学基金项目 4 项，其中重大项目 1 项；国家自然科学基金项目 5 项，其中国际合作与交流项目 1 项。所获得的省部级项目中，北京市社会科学基金项目 3 项，其中，重大项目 1 项，重点项目 1 项。获得北京市自然科学基金 1 项。3 位教师获中央农办农业农村部乡村振兴专家咨询委员会软科学课题立项。

师生发表论文 289 篇，其中，SSCI/SCI 收录 41 篇；CSSCI 收录 85 篇；CSCD 收录 16 篇。在 *Nature* 子刊 *Nature Food*（樊胜根）、*Nature Communications*（陈祁晖）发表论文，实现了学校人文社科领域零的突破。学院教师共出版学术著作 26 部，其中以我校为第一单位的著作 15 部。由学院编撰完成的“中国农业大学经济管理学院文化传承系列丛书”于 2021 年出版。

新获批国家级平台 1 个[国家数字农产品流通（供应链与物流）创新分中心]；省部级平台 1 个（“一带一路”国际农产品流通产业科技创新院）。为进一步加强校院两级研究机构的规范化建设与运行管理，学院完成校院两级研究机构优化重组工作，目前挂靠学院的校级研究机构 7 个，院级研究中心 14 个。

3 篇政策报告获得中央有关领导批示。国家农业农村发展研究院 2020 年提交的系列成果获得中国农业大学校级代表性科研成果重大社会服务贡献奖。

穆月英、马骥、陆娟等 3 位教授的教授工作站获得批准，目前我院教授工作站总数增加到 5 个。韩一军获聘国家现代农业产业技术体系共性技术创新团队首席专家。司伟、李军、韩一军、肖海峰、武拉平等 5 位教授续聘“十四五”期间国家现代农业产业体系产业经济岗位科学家。

司伟、陈永福分获农业农村部乡村振兴软科学研究成果奖，穆月英获河南省高校哲学社会科学优秀研究成果一等奖。冯开文合作的著作获得张培刚发展经济学优秀著作奖。林发勤在《管理世界》发表的学术论文获得该期刊年度优秀论文。伍建平获得民建中央委员会颁发的“民建参与脱贫攻坚先进个人”称号。

学院主办的 SSCI/SCIE 检索国际期刊 *China Agricultural Economic Review*（CAER）影响因子达到 2.531，五年影响因子为 2.156。目前该期刊在经济学和农业经济与政策两类期刊中均位于 Q2 区，其中，在 376 个经济学期刊中列第 125 位，在 21 个农业经济与政策期刊中列第 10 位。

（章博）

【合作交流】

2021 年，在籍留学生 15 人，其中，博士研究生 2 人，硕士研究生 12 人，本科生 1 人。招收硕士留学生 4 人，学生来自尼泊尔、印度尼西亚、老挝等国家。5 名硕士留学生毕业并获得学位，其中，来自喀麦隆、厄立特里亚的 2 名学生在我校人文与发展学院继续深造，2 名捷克学生返回捷克攻读第二硕士，1 名阿塞拜疆学生回国从事农业经济相关工作。

学院主办第 13 届 IFPRI-CAER 国际学术年会，主题为“构建健康、可持续的中国食物系统”。会议采用线上线下同步进行，开幕式在线观看数量突破了 1.5 万人次。学院与北京大学、中国人民大学共同承办第 10 届亚洲农经国际会议。

获世界顶尖涉农大学合作种子基金专项立项 9 项（负责人分别为樊胜根、蔡海龙、赵启然、朱晨、孟婷、肖亦天、路西、冯晓龙、王晶晶）；获 2 个高端外国专家项目（国家级）立项，分别为国际贸易与农业国际合作高端外国专家引进项目（负责人李春顶）和冷鲜肉冷链过程生物污染累积风险动态解析、调控与评估高端外国专家引进计划（负责人李军）。

（刘艺涵）

【党建工作】

学院共召开党委（扩大）会议 25 次、党政联席会议 17 次、党委理论中心组学习会 15 次、教职工“双周三”理论学习 10 次、师生党支部书记工作例会 22 次，其中召开 9 次师生党支部书记工作例会专题部署、研究、推进党史学习教育工作。党委会定期专题研判学院政治生态状况、基层组织建设、意识形态等工作，组织召开全面从严治党、党风廉政、警示教育专题学习研讨会，把党风廉政纳入领导班子年底述职内容。党委理论中心组成员结合“办实事”工作，集体撰写了《扶贫资产管理助力巩固拓展脱贫攻坚成果机制研究——以河南省鲁山县为例》的调研报告。

学院共有党员 650 人，其中，教职工党员 149 人，学生党员 501 人。学生党员中本科生 183 人，研究生 318 人。教职工党支部 7 个（2021 年新转入国际会议中心党支部），学生党支部 16 个，其中，本科生党支部 5 个，研究生党支部 11 个。2021 年发展党员 160 人（其中发展教职工党员 1 人）。完成了 7 个教工党支部、11 个学生党支部的换届工作。23 个师生党支部结合“三会一课”、主题党日活动按照党史学习教育四个阶段工作要求，开展了党史学习教育动员大会、“七一”建党百年庆祝大会、学习党的十九届六中全会精神、党史学习教育总结大会等系列活动。

学院坚持“学党史、悟思想、办实事、开新局”工作思路，通过“一体 · 两翼 · 三结合”的方式，在校内外广泛开展“我为师生办实事”活动。向河南省平顶山市鲁山县兴源高中开展捐书助学活动，捐赠图书 3 000 余本，并与之建立了红色“1+1”帮扶共建机制。组织企业家、农大校友和师生开展“乡村振兴红色万里行”活动。赴延安开办了 2021 年经济管理学院师生党员骨干培训班。以“双融合、双促进”党支部推动课程思政建设项目为抓手推进课程思政建设工作，学院共有 3 门本科生课程、1 门研究生课程入选校级精品建设项目。1名教师获评2020年北京高校师生服务首都“四个中心”建设、“双百行动计划”优秀示范教师。

（戴玉堃）

【学生工作】

就业工作 学院配合落实学校就业工作举措，围绕“中国农业大学促进毕业生就业八件实事”开展工作。累计举办简历修改、笔试面试指导、经验分享等有关讲座共6场，联系企业单位举办招聘宣讲会共3场，编写就业服务手册和雇主手册，服务应届毕业生和招聘企业；为毕业生建立就业进展计划表和简历库，提供“一对一”就业咨询服务；注重观念引导，在公众号开设“选调生”专题栏目，鼓励学生到基层工作。2021届毕业生就业率为96.04%。

学生党建学院共有学生党员535人，其中，本科生189人，研究生346人；学生党支部15个，其中，本科生党支部5个，研究生党支部10个。2021年发展学生党员159人，开设积极分子、发展对象、预备党员和党员骨干等二级党校。2个党支部获批中国农业大学本科生党建精品项目，2个党支部获批重点项目，1个党支部获批试点项目。本科经管党支部、硕士农经党支部在2021年度北京高校红色“1+1”示范活动中分获三等奖和优秀奖。

团学工作 搭建二级团校、精英摇篮、英才沙龙和学生骨干培训班4个交流平台，提高学生综合素质；完善学生组织工作机制，获评校级年度优秀学生会、研究生会；深化学生社会实践，组织开展电商推广专项社会实践；鼓励创新创业，培育双创力量，进行“兴农杯”创新创业赛事院内选拔，举办“猪顶红”商业挑战赛；发挥学科优势，举办股票模拟大赛；创新志愿服务形式，组织开展线上线下活动6次，志愿者数量累计达505人次；开展校地共建活动，与河南鲁山兴源高中签订共建协议书，开展捐书助学、理论学习、“一封家书”等一系列活动，实现共同进步。

资助工作 评选667人次获得奖学金，共计255.35万元；认定本科生家庭经济困难144人，比例为13.98%；认定144人次获得国家助学金，26人次获得社会助学金，共计获得资助59.85万元。共发放各项困难补助19人次，共计9 718.5元。

心理工作 组织222名新生参与心理普测，测试率达到100%，同时组织35名学生与心理咨询师约谈；进行心理个案帮扶6人、处理突发性危机干预事件3起。在2020—2021学年中国农业大学优秀心理委员暨心灵使者评选中，学院3名同学被评为优秀心理委员，2名同学被评为心灵使者。

（史煜成）

【教代会与工会工作】

分工会每个月为老师们精心筹备集体生日会，该活动已成为学院工会特色活动之一。年底前，分工会为全体教职工送上元旦慰问品。购置触摸平板电脑及展柜，持续改善教工活动室条件。配合校工会完成职工重疾及女工互助保险办理工作；分别于5月和10月组织学院女工体检和教职工体检。组织春季、秋季趣味运动会及平谷秋游活动；组织庆祝建党100周年学院教职工羽毛球混合团体赛；组织师生参加学校“庆祝中国共产党成立100周年合唱比赛”，荣获一等奖。在北京高校第十二届青年教师教学基本功比赛备赛过程中，青年教师路西获文科类A组二等奖。

（陶益清　揣君健）

人文与发展学院

【学院概况】

人文与发展学院设置7个系：社会政策与发展研究系、发展管理系、社会学与人类学系、法律系、媒体传播系、外语系和艺术系。学院共设有国际发展研究中心、中国生态补偿政策研究中心、农业与农村法治研究中心、农民问题研究所、乡村传播研究所、纪录片创作与研究中心、农业伦理学与公共政策研究中心、生物经济发展研究中心、农业文化遗产研究中心、农业农村环境资源法治研究中心、乡村视觉艺术中心、南南移民与发展研究中心12个研究咨询机构。学院还设有教育部“985工程”中国农村发展与政策研究哲学社会科学创新基地。

（龚利）

【学科与专业建设】

学院开设6个本科专业：农村区域发展、社会学、社会政策、法学、传播学和英语，覆盖5个学科。具有4个一级学科，包括博士学位授权一级学科2个、硕士学位授权一级学科2个；博士学位授权二级学科1个；专业学位硕士授权点3个；博士后流动站2个。学院现有北京市重点学科1个。

2021年，学院成功获批设立社会工作专业学位硕士点；社会学、农村区域发展专业成功入选国家级一流本科专业建设点；“社会政策”本科专业首迎新生；社会学学科2021软科中国最好学科排名从第29名上升至第14名。人文与发展学院对院属单位进行调整，成立“艺术系”和“南南移民与发展研究中心”，将“发展研究与社会政策系”更名为“社会政策与发展研究系”。

（吴惠芳）

【师资队伍】

学院共有教职工225人，其中，专任教师186人，包括教授（含研究员等正高职称）37人、副教授（含副研究员等副高职称）103人。学院教师1人获得“北京市优秀教师”称号，1人获得“北京市高校教学名师”称号，6人入选北京市高等学校“青年英才计划”，1人获得“北京高校第十二届青年教师教学基本功比赛文科类一等奖”，4人获得校级教学名师奖，2人分获首届中国农业大学“最美课堂”教师教学大赛一、二等奖。

2021年，学院引进各类人才10人，退休6人，晋升教授2人、副教授4人。

人才引领发展显露成效。2021年，学院新引进杰出人才赵丙祥教授（原中国政法大学社会学院院长）是我国人类学领域的知名学者；新任特聘讲座教授萨图尼诺·博拉斯

(Saturnino M. Borras)连续两年入选科睿唯安全球高被引科学家榜单。

学院教师在第十二届青年教师教学基本功比赛中斩获佳绩。2021 年,学院青年教师曲甜荣获北京高校第十二届青年教师教学基本功比赛文科类一等奖,同时获最佳教案奖、最受学生欢迎奖和最佳教学反思奖 3 个单项奖;齐顾波老师获优秀指导教师奖。

2021 年,叶敬忠教授入选爱思唯尔 2020“中国高被引学者”社会学榜单;汪淳玉副教授入选爱思唯尔 2020“中国高被引学者”政治学榜单。这是学院教师首次入选爱思唯尔“中国高被引学者”榜单,也是中国农业大学人文社会科学学科教师首次上榜。

教师思想政治和师德师风建设巩固提升。2021 年,学院成立教师教学发展分中心,联合学院分工会组织“点石成金”教师发展沙龙暨课程思政工作坊、“铸魂育人”课程思政大讲堂等系列教育创新活动,组织青年教师教学基本功培训和基本功大赛,助力青年教师全面成长。学院同时获批学校“课程思政示范学院”,形成了党委统一领导、党政齐抓共管、全院全员协同推进、自身特色鲜明的课程思政建设工作格局。

(晋泽敏)

【本科教育教学】

在校本科生 1 011 人,招生 203 人,毕业 206 人。

2021 年,本科教学各类教改项目 11 项,其中,校级 3 项,院级 8 项;新增校级实习基地 2 个;优秀本科毕业论文 12 篇,其中,北京市级 2 篇,校级 10 篇;创新项目结题 25 项,其中,国家级 6 项,北京市级 19 项;创新创业项目立项 106 项,其中,国家级创新项目 7 项、北京市级创新项目 20 项,北京市级创业项目 10 项、校级创业项目 69 项。

2021 年,学院发表题为《彰显特点与特色的差异化理路:涉农高校“六位一体”社会科学人才培养体系的构建与实践》的教育教学改革研究论文,这一教育教学体系的创新实践获得中国农业大学校级教学成果奖特等奖,为我国涉农高校面向新文科建设的社会科学人才培养提供了有益参考。学院获批教育部首批新文科研究与改革实践项目 2 项。基于学院耕读教育实践的政策建议推动了教育部《加强和改进涉农高校耕读教育工作方案》政策的出台。

2021 年,学院共有 51 名学生、2 名辅导员参与庆祝中国共产党成立 100 周年活动服务保障工作,18 名学生志愿者、1 名辅导员参与 2022 年北京冬奥会、冬残奥会服务保障工作;共有 3 支创业团队在全国赛和北京赛中斩获大奖,其中“乡村 CEO 计划——云南省河边村精准扶贫与乡村振兴项目”入选《中国国际“互联网+”大学生创新创业大赛指南(2021)》典型案例;“故地新颜,脱贫奇迹——一个西南少数民族深度贫困村的‘蜕变’项目”获第十七届“挑战杯”大学生课外学术科技作品竞赛红色实践专项赛全国一等奖、北京市特等奖;共 134 人参与暑期社会实践,其中,16 支队伍被评为优秀团队,7 位同学被评为优秀个人。2021 年,学院校友郭峰获得全国脱贫攻坚先进个人;学院毕业生初雯雯作为全球青年代表在中国昆明举行的《生物多样性公约》第十五次缔约方大会上分享中国青年合力保护河狸的成果。学院 2 名学生获评北京市级“三好学生”、1 名学生当选北京市优秀学生干部,获评 2 名校级优秀学生党员、127 名校级“三好学生”、27 名校级优秀学生干部等;学院志愿服务支队荣获“志愿农大”优秀志愿团体称号,学院创业团队麦浪文创工作室以答辩第一名的成绩荣获中国农业大学十佳创业团队;1 名本科生光荣参军入伍。学院积极组织学生结合专业优势广泛参与各项省部级、国家级学科竞赛并取得优异成绩，学生在全国大学生英语竞赛中荣获 B 类一等奖和 C 类一等奖；在“外研社·国才杯”全国英语写作大赛中荣获北京市级特等奖、二等奖；在全国大学生环境资源模拟法庭大赛中荣获团体特等奖；在 2021 年首届农林高校大学生未来农业律师大赛中荣获全国二等奖；在第八届大学生新媒体创意大赛中荣获国家级二等奖 1 项、三等奖 2 项；在 2021 年第九届全国高校数字艺术设计大赛中获得国家级三等奖。

（武晋）

【研究生教育教学】

在籍研究生 836 人，其中，博士生 160 人，硕士生 676 人。招生 358 人，其中，博士生 38 人，硕士生 320 人；招生博士留学生 10 人，硕士留学生 20 人。毕业研究生 276 人，其中，博士研究生 21 人，硕士研究生 255 人。授予学位 293 人，其中，授予博士学位 22 人（含博士留学生 4 人），授予硕士学位 271 人。获得硕士学位毕业生中，学术型硕士 68 人（含硕士留学生 32 人），专业学位 203 人（其中双证 189 人，单证 14 人）。

MPA 教育掀开新篇章。2021 年，学院成立“中国农业大学人文与发展学院 MPA 教育中心”，由龚利副院长兼任中心主任，学院 MPA 教育事业掀开高质量发展新篇章。10 月，国家乡村振兴局发布《关于支持招收 2022 年非全日制公共管理硕士（MPA）专业学位研究生的通知》，对成功考取中国农业大学非全日制公共管理硕士研究生（MPA）中符合资助条件的对象进行支持。学院赵雪娇副教授指导开发的案例“从‘死亡之海’到‘世界奇迹’——库布齐沙漠的中国治理故事”成功入围第五届中国研究生公共管理案例大赛 100 强，实现了学校公共管理案例大赛的历史突破。

（刘晓林　王艳丽）

【科学研究】

2021 年，人文与发展学院科学研究紧扣“三农”和发展重大主题，不断丰富和发展学院特色鲜明的研究主题领域和底蕴深厚的行动研究传统，取得了一系列新成果和新进展，学术话语权、媒体讨论话语权和政策建议话语权显著提升。学院教师作为第一作者或通信作者在国内外重要学术刊物发表中英文论文 218 篇，接受媒体采访和发表报刊文章多达 194 篇，出版学术著作 13 本。学术文章发表在《社会学研究》《政治学研究》《世界经济与政治》《社会》《开放时代》《教育研究》等国内社会科学权威期刊上。学院获批立项的科研项目总数量为 71 项，其中国家和省部级科研项目总数量 14 项，科研项目总经费累计 1 820 万元。获批国家社科基金重大项目 3 项、重点项目 3 项；北京市社科基金重大课题 1 项。学院获评北京市第十六届哲学社会科学优秀成果奖一等奖、二等奖各 1 项，获评陆学艺社会学发展基金会第七届社会学优秀成果奖 1 项。学院教师提出的 7 项政策建议获得重要批示，为推动乡村振兴等相关领域的政策进程做出了贡献。

何慧丽教授、左停教授、徐秀丽教授分别担任首席专家申报的 3 个国家社会科学基金重大项目获批立项。全国哲学社会科学规划办公室公布了 2021 年度国家社会科学基金重大项目立项名单，何慧丽教授担任首席专家申报的“实施乡村建设行动研究”项目、左停教授担任首席专家申报的“建立和完善农村低收入人口常态化帮扶机制研究”和徐秀丽教授担任首席专家申报的“中国与‘一带一路’国家有效分享减贫经验的模式与策略研究”先后获批立项。左停教授主持的“实现巩固拓展脱贫攻坚成果同乡村振兴有效衔接”项目、饶静教授主持的“城乡社区治理和服务体系建设研究”、李红艳教授主持的“新媒体在乡村治理中的角色”获批2021年度国家社科基金重点项目立项。

叶敬忠教授团队、李小云教授团队分别获北京市第十六届哲学社会科学优秀成果奖。2021年，叶敬忠教授、贺聪志副教授在《中国社会科学》上发表的学术论文《基于小农户生产的扶贫实践与理论探索——以“巢状市场小农扶贫试验”为例》获北京市第十六届哲学社会科学优秀成果奖一等奖；该成果同时获得陆学艺社会学发展基金会第七届社会学优秀成果奖。李小云教授、徐进副教授、于乐荣副教授等完成的研究报告《2020年后农村减贫战略框架研究报告》获北京市第十六届哲学社会科学优秀成果奖二等奖。

成功举办“开化论坛”。7月，学院进一步发挥国家级人才引领优势，组织“三农”与乡村振兴领域国家级人才计划特聘教授和青年学者，牵头联合全国乡村振兴文科国家级人才计划学者，在浙江省开化县举办“开化论坛”，发布《开化倡议》，引领全国社会科学学者积极投身乡村振兴战略。300余位社会科学领域研究乡村振兴主题的资深专家和青年学者，以及从事乡村振兴工作的政策制定者和基层行动者齐聚浙江省开化县，共议乡村振兴的重大主题，共述乡村发展的中国故事，共商社会科学的使命担当。

（王慧清）

【国际合作交流】

立足学科发展，建设国际学术共同体 2021年，学院创新性地打造“生态·人文·社会”学术交流与行动网络系列活动，持续举办各类精品国际学术系列讲座，师生年度（线上）参加国际学术会议20余人次，深入拓展现有多边国际合作与交流网络，积极建设国际学术共同体。此外，以叶敬忠教授、李小云教授、张传红副教授、刘娟副教授等为代表的众多学院教师积极参与国际学术期刊建设和专题组稿，引领相关主题国际学术讨论，传播中国声音。

挖掘学术潜力，深化国际合作交流 2021年，学院邀请国际知名专家学者逾30人次，通过举办线上学术讲座、开展课程教学与合作研究、联合指导研究生等方式持续深化国际学术合作与交流。学院师生在国际重要学术期刊发表英文论文20余篇，2部英文专著在国际权威出版机构出版，叶敬忠教授、刘娟副教授发表的SSCI论文进入ESI高被引前1%。此外，促成与康奈尔大学联合开设的英文国际课程“农业、食物与环境”正式落地，成为向世界讲好中国农村发展与农政转型故事的窗口。

聚焦国家战略，拓宽国际人才培养渠道 2021年，学院执行的国家留学基金委乡村振兴人才培养专项“绿色农业与乡村发展人才培养项目”选拔推荐4名联合培养博士生，分别前往美国康奈尔大学、美国普渡大学和荷兰瓦赫宁根大学进行学习。此外，学院成功获批国家留学基金委乡村振兴人才培养专项“乡村发展创新管理人才培养项目”，未来3年计划选派硕士生和青年教师赴美国康奈尔大学和日本京都大学开展国际乡村振兴理论和实践学习。

培养国际学生，打造援外教育品牌 2021年，学院招收来自亚洲、非洲、拉丁美洲约

20 个发展中国家的 30 名留学生。学院“讲好中国故事基地”在浙江省开化县挂牌,促成来自 13 个国家的 22 名留学生赴基地开展实践学习并形成 4 个主题调研报告;学院博士留学生 6 人受邀参加由教育部中外人文交流中心和中国农业大学举办的“乡村振兴与节粮科技”中外青年人文交流会,以“中非发展实践比较分析”为题进行交流汇报并获得优秀成果奖。

(郑宇洋)

【学生工作】

开展学生团学工作 2021 年,学院积极响应校团委号召,深入落实共青团改革,扎实做好团建工作和学生工作,积极开展“学百年光辉党史 做强农兴农青年”“请党放心 强国有我”团员专题教育活动以及“青力冬奥”团组织活动;组织青年团员参加“青春心向党 奋斗新征程”五四升旗主题团日活动;组织知行团校成员参观“玉汝于成——脱贫攻坚伟大事业中的中国农业大学”主题展览。同时,结合学院优势,举办“传承革命精神 续写百年党史”线上诵读、“建党百年成伟业,科技兴农焕新颜”图片征集、新生辩论赛等系列特色活动。学院重视团学组织成员培养,注重树立优秀集体和个人典型,法学 182 班荣获 2020—2021 年度首都大学、中职院校“先锋杯”优秀基层团支部,传播 192 班等 4 个班级荣获 2020—2021 年度校级优秀班集体,传播 202 团支部等 6 个团支部荣获 2020—2021 年度校级优秀团支部,获评 38 名校级优秀共青团员、15 名校级优秀共青团干部。学院积极组织学生参与学校各项活动,在“一二·九”文艺汇演中荣获一等奖,实现“六连冠”;参加“庆祝建党百年 颂扬青春诗篇”诗歌朗诵比赛并荣获一等奖;在新生运动会中获精神文明奖,团体总分第二名等。

学生心理健康工作 2021 年,学院学生心理健康工作进一步完善并加强。新生心理健康教育系列活动中,圆满完成心理普查与心理团培工作,实现保障心理健康测评全覆盖。在“5·25”和“10·25”心理健康节系列活动中,学院协助举办心理节开幕式、心理节决赛和心理节闭幕式等活动。同时,积极开展“宿你心愿”特色系列活动,围绕宿舍群体开展心理健康教育,满足同学们多样化活动需求。学院二级心理辅导站建设进一步完善。

就业工作 学院毕业生就业率为 97.53%。其中,本科生就业 90 人、国内深造读研 69 人、出国深造 32 人,总就业率为 94.63%;硕士研究生就业 212 人、国内深造 13 人,总就业率为 100%;博士研究生就业 15 人、继续攻读博士后 1 人,总就业率为 100%。整体来看,就业率较 2020 年有了较大幅度提高。

资助工作 2021 年,学院在资助工作中打破限制,和就业、学业联动,主动作为,救急救困,累计资助学生 117 人次,支出 223 632.5 元,对经济困难学生做到资助全覆盖,并做到特殊群体一人一册。学院共有 10 名同学获得学费减免,158 名同学获得国家助学金,12 名同学获得国家奖学金,30 名同学获得国家励志奖学金,40 名同学获得助困类奖学金,300 名同学获得学校出资类奖学金。学院成立勤工助学管理中心,共 69 名学生助管参与其中。

关工委工作 2021 年,学院关工委完成换届,由党委书记担任关工委主任,共有 16 人组成,其中有 13 名老同志,覆盖各专业。完成“读懂中国”项目系列作品,提交征文 5

篇、微视频3个，其中征文《入党是一辈子的事》荣获教育部最佳征文奖。深化开展学院特色项目“我们的青苗——关工委与本科班级牵手活动”，老同志与新生班级一一对接，融入一线，做学生的引路人。与新生研讨课相结合，举办“青年榜样——学长学姐的大学时代交流活动”。学院关工委荣获2021年中国农业大学关心下一代工作先进集体称号，马淑琴老师被评为中国农业大学关心下一代工作先进个人。

（李玉梅）

【党建工作】

强化组织建设 2021年，学院不断加强支部工作，做好党员发展工作。全年共发展师生党员140名，举办各类培训党校7期，累计参加培训481人次。学院共有党员498人：教工党支部7个，党员119人；研究生党支部9个，党员248人；本科生党支部5个，党员131人。发展管理系教工党支部荣获中国农业大学先进基层党组织，潘璐老师荣获中国农业大学优秀党务工作者，张克云老师、伍越老师、程业棋同学、赵泽阳同学荣获中国农业大学优秀党员。

开展党史学习教育 2021年，学院着力打造“学习者理论讲堂”品牌，每月邀请来自中央党校、北京市委党校以及本校的知名专家学者授课。同时，面向学生举办“百年风华　初心不负”学党史系列报告。广泛开展“永远跟党走”主题教育活动：组织师生实地前往陕西延安、江西井冈山、河北乐亭、河南兰考等红色革命圣地实践；校内参观“玉汝于成”和“初心弥坚”主题展览。学院在新媒体平台上开设“光辉历程”“历史上的今天”专栏；在学院网站开设“党史学习教育”专栏，并开展“学党史　跟党走”“学党史　续传承”“学党史　践真知”“学党史　办实事”等专题报道，发表报道110余篇。此外，学院积极开展“我为师生办实事”实践活动，推出共享雨伞、修缮办公室、建设母婴室、打造青年学术交流空间、设立红色经典读书角等16项实事。

推进学院社会服务 学院注重以党建推进社会服务的创新性发展。5月，学院在青神县举办乡村振兴党建“1＋1＋1”行动启动仪式，推动基层党建和乡村振兴深度融合，师生实地与基层党支部对接，社会学与人类学系教工党支部、社会政策与发展研究系教工党支部、法律系教工党支部、农村发展专业硕士党支部、青神乡村振兴研究院学生党支部、法学与英语硕士联合党支部、公共管理硕士党支部、发展管理系本科生党支部共8个师生支部积极与四川省青神县青衣社区、四川省青神县诸葛村、四川省青神县百家池村、浙江省开化县金星村、安徽省天长市铜城镇龙岗社区、北京市平谷区农业农村局机关第二党支部等多个基层党支部开展联合共建，采用1个教工支部和1个学生支部对接1个基层党支部的共建方式，为基层党组织带去乡村振兴的“人发经验”。学院同时在研究生实践基地成立功能性党支部，推动研究生党建和农村基层党建深度融合，促进行动育人与服务乡村振兴齐头并进。学院媒体传播系本科生党支部、新闻传播学硕士党支部分别荣获北京市高校红色“1＋1”活动本科生组及研究生组优秀奖；发展本科生党支部获得“青年服务国家”首都大学生社会实践优秀小队以及中国农业大学暑期社会实践优秀团队二等奖。

（李玉梅）

【教代会与工会工作】

配合开展党史学习教育 2021年,学院分工会积极配合组织教职工深入开展党史学习教育,组织"觉醒年代"党史游学等活动,在校工会支持下推出"母婴室"建设等。

成立八个兴趣小组 2021年,学院分工会牵头成立"人文之光"师生合唱团、"闪闪红星"篮球队等8个兴趣小组,充分践行"以兴趣带动活动,以活动丰富生活"的理念。

(龚利)

【社会服务】

建设县级乡村振兴研究院,打造合作品牌 2021年,中国农业大学人文与发展学院·兰考乡村振兴研究院在河南省兰考县正式挂牌成立。至此,学院分别与浙江省开化县、四川省青神县、河南省兰考县、安徽省天长市合作建立4个县级乡村振兴研究院,开创院地合作模式,走出一条打造乡村振兴"地方样板"的创新之路。钱江源乡村振兴研究院(开化)举办首届"开化论坛",牵头成立全国乡村振兴文科长江学者联盟并发布《开化倡议》,即社会科学学者积极投身乡村振兴战略的行动倡议。

开展系列培训,培养"一懂两爱"人才 2021年,学院开展为期2周的新疆和田基层党建与乡村振兴管理干部培训,采用专题报告与现场教学相结合的培训方式,传播乡村振兴的理论知识和实践经验。学院完成线上线下培训万余人次。学院组织烟台专项研究生乡村振兴基层岗位实践探索、"送课至基层"行动、县乡专门人才培训等,培养具有理解力、倡导力、行动力、执行力和创造力的"一懂两爱"人才,服务国家乡村振兴战略。

拓展教研实践基地,创新乡村发展多元路径 2021年,学院成立河北乐亭、四川稻城、云南临沧、云南怒江、陕西汉阴、内蒙古赤峰6个教授工作站。在学校国家乡村振兴研究院的领导和支持下,李小云教授团队在云南省深入推进昆明都市驱动型乡村振兴创新实验区、临沧市小农户发展驱动乡村振兴试验示范区、怒江州脱贫攻坚与乡村振兴有效衔接乡村振兴试验示范区等工作,开展多元创新试验,为高校服务乡村振兴创造"农大经验"。2月,李小云教授荣获全国脱贫攻坚先进个人。

参与资政辅政,引导社会讨论 2021年,学院7项政策建议获得上级批示和采用。学院教师在《人民日报》《光明日报》等主流媒体发表文章或观点200余篇,主题涉及国际发展、农政转型、精准扶贫、农业文化、创新管理、生态补偿、农村法治、留守人口、乡村社会、乡村传播等,推动了社会关注和政策干预。

(邵念念)

马克思主义学院

【学院概况】

马克思主义学院前身是人文与发展学院下属的社会科学部。2009年6月,学校成立思想政治教育学院,2015年年底,更名为马克思主义学院。2019年11月,入选北京市首批重点建设马克思主义学院。

马克思主义学院设有4个系和2个教研中心，即思想道德教育系、马克思主义原理系、近现代历史系、中国化马克思主义系和研究生教研中心、“形势与政策”课教研中心，承担全校本科生、硕士研究生和博士研究生的思想政治理论课教学任务，同时为全校学生开设富有特色的文化素质教育公选课程。

（乔琪雯）

【学科建设】

学院现有马克思主义理论一级学科博士学位授权点，下设4个二级学科方向，即思想政治教育、马克思主义基本原理、中国近现代史基本问题研究、马克思主义中国化研究。

（鲁君悦）

【师资队伍】

学院共有教职工61人，其中，专任教师54人，包括教授8人、副教授21人、讲师25人；具有博士学位45人；博士生导师9人、硕士生导师17人。本年度，聘任讲座教授1人，引进各类人才2人，晋升教授1人、副教授1人。

学院全面落实《新时代高等学校思想政治理论课教师队伍建设规定》（中华人民共和国教育部令第46号）和《中国农业大学落实〈新时代高等学校思想政治理论课教师队伍建设规定〉的实施办法》（中农大党发〔2020〕36号），配齐建强高校思政课教师队伍。完善传帮带制度，实行青年教师“导师制”。举办“求索”青年教师学术沙龙，邀请校内外专家分享教学体会和科研项目申报经验等。举办教师队伍理论素养提升专题培训。

（王旭堃）

【本科教育教学】

学院积极推进习近平总书记在庆祝中国共产党成立100周年大会上的重要讲话精神和党的十九届六中全会精神融入思政课教学，坚持用习近平新时代中国特色社会主义思想铸魂育人，积极推动思政课教学改革。本年度，学院设立本科教学研究项目18项，教学工作坊项目4项，以提升思想政治理论课教学效果为导向，鼓励教师积极探索教学改革。

持续提升思想政治理论课课程质量，强化主渠道作用。成立教学委员会，加强教学指导和督导。制定《中国农业大学马克思主义学院教学委员会章程》《中国农业大学马克思主义学院教材建设管理办法》，修订《中国农业大学马克思主义学院思想政治理论课集体备课制度》，提高教学管理工作制度化和规范化水平，推进各项教学改革举措切实落地见成效。继续全面开设“习近平新时代中国特色社会主义思想概论”课，采取“团队教学＋专题授课”的方式，覆盖全体一年级学生。遴选优秀教师于2021年秋季学期全面开设“四史”课程，走在全国高校前列。举办大学生思政课微视频大赛，其中微电影《图说百年党史》获得北京赛区优胜奖，并报送教育部参评“我心中的思政课”——第五届全国高校大学生微电影展示活动。举办大学生讲思政课大赛，依托“习近平新时代中国特色社会主义思想概论”课程组织全体学生参赛，在实现学生自我教育的同时，通过朋辈教育实现思政教育全覆盖。

举办教学研讨会，扩大学校和学院影响力。举办“学习贯彻党的十九届六中全会精神 提升新时代思想政治理论课教学质量”研讨会，来自全国高校200余位思政课教师参加会议，推动党的十九届六中全会精神入脑入心，不断提升思想政治理论课教学质量。

（王晗）

【研究生教育教学】

学院在校研究生52人，其中，博士研究生12人、硕士研究生40人。招收研究生31人，其中，博士研究生12人、硕士研究生19人。毕业硕士研究生19人，授予硕士学位19人。

加强一级学科博士点建设，邀请校内外专家学者多次召开马克思主义理论学科建设咨询会，完善硕士和博士研究生招生录取方式和培养方案，实施“导师＋团队”培养模式。完善研究生教育质量保障体系，成立研究生教学督导组，对研究生教育教学各环节进行检查、评价和指导，进一步监督规范研究生培养程序，切实提高人才培养质量。积极搭建平台支持，鼓励学生参与学术交流，聘请专家来校作报告，帮助研究生开拓研究视野，进一步提高科研水平。

健全岗位选聘制度，加强研究生导师队伍建设。在导师招生资格年度审核中，从政治素质、师德师风、业务素质、学术水平、指导经验等方面综合遴选研究生导师。遴选青年教师全程参与研究生培养，更好指导研究生把握马克思主义理论二级学科发展方向。

（鲁君悦）

【科学研究】

本年度，到校科研经费368.5万元；获批国家社科基金项目、教育部人文社科基金项目和北京市社科基金项目共15项，其中国家社科基金项目3项、教育部人文社科基金项目6项和北京市社科基金项目6项，立项数量高居全国农林高校榜首，实现了学院发展史上年度获批三大纵向项目数量的新突破。教师研究宣传能力不断提升，共发表CSSCI论文17篇，在《人民日报》《光明日报》等报刊上发表多篇文章。

（王旭堃）

【农村基层党建研究】

2021年3月，学校成立中国农业大学农村基层党建研究中心，挂靠马克思主义学院，姜沛民担任中心主任，宁秋娅担任中心执行主任，李培景担任中心副主任，张晖、卢兆彤担任中心秘书长，聘任欧阳淞为首席专家。中心现有研究员30人，兼职研究员5人。

农村基层党建研究中心成立以来，重点围绕近年来国内学界有关农村基层党建和党建引领乡村振兴、乡村治理等方面的研究进行了梳理和分析，完成了较为翔实的文献梳理，并在各地选取典型地点开展实地调研，收回问卷4 000余份，撰写调研报告10余份。中心先后在河北曲周、山西左权、云南镇康、浙江缙云等地建立了农村基层党建研究基地，将为长期深入研究农村基层党建引领乡村振兴提供坚实支撑。

举办中国共产党百年农村基层党建高端论坛，共有来自全国各地200余名学者线上参加了会议，进一步扩大和提升中心的影响。

本年度，获批国家社科基金项目1项，北京市社科基金项目2项，出版著作1部，发表学术论文20余篇。

（乔琪雯）

【学生工作】

成立中国共青团马克思主义学院总支部委员会，下设团支部4个。召开团总支大会，选举产生第一届团总支委员会委员。

学院积极探索构建全方位思想政治教育实践育人模式，搭建党支部“三维共建”实践育人体系。畅通校内校外双渠道，与社会实践基地建立联系，学生党支部定期前往实践基地开展调研。与学院师生党支部、兄弟学院党支部联合开展活动，提高支部凝聚力，拓展交流合作平台，实现资源共享、优势互补。

学院持续打造学生活动特色品牌，提升影响力。学校党委理论学习宣讲团“学思”分团研究生宣讲员充分发挥马克思主义理论学科优势和专业优势，积极承担学校“玉汝于成”和“初心弥坚”主题展览宣讲任务，受到一致好评。理论学习平台“行思”读书会定期组织学院青年教师和研究生研读马克思主义理论原著，强化理论武装和思想引领，夯实理论基础。

学院2021届毕业生就业率100%，学生就业方向与专业相关度高，其中深造率为26%，深造高校均为北京高校。毕业生就业单位主要分布在国家党政机关和事业单位、民办高校、国企等。在国家党政机关就业学生占比13%，事业单位占比33.3%。

（夏钰忻）

【党建工作】

学院党总支下设党支部6个，党员102人，其中，教工党员58人，学生党员44人，比2017年的42名党员增加1.4倍。2021年发展教师党员2人、学生党员14人，转正9人；1位副教授被确定为入党积极分子。马克思主义原理系党支部获评学校“先进党组织”。

突出政治建设要求，严守意识形态阵地。坚持民主集中制，修订完善并严格执行学院党总支委员会会议制度、党政联席会会议制度。坚持以巡促改，高度重视中央巡视及整改工作，有针对性地提出立行立改措施和深化整改措施，扎实推进各项整改任务。贯彻落实全国高校党建会议精神，积极对标《北京普通高等学校党建和思想政治工作基本标准》，认真做好“北京市党建和思政工作先进普通高等学校”迎评工作，切实加强党支部标准化、规范化建设，做到以评促建、以评促改。健全信息发布审批制度，严格执行讲座、论坛、报告会审批制度，实行“一会一报”。坚持党管人才，党总支对拟引进人员进行思想品德考察和政治审查。

聚焦建党百年主题，党史学习教育有声有色。在认真落实党史学习教育“7个1”要求的基础上，积极创新形式，扎实开展多项特色活动。组织全院党员、师生开展“百名师生诵读百年党史”“百年党史百人诵”活动，举办建党百年暨党史学习教育文艺汇演和党史知识竞赛，组织师生参观中国共产党历史展览馆，进一步提升党性修养和理论素养，夯实党史学习教育成效。积极发挥学科优势，广泛开展宣传宣讲。录制“四史”学习系列专题讲座视频 7 部，在人民网“数字马院”平台和学校网站视频中心上线；编辑推出“百年大党的 100 个故事”，在前线客户端上线；学校党委理论学习宣讲团“学思”分团面向校内外师生宣讲 80 余场；讲解“玉汝于成”“初心弥坚”主题展览 50 余场，服务师生 1 500 余人次；组织师生录制“中国共产党人精神谱系”和“党的重要会议”微视频 100 个，持续推进党史学习教育走深走实。学院党史学习教育扎实开展，成效显著，受到教育部巡回指导组充分肯定。

强化铸魂育人使命，思政工作注重实效。严格执行理论学习中心组学习制度，积极发挥带头作用，不断创新学习形式，全年集中学习 15 次。坚持教职工理论学习制度，持续举办“求是论坛”系列讲座，累计举办 55 期。积极学习宣传党的十九届六中全会精神，举办专题报告会，邀请专家解读会议精神，学院教师撰写学习感想体会，在学校公众号上推送，营造良好学习氛围。每学期开展师德师风警示教育，完善《师德考核实施细则》，理论学习、学生评教等纳入师德考核。

（赵晓帼）

【工会工作】

为庆祝中国共产党成立 100 周年，学院分工会举办了“学党史 迎冬奥”教职工线上知识竞赛等活动，积极组织参加学校“奋斗百年路　永远跟党走”教职工合唱比赛。秉持“全心全意为全院教职工服务”的宗旨，以关注教职工身体健康、缓解教职工工作压力、丰富教职工课余生活为目的，组织教职工参加了校工会举办的教职工羽毛球比赛、乒乓球比赛等活动。

（乔琪雯）

国际学院

【学院概况】

1994 年，原北京农业工程大学与美国科罗拉多大学（丹佛）合作举办国际经济与贸易本科专业中外合作办学项目。1995 年 4 月，经农业部批准，原国家教育委员会备案正式成立国际学院。同年，国际学院通过美国中北部高等教育委员会（NCA）的学位教育资格评估，获得学位教育资格的正式批准。1998 年，北京市教育委员会批准国际学院为北京市首批中外合作办学单位。2006 年，国际学院通过英国高等教育质量保障署（QAA）的教学质量评估。

国际学院与英美大学合作设置 5 个专业：包括与美国科罗拉多大学（丹佛）合作举办的国际经济与贸易和传播学专业，与美国俄克拉荷马州立大学合作举办的农林经济管理专业，在教育部留学服务中心指导下举办的国际金融类专业和国际商务类专业。

国际学院现有教职工 92 人，包括外籍教师 56 人，中籍教职人员 36 人。70%以上专任教师拥有世界一流大学博士学位，且具有良好的科研经历或在国外大学教学经验。

2021 年，国际学院在读学生 1 118 人，其中国内在读学生 880 人，国外在读学生 238 人。2021 年录取新生 349 人，毕业学生 308 人。

（李道亮）

【党建工作】

国际学院聚焦立德树人根本任务，学习贯彻落实习近平总书记在党史学习教育动员和庆祝中国共产党成立 100 周年大会上的重要讲话精神，高质量多形式召开理论中心组学习 19 次，教职工学习 13 次，开展各类学习活动 20 余次；参观校内外主题展览 7 次，集中组织收看建党 100 周年庆典，组织观看《长津湖》，进一步坚定了师生的理想信念。严格党员考核标准，全年发展党员 41 人，转正党员 36 人。完成 86 名积极分子和 41 名发展对象党课培训。

国际学院积极打造“ICB 育人论坛”，发挥党支部的战斗堡垒作用，以“双融合 双促进”为工作抓手，培育工作亮点，将专业课的思政教育功能落到实处。在学院微信公众号开辟了“党史学习大家谈”“学习七一讲话”和“六中全会”专题栏目，师生党员发布多篇学习体会和心得。

（陈明海）

【合作办学项目建设】

中国农业大学与美国俄克拉荷马州立大学联合举办的农林经济管理专业项目于 2012 年获教育部批准，2021 年通过教育部中外合作办学新一轮评估。国际学院经过前期调研、与美方多轮谈判，与俄克拉荷马州立大学继续联合举办农林经济管理专业中外合作办学项目，续签 5 年，招生年限延至 2026 年。

中国农业大学与美国科罗拉多大学（丹佛）合作举办的国际经济与贸易和传播学项目平稳运行。2021 年秋季学期起，国际学院与美国科罗拉多大学（丹佛）合作办学的传播学专业中增设健康传播方向，助推学校“双一流”国际化水平建设。同时，为缓解社会压力，满足社会需求，在上级教育主管部门指导下，顺利开展中美科罗拉多大学项目招生扩招工作。

出国留学项目，目前合作的有普利茅斯大学、赫瑞瓦特大学和德蒙福特大学。国际学院继续推进与国外院校“点对面”的合作关系，2021 年与普利茅斯大学续签了学生交换合作协议。

（许廷武）

【教育教学】

2021 年，国际学院 90%的毕业生选择继续攻读国内外大学研究生，其中 50%的毕业生赴世界前 50 名高校深造，38 人被美国藤校或英国 G5 大学录取，包括哈佛大学、剑桥大学等，是历届毕业生中取得成绩最好的一年。

国际学院在开展中外合作办学的同时，积极助推学校国际化人才培养，加快学校本科教育国际化进程。构建全英文通识课程公选课平台，2021年度国际学院为全校开设各类课程，累计650课时。国际学院学生积极参加校级“2＋2”联合培养项目，2021年申请并获得外方合作校录取的学生人数为18人，占全校录取学生总数的86％，同比提高19％，就读学校包括康奈尔大学、马里兰大学和普度大学等。

国际学院成立中国农业大学教师教学发展中心国际学院分中心，先后举办两期育人论坛。数字农业国际发展研究中心和中外合作办学英语教学研究中心培育行动稳步推进，完成撰写《“十四五”全国农业农村信息化发展规划》《中国数字乡村发展报告2021》，完成农业农村部《信息化推进我国农业农村现代化路径研究》《数智化驱动乡村振兴》《未来农场》等书稿，成功申请FAO“中国数字乡村案例研究”、国家乡村振兴局“2021年度软科学课题”、腾讯“数字乡村模式”项目，策划全球数字乡村发展报告。与卢旺达驻华使馆签署合作协议，深入参与中国巴西数字农业合作，“一带一路”等国际合作有序展开。

国际学院1名教师获中国农业大学教学成果二等奖，3名教师及教学团队获第一届中国农业大学教师教学创新大赛三等奖，1名教师获中国农业大学最美课堂比赛优秀奖，1名外教牵头申报的《学术写作艺术》(全英文授课)入选中国农业大学第五批核心通识课程，将于2022年春季面向全校本科生开课。

(王晓燕)

【信息化建设】

国际学院信息化建设顺利推进，同步启动综合办公信息系统和教务管理信息系统的一期建设，打通学院各部门之间数据，实现资源共享，实现院内外的数据交互，实现各项管理工作的校院联动，使国际学院信息化建设效用最大化。

(李道亮)

【学生工作】

在国际学院学生思政教育中，爱国主义教育和诚信教育贯穿始终。通过主题班会、报告会、网络宣传等形式，营造“热爱祖国”“诚实守信”的教育氛围。在《学生手册》中增加爱国主义、诚信教育内容，组织新生签订《诚信承诺书》，在新生教育培训、学生出国前教育培训中强调爱国诚信的重要性。

建党百年，强国有我，学院学生积极参与庆祝中国共产党成立100周年大会志愿服务和“伟大征程”大型文艺演出合唱表演。19名同学成为冬奥会志愿者，其中有15名赛会志愿者和4名城市志愿者，他们共同参与服务活动。

(陈明海)

【教代会与工会工作】

2021年，国际学院教代会与工会通力协作，履行工会各项职能，做好院内工会工作，为教职工发放各类物资用品，开展“送温暖活动”慰问退休教职工。

(刘海泓)

体育与艺术教学部

【概况】

体育与艺术教学部主要承担学校体育与艺术的教学、群众性文体活动及高水平运动队、学生艺术团的训练、比赛及展演工作。在疫情防控条件下，体育和艺术教学部以加强政治建设为统领，以问题为导向，以《中国农业大学深化新时代教育评价改革总体方案》和《中国农业大学2021年党政工作要点任务清单》为重点，向难点求突破，就问题要成绩。

（王永生）

【师资队伍】

体育与艺术教学部共有教职工70人，其中，专任教师60人（体育53人，艺术7人），包括教授4人（体育3人，艺术1人）、副教授29人（体育24人，艺术5人）；硕士生导师2人（体育、艺术各1人）。

重视师资培养，明确要求青年教师必须完成校内培训，持证上岗。2位青年教师获得中国农业大学教师教学研修结业证书。坚持"请进来，走出去"的方针，做到"人员全覆盖，培训有重点，学习有计划"。聘请校外专家进校对体育教师开展2次FMS功能性动作筛查与纠正训练的培训；选派青年教师参加"首都高校第十五届青年骨干教师培训班"学习；学校教师参加首都高校第三届"职业的梦想——我是体育教师"演讲比赛，获二等奖。全年重点支持教师参加啦啦操、高尔夫、瑜伽、气排球等项目培训累计16人次。

引进篮球教师1人，满足了本校篮球教学和群体活动开展的基本需求。

（王永生）

【本科教育教学】

体育教师年教学工作量合计20 954自然学时。23名教师共参与课外辅导1 017次，较之前有所上升。仅下半年辅导次数就达441次，与去年同期相比增长30%。这些充分反映了学校目前课外体育活动正在强势复苏。

春季学期，体育教师教学评价平均得分91.99分，80.79%的课程教学评分在90分以上，较上年秋季学期均有提升。教学成果"敢为人先开先河，体育教育教学质量全面提升"获得校级教学成果奖一等奖。

国家学生体质健康标准测试有序开展，学生均分为75.12分，比2020年提高1.21分。优秀率为3.71%，良好率为27.86%，达标率为96.69%。较2020年优秀率提高1.42%，良好率提高4.18%，达标率提高0.89%。

在北京市教委的指导下，有计划、有秩序、有保障地在校内开展群体竞赛活动。同时，积极带领学生参加校际交流、比赛。学校现有男女橄榄球、男子足球、田径4支高水平代表队，共 97 名运动员。普通生体育代表队 18 支，涉及篮、排、足、乒、羽、网、健美操、高尔夫、瑜伽、游泳等 15 个项目，参与学生近 1 200 人。学校男子足球队获得首都高校大学生足球联赛（超级组）第二名。

探索俱乐部模式打破课内、外界限，体育俱乐部课程举办的比赛异军突起，初步实现了“教会、勤练、常赛”的目标。

探索研究生体育教学新模式充分考虑研究生群体的特殊性，开设羽毛球、网球、高尔夫 3 个体育俱乐部试点项目，229 人次参与。

（王永生）

【教学改革】

教学制度建设日趋完善 修订《中国农业大学公共体育课考核评价内容与标准》，整合新开课审核制度、排课制度、代课制度，制定《中国农业大学公共体育课排课与日常教学调度管理办法》。

民族传统课程与时尚课程齐头并进 2021 年春季学期，中华人民共和国少数民族运动会最具人气项目“抢花炮”课程在学校本科生体育课中正式上线。开设健身俱乐部课程，受到学生的追捧。

建立“五位一体”的体育课考核评价体系 体育课进一步强化“健康第一”的教育理念，建立“理论＋专项实践＋身体综合测试＋课外体育活动＋课程思政”五位一体的体育课考核体系。鼓励学生参加各类体育竞赛，加强对学生课外体育活动的过程性评价。

强化课程思政，切实落实育人工作 通过培训统一教师思想，持续强化课程思政在育人中的重要性；在课程设置方面，课程思政要求贯穿课内外，通过课外跑步环节设置，不断强化学生诚信、自律、拼搏的精神；首次开设本科新生第一堂体育课，介绍农大体育特色。

教学督导画重点，力保教学质量 重点督导任职一年内的青年教师及上学期教学评分后五门的课程教学情况。

基层教学组织发力，教研活动有序开展 为备战学校首届“最美课堂”教学比赛，由各基层教学组织推荐，举办体育与艺术教学部首届“最美课堂”教师教学比赛；利用暑期，体能与竞训教学中心就学生身体运动功能课的建设开展研讨活动。

齐心协力，多部门联动促教育提升 协助本科生院完成学校体育教育实施方案；配合本科生院做好强基计划招生工作，做好保研、毕业生体测成绩的资格审查工作；支持并选派教师指导体育社团，协助团委开展校园文体活动。成功配合学校完成本科教学评估工作；顺利完成《体育基本工作标准》自评报告。

探索以信息化手段管理课外体育活动 随着课外比赛活动的日益增多，前瞻性地提出借助信息化手段实现更加高效的管理，完成校内体育竞赛的信息化管理平台的前期设计，预计 2022 年可投入使用。

（王永生）

【科学研究】

体育与艺术教学部1篇论文获得第十四届全国学生运动会体育科学论文报告会一等奖;2篇论文入选第十二届全国体育科学大会;1篇论文被评为清华体育高层论坛最佳报告。

主持国家自然科学基金合作项目1项,参加国家社科基金项目1项,参加北京市社科基金重大项目1项,主持北京市少数民族体育基地项目1项;获批学校“双一流”建设课题1项。

体育与艺术教学部聘任北京师范大学二级教授毛振明为学校讲座教授,带领中青年教师开展体育科研活动10余场。

（王永生）

【党建工作】

加强政治理论学习 领导班子发挥“关键少数”的作用带头加强政治理论学习。全年坚持以党史学习教育为主线围绕“学党史、悟思想、办实事、开新局”主题,认真贯彻“学史明理、学史增信、学史崇德、学史力行”要求,组织全体党员深入开展政治理论学习和思想教育。

强化师风师德教育 深入学习贯彻包括《习近平给全国涉农高校的书记校长和专家代表的回信》《习近平在全国教育大会上的讲话》在内的关于师德师风的重要论述,在全体教师中强调坚持“守好一段渠、种好责任田”的理念。

坚持以问题为导向 针对巡查巡视的情况,成立整改领导小组,切实完成整改任务。针对中共中央办公厅、国务院办公厅发布的《深化新时代教育评价体系改革总体方案》和《关于全面加强和改进新时代学校体育工作的意见》,完成《中国农业大学体育教育改革方案》。

（王永生）

【教代会与工会工作】

履行分工会职责,想方设法帮助解决困难职工问题;连续多年对个别家庭经济困难职工减免会费。

积极协同校工会开展各类教工文体活动。体育与艺术教学部教工夺得首届教职工篮球赛冠军;夺得首届教职工足球比赛冠军;第二次夺得教职工气排球比赛冠军。

（王永生）

【社会服务】

寒假期间,积极组织体育教师进行义务辅导,涉及20个项目,历时近1个月,总辅导200余次;联合社会力量,组织12场“瑜伽的力量——向焦虑SAY NO”线下公益活动;邀请中国人民解放军总医院骨科和康复科专家为学校师生开展“冬季运动损伤防治”专题科普讲座。学校竞聘成为北京市大学生体育协会橄榄球、高尔夫球分会的主席单位。

主持和组织全国农业高校体育协会工作;以主要领导身份在各自项目协会开展工作;牵头赴河北广宗扶贫;在校外担任裁判、指导专家等工作。在第十四届全运会中,学校体育教师徐菲聆、王帅为北京队拿下了群众组羽毛球女双、男双两项比赛的冠军。

(王永生)

国际发展与全球农业学院

【学院概况】

国际发展与全球农业学院成立于 2017 年。2021 年,学院继续围绕科学研究、人才培养、发展实践、智库建设、媒体传播、共同体成长六大业务展开工作,同时孕育全球农业、区域国别等新型学科领域,着力助推人类命运共同体建设和全球可持续发展。一方面,学院以回应现实之需为己任主动发起高层次对话和论坛,推动国际交流合作和学术共同体成长;另一方面,积极深入乡村基层,推动新型减贫和发展实践创新,并通过理论提升和大众传播两个路径开发、分享减贫合作与发展治理知识,提升人才水平。

学院有教育部"高层次国际化人才培养创新实践基地""坦桑尼亚与东南非研究中心"2 个省部级基地,国际发展援助研究中心、非洲发展研究中心、南亚东南亚发展研究中心、公益组织国际化研究中心 4 个院级研究单位,并担任国家国际发展合作署核心智库单位、中国教育发展战略学会国际胜任力培养专业委员会常务理事单位。

(马洁文　赵天阳)

【科学研究】

8 月 19 日,雷雯博士后主持的"中国农业走出去的生产民族志研究"获批教育部人文社会科学研究基金青年项目。

9 月 18 日,全国哲学社会科学工作办公室发布《2021 年国家社科基金中华学术外译项目申报公告》,李小云教授所著《贫困的终结》一书入选该推荐选题目录。这是中国农业大学人文社科成果首次入选该项目。

9 月 24 日,黄振乾副教授主持的"中国援助对非洲国家经济发展政策选择的影响研究"获批国家社会科学基金青年项目。

11 月,农业农村部人力资源中心和中国农学会公布科创中国"一带一路"国际农业科技创新院建设牵头单位名单,李小云教授牵头的"'科创中国''一带一路'国际食物高效生产与农产品深精加工专业科技创新院"获批建设。

12 月,徐秀丽教授主持的"中国'与一带一'路国家有效分享减贫经验的模式与策略研究"获批国家社会科学基金重大项目。

2021 年,学院专家团队先后在国际知名学术期刊 *Nutrients*、国际发展领域的英文核心期刊 *IDS Bulletin*、人文社科权威杂志《世界经济与政治》等发表全球发展研究论文,继续巩固具有中国农业大学特色的全球发展研究范式。

（马洁文　赵天阳）

【教育教学】

2021年，硕士研究生在校61人，其中，公共管理硕士28人，留学生33人。招收留学生16人，包括境内11人、境外5人。

承办学校第三期研究生农业外事管理能力提升项目，为校内42名、农业农村部23名共65名学员组织了农业前沿理论与实践、外事能力提升、国际组织实习实践和全球治理系列课程等4个模块的学习与实践。

承办中国农业大学第一批研究生学科前沿及交叉课程建设项目，开设全球农业与国际发展专题、全球食物体系转型等课程。该项目共吸引16个专业的47名博士、硕士研究生参加。

（马洁文　赵天阳）

【智库成果】

9月，学院专家团队与联合国南南合作办公室共同撰写的《南南合作在行动》专题报告在中国国际服务贸易交易会期间发布。

10月，中华人民共和国外交部发布《中国联合国合作立场文件》，该文件展现了50年来中国对联合国各领域工作作出的突出贡献。学院专家团队2020年撰写的《消除绝对贫困：中国的实践》报告被写入该文件。

11月，在中非合作论坛第八届部长级会议前夕，发布"非洲发展展望2021"四大系列报告：《发展的硬道理——非洲发展型国家能力与中非合作的未来》《重振旗鼓——非洲后疫情时代非洲经济复苏潜力与中非合作韧性》《按下暂停键——非洲贫困成因与疫情后中非减贫合作》《非洲如何养活——非洲农业发展潜力与中非合作》。

（马洁文　赵天阳）

【国内外双场域贫困治理】

在当前构建以国内大循环为主体、国内国际双循环相互促进的新发展格局下，学院研究团队注重建设国内和国外双场域，已在国内建立了20多个乡村发展创新试验区，同时在坦桑尼亚建立了10个乡村发展与减贫合作示范村。

2月，李小云教授荣获"全国脱贫攻坚先进个人"，在全国脱贫攻坚总结表彰大会上受到表彰。

5月和11月，李小云教授先后出版《贫困的终结》和《公益的元问题》两本著作，分别围绕贫困的元问题和公益的元问题回答了"为什么要扶贫"以及"如何扶贫"两大核心问题。

（马洁文　赵天阳）

【前沿交叉学科培育】

推动全球农业前沿交叉学科建设和人才培养。通过人才培养、承担“一带一路”国际食物高效生产与农产品深精加工课题、在国际前沿期刊发表论文等不同方式积极助推全校文理学科交叉，开拓学生国际化视野、关注全球化解决方案和可持续发展前沿性议题。全校共有来自17个学科专业的50余名教师和来自16个学科专业的百余名学生（涵盖农业工程、作物学、植物保护等7个A类学科）共同参与全球农业相关学科建设项目。

（马洁文　赵天阳）

【海外发展示范】

6月，学院在坦桑尼亚十年探索的“小技术大丰收”农业发展和减贫经验示范项目入选中宣部、国家乡村振兴局等单位合办的“伟大壮举——中国脱贫攻坚成就展”国际贡献板块，并获首届“全球减贫”最佳案例奖。

11月，国家主席习近平在中非合作论坛第八届部长级会议开幕式中指出，鼓励中国机构和企业在非洲建设中非农业发展与减贫示范村。“小技术大丰收”这一发展合作模式被纳入其中。

11月，《新京报》联合学院中非研究团队共同推出“我在非洲种玉米”系列报道，分别从中方专家、非方合作伙伴、中非双方青年人等视角，多角度、立体、全面地讲述了十年丰收非洲行的故事。新华社、人民网等主流媒体和非洲当地媒体也对本项目进行广泛的宣传报道。

（马洁文　赵天阳）

【对外援助与国际发展合作】

学院以“一带一路”为关注区域，完成两项以援助和国际发展合作为主题的国家社科基金重点项目和一般项目。

7月，在第十四届政治学与国际关系学术共同体会议平台上，举办非洲发展研究和国际发展合作研究的四场研讨会。

（马洁文　赵天阳）

【高端论坛与政策对话】

2021年，学院团队组织、参与各类高端论坛及政策对话，推进全球发展共同体成长。

4月，学院专家受邀参加博鳌亚洲论坛2021年“世界大变局：共襄全球治理盛举合奏‘一带一路’强音”年会，并主持“面向2030年的减贫与乡村可持续发展”活动。

5月，学院专家受邀参加首届人类学与国别区域研究论坛。

6月，学院专家受邀参加上海合作组织民间友好论坛，并以“中国为什么能消除贫困”为题发表讲演。

6月，学院专家受邀线上参加由非洲区域大学农业能力建设论坛（RUFORUM）主办的联合国粮食系统2021峰会预备对话会。

10月，学院专家受邀出席中非智库论坛第十届会议，并在“中非合作论坛新规划与中非命运共同体构建”和“推进非洲城市（镇）化建设，深化中非数字化合作，共建‘一带一路’”两个平行论坛上发言。

10月，学院以年会的形式推出10场研讨与对话，共同推动“全球公共品与国际发展”领域相关学术与学科发展及政策实践。来自国际组织、各国政府部门、国内外高校、智库、科研机构的数十位专家学者围绕新发展知识、多元视角下的全球发展、中国发展与新型全球化等领域话题进行了深入交流。

此外，学院还举办近30期新发展知识讲坛，邀请国内外著名发展研究学者、前沿实践工作者等共同捕捉国际发展体系转型断裂中的新生之地。

（马洁文　赵天阳）

土地科学与技术学院

【学院概况】

2021年学院设置5个系：土地资源系、土地管理系、土地信息系、土地工程系、土壤和水系。学院建设秉持“开放、融合、合作、协同”的办学理念，对接国家需求，瞄准土地科技创新国际前沿，逐步打造成为土地科学与技术学科领域的原始创新基地和人才培养高地。配合学校完成对学院用房的调整，10月，学院主体搬入土化楼办公。

学院现有自然资源部农用地质量与监控重点实验室、农业农村部农业灾害遥感重点实验室、农业农村部华北耕地保育重点开放实验室3个省部级重点实验室；中国土地政策与法律研究中心、土地利用与管理研究中心、农业农村信息化研究中心3个校级研究中心；中国农业大学吉林梨树教学实习基地等多个校外教学与实习基地；还有1个国土资源全国科普基地。

（曹兆红）

【学科与专业建设】

土地科学与技术学院具备完整的本科生、硕士生、博士生人才培养体系，本科生按地理科学类大类招生，设置土地科学与技术、土地资源管理、地理信息科学、土地整治工程等本科专业。博士、硕士研究生招生专业设置土壤学、土地资源管理、土地信息技术等学科方向，同时招收国土空间治理与信息化、黑土地农业现代化人才培养、耕地保育与可持续发展和烟台专项的专业学位硕士研究生。具有公共管理、农业资源与环境一级学科博士学位授权。拥有公共管理、农业资源与环境博士后流动站2个。

学院现有国家重点学科1个、北京市重点学科1个、部级重点学科3个。

2021年，教育部正式批准学校自设土地科学与技术博士学位授权一级学科。编制了《土地学院关于编制学位授权点建设年度报告工作方案》，成立领导小组和学院工作组，按照有关要求开展学位点评估材料编制工作。

（麦春宁）

【师资队伍】

学院现有教职工 118 人，其中，专任教师 86 人，包括教授 34 人，副教授 42 人，讲师 10 人；博士生导师 51 人、硕士生导师 64 人；中国科学院院士 1 人、中国工程院院士 1 人。

本年度师资队伍变动情况：引进杰出人才(教授)3 名，优秀人才(副教授)3 名，讲师 3 名，实验技术人员 1 名，管理服务人员 1 名；退休 2 人；晋升教授 4 人，副教授 2 人；博士后研究人员进站 2 人，出站 0 人。

(邓婷)

【本科教育教学】

在校本科生 271 人，招生 70 人，毕业 54 人。

课程建设。“地质与地貌学”“遥感数字影像处理”和“不动产估价”三门课程获批学校“大国三农”一流本科课程(金课)建设项目；土壤学和国土空间规划课程获学校在线开放课程立项支持；土地与可持续发展课程获批学校核心通识课，全球遥感“碳”秘和土地与碳中和生态系统两门课程获批学校普通通识课。

教材建设。《土壤学》教材获北京高校优质本科教材重点建设项目；土地资源管理专业 5 本教材获学校“大国三农”系列规划教材建设项目立项。

教学改革项目。产学合作协同育人项目申报中有 12 个项目获得立项。

组织申报学校教学成果奖 5 项，获校级特等奖 1 项、校级一等奖 1 项、校级二等奖 3 项；三位老师参加第一届中国农业大学“最美课堂”教师教学比赛获优秀奖；3 位老师参加第二届中国农业大学教师教学创新大赛，1 人获正高组二等奖，2 人获副高组优秀奖。

加强学生创新能力培养，组织学生参加学科竞赛并取得良好成绩。在第三届全国大学生土地国情调查大赛、第十一届“挑战杯”首都大学生课外学术科技作品竞赛“红色实践”专项赛和第三届全国大学生自然资源科技作品大赛中均获一等奖；在第五届全国不动产估价技能大赛中获得二等奖；在“共享杯”科技资源共享服务创新大赛中获得三等奖。

向学校申请并获批认定省部级 A 类学科竞赛项目 1 项，校级学科竞赛项目 1 项。

(赵瑞春)

【研究生教育教学】

在校研究生 486 人，其中，博士生 157 人，硕士生 329 人。研究生招生 209 人，其中，博士生 43 人，硕士生 166 人。毕业研究生 122 人，其中，博士生 29 人，授予博士学位 28 人；硕士生 93 人，授予硕士学位 92 人。

全院共申报获批各类研究生教改项目 18 项，参加教改项目教师 72 人次。黑土地农业现代化人才培养专项获评 2021 年度优秀专项。落实院级研究生教育督导组的成立。开展专业学位研究生校外兼职指导教师遴选工作，遴选并聘任 17 名兼职指导教师。

(麦春宁)

【科学研究】

全院获批自然科学基金 11 项，其中，9 个面上项目，2 个青年基金项目，资助率达到 27.5%，批准经费 533 万元。另外，还申报了 2 项社会科学基金。全院新立项科研项目 101 项，合同经费共计 3 466.23 万元。其中，纵向项目立项 27 项，合同经费 1 288.78 万元；横向项目签订 74 项，合同经费 2 177.45 万元。全院到账经费 2 874.91 万元。

学院教师发表高水平论文 163 篇，其中，SCI 收录 96 篇，EI 收录 24 篇，SSCI 收录 6 篇，CSSCI 收录 27 篇；其中，学科前 10%论文 40 篇，学科前 10%～20%的论文 27 篇。获省部级奖项 3 项，授权发明专利 18 项，出版科技著作 5 本，获采纳的国家级及省部级政策建议、研究报告共计 9 项。

启动学院现有的 3 个部级重点实验室、3 个校级研究中心的班子换届工作，并按学校要求进行各类研究中心的清理工作。成立耕地健康、地表基质调查与数字化 2 个院级研究中心。

（钱莉琴）

【社会服务】

“梨树模式”的黑土地保护工作得到进一步推广，李保国教授“以‘黑土地保护性耕作技术’促进生态保护和脱贫攻坚”项目荣获中央统战部“社会服务优秀成果”表彰。全院有十余份报告、建议获得部级以上领导批示；河南、陕西等省遭遇特大洪涝灾害，土地信息系师生利用专业知识，先后为相关部委提供了数份灾情遥感监测分析报告，为国家救灾提供了重要的科学依据和决策参考；李品芳、孔祥斌、王健等教授工作站团队，围绕生态安全、山水林田湖草综合治理、乡村振兴等重点领域开展工作；为昆明市“1＋5”都市驱动型乡村振兴创新实验区建设贡献了智慧；成立了内蒙古现代农牧业研究院并积极为当地服务；学院与保定市社会服务工作对接等。推荐 1 项成果申报学校社会服务贡献奖。

（曹兆红）

【合作交流】

在校留学生 5 人(博士 4 人、硕士 1 人)。一院一平台“一带一路”学术交流项目立项 2 项。

【学生工作】

加强团员主题和专题教育阵地建设，抓住中国共产党成立 100 周年历史契机，组织开展一系列形式多样、题材丰富的学四史、学思想、学习重要讲话精神的活动，如八宝山烈士纪念园参观活动、“踏万里复兴之路，越沃土千耦其耘”主题定向越野活动等。开展“千耦其耘，智慧兴农”常态化志愿服务项目，宣传中国的土地国情；与龙翔社区合作，稳步推进“筑梦未来、爱心助学”奥运村街道家教帮扶志愿项目，举办“世界土壤日”系列活动。

共设有本科生团支部 9 个，研究生团支部 18 个，教工团支部 1 个，组织学生参加新生运动会、各项院际体育比赛。举办线上元旦晚会，修订《推荐优秀应届本科毕业生免试攻读研究生工作细则》《研究生奖学金评定方案》。共有2名教师、8名学生参与庆祝建党100周年大型情景史诗《伟大征程》演出，有1名学生参与建党100周年庆祝大会广场合唱献词。

学院志愿者支队荣获优秀志愿团体称号；梨树实验站党支部获评五四青年标兵集体，土资181班、土科192班获得北京市优秀班集体称号，3个班级获得校级优秀团支部等称号。

（高同）

【党建工作】

根据系级结构调整，土地科学与技术学院完善了党支部设置。学院共有18个党支部，包括6个教职工党支部、5个博士党支部、5个硕士党支部和2个本科生党支部，共有党员448名；发挥二级党校功能，组织各类培训近400人次参加；发展党员130名，包括1名教职工党员、129名学生党员。

严格执行议事规则，做好党委会前置工作，严格划分党委会、党政联席会边界，全年召开党委会15次，党政联席会27次。

推进党史学习教育，把党史学习教育作为重要的政治任务，紧跟时事，全年组织中心组学习13次；建立“大地之声”理论学习平台，组织教职工集中理论学习12次。

强化支部监督管理，建立支部活动“动态报表”制度。

重视意识形态工作，健全意识形态“三级责任人”体系，修订《报告会、研讨会、讲座等活动管理办法》等制度。

注重师德师风建设，在学院主页设立“身边的榜样”专题，宣传本院模范教师事迹；为青年教师搭建“沃土壮禾”交流平台，推荐11门课程在学校立项，2门课程被评为精品项目。

强化党风廉政建设。认真落实领导干部党风廉政“一岗双责”，查摆并解决19项立行立改问题，落实40项深化整改措施。

（王帅）

【教代会与工会工作】

为庆祝建党100周年，分工会与学院党委共同组织了学院教职工合唱比赛，土壤和水系获得一等奖；学院参加学校比赛获得一等奖。开展“缅怀先烈学党史 践行初心谋发展”党史学习教育活动；组织观看主题电影；开展青年教师培训，由老教授传授教学技能等。

拟定教职工代表大会和工会工作制度、学院分工会主席及各部门委员岗位职责、评优工作办法等；继续完善机构设置，在今年系别调整后，相应进行工会小组调整，按系别配齐工作小组长；继续组织完成聘用人员入会工作。向学校报送优秀工会干部和工会活动积极分子材料，伦飞被评为优秀工会干部，邓婷和张倩被评为工会活动积极分子。

组织职工参加学校和学院组织的各项活动；继续为职工办理公园年卡（60人）。

配合完成学校的各种福利慰问品发放、保险办理；根据学院福利费管理办法，对退休职工、生育职工、生病职工进行慰问等。

学院主体搬入土化楼办公，在 5 层规划设置职工之家；购买乒乓球台、装备暖心驿站，购置部分文体用品。

（曹兆红）

草业科学与技术学院

【学院概况】

草业科学与技术学院设置 4 个系：草地资源与生态系、草地生产与利用系、草坪科学与工程系、育种与种子科学系。学院拥有国家级野外科学观测站 1 个，北京市和农业农村部等省部级科研基地平台 9 个；挂靠有国家一级学会“中国草学会”秘书处、国家牧草产业技术体系研发中心、国家牧草技术创新联盟秘书处、中文核心期刊《草地学报》编辑部等。

（张英俊　栾相科）

【学科与专业建设】

学院开设草业科学专业 1 个专业，覆盖 1 个学科；具有一级专业学科 1 个，一级学科博士点 1 个，博士学位授权点 1 个，硕士学位授权点 1 个，专业硕士学位授权点 1 个；博士后流动站 1 个。

学院现有“双一流”建设学科 1 个，国家重点学科 1 个。

学院邀请院士专家、组织全体教师大会和教授大会进行研讨，广泛调研、听取意见，开展新一轮一流学科建设方案编制，形成《中国农业大学草学学科一流学科建设方案(2021—2025)》，并通过教育部组织的专家评审；完成国家林草局重点学科申报工作。

（王显国　栾相科）

【师资队伍】

学院共有教职工 75 人，其中，专任教师 45 人，包括教授 17 人、副教授 21 人；博士生导师 21 人、硕士生导师 11 人。

本年度引进杰出人才 1 人、优秀人才 4 人、普通人才 2 人、党政管理人员 1 人，退休 1 人，晋升教授 1 人、副教授 1 人，博士后研究人员在站 7 人、进站 2 人、出站 2 人。

（张英俊　栾相科）

【本科教育教学】

草业科学专业在校本科生为 125 人，招生 50 人，毕业 19 人。1 名毕业生的毕业论文获校级百篇优秀论文，并获评北京市优秀毕业论文。学院获国家级大学生创新创业训练项目 3 项，北京市大学生创新创业训练项目 2 项，校级 URP 计划项目 22 项。

"草地学"获评北京高校优质本科教材项目；新修订 2 门课程教材；国家林草局"十四五"本科生教材立项 6 门。2 门课程入选校级在线课程建设项目，11 项院级课程思政建设教改项目入选校级立项教改项目，4 门本科生课程获评"双促进""双融合"教师党支部推动课程思政建设项目。1 名教师被评为 2021 年度校级优秀教师；1 项教改项目获评中国农业大学教学成果奖二等奖。

学院负责山西省招生宣传，通过招生动员会、招生现场宣传咨询会、线上招生宣讲、电话咨询、考生微信群咨询等多种方式进行招生宣传，与山西省阳泉市平定一中、阳泉一中、荫营中学签订了生源基地校协议。

（张万军　初宇）

【研究生教育教学】

学院在籍研究生 227 人，其中，博士研究生 84 人，学术型硕士 76 人，专业型硕士 67 人，包括校内专项 47 人、烟台专项 20 人。2021 年毕业 20 人，包括博士 9 人、专硕 10 人、在职专硕 1 人。授予 10 名全日制专硕、1 名在职硕士农业硕士学位，8 名博士草学博士学位。学院通过多渠道进行招生宣传，推免生总人数占招生基数指标的 53.6%；硕士研究生和博士研究生第一志愿报考和申请数量较上一年翻番。

学院出台了一系列院级规章制度，包括博士研究生环节管理实施细则、答辩秘书职责等，旨在保障研究生培养质量。通过召开烟台专项培养交流会，经费支持烟台专项指导教师团队配备线上会议设备，院领导与导师组团赴烟台与学生交流等举措，保障烟台专项教学。设立院级优秀学位论文，评选博士和硕士优秀论文各 1 篇，获评校级优秀硕士论文 1 篇。成立院级督导组，由 1 位组长、4 位组员组成。3 个农艺与种业案例通过教育部农业硕士教学指导委员会农艺与种业领域分委员会评审入库。获批 1 项研究生自主创新研究基金项目。学院设立院级研究生教改项目 10 项，其中混合课程 1 项、交叉课程 1 项、教材建设 2 项、案例教学 2 项、核心课程思政项目 4 项。获批校级教改项目 6 项，包括课程思政项目 2 项、混合课程建设项目 1 项、教材建设项目 1 项、教改项目 1 项、案例课程建设项目 1 项。

（张蕴薇　初宇　宁亚明）

【科学研究】

学院新增纵向项目 24 项，项目经费 1 150.81 万元，同比下降 24.68%；横向项目到校科研课题 17 项，合同经费 678.56 万元，同比上升 57.80%；校级基础科研经费 7 项，项目经费 295.50 万元，总经费 2 124.87 万元，2021 年实际到账经费 1 546.92 万元。学院在职教师承担国家自然科学基金面上基金项目 19 项、青年基金项目 7 项、重点专项 2 项、国际合作项目 1 项，新获批 1 项国家自然科学基金重大计划项目、3 项面上基金项目、4 项青年基金项目。

发表高质量学术论文 93 篇，授权国家发明专利 7 个、实用新型专利 5 个，颁布团体标准 2 个，出版教材 3 部、著作 6 部。

获得科研奖励 6 项，1 位教师主报的"蝗虫高效生物防治技术开发与集成应用"获得高等学校科学研究优秀成果奖(科学技术)科学技术进步奖;1位教师(第二完成人)申报的"内蒙古草原放牧生态系统固碳减排调控机制研究"获得内蒙古自治区科学技术奖;1位教师(第三完成人)申报的"紫花苜蓿耐盐机理研究及应用"获得宁夏回族自治区科学技术进步奖。

(张万军　宁亚明)

【社会服务】

2021年,1位教师提出3条政策建议,其中"大力发展草畜业,缓解粮食安全压力"建议被《人民日报》内参采用并得到中央领导批示;"在固原市建立人工栽培草地放牧试验区 推动六盘山区肉牛产业高质量发展"建议获宁夏回族自治区领导批示,进行试点先行。一项专利"一种退化羊草草地补播苜蓿的方法"成果转化20万元。1位教师受到中央电视台农业农村频道专题报道,其相关事迹也在"学习强国"中得到报道。此外,还有8位教师的事迹分别受到省部级电视台的报道。

1位教师指导的研究成果"苜蓿套种青贮玉米高产高效生产技术"通过2021年农业农村部重大引领性技术遴选,同时该团队还收到国家林业和草原局、农业农村部畜牧兽医局发来的感谢信。

(张万军　宁亚明)

【合作交流】

2021年,学院邀请外籍教授开展44场学术报告。2位教师受邀参加农业农村部全国农技中心举办的"巴基斯坦农业病虫害防治技术培训班"。学院教师5人次、学生1人次参与国际会议4场,2位教师在国际会议上作报告。1名博士生入选草学拔尖创新人才国际合作培育计划;1名硕士生被国家基金委国际组织实习项目录取。新获批国际合作及交流项目4项,主要包括入选了教育部"高等学校学科创新引智计划"的"草畜拔尖人才培养创新引智基地"项目、2021年学校国际合作"双一流"专项草学人才国际化培育计划、世界顶尖涉农大学合作种子基金专项以及"一带一路"学术交流项目。学院申请获批"一带一路"国际草牧业科技创新院,并召开"一带一路"草业研究生国际化及产学研培养讨论会,为人才培养搭建国际平台。

(张蕴薇　班丽萍　马丽娜)

【学生工作】

2021年,学院累计发放各类本科生奖学金12项,总额12.8万元,共有33名学生、累计46人次获奖,奖学金覆盖面42.31%;发放各类研究生奖学金12项,总额52.6万元,共有91名学生、累计109人次获奖,奖学金覆盖面67.41%。全年经济困难学生得到现金资助16余万元,达到经济困难学生资助全覆盖。

本科生共评选北京市级"三好学生"1人,校级"三好学生"8人,校级优秀学生干部2人,优秀团员2人,优秀团干部2人,优秀毕业生3人,其中包括市级优秀毕业生1人。研究生共评选"三好学生"14人,优秀学生干部3人,优秀团员4人,优秀团干部1人,优秀毕业生 6 人，其中包括市级优秀毕业生 1 人。草业 181 班被评为校级优秀团支部，该团支部组织的活动被评为“校级十佳团日活动”；草业 191 班、博士支部班被评为校级优秀班集体。

在各类创新创业大赛中，学院获得省部级奖项 12 项、校级奖项 6 项，其中“草原鹰眼——草原鼠害检测与退化草地恢复”项目团队荣获 2021 年第三届国家林业与草原行业创新创业大赛优胜奖，“中农青牧——草畜联动助力宁夏滩羊产业发展”项目团队荣获 2021 年宁夏吴忠市“请党放心、强国有我”青年创新创业大赛金奖。

学院不断打造具有专业特色、品牌特色的学生活动，如“草业文化节”“草地运动嘉年华”“研途大讲堂”“知草爱草大讲堂”“拨云见日话行业”等系列活动，在学院内营造草业文化特色氛围。2018 级、2019 级等学生参加“庆祝建党百年 颂扬青春诗篇”五四青年节诗歌朗诵比赛，荣获最佳组织奖和二等奖；2020 级、2021 级等学生参加“纪念一二·九”大型文艺汇演，荣获最佳组织奖和三等奖。

（杜玲　汪磊）

【党建工作】

2021 年，学院党委紧密围绕庆祝建党 100 周年系列活动，对标中央要求，认真动员部署，扎实开展党史学习教育。学院共有党员 181 名，其中，教职工党员 43 名、学生党员 138 名，设 10 个党支部，全年共发展 34 名党员，预备党员转正 19 名，二级党校培训积极分子、发展对象、预备党员 99 人次，坚持支部书记例会制度。党支部每月“一报”、每月“一答”制度，累计答题超过千人次，有力推进基层党组织标准化规范化建设。

根据学院党委整体工作安排，成立草业科学与技术学院教职工第四党支部，成立本科生低年级党支部；调整研究生党支部设置，成立硕士生第一、第二党支部和博士生第一、第二党支部。在学校“两优一先”评选中，我院 1 名教师、1 名学生获评优秀共产党员称号，草业教职工第一党支部获评先进党组织荣誉称号。

（李鹏　汪磊）

【教代会与工会工作】

分工会组织开展妇女节女工活动、国庆健步走活动、教工篮球赛，组建学院羽毛球队，组织师生足球联谊赛，参加学校建党 100 周年教职工合唱比赛，开展学院第二届教职工趣味运动会。组织承办校工会关于《中华人民共和国民法典》讲座项目。按照学校党委提出的学习平台“一院一品”的建设目标，承办主要面向青年教师的学习交流平台“启明论坛”，并完成 5 次论坛交流。1 位教师参加中国农业大学第三届青年管理干部岗位技能竞赛获得个人一等奖、最佳团队奖、最佳方案设计奖、最佳现场展示奖。举办退休教师荣休会；慰问患大病职工、生育女职工 4 人。

（王显国　马丽娜）

营养与健康系(营养与健康研究院)

【学院概况】

营养与健康系(营养与健康研究院)于2020年3月成立,是学校直属的二级实体机构,前身是北京食品营养与人类健康高精尖创新中心。营养与健康系拥有3个省部级实验室:功能乳品教育部北京共建重点实验室、畜产品北京市高等学校工程研究中心、食品精准营养与质量控制教育部重点实验室。1个校级研究中心:中国农业大学益生菌研究中心。六大公共平台:流行病学与人体健康评估平台、分子营养平台、肠道健康平台、营养组学平台、健康产品转化平台、营养宣教平台。

营养与健康系以建设国家一流学科为目标,以国家重大战略需求为导向,针对我国符合中国人群的营养健康标准缺失、慢病防控与健康促进的控制技术方法匮乏、生物医学大数据资源流失分散等国家重大需求中的科技创新供给力问题,以中国人群高发代谢性疾病(包括糖尿病及肥胖)和心血管疾病等重大慢病为研究对象,围绕营养与流行病、环境与营养健康、精准营养与健康工程、营养源与健康等四个方面进行布局。

(史娟)

【学科与专业建设】

营养与健康系拥有"营养与健康科学"一级交叉学科博士学位授权点,下设4个研究方向:营养与流行病学、环境与营养健康、精准营养与健康工程、营养源与健康。与动医学院共建"兽医学"博士后流动站。

(史娟)

【师资队伍】

本年度营养与健康系共有教职工46人,其中,专任教师21人,包括中国工程院院士1人、教授(含研究员等正高职称)7人、副教授(含副研究员等副高职称)14人;博士生导师18人、硕士生导师21人;兼职教师29人,其中校外兼职13人,校内兼职16人。

引进各类人才10人,晋升正教授1人;博士后研究人员在站15人(含企业联合培养3人),本年度进站15人(含企业联合培养3人)、出站0人。

(孙羽洁)

【研究生教育教学】

研究生在校49人,其中,博士生34人、硕士生15人;招生35人,其中,博士生19人、硕士生16人;尚无毕业学生。

加强招生宣传,吸纳优秀生源。2021年共组织5场远程网络复试,同时成功举行营养与健康系2021年第二届暑期大学生云端夏令营,来自全国各地50所高校的160名营员参与了本次夏令营,共有 15 人签订录取协议(其中营养与健康科学直博生 8 名,生物与医药专业硕士研究生 7 名)。

落实培养环节,提高培养质量。2021 年与生物学院共同完成了生物与医药专业硕士研究生培养方案的制定与论证;开设课程 16 门(其中博士课程 12 门,硕士课程 4 门),并聘请研究生教育督导组,全覆盖对培养环节及教学质量进行督导;完成了 15 名博士研究生科研轮训、博士研究生资格考试、开题考核,完成了 8 名博士研究生中期考核。

响应教改政策,提升教育教学创新。2021 年共获批 1 项研究生自主创新项目、1 项教改项目、1 项课程建设项目。

壮大研究生导师队伍,拓展研究生实践基地。2021 年共有 37 名导师通过资审,同时增聘 6 名校外兼职博士第一导师,26 名校外兼职第二导师。建立了蒙牛等 6 个研究生校外实践基地,促进产学研融合一体发展。

(高杰云)

【科学研究】

本年度到校科研经费 1 766.50 万元,新立项各类科研项目 29 项,合同总经费 2 513.49 万元。其中,纵向项目 9 项,包括国家自然科学基金 3 项;横向技术服务、技术开发、技术咨询项目 20 项。申报国家自然科学基金项目 19 项,获批 6 项。在获批项目中,重点项目 1 项、面上项目 3 项、青年项目 2 项。申报北京市自然科学基金 7 项,获批 1 项。获批博士后科学基金面上资助项目 1 项。立项基本科研业务费项目 5 项,合同总经费 30.5 万元。

发表 SCI 论文 54 篇、EI 论文 1 篇,共计 55 篇。影响因子 5.0 以上的 42 篇,入围 ESI 前 10%的 25 篇,ESI 排名 10%~20%的 18 篇。获授权专利 48 项,申请专利 14 项;科技成果转化 2 项,合同总金额 20 万元。

(孙羽洁)

【社会服务】

与中关村平谷管委会签署合作协议,围绕平谷"现代食品芯谷"开展建设,助力北京营养健康产业升级。发挥智库作用,任发政院士主持中国工程院战略与咨询项目"食品安全营养健康学科建设战略研究"、重大战略与咨询项目课题"我国营养与健康产业配套体系制定和保障策略研究",综合营养健康现有相关学科提出"营养与健康科学"一级学科的建设方案。

(史娟)

【合作交流】

骨干教师主持或参加国内外学术会议 20 人次,研究生参加国际学术会议 4 人次,占比 12%;参加国内学术会议 8 人次,占比 24%。依托营养与健康学科"111"创新引智基地,邀请法国国立农业食品环境研究所 Stanislav Dusko Ehrlich 教授、美国密歇根大学医学院张炜真教授、印第安纳大学医学院黄秀梅教授通过线上面向全系师生开展学术交流。组织科研讲座 7 场,开展项目线上讨论会议 10 余次。

(孙羽洁)

【学生工作】

做好党建带团建工作。营养与健康系以年级、学生类别分别设立班级,共有博士研究生 2 个班级,硕士研究生 1 个班级,每个班级均设班长 1 人、团支书 1 人、班委 2 人。同时成立了 2 个学生党小组和 2 个学生团支部。党员(包含预备党员)共有 28 人,年度推优入党 3 人,党员转正 5 人,有 1 人加入中国农业大学宣讲团(博士分团),1 人加入研究生党员骨干培训班。按时按期高质量完成了新生团组织关系、党组织关系转接等工作。

做好新生引领教育活动。举行开学典礼,邀请导师代表、学生代表发言,并进行学术诚信宣誓和系徽颁授仪式。组织新生入学教育系列活动,包括老生新生交流会、“传承百年农大精神　筑梦路上扬帆启航”新生主题党日活动、参观“初心弥坚:中国农业大学许党报国的红色故事”展览等,使新生快速适应新的学习生活。

做好学生思想教育。通过线上线下等方式学习习近平总书记考察清华大学时的重要讲话精神、习近平总书记“七一”重要讲话精神、在陕西榆林考察重要讲话精神、在纪念辛亥革命 110 周年重要讲话等内容,并积极开展了“追寻红色足迹　传承革命精神”主题党日活动、“以学修身　光影铸魂”主题党日活动、“汲取党史营养,加强身体健康,师生共羽赛场,凝聚团结力量”师生羽毛球赛等活动。同时也积极关注学生思想动态变化,采用谈心谈话等方式进行沟通疏导。

做好评奖评优工作。营养与健康系共 29 人次获奖学金,其中 1 人获博士国家奖学金、5 人获博士一等学业奖学金、6 人获博士二等学业奖学金、14 人获硕士二等学业奖学金;分别有 1 人获创新创业、崇德优先、文体优秀奖学金,奖学金覆盖率达 62%;有 1 人获校级“三好学生”、1 人获校级优秀班干部、1 人获校级优秀共青团员、1 名学生获校级优秀共产党员。

做好学生生活等各项保障工作。营养与健康系在食宿等方面给予学生尽可能的支持,解决学生在北京中农大创新研修学院校区就餐难的问题,同时也积极协调学生在东西区及北京中农大创新研修学院宿舍之间调整事宜。

(高杰云)

【党建工作】

1. 学习贯彻习近平新时代中国特色社会主义思想

(1)深入贯彻落实习近平总书记重要讲话精神、指示批示精神和中央重大决策部署,不断提升党建科学化水平。支部始终坚持用习近平新时代中国特色社会主义思想武装党员头脑、指导实践、推动工作。利用“三会一课”,组织师生党员学习习近平总书记对高等教育、“三农”工作、科技创新和党的建设等学校发展相关领域发表的系列重要讲话、重要指示批示;召集系务会,专题学习研讨习近平总书记给全国涉农高校的书记校长和专家代表回信精神,形成了《营养与健康系贯彻落实习近平总书记重要回信精神工作方案》;建立党小组学习交流群,及时发送最新理论文章等学习材料,为师生党员随时随地提供理论学习和交流的平台。

(2)紧密围绕中国共产党成立100周年主线,将党史学习教育融入日常。支部围绕“学党史、悟思想、办实事、开新局”主题,将党史学习教育融入日常。在中国共产党成立一百周年百天倒计时期间,开展“光影忆初心”“专家讲党课”“全员学党史”“立身铸魂塑党性 勇担使命促提升”系列主题活动。面向全系师生播放红色影片10部,组织“追寻红色足迹”主题党日活动2次;组织全系师生聆听党史专题报告3次;启动“建党百年 打卡百天”活动,每天通过微信公众号推出一期党建专栏,让师生通过打卡方式更多地了解党史,推出了100期;组织党史知识竞赛,寓教于乐,加深师生对党史的了解。

2. 强化党支部政治功能

(1)加强党建引领,逐渐形成党政齐抓共管格局。在目前营养与健康系党政领导班子尚未配齐的情况下,为确保党建工作与直属系的发展建设高度融合,选举确定了支部委员会,进一步完善系务会议事规则。另外,支部注重规范管理、分类引导,针对今年师生党员人数大幅增加的情况,建立4个党小组和3个团支部,选优配强党小组组长和团支部书记。

(2)加强师德师风宣传教育,巩固意识形态阵地。围绕学校师德专题教育工作方案,结合支部“三会一课”、主题党日、支部共建等活动,开展师德专题教育18场;加强意识形态阵地管理,规范各类微信群、网站;结合巡视整改要求,规范师生参加学术活动、发表学术言论的报备机制;做好支部在人才评议、考核晋升、评奖评优等方面的政治把关。

3. 推动党支部标准化规范化建设

(1)严格组织生活,规范基本制度。严格落实“三会一课”制度,支部全年开展各种形式的理论学习15次,召开组织生活会2次,举办主题党日活动4次,组织支部共建活动2次;落实谈心谈话制度,支部书记、成员利用各种方式经常与科研一线师生谈心交流,及时了解掌握他们的思想动态和工作需求。

(2)做好党员管理,加强对人才的政治引领和政治吸纳。支部积极做好党员接收、发展、转正、培养和考核工作,今年接收党组织关系30人,其中教职工党员13人;发展党员2人、转正党员5人。

4. 推动党建与业务深度融合

(1)坚持立德树人根本任务,推动教学科研全面提升。开展“青年教师教育教学能力提升计划”,邀请韩宇、李志红、胡剑3位教学名师进行教学经验分享,组织青年教师进入名师课堂进行教学观摩,组织9位新开课青年教师试讲,向青年教师灌输专业课思政育人理念、提升专业课思政育人能力,在全系营造科研、教学与育人并重的文化氛围。1位新入职青年教师申报获批学校“课程思政”教改专项。完成系内行政办公信息化平台建设工作。建立“党员督导团”,每月定期进行实验室、自修室、教室巡查,杜绝实验室安全隐患及各种不文明、不规范现象发生。与园艺学院教工党支部开展支部共建,促进学科交叉融合;与图书馆教工党支部开展支部共建,提高教师利用情报学手段服务科研工作的技能;与学工部党支部开展“小课堂 共提升”主题党日活动。

(2)以素质提升为抓手,切实促进学生成长成才。支部紧紧围绕落实立德树人根本任务,将构建高质量人才培养体系作为院系中心任务,重点提升学生思政教育与素质。

做好新生入学教育活动，任发政院士为全体同学亲授“开学第一课”，开展“传承百年农大精神，筑梦路上扬帆起航”新生主题党日活动；开展“研究生实验室轮训”，提升学生实验室实践技能和科研能力；组织“实验室安全宣传月”，通过实验室安全知识宣传、实验室安全讲座、公共仪器设备培训、安全隐患大排查、应急实操演练五大系列活动，切实增强广大师生安全意识、提高安全操作技能，保障科研实验活动的安全有序进行。

（史娟）

【教代会与工会工作】

营养与健康系组建了羽毛球队、乒乓球队、气排球队，每周进行固定训练，并参加学校范围内的各种比赛，成功举办营养系师生羽毛球赛。

组织参加“庆祝建党百年”合唱比赛，获得比赛一等奖，组织女教职工参加妇女节“‘巧手慧心润生活’——‘庆三八’女教职工手工作品展”等活动。

关心教职工身心健康，每季度组织教职工生日会，提升教职工对院系的归属感和认同感；为学生准备“中秋暖心包”、在系卫生间安装暖手宝、继续做好和公主楼二层餐厅的每日送餐协调等。

配合校工会为所有工会会员购买重大疾病保险和女工特疾保险；每年组织教工健康体检；每年组织女教工妇科体检。

（孙羽洁）

国家农业绿色发展研究院

【概况】

国家农业绿色发展研究院（以下简称“研究院”）下设 8 大交叉创新科研平台：根际生命共同体基础创新、绿色种植、绿色种养一体化、绿色产品与产业、绿色生态环境、绿色政策与战略、绿色智能肥料、耕地保育与绿色低碳平台；5 大支撑系统：科技小院、绿色肥料产业、科研基地、国内协作网、国际合作平台，为科技创新、人才培养、社会服务与区域绿色发展等提供支撑和条件保障。

研究院围绕“农业绿色发展”，在科学研究、全国区域绿色发展示范、国际合作与交流、人才培养、期刊出版与科普等方面开展了系统深入的工作，支持了国家农业绿色发展的战略需求。

（李翰文　姚银坤　丛汶峰　侯勇　申建波）

【科学研究】

研究院科研团队围绕农业绿色发展全产业链中系统交叉界面的理论创新开展了 4 个方面的科研工作，①水-土-气界面物质交换与生态涵养功能；②植物-土壤界面物质代谢耦合机制与资源高效利用；③植物-动物系统界面物质循环与环境减排；④生产-消费系统界面营养物质的互作机制与调控途径。通过系统创新，探索农业区域绿色发展实现途径。

主编及参与编纂《农业绿色发展》相关专著，在国内外高水平期刊发表多篇论文，在《土壤学报》发表《根际生命共同体：协调资源、环境和粮食安全的学术思路与交叉创新》文章，总结和根际生命共同体理论及根际生物学调控途径，为系统提升养分利用效率提供思路；张福锁院士团队在 *PNAS* 上发表文章“A steady-state N balance approach for sustainable smallholder farming”；张福锁院士团队论文《全球农作物间套作种植模式的增产效应》入选 2021 中国农业科学十大重大进展；中国共产党百年华诞献礼之作《中国科技之路》发布，张福锁院士主编农业卷《农为邦本》，详细阐明农业绿色发展的基础理论、落地途径和发展前景，在农业绿色发展理论新认识、农业绿色发展系统研究方法创新、科技前沿与界面交叉创新方面取得了显著的成绩，丰富了农业绿色发展内涵，在国内外产生积极影响。

（李翰文　姚银坤　丛汶峰　侯勇　申建波）

【全国区域绿色发展示范】

研究院着力构建全国区域绿色发展示范区与研究中心，促进农业绿色发展理论与实践的结合。以华北集约化农区县域农业绿色可持续发展为核心目标，在河北曲周打造县域农业绿色发展样板，构建“1466 县域农业绿色发展模式”，推动县域农业绿色发展，辐射周边。“1”即构建 1 个“政产学研用”综合平台；“4”即聚焦绿色作物生产、绿色种养一体化、绿色产品与消费和绿色生态环境 4 大板块；“6”即瞄准县域农业主导与特色产业构建科技支撑体系、绿色生产标准体系、绿色产业体系、经营体系、政策支撑体系和环境监测与大数据 6 大体系；实施“现状调研—产业规划—对策研究—落地实施—综合评价—模式总结”6 大步骤，推动绿色发展落地。此外，研究院还通过与地方政府、院校、院所、企业合作，在西南、西北、东北、华南等区域共同打造农业绿色发展中心。

为了有针对性地解决不同地区在农业绿色转型中面临的具体问题，进一步扩大农业绿色发展的实践应用，研究院开展了在西北和西南的调研活动。为促进农业绿色发展暨深入学习西北旱地与绿洲农业的发展，进一步服务广大农民，于 2021 年 6 月 19 日至 27 日，在张福锁院士的带领下，研究院青年教师及博士后 30 人前往甘肃，开启河西走廊、陇上文明的考察，深入旱作农业的生产实践，了解了绿色农业的人类智慧；同时，理论联系实际，找到许多科学研究的落地结合点，更好地服务我国大西北。

11 月初，院长张福锁教授牵头，联合云南农业大学与大理州人民政府，邀请全国著名高校、科研院所、科技企业的专家学者汇聚云南大理，围绕“美丽洱海 · 高原农业——流域农业绿色发展的大理模式”主题开展了为期 15 天的实地调研和学术研讨。调研结束后研究院团队完成《关于“洱海流域农业高质量发展与生态保护治理协同的创新模式与示范”立项研究的建议》《关于建设“洱海流域农业绿色转型发展先行示范区”的建议》2 份政策建议。12 月，开展洱海流域农业绿色发展研究院的选址等重要工作。

（李翰文　姚银坤　丛汶峰　侯勇　申建波）

【国际合作与交流】

研究院以“引进智力、面向需求、创新科技、立地顶天”为发展理念，在理论方面瞄准国际前沿领域，在实践方面面向国民经济主战场，通过创新科技满足国家需求，讲好中国故事，引领全球可持续农业研究。通过与荷兰瓦赫宁根大学、德国霍恩海姆大学、法国农业科学院等国际一流农业研究机构合作，围绕农业绿色发展主题，开展了基础性、前沿性和原创性研究，形成多学科融合与交叉创新研究体系，建立高水平的创新队伍。

为发展好中国的农业绿色发展事业，研究院推进中德、中荷、中法、中英等国际合作，联合培养农业绿色发展相关学科的高水平人才，开展前沿讨论、技术培训、科研汇报、成果总结等交流会20余次，充分发掘各院校优势，互相取长补短，探索世界农业绿色发展的新模式。

7月12日至14日，研究院组织召开"第四届农业绿色发展国际研讨会暨中荷AGD交叉创新型人才培养项目年度会议"，中荷国际合作项目线上线下参与人数共计200人。

9月6日至8日，研究院邀请澳大利亚科学院院士Hans Lambers教授、荷兰瓦赫宁根大学WIMEK研究生院院长Carolien Kroere教授、中国农业大学讲席教授（前全球食物经济与政策研究所所长）樊胜根教授等国内外16位专家进行研究院新生入学培训。

（李翰文　姚银坤　丛汶峰　侯勇　申建波）

【人才培养】

2021年，研究院师生为迎接世界范围内农业绿色发展面临的挑战，不断探索农业绿色发展后备人才的培养模式，在世界银行、盖茨基金会、教育部留学基金委等各部门的支持下，广泛整合校内外资源，创建中非科技小院项目，成立整建制的中非科技小院专项班，培养服务于非洲农业绿色转型的综合性人才，向全世界分享中国经验，将中国农业绿色发展模式逐渐打造为世界样板。

学校在尼日利亚和坦桑尼亚开展了科技小院落地模式探索，中非科技小院留学生Dino和Christina分别在这两个国家开展了农户调研，并进行系统分析。非洲留学生萨图宁、辛启来等6人荣获"未来领袖 青春使者"2021年国际青年暑期实践营员证书。

（李翰文　姚银坤　丛汶峰　侯勇　申建波）

【期刊出版与科普】

研究院院长张福锁院士作为中国工程院农业分刊《农业科学与工程前沿》（*Frontiers of Agricultural Science and Engineering*）主编，围绕农业绿色发展主题组织策划并出版4期国际化专辑，包括种养一体化、园艺研究、生物多样性、农业水资源等专题共计46篇科研文章和10篇特色栏目，向全球传播农业绿色发展的最新科研进展。

《农业科学与工程前沿》编辑部承担中国工程院2021年全球工程前沿项目，完成农业领域组的研究前沿Top10和开发前沿Top10的筛选与深度解读，形成《2021全球工程前沿报告》并向全球发布。其中，绿色智能肥料创制入选农业领域十大工程开发前沿并向全球发布，绿色智能肥料是由中国农业大学张福锁院士团队在国内外首次提出、重点打造的新型高端肥料产品系列，是农业绿色发展的关键绿色投入品，属于肥料产品研发与创新的前沿交叉领域热点。

（李翰文　姚银坤　丛汶峰　侯勇　申建波）

烟台研究院

【学院概况】

烟台研究院设人文与经济管理学院、海洋与农业工程学院2个学院。牵头成立山东省农业废弃物高效利用技术研究推广中心、中国苹果产业研究院创新实验室等研发平台，发起成立烟台市葡萄与葡萄酒产业技术创新战略联盟，拥有小麦玉米国家工程实验室烟台玉米实验站、山东省食用菌产业体系烟台实验站2个实验平台，7个校级科研中心。

（李梅　付雅云）

【学科与专业建设】

烟台研究院开设6个本科专业，招收7个第二学士学位专业、14个研究生专业。2021年增加电子商务、葡萄与葡萄酒工程2个本科专业，启动酿酒工程、城乡规划2个本科专业申报；启动会计学、金融学、法学第二学位专业备案；新立项科技小院和草业科学与技术学院研究生烟台专项；新增草业科学与技术学院研究生招生学院；新增风景园林研究生招生专业。

（付雅云）

【师资队伍】

基本情况　研究院教职工总数428人，在职人员265人，在职专业技术人员218人，其中，正高级职称15人，副高级职称88人，中级职称100人，初级职称15人；具有博士学位31人，具有硕士学位119人。

（袁东红　季淑影）

教师培训　成立中国农业大学教师教学发展中心-烟台研究院分中心，开展7次教师培训，组织171人次参加国家级、校级、省级、市级教师培训，组织17名教师参加学校教师教学创新大赛。

（李吉成　刘新程）

岗位聘任　完成研究院内设机构改革，制定管理服务岗位职责，完成136人管理岗位聘任；完成74人事业编入编，招聘21人。

（李吉成　袁东红　刘新程）

常规工作　完成9人职称评定推荐，343人次社保缴纳、申报；完成299名教职工师德考核工作，师德考核优秀177人；评出研究院优秀教师14名、优秀教育工作者25名、优秀科技工作者4名、优秀班主任4名；完成334人年度考核，年度考核优秀51人。

（袁东红　季淑影　薛元霞　李榕梓）

【本科教育教学】

招生情况　在校本科生1 929人，其中普通本科生1 417人，第二学士学位512人。

面向山东省、河北省、辽宁省、福建省、湖北省、湖南省、重庆市等7省(市)招收普通本科600人,第二学士学位面向全国招收355人。

(崔晓艳)

毕业生情况 毕业生总数351人,其中读研145人、出国23人,深造率为48.14%;担任选调生、公务员、事业单位工作人员38人;各类企业工作人员23人。53名学生荣获校级"优秀毕业生",16名学生荣获"北京地区高校优秀毕业生"。

(苏允政)

教育教学 普通本科及第二学士学位共开课485门次,其中,本科生开设必修课370门次,选修课35门次,通过智慧树开设网络选修课139门次;第二学士学位开设课程80门次。全年共安排任课教师286人次,其中,烟台研究院教师177人次,外聘教师18人次,本部来烟教师91人次。

(刘晓慧)

考试情况 组织校内课程考试161门、15 876人次的考试工作。设置53个大学英语四、六级考试4考场,组织4 735名考生参加,其中英语四级考生2 156名,英语六级考生2 579名,包括1名视障特殊考生。

(吕月琴)

教研活动 2021年完成1个课程思政建设项目、3个重点课程建设项目、1个教学研究项目验收;开展"一流课堂、一流教学团队、一流教研室"建设,1个课程建设项目、3个教学研究项目、1个一流课堂建设项目予以立项。

(陈照平 于喜涛)

竞赛情况 组织419人参加全国大学生英语竞赛,获得特等奖1项、一等奖1项、二等奖13项、三等奖21项、优秀组织奖1项、优秀指导教师奖2项,我院获优秀组织单位。组织251人参加全国大学生数学竞赛初赛暨第十二届山东省大学生数学竞赛,获得非数学类专业一等奖12项、二等奖18项、三等奖23项;获得数学类专业A二等奖1项。组织了研究院第十一届大学生科技论文大赛,共收到参赛论文39篇,一等奖5篇,二等奖9篇,三等奖15篇,其余为优秀奖。编印《研究院2021年优秀本科毕业论文集(大摘要)》。申报国家级大学生创新创业训练项目,5项获得立项。批准立项141项本科生科研训练计划(URP)项目,其中特别资助4项,第二学位学生首次参与(URP)项目。

(陈照平 于喜涛)

【研究生教育教学】

烟台研究院在籍研究生共843人,比2020年在籍研究生数量增长52.7%;2021年新增1个招生学院(草业科学与技术学院),新增1个招生专业(风景园林),录取烟台专项研究生470人。

(王铁)

2021年烟台专项研究生14个专业共开课181门次,校本部教师235人次为烟台专项研究生开课,完成教学工作量5 197个标准学时。聘任研究生兼职导师共计156人,其中第一导师3人,兼职第二导师153人。推进专业学位研究生实践基地建设,2021年共有签约实践基地260个,其中山东省63个,其中烟台26个。研究院以中国农业大学研究生会烟台服务中心官方公众号"CAU 烟院新青年"为首要宣传阵地，2021 年平台共发文 122 篇，累计阅读量约 35 000 次。

（王铁）

【科学研究】

2021 年立项科研项目 31 项，其中省级纵向科研项目 15 项、市级纵向科研项目 11 项、横向科研项目 5 项。总到位经费 337.5 万元，其中，纵向科研项目经费 253 万元，增幅 8.58%；横向科研项目经费 84.5 万元，增幅 138%。完成 1 项省级纵向科研项目、10 项市级纵向科研项目、1 项横向科研项目的结题验收工作。

2021 年获山东省软科学优秀科技成果三等奖 1 项、烟台市第三十四次社会科学优秀成果三等奖 1 项、烟台市科技创新成果奖 1 项、烟台市创新驱动先进个人 2 人、烟台市优秀社会工作者 2 人；授权专利 85 项，其中，发明专利 2 项、实用新型专利 72 项、外观设计专利 11 项。授权软件著作权 48 项；发表重要科研论文 54 篇，其中 SCI 论文 4 篇，EI 论文 2 篇，EI 扩展版论文 1 篇，CSSCI 扩展版论文 1 篇，北大核心论文 29 篇，科技核心论文 18 篇；发布烟台市地方标准 1 项、团体标准 1 项。

（李琨）

【社会服务】

获批省级科技特派员 8 人次；组织专家为地方经济社会发展服务 310 人次；组织 9 家烟台市企业赴京与学校科研团队精准对接，与中国农业大学签署横向科研项目合同 2 项，与烟台研究院签署横向科研项目合同 1 项，总经费 138 万元；发起成立烟台市葡萄与葡萄酒产业技术创新战略联盟；联合主办"新一代人工智能与智慧农业"学科专业建设研讨会，会议情况被中央教育电视台、《科技日报》等新闻媒体广泛报道。

（李琨）

【学生工作】

关于学生教育工作 学院开展学雷锋、"学百年光辉党史，做强农兴农青年""请党放心，强国有我"为主题的团日活动；评选 13 位烟台研究院"五四青年标兵"；开展"十佳团日活动"，国旗班团支部获得一等奖，公管 194 团支部和营销 183 团支部获得二等奖，营销 191 团支部、水产 192 团支部、设施 193 团支部和大数据 E202 团支部获得三等奖。国旗班团支部主题团日活动获得学校"十佳团日活动"。以"青年大学习"为抓手，全面开展青年学生思想建设工作，烟台研究院在全市青年大学习活动中位居前列。加强学生国防教育，认真落实应征入伍和退伍学生相关协助工作，共计应征入伍 3 人，退役复学 6 人。

（唐颖　张良）

关于社会实践工作 学院开展以"风华正茂迎百年　乡村振兴展新篇"、"乡村振兴青春建功"礼赞建党百年、"稼穑之路"学生社会实践活动等，共有 99 支小队、569 人次参加社会实践，9 支小队获得校级优秀小队，4 支小队获得校级二等奖，5 支小队获得校级三等奖；9 人获得暑期社会实践校级优秀个人；3 支小队获评暑期社会实践优秀成果。

组织青年团员参与各类志愿服务活动，共有1 500余人在“志愿北京”平台注册志愿者，志愿时长80小时以上者281人，8人被学校评为优秀志愿者。

（原玲）

关于心理健康教育工作 学院开展线上线下心理服务，完成心理咨询室搬迁及软硬件设备升级。对1 269名学生进行心理健康普查测试、约谈。完成2次班级需要特别关注的学生心理状况排查。完成200余人次个体心理咨询面询，10人次线上咨询。开设“压力管理”选修课，开展40项心理健康教育活动，约6 000人次参加。获得学校优秀心理部评比二等奖，2人被评为“心灵使者”，3人获“优秀心理委员”称号。

（宫贤平）

关于创新创业工作 学院组织300余名学生参加第二届中国农业大学“兴农杯”创新创业大赛、第七届中国国际“互联网＋”大学生创新创业大赛（北京赛区）、第十一届“挑战杯”首都大学生课外学术科技作品竞赛、第九届全国大学生农业建筑环境与能源工程相关专业创新创业竞赛、烟台市第五届大学生创新创业定向挑战赛、烟台市大学生创业大赛、第七届中国杭州大学生创新创业大赛等赛事，提交作品70余项，累计获得1项省部级特等奖、4项省部级一等奖、6项省部级二等奖、2项省部级三等奖、15项校级奖。

（原玲）

奖学助学 完成98名学生生源地助学贷款，246名经济困难学生认定。24人获得国家奖学金，46人获得国家励志奖学金，1人获得校长奖学金，3人获得“知农爱农”奖学金，511人获得学业奖学金，5人获得“崇德先锋”奖学金，4人获得创新创业奖学金，16人获得文体优秀奖学金，36人获得学习进步奖学金，共发放奖学金146.5万元。评出“三好学生”136名，优秀学生干部35名，优秀团干部17名，优秀团员40名，优秀班集体9个，优秀团支部6个。

（张良）

【党建工作】

党务工作 6月4日，研究院召开党员大会，选举产生新一届党的委员会和纪律检查委员会，其中党委委员11名，分别为卜洪震、于永信、付立忠、刘宇、李欢、李兴佐、肖冬生、辛贤、周旭峰、袁强、崔从光。其中，于永信担任党委书记，周旭峰、李兴佐、刘宇担任党委副书记；纪委委员4名，为王晓、刘宇、刘进、董燕青，其中，刘宇担任纪委书记，董燕青担任纪委副书记。截至年底，研究院党员总数855人，其中学生党员620人、在职教职工167人、离退休教职工68人，增设驻京办党支部、草业学院研究生党支部；全年发展党员292名，转接党组织关系1 119人次。举办支部书记培训班1期、发展对象培训班3次、积极分子培训班1期，参训人员累计446人次。各支部组织“三会一课”活动476次，参加活动党员4 080人次。

制定“双报到”共驻共建项目5项，开展“美化家园”环境整治行动，“温情五月送祝福插花艺术进社区”活动，“防电信诈骗　建平安社区”宣教活动，“庆国庆　送绿植”系列访群众、结对子活动，“阳光星期日”社区小居民趣味运动会等活动。

（邢美玲）

党史学习教育 制定了开展党史学习教育方案，发放党史学习教育书籍资料3 266

本，举办党史专题学习班4期，集中学习15次，开展主题党日活动221次，参加党员2 200余人次。举办重温入党誓词、红色影院、红歌会、讲胶东故事等"七一"系列庆祝活动。制定《关于进一步推进"我为群众办实事"活动的工作方案》，成立"为群众办实事"领导小组，到社区、企业走访调研34户，发现并解决问题148件。广泛宣传典型做法和典型人物，开设"学党史""庆百年""办实事""转作风"等专题，发布相关新闻报道109篇，在《烟台日报》、大众网、学习强国等校外媒体（平台）发布新闻及视频4篇（次）。

（邢美玲）

思想政治工作 制定和落实党委理论学习中心组全年学习计划，组织集中学习15次。坚守意识形态阵地，举办意识形态专题报告会2场，开展意识形态风险问题摸排和宗教风险问题摸排各2次。严格落实"一会一报"制度，启用线上审批及报备系统，举办各类讲座、报告会50场。建立跨部门协同的月度舆情工作联席会议制度；组建了舆情联络员队伍、网评员队伍，完善信息报送制度。

（高保生）

媒体宣传 聚焦热点，加强重点报道和专题策划。在网站、企业微信及微信公众号开设15个宣传专栏，发布新闻422条，阅读量80 000余次，微信推送283条。在中国教育电视台、山东省农科频道、烟台电视台、《光明日报》《烟台日报》、大众网等主流媒体报道28余次。

（高保生）

校园文化建设 打造校园文化名片，营造良好的校园文化氛围。举办观海论坛1期，张福锁院士以《科技小院——梦想起飞的地方》为题作学术报告。举办12期学术下午茶活动；布置红色校史展示墙，构建楼宇主题文化，传承农大兴农爱国精神，发扬农大校园文化。2021年，研究院被烟台市文明委授予"市级文明校园"荣誉称号。

（高保生）

统战工作 有民主党派5个，共14人；设有研究院民盟支部，盟员10人。协助统战部门做好人才推荐和考察工作。举荐1人为全市统一战线优秀代表，推荐1人为民盟烟台市第八届委员会委员候选人、1人为民主党派市级组织领导班子候选人。

（高保生）

廉政建设 参与招投标21次，配合相关部门开展调查、取证、谈话6人次，参加英语四六级考试、保研、评奖学金等监督10次，开展廉政谈话11次，谈话50余人次。接上级交办和转办问题线索、信访举报7起，诫勉谈话4人次，所有信访举报已办结。

（柳佳）

【教代会与工会工作】

完成295名教职工转入研究院工会，21名新入职教职工加入工会的工作；完成市总工会2020年度经费自查工作。推荐1人申报烟台市"敬业道德模范"，慰问生病教职工4人，补助困难教职工6人。发放节日福利3次，蛋糕卡1次。组织11次各类活动，300余人次参加。

（崔晓华）

【制度建设】

全年共制定发布制度性文件 63 件，其中，综合类制度文件 4 件，党风廉政类制度文件 3 件，宣传与思想政治工作类制度文件 9 件，教学科研类制度文件 5 件，督办类制度文件 5 件，行政管理类制度文件 5 件，财务资产类制度文件 15 件，校园建设类制度文件 7 件，队伍建设类文件 10 件。

（付雅云）

【信息化建设】

进一步推进数字化校园应用系统建设，成立烟台研究院网络安全和信息化领导小组。完成校园网络改建及无线网络施工；完成配电室智能化监控的网络环境建设，提升校园网出口带宽速度，优化并完成 IPV6 部署，新增人员信息 1 873 条。完成 49 间教室改造，成立视频录制中心，启用智慧教室；建设云桌面电脑管理平台；利用本部网上办事大厅，二次开发 15 个网上办事流程，开通移动端相关业务。增加烟台区域出入管控系统，建设培黎校区人脸识别平台，开通通勤车预约系统。

（张海峰）

【后勤服务】

日常服务保障 保障水、电、气、暖的安全运行；完成日常维护、维修 3 081 余项，排除基础设施安全隐患 57 处。完成 76 850 平方米清洁任务；完善 2 333 人在校住宿学生住宿信息，圆满完成毕业生离校、本科生宿舍搬迁工作。增设直饮水机、洗衣机、烘干机、微波炉等生活设施。调整职工食堂与学生食堂的服务人员，延长就餐时间，新增各类菜品 80 种、主食 46 种，新增自助餐和免费汤，开展三期美食文化节活动，积极传播传统饮食文化，丰富学生餐桌。

做好学生日常医疗卫生服务，接诊师生病患 2 565 人次；组织新生卫生健康宣传教育、813 名新生体检、88 人次结核病筛查工作；做好学生的医保门诊、异地住院报销工作，年报销 723 人次，共计 204 204.43 元。为 2 687 名学生统一购买山东省医疗保险，为学生提供更加人性化的医疗保障。

（杜滨舵　辛秀琛　陈琦　张学智）

优化校园环境 开展校园及周边环境整治，清理门头、广告牌 125 余处，更新围挡 2 100 余平方米，协助城管拆除违章违建 6 处；清理校园及周边脏乱差死角，清运各类垃圾 100 余车。持续绿化美化校园环境，修剪树木 35 000 多棵，新移栽草坪 3 000 多平方米，平整荒地、种植花卉 6 600 多平方米，节假日摆放鲜花花坛 10 余处。

（杜滨舵）

校园安全 梳理《安全责任清单》263 项、《安全隐患清单》716 项、《隐患整改清单》25 项，开展校园建筑物抗震与消防安全检查、食品安全检查等专项行动，对重要部位实行日常抽查和节假日重点检查相结合方式，制定隐患整改方案，督促整改落实。组织师生开展 2 次消防疏散演练及灭火器使用培训、5 次专业人员应急演练和培训，更新配备消防灭火器 312 套。

（杜滨舵）

【财务管理】

研究院总资产 142 214.22 万元，比 2020 年增加 4 441.74 万元，增长率 3.22%。建筑房屋 108 万平方米，资产原值 132 137 万元。

推进财务信息化改革，启用天财财务信息化管理平台，实现与本部财务数据对接，圆满完成全年决算及各类报表上报工作，为科学决策提供及时、完整、可靠的基础数据。摸清资产概况，有序开展资产处置；推动国有资产内部调剂和调拨。建立 2022 年需求项目库，实施项目预算管理；完成招标采购 43 项，招标金额 6 010 余万元；完成校内网上商城建设前期供应商遴选。完成东西网点房租赁工作，收缴租金 56 万余元；对多层学生公寓改造项目进行全过程审计；对道路改造工程、路灯工程、道板修复工程竣工结算审核工作。完成学校审计处对研究院专项审计取证相关工作。

（徐嘉）

【校园建设】

顺利完成了教学楼一区、学生餐厅二层、多层学生公寓、田径场、篮球场、行政楼、校园道路、人行便道、路灯、电力系统、国际学术交流中心、本科生教学实验室、消防系统联网、校园安防系统等 14 个改造项目，合同总金额共计约 6 300 万元，总改造面积达 14 万平方米，基本办学条件显著提升。

（辛秀琛）

三亚研究院

【学院概况】

中国农业大学三亚研究院（以下简称“三亚研究院”）是中国农业大学为发挥在产业引领、科学研究、人才培养等方面的优势，于 2020 年 3 月在海南省三亚市正式注册成立的独立法人事业单位。

三亚研究院是中国农业大学参与和支持海南国际教育创新岛和自由贸易试验区建设的京外二级教育研究机构，代表中国农业大学在海南承担人才培养、科技创新与成果转化、社会服务以及国际合作交流等任务。三亚研究院已建立包括农作物分子育种、模式动物规模化分子育种、微生物组学与合成生物、热带特色健康食品、作物育种表型鉴定方向的实验室和研究平台，聚焦农业绿色发展、作物学、生物学、畜牧学与兽医学等学科领域，积极探索体制机制改革，打造世界一流的南繁与热带农业人才培养、科技创新、成果转化和国际合作交流中心。

（冯娆）

【研究生教育教学】

面向海南自贸港建设与“南繁硅谷”建设的需求，以及中国农业大学“双一流”建设的要求，依托学校一流学科建设和办学资源的优势，重点加强在南繁种业、热带农业、农业绿色发展、动植物种质资源引进与利用等方向的“海南专项”研究生培养，为国家和海南省培养高层次创新型人才。2021 年“海南专项”共招收 89 名研究生，其中，博士生 29 名，硕士生 60 名，2020 级、2021 级研究生合计 144 名。

（顾文倩）

【科学研究】

2021 年申报海南各类科技项目 53 个，涉及南繁育种、热带水果、热带花卉、绿色发展、动物营养、动物育种、水产品加工、废弃物处理、资源利用等多个领域和研究方向。有 8 个教师科研团队获得海南省崖州湾种子实验室的“揭榜挂帅”项目资助，当年经费 568 万元。

（顾文倩）

【基建项目】

国际玉米技术创新与成果转化中心建设项目总投资 6.4 亿元，总建筑面积 5.5 万平方米。先后配合建设单位完成项目立项、可行性论证、初步设计概算评审、仪器设备需求汇总、工程施工需求调研、特殊实验室需求、其他实验室需求等工作。2021 年 12 月工程开工，预计 2024 年 3 月建设完成并交付使用。

海南全健康（兽医公共卫生）研究中心总投资 4.6 亿元，总建筑面积 2.4 万平方米。先后配合建设单位完成项目立项、可行性评审，正在进行初设和概算编制工作，预计 2022 年 2 月开工，2024 年 3 月建设完成并交付使用。

食品安全和疫病诊断检测技术创新研究中心（全健康过渡项目）规划总建设面积 3 448 平方米，总投资 8 924 万元，已先后配合建设单位完成项目立项批复、可行性编制等工作，目前正在准备可行性评审和进行初步设计及施工图设计，计划 2022 年 6 月全部建成并投入使用。

（郭敬）

【南繁基地】

在三亚崖州湾拓展了红旗、朗典、坝头 3 个试验基地，共计 580 余亩，圆满完成了学校南繁基地拓展的阶段性任务，在今后较长的一段时间内，可以满足学校师生的科研需求。

根据与海垦南繁产业集团签署的用地协议，红旗基地共计 262 亩，使用期限 13 年。根据与管理局开发公司签订租赁协议，朗典基地共计 169 亩，用地期限 15 年，已交付使用面积 129 亩。根据《中国农业大学海南大学对口合作协议》，联合共建中国农业大学与海南大学南繁合作基地，坝头基地规划用地 300 亩，已交付使用面积 136 亩。

为进一步科学规范南繁试验与示范基地用地使用程序，制定《南繁试验与示范基地管理办法（试行）》；基地的基础设施建设已展开，包含围栏、安防监控和智能系统等工程；加强土地的信息调研，收集土壤、灌溉、排水等初始信息。设立南繁基地管委会办公室，由专职人员负责基地的建设与管理。

（冯琥）

四川现代农业产业研究院

【学院概况】

2021 年，学校成立成渝城区双城经济圈资源拓展专班，落实学校与四川省人民政府战略合作协议，推进四川现代农业产业研究院建设(以下简称产研院)。11 月，产研院经成都市人民政府正式批复成立，并取得独立事业单位法人证书。

经多方磋商选址，产研院科研中试与综合办公大楼选址成都市新津区兴园八路 515 号，由新津区职业高中实训大楼改造，共计 5 层，使用面积 6 937 平方米，改造后可容纳 300 人科研教学与人才培养。

(赵丹　杨铭远)

【学科与研究生教育培养】

依托四川产研院设立“四川现代农业产业”研究生专项，联合学校农学院、食品学院开设 2 个专业学位类别，分别为农业专业与生物医药专业。2021 年共招收博士研究生 1 名，硕士研究生 11 名。联合校本部食品学院、农学院、园艺学院、动科学院以及人发学院设立中国农业大学博士后校地合作(资源拓展)专项。

(赵丹　杨铭远)

【队伍建设】

学校任命杜金昆兼任四川产研院院长，负责主持产研院全面工作；任命张志超担任产研院常务副院长，负责产研院日常工作；任命李景明担任产研院科研副院长，负责产研院教学科研相关工作；引进博士后 1 名，在四川全职工作；派遣社会服务处骨干人员 1 名，全力协助产研院日常工作推进。研究院教职工总数 5 人，在职专业技术人员 2 人，具有博士学位教职工 3 人，具有硕士学位教职工 2 人。

(赵丹　陈兴琼)

【科学研究】

搭建“4 个研究中心＋6 个专业实验室”的研发方向，设立酿酒专用粮研究中心、中餐工业化研究中心、农产品绿色加工研究中心及营养与健康研究中心 4 大研究中心。建立理化分析室、质谱分析室、色谱分析室、酿酒专用粮研究实验室、食品发酵与微生物实验室及食品配料与风味实验室 6 大科学研究实验室。选派涉及农产品检测、中餐工业化、食品配料等 7 个研究团队近 40 人的科研骨干力量入驻产业研究院，支持产业研究院发展建设。

2021 年，申报四川省“省级支持资金专项项目”6 项，项目包括“酿酒专用小麦品种选育”“基于风味品质与发酵适宜性的酿酒谷物筛选体系创建”“四川特色果菜精深加工与产品研发”“四川特色香辛料/调味料的高值化加工与配套技术集成”“四川茶叶精深加工技术与配套装备创建”及“川菜工业化加工关键技术体系创建”，共计项目经费 1 500 万。

（杨铭远　陈正杰）

【社会服务】

四川产研院联系校内农学、园艺、食品、资环等学院专家 50 余人次到四川开展科研合作和成果转化工作；联系学校讲席教授李小云开展乡村产业发展讲座，培训基层干部 50 人次；赴达州市开展猕猴桃栽培与采后技术培训。根据地方发展需要，完成“新津区绿色食品产业链建设研究”项目，高质量完成“四川省薯类产业升级配套技术推广应用”项目；与四川省农业科学院共建农业农村部西南地区小麦生物学与遗传育种重点实验室，与泸州老窖、郫县豆瓣等代表企业达成合作意向。

（赵丹　陈兴琼）

【学生工作】

产研院 2021 级学生到新津区兴义镇政府、农博投公司、天府农业博览园等相关单位开展为期 1 个月的实习实践活动。组织学生参与“学冬奥”团日活动、“寻红色记忆，弘爱国情怀”建党百年党日活动、2021 年北京市研究生英语演讲比赛选拔赛、研究生歌手大赛等各项学生活动。

（杨铭远）

【内部建设】

完成产研院大楼规划设计和基础设施改造，1 层至 3 层用于科研中试以及研究中心，4 层至 5 层用于教师办公以及教室。学校组织基建与实验室规划设计专家，多次实地调研论证，组织现场办公会 20 余次，配合建设方以及设计单位完成综合大楼设计工作。

（赵丹）

巡查督导工作

【概况】

2021 年，根据中央巡视领导小组工作安排，学校巡察工作调整为内部巡视工作，由中央巡视工作领导小组直接领导，“中国农业大学党委巡察工作领导小组”调整为“中国农业大学党委巡视工作领导小组”，“党委巡察办公室”调整为“党委巡视办公室”，标志着学校内部巡视提升到了更高的层次。中国农业大学党委巡视办公室在学校党委和巡视工作领导小组的领导下，贯彻落实习近平总书记关于巡视工作的重要论述和中央对巡视工作部署要求，牢牢把握巡视政治定位，坚持“发现问题、形成震慑、推动改革、促进发展”的巡视工作方针，切实把思想和行动统一到中央对巡视工作的部署要求上，把准政治巡视方向，以高质量巡视工作为学校工作提供坚强政治保障。

（马琳）

【强化政治担当】

学校党委坚决落实巡视工作主体责任，对巡视工作进行全面领导和部署。2021 年党委常委会研究审议内部巡视工作 6 次，党委巡视工作领导小组会召开 2 次。学校领导班子成员按照“一岗双责”要求，出席巡视反馈会议，压实内部巡视整改责任，指导并督促巡视整改工作取得实效。领导小组成员单位切实担起责任，积极派员参与巡视工作中，发挥各自单位作用。巡视办公室认真落实“统筹协调、指导督导、服务保障”的工作职能，负责校内巡视具体工作的推进与汇报，指导工作组开展校内巡视，督促巡视整改工作落实。

（马琳）

【全面谋划新篇】

学校党委在完成一届任期内校内巡视全覆盖后，进一步对标上级文件精神和工作要求，调研其他高校经验做法，从工作方法、制度规范、队伍建设、成果运用和协作配合等方面分类梳理，全面总结校内巡视的经验与不足，进一步把握新时代巡视工作的内在规律。在此基础上，党委研究制定《中国农业大学党委2021—2025年巡视工作规划》，明确校内巡视要紧扣巡视工作方针，坚持巩固、深化、完善、发展的目标，从坚守政治定位、扎实推进巡视全覆盖、强化巡视整改和成果运用、建立健全工作机制五方面高质量落实巡视工作任务；并进一步细化逐年工作任务，推动巡视工作稳步前进。

（马琳）

【探索专项巡视】

针对中央巡视组提出的理论学习有关问题，学校党委对26个二级党组织中心组学习情况开展专项巡视，通过查阅资料、列席二级党组织理论学习中心组会议和二级党组织书记谈话等形式开展检查，重点检查了中心组的学习内容、学习形式、学习效果等，对发现问题推动立行立改。通过此次专项巡视，进一步压实了二级党组织理论学习中心组的责任，强化了二级党组织对政治理论学习的认识，规范了二级党组织理论学习中心组的学习方式，提高了二级党组织理论学习中心组的学习质量，并将学校巡视发现的共性问题反馈给相关部门，推动修订政治理论学习相关制度，以二级党组织理论学习中心组的学习进一步辐射带动全校政治理论学习。

针对中央巡视反馈意见指出作风建设不够扎实的问题，学校党委开展机关党委作风建设专项巡视，重点关注作风建设的巡视整改完成情况、责任落实情况和取得成效情况。巡视工作组在查阅作风建设相关材料的基础上，召开2场座谈会，下沉二级党组织15个，共与100多人进行沟通谈话，了解检察机关作风建设整改有关情况，进一步了解作风建设仍存在的问题，采用一对一形式向机关各部门主要负责人反馈相关问题，在机关各部门推动77条加强作风的具体举措基础上，再次督促机关各部门对30余个问题进行整改。

（马琳）

【全面监督检查】

2021年，学校党委对全部二级党组织巡视整改开展监督检查，做到巡视整改监督全覆盖。在学校党委的统一指导下，创新监督机制，由党委巡视办公室、纪委办公室、党委组织部3个部门共同实施，充分发挥监督平台作用，形成监督合力，履行各部门整改监督职责。通过整改前期检查并指导巡视整改方案、整改台账制定和完善工作，后期开展覆盖率超过教职工80%的被巡视单位整改满意度测评、组织个别谈话等方式，重点检查整改责任落实情况、整改完成及效果情况和深化整改情况。学校党委对整改监督检查情况逐一反馈，并对整改群众满意度较低的二级党组织进行了约谈，责令召开专题民主生活会，压实整改责任，修订整改方案，落实整改举措。坚持以师生的满意度作为主要评判标准，把巡视整改落到实处，以“闭环”的工作方式推动巡视整改促进学校发展。通过巡视整改监督检查，进一步压实二级党组织的整改责任，督促二级党组织建立整改长效机制，把“当下改”与“长久立”结合起来。

（马琳）

【完善自身建设】

根据中央及教育部党组关于巡视工作的规定部署，结合学校实际情况，党委巡视办公室不断完善巡视工作制度建设。2021 年，党委巡视工作领导小组会议审议通过《中国农业大学党委巡视工作组工作规则（试行）》《中国农业大学党委巡视工作领导小组办公室工作规则（试行）》《关于建立健全在巡视工作中有关部门协作配合机制的意见（试行）》，明确巡视工作组、巡视办公室的工作职责，并促进党委巡视办公室、党委组织部、纪委办公室（监察处）、审计处等有关部门有效对接，形成监督合力。党委巡视办公室结合上一轮学校巡视的经验教训，进一步制定了《巡视报告问题底稿管理办法（试行）》《巡视发现问题线索处理和移交办法（试行）》《巡视工作档案管理办法（试行）》《巡视工作保密管理办法（试行）》等细则规定，推进学校巡视工作开展的严肃性、权威性、精准性。

坚持“打铁还需自身硬”，不断加强巡视干部队伍建设。2021 年，印发《中共中国农业大学委员会关于加强巡视干部队伍建设的实施意见（试行）》，从学校巡视干部的组成与选配、教育与培训、管理与激励、保障与支持等方面，规范巡视干部队伍的选、育、管、用关键环节。按照党性强、敢担当、懂政策、善斗争、作风好的原则，抽调巡视干部 48 人，并坚持“先培训、后上岗”，巡视开展前对抽调干部围绕巡视工作重点及被巡视党组织特点等内容进行培训，压实工作职责，明确工作方向，严肃工作纪律，着力把巡视工作构建成党员干部接受党内政治生活淬炼的“熔炉”，构建优秀干部参加巡视、巡视培养锻炼优秀干部双向促进的良性机制。

（马琳）

研究室工作

【概况】

2021 年，研究室以深入学习贯彻习近平新时代中国特色社会主义思想，全面贯彻落实党的十九大和十九届历次全会精神，认真落实习近平总书记关于教育工作的重要论述和给全国涉农高校的书记校长和专家代表回信精神为主线，紧紧围绕落实学校第四次党代会精神任务，以及高质量推进“双一流”建设等学校重大任务，开展综合研究和文稿起草工作，完成了年度重点工作任务。

（张艳）

【党建与思政工作研究】

紧密配合党委重点工作，编印《习近平总书记关于高等教育、“三农”工作、科技创新和党的建设重要论述摘要》。组织编辑出版《中国农业大学党建研究成果文集（第三辑）》

(中国农业大学出版社)。参与编纂出版《初心弥坚:中国农大许党报国的红色故事》(中国农业大学出版社)。

依托学校党建研究会,积极承担上级有关高校党建研究课题。组织申报北京高校党建研究会2021年度党建研究课题,获批并完成《加强党对学术组织领导的途径和机制研究》调研课题。研究室承担完成的党建课题研究成果《北京高校不忘初心、牢记使命制度建设的实践研究报告》,获评北京市党建研究会2020年度课题成果优秀奖。

协助党委积极谋划和实施"书记项目",调研书记抓基层党建工作。参与"十四五"规划、"双一流"建设方案等相关材料编撰。

学校荣获第一批北京高校党建和思想政治工作特色项目,研究室对《中国农业大学探索创新"科技小院"模式,促进服务社会和人才培养深度融合》特色工作撰写形成了报告材料,刊发在《北京教育(高教)》。

(张艳)

【重要文章发表】

党委书记姜沛民在《高校马克思主义理论教育研究》2021年第1期发表署名文章《坚持"中国特色" 建设一流大学》,在《中国高等教育》2021年第8期发表署名文章《继承弘扬延安精神 坚守为党育人使命》,在《北京教育(高教)》2021年第12期发表署名文章《探索创新"科技小院"模式,促进服务社会和人才培养深度融合》;党委书记姜沛民、校长孙其信在"中国教育在线"发表署名文章《玉汝于成! 中国农业大学在脱贫攻坚战中的使命与担当》。

研究室干部在《北京教育(高教)》2021年2期发表《高校红色基因形成过程与育人途径探讨——以中国农业大学为例》。

(张艳)

【学校重要综合性文件、文稿起草】

牵头编写《第八次北京市党的建设和思想政治工作先进校申报材料》,完成主报告《以立德树人为根本,以强农兴农为己任,把学校办成党的事业的坚强阵地》和特色报告《尽锐出战,攻坚克难,脱贫攻坚展现使命担当》。

牵头编制本年度党建工作计划《中共中国农业大学委员会2021年党建工作计划》(中农大党发〔2021〕52号)。起草《中国农业大学党建和思想政治工作提升行动方案》(中农大党发〔2021〕96号)以及学校党委年度工作总结等。

坚持开展《校情要报》信息调研工作。完成教代会报告、专题会议纪要的起草工作及开学典礼、毕业典礼、新教工培训等会议校领导讲话稿的整理工作。

(张艳)

【服务基层工作】

研究室加强作风建设,结合工作实际,为各部门和院系基层党组织提供《中国农业大学党建研究成果》和学校红色基因宣讲参考资料等,研究制定《提升文稿质量的若干措施》,重点采取"联系点"的办法,加强对基层的指导和帮助。

(张艳)

组 织 工 作

【概况】

2021 年,学校各级党组织以党的政治建设为统领,深入贯彻落实习近平总书记重要讲话、指示批示精神和中央重大决策部署,全面贯彻党的教育方针和新时代党的组织路线,以做好中央巡视及选人用人专项检查整改工作和“北京市党的建设和思想政治工作先进高等学校”评选为契机,不断提升基层党组织建设和干部队伍建设质量,为加快推进学校事业高质量发展提供了坚强组织保障。学校获评“北京市党的建设和思想政治工作先进高等学校”。

（王博）

【党建工作】

中国农业大学党委下设 23 个党委、2 个党总支,511 个党支部。基层党支部中,学生党支部 302 个,教职工党支部 161 个(其中,教学科研一线党支部 80 个),离退休党支部 48 个。全校共有党员 12 910 人,占全校总人数的 39%。学生党员共计 8 260 人,占学生总数的 35%(其中,本科生党员 1 875 人,占本科生总数的 15%;研究生党员 6 385 人,占研究生总数的 56%);在职教职工党员 2 688 人,占教职工总数的 51%(其中在职专任教师党员 1 195 人,占教师总数的 61%);离退休党员 1 106 人,占离退休总数的 37%;其他党员 856 人。2021 年共发展党员 2 569 名,其中本科生 1 230 名、研究生 1 260 名、教职工 78 名、离退休人员 1 名。全年共有 2 435 人办理党员组织关系接转手续。

围绕庆祝建党 100 周年做好系列工作。印发《中共中国农业大学委员会关于做好“七一”前后有关工作的通知》,先后选派组织党员代表 60 人次参加中央和北京市庆祝建党 100 周年系列重大活动,切实做好服务保障工作。开展“光荣在党 50 年”慰问活动,为老同志献上党内关怀。做好党内表彰工作,获评“北京市优秀共产党员”1 人,“北京市先进基层党组织”1 个,评选校级先进党组织 21 个、优秀共产党员 101 人、优秀党务工作者 20 人,隆重召开“两优一先”表彰大会。

深入学习贯彻《中国共产党普通高等学校基层组织工作条例》(以下称为《条例》)。做好对基层党组织的分层分类指导,通过二级党组织和党支部专题培训、“三会一课”等,推动各级党组织深入学习《条例》。修订《二级党组织工作规程》《教职工党支部工作规程》,制定《加强党建和思政工作责任清单》,制定《学生党支部工作规程》。加强工作指导和督查,面向基层党组织开展 12 次培训交流会;开展关于学院党委议事决策规则执行情况、党员发展、党费收缴使用管理等系列专项检查,进一步强化基层党组织的标准化规范化建设,提升党组织政治功能。以落实《条例》为契机,启动“双融合、双促进”教职工党支部建设工程,选优配强“双带头人”党支部书记,落实相关激励保障措施,指导党支部推动课程思政建设,评选产生 50 个精品项目。

深化“对标争先”建设计划。制定实施《关于在“党建双创年”进一步加强基层党组织建设用高质量党建迎接建党100周年的有关工作通知》，全面推动基层党建工作示范创建和质量创优。加强对各级各类“标杆院系”“样板党支部”“双带头人党支部书记工作室”等党建工作“双创”单位的指导，推动“双创”单位与其他党组织结对共建，开设“党建引领·双创示范”微信专栏，宣传推广优秀经验，发挥“双创”单位引领示范作用。

发展党员数量、质量实现双提升。2021年，在庆祝建党100周年的浓厚氛围中，广大师生对党的思想认同、理论认同、情感认同显著提升，全年发展党员2 569人，比往年翻了一倍，其中发展教职工党员78人(教师16人，9人有副高级及以上专业技术职务)。强化党委委员联系党外教职工等工作机制的落细落实，通过月度提醒、督查等机制确保工作规范有序；不断加强队伍建设，面向组织员、党务秘书开展发展党员工作专题培训，选聘一批经验丰富、党性强的老同志担任党建特邀组织员，协助做好发展党员工作；不断优化党课设置，统筹二级党校，优化培训方式，保障对发展对象的入党培训质量。

(王博)

【干部工作】

截至2021年12月31日，学校共有处级领导干部255人，其中正处级95人，副处级160人。正处级干部平均年龄48.6岁，副处级干部平均年龄43.37岁。具有博士学位的干部140人，占54.9%；具有硕士学位的干部99人，占38.8%；女干部91人，占35.7%；党外干部27人，占10.6%；少数民族干部16人，占6.3%。

加强统筹谋划，制定“十四五”干部队伍建设规划。对全校各学院、管理服务机构及直属机构开展专项调研，逐一分析和研判各二级单位领导班子的年龄结构、学缘结构、专业结构等情况，提出有针对性的建设方案和对策。研究制定《中国农业大学“十四五”干部队伍建设规划》，统筹设计“十四五”期间干部队伍建设思路，提出了拓宽发展路径、优化队伍结构、推动专职管理干部双线晋升、加强“双肩挑”干部培养、大力发现培养选拔优秀年轻干部、提升干部素质能力、激励干部干事创业等一系列具体措施，进一步完善了干部工作“育选管用”全链条。

坚持事业为上，规范开展选人用人工作。修订处级干部岗位说明书，进一步明确处级干部岗位职责，确保选任的干部人岗相适、人事相宜。研究制定《优秀年轻干部发现培养选拔工作实施办法》，不断健全培养选拔优秀年轻干部常态化工作机制。开展学院优秀年轻干部专项调研，拓宽视野，扩充优秀年轻干部储备，形成一支数量充足的优秀年轻干部队伍。规范进行干部选任工作，突出选人用人政治标准，加强对干部的政治素质考察，坚持“凡提四必”：做到干部档案“凡提必审”，个人有关事项报告“凡提必核”，纪检监察机关意见“凡提必听”，反映违规违纪问题线索具体、有可查性的信访举报“凡提必查”。全年组织考察谈话601人次，考察民主测评1 719人次，共提任干部31人，交流任职10人，9人不再担任领导职务。

强化组织培养，丰富干部成长路径。积极探索从一线识别培养选拔干部的途径和方法，鼓励干部到条件艰苦、急难险重岗位上干事创业。派驻多名干部到烟台等地开展工作，为学校拓展办学资源提供有力支持。把轮岗交流、挂职任职等作为培养、考察干部的重要途径，不断完善干部轮岗交流工作机制，推动干部教师到校内部门和校外部门进行挂职锻炼，为干部成长成才搭建平台。本年度提任或转任的处级干部中有25人为跨部门任职，超过任职总数的 40%，选派 11 名干部教师赴校外挂职，12 名教师进行校内挂职，并对 3 名挂职期间表现突出的干部优先提拔使用。

坚持严管关爱结合，为干部保驾护航。精心组织开展个人有关事项申报工作，全年共开展重点核查 26 人次、随机抽查 11 人次。修订了《处级领导干部兼职管理办法》，上线了“干部兼职线上审批系统”，以规范审批流程，强化制度落实。开展干部兼职情况专项排查，避免干部违规兼职。开展干部亲属违规经商办企业专项整治，明确禁业范围，避免干部利用职权为亲属谋利。严格执行任职和工作回避、因私出国（境）审批、外出请假报备等规章制度，及时向干部做好工作提醒。进一步加强干部档案管理，对全校处级干部档案进行系统整理，推进档案管理数字化。全面开展干部人事档案专项审核，确保干部的“三龄两历一身份”翔实准确。扎实做好 29 名试用期满处级干部的试用期考核，共组织 1 616 人次参加民主测评，327 人次参加考核谈话。推动干部谈心谈话常态化，多形式开展干部任前谈话，党委主要负责同志和分管校领导为新任干部上好履职“第一课”。加强对干部的关心关爱，积极慰问挂职干部、退休干部、患病干部。

（钟占蓉）

【党校工作】

加强党校自身建设。梳理汇总 2017 年以来党校工作、干部教育培训、党员教育等工作材料。制定出台《中国农业大学 2021—2023 年党员教育培训工作规划》，进一步明确培训内容、方式方法、组织保障等。开展组织员、学生党支部书记专题培训，讲解发展党员工作程序和党校系列培训要求。对学校贯彻落实《2019—2023 年全国党员教育培训规划》工作进行中期检查，形成自查报告。

做好师生党员和入党积极分子等教育培训工作。分别举办春季、秋季学期教职工入党积极分子、发展对象和预备党员培训班，采用线上网络和线下辅导相结合、集中授课和分班讲授相结合、理论培训和现场教学相结合的方式，累计 60 名教职工入党积极分子、60 名发展对象和 63 名预备党员参加了培训。开展教师党支部书记政治理论和党务知识系列培训，加强引领示范，选树典型榜样，交流工作经验；对 60 名教师党支部书记开展“建党百年映初心，党建引领显力量”专题网络培训。指导监督二级党校做好学生入党积极分子等系列培训。2021 年，二级党校累计举办入党积极分子培训班 20 期、培训入党积极分子 3 000 人；发展对象培训班 27 期、培训发展对象 2 500 人；预备党员培训班 12 期、培训预备党员 1 200 人。聚焦党史学习教育主题，依托师生“双周三理论学习”和“期末集中组织生活”等制度，组织开展党员日常学习教育，并进行研讨交流；各级党组织书记讲授专题党课；依托“全覆盖　双提升”大学生党支部建设工程，党建指导员指导学生党员加强理论学习。

大规模开展干部教育培训工作。坚持以习近平新时代中国特色社会主义思想武装干部头脑，以党史学习教育为契机，创新线上线下活动方式，用好校内校外红色资源，不断增强干部政治判断力、政治领悟力、政治执行力。落实校院两级党委理论中心组学习制度，持续开展“党史百年”“七一讲话”“党的十九届六中全会精神”专题学习，引领干部常态化学习党的最新创新理论成果，筑牢理想信念根基。定期召开二级党组织书记例会，传达学习中央和上级最新精神，安排学校基层党建工作，指导督促工作落实，开展专题研讨交流。组织新任职处级干部培训班，提高干部领导能力，推动干部尽快转变角色、认真履职尽责。举办第二期年轻干部培训班，分为A、B两个班次，做好干部源头培养。

（周进）

宣传思想文化工作

【概况】

2021年，在学校党委的坚强领导下，党委宣传部紧紧围绕举旗帜、聚民心、育新人、兴文化、展形象使命任务，全面加强理论武装、意识形态、新闻宣传、文化建设，以党史学习教育为契机开展万人大宣讲，许党报国的红色基因不断激活，校外主流媒体对学校正面报道倍增，“大国三农”的文化自信更加坚定，传递出学校“十四五”高质量开局、奋进新征程的时代强音。

（王美璇）

【理论学习】

落实学习宣传习近平新时代中国特色社会主义思想这个首要政治任务。编制“学习宣传习近平总书记重要讲话和指示批示精神举措实施对照清单”，以多种形式第一时间学习传达习近平总书记重要讲话和指示批示精神86项。以党史学习教育为主线，聚焦习近平总书记在党史学习教育动员大会上的讲话精神、习近平总书记“七一”重要讲话精神、党的十九届六中全会精神，制定相关通知、工作方案8项，周密部署精心组织做好学习宣传，学习热潮持续升温。编制《习近平总书记关于高等教育、“三农”工作、科技创新和党的建设重要论述摘要》《习近平总书记重要致信回信和教育重要论述学习资料》《学习宣传贯彻习近平新时代中国特色社会主义思想学习材料》，第一时间组织师生学习交流。

着力提升理论学习质量。修订完善《党委理论学习中心组学习规定》，校党委理论学习中心组全年开展专题学习13次，将重点发言和集体研讨相结合、将个人深入研读和听取辅导报告相结合、将理论学习和参观实践相结合、将提高自身学习规范化水平和与二级中心组开展联学发挥示范表率作用相结合，有效提升了领导班子成员的思想政治水平。实施“二级党组织理论学习中心组学习质量提升行动”，开展二级党组织中心组学习专项校内巡视，扎实开展“政治理论学习质量提升”20项行动。

积极创新理论宣讲组织方式。整合资源组建学校“党委理论学习宣讲团”，为全校师生提供宣讲300余场，直接服务师生上万人次，深化理论阐释，凝聚思想共识，把学习成果落实到干好本职工作、推动事业发展上。

大力营造主动学习浓厚氛围。建好用好“学习路上”理论学习微信平台，“应知应会”答题活动月均5.5万人次参与，暑期理论学习文章获得12.3万次“阅读打卡”，党史学习教育征文活动收到770余篇投稿文章。

（王珊）

【意识形态】

加强意识形态制度建设。修订《中国农业大学贯彻落实〈党委（党组）意识形态工作责任制实施办法〉的实施细则》，制定《中国农业大学网络意识形态工作责任制实施细则》《中国农业大学网络舆情管理与处置办法》。细化《中国农业大学二级单位落实意识形态工作责任制工作规定》，明确了学校52个职能单位和二级党组织的意识形态工作职责。

加强意识形态阵地建设。完善线上"举办论坛、讲坛、讲座、年会、报告会、研讨会审批系统"，建设"我校人员受邀到校外单位担任主讲人审批系统"，严格落实"三级审查""三审"制度；成立"出版社管理委员会"，切实落实党委宣传部门对出版社的管理责任；加强教材常态化审核管理。

加强意识形态监督指导。对二级单位意识形态工作责任制落实情况开展了两次督导；巡视集中整改期间，组织开展6项专项督查和6项集中检查。面向青年教师、班主任、辅导员、新生、入党积极分子、离退休党支部书记等不同群体开展意识形态培训，《思想理论动态简报》帮助师生明辨重大是非、澄清模糊认识，意识形态文件和文件解读同步出台。学校意识形态工作责任压得更紧更实，意识形态工作持续向上向好。

（王珊）

【思政工作】

推动开展"大思政课"。"百年风雨 稼穑同行"主题展演，打造了一堂不忘初心的生动党课、一次感悟历史的文化体验、一次触及心灵的入党宣誓、一个喜闻乐见的宣讲品牌，以一门动人心弦的"大思政课"，增强了文化浸润、精神激励。

承担学校党史学习教育领导小组办公室工作。推动制定《党史学习教育实施方案》《"永远跟党走"群众性主题宣传教育活动工作方案》等28项工作方案和制度举措；印发工作简报132期；开设"建党百年专题网站"；配发包括"四本"必读书目在内的学习资料23类8万余册；依托校园网、"学习路上"理论学习微信平台、校报学习专刊等媒体大力宣传，在全校营造了浓厚热烈的学习氛围。党员师生代表填写党史学习教育中央指导组调查问卷229份，对学校"党史学习教育效果"等各项评价认为"非常好"的占88%以上。《党史学习教育领导小组党史学习教育简报》采编我校经验做法10余次。中央电视台、《人民日报》《光明日报》等中央媒体多次报道我校党史学习教育情况，形成积极反响。

（田笛）

【校园文化】

构建文化传承创新工作格局。制定学校"十四五"文化建设专项规划，设置"双一流"文化传承发展专项，围绕"一个内核，三张名片"的总体框架，即以社会主义核心价值观为引领，总结凝练中农大精神；"三张名片"，即擦亮红色农大、金色农大、绿色农大三张名片，开展"十大行动"。召开校园文化建设领导小组成员单位联席会，协调推进当年校园文化建设项目，确立由小组管理的校级文化建设培育项目。整合学校现有的文化建设人力资源，聘请校外专家学者担任文化建设顾问。

传承弘扬中华优秀传统文化。持续推进中华传统农业文化挖掘与传承，开展青年学者“共学计划”，储备农业文化遗产研究人才。来自全国12所高校和研究机构的32位青年学者参加“钱江源青年学者论坛”。深入开展农业文化遗产地的文化挖掘与乡村活化行动。赴河北涉县旱作梯田系统的核心区域王金庄村，重点开展村落文化的普查与活化工作，并协助当地村民进行《梯田地名文化志》和《梯田作物文化志》的梳理与写作。举办“播厥百谷，藏种于民”——中国重要农业文化遗产系列摄影展、“庆祝中国共产党成立100周年暨纪念中国工农红军长征胜利85周年美术书法作品展”、园艺学院园林本科毕业设计展。

大力弘扬学校精神传统和办学传统。举办“玉汝于成——脱贫攻坚伟大事业中的中国农大”专题展览，展示我校师生在脱贫攻坚战中勇担使命、自强不息的奋进精神，鞠躬尽瘁、担当为民的贡献精神，不忘初心、回馈社会的奉献精神，勇于探索、革故鼎新的创新精神和万众一心、苦干实干的团结精神。编写出版《初心弥坚：中国农业大学许党报国的红色故事》一书并策划推出专题展览，以党的事业发展为主线，以农大红色足迹为线索，深耕党史学习教育，用身边事教育身边人，激励全校师生以立德树人为根本，以强农兴农为己任，牢记初心使命，坚定理想信念。推出“扎根大地 爱国奉献——中国农业大学办学成果展”，立足落实习近平总书记回信精神，全面建设中国特色、农业特色世界一流大学。组织提供宣讲500余场，直接服务师生两万余人次。

（岳庆宇）

【新闻宣传】

实现全员宣传新格局。党委宣传部全员参与新闻宣传工作，撰写稿件总量较去年增长150%；合力打造《大观视线》栏目，让学校发展尽收眼底。整合全校新媒体资源，组建元气团并创设微言大观网站，深化融媒体素养培训，形成校院两级新媒体工作传播矩阵。

实现对外宣传新发展。在校外主流媒体、重要网络平台发布正面报道1 900余篇（条），较去年增长一倍。党委书记、校长在《人民日报》等媒体上发表系列署名文章，28次登上《人民日报》，5次登上《新闻联播》，73次登上中央电视台。党史学习教育报道发稿近700篇，《光明日报》整版报道学校开展党史学习教育的先进事迹，《人民日报》刊发关于中管高校党史学习教育系列报道中，与北京大学、武汉大学一起登上首篇报道。科技创新报道近800篇，对学校高质量发展营造有利舆论环境。

实现校内宣传的新突破。新媒体全平台总阅读量超2 000万次，较去年增长近一倍，其中短视频总浏览量达1 215.4万次，创历史新高。中国教育发布平台文章发布总量居全国高校第一。官微策划推文《徐正航，你“暴露”了》先后被《人民日报》等主流媒体转发，浏览量瞬间突破10万。获评“人民网2021年度优秀校园新闻作品”“2021年度影响力高校视频号”等。新闻网全年发布新闻5 175篇，较去年增长28.6%。校报全年出版17期，其中学习专刊、校友专刊5期，较去年增长23.5%。策划《高质量开局侧记》，撰写系列评论，拍摄脱贫攻坚系列短视频，为干事创业蓄积动能。

（于哲）

统战工作

【概况】

学校党委统战部以学习宣传贯彻习近平总书记关于加强和改进统一战线工作的重要思想为主线，以学习宣传贯彻《中国共产党统一战线工作条例》（以下简称《条例》）为重点，着力抓思想引领、抓服务大局、抓队伍建设、抓能力提升，团结全校统战系统成员心往一处想、劲往一处使，推动新时代学校统战工作高质量发展。

（杨志）

【提高政治站位，坚定正确政治方向】

以“三纳入二结合”的方式开展《条例》的学习宣传解读，通过学校党委理论学习中心组领学、统战部巡回述学、学校统一战线工作领导小组成员和民族宗教工作领导小组成员专题学习培训、民主党派成员和无党派人士专题研讨并发放学习资料、统战专兼职干部专题培训、党外知识分子骨干网络培训等多种形式，六策并举，切实抓好《条例》的学习贯彻落实。

全面回顾、系统总结学校近年来统战工作成就，在迎接第八次北京市党建和思想政治工作先进校评选工作中，统战工作作为特色材料，被列入学校特色工作报告中。其中“以‘科技小院’模式促进服务社会和人才培养深入融合”项目荣获第一批北京高校党建和思想政治工作特色项目。

开展走基层宣讲党的民族宗教政策，针对巡视指出的问题，积极研究整改措施，以钉钉子精神狠抓整改落实。

（杨志）

【以党的政治建设为统领，绘就最大“同心圆”】

加强思想政治引领，举办党外知识分子学习贯彻习近平新时代中国特色社会主义思想专题研讨班、统战专题辅导报告，支持民主党派成员参加上级组织的专题培训、网络培训，组织党外知识分子到香山革命纪念馆、中国共产党历史展览馆开展“浸入式”红色教育实践活动，把庆祝建党100周年作为爱国主义教育的生动教材，巩固“永远跟党走”主题教育成果。

在学校党委统战部网页、“党委统战部”微信企业号和“CAU心桥心语”微信公众号开设专栏，推送文章48篇，累计阅读量7.2万余次。拍摄制作“北京科技小院”和“中国农业大学统战工作简史”宣传片，在校内外广泛宣传学校统战成员在爱国奋斗、建功立业、建言献策和脱贫攻坚等方面的先进事迹。

紧扣庆祝建党100周年、党的十九届六中全会、中央民族工作会议和宗教工作会议等重要时间节点，开展系列主题活动，积极支持党外人士现场观看庆祝建党100周年大型文艺演出，引导广大统战成员把思想和行动统一到党中央决策部署上来，为实现第二个百年奋斗目标凝心聚力。

（刘秀梅）

【聚焦乡村振兴，推动“心桥工程”走深走实】

以“心桥工程”为载体，发挥统战成员学科优势，在贵州毕节、河北广宗、河北承德、北京京郊等地，持续建设党外知识分子实践基地，组织党外知识分子积极参加社会服务，全面融入巩固拓展脱贫攻坚成果同乡村振兴有效衔接重大战略中。全国人大常委会副委员长、民盟中央主席丁仲礼率队到毕节考察调研，对我校承担的毕节试验区建设项目给予充分肯定；无党派人士李保国教授十余年在东北从事黑土地保护工作，获中央统战部颁发的“各民主党派、工商联、无党派人士为全面建设小康社会做贡献”社会服务优秀成果奖。

支持学校党外知识分子主动对接京郊农业农村发展，打造“北京科技小院”升级版，探索京郊乡村振兴新范式。统筹学校“双一流”经费，支持平谷大桃产业绿色发展专项，推动平谷区“科技小院总部”建设。全年新增 2 家“北京科技小院”，目前已建成 20 家，覆盖京郊 10 个区。学校承建的 3 家“北京科技小院”获市委统战部评选的“十佳北京科技小院”，其中 1 家被授予“北京科技小院共促乡村振兴联盟基地”。

（苏谦）

【积极吸纳和汇聚人才，加强党外代表人士队伍建设】

积极推动把党外代表人士队伍建设纳入党管干部、党管人才的总体规划，加强与相关部门的沟通联系，开展与 18 个学院的“双走访”活动，挖掘党外代表人士；建立党外代表人士动态管理“人才库”。

配合上级部门做好海淀区政协换届工作，6 位民主党派成员任海淀区第十一届政协委员（其中 2 人任常委）；协助上级部门做好区人大代表换届工作，2 位无党派人士当选海淀区第十七届人大代表，1 位民主党派成员当选平谷区第六届人大代表，并任常委。

鼓励党外知识分子履职尽责，发挥“智库”作用，积极开展调查研究、建言献策。学校全年共向各级组织提交各类政策建议 168 条，被各级组织采用 80 条，其中被中央领导批示 3 条，被全国政协或中央统战部采用 8 条，被民主党派中央采用 30 条，市级 37 条，区级 2 条。

（谢宝红）

【加强基层党组织建设，支持民主党派和统战社团开展特色活动】

支持民盟农大委员会有序开展换届工作，筹备侨联换届工作；规范民主党派成员档案管理；“农工党党员之家”揭牌；协助各民主党派组织做好新成员政治吸纳工作，全年共发展 11 名新成员，其中民盟 3 人、九三学社 4 人、农工党 1 人、致公党 3 人。

民盟农大委员会举办“盟员活动日”“乡村振兴”论坛，不断增强活动的多样性和持续性；九三学社农大委员会围绕“课程思政”联合学院路地区 6 所高校开展调研，形成校际联合调研新模式；学校知联会坚持会长、秘书长轮值制度，结合学校平谷校区建设规划，就加强区校合作、打造一流“农业中关村”多次赴平谷区实地考察调研；女教授协会聚焦北京冬奥，分享冬奥知识、弘扬奥运精神等。

学校民盟委员会、九三学社委员会、农工党支部、致公党支部以及民主党派成员、无党派人士获得党派中央、市委、区委的表彰共19项34人次。其中，民盟农大委员会获民盟中央“民盟脱贫攻坚先进集体”，致公党农大支部获致公党中央“脱贫攻坚先进集体”，九三学社农大委员会获九三学社市委“社会服务先进基层组织”。

（刘秀梅　谢宝红　苏谦）

【发挥党支部战斗堡垒作用，加强统战部自身建设】

强化党建引领，党支部严格落实“三会一课”制度，抓实党史学习教育活动；为学校6位老师成功办理归侨证，推动“我为群众办实事”落地见效；落实意识形态工作责任制，规范档案和各类台账管理，建立“六步走”调研制度，开展统战课题研究，提升统战工作实效。

（杨志）

各级人大代表、政协委员名单

第十三届全国人大代表　武维华（常委，副委员长）　孙其信（常委）
第十三届全国政协委员　韩鲁佳
第十五届北京市人大代表　张福锁
第十三届北京市政协委员　呙于明　李保国　李赞东（退休）
第十七届海淀区人大代表　李　丽　张永生　田见晖　夏朝晖
第十一届海淀区政协委员　廖小军（常委）　芮玉奎（常委）　朱道林　夏兆飞　经　玲　唐　莹
第六届平谷区人大代表　曾昭海（常委）
第六届平谷区政协委员　曲瑛德　李胜利

各民主党派及侨联、台联、女教授协会负责人名单

中国国民党革命委员会中国农业大学支部

主　委　刘广利
副主委　王海华
委　员　孙晓莉

中国民主同盟中国农业大学委员会

主　委　赵兴波
副主委　李赞东（退休）　袁小艳
委　员　尹靖东　王红清　张葳葳　李筱珍（退休）　肖若富　孟庆勇

中国民主建国会中国农业大学支部

主　委　曾昭海
副主委　孙桂凤

中国民主促进会中国农业大学支部

主　任　廖小军

副主委　王克华

委　员　南国良（退休）　宁中华　吴继红

中国农工民主党中国农业大学支部

主　委　夏兆飞

副主委　芮玉奎　王永强

委　员　王艳霞　段增强

中国致公党中国农业大学支部

主　委　朱道林

副主委　王淑凤（退休）　刘奇志（退休）

委　员　安　冬　张蕴薇

九三学社中国农业大学委员会

主　委　王　堃

副主委　凌　刚　孙　明

委　员　刘海虹（退休）　杨淑华　吴学民　张　超　陈一飞　经　玲

中国农业大学归国华侨联合会

主　席　郝晋珉

副主席　陈秀禾（常务，退休）　李赞东（退休）　刘　培

委　员　杨　晶（退休）　冯标俊（退休）　刘　英（退休）　邵长发（退休）
　　　　叶海建　刘　仔

中国农业大学台湾同胞亲属联谊会

主　任　佘锐萍（退休）

副主任　沈人德（退休）　孟昭清（退休）董　清（退休）

委　员　王丽莎（退休）　周　密（退休）　贾慧茹（退休）　蒋爱群（退休）
　　　　陈　薇（退休）　卢兆彤　严泰来（退休）

党外高级知识分子联谊会（第一届）

会　长　龚元石

副会长　左　停　李保国　杨　宁　彭友良

秘书长　刘星月　陈前恒

副秘书长　王　钢　安　杰

理　事　马　超　王　钢　王　洋　王向峰　邓学梅　左　停　邵新庆　任大鹏
　　　　刘　培　刘星月　安　杰　李大伟　李保国　李险峰　杨　宁　杨　丽
　　　　杨海莲　汪九林　沈张奇　张晓东　张海林　陈前恒　周　欣　赵广华
　　　　袁力行　郭　萍　郭仰东　唐　军　黄昆仑　龚元石　彭友良　穆维松

女教授协会（第五届）

会　长　杨淑华

副会长　乔　娟（常务，退休）　经　玲　于静娟　张　晖　张小兰

秘书长　王瑞梅　张蕴薇

纪委监察工作

【概况】

2021年,中管高校接受了中央巡视全面政治体检。习近平总书记深刻指出中管高校存在“六个不足”突出问题,中国农业大学纪委把配合中央巡视、落实整改任务作为贯穿全年的工作主线,坚持以习近平新时代中国特色社会主义思想为指导,深入学习贯彻党的十九届五中、六中全会精神,落实十九届中央纪委五次全会各项工作部署,扎实开展党史学习教育,大力弘扬伟大建党精神,深刻认识“两个确立”决定性意义,紧紧围绕中心和大局忠诚履职尽责,在着力破解高校纪委“不敢监督、不愿监督、不会监督”共性问题上取得明显成效,在推进学校纪检监察工作高质量发展上取得新的成果。

(康治中)

【履行协助职责更加积极到位】

协助抓好工作部署落实,工作机制更加完善。以学习贯彻习近平总书记在十九届中央纪委五次全会上的重要讲话为先导,及时向学校党委报告传达党中央、中央纪委国家监委的会议精神和工作要求,协助学校党委全面系统领会新时代全面从严治党新形势新要求。协助召开全面从严治党会议,部署年度重点任务。经党委审议同意,提出“8个方面20个重点”纪委工作计划,与党委主体责任协同发力,督促落实全面从严治党工作责任。

会同分析政治生态状况,提出更加有力的建议。纪委负责同志经常向党委书记提出建议、报告工作,多次与党委书记共同学习中央纪委国家监委领导同志讲话和工作要求,分析学校全面从严治党形势,提出建议60余条。中央巡视期间,学校纪委协助党委主动报告全面从严治党工作的薄弱环节,密切配合巡视组对有关问题调查了解,坚决做到同题共答。纪委书记与学校领导班子其他成员每学期开展一对一谈话,特别是对党风廉政建设、落实立德树人根本任务、意识形态工作责任制等工作,经常谈话提醒,压实“一岗双责”。就政治监督具体化常态化、深化巡视整改等提出书面建议10份,得到了党委高度重视。

协助加强制度建设,全面从严治党工作体系更加健全。学校纪委把协助起草、审议全面从严治党各项制度作为一项重要工作任务,一年来参与起草、审核《深入贯彻习近平总书记重要讲话、指示批示精神和中央重大决策部署的实施办法》《关于加强对“一把手”和领导班子监督的工作举措》及涉及师德师风、意识形态、科研管理、校办企业廉洁风险防控等重大制度90余项,着力协助党委以制度建设完善从严管党治校工作体系。

协助开展校内巡视工作，纪律监督和巡视监督贯通融合更加紧密有效。纪委书记分管校内巡视工作，制定《中国农业大学党委 2021—2025 年巡察工作规划》，对新一届党委巡视工作进行全面规划。推动将“巡察办公室”改为“巡视办公室”，增强校内巡视权威性。加强巡视干部队伍建设，进一步完善体制机制，修订巡视制度 9 项。协助党委对上一轮校内巡视整改落实情况开展回头看，实现监督检查全覆盖。结合中央巡视指出的问题，开展二级党组织理论学习中心组学习情况和机关党委作风建设专项巡视。

（康治中）

【履行监督职责更加主动有效】

把政治监督要求贯穿监督全过程。学校纪委努力适应贯彻新发展理念、构建新发展格局的要求，着力找准学校在“十四五”时期党和国家事业全局中的职责使命，紧扣落实党中央决策部署开展政治监督。加强政治监督制度化建设，制定《关于推进政治监督具体化常态化工作办法》，联系学校实际将“四个着力”细化到关键点位，进一步提升政治监督实效。对各单位贯彻落实习近平总书记给全国涉农高校重要回信精神的方案及推进情况进行审查，向党委提出持续深化的建议；监督党委常委会、校长办公会及时学习传达习近平总书记重要讲话精神，围绕种业问题、粮食安全问题等研究工作落实方案；监督党委领导下的校长负责制、民主集中制落实情况，参与修订相关议事规则，与党政主要负责人谈话沟通，推动从政治高度认识党委领导下的校长负责制重大意义；加强疫情防控常态化监督，确保校园安全；制定《党史学习教育巡回指导工作方案》，深入教工党支部，对各二级党组织党史学习教育开展全覆盖监督；制定《立德树人专项监督工作方案》，与分管校领导、学生工作部门、教学管理部门、马克思主义学院进行谈话或座谈，了解思政课建设、课程思政工作、美育体育工作等情况，会同有关部门检查院系毕业典礼发言，推动立德树人根本任务落实、落细；紧盯党中央关心关注的重大问题，与党委宣传部座谈推进落实意识形态工作责任制，与校团委座谈督促加强冬奥会志愿服务保障和学生社团管理，与党委教师工作部加强师德师风建设的工作联动等；牵头开展非学历教育、校办企业等非主业领域腐败风险专项清理整顿，督促有关单位全面排查、落实整改任务、完善监管机制；持续巩固拓展作风建设成果，协助党委制定《关于持续整治形式主义官僚主义问题的若干举措》，协助开展机关作风建设专项巡视并提出建设长效机制的意见，督促统筹管理校级会议、优化网上办事流程、推进一站式办公大厅建设，持续为基层减负。

把中央巡视整改监督作为一项重大政治任务。学校纪委以高度的政治自觉加强巡视整改监督，深入学习贯彻习近平总书记关于巡视工作重要讲话精神，召开 6 次纪委全委会研究部署，纪委书记在党委常委会、巡视整改专项会议上明确提出将思想认识统一到习近平总书记重要讲话精神和中央巡视反馈意见上，协助建立巡视整改工作推进机制，制定监督落实中央巡视整改任务的工作方案和台账。每月向中央纪委报送监督工作情况台账，向党委报告中央纪委有关整改要求，确保整改工作始终在中央纪委的领导下开展。纪委书记每周与党委书记进行碰头会商，与校领导谈话 20 余次，纪委全程参加 15 次巡视整改专项会议，与重点部门召开专题座谈会 8 场，提出具体意见建议 20 余条，逐一听取审议各单位巡视整改情况，通过多种方式督促整改。

把日常监督和助力发展紧密结合。学校纪委准确把握监督与支持的关系，做细做实日常监督工作，进一步营造风清气正的校园环境。完善《纪委监督重点事项清单》，分类细化监督方式 115 条，加强对"一把手"和领导班子监督，通过监督民主生活会、谈话提醒等多种方式提出意见，促使党政主要负责人和班子成员高度重视，形成了良好监督氛围。全年纪委负责同志与各级"一把手"和班子成员谈话 200 余人次，其中纪委书记谈话近百人次，通过抓好"关键少数"带动"绝大多数"。持续加强对选人用人工作监督，出具干部党风廉政意见 147 人次，建立健全并动态更新干部廉政档案 253 份，精准向党委反映干部廉政情况。完善与有关职能部门联动机制，全面梳理学校 78 项监管职责，进一步形成监督合力。

（康治中）

【一体推进"三不"更加全面深入】

坚决从严查办问题线索。学校纪委从讲政治的高度认真办理中央巡视移交信访件和问题线索，在北京市纪委监委贴身指导下，切实提高执纪能力，规范问题线索处置，依规依纪严肃处理违纪问题，不敢腐的震慑持续加强。

做深查办案件"后半篇文章"。完善《纪律检查建议工作落实与反馈办法》，明确反馈时限，形成"发送建议书并抄报分管校领导，一月一会商、一月一督促"工作机制。结合问题线索查办，向党委提出书面建议 4 份，制发纪律检查建议书 3 份，均得到有关校领导和部门高度重视，及时进行了反馈。结合信访举报和问题线索处置与分析，推动后勤系统开展以强化廉政风险防控为导向的改革工作，督促校办产业党委坚决落实校属企业改制精神，加强科研领域廉政风险防控，协助完善科研经费、科研诚信领域等制度规范，深入开展基建领域廉洁风险自查，进一步开展全校廉政风险排查，梳理 8 个方面 47 个风险点，直接参与内控管理体系建设，让监督体系更加健全。

推动警示教育常态化制度化。将警示教育纳入新入职教工和研究生导师培训重要内容，向全校科研管理人员通报科研经费使用领域发生的违法违纪案件，推动开展科研项目自查抽查。协助党委督促各二级党组织召开全面从严治党专题会，传达上级警示教育大会精神，实名通报学校典型违纪案例。编制高校违法违纪案例集，指导兼职纪检干部在本单位开展警示教育。在后勤基建领域、校办产业领域加强专项教育，督促加强廉洁风险防控。组织新提任处级干部和重点领域干部参观北京市全面从严治党警示教育基地，始终筑牢思想防线。

（康治中）

【加强纪委自身建设更加自觉有力】

筑牢思想理论根基。坚持把学深悟透习近平新时代中国特色社会主义思想作为首要政治任务，开展各类理论学习 37 次，在党史学习教育中淬炼思想、提高站位，特别是把"党的纪律建设史"作为重点学习内容，推动学校广大纪检干部深刻领悟党以伟大自我革命引领伟大社会革命的成功经验，在学习新时代全面从严治党伟大成就中增强纪检干部的自豪感和责任感，在新时期学校全面从严治党工作中，看清楚形势和方向，想明白干什么怎么干，树立坚决干到位、干出成效的决心，从思想根源上消除“不敢不愿”问题。

提升监督执纪能力。在着力破解“不会监督”的问题上，开展提升监督执纪能力专题培训 15 项，推动政治素质和业务水平双提高。修订完善《监督执纪工作实施细则》，绘制执纪工作“流程图”，制定审批权限清单，编制执纪问答“活页本、资料库”，规范工作程序。组织专职纪检干部全员参与查信办案，以干代训，巡视整改期间召开 22 次信访件和问题线索办理工作会，在问题线索处置“实战”锻炼中提升履职能力。

健全纪检工作体系。加强纪委内部制度建设，完善各项制度 8 项，形成 12 项工作机制。以“监督责任清单”等制度，压实工作责任、细化工作举措；以“纪委办公室工作周调度、兼职纪检干部季度例会”等机制，压茬推进工作，加强上下联动；以“二级纪检干部队伍建设方案”等办法推动加强二级纪委建设，指导兼职纪检干部发挥“探头”作用。

（康治中）

学 生 工 作

【概况】

以习近平新时代中国特色社会主义思想为指导，坚持稳中求进，以“党建引领、精准思政、积极维稳、全面推进”工作思路，狠抓落实，统筹高质量思政谋好篇、起好步。

（李萌）

【政治建设】

学党史强信念 以党史学习教育贯穿全年，将习近平新时代中国特色社会主义思想贯穿理论学习始终，形成“七学”模式，党员率先垂范带动全员增强理论功底，集中学习和听取报告 61 次、实践锻炼 52 次，锤炼政治品格，指导工作实践。

担重任抓落实 坚决贯彻落实中央精神和学校党委部署，圆满高效完成中央巡视、北京市党建评优、党史学习教育、党庆活动、冬奥会、人大选举等重大任务，全年落实上级任务 277 项，学校任务 151 项。5 位同志先后借调参与中央和教育部巡视、冬奥会和人大选举，其他同志前赴后继，随时调整接续奋斗。8 名同志全年无休坚守防控岗位，实现全校学生防控政策明、沟通畅、处置快、校园稳。在庆祝中国共产党成立 100 周年、冬奥会等政治任务中，发挥“政治指导员”“警卫员”“勤务员”作用，做好政治等全方位保障。

强责任重规矩 坚持全面从严治党，将意识形态、作风建设、廉政教育通过部务会、专项会等反复强调，做到预防提醒、健全制度、严格执行一体，合理规划预算，加强监督检查，履行干部责任，做好育人表率。

扛压力推整改 以巡视整改促创新发展，充分酝酿、系统谋划、聚力推动、打造品牌，4 方面 9 类 18 项措施推动辅导员队伍深化改革，打造驻楼辅导员、“中农辅导员”赋能沙龙等工作品牌。

（周蜜　丁倩　刘妍）

【能力建设】

面对新形势新要求，育先机开新局，将政治理想和育人目标转化为解决问题、破解难题的能力，牵头统筹 11 类工作，召开会议 19 次，集中发力聚力，深化“三全育人”综合改革。

入一线体实战 着力探索思政改革，并进行思政教育具体指导，将真实经历转化成思政能力。班子 4 位成员指导学生党支部活动 6 次、讲授党课 2 次；开展支部共建 11 次；9 名同志讲授“形势与政策”和心理健康课程，课堂上开展正面主流教育；5 名同志担任学生班主任，5 名同志指导社团活动，深入学生了解一手思想动态。

勤学习练本领 不断增强党性修养和履职能力，将工作思考转化成理论成果和实践成果。全年 56 人次参加校内外学习培训；23 人次在校外分享交流工作经验；发表文章和撰写研究报告 9 篇，参与 2 项课题研究项目和书籍编写工作。

重服务强作风 持续改进作风，注重对学院工作的培训、指导和服务，简化流程，主动挖掘基层优秀典型和工作案例；在“西区办事大厅”工作日全时段设岗，上线“学工印信系统”，让师生少跑腿，努力推动为师生办实事、解难事。全年发布 4 个校发文和 45 个部发文，规范思政制度建设。发布 127 条通知、132 篇新闻和 731 条推送，全程公开透明教育管理服务学生。

（丁倩　刘妍）

【改革创新】

面对多变的形势和复杂的环境，坚持以改革创新推动育人新成效。一年来，我校“全覆盖　双提升”、绿色通道等工作 20 余次被人民网、北京卫视、《中国教育报》等媒体关注报道。

培育全融入全覆盖“思政金课”育人新平台 探索纵横交互的集体备课法，努力打造思政教育全融入、本科阶段全覆盖的“形势与政策”课程教育新模式，形成“四大专题＋时政热点＋主题宣讲”的农大风格思政教学方法，加强课堂教学效果督导，教学内容体现出鲜明的“新农科”特色，实现党史学习教育、党的十九届六中全会精神以及北京冬奥、冬残奥会等内容在课堂上全覆盖宣讲。

构建学生党建引领思政制度化育人新模式 印发《中国农业大学学生党支部工作规程》，走在全国高校前列，规范学生支部建设，不断深化农大特色“全覆盖　双提升”模式经验成果。着力依托培育精品实践项目，加强党员实践锻炼，推荐北京市本科生红色“1＋1”示范项目 6 个；2 支“假期农校”小队斩获市级实践优秀团队称号；71 个师生支部联合，依托 59 项本科生党支部精品项目，助力乡村建设、服务师生群众、抗击疫情灾情，办实事 500 余件，覆盖校内外人员近 30 000 人；1 376 名学生党员深入“党员责任区”为同学们办 16 507 件实事，“学理论、办实事、共成长”的经验做法被全国高校思政网首页大图宣传展示。

聚焦知农爱农新型人才，打造奖学金新体系 全面深度改革学校奖学金，强化政治引领，推进五育并举，形成科学体系，统筹本研衔接，注重引导激励，突出培养特色。构建了“1＋N”的学校出资类奖学金多元化激励体系，并特别设立知农爱农奖学金和强基计划奖学金，引导学生服务乡村振兴等国家重大战略需求。评选工作顺利有序，共 3 756 名学生获得各项奖学金，获奖比例为 37%。

（刘妍　郑世明）

【工作实绩】

“全覆盖，双提升”深度融入党史学习教育，辐射开展思想教育　深化培养目标与农大特色结合、学校小课堂与社会大课堂结合、日常思政与重要节点感召结合的学生思想教育模式，牵头学生“学百年光辉党史 做强农兴农青年”知信行“六个一百”行动计划，持续开展爱党爱国爱社会主义教育。10 支学生党员队伍百人追溯红色记忆，共寻初心使命；177 名党员在天安门广场现场感受党庆活动，激发报国热情；90 名学生党员带头服务冬奥赛事，受到各界的一致好评。1 堂示范党课、2 场典礼“思政课”、市校院三级近 200 场专题党课，覆盖千余人次的“读书会”“知识竞赛”“音乐厅”思政课，学习历史知伟力，坚定理想信念。学生先后参与宣讲服务师生上万人次；参与北京市“我听亲人讲‘四史’”系列活动，1 人获特等奖，学校获最佳组织奖；青春学思会倾力打造 10 堂“农”情微党课，传承红色基因。完善立体化学生网络思政格局，图、文、影、音相结合，应用一图读懂、原创微视频等方式，提高“云思政”力度和实效。“CAU 易班网”等四个新媒体平台年发布量 500 余篇，阅读量 50 余万人次。

大胆创新，打造改革“新引擎”　以创新谋突破，以改革焕新容，2 个月内启动 3 个创新试点项目，打造辅导员队伍改革“新引擎”。“中农辅导员”赋能沙龙项目作为成长“新引擎”，“专业指导、经验共享、交流研讨”三位一体为辅导员队伍理论赋能、能力赋能、情感赋能，推动辅导员个人理论、实践能力“齐成长”，队伍凝聚力、战斗力“双提升”；驻楼辅导员项目作为阵地“新引擎”，在烟台研究院试点选聘 8 名师生，探索师生党员共同参与学生宿舍管理和文化建设长效机制；管理干部下沉学院从事学生思政工作项目作为模式“新引擎”，30 名管理干部下沉到 18 个学院从事一线学生思想政治工作，形成辅导员和干部培养锻炼新模式新历练。

辅导员队伍既是思政教育的中坚力量，也是学校年轻干部培养的摇篮。150 余人次参与中央巡视、北京市党建评优、就业促进周、党庆活动、冬奥会、人大选举等重大任务中，锤炼品质、锻炼能力。本年度获得省部级优秀表彰 7 人，1 名辅导员获北京高校辅导员素质能力大赛二等奖、全国辅导员素质能力大赛提名奖。

各类资助深发展齐助力，多渠道促进学生个性化发展　综合施用奖助贷、勤补免偿等资助手段，统筹国家、地方、学校、社会资金 5 900 余万元，资助学生 2 万人次左右，实现应奖则奖、应助尽助。发展型资助项目、诚信教育活动等 100 余场，覆盖 3.5 万人次，全面助力学生成长；“添翼工程”“学客空间”“翱翔计划”为百余名困难学生提供发展支持。

全覆盖建设学院二级心理辅导站，为学生心理健康保驾护航　首批建设 6 个示范中心，深化“一院一品”，做法全国领先，多家高校来校学习。在关键节点、育人共识、家校共育、朋辈互助等方面下功夫，努力构建全方位心理育人工作模式。学校当选全国高校心理委员研究协作组理事单位，获首都大学生心理健康节“最佳组织奖”。“互动体验心理大课堂”获得学校教学成果二等奖。

满负荷满守护,密切关注学生“心需求” 2021年全年个体咨询量首次突破5 000人次,达到历史新高,是往年平均咨询量的1.5倍。8位专职教师与24位兼职心理咨询师,除开展日常心理咨询外,还利用冬奥会等国家重大任务、学生社团活动、学校招聘等各种契机开展“个性”咨询服务。

高敏感高危急,及时处理学生“心危机” 今年我校发生心理危机的学生48人,干预心理危机240余次,学生入住危机干预用房全年累计176天,对比往年数量增加了近40%。全年陪护学生前往精神专科医院就诊、在危机干预用房住宿达360余人次。每次危机事前定期分析研判、事后复盘总结共100余次,成功干预学生心理危机。作为3所高校之一,我校危机干预防控体系的成功经验,被北京市作为工作典型案例发至其他高校借鉴学习。

特殊群体学生教育管理服务到位,将党和国家关怀融入日常 8类学生日常情况心中有数,突发状况胸中有术,预判、管控及时有效,全年学生思想状况比较平稳。深化“四有四助一品牌”少数民族学生工作体系,依托“石榴工作室”,进一步强品牌、促互融、助成长。

(周蜜　丁倩　刘妍　郑世明)

2021年资助数据统计表

一级类别	二级类别	项目名称	经费来源	资助金额/元	资助人数
奖学金	国家拨款类奖学金	国家奖学金	国家拨款	1 312 000	164
		国家励志奖学金	国家拨款	2 035 000	407
	学校出资类奖学金	校长奖学金	学校出资	160 000	20
		学业一等奖学金	学校出资	1 500 000	500
		学业二等奖学金	学校出资	1 990 000	995
		学业三等奖学金	学校出资	2 965 500	1 977
		学习进步奖学金	学校出资	274 000	274
		新疆西藏少数民族学生奖学金	学校出资	8 000	4
		预科生奖学金	学校出资	21 000	14
		强基计划奖学金	学校出资	30 000	15
		知农爱农奖学金	学校出资	160 000	40
		创新创业一等奖学金	学校出资	40 000	10
		创新创业二等奖学金	学校出资	120 000	40
		崇德先锋奖学金	学校出资	202 000	101
		文体优秀奖学金	学校出资	295 000	295

续表

一级类别	二级类别	项目名称	经费来源	资助金额/元	资助人数
		宝钢优秀学生奖学金	社会捐赠	30 000	3
		儒盛奖学金	社会捐赠	100 000	10
		春雨奖学金	社会捐赠	80 000	10
		金龙鱼奖学金	社会捐赠	400 000	50
		钱正英奖学金	社会捐赠	8 000	1
		富通奖学金(一等)	社会捐赠	40 000	5
		富通奖学金(二等)	社会捐赠	60 000	12
		曦之奖学金	社会捐赠	900 000	120
	社会捐赠类奖学金	寻梦未来学习奖学金	社会捐赠	500 000	100
		何康农业教育奖学金	社会捐赠	36 000	9
		杨振辉奖学金	社会捐赠	200 000	50
		大北农励志奖学金	社会捐赠	90 000	30
		张纪光奖学金	社会捐赠	30 000	15
		中图能源奖学金	社会捐赠	100 000	50
		安莉芳奖学金	社会捐赠	30 000	30
奖学金		香港崇正奖学金	社会捐赠	30 000	30
		曾宪梓优秀大学生奖励计划	社会捐赠	180 000	30
		院长奖学金	学校出资	5 000	1
		垦丰红色先锋一等奖学金	社会捐赠	4 000	2
		垦丰红色先锋二等奖学金	社会捐赠	6 000	6
		垦丰杰出创新创业奖学金	社会捐赠	2 000	1
		垦丰社会服务与校园文化一等奖学金	社会捐赠	10 000	5
		垦丰社会服务与校园文化二等奖学金	社会捐赠	15 000	10
	院设奖学金	垦丰社会服务与校园文化三等奖学金	社会捐赠	15 000	15
		垦丰学习激励二等奖学金	社会捐赠	6 000	3
		垦丰学习激励三等奖学金	社会捐赠	3 000	3
		登海“知农爱农”创新之星	社会捐赠	1 000	1
		登海“知农爱农”麦芒之星奖学金	社会捐赠	20 000	10
		登海“知农爱农”自强之星奖学金	社会捐赠	20 000	10
		阎隆飞奖学金	社会捐赠	10 000	2
		泰渡奖学金	社会捐赠	50 000	10

续表

一级类别	二级类别	项目名称	经费来源	资助金额/元	资助人数
奖学金	院设奖学金	动科学院菲迪奖学金	社会捐赠	30 000	10
		动科学院 92 级校友奖学金	社会捐赠	9 000	3
		动科学院安尼优奖学金	社会捐赠	20 000	10
		动科学院戎易优秀学生奖学金	社会捐赠	66 000	22
		动科学院戎易起航奖学金	社会捐赠	20 000	10
		动科学院院长奖学金(学习优秀类)	学校出资	20 000	4
		动科学院溢多利笃学奖	社会捐赠	8 000	4
		动科学院爱校荣院文化一等奖学金	学校出资	13 500	9
		动科学院爱校荣院文化二等奖学金	学校出资	9 000	9
		动科学院爱校荣院文化三等奖学金	学校出资	14 500	29
		动科学院博农利奖学金	社会捐赠	20 000	4
		熊大仕院长奖学金	学校出资	35 000	7
		诗华奖学金	社会捐赠	8 000	4
		硕腾奖学金	社会捐赠	16 000	4
		动医 96 学长奖学金	社会捐赠	20 000	4
		豆本豆奖学金(本科生)	社会捐赠	60 000	10
		和合谷一等奖学金(本科生)	社会捐赠	5 000	1
		和合谷二等奖学金(本科生)	社会捐赠	3 000	3
		芝生奖学金	社会捐赠	55 000	11
		天博一等奖学金(本科生)	社会捐赠	3 000	1
		天博二等奖学金(本科生)	社会捐赠	2 000	2
		康师傅奖学金	社会捐赠	100 000	25
		食品人奖学金	学校出资	12 000	12
		富通奖学金	社会捐赠	60 000	12
		世纪农丰奖学金	社会捐赠	10 000	5
		未来农机工程师奖学金	社会捐赠	30 000	3
		五征奖学金	社会捐赠	50 000	10

续表

一级类别	二级类别	项目名称	经费来源	资助金额/元	资助人数
助学金	国家助学金	国家助学金	国家拨款	7 084 350	2 779
	社会助学金	柏年基金助学金	社会捐赠	150 000	75
		常青励志助学金	社会捐赠	16 000	4
		春华秋实西部助学金	社会捐赠	32 000	8
		怀德助学基金	社会捐赠	30 000	6
		活逢助学金	社会捐赠	25 000	5
		芦皑助学金	社会捐赠	8 000	4
		欧阳启励志助学金	社会捐赠	900 000	150
		社会爱心人士助学金 1	社会捐赠	8 000	4
		社会爱心人士助学金 2	社会捐赠	14 000	7
		天津校友爱心助学金	社会捐赠	8 000	4
		王妩蓉助学金	社会捐赠	60 000	10
		新长城助学金	社会捐赠	60 000	20
		学长助学金	社会捐赠	24 000	24
		阎绍樟助学金	社会捐赠	12 000	4
		周小玲助学金	社会捐赠	25 000	5
	院设助学金	动物医学院苏氏助学金	社会捐赠	30 000	6
助学贷款	校园地国家助学贷款	新申请	银行贷款	1 260 300	117
		老生提额	银行贷款	7 900	2
		续贷	银行贷款	817 600	132
	生源地信用助学贷款	国家开发银行	银行贷款	17 434 825	1 839
		其他机构	银行贷款	336 350	50
勤工助学	学院资助资金	院级勤工助学	学校出资	1 676 915	1 761
	校级勤工助学	校级勤工助学	学校出资	2 435 733	1 166
绿色通道	绿色通道	伙食补贴	学校出资	118 500	237
		日用品补贴	学校出资	47 400	237
		爱心书包	学校出资	34 602	237
		图书	学校出资	13 746	237
		爱心手机卡	社会捐赠	16 600	83
		床上用品	社会捐赠	32 550	70
		现金补助	学校出资	20 500	38

续表

一级类别	二级类别	项目名称	经费来源	资助金额/元	资助人数
学费减免	学费减免	学费减免	学校出资	207 500	68
困难补助	临时困难补助	临时困难补助(校级层面)	学校出资	53 000	7
	困难补助	寒假送温暖慰问金	学校出资	436 500	624
	困难补助	寒假送温暖慰问礼包	学校出资	480 000	4 000
	疫情专项补助	秋季未按时返校学生学业补助	学校出资	2 000	20
	困难补助	暑期困难学生家庭走访慰问	学校出资	5 500	11
	冬衣补助(第二学士学位)	冬衣补助(第二学士学位)	学校出资	6 000	12
	返乡补助(第二学士学位)	返乡补助(第二学士学位)	学校出资	1 497	11
	学院资助资金	冬衣补助	学校出资	97 500	199
		返乡补助	学校出资	45 643	189
		伙食补助	学校出资	40 200	201
		就业补助	学校出资	500	1
		临时困难补助	学校出资	193 417	162
发展型资助项目	翱翔计划	翱翔计划	学校出资	65 115	74
	资助育人活动	优秀笔记评选	学校出资	13 388	86
	教育实践活动	“学党史、感党恩”教育实践活动	学校出资	8 628	30
	诚信教育	诚信知识答题活动	学校出资	6 550	80
	学业指导	学客空间	学校出资	12 562	57
物价和财政补贴	物价和财政补贴	物价和财政补贴	学校出资	7 383 836	12 274
服兵役补偿代偿	服兵役	应征入伍补偿代偿	国家拨款	174 900	20
	服兵役	退役复学学费减免(2021 年申请)	国家拨款	81 400	16
	服兵役	退役复学学费减免(2019、2020 年申请)	国家拨款	124 000	30
	服兵役	退役士兵国家助学金	国家拨款	328 200	64

续表

一级类别	二级类别	项目名称	经费来源	资助金额/元	资助人数
基层就业补偿代偿	基层就业	2020 届基层就业(第一次)	国家拨款	371 019	69
	基层就业	2020 届基层就业(第二次)	国家拨款	352 539	65
	基层就业	2019 届基层就业(第三次)	国家拨款	249 206	43
地方政府资助	地方政府资助	西藏师范及农牧林水地矿类专业本专科生免费教育	地方政府资助	330 000	50
		北京饮水、洗澡、电话补助	地方政府资助	392 385	2 121
		新疆籍家庭经济困难学生资助金	地方政府资助	78 575	154
合计				59 073 932	35 897

教职工思想政治和师德建设工作

【概况】

2021 年,党委教师工作部以习近平新时代中国特色社会主义思想和党的十九大精神为指导,深入贯彻落实党的十九届六中全会精神,围绕中国共产党成立 100 周年,按照中央巡视整改、教育部“高校教师思想政治工作强化年”的要求,紧扣学校中心工作,着力提升教师思想政治素质,加强师德师风建设,引导教师为党育人、为国育才,立德树人、强农兴农。

(高菲)

【师德建设】

校党委常委会研究教师思政和师德建设工作 3 次,听取工作汇报,审议工作方案,提出工作要求;师德建设委员会召开 3 次、设分会场参加教育部教师思想政治和师德师风建设工作会 2 次,并召开教师思政和师德建设工作会暨中央巡视整改师德师风专题推进会。制定印发《中国农业大学师德建设委员会工作规定》,对校院两级师德建设委员会机构组成、主要职责、议事决策等工作统一要求、统一标准。完善师德师风舆情处置工作预案,两次面向校内 26 个党组织和 11 个有关单位开展师德线索问题摸排。协调实现师德考核、师德处理多部门联动,共 4 995 人参加 2021 年度师德考核,其中考核优秀 1 037 人。

(高菲)

【师德教育培训】

制定并印发《中国农业大学 2021 年师德专题教育工作方案》,发布《关于开展师德师风专题学习的通知》《关于进一步推动师德专题教育工作的通知》,编印《2021 年师德专题教育学习手册》发至每名教职工，共发放纸质版近 1 000 册，电子版 3 000 余件，在明师德要求、强党史教育、学师德楷模、守师德底线上下功夫，开展具体工作。

加强警示教育，组织教师深入学习《新时代高校教师职业行为十项准则》，党委教师工作部到新教师中、教师党支部中宣讲解读，二级单位负责人在本单位宣讲解读；建立师德师风曝光台，分 6 期曝光共 42 个典型案例，编印警示教育案例集，收录 82 个典型案例；以学校师德师风问题表现和教育部公开曝光的违反十项准则典型案例为反面教材，分级分类进行通报，组织教师进行分类剖析、查摆自省。

将师德教育纳入各类教师培训。推动师德教育纳入新教师岗前培训、青年教师育人能力培训、研究生导师培训等各类培训。与教师教学发展中心联合印发《青年教师育人能力培训方案》，设置 20 个学时的师德师风专题，将师德师风专题培训作为新教师上岗的“必修课”。开展“明要求　习四史　学楷模　遵规范，加强新时代师德师风建设”2021 年青年教师师德师风专题网络培训，设置 6 个模块课程，涵盖各项内容。

（高菲）

【青年教师实践活动】

开展教师“双百行动计划”培育推荐。2021 年共支持 18 个教师团队开展调研，其中工学院刘平义副教授主持的“高校农业科研成果在北京郊区转化应用研究”、人文与发展学院刘建副教授主持的“北京市农民增收难症结及根治策略研究”、动物医学院朱奎教授主持的“现代科技在北京市农业中的应用现状调查”和信息与电气工程学院李想副教授主持的“北京市平谷区数字乡村发展现状调查”四个项目入选 2021 年市级教师团队项目。此外，水利与土木工程学院刘志丹教授主持的“以平谷农业科技创新示范区建设为引擎，加快推进京津冀农业板块产业链创新链协同发展研究”、动物科学技术学院曹志军教授主持的“京津冀规模牧场粪水资源化利用调研与效果评价研究”和经济管理学院李晓峰副教授主持的“休闲旅游助力乡村经济发展——京郊休闲旅游经营户经营状况调研”三个项目获评 2020 年北京高校师生“双百行动计划”优秀示范项目。

组织 400 余名新教师、青年教师参观北京市党性教育基地、爱国主义教育基地、七七卢沟桥事变旧址、学校师生帮助建立的北京市第一个农村党支部专题展览、“玉汝于成”及“初心弥坚”展览，以百年党史和红色校史坚定教师理想信念。建设教师社会实践线上报名平台，与工会等有关部门共同建设教师休息室。

（高菲）

【师德典型宣传】

举办“跟党走　育新人”第三届立德树人论坛，制作《初心如磐　弦歌不辍》专题片，中国工程院院士、资源与环境学院教授张福锁，生物学院教授郭岩，动物医学院教授汪洋，水利与土木工程学院副教授韩宇，马克思主义学院副教授王琳，人文与发展学院教授叶敬忠等 6 位教师分享了他们在教学、科研、社会服务等方面教书育人的宝贵经验，畅谈了“跟党走・育新人”的思想感悟。

开展“跟党走　扬师德　育新人”师德故事征集评选，通过学校网站、微信平台、学习强国等媒体途径对 20 件优秀奖作品进行宣传。获奖名单如下：

(1)《常怀民生所愿　辗转心灯不灭——记中国农业大学农学院许启凤教授》(张奚晨,农学院)

(2)《走近蔡旭院士　感悟小麦人生》(徐川淏,农学院)

(3)《纪念蔡旭先生诞辰110周年》(农学院党委)

(4)《畜牧育人精神传承——杨胜先生、李德发院士、谯仕彦教授育人纪实》(饲料中心教工党支部,动物科学技术学院)

(5)《青年人的榜样力量——吴常信院士在中农》(黄妍奕,动物科学技术学院)

(6)《牧育青春——纪念吴常信先生从教60年沙画微电影》(动物科学技术学院团委)

(7)《孜孜求索六十载　行之所往显担当——中国农业大学吴常信院士纪实》(动物科学技术学院党委)

(8)《董玉兰:继承"解剖"学科传统　构建多彩育人课堂》(动物解剖及组胚教研组,动物医学院)

(9)《杨汉春团队:初心接力　薪火相传　携手前行》(杨汉春团队,动物医学院)

(10)《药理教研组细菌耐药性团队:赓续红色血脉　传承"药理"精神》(药理教研组细菌耐药性团队,动物医学院)

(11)《前行前行——与时代同步伐　与人民共命运的食品人》(食品科学与营养工程学院党委)

(12)《蔡同一教授:筚路蓝缕　踔厉奋发》(食品科学与营养工程学院党委)

(13)《周山涛教授:怀瑾握瑜　潜心育人》(食品科学与营养工程学院党委)

(14)《罗云波教授:孜孜以求　探索不息》(食品科学与营养工程学院党委)

(15)《段长青教授:深耕前线　因地制宜》(食品科学与营养工程学院党委)

(16)《浇灌绿色的希望——中国农业大学康绍忠院士》(水利与土木工程学院党委)

(17)《吴学民:谨记校训　解民生　育英才》(郭鑫宇,理学院)

(18)《齐顾波:孜孜不倦育英才　春风细雨暖心房》(发展管理系教工党支部,人文与发展学院)

(19)《何慧丽:感知党恩系"三农"　牢记使命铸师魂》(社会学与人类学系教工党支部,人文与发展学院)

(20)《以赛促教　立德树人——刘明明、李玉梅指导学生参加全国大学生模拟法庭大赛纪实》(法律系教工党支部,人文与发展学院)

举办"赓续精神血脉　展示育人风采"教师风采短视频征集活动,经学校评选,共推荐报送6件作品。其中《"读懂中国"吴常信专访》《牧育青春——纪念吴常信先生从教60年沙画微电影》获评"2021年教师风采短视频征集活动"优胜奖,《浇灌绿色的希望——中国农业大学康绍忠院士》《纪念蔡旭先生诞辰110周年》入围征集活动。

开展"守初心　担使命　严师德　铸师魂"教师思想政治工作案例征集评选,评出实效奖12件,并在实效奖中遴选出创新奖5件。获奖名单如下(排序不分先后):

(1)《传承文化赓续农院精神　凝心聚力勇担时代使命——农学院党委举办蔡旭先生诞辰110周年系列纪念活动》(农学院党委)

(2)《坚守初心使命凝魂聚魄　搭建专业导师育人平台——植物保护学院教师思想

政治工作案例》(植物保护学院党委)

(3)《坚持立学立行立功　树立绿色教育风尚——教师思想政治工作案例》(资源与环境学院党委)

(4)《搭建"青椒荟"交流平台　助力"青教"成长成才——动科学院党委打造青年教师校内交流平台"青椒荟"》(动物科技学院党委)

(5)《动医学院打好教师发展"组合拳",助力教师师德与事业双提升——"党员先锋论坛"与"青年教师学术沙龙"》(动物医学院党委)

(6)《食品科学与营养工程学院"脱贫攻坚　玉汝于成"系列宣传案例》(食品科学与营养工程学院党委)

(7)《工学院师德师风建设工作机制与成效》(工学院党委)

(8)《严抓课程思政建设,激发铸魂育人力量——信电学院党委教师思想政治工作优秀案例》(信息与电气工程学院党委)

(9)《亲其师、信其道,课程思政引领学院师德师风建设》(水利与土木工程学院党委)

(10)《"守初心、担使命、严师德、铸师魂"教师思想政治工作案例》(理学院党委)

(11)《抓品牌　强特色　重实效　着力打造"六个要"思政课教师队伍》(马克思主义学院党总支)

(12)《严师德、铸师魂,在"学生助管"岗位践行教师思政育人——以校友工作办公室"农小友"岗位育人模式为例》(机关党委)

(高菲)

【教职工思想调查】

开展2021年教师思想状况滚动调查、秋季开学开展教师思想动态调查,完成调查报告。面向师生开展"我心目中的好老师"问卷调查,涉及22个单位1 083名师生,将调查结果作为谋划、组织工作的重要参考,不断提升工作针对性和实效性。

(高菲)

保卫工作

【概况】

2021年,保卫处按照学校"5+1"工程、2021年党建工作计划和党政工作要点,认真学习贯彻党的十九届六中全会精神,扎实推进党史学习教育走深走实。在疫情防控常态化形势下,调整安全稳定工作部署,主动服务师生,用心用情办好师生"小实事",用力用智守护校园"大平安",有效维护了校园安全稳定局面。

(梁潇)

【紧盯疫情防控,凝心聚力共克时艰】

2021年,保卫处严格落实学校疫情管控制度,统筹推进校园门岗疫情防控常态化工作，筑牢校园抗“疫”第一道防线。根据上级部门、学校制度和要求，实时调整校门管控要求，全体保卫干部积极发挥先锋模范作用，24 小时轮流带班值守。全年安保人员共执勤 5 万余次，完成校外人员入校审批 53 329 次，查验进出校门师生 3 160 696 人次（其中东校区 1 662 841 人次、西校区 1 497 855 人次），查验进校车辆共计 476 849 车次。顺利完成各类校园大型活动的安保与防疫任务，特别是 5 月 17 日全国高校毕业生就业创业指导委员会成立大会暨 2021 届高校毕业生就业促进周启动仪式在东校区举行，中央有关领导现场视察，全体员工连续奋战 10 余个日夜，制定安保防控方案，严密组织实施，保障了活动安全、顺利进行，做到“坚决防”“精细控”。

（梁潇）

【巩固人民防线，夯实校园政治稳定】

持续加强师生国家安全教育，充分利用学校企业微信“平安校园”，紧盯相关舆论热点，以社会热议、师生关注、富有教育意义为选题，发布国家安全相关宣传文章和新闻报道 9 篇。集中利用新生入学、新教工入职等契机，为师生开展国家安全教育 7 次。全方位开展学校政治安全稳定工作与信息摸查工作，准确掌握外籍教师、专家和留学生信息，健全少数民族学生档案管理，积极配合国家安全机关、公安机关等有关单位做好协查配合等工作。全年未发生重大政治敏感事件和重大舆情事件。

（梁潇）

【深入排查隐患，夯实校园安全基础】

消防方面，严格落实日常巡察、重点检查、专项督查制度，全年联合多部门开展消防安全专项隐患排查 10 余次，开具消防监督检查意见书 10 份，提出整改意见 27 条。组织开展“事故隐患大扫除”等行动，强化源头治理。治安方面，切实落实 24 小时不间断巡逻与视频监控巡查，全力维护在校师生的人身及财产安全。全年配合公安机关调查处理盗窃、斗殴、滋事、矛盾纠纷案件 20 余起，为师生员工挽回财产损失近 20 万元，收到感谢信 3 封、锦旗 3 面，完成大型活动安保 30 余场次。交通方面，发放校园内车辆违章提示单 100 余份，组织交通执勤指挥 100 余人次，同校内施工单位签订交通安全责任书 6 份。

（梁潇）

【优化技防设施，时刻守护师生安全】

组织实施 2021 年校园安全技防系统建设项目，进一步推进科技创安系统智能化。根据反馈，及时优化调整“校外人员入校申请”网上办理程序，向来访人员发送包含入校电子审批单链接的短信，并在 2 个校区 4 个校门增加校外人员身份证刷卡验证入校系统，提高校外人员的入校审批及门岗核验效率。启动二级单位监控并网工作，校园重点区域监控覆盖率达到 90％以上；全年巡检技防监控设备 268 次，维修更换设备 112 次，监控平均在线率为 98％。

（梁潇）

【加强设施建设，稳定提供安全保障】

消防方面，全年共检查、维修 9 495 具各类型灭火器、1 305 处室内消火栓、191 处地下消火栓和水泵接合器，新购灭火器 150 具，及时报废已达报废标准的消防设施。交通方面，全年施画各种标线 6 002 米、网格线和消防车道标志 819.36 平方米，标画车位 48 个，更换和新增护栏 36 米，新增交通指示牌、标志牌 2 块，新增锁车器、球面镜、警示灯等交通用具 20 余套，加厚减速带 68.5 米，新增不锈钢路桩 60 个，修缮和维护其他交通设施 20 余处。

（梁潇）

【拓展宣传教育，安全意识入脑入心】

全年持续开展安全宣传教育，注重提升师生安全防范技能，尤其是在“4·15”“11·9”“12·2”以及防范电信网络诈骗等主题安全宣传日、宣传月中，通过集中授课、线上推送、实地宣传等形式，积极开展宣传活动；企业微信号“平安校园”全年累计推送 41 条，阅读转化率高于高校安全类推送平均水平 3～6 倍。联合两校区各学院，全年共开展安全宣传讲座 20 余场，消防疏散演练 10 余次，共计参与师生 5 万余人次。

（梁潇）

【优化办事流程，全心全意服务师生】

2021 年，网上办事大厅上线“1106 学生户籍服务”，取代纸质版学院盖章的户籍卡借用证明，提高学生办事效率；构建师生办事服务指南系统，在“平安校园”企业微信公众号中开设 9 项服务指南。线下，设立北京高校第一家“智能双面取餐柜”，有效解决了疫情期间师生拿取外卖的不便与外卖丢失的问题；实施了校门岗亭升级改造项目，缓解了早晚高峰拥堵现象，降低了人车混行危险，提升了门岗核验工作效率。全年为 1 780 余名新生完成落户及身份证办理工作，为 1 200 余名应往届毕业生完成户口迁出工作，完成户籍借阅、身份证补办、户籍证明开具等工作 2 000 余人次，为师生出具政审材料和无犯罪证明介绍信共计 235 人次。

（梁潇）

就业创业与毕业生教育工作

【概况】

2021 年，学校共有 2021 届毕业生 5 405 人，其中本科毕业生 2 798 人（占 51.77%），硕士毕业生 1 881 人（占 34.80%），博士毕业生 726 人（占 13.43%）。2021 届毕业生总毕业去向落实率 95.91%。其中，本科生毕业去向落实率 94.21%，硕士生毕业去向落实率 97.61%，博士生毕业去向落实率 98.07%。2021 届毕业生中继续深造 1 910 人，深造率为 35.34%，其中国内升学 1 485 人，出国（境）留学 425 人，包括本科生 1 671 人，硕士生

222人，博士生17人。本科生深造率为59.72%，其中国内升学率为46.18%，出国（境）升学率为13.55%。共有291人入选国家基层就业项目，其中288名毕业生通过各省（直辖市、自治区）专项选拔加入选调生行列，入选人数实现“九连增”。

5月17日，中央政治局委员、国务院副总理孙春兰莅临学校考察2021届高校毕业生就业促进周系列活动，对学校人才培养和就业工作给予充分肯定和高度认可。学生创业项目“中农优苗——创新型动物疫苗引领者”“‘化’繁为简——中国新型植棉方式引领者”“无人渔场——现代渔业领航者”项目在第七届中国国际“互联网＋”大学生创新创业大赛国赛中摘得“两金一银”，学校“互联网＋”大赛金奖和奖牌数量创历史新高。“乡村CEO计划”项目入选《中国国际“互联网＋”大学生创新创业大赛指南(2021)》。在教育部中美青年创客交流中心年度评选中，学校荣获“创新交流示范奖”“中农优苗”团队荣获“优秀团队”、中美反刍营养师认证项目获“优秀工作案例”。学校获评“北京高校就业指导名师工作室”“第七届中国国际‘互联网＋’大学生创新创业大赛北京赛区优秀组织校”“北京高校大学生优秀创业团队评选最佳组织奖”“中国年度最佳高校——就业人气奖”等荣誉。

（郭蕾　丁国荣）

【拓展高质量就业空间】

2021年，坚持“积极走出去”和“主动请进来”的服务理念，不断完善“大型招聘活动保障数量、专场招聘活动保障质量”的就业市场服务工作格局，推动毕业生更高质量就业。学校结合行业人才需求，搭建实践平台，邀请知名企业进校，探讨人才培养方案、校企合作空间。根据用人单位专业需求，开展重点单位专场对接会，汇聚校友资源，助力毕业生实习就业。学校通过线上、线下相结合的方式，依托“中农云”线上招聘服务平台，让毕业生足不出户即可参加校园招聘会，与企业“面对面”沟通交流。学校积极联系并接待企事业单位3 100余家，举办线上线下校园招聘会600余场，12 000家单位参会，组织毕业生参加校外招聘会30余场。共提供招聘岗位165 000余个，为2021届毕业生提供岗位数与毕业生人数比为31∶1。

（李超）

【引导毕业生基层就业】

围绕国家战略需求，引导和鼓励毕业生参加选调生、志愿服务西部计划等国家基层就业项目，到祖国最需要的地方建功立业。学校不断探索校地合作人才培养新模式，通过校地合作方式办好定向选调生人才培养实验班。2021年，学校已与30个省（自治区、直辖市）开展定向选调专项人才合作；定期邀请优秀校友回校分享职业选择初心和未来规划，深化学生对选调生及基层工作的认知，在全校范围内营造基层就业的浓厚氛围。组织选调生备考培训，帮助毕业生熟悉选调生选拔要求。建立走访基层、重点领域就业校友的常态机制。对基层任职毕业生开展追踪调研，以毕业生为桥梁纽带，协调学校相关资源，为毕业生职业发展和就业地经济发展提供服务。

（张潇予）

【完善创业指导服务体系】

通过对接企业需求，聘请企业导师、增加项目交流等方式开展深入合作。采用内选外聘、专兼结合的方式，组建由科学家、企业家、职业经理人、天使投资人和中青年教师、学工干部共同参与的“管＋育＋服”一体的优质创新创业师资团队，助力学生发展。学校加入北京高校大学生创新创业训练校际合作计划，共推荐10个项目参与，与多所高校建立良好合作关系，通过学科交叉互融碰撞创新火花，共同助力学生创新创业意识的培养和能力的提升。围绕“构建课程体系、培育双创项目、丰富竞赛实训、完善指导服务、搭建实践平台、建设导师队伍”，着力“搭平台、建机制、促氛围”，不断培养学生的创新精神、创业意识和创新创业能力。坚持“以赛促教、以赛促学、以赛促创”的育人理念，以组织参与中国国际“互联网＋”大学生创新创业大赛、学校“兴农杯”大学生创新创业大赛为抓手，不断完善“国、市、校”三级学科竞赛体系，挖掘培育优秀创新创业项目，促进成果转化及应用推广。在第七届中国国际“互联网＋”大学生创新创业大赛国赛中，学校8个参赛项目在228万余个报名参赛项目中脱颖而出，取得2金1银5铜的优异成绩，创学校历史新高；在北京赛区获7个一等奖，17个二等奖，10个三等奖，学校获评“优秀组织校”。在2021年北京地区高校大学生优秀创业团队评选中，荣获1个一等奖、3个二等奖、8个三等奖，学校获评“最佳组织奖”，获奖数量实现“三连增”。

（林嘉）

【开展精准就业指导服务】

学校积极构建“专业化教学”“多元化培训”以及“个性化咨询”的“三位一体”学生职业辅导体系，其中以“大学生职业生涯规划”“大学生创业基础”和“大学生求职技能”就业创业指导选修课为主渠道，以在线职业测评和线上直播课程、就业实习以及丰富多彩的职业指导活动为第二课堂，开展就业指导，帮助学生树立正确的职业价值观，提升学生的求职技能、就业信心和求职成功率。2021年，累计举办60余场活动，参与人数达3 000余人次。优化“种·未来”就业指导工作室建设，突出就业育人实效，围绕学生生涯发展和创新创业需求，打造具有农大特色的生涯教育新载体，开展个体咨询、团体辅导、课题研究及讲座培训等活动，紧密围绕学校就业创业工作的整体部署和要求，积极助推毕业生就业和学生创新创业工作。自工作室成立以来，累计提供“一对一”咨询服务3 000余人次，100%的学生对咨询效果“满意、很满意”。12月，工作室入选首批北京市级高校就业指导名师工作室。

（郭蕾）

【做好重点群体帮扶工作】

学校深入推进“就业帮扶助航行动”，建立就业困难毕业生群体帮扶工作台账，对低收入家庭、身体残疾等重点群体毕业生，按照“一人一档”“一人一策”开展重点帮扶，提供全过程、全方位、有重点的就业指导服务。实施重点群体“百分百帮扶、百分百就业”计划，做到“一生一账、挂账销号、一帮到底”，在摸排就业去向基础上，针对不同就业意向群体提供不同类型服务，全程指导求职，加强政策宣传及教育引导，突出重点、精准施策，努力做到教育动心、指导入心、服务暖心、跟踪贴心，保证了学生在合理预期下的充分就业。2021年，全校重点群体毕业生实现了“百分百就业”目标。

（张潇予）

工会与教代会工作

【概况】

2021年，中国农业大学工会（以下简称“校工会”）在校党委和上级工会的领导下，在各分工会和全校教职工的大力支持下，深刻领会习近平新时代中国特色社会主义思想，坚持学党史、悟思想、办实事、开新局，工会教代会工作紧紧围绕国家和学校的发展大局、围绕学校中心工作，不断增强政治性、先进性、群众性，团结凝聚广大教职工，在推进学校民主政治建设、弘扬劳模精神、劳动精神、工匠精神和社会主义核心价值观、助力教职工素质提升、构筑和谐校园、维护教职工合法权益等方面发挥了重要作用。2021年，陈芳教授荣获2020年度全国“三八红旗手”称号，康绍忠、沈建忠教授被授予北京市先进工作者称号，曹志军教授、张海涛老师荣获首都劳动奖章称号。在北京市第十二届青年教师教学基本功比赛中，中国农业大学的8名参赛选手分获一等奖4个，二等奖2个，三等奖2个，其他单项奖累计21项。4家分工会荣获北京市教育工会先进教职工小家称号，13个三级小家被授予北京市总工会“职工暖心驿站”。

（汪雪滢）

【思想引领】

增强工会工作的政治性　坚持以习近平新时代中国特色社会主义思想为指导，深入学习贯彻习近平总书记关于工人阶级和工会工作的重要论述，以党建带工建，加强工会系统队伍建设，组织分工会主席赴香山革命纪念馆参观学习；面向分工会兼职干部开展关于工运理论的线上培训。深化“学习型”党支部建设，开展党史、理论学习活动15次；立足“全覆盖　双提升”“双融合、双促进”建设工程，加强支部规范化建设。组织开展长辛店二七纪念馆参观主题党日活动、十九届六中全会精神专题党课联学系列活动等。

突出思想引领政治功能　在学校党委的领导和统筹下，提高工会组织政治站位，充分发挥工会组织教育职能，坚持把理想信念教育放在首位。坚持弘扬劳模精神、劳动精神、工匠精神，增强教职工的荣誉感、自豪感、归属感，继续开展从事教育工作三十年表彰和荣休活动。做好选树模范工作，及时通过多种媒体渠道宣传模范先进事迹。

助推青年教工成长　通过总结筹备组织及备赛经验，打造系统性培训模式，积极开展青年教师基本功大赛等专业比赛，助力青年教工在市级及以上比赛中荣获佳绩。在北京高校第十二届青教赛中斩获4个一等奖等29项奖励；组织参加首届北京高校系统管理岗位青年教职工职业能力竞赛并荣获一等奖。举办中国农业大学第三届青年管理干部岗位技能竞赛，共开展5场专业技能培训，600余人次参加培训竞赛。扩大青年教职工交流渠道，打造跨界交流平台，促进学科交叉和思维火花的碰撞，将“串家门”活动列入新教工入职教育环节；开展三期“青盟论坛”青年教职工学术交流活动。

（杨帆）

【深化民主管理】

规范召开教代会 不断推进全过程人民民主，规范民主制度，落实民主实践，切实维护教职工合法权益。1月，学校召开第四届教职工暨工会会员代表大会第四次会议年会。在年会召开前期，第四届教代会执委会和工会委员会召开联合会议，听取第四届双代会四次会议筹备组织工作、提案办理、代表更换替补说明等情况介绍。年会听取了学校工作报告、第四届教代会三次会议提案工作报告，书面审议和讨论了学校财务工作报告、校务（信息）公开报告、教代会工会工作报告等。7月，学校召开第四届教职工暨工会会员代表大会第五次会议，专题听取讨论学校“十四五”事业发展规划的工作报告，代表们就学科建设、创新人才培养、师资队伍建设等10个方面提出133条修改意见，最终被采纳115条。

落实源头参与民主管理 教代会执委会和专门工作委员会听取2021年度学校财务预算情况汇报，并以视频会议形式听取《中国农业大学专业技术职务聘任管理办法》《中国农业大学教职工公费医疗管理条例》等4个文件的修订报告。同时教代会专门委员会还参与了体检进展巡查、全员慰问品和困病补助方案确定等专项工作。

发挥提案办理抓手作用 第四届四次教代会期间对代表进行提案工作线上专题培训。根据《中国农业大学教代会提案工作管理办法》共征集提案23件，最终采纳12件，转为建议11件。提案办理期间，党委常委会两次专题研究，提案委员会与提案人和办理单位反复沟通，以确保提案的办案质量，提案办理满意率达83%。评选出优秀提案及优秀办理单位各1个。

（汪雪滢）

【以职工为中心】

完善帮扶体系，精准帮扶困难职工 增强工会工作群众性，在建机制、强功能、增实效上下功夫，创新组织体制、活动方式、工作方法，让群众真正感受到工会是职工之家。2021年度爱心基金申请及困病补助申报工作，按照《中国农业大学爱心基金使用细则》，分档次降低门槛扩大帮扶对象。同时，为4 991人办理职工重大疾病互助保险，为2 603名女教工办理特殊疾病互助保险。日常慰问生病住院、因病去世以及家庭遇到重大变故的教职工12人。

加强女职工劳动保护，维护女职工特殊利益 校工会主动适应疫情常态化管理，在三八节当天为全校女同胞送上了“三八节慰问信”；举办“家的味道——我家的传家菜”美食短视频线上展示活动，分四期在校工会公众号上进行推送展示；举办“多彩生活 手工制作”活动，外请专业团队带领女职工学习口红、口金包的制作方法。同时为推动《中华人民共和国民法典》、性别平等和女职工权益保护法律法规宣传普及，积极组织、参与由市总工会组织开展的“情系女职工 法在你身边”全国职工线上法律知识竞赛活动。

关爱教职工心理健康 心理健康是职工健康的重要组成部分，也是促进学校和谐发展、职工队伍稳定、职工素质提升的现实需要。校工会在建立职工心灵驿站，不断提升职工心理健康服务水平的同时，积极营造关爱教职工心理健康的良好氛围。根据不同教职工群体心理健康服务要求，开展多样化的心理健康服务工作。全年共开展主题心理团培及心理讲座4场。组织女职工参与北京市举办的2021年“温情三月，呵护心灵”女职工心理关爱服务周活动。

做好全员慰问和重点关爱工作 为响应党中央“助力国家乡村振兴”的指示精神，落实学校扶贫具体任务，2021年校工会将教职工福利品采购与扶贫工作相结合，圆满完成学校的扶贫采购任务。继续为全体会员定制生日贺卡，按季度发放蛋糕卡。此外，还为全校5 000余名教职工发放口罩50万只，慰问菊园小区封闭管理的教职工64名，提供教职工需要的优惠购车、电器等便利性服务。开展关注教职工下一代系列活动，针对高考考生家长群体存在高考志愿填报的困难，联合本科生院举办“高考志愿填报技巧”讲座，并在高考前，为60多位参加今年高考的考生家长采购“考生家长伴考包”。组织全体会员、女教职工进行体检，并对体检结果进行专业分析和健康指导建议，及时向教职工反馈健康问题和趋势。开展“膝关节运动保护和康复”健康讲座，普及健康保健知识。六一儿童节慰问学校两所幼儿园的师生，护士节慰问校医院医护人员。

（刘伃　丁鸿）

【开展丰富活动 凝聚教工合力】

开展“庆祝建党100周年”系列文体活动 紧紧围绕党和学校工作大局，从倾听教职工需求出发，以庆祝建党100周年为主线开展教职工系列活动。举办“奋斗百年路·永远跟党走”教职工合唱比赛，“庆祝建党100周年”首届教职工篮球比赛、教职工气排球、羽毛球等系列体育赛事，真正实现工会活动与职工需求的精准对接。

持续打造群众性文体活动品牌 充分发挥工会组织的政治优势、组织优势、群众优势、资源优势，积极打造健康文明、昂扬向上、全员参与的职工文化。举办教职工云健步走、第二届教职工迷你马拉松、教职工“云诵读”等活动，活动总人数达2 000余人次。活动模式向线上线下深度融合转变，不断创新“互联网＋”教职工文体活动形式和内容，用活动发挥桥梁纽带作用，激发广大教职工的创新创造活力。

不断拓宽文体协会覆盖面和影响力 召开2021年度协会座谈会，鼓励各协会在常态化疫情防控的条件下开展活动，把疫情防控和保障教工身体健康放在首位，充分发挥教工协会团结凝聚教职工作用。对《中国农业大学教职工协会经费使用及管理实施细则（试行）》文件进行意见征集。为热爱篮球运动的教职工组建教职工篮球协会。校工会积极联络相关部门，向各协会提供中午时段的免费场地，为开展羽毛球、气排球等协会活动奠定了基础。

（张和）

【加强自身建设 探索工会工作新模式】

强化互联网思维，打造工会工作升级版 在依托信息技术和网络化管理的基础上，构建智能化工会管理服务体系，为工会会员提供精准性、便捷性、普惠性的服务。全方位升级智慧工会系统功能模块，2021年已完成并上线13项功能模块建设，实现智慧工会系统手机端一键登录功能，方便广大教职工积极参与工会活动，打通服务职工的“最后一公里”。

完善制度体系，提升管理水平 对照上级工会及学校工作要求，加强制度建设。2021 年共修订 4 项制度，新颁 3 项制度。按照党风廉政建设的要求，加强工会经费管理，规范经费开支的范围及标准，完成经费上缴任务及年度经费审计工作。开展工会系统固定资产年度清查工作，盘点范围内资产总量 326 件，原值 161.75 万元。

不断巩固基础，持续提升基层活力 以职工为中心、让职工当主角，眼睛向下、面向基层、服务资源向基层倾斜，着力扩大服务面，增强服务意识，切实增强工会组织的凝聚力。召开教职工之家验收评审会，将建家工作深入三级小家。召开 2021 年度表彰会，实施项目制经费管理模式，支持分工会立项 150 项，分工会承办校级活动立项 7 项，小家硬件升级，共分解经费近 120 万元。积极稳步推进会员发展，2021 年共有 1 704 名非事业编教职工加入工会组织，全校会员人数超过 5 000 人。

持续提升工会干部综合能力 围绕习近平总书记提出的“七个能力”建设要求，积极开展全员能力提升活动。提升政治能力，建立党员轮流讲党课机制，增强工会专职干部学习能力；提升调查研究能力，积极承担北京市教育工会多项调研项目；提升应急处突能力，联合北京市红十字会开展心肺复苏与 AED 普及培训；提升群众工作能力，参加北京市教育工会组织的各类业务培训课程。

开拓新媒体渠道，占领宣传新阵地 鼓励分工会通过多样化宣传方式，展示小家建设风采。设立分工会发文排行榜，通过新闻报道的方式促进各分工会间的交流。本年度共编辑工会简报 4 篇，通过邮件形式及时送达教代会执委会及工会委员会全体成员处，让工会干部了解工会工作内容，提出具有建设性的意见。2021 年，中国农业大学工会微信官方公众号关注人数突破 2 500 人，年增长量达 541 人。共推送 434 条群发消息；单篇阅读量最高达 5 134 次。

（汪雪滢　梁哲）

共青团工作

【概况】

2021 年是学校共青团砥砺奋进的一年，在习近平新时代中国特色社会主义思想的指导下，扎实推进党史学习教育，认真落实中央巡视及党建先进校入校考察整改工作，服务保障中国共产党成立 100 周年庆祝活动、2022 年北京冬奥会等重大任务，推进共青团改革各项工作向纵深发展。

（范大年）

【突出思政引领，坚定青年信念】

引领青年上好建党百年大思政课 组织 724 名师生圆满完成广场合唱献词、志愿服务、群众方阵和《伟大征程》文艺演出等建党百年系列庆祝活动任务，围绕“七个一”开展全方位宣传总结与表彰活动，上好爱党爱国“大思政课”。

（李慧　吕佳　郝琦伟）

动员青年奋发向上传承奥运精神　组织动员5 700余名师生报名冬奥志愿者，选拔228名赛事志愿者、90名城市志愿者、30余名专班人员参与冬奥会服务保障，把握服务国家重大政治任务契机开展沉浸式思政教育，将爱国报国志融入青年成长。

（李慧　吕佳）

教育青年着力完善教育培养体系　完善团员教育培养体系，开展祭奠烈士、团旗下宣誓、“五四”亮灯等系列团员党史学习教育，实现全校893个团支部党史学习教育“5＋3＋1”（5次专题学习会、3次专题组织生活会、1次团日活动）全覆盖。组织学生社团开展“青春心向党社团新时代”党史学习教育，注重团员教育的浸润与实效。

（李慧　郝琦伟）

选树青年榜样，弘扬新时代正能量　开展“五四青年标兵/集体”评选，发挥榜样示范引领作用。成立“稼穑英才”青年宣讲团，为主题展览提供讲解百余次，受众近3 000人次。在五四、七一等时间节点，围绕党史学习教育，结合农大特色，多渠道全方位开展系列报道，推出《党史青年说》视频栏目，在多个平台播放量20余万次。

把握青年特征，壮大团属宣传力量　共青团融媒体矩阵不断做大做强，建成北京高校第一家共青团融媒体中央厨房，有力提升共青团宣传质量。“食堂的饭”在抖音平台获1 475万播放量，点赞破20万；冬奥开幕倒计时100天亮灯直播活动同时在线观众超过5 000人，被央视新闻、《人民日报》、冬奥组委官网等媒体平台转载。

（范晨辉　邢雨凝）

【提升组织活力，助力青年发展】

夯实基层组织，树立奖优导向　严格落实“三会两制一课”制度和“6＋N”团支部工作要求，依托“北京共青团”线上系统实现组织建设管理向信息化的全面过渡。建立团支部、班集体评优和重点创建模式，前置开展对标定级工作，将对标定级结果与“优秀团支部”评选相结合，以奖督评、以评促优。全面梳理团属荣誉奖励，规范评奖程序和分类，选拔树立在精神文明建设、学术创新、躬身实践、校园文化建设等方面取得突出成绩的青年学生10名，授予学校颁发的“五四青年标兵”称号，选拔树立在校内外具有广泛影响或在重大任务、重大项目中作出突出贡献的具有榜样示范效应的青年集体10个，授予“五四青年标兵集体”称号。此外，评选三好学生1 824人、优秀学生干部600人、优秀团干部299人、优秀团员551人。推荐北京市三好学生29人，北京市优秀学生干部11人。种科191等54个班级荣获“优秀班集体”荣誉称号，种科191团支部等80个团支部荣获“优秀团支部”荣誉称号。推荐食安182等9个班级为北京市先进班集体，农学院精准扶贫、“1＋3”专项团支部等24个组织为北京市“先锋杯”优秀团学基层组织。

坚持学习青年，加强队伍建设　树立识才、爱才、惜才、用才、育才导向，引领团干部向优秀青年学习，注重用事业激励人才，让人才成就事业。制定《中国农业大学专职团干部教育培训方案》。修订“知行”团校、英才学校培养方案，“知行”团校着力构建“校-院-个人”三级学习机制，打造“4＋X＋2”校级课程体系；依托机关分团委实施青年管理干部与学生骨干互促成长的“青伴同行”计划，积极发挥青年教师对英才学校的引导作用，团干部队伍凝聚力和战斗力显著提升。

（李慧　郝琦伟）

创新管理机制，规范学生组织　召开第十八次学代会和第十六次研代会，聚焦主责主业，进一步完善校级学生会组织规章制度。全面完成校院两级学生会改革，接受上级团组织检查评估。制定《中国农业大学学生社团建设管理办法实施细则》，完善社团活动全方位全过程管理，加强社团意识形态监督管理和教育培训，全面开展社团指导教师考核与选聘，拓宽社团业务指导单位，常态化加强学生社团规范化管理。

（李慧　范晨辉）

聚焦青年工作，加强理论研究　从工作实际需求出发，以问题为导向，注重真研究问题、研究真问题。改革开启 2021—2022 年度青年课题研究，立项 22 项课题并承担北京市社团管理工作课题 1 项。

（范晨辉　姚沫男）

【拓宽实践平台，凝聚青年力量】

引导青年在社会实践中成长成才　围绕乡村振兴主题，聚焦献礼建党百年主线，组织开展“稼穑之路”学生寒暑期社会实践，3 000 余名师生参与其中，形成调研报告等文字成果 700 万余字，为群众办实事 428 件，荣获 20 余项荣誉称号。推动社会实践工作体系化建设，开展“劳动创造幸福，奋斗点亮青春”劳动教育主题月活动。

鼓励青年在志愿服务中追寻价值　培育校内常态化志愿服务项目，鼓励同学广泛参与学校治理与首都发展，本年度志愿参与达 10 503 人次，录入志愿服务时长共 173 316.5 小时；培育 11 个“智慧助农一院一品”特色志愿项目；发起“防汛抗洪应急保障”志愿服务项目，在防汛等国家重大需求中贡献青年力量。校志愿服务总队获北京市扶残助残先进集体，“服务三农育英才志愿人生第一课”志愿服务项目及“牧声久久，饲香万里”中国饲料博物馆服务志愿项目分获 2021 年首都志愿服务项目大赛金、银奖。

（李慧　吕佳）

支持青年在创业创新中实现理想　修订《中国农业大学创新创业奖学金评选细则》，建立校、院创新创业类社团双创联席会制度，激励青年成为知农爱农新型人才。举办第二届中国农业大学“兴农杯”创新创业大赛，选拔孵化的优秀项目参与北京市比赛与国家级赛事。在全国“互联网＋”大学生创新创业大赛中获金奖 2 个，银奖 1 个。在第十七届“挑战杯”全国大学生课外学术科技作品竞赛中获得一等奖 1 个，三等奖 4 个；在第十七届“挑战杯”全国大学生课外学术科技作品竞赛红色专项活动中获得一等奖 1 个，主体赛入围国赛项目 6 个；在第十七届“挑战杯”全国大学生课外学术科技作品竞赛“黑科技”专项赛中获得三等奖 1 个。

（张战营　程楠）

【挖掘育人内涵，繁荣青年文化】

丰富文化育人内涵　依托“五月的花海”与“金色的希望”项目化工作平台，围绕建党百年、逐梦冬奥等主题开展校园文化活动 100 余项。组织“许党报国 初心弥坚”主题校庆日嘉年华及“冰雪热情助力冬奥 学史践行知农爱农”网络文化节，推动高质量校园文化资源供给，丰富学生文化生活。

赓续红色文化血脉 组织“庆祝建党百年，颂扬青春诗篇”五四青年节诗歌朗诵比赛，举办 2021 年“五四青年标兵/集体”表彰大会暨“青春之我”庆祝建党 100 周年青春诗会，开展“百年风雨路 青春心向党”一二·九文艺展演比赛，着力打造思想性强、参与性广、沉浸度深的大型校园文化活动。

（范晨辉 姚沫男）

【聚焦学生需求，服务青年权益】

推进团委信息化建设 党建引领推进党史学习教育办实事，在综合服务平台开设“团委”专栏并上线“校团委印信服务”系统，在微信企业号推出团委场地与社团教室借用等线上服务，做到“让信息多跑路，让师生少跑腿”。自团委线上服务开通以来，累计处理线上业务 170 项，申请印信 633 次。

突出学生会服务职能 按照要求加强和改进学代会、研代会提案工作，校长办公会专门研究学生提案并听取学生意见建议，提案办理有效回应学生关切的问题，学生会组织被学生认可的满意度显著提高。

提升报告厅保障效能 全面梳理报告厅管理体系与管理模式，坚持以学生为中心的工作原则，提升报告厅的服务供给水平，进行东校区曾宪梓报告厅的局部升级修缮，基本实现基础舞美设备自给，有效降低各单位使用成本。

（李慧 郝琦伟）

教育教学

年鉴

本科生教育教学

【招生工作】

经教育部批准,2021 年学校在全国 31 个省(自治区、直辖市)及港澳台地区计划招收普通全日制本科生 3 620 人,招生计划全部安排在各省本科第一批次录取。其中分省来源计划:安排烟台研究院本科计划 600 人,首次安排在山东省以外省(直辖市)进行招生(招生省份为河北省、辽宁省、福建省、山东省、湖北省、湖南省、重庆市);安排 290 名国家专项计划(贫困地区定向招生专项计划),分布在河北省等 21 个省(自治区、直辖市)的贫困县;安排高校专项计划 72 人,分布在河北省等 28 个省(自治区、直辖市);安排非西藏生源定向西藏就业招生计划 5 人,其中云南省 3 人、河南省 2 人;安排南疆单列计划 2 人。不分省来源计划包括:内地西藏班计划 17 人、新疆高中班计划 22 人、少数民族预科转入计划 42 人、高水平运动队计划 33 人、强基计划 80 人、预留计划 36 人。自 2021 年起,我校暂停招生高水平艺术团与保送生。另在内蒙古自治区、贵州省、云南省、西藏自治区、青海省、甘肃省、宁夏回族自治区、新疆维吾尔自治区等 8 省(自治区)安排少数民族预科班计划 42 人。

2021 年,共录取各类普通本科新生 3 623 名,其中文科类(包含文史类和历史类)236 人,占 6.52%;理科类(包含理工类和物理类)2 287 人,占 63.12%;综合改革类 1 100 人,占 30.36%。共录取一年制少数民族预科班理工类学生 39 人,其中全国班 14 人,新疆班 25 人。

共录取第一志愿考生 3 603 人,第一志愿率为 99.45%;录取应届考生 3 411 人,占 94.15%;往届考生 212 人,占 5.85%;录取城镇考生 2 649 人,占 73.12%;录取农村考生 974 人,占 26.88%;录取考生平均年龄 18.32 岁,年龄最小的 16 岁,年龄最大的 26 岁;录取汉族考生 3 269 人,占 90.23%;录取其他 29 个少数民族的考生共 354 人,占 9.77%。

2021 年录取新生中，强基计划 80 人、高水平运动队 16 人、国家专项计划 290 人、高校专项计划 71 人、南疆单列计划 2 人、内地西藏高中班 17 人、内地新疆高中班 22 人、港澳台学生 11 人、少数民族预科班转入 42 人。

本科一批的生源质量情况为：理科类考生的投档成绩平均超过当地一本线 116.89 分，文科类考生的投档成绩平均超过当地一本线 83.38 分，综合改革类考生的投档成绩平均超过当地一本线 92.66 分。

2021 级共有 21 名本科新生未报到，另有 2 人因病申请保留入学资格，报到率为 99.42%。

共录取第二学士学位新生 530 人，其中 180 人未报到。

（陈昌盛　林舒曼）

【学籍管理】

学籍异动　2021 年，本科生、第二学士学位学生共有 3 479 人次发生学籍异动。其中，大类分专业 1 980 人次；转专业 516 人次；专业分方向 334 人次；休学 68 人次；复学 105 人次；退学 80 人；保留学籍 67 人；放弃入学资格 203 人；保留入学资格 2 人；留级 83 人次；申请提前毕业 16 人；申请延期毕业 19 人；报到入学 1 人；转学（转出）1 人；死亡 1 人（注：以上学籍异动数据含有留学生）。

毕业及学位授予　2021 届毕业生 2 811 人，其中获得毕业证书 2 735 人，获得结业证书 76 人，往届毕业生结业证书换发毕业证书 29 人。2021 届毕业生学士学位授予 2 732 人，其中 395 人授予双学位；2021 年往届毕业生补授学位 27 人。

推荐优秀应届本科毕业生免试攻读研究生　2021 年，共推荐 2022 届优秀应届本科毕业生免试攻读硕士学位研究生 864 人，其中普通类 848 人，支教团 16 人（其中 3 人按普通类推荐）。普通类的 848 人中，含保留研究生入学资格两年从事学生辅导员 18 人，少数民族高层次人才骨干计划 2 人，特殊学术专长 35 人。

（曾佳　谢丽娜）

【教学管理】

2020—2021 学年春季学期，共编排课程 2 604 门次（包括上课、实验、上机），任课教师 1 339 人。计划开设校选课 429 门次、院选课 423 门次，实际开设校选课 704 门次、院选课 301 门次；停开校选课 40 门次、院选课 122 门次。开设体育专项不同级别 34 个项目 315 门次课程。

2021—2022 学年秋季学期，共编排课程 2 849 门次（包括上课、实验、上机），任课教师 1 438 人。计划开设校选课 466 门次、院选课 525 门次，实际开设校选课 440 门次、院选课 407 门次；停开校选课 26 门次、院选课 118 门次。开设体育专项不同级别 37 个项目 393 门次课程。

2021 年，评选出 100 篇校级本科生优秀毕业论文（设计）。此外，学校推荐 25 篇优秀毕业论文（设计）参加北京市普通本科高校大学生毕业设计（论文）评选，全部获奖。

（刘佳　朱利芬　赖瑞琴）

【考务工作】

校外考试

2021 年 3 月北京地区中小学教师资格考试教务工作：考试科目共 27 科，共计 4 012 人次参加考试，共安排 138 场次考试，272 人次监考，22 人次巡考。

2021 年 3 月全国计算机等级考试：设 2 个考场，考试科目共 11 科，开考 6 批次，共计 900 人次参加考试，36 人次监考，30 人次参与巡视及考试外围组织工作，10 人次参与安全保卫工作。

2021 年 5 月全国大学英语四、六级考试口试：两校区共计 699 人报名，开考 9 批次，117 人次监考，15 人次参与巡视及考试外围组织工作，16 人次参与安全保卫工作。

2021 年 6 月全国大学外语四、六级考试笔试：两校区共计 6 507 人报名，共安排 228 考场，444 人次监考，48 人次巡视，28 人次参与安全保卫工作。

2021 年 9 月全国计算机等级考试：共设 2 个考场，考试科目共 12 科，开考 6 批次，共计 900 人次参加考试，44 人次监考，42 人次参与巡视及考试外围组织工作，10 人次参与安全保卫工作。

2021 年 10 月北京地区中小学教师资格考试考务工作：考试科目共 32 科，考生人数共计 4 336 人次，共安排 147 场次考试，292 人次监考，27 人次巡考，35 人次参与安全保卫工作。

2021 年 11 月北京市普通话水平免费测试报名：共计 1 060 人报名，但受疫情影响，全市普通话水平测试暂缓开展。

2021 年 11 月全国大学英语四、六级考试口试：两校区共计 1 026 人报名，共开考 12 批次，监考教师 174 人次，28 人次参与巡视及考试外围组织工作，16 人次参与安全保卫工作。

2021 年 12 月全国大学外语四、六级考试笔试：两校区共计 7 095 人报名，共安排 239 考场，478 人次监考，52 人次巡视，34 人次参与安全保卫工作。

（刘佳　张澜）

校内考试

开学初补考　2020—2021 学年春季学期共安排 82 门次课程补考，应参加补考学生 283 人次，实考 173 人次，缺考 110 人次，缺考率 38.8%，安排本科生院人员监考 18 人次。2021—2022 学年秋季学期共安排 162 门次课程补考，应参加补考学生 631 人次，实考 583 人次，缺考 48 人次，缺考率 7.6%，安排本科生院人员监考 36 人次。

期中考试周　2020—2021 学年春季学期期中考试周共安排 255 门次课程的考试，考生 12 739 人次，监考教师 594 人次，本科生院人员巡视 67 人次。2021—2022 学年秋季学期期中考试周共安排 247 门次课程的考试，考生 10 962 人次，监考教师 537 人次，本科生院人员巡视 70 人次。

期末考试周　2020—2021 学年春季学期期末考试周共安排 466 门次课程的考试，共安排 309 场次，考生 20 025 人次，监考人员 937 人次，各学院教学院长校级巡视以及本科生院人员巡视 128 人次。2021—2022 学年秋季学期期末考试周共安排 527 门次课程的考试，共安排361场次，考生24 618人次，监考人员1 156人次，各学院教学院长校级巡视以及本科生院人员巡视158人次。

（邢淑芬）

【试卷印刷】

2021年完成全校本科生1 889门次课程的试卷印刷工作，共制作了4 759张版，印制481 896张试卷，装订176 419份，配备答题纸161 700张，答题卡25 435张，草稿纸79 905张。

（董艳华 刘玉琳）

【教学检查】

本科生院例行开展开学初、期中教学检查，学期初重点检查学生到课情况、任课教师课前准备情况。

根据上级单位防疫工作要求和学校关于学生开学返校工作的具体安排，2020—2021学年春季学期第一周至第三周开展线上教学，第四周开始正式恢复线下开课。开学初组织了本科生院全体老师针对开学第一周周一线上开课情况和第四周周一线下开课情况进行检查。3月1日通过网络教学平台数据计算，到课率为97.30%。3月22日，本科生院抽查数据显示，教师到课率为100%，学生到课率为99.17%。

2021—2022学年秋季学期于9月6日正式开课，开学第一周共抽查了265门课程的207名任课教师和12 317人次学生上课情况。检查结果显示学生按时到课率98.09%。共有37个课堂中62人次学生因为疫情滞留京外无法返校上课，任课教师通过网络教学平台对学生进行在线教学和指导。

（刘佳）

【视导组】

2021年，本科生院增补4位校内视导专家，新聘2位校外视导专家，视导专家共30人。

持续开展教学常规视导 春、秋每学期30位专家分为工、农、文、理四组，走进500余个课堂，围绕教学组织、教学内容、教学手段、学生学习风貌等进行督导。

参与“思政课程”和“课程思政”建设 超额完成“按照1∶2 000的比例配齐思政督导员”的任务，目前由9位人文社科组专家担任思政督导员。齐爱兰、戴芳春两位专家受邀参与学工部“形势与政策”教研室集体备课会。2021年12月，视导专家齐爱兰教授录制“认真学习领会党的十九届六中全会精神”慕课，通过在线教育综合平台面向全体师生进行专题授课。

推进视导专家“入实践”专项工作 2021年6月，本科生院组织视导专家赴涿州实地调研“劳动教育周”实践基地；组织视导专家参与教改项目评审、奖励评优、教材审查等专项工作；全新改版《视导通讯》。

（李璐）

【教学评价】

2020—2021 学年春季学期学生评价结果。应参评学生 128 171 人次，实际参评学生 100 020 人次，参评率为 78%。有效评价课程 2 091 门次，课程参评率 100%；获评教师 1 299 人次。评价得分统计结果：理论课有效评价课程 1 576 门次，实验课程 361 门次，体育与艺术类课程 154 门次。全校课程中，得分在 90～95 分的课程占比为 60.96%；大于等于 80 分且小于 90 分的课程占比为 37.98%；大于等于 60 分且小于 80 分的课程占比为 1.06%。其中，理论课平均分为 90.24 分，实验类课程平均分为 90.41 分，体艺类课程平均得分为 92.22 分。

2021—2022 学年秋季学期学生评价结果。应参评学生 152 678 人次，实际参评学生 126 143 人次，参评率为 82.62%。有效评价课程 2 237 门次，课程参评率 100%；涉及 1 157 门课教师，其中理论课 957 门，实验课 134 门，体育与艺术类课 66 门。全校课程中，得分在 95 分以上的课程占比为 26.99%，大于等于 90 分且小于 95 分的课程占比为 61.56%；大于等于 80 分且小于 90 分的课程占比为 11.08%；大于等于 60 分且小于 80 分的课程占比为 0.37%。其中，理论课平均分为 93.76 分，实验类课程平均分为 94.05 分，体艺类课程平均得分为 94.43 分。

（李璐）

【审核评估】

2021 下半年，受国务院教育督导办公室和教育部评估中心委托，中国农业大学作为全国唯一农林院校，与清华大学及上海交通大学两所国内顶尖“双一流”高校一同，试点开展新一轮审核评估第一类评估。以本科生院为主体的审核评估工作组办公室完成迎评方案设计、审核评估的工作部署及专题培训、自评报告撰写及支撑材料准备、线上评估等工作；组织调动全校各职能部门、各学院联动参与，开展自查、自建、自评，完成自评自建及线上评估。2021 年 11 月 15 日至 12 月 8 日，线上评估阶段专家通过研读“1＋3＋3”报告，线上看课、调阅教学文档、访谈校领导及管理人员、访谈用人单位及毕业生、专家暗访等多种方式对我校本科教育教学进行了全面评估。

（李璐）

【人才培养】

强基计划　积极响应国家开展种源“卡脖子”技术攻关的号召，2021 年设立全国唯一的生物育种方向“强基计划”并顺利招生。打造了由 5 名院士，112 名杰出学者组成的“强基计划”百人导师团。以生物科学、种子科学与工程（植物育种方向）、动物科学（动物育种方向）为依托，探索并构建了“3＋5” 本硕博衔接培养的人才培养新模式。

拔尖 2.0　拔尖创新人才培养 2.0 初显成效，6 位师生获年度荣誉奖项；生物学院本科生团队在全国“基础学科拔尖学生培养计划 2.0”提问与猜想比赛中获二等奖。

康奈尔联合培养专项　与康奈尔大学合作开办“食品科学与工程”“食品质量与安全”联合培养专项，开辟人才培养新模式。

五育并举 构建具有中国农业大学特色的德智体美劳五育并举的育人模式，切实做到入方案、入课程。

劳动教育在全国率先构建耕读教育与劳动教育有机融合的“知识、认知、实践、文化”四位一体育人体系。主编并出版了新时代首部耕读教育读本——《耕读教育十讲》，获2021年度影响力图书。近3 000名2020级本科生组建“劳动生产队”分批赴涿州劳动教育实践基地开展耕读文化学习与田间劳动实践。学校在耕读教育方面的改革创新，推动教育部《加强和改进涉农高校耕读教育工作方案》政策的出台，并获北京高等教育本科教学改革创新项目重大立项。

美育与体育教育得到进一步强化。依托美育教学中心，实施“大美育”教育，通过将美育融入党建引领、课堂教学、艺术创作、文化活动等具体形式，树立“美术鉴赏与实践”“种艺创作”等一批美育典型。依托体育教学部，面向全校学生开设专项基础课、设立体育俱乐部、举办趣味体育赛事，实现专项运动技能的分类分层教学，突出了特色项目与时尚健身项目的开展，营造了“年年有联赛、月月有活动、人人都参与”的阳光体育氛围。

（崔情情）

【专业建设】

专业布局 生物育种科学、大数据管理与应用、酿造工程、城乡规划4个本科专业及金融学、法学、会计学3个第二学士学位全部获准增设，其中生物育种科学为全国首创，是学校扎实推进新农科建设、服务国家重大涉农战略的重要举措。目前，本科专业数已达80个，第二学士学位专业11个，涵盖工学、农学、理学、文学、经济学、管理学和法学7个学科门类，全校本科专业布局不断迭代优化。

一流本科专业建设 2021年是教育部一流本科专业建设点“双万计划”的收官之年，学校在已有34个入选专业的基础上，召集各专业负责人及教师骨干围绕一流专业申报细节开展围读交流会，顺利完成17个国家级一流专业建设点和7个北京市级一流专业建设点的推荐申报工作。

（崔情情）

【专业认证】

车辆工程、电气工程及其自动化、水利水电工程、农业水利工程、计算机科学与技术、食品科学与工程6个专业通过工程认证，认证有效期均为6年。另有电子信息工程和自动化2个专业已被教育部成功受理并将接受专家入校考察。动物科学与农林经济管理2个专业的中俄联合认证已通过申请，计划于2022年下半年开展线上认证。

（李璐）

【课程建设】

思政育人建设 “课程即思政”理念已达成全校共识。4门思政理论在线课程全部上线，一年来线上学习数据接近50 000人次。多年课程思政改革探索陆续开花结果：首届全国课程思政示范项目2门本科课程全部入选，入选总数（全校共计4门）列全国高校第一。5门本科课程及教师团队入选首届北京高校课程思政示范课程、教学名师和团队。创新推动教师党建与业务建设“双融合、双促进”，打造40项课程思政本科精品项目。举办首届“最美课堂”教师教学比赛，有3位教师获北京市“最美课堂”一、二等奖。动物科学技术学院、信息与电气工程学院、水利与土木工程学院、人文与发展学院4个课程思政建设示范学院有效探索了思政育人的学院模式。全校形成了“课程门门有思政、支部个个树品牌、教师人人重育人、学院争先创特色”的良好态势。

核心课程建设 按照“专业、课程、责任教师”三个层次，对现有核心课程的基本情况进行核实，确定核心课程总数为763门(含核心基础课133门、专业核心课571门、核心通识课59门)。建立定期备案制度，极大地解决了原有核心课程所存在负责人变更掌握不及时、核心课程名称不准确、专业核心课归属不清晰等遗留问题。

在线课程建设 2021年立项20门在线开放课程建设，全校在线开放课程建设已突破100门。此外，在全国率先上线的“大国三农”，已成为网红慕课，上线一年以来网络总点击量突破500万，引领全国知农爱农教育的发展。2021年正式启动“大国三农”第二季的录制，邀请汪懋华、李德发、康绍忠、沈建忠、高旺盛、赵要风等院士名家担任主讲教师。

“金课”建设 立项48门校级“大国三农”一流本科课程建设项目，新增5门北京高校优质本科课程，引导教师深化课程教学改革，提升课程“两性一度”。推荐35门课程积极申报第二批国家级一流本科课程，目前仍在评审过程中。

基层教学组织建设 用信息技术赋能基层教学组织建设，新增支持11个校级虚拟教研室试点建设项目，“昆虫学课程虚拟教研室”等6个项目全部入选教育部公布的首批虚拟教研室建设试点名单。

(崔情情)

【教材管理】

机制建设 2021年4月，制定并出台覆盖规划、建设、编写、选用、供应等各环节的《中国农业大学教材建设管理办法》，护航全校教材建设与管理。

教材立项 进一步深化改革，将教材建设纳入“大国三农”教育改革工程重要内容，以专业为单位，分系列、分期立项，探索建设一批引领全国涉农高校“四新”建设的高质量教材，首批按照“10+1”的模式支持10个专业的40本教材展开建设，此外支持3本教辅教材开展建设。

教材供应 提供专项经费支持，自2021年春季学期起，向所有使用马工程重点教材的任课教师及选课学生免费发放对应教材，确保人手一册，有效保障了最新版教材及时进课堂。

首届全国教材建设奖 在首届全国教材建设奖中获得全国优秀教材一等奖3项(其中主编2项，副主编1项)，全国优秀教材二等奖1项(主编)，全国教材建设先进个人1项，全国教材建设先进集体1项，在全国高等农林院校中，既是获奖数最多的高校，也是获奖项目最全的高校。此外，5本教材入选2021年度北京高校优质本科教材。

(崔情情　汪建华)

教材选用 强化“凡选必审”“凡编必审”工作，建立了校—院—系三层次教材审核专家库，吸纳基层教学组织负责人、教学视导专家等教学骨干力量，完成全部学校近八十个学科专业的 1 513 本选用教材审查工作。

2020—2021 学年春季学期，学校共开设 123 门次课程对应使用 26 种马工程教材。其中，已在教育部“马工程教材管理系统”中备案的课程 26 种。选课人数为 8 871 人，使用教材总册数为 8 871 册，教材使用率达到 100%。

2021—2022 学年秋季学期，学校共开设 151 门次课程对应使用 24 种马工程教材。其中，已在教育部“马工程教材管理系统”中备案的课程 24 种。选课学生总数为 9 452 人，使用教材总册数为 9 452 册，教材使用率为 100%。

（崔情情　汪建华　刘佳　张澜）

教材供应 2020—2021 学年春季学期，售出正式出版教材 1.567 万册，总金额为 70.96 万元。免费发放学生“两课”用书 6 225 册，免费发放教师用书 1 362 册，免费发放“马工程”教材 2 454 册。印制并发放自印教材 4 294 册。

2021—2022 学年秋季学期，售出正式出版教材 2.71 万册，总金额为 113.896 万元。免费发放学生“两课”用书 6 555 册，免费发放教师用书 307 册，免费发放“马工程”教材 3 122 册。印制并发放自印教材 1.229 2 万册。

（张澜　董艳华　刘玉琳）

【教学改革】

省部级教改项目 2021 年，学校入选 4 项教育部新文科研究与改革实践项目。入选教育部产学合作协同育人项目 59 项。入选北京高等教育本科教学改革创新项目 5 项，其中“彰显‘耕读文化’特色的劳动教育体系构建与实践”被立为北京市重大项目，在该方面实现学校首个重大的突破。

校级教改项目 校级教改项目 2021 年以“后立项”方式，认定各院系教改项目共计 183 项。

（崔情情）

【教学成果】

开展 2021 年校级教学成果奖评选表彰工作，评选出校级教学成果奖 119 项，其中特等奖 17 项，一等奖 43 项，二等奖 59 项。

（李璐）

【新农科建设】

全国新农科建设中心和中国高等教育学会高等农林教育分会两大官方平台先后落户学校，统筹全国涉农高校推进新农科建设工作的探索与实践。依托两大平台启动“专业布局优化调整”专项研究，承担并完成教育部委托“新农科人才培养引导性专业目录”重大课题研究。组织召开新农科建设推进会。以“人才培养”“专业布局”“教师教学发展”为主题发布了三期全国新农科建设进展简报。同步打造“全国新农科建设中心”微信公众平台,为全国新农科研究与实践搭建宣传交流平台。

(崔情情)

【教师获奖】

全国高校黄大年式教师团队 食品科学与工程学院廖小军教授带领的"果蔬加工教师团队"入选教育部第二批"全国高校黄大年式教师团队"。

北京市教学名师 植物保护学院李志红、生物学院胡剑获北京市教学名师奖。动物医学院金艺鹏获北京市青年教学名师奖。

校级优秀教师 李曼莉等 60 名教师获 2021 年度优秀教师称号。

其他教育教学奖项 草业科学与技术学院张蕴薇教授获评"全国林业和草原教学名师"。动物医学院"动物解剖学及组织胚胎学教学育人团队"(团队带头人:陈耀星)获评 2021 年"北京高校优秀本科育人团队"。本科生院教师教学发展中心主任谭豫之获评 2021 年"北京高校优秀本科教学管理人员"。

(李璐)

青年教师教学基本功比赛 北京高校第十二届青年教师教学基本功比赛中工学院陈建、农学院刘杰获工科类一等奖,人文与发展学院曲甜、马克思主义学院段蕾获文科类一等奖,动物科学与技术学院王书敏获工科类二等奖,经济与管理学院路西获文科类二等奖,动物医学院周雪影获工科类三等奖,马克思主义学院张月昕获文科类三等奖。段蕾老师作为文科类一等奖中唯一一名思政课教师,将代表北京市参加全国青教赛。此外,我校青年教师还斩获 11 个单项奖。谭彧、谭豫之、李保云、齐顾波、张晖、王冬梅 6 位教师获优秀指导教师奖。

教师教学创新大赛 水利与土木工程学院韩宇教师团队获首届全国高校教师教学创新大赛二等奖、第一届北京高校教师教学创新大赛特等奖,马克思主义学院段蕾教师团队获北京市一等奖,动物医学院董玉兰教师团队、经济管理学院臧日宏教师团队获北京市三等奖。第一届校级教师教学创新大赛中 5 位教师获一等奖,7 位教师获二等奖,9 位教师获三等奖;第二届校级教师教学创新大赛中 5 位教师获一等奖,7 位教师获二等奖,9 位教师获三等奖,32 位教师获优秀奖。

"最美课堂"教师教学比赛 马克思主义学院王娜老师主讲"毛泽东思想和中国特色社会主义理论体系概论"课程、动物医学院董玉兰老师主讲"动物解剖学"课程获北京市教书育人"最美课堂"评选一等奖,马克思主义学院段蕾老师主讲的"中国近现代史纲要"课程获北京市教书育人"最美课堂"二等奖。首届中国农业大学"最美课堂"教师教学比赛中生物学院胡剑、植物保护学院李志红、人文与发展学院李玉梅 3 位教师获一等奖、6 位教师获二等奖、9 位教师获三等奖,30 位教师获优秀奖。

(杨蕙嘉)

【信息化建设】

保障在线教学顺利开展 2021 年,学校师生基于优慕课和雨课堂两个平台开展在线教学。使用优慕课(在线教育综合平台)辅助教学的课程有 1 623 门,教师 2 000 余人,本科生近15 000人；使用雨课堂辅助教学的课程有221门，教师760余人，本科生近12 000人。

本科生综合教务管理系统（一期）建设 建设内容包括系统管理、基础数据管理、培养方案管理、课程管理、教材管理、学籍管理、转专业管理、排课选课管理、教务运行、考务管理、成绩管理等22个模块，完成历史数据的迁移，实现各模块基本功能上线；综合教务管理系统手机端与学校微信企业号完成对接，实现师生手机端信息查询。

本科生院融媒体建设 建立"中国农业大学本科教育教学"微信公众号，每月系统总结学校本科教育教学进展情况，发布课程思政专题、新农科建设专题等，全年共发布原创推送190篇，阅读量超20万次。

（崔岳宁　马梦真）

【公共教室建设】

基本教学条件建设 对东校区工学楼、信电楼20间教室的投影仪及幕布进行更换；更换本科生教室损坏的电子时钟133块；更换部分教室的网络中控、功放等设备；在两间长距离教室安装副屏，方便后排学生观看课件；完成教室电子班牌与新教务管理系统的数据对接；完成新教务管理系统与考试座位显示系统的数据对接。

智慧教学条件建设 建成信电楼智慧教室一间，该智慧教室可实现研讨型教学、互动教学、跨校区教学；改建工学院机械与农业工程国家级虚拟仿真实验教学中心实验室为全景教学空间，该教学空间可以满足虚拟仿真教学、混合式教学、直播互动教学、沉浸式教学等多种新形态教学模式。

（崔岳宁）

【实验室建设】

虚拟仿真实验教学项目建设 组织2020年虚拟仿真教学项目结题答辩工作，15个项目通过结题。推荐三门校级虚拟仿真课程参加2021年国家级虚拟仿真实验教学一流课程遴选工作。

实验教学中心改造与建设 启动了新一届国家级、北京市级实验教学示范中心和虚拟仿真实验教学中心主任、教学指导委员会聘任工作。对食品科学与营养工程学院、信息与电气工程学院、理学院、生物学院、草业科学与技术学院的实验教学中心予以改造建设支持。

（马梦真）

【校级校外实习实践基地建设】

2021年，新增备案院级实习实践基地17个，院级基地累计备案382个；各学院共聘任并备案校外导师30位，累计聘任并备案校外导师531位。举办2020年校级校外实习实践基地授牌仪式暨交流会。

（马梦真）

【大学生创新创业训练】

2021 年，学校共组织立项 1 445 项创新创业项目，其中国创项目 95 项，北创项目 279 项，校级 URP 项目 1 071 项，参与学生人数共 3 541 人，指导教师共 977 人，整体规模与 2020 年基本持平。其中支持 2 项育种方向的重点领域国创项目、10 项北创校际合作项目，另有 3 个国创项目成果入选第十四届全国大学生创新创业年会。项目经费共 446.11 万元，其中国创项目经费 151 万元，北创项目经费 176.6 万元，URP 项目经费 118.51 万元。

本科生以第一作者共发表学术论文 111 篇，其中包含 SCI 31 篇、EI 9 篇、CSCD 6 篇、CSSCI 1 篇、中文核心期刊 30 篇。2021 年，本科生共获得参与申请的专利共授权 21 项，其中国家发明专利 3 项、实用新型专利 12 项、外观设计专利 6 项；参与登记的计算机软件著作权共计 18 项。

（仇莹）

【学科竞赛】

2021 年，学校继续参与举办中国农业机器人大赛、全国大学生农业建筑环境与能源工程相关专业创新创业竞赛、全国大学生农业水利工程及相关专业创新设计大赛、北京市大学生生物学竞赛等行业综合类学科竞赛，组织学生参加中国国际“互联网＋”大学生创新创业大赛、“挑战杯”全国大学生课外学术科技作品竞赛、国际遗传工程机器大赛、“高教社杯”全国大学生数学建模竞赛、“外研社杯”全国大学生英语辩论赛等学科竞赛，其中在“互联网＋”大赛中夺得 2 金 1 银 5 铜的成绩。2021 年共有 1 445 人次学生获省部级及以上级别学科竞赛奖励 780 项。

（仇莹）

【本科教育国际交流】

2021 年，学校共有 113 名学生通过在线或线下形式参加国际交流项目。

联合培养项目 2021 年学校有联合培养项目 12 个，2＋2 形式合作院校 8 所：美国康奈尔大学、美国普渡大学、美国马里兰大学、美国科罗拉多州立大学、美国罗格斯大学、美国俄克拉荷马州立大学、加拿大滑铁卢大学、加拿大阿尔伯塔大学；3＋2 形式合作院校 3 所：美国奥本大学、美国康涅狄格大学、美国加州大学戴维斯分校；2＋4 形式合作院校 1 所：英国爱丁堡大学。全年共派出 49 人，其中“2＋2”项目 46 人、“2＋4”项目 3 人。

中外合作办学项目 2021 年国际学院中外合作办学项目共派出 57 人，其中 39 人赴美国俄克拉荷马州立大学联合培养，18 人赴美国科罗拉多大学（丹佛）联合培养。

交换生项目 2021 年学校有交换生项目共 6 个，合作院校分别是美国俄克拉荷马州立大学、加州大学戴维斯分校、加州大学圣地亚哥分校、加拿大阿尔伯塔大学、新西兰梅西大学、日本新泻大学。全年共派出 4 人，另有 2 人采用在线形式参加交换生项目。

国家公派研究生项目 2021 年国家留学基金委国家建设高水平大学公派研究生项目录取 1 人，攻读博士研究生。

大北农国际交流奖学金　2021 年继续实施“大北农国际交流奖学金”评审方案，共有 5 个国际交流项目列入资助名单。因 5 个国际交流项目中无家庭经济困难学生派出，故未发放奖学金。

（曾佳）

【教师教学发展】

教师教学培训　2021 年共举办线上、线下 115 场培训活动(其中校内 110 场，校外 5 场)，岗前培训 14 场，职后发展 101 场。1 465 位教职工参与，累计超过 9 000 人次参加、完成 28 000 余学时的学习。其中，各类教育理论与教育技能培训 52 场，课程思政类型培训 22 场。组织骨干教师录制主题培训微课 2 门。

青年教师育人能力培育方案　4 月制定出台《中国农业大学青年教师育人能力培训方案》(中农大教字〔2021〕5 号)，贯彻执行教师双证上岗制度。2017—2020 年入职青年教师参与度达 97.78%，完成度 77.34%。2021 年入职青年教师参与度达 73.68%。截至 2021—2022 学年秋季学期结束，246 位青年教师获颁中国农业大学教师教学研修证书。

高校教师资格认定　根据北京市教育委员会高等学校教师资格认定工作要求，112 位教师获得高等学校教师资格证书。

课程思政工作　依托课程思政教学研究与培训中心，动物科学技术学院、信息与电气工程学院、水利与土木工程学院、人文与发展学院被选为思政示范学院，四门课程形成学院模式；联合多部门举办课程思政“双融合、双促进”建设成果交流会。持续丰富“课程思政启育记”宣传专栏，累计 40 余篇思政育人案例，发布《中国农业大学课程思政教学案例集》《中国农业大学课程思政示范学院建设成果汇编》。

教师教学发展组织建设　牵头成立全国农林高校教师教学发展联盟并草拟联盟章程，各农林高校教师教学发展中心建设成果收录入《全国新农科建设进展简报》。基于学院自主发展原则，2021 年陆续成立 11 个教师教学发展学院分中心，校内教师教学发展组织体系趋向完善，已形成覆盖学校 70%学院的 14 个教师教学发展院级分中心，举行分中心交流会 2 次。学院分中心开展院内培训、院际交流等形式的培训活动累计 70 余次。

教学咨询与诊断服务　11 月发布《关于教师教学发展中心开放教学咨询与诊断服务的通知》，公布教学咨询专家 49 位，通过自愿申请、分类服务，提供个性化、服务性、自主性和保密性的分类教学咨询。共进行 21 次教学咨询，满意率达 96.6%。

智慧学研空间建设　2021 年持续完善教师培训与发展管理系统，建成具备培训管理、教学咨询、竞赛管理等业务模块的教师教学发展一体化服务平台，系统建设成果已推广应用至校内外教师教学管理、竞赛系统建设等领域。引进专业资源录制、课程制作团队，建成全景教室、课程拍摄基地，为教师教学、科研、咨询、课程设计与制作等多项服务提供空间与团队支持。

（杨蕙嘉）

附表

附表 1　2021 年中国农业大学普通本科录取分数统计表

省份	科类	录取人数	统计人数	重点线	最低分	平均分	最高分	最低超线	平均超线	最高超线
北京市	综合改革	139	135	513	622	631.49	663	109	118.49	150
	综合改革(中外)	86	86	513	602	608.76	621	89	95.76	108
	综合改革(康奈尔)	18	18	513	615	622	635	102	109	122
天津市	综合改革	91	91	579	648	655.22	679	69	76.22	100
	综合改革(中外)	6	6	579	647	649.96	655	68	70.96	76
	综合改革(康奈尔)	6	6	579	642	644.45	646	63	65.45	67
河北省	物理类	124	124	498	608	619.44	644	110	121.44	146
	物理类(烟台)	14	14	498	588	606	616	90	108	118
	物理类(中外)	4	4	498	596	606	613	98	108	115
	物理类(康奈尔)	6	6	498	585	593.5	600	87	95.5	102
	历史类	13	13	520	619	621.15	624	99	101.15	104
	历史类(烟台)	8	8	520	603	610.75	617	83	90.75	97
	历史类(中外)	3	3	520	605	605.67	606	85	85.67	86
山西省	理工	82	82	505	587	594.84	615	82	89.84	110
	理工(中外)	9	9	505	558	564.88	571	53	59.88	66
	文史	14	14	543	603	605.19	609	60	62.19	66
	文史(中外)	6	6	543	576	580.45	587	33	37.45	44
内蒙古自治区	理工	59	56	418	579	595.57	621	161	177.57	203
	理工(中外)	11	11	418	533	554.09	571	115	136.09	153
	文史	6	5	488	596	599.6	606	108	111.6	118
	文史(中外)	4	4	488	580	582.75	588	92	94.75	100
辽宁省	物理类	59	59	503	623	635.85	656	120	132.85	153
	物理类(烟台)	14	13	503	589	606.69	624	86	103.69	121
	物理类(中外)	6	6	503	601	610.5	620	98	107.5	117
	物理类(康奈尔)	8	8	503	597	614.38	631	94	111.38	128
	历史类	11	9	534	627	628.56	631	93	94.56	97
	历史类(烟台)	8	8	534	606	614.5	621	72	80.5	87
	历史类(中外)	2	2	534	619	619.5	620	85	85.5	86
吉林省	理工	53	53	482	559	574.19	604	77	92.19	122
黑龙江省	理工	71	70	415	574	583.82	628	159	168.82	213

续附表1

省份	科类	录取人数	统计人数	重点线	最低分	平均分	最高分	最低超线	平均超线	最高超线
上海市	综合改革	9	9	503	551	556.33	568	48	53.33	65
	综合改革(康奈尔)	2	2	503	554	554	554	51	51	51
江苏省	物理类	70	69	501	596	600.74	613	95	99.74	112
	物理类(康奈尔)	10	10	501	571	575.4	583	70	74.4	82
	历史类	3	3	533	599	599.33	600	66	66.33	67
	历史类(中外)	5	5	533	583	587.2	591	50	54.2	58
浙江省	综合改革	85	85	589	638	645.36	659	49	56.36	70
	综合改革(中外)	5	5	589	638	639.8	642	49	50.8	53
	综合改革(康奈尔)	8	8	589	631	636.25	645	42	47.25	56
安徽省	理工	91	91	488	619	624.31	641	131	136.31	153
	理工(中外)	5	5	488	601	605.21	608	113	117.21	120
	文史	13	13	560	634	636.75	638	74	76.75	78
	文史(中外)	2	2	560	623	627.45	630	63	67.45	70
福建省	物理类	53	53	530	613	620.64	639	83	90.64	109
	物理类(烟台)	11	11	530	585	596.64	607	55	66.64	77
	物理类(康奈尔)	10	10	530	587	594.8	603	57	64.8	73
	历史类(烟台)	4	4	546	591	593	596	45	47	50
	历史类(中外)	5	5	546	585	589.2	593	39	43.2	47
江西省	理工	71	71	519	609	614.56	626	90	95.56	107
	理工(中外)	5	5	519	582	588.59	599	63	69.59	80
山东省	综合改革	81	78	518	613	622.26	641	95	104.26	123
	综合改革(烟台)	485	485	518	571	579.29	609	53	61.29	91
	综合改革(中外)	15	15	518	588	593.87	603	70	75.87	85
	综合改革(康奈尔)	9	9	518	592	598.78	616	74	80.78	98
河南省	理工	115	115	518	627	632.61	645	109	114.61	127
	理工(中外)	9	9	518	598	605.12	610	80	87.12	92
	文史	18	16	558	633	634.44	637	75	76.44	79
	文史(中外)	6	6	558	612	616.96	621	54	58.96	63

续附表 1

省份	科类	录取人数	统计人数	重点线	最低分	平均分	最高分	最低超线	平均超线	最高超线
湖北省	物理类	68	68	520	622	626.88	636	102	106.88	116
	物理类(烟台)	6	6	520	601	610.5	621	81	90.5	101
	物理类(康奈尔)	10	10	520	588	600.6	610	68	80.6	90
	历史类(烟台)	4	4	558	607	612	617	49	54	59
	历史类(中外)	5	5	558	601	605.8	612	43	47.8	54
湖南省	物理类	70	70	504	607	613.5	623	103	109.5	119
	物理类(烟台)	15	15	504	596	604.67	610	92	100.67	106
	物理类(康奈尔)	6	6	504	564	585.17	610	60	81.17	106
	历史类	13	12	521	607	608.83	613	86	87.83	92
	历史类(烟台)	9	9	521	596	599.44	605	75	78.44	84
广东省	物理类	70	68	539	615	622	635	76	83	96
	物理类(中外)	5	5	539	608	611.2	614	69	72.2	75
	物理类(康奈尔)	10	10	539	606	611.6	635	67	72.6	96
	历史类(中外)	6	6	548	594	596.67	598	46	48.67	50
广西壮族自治区	理工	75	75	487	588	597.75	619	101	110.75	132
	文史(中外)	7	7	530	570	577	593	40	47	63
海南省	综合改革	15	15	569	689	697.87	743	120	128.87	174
重庆市	物理类	51	51	528	625	637.77	656	97	109.77	128
	物理类(烟台)	14	14	528	607	612.01	625	79	84.01	97
	物理类(中外)	4	4	528	603	613.23	621	75	85.23	93
	物理类(康奈尔)	8	8	528	596	608.73	642	68	80.73	114
	历史类	9	9	538	620	623.79	633	82	85.79	95
	历史类(烟台)	8	8	538	609	613.73	621	71	75.73	83
	历史类(中外)	2	2	538	600	606.21	612	62	68.21	74
四川省	理工	112	112	521	623	629.49	654	102	108.49	133
	理工(中外)	4	4	521	604	610.63	614	83	89.63	93
	理工(康奈尔)	9	9	521	600	606.35	616	79	85.35	95
	文史	14	14	541	602	606.27	610	61	65.27	69
	文史(中外)	3	3	541	587	589.12	592	46	48.12	51
贵州省	理工	46	44	456	576	581.49	597	120	125.49	141
云南省	理工	70	68	520	611	619.46	651	91	99.46	131

续附表 1

省份	科类	录取人数	统计人数	重点线	最低分	平均分	最高分	最低超线	平均超线	最高超线
西藏自治区	理工(汉)	2	1	415	517	517	517	102	102	102
陕西省	理工	63	63	443	572	583.72	627	129	140.72	184
	文史	9	9	499	606	610.24	617	107	111.24	118
甘肃省	理工	52	49	440	560	566.87	592	120	126.87	152
	文史(中外)	5	5	502	560	567.52	573	58	65.52	71
青海省	理工	11	8	403	504	526.35	546	101	123.35	143
宁夏回族自治区	理工	14	12	412	531	537.2	551	119	125.2	139
新疆维吾尔自治区	理工	71	45	405	548	557.09	586	143	152.09	181
	文史(中外)	5	5	466	547	550.51	561	81	84.51	95

注：本表不包括保送生、高水平艺术团、高水平运动队、少数民族预科转入、非藏定向、国家专项、南疆单列、高校专项等特殊类考生及非第一志愿考生。

附表 2　2021 年中国农业大学本科专业一览表

序号	专业代码	专业名称	修业年限	学位授予门类
1	020101	经济学	四年	经济学
2	020301K	金融学	四年	经济学
3	020401	国际经济与贸易	四年	经济学
4	030101K	法学	四年	法学
5	030301	社会学	四年	法学
6	050201	英语	四年	文学
7	050304	传播学	四年	文学
8	070101	数学与应用数学	四年	理学
9	070202	应用物理学	四年	理学
10	070301	化学	四年	理学
11	070302	应用化学	四年	理学
12	070504	地理信息科学	四年	理学
13	070602	应用气象学	四年	理学
14	071001	生物科学	四年	理学
15	071002	生物技术	四年	理学
16	071004	生态学	四年	理学
17	071201	统计学	四年	理学

续附表 2

序号	专业代码	专业名称	修业年限	学位授予门类
18	080102	工程力学	四年	工学
19	080202	机械设计制造及其自动化	四年	工学
20	080204	机械电子工程	四年	工学
21	080205	工业设计	四年	工学
22	080207	车辆工程	四年	工学
23	080301	测控技术与仪器	四年	工学
24	080501	能源与动力工程	四年	工学
25	080601	电气工程及其自动化	四年	工学
26	080701	电子信息工程	四年	工学
27	080703	通信工程	四年	工学
28	080714T	电子信息科学与技术	四年	理学
29	080801	自动化	四年	工学
30	080901	计算机科学与技术	四年	工学
31	081001	土木工程	四年	工学
32	081101	水利水电工程	四年	工学
33	081801	交通运输	四年	工学
34	081802	交通工程	四年	工学
35	082301	农业工程	四年	工学
36	082302	农业机械化及其自动化	四年	工学
37	082304	农业建筑环境与能源工程	四年	工学
38	082305	农业水利工程	四年	工学
39	082502	环境工程	四年	工学
40	082503	环境科学	四年	理学
41	082506T	资源环境科学	四年	理学
42	082701	食品科学与工程	四年	工学
43	082702	食品质量与安全	四年	工学
44	082706T	葡萄与葡萄酒工程	四年	工学
45	083001	生物工程	四年	工学
46	090101	农学	四年	农学
47	090102	园艺	四年	农学
48	090103	植物保护	四年	农学
49	090105	种子科学与工程	四年	农学

续附表 2

序号	专业代码	专业名称	修业年限	学位授予门类
50	090106	设施农业科学与工程	四年	农学
51	090301	动物科学	四年	农学
52	090401	动物医学	五年	农学
53	090502	园林	四年	农学
54	090601	水产养殖学	四年	农学
55	090701	草业科学	四年	农学
56	120101	管理科学	四年	管理学
57	120201K	工商管理	四年	管理学
58	120202	市场营销	四年	管理学
59	120203K	会计学	四年	管理学
60	120301	农林经济管理	四年	管理学
61	120302	农村区域发展	四年	管理学
62	120401	公共事业管理	四年	管理学
63	120402	行政管理	四年	管理学
64	120404	土地资源管理	四年	管理学
65	120801	电子商务	四年	管理学
66	080910T	数据科学与大数据技术	四年	工学
67	050207	日语	四年	文学
68	080717T	人工智能	四年	工学
69	082306T	土地整治工程	四年	工学
70	082307T	农业智能装备工程	四年	工学
71	090204T	生物质科学与工程	四年	农学
72	090405T	中兽医学	五年	农学
73	082710T	食品营养与健康	四年	工学
74	030307T	社会政策	四年	法学
75	090205T	土地科学与技术	四年	农学
76	090406TK	兽医公共卫生	五年	农学
77	090116TK	生物育种科学	四年	理学
78	082705	酿酒工程	四年	工学
79	082802	城乡规划	四年	工学
80	120108T	大数据管理与应用	四年	管理学

续附表 2

序号	专业代码	专业名称	修业年限	学位授予门类
1	120301	农林经济管理(第二学士学位)	二年	管理学
2	050201	英语(第二学士学位)	二年	文学
3	070101	数学与应用数学(第二学士学位)	二年	理学
4	080910T	数据科学与大数据技术(第二学士学位)	二年	理学
5	090106	设施农业科学与工程(第二学士学位)	二年	农学
6	090601	水产养殖学(第二学士学位)	二年	农学
7	120202	市场营销(第二学士学位)	二年	管理学
8	120401	公共事业管理(第二学士学位)	二年	管理学
9	020301K	金融学(第二学士学位)	二年	经济学
10	030101K	法学(第二学士学位)	二年	法学
11	120203K	会计学(第二学士学位)	二年	管理学

附表 3 2021 年中国农业大学一流本科专业目录

序号	专业名称	一流专业类型
1	化学	国家级一流专业建设点
2	生物科学	国家级一流专业建设点
3	计算机科学与技术	国家级一流专业建设点
4	农业工程	国家级一流专业建设点
5	农业水利工程	国家级一流专业建设点
6	资源环境科学	国家级一流专业建设点
7	食品科学与工程	国家级一流专业建设点
8	农学	国家级一流专业建设点
9	园艺	国家级一流专业建设点
10	植物保护	国家级一流专业建设点
11	动物科学	国家级一流专业建设点
12	草业科学	国家级一流专业建设点
13	农林经济管理	国家级一流专业建设点
14	动物医学	国家级一流专业建设点
15	土地资源管理	国家级一流专业建设点
16	社会学	国家级一流专业建设点
17	数学与应用数学	国家级一流专业建设点
18	机械设计制造及其自动化	国家级一流专业建设点

续附表 3

序号	专业名称	一流专业类型
19	农业机械化及其自动化	国家级一流专业建设点
20	食品质量与安全	国家级一流专业建设点
21	种子科学与工程	国家级一流专业建设点
22	农村区域发展	国家级一流专业建设点
23	金融学	国家级一流专业建设点
1	应用化学	北京市一流专业建设点
2	生态学	北京市一流专业建设点
3	水利水电工程	北京市一流专业建设点
4	农业机械化及其自动化	北京市一流专业建设点
5	食品质量与安全	北京市一流专业建设点
6	生物技术	北京市一流专业建设点
7	生物工程	北京市一流专业建设点
8	机械电子工程	北京市一流专业建设点
9	电子信息工程	北京市一流专业建设点
10	会计学	北京市一流专业建设点
11	地理信息科学	北京市一流专业建设点
12	社会学	北京市一流专业建设点
13	动物医学	北京高校重点建设一流专业
14	植物保护	北京高校重点建设一流专业

附表 4 2021 年中国农业大学本科教学视导组专家名单

序号	姓名	学院	组别
1	陈　敏	食品科学与营养工程学院	工科
2	高振江	工学院	工科
3	李丽英	工学院	工科
4	屈瑞谦	信息与电气工程学院	工科
5	张燕生	水利与土木工程学院	工科
6	张淑敏	工学院	工科
7	孟超英	信息与电气工程学院	工科
8	申亚男	北京科技大学	理科
9	贾贵儒	理学院	理科
10	李　楠	理学院	理科

续附表 4

序号	姓名	学院	组别
11	付志一	理学院	理科
12	周志坚	理学院	理科
13	苏胜宝	农学院	农科
14	张　文	园艺学院	农科
15	施大钊	植物保护学院	农科
16	滕可导	动物医学院	农科
17	王敬国	资源与环境学院	农科
18	傅金銮	动物科学技术学院	农科
19	袁　明	生物学院	农科
20	邓　波	草业科学与技术学院	农科
21	陈　研	土地科学与技术学院	农科
22	康基柱	中央民族大学	人文社科
23	齐爱兰	马克思主义学院	人文社科
24	乔　忠	经济管理学院	人文社科
25	戴芳春	马克思主义学院	人文社科
26	张　蓉	人文与发展学院	人文社科
27	李秉龙	经济管理学院	人文社科
28	孙悦芬	人文与发展学院	人文社科
29	于华江	人文与发展学院	人文社科
30	李鲁平	人文与发展学院	人文社科

附表 5　2021 年中国农业大学入选国家级、北京市级课程思政示范课程、教学名师和团队名单

序号	课程名称	教学名师及团队	级别
1	普通昆虫学	彩万志、刘志琦、刘姝言、李虎、刘星月、高峰、宋凡、董民	国家级
2	液压与气压传动	宋正河、谭彧、毛恩荣、谢斌、杜岳峰、马少春、李臻、张敏	国家级
3	遗传学 A	刘庆昌、孙传清、刘凤霞、李金杰、鄂立柱、孙红炎、张战营、宋伟彬	北京市级
4	农业、环境与人类健康	张福锁、丛汶峰、袁力行、侯勇、王冲、任图生、孟庆锋、王璞	北京市级
5	动物遗传学	邓学梅、方美英、张浩、吴克亮、连玲、郭霏、凌遥、吴常信	北京市级
6	动物解剖学	陈耀星、董玉兰、曹静、常建宇、王子旭、余芳、董彦君、邵丹	北京市级
7	设施农业工程工艺	李保明、王朝元、郑炜超、陈刚、黄仕伟、施正香、赵淑梅	北京市级

附表 6　2021 年中国农业大学"双融合、双促进"教师党支部推动课程思政建设本科课程精品项目名单

序号	党支部	项目名称	课程名称
1	草业教工第一党支部	草地与牧场管理学课程思政建设教改精品项目	草地与牧场管理学
2	动物繁殖与发育科学系教职工党支部	"动物繁殖学"课程思政教学改革及案例库建设	动物繁殖学
3	饲料工业中心教职工党支部	依托校企协同育人的猪生产实习思政教育功能探索与实践	猪生产学实习
4	预防兽医教职工党支部	"兽医免疫学"课程思政教育协同育人的探索	兽医免疫学
5	基础兽医系教工第一党支部	将立德树人理念融入动物组织与胚胎学课程提升专业核心课程思政教育功能	动物组织与胚胎学
6	车辆系教职工党支部	涉农机械类"五位一体"课程思政育人体系建设	液压与气压传动
7	农工教工第二党支部	思政教育促进专业课教学与价值引领相结合模式探索——以农业机械化技术经济学课程教学为例	农业机械化技术经济学
8	国际学院教职工党支部	以"中国特色社会主义政治经济学思维"指导"Essentials of Economics 经济学"教学	Essentials of Economics
9	金融系教工党支部	充分发挥经济学课堂教学的价值观引领作用	微观经济学
10	农经系教工党支部	用马克思主义政治经济学理论引导学生为"两个一百年"伟大目标努力奋斗	马克思政治经济学概论
11	经贸系教工党支部	宏观经济学发挥思政作用的研究和实践	宏观经济学
12	教工物理支部	立体化、全方位的大学物理课程思政建设	大学物理(下)
13	教工力学党支部	"理论力学"课程思政育人探索与实践	理论力学
14	作物基因组与生物信息学系教工党支部	课程思政融入遗传学 A 课程的探索与实践	遗传学 A
15	作物生态与农作学系教工党支部	"农业生态学"发挥思政教育功能的内容设计	农业生态学
16	社会学与人类学系教工支部	思政引领,心系"三农"——"当代中国农业、农村与农民"课程思政实践探索	当代中国的农业、农村与农民(本科生)
17	发展管理系教工党支部	统一理论性和实践性:"政治学"课程发挥思政功能的途径与方法	政治学
18	外语系教工党支部	英语课程思政建设——中华农耕文化英语阅读	大学英语模块课程(读写模块)

续附表6

序号	党支部	项目名称	课程名称
19	法律系教工党支部	“法理学”课程培养德法兼修法治人才研究	法理学(本科生)
20	植物科学系支部	植物生理教学课程融合思政教育,从“心”推动育人建设	植物生理学理论与实验
21	生物学化学与分子生物学党支部	以“立德树人”为目标,优化教学设计,探索“生物化学”课程育人的有效方式	生物化学(上+下)
22	生物学化学与分子生物学党支部	从学术思想百家争鸣,到遗传学科百花齐放	遗传学B
23	动物学与动物生理学系党支部	中国生理学家的世界级贡献	动物生理学A
24	教工食品生物工程党支部	“转基因食品社会文化伦理透视”课程思政教学设计探索与实践	转基因食品社会文化伦理透视
25	教工食品科学与工程党支部	“食品添加剂”课程思政建设与全方位育人模式创新	食品添加剂
26	水利系教工党支部	“中国水问题与科学应对”通识教育思政教学探索	中国水问题与科学应对
27	流体系教工党支部	工程综合实践课程融合思政元素教学的探索与研究	工程综合实践(能动)
28	体育与艺术教学部直属党支部	“健身瑜伽俱乐部”教学融入身心健康教育的改革实践	健身瑜伽俱乐部
29	土壤和水科学系教职工党支部	探索优化“土壤学”专业课的思政营养	土壤学A
30	土壤和水科学系教职工党支部	润物无声,提升“土壤学基础和土壤地理学”的思政教育作用	土壤学基础与土壤地理
31	计算机工程教工党支部	新时期“人工智能”课程的思政教育功能探索与实践	人工智能Ⅰ、人工智能Ⅱ
32	电气工程教工支部	课程思政在工科专业课程中的融合方法	电力系统暂态分析
33	电气工程教工支部	不忘初心,遵循历史发展规律的电机教学改革	电机学
34	蔬菜系教工党支部	情怀育人融入专业课教学全过程的模式探索	设施园艺学
35	果树系教工党支部	振兴园艺种业,解民生多艰	“园艺作物育种学”(Ⅰ)(Ⅱ)
36	昆虫系教工党支部	普通昆虫学课程思政教育教学体系的建设与实施	普通昆虫学
37	昆虫系教工党支部	加强课程思政建设,促进植检三全育人	植物检疫学

续附表 6

序号	党支部	项目名称	课程名称
38	植物营养教工党支部	面向绿色种植的养分资源管理思政教育	养分资源管理
39	农业气象系教工党支部	“农业气象学原理与方法”思政课程建设	农业气象学原理与方法
40	环境科学与工程系教工党支部	小课堂,大情怀——导论课程思政建设	环境科学与工程导论

附表 7　2021 年中国农业大学在线开放课程建设名单

序号	学院	课程名称	课程类型	课程负责人
1	草业科学与技术学院	草地保护学	核心课	班丽萍
2	草业科学与技术学院	草产品生产学	核心课	玉柱
3	动物科学技术学院	动物生产学	专业必修课	王楚端
4	动物医学院	兽医放射学	核心课	金艺鹏、张　迪
5	动物医学院	中兽医学	专业必修课	范　开
6	工学院	控制工程基础	核心课	谭　彧、陈　建
7	经济管理学院	管理学原理	学科大类、专业基础课	廖媛红
8	理学院	线性代数	核心课	甄　苓
9	农学院	耕作学	核心课	张海林
10	人文与发展学院	中国农村土地制度	核心课	任大鹏
11	人文与发展学院	国际发展援助概论	核心课	唐丽霞
12	生物学院	生物化学	核心课	杨海莲
13	生物学院	植物生理学	核心课	陈益芳
14	食品科学与营养工程学院	农产品加工学粮油加工	核心课	沈　群
15	食品科学与营养工程学院	葡萄酒化学	核心课	潘秋红
16	水利与土木工程学院	农业生物环境原理	核心课	施正香
17	土地科学与技术学院	土壤学	核心课	吕贻忠、李子忠、李保国
18	土地科学与技术学院	国土空间规划	核心课	郝晋珉
19	园艺学院	无土栽培学	专业课	高丽红、田永强
20	植物保护学院	农业植物病理学	核心课	李　燕

附表 8　中国农业大学入选国家级一流本科课程(“金课”)名单

序号	学院	课程类别	课程名称	负责人	获批年份
1	食品科学与营养工程学院	线上一流课程	食品安全与日常饮食	沈　群	2017
2	信息与电气工程学院	线上一流课程	计算机图形学	赵　明	2017
3	信息与电气工程学院	线上一流课程	画法几何与技术制图基础	李　丽	2017
4	信息与电气工程学院	线上一流课程	大学计算机基础	陈　雷	2017
5	信息与电气工程学院	线上一流课程	C语言程序设计-快速入门与提高	吕春利	2017
6	信息与电气工程学院	线上一流课程	C程序设计案例教程	张　莉	2017
7	信息与电气工程学院	线上一流课程	C＋＋语言程序设计	阚道宏	2017
8	信息与电气工程学院	线上一流课程	信息安全概论	吕春利	2018
9	食品科学与营养工程学院	线上一流课程	食品营养学	范志红	2018
10	生物学院	线下一流课程	植物基因工程实验技术	于静娟	2019
11	水利与土木工程学院	线下一流课程	水泵与水泵站	王福军	2019
12	农学院	线下一流课程	植物育种原理	李保云	2019
13	植物保护学院	线下一流课程	普通昆虫学	彩万志	2019
14	动物科学技术学院	线下一流课程	动物繁殖学	田见晖	2019
15	动物科学技术学院	线下一流课程	动物遗传学	邓学梅	2019
16	动物医学院	线下一流课程	兽医免疫学	郭　鑫	2019
17	信息与电气工程学院	线上线下混合式一流课程	程序设计Ⅱ	吕春利	2019
18	水利与土木工程学院	线上线下混合式一流课程	设施农业工程工艺	李保明	2019
19	食品科学与营养工程学院	线上线下混合式一流课程	食品安全与日常饮食	陈　芳	2019
20	动物医学院	线上线下混合式一流课程	动物解剖学	陈耀星	2019
21	食品科学与营养工程学院	虚拟仿真实验教学一流课程	果蔬汁加工工艺实验	廖小军	2018
22	动物医学院	虚拟仿真实验教学一流课程	犬骨骼及关节虚拟解剖实验	曹　静	2018
23	工学院	虚拟仿真实验教学一流课程	旱地机械化耕种作业虚拟仿真实验	宋正河	2019

附表9　中国农业大学入选北京高校优质本科课程("金课")名单

序号	学院	课程名称	负责人	获批年份
1	生物学院	生物化学	韩海棠	2019
2	生物学院	植物学 A	刘朝辉	2019
3	理学院	大学物理实验	李春燕	2019
4	园艺学院	设施园艺学	高丽红	2019
5	信息与电气工程学院	程序设计	吕春利	2019
6	动物医学院	动物解剖学	陈耀星	2020
7	农学院	植物育种原理	李保云	2020
8	水利与土木工程学院	思想道德修养与法律基础	李　明	2020
9	理学院	高等数学(A)(上)	甄　苓	2020
10	经济管理学院	微观经济学	臧日宏	2020
11	资源与环境学院	农业、环境与人类健康	张福锁	2021
12	经济管理学院	管理学原理	王瑞梅	2021
13	生物学院	生命科学导论	韩建永	2021
14	工学院	液压与气压传动	宋正河	2021
15	理学院	自然科学与素养	周志强	2021

附表10　中国农业大学"大国三农"一流本科课程"金课"建设项目名单

序号	学院名称	课程名称	课程负责人	项目建设类型	立项批次
1	动物科学技术学院	动物遗传学	邓学梅 方美英	线下	第一批
2	动物医学院	动物解剖学	陈耀星	线下	第一批
3	动物医学院	兽医微生物学	盖新娜	线下	第一批
4	工学院	机械制造工程学	张俊雄	线下	第一批
5	经济管理学院	会计学原理(A)	张希玲	线下	第一批
6	经济管理学院	微观经济学	臧日宏	线下	第一批
7	理学院	大学物理实验	李春燕	线下	第一批
8	理学院	高等数学(A)上	甄　苓	线下	第一批
9	理学院	理论力学(A)	陈奎孚	线下	第一批
10	马克思主义学院	思想道德修养与法律基础	李　明	线下	第一批
11	农学院	植物育种原理	李保云	线下	第一批
12	农学院	种子生产学	王建华	线下	第一批
13	人文与发展学院	刑法学(总论)	张　雅	线下	第一批

续附表 10

序号	学院名称	课程名称	课程负责人	项目建设类型	立项批次
14	生物学院	生物化学	韩海棠	线下	第一批
15	生物学院	植物学(A)	刘朝辉	线下	第一批
16	食品科学与营养工程学院	食品保藏原理	梁建芬	线下	第一批
17	水利与土木工程学院	设施农业工程工艺	李保明	线下	第一批
18	水利与土木工程学院	水泵与水泵站	王福军	线下	第一批
19	土地科学与技术学院	土地管理学	朱道林	线下	第一批
20	土地科学与技术学院	土壤学(A)	吕贻忠	线下	第一批
21	信息与电气工程学院	程序设计(Ⅱ)	吕春利	线下	第一批
22	园艺学院	设施园艺学	高丽红	线下	第一批
23	园艺学院	植物生物技术导论	郭仰东	线下	第一批
24	植物保护学院	普通昆虫学	刘志琦	线下	第一批
25	植物保护学院	普通植物病理学	吴学宏	线下	第一批
26	草业科学与技术学院	草地保护学	班丽萍	线下	第二批
27	草业科学与技术学院	牧草与草坪草育种学	张蕴薇	线下	第二批
28	草业科学与技术学院	牧草与草坪草种子学	王显国	混合	第二批
29	动物科学技术学院	畜牧生物统计与实验设计	王雅春	混合	第二批
30	动物科学技术学院	动物营养学	马秋刚	混合	第二批
31	动物科学技术学院	动物育种学	俞　英	混合	第二批
32	动物医学院	兽医传染病学	孙怡朋	混合	第二批
33	动物医学院	兽医寄生虫学	刘　晶	混合	第二批
34	动物医学院	兽医内科学	李　靖	混合	第二批
35	工学院	工程材料及成形技术(A)	徐　杨	混合	第二批
36	工学院	液压与气压传动	宋正河	混合	第二批
37	经济管理学院	管理学原理	王瑞梅	线下	第二批
38	经济管理学院	宏观经济学	武拉平	线下	第二批
39	理学院	有机化学(A)	侯士聪	线下	第二批
40	理学院	大学物理(上)	刘玉颖	混合	第二批
41	理学院	概率论与数理统计	庞慧慧	混合	第二批
42	马克思主义学院	马克思主义基本原理	吕文林	混合	第二批
43	马克思主义学院	中国近现代史纲要	王冬梅	混合	第二批
44	农学院	农业生态学	隋　鹏	线下	第二批

续附表10

序号	学院名称	课程名称	课程负责人	项目建设类型	立项批次
45	农学院	植物田间技术	张明才	线下	第二批
46	农学院	遗传学(A)	刘庆昌	混合	第二批
47	人文与发展学院	传播学概论	李红艳	线下	第二批
48	人文与发展学院	推广学	高启杰	线下	第二批
49	人文与发展学院	发展干预实习	唐丽霞	实践	第二批
50	生物学院	分子生物学	胡　剑	线下	第二批
51	生物学院	生物化学(Ⅰ)	杨海莲	线下	第二批
52	生物学院	动物学	周　波	混合	第二批
53	食品科学与营养工程学院	舌尖上的历史与文化	胡小松	混合	第二批
54	食品科学与营养工程学院	食品微生物学	陈晶瑜	混合	第二批
55	水利与土木工程学院	钢筋混凝土结构	蒋秀根	线下	第二批
56	水利与土木工程学院	农业生物环境工程	赵淑梅	混合	第二批
57	水利与土木工程学院	水利工程施工	李淑芹	混合	第二批
58	土地科学与技术学院	不动产估价	王　健	线下	第二批
59	土地科学与技术学院	地质与地貌学	王　数	线下	第二批
60	土地科学与技术学院	遥感数字影像处理	苏　伟	混合	第二批
61	信息与电气工程学院	电力系统暂态分析	苏　娟	混合	第二批
62	信息与电气工程学院	数据结构	马　钦	混合	第二批
63	信息与电气工程学院	数字电子技术(A)	吉海彦	混合	第二批
64	党委学生工作部	形势与政策	张　银	线下	第二批
65	烟台研究院	广告学	张舰文	线下	第二批
66	园艺学院	植物田间技术	王　倩	线下	第二批
67	园艺学院	园艺作物育种学	沈火林	混合	第二批
68	植物保护学院	农业植物病理学	李　燕	线下	第二批
69	植物保护学院	农药学	刘鹏飞	混合	第二批
70	植物保护学院	植物检疫学	李志红	混合	第二批
71	资源与环境学院	基础生态学	王　冲	线下	第二批
72	资源与环境学院	植物营养学	张俊伶	线下	第二批
73	资源与环境学院	农业、环境与人类健康	张福锁	混合	第二批

附表 11 2021 年中国农业大学虚拟仿真实验教学项目结题名单

序号	学院	负责人	虚拟仿真实验教学项目名称	支持经费/万元
1	经济管理学院	郑小平	生猪产业链虚拟经营决策仿真实验平台	30
2	水利与土木工程学院	李淑芹	地下建筑工程施工教学虚拟仿真系统研发	30
3	动物医学院	张国中	鸡新城疫疑似病例的虚拟诊断	10
4	土地科学与技术学院	苏 伟	遥感影像深度挖掘虚拟仿真实验	25
5	动物科学技术学院	刘剑锋	种猪遗传评定和选育虚拟仿真系统	10
6	食品科学与营养工程学院	燕国梁	葡萄酒生物制造与微生物产香过程控制虚拟仿真实验	30
7	土地科学与技术学院	段增强	土地资源利用系统虚拟仿真教学	25
8	动物科学技术学院	罗海玲	肉羊生产性能测定虚拟仿真系统	/
9	理学院	陈雪冬	流体驱动结构变形过程流固耦合虚拟仿真实验	/
10	水利与土木工程学院	姚志峰	大型轴流式泵站运行特性虚拟仿真实验	/
11	动物医学院	胡艳欣	生猪屠宰检验检疫流程	/
12	信息与电气工程学院	马 钦	玉米果穗高通量流水线智能控制与筛分虚拟仿真实验	/
13	土地科学与技术学院	王 健	土地经济与政策虚拟仿真实验与技能训练系统	/
14	生物学院	刘佳利	大鼠甲状腺摘除手术、甲状腺素对大鼠耗氧量的影响及放射免疫技术测定甲状腺素虚拟仿真实验	/
15	工学院	陈 度	谷物机械化收获作业虚拟仿真实验	/

附表 12 中国农业大学入选 2021 年教育部首批虚拟教研室建设试点项目

序号	类型	虚拟教研室建设试点	带头人
1	课程(群)教学类	昆虫学课程虚拟教研室	彩万志
2	专业建设类	园艺专业虚拟教研室	韩振海
3	专业建设类	农业水利工程专业虚拟教研室	杨培岭
4	专业建设类	种子科学与工程专业虚拟教研室	王建华
5	专业建设类	农学专业虚拟教研室	张海林
6	教学研究改革专题类	动物医学实践教学研究虚拟教研室	沈建忠

附表13 中国农业大学首批虚拟教研室试点建设项目名单

序号	教研室名称	负责人	所属学院	申报类型
1	昆虫学	彩万志	植物保护学院	课程(群)教学类
2	五校共建园艺专业虚拟教研室	韩振海	园艺学院	专业建设类
3	农机装备虚拟仿真课程群虚拟教研室	宋正河	工学院	课程(群)教学类
4	兽医免疫学全国虚拟教研室	郭　鑫	动物医学院	课程(群)教学类
5	动物医学实践教学研究教研室	沈建忠	动物医学院	教学研究改革专题类
6	植物营养综合发展教研室	张福锁	资源与环境学院	课程(群)教学类
7	数据结构与程序设计虚拟教研室	孙瑞志	信息与电气工程学院	课程(群)教学类
8	设施农业工程虚拟教研室	李保明	水利与土木工程学院	课程(群)教学类
9	“CAU线性与随机”云教研室	庞慧慧	理学院	课程(群)教学类
10	农学专业虚拟教研室	张海林	农学院	专业建设类
11	动物科学专业虚拟教研室	刘剑锋	动物科学技术学院	专业建设类

附表14 2020—2021学年中国农业大学马工程教材使用情况统计

学年	使用教材/种	开设课程/门	使用课程/门	课程覆盖率/%	选课学生总数/人	使用教材总册数	教材使用率/%
2020—2021	42	118	112	94.92	6 502	6 210	95.51

附表15 中国农业大学入选2021年全国优秀教材奖获奖名单

全国优秀教材奖获奖名单			
获奖教材	主编	获奖类型	获奖等级
普通昆虫学(第2版)	彩万志	高等教育类	一等奖
兽医外科学(第5版)	齐长明(副主编)	高等教育类	一等奖
动物免疫学(第3版)	杨汉春	高等教育类	二等奖
动物解剖学与组织胚胎学(第2版)	滕可导	职业教育与继续教育类	一等奖

学校全国教材建设先进集体获奖名单	
单位名称	奖项名称
农学院	全国教材建设先进集体
学校全国教材建设先进个人获奖名单	
姓名	奖项名称
陈耀星	全国教材建设先进个人

附表 16　中国农业大学入选 2021 年北京高校“优质本科教材”名单

序号	学院	教材名称	主编
1	土地科学与技术学院	土壤学	吕贻忠、李保国
2	草业科学与技术学院	草地学(第 4 版)	毛培胜
3	工学院	机械制造工程学(第 2 版)	谭豫之、李　伟
4	农学院	农业生态学	陈　阜、隋　鹏
5	园艺学院	植物生物技术实验教程	郭仰东

附表 17　2021 年中国农业大学本科规划教材建设项目名单

所属专业	专业内序号	教材名称	主编姓名	建设形式
应用化学	1	农药概论	李学锋、王成菊	修订
	2	农药合成化学	刘尚钟	新编
	3	农药分析化学	潘灿平	新编
	4	农药生物测定原理与方法	邱立红	修订
	5	农药制剂学	吴学民	新编
生物育种	1	农业生物基因编辑	赖锦盛	新编
	2	作物智能育种原理	倪中福	新编
	3	作物育种遗传数据分析	王向峰	新编
	4	遗传育种计算语言基础及案例	郭伟龙、汪　海	新编
	5	作物分子生理生态	李召虎、张明才	新编
食品质量与安全	1	食品安全学	黄昆仑、贺晓云	修订
	2	食品标准与法规	王世平、王增利	修订
	3	食品安全管理学	罗云波	新编
	4	食品安全快速检测	许文涛、程　楠	新编
	5	食品营养与健康科学	车会莲	新编
园艺	1	植物生物技术实验教程	郭仰东	修订
	2	蔬菜栽培学	任华中	修订
植物保护	1	普通植物病理学	彭友良	新编
	2	农药学	刘西莉	新编
	3	病虫测报学	马占鸿	新编
	4	农业昆虫学实验指导	徐环李	新编
	5	分子生物学实验技术——操作与实例分析	陈旭君、安春菊	新编

续附表 17

所属专业	专业内序号	教材名称	主编姓名	建设形式
动物科学	1	动物遗传学	邓学梅	修订
	2	动物营养学	谯仕彦、马秋刚	修订
	3	动物繁殖技术导论	安　磊	新编
	4	动物分子遗传学	连正兴	新编
	5	宠物营养与饲养	丁丽敏	新编
农林经济管理	1	农业经济理论与应用分析	马　骥	新编
	2	中国农业经济史纲要(第 3 版)	李　军	修订
	3	公共管理学(第 3 版)	苏保忠	修订
	4	农村社会调查方法与数据分析	赵启然	新编
土地资源管理	1	土地管理学	朱道林	修订
	2	土地利用规划	郝晋珉	修订
	3	土地资源遥感	孙丹峰	新编
	4	地质学与地貌学(第 3 版)	王　数	修订
	5	不动产估价	朱道林	修订
人工智能	1	智慧农业导论	赵春江、李民赞	新编
	2	农业人工智能导论	李道亮、位耀光	新编
	3	农业机器人导论	张　漫	新编
	4	机器视觉与图像智能处理	孙　红	新编
农业智能装备工程	1	农业智能装备嵌入式系统开发基础	谢　斌	新编
教辅类教材	1	现代工程制图基础习题集(第四版)	李　丽	修订
	2	机械制图与计算机绘图习题集(第 4 版)	吴红丹、张彦娥	修订
	3	Vpython 可视化大学物理学	刘玉颖、宋　敏	新编

附表 18　中国农业大学入选 2021 年教育部新文科研究与实践项目名单

序号	项目名称	主持人
1	基于“I-A-P”的三位一体涉农“新文科”复合人才培养创新	曹志军
2	立足本土扎根非洲的高素质全球减贫治理人才培养创新与实践	李小云
3	融合虚拟仿真技术的涉农高校“大思政课”教学创新研究	张　晖
4	涉农高校人文社会科学差异化人才培养体系创新研究	叶敬忠

附表 19　中国农业大学入选 2021 年教育部产学合作协同育人项目名单

序号	项目名称	主持人
1	基于遥感大数据的地块智能识别与作物长势监测	黄健熙
2	面向新工科与新农科的智能控制教学与实践体系建设	陈　建
3	面向新工科的涉农高校机器人(专业)方向人才培养方案与课程体系建设	张春龙
4	虚拟仿真在“兽医传染病学”教学中的应用	张国中
5	面向新工科的智能机器人农业应用工程实践教学体系建设	陈　建
6	基于 AI Studio 平台算法课程教学改革与实践	冀荣华
7	地理信息技术示范课程建设	刘　哲
8	OBE 理念下农业院校化学实验混合式教学模式设计与实践	杜凤沛
9	“自动控制原理”课程教学改革与实践	王承国
10	农林院校生物质能源虚拟仿真实验教学资源建设	刘志丹
11	新形态土木工程材料实验教学资源设计与建设	彭红涛
12	土地系统分析与资源演化模拟课程体系改革	孙丹峰
13	基于数字孪生软件的智能制造创新实验课教学内容改革探究	张文强
14	智能机器人控制系统	赵　然
15	集团全面预算管理示范课程建设	郑忠良
16	校企协同提升专业课教师实践能力模式研究	许　晶
17	“智能传感技术”课程教育教学研讨与培训	位耀光
18	面向人工智能专业实践类课程建设的师资队伍提升	董乔雪
19	“ENTER 型”新工科青年教师素质创新培养体系	韩　宇
20	高效沟通与有效表达的艺术——青年教师教学素养培训课程建设	姜　蔺
21	面向大数据 BI 的教师教学能力培养与提升	刘子瑜
22	新时代背景下涉农教师信息化教学能力提升计划	张明才
23	基于 FS AIARM 科研教学平台的人工智能示范实验室建设	马　钦
24	聚源锐思金融量化实践教学中心	林　海
25	“智能感知与识别”课程实践条件与实践基地建设	安　冬
26	微电网虚拟仿真实践平台建设	苏　娟
27	国产化 GIS 操作实践基地建设	王佳月
28	农业灾害遥感监测关键技术攻关联合实验室	李保国
29	智慧农业物联网教学实习实践基地建设	石庆兰
30	具有农业特色的创业实训课程改革与产品建设	洪如玲

续附表 19

序号	项目名称	主持人
31	基于 Mars 的园林历史数字交互教学的实践基地建设	秦 柯
32	“自动控制原理”课程思政仿真设计与实践	王承国
33	未来技术综合实验 & 科研实践教学基地	李 辉
34	基于苍穹地理信息平台的农业测量联合实验室建设	李 俐
35	土地信息技术软件操作实践基地建设	冯权泷
36	中国农业大学房山新城投实践基地建设项目	袁承程
37	地理空间信息支撑下的自然资源管理课程建设与教学改革探索	张 倩
38	基于 PIE 平台的土地资源遥感教学方法改革研究	张戈丽
39	面向国家绿色发展的生态学与环境经济学课程改革与实践	伦 飞
40	面向国家需求的环境经济学新农科建设	伦 飞
41	基于斯维尔工程软件应用能力的绿色建筑实训平台建设研究	王宇欣
42	“建筑结构软件应用”教学改革研究	雷隽卿
43	大学基础化学实验课程数字化教学模式的探索与实践	饶震红
44	大数据管理与应用专业实践条件建设项目	吕建军
45	蚂蚁集团区块链师资培训	吕建军
46	工程教育背景下的农业院校工程技术创新管理案例教学应用研究	郑志安
47	基于 ROS 平台的智能网联汽车课程教学研究	孔伟伟
48	基于新工科的“数据分析及可视化”实训案例研发	金晓萍
49	农业废弃物回收利用大数据平台	周宇光
50	以餐厨垃圾水解酸化液作为反硝化碳源的研究	郭建斌
51	互换性与技术测量课程虚拟仿真教学资源建设	郑 路
52	基于 AR 增强现实的机械工程专业基础课程教学资源建设与实践	杜岳峰
53	新工科与新农科背景下涉农机械类专业流体传动仿真教学体系建设	李 臻
54	乡村电商新媒体设计人才培养骨干教师培训	柳 沙
55	农业智能装备工程新工科新农科专业建设	宋正河
56	工程教育背景下的农业院校热工基础案例教学应用研究	魏 青
57	基于县域农业产业案例分析的项目管理教学方法探索与实践	尤 泳
58	农产品加工工程师资培训与能力提升	吴 敏
59	基于大蒜全产业链的产教融合实践基地建设	郑志安

附表 20　中国农业大学入选 2021 年北京高等教育本科教学改革创新项目名单

序号	项目名称	项目负责人	项目类型
1	彰显“耕读文化”特色的劳动教育体系构建与实践	林万龙	重大项目
2	支撑食品类一流专业建设的“一体两翼三融合”教学体系构建	殷丽君	一般
3	涉农机械类新型人才工程创新实践能力培养体系建设	宋正河	一般
4	动物医学类专业大类培养综合改革	张国中	一般
5	面向未来农业发展的农林特色化学实验教学新体系的构建与实践	杜凤沛	一般

附表 21　2021 年中国农业大学以“后立项”形式认定的教改项目名单

序号	学院	项目名称	项目成员	认定结果
1	资源与环境学院	基础生态学野外综合实习体系构建及其教学理论探讨	邵小明、王庆刚、刘云慧、郭岩彬、赵磊、孙宝茹	优秀
2	资源与环境学院	危险化学品的信息化管理和基础数据库建立	孙宝茹、王琪、胡琦、王雅婧、王章奎、陈京生	优秀
3	食品科学与营养工程学院	食品工程原理及实验课程创新与改革	汪立君、刘毅、张昊、洪惠、张博雅、郭庆	优秀
4	生物学院	“动物学”系列课程线上、线下混合课程建设及课程思政育人的实践探索	周波、王宝青、张焱、张华	优秀
5	生物学院	细胞生物学创意课堂	陈立群、王幼群、王向锋	优秀
6	生物学院	以生为本，潜移默“化”——“生物化学(下)”课程的重塑与实践	韩海棠	优秀
7	理学院	“高等数学课程基层教学组织”管理体系构建与教学改革初探	陈静、周志坚、邹辉、姚玉芹、路静	优秀
8	理学院	大学物理基层教学组织建设探索与实践	刘玉颖、申兵辉、宋敏、吕洪凤、王学进、全玉杰	优秀
9	理学院	大学物理实验教学中心建设探索	李春燕、周梅、何志巍、王学进、沈慧星、张建军	优秀
10	理学院	一流基层教学组织建设的探索与实践——以随机与线性基层教学组织为例	甄苓、田英、盛洁、王燕飞、马晓栋、郎红蕾、金春银	优秀
11	理学院	少数民族预科班化学课程的教学改革与实践探索	刘霞、张成、傅滨	优秀

续附表 21

序号	学院	项目名称	项目成员	认定结果
12	动物科学技术学院	“动物遗传学”两横一纵课程体系建设	邓学梅、方美英、吴克亮、张浩、连玲、鲍海港	优秀
13	马克思主义学院	《共产党宣言》导读	李明、项荣建、董济杰、李浩	优秀
14	资源与环境学院	新工科背景下“固体废物处理与资源化”课程教学改革与实践	罗文海、李国学、李彦明、袁京、李扬阳	合格
15	资源与环境学院	应用气候学实验混合教学课程研究	胡琦、潘学标、徐琳	合格
16	资源与环境学院	“环境监测”课程教材建设	李花粉、万亚男、王琪	合格
17	资源与环境学院	深化农业气象学课程实验教学	姜会飞、龙步菊、黄彬香、廖树华	合格
18	资源与环境学院	水处理技术课内外互动教学探索	孟凡乔、宋瑞平	合格
19	资源与环境学院	环境工程课程设计经典案例	宋瑞平、赵长伟	合格
20	资源与环境学院	“土壤生态学”课程改革探索研究	王兴、孙振钧	合格
21	资源与环境学院	以能力培养为核心的全流程训练环境监测实验教学模式探讨	万亚男、王琪、李花粉	合格
22	资源与环境学院	摄影通识课中增加科研题材影像拍摄技术的实践探索	侯玉峰	合格
23	资源与环境学院	“假如我是政协委员”走进资环学院本科生课堂	芮玉奎	合格
24	资源与环境学院	推动学生主动学习和独立思考的景观生态学教学方式改革探索	刘云慧、宇振荣	合格
25	资源与环境学院	生态学实验课程体系与教学模式改革研究	李洁明、陈京生、孙宝茹	合格
26	资源与环境学院	“功能农业”浸入式教学探索与实践	郭岩彬、赵桂慎	合格
27	资源与环境学院	参与式教学模式在“有机农业”课程教学中的应用	乔玉辉、张炜平	合格
28	植物保护学院	“植物检疫学”课程思政建设	李志红、柳丽君、罗来鑫、杨定	合格

续附表 21

序号	学院	项目名称	项目成员	认定结果
29	植物保护学院	“农药学”课程改革创新	刘鹏飞、刘西莉、梁沛、史雪岩、张灿、高希武	合格
30	植物保护学院	“普通植物病理学”(植物保护专业)教学创新	吴学宏、韩成贵、王颖、刘倩	合格
31	植物保护学院	“最美课堂”之普通植物病理学中的教书育人	王颖	合格
32	植物保护学院	“普通昆虫学”课程思政的总结与提升	刘志琦、彩万志、宋凡、董民	合格
33	植物保护学院	“普通昆虫学”教育教学创新的探索与实践	刘志琦	合格
34	烟台研究院	中外合作办学通识教育课程体系构建研究	成建红、傅泽田、姜旭、于喜涛	合格
35	烟台研究院	CET6 精讲	姜旭、赵金玲、孙伟伟、白英、姜燕令、马红梅	合格
36	烟台研究院	“国际贸易原理”重点课程	李玫瑰、刘喜、陈丹、张洪波、孙涛	合格
37	烟台研究院	水产品安全	刘春娥、沙坤、高昊东	合格
38	烟台研究院	学术英语-听说 EAP-L&S	赵晶、鲁华娣、孙伟伟、赵金玲、姜燕令、李晓艳	合格
39	烟台研究院	“信息技术基础”重点课程建设	王承国、张启宇、刘伟玲、何锦辉、刘曙光	合格
40	烟台研究院	“田间技术”课程实践课时安排优化的研究	刘新程、于岩、王学芬	合格
41	烟台研究院	普通生态学	刘新程、潘仕梅、王红艳、刘惠军、王学芬	合格
42	烟台研究院	基于移动平台的翻转课堂在英语教学中的应用研究	姜燕令、王承国、张启宇、刘伟玲	合格
43	食品科学与营养工程学院	“食品微生物学”理论与实验课程整体建设与提升	陈晶瑜、李平兰、韩淇安、梁志宏、赵亮、郑浩	合格
44	食品科学与营养工程学院	基于课程思政的“农产品加工学 A”教学重构模式探索	宋弋、吴继红、姜微波、李兴民、毛学英	合格
45	食品科学与营养工程学院	“社会主义核心价值观”融入葡萄与葡萄酒工程专业课程体系的探索	燕国梁、段长青、潘秋红、李景明、黄越	合格

续附表21

序号	学院	项目名称	项目成员	认定结果
46	食品科学与营养工程学院	基于价值观培养的“食品卫生与安全控制”教学改革探索	吴晓蒙、陈芳、董丽、朱雨辰、罗颖华	合格
47	食品科学与营养工程学院	思政教育在食品化学实验课程的实践探索	姚志轶、韩淇安、吴广枫、袁长梅、马丽艳	合格
48	生物学院	基于国际遗传工程机器大赛(iGEM)的大学生创新能力培养探索与实践	王娜、田长富、杨金水	合格
49	生物学院	植物学课程教学内容“四新”进课堂创新实践	孟雷、刘朝辉、王丽、黄淑莉、许会敏、彭静	合格
50	生物学院	疫情期间植物学远程线上教学的实践	刘朝辉、孟雷、王丽、黄淑莉、李连芳、许会敏	合格
51	生物学院	核心通识课“身边的生物化学”创新课堂探索与实践	王娜、杨海莲、韩海棠	合格
52	生物学院	与季俱进、与时俱进的植物生理学创新教法	张学琴、吴晓岚、张晓燕、陈益芳	合格
53	生物学院	植物学B实验中数字图片的创新和使用	陈艳梅、刘朝辉、孟雷、许会敏、王丽、彭静	合格
54	生物学院	疫情下如何高质量完成“分子生物学实验”教学的实践	于静娟、王娜、赵倩、胡剑、许会敏	合格
55	生物学院	“遗传学”基础理论与科研实践相结合的强化教学模式探索	于舒洋、杨永青、李景睿、杜旭光、郭岩、朱登云	合格
56	生物学院	“动物学”课程—从宏观走向微观	张华、周波、张焱、王宝青、符信贤	合格
57	生物学院	新工业背景下食品科学与工程专业“生物化学实验”课程改革与实践	王娜、杨海莲、李溱、王瑜、李媛、汪洋	合格
58	生物学院	“普通生物学”混合式教学模式的探索与实践	康友敏、李连芳	合格
59	生物学院	植物标本室数字化资源的建设及应用	许会敏、刘朝辉、李连芳、孟雷	合格
60	生物学院	思维导图在“细胞生物学”课程中的运用以培养学生构建知识网络	朱蕾	合格
61	生物学院	“动物学实验”课程中“经典”与“前沿”科研实验的联合培养	张焱、周波、王宝青	合格

续附表 21

序号	学院	项目名称	项目成员	认定结果
62	生物学院	“输出驱动——输入促成”在实验室安全防护教学中的应用	张晓燕、张学琴、吴晓岚、丁杨林、杨淑华	合格
63	生物学院	疫情期间植物学实验远程线上教学的实践	王丽、刘朝辉、黄淑莉、孟雷、李连芳、许会敏	合格
64	生物学院	果蝇行为观察及拍摄系统的建立及其在遗传学实验教学中的应用	杨大祥	合格
65	生物学院	通过“面向人人”，实施“因材施教”，实现“情感育人”	曹勤红	合格
66	生物学院	植物生理学实验过程化管理的研究	洪旭晖、吴晓岚	合格
67	生物学院	提升学生主动探究能力的探索与实践——“蛋白质化学实验技术”课程之 IMAC 实验项目案例	杨永青、吴玮、曹勤红、韩海堂、彭静	合格
68	生物学院	疫情期间“植物生理学 B”在线教学新模式的探索与实践	吴晓岚、张学琴、陈益芳、张晓燕	合格
69	生物学院	在线随堂测试在提高实验课教学效率的实践研究	汪洋	合格
70	生物学院	“遗传学 B 实验(草业科学专业)”提升课程思政的实践	彭静、朱登云	合格
71	生物学院	动物生物化学实验中的“小实验 大体系”	苏俊、王吉贵	合格
72	人文与发展学院	英语文学文化课程的思政教育功能研究	刘海英	合格
73	人文与发展学院	统一理论性和实践性：“政治学”课程发挥思政功能的途径与方法	曲甜	合格
74	人文与发展学院	“在实践中学习成长”——实践课发挥思政教育功能专项教学改革	于乐荣	合格
75	人文与发展学院	“课程思政”融入“经济学”教学的方法探究	刘启明	合格
76	人文与发展学院	英语写作对培养结构性思维的实证研究	胡友珍、申澳、姜泓任、刘泽莹、陈雨婷、吴振宇	合格

续附表21

序号	学院	项目名称	项目成员	认定结果
77	人文与发展学院	“外语+”时代大学生的跨文化交际能力培养	吕慧琴、曾庆敏、赵挺、王茜	合格
78	人文与发展学院	精神分析女性主义视域下的《木马赢家》研究	曾庆敏、刘海英、普书贞、钟燕、徐淑兰、马碧英	合格
79	人文与发展学院	自主选课模式下学生自主学习能力发展研究	董瑜琳、沈彩艺、乔佳梅、王茜	合格
80	人文与发展学院	社会学与新时代中国特色社会主义思想教育	吴惠芳	合格
81	人文与发展学院	巴赫金对话理论视域下摄政时期文学评论中的济慈作家形象研究	刘海英、曾庆敏、钟燕、王志芳、娄嘉丽、郭倩雯	合格
82	人文与发展学院	人类命运共同体理念引领国际法教学变革	周超	合格
83	人文与发展学院	非英语专业本科生学术英语写作教学的思考与研究	陈艳萍、胡友珍、王智杰、徐淑兰、叶燕、崔志云	合格
84	人文与发展学院	基于“产出导向法”的英语写作教学模式研究	叶燕、陈艳萍、王智杰	合格
85	人文与发展学院	“国际政治学”课程教学的思政教育功能探索	张传红	合格
86	人文与发展学院	科幻文学对科技传播的影响研究——以电影《流浪地球》为例	徐淑兰、马碧英、沈彩艺、钟燕	合格
87	人文与发展学院	从解构主义视角解读《沉睡的人鱼之家》	普书贞、曾庆敏、柴敏	合格
88	农学院	“农作物概论”在线课程建设培育	孟庆锋、王璞、王保民、谭伟明、张英华、杨佑明、袁旭峰	合格
89	农学院	“作物育种学”教学影像资料制作与课堂应用	刘杰、李保云	合格
90	农学院	课堂搭建平台，创新实习模式，培育有机农业人才	王小芬、胡跃高	合格
91	农学院	“种子加工与贮藏学”优质课堂建设培育项目	孙群、王建华、康定明、顾日良、李莉	合格
92	农学院	作物根系生长发育的4D虚拟仿真	孙振才、王志敏、张明才	合格

续附表 21

序号	学院	项目名称	项目成员	认定结果
93	农学院	作物栽培学优质课堂建设探索	张英华、王志敏、王璞、张明才	合格
94	农学院	“农学专业实验”在线课程建设	赵悦、李保云、孙红荧、张玉峰	合格
95	农学院	玉米根系生长及趋肥性的虚拟仿真实验	张明才、张海林、黄收兵、张志鹏、周于毅	合格
96	农学院	作物标本辅助教学系统的建设	赵悦、孙群	合格
97	农学院	“耕作学”参与式课堂教学改革探索	尹小刚、张海林、陈阜、赵鑫	合格
98	农学院	新农科背景下的生物质工程教学改革与探索	王洪亮、朱万斌、王小芬、袁旭峰、谭伟明、张战营	合格
99	农学院	棉花开花习性观察、有性杂交及棉花纤维品质鉴定	苏莹、华金平	合格
100	农学院	“农业总论”在线课程培育项目	臧华栋、胡跃高	合格
101	农学院	作物基因编辑技术的虚拟仿真实验	梁荣奇、叶建荣、胡兆荣、贺岩、赵悦	合格
102	农学院	以“遗传学”为例，论在线课程的教学质量提升的方法	孙红荧、赵悦	合格
103	农学院	“试验设计与生物统计”教学中学生统计思维能力的培养	谭禄宾、彭惠茹、刘文欣、张洪亮、杨小红	合格
104	农学院	“遗传学”课程教学方式方法创新及课程育人	付永彩、张战营、孙红荧	合格
105	农学院	“遗传育种专业英语”课堂教学方式改革项目	顾日良	合格
106	农学院	基于蛋白质组学技术加强对传统作物栽培生理的认知	王欣、周顺利	合格
107	理学院	新工科下大学物理混合式教学模式下过程评价体系探索	徐艳月、何志巍、李春燕、周梅、刘玉颖、左淑华	合格
108	理学院	无机分析基层组织建设探索与实践	张莉	合格
109	理学院	“厚基础、强能力、重探究”教学模式在“物理化学实验”课程中的探索与实践	高玉霞、杜凤沛、路慧哲、张晨辉	合格

续附表21

序号	学院	项目名称	项目成员	认定结果
110	理学院	新形势下数学实验课程的改革与探索	刘旭华、徐义田、唐明筠	合格
111	理学院	基于在线教育综合平台的交互式教学模式在大学物理中的应用	何坤娜、李春燕、周梅、申兵辉、韩萍、贾艳华	合格
112	理学院	增强虚拟仿真实验中虚拟与现实关联度的实践	饶震红、杜凤沛、郑冰、蒋家珍	合格
113	理学院	数学创新实践中心的建设	徐义田、杨建平、王新平	合格
114	理学院	强基班化学基础课的教学新形态探索	张莉、刘霞	合格
115	理学院	有机化学教学中逆向合成策略在培养学生批判性思维中的应用	郭红超	合格
116	理学院	高分子导论教学改革研究项目	韩丽君、马琛	合格
117	理学院	计算化学实验的开放型教学实践研究	路慧哲、张莉、段红霞、聂海瑜	合格
118	理学院	应用化学系基层教学组织的运行实践	刘尚钟、张莉、逄森、曹一明、孙薇	合格
119	理学院	力学基层组织教学组织建设与管理	秦太验	合格
120	国际学院	高级英语写作思辨教程	郅红、李岩、柴利、栾志强、晏祥琳、田芳	合格
121	马克思主义学院	构建活动型课堂 增强思想政治理论课教学实效性	刘巍、董济杰、孙碧云	合格
122	马克思主义学院	立德树人——教师成长工作坊	王冬梅、段蕾、曹佐燕、王元磊、孙乔婧	合格
123	马克思主义学院	“原理”课青年教师教学技能全面提升工作坊	刘彬、王琳、项荣建、董济杰、史志乐	合格
124	工学院	“工程思维”课程建设	韩鲁佳、杨增玲、刘嫣红、肖卫华	合格
125	工学院	面向产出的课程目标达成情况评价机制探索研究	朱忠祥、金晓萍、黄韶炯	合格
126	工学院	基于“命题式设计”的“微合作课堂”教学模式研究	刘平义、陈雨、姚海蓉、邱冀重	合格

续附表 21

序号	学院	项目名称	项目成员	认定结果
127	工学院	机械制造工程学金属切削刀具教学条件建设	张俊雄、张宾、谭豫之、张文强、施焕儒	合格
128	工学院	新工科下车辆工程本科专业培养方案改革探索	张庆、赵建柱	合格
129	工学院	农业机械学核心课程教学资源建设	刘彩玲、宋建农、董向前 、李永磊	合格
130	工学院	工程材料及成形技术 A 混合式教学模式探讨与实践	徐杨、简建明、凌刚、周敏、徐杨	合格
131	工学院	塑料成型工艺与模具课程建设探索与实践	陈超、汤修映、陈英	合格
132	工学院	虚拟仿真实验课程中机械设计类模块教学方法探索	赵雪彦、宋正河、杜岳峰、柳沙	合格
133	工学院	以提升工程设计能力为目标导向工业产品设计原理课程创新改革	殷成刚、柳沙、洪如玲	合格
134	工学院	“产品综合设计实践”教学改革探索	张云文、朱红梅、姚海蓉	合格
135	工学院	基于新工科的“农业装备智能化”课程体系建立	徐丽明、刘星星、张宾、张凯良、董向前	合格
136	工学院	“机械工程实训”教材建设	简建明、李海涛、侯书林、周敏、尹宜勇	合格
137	工学院	“热工基础”课程教学改革	辛喆、何志祝、李淑艳、金晓萍、魏青	合格
138	工学院	基于新工科建设的涉农工程教育国际比较研究	刘嫣红、刘贤、才胜、王新、周宇光	合格
139	工学院	虚拟样机技术在机械原理课程中的应用	李守忠	合格
140	工学院	“发动机原理”雨课堂辅助教学应用探索研究	李淑艳、辛喆、张学敏	合格
141	工学院	智能制造创新实验理论教学内容建设	张文强、赵雪彦、周敏、王玲、魏青	合格
142	工学院	面向大类招生的工业设计培养计划研究	柳沙、陈雨、殷成刚、王海强、刘平义	合格
143	工学院	单片机原理与应用实验网络教学	刘星星、谭彧、郑永军	合格

续附表 21

序号	学院	项目名称	项目成员	认定结果
144	工学院	以理论知识与工程实践有机结合为导向的精度与测量课程习题集改革	尹宜勇、刘景云、高改梨、汤修映	合格
145	工学院	“农业机械装备生产实习”课程教学模式改革研究	黄光群、刘贤、毛宁、王树东	合格
146	工学院	二手车评估教学与实践	庞昌乐、张庆、才胜	合格
147	工学院	农产品加工工程核心课建设	李栋、吴敏、吕为乔、周宇光	合格
148	工学院	基于 OBE 模式下的典型机械拆装与分析开放式实验设计	娄秀华、李海涛、王伟、熊绍平、赵雪彦、刘晓夫	合格
149	工学院	农业机械化管理学	王庆杰、何进、徐丽明、毛宁、王树东	合格
150	工学院	“传热传质学”专业应用案例建设	杨德勇、吴敏、魏青、魏硕（博士生）、谢为俊（博士生）	合格
151	工学院	农业机械化生产学	李洪文、何进、王庆杰、王晓燕、卢彩云、毛宁	合格
152	工学院	产学研背景下机电专业实验室体系构建	王玲、谭彧、张春龙、王新	合格
153	工学院	机电工程系智能测控专业方向教学体系提升	陈建、谭彧、郑永军、刘星星、吕昊暾	合格
154	工学院	“数控系统”课程实验教学环节改革	袁挺、张宾、刘景云	合格
155	动物医学院	动物肺脏铸型标本制作技术优化	董玉兰、陈耀星、王子旭、曹静、王继凤、马少芹、余芳	合格
156	动物医学院	动物解剖实践与大体形态学检查结构对应关系的初步建立	常建宇、匡宇、马云飞、韩德平	合格
157	动物医学院	基于产业需求与缔造个人价值相结合的药剂学课程体系人才培养模式创新实践	郝智慧、沈张奇、王帅玉、林珈好	合格
158	动物医学院	动物组织与胚胎学理论课考核方法探索及在线试题库建设	马云飞、韩德平、董彦君、王子旭、常建宇、匡宇	合格

续附表 21

序号	学院	项目名称	项目成员	认定结果
159	动物医学院	比较组织学在组织学研究技术及原理教学中的应用	韩德平、马云飞、董彦君、王子旭、常建宇	合格
160	动物科学技术学院	动物育种学教研组建设	俞英、王雅春、孙东晓、张毅、刘剑锋、韩博	合格
161	动物科学技术学院	雏鹰俱乐部第二课堂	袁建敏、赵丽红、郑江霞	合格
162	动物科学技术学院	羊人工输精技术虚拟仿真实验	刘国世、张鲁、高帅、傅祥伟、付瑶	合格
163	动物科学技术学院	肉牛实践基地建设及机制探索	周振明、吴浩、李靖、傅祥伟	合格
164	动物科学技术学院	牛百科平台建设	俞英、王雅春、周磊、韩博	合格
165	动物科学技术学院	“动物繁殖学课程思政教育案例集建设”教改项目	张鲁、刘国世、傅祥伟、高帅	合格
166	动物科学技术学院	动物育种元素优秀创意示范	俞英、王雅春、张毅	合格
167	动物科学技术学院	“动物繁殖学”教学示范课建设	王书敏	合格
168	动物科学技术学院	畜禽品质检测技术课程的“口袋实验”建设	郑江霞	合格
169	动物科学技术学院	“青年i猪联盟”智能养殖课外兴趣小组的建设	张帅、刘虎、韩丹丹	合格
170	动物科学技术学院	养兔学课程实践教学的网络视频建设	吴英杰、秦应和、吴治晴	合格
171	动物科学技术学院	动物生化遗传学概论课程内容建设与实践教学探索	孙东晓、韩博、张胜利	合格
172	动物科学技术学院	“饲料分析及饲料质量检测技术”课程思政教育教学探索	聂伟	合格
173	草业科学与技术学院	育种与种子学本科课程体系建设	李曼莉、毛培胜、张万军、张蕴薇、王显国、贾善刚、马西青	合格
174	草业科学与技术学院	草类植物育种实验线上教程	张蕴薇、王慧	合格
175	草业科学与技术学院	草院实验室历史遗留牧草标本的挽救性整理与保护	吕进英、戎郁萍、王堃、黄顶、刘克思	合格
176	草业科学与技术学院	专业选修课“苜蓿生产学”教学模式探索与实践	刘楠、班丽萍、吴哲	合格

续附表 21

序号	学院	项目名称	项目成员	认定结果
177	草业科学与技术学院	草业本科生育人实践平台建设	李志强、孙洪仁、李曼莉、黄顶、刘克思、贾善刚、荆晶莹	合格
178	草业科学与技术学院	草业服务乡村振兴战略模式研究与实践	王堃、黄顶、吕进英、吕云	合格
179	草业科学与技术学院	恢复生态学课堂教学示范课建设项目	邵新庆、黄顶、刘克思、吴哲	合格
180	草业科学与技术学院	草地保护学实验课的建设	班丽萍、张龙、邓波、王登、王克华	合格
181	草业科学与技术学院	基于项目教学法开展草地生态相关课程的教学改革	戎郁萍、刘克思、李曼莉、王克华、毛培胜	合格
182	草业科学与技术学院	草坪方向配套课程建设-翻译引进高水平英文原版教材《运动场:设计,建造和维护》(第3版)	王克华、孙彦、崔建宇	合格
183	草业科学与技术学院	“草产品生产学”课程教材以及线上线下课堂资源建设	玉柱、荆晶莹、杨富裕、李志强	合格

附表 22　中国农业大学 2021 届校级优秀毕业论文(设计)指导教师名单

序号	学院	专业	学生姓名	指导教师	论文题目
1	农学院	农学	孙思远	张明才	纳米氧化铈颗粒-赤霉素复合制剂调节玉米萌芽期抗冷性的效应和机制研究
2	农学院	种子科学与工程	王旭东	张海林	基于 Meta 分析对我国秸秆还田的固碳减排综合效应及其潜力研究
3	农学院	种子科学与工程	王　莹	孙连军	大豆 *Le* 雄性核不育基因的功能分析
4	农学院	农学	黄诗慧	郭伟龙	异源四倍体糜子的亚基因组结构解析
5	农学院	农学	赵　聪	倪中福	高抗性淀粉小麦关键基因 SBEIIa 的分子标记开发与验证
6	园艺学院	园艺	冯佳珺	孔　瑾	苹果转录因子 MdWRKY6 与 Mdkj8 参与调控 MdCHI 介导的花青素合成研究

续附表 22

序号	学院	专业	学生姓名	指导教师	论文题目
7	园艺学院	园艺	刘菁菁	张　娜	黄瓜抗旱转录因子 CsbZ-IP50 互作蛋白的筛选与验证
8	园艺学院	园艺	李冬蕾	吴　健	蔗糖及切割处理对唐菖蒲球茎休眠解除的研究
9	园艺学院	园林	黄子乐	黄　越	公共艺术主导的北京市中关村西区商业景观更新设计
10	植物保护学院	植物保护	李盈曦	王　颖	甜菜褐斑病病原甜菜尾孢菌真菌病毒的初步研究
11	植物保护学院	植物保护	谢边悦	石旺鹏	草地贪夜蛾病原微孢子筛选
12	植物保护学院	植物保护	李灏淼	张俊争	过表达筛选发现 miR-2 参与调控线粒体稳态
13	植物保护学院	植物保护	常欣悦	张俊争	黑腹果蝇 mastermind 新突变体的鉴定
14	生物学院	生物科学	贺健坤	曹勤红	小蛋白 HJK 在姐妹染色单体黏连和 DNA 双链断裂修复中作用机制的初步探究
15	生物学院	生物科学	孟元浩	何　群	初步探究起始粗糙脉孢菌端粒异染色质建成的相关因子
16	生物学院	生物科学	倪徐平	郭　岩	拟南芥 AGO4 蛋白和 3′UTR 结合蛋白 PUF 参与调控异常基因转录通读的研究
17	生物学院	生物科学（理科试验班）	宋　可	刘佳利	转录因子 Dach1 在小鼠大脑皮层发育过程中的表达与功能研究
18	生物学院	生物科学	何若楠	傅　缨	肿瘤抑制因子的表达纯化及其与多肽抑制剂的结合表征
19	资源与环境学院	资源环境科学	丁天宇	刘　刚	土壤及蒙脱石裂缝发育中的形态特征统计分析
20	资源与环境学院	资源环境科学	戴　杰	李春杰	低磷条件下相邻作物根系距离对玉米磷吸收的影响

续附表22

序号	学院	专业	学生姓名	指导教师	论文题目
21	资源与环境学院	环境工程	袁文医	汪　杰	不同浓度微塑料对土壤微生物群落结构的影响
22	资源与环境学院	生态学	刘皓秋	邵小明	中国金发藓科植物空间分布格局与环境的关系
23	资源与环境学院	应用气象学	刘媛媛	胡　琦	中国不同时间尺度地表太阳总辐射估算研究
24	动物科学技术学院	动物科学	范　玥	罗海玲	构树青贮对湖羊血清营养代谢、免疫及抗氧化性能的影响
25	动物科学技术学院	动物科学	欧阳潼	李胜利	肥胖对围产期奶牛泌乳性能、瘤胃发酵和血液代谢的影响
26	动物科学技术学院	动物科学	王　澳	王雅春	荷斯坦牛305d产奶量预测及奶损失估计
27	动物科学技术学院	动物科学	周行健	王军军	甜菜渣与麦麸纤维对于生长猪后肠短链脂肪酸产生和吸收的影响
28	动物医学院	动物医学	吴伟鑫	周　磊	我国主要谱系猪繁殖与呼吸综合征病毒(PRRSV)密码子使用的演化模式分析
29	动物医学院	动物医学	向昭颖	杨汉春	基于表达蛋白p30和p72的非洲猪瘟病毒抗体检测ELISA方法的建立
30	动物医学院	动物医学	田馨媛	刘天龙	两例黄金蟒死亡病例的病理诊断分析
31	动物医学院	动物医学	郭泽明	陈耀星	褪黑激素在急性睡眠不足影响小鼠结肠黏膜结构中的作用
32	食品科学与营养工程学院	食品科学与工程	王雨卓	张　昊	利用直链淀粉包埋提高儿茶素体外稳定性研究
33	食品科学与营养工程学院	食品质量与安全	王立扬	车会莲	利用人工智能技术快速，高通量筛选食物过敏原并预测其致敏能力
34	食品科学与营养工程学院	食品科学与工程	胡雨楠	韩北忠	清香型白酒发酵时间优化及应用

续附表 22

序号	学院	专业	学生姓名	指导教师	论文题目
35	食品科学与营养工程学院	食品科学与工程	陈学敏	张　昊	不同品种羊肉营养及挥发性风味物质研究
36	食品科学与营养工程学院	食品科学与工程	张若宁	毛立科	包埋亚麻籽油的乙基纤维素颗粒的制备、表征与应用
37	食品科学与营养工程学院	葡萄与葡萄酒工程	林晟豪	黄昆仑	转基因水稻新型特异性分子检测技术开发
38	食品科学与营养工程学院	食品质量与安全	孙慧娟	李　媛	芦丁减肥微针的制备与表征
39	食品科学与营养工程学院	食品科学与工程	王　安	李平兰	低盐鱼子酱加工工艺优化
40	食品科学与营养工程学院	葡萄与葡萄酒工程	刘敏欣	李景明	青梅果实成熟期间香气及其主要前体物的积累研究
41	工学院	机械电子工程	徐心宇	陈　建	基于孪生网络的无人机视觉预测追踪研究
42	工学院	机械电子工程	王程笑	谭　彧	基于图像识别的生菜田间自动导航系统
43	工学院	农业机械化及其自动化	朱　蕾	卢彩云	延时回土开沟器作业性能仿真分析研究
44	工学院	农业工程	章　勋	吴　敏	板栗蓬生物质吸附剂制备及其吸附动力学分析
45	工学院	机械设计制造及其自动化	王希元	袁　挺	樱桃串番茄单果采收装置设计
46	工学院	机械设计制造及其自动化	徐　鹏	张俊雄	管式水培叶菜自动化采收装置设计
47	工学院	工业设计	吴官泽	刘平义	面向未来的智能建造系统动画展示设计
48	工学院	工业设计	纪奇研	张云文	二氧化氯空气杀菌消毒装置设计
49	工学院	车辆工程	马金磊	何志祝	泡沫铜强化散热的柔性热电取能技术研究
50	工学院	车辆工程	张　鹏	翟志强	电动车辆自动转向及车速控制系统设计
51	工学院	车辆工程	金铭心	江发潮	基于超声波技术的电池缺陷检测机理研究

续附表 22

序号	学院	专业	学生姓名	指导教师	论文题目
52	信息与电气工程学院	电气工程及其自动化	简子淋	巨云涛	多区域电力系统协调经济调度
53	信息与电气工程学院	电气工程及其自动化	韩泽阳	仲崇山	35kV单芯电缆金属护层接地环流监测与报警设备的研制
54	信息与电气工程学院	电气工程及其自动化	姜铭渝	夏　越	基于固体氧化物燃料电池的热-电联供系统多尺度动态模型开发
55	信息与电气工程学院	电子信息工程	陈　珏	刘　刚	基于深度相机的生猪体尺监测技术研究
56	信息与电气工程学院	电子信息工程	王　丹	王忠义	玉米穗在体籽粒层水分监测模块研制
57	信息与电气工程学院	通信工程	纪思雪	王心悦	双面金属包覆介质波导研究
58	信息与电气工程学院	自动化	李健鹏	董乔雪	智能养鸡场物联网控制系统设计
59	信息与电气工程学院	计算机科学与技术	金倩倩	马　钦	基于深度学习的玉米果穗筛分虚拟仿真系统开发
60	信息与电气工程学院	计算机科学与技术	毕　蓓	王耀君	基于图神经网络的微博谣言检测研究及应用
61	信息与电气工程学院	计算机科学与技术	黄浩识	杨丽丽	农机路径规划算法研究与系统开发
62	信息与电气工程学院	计算机科学与技术	钟路迦	王敏娟	基于深度学习的大田麦穗识别检测研究
63	水利与土木工程学院	能源与动力工程	忻佳丽	唐学林	两相流离心泵的水力与结构设计
64	水利与土木工程学院	农业建筑环境与能源工程	李　萍	陈　刚	特色品牌蛋鸡立体散养系统设计
65	水利与土木工程学院	农业建筑环境与能源工程	林新宇	司哺春	高氨氮鸡场粪污厌氧处理系统设计
66	水利与土木工程学院	水利水电工程	周　易	韩　宇	弧线型渠道流速分布及测点布控分析
67	水利与土木工程学院	土木工程	宋蕙铭	梁宗敏	山西师范大学历史与旅游文化学院楼工程与施工组织设计

续附表 22

序号	学院	专业	学生姓名	指导教师	论文题目
68	水利与土木工程学院	水利水电工程	谭　昊	陈明洪	贵州省某水库挡水建筑物设计
69	水利与土木工程学院	农业水利工程专业	李怡霖	李光永	通州农业园区节水灌溉工程设计规划
70	经济管理学院	金融学	王　元	牛　霞	投资者情绪对股票回购市场效应的影响——基于错误定价中介效应视角
71	经济管理学院	金融学	曹佳阳	安　毅	我国股指期现货间的信息溢出效应——基于市场异常波动的视角
72	经济管理学院	金融学	许亦可	黄纯纯	私募股权投资对被投资制造业公司创新能力的影响
73	经济管理学院	会计学	谭　鸿	张建胜	农业类上市公司财务舞弊识别研究——基于 LightGBM 方法
74	经济管理学院	会计学	梁金莹	李晓红	基于 EVA 的在线教育企业价值评估研究——以新东方在线为例
75	经济管理学院	会计学	陈兆静	张希玲	采矿、冶金及石化行业 A 股上市企业环境绩效与财务绩效的关系研究
76	经济管理学院	国际经济与贸易	李　显	林　海	中国与“一带一路”国家贸易虚拟水测算及分析
77	经济管理学院	国际经济与贸易	杨逸萌	田志宏	中国生猪产品贸易格局变化及进口影响因素分析
78	经济管理学院	农林经济管理	李若彤	赵启然	小学生饮食营养认知的同伴效应研究
79	经济管理学院	电子商务	章雅璇	陆　娟	在线品牌社区特征对品牌忠诚度的影响研究
80	经济管理学院	工商管理	王兴佩	吕建军	涉农企业高管团队特征对企业创新投入的影响
81	理学院	工程力学	李玉辉	秦太验	岩石断裂问题的程序设计
82	理学院	数学与应用数学	曹宇舟	徐义田	基于相似可信度的弱监督学习

续附表22

序号	学院	专业	学生姓名	指导教师	论文题目
83	理学院	数学与应用数学	杜欣然	庞慧慧	无穷区间上的Hadamard型分数阶微分系统可解性研究
84	理学院	化学	许钦沁	周文峰	功能化磁性β-环糊精聚合物固相萃取茶汤中的拟除虫菊酯类农药
85	理学院	化学	李弘翔	郭红超	有机膦催化MBH碳酸酯和偶氮化合物的串联反应合成并五元环吡唑衍生物
86	理学院	应用化学	闵奕豪	王　鹏	膳食纤维对DDTs在小鼠体内富集代谢的影响
87	理学院	应用化学	刘海山	张　莉	靶向几丁质酶OfChtII的抑制剂设计与昆虫几丁质相关酶的蛋白互作网络研究
88	理学院	应用化学	李佳宁	段红霞	新型草酸酯类化合物的设计,合成和驱蚜活性测定
89	人文与发展学院	英语	石雨佳	赵　挺	对陆谷孙《英汉大词典》例句翻译的文学性分析:基于译者主体性
90	人文与发展学院	法学	王洁玲	周　超	世贸组织争端解决机构改革的困境与转机——以上诉机构停摆为基点
91	人文与发展学院	法学	李　颜	葛　敏	《中华人民共和国民法典》实施背景下法定代表人对外越权担保问题研究
92	人文与发展学院	法学	胡　琪	胡　震	人民陪审员参审职权改革逻辑探析
93	人文与发展学院	社会学	王　豪	王　昊	“望子成龙,望女成凤”下孩子快乐吗?——家长教育期望与青少年心理负担的关系研究
94	人文与发展学院	农村区域发展(国际发展)	张雨睿	赵雪娇	政府开放农业数据的影响因素研究——基于QCA方法的省级政府定性比较分析

续附表 22

序号	学院	专业	学生姓名	指导教师	论文题目
95	人文与发展学院	农村区域发展(国际发展)	富楚楚	徐秀丽	中国参与以联合国为中心的多边发展体系过程与模式探究
96	人文与发展学院	传播学	王天帅	李红艳	《人民日报》抖音疫情短视频情感特征研究
97	人文与发展学院	传播学	钱星羽	敖　松	刘扬“遇见”系列绘本的视觉修辞分析
98	土地科学与技术学院	地理信息科学	乔怿雅	郭　浩	基于模型驱动的杆塔三维重建方法研究
99	土地科学与技术学院	土地资源管理	刘泠岑	张雪靓	基于夜间灯光数据的全球国家发展均衡性分析
100	草业科学与技术学院	草业科学	朱凯迪	孙洪仁	中国籽实和饲草谷子土壤氮磷钾丰缺指标与适宜施肥量研究

附表 23　中国农业大学获得 2021 年北京高校优秀本科毕业设计(论文)指导教师名单

序号	专业类别	专业名称	学生姓名	指导教师	毕业论文(设计)题目
1	农学	种子科学与工程	王旭东	张海林	基于 Meta 分析对我国秸秆还田的固碳减排综合效应及其潜力研究
2	农学	园艺	李冬蕾	吴　健	蔗糖及切割处理对唐菖蒲球茎休眠解除的研究
3	农学	植物保护	常欣悦	张俊争	黑腹果蝇 mastermind 新突变体的鉴定
4	理学	生物科学	倪徐平	郭　岩	拟南芥 AGO4 蛋白和 3’UTR 结合蛋白 PUF 参与调控异常基因转录通读的研究
5	工学	环境工程	袁文医	汪　杰	不同浓度微塑料对微生物群落结构的影响
6	农学	动物科学	周行健	王军军	甜菜渣与麦麸纤维对于生长猪后肠道短链脂肪酸产生和吸收的影响
7	农学	动物医学	吴伟鑫	周　磊	我国主要谱系猪繁殖与呼吸综合征病毒(PRRSV)密码子使用的演化模式分析
8	工学	食品科学与工程	王雨卓	张　昊	利用直链淀粉包埋提高儿茶素体外稳定性研究

续附表23

序号	专业类别	专业名称	学生姓名	指导教师	毕业论文(设计)题目
9	工学	食品质量与安全	王立扬	车会莲	利用人工智能技术快速,高通量筛选食物过敏原并预测其致敏能力
10	工学	机械制造及其自动化	徐　鹏	张俊雄	管式水培叶菜自动化采收装置设计
11	工学	农业工程	章　勋	吴　敏	板栗蓬生物质吸附剂制备及其吸附动力学分析
12	工学	车辆工程	马金磊	何志祝	泡沫铜强化散热的柔性热电取能技术研究
13	工学	电气工程及其自动化	韩泽阳	仲崇山	35kV单芯电缆金属护层接地环流监测与报警设备的研制
14	工学	电子信息工程	王　丹	王忠义	玉米穗在体籽粒层水分监测模块研制
15	工学	计算机科学与技术	金倩倩	马　钦	基于深度学习的玉米果穗筛分虚拟仿真系统开发
16	工学	农业建筑环境与能源工程	李　萍	陈　刚	特色品牌蛋鸡立体散养系统设计
17	理学	数学与应用数学	曹宇舟	徐义田	基于相似可信度的弱监督学习
18	理学	化学	李弘翔	郭红超	有机膦催化MBH碳酸酯和偶氮化合物的串联反应合成并五元环吡唑衍生物
19	管理学	电子商务	章雅璇	陆娟	在线品牌社区特征对品牌忠诚度的影响研究
20	经济学	金融学	曹佳阳	安　毅	我国股指期现货间的信息溢出效应——基于市场异常波动的视角
21	经济学	国际经济贸易与贸易	杨逸萌	田志宏	中国生猪产品贸易格局变化及进口影响因素分析
22	法学	社会学	王　豪	王　昊	“望子成龙,望女成凤”下孩子快乐吗?——家长教育期望与青少年心理负担的关系研究
23	管理学	农村区域发展	张雨睿	赵雪娇	政府开放农业数据的影响因素研究——基于QCA方法的省级政府定性比较分析
24	管理学	土地资源管理	刘泠岑	张雪靓	基于夜间灯光数据的全球国家发展均衡性分析
25	农学	草业科学	朱凯迪	孙洪仁	中国籽实和饲草谷子土壤氮磷钾丰缺指标与适宜施肥量研究

附表 24 中国农业大学获得 2021 年国家级大学生创新创业训练计划重点支持领域项目名单

序号	学院	项目名称	负责人	指导教师
1	农学院	东北主栽大豆品种对核心根瘤菌菌群共生匹配性鉴定及遗传分析	李青德	孙连军
2	动物科学技术学院	颗粒细胞抗缪勒氏激素(AMH)调控鸡卵泡选择的分子机制	刘芮佳	张　博

附表 25 中国农业大学获得 2021 年北京高校大学生创新创业训练校际合作计划项目名单

序号	学院	项目名称	指导教师
1	农学院	粮食安全和水资源双重压力下华北平原种植模式优化	雷永登
2	资源与环境学院	气候变化背景下黄河流域物候演变及二十四节气农谚适用性评估	胡　琦
3	动物医学院	大黄素甲醚在畜禽替代抗生素中的推广和应用	何　诚
4	工学院	葡萄园多功能作业平台自动导航系统设计	徐丽明
5	工学院	基于 RFID 控制的可变径液压扶正器	尹宜勇
6	工学院	一种黄精的初加工与干燥技术研究	吴　敏
7	工学院	面向动物行为特征精准识别的可穿戴生物感知技术	张小栓
8	信息与电气工程学院	考虑空间耦合的农业园区能源互联网安全分析	付学谦
9	动物科技学院	脂肪酶热稳定性的改造研究	董　冰
10	食品科学与营养工程学院	苯丙酮尿症益生菌药物的构建与评价	陈晶瑜

研究生教育教学

【概况】

截至 2021 年 12 月 31 日，中国农业大学共有全日制在校研究生 11 548 人，非全日制硕士研究生 821 人；其中，硕士研究生 7 181 人，博士研究生 4 367 人。留学生 302 人，其中，硕士留学生 167 人，博士留学生 135 人。

2021 年中国农业大学研究生招生规模再创新高，硕博合计 4 435 人。硕士研究生 3 347 人(含港澳台 1 人)，其中，全日制学术型硕士生 1 431 人，全日制专业学位硕士生 1 546 人，非全日制专业学位硕士研究生 370 人。博士研究生 1 088 人，其中，直博生 42 人，硕博连读生 321 人，申请考核制学生 725 人。

2021 年度全年共授予学位人数 2 831 人，其中，授予博士学位人数 814 人；授予硕士学位人数 2 017 人(见表 1)。

表 1 2021 年度授予学位情况

学生类别		1月8日	6月23日	11月12日	合计
博士	学历教育博士	96	639	44	779
	同等学力博士	8	4	0	12
	兽医专业学位博士	1	19	3	23
	博士合计	105	662	47	814
硕士	学历教育硕士	63	430	4	497
	全日制专业学位硕士	26	1 072	9	1 107
	非全日制专业学位硕士	74	328	11	413
	硕士合计	163	1 830	24	2 017
研究生合计		268	2 492	71	2 831

（武镒　牛国卫　李冬梅）

【研究生招生】

招生录取顺利完成　顺利完成推荐免试、硕士生全国统考、面向港澳台招生、留学受阻补录和博士生申请考核制选拔。

生源结构得到优化　通过举办夏令营、招生宣讲直播、推免预录取等工作，学校生源结构得到优化，其中全日制硕士生中推免生比例为 25%，博士生中硕博连读为 29%，完成本部门 2021 年党政工作要点任务清单中确定的比例各达到 1/4 要求。

指标配置更加完善　在已有《中国农业大学学术型研究生招生指标配置管理办法》基础上，发布《中国农业大学专业学位研究生招生指标配置管理办法》（研生〔2021〕3 号），以专项为招生指标配置基本单元，强化专项特色，引导培养单位和专项负责人明确定位、发挥特色、内涵发展，推进专业学位人才培养模式改革。

招生制度持续改革　一是根据教育部要求，牵头开展农学门类初试科目改革调研，并提交调研报告；二是优化本校初试科目和内容，积极推进按照一级学科命题。经过改革，实现了自命题科目数量的减少和命题质量的提高，加强了对考生基本素质、一般能力和学科基本素养的考查。三是强化复试考核，综合评价考生考试成绩、专业素养、实践能力、创新精神和一贯学业表现等。

考试工作队伍建设加强　选聘政治素质好、责任心强、教学经验丰富、学术水平较高并且近期承担教学工作的人员组成命题小组，每科至少 2 人，组织开展命题教师专业培训。将教师参与命题和评卷工作纳入工作量计算。

（牛国卫）

【研究生培养】

实施“课程质量提升行动” 强化课堂教学价值观引领　以提升课程质量为重点，持续推进研究生各类课程建设，实现课程思政改革全覆盖，发挥课堂教学主渠道主阵地作用。2021 年，共支持各类课程建设项目 136 项，包括课程思政课程 47 项、交叉课程 10 项、混合课程43项、案例教学课程22项、全英文课程14项。此外,还以“后立项”形式开展核心课程思政建设173门。

全面深化研究生教学改革 实施研究生公共英语教学改革,采用新教材新方案,变传统大班授课为模块化小班授课,提高了英语课堂教学的实效,惠及74个班次4 400余名博、硕士研究生。启动研究生体育俱乐部式教学改革,实现以体育智、以体育心,培养研究生奋发向上、顽强拼搏的意志品质,2021年首批设立羽毛球、网球、高尔夫球三个研究生体育俱乐部。根据研究生学科、类别差异,分类施策,指导学院设计劳动教育实践方案,将劳动教育纳入研究生实践环节考核。压实研究生各培养环节考核,加大督导力度,实行分流淘汰。支持各类研究生培养改革,2021年共支持教改项目41项、教材建设项目16项,7本教材获批立项国家林业和草原局“十四五”规划教材,其中2项为重点项目。

打造创新项目,提升研究生综合素质 克服疫情影响,继续开展深受学生好评的综合素质拓展类研究生“学位+”项目,除农业外事、智慧农业两个项目第三年开设外,2021年新开设了崇农尚美、现代农机装备两个“学位+”项目。研究生自主创新研究基金项目申报踊跃,2021年共收到申请245项,立项60项。稳步推进国家建设高水平大学公派研究生项目,服务学生做好申报辅导及事前管理,2021年推荐项目的获批率达90%,居全国前列。

主动服务国家战略需求,持续深化专业学位研究生教育改革 在全国率先推行专业学位硕士专项制招生培养,科技小院、牛精英、卓越临床兽医等专项得到社会广泛认可。2021年累计设立十大类55个专项。强化实践基地及平台建设,2021年获批国家级基地1个,重点建设校级优秀基地10个,累计备案审核校、院基地共330个,支持研究生公共教学开放实验平台重点建设项目5个。推进专业学位双导师制,聘请专业学位兼职第一导师80人,兼职第二导师1 141人。强化案例教学,建设校级研究生教学案例库,58篇案例经审核后入选校级案例库,20个案例入选中国专业学位案例库。

面向国家地方重大需求,优化学科专业布局 主动服务国家需求和社会发展,2021年获批自主审核增列“土地科学与技术”交叉学科博士学位授权点,动态调整增列社会工作、图书情报2个专业学位硕士点。完成“农业绿色发展科学与工程”交叉学科博士学位授权点、“土木水利”专业学位博士授权点申报工作。开展二级学科自主设置备案工作,在“作物学”博士学位授权一级学科下新增自设“作物智能育种”二级交叉学科,在“畜牧学”博士学位授权一级学科下新增自设“动物分子设计育种”二级交叉学科。

(陈范骏)

【研究生导师岗位管理】

加强导师岗位管理制度建设 出台《中国农业大学研究生导师岗位管理办法》(研生〔2021〕20号),修订《中国农业大学研究生兼职指导教师聘任及管理办法》(研生〔2021〕21号),严格政治要求,将师德师风作为导师遴选的首要条件,对导师岗位权责、任职资格、资格遴选、招生资格年度审核、队伍建设与管理等做了明确的规定,健全动态管理机制。

组织实施导师遴选与招生资格审核 经过遴选,共有1 646名导师通过2022年导师招生资格审核,其中博导1 013人,硕导633人;新增博导73人,新增硕导49人。系统更新导师库信息300余条。

实施"导师指导能力提升计划" 重构导师指导能力提升工作的整体框架，建立校院两级导师培训体系，使导师培训体系系统化、举措常态化、形式多样化、内容多元化，达到了博士生导师"一年一培训"、研究生导师"三年一轮训"的要求。2021 年开展校级培训 1 场、院级培训 4 场，参加培训导师 1 300 余人。

（李冬梅）

【研究生学位授予与质量管理工作】

做好学位论文答辩和学位授予工作 2021 年学位答辩继续采用线上、线下答辩两种方式均可的形式。2021 年 1 月、6 月、7 月、11 月共组织 4 次校学位评定委员会会议，审议研究生学位授予事宜，全年共审议授予 2 831 名研究生博士和硕士学位，其中学术学位博士生涉及 22 个一级学科，专业学位博士生涉及 1 个专业学位类别；学术学位硕士生覆盖 29 个一级学科，专业学位硕士生覆盖 8 个专业学位类别。

开展学位论文校级抽查及评阅 研究发布《中国农业大学研究生学位论文校级抽查管理办法》（研生〔2021〕1 号），该办法扩大了校级抽查比例，并将论文评阅结果与导师招生资格和学院招生指标挂钩。2021 年春季学期开展 4 批次论文送审工作，秋季、冬季学期各开展了 1 批次论文送审工作，全年共送审 1 045 名研究生的学位论文。论文送审通过率和优秀率均较往年有所提高。

完成优秀学位论文评选工作 发布《关于开展 2021 年校级研究生优秀学位论文评选工作的通知》（研生〔2021〕50 号），经各学院学位评定委员会推荐、第四届研究生优秀学位论文评审委员会评审、校学位评定委员会最终审议，评选出校级优秀博士和硕士学位论文各 10 篇。对获评论文的作者和指导教师进行奖励，颁发荣誉证书，在研究生教育微信平台推出"优秀学位论文风采"专栏，发挥校级优秀学位论文引领示范作用。

（李冬梅）

【研究生奖助管理】

深化资助育人，持续推进精准资助 2021 年，学校共有 923 人办理生源地信用助学贷款，同比 2020 年增长 27.8%。及时开通和完成学费缓缴（绿色通道）工作。2021 年，共有 593 名研究生通过学费缓缴审核并完成入学注册，共计缓缴学费 450.6 万元，学费缓缴工作大幅度提升。2021 年，研究生国家助学金共计发放 12 741 人，金额共计 8 658.0 万元；研究生学校助学金发放 8 498 人，金额共计 5 841 万元，做到应助尽助。以研究生成才成长和长远发展为导向，发挥对机关部门和培养单位的科研、教学和管理的重要支撑和补充作用。其中，研究生助研津贴累计发放 12 353 人次，金额共计 5 878.2 万元。全方位精准帮扶助力脱贫攻坚和乡村振兴。努力做好研究生临时困难补助工作，今年在疫情防控常态化背景下，多地发生洪涝灾害，学校迅速启动补助帮扶河南、山西、陕西等受灾地区研究生。同时，对遭遇突发疾病和特殊困难的学生，及时做好情况了解和关怀工作。

充分发挥和提高研究生奖学金激励引导作用 2021 年，学校共计 5 781 人次获奖学金，总金额共计 2 659.4 万元。其中，研究生国家奖学金奖励共计 186 人，金额共计 464 万元；校长奖学金奖励共计 20 人，金额共计 16 万元；学业奖学金奖励共计 5 421 人，金额共计 2 099.4 万元；专项奖学金奖励共计 154 人次，金额共计 80 万元。发布“研究生奖学金评选结果大揭秘”，被校内外媒体转发报道；特别推出“青春国奖 逐梦前行”专题，展现青年学子青春奋斗风采。

（史博）

【研究生学籍管理及教育评估】

完成本年度学籍管理工作 依托“研究生综合管理信息系统”，深化校院二级的管理制度，做好学籍注册、学籍异动、毕业答辩和毕业管理等工作。完成了对 2020 年进入博士阶段学习的硕博连读生的再次审核和 2021 年度的硕博连读研究生选拔工作。

完成毕业生管理工作 对 2021 年毕业研究生进行信息核对、毕业资格审查，完成 2021 年春季(1 月)、秋季(6 月)、冬季(11 月)共三期研究生毕业离校前准备和毕业离校等服务性工作。完成 2021 年度毕业研究生学历信息审核工作和报教育部的学历证书电子注册工作。

高质量完成研究生教育质量监督与评估工作 建立健全校院两级研究生教育督导工作机制，推进各培养单位成立院级研究生教育督导组，完成校研究生教育督导组换届工作，增强学院研究生教育质量的自我管理和监控功能，校院两级齐抓共管，共同促进教育质量提升。牵头开展 2020—2025 年周期性合格评估相关工作，以评促建，全面梳理中国农业大学研究生教育成效。

（武镒）

【其他工作】

研究生院信息化建设工作 完成研究生综合管理信息系统的可行性论证工作和专家评审工作。完成研究生综合管理信息系统采购合同签订工作。完成研究生综合管理信息系统开发需求调研工作，协同开发公司制定了系统开发计划并有序地开展需求确认和功能开发，已完成系统第一轮测试工作。

完成全国农业专业学位教指委秘书处工作 完成教育部等有关部门交办的 2021 年农业专业学位专业领域指导性目录编制、农业博士专业学位设置论证、《农业硕士专业学位发展报告》编制、学位授权点基本状态信息表和《专业学位论文基本要求》意见征集等工作。完成了第二届农业专业学位实践教育成果奖评选、第三批农业专业学位研究生实践教育特色基地遴选和 2021 年全国农业教指委研究课题立项评审工作，完成 2020 年立项的教材建设项目中期检查等工作。2021 年中国研究生乡村振兴科技强农＋创新大赛中第四届牛精英挑战赛圆满落幕，启动第二届“渔菁英”挑战赛、第三届研究生科技学术作品竞赛及首届科技小院大赛新赛程。

完成农林学科工作委员会秘书处工作 完成中国学位与研究生教育学会布置的各项工作，围绕农林学科研究生教育研究，落实做好每项工作。召开 2021 年农林学科工作委员会工作年会，审议年度工作计划等事宜。组织 12 个工作组开展招生等学术交流活动，公布 2019 年研究生教育管理立项课题结题结果(36 项获予结题)以及 2021 年立项课题名单(135 项课题获准立项，其中重点课题 38 项，一般课题 97 项)。

（梅军　王美玉　尼姣姣）

附表1 2021年中国农业大学授予博士、硕士学科中英文对照目录(学术学位)

学科门类	序号	一级学科	序号	学科名称	英文名称	专业代码	授权等级
农学 Agriculture	1	作物学 Crop Science (0901) (博士学位授权一级学科)	1	作物栽培学与耕作学	Crop Cultivation and Farming System	090101	博士
			2	作物遗传育种	Crop Genetics and Breeding	090102	博士
			3	种子科学与技术*	Seed Science and Technology	0901Z1	博士
			4	作物生理学*	Crop Physiology	0901Z2	博士
			5	作物智能育种*	Crop Intelligent Breeding	99J1	博士
	2	园艺学 Horticulture(0902) (博士学位授权一级学科)	6	果树学	Pomology	090201	博士
			7	蔬菜学	Olericulture	090202	博士
			8	茶学	Tea Science	090203	博士
			9	观赏园艺*	Ornamental Horticulture	0902Z1	博士
	3	农业资源与环境 Agricultural Resources andEnvironment (0903) (博士学位授权一级学科)	10	土壤学	Soil Science	090301	博士
			11	植物营养学	Plant Nutrition	090302	博士
			12	土地利用与信息技术*	Land Use and Information Technology	0903Z1	博士
			13	农业气象学*	Agricultural Meteorology	0903Z2	博士
			14	生物质工程*	Biomass Engineering	0903Z3	博士
	4	植物保护 Plant Protection (0904) (博士学位授权一级学科)	15	植物病理学	Plant Pathology	090401	博士
			16	农业昆虫与害虫防治	Agricultural Entomology and Pest Control	090402	博士
			17	农药学(可授农学、理学学位)	Pesticide Science	090403	博士
			18	植物检疫与农业生态健康*	Plant Quarantine and Agricultural Ecological Health	0904Z1	博士
			19	农产品安全*	Safety of Agricultural Products	0904Z2	博士
	5	畜牧学 Animal Science(0905) (博士学位授权一级学科)	20	动物遗传育种与繁殖	Animal Genetics, Breeding and Reproduction	090501	博士
			21	动物营养与饲料科学	Animal Nutrition and Feed Science	090502	博士
			22	特种经济动物饲养(含蚕蜂)	The Rearing of Special-type Economic Animals (including Silkworm, Honeybees, etc.)	090504	博士
			23	畜牧生物工程*	Bioengineering For Animal Husbandry	0905Z1	博士
			24	动物分子设计育种*	Animal molecular design breeding	99J2	博士

续附表 1

学科门类	序号	一级学科	序号	学科名称	英文名称	专业代码	授权等级
农学 Agriculture	6	兽医学 Veterinary Medicine (0906) (博士学位授权一级学科)	25	基础兽医学	Basic Veterinary Medicine	090601	博士
			26	预防兽医学	Preventive Veterinary Medicine	090602	博士
			27	临床兽医学	Clinic Veterinary Medicine	090603	博士
			28	兽医生物工程*	Veterinary Bioengineering	0906Z1	博士
			29	兽医公共卫生*	Veterinary Public Heatlh	0906Z2	博士
	7	草学(0909) Practaculture Science (博士学位授权一级学科)	30	草学	Practaculture Science	090900	博士
	8	土地科学与技术(9902) Land Science and Technology (博士学位授权交叉学科)	31	土地科学与技术	Land Science and Technology	990200	博士
工学 Engineering	9	力学 Mechanics(0801)(硕士学位授权一级学科)	32	一般力学与力学基础	General and Fundamental Mechanics	080101	硕士
			33	固体力学	Solid Mechanics	080102	硕士
			34	流体力学	Fluid Mechanics	080103	硕士
			35	工程力学	Engineering Mechanics	080104	硕士
	10	机械工程 Mechanical Engineering(0802) (博士学位授权一级学科)	36	机械制造及其自动化	Mechanical Manufacture and Automation	080201	博士
			37	机械电子工程	Mechatronic Engineering	080202	博士
			38	机械设计及理论	Mechanical Design and Theory	080203	博士
			39	车辆工程	Vehicle Engineering	080204	博士
	11	电气工程 Electrical Engineering(0808) (硕士学位授权一级学科)	40	电机与电器	Electric Machines and Electric Apparatus	080801	硕士
			41	电力系统及其自动化	Power System and its Automation	080802	硕士
			42	高电压与绝缘技术	High Voltage and Insulation Technology	080803	硕士
			43	电力电子与电力传动	Power Electronics and Power Drives	080804	硕士
			44	电工理论与新技术	Theory and New Technology of Electrical Engineering	080805	硕士

续附表1

学科门类	序号	一级学科	序号	学科名称	英文名称	专业代码	授权等级
工学 Engineering	12	计算机科学与技术 Computer Science and Technology (0812)(博士学位授权一级学科)	45	计算机系统结构	Computer Systems Organization	081201	博士
			46	计算机软件与理论	Computer Software and Theory	081202	博士
			47	计算机应用技术	Computer Applied Technology	081203	博士
	13	土木工程 Civil Engineering (0814)(硕士学位授权一级学科)	48	岩土工程	Geotechnical Engineering	081401	硕士
			49	结构工程	Structural Engineering	081402	硕士
			50	市政工程	Municipal Engineering	081403	硕士
			51	供热、供燃气、通风及空调工程	Heating, Gas Supply, Ventilating and Air Conditioning Engineering	081404	硕士
			52	防灾减灾工程及防护工程	Disaster Prevention and Reduction Engineering and Protective Engineering	081405	硕士
			53	桥梁与隧道工程	Bridge and Tunnel Engineering	081406	硕士
	14	水利工程 Hydraulic Engineering(0815)(博士学位授权一级学科)	54	水文学及水资源	Hydrology and Water Resources	081501	博士
			55	水力学及河流动力学	Hydraulics and River Dynamics	081502	博士
			56	水工结构工程	Hydraulic Structure Engineering	081503	博士
			57	水利水电工程	Hydraulic and Hydro-Power Engineering	081504	博士
			58	港口、海岸及近海工程	Harbor, Coastal and Offshore Engineering	081505	博士
	15	农业工程 Agricultural Engineering (0828)(博士学位授权一级学科)	59	农业机械化工程	Agricultural Mechanization Engineering	082801	博士
			60	农业水土工程	Agricultural Water-Soil Engineering	082802	博士
			61	农业生物环境与能源工程	Agricultural Biological Environment and Energy Engineering	082803	博士
			62	农业电气化与自动化	Agricultural Electrification and Automation	082804	博士
			63	农业信息化技术*	Agricultural Information Technology	0828Z2	博士
			64	水动力学与水力机械*	Hydrodynamics and Hydraulic Machinery	0828Z3	博士

续附表 1

学科门类	序号	一级学科	序号	学科名称	英文名称	专业代码	授权等级
工学 Engineering	16	环境科学与工程 Environmental Science and Engineering(0830)(博士学位授权一级学科)	65	环境科学	Environmental Science	083001	博士
			66	环境工程	Environmental Engineering	083002	博士
	17	食品科学与工程 Food Science and Engineering(0832)(博士学位授权一级学科)	67	食品科学	Food Science	083201	博士
			68	粮食、油脂及植物蛋白工程	Cereals, oils and Vegetable Protein Engineering	083202	博士
			69	农产品加工及贮藏工程	Processing and Storage of Agriculture Products	083203	博士
			70	水产品加工及贮藏工程	Processing and Storage of Aquatic Products	083204	博士
			71	食品生物技术*	Food Biotechnology	0832Z1	博士
			72	营养与食品安全*	Nutrition and Food Safety	0832Z2	博士
	18	风景园林学 Landscape Architecture (0834)(硕士学位授权一级学科)	73	风景园林学	Landscape Architecture	083400	硕士
理学 Science	19	数学 Mathematics(0701)(硕士学位授权一级学科)	74	基础数学	Fundamental Mathematics	070101	硕士
			75	计算数学	Computational Mathematics	070102	硕士
			76	概率论与数理统计	Probability and Mathematical Statistics	070103	硕士
			77	应用数学	Applied Mathematics	070104	硕士
			78	运筹学与控制论	Operational Research and Cybernetics	070105	硕士
	20	化学 Chemistry(0703)(博士学位授权一级学科)	79	无机化学	Inorganic Chemistry	070301	博士
			80	分析化学	Analytical Chemistry	070302	博士
			81	有机化学	Organic Chemistry	070303	博士
			82	物理化学(含化学物理)	physical Chemistry	070304	博士
			83	高分子化学与物理	Chemistry and Physics of Polymers	070305	博士
	21	大气科学 Atmospheric Sciences(0706)(硕士学位授权一级学科)	84	气象学	Meteorology	070601	硕士
			85	大气物理学与大气环境	Atmospheric Physics and Atmospheric Environment	070602	硕士

续附表1

学科门类	序号	一级学科	序号	学科名称	英文名称	专业代码	授权等级
理学 Science	22	生物学 Biology (0710) (博士学位授权一级学科)	86	植物学	Botany	071001	博士
			87	动物学	Zoology	071002	博士
			88	生理学	Physiology	071003	博士
			89	水生生物学	Hydrobiology	071004	博士
			90	微生物学	Microbiology	071005	博士
			91	神经生物学	Neurobiology	071006	博士
			92	遗传学	Genetics	071007	博士
			93	发育生物学	Developmental Biology	071008	博士
			94	细胞生物学	Cell Biology	071009	博士
			95	生物化学与分子生物学	Biochemistry and Molecular Biology	071010	博士
			96	生物物理学	Biophysics	071011	博士
			97	生物信息学*	Bioinformatics	0710Z1	博士
	23	生态学 Ecology(0713) (博士学位授权一级学科)	98	生态学	Ecology	071300	博士
	24	营养与健康科学 Nutrition and Human Health(9901) (博士学位授权交叉学科)	99	营养与健康科学	Nutrition and Human Health	990100	博士
管理学 Management Science	25	工商管理 Science of Business Administration(1202) (硕士学位授权一级学科)	100	会计学	Accounting	120201	硕士
			101	企业管理(含财务管理学、市场营销学、人力资源管理学)	Corporate Management	120202	硕士
			102	旅游管理	Tourist Management	120203	硕士
			103	技术经济及管理	Technology Economy and Management	120204	硕士
			104	物流与供应链管理	Logistics and Supply-chain Management	1202Z1	硕士

续附表1

学科门类	序号	一级学科	序号	学科名称	英文名称	专业代码	授权等级
管理学 Management Science	26	农林经济管理 Agricultural and Forestry Economics and Management (1203) (博士学位授权一级学科)	105	农业经济管理	Agricultural Economics and Management	120301	博士
			106	林业经济管理	Forestry Economics and Management	120302	博士
			107	农业经济史*	Economic History of Agriculture	1203Z1	博士
			108	食物经济与管理*	Food Economy and Management	1203Z2	博士
	27	公共管理 Science of Public Management (1204) (博士学位授权一级学科)	109	行政管理	Administration Management	120401	博士
			110	社会医学及卫生事业管理	Social Medicine and Health Management	120402	博士
			111	教育经济与管理	Educational Economy and Management	120403	博士
			112	社会保障	Social Security	120404	博士
			113	土地资源管理	Land Resource Management	120405	博士
			114	农村发展与管理*	Rural Development and Management	1204Z1	博士
			115	国际发展政策与治理学科*	International Development Policy and Management	1204Z2	博士
	28	图书情报与档案管理 Science of Library, Information and Archival (1205) (硕士学位授权一级学科)	116	图书馆学	Library Science	120501	硕士
			117	情报学	Information Science	120502	硕士
			118	档案学	Archival Science	120503	硕士
经济学 Economics	29	应用经济学 Applied Economics(0202) (博士学位授权一级学科)	119	国民经济学	National Economics	020201	博士
			120	区域经济学	Regional Economics	020202	博士
			121	财政学(含税收学)	Public Finance(including Taxation)	020203	博士
			122	金融学(含保险学)	Finance	020204	博士
			123	产业经济学	Industrial Economics	020205	博士
			124	国际贸易学	International Trade	020206	博士
			125	劳动经济学	Labor Economics	020207	博士
			126	统计学	Statistics	020208	博士
			127	数量经济学	Quantitative Economics	020209	博士
			128	国防经济	National Defense Economics	020210	博士

续附表1

学科门类	序号	一级学科	序号	学科名称	英文名称	专业代码	授权等级
法学 Law	30	法学 Science of Law(0301)(硕士学位授权一级学科)	129	法学理论	Jurisprudence	030101	硕士
			130	法律史	Legal History	030102	硕士
			131	宪法学与行政法学	Constitutional Law and Administrative Law	030103	硕士
			132	刑法学	Criminal Jurisprudence	030104	硕士
			133	民商法学(含劳动法学、社会保障法学)	Civil Law and Commercial Law (including Science of Labour Law and Science of Social Security Law)	030105	硕士
			134	诉讼法学	Science of Procedure Laws	030106	硕士
			135	经济法学	Science of Economic Law	030107	硕士
			136	环境与资源保护法学	Science of Environment and Natural Resources Protection Law	030108	硕士
			137	国际法学(含国际公法学、国际私法学、国际经济法学)	International Law(including public Interrational Law, Private Intrnational Law and International Economic Law)	030109	硕士
			138	军事法学	Science of Military Law	030110	硕士
	31	社会学 Sociology(0303)(博士学位授权一级学科)	139	社会学	Sociology	030301	博士
			140	人口学	Demography	030302	博士
			141	人类学	Anthropology	030303	博士
			142	民俗学(含中国民间文学)	Folklore (including Chinese Folk Literature)	030304	博士
			143	发展研究*	Development Studies	0303Z1	博士
			144	社会管理与社会政策	Social Management and Social Policy	0303Z2	博士
	32	马克思主义理论 Marxist Theory(0305)(博士学位授权一级学科)	145	马克思主义基本原理	Marxist Principles	030501	博士
			146	马克思主义发展史	Maxism and Its Historical Development	030502	博士
			147	马克思主义中国化研究	Maxism and Its Development in China	030503	博士
			148	国外马克思主义研究	Maxism and Its Development outside China	030504	博士
			149	思想政治教育	Education in Ideology and Politics	030505	博士
			150	中国近现代史基本问题研究	Some Historically Fundamental Questions Arising Since the Opium War in China	030506	博士

续附表 1

学科门类	序号	一级学科	序号	学科名称	英文名称	专业代码	授权等级
文学 Literature	33	新闻传播学 Journalism and communication (0503) (硕士学位授权一级学科)	151	传播学	Communication	050302	硕士
			152	广播电视学与数字传播	Television Broadcasting Science and Digital Communication	0503Z1	硕士
			153	发展传播学	Development Communication	0503Z2	硕士

注：

1. 博士学位授权一级学科 23 个，博士学位授权二级学科 109 个。“*”表示在博士学位授权一级学科范围内自主设置学科(共 22 个)。硕士学位授权一级学科授权 33 个，硕士学位授权二级学科 153 个。

2. 2016 年新增社会学、计算机科学与技术 2 个博士学位授权一级学科；撤销管理科学与工程博士学位授权一级学科 1 个；撤销地理学、科学技术史、动力工程及工程热物理、信息与通信工程、控制科学工程、城乡规划学、软件工程、管理科学与工程硕士学位授权一级学科 8 个；撤销园林植物观赏园艺、水土保持与荒漠化博士学位授权二级学科 2 个；撤销科学技术哲学、载运工具运用工程、水土保持与荒漠化防治硕士学位授权二级学科 3 个。

3. 2018 年新闻传播学由硕士学位授权二级学科调整为硕士学位授权一级学科，新增发展研究、物流与供应链管理、食物经济与管理等三个自设二级学科。新闻传播学新增 2 个自设二级学科。

4. 2019 年新增营养与健康科学博士学位授权交叉学科和风景园林学硕士学位授权一级学科。

5. 2020 年获批马克思主义理论博士学位授权一级学科。公共管理自设国际发展政策与治理学科。

6. 2021 年获批土地科学与技术博士学位授权交叉学科，在“作物学”博士学位授权一级学科下自设“作物智能育种”二级交叉学科，在“畜牧学”博士学位授权一级学科下自设“动物分子设计育种”二级交叉学科。

附表 2　2021 年中国农业大学专业学位授权类别目录

序号	专业学位类别	序号	领域名称	领域代码
1	农业(硕士)	1	农艺与种业	095131
		2	资源利用与植物保护	095132
		3	畜牧	095133
		4	渔业发展	095134
		5	食品加工与安全	095135
		6	农业工程与信息技术	095136
		7	农业管理	095137
		8	农村发展	095138
2	电子信息(硕士)	9	新一代电子信息技术(含量子技术等)	085401
		10	通信工程(含宽带网络、移动通信等)	085402
		11	集成电路工程	085403
		12	计算机技术	085404
		13	软件工程	085405
		14	控制工程	085406
		15	仪器仪表工程	085407

续附表2

序号	专业学位类别	序号	领域名称	领域代码
2	电子信息(硕士)	16	光电信息工程	085408
		17	生物医学工程	085409
		18	人工智能	085410
		19	大数据技术与工程	085411
		20	网络与信息安全	085412
3	机械(硕士)	21	机械工程	085501
		22	车辆工程	085502
		23	航空工程	085503
		24	航天工程	085504
		25	船舶工程	085505
		26	兵器工程	085506
		27	工业设计工程	085507
		28	农机装备工程	085508
		29	智能制造技术	085509
		30	机器人工程	085510
4	资源与环境(硕士)	31	环境工程	085701
		32	安全工程	085702
		33	地质工程	085703
		34	测绘工程	085704
		35	矿业工程	085705
		36	石油与天然气工程	085706
5	能源动力(硕士)	37	电气工程	085801
		38	动力工程	085802
		39	核能工程	085803
		40	航空发动机工程	085804
		41	燃气轮机工程	085805
		42	航天动力工程	085806
		43	清洁能源技术	085807
		44	储能技术	085808

续附表 2

序号	专业学位类别	序号	领域名称	领域代码
6	土木水利(硕士)	45	土木工程	085901
		46	水利工程	085902
		47	海洋工程	085903
		48	农田水土工程	085904
		49	市政工程(含给排水等)	085905
		50	人工环境工程(含供热、通风及空调等)	085906
7	生物与医药(硕士)	51	生物技术与工程	086001
		52	制药工程	086002
		53	食品工程	086003
		54	发酵工程	086004
8	兽医(含硕士和博士)	55	—	095200
9	公共管理(硕士)	56	—	125200
10	工商管理(硕士)	57	—	125100
11	金融(硕士)	58	—	025100
12	风景园林(硕士)	59	—	095300
13	会计(硕士)	60	—	125300
14	图书情报(硕士)	61	—	125500
15	社会工作(硕士)	62	—	035200

附表 3　2021 年中国农业大学硕士研究生招生考试复试分数线

类型	学科门类	总分要求	单科要求			
			政治	外语	业务课一	业务课二
学术学位	经济学[02]	350	50	50	85	85
	法学[03]	325	50	50	80	80
	文学[05]	360	55	55	85	85
	理学[07]	305	50	50	80	80
	工学[08]	305	50	50	80	80
	工学照顾学科[0801][0815][0828]	295	45	45	75	75
	农学[09]	300	45	45	75	75
	管理学[12]	355	50	50	90	90

续附表 3

<table>
<tr><th rowspan="2">类型</th><th rowspan="2">学科门类</th><th rowspan="2">总分要求</th><th colspan="4">单科要求</th></tr>
<tr><th>政治</th><th>外语</th><th>业务课一</th><th>业务课二</th></tr>
<tr><td rowspan="15">专业学位</td><td>金融[0251]</td><td>360</td><td>50</td><td>50</td><td>90</td><td>90</td></tr>
<tr><td>电子信息[0854]</td><td>305</td><td>50</td><td>50</td><td>85</td><td>85</td></tr>
<tr><td>机械[0855]</td><td>305</td><td>50</td><td>50</td><td>90</td><td>90</td></tr>
<tr><td>资源与环境[0857]</td><td>280</td><td>45</td><td>45</td><td>70</td><td>70</td></tr>
<tr><td>能源动力[0858]</td><td>280</td><td>45</td><td>45</td><td>70</td><td>70</td></tr>
<tr><td>土木水利[0859]</td><td>280</td><td>45</td><td>45</td><td>70</td><td>70</td></tr>
<tr><td>生物与医药[0860]</td><td>295</td><td>45</td><td>45</td><td>75</td><td>75</td></tr>
<tr><td>农业[0951]</td><td>280</td><td>45</td><td>45</td><td>70</td><td>70</td></tr>
<tr><td>兽医[0952]</td><td>320</td><td>50</td><td>50</td><td>85</td><td>85</td></tr>
<tr><td>风景园林[0953]</td><td>320</td><td>50</td><td>50</td><td>85</td><td>85</td></tr>
<tr><td rowspan="2">工商管理[1251]</td><td>185</td><td colspan="4">管理类综合 100,外语 55(适用于正常批考生)</td></tr>
<tr><td>180</td><td colspan="4">管理类综合 95,外语 45(适用于提前批面试成绩优良者)</td></tr>
<tr><td>公共管理[1252]</td><td>190</td><td colspan="4">管理类综合 115,外语 60</td></tr>
<tr><td>会计[1253]</td><td>230</td><td colspan="4">管理类综合 130,外语 70</td></tr>
</table>

继续教育教学

【概况】

2021 年,继续教育工作坚持党对继续教育工作的全面领导,树立立德树人观,全面落实《中国农业大学 2021 年党政工作要点》任务。以围绕国家发展战略需求,服务学校“双一流”建设为目标,聚焦乡村人才培养,依托学校特色资源优势,加强非学历教育的规范管理,贯彻落实《普通高等学校举办非学历教育管理规定(试行)》精神,修订《中国农业大学非学历继续教育项目管理办法》,推动落实管办分离机制。坚持以学生为中心,结合学院成人学历教育特色,着力推进课程思政建设,成人学历教育教学与服务质量显著提升。

(邵辉)

【成人教育】

做好招生工作稳定办学规模 学院充分调动所有教学站点积极性,依托当地资源,协调各方力量,做好招生工作。目前教学站共计 19 个,其中在招生的教学站 14 个,分布在 8 个省,招生本科专业 22 个,2021 年度录取 2 271 人。2021 年新生入学 1 717 人,在校生规模 3 902 人(不包括当年毕业生),毕业生 1 668 人,其中本科层次毕业 1 650 人,专科层次毕业 18 人;取得学位 67 人,学位授予率 4.06%。2021 年成人高等学历教育在校生统计表见表 1。

表 1 2021 年成人高等学历教育在校生统计表 人

类别	合计	一年级	二年级	三年级	四年级	五年级
函授	2 456	1 374	1 055	0	21	6
业余	1 446	343	700	0	379	24
合计	3 902	1 717	1 755	0	400	30

多角度全方位保证教学质量 通过严格选聘优质师资,完善专业培养计划,加强课程思政建设,严格毕业论文管理等教学环节来保证教学质量。“兽医寄生虫学”入选教育部课程思政示范课程,“兽医公共卫生学”获评北京市课程思政示范课程。食品质量与安全专业学生徐新宇的论文《乳酸菌在食品加工中的应用研究》、动物医学专业学生赵佳昂的论文《胚胎移植净化中不同周龄和品系小鼠超数排卵及体外受精的比较研究》以及张长磊的论文《实验动物微生物控制与控制措施》获“北京高校学历继续教育大学生优秀毕业设计(论文)”,食品科学与营养工程学院仝涛老师和动物医学院朱怡平、王永强老师获得“优秀指导教师”;组织计算机专业学生积极参加“2021 暨第四届北京高校继续教育大学生计算机设计应用竞赛”,获得“团体优秀奖”,学生张洪征、王秀珍、田浩分别获得学生个人奖项的应用开发组三等奖及短视频组三等奖、优秀奖,郭晓军、杨颖获“优秀指导教师”称号。

加强教学站管理规范办学行为 做好教学站在当地的备案检查工作,进一步规范教师聘任手续、完善巡查听课制度、强化教师考核和评估;进一步提高外派本校教师比例,择优选取师资力量,努力确保教学质量;加强教学站点教学检查,对毕业生的教学资料进行抽检,特别是针对本科毕业论文答辩环节进行重点检查。

(王艳霞)

【教育培训】

稳中求变,教育培训工作取得新进展 学院采取线上线下结合的方式,2021 年全校累计培训 10 159 人次,较 2020 年增加 3 716 人次,增幅 66%,创历史新高。其中,线上培训学员 7 669 人次,占培训总量的 75%;线下培训学员 2 490 人次,占培训总量的 25%。

强化特色,聚焦乡村振兴人才培训 学院以服务乡村人才振兴需求为目标,依托学校的特色教育资源,顺应乡村产业发展趋势,面向社会开展中国植保技术经理高级研修班、农药经营资质培训班、基层农技人员知识更新培训班、农业经理人培训班等特色培训项目,建立起学校专家教授与农业专业技术人员互联互通的渠道,让继续教育成为高校服务社会、地方、企业的桥梁与纽带。2021 年累计培训农业经理人、植保技术经理、农药经营人员等共 5 906 人次。

强强联合,全力打造金融服务乡村振兴品牌 与中国农业银行联合共建“中国农业银行服务乡村振兴培训基地”,开展多层次、多区域的金融服务乡村振兴人才培训项目,打造金融服务乡村振兴的培训品牌，为全面推进乡村振兴，加快农业农村现代化提供人才支撑。2021 年，为中国农业银行培训各级管理干部及业务骨干 1 347 人次。

精准发力，扎实落实重点帮扶任务 按照《中国农业大学定点帮扶镇康县 2022 年工作计划》要求，在教育帮扶方面精准发力，积极落实学校对口支援镇康县的定点帮扶任务。举办“镇康县乡村振兴专题网络培训班”和“镇康县教师教学能力提升线上培训班”。培训镇康县各乡（镇）党政领导班子、乡村振兴办公室业务人员及驻村工作队员 240 人，骨干教师 1 510 人。

问题导向，以专项清理整顿促管理规范 按照教育部“专项清理整顿”工作要求，重点围绕非学历教育制度建设、管理机制、内部控制、监督执行等方面 35 个风险要点，全面梳理排查全校 2018 年以来的非学历继续教育项目开展情况。坚持问题导向，分析问题产生原因，完善制度、健全机制。修订《中国农业大学非学历继续教育项目管理办法》，完善质量评价体系建设；推动落实管办分离机制；组织校内各单位学习研讨教育部出台的《普通高等学校举办非学历教育管理规定（试行）》，确保政策执行切实到位。

（巩在暖）

现代远程教育教学

【概况】

学院充分发挥网络教育在线教学优势，突出建设网络教育农科特色专业，强化教学质量和教学过程监督与评价，完善网络教育人才培养方案，不断提升网络教育办学质量，保障网络教育各项工作的顺畅进行。2021 年，中国农业大学网络教育学院荣获《中国远程教育》杂志社颁发的“终身教育特别贡献机构”和中教全媒体颁发的“2021 中国最具社会影响力高校网络与继续教育学院”荣誉称号。

（张国红）

【专业与教学资源建设】

完善专业及课程设置 结合学校办学特色和学科优势，集中力量办好符合学校办学定位、体现学校优势特色的 22 个网络学历教育本科专业。针对专升本层次教学计划中课程设置特点，实施应用型人才培养方案的调整。结合网络教育实际情况，加快推进新修订的动物医学、食品质量与安全专业课程教学大纲建设，稳步推进新开的植物保护、电子商务专业的教师聘请和课程设置；按照课程升级方案调整法学、土木工程、计算机科学与技术等专业的课程设置。全面落实立德树人根本任务，做好农科特色的网络教育专业及课程设置建设。

加强课程资源建设及课程思政 加强优质教学资源开发与建设，在线运行网络课程达到 399 门，按照课程资源建设及升级方案，提升录课系统的软硬件水平，加快视频录制和课件改造。2021 年，聘请校内优秀教师 34 位，其中高级职称占比 90%，完成 34 门课程共计 600 多课时的视频录制。配套完成 38 门课程题库资源建设，总题量 7 539 道。累计完成 201 门课程题库资源建设，总题量达到 40 637 道。

按照教育部关于思想政治理论课教学的相关要求和意见，重视思政课程和课程思政建设，着力突出思政课程思想性、理论性和亲和力，将爱国主义、职业道德、农大精神等思政元素引入到专业课程的教学环节。2021 年，“兽医寄生虫学”网络课程入选教育部课程思政示范项目名单。在教育部首届全国优秀教材评选中，由滕可导教授主编、高等教育出版社出版的《动物解剖学与组织胚胎学》荣获全国优秀教材（职业教育与继续教育类）一等奖。

（李晓娜）

【招生与学习中心管理】

严格招生宣传与资格审核　加强招生宣传的监控与检查，根据《教育部办公厅等五部门关于加强高等学历继续教育广告发布管理的通知》（教职成厅函〔2021〕21 号）文件精神，组织完成学习中心广告发布自查自纠工作。严格新生入学的资格审核，按照入学资格初审、复审、终审的“三审”制度和审核要求，对网络教育学生身份信息进行严格复核，确保招生安全规范。2021 年网络学历教育 22 个本科专业春、秋两季共招生 10 645 人，在校生人数为 39 791 人。本科二学历和农大专升本学生超 30%，动物医学和土木工程两个热门专业学生占比为 30%。

规范校外学习中心管理　为了进一步规范校外学习中心管理，学院开展了 2021 年度学习中心评估工作，面向学习中心开展教育收费自查自纠工作。积极配合完成各省厅、直辖市、自治区开展的年检和信息报送。校外学习中心管理继续实施优胜劣汰机制，主动对 15 个停招和不达标的学习中心进行年检不通过或撤销处理。上海农林职业技术学院校外学习中心、连云港开放大学校外学习中心、河南农业职业学院校外学习中心和河北开放大学校外学习中心分别被全国现代远程教育协作组评为 2021 年高校“现代远程教育优秀校外学习中心”。

（王念）

【教学管理与学生服务】

严肃认真组织各项考试　学院通过不断完善在线考试管理系统功能，提升学院课程考试科学化和信息化管理，积极制定考试应急预案，做好考试组织保障、技术保障及安全保障，扎实稳妥推进考试工作。组织完成 1 月、5 月、7 月、11 月 4 次在线课程考试工作，共计有 1 146 门次，涉及 90 个校外学习中心 1.2 万人次考试。配合组织完成 7 月、9 月、12 月约 2 万人次的网络教育全国公共基础课统一考试报考工作。做好统考考试系统更新的宣传与操作使用的培训工作，协助完成统考新系统 2 万多条在籍学生成绩数据核对工作。完成 2 次学士学位英语的 2 983 名学生的报名缴费组织工作。在学校各部门的通力配合下，顺利完成上半年学位英语考试西校区考点的 1 079 名学生的组考工作，下半年学位英语考试因疫情变化临时取消。《推进考试管理信息化，促进网络教育规范化——中国农业大学网络教育课程考试信息化改革的探索与实践》案例入选“2021 中国高校远程与继续教育优秀案例库”。

稳步提升毕业实践质量　强化毕业设计全过程管理，严把论文查重率，切实保障毕业论文(设计)质量,春、秋学期的毕业综合实践中,共有 9 691 名学生申请毕业论文(设计),论文指导师生比为 1∶14,论文良好及以上占 21.5%。提高学院抽查远程答辩比例,高标准核查学士学位论文,严格毕业生学籍信息核查和毕业资格审核,全年共毕业学生 12 814 人,其中本科层次 8 691 人,授予学士学位 450 人,学位授予率为 5%。

加强教学辅导等学习支持服务力度 加强教学过程主动性服务力度,采取课程周导学和集中辅导相结合的方式,组织完成 138 门次课程的周导学服务,协同专业辅导教师,课程论坛累计发布导学、学科热点动态、扩展学习资料 14 334 帖,解答课程问题库问题 1 927 个。根据教学安排通过在线问答、发布学院通知和温馨提示,利用 QQ 群、微信群、公众号、群发短信等方式,宣传推动、督促引导学生完成选课考试、作业论文、毕业申请等各学段任务,做好学生服务工作。服务热线、网上社区、在线咨询等多种咨询服务方式都坚持"首问负责制",全年共解答学生问题约 1.3 万人次。

强化教务平台技术保障 针对入学考试管理、退学退费管理、课程在线考试、学习过程监控、统考与学位英语考试系统等环节,优化了教学教务管理平台功能,提升了平台管理效率和服务水平。2021 年,完成线上入学考试模块改造、退学退费、电子签名及手机验证码功能开发;完善在线考试管理系统,推行活体人脸识别技术,积极推动考试安全,保证考试严肃性和公平性。

(孔祥新)

【网络教育总结性评估】

根据《教育部办公厅关于开展现代远程教育(网络教育)试点总结性评估的通知》(教职成厅函〔2021〕22 号)的文件要求,学校领导高度重视,成立了以林万龙副校长任组长的评估工作组,组织制定工作方案,召开启动会布置落实,全面梳理总结学校现代远程教育二十年试点工作取得的成绩和经验,完成《现代远程教育试点高校网络教育自查自评报告》,并于 2021 年 12 月 9 日,经学校党委常委会 2021-34 次会议研究通过。同时,全院上下统一思想,同心协力,按要求完成总结性评估的佐证材料和报告支撑材料的提交,迎接教育部评估中心的核查与评估。

(张国红)

一流大学与一流学科建设

“双一流”建设情况

2021 年是新一轮“双一流”建设开启之年，今年学校共获批中央高校建设世界一流大学(学科)和特色发展引导专项 21 300 万元，北京市“双一流”建设资金到校 3 400 万元，北京市高精尖学科建设资金 550 万元。

(李珊　李冬)

一、2021 年总体建设情况

2021 年，学校“双一流”建设工作坚持以习近平新时代中国特色社会主义思想为指导，深入学习贯彻习近平总书记给全国涉农高校的书记校长和专家代表的重要回信精神，以立德树人为根本，以强农兴农为己任，全面推进拔尖创新人才培养、师资队伍建设、提升自主创新与社会服务能力、文化传承创新、国际合作交流五大模块建设。

(一)拔尖创新人才培养

立德树人取得显著进展　全面强化知农爱农情怀教育，坚持价值引领，突出知行合一，在情怀浸润、培养模式、实践育人等方面不断探索，努力培养更多高素质知农爱农新型人才。围绕“培养知农爱农高层次创新型人才”，扎实推进“新时代研究生教育改革发展 12 358 行动方案”，实施“研究生课程质量提升行动”，我校研究生课程获“教育部课程思政示范课程”1 门，获“课程思政教学名师和团队”1 个，入选教育部在线教育研究中心 2021 年“拓金计划”示范课程 1 门。

专业建设有效推进　专业布局更加合理，新增酿酒工程、城乡规划、大数据管理与应用、生物育种科学等 4 个本科专业，金融学、法学、会计学等 3 个第二学士学位专业，停招电子商务专业。加强一流专业建设，积极推进专业认证工作，机械设计制造及其自动化专业已向认证协会递交申请材料，车辆工程、电气工程及其自动化、农业水利工程、水利水电工程等 4 个专业已完成中期认证工作。

全面深化研究生教学改革 实施研究生公共英语教学改革，启动研究生体育俱乐部式教学改革，将劳动教育纳入研究生实践环节考核。支持各类研究生教改项目41项。持续推进产教融合专业学位人才培养模式内涵式发展。重点支持课程思政课程、英文课程、案例教学课程、前沿交叉课程等136门课程开展教学改革，立项教材建设16项，获批国家林业和草原局“十四五”规划建设项目7项，支持前沿交叉课程建设项目10项。持续深化专业学位研究生教育改革，在全国率先推行专业学位硕士专项制招生培养，设立十大类55个专项。面向国家地方重大需求，优化学科专业布局，2021年获批自主审核增列“土地科学与技术”交叉学科博士学位授权点，动态调整增列社会工作、图书情报2个专业学位硕士点。

(二)师资队伍建设

坚持党管人才，推进人事制度改革 将强化教师队伍意识形态建设等内容融入招聘、聘任、培训、考核等各环节。开展教职工因私出国专项排查整改，落实人才精准引进核心任务，压实用人主体责任，坚持校院两级、部门协同、学院为主的工作机制。完成人才工作分委员会换届工作，对167名各类型人才进行评议，专任教师中104人获批入职，其中杰出人才21人，占比首次突破新引进专任教师的20%；对3名领军人才进行“一事一议”。

深入实施人才强校核心战略 深入调研19个院(系)，逐个梳理全校30多个一级学科、近80个二级学科的师资队伍现状，编制形成“十四五”师资队伍专项规划。下达“十四五”各院系基本保障类进人指标额度289个，新兴前沿交叉类进人指标额度178个，学校层面预留300人左右进人指标统筹使用，用于生物育种、绿色发展、营养健康等重大新兴前沿交叉方向团队建设需要。加大高层次人才引进力度，明确杰出人才及以上层次引才数量原则上不低于引才总数的30%。丰富多元化用人举措，出台了规范使用经费自理事业编制的相关通知和要求。

教师创新活力竞相迸发 各类人才项目入选30人次，其中1人入选中国工程院院士，1人入选科技部创新人才计划，6人入选教育部重大人才工程项目，3人获杰出青年基金，2人获优秀青年基金，9人入选国家青年创新人才项目，2人入选“国家高层次人才支持计划”青年人才项目，4人入选“宝钢优秀教师”，2人入选北京市科技新星。起草战略科学家和顶尖业绩团队支持计划、教学专项方案。学校将博士后纳入人才队伍统一建设，全年招收首次突破150人，比2020年增加了49.5%，围绕办学资源拓展和重大需求等设立博士后专项，批准立项9个。

(三)提升自主创新与社会服务能力

服务国家重大战略需求 2021年度获批国家自然科学基金项目249项，直接经费合计约1.95亿元，“十四五”首批国家重点研发计划项目获批数位居农林高校首位，有效服务生物育种、粮食安全、绿色农业等国家重大战略需求。成功申报甘肃武威绿洲农业高效用水和河北曲周农业绿色发展国家野外科学观测站，围绕打好种业翻身仗，推进植物生理学与生物化学国家重点实验室、农业生物技术国家重点实验室分别聚焦作物育种和畜禽育种方向进行重组，完成教育部分子设计育种前沿科学中心论证；聚焦兽医公共卫生和绿色发展，申报新建兽医公共卫生、农业高效用水、农业资源高效利用与绿色发展国家重点实验室，生物安全三级实验室完成CNAS现场评审；建设校级科研公共平台和“一院一平台”。围绕重大领域开展基础研究和技术攻关，取得了一批高价值高质量科研成果。其中“水稻驯化的分子机理研究”获国家自然科学奖二等奖、“小麦耐热基因发掘与种质创新技术及育种利用”“良种牛羊卵子高效利用快繁关键技术”分别获国家技术发明奖二等奖、“食品动物新型专用药物的创制与应用”获国家科学技术进步奖二等奖，以及获省部级奖 6 项。

参与世界农业科技前沿竞争 在农业生物学和玉米遗传育种等方向发挥国际领跑作用，取得一批重要基础研究成果：开发的具有自主知识产权的基因编辑器 Cas12i、Cas12j，实现关键核心技术突破，打破美国全球技术垄断；单倍体育种技术进一步拓展到双子叶植物，首次建立番茄诱导体系；从水稻抗病蛋白 HMA 结构域人工定向进化出抗病新基因，建立作物分子设计抗病育种新思路；揭示犀牛的极小种群历史，实现古 DNA 大数据在濒危物种保护应用的突破，成果作为封面故事发表于 *Cell*。积极建言献策，围绕农业科技自立自强、生物育种、耕地保护等编制 12 期《农科智库要报》，报送中共中央、全国人大、政协、国务院办公厅及相关部委，有 4 期得到相关部委批示。承担一批重大重点战略研究课题，包括中国农业领域工程科技未来 20 年发展、“一带一路”海南热带农业创新引领与国际化发展、云南乡村振兴科技支撑等战略研究及国家重大科技专项和杨凌农高区发展评估等。加强国家农业科技发展战略智库联盟建设。成立华北农业科技战略研究等 4 个分中心，召开第二届农业科技战略智库论坛，发布智库联盟战略研究年度报告和优秀战略研究成果，提升我国农业农村发展研究影响力。

顶层谋划，创新示范，服务乡村振兴彰显农大担当 稳步推进全国农业科技现代化先行县、校院两级乡村振兴创新试验示范区的建设，开创有典型代表性和示范意义的乡村振兴“根据地”。两个项目获得教育部 2021 年第一批直属高校服务乡村振兴创新试验培育项目；昆明都市驱动型乡村振兴创新试验示范区示范村三次入选国家级称号；学校服务乡村振兴创新试验工作获得“第六届教育部直属高校精准帮扶典型项目”“贯彻落实习近平总书记扶贫开发重要战略思想优秀案例”等荣誉。《农村集体产权制度改革新实践——来自昆明的经验》等项目系列成果完成出版。

优化体系、双向赋能，服务地方经济发展取得实质进展 与黑龙江省、重庆市签署省校合作协议，出台《中国农业大学校外基地管理办法（试行）》，建立校、院、教授团队三级联动机制，搭建“1＋5”新平台深化校地合作。完成“四川成都中农大现代农业产业研究院”事业单位法人登记，6 937 平方米综合大楼施工改造基本完工。全面推进“黑龙江绿色农业与黑土地保护创新研究中心”“牡丹芍药鲜切花菏泽采后技术研究示范中心”“内蒙古现代农牧研究院”“云南高原特色农业与乡村振兴研究院”及“垫江数字乡村研究中心”5 个校外科研平台基地建设。

完善制度、深化改革，科技成果转化面向高质量发展 扩展“科技成果转移转化领导小组”职能，完善科技成果转化办法、作价投资管理办法等政策，创新专利转让、实施许可、作价投资的体制机制，成立“科技成果作价投资决策咨询委员会”。服务国家种业振兴重大战略，依托学校“三院两站一体系”新型社会服务体系与“科技成果展示及技术交易平台”，加大种业科技成果推介力度。

(四)文化传承创新

举办了中国农业文化遗产保护与利用青年学者研修班及首届青年学者论坛，开展青年学者“共学计划”，储备农业文化遗产研究人才。开展全球重要农业文化遗产·中国南方稻作梯田系统的文化普查与行动研究，举办“播厥百谷，藏种于民”——中国重要农业文化遗产系列摄影展。推动农业文化遗产地（河北涉县旱作梯田系统）的乡村振兴实践，赴河北涉县旱作梯田系统的核心区域王金庄村，重点开展村落文化的普查与活化工作，并协助当地村民进行《梯田地名文化志》和《梯田作物文化志》的梳理与写作。

（五）国际合作交流

启动“世界顶尖涉农大学交流合作提升项目”，设立研究型种子基金项目 24 项，支持 8 个骨干教师团队和 16 位青年教师与 A5＋3 院校合作交流，深化创新合作，引导 A5 平台高端资源共同参与和推进学校“双一流”建设。新获批国家留学基金委 2021 年“创新型人才国际合作培养项目”4 项，食品科学与工程、畜牧学、农业工程 3 个一流学科与康奈尔大学、加州大学戴维斯分校、法国国家农业食品与环境研究院、瓦赫宁根大学等世界一流大学和一流学科新增国际合作培养研究生名额 42 个。

（李珊　李冬）

二、新一轮“双一流”建设开启

（一）建设方案编制情况

新一轮“双一流”建设是学校立足新发展阶段、贯彻新发展理念、服务构建新发展格局的关键时期。学校在习近平新时代中国特色社会主义思想指引下，根据国务院和教育部关于“双一流”建设的总体要求，于 2021 年 8 月 12 日印发了《中国农业大学新一轮“双一流”建设方案（2021—2025 年）编制工作方案》（中农大规划字〔2021〕3 号）。

新一轮“双一流”建设方案编制工作由党委书记姜沛民、校长孙其信担任领导小组组长，同时组建了一流大学建设方案编制小组、一流学科建设方案编制小组、学科重点建设工作小组三个工作组。为确保编制工作质量，组织战略层面的专家和相关学科领域的专家全程指导并参与方案编制工作。

8 月 26 日，学校召开新一轮“双一流”建设方案编制部署会，明确了“引领、一流、特色、贡献”的工作原则和“补短板，锻长板”的工作思路。9 月 1—30 日，工作小组先后走访调研了 9 个一流学科、马克思主义理论学科、基础学科，研讨学科重点建设任务具体举措。召开了一流学科培优行动项目专家咨询论证会，组织相关领域专家听取一流学科培优项目建设内容汇报，并提出指导意见与建议。

10 月 15 日，学校召开新一轮“双一流”建设高校整体建设方案专家论证会，校长孙其信以“引领、一流、特色、贡献——高质量推进中国特色、农业特色世界一流大学建设”为题作工作汇报。10 月 11—15 日，9 个一流学科分别组织一流学科专家论证会，孙其信校长、辛贤副校长等领导小组成员出席，与各学科受邀专家一同听取学科建设方案汇报。

10 月 20 日，经校长办公会、党委常委会审定，通过了《中国农业大学“双一流”建设高校整体建设方案》和 9 个学科《一流学科建设方案》。

（二）建设方案重点内容

新一轮“双一流”建设以习近平新时代中国特色社会主义思想为指导，全面贯彻落实习近平总书记关于立德树人、科技创新、“三农”工作、人才工作、学科交叉融合等方面的重要指示和战略部署，深度落实习近平总书记重要回信精神，谋篇布局，全面开启深入推进中国特色、农业特色世界一流大学建设的新篇章。

建设目标 周期整体建设目标为“从 2021 年到 2025 年,学校加快形成中国特色、农业特色的世界一流大学新格局”。中长期建设目标为“到 2035 年,学校基本建成中国特色、农业特色的世界一流大学;到 2050 年,学校全面建成中国特色、农业特色的世界一流大学”。

学科发展思路 按照“强优农科、提升工科、夯实理科、厚植文科,交融拓新”的学科发展思路,进一步巩固农科学科板块特色优势地位,优化学科结构布局,发挥一流学科的示范带动作用;着力提升工程学科解决复杂工程问题的能力,打通农业科技创新路径;不断探索基础学科发展的特色路径,夯实基础学科,筑牢与涉农学科的共生关系;持续加强马克思主义理论学科建设,构建具有“农大特色、农大风格、农大气象”的高水平哲学社会科学学科体系;加强学科交叉融合,培育新兴、前沿、交叉学科,构建协调可持续的学科生态体系。

建设口径 为进一步优化学科及专业布局,加强交叉学科建设,在新一轮“双一流”建设中,一流学科体系的建设口径为“主干学科＋支撑学科”(即“9＋1＋X”),由 9 个一流学科作为主干学科,纳入马克思主义理论学科,分别各自带动 3 个支撑学科。进一步强化一流学科紧密聚焦国家战略、突出服务贡献,发挥一流学科的引领带动作用,优化学科结构布局,加强学科交叉融合,构建协调可持续的学科生态体系。

服务国家战略需求 聚焦“八大战略”,一是落实人才强国战略,打造知农爱农一流人才方阵;二是落实“藏粮于地、藏粮于技”战略,保障国家粮食安全主动权;三是贯彻“绿水青山就是金山银山”理念,服务农业绿色转型发展和“双碳”目标实现;四是落实“大力推进农业机械化、智能化”重要论述,推动现代农业高质量发展;五是面向人民生命健康,服务国家生物安全战略;六是服务乡村振兴战略,推进农业农村现代化建设;七是融入“双循环”新发展格局,培育农业科教发展新动能;八是落实“一带一路”倡议,打造农业教育科技合作命运共同体。

一流学科培优行动 围绕国家重大战略需求,对接国家“十四五”规划以及学校“十四五”规划相关重点任务,计划培育一批一流学科培优项目,组织了 5 个一流学科申报培优项目并编制方案。加大力度推动相应学科尽快取得创新性特色性成果,打造国际一流、中国特色学术标杆,高举起服务国家重大战略、解决重大科技问题的鲜明“旗帜”。

(李珊　李冬)

科学研究与社会服务

科学研究工作

【科研项目】

科研经费 2021年，学校累计到校科研经费108 721万元。

科研项目立项 2021年，承担近700项涉农领域纵向科研项目(课题)。国家重点研发计划：新获批项目14个，国拨经费47 874万元，其中常规项目7项、青年项目4项、政府间国际科技创新合作2项、战略性科技创新合作1项；新获批课题38个，国拨经费37 801万元。国家自然科学基金项目：获批249项，直接经费1.95亿元，其中面上项目136项、青年科学基金项目78项、重点项目11项、重大项目4项(项目级2项)、杰出青年科学基金项目3项、优秀青年科学基金项目2项、国际(地区)合作与交流项目6项(其中重点项目2项)、联合基金项目4项、专项项目4项。转基因重大专项：任务立项4项，合同经费1 061.57万元。科技创新2 030项目：项目立项1项，课题立项2项，子课题任务立项2项，合同经费4 052万元。中国博士后科学基金：获批41项，经费365万元。北京市项目：北京市科委项目获批6项，经费753万元；北京市自然科学基金获批26项，经费518万元。现代农业产业技术体系：现拥有30个体系的岗位专家90位，其中首席科学家8人(含联合攻关项目2人)，经费5 160万元。北京市现代农业产业技术体系创新团队建设项目33项，经费1 183万元。省校合作项目：获批66项，合同经费3 118万元。横向项目：立项1 357项，合同经费5.26亿元。基本科研业务费：经费4 060万元，完成组织立项148项。

科研项目结题验收 完成国家自然科学基金项目169项结题；完成基本科研业务费项目248项结题验收；完成北京市自然科学基金项目22项结题验收。

(闫文文　李海霞　魏佳宁　陈立鹰　李聪颖　李迎君　刘宁　李昕睿　董丽丽)

【科研基地建设】

科研基地建设与运行 组织申报"十四五"农业农村部重点实验室，新获批复建设基因编辑创新利用、农业绿色低碳、中兽医生物学、植物检疫性有害生物监测与防控、农业绿色高效用水、保护性耕作农业装备、禽流感等家禽重大疾病防控、智慧养殖技术、农机作业检测与大数据运用等9个重点实验室。组织完成教育部兽用疫苗与药物创新教育部工程中心申报；组织完成农业农村部国际联合研究中心的申报工作，经专家遴选我校兽医公共卫生学国际农业联合研究中心和智慧农业国际联合研究中心获得推荐。

2021年，省部级以上平台119个，2个国家级平台的建设方案通过认定："甘肃武威绿洲农业高效用水国家野外科学观测研究站"和"河北曲周农业绿色发展国家野外科学观测研究站"；新获认证2个省部级平台："家粮食产业(青稞深加工)技术创新中心""中国气象局-中国农业大学农业应对气候变化联合实验室"。

（任蔚）

【科研成果】

国家级科技成果奖励 我校7项科技成果获得2020年度国家科学技术奖励。其中主报4项，实现三大奖大满贯。2020年度，我校作为第一完成单位获得国家自然科学奖二等奖1项、国家技术发明奖二等奖2项和国家科学技术进步奖二等奖1项，分别是：农学院孙传清教授主持完成的"水稻驯化的分子机理研究"项目、农学院孙其信教授主持完成的"小麦耐热基因发掘与种质创新技术及育种利用"项目、动物科学技术学院田见晖教授主持完成的"良种牛羊卵子高效利用快繁关键技术"项目和动物医学院肖希龙教授主持完成的"食品动物新型专用药物的创制与应用"项目。工学院王红英教授参与完成的"畜禽饲料质量安全控制关键技术创建与应用"项目、动物医学院杨汉春教授参与完成的"猪圆环病毒病的免疫预防关键技术研究及应用"项目和食品科学与营养工程学院吴晓蒙副教授参与完成的"特色浆果高品质保鲜与加工关键技术及产业化"项目获得国家科学技术进步奖二等奖。

省部级科技成果奖励 我校11项成果获2020—2021年度神农中华农业科技奖。其中，3项成果获得科学研究类成果一等奖、2项成果获得二等奖、1项成果获得三等奖；5个团队获得优秀创新团队奖表彰。农学院段留生教授主持的"小麦化控防倒抗逆增产关键技术创建及应用"、植物保护学院高希武教授主持的"麦蚜精准化控关键技术及应用"、食品科学与营养工程学院赵亮副教授主持的"酪蛋白-多糖凝胶稳态化关键技术及在发酵乳中的应用"获得科学研究类成果一等奖。资源与环境学院宇振荣教授主持的"农田景观生物多样性保护及生态景观建设关键技术与应用"、资源与环境学院潘志华教授主持的"北方农牧交错带气候智慧型旱地农业关键技术与应用"获得科学研究类成果二等奖。植物保护学院马占鸿教授主持的"小麦条锈病早期监测预警关键技术与应用"获得科学研究类成果三等奖。农学院陈阜教授率领的"中国农业大学现代农作制创新团队"、食品科学与营养工程学院江正强教授率领的"中国农业大学农产品生物加工创新团队”、园艺学院高俊平教授率领的“中国农业大学鲜切花品质调控创新团队”、工学院彭彦昆教授率领的“中国农业大学农畜产品无损检测创新团队”、水利与土木工程学院王福军教授率领的“中国农业大学水泵与泵站创新团队”分别获得优秀创新团队奖。

学术论文 2021 年，发表的论文累计被 SCI、EI 和 SSCI 收录 3 696 篇次，比 2020 年同期（3 368 篇）增长 10%。其中 SCI 收录 2 664 篇，比 2020 年同期（2 269 篇）增长 17%；EI 收录 937 篇，比 2020 年同期（991 篇）减少 5%；SSCI 收录 95 篇，比 2020 年同期（108 篇）减少 12%。

知识产权等 2021 年，授权专利 883 项，其中发明专利 669 项，实用新型 187 项，外观设计 27 项。申请国外专利 22 项，国外专利授权 9 项。申请软件著作权 857 项，获得软件著作权登记证书 929 项。获得植物新品种权 3 项，获得品种审定证书 3 个，获新兽药注册证书 7 项，作为第一完成单位起草国家标准 10 项。

（王乔姝怡　朱晓丽　初晓一）

【哲学社会科学发展】

社科类科研项目 2021 年，人文社科类项目获批 263 项，合同经费 9 586.5 万元。其中，国内纵向项目 53 项，合同经费 899.7 万元；国内横向项目 201 项，合同经费 7 730.4 万元；国际合作项目 9 项，合同经费 956.4 万元。共获批国家社科基金项目 16 项，其中重大 3 项、重点 4 项；教育部人文社会科学研究项目 8 项；北京市社会科学基金项目 14 项。重大人文社科类横向科研项目数量进一步增长，经费 300 万元以上 6 项，其中腾讯为村乡村建设计划项目经费高达 1 500 万元。

社科成果 2021 年，学校有 18 项政策建议、研究成果获得党和国家领导人批示或国家级部门采纳。2021 年，学校获得北京市第十六届哲学社会科学优秀成果奖 2 项，其中人文与发展学院叶敬忠教授的成果《基于小农户生产的扶贫实践与理论探索——以“巢状市场小农扶贫试验”为例》获得一等奖，李小云教授的成果《2020 年后农村减贫战略框架研究报告》获得二等奖。

（张颖　杨苗）

【战略研究与智库建设】

多维发力增强战略研究，扩大学校科技智库影响。一是积极建言献策，围绕农业科技自立自强、生物育种、耕地保护等形成了 12 期《农科智库要报》，报送中共中央、全国人大、政协、国务院办公厅及相关部委，得到积极反馈，4 期得到了相关部委批示；二是加强实地调查与服务地方，先后组织海南、云南、江苏以及黄河流域九省区等地调研，助力地方农业科技发展与乡村振兴；三是加强战略研究部署与青年科技战略人才培养，承担“中国农业领域工程科技未来 20 年发展战略研究”“国家重大科技专项总结评估”“杨凌农高区发展评估”“云南乡村振兴科技支撑战略咨询研究”等项目，自主立项支持 5 个青年战略研究课题，加大对青年科技战略人才的支持；四是加强国家农业科技发展战略智库联盟建设，建设了战略院网站和公众号，成立了华北农业科技战略研究中心，另有山西、云南、湖北 3 个分中心年底成立，于 12 月 26 日举办第二届农业科技战略智库论坛，发布《国家农业科技智库联盟战略研究年度进展报告(2021)》，评选智库年度优秀战略研究成果等。

“三农”高端智库建设方面，国家农业农村发展研究院承担了多项国家、省部级研究课题，组织撰写《政研要报》23 期，其中《超九成农户不会增加玉米种植面积，补贴政策应明确导向并动态调整》《警惕地租快速上涨风险，适时适度调控地租过度上涨》等四篇政策报告，获得国家级领导同志的批示。北京食品安全政策与战略研究基地积极参与推动首都北京农产品质量安全与食品安全的数智化进程，助力首都低碳、减碳绿色发展，在《北京人大》上发文《反食品浪费立法 引领节约绿色低碳新风尚》，在服务立法方面发挥智囊作用。国际发展与全球农业学院/南南农业合作学院在坦桑尼亚十年探索的“小技术大丰收”新型发展合作模式与“一带一路南南合作教育科技创新联盟”被纳入中非农业发展与减贫示范村，开启全球农业建设的新起点，在国内建立了 20 多个乡村发展创新试验区，在坦桑尼亚建立了 10 个乡村发展与减贫合作示范村。2021 年，先后出版《贫困的终结》《公益的元问题》等著作，发布《非洲发展展望 2021》《南南合作在行动》《消除绝对贫困：中国的实践》等多篇重要报告。

(李可心　张颖　杨苗)

【学术期刊】

《中国农业大学学报》2021 年全年出版 12 期，刊出论文 290 篇，影响因子上升到 2.185，影响力指数(CI)在农业科学综合类学科 103 本期刊中排第 3 位。学报为中国科学院 CSCD 核心期刊、北大中文核心期刊及中国科技核心期刊。2021 年，入选科技部中国精品科技期刊顶尖学术论文(F5000)项目来源期刊，并入选“中国农业期刊领军期刊”。《农业科学与工程前沿(英文)》2021 年全年出版 4 期，刊发论文 56 篇，Scopus 数据库官方影响因子 CiteScore 为 2.8，农业科学领域排名前 35%，位列 Q2 区，并成功入选了 2021 年度科技期刊世界影响力指数(WJCI)报告，2021 年获“中国国际影响力优秀学术期刊”奖。

《中国农业大学学报(社会科学版)》2021 年全年出版 6 期，刊发论文 69 篇。2021 年影响因子为 4.66，在 626 种综合性人文、社会科学类期刊中排名第 4 位。2021 年，《中国农业大学学报(社会科学版)》入选国家社会科学基金资助期刊，继续入选 CSSCI 来源期刊、中文核心期刊、中国人文社科核心期刊，继续获批人大复印报刊资料重要转载来源期刊。

(张颖　杨苗)

附表1　2021年度各级各类科研项目到校经费统计表　　万元

项目类型	科技类经费	社科类经费	合计
国家重点研发计划	0	9 003	9 003
横向项目	6 506	38 381	31 875
国家自然科学基金	267	21 759	21 492
重大专项	0	2 434	2 434
北京市项目	156	5 884	5 728
创收经费	0	6 149	6 149
基本科研业务费	354	4 060	3 706
现代农业产业体系	220	5 020	4 800
国家重点实验室经费	0	1 948	1 948
其他部委项目	30	1 275	1 245
国际合作项目(横向)	972	4 134	3 162
农业农村部项目	0	20	20
省校合作	0	3 283	3 283
国际合作项目(纵向)	0	1 259	1 259
博士后项目	5	526	521
国家社会科学基金	451	451	0
万人计划	0	220	220
其他项目	251	1 842	1 591
战略研究项目	430	1 006	576
教育部人文社科研究项目	67	67	0
合计	9 709	108 721	99 012

附表2　2021年度到校科研经费来源情况统计表　　万元

项目来源	到校经费
科技部	9 536
企业、事业委托	44 786
国家自然科学基金委	21 759
农业农村部	7 494
北京市	5 883
其他部委	1 275
教育部	4 371
国际合作	110
其他单位	13 507
合计	108 721

附表 3 2021 年度各学院/系科研经费统计表

万元

学院/系	到校经费
动物医学院	14 279
动物科技学院	12 702
生物学院	10 373
农学院	8 459
资源与环境学院	7 525
食品科学与营养工程学院	7 511
信息与电气工程学院	5 231
园艺学院	4 694
植物保护学院	4 650
水利与土木工程学院	4 374
经济管理学院	4 367
理学院	4 322
工学院	4 248
土地科学与技术学院	3 473
食品高精尖创新中心	3 037
草业科学与技术学院	2 054
营养与健康系	1 891
人文与发展学院	1 823
其他部门	1 690
国际发展与全球农业学院	1 210
马克思主义学院	447
国家农业农村发展研究院	199
图书馆	97
体育与艺术教学部	60
国际学院	6
合计	108 722

附表 4　2021 年度各学院发表国际论文统计表

篇

学院	SCI	EI	SSCI	合计	IF>5	IF>10
食品科学与营养工程学院	398	145	2	545	186	26
动物科学技术学院	299	23	0	322	79	9
资源与环境学院	218	88	6	312	113	12
工学院	213	197	3	413	76	5
水利与土木工程学院	206	119	2	327	45	4
动物医学院	198	16	0	214	63	6
信息与电气工程学院	191	155	6	352	57	7
植物保护学院	185	8	0	193	47	13
农学院	168	23	5	196	71	18
理学院	166	64	0	230	64	6
生物学院	123	14	1	138	67	17
土地科学与技术学院	88	64	15	167	25	1
园艺学院	76	0	3	79	37	1
草业科学与技术学院	59	4	1	64	10	0
经济管理学院	34	4	35	73	4	0
营养与健康系(营养与健康研究院)	24	7	0	31	13	4
人文与发展学院	10	3	15	28	0	0
国际学院	6	0	0	6	1	0
其他	2	3	1	6	1	0
总计	2 664	937	95	3 696	959	129

注:(1)统计口径为中国农业大学人员为第一作者,且中国农业大学为第一署名单位的论文;(2)IF 表示论文影响因子。

附表 5　2021 年度各学院授权专利和软件著作权统计表

项

学院	授权专利		软件著作权登记
	总数	发明	
动物科学技术学院	69	59	11
动物医学院	47	46	2
工学院	225	117	298
理学院	33	28	8
农学院	46	39	6
生物学院	49	48	3

续附表 5

学院	授权专利		软件著作权登记
	总数	发明	
食品科学与营养工程学院	55	54	19
水利与土木工程学院	70	50	50
信息与电气工程学院	90	82	468
资源与环境学院	31	20	19
土地科学与技术学院	14	12	22
草业科学与技术学院	4	3	0
植保学院	25	22	0
国际学院	0	0	0
经济管理学院	0	0	3
网络中心	0	0	3
园艺学院	32	27	4
营养与健康系	55	52	0
其他	38	10	13
总计	883	669	929

附表 6　2021 年省部级以上实验室、中心及野外台站统计表

序号	科研基地名称	建设时间	批准部门	级别	依托学院	负责人
1	农业生物技术国家重点实验室	1987-10-31	科技部	国家级实验室	生物学院	赵要风
2	植物生理学与生物化学国家重点实验室	2002-01-11	科技部	国家级实验室	生物学院	杨淑华
3	动物营养学国家重点实验室	2005-03-23	科技部	国家级实验室	动物科技学院	呙于明
4	畜禽育种国家工程实验室	2008-11-27	国家发改委	国家级实验室	动物科技学院	杨　宁
5	河北沽源草地生态系统国家野外科学观测研究站	2005-12-20	科技部	国家级野外站	草业科学与技术学院	王　堃
6	国家饲料工程技术研究中心	2000-06-20	科技部	国家级中心	动物科技学院	谯仕彦
7	国家果蔬加工工程技术研究中心	2011-01-07	科技部	国家级中心	食品科学与营养工程学院	胡小松
8	国家能源非粮生物质原料研发中心	2011-09-28	国家能源局	国家级中心	农学院	王　涛

续附表 6

序号	科研基地名称	建设时间	批准部门	级别	依托学院	负责人
9	生物质能科学与技术国际联合研究中心	2016-12	科技部	国家级国际联合研究中心	工学院	董仁杰
10	甘肃武威绿洲农业高效用水国家野外科学观测研究站	2020-12-28	科技部	国家级野外站	水利与土木工程学院	康绍忠
11	河北曲周农业绿色发展国家野外科学观测研究站	2020-12-28	科技部	国家级野外站	资源与环境学院	张福锁
12	国家玉米改良中心	1998-04-14	农业部	省部级中心	农学院	赖锦盛
13	国家家禽测定中心	1999-01-21	农业部	省部级中心	动物科技学院	徐桂云
14	国家兽药安全评价中心	1999-09-26	农业部	省部级中心	动物医学院	沈建忠
15	草业科学北京市重点实验室	2001-06-06	北京市教委	省部级实验室	草业科学与技术学院	毛培胜
16	作物遗传改良北京市重点实验室	2001-06-06	北京市教委	省部级实验室	农学院	李自超
17	果树逆境生理与分子生物学北京市重点实验室	2001-06-06	北京市教委	省部级实验室	园艺学院	韩振海
18	生物饲料添加剂北京市重点实验室	2011-03-21	北京市科委	省部级实验室	动物科技学院	谯仕彦
19	动物源食品安全检测技术北京市重点实验室	2011-03-21	北京市科委	省部级实验室	动物医学院	沈建忠
20	现代农业装备优化设计北京市重点实验室	2011-05-18	北京市科委	省部级实验室	工学院	宋正河
21	种子病害检验与防控北京市重点实验室	2011-05-18	北京市科委	省部级实验室	植物保护学院	李健强
22	设施蔬菜生长发育调控北京市重点实验室	2012-05-23	北京市科委	省部级实验室	园艺学院	高丽红
23	植物源功能食品北京市重点实验室	2012-05-23	北京市科委	省部级实验室	食品科学与营养工程学院	程永强
24	现代精细农业系统集成研究教育部重点实验室	2002-01-11	教育部	省部级实验室	信息与电气工程学院	李民赞
25	植物-土壤相互作用教育部重点实验室	2002-01-11	教育部	省部级实验室	资源与环境学院	张福锁
26	功能乳品教育部北京市共建重点实验室	2003-11-27	教育部	省部级实验室	营养与健康系	任发政

续附表 6

序号	科研基地名称	建设时间	批准部门	级别	依托学院	负责人
27	作物杂种优势研究与利用教育部重点实验室	2005-12-15	教育部	省部级实验室	农学院	辛明明
28	农业农村部动物遗传育种与繁殖重点实验室	1996-11-14	农业部	省部级实验室	动物科技学院	田见晖
29	农业农村部动物流行病学重点实验室	1996-11-14	农业部	省部级实验室	动物医学院	杨汉春
30	农业农村部作物有害生物监测与绿色防控重点实验室	1996-11-14	农业部	省部级实验室	植物保护学院	郭泽建
31	农业农村部设施农业工程重点实验室	1996-11-14	农业部	省部级实验室	水利与土木工程学院	李保明
32	农业农村部华北耕地保育重点实验室	1996-11-14	农业部	省部级实验室	土地科学与技术学院	李保国
33	农业农村部玉米生物学与遗传育种重点实验室	2002-11-07	农业部	省部级实验室	农学院	赖锦盛
34	农业农村部农作制度重点实验室	2002-11-07	农业部	省部级实验室	农学院	陈　阜
35	农业农村部土壤微生物重点实验室	2002-11-07	农业部	省部级实验室	生物学院	楼慧强
36	农业农村部兽药残留及违禁添加物检测重点实验室	2008-07-29	农业部	省部级实验室	动物医学院	沈建忠
37	农业农村部果蔬加工重点实验室	2008-07-29	农业部	省部级实验室	食品科学与营养工程学院	廖小军
38	农业农村部饲料安全与生物学效价重点实验室	2011-07-08	农业部	省部级实验室	动物科技学院	张丽英
39	农业农村部土壤-机器-植物系统技术重点实验室	2011-07-08	农业部	省部级实验室	工学院	张东兴
40	农业农村部可再生能源清洁化利用技术重点实验室	2011-07-08	农业部	省部级实验室	工学院	王　涛
41	农业农村部园艺作物营养与生理重点实验室	2011-07-08	农业部	省部级实验室	园艺学院	韩振海
42	农业农村部农业信息获取技术重点实验室	2011-07-08	农业部	省部级实验室	信息与电气工程学院	刘　刚
43	国家动物海绵状脑病检测实验室	2003-12-18	农业部	省部级实验室	动物医学院	赵德明

续附表6

序号	科研基地名称	建设时间	批准部门	级别	依托学院	负责人
44	国家动物寄生原虫实验室	2004-09-16	农业部	省部级实验室	动物医学院	汪　明
45	国家兽药残留基准实验室	2004-12-16	农业部	省部级实验室	动物医学院	沈建忠
46	国家级兽药安全评价(环境评估)实验室	2007-10-09	农业部	省部级实验室	动物医学院	沈建忠
47	农业农村部农产品贮藏保鲜质量安全风险评估实验室(北京)	2011-12-29	农业部	省部级实验室	食品科学与营养工程学院	罗云波
48	国土资源部农用地质量与监控重点实验室	2012-05-10	国土资源部	省部级实验室	土地科学与技术学院	朱道林
49	农业农村部草地生态环境科学观测实验站	2005-10-14	农业部	省部级野外站	草业科学与技术学院	王　堃
50	农业农村部武川农业环境科学观测实验站	2005-10-14	农业部	省部级野外站	资源与环境学院	潘学标
51	农业农村部作物高效用水吴桥科学观测实验站	2008-07-04	农业部	省部级野外站	农学院	周顺利
52	农业农村部河北北部耕地保育科学观测实验站	2011-07-08	农业部	省部级野外站	工学院	李洪文
53	农业农村部作物高效用水武威科学观测实验站	2011-07-08	农业部	省部级野外站	水利与土木工程学院	康绍忠
54	农业农村部桓台农业环境科学观测实验站	2011-07-08	农业部	省部级野外站	资源与环境学院	吴文良
55	种苗健康北京市工程研究中心	2011-04-18	北京市发改委	省部级中心	农学院	李健强
56	先进农业传感技术北京市工程研究中心	2011-12-31	北京市发改委	省部级中心	信息与电气工程学院	李道亮
57	北京市农业物联网工程技术研究中心	2012-05-23	北京市科委	省部级中心	信息与电气工程学院	李道亮
58	畜产品北京市高等学校工程研究中心	2010-01-04	北京市教委	省部级中心	营养与健康系	任发政
59	河北省低平原区农业工程技术研究中心	2008-09-27	河北省	省部级中心	农学院	周顺利
60	玉米育种教育部工程研究中心	2001-01-15	教育部	省部级中心	农学院	陈绍江
61	现代农业装备与设施教育部工程研究中心	2006-06-28	教育部	省部级中心	工学院	黄光群

续附表 6

序号	科研基地名称	建设时间	批准部门	级别	依托学院	负责人
62	农业节水与水资源教育部工程研究中心	2007-10-12	教育部	省部级中心	水利与土木工程学院	李光永
63	植物生长调节剂教育部工程研究中心	2009-12-21	教育部	省部级中心	农学院	段留生
64	农业农村部牧草与草坪草种子质量监督检验测试中心(北京)	1998-11-16	农业部	省部级中心	草业科学与技术学院	毛培胜
65	农业农村部农产品质量监督检验测试中心(北京)	1998-11-16	农业部	省部级中心	食品科学与营养工程学院	黄昆仑
66	农业农村部家禽品质监督检验测试中心(北京)	2003-04-17	农业部	省部级中心	动物科技学院	杨　宁
67	农业农村部饲料效价与安全监督检验测试中心(北京)	2003-04-17	农业部	省部级中心	动物科技学院	李德发
68	农业农村部兽药安全监督检验测试中心(北京)	2003-04-17	农业部	省部级中心	动物医学院	沈建忠
69	农业农村部饲料质量安全监督检验中心	2007-11-23	农业部	省部级中心	动物科技学院	李德发
70	农业农村部饲料工业中心	1996-04-25	农业部	省部级中心	动物科技学院	李德发
71	农业农村部保护性精细耕作研究中心	1999-05-19	农业部	省部级中心	工学院	李洪文
72	农业农村部牧草工程技术研究中心	2010-11-03	农业部	省部级中心	草业科学与技术学院	张英俊
73	国家农业野生植物鉴定评价中心(水稻)	2007-12-10	农业部	省部级中心	农学院	孙传清
74	国家果蔬加工技术研发分中心	2008-10-16	农业部	省部级中心	食品科学与营养工程学院	廖小军
75	国家农产品加工技术装备研发分中心	2009-11-12	农业部	省部级中心	工学院	彭彦昆
76	食品质量与安全北京实验室	2012-12-04	北京市教委	省部级实验室	食品科学与营养工程学院	傅泽田
77	畜禽遗传改良北京市重点实验室	2013-06-17	北京市科委	省部级实验室	动物科技学院	连正兴
78	生物多样性与有机农业北京市重点实验室	2013-06-17	北京市科委	省部级实验室	资源与环境学院	吴文良

续附表 6

序号	科研基地名称	建设时间	批准部门	级别	依托学院	负责人
79	北京市畜禽健康养殖环境工程技术研究中心	2013-06-17	北京市科委	省部级中心	水利与土木工程学院	李保明
80	农业农村部动物产品质量安全化学性危害因子风险评估实验室(北京)	2013-04-25	农业部	省部级实验室	动物医学院	沈建忠
81	温室设备国际科技合作基地	2013-11-05	科技部	示范型国际科技合作基地	水利与土木工程学院	张天柱
82	北京市畜禽健康养殖环境与福利国际科技合作基地	2014-03	北京市科委	示范型国际科技合作基地	水利与土木工程学院	李保明
83	花卉发育与品质调控北京市重点实验室	2014-06-30	北京市科委	省部级实验室	园艺学院	高俊平
84	北京市供水管网系统安全与节能工程技术研究中心	2014-06-30	北京市科委	省部级中心	水利与土木工程学院	王福军
85	北京市果树良种繁育工程技术研究中心	2014-06-30	北京市科委	省部级中心	园艺学院	韩振海
86	北京市生鲜乳质量安全工程技术研究中心	2015-06	北京市科委	省部级中心	动物科技学院	李胜利
87	食品非热加工北京市重点实验室	2015-06	北京市科委	省部级实验室	食品科学与营养工程学院	廖小军
88	中国农业大学农作物种子全程技术研究北京创新中心	2013-12	农业部	省部级实验室	农学院	王建华
89	农田土壤污染防控与修复北京市重点实验室	2016-12	北京市科委	省部级实验室	资源与环境学院	李国学
90	植物蛋白与谷物加工北京市重点实验室	2016-12	北京市科委	省部级实验室	食品科学与营养工程学院	郭顺堂
91	中国农业大学中欧农业信息技术研究中心	2009-01	科技部	示范型国际科技合作基地	信息与电气工程学院	李道亮
92	农业农村部甘薯生物学与生物技术重点实验室	2016-12	农业部	省部级实验室	农学院	刘庆昌
93	农业农村部草地管理与合理利用重点实验室	2016-12	农业部	省部级实验室	草业科学与技术学院	张英俊
94	农业农村部葡萄酒加工重点实验室	2016-12	农业部	省部级实验室	食品科学与营养工程学院	段长青

续附表 6

序号	科研基地名称	建设时间	批准部门	级别	依托学院	负责人
95	农业农村部农业转基因生物安全评价(食用)重点实验室	2016-12	农业部	省部级实验室	食品科学与营养工程学院	黄昆仑
96	农业农村部农业信息化标准化重点实验室	2016-12	农业部	省部级实验室	信息与电气工程学院	高万林
97	农业农村部农业灾害遥感重点实验室	2016-12	农业部	省部级实验室	土地科学与技术学院	朱德海
98	作物分子育种国际合作联合实验室	2017-10	教育部	省部级实验室	农学院	李召虎
99	北京食品安全政策与战略研究基地	2017-10	北京市哲学社会科学规划办公室、北京市教委	省部级实验室	经济管理学院	白军飞
100	青贮饲草料加工技术集成科研基地	2018-01	农业部	省部级实验室	草业科学与技术学院	杨富裕
101	精准农业技术集成科研基地(渔业)	2018-01	农业部	省部级实验室	信息与电气工程学院	李道亮
102	奶牛营养及生态健康养殖北京市国际科技合作基地	2018-05	北京市科委	省部级国际科技合作基地	动物科技学院	李胜利
103	食品精准营养与质量控制教育部重点实验室	2018-09	教育部	省部级实验室	营养与健康系	任发政
104	国家林业草原改良草地工程技术研究中心	2019-05	国家林业和草原局	省部级中心	草业科学与技术学院	张英俊
105	国家数字渔业创新中心	2019-03	农业农村部	省部级中心	信息与电气工程学院	李道亮
106	全国农产品质量安全与营养健康科普基地	2019-07	农业农村部	省部级基地	食品科学与营养工程学院	黄昆仑
107	甘肃武威绿洲农业高效用水教育部野外科学观测研究站	2019-08	教育部	省部级野外站	水利与土木工程学院	康绍忠
108	河北曲周绿色农业教育部野外科学观测研究站	2019-08	教育部	省部级野外站	资源与环境学院	张福锁
109	园艺作物新品种选育与良种繁育教育部工程研究中心	2019-10	教育部	省部级中心	园艺学院	韩振海

续附表 6

序号	科研基地名称	建设时间	批准部门	级别	依托学院	负责人
110	中国轻工业食品生物工程重点实验室	2019-11	中国轻工业联合会	省部级实验室	食品科学与营养工程学院	江正强
111	中国轻工业健康饮品重点实验室	2019-11	中国轻工业联合会	省部级实验室	食品科学与营养工程学院	高彦祥
112	河北省曲周县国家农业绿色发展先行区	2019-10	农业农村部、国家发展改革委、科技部、财政部等	省部级基地	资源与环境学院	张福锁
113	国家现代农业科技示范展示基地(曲周)	2020-04	农业农村部	省部级基地	资源与环境学院	张福锁
114	国家林业和草原局草种子质量检验检测中心(北京)	2020-06	国家林业和草原局	省部级中心	草业科学与技术学院	毛培胜
115	全国粮食安全宣传教育基地	2020-10	国家粮食和物资储备局	省部级基地	资源与环境学院	张福锁
116	国家农业绿色发展长期固定观测曲周试验站	2020-11	农业农村部	省部级野外站	资源与环境学院	张福锁
117	全国名特优新农产品无损评价鉴定仪器设备技术北京中心	2020-12	农业农村部	省部级中心	工学院	彭彦昆
118	国家粮食产业(青稞深加工)技术创新中心	2021-05	国家粮食和物资储备局	省部级中心	食品科学与营养工程学院	沈　群
119	中国气象局-中国农业大学农业应对气候变化联合实验室	2021-09	中国气象局	省部级实验室	资源与环境学院	潘志华

附表 7　2021 年中国农业大学期刊列表

序号	期刊名称	创刊时间	主编	主办单位	编辑部所在单位
1	中国农业大学学报	1996 年	李保国	中国农业大学	科研院
2	中国农业大学学报(社会科学版)	1999 年	叶敬忠	中国农业大学	科研院
3	中国农业文摘・农业工程	1989 年	康绍忠	中国农业大学	图书馆
4	农药学学报	1999 年	周志强	中国农业大学	理学院
5	农业生物技术学报	1993 年	武维华	中国农业大学、中国农业生物技术学会	生物学院

续附表 7

序号	期刊名称	创刊时间	主编	主办单位	编辑部所在单位
6	*Information Processing in Agriculture*	2014 年	李道亮	中国农业大学、中国科技出版传媒股份有限公司	信电学院
7	*China Agricultural Economic Review*	2008 年	辛　贤	中国农业大学、中国农业经济学会	经管学院
8	*Frontiers of Agricultural Science and Engineering*	2014 年	张福锁	中国工程院、中国农业大学、高等教育出版社有限公司	科研院
9	植物保护学报	1962 年	彩万志	中国植物保护学会、中国农业大学	植保学院
10	植物病理学报	1955 年	郭泽建	中国植物病理学会、中国农业大学	植保学院
11	*Phytopathology Research*	2019 年	彭友良	中国植物病理学会、中国农业大学	植保学院
12	中国葡萄酒	2006 年	战吉宬	中国园艺学会、中国农业大学	食品学院
13	*Journal of Animal Science and Biotechnology*	2010 年	李德发	中国畜牧兽医学会	动科学院
14	中国畜牧杂志	1953 年	呙于明	中国畜牧兽医学会	动科学院
15	动物营养学报	1989 年	计　成	中国畜牧兽医学会	动科学院
16	*Animal Nutrition*	2015 年	印遇龙、Mingan Choct	中国畜牧兽医学会	动科学院
17	中国兽医杂志	1953 年	汪　明	中国畜牧兽医学会	动医学院
18	草地学报	1991 年	王　堃	中国草学会	草业学院

社会服务工作

【概况】

2021 年，紧扣学校第四次党代会报告、“十四五”规划、“双一流”建设方案、深化“5＋1”工程，在落实中央巡视整改任务、巩固拓展脱贫攻坚成果同乡村振兴有效衔接、强化对口支援与部省合建高校对口合作、完善“三院两站一体系”新型社会服务体系、以高质量的社会服务牵引办学资源拓展、推进科技成果转化等方面取得重要进展。

（史舟花）

【落实中央巡视整改任务】

针对中央巡视反馈意见，把服务乡村振兴作为“十四五”时期学校社会服务工作的总抓手，经过13次校级会议、5次分管副校长专题研讨、19次社会服务处部门会议研究乡村振兴工作，筹建全国乡村振兴高校联盟，将“打造乡村振兴社会服务新格局”作为《中国农业大学新一轮“双一流”建设高校整体建设方案》中一项重要任务，推动学校服务乡村振兴重大决策部署落在实处，诠释“强农兴农”的使命担当。

（史舟花）

【完成定点帮扶任务】

继续落实中央定点帮扶要求，按时完成《中国农业大学2021年度定点帮扶工作计划》中的各项指标任务：投入帮扶资金200万元、引进帮扶资金200万元、培训基层干部240人次、培训技术人员1 559人次、购买脱贫地区农产品339.97万元、帮助销售脱贫地区农产品793.66万元，完成挂职干部及挂职驻村第一书记轮换。

孙其信校长带队赴镇康县调研考察，启动“普洱茶精深加工”特色产业项目，推动帮东村、小落水傈彝山寨2个乡村振兴示范建设项目落地，成立“中国农业大学农村基层党建研究中心镇康研究基地”。“‘五个一工程’探索小农发展驱动乡村振兴模式”获得第六届教育部直属高校精准帮扶典型项目。依托镇康县帮东村和勐腊县河边村的两个乡村振兴项目入选教育部第一批教育部直属高校服务乡村振兴创新试验培育项目。“科技小院扎根祖国沃土助推脱贫攻坚战略有效实施”案例荣获高等学校新农村发展研究院联盟2021年优秀案例。

（尤泽西）

【服务乡村振兴战略“十四五”开局起步】

按照党中央和教育部要求，“中国农业大学脱贫攻坚工作领导小组”更名为“中国农业大学乡村振兴工作领导小组”；学校成立“中国农业大学乡村振兴战略专家咨询委员会”；系统推进学校国家乡村振兴研究院实体化建设进程，聚力打造“中国乡村大讲堂”品牌，并邀请韩长赋部长做首场报告；启动“中国农大-腾讯村乡村职业经理人培养计划”；在教育部、农业农村部、科技部的指导下，联合全国41所高校，牵头发起组建“全国乡村振兴高校联盟”。根据《中国农业大学服务乡村振兴战略实施方案(2019—2022)》的总体要求，继续推进乡村振兴创新试验示范区建设工作。

（尤泽西）

【推进对口支援西部地区高校工作】

贯彻落实中央援疆援藏和教育部对口支援工作相关部署，凝聚全校力量，着眼人才培养、师资队伍、科研服务和管理水平“四个显著提升”，持续推进对口支援塔里木大学和西藏农牧学院工作。新增 4 名教师进行干部挂职；组织 60 余名教授专家、管理干部交流指导；招收 9 名教师来校攻读博士学位研究生；接收 32 名联合培养本科生，与西藏农牧学院续签联合培养本科生协议，指导塔里木大学成功获批电子信息类专业硕士点；开展 5 项校级对口支援科研联合基金项目，联合申报并获批兵团南疆重点产业创新发展支撑计划项目、2021 年西藏自治区“十四五”重大专项各 1 项。

（史舟花）

【深化部省合建高校对口合作】

按照教育部部省合建工作安排，重点推进 8 个学院 6 个优势学科与河北大学、石河子大学、贵州大学、海南大学四所部省合建高校的对口合作。学校领导带队开展部省合建工作专项调研，并多次前往合建高校访问交流；共计 9 名教师在合建高校进行干部挂职和柔性引进等深度合作；招收 4 名教师来校攻读博士学位研究生和短期学习；与海南大学共同组建首届“乡村振兴专硕班”，助推石河子大学成功获批土木水利专业学位博士点；与海南大学联合申报并获批海南省应急专项 1 项，20 余名教授团队与合建高校共同开展科研合作、学生联培，并参与指导青年教师、研究生科研选题等工作。

（史舟花）

【创新资源拓展新模式】

出台《中国农业大学校外基地管理办法（试行）》，完善“三院两站一体系”新型社会服务体系建设。加强教授工作站管理考核，完善对教授工作站的管理支持。探索建立教授服务团等服务模式，主动赴佳木斯市、菏泽市、西昌市、宁陕县、梨树县、青神县等多地开展产业技术指导、政策咨询、人员培训工作。新建教授工作站 46 个，协议金额近 2 500 万元。

探索“3＋3＋N”模式，推动农业科技现代化先行县建设。通过 3 个主要负责学院、3 个先行县（河北曲周县、鸡泽县、吉林梨树县）、多个学院及专家教授团队共同参与的先行县共建模式，协助地方引进项目 30 余个，撬动地方资源共计约 1.49 亿元。

与黑龙江省、重庆市签署战略合作协议，助推黑龙江省十大基地及重庆市山地特色农业建设。深度推进与四川省战略合作，新型研发机构“四川成都中农大现代农业产业研究院”经成都市批准成立，目前招收专项博士生和硕士 12 名，到账经费 2 400 万元；在佳木斯市建立“黑龙江绿色农业与黑土地保护创新研究中心”，新设专业学位硕士研究生专项；联合云南省科技厅、农科院推动设立“云南高原特色农业与乡村振兴研究院”，牵引云南省科技厅项目资金；设立“内蒙古现代农牧研究院”，获得地方政府科技项目支持，并在企业设立博士后工作站；与菏泽市谋划共建“牡丹芍药鲜切花菏泽采后技术研究示范中心”；在重庆垫江县设立“垫江数字乡村研究中心”，助力当地获批“国家数字乡村示范县”。

（杜雨朔）

【加强校地校企合作】

社会服务处组织 12 个学院 50 余位教授与 15 个省市县及拼多多、蓝星集团等多家企业座谈交流，为地方政府、企业科技创新和乡村振兴等工作建言献策。学校主动对接腾讯集团、中化集团、招商银行、正威集团、京东集团、首农集团、金科集团、大北农、中林集团、中农再保险公司等十余家国内大型企业洽谈合作；深化与拼多多公司合作，拼多多捐款 2 000 万元设立“前沿交叉学科发展与乡村振兴基金”，聚焦乡村振兴、未来功能性食品研发等前沿领域，助推学校“双一流”建设。

（杜雨朔　高晴）

【推动科技成果转化高质量发展】

根据教育部有关要求，调整“中国农业大学科技成果转移转化领导小组”；出台《中国农业大学科技成果作价投资管理办法（试行）》，丰富与完善科技成果转化形式；制定《中国农业大学国家知识产权试点高校建设工作方案》，加快提升学校知识产权运营能力。形成科技成果转化年报、季报工作制度，加强“学校-学院-教师”的三级联动，进一步释放科技成果转化活力。组织开展 9 期线上科技成果推介活动；举办 2021 年中国农业大学科技成果转化项目线下签约及推介会；组织种业科技成果签约活动。系统梳理学校科技成果，搭建成果数据库；成功申报“中关村科技服务平台项目”，并获得 161 万元专项资金支持。2021 年，完成签订科技成果转化合同 86 项，同比增长 16%，合同签订金额 3 617.68 万元，再创历史新高。

（庞俊琴　邓联宏）

合作与交流

【概况】

2021年，学校保持定力，坚持创新发展，国际合作交流取得重大成果。中非合作重大政策建议“鼓励中国机构和企业在非洲建设中非农业发展与减贫示范村”被中央采纳。组织A5联盟和联合国多个国际组织开展新型国际治理合作，提出“A5＋”全球减贫多边合作方案。召开中非论坛民间论坛，开展高端政策交流并发布系列研究新成果。“小技术大丰收”“中非科技小院”国际减贫成果列入联合国典型案例。建立我国与拉美国家第一个中外合作办学机构中巴联合学院，开展国际减贫人才联合培养，实现中拉教育外交历史新突破。举办“一带一路”农科教联盟年会和教育部中外青年人文交流活动。

（冯伟哲　唐莹　毕蕾蕾）

【对外交流】

师生因公出国（境）共计85人次（含国家公派出国留学），其中教师7人次，短期出国（境）（＜90天）0人次，长期出国（境）（≥90天）7人次；学生78人次，短期出国（境）3人次，长期出国（境）75人次。

177人次参加外方主办线上国际会议，其中教师97人次，学生80人次。

请进外国专家614人次，短期专家（≤90天）576人次，长期专家（＞90天）38人次；其中副教授79人次，教授363人次。聘请高层次专家40人次，包括国家级院士8人，学科领域权威学者28人次。“一带一路”共建国家专家132人次。

举办国际会议9次，其中，参加会议总人数100人以上的4次。

（毕蕾蕾　唐莹）

【校际交流合作】

开展校际交流活动19次。其中，涉及“世界顶尖涉农大学联盟（A5联盟）”活动10次，包括“A5联盟与国际组织论坛”“与A5联盟院校巴西圣保罗大学合作办学协议签署仪式”等；涉及“一带一路”共建国家高校或机构的活动9次，包括与吉林农业大学联合主办“一带一路”农科教联盟第四届年会暨“一带一路”国际减贫与乡村振兴合作交流论坛、参加第三届“一带一路”中巴农业论坛等。

校领导出席线上线下活动10次，包括：姜沛民书记出席第六届中非民间论坛分论坛；孙其信校长参加美中农业圆桌会议、会见以色列驻华大使等。

学校已与53个国家和地区的243所大学与研究机构签署了503份合作协议，其中2021年新增协议7份。

（唐莹　毕蕾蕾）

【“一带一路”、南南合作及援外工作】

我校发起成立的“一带一路”农科教联盟第四届年会暨“一带一路”国际减贫与乡村振兴合作交流论坛在线上成功举办；由中国农业大学与吉林农业大学联合主办，国内外联盟院校近百人参加会议。在教育部中外人文交流中心指导下，“乡村振兴与节粮科技”中外青年人文交流活动作为此次会议的重要内容，受到参会领导、专家的关注。依托“一带一路”农科教联盟，携手国内外75所成员院校，组织了近150名来自26个国家的中外青年学生、青年教师和专家学者参加“节粮与国际减贫”线上主题报告、“乡村振兴与节粮科技”线下研讨会、主题展览（北京平谷和吉林长春两地）、专题采访和“未来果园、智慧农场与科技小院”实地调研等系列活动。

完成涉及10个学院47个教师共96人次的教育援外工作量核定。

商务部援外培训学历学位教育项目获批继续执行；2021年教育部中非高校“20＋20”合作计划项目获批继续执行。

启动“一带一路”学术交流项目，涉及8个学院，18个项目。

（唐莹）

【建设世界顶尖涉农大学联盟合作平台】

组织国际组织和A5联盟研讨全球减贫。10月14日，学校发起并主办首届“世界顶尖涉农大学联盟与国际组织论坛”，邀请联合国粮农组织、联合国教科文组织、联合国世界粮食计划署等机构与A5联盟高校校长讨论后疫情时代的全球消除贫困问题，学校提出“A5联盟院校＋国际组织＋发展中国家”（简称A5＋）发展倡议，计划联合三方力量开展全球减贫合作，该倡议得到了A5联盟院校和联合国各组织机构的一致支持，为未来学校引领世界顶尖涉农院校与国际组织以多边合作新模式开展国际减贫工作打下坚实基础。

学校与A5联盟院校圣保罗大学正式签约，合作建设中巴联合学院，面向国际合作减贫领域开展作物育种和国际组织人才培养，学院人才培养方案由两校共同制定，并将在获批后颁发两校学位。学校已向北京市政府和教育部提交中巴联合学院的办学申报。中巴联合学院将显著推动全球减贫合作人才培养新模式发展，为推进全球减贫和构建人类农业教育共同体作出显著贡献。

全面启动与康奈尔大学本科合作办学项目，项目首届学生如期开学开课。

启动“世界顶尖涉农大学交流合作提升项目”，支持和培育骨干教师团队和青年教师与A5联盟院校等世界一流大学和一流学科开展合作交流，设立骨干团队种子基金项目8项，青年教师创新型种子基金项目16项。

开展A5联盟学术交流。录取38名康奈尔大学中国籍学生在学校学习交流，17门课程学分得到康奈尔大学认可。与康奈尔大学研究生学位课程共建取得突破，联合英文课程“农业、食物与环境”由两校教授团队联合编写教案、联合授课，共60名学生注册学习。组织学生参加A5联盟线上夏季小学期、康奈尔大学数字农业编程大赛、粮食系统中气候适应竞赛、瓦赫宁根大学第三届城市温室挑战赛等竞赛与学术交流活动。

（毕蕾蕾）

【外专项目】

新获批科技部外国专家服务司立项资助237万元，支持国家重点项目12项，包括“高端外国专家引进计划”11项，“‘一带一路’创新人才交流外国专家项目”1项。获批率92.3％，比2020年提高了22.5％。

新获批高等学校学科创新引智计划（简称“111计划”）“草畜拔尖人才培养创新引智基地”。2021年，学校共有“高等学校学科创新引智计划”滚动项目8个，升级为“高等学校学科创新引智计划2.0”项目2个，全国排名前三，获得科技部连续滚动支持410万元。

“饲料资源开发与高效利用学科创新引智基地”完成中期验收。“作物遗传改良与分子育种学科创新引智基地”十年评估结果为优秀。

（唐莹）

【国家公派出国留学项目】

国家公派出国留学各类项目共录取154人，其中教师14人，包括国家公派高级研究学者及访问学者（含博士后）项目8人，青年骨干教师出国研修项目3人，其他项目3人；学生140人，其中国家建设高水平大学公派研究生项目65人，创新型人才国际合作培养项目64人，其他项目11人。

新获批7项国家留学基金委高层次人才培养项目，包括“创新型人才国际合作培养项目”4项、“乡村振兴人才培养专项”2项，“国别区域研究人才支持计划”1项，持续加强与康奈尔大学、法国国家农业食品与环境研究院、瓦赫宁根大学、京都大学、诺丁汉大学等世界一流大学和一流学科合作培养研究人才。

（毕蕾蕾）

【学生国际化培养】

本科生联合培养项目选拔43名，学期交换项目选拔6名。邀请世界顶尖涉农大学专家举办线上学术报告和前沿公开讲座50余场，开设国际合作课程，累计听讲人数1 500人次。

（唐莹　毕蕾蕾）

【留学生】

留学生新生注册83人，包括硕士生64人，博士生19人。其中奖学金生70人，包括教育部高校研究生项目38人，丝绸之路奖学金项目3人，支持地方奖学金项目1人，国别奖8人，商务部奖学金项目20人。

在校留学生总人数315人，均为学历生。其中在境内学生85人、境外学生230人，本科生13人、硕士生167人、博士生135人。

按奖学金来源分，中国政府奖学金生242人，占77%，其他奖学金项目67人，占21%。按照生源地统计，亚洲和非洲学生分别占53%(168人)和44%(139人)，美洲学生占2%(6人)，大洋洲占1%(2人)。

毕业和结业留学生64人，其中博士生17人、硕士生42人、本科生4人、高级进修生1人；在校毕业生33人，境外毕业生31人；1名博士生获得2021年校级优秀博士学位论文。

(唐莹)

【港澳台交流】

共有55名在籍港澳台学生，其中本科生46人、硕士生7人、博士生2人；台湾学生36人、香港学生16人、澳门学生3人。9名学生获得教育部台湾、港澳及华侨学生奖学金一、二、三等奖学金。

动医学院"兽医学科青年人才国情研习营"获批教育部国情教育项目，信电学院"2021年智慧农业创新发展国际研讨会"获批王宽诚教育基金会资助项目。

(唐莹)

【孔子学院建设】

上报国家公派汉语教师资助岗位需求2人、志愿者岗位需求3人。

西印度大学圣奥古斯丁分校孔子学院完成春季学期教学任务，课时243.29学时，授课人数49人，其中高级汉语班学员汉语水平达到了HSK3-4级。

(唐莹)

【制度完善】

根据国家相关法律和上级文件规定，制定发布《中共中国农业大学委员会涉境外非政府组织活动管理办法》。

(唐莹)

附表1 2021年因公出国(境)人员统计(教师)　　人

学术交流合作	管理工作访问	国家公派	比赛等其他	参加外方主办线上国际会议	合计
3	0	4	0	97	104

附表 2　2021 年因公出国(境)人员统计(学生)　人

学术交流合作	国家公派	比赛等其他方式	参加外方主办线上国际会议	合计
8	70	0	80	158

附表 3　2021 年中国农业大学请进境外专家国家/地区分布统计　人

国别	“一带一路”共建国家	美国	英国	德国	荷兰	日本	加拿大	其他	合计
人次	132	177	45	30	20	33	32	145	614

附表 4　2021 年中国农业大学港澳台侨学历生统计　人

	一年级	二年级	三年级	四年级	五年级	合计
博士	0	0	1	0	1	2
硕士	1	4	2	0	0	7
本科	11	12	10	10	5	48
合计	12	16	13	10	6	57

附表 5　2021 年中国农业大学港澳台毕业学生统计　人

博士研究生	硕士研究生	本科生	普通进修生	高级进修生	合计
0	3	4	0	0	7

管理与后勤保障

发展规划工作

【概况】

2021 年，发展规划处持续深化落实党的十九届五中、六中全会精神、学校第四次党代会精神、学校“十四五”规划以及“5+1 工程”，紧紧围绕党政工作要点和《深化新时代教育评价改革总体方案》任务清单，科学谋划、有序推进，统筹兼顾、精准落实，为推动学校各项事业发展做出积极贡献。

（李漻峰）

【政治建设】

学校党委统一部署，深入开展党史学习教育，认真学习《中国共产党历史通鉴》《中国共产党简史》，先后邀请辛贤副校长和马克思主义学院李明教授讲授专题党课，同时将校史学习作为重要组成部分，系统梳理了学校学科建设和院系建设史 。

将功能党小组作为党建与业务深度融合的基本单元，第一时间认真学习习近平总书记在全国脱贫攻坚总结表彰大会上的讲话、在清华大学考察时的重要讲话精神、在中央人才工作会议上的重要讲话以及党的十九届六中全会精神等，并深入贯彻落实于各项工作。坚持问题导向开展业务研讨，并结合业务难点确定“因组而异”的党建重点，激发管理干部干事创业积极性、主动性和创造性。

（李漻峰）

【学校“十四五”事业发展规划】

根据教育部对“十四五”规划编制的总体要求以及学校规划编制工作方案，组织校内专家对学校总体规划、11 个专项规划进行了集中编写，并分别在 3 月、4 月向教育部提交了两次学校“十四五”事业发展规划过程稿。6月起，先后组织10余场专家咨询会、专题工作会和研讨会，经双代会、校学术委员会、教育部指导组和教育部办公厅审核，以及中央巡视整改，共征集到近300条意见和建议，吸纳其中261条意见和建议写入各项重点任务。学校总体规划于10月29日正式报送教育部，11月2日在校内正式发布执行，11个专项规划及20个学院规划完成备案。

（金樱）

【新一轮“双一流”建设】

制定新一轮“双一流”建设方案，明确周期整体建设目标和中长期建设目标，提出“巩固农科、提升工科、夯实理科、厚植文科、交融拓新”的学科发展思路，构建“9＋1＋X”一流学科体系，聚焦服务“八大战略”，全面推进五大建设任务与五大改革任务。

8月26日，学校印发《中国农业大学新一轮“双一流”建设方案（2021—2025年）编制工作方案》，明确“引领、一流、特色、贡献”的工作原则和“补短板，锻长板”的工作思路。9月1—30日，牵头走访调研9个一流学科、马克思主义理论学科、基础学科，共同研讨学科重点建设任务具体举措；召开一流学科培优行动项目专家咨询论证会，明确培优方向。10月11—15日，9个一流学科分别组织一流学科专家论证会，学校组织召开新一轮“双一流”建设高校整体建设方案专家论证会。10月20日，学校整体建设方案及9个一流学科建设方案报送至教育部。

（李珊　李冬）

【办学资源拓展】

为加快落实区校“全面战略合作三年行动计划”，平谷专班先后召开内部工作会164次、专题工作会10次、组织区校联合工作专班会12次，参加学校专项工作推进汇报会4次，目前已完成“平谷校区重大项目选址方案”和用地规划图则及土地整理时序梳理等工作，国家农业科技创新港多个平台和项目落地平谷“农科创”，初步形成国家农业科技创新港助力“农科创”的“产学研创新”体系布局。

（李珊）

【战略研究项目】

承担工程院系列战略咨询项目“面向2035的农业新兴、前沿、交叉学科研究”，完成“面向2035的农业新兴、前沿、交叉学科重点发展领域研究”“关于实施‘拓荒牛’计划大力发展农业新兴前沿交叉学科的建议”以及32万字的《专家访谈录》，初步提出新时期农业新兴、前沿、交叉学科建设的战略思考和战略布局。2019年项目研究成果《新时代农科高等教育发展战略研究》于2021年6月成书出版。

（赵勇）

【治理体系与治理能力现代化】

编制完成《“十四五”治理体系与治理能力现代化专项规划》，深入探索校院两级治理体系改革思路。将前沿交叉科学研究院建设作为完善学科治理体系的重要抓手，完成《国内前沿交叉科学研究院建设与发展情况调研报告》，明确学校前沿院定位是“探索交叉融合治理体系建设的特区和孵化器”，在此基础上，研究制定《关于加强中国农业大学前沿交叉科学研究院建设的工作方案》，已经正式发布执行。

（金樱　李珊）

【机构编制】

根据教育部关于进一步规范直属高校机构编制管理工作的要求，研究制定《中国农业大学机构编制管理暂行办法》，成立机构编制委员会，2021 年共组织 6 次论证会，社会服务处、体育教学部、体育美育中心、党委巡视办等部门的机构调整已到位。

（金樱）

【学术委员会】

完成校学术委员会换届工作，选举产生新一届主任、常务副主任及副主任委员，保障学术权利的有效行使；围绕学校“十四五”规划、“双一流”建设等学校重大学术事务，召开学术委员会全体委员会议、通信评议、研讨会、秘书处会议等各类工作会议 10 余次；协助相关学院学术委员会完成调整备案工作。

（李璟）

【年鉴编撰】

组织、编撰、出版 97 万字的《中国农业大学年鉴(2019)》，组织、编撰 98 万字的《中国农业大学年鉴(2020)》，完成《北京教育年鉴(2020)》《中国教育年鉴(2020)》《海淀教育年鉴(2020)》中国农业大学供稿工作。

（孙桂凤）

【第五轮学科评估】

1 月 22 日，学校 28 个参评学科提交了第五轮学科评估参评材料。4 月，按照教育部学位与研究生教育发展中心的工作安排，组织参评学科完成对其他参评高校相关学科公示材料异议的汇总上报。9 月，组织各参评学科完成由其他高校针对学校参评学科的公示材料异议和核查工作的补充证明材料及说明或处理等工作。

（戴晓曦）

【综合数据统计】

在相关部门的支持与配合下，组织完成教育部 2021 年教育事业综合统计调查表的填报及校验工作。组织相关单位完成其他常规性综合性统计工作及北京统计联网直报系统的学校 2020 年统计年报和 2021 年统计年报。

（戴晓曦）

人事管理工作

【概况】

2021 年,学校认真贯彻党的十九届六中全会精神和中央人才工作会议精神,立足中华民族伟大复兴战略全局和世界百年未有之大变局,继承和发扬党的百年奋斗精神与宝贵经验,以习近平总书记给全国涉农高校书记校长和专家代表回信精神为指引,围绕"中国特色、农业特色世界一流大学"的发展目标,在机遇与挑战的双重考验中深入实施"人才强校"战略,加快体制机制改革,创新工作方式方法,完善服务保障体系,加快形成人才活力竞相迸发、创新成果充分涌流的人才成长发展新格局,为实现高水平农业科技自立自强、全面推进乡村振兴提供高质量的人才支撑。

(隋熠)

【教职工】

截至 2021 年 12 月 31 日,中国农业大学教职工人数为 7 442 人。其中,事业编制 2 970 人,占 39.9%;合同聘用制 1 658 人,占 22.3 %;在站博士后 341 人,占 4.6 %;离退休人员 2 473 人,占 33.2%。

事业编制教职工中,专任教师 2 007 人,其中,具有博士学位的 1 701 人,具有硕士学位的 241 人,具有学士学位及以下的 65 人。教授(含研究员)731 人,副教授(含副研究员)988 人。学校有中国科学院院士 4 人、中国工程院院士 9 人,其中,1 人为双院士(含离退休),国家级称号人才 318 人次。

(赵瑞娇　崔晓晨)

【"十四五"师资队伍规划】

坚持以党管人才为根本点,落实人才引领发展战略,以学科建设为龙头,按照"用好现有人才、培育青年人才、引进优秀人才"的发展思路,编制形成《中国农业大学"十四五"师资队伍与人力资源专项规划》。梳理全校 30 多个一级学科、近 80 个二级学科的师资队伍现状,坚持优化调整人才引进结构和层次,按照基本保障类、新兴前沿交叉类、经费自理事业编制等分类下达"十四五"期间各单位专任教师进人指标,实现人才定向精准引进。聚焦生物育种、农业绿色发展、营养健康等前沿新兴交叉学科建设需求,预留 300 人左右进人指标统筹使用。

(寇光涛)

【人才选拔与推荐】

2021 年,学校各类人才项目保持强劲势头,国家级人才项目和青年人才项目入选总量均比上一年增加 50%左右。谯仕彦教授入选中国工程院院士;李雪草、赵闯、彭辰、李鑫、董朝斌、徐凌、田思聪、尹冬勤等 8 名教师入选国家创新人才项目;杨淑华、江海洋入选国家高层次人才支持计划科技创新领军人才，韩一军入选国家高层次人才支持计划哲学社会科学领军人才，张戈丽、孙洪磊入选国家高层次人才支持计划青年项目；张国中入选教育部重大人才工程特设项目，孟庆锋、张帅、傅静雁、郭慧媛、李芳芳等5名教师入选教育部重大人才工程青年项目；姚颖垠、谭禄宾、王军军等3名教师获得“国家杰出青年基金”；张永亮、杜娟获得“国家优秀青年科学基金”；郭海龙、彭辰获得“北京市科技新星”；张漫、王鹏、崔山、张晖等4名教师获得“宝钢优秀教师奖励基金”。

（崔晓晨）

【人才引进】

2021年，坚持深化“人才强校”工程，着力引进符合国家急需，具有战略性、创新性和前瞻性思维的“潜力股”，全面启动“315人才引进工程”升级版，重新修订《人才引进管理办法》，增加人岗匹配精准度论证，确保人才引进高质高量。增设青年研究员岗，满足学院不同层次人才需求，合理布局引进人才层次。坚持校院两级、部门协同、学院为主的工作机制，压实各二级单位主体责任。围绕关键核心技术，鼓励以团队方式引进领军人才，建立“大师＋团队”的队伍建设模式，实行“一事一议”，随时上报即时论证，成熟一个落地一个。对167名各类型人才评议，专任教师中104人获批入职，其中杰出人才21人，占比首次突破专任教师的20％。

（孙伟）

【人才培育】

2021年，全校入选各类国家级人才25人，其中21人来自“2115人才培育发展支持计划”，占比84％。同时，对141名入选人才和88个创新团队启动中期评估，全面了解工作状态和任务进展情况，精准判断人才成长成才过程中的痛点、堵点。谋划启动战略科学家与顶尖业绩团队支持计划、教学团队支持计划、人才培优行动、中青年人才支持计划等，深挖人才队伍发展潜力。

2021年，继续实施“青年教师成长工程”，统筹各项目的选派工作，国家公派高级研究学者及访问学者（含博士后）项目（即“全额资助项目”），共有8人入选。青年骨干教师出国研修项目（即“1∶1”配套项目），共有3人入选。此外，先后批准4人享受学术休假，组织316人参加青年教师岗前培训，首次将博士后纳入岗前培训，将落实“立德树人”、坚持“以人为本”贯穿培训课程的始终，开展有关教育理论、教学技能和方法的系列课程，多途径提高教师学术水平，拓宽研究领域，提高教师可持续发展能力。

（杨家福　张磊　孙伟）

【专业技术职务评聘与晋升】

为严格贯彻落实中央关于破除“五唯”要求，深入推进学校教师评价改革，结合学校专业技术职务晋升聘任工作的实际情况，2020年度作为过渡年，实行新旧职称文件基本任职条件和业绩条件并行。组织完成2020年度50人晋升聘任正高级专业技术职务（含破格晋升8人），48人晋升聘任副高级专业技术职务（含破格晋升1人），中级及以下聘任30人。

2021 年度专业技术职务晋升聘任工作按照新颁布的《中国农业大学专业技术职务聘任管理办法》和《中国农业大学专业技术职务晋升聘任实施细则》(中农大人字〔2021〕6 号、7 号)的有关规定执行。

(雷晓)

【专任教师校内双聘】

2021 年,已完成审批并签订双聘协议专任教师 2 人,将跨学科开展学生培养、团队建设、研究项目申报与推进等工作,推动学校学科交叉融合发展、科技创新平台搭建和创新活动开展。

(雷晓)

【职员晋升与聘任】

2021 年,完善学校职员制,首次在校聘用合同制岗位上设置高级管理职员岗位,最终 1 人晋升聘任六级管理职员,为合同制管理人员树立了标杆、典范和样板。学校共有 107 人晋升或聘任各级管理职员(含直聘)。其中,五级职员 6 人(含试用期考核合格处级干部直聘 5 人)、六级职员 23 人(含试用期考核合格副处级干部直聘 12 人、含校聘合同制 A 岗 1 人)、七级职员 33 人(含校聘合同制 A 岗 2 人)、八级职员 42 人(含校聘合同制 A 岗 18 人)、九级职员 3 人(均为校聘合同制 A 岗)。

(刘瑞春)

【外聘教授聘任】

落实人才强校战略,进一步拓展师资资源,促进人才培养、科学研究、学科建设、学术交流和国际合作,按照《中国农业大学荣誉教授、客座教授、讲座教授、兼职教授聘任管理办法》,依据不同类型外聘教授定位,确定岗位职责和任务,2021 年共聘任客座教授 12 人,讲座教授 4 人,完成兼职教授备案 4 人。进一步加强对现有外聘教授的监督管理,严格工作考核,让外聘教授为学院、学科建设切实发挥应有作用。

(刘晓航)

【职工年度考核】

2021 年,全校共有 69 个单位(不含校领导和人才交流中心)组织进行了年度考核,应参加考核 3 064 人(含校聘合同制 A 岗人员),实际参加考核 3 046 人,18 人未参加考核。考核优秀 485 人,占应参加考核总人数的 15.8%;年度考核合格 2 364 人,占应参加考核总人数的 77.2%;处级干部考核称职 187 人,占应参加考核总人数的 6.1%;考核基本合格 6 人、不合格 3 人、不定级 1 人,共占应参加考核总人数的 0.3%。

强化教师岗位目标管理,落实教师基本岗位责任制,不断激励广大教师工作积极性、创造性。2021 年,学校层面数据显示,教师工作量考核达标率为 90.2%,达标率比 2020 年提高 2.9%;通过补充学院认定工作量以及政策文件规定的“工作量减免”后,总体工作量(学校层面数据+学院补充认定)考核达标率为 97.4%。设置勤奋敬业奖,以学校层面统一认定的工作量考核结果(不含学院及其他工作量部分)为标准,将正高、副高、中级及以下三类专任教师按比例划分名额，表彰奖励工作量排名前100名的优秀教师(约占各级专任教师人数的5.2%)，其中，正高34人、副高50人、中级及以下16人，对其中57人奖励2或4个月岗位津贴。对工作量未达标，未完成基本岗位职责的11人进行预警提醒并扣减20%或50%岗位津贴，坚持由相关职能部门协同有关学院对教师开展教育指导、鞭策支持。

(迪娜　刘晓航　马寒冰)

【普通人才聘期考核】

对照岗位合同签订内容，开展2021年普通人才聘期考核工作，提出针对性建议，一人一策助力人才发展与成长。作为“315人才引进工程”引才的首次聘期期满考核，学校通过校外第三方与人才工作分委员会评价相结合的方式进行考核，28名普通人才聘期期满考核均为合格，对表现突出申请优秀人才岗位的16名期满考核普通人才进行评议选拔，其中，8人升层次聘任，签订优秀人才聘用合同，按照优秀人才岗位标准约定岗位任务，兑现相应人才层次岗位年薪，8人按原岗位续聘第二聘期，已聘任至副教授但未达到优秀人才水平的3人保留原有普通人才年薪差额，达到了考核督促、肯定工作、勉励进步、鞭策后进的目的。

(刘晓航　马寒冰)

【优秀教职工评选】

本科生院、学工部、人事处、工会分别组织了2021年度优秀教师以及优秀教育工作者一、二、三类的评选工作，共评选优秀教师60名、优秀教育工作者40名，并给予每人5 000元的奖励。其中，优秀教育工作者二类评选条件和方式沿用2019年改革后做法，按照教学单位和管理服务单位的不同特点，分别设置评选条件；机关党委设置“改革创新”奖和“作风建设”奖，下属各管理服务单位人员根据评选条件申报。

(雷晓)

【人事调配】

2021年，人事处充分发挥国际、国内两个人才市场的作用，吸引和凝聚大批各类优秀人才。2021年全年新入职教职工205人，其中事业编制180人，校聘合同聘用制A岗25人。按照入职聘用岗位不同，专任教师113人、管理岗55人、实验技术岗21人、其他专业技术岗16人；按照入职来源分类，接收应届毕业生34人，留学回国42人，博士后出站57人，京内调入44人，京外调入3人，校聘A岗25人。

校内调动28人次，事业编制调出24人，校聘合同制A岗离职4人。

(迪娜　石媛)

【人事档案管理】

按照上级要求，扎实推进干部人事档案专项审核工作，在深入调研和充分论证的基础上，形成《中国农业大学干部人事档案专项审核工作实施方案》，2021年完成全部审核范围内1 978名干部人事档案的初审与复审工作，累计发现并向各单位反馈问题20 398

条，收集各类佐证材料 10 132 件。结合干部人事档案专项审核工作，加速推进人事档案数字化工作，完成 2 564 名在职干部人事档案的数字化扫描，制作 232 579 个档案电子文件。2021 年，完成东校区新的人事档案库房建设，新库房配备智能密集架、RFID 档案管理系统、环境智能控制系统等信息化设备，人事档案全部迁移至新库房保存，累计迁移各类档案 6 471 册。

（纪伟　王笑园）

【在职工资管理】

依法依规做好在职人员工资日常管理，及时调整学校 2021 年职务职级晋升人员工资待遇，调整学校在职人员薪级工资、公积金基数，为 197 名新入职人员起薪，第一时间将薪酬支持提供给各位老师，工资总额及人均工资水平稳步增长。加快推进学校办学资源拓展，根据各办学资源拓展地每月提供的考勤记录，为学校派驻或因工作需要到资源拓展地工作的人员全年代发 290 余人次工作津贴，有效激发派驻工作人员干事创业的热情。严格执行校内请销假制度和处分制度，对 26 名请假人员扣发部分或全部校内津贴，对 2 名处分人员降低基本工资或扣罚校内津贴，强化薪酬在人员管理上的鞭策作用。坚持人才引领发展战略地位，为 15 名进入特聘教授体系人员兑现年薪待遇。严格落实违规发放津补贴或福利自查，牵头对学校共 69 个二级单位涉及的十二项内容进行自查，同步做好国家工资制度及收入分配纪律的宣传教育。

（马寒冰）

【离退休待遇管理】

按照人社部规定，为符合退休条件的 88 人办理退休手续并核定退休工资。根据国家政策为 77 名去世人员（含在职职工 6 人）核发抚恤金和丧葬费。根据中央社保调资文件，增加退休合同制工人的养老金，比照退职人员标准增加退养人员的养老金。根据教育部通知，为符合条件的遗属调整补贴标准。为离休干部发放荣誉津贴，为新中国成立前参加工作老工人发放生活补助。

根据《中国农业大学延迟退休的补充规定（暂行）》文件要求，组织延迟退休申报审定工作，批准 33 人延迟退休申请。自 2018 年组织实施延迟退休以来，累计批准了 120 人次延迟退休申请，此项工作逐步实现常态化、制度化。

（马寒冰　张磊）

【养老保险】

2021 年，在中央国家机关事业单位养老保险管理中心共缴纳事业单位养老保险和职业年金费用共计 29 529 万元，其中单位负担养老保险费 13 124 万元，个人负担养老保险费 6 562 万元；单位负担职业年金 6 562 万元，个人负担职业年金 3 281 万元。全年完成人员参保、调出、退休、关键信息变更、工资申报等各类业务 3 390 人次，按照新老办法对比计发整体工作安排，完成 84 名退休“中人”的新老办法对比计发工作，并按照央保中心有关新老办法对比计发实时调整的工作要求，及时打印退休“中人”对比计发情况明细表。2021 年学校在央保中心共有 2 612 名退休人员调整基本养老金，其中，最低调整金额 199 元/月，最高调整金额 531 元/人，退休人员人均调整金额 295 元/月。

（王迎　杨建坤）

【北京市社会保险】

2021 年，在北京市社会保险支出保险费 6 422 万元，其中养老保险支出 3 477 万元，失业保险支出 915 万元，工伤保险支出 326 万元，医疗保险支出 1 704 万元。全年在北京市办理参保、退休、账户清算、政策待遇申请等各类业务 6 271 次，共计为单位和职工申领相关政策待遇达 408 万元，其中申领工伤待遇 258 万元，申领生育津贴、生育医疗、异地就医报销等相关待遇 123 万元，办理退休、在职去世等个人账户清算金额 27 万元。

（王迎　杨建坤）

【劳动合同管理】

扎实推进《中国农业大学合同聘用制实施办法细则》落实，进一步规范劳动合同的签订和管理，细化劳动合同审核的工作流程。2021 年审核新签订劳动合同 282 份，续签劳动合同 271 份；签订劳务协议 223 份；解除/终止劳动合同 397 份。

（石媛）

【制度建设】

2021 年，围绕中央巡视反馈指出的主要问题，继续深入学习贯彻中央人才工作会议精神，深化学校教育评价改革，陆续颁布专业技术职务聘任办法、专业技术职务晋升细则、引进人才办法、博士后校外合作办法、博士后改革系列文件、延迟退休、校级返聘等文件 13 份，不断深化人事制度改革，开创制度健全、管理规范的良好局面。

（赵瑞娇）

【其他日常工作】

2021 年，开具在职、收入相关证明 2 500 余份。为学校 9 名教职工解决干部夫妻两地分居问题，平均办理周期为半年。

（石媛　迪娜）

2021 年中国农业大学教职工基本情况

总规模：7 442 人，100％；

事业编制总人数：2 970 人，39.9 ％；

女性：1 388 人，46.7％；

专任教师：2 007 人，67.6％；

教学辅助人员：400 人，13.5％；

管理职员：524 人，17.6％；

工勤人员：88 人，2.9％；

其他人员：23 人，0.8％；

在站博士后总人数：341 人，4.6%；
合同聘用制总人数：1 658 人，22.3%；
离退休总人数：2 473 人，33.2%。
注：双岗人员同时计入专任教师和管理职员队伍。

人物

院士(含离退休)

科学院院士(4 人)

石元春　李季伦　吴常信　武维华

工程院院士(9 人)

石元春　汪懋华　戴景瑞　康绍忠　李德发　沈建忠　张福锁　任发政
谯仁彦

(崔晓晨)

2021 年度引进人才

领军人才(1 人)

高旺盛

杰出人才(28 人)

董朝斌　郭海龙　韩家骏　李　鑫　廖人宽　刘　俊　刘　扬　刘礼兵
罗炳程　倪　斌　彭　辰　田　旭　田思聪　王　勤　王金锋　夏吉星
徐　凌　杨高文　杨海霞　余　强　张　倩　张　昭　赵　闯　赵丙祥
郑颖颖　周　虎　宗　媛　曾也鲁

优秀人才(56 人)

常瑞雪　陈　建　陈金亮　仇　菊　代重山　冯　飞　郭韶堃　何晶晶
何雪琴　侯　琛　胡　标　花晓波　黄世猛　李蒙蒙　李依璇　梁　萌
刘　苗　刘嘉颖　刘金存　刘山林　刘思源　刘燕蓉　刘允佳　罗　迈
吕增鹏　马雯秋　毛　旭　苗双喜　瞿　见　饶　雷　沈应博　石　昊
石文标　孙中孝　谭琦亓　田文斌　王　璐　王　平　王甫希　王光州
王晴锋　熊　亮　徐　宁　杨　超　杨朔飞　袁富民　詹　菁　张　杰
张　鑫　张成龙　张洪超　张立伟　张文武　赵剑宇　赵娅斐　赵永宁

普通人才(27 人)

毕晓静　付胜南　顾卓尔　胡倩楠　胡哲鹏　吉轩廷　季　昀　李海艳
李长江　刘　冰　刘　莹　刘立涛　马　斯　石　晨　孙城涛　王　棣
王昌陵　王胜男　魏翰林　吴　训　张　悦　张非凡　张立新　张钰石
郑　路　朱　峰　资　丹

普通教师(1人)

李世豪

（刘晓航）

各学院教授(研究员)名录

农学院(53人)

陈　阜　陈绍江　陈源泉　褚庆全　董朝斌　董学会　顾日良　高旺盛
何绍贞　贺　岩　胡跃高　华金平　解超杰　金危危　康定明　康玉凡
赖锦盛　李保云　李自超　林中伟　刘庆昌　倪中福　彭惠茹　宋任涛
宿振起　隋　鹏　孙传清　孙连军　孙其信　谭禄宾　田　丰　田晓莉
汪　海　王保民　王建华　王向峰　王志敏　谢光辉　辛明明　徐明良
杨小红　姚颖垠　尤明山　曾昭海　翟　红　张海林　张洪亮　张明才
张英华　周顺利　朱万斌　朱作峰　宗　媛

园艺学院(35人)

程玉琴　高俊平　高丽红　郭仰东　韩振海　洪　波　胡建芳　贾文锁
孔　瑾　李冰冰　李天红　李天忠　李险峰　林　涛　刘青林　刘　扬
马　超　马会勤　马　男　孟祥彬　任华中　沈火林　眭晓蕾　王红清
王　倩　王　忆　徐　峰　许雪峰　杨文才　张常青　张潞生　张小兰
张新忠　张　钊　朱元娣

植物保护学院(43人)

BHADAURIA VIJAI　彩万志　曹永松　陈东钦　杜相革　范　军　范在丰
高希武　郭海龙　郭泽建　韩成贵　李　虎　李健强　李正西　李志红
梁　沛　刘　俊　刘俊峰　刘西莉　刘小侠　刘星月　刘志龙　马占鸿
彭友良　沈　杰　石旺鹏　史雪岩　宋敦伦　孙文献　王　琦　吴波明
吴学宏　夏吉星　杨　定　杨　俊　杨　丽　张力群　赵文生　赵章武
周立刚　周　涛　周　欣　朱旺升

生物学院(60人)

陈其军　陈三凤　陈益芳　陈忠周　董江丽　封文海　傅静雁　傅　缨
巩志忠　郭　岩　韩建永　何　群　胡晓湘　黄银花　蒋才富　柯玉文
李大伟　李继刚　李连芳　李向东　李　岩　刘朝辉　刘维全　楼慧强
毛同林　孟庆勇　齐俊生　秦　峰　任东涛　施怡婷　宋　渊　苏　震
田长富　王　超　王良省　王　涛　王喜庆　王献兵　王　毅　文　莹
吴　森　武维华　夏国良　邢怡明　徐　凌　杨光辉　杨海莲　杨淑华
英郑欣　于静娟　于舒洋　于政权　袁红莉　张　华　张　静　张永亮
张子丁　赵　倩　赵要风　周文焜

资源与环境学院(54 人)

陈范骏	陈　清	崔振岭	范明生	冯　固	冯利平	郭景恒	韩文轩
胡　林	胡树文	江荣风	孔垂华	李国学	李花粉	李　季	李　隆
李晓林	李学贤	林　杉	刘来华	刘　培	刘学军	孟凡乔	米国华
倪　斌	潘学标	潘志华	乔玉辉	任雪芹	芮玉奎	邵小明	申建波
苏德纯	孙　英	王　冲	王国安	王　靖	王　兴	吴文良	许　艇
杨晓光	宇振荣	袁力行	张福锁	张宏彦	张敬波	张俊伶	张立祯
张卫峰	赵　闯	赵桂慎	赵长伟	邹春琴	左元梅		

动物科学技术学院(50 人)

安　磊	曹兵海	曹志军	陈义强	邓学梅	方美英	呙于明	侯卓成
胡永飞	赖长华	李德发	李孟华	李胜利	连正兴	刘国世	刘继军
刘剑锋	罗海玲	马秋刚	马　曦	宁中华	朴香淑	谯仕彦	秦应和
曲鲁江	孙东晓	田见晖	王楚端	王凤来	王军军	王　勤	王雅春
吴克亮	吴中红	武振龙	徐桂云	杨红建	杨　宁	尹靖东	俞　英
袁建敏	张　浩	张丽英	张日俊	张　微	赵广永	赵兴波	曾申明
曾祥芳	周振明						

动物医学院(49 人)

曹兴元	陈耀星	董玉兰	郭　鑫	韩　博	韩　军	郝智慧	何　诚
胡艳欣	江海洋	金艺鹏	李　鑫	林德贵	刘金华	刘平黄	刘　群
刘钟杰	龙少军	吕艳丽	潘保良	彭　辰	蒲　娟	乔　健	沈建忠
沈张奇	苏敬良	孙怡朋	索　勋	唐　军	汤树生	汪　洋	王九峰
王少林	王战辉	吴聪明	吴文学	夏　春	夏　曦	夏兆飞	杨汉春
杨利峰	张大丙	张国中	张素霞	郑世军	周文忠	周向梅	朱　奎
朱要宏							

食品科学与营养工程学院(46 人)

车会莲	陈　芳	程永强	戴瑞彤	段长青	傅达奇	高彦祥	郭顺堂
韩北忠	侯彩云	胡小松	扈洪波	黄昆仑	黄卫东	江正强	姜微波
冷小京	李　博	李景明	李平兰	李全宏	李兴民	李　媛	梁建芬
廖小军	刘海杰	罗永康	罗云波	马长伟	毛学英	倪元颖	潘秋红
沈　群	王金锋	王　军	吴继红	薛文通	杨海霞	杨绍青	殷丽君
战吉宬	张　燕	赵广华	郑　浩	朱本忠	朱鸿亮		

工学院(47 人)

陈兵旗	董仁杰	韩鲁佳	何　进	何志祝	侯书林	胡金有	黄光群
江发潮	李　栋	李海涛	李洪文	刘嫣红	毛恩荣	庞昌乐	彭彦昆
祁力钧	乔　玮	宋建农	宋正河	谭　彧	谭豫之	汤修映	田思聪
王德成	王光辉	王国业	王红英	王庆杰	王书茂	王　伟(07051)	
王晓燕	辛　喆	徐春城	徐丽明	徐　杨	闫巧娟	杨　丽	杨敏丽

杨增玲	张　宾	张东兴	张小栓	张学松	赵建柱	郑永军	朱忠祥

信息与电气工程学院(37人)

安　东	陈一飞	陈英义	杜松怀	段青玲	高万林	黄　岚	吉海彦
李道亮	李　丽	李　林	李民赞	李振波	林建涵	刘　刚	梅树立
穆维松	孙　红	孙瑞志	唐　巍	王鹏新	王　洋	王忠义	薛一鸣
杨建华	叶海建	叶　林	余　强	张领先	张　漫	张荣群	张彦娥
张　昭	赵　明	郑立华	郑丽敏	郑颖颖			

水利与土木工程学院(42人)

丁　涛	杜太生	傅向荣	郭　萍	贺冬仙	黄冠华	黄权中	黄兴法
霍再林	蒋秀根	剧锦三	康绍忠	李保明	李法虎	李光永	李思恩
李云开	刘文丰	刘志丹	刘竹青	毛晓敏	牛　俊	邱流潮	施正香
宋卫堂	谭　倩	唐学林	滕光辉	佟　玲	王朝元	王凤新	王福军
王素芬	肖若富	熊云武	徐　旭	严海军	杨培岭	杨　魏	张天柱
赵淑梅	周凌九						

理学院(57人)

边庆花	陈　静	陈奎孚	董燕红	杜凤沛	傅　滨	高海翔	高　阳
郭红超	韩家骏	何雄奎	何志巍	侯士聪	侯松波	侯玉霞	黄　峰
经　玲	李春燕	李国辉	李　静	李学锋	凌　云	刘东晖	刘丰茂
刘尚钟	刘　霞	鲁润华	路慧哲	罗炳程	马永强	闵顺耕	潘灿平
秦太验	邱立红	覃兆海	王成菊	王　敏	王明安	王　鹏	王永岗
吴学民	肖玉梅	徐春晖	徐义田	杨丽明	杨新玲	杨正洪	张红艳
张建军	张葳葳	张振华	甄　苓	郑明奇	钟　萍	周　梅	周志坚
周志强							

经济管理学院(46人)

安　毅	白军飞	蔡海龙	陈红华	陈祁晖	陈前恒	陈永福	樊胜根
方向明	冯开文	付文革	郭　沛	韩　青	韩一军	何广文	何秀荣
侯云先	鞠荣华	李春顶	李　军	林发勤	林万龙	刘玉梅	陆　娟
吕建军	马　骥	穆月英	任金政	司　伟	苏保忠	田　旭	田志宏
王瑞梅	王秀清	王玉斌	武拉平	肖海峰	辛　贤	杨汭华	臧日宏
张莉琴	张正河	赵冬梅	赵　霞	郑志浩	朱俊峰		

人文与发展学院(35人)

付丽洁	高启杰	何慧丽	胡友珍	胡　震	靳乐山	李红艳	李焕征
李建军	李鲁平	李小云	刘晓昀	陆继霞	罗　洋	潘　璐	齐顾波
饶　静	任大鹏	孙庆忠	谭　英	唐丽霞	汪力斌	王伊欢	王　怡
吴惠芳	武　晋	肖　鹏	熊春文	徐秀丽	叶敬忠	臧雷振	张克云
赵丙祥	郑红娥	左　停					

国际学院(3人)

冯伟哲　许廷武　郅　红

马克思主义学院(8人)

陈冬琼　李　明　刘　巍　刘武根　王冬梅　张　晖　张晓红　宗成峰

体育与艺术教学部(3人)

邓毅明　黄亚茹　束景丹

土地科学与技术学院(37人)

安萍莉　曾也鲁　陈　永　龚元石　郭　焱　郝晋珉　胡克林　黄健熙
黄元仿　孔祥斌　李保国　李贵桐　李品芳　李雪草　李子忠　廖人宽
刘　刚　刘黎明　吕贻忠　马韫韬　任图生　商建英　沈重阳　苏　伟
孙丹峰　王　钢　王　数　杨建宇　张宝贵　张　超　张凤荣　张晓东
赵小蓉　周　虎　朱道林　朱德海　左　强

草业科学与技术学院(17人)

班丽萍　才宏伟　姜霁珊　梁俊毅　毛培胜　戎郁萍　邵新庆　孙　彦
王　洁　王　堃　王显国　王　赞　杨富裕　杨高文　玉　柱　张英俊
张蕴薇

营养与健康系(7人)

安　杰　郝彦玲　李再贵　刘礼兵　任发政　许文涛　张　倩

（雷晓）

附表1　2021年中国农业大学新增事业编制人员聘用岗位及来源类别情况　人

		合计	来源类别				
			毕业生分配	博士后出站	京内调入	留学回国	京外调入
合计		180	34	57	44	42	3
聘用岗位	专任教师	113	2	44	23	41	3
	其他专业技术人员	30	5	13	12	0	0
	管理服务人员	37	27	0	9	1	0

（迪娜）

附表2　2021年中国农业大学非离退减员工作岗位情况　人

合计	正式事业编制					合同聘用制A岗
	专任教师			其他专业技术人员	管理服务人员	
	教授	副教授	讲师			
28	2	6	3	0	4	9

（迪娜　石媛）

人才工作

【概况】

2021年，按照国家人才工作要求，深入贯彻落实习近平新时代中国特色社会主义思想和中央人才工作会议精神，按照“夯实基础、强化服务、提升机制、追求实效”的工作思路，在学校党委领导下，坚持“党管人才”原则，深入实施“人才强校”发展战略，加强学校人才引进工作的组织领导，着力人才队伍建设，不断深化工作体制机制改革，强化管理服务，加快推进一流师资队伍建设，为学校事业发展提供良好的人才保障。

（程子维　孙伟）

【制度与机制建设】

持续深化“全年聘任、分类评价、合同管理”的人才引进机制，对社会公认度高的学术评价人才、业绩突出或需破格引进的人才、需以特殊类型引进的人才，探索并采用相应的针对性引进方案。本年度制定了《中国农业大学人才引进管理办法(暂行)》(中农大人字〔2021〕28号)。

（程子维　孙伟）

【人才引进】

2021年，分别于3月、6月和8月召开了人才引进评议工作会，9月完成人才中期评估工作，按疫情防控工作要求，均采用线上、线下相结合的评议方式，共计70人通过评议，其中领军人才2人、杰出人才11人、青年研究员3人、优秀人才54人(包含2021年6月，学校引进马克思主义学科优秀人才1人)。2021年9月学校对已引进的47名人才进行中期评估。此外，为高层次人才匹配科研启动经费2 995.6万元。

（程子维　孙伟）

【博士后管理】

2021年，出台了“1+1+4”博士后改革系列文件，包括1项改革意见“谋布局”，1项管理办法“重落实”，4项有关规定“抓突破”，实现博士后培养与人事人才队伍建设的有机结合。设立博士后兴农青年学者岗位、合作导师“减负”支持与奖励计划、设立三亚研究院博士后专项等，全面落实博士后倍增计划。博士后全年招收160人，首次突破150人，与2018年相比接近翻番，全校在站博士后达到344人，首次突破300人。全年出站博士后81人，留校工作26人，占出站人数的1/3，博士后队伍成为我校专任教师的重要“蓄水池”。在站博士后4人入选“博士后创新人才支持计划”；11人入选“国际交流计划”；获国家自然科学基金青年项目29项，占全校青年基金总数的37%，获中率为25%。在站博士后王蕾参加第一届全国博士后创新创业大赛获银奖。承办第94批中国博士后科技服务团活动，派出15名专家学者和博士后研究人员赴湖北恩施提供技术服务，杨敏丽教授提出的政策建议获得恩施州州委书记、州长批示并已形成专项政策，服务活动受到恩施基层需求单位好评，《恩施日报》整版进行专题报道。2021 年，启动实施校地合作(资源拓展)博士后专项，已批准立项 9 个，其中三亚研究院、四川现代农业产业研究院、苏州研究院等专项均有博士后进站工作，部分研究成果已经转化落地，服务区域发展的效果开始显现。

(张东旭　寇光涛)

财务工作

【概况】

财务处作为学校一级财务机构，主要负责贯彻落实国家财经法规和政策，执行《政府会计制度》和高等学校财务制度；建立健全学校财经工作规章制度，负责编制年度财务预算和年终财务决算，监督预算执行，分析预算执行情况；负责学校各项经费的管理及核算业务；负责学校各类人员工资、津补贴、劳务费的发放；负责学生奖助学金的发放；负责学校收费及票据管理，负责各种税款的代扣代缴；负责学校各类人员医疗费的报销；负责大型基建项目的投资评审；统筹学校内控体系建设；负责学校财经领导小组办公室的日常工作。

(李奥博)

【财务收支】

2021 年，学校总收入 328 350 万元，完成预算 78.81%，比 2020 年减少 7 946 万元(表 1)，减少的主要原因是科研事业收入较上年有所减少。从收入来源渠道分析：财政补助收入 132 881 万元，其中，教育补助收入 111 661 万元，科研补助收入 4 381 万元，其他补助收入 16 839 万元；事业收入 136 012 万元，其中，教育事业收入 38 063 万元，科研事业收入 97 949 万元；附属单位上交收入 1 031 万元；其他收入 58 426 万元，包括非同级财政拨款预算收入 13 756 万元，投资收益 1 675 万元和其他收入 42 995 万元。

表 1　2021 年学校收入情况表　　万元

项目名称	2020 年收入	2021 年收入	增长额	增长率/%	2021 年预算	完成预算/%
收入总计	336 296	328 350	−7 946	−2.36	416 634	78.81
一、财政补助收入	134 977	132 881	−2 096	−1.55	132 881	100
1. 教育补助收入	111 942	111 661	−281	−0.25	111 661	100
2. 科研补助收入	3 784	4 381	597	15.78	4 381	100
3. 其他补助收入	19 251	16 839	−2 412	−12.53	16 839	100
二、事业收入	156 385	136 012	−20 373	−13.03	169 000	80.48

续表1

项目名称	2020年收入	2021年收入	增长额	增长率/%	2021年预算	完成预算/%
1. 教育事业收入	30 192	38 063	7 871	26.07	38 000	100.17
2. 科研事业收入	126 193	97 949	−28 244	−22.38	131 000	74.77
三、上级补助收入	—	—	0	—	—	—
四、附属单位上缴收入	159	1 031	872	548.43		
五、经营预算收入	—	—	0	—	—	—
六、其他收入	44 775	58 426	13 651	30.49	114 753	50.91

注:数据包含校本部、涿州教学实验站、曲周实验站和国际会议中心。

2021年,学校总支出385 591万元,完成预算的99.11%(表2)。从支出方向分析:事业支出379 790万元。事业支出中,基本支出216 571万元:其中,教育事业支出168 145万元,科研事业支出2 088万元,行政事业支出13 630万元,后勤保障支出24 799万元,离退休支出7 609万元,其他事业支出300万元;项目支出163 219万元:其中,教育事业支出48 526万元,科研事业支出107 457万元,后勤保障支出7 236万元。其他支出5 801万元,包括债务还本支出4 480万元和利息支出1 321万元。

表2 2021年学校支出情况表

万元

项目名称	2020年支出	2021年支出	增长额	增长率/%	2021年预算	完成预算/%
支出总计	382 251	385 591	3 340	0.87	389 057	99.11
一、事业支出	377 025	379 790	2 765	0.73	383 256	99.10
(一)基本支出	189 145	216 571	27 426	14.50	216 572	100.00
1. 教育事业支出	142 094	168 145	26 051	18.33	—	—
2. 科研事业支出	2 017	2 088	71	3.52	—	—
3. 行政事业支出	16 122	13 630	−2 492	−15.46	—	—
4. 后勤保障支出	20 979	24 799	3 820	18.21	—	—
5. 离退休支出	7 533	7 609	76	1.01	—	—
6. 其他事业支出	400	300	−100	−25.00	—	—
(二)项目支出	187 880	163 219	−24 661	−13.13	166 684	97.92
1. 教育事业支出	52 776	48 526	−4 250	−8.05	—	—
2. 科研事业支出	126 717	107 457	−19 260	−15.20	—	—
3. 行政事业支出	—	—	—	—	—	—
4. 后勤保障支出	8 387	7 236	−1 151	−13.72	—	—
5. 离退休支出	—	—	—	—	—	—

续表 2

项目名称	2020 年支出	2021 年支出	增长额	增长率 /%	2021 年预算	完成预算 /%
二、上缴上级支出	—	—	—	—	—	—
三、对附属单位补助支出	—	—	—	—	—	—
四、经营支出	—	—	—	—	—	—
五、其他支出	5 226	5 801	575	11.00	5 801	100.00

注：数据包含校本部、涿州教学实验站、曲周实验站和国际会议中心。

（张佳佳）

【财务状况分析】

年末资产 2021 年末，学校总资产 636 191 万元，其中：货币资金 156 804 万元，财政应返还额度 3 466 万元，应收账款 3 469 万元，其他应收款 70 925 万元，预付账款 5 694 万元，存货 457 万元，待摊费用 37 万元，长期股权投资 40 214 万元，固定资产净值 297 341 万元，在建工程 52 412 万元，无形资产净值 2 635 万元，待处置资产损益 563 万元，长期待摊费用 105 万元，受托代理资产 2 069 万元。

年末负债 2021 年末，学校总负债为 193 477 万元，其中：银行贷款 26 840 万元，应付账款 4 871 万元，其他应付款 53 433 万元，预收账款 91 966 万元，应付职工薪酬 5 772 万元，应缴税金 3 168 万元，预提费用 5 358 万元，受托代理负债 2 069 万元。

年末净资产 2021 年末，学校净资产余额总值为 442 714 万元，其中：累计盈余 437 118 万元，专用基金 2 965 万元，权益法调整 2 631 万元。

（张佳佳）

【财务管理及会计核算】

健全内部控制制度 着力解决在中央巡视整改、学校廉政风险排查以及内控建设和评价过程中发现的问题，不断健全廉政风险防控机制，落实党风廉政建设责任制。积极争取成为教育部大数据资金监控试点单位，增强内部稽核力度，有效地提高学校财务监管能力。组织完成教育部部署的 2020 年度学校内部控制报告编报工作。召开完善内部控制体系工作推进会，组织相关单位进一步完善学校内控体系，提升风险防控意识。

服务师生办实事，推出新举措 深入学院调研，听取师生意见，推出系列提升管理和服务新举措：全面实行会计档案电子化，有效解决“粘票繁”“查账难”的问题；设置自助投递机，交单实现“全天候，少跑路”；推进业财融合，“智慧财务”建设再上新台阶，财务处联合国资处、实验室管理处共同开发采购报销一体化平台，汇集差旅出行、实验试剂耗材、办公用品和设备采购业务，实现采购、报销流程的高效融合，优化业务流程，加强了采购流程全生命周期监管，降低采购风险，防范采购腐败。

优化预算管理，统筹资源配置 坚决贯彻落实党中央、国务院以及学校党委“过紧日子”要求，坚持勤俭节约，统筹资源，从预算编制、预算执行等方面强化管理。

推进全面预算绩效管理，提高资金使用效益 财务处制定《中国农业大学项目支出绩效评价实施细则》，明确项目支出绩效评价的实施主体、实施对象和实施方案，规范项目支出绩效评价方法和流程，推动学校全面预算绩效管理工作迈向新台阶。在部属高校中率先探索委托第三方中介机构开展绩效评价等方式，深入开展预算绩效管理。

齐心聚力多措并举，切实加快专项资金执行进度 在学校党委的坚强领导下，专项资金执行进度在教育部重要考核节点均超额完成任务，排名较以前有较大提升，国库资金执行进度6月排名第23，9月排名第14。

深化银校合作，积极争取资金支持 在经费整体压减的情况下，积极拓展学校和社会资源。与中国银行北京分行达成战略合作协议，获得其支持学校信息化建设资金1 000万元。截至2021年年底，已使用400万元专项资金实施了高性能计算平台项目。

夯实基础工作，保障正常运行 财务报销、会计核算是学校财务工作的重要组成部分，涉及预决算、专项经费、科研经费、薪金管理、综合核算、公费医疗核算、资金结算等方面。2021年核算143万笔，制单凭证20.5万张；科研经费结题审核2 028项；公费医疗报销14 082人次；各类税费缴纳9 468万元、开具发票87 981张、薪金及奖助学金发放25万人次、个税申报16万人次、公积金汇缴5.1万人次。

（李奥博）

审计工作

【概况】

审计处是学校设置的内部审计机构，依照国家法律、法规和政策对学校及所属单位财务收支、经济活动、内部控制、风险管理等方面实施独立、客观的监督、评价和建议。通过审计促进学校及其下属单位遵守国家财经法规，规范内部管理，防范风险，提高资金使用效益。

2021年，审计处在教育部财务司的指导和学校的领导下，贯彻落实审计署和教育部对内部审计工作的要求，紧紧围绕学校中心工作，克服疫情不利影响，认真履行审计职责，圆满完成年度审计任务。

（李易倩）

【加强政治建设，推动党建与业务深度融合】

审计处严格按照“依法审计，防控风险，改进管理，提升绩效”的审计工作指导思想，并坚持将支部党建与审计业务同谋划、同部署、同推进。聚焦重点、服务大局，做到应审尽审、凡审必严，不断拓展审计的广度和深度。引导审计人员把政治学习成果转化为审计工作的实际成效，做政治上的明白人、专业上的内行人，切实提升履职能力。

（李易倩）

【强化业务能力建设，提升审计实效】

一是健全审计制度建设。根据《教育系统内部审计工作规定》（教育部令第47号），结合教育部相关文件要求，2021 年度修订了《中国农业大学校属机构领导人员经济责任审计实施办法》《中国农业大学预算执行与决算审计实施办法》《中国农业大学科研经费审计实施办法》《中国农业大学内部控制审计实施办法》《中国农业大学财务收支审计实施办法》，制定了《中国农业大学审计信息公开实施办法》，基本形成完善的内部审计制度体系。

二是推进审计信息化建设。通过试运行审计信息系统，完善审计管理系统和审计作业系统的经济责任审计模块建设，进一步规范和优化审计业务流程，为全面提升审计工作的信息化水平奠定基础。

三是完善审计业务的内部控制建设。通过对财务及管理类审计、工程项目结算审计、全过程跟踪审计的业务环节进行再梳理，从风险防控的角度进一步明确和细化工作流程，完善审计内控管理流程。

四是加强审计人员教育培训。针对审计人员新人多的特点，通过业务研讨、以审代训、外出培训、专业考试等多种方式，积极开展内部审计人员的业务学习和培养。

（李易倩）

【推动改革创新，提升服务实效】

一是改革审计方式，提高审计效率。认真落实学校“学党史、办实事”要求，加强和改进作风建设。通过采取“1＋N”审计方式，合并审计项目，即“开展一次审计、实现多个目标”，在人员有限的情况下，既提高了审计效率，又减少了对基层单位的打扰。

二是主动上门，开展政策宣讲。2021 年，审计处到基建处、马克思主义学院、植物保护学院、国际学院、烟台研究院等单位开展政策宣讲及解读活动，以提高相关单位的法规意识、风险意识和底线意识，防患于未然。

（李易倩）

【规范经济活动，改进学校治理 】

一是完成 2020 年度学校预算执行与决算审计。客观评价学校预算编制、执行和决算情况，对学校预算编制、预算执行及决算管理中的合规性、效益性情况进行审计，重点关注“防疫专项”资金的使用情况以及后勤经营用房管理情况等方面。

二是开展处级领导干部经济责任审计。2021 年，完成植物保护学院、国际学院、马克思主义学院等 3 个学院院长的任期经济责任审计，对离任领导干部任期内履行经济责任情况作出审计评价。

三是完成烟台研究院专项审计。2021 年，完成对烟台研究院 2016 年 3 月至 2020 年 8 月期间的管理和经济情况的专项审计。

（李易倩）

【完成建设工程结算审计】

2021 年共完成建设工程项目结算审计 56 项，送审金额 11 523.31 万元，审定金额 11 068.02 万元，审减金额 455.29 万元，审减率为 3.95％，为学校节约大量建设资金。

（许宁）

【继续全过程审计重大建设工程】

2021年，开展对模式动物表型与遗传研究设施项目(猪设施)、留学生与专家公寓项目、作物分子育种创新中心项目、葡萄酒实训研发中心建设工程、饲料中心涿州试验基地建设项目等5个建设项目的全过程跟踪审计，出具审计意见42份；审核工程进度款19笔；完成5项专业工程招标控制价的审核。

（许宁）

【实施建设工程管理审计】

在开展工程结算审计、全过程跟踪审计的同时，对施工招标、付款、履行程序、政策执行等方面开展管理审计，2021年提出管理建议书16份，规范建设工程管理。

（许宁）

【积极推动审计整改】

为迎接中央巡视，进一步梳理近年来审计发现问题的整改台账，积极推动和加大审计问题整改落实力度，健全完善审计整改长效机制。

（李易倩）

【严格落实巡视整改，定期上报整改完成情况】

根据巡视整改任务清单，结合学校整改措施，审计处召开专题会议研究巡视整改工作。配合科研院按期完成三个科研项目的经费使用情况核查，并出具核查报告；配合巡视办完成《关于建立健全在巡察过程中有关部门协作配合机制的意见(试行)》文件的制定工作。

（李易倩）

【其他工作】

完成国际学院三个中外合作办学项目的年度财务收支审计，完成14项科研经费结项审签，将2020年度审计材料归档。

此外，处长被抽调参加教育部党组为落实中央巡视整改工作而组织的对部属高校四个领域专项检查工作，并担任副组长；副处长被抽调参加教育部党组对某高校的巡视工作，均圆满完成任务。

（李易倩）

【加强廉政建设，落实主体责任】

审计处领导班子认真履行管党治党政治责任，严格落实“一岗双责”，贯彻落实学校党风廉政建设责任制，把党风廉政建设目标任务与年度审计工作计划同部署、同落实。以学校全面从严治党会议精神为导向，以开展警示教育为抓手，推进部门党风廉政建设，切实防范审计风险和廉政风险。建立内部审计与纪检监察、校内巡视的联动机制，发挥审计在全面从严治党、反腐倡廉工作中的作用。

（李易倩）

经营性资产管理委员会工作

【概述】

2021 年，经营性资产管理委员会办公室在学校党政领导下，按照中央巡视整改工作要求，修订完善校属企业监督管理机制和办法，强化企业监管措施；梳理内部工作流程和制度；稳步开展企业评估备案工作；与资产公司协作，共同推进校属企业体制改革顺利完成；全面规范管理学校商业用房。

（张亚中）

【提高管理规范化水平】

2021 年，修订《中国农业大学所属企业国有资产监督管理若干规定（暂行）》和《中国农业大学向资产经营公司派出董事、监事管理办法》。制定完善内部管理制度 6 项：《中国农业大学所属企业国有资产评估项目备案工作流程》《经营性资产管理委员会办公室公用房出租管理办法》《经营性资产管理委员会办公室物业管理中心合同聘用人员薪资管理制度》《经营性资产管理委员会办公室公用房出租流程》《经营性资产管理委员会办公室公用房出租备案流程》《经营性资产管理委员会办公室公章使用管理规定》，同时完善《房屋租用合同》和《消防安全工作责任书》相应条款。

（张越）

【推进企业评估备案】

按照《中国农业大学企业评估项目备案管理办法》（2020 年修订）和《中国农业大学所属企业国有资产评估项目备案工作流程》，共组织开展对 13 家校属企业的评估备案工作，涉及企业资产评估绝对值 8 171.52 万元。其中，完成企业评估备案共 12 家，包括一级企业 1 家、二级企业 7 家、三级企业 4 家；正在进行评估备案的企业 1 家，为三级企业。共组织召开 5 次专家评审会议，邀请评审专家 25 人次。根据教育部要求，每季度上报备案情况汇总表 3 批次。

（胡言锡）

【推进校属企业体制改革】

经营性资产管理委员会办公室与资产经营公司组织召开校属企业体制改革领导小组会议 2 次、体制改革工作小组会议 10 次，共同推进校属企业体制改革工作。组织经资委财经工作小组和工作报告审核小组会议，完成对资产经营公司 2020 年度财务决算报告、2021 年度财务预算报告、2020 年度工作报告审核。

中国农业大学列入改革范围的校属企业共 69 家，汇总资产总额 125 284.43 万元，汇总负债总额 62 584.21 万元，汇总净资产 62 700.22 万元。改革中拟保留管理 8 家，清理关闭 42 家，拟脱钩剥离 19 家企业。2021 年，脱钩剥离完成 15 家，改革整体完成率 94.2%。

（钟锦）

【规范商业用房物业管理】

经营性资产管理委员会办公室所辖东西两校区沿街商业用房面积共计 7 178.95 平方米，承租商户共 79 家。2021 年度共上缴学校财务租金收入 3 112 万元。完成西区加油站和东西两校区沿街商业用房租金评估和招租工作，评估后新租期内租金增长 600 余万元，增长率达 21%。严格按照学校公用房出租管理要求，优化资源配置，提高资产使用效益，定期进行安全检查、巡察，做好防洪防汛排查工作。

（于宝丽）

国有资产管理工作

【概况】

2021 年，国有资产管理工作以习近平新时代中国特色社会主义思想为指导，全面落实学校党政工作部署，加强设备、公用房、土地三类资源统筹管理，完成金码大厦、回龙观商用房管理整改任务，落实东区老图书馆、西区土化楼等楼宇和办公用房使用调整部署，如期完成涿州分子育种等重点项目招标采购任务。

（闻雯）

【采购招标】

合法合规完成采购　针对新设部门和项目复杂、具有特殊性的采购项目，通过线下座谈会的方式深入交流，给二级单位提供有针对性的采购业务指导。

提供贴心便捷采购服务　为简化采购复印纸程序，应对临时、紧急任务带来的不便，学校国有资产管理处提前通过中央政府采购网进行申报采买，各单位随时提交校内转账单即可领取急需的复印纸。

货物、服务、工程采购项目有序推进　2021 年累计完成货物采购项目 1 676 项，涉及物资 34 134 台件，执行预算 10 563.40 万元。其中，完成政府集中采购项目 181 项，涉及物资 1 437 台件，执行预算 286.44 万元；完成学校分散采购项目 1 495 项，涉及物资 32 697 台件，执行预算 10 276.96 万元。办理进口免税业务 48 项，涉及物资 115 台件，物资总额 2 209.52 万元，为学校节约资金约 441.90 万元。

完成服务采购项目 4 049 项，涉及服务内容 39 182 项，执行预算 23 254.31 万元。其中，完成政府集中采购服务项目 24 项，涉及服务内容 24 项，执行预算 2 407.55 万元；完成学校分散采购服务项目 4 025 项，涉及服务内容 39 158 项，执行预算 20 846.76 万元。

完成工程类采购项目 24 项，执行预算 26 322.82 万元。其中，工程施工 14 项，执行预算 24 134.43 万元；工程服务 10 项，执行预算 2 188.39 万元。按照组织方式统计，完成政府集中采购项目 6 项，执行预算 937.45 万元；完成学校分散采购项目 18 项，执行预算 25 385.37 万元。

如期完成涿州分子育种等重点项目招标采购任务 2021 年，学校国有资产管理处克服部分项目招标采购要求的资料不齐备、时间紧、人手少等各种困难，共组织完成杨胜楼（留学生公寓）建设、土化楼改造、东区老图书馆改造、农学楼改造、体艺中心设计、饲料工业中心涿州试验基地建设、作物分子育种创新中心建设等重大项目的招标采购工作。其中，作物分子育种创新中心项目于 2021 年 6 月初启动，要求在 11 月底前完成招标采购工作，学校多次召开校内部门间及招标代理协调会议，11 月 15 日，顺利完成勘察、设计、造价咨询、全过程跟踪审计、施工和监理项目的全部招标采购工作，12 月举行开工典礼。

制定“五位一体”廉政风险防控体系 制定《中国农业大学招标采购领域廉政风险防控体系方案》，坚持预防为主，在招标采购领域构建以完善责任体系为前提，以健全管理制度为核心，以准确识别风险点为关键，以多方参与监督为手段，以强化教育为基础的“五位一体”廉政风险防控体系。

（杜龙龙 王馨悦 潘含岳 左林贵 王焱）

【固定资产管理】

规范固定资产管理 修订《中国农业大学固定资产丢失、损坏赔偿处理暂行办法》，进一步规范丢失、损坏固定资产的赔偿责任认定、赔偿标准、赔偿处理程序等内容。

加强资产存量盘活 校内调剂使用闲置固定资产 213 台件，资产原值 143.87 万元。

严格固定资产处置 学校报废处置设备家具 14 698 台件，报废资产原值 6 356.73 万元。

加强资产业务宣传 紧扣资产业务流程，在企业公众号国资服务板块先后发布 6 期专题业务宣传；将业务化零为整，规划制作成宣传手册，便于广大师生随时查询。

固定资产存量情况 截至 12 月 31 日，全校固定资产累计原值 583 600.93 万元，净值 297 341.40 万元。新增固定资产 11 547 台件，资产原值 21 437.54 万元，其中，房屋构筑物及附属设施 47 个，原值 939.60 万元；通用设备 6395 台件，原值 15 115.4 万元；专用设备 1 109 台件，原值 3 686.55 万元；陈列品 2 个，原值 0.73 万元；图书 34 批次，原值 784.35 万元，家具、用具、装具及动植物模型 3 960 台件，原值 910.91 万元。2021 年，新增 100 万元以上设备 21 台件，资产原值 3 528.53 万元。

（马姝婷 程清章 邱晓松 张建源 张立英）

【无形资产管理】

截至 12 月 31 日，学校账面无形资产原值为 9 232.26 万元，净值为 2 635.07 万元。2021 年度新增无形资产 39 个，原值 650.30 万元，主要为委托开发的计算机软件。处置无形资产软件 18 个，资产原值 114.46 万元。

（马姝婷 程清章 邱晓松 张建源 张立英）

【公房管理】

启动史上最大规模的京内外公用房盘点。2021 年，全面排查京外教学科研基地（场站)和两个研究院(烟台研究院、三亚研究院)公房权属情况,共有204栋建筑物,其中173栋权属中国农业大学,均没有办理房产证。10月,组织开展东西校区公用房盘点工作,完善62家单位、近8 000间房屋基础信息。

组织落实东区老图书馆、西区土化楼等楼宇使用调整。2021年,经校长办公会研究确定东区老图书馆、西区土化楼以及腾退房源调整使用方案,完成392间房屋交接手续,使用面积11 661平方米左右,涉及土地科学与技术学院、草业科学与技术学院、水利与土木工程学院、食品科学与营养工程学院、体育与艺术教学部、人文与发展学院、马克思主义学院等14家单位。研究确定乡村振兴研究院办公用房配置方案,同时调整财务处、实验室管理处、社会服务处等行政管理单位办公用房。

2021年6月,公用房出租出借管理数字平台全面上线,实现了学校经营性用房全周期线上监管,电子台账动态管理。9月,学校公房土地管理系统全面上线,公用房管理工作流程实现线上风控管理,校院两级房屋台账实现共管共享动态管理。

2021年,对权证手续不全、但长期使用并出租的房屋进行价值评估,累计入账7栋建筑物,资产原值183万元左右。

规范经营性用房出租备案。2021年,为迎接中央巡视组检查,整理并完善学校经营性用房电子台账。严格按照教育部要求监督经营性用房合规招租,2021年校长办公会审议四次,出租面积17 709.62平方米,实际完成教育部备案4批次,备案面积3 719.77平方米。

(孙晓莉　邵锐　张立英　果雅静)

【不动产管理工作】

针对东区与"一汽"驻京办争议地历史遗留问题,2021年制定了解决"一汽"争议地问题工作方案。同时将相关历史资料整理汇编成册,为收回该宗争议地提供有力支撑材料。

2021年,对京内外土地权属情况进行了摸查核实,汇编成《中国农业大学不动产权证书》和《中国农业大学不动产权证书待入账土地》手册。

2021年,档案馆将现有的东西区建筑物前期、施工及竣工验收阶段的存档资料汇编成《中国农业大学东西校区房屋产权证》和《中国农业大学校外建筑物汇总》。2021年10月,报请公安局审批东区7栋建筑物(理学楼、中以中心楼、留学生公寓、科贸楼A座、体育馆、工会活动中心、新图书馆)门牌号,同时向建委提交建筑备案资料,进一步推进东区部分建筑物产权登记工作。

(王亚东　张立英　果雅静)

【完成金码大厦、回龙观商用房管理体制整改】

根据中央巡视和教育部延伸审计整改要求,经学校党委常委会、校长办公会研究决定,将金码大厦的经营服务功能转变为教学科研功能,以对校内服务为主,对校外服务为辅,兼顾社会效益与经济效益。保留金码大酒店原会议服务、餐饮住宿接待等功能,增加MBA教育及企业家培训中心、产学研社会服务平台、企业家校友交流合作平台、学校国际咨询委员会秘书处等功能。2021年,金码大厦实现由经营服务功能向教学科研等功能的转变。金码大厦管理主体于 2021 年 5 月 1 日由资产经营公司变更为国际会议中心/MBA 教育中心。学校为国际会议中心单独设立银行账号,该中心独立核算,纳入学校统一管理。国际会议中心外聘工作人员纳入学校非事业编制(C 岗)管理。

根据审计署对教育部主要领导延伸审计整改要求,学校党委常委会、校长办公会研究决定规范回龙观商用房的出租程序,报上级部门报批报备后开展第三方评估、公开招租、购买物业服务工作。改变租金上缴方式,商户租金直接上缴学校。2021 年,回龙观商业楼管理主体由资产经营公司变更为中国农业大学,商户租金自 2021 年 1 月起已全部上缴到学校财务处。学校顺利进行了回龙观商业楼修缮、物业服务招标、公开招租、租金收缴等工作,出租情况正式向教育部报批报备,回龙观商用房出租管理得到进一步规范。2021 年回龙观商业楼出租面积 12 771 平方米,共收缴租金约 1 568 万元。

(闻雯　孙晓莉　邵锐　王亚东　张立英　果雅静)

实验室管理工作

【概况】

2021 年是实验室管理处凝心聚力担使命、聚焦重点办实事,取得实绩的一年。坚持以立德树人为根本任务,以“安全、高效、规范、协同”为工作原则,以“十大着力点”为抓手,着力提升实验室安全管理服务水平,扎实推进大型仪器开放共享工作,优化提升实验耗材采购管理模式,守牢安全底线,保障学校教学、科研工作顺利开展。

(高陌笛)

【实验室安全管理】

规范实验室安全管理制度体系建设　组织制定《中国农业大学实验耗材采购管理办法(试行)》(中农大实验字〔2021〕2 号)、《中国农业大学实验室危险化学品安全管理办法(2021 年修订)》(中农大实验字〔2021〕4 号)2 个校发文及《中国农业大学实验试剂耗材采购平台供应商管理办法》(实验字〔2021〕2 号)、《中国农业大学实验室危险废物周转场所管理办法》(实验字〔2021〕3 号)、《中国农业大学关于实验室合作研究非本校人员的实验安全管理细则》(实验字〔2021〕4 号)、《中国农业大学实验试剂耗材采购平台供应商考核实施细则》(实验字〔2021〕5 号)4 个处发文,形成较为完善的制度和技术规范体系。

巩固实验室安全管理责任体系　学校调整中国农业大学实验室安全管理领导小组,严格按照“党政同责、一岗双责、齐抓共管、失职追责”和“管行业必须管安全、管业务必须管安全”的要求,着力完善由学校、学院、实验室组成的三级联动安全管理责任体系,明确责任分工,逐级分层压紧压实主体责任,巩固深化安全责任落实闭环体系。

强化实验室安全教育体系　以“两面向、三重点、四结合”来实现教育培训“全员、全面、全程”,创新宣传教育形式,宣讲普及安全常识,强化安全意识,提高安全技能。开展新入职教师培训 1 场,300 余人参加;开展校级实验室安全教育培训 8 场;录制 2021 级研究生新生实验室安全教育线上微课程;参与本科生新生入学教育,3 000 余名本科新生参加；参与院级层面的新生入学教育 6 场；参与学院实验室安全教育讲座 8 场；通过微信企业号推送实验室安全知识 39 篇，阅读量达 20 228 人次。定期编发实验室安全工作简报、制作实验室安全培训视频、展板及标语等多种宣教资料，多平台对学校师生进行安全宣传教育。为每位新生发放《中国农业大学实验室安全知识手册（2021 版）》。组织学生参加考试，经考试合格后方可准入实验室。同时，还首次开展新入职教工、实验室合作研究非本校人员的准入工作，共 5 833 人通过考试。学校还于秋季学期面向本科新生首次开设了“实验室安全与环境保护”的选修课。通过各项工作，切实提高了学校师生的安全意识、安全技能和防范能力，力争做到安全意识“入脑入心”，着力强化实验室安全文化教育体系。

打造实验室安全文化建设 学校组织开展 2021 年“实验室安全文化月”活动。以举办实验室安全嘉年华、危险化学品事故应急演练、安全主题宣传教育、安全督查等系列活动的形式，提高师生的参与度与主动性，提高师生的安全意识和常识；组织开展首届实验室安全文创大赛，以海报、漫画、视频等形式展示作品，阐释实验室规范操作、平安科研等内容。学校统一发放易制毒（爆）危化品、实验室危险废物登记台账本 1 500 套、气瓶使用状态标识卡及各类警示标识等，着力打造实验室安全文化氛围建设。

提升监督检查整改闭环质效 以联合检查结合专项检查的形式开展“全过程、全要素、全覆盖”的实验室安全检查工作。2021 年共开展 7 次联合检查，71 次专项检查，开具 6 份实验室安全整改通知书，同时完成相关隐患的闭环整改工作，形成安全检查、发现隐患、整改隐患的闭环管理体系，着力提升了监督检查整改闭环质效，并建设完成学校实验室安全巡检系统。

规范实验室危险源管理 结合学校自身实际情况，建立完善适合学校实际的实验室分级标准。对实验室实施分级分类管理，对不同风险等级的实验室，采取相应管理措施。通过实验室基础数据系统，根据不同实验室危险源的危险程度，建立中国农业大学实验室危险源清单，加强监管有重点。强化辐射安全防护管理，组织开展 2 次辐射安全专项排查工作，积极开展 1 枚历史遗留放射源的安全送储工作。会同生物学院，依法合规处置近 5 年的放射性同位素^{3}H、^{14}C 的危险废物，固废 400 千克，废液 150 升，共计 38 桶。同时，本年办理多次购买放射性同位素业务。规范实验室压力容器管理，委托第三方有资质机构到中国农业大学举办“实验室压力容器管理人员及操作人员培训班”，共计 138 人参加培训。按照有关要求，完成 47 台实验室压力容器注册登记。

提升突发事故应急处置能力 学校组织开展多形式应急培训演练，包括实验室基础应急急救知识与急救技能培训 1 场、危险化学品及危险废物有关事故应急演练 1 场、辐射安全事故应急演练 1 场。

推进实验室安全工作简报常态化 学校通过按月发布《中国农业大学实验室安全工作简报》的形式，加强与二级院（系）的交流沟通，扩大实验室安全宣传教育力度和广度，2021 年共发布 11 期。

调动师生广泛参与实验室安全管理 学校组织开展“我参与，我行动，我安全，争做实验室安全吹哨人”活动，广泛发动中国农业大学师生共同参与实验室安全风险辨识和隐患排查工作。

持续开展实验室安全管理考核工作 根据《中国农业大学关于开展 2021 年度实验

室安全工作考核的通知》(中农大实验字〔2021〕8 号)文件精神,学校完成 2021 年度实验室安全工作考核,并以评促建,将实验室安全管理工作纳入考核机制。

(席艳霞)

【大型仪器开放共享】

2021 年度大型仪器开放共享工作稳步推进,修订《中国农业大学大型仪器设备开放共享管理办法(2021 年修订)》(中农大实验字〔2021〕7 号),进一步明确学校大型仪器开放共享各项工作流程与管理规定。通过科技部重大科研基础设施和大型科研仪器开放共享考核,完成国家科技基础条件资源调查及高等学校实验室信息统计贵重仪器统计工作。本年度内完成 5 台 50 万以上大型仪器设备的采购论证,并积极推进大型仪器设备收费立项的论证工作,组织开展 5 次收费立项论证会,共论证 129 台仪器收费项目及对外服务收费项目 10 项,进一步提高仪器利用率及使用效益。整体而言,通过信息化平台管理建设与相关政策宣传,有效促进提升仪器设备使用效能和管理服务水平。

(高陌笛)

【实验室危险化学品及危险废物管理】

合法合规,完善危险化学品的周期管理 学校进一步规范实验室管制类危险化学品,有效控制危险品购买途径,2021 年共计办理购买审批易制爆危险化学品 1 175 千克,购买二、三类易制毒危险化学品 5 043.5 千克。学校将安全标志的教育工作纳入师生员工安全教育内容之中,统一制作印刷一系列实验室安全标志标识,加强师生对安全标志的辨别能力。

用心保障,做好实验室危险废物的收集处置工作 学校加强规范实验室危险废弃物的管理,结合实验室和师生的实际需求,与相关处置公司多次协商,增加实验废弃物分拣频次,提升实验废弃物运输及时性。为降低实验室废弃物存储、分拣及运输风险,推广使用 25 升废液桶,委托有资质的企业及时进行科学处置,全年全校累计处置废液 88.19 吨,固废 59.25 吨。

服务提升,加强实验耗材采购平台规范化管理 学校实验耗材采购平台投入使用,进一步提升实验耗材采购管理工作水平,通过采购平台,由学校负责资金结算相关手续,为师生节省时间,并通过查询信用中国,接收和处理师生投诉等方式,年中和年底对入驻采购平台的供应商进行 2 次考核,保障采购工作顺利。

(孙春强)

信息化工作

【概况】

2021 年,信息化团队认真落实学校党委“学党史、办实事”要求,紧紧围绕学校“十四五”规划目标任务,面对全面支撑疫情防控的挑战,力修网信管理制度,力推网络基础设施建设，力抓信息服务升级优化，力保信息网络安全，切实为师生办实事、解难题，努力开创学校信息化建设新局面。

（陈昕）

【力修网信管理制度】

制定《中国农业大学网络安全和信息化工作管理办法》《中国农业大学数据管理办法》，修订《中国农业大学网络基础设施管理办法》《中国农业大学信息系统建设管理办法》《中国农业大学网络与信息安全管理办法》《中国农业大学网络安全事件应急预案》等制度文件，从体制机制、硬件、软件、数据、安全等多方位完善学校网信工作制度体系，提升信息化工作管理水平。

在充分调研，精心论证基础上，编制完成学校《数据综合治理与智慧校园"十四五"专项规划》，确定学校信息化发展战略，明确"一个体系、两个打造、三个升级、四个提升"的智慧校园建设目标和具体建设任务。

（张志成）

【力推网络基础设施建设】

建设校级高性能计算平台 建成总计算能力≥250TFlops，存储容量1PB的高算平台，实现校级高算资源零的突破，可在线提交计算任务，按需分配资源，为科研提供高效智算服务。

实施无线网络全覆盖工程 抢工期、赶进度、顶严寒，全力实施基于WiFi6标准的无线网络校园全覆盖工程，共计部署6 450个AP，尽力为师生提供高速率、高并发、低延时的无线网接入环境。

上线下一代校园卡(虚拟卡)体验版 为提供更高质量和更便利的校园卡服务，试点对校园卡平台进行升级改造，上线微信小程序"农大e卡"，实现虚拟卡功能(手机二维码)，推动师生校园生活朝"无卡化"迈出第一步。

（劳凤丹　李军）

【力抓信息服务升级优化】

开发数据资源平台，推出"校情数据一平台""师生信息一张表"服务 建成数据资源平台并上线试运行，实现平台融数据治理、数据分析及数据应用为一体，既能为技术人员提供数据集成、共享控制等专业工具，又能为师生提供便捷的数据共享、数据分析及应用服务。目前已集成人事处、财务处、国资处等11个部门、23个业务系统超过1亿条数据，向20个部门的39个核心系统或专项工作共享数据。推出基于数据资源的"校情数据一平台""师生信息一张表"服务，进一步提升数据资产使用效能。

优化综合服务平台，助力各单位提升信息化服务水平 秉持"让数据多跑路、让师生少跑腿"的理念，优化综合服务平台(网上办事大厅)，全力打通跨部门业务流程，全面助力师生"一网通办"。2021年完成平台功能升级19次，新建流程化服务80项，已经形成覆盖校、院、师生三级的一体化服务体系。已有35个单位的282项业务入驻网上办事大厅,2021 年 11 398 名师生在线办理各类业务 113 345 次,少跑腿 369 064 次。通过“减时间、减环节、减跑动”,提高服务效率,体现“学党史 办实事”成果。

提速降费,优化上网体验 通过在校园网出口链路上改进路由策略、部署 IP 引流技术等措施,进一步提升师生校园网络访问速度。5 月 1 日起,通过实施校园网资费改革方案,师生每月上网免费流量由 10G 提高到 20G,实现上网免费流量翻一番,实现对各类云教学平台、腾讯会议等流量免计费,使互联网资源更好地支撑教学、科研和管理服务。

全面支撑各单位掌上移动办公需求 通过微信企业号为党政办公室等 47 家单位挂载了 110 余项教学科研管理等移动应用服务,业务申请和审批均可手机办理,搭载个性化消息推送,全面实现“移动办公,由我掌控”的目标。

(李桢 邱小彬 陈红茜)

【力保信息网络安全,献礼建党 100 周年】

严格落实网络安全等级保护要求,整合优化学校系统定级、备案与测评,将原 24 个二级系统整合为 1 个三级系统,6 个二级系统。从被动防御到主动防御转变,实现对传统信息系统、基础信息网络等级保护对象的全覆盖,目前已完成等保测评相关工作,有效提升了系统安全防护能力。

开展网络基础设施及重要系统安全大检查,严格落实重点时间节点 24 小时值班制度,加强人防力度,确保全年网络和信息安全。落实网络安全日常监管,加强预警通报管理,全年监测并及时处理网络安全漏洞,未发生信息篡改、数据泄露等网络安全事件。

5 月、12 月分别完成对登记备案的全部 608 个网站/系统进行漏洞扫描,及时整改发现的系统漏洞,增强系统安全防御能力。

组织开展网络安全培训及网络安全事件应急演练活动,提高各单位网络安全负责人及工作人员的业务水平和应急处置能力。用好新生开学第一课和新入职教工培训,开展网络意识形态和网络安全培训,实现新人网络安全培训全覆盖,提升师生的网络安全意识和防护技能。积极开展“2021 年国家网络安全宣传周”系列主题教育活动,提升全校师生的网络安全防范意识和自我保护技能。

(乔军 朱骏君)

【做好疫情防控信息化支撑】

全面升级微信企业号、人脸识别、进出管控等系统,联合多部门支持学生返校、疫情上报等系统优化,全力完成迎新相关的信息化保障工作。在常态化疫情防控中,联合多部门依托网上办事大厅流程开发能力,借助信息化手段实现疫情信息在线提交、入校申请在线受理、审批进展在线跟踪、出入权限自动增删、审批结果直达设备,形成多校区人员进出管控闭环管理。2021 年,教职工疫情上报信息 2 474 872 条,人脸库采集照片 45 359 人,进出校门通行数据 22 182 509 条,学生返校申请 25 837 条,学生出入校申请 1 348 057 条,校外人员入校申请 82 016 次。

(邱小彬 陈红茜)

后勤保障工作

【概况】

2021年，后勤系统全面加强党委的政治核心作用，继续坚持“为教学服务、为科研服务、为师生员工服务”和“服务育人、管理育人、环境育人”的“三服务、三育人”工作方针。同时以智慧后勤建设为抓手，较好完成水电运行、基础维修、节能减排、绿化美化、卫生保洁、教室管理、饮食服务、宿舍管理、班车运行、报刊收发、房产管理、物业管理、幼儿教育、居民服务等各项后勤保障工作。

（胡亚男　肖志刚　杜婧）

【党委政治核心作用】

2021年，后勤基建党委深入学习贯彻习近平新时代中国特色社会主义思想，扎实开展党史学习教育和十九届六中全会精神学习。召开后勤基建党委会议15次，充分发挥党委把方向、谋全局的作用；召开党委理论中心组会议12次，不断提高班子成员的思想认识和理论水平，增强班子成员科学决策能力；制定《后勤基建党委党支部书记工作例会制度》，组织召开6次支部书记例会，研讨交流支部工作，切实加强支部建设；做好发展党员工作，2021年新发展党员11名，转正预备党员10名；高度重视党风廉政建设，确保各级领导干部能够认真履行党风廉政建设第一责任人的职责，执行“一岗双责”，加强了对重点岗位、重点人员和重点环节廉政风险防控。认真做好校内巡视和中央巡视整改工作。

（胡亚男　肖志刚　杜婧）

【扎实为民办实事】

深入开展“我为群众办实事”实践活动。引入外部力量、整合校内资源，扎实推进一号公寓电梯改造更新、教学区自来水改造、西区主干道修缮平整、推进食堂无障碍设施建设、家属区老楼加装电梯调研及试点、改善幼儿园办学条件等优化环境，服务老同志、生活保障、子女教育等4类、18个学校层面“我为师生办实事”示范项目，均已取得突破性进展。先后开展园艺系展示区墙面粉刷、三教教师休息室改造、绿植入公寓、花粉治理、增设食堂无障碍通道、宿舍加装晾衣竿、清理家属区废旧自行车、家属区停车场改造、为教职工子女提供延时服务、加强幼儿园高峰时段安全执勤等90余项活动。

（胡亚男　肖志刚　杜婧）

【保障校园基本运行及维护】

2021年提供约160万吨水、7 473万度电和1 239万立方米天然气，完成各类维修4 900余次，确保教学、科研和师生员工生活的正常供水、供电、供暖；后勤报修管理系统正式运行，共完成报修 5 185 次，维修满意度达 99.2%；升级能源监管平台，打造节约型校园。在北京市高校中，首个完成“绿色学校”创建申报工作，第一批完成节水型校园申报。

（胡亚男　肖志刚　杜婧）

【创建绿色学校】

学校绿化面积已达 45 万平方米，总绿化率达 34.60%，共有各类树木 12 000 余棵。进一步优化植物配置，做到“四季常绿，三季花开”。

实施“美育”计划。以校园环境为主题推出系列宣传 19 期，全方位展示校园风光，科普校内植物知识。

做好校园垃圾分类工作。在北京市高校中，首个引入智能化垃圾分类驿站，实现垃圾分类信息化管理，逐步完善垃圾分类激励机制。已完成北京市生活垃圾分类示范单位创建申报工作，并作为北京市首家高校完成专家组入校检查工作。

（胡亚男　肖志刚　杜婧）

【确保食品质量安全和价格稳定】

现有食堂 13 个，餐位数 8 017 个，年就餐人次 800 万。在保障食品安全、菜价稳定、优质服务的基础上，践行精准扶贫，2021 年采购 374.07 万元扶贫产品；提升菜品质量，全年共计推出新菜品 200 余个，不断丰富供餐模式及品种；策划并举行“校庆日暨世界粮食日特别活动”，推行厉行节约，反对铺张浪费；联合离退休工作处、团委持续推进助老爱心送餐服务，并聘请食品学院老师优化爱心菜谱，已为近百位老同志提供爱心供餐服务 13 000 余次。餐饮服务获得中国教育电视台、北京电视台等多家媒体推广宣传。

（胡亚男　肖志刚　杜婧）

【改善住宿条件】

完成东校区一号学生公寓电梯更换，并在乘梯高峰期启动消防电梯；改善西区宿舍晾晒环境，新建晾衣场地 860 平方米，加装晾衣竿 632 套；粉刷墙面、更换门锁、完成监控系统数字化改造。

以东校区三号学生公寓、西校区 12、13 号楼为试点，对楼内公共空间和自习区进行翻新改造，打造党史主题文化长廊，深化学生思想政治教育。妥善完成毕业生离校、“东迁西”搬迁、延期生住宿安排、烟台专项学生公寓 W4 号楼改造及服务等工作。

（胡亚男　肖志刚　杜婧）

【校车规范有序精细化运行】

提供班车服务 5 631 次，运送学生教师人数 17 万多人次；针对跨校区选课及大型考试，开展 4 次“班车定制”，建立动态调整机制，及时增开班车解决师生乘车难问题；开展班车预约系统的调研和立项，已列入学校 2022—2023 年信息化项目库，以彻底解决同学上车难问题；开设防疫转运车 2 辆，提供转运服务 800 次，运送发热患者 479 人次；日均收发报刊 1 600 余份，投递信件 1 400 余份，保障各类邮件安全及时送达；加强监管，确保校园商铺规范经营。

（胡亚男　肖志刚　杜婧）

【加强与学生交流互动】

深耕校园学生服务中心（“CAU 后勤小生”学生队伍），发挥“纽带”作用，通过调研、采访、分析等手段推动学生关切问题的解决，同时促进学生自身综合能力提升。

加强与学生共建。开展“迎百年，添新绿”植树活动、“我为校园贴铭牌”挂树牌活动、供暖启动仪式、宿舍文化建设、冬剪活动等形式多样的“走进后勤”活动 6 期；开办“厨艺学堂”7 期，做到线上线下全覆盖，让作为服务对象主体的学生直接体验、参与后勤服务管理工作，提高责任感和主人翁意识。

利用“后勤服务”企业号和“CAU 后勤小生”公众号进行立体系统宣传，讲好后勤故事。2021 年发布各类推送 130 余篇，1 万以上阅读量 25 篇，总阅读量近 100 万人次，关注用户超 2.5 万人。以人为本，推出“CAU 守护者联盟”和“最美劳动者”系列宣传，发布推送 9 篇，涉及后勤先进人物 31 名，阅读量 6.2 万。

（胡亚男　肖志刚　杜婧）

【加强监督，守好党风廉政建设“红线”】

以高度的政治自觉、思想自觉、行动自觉主动抓好巡视反馈意见的整改落实；通过处务会专题部署、党风廉政专题会专题学习等方式，让领导干部在知敬畏、存戒惧、守底线方面有更加深刻的感悟，并层层传导压实责任，使中层干部加强对中心员工的廉洁自律教育和重点环节廉政风险防控；通过完善用人机制、加强预算和支出管理、规范物资采购和资源出租出借，开展中心考核，强化档案归档管理等举措，进一步防范风险，提升后勤保障能力和服务水平。

（胡亚男　肖志刚　杜婧）

【完善家属区基础设施建设，加强物业管理服务】

持续推进家属区老楼加装电梯工作，经前期摸排和多次召开居民座谈会征集意见、宣讲答疑，广泛宣传动员，东区家属区 26 号楼签约率 100%，西区家属区 206 号楼已完成签约 20 户。

更换安装家属区健身器材，完成东区家属区 14、24、37 号楼屋面防水及西区家属区紫苑小区教授小楼及 7～10 号楼屋顶改造及屋面防水翻铺，西区家属区新增充电桩 17 个，引进超市和菜站，优化垃圾分类站点，推进无障碍设施改造，改造电动自行车车棚，进行绿化防虫治虫及危树砍伐，修复改造绿苑校区道路，创建和谐、优美、宜居的社区环境。

积极做好街道与学校沟通互助的桥梁纽带，严格把住“两员两关”，扎实做好人大代表换届选举工作。做好子女入学、孩子保健免疫、居住准许等社区服务工作；积极开展丰富多样的妇女和青少年教育活动等。

（胡亚男　肖志刚　杜婧）

【推进房产证办理】

推进东区新建职工住宅不动产登记证办理工作，组织教职工签订购房合同，建立一户一档材料及电子备案制度，2021 年已审核完备 628 套职工住宅分档材料。完成人才房出售和租赁工作。配合上级部门检查巡视人防工程。

（胡亚男　肖志刚　杜婧）

【加强幼儿教育，促进幼儿全面健康发展】

2021 年两区入园幼儿共计 950 名，完全解决教职工子女入托难问题。扎实做好教研工作，推进园所文化建设，多渠道、多形式为教师专业素养及技能搭建成长平台。两区幼儿园多次获得上级表彰。

（胡亚男　肖志刚　杜婧）

基建工作

【概况】

基建处作为学校管理服务机构，负责全校范围内的基本建设项目、改善基本办学条件专项、校内维修专项和科研类基本建设项目的管理工作。2021 年，基建处明确管理职能，强化服务意识，启动基建队伍能力素质提升系列培训，梳理项目管理工作流程，修订项目管理制度，积极筹划并有序推进新建项目报建，在疫情防控常态化条件下，顺利完成在施基本建设工程、维修工程及推进科研类基本建设项目验收，改善了师生学习生活和科研办公条件，为人才强校和学校“双一流”建设提供硬件服务保障。

（黄颖）

【推进基建项目申报等】

体艺中心项目完成方案设计　体艺中心项目总建筑面积 29 988 平方米，总投资估算 3.51 亿元。2021 年 3 月完成最优方案师生调研及优胜方案比选工作，确定一个优胜方案和两个优秀方案。5 月正式启动设计、勘察招标工作，7 月完成设计、勘察招标工作，8 月确定设计及勘察单位并完成合同签订。9—12 月完成初步勘察和方案设计工作。

水利楼项目完成概念方案　水利楼项目总建筑面积为 23 003 平方米，估算总投资为 2.16 亿元。项目已于年内完成四轮概念方案设计交流，经与水利与土木工程学院多次沟通，开展概念方案深化工作。

（李华君　高建文　吕祎文）

【推进基建项目顺利开工及实施】

作物分子育种创新中心项目实现开工建设　作物分子育种创新中心项目总建筑面积 34 200 平方米，总投资估算 3.29 亿元。项目于 2021 年 3 月纳入河北省重点前期项目管理(冀重办项目函〔2021〕57 号),于 9 月 22 日取得建设工程规划许可证,10 月 14 日取得施工图书面审查意见,12 月 22 日取得建筑工程施工许可证,12 月 27 日举行开工典礼。

(李华君　高建文　刘志伟　张安泽)

留学生与专家公寓主体结构和二次结构顺利完工　留学生与专家公寓项目总建筑面积 21 900 平方米,共有地下三层、地上四层。2021 年,在严格落实疫情防控的同时,克服疫情期间原材料进场难、劳动力组织困难等一系列难题,全力推进项目建设。项目主体结构于 2021 年 8 月 31 日顺利封顶,于 12 月底全面完成二次结构施工,并被评为"2021 年度北京市绿色安全工地"。

(张嘉辉)

【组织实施维修改造项目】

组织实施完成 2021 年改善基本办学条件专项修缮项目,包括农学楼加固维修改造工程、土化楼维修改造工程等项目,累计投资 4 928 万元(见表 1)。

表 1　2021 年改善基本办学条件专项一览表

项目编号	项目名称	项目类别
1	土化、旧教、农学楼室外配套	基础设施
2	东区 1 号公寓电梯改造	基础设施
3	西区学生宿舍维修	房屋修缮
4	东区 1～3 号学生公寓维修	房屋修缮
5	土化楼维修改造工程(2020—2021 跨年项目)	房屋修缮
6	东区老图书馆维修改造工程(2020—2021 跨年项目)	房屋修缮
7	农学楼加固维修改造工程(2020—2022 跨年项目)	房屋修缮

基建处按照学校总体要求顺利组织完成校内维修项目,累计投资 396.1 万元(见表 2)。

表 2　校内维修专项一览表

项目编号	项目名称	项目类别
1	西区综合楼局部女儿墙维修工程	基础设施
2	回龙观商业用房维修工程(一期)	基础设施
3	西区师生服务大厅项目	房屋修缮

(刘佃治)

【推进科研类基本建设项目管理】

2021 年全校在施科研类基本建设项目共计 28 个,总投资 41 241 万元。其中,1 个项目已结题验收,13 个项目进入验收阶段,其余各项目正有序推进中(见表 3)。

表3 项目进度一览表

序号	项目名称	建设进度
1	中国农业大学农业部家禽品质监督检验测试中心(北京)	已验收
2	农业农村部兽药残留及违禁添加物检测(研究)重点实验室建设项目	待验收
3	农业农村部作物高效用水武威科学观测实验站建设项目(第三次申报)	待验收
4	农业农村部玉米生物学与遗传育种重点实验室建设项目	待验收
5	农业农村部可再生能源清洁化利用技术重点实验室建设项目	待验收
6	农业农村部土壤-机器-植物系统技术重点实验室建设项目	待验收
7	农业农村部动物遗传育种与繁殖重点实验室建设项目	待验收
8	农业农村部农作制度重点实验室建设项目	待验收
9	农业农村部园艺作物营养与生理重点实验室建设项目	待验收
10	农业农村部华北耕地保育重点实验室建设	待验收
11	果蔬制汁加工技术集成科研基地建设项目	待验收
12	农业农村部河北北部耕地保育农业科学观测实验站建设项目	待验收
13	农业农村部动物流行病学与人畜共患病重点实验室(病原生态学研究方向)建设项目	待验收
14	农业农村部饲料工业中心涿州试验基地	在建
15	精准农业技术集成科研基地(渔业)建设项目	在建
16	青贮饲草料加工技术集成科研基地建设项目	在建
17	精准农业技术集成科研基地(畜牧业)建设项目	在建
18	国家数字渔业创新中心建设试点项目	在建
19	中国农业大学饲草种子检测能力提升项目	在建
20	农业农村部葡萄酒加工重点实验室建设项目	在建
21	农业农村部甘薯生物学与生物技术重点实验室	在建
22	农业农村部草地管理与合理利用重点实验室	在建
23	非粮生物质原料科技创新项目	在建
24	中国农业大学无病毒葡萄原原种苗培育基地建设项目	在建
25	中国农业大学农作物种子全程技术研究北京创新中心项目	在建
26	国家玉米全程机械化生产科技创新基地项目	在建
27	国家能源非粮生物质原料研发中心	在建

(吕祎文)

离退休工作

【概况】

离退休党委、离退休工作处,深入学习贯彻习近平新时代中国特色社会主义思想和党的十九届六中全会精神,深入开展党史学习教育,落实中央巡视整改,组织庆祝中国共产党成立100周年系列活动,发挥老同志优势作用,关心关爱困难重病高龄老同志,凝心聚力办实事。

2021年,共有87位教职工办理退休手续,71位老同志去世。截至12月31日,全校共有离退休教职工2 467人(东区1 198人,西区1 269人),平均年龄73岁;离休46人,退休2 421人(含退职退养31人);离退休党委共有党员971人,党支部46个(离休支部3个、离退休混编支部10个、退休支部32个、在职支部1个)。离退休工作处工作人员10人(含返聘人员1人)。

(曲越)

【党建工作】

离退休党委发放党史学习教育材料、党的十九届六中全会精神辅导材料等4 000余册;开展专题党课、网上报告会、参观培训、"云学习""云课堂"、线上讨论交流、知识问答、主题党日等,多形式深入推进党史学习教育。其中,根据老同志特点组织的线上党史知识问答、党的十九届六中全会精神问答,参与人数占离退休总人数的50%。

离退休党委按时完成46个党支部换届工作;新发展一位84岁离退休教职工为预备党员;通过主题参观、党建专题、党史专题、心理专题、交流研讨等多板块结合开展党支部书记培训班;丰富支部活动形式,通过线上线下支部会、政治生日会、送学上门、微党课等形式,提高党员参加支部活动出席率;落实"三会一课",印发《离退休党委会会议议事规则》《离退休党委党支部书记工作会议制度》。

离退休党委通过部门网站、公众号、服务号等平台宣传推送学校党委和离退休党委"两优一先"事迹,召开"七一"表彰大会,号召各支部和全体党员以受表彰的先进集体和优秀个人为榜样,拓宽宣传发挥老党员示范作用的渠道;组建首支老党员先锋队,开展爱心助老志愿服务和社区志愿服务。

离退休党委结合中央巡视反馈的问题,广泛听取党员群众意见,制定离退休党委巡视整改计划、措施和方案,对中央巡视和校内巡察中提出的"意识形态工作责任制落地不够实,阵地建设和管理存在漏洞""政治功能发挥不到位"等问题逐条落实整改。强化班子成员"一岗双责"责任担当,开展意识形态工作专题学习,通过制度对标、专题报告等形式推动理论中心组、各党支部、在职工作人员积极承担意识形态工作责任;加强微信工作群组、公众号、《离退休园地》、讲座报告会等意识形态工作阵地管理,开设"初心讲堂"正面舆论引导;加强线上宣传阵地建设,开设"我看建党百年新成就""永远跟党走""两优一先"专题,推送老同志参与讲述农大故事、传承红色基因活动等新闻。

(李娜)

【庆祝建党100周年系列活动】

组织老同志参加教育部“我看建党百年新成就”座谈会；组织“永远跟党走”主题征文活动，收录征文百余篇，其中22篇被学校新闻网采录；举办“永远跟党走 共筑中国梦”庆祝建党100周年文艺“云”会演，以网络拉歌的形式共庆中国共产党百岁生日；老科协舞蹈队参加学校、社区建党百年活动；舞蹈协会积极参加“百年奋斗路 起航新征程”教育部直属系统老同志庆祝中国共产党成立100周年文艺“云”会演，为党的生日献上舞蹈《我和我的祖国》；老教授合唱团积极参加学校“百年风雨 稼穑同行”党史学习教育大型主题展演，为师生献上混声合唱《星辰大海》；书画院积极组织老同志创作书法作品，参加北京市教工委“百年铸辉煌 永远跟党走”线上书法作品展；部分协会团体参演“奋进百年路 启航新征程”社区大型文艺演出以及建党100周年主题书法、绘画、摄影、手工作品展。

（袁慧敏 杨佳）

【“我为老同志办实事”系列活动】

立足老同志需求，着力解决老同志反映强烈的“急难愁盼”问题，累计开展“办实事”活动29项，其中4项被列入学校“我为师生办实事”十类示范项目清单。联合大学生志愿者为400余名老同志举办“智享生活”智能手机培训班；组织100余位老同志参观体验医养结合养老机构；联合学校人事处、财务处为469位老同志集中办理“北京普惠健康保”投保事宜；联合后勤服务中心、团委、物业为100余位高龄独居、行动不便老同志订送“夕阳红助老爱心餐”；举办老同志防电诈、《中华人民共和国民法典》讲座，强化老人安全和法律意识；为活动中心加装电梯、门禁系统、测温设备、开水器，更新活动室设备，修缮屋顶、供电扩容改造、更换门球场草坪等；完善“党员之家”建设。

（袁慧敏 冯志军）

【走访慰问】

出台《中国农业大学离退休教职工爱心基金及大病特殊困难补助管理办法》，建立精神慰藉和特困补助相结合的精准帮扶机制；七一前夕，为113位困难、重病离退休教工党员发放困难补助11.3万元；元旦前夕，为316位老同志发放重病困难补助、高龄补助等合计76.7万元；全年走访慰问生病出院、首患重病老同志累计500余人次；为2 400余位老同志发放国庆节、教师节、中秋节“三节”慰问品；“1对1”精准服务离休干部，定期联系了解离休人员生活动态和需求，为离休人员发放生日慰问、重阳节慰问、健康疗养照料费合计12.5万元；为有困难的失能失智、高龄独居老同志提供进校取药、报销药费和材料邮寄等服务。

学校共有413人荣获“光荣在党50年”纪念章。“七一”前夕，校领导姜沛民、张东军、秦世成、钱学军、李培景、林万龙、杜太生、田见晖、王勇以及相关部门负责人走访慰问老党员，颁发“光荣在党50年”纪念章。同时，离退休党委、离退休工作处通过上门颁发、支部集中颁发等方式为387位老党员送上“光荣在党50年”纪念章。

（袁慧敏 杨佳 李娜）

【完善制度 落实待遇】

研究制定《中国农业大学离退休工作领导责任制实施细则》《中国农业大学关于进一步加强和改进离退休工作的实施办法》《关于调整中国农业大学离退休工作领导小组的通知》;离退休工作领导小组组长、校党委常务副书记张东军牵头召开2020年度离退休工作领导小组会议,总结2020年离退休工作,研究部署2021年工作要点;配合学校、校医院完成1 600余位老同志常规体检和妇科体检工作;配合学校、人事处做好离休人员工资待遇和医疗待遇的落实工作;开展职能部门"面对面",联合后勤保障处、组织部、宣传部、研究生院与老同志面对面交流和座谈。

(曲越)

【传播正能量】

展示阳光心态 举办线上妇女节"巾帼心向党 线上展风采"和"庆重阳·忆初心·晒幸福"、重阳节趣味运动会等敬老月系列活动,参与人次近1 700人;为18对离退休教职工夫妇举办"夕阳红"集体婚庆活动,录制《初心讲堂|风雨五十载 携手农为家》访谈录,向师生讲述老同志们纯美的爱情故事、温馨的婚姻生活、与农结缘的心路历程。

发挥优势作用 40位老同志参与本科生和研究生教学督导工作;于嘉林、高振江、陈敏、孙悦芬、刘奇志等继续参加教育部"高校银龄教师支援西部计划",赴塔里木大学开展边疆支教、支研工作;艾荫谦、张仲威等老同志为青年师生讲述农大故事,传承红色基因;靳晋、李孙荣、朱家园等老同志为学生讲述爱党、爱国、爱校故事;91岁的施森宝教授为老同志举办手机应用培训;书画院施振声为学生志愿讲授书法课,传习中国传统文化等。

(袁慧敏 杨佳)

【涉老团体】

关工委工作 印发《中共中国农业大学委员会关于加强新时代关心下一代工作的意见》,制定《中国农业大学关心下一代工作委员会委员单位职责》,建立并实行关工委"1+1+N"制度体系,明确"党委主导、多部门协同联动"的工作机制。将做好关工委工作内容列入学校《二级党组织工作规程》《加强党建和思想政治工作责任清单》,细化责任分工、明确落实标准。积极发挥老同志在"三全育人"中的作用,组织开展习近平总书记新时代中国特色社会主义思想、关心下一代工作指示精神等专题学习研讨会;依托心灵花园,结合学院特点,启动"暖亭行动"计划,为受困学生排忧解难,给予心理安慰和支持;成立"润物·耕心""同心·铸魂""信远·笃行"工作室,开展20余次主题育人活动,极大提高育人实效;联合党委组织部、离退休党委,选聘16位老同志担任特邀党建组织员,协助二级党组织做好发展党员、党建工作督查、党史学习教育等工作,2021年累计工作时长达148天;组织老党员参加学校五四升旗活动,讲述五四运动时期农大青年的先进故事,对全校师生进行爱国主义教育。2021年"读懂中国"活动中,学校关工委首次荣获教育部关工委最佳征文、优秀征文、新时代教师风采短视频征集活动优胜奖。"以'双育双促'思政教育模式,提高新时代高校育人实效"案例、"思政课教学督导员"案例等被评为全国教育系统关工委“十佳创新案例”。学校关工委荣获全国教育系统关心下一代工作先进集体，唐运新荣获全国教育系统关心下一代工作先进工作者。

老科协工作 积极开展“三农服务”，申请“三农”助力京郊新农村建设项目，全年提供农业技术服务达120多人次，其中，孙振钧教授提供关于土壤改良与资源利用的技术指导和辅导10余次，施大钊教授普及有害生物的危害和防控知识15次，孟庆翔教授开展肉牛养殖技术指导18次，贾克功教授指导农民掌握果树剪枝技术等。举行“迎七一庆建党百年”座谈会，学习北京老科学技术工作者总会工作会议精神，围绕建党百年历史畅谈体会感受；组织“庆祝建党百年”宣传小组开展庆祝建党百年系列活动。

老年大学情况 书画院开展第十五次春节送“福”活动，40余位老教授在老校长、书画院院长江树人带领下，走进马连洼街道，现场为社区居民送“福”字、写春联；疫情期间间断性开办国画班、书法班、声乐班等，160多人次参加学习；七一前夕，书画院举办庆祝建党100周年书画展，展出70余幅作品。

（李娜　袁慧敏）

【内部建设】

离退休党委、离退休工作处重视政治理论和工作技能学习培训调研，规范理论学习中心组制度，结合理论与实践组织学习12次；打造学习型团队，在职党支部组织集中理论学习、读书班、主题党日活动等累计45次，围绕习近平总书记对老龄工作的重要指示、双先表彰会讲话、全国老干部局长会议精神、师德教育、巡视整改、意识形态等开展专题学习；参加学校党政办、纪委、组织部、宣传部、财务处等业务培训和理论学习近40人次；参与市委教育工委离退休干部处课题调查研究工作，开展党建、居家养老需求调研。

（曲越）

教育基金会工作

【概况】

2021年，中国农业大学教育基金会在学校党政和理事会的领导下，坚持以服务学校建设和发展为宗旨，多元培育和拓展筹集渠道，规范开展项目管理，进一步提升内部治理和运行能力，扎实推进年度重点工作。2021年教育基金会共实现收入11 177.06万元，其中募集社会资金10 647.90万元，理财及利息收入529.16万元。为学校争取中央财政捐赠配比资金2 811万元。年末净资产余额1.68亿元。

（张芯茹）

【捐赠筹款】

2021年共计争取社会捐赠10 647.90万元。从资金来源看，来自境内自然人捐赠5 479.18万元，法人或者其他组织的捐赠3 573.78万元；来自境外自然人捐赠4.24万元，境外法人或者其他组织的捐赠1 590.70万元。从捐赠类别看，用于学校发展

5 063.01 万元，科学研究 3 828.80 万元，学生发展 990.85 万元，学院学科发展 711.13 万元，教师发展 54.10 万元。其中，7 月，上海寻梦信息技术有限公司捐资 2 000 万元，设立“前沿交叉学科发展与乡村振兴基金”，用于支持学校前沿交叉学科科技创新与乡村振兴理论研究与实践。8 月，香港陈张敏聪夫人慈善基金有限公司捐资 1 500 万元设立“乡村振兴基金”，用于支持园艺学院风景园林专业人才培养、基地建设，推进美丽乡村建设及可持续发展。12 月，杰出校友邵根伙博士捐建的西区留学生公寓——杨胜楼项目顺利推进，根据工程进度，2021 年度到账捐赠款 5 000 万元。

（张芯茹）

【公益项目】

2021 年教育基金会开展各类资助项目 158 项，公益项目支出 7 415.79 万元。其中，用于学校发展 5 229.20 万元，主要包括学校基础设施建设、文化建设等；学生发展 841.02 万元，包括奖助学金、学生创新创业、社会实践等；教师发展 171.24 万元，包括奖教金、青年教师培养、教职工爱心基金等；科学研究 676.42 万元；学院发展 497.91 万元，包括实验室建设、学科建设、人才培养等。

（张芯茹）

【内部治理】

探索科研捐赠渠道，挖掘行业捐赠潜力　积极与人事处沟通，在 2021 年学校出台的《专业技术职务晋升聘任实施细则》文件中，将捐赠类科研项目纳入教师专业技术职务晋升业绩认定。经过政策激励，部分学院科研类捐赠项目有较大突破，如大北农科技集团股份有限公司分别捐赠农学院、资环学院各 1 000 万元设立科研项目，助力学校科研工作。

加强品牌建设，突出农大特色　科学谋划代表学校特色、学科特色和符合国家发展战略的品牌项目，发挥学科优势，汇集行业资源，助推教学科研发展。如已在业内产生较大影响的动科学院牛精英项目、农学院小麦育种项目、曲周实验站绿色发展基金项目、土地学院黑土地保护基金项目、草业学院草地研究项目、植保学院植物保护基金项目，以及各学院的学院发展基金项目等。

加强模式建设，提高运作水平　搭建联动拓展模式，积极联系社会服务处、发展规划处、校友办等校内部门扩展对外接触机会，孵化和培育捐赠源头，利用学校对外合作机会，讲好农大故事，挖掘校企合作中的捐赠潜力。如与社会服务处协作促成的上海寻梦信息技术有限公司捐赠，与食品学院协作促成的益海嘉里集团新一期捐赠项目续约等，不断提高捐赠项目的稳定性和复捐率。积极参与学校平谷校区建设的资源筹集工作。

加强信息化建设，提高科学管理水平　升级财务管理系统，开发捐赠管理系统，并通过两个系统的有机对接，建立从协议管理、项目立项、财务管理、实施跟踪、发票申领、项目结项、捐赠人维护、数据共享与分析等的全流程业务在线办理体系，进一步提升科学管理水平。

开展专项自查，做到合规合法　为确保捐赠项目的公益性和捐赠资金使用的合规性，7 月份对 2018 年 7 月至 2021 年 6 月期间执行的捐赠项目进行全面公益性专项自查，包括与捐赠方签署的合作协议、备忘录等延伸自查,未发现违法违规情况。

完善管理制度,确保运行安全 2021 年 1 月 1 日,开始执行《中国农业大学教育基金会接受境外捐赠管理办法(暂行)》,加强对境外捐赠的审核、管理和监督,严防意识形态风险。建立常态化捐赠项目合规性自查制度。修订完善《中国农业大学教育基金会捐赠项目管理办法》。

(张芯茹)

校友会工作

【概况】

2021 年,学校"十四五"建设开局之年,校友工作办公室(以下简称校友办)深入学习领会孙其信校长专题调研教育基金会及校友会工作会议精神,总结自身经验教训,对标学校要求,积极谋划"十四五"阶段校友工作规划。本着"同心共荣、聚焦中心"的理念,致力于成为"一股绳子"——"做凝聚校友力量与国家母校同心共荣的一股绳",将逐步实施"校友同心添翼工程",建构"一体两翼"工作格局,以"母校(部处、学院)"为"一体",地方校友和行业校友为"两翼",着力聚焦为学校建设发展"添翼",着眼 2025 学校 120 周年校庆("双甲子"),明确导向,聚焦重点,打造亮点,全力推进校友和母校同心共荣。

(邓娇)

【强健"学院之体",促进"学院+行业"模式】

组织开展学院校友工作系列专题调研,完成对园艺学院、人文与发展学院、农学院、经济管理学院、资源与环境学院、信息与电气工程学院、水利与土木工程学院等 7 个学院的调研,与学院共同谋划化解学院校友工作面临"缺钱、缺人、缺机制"问题的可行性方案。12 月 8 日,发动各学院发起面向学院校友的信息数据采集整理工作,截至年底共有 16 个学院组织开展本院校友信息采集工作,2 000 余校友与母校重新建立起了"强链接"。

在行业方面,分别召开"投资界""初创业"校友代表工作推进会,就如何打造校友资源融通平台,形成人才、资本、项目的精准对接,征求大家意见,为下一步建立"学院+行业"的紧密连接,为校友、学院发展赋能奠定基础。

(邓娇)

【加强部处对接,促进"部处+地方"模式】

发动地方校友(会)力量助力母校资源拓展和事业发展:深圳大鹏区校友会参与协调推进深圳研究院成功揭牌;四川校友会与成都市温江区签署战略合作协议,为母校省校合作落实落地积极助力;法国校友刘胜为母校引荐知名投资人,为学校发展助力。

调研地方校友会资源和需求,积极引导地方校友会加强自身组织建设,组织未登记地方校友会与已登记地方校友会开展经验交流,推动地方校友会登记。2021 年,江西、内蒙古校友会向地方民政厅申请登记工作取得阶段性进展,山西、湖北正在探索二级分会模式。召开旅欧校友会负责人线上座谈会，荷、德、英、法、丹、爱6国校友会负责人参加，共同商议旅欧校友工作开展方案，做好“项目储备”。

（邓娇）

【校友捐赠】

发动校友力量，参与学校发展建设，在2021年教育基金会累计捐赠收入10 648万元中，校友捐赠达到6 023.57万元，占比56.57%。

（邓娇）

【发起校徽月饼募捐活动】

月是故乡明，情乃母校浓。9月6日，校友办发起“我为母校2021级新生师弟妹送块校徽月饼”活动，号召校友为2021级新生每人捐赠一块专属校徽月饼，截至9月17日，近1 200人次参与，为母校8 619位各类新生（包括本硕博第二学位及烟台、三亚研究院等新生）送来四面八方农大人的中秋祝福，新华财经网发表题为《“校徽月饼”搭起中农大校内外感情联结的桥梁》文章进行报道，获得48万+的点击量。

（邓娇）

【校庆日活动】

10月16日，学校建校116周年之际，校友办推出“116周年云校庆”网站，开展“云校庆”&“云返校”活动，组织云抽奖、云游览、云祝福、专属微信头像、健康跑、校庆日免费餐等各样活动，共计12余万人次农大人关注参与活动。其中，为此次校庆日专门策划的手舞MV《回家·少年》，116位师生校友参与录制，多渠道联合发布，播放量合计7万+，点赞量2 000+。校友办参与策划的新华网《中国农业大学，生日快乐！》推送，获10万+点击量。

（邓娇）

【新校友迎接日 &“全球校友迎新月”活动】

6月26日，在毕业典礼当天，举办新校友迎接日活动，增加毕业仪式感，强化“新校友身份”的转化，使用校友捐赠善款为2021届毕业生（新校友）准备了“I ♥CAU”爱心口罩，同时布置新校友签名墙、“中国农大我骄傲”等手持牌供新校友合影留念。启动2021年度“全球校友迎新月”活动，帮助新校友与地方校友会快速、高效、精准对接。

（邓娇）

【校友子女夏令营活动】

7月26日，第七届中国农业大学校友子女夏令营正式开营。由于疫情的影响，本届夏令营以线上“云夏令营”的形式开展，来自全国各地的“农小宝”相会云端，一起共享科技盛宴。活动内容包含名师讲坛、云游生科楼、参观上庄实验站、参观蒙牛现代化高科技的生产车间、电子技术实践课等。

（邓娇）

【寻访校友活动】

6月21日，第七届“寻访校友”“云寻访”志愿活动正式启动，活动以“乡村振兴、奋斗有我”为主题，招募了20位在校生志愿者，他们利用暑假时间采访了地方校友会推荐的28位优秀校友代表，为掌握校友情况扩充了途径。

（邓娇）

【制作“稼小圆”校友表情包】

设计推广以“稼小圆”为基本形象的校友专属动态微信表情包一组，共16个。

（邓娇）

【校友邮箱】

面向广大校友提供校友邮箱（邮箱后缀：@alu.cau.cn）申请服务，校友可通过稼缘社区在线申请。

（邓娇）

【CAU“在线充电”教授讲堂 & 校友讲堂】

2021年，校友办在往年与经管学院工商系支部共建的模式上，探索与学院共建，以校友工作办公室主办，学院承办的方式举办线上教授讲堂 & 校友讲堂活动，全年与经管学院、人发学院、食品学院、动科学院、动医学院、草业学院等共同开展校友讲堂活动6期，教授讲堂6期，500余位师生校友参与活动。

（邓娇）

【建设校友企业信息库】

为掌握校友企业信息，搭建校友企业之间沟通桥梁，校友办以“共建共享”的基本原则，建设中国农业大学校友企业信息库，已形成中国农业大学校友企业信息库（V2.0），243家校友企业入库。

（邓娇）

【开展“CAU 笑有惠”系列活动】

校友产品校友尝，校友事业校友帮。自2019年底开始尝试开展“CAU 笑有惠”抽奖活动以来，历经两年，逐渐形成了较为成熟的活动模式，并在校友之间打响了知名度，全年开展活动12期，8 000余人次参与活动，参与人数是2020年的近两倍。

（邓娇）

【落实2021届“校友联系人”聘任工作】

6月，结合“稼缘社区”校友实名制平台，快捷高效、全程“无纸化”开展2021届校友联系人选聘工作，共计271名毕业生（本、硕、博）新校友受聘成为校友联系人。

（邓娇）

【开展电子校友卡服务工作】

依托“稼缘社区”校友实名制平台，继续为校友提供电子校友卡（校友 E 卡）注册服务，全年办理校友卡申请近 4 000 人次。同时，积极整合校内外资源，不断为校友 E 卡赋能，在学校信息化办公室的帮助下，开通校友 E 卡 VPN 校友专属服务，每日可为 100 位校友提供限时 6 小时的 VPN 服务。

（邓娇）

【运维校友信息管理与服务系统】

2021 年，“稼缘社区”校友实名制信息平台年度新增 7 000 余人注册（同比新增 40%），累计 2.7 万余校友注册。

中国农业大学校友数据库收集整理来源各处的校友信息 20 万余条，现有经过数据清洗整合为比较规范完整的校友数据 46 万余条。

（邓娇）

【编制“校友通讯”】

策划编制 2020 年度《校友通讯》，全刊 120 余页，分为 7 大板块，系统梳理总结 2020 年重点校友工作开展情况及取得的成效，这是《校友通讯》复刊以来的首次按照年度编制。

（邓娇）

【出版校友系列丛书】

以 2018 年以来寻访校友活动，在校大学生的笔触所记载的奋战在脱贫攻坚一线优秀校友代表的扶贫故事为基础，整理出版校友风采录系列丛书之二《脱贫攻坚 担当有我》，全书共收录 62 位校友故事，共 300 余页。

（邓娇）

【申报“校友意识理论模型的建构与验证”课题】

为摸清“校友意识”培育规律，为实际工作提供科学指导，申报“校友意识理论模型的建构与验证”课题，获批 2021 年度中国高等教育学会“高校校友工作研究”专项（552 项立项，重大课题共 31 项）重大课题，预计将于 2023 年结题。

（邓娇）

【运营中国农业大学校友会微信公众号】

2021 年，共推送图文 100 余期，多篇文章获得 1 万＋点击量，新增关注 5 000 余人（同比增加 40%），截至年底，粉丝量近 3 万人。

（邓娇）

【兄弟院校校友工作交流】

3 月 25 日，北京中医药大学校友会基金会秘书长闫兴丽及校友会办公室肖玉婷、张敬升一行三人来到校友工作办公室调研交流校友工作。

3月30日，北京外国语大学校友工作办公室副主任、基金会副秘书长郭向华带队来学校交流校友工作。

6月3日，北京工业大学对外合作联络处处长、校友总会、教育基金会秘书长骆琪，副处长王卉、韩薇，校友会教育基金会办公室主任连钠一行来学校交流校友工作。

6月17日，河南农业大学校友会会长杨秋生及校友联络办公室主任、校友会秘书长张倩华带队来学校交流校友工作。

8月23日，北京建筑大学党政办副主任(分管校友工作)刘文硕带队来学校交流研讨校友工作。

(邓娇)

【地方校友工作】

1月，天津校友开展段春祥校友公益书法学习系列活动，组织有兴趣的校友进行书法培训交流。

1月10日，中国农业大学企业家校友联谊会茶业分会2020年年会举行。茶业分会会长王如良和秘书长蔡晓东及十余名茶业分会校友及骨干共同参加本次会议。

1月15日，贵州校友会智库专家李振华副教授一行4人来到麻江县宣威镇开展乡村振兴技术和产业发展服务，考察当地的农作物和农特产品生产、加工、销售情况，并与相关领导座谈。

2月3日，内蒙古校友会举办首次营养学空中课堂，特邀内蒙古营养协会公益营养师、85届食品加工系校友赵雅岚为广大校友开设线上课堂，通过校友群语音直播的形式，图文并茂地分享专业营养学知识和生活中实用的养身常识。

2月28日，广西校友会“乡村振兴我能行”务虚会在南宁举行，来自南宁、桂林、玉林等地共28名校友参加此次会议。

4月10日，校友跑团受邀参与学校“建党100周年欢乐校园长跑”活动，16名校友以及1名农小宝报名参加此次长跑活动。

4月17日，2021中国高校(成渝)校友经济高峰论坛在重庆召开，论坛主题为“聚力共创，筑梦未来”，成渝两地校友会受邀参加此次论坛。

4月17日，江苏校友会开展交流座谈会，30余位校友参加会议。

5月，贵州校友会受邀参加省人力资源发展专题座谈会，校友会代表郭勇、程永友受王彬会长委托出席并介绍校友会基本情况、乡村振兴智库建设等内容。

5月2日，四川校友会客厅活动在成都崇州市举行，会长王立颖与部分校友出席活动。

5月9日，由中国农业大学北京校友会主办、中国农业大学从事宠物产业的校友共同发起的中国农业大学北京校友会宠物产业分会成立大会在北京举行。分会与动医、动科学院专家教授开展深度合作，校内外教师、校友共同为学校宠物行业社会影响力持续提升助力。唐燕平、施振声、潘庆山任名誉会长，钟友刚任会长。

5月13日，四川校友会王立颖会长、重庆校友会曾学海副会长等校友联合中国铁工投资建设集团区域负责人、重庆水投集团等一行人，就国家电投重庆合川发电有限公司在合川双槐镇打造能源及循环经济产业园区事宜，同国家电投重庆合川发电有限公司总经理李瑞平及班子成员，双槐镇苟小波书记、秦刚副镇长举行见面座谈会。

5月26日，福建校友会及其技术转移机构等单位赴三明考察，商讨中国农业大学与三明市政府开展校地合作事宜，修改完善"三明市政府与中国农业大学合作共建'中国农业大学(三明)革命老区乡村振兴研究院'协议书(讨论稿)"等内容。

7月6日，重庆校友会组织校友赴北碚国家大学科技园实地参观考察，就北碚国家大学科技园涉农板块业务发展进行讨论交流。

7月18日，北京校友会在中建二局北京分公司成功举办"共话稼缘·工程圈校友交流会"，40名工程建设领域校友参与本次交流活动。

8月13日，贵州校友会负责人带队，组建产业规划、食品安全、中药材产业发展、特色农产品加工、农业环境治理、农业宣传等领域的十余名博士、教授和行业专家及企业家代表团队，赴六盘水市水城区开展考察调研和科技服务活动。

8月15日，海南校友会在海口市举办2021年录取新生及毕业来琼工作校友迎接送新活动，潘关银、李勇、李润宝等多位校友代表与新生、新校友代表出席本次座谈会。

8月18日，广西校友阳军旺、唐红明、杨振超以及其他专家校友一行共13人前往上林县三里镇东吴村、白圩镇高长村开展"中国农业大学广西校友乡村振兴实践行"活动。

8月24日，北京市民政局依规对北京校友会开展北京市市级社会团体等级评估工作。评估组专家组一行五人对北京校友会进行实地考察评估，中国农业大学北京校友会顺利通过2020年年审。

8月25日，广西校友会2021年迎新座谈会在南宁顺利举行。

8月29日，重庆校友会举办2021年度到渝工作新校友座谈会，为新校友们介绍重庆校友会及当地情况。

9月，"情系中农"2021中秋迎新会&第36届嘉年华筹备会活动在上海举行，上海骨干老校友与2021来沪的新校友参加此次活动。

9月7日，四川校友会受成都市温江区国家农业科技园区管委会的邀请，前往温江农高区考察交流。四川校友会负责人，多位校友、校友企业代表参加考察。

10月15日，北京校友会宠业专委会，组织科研院所知名专家、重点校友企业领导和媒体代表赴北京希诺谷生物科技有限公司开展考察交流活动，300多位校友在线关看直播。

10月15日，中国农业大学北京校友会法定代表人变更为李寰旭(92届动物营养与饲料加工专业校友，现担任北京校友会常务理事、副会长)，并领取了新的社会团体法人登记证书。

10月16日，北京校友会第三届理事会2021年第二次会议在北京召开。会议由会长唐燕平主持，荣誉会长翟志席，第三届理事会理事、监事会监事出席会议。会议听取了《坚持"三个服务"聚焦"五有标准"着力将北京校友会打造成北京校友的精神家园》的报告；审议通过了修订的《中国农业大学北京校友会章程》，会议强调北京校友会将通过建立功能性党组织、党建指导员等形式，切实坚持党的领导、加强党的建设，并研究了理事会下一阶段的工作。

10月30日，上海校友会在上海市宝山区召开会议，共同探讨上海校友会注册章程、上海校友会规章制度、上海校友会财务管理和使用等方面的内容。

11 月 26 日，陕西校友篮球队迎来了自成立后首场对外的篮球比赛，与西北农林西安校友篮球队进行了篮球友谊赛。

11 月 28 日，湖北校友“绿色发展，提质增效”学术交流会在潜江举行，来自湖北省的 70 余位校友齐聚一堂，同谋发展。

11 月 28 日，厦门校友举办了一年一度的迎新及博饼聚会活动，近 60 位厦门校友参加了此次活动。

12 月 19 日，四川省中国农业大学校友会农业科技成果孵化转化基地揭牌仪式正式举行，首批拟聘任 12 位专家和 14 家校友企业入驻。

（邓娇）

资产经营工作

【概况】

2021 年，在学校党委领导下，校办产业党委、资产经营公司带领校属企业全体员工齐心协力，共克时艰，完成校属企业的清理、瘦身，进一步规范保留企业治理，有效防控企业经营和廉政风险，使保留下来的校属企业回归本位；慎终如始做好疫情防控工作；完成年度经营管理任务，获得学校年度考核工作创新奖。

（李洋）

【落实党对企业工作的全面领导】

在校办产业党委的领导下，实现党委委员与公司经营班子成员“双向进入、交叉任职”，总经理办公会议题提交党委前置讨论，完成党建工作写入企业公司章程；全面落实党在校属企业各项工作中的政治引领作用。经营班子认真落实“一岗双责”，加强党风廉政教育，推进党建与业务工作同计划、同部署、同落实，营造风清气正的工作氛围。

（李洋）

【完成校属企业体制改革攻坚任务】

校属企业体制改革是校办产业的重大事项，资产经营公司坚持“整顿、清理、瘦身、正风”的校企改革方针，全面推进学校所属企业体制改革工作。对 69 家企业实行分类改革，完成率达到 94.2%，顺利通过教育部现场验收。

（李洋　王颖）

【有效防控企业经营和廉政风险】

通过制订《中国农业大学校属企业负责人廉洁从业规定（试行）》，开展校属企业负责人个人事项年度报告工作，召开校办产业系统警示教育大会，与企业负责人进行廉政谈话等，提高企业负责人防风险意识和能力。

认真落实中央巡视整改任务，积极排查校办企业廉政风险，在校属企业中开展社保、公积金缴存自查，校名校誉等无形资产规范使用自查等工作，全方位、多角度防范企业经营风险和加强廉政建设。

（王颖　张越）

【守初心、担使命，全力履行校企职责】

2021 年，校办产业对学校经济贡献 4 219 万元。上缴国有资本收益 167.24 万元，缴纳各类税款 1 593.17 万元，提供就业岗位 400 多个，支付人员费用 8 690.21 万元，缴纳社保、公积金 1 537.08 万元。

（王颖　王翠芬）

主要教学科研服务体系

图 书 馆

【概况】

图书馆总建筑面积 60 740 平方米，馆藏文献总量 220.8 万册，在编工作人员 80 人。设有综合管理与支撑中心、资源建设与保障中心、创新服务与学习支持中心、情报服务与研究支持中心 4 个职能中心。

（刘子瑜）

【党建工作】

2021 年共发展党员 5 名，其中教职工党员 1 名、研究生党员 4 名。党支部 4 个，其中教职工党支部 3 个，学生党支部 1 个；党员 57 人（其中，教职工 41 人，研究生 16 人）。

（王宁）

【职工队伍】

2021 年有 3 人退休，1 人新入职，1 人调出，0 人调入，具有博士学位馆员 15 人。

（孟晨霞）

【资源建设】

2021 年，完成中文图书编目 9 276 种，18 928 册；西文图书编目 1 385 种，1 494 册；学位论文编目整理加工 2 847 册。

向中国高等教育文献保障系统（China Academic Library & Information System，简称 CALIS）按要求提交原编数据。

应对疫情提供资源保障工作，充分发挥外国教材中心作用，启动外文原版教材的编目工作。同时，积极宣传农业类原版外文教材，制作推文 3 篇；积极在图书馆主页和微信公众号、企业号宣传本馆资源,如电子资源的试用、培训等;为庆祝建党一百周年,专门征订和补充世界读书日读者推荐的百种图书中本馆未有馆藏的101种212册图书;加强捐赠图书的收集和整理,补充馆藏的不足,收藏1 849种2 489册图书。

学位论文库建设,2021年新增硕博士学位论文元数据2 830条。

依托基础设备维护、软件系统维护(含虚拟操作系统、图书集成系统等在内的近20个应用系统)能力的提升,确保全馆电子资源全年全天候(365×24小时)开放。

(贺玢)

【文献传递与馆际互借】

2021年共完成文献传递5 051篇,馆际互借165册次图书,电子资源下载量4 238万篇次。图书馆获得"BALIS原文传递先进集体奖"(北京地区高等教育文献保障系统Beijing Academic Library & Information System,简称BALIS)、1人获"BALIS原文传递服务先进个人奖"。

(贺玢)

【CALIS农学中心工作】

作为CALIS农学中心的主持单位,2021年共立项研究项目73项,27家农业高校图书馆参与。

组织专家对2020年立项的75项研究项目进行评审,评出18个获奖项目。

组织美国微生物学会(ASM)全文电子期刊数据库、美国科学院院报(PNAS)期刊数据库、Annual Reviews综述期刊数据库、洛克菲勒大学出版社(RUP)期刊数据库、生物学家联盟(COB)期刊数据库的联盟采购工作。

(贺玢)

【图书流通】

全年借出图书6.96万册。全年接待进馆读者171.42万人次(东馆139.26万人次,西馆32.16万人次)。

(师丽娟)

【文献检索教学】

2021年,完成全校本科生"文献检索"公选课教学任务,共168个标准学时,选课418人;研究生公选课"电子资源检索与利用"教学任务共176个标准学时,选课196人;研究生公选课"人文社科类电子资源检索与利用"教学任务共32个标准学时,选课人数分别为30人(研究生)、45人(留学生);研究生公选课"知识产权保护与利用"16个标准学时,选课45人;"科技查新与文献检索"8个标准学时,选课59人;"科技文献检索与文案写作"8个标准学时,选课50人;研究生公选课"信息资源检索与利用"16个标准学时,选课40人;"科技文献检索与文案写作"8个标准学时,选课20人。

(部向荣　周群)

【培训与讲座】

组织完成“晓图”新生培训系统的修改任务及2021年本科生新生和研究生新生培训，本科生新生利用培训系统通关人数3 685人，培训研究生930人。

通过线上或线下两种模式，中心人员举办专题讲座8次，参加师生618人次。

（郜向荣　周群）

【科技查新与收录引用】

全年完成科研立项、成果鉴定、技术引进等查新项目共133项，完成2020年报告及合同的存档、整理、装订及年检工作。每月向学校通报本校教师论文被SCI、EI的收录情况，共完成SCI、EI检索收录、引用证明987份。承担研究生学位论文检测工作，全年完成3 539篇次学位论文查重。利用Balis联合信息咨询中心开发的“论文收录引用”系统实现网上提交、接受、分配工作任务。继续利用江苏“宝和查收查引系统”进行SCI收录论文的他引次数的确定，提高了查引的工作效率。

（郜向荣　周群）

【编辑出版】

完成《中国农业文摘—农业工程》期刊全年6期的出版任务，刊发各类文章160篇。论文篇幅超过5 000字或3页的有101篇，占比约66%，远高于去年的23%，论文质量显著提高。刊发论文的影响力有所提高，本年度刊发的论文仅知网总下载次数便达24 144次，篇均下载150.9次，远高于去年的篇均下载98.04次。总参考文献1 157次，篇均参考文献7.23次，远高于去年的4.03次。

期刊影响力进一步扩大，目前本刊已被知网、万方、维普、超星、中国科学引文索引(CSCI)、国家科技学术期刊开放平台、博看网等12个数据库平台收录。改刊以来，仅知网总下载次数便超过17万次，总被引次数超过1 500次。

经过知网对本刊近几年多项学术指标综合评定，本刊入选2021《中国学术期刊影响因子年报》统计源期刊，初次入选便被评为Q3区。

（王宝济　周群）

【学科服务与研究】

聚焦学科发展，实时提供动态数据及相关分析报告。持续开展学科基础数据采集、挖掘与分析，实时监测报告ESI学科发展动态，并基于数据对我校潜力学科领域进行预测。服务学校“双一流”建设评估，完成31个学位点、9个A类学科3 539篇(部)代表性学术论文或专著的信息审核。服务第五轮学科评估，为学校部门和参评学科提供基础数据支持。响应生物学、畜牧学、草学、人类营养与健康等学科发展需求开展学科分析。

参与学校学科建设工作，为“双一流”建设和发展战略、二〇三五年远景规划和学校“十四五”规划等提供服务。以业务研究为管理部门和学科(学院)发展提供服务和对策建议。面向校外发挥高校智库职能：承担教育部人文社科项目“我国高校科研诚信教育的现状及实证研究”，北京高校图书馆研究基金项目“高校图书馆不同学科领域用户行为特征分析——以中国农业大学图书馆为例”，Balis中心项目“区块链技术在学术评价中的应用探究”，CALIS全国农学文献信息中心项目“以学科建设为导向的高校图书馆文献资源保障研究”。参与农业农村部办公厅印发《关于农业科研诚信建设规范十条的通知》（农办科〔2021〕13号）政策文件的起草工作；参与中国农学会人才评价处组织的“优秀创新团队评价研究”相关研究调研。为北京万方数据有限公司提供科研诚信建设的研究咨询，以及课件、讲座服务等，得到企业的好评。支撑学校就业创业办公室就业创业统计、重点群体毕业生指导帮扶和“农林行业就指委秘书处”的相关工作，咨询服务建议在其工作中得到采纳和应用。

（张红伟　周群）

【知识产权信息服务】

将专利信息服务作为加快服务转型、推进服务创新的重点业务方向。年内组织了第二届涉农高校知识产权信息服务研讨会，并成立了涉农高校知识产权信息服务中心联盟；组织了涉农联盟10所高校联合采购Patentics专利检索分析工具，并组织三场约200人次参加专利分析及工具使用方法的讲座；开展专利咨询，拓展深层次信息服务能力，在对全校专利成果地毯式梳理的基础上，定期开展及发布本校专利年报和季报，开展代表性学科（学院）、主要专利人的专利状况分析，助力技术创新和专利转移转化。

（孙会军　左文革）

【学科建设与研究生培养】

2021年，中国农业大学图书馆“图书情报与档案管理”一级学科硕士学位授权点各项工作稳步推进，1门课程获推进混合课程项目建设，4门课程获得研究生院组织的教改研究项目及教材建设项目支持。

2021年按一级学科共招收研究生11人。12名图书情报与档案管理学硕士研究生获得学位。

完成23门硕士课程教学任务，其中春季课程9门、秋季课程14门。22位老师参与教学。

图书馆共主持中央部委纵向及横向科研项目7项。发表文章18篇。

（相润）

【工会工作】

馆工会积极开展扑克牌双升、植物园踏青、沙包打地靶、跳绳及趣味乒乓球比赛等多项活动。组织会员积极参加校工会举办的“庆祝建党100周年”教职工乒乓球比赛，雒庆生、贾尧风、刘元科老师分别获得男子单打比赛第二名、第五名和第六名，杨学红老师获得女子单打比赛第五名。

（师丽娟）

【馆藏统计表】

馆藏统计表

项目		2021 年
纸质文献资源	文献总量/万册	220.77
	中文图书总量/册	1 632 670
	外文图书总量/册	220 136
	当年购置中文图书/册	18 928
	当年购置外文图书/册	1 494
	当年购置年中文纸质报刊/(种/份)	1 230/1 230
	当年购置外文纸质报刊/(种/份)	300/300
电子文献资源	电子图书/册	257 644
	电子期刊/册	51 514
	学位论文/册	677 699
	音视频/小时	2 294

（贺玢）

档案与校史馆

【概况】

2021 年，在全力做好新冠疫情常态化防控的基础上，档案与校史馆有序落实档案和校史资料的收集、整理、保管、利用服务、编纂研究、展览宣传等各项工作部署，同时加强对学校各二级单位的联系指导，更大力度进行改革创新，不断规范档案管理运行机制，首次实现全校二级单位归档全覆盖，档案信息化建设也迈上新台阶。

（桂银生）

【政治与能力建设】

以党史学习教育活动为契机，以支部建设为依托，团结带领支部党员和全馆职工深入学习贯彻习近平新时代中国特色社会主义思想，深入学习贯彻党的十九届六中全会精神、习近平总书记系列重要讲话、给涉农高校书记校长和专家代表重要回信精神，扎实开展党史学习教育，将思政建设与业务工作紧密结合，不断强化档案人职责使命意识。

继续推动管理和业务两支队伍建设。通过开展制度清查、完善议事规则、实施月报年报制度等措施，规范行政工作，提升档案管理水平。组织业务人员参加档案业务培训会、开展业务研究、资助论文发表。

（桂银生　蔡远渊）

【防疫防控与专题档案工作】

根据学校统一部署和疫情常态化防控要求，落实各项管控措施，全力做好档案与校史馆的新冠疫情防控工作，保持馆内每天保洁消毒，严格做好来馆人员入校审批、入馆测体温和登记制度，保证对外服务不中断。

根据上级要求，做好学校各单位新冠疫情防控重大专题档案收集工作，建立"防控新冠疫情"专题档案，本年共接收12个二级归档单位移交的新冠肺炎疫情专题档案167件。

（桂银生）

【档案校史事业发展规划】

完成《档案与校史工作"十四五"建设发展规划》的制定，作为今后五年档案与校史馆开展年度工作、申报建设项目预算的重要指导依据。

（桂银生）

【档案收集与业务指导】

修订2003年实施的《全校立卷部门档案工作考核办法》，细化评价指标，开展全校归档单位档案工作自查自评，促进学校档案收集移交工作。完成学校各类档案收集保管任务，首次实现全校70个二级单位归档移交全覆盖。截至12月20日，全年接收入馆综合档案总量为23 134卷(件、张)[①]。其中，党群行政类与外事类档案10 609件，教学类档案2 675卷，财会类档案6 979卷，基建类档案662卷，科研类档案1 064卷、11件，人物类档案618件，声像类档案455件(含2021届毕业生合影136张)，其他门类档案60卷、1件。

4月15日，在东区主楼报告厅召开全校档案工作会议，杜太生副校长参加会议，对做好当前学校档案和校史工作提出要求，要求确保各单位档案"应收尽收"。全校70个二级单位分管档案工作负责人参加会议。

按照新修订的《中华人民共和国档案法》《高等学校档案管理办法》和档案工作会议要求，全面梳理全校70个二级单位的归档情况，重新组织报送了单位档案工作分管领导和兼职档案员，明确人员队伍和岗位责任，精心组织兼职档案员业务培训。4月27—28日，分别在西区和东区举办"中国农业大学2021年兼职档案员培训会"。全校70个二级单位的近90位兼职档案员参加业务培训。

12月31日，召开2021年度全校档案工作总结会，通报盘点本年度学校档案工作成果，对下一年度档案工作进行部署。

（苏雅澄　李静　蔡远渊）

【档案实体保管】

采用多种措施，保障档案查借阅、馆区和档案库房的安全。持续争取改善档案馆库设施，申请档案馆库基本条件改造项目。

---

① 接收入馆的综合档案将被永久和长期保存，不含学生人事档案，该类档案转入与转出另行统计

【档案利用服务】

2021 年,全馆为各部门、师生和校友解决各种问题,全年累计接待校内外查档人数 8 273 人次,提供档案查、借阅等利用服务共 46 098 卷(件、张)[②]。

接待、办理校内单位和师生的档案利用申请:财务档案利用 2 295 人次,查档 24 907 卷次;党政、外事、基建档案利用 322 人次,查档 1 082 卷/件次;科技档案利用 41 人次,查档 144 卷/件次;人物档案利用 4 人次,查档 35 卷/件次;声像档案利用 15 人次,查档 1 500 件次。

为各届毕业生提供教学档案证明服务,2021 年提供学籍相关认证(学历、学位、成绩单证明等)4 228 人次,出具材料 16 088 份。这些证明事关毕业生的切身利益和事业发展,体现了学校对毕业生校友的关心支持。

(李静　苏雅澄　蔡远渊)

【学生人事档案管理】

接收 16 个学院本科生新生人事档案 2 804 卷;接收 19 个培养单位研究生(硕、博)新生人事档案 4 414 卷。

做好毕业生档案转寄服务。2021 年,通过邮局转寄或办理自带手续,转出本科生档案 1 513 卷,转出研究生档案 2 161 卷;未能转寄的,都在馆内安全保存。

接待校内外单位和个人利用学生人事档案总计 1 368 人次,查、借阅档案 2 342 卷次。

(孙海燕　李翰卿)

【档案信息化建设】

多效并举,提升传统档案和电子档案的信息化管理能力,信息化建设迈开新步伐。具体措施包括:实施“档案综合管理与利用服务平台”项目,升级档案管理系统,为今后更高水平的信息化管理打下良好基础;持续推动 OA 和电子成绩单的在线归档工作;起草《中国农业大学新闻网归档方案(初稿)》和《中国农业大学电子文件在线归档实施方案(讨论稿)》,探讨电子文件归档相关技术规范,积极推进新时期学校档案工作方式的转型;完成教学档案数字化加工 39 637 页,持续推动资源数字化建设;完成档案与校史馆新网站升级设计;组织申报 2022—2023 年信息化项目需求。

(蔡远渊)

【档案编研与校史工作】

继续面向全校师生员工及家属、校友和社会各界人士征集具有保存价值的校史相关档案资料,补充完善学校馆藏。2021 年,从校友及家属处征集到:实物 4 件,图书资料与纸质文稿 10 件,电子文稿及照片 1 600 余件。

继续建设“校史资料库”,为师生提供借阅服务。“校史资料库”全年新增图书与刊物

---

② 档案利用服务总数包含学生人事档案利用

61 种、92 本，目前共有中国农业大学校史、高校史及中国近现代教育史等相关书刊 563 种、1 005 本。向近十个单位提供借阅 25 本。

校史编研利用方面，完成《往事寻踪——中国农业大学校史研究》第一辑的编辑、校订和出版。协助我校原党委副书记王步峥编撰、出版《夕阳余晖——王步峥校史研究文集》。完成《中国农业大学革命历史纪事(1917—1949)》的初稿整理工作。积极参与学校组织的党史学习教育宣传及校园文化建设相关重要工作。梳理中国农业大学的青年运动历史，为《中国农业大学的革命传统概述》提供稿件 7 000 余字。牵头完成《中国农业大学校志(1991—2020)》编纂工作。

(桂银生　蔡远渊)

涿州教学实验场

【概况】

2021 年，中国农业大学涿州教学实验场(以下简称“实验场”)深入开展理论学习，以十九大精神、习近平新时代中国特色社会主义思想为指导，不断强化规矩意识和责任意识，注重政治建设，认真坚持民主集中制。在学校党委的坚强领导下，在河北省保定市、涿州市的大力支持下，实验场党政班子团结一致，依靠广大干部职工，提高政治站位，化解安全稳定风险；围绕学校中心工作和“双一流”建设，积极拓展办学资源，市校合作不断深化，全面夯实教科基础，重点项目落地建设加快，劳动教育实践形成示范；坚持发展第一要务，守正创新，破解发展难题，深化内部结构性改革，加快对外合作步伐，年度基本实现收支平衡；锐意进取，强化顶层设计，各项工作稳中求进，实验场发展进入新阶段、呈现新特点、彰显新气象。

(李佳兴)

【党建工作】

抓党建落实主体责任，抓实抓好党支部建设，提高干部队伍素质，加强支部文化墙建设，在机关、一分场、实验站、三分场、职工医院、涿园公司等支部建设党员之家，增强党员归属感。6 月，组织党员实践学习，赴曲周实验站，参观科技小院、向辛德惠院士敬献花篮，赴阜平县晋察冀边区革命纪念馆；召开支部书记例会 9 次；组织各支部完成党史学习组织生活会；召开党委会 14 次，党委通讯评议 4 次，组织理论中心组学习 13 次，教职工学习 9 次；邀请李桦老师、王尚敏老师讲党课；编印并发放《中国共产党为什么“能”》《马克思主义为什么“行”》《中国特色社会主义为什么“好”》等党员学习口袋书；组织“共产党献爱心”捐款，共 153 人捐款共计 15 860 元；邀请涿州市“老兵故事”宣讲团到实验场开展“学百年党史・听老兵故事”主题宣讲活动；组织党员观看革命题材的电影《悬崖之上》《辛亥革命》等。

强化党风廉政建设，深入开展纪检监察工作，全年共参与干部聘用、社会招聘、律师代理服务项目竞争性磋商招聘、历史遗留问题的调查及文件查找工作等 7 项;为进一步拓宽监督渠道,强化对党员干部职工的管理监督,促进实验场党风廉政建设和各项工作的有序开展,在实验场区重点位置设立“纪检监察意见箱”,专人管理。

全年发展积极分子 8 名,预备党员 10 名,预备党员转正 1 名。实验场党员 278 名,其中在职党员 177 名,离退休党员 101 名;党支部 13 个,其中在职教工支部 10 个,离退休党支部 3 个。

(李佳兴)

【对外交流】

2 月,涿州市市长蔡炜华、常务副市长李献峰一行到涿州国家农业科技园区调研,考察重点项目建设情况。实验场党委书记李克江、场长段刘伟陪同调研。

3 月,为实现科技、人才、产业的深度融合,助推乡村振兴,保定市农业农村局、涿州市农业农村局到实验场举办农业产业项目对接会。保定市农业农村局乡村产业处处长张振山,涿州市副市长岳新平、涿州市农业农村局局长秦国华,实验场场长段刘伟出席活动。

3 月,延河高校人才培养联盟(延河联盟)劳动教育基地在实验场揭牌。“延河联盟”由中国人民大学、北京理工大学、中国农业大学、北京外国语大学、中央音乐学院、中央美术学院、中央戏剧学院、中央民族大学、延安大学 9 所诞生于延安的高校自愿组成的联合组织,成立于 2019 年 3 月 16 日。联盟旨在共同推动我国高等教育坚持中国特色社会主义教育发展道路,培养德智体美劳全面发展的社会主义建设者和接班人。“延河联盟”劳动教育基地将充分发挥涿州教学实验场的平台和服务优势,将耕读教育与劳动教育有机结合,从知识、认知、实践等层面开展劳动教育。该劳动教育基地的建立将为“延河联盟”成员高校学生提供广阔的劳动教育的平台和空间。

4 月,上海均和集团副总裁施正贤一行到我校涿州国家农业科技园考察调研模式动物大设施项目,涿州市常务副市长李献峰,模式动物重大设施建设办公室主任兼涿州教学实验场副场长张树川等陪同。

4 月,保定幼儿师范高等专科学校劳动教育基地揭牌暨合作签约仪式在实验场举行。保定幼儿师范高等专科学校党委副书记、校长王英龙,实验场党委书记李克江、场长段刘伟等出席活动。

6 月,植物保护学院院长孙文献带领学院领导班子和北京市农林科学院植保环保所副所长王守现等到实验场考察调研并开展合作对接。实验场场长段刘伟接待调研。

7 月,全国农林高校教科基地发展协作会 2021 年度常务理事会会议在实验场召开。来自中国农业大学、西北农林科技大学、华中农业大学、华南农业大学、四川农业大学、沈阳农业大学、东北林业大学、浙江大学、西南大学、山东农业大学、东北农业大学等 11 所农林高校的教科基地(场站)负责人参加会议。会议由上庄实验站站长肖杰主持,实验场党委书记李克江、场长段刘伟出席会议仪式。

9 月,为助力国家打好种业翻身仗,立足涿州地缘优势,结合我校学科和成果优势,围绕打造玉米、小麦、水稻、大豆、甘薯等作物的新品种试验研发与成熟品种生产示范,我校涿州教学实验场与涿州市农业农村局举行“种子赛道”生产示范与创新试验基地框架合作协议签约仪式。中国工程院院士、我校农学院教授戴景瑞，河北省农业农村厅二级巡视员、种植业处处长李联习，保定市农业农村局党组书记张明，涿州市委副书记李献峰，校长助理张永生，农学院党委书记张远帆，涿州教学实验场党委书记李克江出席活动，场长段刘伟主持仪式。

9月，为推进保定市与我校市校合作，促进涿州农高区申创工作，河北省农业农村厅厅长王国发、保定市市长闫继红到涿州教学实验场(农业科技园)调研。河北省农业农村厅二级巡视员李联习，保定市政协副主席王保辉、农业农村局党组书记张明，涿州市委书记姚运涛、市长蔡炜华，我校校长助理张永生，涿州教学实验场党委书记李克江、场长段刘伟、模式动物重大设施建设办公室主任张树川陪同考察交流。

9月，保定市委书记党晓龙率保定市所辖22个区县书记、保定市主要部门负责人一行50余人到实验场考察观摩模式动物表型与遗传研究大设施，调研科技园区建设及规划情况。涿州市委书记姚运涛、保定市驻涿督察组组长曹学伟，我校校长助理张永生，大设施副首席科学家赵要风教授、实验场党委书记李克江、场长段刘伟，模式动物重大设施建设办公室主任张树川等陪同调研。

12月，中国人民大学后勤集团总经理宋大我一行到实验场调研劳动教育开展情况，实验场党委书记李克江会见了宋大我一行，实验场场长段刘伟陪同调研并进行座谈交流。

12月，保定市委副书记商黎兵一行到实验场调研，涿州市委书记蔡炜华，市委副书记、代市长李献峰，实验场党委书记李克江、场长段刘伟陪同调研。

12月，新疆生产建设兵团第二师常委、副师长陈冲一行到实验场考察调研，保定市发改委二级调研员毛苏宁、涿州市委副书记、代市长李献峰，实验场场长段刘伟陪同考察。

(李佳兴)

【园区建设】

“人才家园”项目 专家公寓C、D区室外工程及围墙工程、弱电工程、室外安防工程、消防水池工程、室外天然气管道铺设、绿化景观工程等已全部通过验收并投入使用。作为市校合作重点项目，克服重重困难，年度内已取得开工证、预售证，目前工程建设已近尾声，2021年共接待百余人次，认购2套，目前认购人数为51户。陪同已放款的业主进行房屋验收及领取钥匙，已完成12户。收取物业费82.26万元，水费11.68万元，电费12.78万元，菜园技术服务费5.4万元；果园扭亏为盈本年度创收6万元。

园区项目 接受了河北省“农业科创小镇”和“星创天地”的检查验收。完成河北省创新能力提升计划项目“涿州智能农业园区创新创业平台建设与示范”验收工作。申报了“全国农村创业创新园区(基地)”“2021科创中国科普示范基地”“河北省2021年农民教育培训实习实训基地”“2021—2025年度全国科普教育基地”等科技专项。已入选农业农村部《全国农村创业园区(基地)目录(2021)》。

在市校合作持续推进的大背景下，“种子赛道”生产示范与创新试验基地项目立足涿州地缘优势，结合我校学科和成果优势，围绕打造玉米、小麦、水稻、大豆、甘薯等作物的新品种试验研发与成熟品种生产示范，在实验场签约实施，将助力国家打好种业翻身仗。

2021 年克服疫情影响，稳步推进模式动物表型与遗传研究重大设施项目高质量建设，建安工程于 2021 年底全面完工，工艺系统同步配合优化方案，落实采购计划，被推选为“河北省云观摩工地”示范展示，成为属地高质量示范工程，并作为“2021 河北省重点项目建设巡礼”媒体巡访活动的第一站。

农业农村部饲料工业中心涿州试验基地项目重启施工。该项目总投资 1 790 万元，占地 100 亩，于 2016 年开工。

国家玉米全程机械化项目基本完成。该项目占地面积 1 650 亩，总投资额 8 212 万元，含田间工程 2 494 万元。其中，围墙工程 4 000 余米，于 2016 年完成招标，但因与周边村民的矛盾争议等迟迟无法动工。经实验场与地方艰苦协商，项目于 2020 年 9 月开工建设。2021 年，项目实现基本完工：农机库、农资库工程进展顺利，完成 95％以上；田间路网工程完成 70％。

万亩高标准农田改造项目与 7 000 亩综合实验站建设正式启动。2021 年，涿州教学实验场成功申请农业农村部资金 2 000 万元，启动高标准农田建设项目，建设东部 7 000 亩综合实验站，中西部改造 3 000 余亩。目前，项目已完成区域选定、土地丈量、方案设计、施工招投标等工作，计划 2022 年开始施工。同时，实验场东部区域 7 000 亩综合实验站围墙建设已列入涿州市重点支持项目，将与高标准农田工程改造同步实施。7 000 亩综合实验站建成，将为我校教学科研提供充足的空间布局，为广大师生教学科研提供稳定、安全、可持续、高水平的教学科研环境。

农业农村饲草料加工技术集成科研基地建设完成。该基地占地 100 亩。基地所有精密仪器和农机设备都已安装调试完毕，并初步开展了苜蓿和全株玉米等饲草的青贮发酵研究，后续将在饲草预消化技术、动物高效利用、青贮微生物菌剂研制等饲草加工与利用领域开展技术攻关。

农业农村部精准渔业技术集成科研基地建设完成。该基地设备安装已经全面到位，开展了鱼菜共生的前期研究，后续将在渔业智能装备、在线监控与智能决策模型、精准渔业系统集成等领域开展共性核心技术攻关。

农业农村部葡萄无病毒原种基地完工，葡萄酒实训研发中心即将投产。项目总投资近 6 000 万元。2020 年 9 月重新开工，目前内部装修基本完成，等待设备购置安装。2021 年，实验场积极组织力量专门推进该项目验收所需各类手续办理，为项目投入使用和实现产业化运营做好准备工作。

农业农村部精准农业技术集成科研基地（畜牧业）设备安装完毕即将投入使用。项目将依托实验场现有种猪养殖场、家禽养殖场和奶牛养殖场等，构建畜牧物联网与大数据中心、生猪精准养殖科学实验室、精准家禽养殖科学实验室、精准奶牛养殖科学实验室，形成“一个中心＋三个科学实验室”的建设格局，开展教学科研、人才培养、学术交流和社会服务等活动。

作物分子育种创新中心项目实现年度开工，该项目总建筑面积 35 000 平方米，计划投资 32 924 万元，将于 2023 年建成。项目以京津冀为核心，主要针对玉米、小麦、棉花三大作物，兼顾旱地作物和蔬菜，构建国家级农作物育种创新基地，形成从基础研究、应用研究到应用推广的种业全产业链创新体系，未来还将为国家种业创新和种子“芯片”提供科技支撑。

科技园区核心区环境综合整治提升工程竣工，年度争取涿州市政府支持专项资金近3 000万元，实施科技园区核心区“路树灯墙花”工程，对涿州国家农业科技园展览馆、科技园区 logo 塔和西大门、道路两侧围栏、农耕文化长廊和道路绿化等进行了全面提升和改造。

【教科支撑能力显著提升】

教学会议中心全面建成并投入使用，其中教学会议中心建筑面积6 724平方米，目前拥有容纳500人的报告厅1个，容纳300人的报告厅1个，容纳100人的教室2间，大中小会议室4个，可同时承接教学会议1 000人次。2021年成功接待学校本科生近3 000人进行劳动教育实践活动。

（李佳兴）

【主要工作】

实习实训 率先实施劳动教育，建立具有耕读特色的知农爱农人才培养方案。联合本科生院专门划定区域，提供近百亩土地，全力打造校级“综合育人实践基地”，全面提升学生创新创业能力，培养学生的“知农 爱农”情怀。

3月，“延河联盟”劳动教育基地在实验场揭牌。充分发挥实验场的平台和服务优势，开设耕读劳动专区，围绕促进学生全面发展的教育需求，强化实习实践和劳动教育基地建设。

7月，为落实中共中央、国务院印发的《关于全面加强新时代大中小学劳动教育的意见》，编制劳动教育基地实施方案及课程安排，分批次接待中国农业大学2020级本科生入场开展劳动教育；落地项目承接和支撑学生超过3 000人次。

对外合作 实验场与涿州市农业农村局签订《涿州市农业农村局和中国农业大学涿州教学实验场“种子赛道”生产示范与创新试验基地框架合作协议》；与河北世际德力食品有限公司、涿州市农业农村局签订《涿州市“种业赛道”生产示范基地（鲜食玉米）协议》；学校、涿州市政府、葛洲坝集团三方签署《涿州市人民政府-中国农业大学-葛洲坝集团战略合作框架协议》；学校与保定市人民政府签署《保定市人民政府-中国农业大学农业科技创新合作协议》。

建章立制 修订《涿州教学实验场党委会会议议事规则》《涿州教学实验场党政联席会议议事规则》《涿州教学实验场关于执行“三重一大”决策制度的实施办法》《涿州教学实验场中层干部“约法十条”》《涿州教学实验场场长办公会议议事规则》。

内部改革 全面启动人员分类改革，有序推进人员分类管理与绩效考核实施方案，修订、完善实验场三定方案及在职职工年度考核方案、在岗职工绩效考核方案、人员分类管理方案等规章制度，作为在职干部、职工薪级晋升、职称评审、技能等级考评、奖励绩效工资发放的重要依据。组织实验场职工进行专项绩效考核，并根据部门及职工考核情况具体核定分配方案。

财务管理 开源节流，财务基本收支平衡，有效化解财务困境；完成实验场 5 100 余亩小麦收获，引导部分职工停薪承包种植，全年收入 453 万元，盈利 330 万元；有效增收节支 59 万元；2021 年通过开源节流，年度收入达 5 719 万元，较 2020 年 4 379 万元，增加 1 340 万元。多年来首次实现收支基本平衡，年度内未向学校借款。

人事管理 完成在职职工薪级工资调整 309 人次，月人均调增 77 元；完成在岗职工薪级工资调整 232 人次；组织实验场工人技能等级晋升考核，报送高级工拟考档案 10 人份，充分发挥机关事业单位工人技能等级考核的激励导向作用。截至 2021 年底，全场职工共计 817 人，在职职工 285 人，离退休职工 532 名，全年办理退休 26 人。

爱心帮扶 努力构建党委与职工“心连心”帮扶制度，组织专人深入一线调研指导，定期走访困难群众和退休党员，七一前夕看望慰问 80 岁以上老党员 29 名，送去慰问金及党组织的关心和温暖，发放慰问金 14 500 元；组织实验场职工免费体检。

（李佳兴）

曲周实验站

【概况】

中国农业大学曲周实验站建于 1973 年，是黄淮海平原最早建立的农业科研实验站之一。曲周实验站占地 1 088 亩，总建筑面积 12 500 平方米，其中，实验楼 2 400 平方米，办公培训楼 4 000 平方米，国际研究中心 2 660 平方米，实验用地规划规范。2021 年在职人员中有教授 2 人、高级农艺师 3 人、农艺师 2 人，以及合同制和学校 C 岗职工 30 名。2021 年是曲周实验站建站 48 周年，在学校的正确领导和各职能部门的帮助、指导下，在曲周县委、县政府的大力支持下，曲周实验站在党建、基地建设、县校合作、科学研究、社会服务、人才培养、疫情防控、曲周精神传承等方面，都取得显著进展。

（张晓宁）

【党建工作】

基层党建不断强化，实验站教工党支部获得学校“先进党组织”称号 2021 年，根据学校党委安排，曲周实验站教工党支部实施“四强化”举措，不断加强党支部建设。一是加强支委建设，提高管理水平，有效服务实验站各项核心工作；二是强化理论学习，利用多种方式，组织党员认真学党章、学系列讲话，提高理论思想水平；三是强化特色党建，利用学校农村基层党建研究中心落户曲周的契机，以及承担的学校教工党支部“凝聚党员力量，服务乡村振兴，助推中非友谊”项目，采取站-院共建、站-村共建、站-校共建、师-生党支部共建等方式，加强党支部与学校、地方中学、科技小院所在村镇及学生党支部等的联系，将党支部工作与推动中非友谊融合在一起；四是强化堡垒作用，组织党员奋战在疫情防控、防涝救灾、基础设施建设以及人才培养、科研保障、社会服务与曲周精神传承第一线。

（张晓宁）

【基础建设】

国家野外科学观测研究站建设加快推进 10月，科技部正式批复“河北曲周农业绿色发展野外科学观测研究站”建设。实验站围绕建设目标，积极推进各项工作，顺利完成野外台站实施方案制定；新建国家野外台站大门及南北道路并投入使用；新布置面积70亩的“生命共同体”长期定位实验顺利运行；面积15亩的综合观测实验场所各项前期准备工作如期完成；新的网站开始运行。

国家农业科学曲周观测实验站获农业农村部批准建设 曲周实验站年内通过农业农村部组织的国家农业科学曲周观测实验站申报答辩，获批建设，顺利完成并提交可行性研究报告，拟投入基建和仪器购买经费共1 500万元。

县域现代农业绿色发展“1+9”监测体系初步建成并投入运行 完成覆盖曲周全县的“1(实验站)+9(9个乡镇)”水土气生监测网络及曲周实验站大数据平台建设并投入使用，为服务学校长期综合科研观测和县域农业绿色发展提供数据支撑。

现代化农机装备实践培训基地完成建设 在工学院及曲周县农业农村部门大力支持下，曲周实验站现代化农机装备实践培训基地练车场及附属设施完成建设，这是我国第一个在高校设立的拖拉机和联合收获机培训和标准化考试基地。面向学校研究生的现代农机装备应用综合能力提升专题班如期举办，第一期28名研究生农机培训顺利完成并获得结业证书与农业农村部颁发的驾驶资格证；在基地成功举办了河北省农机推广“田间日”活动，得到省、地农机部门领导充分肯定。

曲周“国家现代农业科技示范展示基地”建设稳步推进 在河北省农业农村厅的支持下，组织编写曲周“国家现代农业科技示范展示基地”2021年度建设方案获批，拨付建设经费100万元，聚焦优质麦绿色生产技术研究示范，推动曲周县粮食产业绿色转型。

试验地道路建设、站内天然气供暖工程与实验室改造工程顺利进行 在学校和曲周县政府支持下，将实验站试验田交通道路建设列入曲周县2021年高标准农田建设项目，投资145万元、长度3 441米的田间道路硬化工程如期启动；天然气主管道进站及站内天然气供暖工程设施建设稳步推进；实验室样品库改造顺利完成。

“科学家精神教育基地”落户曲周 曲周科技小院被河北省科协确定为科学家精神教育基地，为针对广大研究生、本科生和中小学生开展科学家精神教育打下良好基础。

防灾抗灾工作取得阶段性胜利 在8—10月实验站多处受淹的情况下，动员党员职工和在站学生党员组成抢险小分队，投身国际楼防漏、站内排水设施建设工作，组织突击队日夜值守，加强排水，将灾情对实验站的影响降到最低。

（张晓宁）

【县校合作】

协助曲周县申报并获批全国农业科技现代化先行县 6—11月，协助曲周县整理申报、答辩材料，成功申报并获批全国农业科技现代化先行县，合作制定了实施“1355”工程，推动曲周农业绿色发展、乡村振兴的建设方案。11月，县校签约。

密切校地互动，推进各项合作不断深化 3月，曲周县委书记李凡考察农大；河北省科技厅副厅长张永强考察曲周实验站；4 月，邯郸市委副书记樊成华考察实验站，曲周县尹丽龙县长主持召开曲周县落实邯郸市政府与中国农业大学对接议定事项调度会；5 月，校务委员会副主任宁秋娅考察对接曲周农村基层党建工作；6 月，曲周县委刘伟副书记赴农大对接先行县申报事宜；7 月，资环学院党委书记王雯到曲周与县委书记孟凡雄对接县院合作；9 月，曲周县副县长路风杰一行来访中国农业大学，商讨共建实验站事宜；11 月，先行县共建工作线上签约；邯郸市委常委、宣传部部长杜树杰考察实验站；12 月，曲周县委书记孟凡雄赴农大对接乡村振兴。

实验站积极协调，于 5 月邀请中国绿色食品发展中心张荣华主任考察曲周，推动曲周县、中国绿色食品发展中心与绿色发展研究院三方签署合作协议，助力农业绿色发展、乡村振兴。

实验站技术支持曲周县建立万亩优质麦示范基地，发展甜叶菊绿色种植面积 1.6 万亩。

（张晓宁）

【科学研究】

2021 年，曲周实验站累计承担各类科研项目 33 个，到站经费 108 万元。为学校资源与环境学院、农学院、工学院、园艺学院、人文与发展学院等学院以及中国农科院、河北工程大学等科研单位专家和研究生常驻实验站开展科研工作提供了坚实保障，累计为 225 名研究生（其中博士生 60 人、硕士生 165 人），56 名学校教师和 8 名校外科技人员来站开展科研工作提供了优质服务。

在切实服务校内外科研人员来站开展科研活动的同时，不断强化自身科研能力建设和项目争取。承担的农业农村部耕地保护中心土壤质量监测等项目顺利开展；承担的河北省农业农村厅支持的优质麦、粮食全程机械化研究等项目取得显著成效；参与的国家十三五重点研发课题作物专用高效复混肥研制与产业化、化肥减施增效技术信息化服务系统建设研究、作物地上-地下协同与氮高效调控等项目顺利进行；承担的甜叶菊绿色技术研究与应用项目通过验收；承担的国家农业科技示范基地冬小麦夏玉米绿色种植示范项目顺利完成；县域农机农艺结合研究工作取得实质进展，研发的“四密一稀”绿色种植技术推广取得初步成效；培育的小麦品种“农大 5321 蓝”与“农大 4218 紫”通过河北省审定；申报专利 3 项；制定了《冬小麦高产高效种植技术规程》《甜叶菊节肥减药种植技术规程》《蛋鸡绿色养殖技术规程》等规程，为曲周及其周边地区的冬小麦、甜叶菊的种植以及蛋鸡的养殖绿色转型提供技术支撑。“十四五”重点研发项目课题申请取得阶段性成果，争取经费 1 000 余万元。

2021 年，发表论文 17 篇（其中 SCI 论文 12 篇），编写地方标准 1 个，论著 2 部。

（张晓宁）

【社会服务】

农业技术培训与推广服务成效显著 2021 年，共有 21 名科技小院研究生、8 名实验站专业技术人员与 10 余名来站专家立足生产一线开展社会服务工作。重点研究、推广优质麦、甜叶菊、饲用玉米和蔬菜绿色种植技术，低蛋白日粮技术，畜禽粪污集中处理氨减排技术，种养一体化技术等15项技术；累计开展农民培训会与田间观摩会68场次，培训家庭农场等新型经营主体3 255人次。疫情期间线上服务群众被新华社等多家媒体广泛报道。

依托科技小院，服务乡村振兴 采取实验站职工与科技小院研究生结对子的方式，立足科技小院，聚焦特色与主导产业（前衙村地葡萄、德众保护地葡萄、相公庄苹果、白寨种养一体化、王庄优质麦、育苗园区蔬菜育苗、岳庄甜叶菊等），通过产业带动乡村振兴。

响应地方政府号召，积极投身抗灾救灾 2021年，曲周降雨量累计超过1 000毫米，农田被淹，累计36个受淹村，组织甜叶菊科技小院研究生开展全县调研，提出甜叶菊防涝技术方案；组织职工及科技小院研究生积极参与曲周县玉米抢收、小麦抢播技术服务中，与曲周县农业农村局一起制定补救技术方案；通过曲周县政协提出加强农田排涝设施建设议案。5名教师、职工获得曲周县政府农业服务先进个人称号。

积极开展各种形式的文化活动，助力乡风文明 年内，组织职工及科技小院研究生，举办儿童节晚会、母亲节晚会、中秋晚会、建党100周年晚会等各种形式的农村文化活动10余场次，通过文化活动更好地推进科技小院进行农技推广、科技示范等工作，打造绿色种植示范村。

实验站相关活动被中央电视台报道4次、新华社报道5次、《人民日报》报道2次、《光明日报》报道1次、《农民日报》报道2次。

（张晓宁）

【人才培养】

2021年，在不断强化疫情防控条件下，曲周实验站开展各类人才培养工作，努力将实验站打造为面向校内外博士、硕士研究生与本科生，曲周县及周边县职业农民、中学生、小学生，青年干部，以及非洲留学生的综合农业人才培养基地。

年内，先后有204名校内外研究生（其中博士生60人、硕士生44人）来站开展科研和社会服务训练以及曲周精神学习教育与实践。累计毕业40名研究生（含5名博士生、35名硕士生）。同时，为7名中非科技小院非洲留学生驻站培养提供支撑；完成中国农业大学国家农业绿色发展研究院46名博士研究生立德树人暑期夏令营活动。

科技小院专业学位研究生工作不断加强。2021年共有21名专业学位研究生在曲周科技小院生活并开展科研与社会服务工作，采取“学校＋曲周实验站＋农业农村局”多导师联合指导方式强化学生培养，共有10名中国农业大学教师、8名曲周实验站职工、10名曲周县农业农村局技术人员参与科技小院研究生培养。有19名研究生被曲周县科技和工业信息化局聘请为曲周县科技特派员。暑期，克服疫情影响，积极谋划，顺利完成全国科技小院网络71名专业学位研究生暑期为期一个月的驻站、驻村培训。2021年曲周科技小院研究生共发表文章5篇，其中SCI 1篇，申请专利2项。

本科生实践教学活动不断加强。年内，承担学校资源与环境学院140名本科生线上实习、河北农业大学48名本科生与河北大学75名本科生线下实习。承接南京农业大学55名本科生暑期调研活动。

年内，面向邯郸市中小学生广泛开展各类科普活动，其中与邯郸青杨研学教育科技有限公司以及天运中学等合作，开展科普活动 3 次；与曲周县文曲中学合作，面向 2 300 名高中生，举办粮食日活动，开展曲周精神教育和粮食安全宣传。

新型职业农民培训工作继续加强。与邢台农广校、曲周职教中心、曲周农广校和邱县农广校合作，举办四期新兴职业农民培训，累计 250 余人。

（张晓宁）

【疫情防控】

加强疫情防控，筑牢安全防线。曲周实验站高度重视新冠疫情防控工作，根据学校和地方新冠病毒疫情防控工作要求与全国疫情形势，及时组织全体职工及师生部署站内疫情防控工作。在日常疫情防控工作中，对实验站出入人员严格执行体温、健康码、行程码等的询查登记，阻断疫情输入。对实验站全方位无死角消毒，制定《疫情防控期间实验站门岗出入制度》《疫情防控期间师生往返曲周实验站的管理规定》等相关制度规定，统一管理，确保疫情防控工作落实到位。组织全体职工及驻站师生及时进行新冠疫苗注射。自 2021 年 11 月开始，经过与曲周县新冠疫情防控中心协商，将曲周实验站在职职工纳入“重点人群核酸例行检测”范围，每周一进行例行核酸检测。

（张晓宁）

【曲周精神传承】

宣讲曲周精神。实验站利用建立的邯郸市“不忘初心　牢记使命”主题教育“先锋课堂”教育资源，对社会各界进行“曲周精神”宣讲 65 次。

（张晓宁）

上庄实验站

【概况】

上庄实验站是中国农业大学直属正处级教学辅助机构，成立于 2004 年 9 月，位于北京市海淀区上庄镇，总占地面积 1 240 亩。2021 年在职人员 30 人，其中事业编 8 人，农事服务 22 人；博士 3 人，硕士 3 人，本科 7 人；高级职称 2 人，中级职称 10 人；另还外聘农事服务团队人员 16 人。

2021 年，上庄实验站以习近平新时代中国特色社会主义思想为指导，深入学习贯彻党的十九大和十九届历次全会精神，以及教育部和学校相关工作会议精神，按照学校第四次党代会的战略部署、“5＋1”工程布局和“十四五”规划的目标任务，以服务师生、保障科教为宗旨，以学校党政工作要点为抓手，结合实验站的功能定位与发展目标，在做好常态化疫情防控的同时，扎实提升基层党建质量，大力推进基地建设、科研教学服务、对外交流与社会服务等工作，为学校“双一流”建设提供有力支撑和保障。

（邹东云　李彦明）

【领导更换】

10月31日，上庄实验站原站长肖杰同志突发疾病，经抢救无效去世。

11月24日，中国农业大学发文（中农大校任〔2021〕9号），任命邹东云同志为上庄实验站站长。

（陈少方）

【党建工作】

2021年，中国农大上庄党支部共有党员6名，培养发展对象1名、积极分子1名，上庄党支部组织职工和党员多元化开展政治理论和时事学习共计11次，严格贯彻“三会一课”制度，全年召开12次支部党员大会，落实党史学习教育任务，开展了“学党史、讲党课”“学党史、办实事”“学党史、解难事”“学党史、谋大事”“学党史、创新事”等系列专题学习活动。12月，完成党支部的换届工作，选举新的支部班子成员，邹东云为党支部书记，魏春为党支部副书记。

以支部共建促党建提升，先后与兴唐通信数据所团委、人发学院研究生会党支部、世界知识出版社第一党支部、中国农业大学工会党支部等开展了党建共建活动，分享党建经验和做法，促进党建工作的共同提升。

（魏春）

【基地建设】

2021年累计召开21次工作会议讨论相关服务细则，召开3次职工大会讨论实验站发展事项和解决发展存在问题，完善实验站管理制度和试验地服务模式，全面试运行网格化管理服务，量化田间工作任务，优化试验田管理流程，提高了科研试验的服务质量与工作效率，完成了年度工作任务。

（魏春）

完成4亩百果园的建设，种植果树品种20个，为劳动教育和科普教育提供有效支撑。启动转基因基地围栏修缮工作，完成1 100米围栏和监控系统的全面维修，保障基地转基因试验材料生物安全。全年增添播种机、激光平地仪器、移动式小型揉丝机、粉碎机、小麦播种机等农机具装备若干，有效保障科研生产需要。

（何光荣）

开展了基地服务满意度调查，多渠道收集师生意见和建议，现场办公解决实验站环境治理、科研试验、防火、防盗、生产安全等工作中存在的不足，并进行责任分工落实整改任务，全面整改不符合消防安全要求的设施与设备。

（陈少方　李立公）

【实践教学】

组织完成《涉农林高校教科基地劳动教育实践指导》的编著工作。全年承担中国农业大学理学院、农学院、园艺学院、资源与环境学院、土地科学与技术学院、水利与土木工程学院、工学院、经济管理学院、植物保护学院等学院，以及北京农学院的本科生实习实践教学任务，共计 1 269 人。

制定《大中小学劳动教育实施方案》，完成《劳动教育手册》编制和课程分类，并承接了首都师范大学第二附属中学高一年级、中国农业大学附属小学五年级学生以及中国农业大学理学院、人文与发展学院、生物学院、经济管理学院研究生新生的劳动教育任务，共计 914 多人。创新线上授课方式，举办全国青少年高校科学营云课堂，参与人数计 375 人。

2021 年完成实习实践及劳动教育任务情况

序号	单位名称	实习时间	人数	实习内容
1	理学院	7 月 6 日、9 日	208	本科专业实习
2	农学院	7 月 7 日	100	本科专业实习
3	资源与环境学院	7 月 8 日	131	本科专业实习
4	经济管理学院	7 月 12—13 日	278	本科专业实习
5	工学院	6 月 27—28 日	75	本科专业实习
6	水利与土木工程学院	7 月 5 日	60	本科专业实习
7	土地科学与技术学院	7 月，9 月 3—5 日	69	本科专业实习
8	北京农学院	12 月 10 日	75	本科专业实习
9	全国青少年高校科学营	7 月 28 日	375	线上农耕讲座
10	农学院、园艺学院、植物保护学院	10 月 9 日、11 日、13 日	273	农机专业实训
11	理学院	9 月 11—12 日	126	研究生劳动教育
12	人文与发展学院	9 月 18—19 日	150	研究生劳动教育
13	中国农业大学附属小学	10 月 15 日	175	小学生劳动教育
14	首都师范大学第二附属中学	10 月 14 日	193	中学生劳动教育
15	生物学院	10 月 17 日	170	研究生劳动教育
16	经济管理学院	10 月 19 日	100	研究生劳动教育

（张旭）

【科学研究】

2021 年，实验站为中国农业大学农学院、园艺学院、资源与环境学院、生物学院、植物保护学院、水利与土木工程学院、信息与电气工程学院、理学院、草业科学与技术学院、动物医学院、工学院、土地科学与技术学院以及人文与发展学院 13 个学院 94 个课题组 300 余个科研项目提供科研服务，全年接待师生近 20 000 人次。

自主承担的科研试验及示范推广包括：北京市种子管理站组织的小麦品种区域试验，包括高产稳产组区域试验和生产试验，其中区域试验的参试品种 17 个，生产试验的参试品种 3 个；实验站自主种植示范 195.9 亩，作物有国内不同品种玉米、花生、甘薯、大豆等。

2021年科研用地情况统计表

序号	用地单位	面积/亩	备注(含种植作物)
1	草业科学与技术学院	14.2	牧草、玉米
2	工学院	6	玉米
3	人文与发展学院	1	大豆
4	理学院	28.4	蔬菜、小麦、玉米、甘薯
5	农学院	521.53	小麦、大豆、水稻、棉花、玉米、中药材、高粱
6	农业农村部	75	蔬菜、棉花、大豆、玉米
7	生物学院	25	玉米
8	种子管理站	7	小麦
9	水利与土木工程学院	5	设施农作物
10	土地管理学院	17.3	小麦
11	信息与电气工程学院	9	玉米、小麦
12	园艺学院	85	果树、蔬菜、菊花
13	植物保护学院	33.83	小麦、水稻、果树、玉米、甜菜、棉花
14	资源与环境学院	70.75	玉米、小麦、牧草、蔬菜
15	后勤保障处	10	苗木
16	实验站教学用地	195.9	鲜食玉米、花生、甘薯、大豆

(王占森)

【社会服务】

整合校内智库资源，扎实推进科技指导与乡村振兴工作。组织多批次专家学者为西辛力屯村、双塔村和前章村提供农业科技服务和生产指导；为首农集团和申隆公司等农业企业提供种植服务，先后组织上庄镇政府、农业服务中心、西辛力屯村村委会、清华大学建筑设计院及山东高速相关专家领导进行座谈，通过整合多方力量，为上庄镇西辛力屯村进行全面规划，提供发展建议。与平谷区峪口镇西樊各庄科技小院师生开展交流座谈，积极为当地农业产业建设与发展献计献策，助力当地乡村振兴。以农业发展和农村建设的需求为导向，积极响应“智汇海淀”人才主题周系列活动，与上庄镇共同开展“希望田野梦飞扬”主题活动，组织专家进行农业科技指导，激发当地农村地区实用人才投身“三农”事业发展的内在活力。

(何光荣)

【交流合作】

联合中国农业大学工会开展“一分地”农业科普、农事体验、休闲锻炼活动，与兴唐通讯数据所工会、海淀区总工会、河南农业大学科教园区、西北农林科技大学场站服务中心、中国农业大学国际学院、北京京师中教集团、清华大学建筑设计研究院、思朴(北京)国际城市规划设计有限公司、北京市海淀区教育委员会各学区等单位共商合作交流事宜。

组织参加 2021 年全国农林高校教科基地发展协作会常务理事会议，与全国 11 所农林高校开展交流，探讨农业科技合作新模式，探索教科基地在助推学校农业科技新成果、新产品和新技术等的转化，服务地方社会发展和经济建设中的作用。

（刘思敏）

中国饲料博物馆

【概况】

饲料博物馆位于中国农业大学西校区，由原中国农业大学农业部饲料中心“中试车间”改造而来，“中试车间”于 1998 年 11 月 19 日落成，是当时中国唯一、世界一流的“饲料中试车间”；为了让动物营养与饲料科学专业的学生了解行业的历史与现状，补充动手能力不足的短板，将动物营养学与饲料加工工艺学有机结合，培养行业复合型创新人才，将饲料中试车间改造为饲料博物馆。其中原来的饲料添加剂、预混合饲料、配合饲料 3 条生产线改造后专门用于现场教学，原来的库房改造为综合厅、科教厅、原料厅和机械厅；饲料博物馆建成于 2016 年，总面积 3 280 平方米，包括 1 个序厅、4 个主题展厅（综合厅、科教厅、原料标本厅和机械厅）和 2 个主题空间（阅览室和放映室）。采用声光电等方式，应用信息技术、远程控制技术，实现学生身在教室，就可以看到饲料机械制造、饲料加工、畜禽养殖现场，开展体验式教学，传承优秀的历史文化，把握营养与饲料学科发展历史与现状。同时饲料博物馆致力服务行业，回馈社会，力求“传承过去、记载当代、激励后学、引领未来”。

饲料博物馆是世界上第一个以“绿色、安全、健康、环保、天然”为主旨，系统回顾饲料行业发展历史，关注行业发展现状，展示饲料工业成就，集教学、科研、科普、文化传承为一体，引领饲料行业发展的博物馆。

2021 年，饲料博物馆在完成日常参观接待、现场教学等基本业务的基础上，全力做好防疫工作，着力推进馆内基本设施建设和藏品信息化建设。

（王翠芳）

【功能定位】

饲料学科相关本科生和研究生教学的第二课堂 博物馆内的饲料原料、添加剂和饲料标本，饲料机械设施和设备，历史文献资料和文件、书籍，远程视频教学设施和三维动画模型等，可以用于畜牧学科学生在饲料学、饲料原料学、添加剂学、饲料加工学、农业机械以及畜牧和草学专业教育，将原来的以书本教育、课堂教育转变为现场教学与理论教学一体化，探索动物营养学与饲料加工工艺学有机结合，实现实物式、参与式、体验式、示范式教学。

支撑科研 通过博物馆内的实物和模型，求学者可以理解饲料行业在某一点上的研究历史和进展，由此更好地进行创新，为培养创新型人才提供帮助。

科普教育 通过各种形式展示饲料行业的核心技术、取得的成就以及在社会中的地位，帮助社会各阶层系统全面了解饲料行业，让饲料行业走向社会大众。

农业文化传承 中国有优秀的农耕文明，畜牧行业前辈在教书育人、学科建设上有诸多优良的文化传统。一张照片、一件实物往往能够唤起一段记忆，讲述一个故事，教育一批参观者。

（王翠芳）

【主要工作】

2021 年，博物馆共完成参观接待任务 80 余次，计 1 300 余人；其中外事接待 3 次，80 余人；企业 20 余家，400 余人；班级 9 个，400 余人；共完成了 12 堂现场教学课程，共 400 余人参加。主要开展并参与的工作如下：

2021 年全国博物馆讲解员线上培训及全国博物馆陈列展览线上培训学习；

“学党史，传承红色基因”展览活动成功举办；

博物馆代表参加“2021 年全国科技活动周暨北京科技周活动”；

接待了国家粮食和物资储备局安全仓储与科技司司长周冠华一行巡视考察；

接待中央第九巡视组 40 余人的巡视考察；

荣获中国高科技产业化研究会 2020 年度学会工作先进单位；

北京高校博物馆联盟饲料博物馆（饲料科普专题展览）申报北京市教育委员会人才培养共建项目；

饲料博物馆申报全国科普教育基地。

（王翠芳）

【藏品情况】

目前馆内有原料标本 2 200 余种，中央机组展厅 3 条生产线，饲料机械模型 12 个，相关古籍、期刊 450 余册。

（王翠芳 ）

北京中农大创新研修学院/中国农业大学国家大学科技园

【概况】

北京中农大创新研修学院/中国农业大学国家大学科技园（以下简称“科技园”）是学校科技企业孵化、科技成果向社会推广转化、双创人才培养的支撑平台和直属机构，是学校教学科研的重要服务窗口，是科技部、教育部认定的国家级大学科技园。

2021 年，科技园在学校党委的正确领导下，深入开展党史学习教育和党的十九届六中全会精神学习，围绕学校的中心工作，统筹校园安全稳定和科技园健康发展两个大局，聚焦师生及科技企业现实关切，做服务、解难题、办实事，各项工作均取得了新成就。2021 年度，科技园获中国技术市场协会金桥奖第三届“三农”科技服务金桥奖集体优秀奖；科技园双创人才培训模式获得学校教学成果奖二等奖；获批入选第四批“中国留学人员创业园区孵化基地”；科技部会同教育部对115家国家大学科技园进行了绩效评价，我校科技园结果为合格。获北京市教育委员会“2020年度民办高等学校及其他民办高等教育机构办学状况检查”工作“基本通过”结果。

经北京市教育委员会、北京市民政局批准，“北京建设大学”正式更名为“北京中农大创新研修学院”。2021年4月北京市市长陈吉宁带队前来科技园专题调研。

（赵忠英）

【党建工作】

2021年，北京中农大创新研修学院党支部严格落实“三会一课”制度，推进“两学一做”常态化制度化，不断增强“四个意识”、坚定“四个自信”、做到“两个维护”。全年召开支委会12次，党员大会5次，书记讲党课4次，双周三党员专题学习活动23次，微信党课12次，专题党日活动10次。

在党史学习教育活动中，围绕“学史明理、学史增信、学史崇德、学史力行”工作目标，紧扣“学党史、悟思想、办实事、开新局”工作思路，坚持高标准、严要求，努力抓好党建工作支撑点、着力点、结合点，精心谋划、周密布局、创新方式，通过“线上＋线下”“领学＋自学”、线上“云参观”等多种形式，全力推动党建工作和业务工作深度融合。

组织党史学习教育“10个10”100件事系列活动，即开展10项工作，每项工作完成10个内容，全年一共完成100件活动来庆祝建党100周年。一是读10篇党史经典文章，组织10名党员精挑细选10篇党史经典文章分10次给大家朗读分享，相互交流，共同提高。二是听10场专题培训报告，通过线下线上相结合的方式，组织大家听10场党建和业务方面的专题培训报告，将党建工作与业务工作有机融合。三是看10个红色基地主题展览，组织大家线下和线上看10个红色基地主题展览馆，包括“京西山区中共第一党支部纪念馆”“北京香山革命纪念馆”等。四是观10部党史电影，利用每个双周三的午休时间，组织大家在单位报告厅观看以党史、新中国史、改革开放史、社会主义发展史为主线的红色革命历史10部影片。五是唱10首红色革命歌曲，通过集中学习，组织大家共同唱响10首红色革命歌曲。六是讲10个微信党课，组织10个党员，每月安排一个人围绕一个主题撰写学习收获、体会和认识，发到党员微信群里与大家分享。七是做10个专题调研，学史力行，通过“访谈＋问卷”形式，对学院管理服务、安全保障等工作开展10项调研活动。八是访10个党支部，走访交流学校与科技园内10个党支部。九是办10件实事，就入驻园区的师生及员工特别关切的10件事情组织党员及时解决。十是创10件特色工作，组织党员不断坚持、凝练、总结、打造出党支部的10件特色工作。

（王蔚燕）

【科技园企业孵化】

2021年，科技园新入孵化科技企业16家，入驻企业总数达198家，其中国家专精特新“小巨人”企业1家，北京市专精特新中小企业6家，国家高新技术企业35家，中关村高新技术企业47家，科技型中小企业23家，瞪羚企业24家，学校老师领办企业5家，大学生创业团队5家，留学生企业17家，涉农企业70家，企业拥有自主知识产权2 000余项。

科技园入驻国家和省部级实验室 8 个，签约服务机构 13 个，创业导师 93 人，产业化服务平台 4 个。2021 年科技园完成制作新版在园企业名录，举办首届科技园科技节。科技园还联合北京市中小企业公共服务平台、中关村跨界创新联盟等合作服务机构，竭尽所能为在园科技企业、大学生团队、校友企业、留学人员企业等 200 多家单位，提供优质孵化服务和双创人才培养服务。

（冯慧茹）

【教育培训】

根据国家乡村振兴战略方针、学校“双一流”建设方案和学校“十四五”发展规划，以及创新创业人才培养要求，结合地方人才需求，发挥产业人才培养优势，多方调研科技园企业实际需求，制订具有针对性、专业性、实效性的创新服务教育培训方案。2021 年，科技园紧紧围绕乡村振兴发展、企业政策解读、高新认定、金融服务等方面举办线上线下相结合的教育培训 12 期 640 人次，培训对象包括科技园内科技企业、大学生创业团队、农业经营主体等。特别是为拓展技术转移转化专业技术人员职业发展需要，促进科技成果转化，提高技术转移人才队伍建设和科技园服务人员专业技能提升，为技术经纪人专题开设技术经纪人培训和职称评审申报培训。

（张晓媛）

【教学科研保障服务】

2021 年，科技园全体员工，克服各种不良天气以及设施设备老化易损的困难，为入驻科技园的师生及各科研单位提供各类资源和后勤服务保障工作。为果蔬研究中心、高精尖创新中心、大学生创业团队的科研、教学、办公、创业工作，以及后勤人员、男女博士硕士及延期生住宿提供物业管理，全年完成维修卫生间、地面漏水、暖气主管道阀门更换、楼前雨水管整修、楼顶防水重铺等物业服务及咨询服务 6 700 多次。维护保养暖气主管道阀门 67 个，清扫维护竖井及公共区域配电箱 140 个，新增智能扫码便捷使用开水器 11 台，新增洗手间热水宝 21 台；为学生公寓及大学生创业团队办公室清洗空调 272 台。为高精尖中心、果蔬加工中心及科技成果转化中心等机构的参观会议活动提供保障 30 余次。清运生活垃圾 504 车，绿化草坪 3 000 余平方米，化解住宿学生重大矛盾纠纷 20 余次，门禁录入 300 次，浴卡办理 500 多张，借钥匙 1 200 多次，学生宿舍灭蟑 34 次。办理 104 名学生毕业退宿手续，打扫整理 267 间学生宿舍，修补 32 间房屋的地面墙面，配置调整学生宿舍桌子、椅子、储物柜、床具等 1 884 个，扩容学生空气能洗浴系统，接收 1 109 名学生入住学生公寓，有效解决学校和学生最头疼的住宿难问题。完成更换 1 号楼和 3 号楼楼顶多处漏水的防水卷材；新增和更换室外入户暖气主管道阀门，实现分楼分段控制；完成第二报告厅和路演大厅装修改造，1 号楼供电增容工程，校园东侧围墙排危改造工程；完善 3 号楼 A 座学生公寓院内的排水设施；完成园区修缮改造工程 30 余项。

（张英姿）

【安全保卫】

2021 年，科技园安全工作以“疫情防控”和“排危除险”为中心，排除隐患 38 处，其中高危隐患 4 处。完成学生宿舍联合安全大检查 6 次，查收违禁电器 54 件；完成 4 部电梯监控改造升级，更换故障硬盘 36TB，为后勤部门、园区企业和公安机关调取视频资料 32 次；开展消防安全培训及消防安全演习 6 次；对微型消防站消防员进行训练 9 次；新增电动车自行车充电桩 6 处，园区 5 部电梯全部加装电动自行车报警设备；更换消防设备 41 处，彻底解决室内消火栓长期漏水问题。按照学校及上级单位要求，积极制定及完善园区各类消防安全规章制度及相关工作流程。对停车场进行改扩建，新增电动汽车快速充电口 2 个，整个停车场新增车位 42 个，停车位达到 312 个。

（马德飞）

出 版 社

【概况】

机构设置 出版社设有董事会、监事会、社务委员会（简称社委会），社委会为出版社经营班子。出版社现设有行政办公室、总编室、财务部、高等教育事业部、职业教育事业部、出版部、营销中心、电子音像与数字出版中心、质量管理中心 9 个部门。

人员情况 2021 年，职工 66 人。其中，事业编制 15 人，企业编制 43 人，退休返聘 7 人，实习生 1 人；研究生 28 人，本科 25 人，专科 5 人，其他 8 人；正高 2 人，副高 22 人，中级 23 人，其他 19 人；60 岁及以上 4 人，50～59 岁 17 人，40～49 岁 27 人，30～39 岁 15 人，20～29 岁 3 人；中共党员 27 人，民主党派 2 人，群众 37 人；男 24 人，女 42 人。

出书情况 2021 年出版图书 385 种，其中新书 189 种，重印书 216 种。总印数 1 131 520 册，生产码洋 6 284.69 万元。出版电子出版物 12 种。经教育部社科司审核认定，2021 年出版社社会效益考核评价结果成绩优秀，评分为 99 分。

2021 年出版社在售图书品种达 2 250 种，发行有效业务量 11 533 单，100.14 万册，有效码洋 5 393.77 万元，发行总册数 112.42 万册，总码洋 5 991.60 万元。

（童云）

【强化意识形态责任制 进一步实现图书质量管理】

成立出版社编辑委员会 作为有关选题论证、出版物质量等编辑业务工作的内部议事和监管机构，强化内容把关职责。2021 年，在国家新闻出版署和教育部社科司组织的质量检查工作中，出版社送检的图书质量全部合格；出版社内部自查自检图书质量也较往年有明显提升。

管理工作制度化 将意识形态有关要求纳入管理制度，已经制定或修订完成《中国农业大学出版社关于“三重一大”制度和重大问题报告制度的实施办法（2021 年修订）》等 3 项制度。

重点选题实行党委审读制度 修订了《出版社选题论证和审批办法》，严格审核出版选题计划，加强重大选题、敏感选题的把关。

加强人员培训 组织全体员工尤其是党员和编审人员通过党史学习教育活动、“四史”教育、社内社外岗位培训、中央宣传干部学院网络培训、学习强国等平台，加强政治学习和业务学习。2021 年社内意识形态和编辑业务培训 400 余人次，参加行业协会和社外培训机构举办的培训班 16 人 20 人次。

（童云）

【积极组织和开发高质量选题　打造特色和优势图书品牌】

2021 年，组织召开 3 次选题论证会，共有 568 种选题入选。其中，教材类选题 423 个，占比 74.47%；学术专著和科技类选题 145 个，占比 25.53%。教材类选题中，普通高等教育 187 个，职业教育 236 个。

启动出版社“十四五”教材建设规划立项工作　出版社启动并实施了“十四五”教材建设规划立项工作。经过调研、编辑推荐、逐层论证，确定了“十四五”期间教材编写出版选题计划，并将立项计划发至相关院校。

组织支柱产品线图书的修订与拓展　“普通高等教育食品类专业系列教材”第 4 次修订改版工作基本完成，2021 年出版了约 20 个品种，应用型本科和高等职业教育 2 个食品类专业系列教材正在陆续出版。畜牧兽医类、土地管理、植保、理科基础课类等系列教材及考研辅导书等的修订改版工作已陆续启动，并加强新形态教材开发和线上资源的拓展。

以项目为纽带，出版社与高水平院校等单位合作开发出版项目　①2021 年，出版社承担学校“大国三农”系列规划教材建设项目立项教材的编辑出版任务，包括园艺、植物保护、人工智能与智慧农业、生物育种等 7 个专业的 25 种教材。②与学校信息与电气工程学院联合主办“全国高等农林院校人工智能及智慧农业类专业课程与教材建设研讨会”，共同确定了人工智能及智慧农业类系列教材建设计划，并启动编写工作。③与学校植保学院签订战略合作协议，合作开发建设、出版植保专业系列教材。④与《猪业科学》杂志合作开发“中国猪业科学与技术创新丛书”“面向 2035：中国生猪产业高质量发展关键技术系列丛书”2 个项目。⑤承担辽宁职业学院等职业类院校教材建设项目 12 项，项目经费约 600 万元。2021 年有 3 个项目验收完成。

（童云）

【推进出版融合　加快出版转型】

2021 年，出版电子出版物 12 种，与蓝墨公司合作出版富媒体教材 11 种。出版含有二维码图书 118 种，完成二维码生成 3 188 个（含旧平台二维码更新到新平台），平均每种书 27 个二维码。图书电子资源入库 452 种，在线发布图书 452 种，其中 2021 年前出版的 331 种，2021 年出版的 121 种。出版社自主建设的“中农 De 学堂”教学平台在 2020 年上线试运行基础上，进行改版和升级，实现教学平台、网站和商城的通道互联。目前平台在线用户 20 287 个，比 2020 年 2 747 个增加近 8 倍。

（童云）

【创新营销模式】

市场销售情况　发行总码洋 5 195.73 万元，总实洋 3 614.46 万元，发行码洋增长率

4.94%。新书入库品种数 166 种，较上年增加 44 种；新书发行码洋 1 174.72 万元，实洋 875.62 万元，实洋增长率 60.57%。

宣传营销工作 进一步加强线上营销，做到线上、线下齐发力，图书营销终端化，图书营销网络化合作等。另外，初步尝试自媒体营销，如软文发布（腾讯、新浪、网易、搜狐等）、自媒体发布（抖音、快手、今日头条等）。

天猫自营店突显了展示和服务的窗口功能 自 2020 年开办以来，创新工作方法和新的工作模式，策划组织多场促销活动，成效明显。目前，上线在库品种 2 000 多种，让小众图书有了展示的机会，既满足小众群体对专业图书的需求，也能充分发挥学术图书"长尾效应"，减少出版社的损失。

（童云）

【重要项目申报与实施】

2021 年，出版社完成有关项目和奖项申报工作，取得较好的社会效益和经济效益。

国家出版基金资助项目 "中国猪业科学与技术创新丛书"11 种图书入选 2021 年度国家出版基金资助项目，资助金额 86 万元。《动物比较育种学》等 3 个出版基金项目通过结项验收并正式出版发行。

国家科学技术学术著作出版基金资助项目 《作物高产高效群体与关键生态因子的匹配及其调控》获得 2021 年度国家科学技术学术著作出版基金资助项目。组织《植物蛋白高水分挤压技术》等 2 种选题申报了 2022 年度国家科学技术学术著作出版基金资助项目。

国家重点出版物规划项目 《农业可持续发展战略与高新技术成果丛书》（8 种）、《智慧农业关键技术集成与应用系列丛书》（9 种）、《面向 2035：中国生猪产业高质量发展关键技术系列丛书》（12 种）、《中兽药创新研究与实例系列丛书》（9 种）4 个项目共 38 种图书入选"十四五"国家重点出版物出版规划项目。

省部级项目 "乡村振兴温州样本系列丛书"《乡村振兴温州样本——美丽乡村之路》《乡村振兴温州样本——精准救助》《乡村振兴温州样本——传统村落保护与发展》《乡村振兴温州样本——未来乡村发展》4 种入选"2021 年高校主题出版项目"。《猪生产学》入选 2021 年江苏省高等学校重点教材立项建设名单。

（童云）

【服务学校 共创出版品牌】

服务学校教材建设 2021 年，出版学校组织编写和学校教师主编图书共 42 种，其中教材 17 种，学术专著 10 种，文化建设及传承类 12 种，农业技术与科普类 3 种。具体包括：①连续 4 年积极承担学校"大国三农"规划系列教材建设工作，本年度立项的 10 个专业系列中，出版社承担其中 7 个专业的教材建设任务。②与植保学院首批拟建设植保专业系列教材共计 19 种。③联合信电学院，组织全国农林高校编写首批农业人工智能与智慧农业专业系列教材共计 12 本，学校承担其中 7 本的主编任务。④通过"新农科""新工科"建设成果和思政元素融入等建设理念的创新来推动高质量的教材建设，本年度出版由学校教师包括任发政院士在内主编的教材17部。

加强学术著作选题优化，打造农大出版品牌 出版社于2021年启动“稼穑学术出版工程”（以下简称“稼穑学术”）项目。经有关专家和出版社共同研究遴选，确定反映涉农重大科研成果和学术研究重要阶段性进展的学术著作。立项出版动物科学与技术学院吴常信院士主持研创的国家出版基金项目《动物比较育种学》；资源与环境学院张福锁院士主持研创的《镁营养及其对作物产量和品质的影响》；农学院陈阜教授主持的《近30年我国主要农作物生产空间格局演变》和土地科学与技术学院张凤荣教授撰写的《中国耕地》。张福锁院士主创的《作物高产高效群体与关键生态因子的匹配及其调控》获得国家科技著作出版基金项目资助立项。

（童云）

【讲好农大故事　服务学校文化传承创新工作】

联合学校有关单位策划并完成重点图书项目 ①由学校党委宣传部组织编写的《初心弥坚：中国农业大学许党报国的红色故事》《使命与传承——中国农业大学扎根河北曲周60年服务乡村振兴纪实》出版；②由本科生院常务副院长，动物科学与技术学院曹志军教授组织编写的“牛精英时间”系列丛书《牛精英时间：拾年》《牛精英时间：牛精英挑战赛》《牛精英时间：夏日的offer》《牛精英时间：牛人牛途》出版；③由经济管理学院王玉斌教授牵头编著的服务乡村振兴系列成果“乡村70载　振兴跨百年系列丛书”《中国乡村振兴——理论与实践探索》《中国乡村振兴——驴业转型与脱贫攻坚》《中国乡村振兴——肉牛养殖场（户）废弃物资源化利用行为及政府规制研究》《中国乡村振兴——产业发展促进战略实施模式及实践案例》4册出版；④由马克思主义学院张晖院长主编的课程思政研究成果《新时代农林高校思想政治理论研究与实践》，图书馆编纂的《中国农业大学图书馆史》，档案馆编纂的《往事寻踪——中国农业大学校史研究》与《夕阳余晖——王步峥校史研究文集》，校友工作办公室组编的《脱贫攻坚 担当有我——中国农业大学校友风采录》，校团委组织编写的《青春与祖国共奋进》等陆续出版。

其他服务工作 ①根据校产党委的指示，出版社承担复制学校早期编辑出版的刊物《醒农》任务。经与国家图书馆出版社协商，由其从国家图书馆查找到原始刊物并进行复制，目前进入后期设计制作阶段。②受资产经营公司委托，组织撰写《关于出版社与动物医院多元化融合创新发展的设想》，并提交总公司。③接收学校人文与发展学院1名研究生担任实习编辑。

（童云）

【党支部引领】

2021年，出版社党支部组织出版社向焦作工贸职业学院图书馆、杨凌职业技术学院图书馆、中南大学教材科、山西农业大学图书馆、中国农业大学图书馆、固安县图书室等单位捐赠图书，向晋中职业技术学院和黑龙江农业职业技术学院捐赠教材样书，以及向相关单位捐赠营销工作样书、编辑工作样书等计2.06万册，码洋共计97.2万元。

出版社党支部重视并创建精神文明工作，努力加强出版社精神文明创建工作管理，把精神文明建设活动落实到日常管理中去，育新人，树典范，塑造并保持良好的社风和社貌，弘扬清风正气，传播正能量。

（董夫才）

【公司治理体系】

学校成立出版社管理委员会 学校党委常委会第2021－33次会议，决定成立中国农业大学出版社管理委员会。管理委员会指导出版社加强制度建设，完善责任体系，层层压紧压实工作责任，做到依法依规办出版，确保意识形态工作责任落实落地。

会议制度执行情况 出版社2021年共召开了3次董事会和监事会会议，33次社务委员会和扩大会议。

调整内部机构与考核体系 将高等教育策划部、职业教育策划部和编辑出版部三个部门调整融合为高等教育事业部、职业教育事业部和出版部，将数字出版中心由服务部门转型为业务部门。

以内控审计问题为导向，立行整改 根据审计部门对出版社进行内部控制履行情况的审计结果，出版社制定整改台账，目前整改措施有序推进，并形成整改报告。通过审计，出版社规范了经营管理行为，有效防范了企业经营风险。

制度建设 2021年，出版社陆续制（修）订并出台了18项管理规章制度。其中，公司治理制度4项、人力资源管理制度4项、财务管理制度4项、出版管理制度5项、营销管理制度1项。

（童云）

【获奖情况】

2021年，出版的图书获得省部级及以上奖项共11项，其中国家级3项，省部级8项。4种图书入选"2021年度农家书屋重点出版物推荐读物"。

国家级奖项 在首届全国教材建设奖评选活动中，《普通昆虫学（第2版）》荣获全国优秀教材（高等教育类）一等奖；《动物免疫学（第3版）》荣获全国优秀教材（高等教育类）二等奖；《插花艺术》分别荣获全国优秀教材（职业教育与继续教育类）二等奖。

省部级奖项 8种图书分别获有关省级2021年度优秀教材一、二等奖。其中，《种子检验技术》和《种子生产与管理》获首届黑龙江省教材建设奖优秀教材二等奖；《兽医临床诊疗技术（第4版）》入选"十四五"职业教育江苏省规划教材名单；《养羊与羊病防治》获陕西省普通高等学校优秀教材一等奖；《宠物美容与护理》获甘肃省职业教育在线精品课程二等奖；《作物施肥原理与技术（第2版）》获河南省首届教材建设奖一等奖；《农业生态学》和《植物生物技术实验教程》获2021年北京高校优质本科教材。

全国性推荐读物 《农村实用技术人才培训教程》《有机鸡生产技术指南》《真菌毒素有问必答》《犬猫用药速查手册（第3版）》4种科普图书入选国家新闻出版署"2021年农家书屋重点出版物推荐目录"。《土地管理学（第2版）》《不动产估价（第2版）》2种图书被中国土地估价与土地登记代理人协会列为"2021年度房地产估价师职业资格考试推荐参考书目"。

（童云）

校 医 院

【综述】

2021年,校医院继续深入贯彻习近平总书记关于疫情防控工作的重要指示精神和党中央、国务院决策部署。学党史办实事,继续做好学校疫情防控工作与正常开展常规诊疗工作相结合,完成年度工作计划。

(杨梅)

【基本情况】

校医院分为东、西校区,院长:张元忠,副院长:陈淑珍、杨梅。

人员共96名,其中在编人员36名,外聘人员60名。正式在编职工中医护人员30名,非医护人员6名。医护人员中医生27名,护士3名。防保人员2名,检验人员2名,药剂专业人员1名,财务人员1名。外聘人员中医护人员38名,其中医生14名,护士24名,药剂专业人员7名,医技人员2名,收费、后勤人员13名。中级职称35人,副高及以上职称22人;博士生3名,硕士生15名。下设科室:院办、防保科、内科、外科、口腔科、妇科、护理部、医技科、药房、中医理疗科。

(杨梅)

【医疗服务】

主要负责农大师生、辖区居民的基本医疗服务和公共卫生服务。东区校医院和北医三院为医联体单位,西区校医院和解放军第八医学中心为医联体单位。

(1)疫情常态化,校医院常规提供365×24小时的医疗服务模式,按照医院感染管理要求,实行一医一患一诊室,严格环境消毒,对所有进入校医院的患者进行流行病学调查,2021年全年门诊共接诊患者120 714人次;夜间接诊患者1 993人次;出诊34次;外出提供各类服务82次。

(2)完善医疗信息系统的建设,自助挂号、缴费一体机、化验单自助打印机投入使用,优化就医流程,方便患者就医。

(3)为各类会议提供医疗保障6次,服务各种考试41次,其他活动提供医疗保障34次。

(杨梅)

【特色科室】

为提升中医馆服务能力,引进二三级医院的副主任医师2名,扩大中医馆面积,继续凸显中医康复理疗特色。新购置艾灸设备,艾灸室安装排烟系统,开展温针灸等项目,全年服务43 445人次。

(杨梅)

【体检工作】

采取分时段预约，分区域体检，完成体检任务。今年体检人数共计 14 688 人，其中本科生、研究生体检人数 7 266 人，在职人员（包括 C 岗）体检 3 768 人，离退休体检 1 585 人，女工体检 1 861 人，65 岁以上女工乳腺检查 208 人。在去年增加项目的基础上，今年增加甲状腺功能五项检查。

（杨梅）

【公共卫生】

健康教育　全年共组织线上线下健康讲座 19 次，受益 1.5 万余人次；健康咨询活动 26 次，受益 1 500 余人次；校医院门诊大厅显示屏宣传内容更换 36 期；各种橱窗宣传内容更新 13 次；发放各类宣传资料 41 种（其中自制宣传材料 12 种 8 600 份）；音像播放宣传资料 12 种，时长 8 082 小时。

预防接种　共为辖区内的散居儿童、托幼儿童、农大附小等规划内免疫接种 9 034 人次；为“一老一小”接种流感疫苗 3 109 人次；接种肺炎疫苗为 273 人次。

慢病管理　对辖区内高血压、糖尿病患者进行管理，目前规范管理高血压患者 1 425 人，糖尿病患者 530 人。目标人群血压、血糖控制满意。

儿童保健工作　东、西校区在册儿童 307 名，健康管理儿童 301 名，管理率达到了 98%。各种筛查率均达标。

孕产妇健康管理服务　早孕建册率 97.7%，孕产妇健康管理率 100%，产后访视率 100%，采取线上线下多种形式进行宣教、咨询和管理。

老年人健康管理　对辖区老年人进行血压、血糖检测，康复指导，护理技能指导，保健咨询，营养改善指导等服务 1 465 人次。

中医药健康管理　对辖区老年人提供中医体质辨识 1 361 人次，对慢病患者、孕产妇和儿童中医指导 1 474 人次。

精神障碍患者管理　严格按规范管理辖区内精神障碍患者 73 人，免费发放药品 310 次。因疫情原因，今年在线上开展心理健康讲座 5 次，使社区居民重视心理健康、关爱精神障碍患者。

结核患者的管理　对结核病的防治工作按服务规范进行健康管理。今年在校生确诊活动性结核 8 人，对学生密切接触者 PPD 筛查 226 人，胸片检查 260 人。

法定传染病报告和处置服务　做好传染病防控工作。每天浏览传染病大数据网及时发现我社区内的传染病发生情况，采取有效的措施阻止传染病的播散。网络排查传染病 67 人，诊断管理水痘患者 18 例，对密接者进行健康教育。每月进行一次传染病的漏报自查，对诸如病毒、腮腺炎、流感等其他传染性疾病均按管理要求进行隔离治疗。

艾滋病工作　①为全校约 8 000 名新生撰写设计下发了《预防艾滋病健康处方》；组织全体新生听讲座 3 场，约 10 000 人；组织 1 500 余名学生填写《防艾知识知晓率调查》；组织百余名医务人员、社区人员参与防艾问答活动。②针对在校师生、辖区居民、流动人口开展防艾宣传干预活动 12 次，并按时报送报表。③按疾控部门要求对 1 300 名学生做了艾滋病血液检查。④组织 6.26 国际禁毒日宣传活动、12.1 世界艾滋病日宣传活动，并对医务人员、师生进行防艾培训等工作。

（杨梅）

【公费医疗的管理】

在校党委、校行政处的坚强领导和支持下，校公费医疗管理委员会对2006年颁布执行的公费医疗管理办法及计划生育奖励、处罚规定进行修订，为师生办实事解难题。新修订的公费医疗管理办法有4个亮点：首次明确材料费报销规定；新增离退休人员异地就医管理办法；简化转诊流程；新增4所专科医院，育龄期妇女可就近选择就诊医院。新修订的计划生育奖励、处罚规定在二胎、奖励、处罚、假期、相关费用等方面都做了调整。

（杨梅）

【医德医风】

定期进行医德医风教育，在临床工作中规范医疗服务行为，对照“医疗机构工作人员廉洁从业九项准则”，从严要求。

（杨梅）

【党建工作】

2021年，校医院党支部共有正式党员14名，支部定期开展“三会一课”。全年共召开6次支委会，1次组织生活会，起到解决问题、团结同志的效果。支部开展4次党课学习，并前往香山革命历史博物馆、鲁迅博物馆、中国共产党历史展览馆参观学习。支部党员集中观看脱贫攻坚表彰大会、两会开幕式、七一勋章授予仪式、建党百年庆祝大会、党的十九届六中全会的直播，学习习近平总书记考察清华大学讲话精神。校医院党支部联合离退休处，组织药剂科、中医科、临床内科大夫为我校部分离退休老师开展合理用药讲座、为我校学生开展“关注大学生心理健康”主题活动。

（杨梅）

体 育 馆

【概况】

2021年，体育馆管理中心在学校党政的领导下，在学校各部门的协助下，严格执行学校疫情防控总体部署，积极做好疫情防控工作，保障学校体育与艺术室内教学、学校大型活动和师生健身的顺利进行。体育馆管理中心有事业编制人员4名，非事业编制聘用人员24名。设有办公室、活动管理部、运行保障部、财务物资部4个部门。

（刘淑梅）

【保障体育与艺术教学】

体育馆管理中心本着“教学为主，活动为辅”的原则，全力协调和保障各类体育与艺术教学。2021 年体育馆内完成体育与艺术教学 7 466 课时，其中羽毛球教学 760 课时，乒乓球教学 1 626 课时，器械健身教学 330 课时，体育舞蹈、健美操、形体舞蹈、瑜伽、武术、跆拳道、管乐团、合唱团、戏剧团、舞蹈团等教学 4 750 课时。合计在馆内上课约 94 720 人次。提供测试场地，保障 2021 年度国家学生体质健康测试顺利完成。

（张景文）

【承办校内大型活动】

体育馆与学校相关部门沟通协调与密切配合，在严格执行疫情防控要求的条件下，圆满完成 9 项校内大型活动、比赛和会议的承办工作（表 1）。

表 1　2021 年中国农业大学内部大型活动（体育馆内）一览表

序号	日期	活动名称	活动性质
1	4 月 16 日	2021 届毕业生春季大型校园招聘洽谈会	活动
2	5 月 17 日	2021 届全国高校毕业生就业促进周	会议
3	5 月 22—28 日	庆祝建党 100 周年教职工羽毛球混合团体赛	比赛
4	5 月 30 日	第一届“跃动研途 师生共羽”羽毛球赛	比赛
5	6 月 26 日	2021 年毕业典礼暨学位授予仪式	会议
6	9 月 2—3 日	2021 级迎新活动	活动
7	9 月 26 日	庆祝建党 100 周年首届教职工篮球比赛	比赛
8	10 月 17 日	2022 届毕业生秋季大型校园招聘洽谈会	活动
9	12 月 12 日	第三届教职工气排球比赛	比赛

（张景文）

【文化艺术馆工作】

2021 年，文化艺术馆共举办 5 次展览，展出作品 593 幅/件，参观人数 2 228 人次，展览丰富了校园文化，提升了师生对艺术的欣赏和感知能力，助力学校美育工作（表 2）。

表 2　2021 年中国农业大学文化艺术馆展览一览表

序号	时间	名称	展览性质
1	1 月 18 日	日常倒影——2020“美术鉴赏与实践”校级核心素质课程汇报展览	综合
2	4 月 19 日	“播厥百谷　藏种于民”——中国重要农业文化遗产系列摄影展——种子	摄影
3	5 月 21 日	百花献党——庆祝中国共产党成立一百周年书画作品展	书画
4	6 月 18 日	弘扬长征精神 追忆百年梦想 振兴老区经济 践行绿色发展——庆祝中国共产党成立 100 周年暨纪念中国工农红军长征胜利 85 周年美术书法作品展	书画
5	6 月 22 日	2021 届中国农业大学园林专业本科毕业设计展	综合

（于立春）

【场馆健身项目开展】

2021年根据学校疫情防控工作要求，所有项目包括羽毛球、乒乓球、篮球和健身房等仅面向校内人员开放，各类项目累计使用38 351场次。此外，每周一至周五的12:00—13:30，面向全校师生免费开放羽毛球和乒乓球场地。

（张景文）

【运行与保障工作】

加强维修改造，保障场馆安全。更换羽毛球场地运动地胶，维修中央空调系统直燃机组，检测维修保养消防、监控和电梯等重要设备设施系统，更换场馆地下库出口消防卷帘门，修缮羽毛球场地周围墙壁和西北出入口区域及卫生间，公共琴房加装吸音墙等。

加强场馆安全管理。馆内安装了心脏自动体外除颤仪，组织员工AED操作使用培训和北京红十字会急救知识培训。组织员工进行消防知识培训和防汛培训各1次。

（刘淑梅）

模式动物表型与遗传研究国家重大科技基础设施

【概况】

2021年，模式动物表型与遗传研究设施进入建设提速阶段，聚焦"超概算、拖工期、属地履约难"等难点、痛点，强力推动新技术、新模式、新理念、新工艺创新应用，形成传统基建与新基建齐头并进模式，管理软件、智慧工地、数字建造、BIM技术落地实施，在难点中创造亮点，强力打造属地标杆项目，采购了8台（套）工艺设备，完成建设资金9 008万元。2021年度被保定市作为优秀建设项目代表推选为"河北省云观摩工地"。表型楼申报获推省结构优工程，本项目被河北省发改委重点项目办作为优秀典型进行系列跟踪和宣传报道。在教育部运行费的支持下，启动试运行工作，开展实验猪的引入和培育，已采购的工艺设备投入使用。

（张树川）

【党建工作】

模式动物大设施党支部全面开展党史学习教育活动，深入学习贯彻习近平新时代中国特色社会主义思想、党的十九大和十九届二中、三中、四中、五中、六中全会精神，用党的理想信念凝聚人，积极推动党建与模式动物设施建设工作深度融合。支部召开党员大会4次，进行月度党课学习13次，开展主题党日活动12次，联合党建1次。

（温皓杰）

【重要会议】

7月16日，模式动物表型与遗传研究国家重大科技基础设施工程指挥部副总指挥、副校长田见晖主持召开模式动物重大设施建设和运行会议，就大设施建设进展、配套功能完善、运行管理体系建设进行研究。

12 月 27 日，模式动物表型与遗传研究国家重大科技基础设施工程指挥部副总指挥、副校长田见晖到模式动物大设施施工现场，实地察看了遗传楼、表型楼、繁育动物房等重点区域，认真听取工作汇报，就项目进展全过程、各环节进行深入了解，对科学工艺功能布局、场区外配套现状及困难进行分析研判和部署指导。

（张树川）

【管理办法】

2021 年发布实施了《模式动物重大设施建设议事和决策办法》《模式动物重大设施建设项目档案管理办法》《模式动物重大设施建设项目纸质文件整理立卷与移交规范》《模式动物重大设施声像文件管理办法》《模式动物重大设施运行经费管理暂行办法》。

（王夏玲）

【对外宣传】

2021 年河北省政协副主席徐建培、保定市委书记党晓龙、市长闫继红等各级领导、社会公众、学生及媒体前往施工现场参观达 120 余次；央广网、《经济日报》《北京日报》等多家媒体报道本项目服务人类健康的重大意义，模式动物设施在社会上的影响力显著提升。

（姚新宇）

中国农业大学2021年工作总结

2021年是党和国家历史上具有里程碑意义的一年。以习近平同志为核心的党中央团结带领全党全国各族人民，隆重庆祝中国共产党成立100周年，召开党的十九届六中全会，开展党史学习教育，打赢脱贫攻坚战，“十四五”良好开局，实现了第一个百年奋斗目标，奋力迈向第二个百年奋斗目标新征程。一年来，学校党委坚持以习近平新时代中国特色社会主义思想为指导，全面贯彻党的教育方针，落实立德树人根本任务，践行强农兴农使命担当，深刻领会“两个确立”的重大意义，切实增强“四个意识”，坚定“四个自信”，做到“两个维护”，以习近平总书记给全国涉农高校的书记校长和专家代表重要回信精神谋篇布局，全体党员干部师生员工凝心聚力在党的旗帜下，持续深入推进“5＋1”工程，加快推进学校高质量内涵式发展。

一、扎实开展党史学习教育

精心组织从严推进党史学习教育走深走心走实。深入学习贯彻习近平总书记在党史学习教育动员大会上的重要讲话精神，把深入开展好党史学习教育作为当前重要政治任务，将“学党史、悟思想、办实事、开新局”的总要求贯穿党史学习教育全过程。加强统筹指导，学校党委成立党史学习教育领导小组和专项工作组，印发《党史学习教育实施方案》及系列的专项方案，把党史学习教育同“永远跟党走”群众性主题宣传教育活动、“四史”宣传教育、巡视整改工作统筹部署、一体推进，第一时间召开全校动员大会进行统筹部署，举行高水平辅导报告，营造浓厚学习氛围。拓展学习阵地，上线党史学习教育专题网站，全国首批全面开设“社会主义发展史”课程，举办“玉汝于成——脱贫攻坚伟大事业中的中国农业大学”“初心弥坚——中国农业大学许党报国的红色故事”主题展，实施“学百年光辉党史 做强农兴农青年”知信行“六个一百”行动，举办年轻干部培训班暨党史学习培训班，并组建党委理论学习宣讲团，累计为全校师生提供300余场讲解，同时将党史学习教育融入学生第一课堂，实现党史学习教育“大思政课”本科生全覆盖。以“我为群众办实事”实践活动为载体，把解决党中央关心、群众关切、师生关注的问题摆在突出位置，用心用情用力解决学校师生和基层农业“急难愁盼”问题，学党史、办实事、解难事、谋大事。印发《中国农业大学“我为师生办实事”实践活动工作方案》等系列文件，设立“我为师生办实事”十类44项校级示范实践项目，推动各二级党组织开展“办实事”活动393项，建设“心灵花园”、动物标本馆、昆虫馆，更换学生公寓电梯，新购校区通勤班车，推进房产证办理和老楼加装电梯试点，改造学校幼儿园基础设施，为老同志订送“夕阳红助老爱心餐”，不断提升师生获得感、幸福感。加快推进校园一站式师生服务大厅建设，首批入驻21个管理服务机构，为师生提供校级印信、事项审批、业务办理和工作咨询等共计44个服务项目。学校将“我为群众办实事”实践活动主动延伸到基层、拓展到社会，推进农业“卡脖子”技术攻关。中央电视台、《人民日报》等中央媒体多次报道学校党史学习教育，《光明日报》进行整版报道，形成积极反响。

高标准谋划实施建党百年庆典活动。举办“百年风雨，稼穑同行”大型沉浸式主题演出、建党百年书画展、建党百年歌咏比赛、“两优一先”表彰大会等系列活动，喜迎党的百年华诞。组织师生收听收看中国共产党成立100周年大会盛况，印发《中共中国农业大学委员会关于认真学习贯彻习近平总书记在庆祝中国共产党成立100周年大会上的重要讲话精神的通知》，对学校学习贯彻习近平总书记“七一”重要讲话精神作出部署。学校800余名师生以合唱、献词、志愿服务等多种形式，参与中国共产党成立100周年广场庆祝大会、“伟大征程”文艺演出，用最饱满昂扬的奋进姿态、最热情向上的青春风貌、最精益求精的完美呈现，圆满完成了党中央交予的重大而光荣的政治任务，以实际行动向党致以青春的礼赞。成立中国农业大学农村基层党建研究中心，全面梳理建党百年来关于农村党建理论和实践的历史演变和发展趋势，加强农村基层党建研究。

二、高质量完成中央巡视整改任务

坚决扛起巡视整改政治责任。学校党委认真学习习近平总书记听取中央第七轮巡视情况汇报时的重要讲话精神和党中央决策部署，从增强“四个意识”、坚定“四个自信”、做到“两个维护”的高度全面认领巡视反馈问题，切实履行巡视整改主体责任，以高度的政治责任感狠抓整改落实。成立了由党委书记任组长的落实中央巡视反馈意见整改工作领导小组，成立政治建设、立德树人、议事决策机制、意识形态、管党治校、班子队伍和基层党建等六个工作专班，成立选人用人、意识形态、监督执纪三个专项工作组，构成了一个领导小组、六个工作专班与三个专项工作组有机衔接、紧密配合的整改工作体系。学校党委提出“四个结合”的整改思路，即将巡视整改与深入推进学习领会习近平总书记重要讲话精神结合，与党史学习教育结合，与加强党的全面领导和党的建设结合，与“十四五”学校改革发展结合，建立“周碰头、月报告”的工作推进机制。集中整改期间，累计召开22次专题会议和汇报会，着力加强对整改落实情况的监督检查，实行“边整改、边检查、边督导”，形成强有力的压力传导机制，确保各项整改措施按时完成、落地见效。

巡视整改取得明显成效。学校制定的197项整改措施中，170项集中整改任务均按照既定计划完成，27项需长期坚持的整改措施，都已经建立和完善了相关制度，今后将持续推进，深化落实。进一步学深悟透习近平新时代中国特色社会主义思想，将习近平总书记重要讲话、重要指示批示精神和党中央各项决策部署落实在学校“十四五”事业发展规划、“双一流”建设等重点工作各环节，学校党委理论武装得到强化，政治站位不断提高，贯彻落实党的路线方针政策和中央决策部署更加到位。完整准确全面贯彻新发展理念，加快推进前沿交叉科学研究院建设，研究制定中国农业大学服务乡村振兴战略实施方案，推动科技体制机制改革，召开学校科技创新大会，举办种业科技创新论坛，发布种业科技创新十大行动，扎根中国大地，服务乡村振兴、种业科技创新、黑土地保护等国家战略更加有力。深入推进"三全育人"综合改革，完善德智体美劳培养体系，强化知农爱农价值观教育，落实立德树人根本任务更加全面。研究制定加强新时代马克思主义学院建设行动计划，特事特办完成专职辅导员配备，大力开展师德专题教育，进一步加强师德建设和学生思想政治工作得到进一步加强。加强班子成员对党委领导下的校长负责制的精神实质的学习领会，厘清党委常委会和校长办公会的职责边界，健全完善并严格执行议事规则，党委领导下的校长负责制执行更加严格。加强马克思主义理论研究和阐释，修订完善意识形态工作相关制度，加强对讲座、报告会和教材的审批管理，意识形态工作得到进一步加强。落实党委主体责任，认真履行纪委监督责任，加强重点领域廉洁风险防控机制建设，坚定不移推动全面从严治党向纵深发展。贯彻落实新时代党的组织路线，干部人才队伍建设统筹谋划持续提升，干部选拔任用和监督管理进一步严格，基层党的建设得到规范和加强，战斗堡垒和先锋模范作用更加显现。

三、旗帜鲜明坚持党的全面领导

持续深入学习贯彻习近平新时代中国特色社会主义思想。把深入学习贯彻习近平新时代中国特色社会主义思想作为首要政治任务，实施《2021 年党委理论学习中心组专题学习重点内容安排计划》，修订完善《党委理论学习中心组学习规定》，召开 13 次专题党委理论学习中心组学习会，编制《习近平总书记关于高等教育、"三农"工作、科技创新和党的建设重要论述摘要》等，将学习传达习近平总书记重要讲话和指示批示精神作为党委常委会"第一议题"，坚决贯彻落实习近平总书记重要指示批示精神和中央决策部署，有效提升了学校领导班子成员的思想政治水平和全校理论学习质量。党委书记和校长在主流刊物发表署名文章，带头学习贯彻阐释习近平新时代中国特色社会主义思想。实施"二级党组织理论学习中心组学习质量提升行动"，不断提高中心组学习科学化规范化水平，开展二级党组织中心组学习专项校内巡视。

真抓实干筑牢基层党建堡垒。以"党建双创年"为抓手，加强对基层党组织的分层分类指导，通过二级党组织和党支部专题培训、"三会一课"等，推动各级党组织深入学习贯彻《中国共产党普通高等学校基层组织工作条例》。深化"全覆盖 双提升"大学生党支部建设工程，启动"双融合、双促进"教职工党支部建设工程，选优配强"双带头人"党支部书记，评选 50 个教师党支部推动课程思政建设精品项目，促进党建与业务深度融合。修订、制订《二级党组织工作规程》《教职工党支部工作规程》《学生党支部工作规程》，加强对二级党组织议事决策制度执行情况的督导和检查，强化基层党组织的标准化规范化建设，提升党组织的政治功能。新增全国百个研究生样板党支部 1 个、百名研究生党员标兵 1 人。全年发展党员 2 570 人，同比增加 107%。

党建工作取得新成效。学习贯彻《中国共产党普通高等学校基层组织工作条例》，制定《中国农业大学党建和思想政治工作提升行动方案》《加强党建和思政工作责任清单》，不断完善"五建五提升"党建工作体系。成立学生工作党委，统筹加强学生党建和思政工作，推进辅导员队伍改革，明确"补数量、稳队伍、调结构、提质量"四位一体改革措施，选派 30 名在编管理干部下沉到 18 个学院从事专职辅导员工作，7 名辅导员获得省部级优秀表彰。学校荣获“北京市党的建设和思想政治工作先进普通高等学校”，学校基层党建的五个特色报告在《北京教育》上被集中宣介。“科技小院”育人模式获评首批“北京高校党建和思政工作特色项目”。《北京高校不忘初心、牢记使命制度建设的实践研究报告》荣获“北京市党建研究会2020年度课题成果优秀奖”。在第三批新时代高校党建示范创建和质量创优工作中，学校获批1个全国党建工作标杆院系和2个全国党建工作样板支部。学校在北京高校党委书记2021年度抓基层党建工作述职评议考核中，综合评价等次为“好”。

党建引领凝聚共建融合发展合力。完善大统战工作格局，加强党外代表人士队伍建设，支持民主党派和统战社团开展特色活动，打造“北京科技小院”升级版，推动“心桥工程”走深走实。2021年，学校民主党派及成员、无党派人士获得党派中央、市委、区委的表彰共19项34人次。加强工会工作，大力弘扬劳动精神、劳模精神和工匠精神，打造“青盟论坛”青年教师交流品牌项目，4家分工会荣获北京市教育工会先进教职工小家称号。2021年，教代会期间征集提案23件，加大提案办理力度，努力将代表的提案转化为务实的工作举措，首次召开教代会专题会议，听取讨论学校“十四五”事业发展规划的工作报告。推进共青团改革各项工作向纵深发展，在服务保障中国共产党成立100周年庆祝活动和2022年北京冬奥会等重大任务中上好“大思政课”，将爱国报国志融入青年成长，召开第十八次学代会和第十六次研代会，完善校级学生会组织规章制度，组织3 000余名同学参与“稼穑之路”寒暑期社会实践活动，荣获2021年全国大中专学生志愿者暑期“三下乡”社会实践活动优秀单位、社会实践活动优秀品牌项目等20余项荣誉称号。用情用心做好离退休老同志服务工作，建立精神慰藉和特困补助相结合的精准帮扶机制，4位教授参加教育部银龄教师支援西部计划，学校关工委荣获全国教育系统关心下一代工作先进集体。凝聚校友力量，开展中国农业大学CAU“校友加油站”“云校庆”“云返校”等活动，全力推进校友和母校同心共荣。

四、持之以恒加强宣传思想工作

推进思政课改革和课程思政建设。推动马克思主义学院建设，制定并实施《中国农业大学加强新时代马克思主义学院建设行动计划》。在本科生阶段全面开设“习近平新时代中国特色社会主义思想概论”必修课，开设“四史”课程，完成“4大专题+时政热点+主题宣讲”思政教学方法改革。大力培育“最美课堂”，选树“课程思政示范学院”，实施“导师指导能力提升计划”，获北京高校“最美课堂”一等奖2项、二等奖1项，4门课程入选教育部首批课程思政示范项目，获批总数在全国高校中排名并列第一，5门本科课程入选北京高校课程思政示范项目。加强教学研究与改革，5个项目入选北京高等教育“本科教学改革创新项目”，其中1项为重大项目，是学校获批的首个重大项目。资源与环境学院设立院级教师教育教学奖，马克思主义学院定期举办“求是”论坛和思政课教师理论素养专题培训，营养与健康系实施青年教师教育教学能力提升计划，全校营造出“课程门门有思政、支部个个树品牌、教师人人重育人”的浓厚氛围。

牢牢把握意识形态工作领导权。落实中央关于意识形态工作决策部署，落实“一岗双责”要求，及时通报研究意识形态问题，2021年党委常委会两次专题研究意识形态工作，修订《贯彻落实〈党委(党组)意识形态工作责任制实施办法〉的实施细则》《网络意识形态工作责任制实施细则》等，进一步健全意识形态工作长效机制。严格落实“一会一报”制度，进一步规范论坛、讲坛、讲座、报告会、研讨会管理，完善审批系统，建设“我校人员受邀到校外单位担任主讲人审批系统”，加强主讲人“请进”“外出”审批管理，进一步健全主办单位、主管部门、党委宣传部“三级审查”机制，严格执行主讲人的个人背景、学术观点、讲座内容“三审”制度。加强学校出版社管理与教材建设和管理，成立中国农业大学出版社管理委员会，制定《教材建设管理办法》，形成常态化、严格化教材审核管理机制，完成全部12种法学教材(马克思主义理论研究和建设工程教材免审)以及269种境外教材的选用排查工作。编发《抵御和防范校园传教工作手册》，加强政策法规培训。精心打造学校三色文化名片，以“许党报国‘赤诚红’的昂扬志气，扎根大地‘厚土金’的强农骨气，播绿天下‘生命绿’的创新底气”激励师生、凝聚师生。

五、科学谋划推进学校事业高质量发展

学校“十四五”事业发展规划绘就新篇章。在全面总结“十三五”事业发展成效，深入开展面向2035战略研究的基础上，坚持使命担当和服务国家战略的原则，认真编制学校“十四五”事业发展规划及各专项、学科发展规划，组织10余场专家咨询会、专题工作会和研讨会，征求了近300条意见和建议，吸纳261条意见和建议，经双代会、校学术委员会审议，以及教育部审核，正式印发《中国农业大学“十四五”事业发展规划》。“十四五”期间，学校以“三个统筹，四个坚持”的发展思路，围绕“推动学科建设水平达到新高度、打造知农爱农人才培养新高地、构建高质量教师队伍新体系、塑造科技自立自强新优势、建立社会服务体系新格局、形成文化传承创新新气象、扩大教育对外开放新领域、推进支撑保障能力新提升、开创新时代学校党的建设与思政工作新局面”九项重点任务，擘画了建设中国特色、农业特色的世界一流大学达到新水平、迈上新台阶，保持处于世界一流涉农大学前列的发展战略蓝图。

顺利开启新一轮“双一流”建设。我校首轮“双一流”建设总体成效与建设方案获得教育部专家组的高度认可和充分肯定，10大建设和改革任务、84项建设目标全部达成。学校坚持以服务国家重大战略需求为导向，以“引领、一流、特色、贡献”为原则，经专题工作会、专家论证会、校长办公会、党委常委会多次研究，编制完成《中国农业大学新一轮“双一流”建设高校整体建设方案》，按照“巩固农科、提升工科、夯实理科、厚植文科，交融拓新”的学科发展思路，建设生物学、农业工程、食品科学与工程、作物学、农业资源与环境、植物保护、畜牧学、兽医学、草学等9个一流学科，将马克思主义理论学科纳入一流学科的建设体系，加强交叉学科建设，构建“主干学科＋支撑学科”(即“9＋1＋X”)的一流学科体系，围绕“打造知农爱农一流人才方阵、保障国家粮食安全、加快农业绿色转型发展、推动现代农业高质量发展、服务国家生物安全等国家重大战略需求”等八大建设方向，高质量推进“双一流”建设。

高水平人才队伍建设取得新突破。贯彻落实中央人才工作会议精神，准确把握新时代高校人才工作新形势、新任务、新要求，深入推进人才强校工程。加强师德师风建设，推动师德教育全覆盖，组织400余名新教师参观爱国主义教育基地，举办“跟党走、育新人”第三届立德树人论坛。加强新时代师资队伍统筹谋划，编制“十四五”师资队伍专项

规划，强化高层次人才队伍建设。实施“315人才引进计划”升级版，修订人才引进管理办法，实现人才精准引进。启动“2115人才培育发展支持计划”升级版，给予人才和创新团队针对性、精准化的专项支持。推动博士后培养与学校师资队伍建设有机衔接，出台“1＋1＋4”博士后改革系列文件，设立博士后兴农青年学者岗位，落实博士后倍增计划，在站博士后首次突破300人。贯彻落实《深化新时代教育评价改革总体方案》，实施代表性成果评价和同行专家评价制度，完善教师分类设岗与分类评价体系，激发教师创新活力。动物科技学院组织开展学科发展前沿暨青年学者论坛，工学院、水利与土木工程学院和信息与电气工程学院联合举办青年学者学术交流论坛，校院合力加强青年教师培养，为实现农业科技自立自强、全面推进乡村振兴提供人才支撑。

国际交流与合作迈上新台阶。探索世界顶尖涉农大学联盟多边合作机制，创新提出“A5联盟院校＋国际组织＋发展中国家”发展倡议，邀请联合国粮农组织、教科文组织、世界粮食计划署等联合举办后疫情时代全球消除贫困合作国际论坛，推进教育对外开放。与巴西圣保罗大学正式签约合作建设中巴联合学院，这是中国与拉美34个国家建立的第一个中外合作办学机构。康奈尔大学本科合作办学项目全面启动，首批招生120名学生。顶尖人才国际合作培养水平持续提升，获批国家留学基金委“创新型人才国家合作培养项目”4项，首次获批国家留学基金委国别区域研究人才支持计划项目，设立一院一平台“一带一路”学术交流项目18个。学校在国际减贫领域的影响力日益凸显，提出的“鼓励中国机构和企业在非洲建设中非农业发展与减贫示范村”的中非合作政策建议被列入《中非合作2035年愿景》；《消除绝对贫困——中国的实践》入选《中国联合国合作立场文件》；发布《2021中国与全球食物政策报告》；在非洲坦桑尼亚开展的“小技术大丰收”减贫增产项目入选“联合国南南合作典型案例”，并获得中国脱贫攻坚成就展“国际贡献奖”。

改善办学条件保障高质量发展。坚持盘活校内资源和拓展校外资源双轨并行，土化楼、老图书馆改造完成并投入使用，留学生与专家公寓（杨胜楼）完成结构封顶，体艺中心项目完成设计方案，水利楼项目完成三轮概念方案设计。平谷校区筹建工作稳步推进，已纳入北京市平谷区“十四五”规划，并作为北京市《关于加强规划实施推进重大项目选址的指导意见》的首个重点项目进行推进，进入了启动土地整理立项准备和项目建设立项准备工作的实质落地新阶段。烟台研究院进入良性健康发展轨道，2021年在院学生3 290人，加快申请开展高层次应用型人才培养创新试点。涿州教学实验场加快推进与保定市、涿州市、葛洲坝集团的战略合作，模式动物（猪）创新研究中心、作物分子育种创新中心、乳腺生物反应器国家重大转基因专项中心和玉米全程机械化智能化中心等“四个中心”建设进展顺利，作物分子育种创新中心奠基开工。三亚研究院建设稳步推进，拓展“红旗、朗典、坝头”三大基地580余亩，三亚国际玉米技术创新与成果转化中心奠基开工。学校制定出台鼓励捐赠政策，2021年累计捐赠收入达到10 648万元，申报捐赠配比基数6 445万元，创历年新高。

提升管理服务水平促进提质增效。始终坚持以人民为中心的发展理念，组织开展机关作风整改专项行动，推行77条加强机关工作作风建设举措，推进管理服务提质增效。提升财务管理与服务水平，全面实行会计档案电子化，设置财务单据自助投递机。健全审计制度，改革审计方式，完善内部控制体系。提升校园信息化建设，推进校园无线网全覆盖，打造数据资源平台。加强学校固定资产管理和有效使用，开通绿色采购通道。建立完善实验室安全管理制度，开展首届实验室安全文化月活动。修订完善校属企业管理制度，完成校属企业体制改革。原"北京建设大学"更名为"北京中农大创新研修学院"，获批入选第四批"中国留学人员创业园区孵化基地"。打造全方位多层次的读者服务体系，构建具有农业特色与优势的文献资源保障服务体系。升级档案管理系统，首次实现了全校二级归档单位档案移交全覆盖。推进后勤管理体制改革，引入北京高校首个智能化垃圾分类驿站，打造精致校园，营造良好育人环境。深化"平安校园"建设提升工程，健全完善校园安全稳定工作机制，加强校园交通管理。提升师生员工医疗保障水平，全力推进新冠疫苗接种。加强体育馆管理服务，不断改善设施条件。

六、务实笃行落实立德树人根本任务

知农爱农新型人才培养迈出新步伐。坚持立德树人根本任务，完善德智体美劳育人体系。生源质量持续提升，本科生招生 3 623 人，研究生招生 4 435 人，首批招生全国唯一的生物育种方向"强基计划"，在全国率先推行专业学位硕士专项制招生培养。加快推进"全国新农科建设中心"建设，完成"新农科人才培养引导性专业目录"重大课题研究。优化学科专业布局，增设兽医公共卫生、土地科学与技术、社会政策、食品营养与健康等 4 个本科专业，自主审核增列"土地科学与技术"交叉学科博士学位授权点，动态调整增列社会工作、图书情报 2 个专业学位硕士点。8 个专业入选国家级一流本科专业建设点，6 个专业入选省级一流本科专业建设点，累计 34 个专业入选教育部一流本科专业建设点。2021 届毕业生总体毕业去向落实率 95.91%，在第七届中国国际"互联网+"大学生创新创业大赛全国总决赛中，实现"两金一银五铜"的历史性突破。国务院副总理孙春兰莅临学校考察 2021 届高校毕业生就业促进周活动时，对学校人才培养、就业创业工作给予肯定。生物学院探索推进八年一贯制培养模式，动物医学院打造"345"创新创业人才培养模式，食品科学与营养工程学院构建"一体两翼三融合"本科教学体系，经济管理学院构建"1445"实践教学体系，人文与发展学院首创性地构建"六位一体"社会科学人才培养体系，国际学院拓宽学校教育教学国际化途径。全校牢固树立人才培养的核心地位，引领全国涉农高校推进"新农科"建设。

完善"五育并举"育人体系。首批试点开展新一轮本科教育教学审核评估，持续推进学校体育、美育、劳动教育改革，成立体育教学部、美育教学中心、劳动教育工作委员会，出台体育教育、美育教育和劳动教育改革实施方案，引入校际美育通识课 26 门，开设耕读和农业特色核心通识课程 20 多门。在全国率先构建耕读教育与劳动教育有机融合的育人体系，主编的首部耕读教育读本《耕读教育十讲》入选"2021 年度影响力图书"，打造涿州劳动教育实践基地，投入 200 余万元专项经费组织近 3 000 名本科生开展劳动实践。教师育人教学能力显著提升，1 个团队入选第二批全国黄大年式教学团队，2 人入选北京市教学名师，1 人入选北京市青年教学名师，获首届全国教材建设先进集体 1 项、先进个人 1 项、全国优秀教材一等奖 3 项。完善学生综合素质评价体系，改革奖学金评选制度，首次设立知农爱农奖学金，5 280人次本科生获得奖学金，5 781人次研究生获得奖学金。农学院着重加强优秀教材建设，园艺学院利用学科优势实现以美育人，水利与土木工程学院以赛促建团队共进提升教学成效，理学院强化理学基础推动教学改革，体育教学部实施研究生体育俱乐部改革试点。全校坚持落实“五育并举”，促进学生全面发展。

七、勇担农业科技自立自强使命

高质量科技成果稳定产出。召开科技创新大会、举办种业科技创新论坛、发布种业创新十大行动，系统谋划和统筹推进在保障国家粮食安全、打好种业翻身仗、助力实施乡村振兴战略中担当强农兴农使命。完善科技成果评价机制，出台《中国农业大学关于深化科技创新管理改革的若干意见》，获评科技部首批科技成果评价改革试点单位。7项科技成果荣获2020年度国家科学技术奖，4项主报项目实现三大奖大满贯，位列涉农高校首位，全国高校第4名。6项成果亮相国家“十三五”科技创新成就展。在神农中华农业科技奖表彰中，学校主报的3项成果获得科学研究类成果一等奖、2项成果获得二等奖、1项成果获得三等奖，5个团队获得优秀创新团队奖，以11项神农中华农业科技奖在涉农高校中具备绝对领先优势。科研论文产出实现量质双升，2021年，SCI、EI和SSCI收录论文3 697篇次，同比增长10%，其中SCI论文中影响因子大于5.0的有959篇，同比增长80%，在生物种业、资源高效利用与可持续发展、营养健康等领域取得系列重要突破，古DNA大数据在濒危物种保护应用相关成果在*Cell*杂志发表；开发具有自主知识产权的基因编辑器Cas12i、Cas12j获得中国发明专利授权，实现关键核心技术突破；合作培育的白羽肉鸡品种通过国家审定，破解肉鸡产业种源依赖进口难题；单倍体育种技术进一步拓展到双子叶植物，首次建立番茄诱导体系，推动了玉米、油菜等主要农作物品种培育。发挥智库作用积极向上级部门建言献策，获上级部门或领导人采纳批示的政策建议数量持续提高。

高水平科研平台建设稳步推进。制定紧密合作型重大科技攻关项目团队试点方案，围绕国家重大战略需求，推进基因编辑、抗病育种、黑土地保护等紧密合作型重大科技攻关项目团队组建。获批建设甘肃武威绿洲农业高效用水野外科学观测研究站和河北曲周农业绿色发展野外科学观测研究站2个国家野外科学观测研究站。作为全国农学领域目前唯一的前沿科学中心，分子设计育种教育部前沿科学中心正式获批立项建设。生物安全三级实验室通过CNAS现场评审，服务国家公共卫生安全战略。加快推进模式动物重大设施设备采购和工艺优化，启动试运行。重组校级研究机构，建设校院两级科研公共服务平台。

重点项目申报成果显著。国家自然科学基金数量、经费继续保持农林高校榜首，获批项目249项，其中杰青3项、优青2项、重大类型项目5项、重点项目11项、国际（地区）合作与交流项目5项，直接经费1.95亿元。首批国家重点研发计划项目获批14个牵头项目，位居农林高校首位。现代农业产业技术体系新增12名岗位科学家。重大人文社科项目取得新突破，获批国家社科基金项目16项，同比增长14.3%，其中重大项目3项、重点项目4项，获批教育部人文社会科学研究项目7项，同比增长75%，获批北京市社会科学基金项目 14 项，同比增长 100%。横向科研项目保持稳步增长，立项 1 354 项，同比增长 18.25%；合同经费 52 512 万元，同比增长 13.87%。

八、社会服务成效日益彰显

助力巩固脱贫成果同乡村振兴有效衔接。在教育部、农业农村部、科技部、国家乡村振兴局等部门的指导下，联合全国 41 所高校发起成立“全国乡村振兴高校联盟”，成立中国农业大学乡村振兴战略专家咨询委员会，制定《国家乡村振兴研究院实体化建设方案》，加快构建学校服务国家乡村振兴战略的新格局。受国家乡村振兴局委托，牵头组织开展 2021 年度巩固拓展脱贫攻坚成果同乡村振兴有效衔接考核评估。支持河北省曲周县和鸡泽县、吉林省梨树县建设“全国农业科技现代化先行县”，撬动地方资源共计约 1.49 亿元，成为全国唯一支持三个县的对口技术单位。超额完成定点帮扶镇康县工作任务，直接投入帮扶资金 200 万元、引进帮扶资金 200 万元、帮助销售农副产品 503.84 万元、直接购买农副产品 339.97 万元，中央单位定点扶贫工作成效评估考核等级为“好”，获得“第六届教育部直属高校精准帮扶典型项目”“贯彻落实习近平总书记扶贫开发重要战略思想优秀案例”。推进继续教育服务乡村振兴，中国农业银行“金融服务乡村振兴”培训基地揭牌，举办“乡村振兴专题网络培训班”公益培训，承办各级各类培训班 81 期，培训学员达 9 309 人次。李小云教授荣获全国脱贫攻坚先进个人，农学院荣获全国脱贫攻坚先进集体。工学院研发推广水稻大钵体毯状苗机械化育插秧技术，信息与电气工程学院研发推广农机作业大数据平台，人文与发展学院建设“开化论坛”平台，土地科学与技术学院起草灾情遥感监测分析报告，草业科学与技术学院组建团队服务宁夏中部地区肉羊养殖产业发展，小院联动服务区域产业经济发展。

科技成果转化达到新高度。重业绩、质量和贡献的科技成果评价改革初见成效，2021 年全校获授权专利 888 项，同比增长 15%，其中国际专利 9 项，审定（登记）品种 4 个，获批新兽药 7 个，制定国家标准 7 个。强化政策保障，制修订《中国农业大学科技成果转化办法》《中国农业大学科技成果作价投资管理办法（试行）》。建设科技成果展示与技术交易平台，获批中关村科技服务平台项目。全年签订科技成果转化项目 86 项，同比增长 16%，其中农业智能装备、动植物育种、疫病监测、食品加工等学科领域百万级以上 12 项，合同签订总额 3 617.68 万元。首个以科技成果作价投资入股方式实施的科技成果转化项目进入实质性审批阶段。

资源拓展取得新突破开创政产学研合作新局面。主动融入国家区域创新战略布局，与国家卫健委、黑龙江省、四川省、深圳市、三亚市、保定市等部委和地方政府开展战略性实质性合作。与国家卫健委等单位共同开展食品安全与营养健康战略合作。第二个独立事业单位法人四川成都中农大现代农业产业研究院获批落地。积极响应国家面向深圳建设“先行区”和“大湾区”重大战略需求，与深圳市大鹏新区管理委员会正式签署战略合作协议，中国农业大学深圳研究院（筹）正式揭牌落户。学校加强与龙头企业战略合作实现共赢目标，与大北农集团签署战略合作协议，在科研攻关、平台共建、人才培养以及产业政策等方面开展合作；与首农集团开展战略合作，围绕生物育种、智慧农业与食品加工等领域，共同打造产学研创新体系，推动校企联合共建发展模式；与华为科技有限公司签署校企合作意向书，推进智慧农业和数字乡村合作；与腾讯合作开展“乡村职业经理人培训”计划，为乡村振兴人才振兴探索实践方案。持续推进与拼多多公司的战略合作，设立前沿交叉学科发展与乡村振兴基金，成立智慧电商研究院，累计向学校投入资金 3 500 万元。新建教授工作站 46 个，协议金额近 2 500 万元。动物科技学院与大北农、深圳金新农共建产业技术联合研究院 2 个。

九、坚定不移深化全面从严治党

深化落实全面从严治党主体责任与监督责任。加强全面从严治党制度体系建设，制定《关于推进政治监督具体化常态化工作办法》《关于加强对“一把手”和领导班子监督的工作举措》，落实纪检体制改革要求，领导、支持纪委监督执纪工作，形成了定期听取纪委工作报告、研究纪委工作建议、共同研判学校政治生态、贯通两个责任协同发力的有效机制。召开全面从严治党会，部署推进重点工作，压实“一岗双责”。坚持严的主基调，一体推进“不敢腐、不能腐、不想腐”体系建设。深挖细查信访举报和问题线索，精准运用监督执纪“四种形态”，2021 年立案审查 2 人，给予开除党籍 1 人，移送监察机关 1 人，问责处理 1 件，形成了有力震慑，学校信访举报数量同比大幅下降。深入汲取“李宁案”教训，推进科研领域廉政防控体系建设。召开二级党组织全面从严治党专题会，传达北京市警示教育大会精神，点名通报 2017 年以来学校典型违纪案例。开展二级党组织理论学习中心组学习和管理服务部门作风建设 2 项专项巡视工作。

加强廉洁风险防控机制建设。始终坚持严的主基调，开展全校廉政风险排查。落实中央关于校属企业改革要求，在校办产业领域加强风险防控，全面推行校属企业负责人个人事项报告工作，实现校属企业 28 名负责人廉洁谈话全覆盖。推进后勤系统以强化廉政风险防控为重要导向的内部改革，从“小机关多中心”的分散管理转变为“小机关大中心”的集约管理，进一步减少管理层级，降低廉洁风险。构建“制度建设＋宣传教育＋监督检查＋联合惩戒”的科研活动廉洁风险防控机制，有效预防科研领域腐败。开展基建领域廉政风险专项排查，加强风险防控机制建设。扎实开展非学历教育、校内产业等非主业领域腐败风险专项清理。

过去一年的成绩是以习近平同志为核心的党中央坚强领导的结果，是教育部和北京市的关心和指导的结果。但同时，学校党委也清醒认识到，学校存在一些问题挑战：一是服务国家重大战略成效仍需提升。在推进科研组织模式创新，强化“兵团作战”能力，解决农业“卡脖子”核心关键技术上还需要持续发力。二是推动学校内涵式高质量发展仍需加快。新百年新征程对高校提出新要求，仍需进一步优化办学结构、拓展办学资源，更有力地服务国家乡村振兴和区域经济社会发展。三是责任担当还需进一步压实。有的部门和学院对新时代新使命的精神实质和丰富内涵理解不够深入，仍需进一步压实强农兴农责任担当，埋头苦干、砥砺前行。

2022 年是党的二十大召开之年，是实施“十四五”规划承上启下的重要一年，是全面实施新一轮“双一流”建设的关键之年。新征程，更需砥砺奋进，学校党委将更加紧密地团结在以习近平同志为核心的党中央周围，高举中国特色社会主义伟大旗帜，勇毅前行，开创未来，以习近平新时代中国特色社会主义思想为指导，深入学习贯彻党的十九大和十九届历次全会精神，以迎接学习党的二十大为主线，深入贯彻落实习近平总书记关于教育的重要论述和给全国涉农高校的书记、校长和专家代表重要回信精神，坚持和加强党对学校工作的全面领导，全面贯彻党的教育方针，落实立德树人根本任务，践行强农兴农使命担当，按照学校第四次党代会战略部署和"十四五"规划目标任务，深入实施"5＋1"工程，加快推进学校高质量发展，奋力谱写全面建设中国特色、农业特色世界一流大学新篇章，以优异成绩迎接党的二十大胜利召开。

2021 年党发、校发文件

2021 年中国农业大学党发文件目录

文号	文件标题
中农大党发〔2021〕2 号	关于印发《中国农业大学离退休工作领导责任制实施细则》的通知
中农大党发〔2021〕3 号	关于印发《中国农业大学关于进一步加强和改进离退休工作的实施办法》的通知
中农大党发〔2021〕7 号	关于调整中国农业大学离退休工作领导小组的通知
中农大党发〔2021〕8 号	中共中国农业大学委员会关于调整思想政治工作领导小组的通知
中农大党发〔2021〕13 号	关于调整中共中国农业大学保密委员会的通知
中农大党发〔2021〕14 号	关于调整中国农业大学党的建设和全面从严治党工作领导小组的通知
中农大党发〔2021〕16 号	关于调整中国农业大学校园文化建设领导小组的通知
中农大党发〔2021〕17 号	关于调整中国农业大学师德建设委员会的通知
中农大党发〔2021〕18 号	关于印发《中国农业大学 2020 年度校领导班子民主生活会整改方案》的通知
中农大党发〔2021〕19 号	关于调整中共中国农业大学党校校务委员会的通知
中农大党发〔2021〕21 号	关于表彰 2020 年度二级党组织抓基层党建、学院（部）行政工作、管理服务机构和直属机构考核获奖单位的决定
中农大党发〔2021〕22 号	关于印发《中国农业大学二级党组织理论学习中心组学习质量提升行动方案》的通知
中农大党发〔2021〕23 号	中共中国农业大学委员会关于 2021 年党委理论学习中心组专题学习重点内容安排的通知
中农大党发〔2021〕26 号	关于调整中国农业大学党建研究会成员的通知

续表

文号	文件标题
中农大党发〔2021〕28号	关于印发《中国农业大学关心下一代工作委员会工作规程》的通知
中农大党发〔2021〕30号	关于印发《中国农业大学2021年党政工作要点》的通知
中农大党发〔2021〕31号	关于成立中国农业大学党委理论学习宣讲团的通知
中农大党发〔2021〕32号	关于印发《中国农业大学党委理论学习宣讲团建设方案》的通知
中农大党发〔2021〕33号	关于印发《中国农业大学深入贯彻习近平总书记重要讲话指示批示精神和中央重大决策部署的实施办法》的通知
中农大党发〔2021〕35号	中共中国农业大学委员会关于调整继续教育学院党组织隶属关系的通知
中农大党发〔2021〕39号	中共中国农业大学委员会关于深入学习贯彻习近平总书记在清华大学考察时重要讲话精神的通知
中农大党发〔2021〕41号	关于印发《中国农业大学机构编制管理暂行办法》的通知
中农大党发〔2021〕43号	关于印发《中共中国农业大学党风监督员工作办法》的通知
中农大党发〔2021〕44号	中共中国农业大学委员会关于聘任第四届党风监督员的通知
中农大党发〔2021〕45号	中共中国农业大学委员会关于印发《关于持续整治形式主义官僚主义问题的若干举措》的通知
中农大党发〔2021〕48号	关于印发《中国农业大学"双融合、双促进"教师党支部推动课程思政建设工作实施方案》的通知
中农大党发〔2021〕49号	关于印发《中国农业大学2021—2023年党员教育培训工作规划》的通知
中农大党发〔2021〕50号	关于印发《中国农业大学2021年师德专题教育工作方案》的通知
中农大党发〔2021〕51号	关于印发《中国农业大学党委2021—2025年巡察工作规划》的通知
中农大党发〔2021〕52号	关于印发《中共中国农业大学委员会2021年党建工作计划》的通知
中农大党发〔2021〕53号	中共中国农业大学委员会关于调整党务公开工作领导小组的通知
中农大党发〔2021〕54号	关于"中国农业大学脱贫攻坚工作领导小组"更名为"中国农业大学乡村振兴工作领导小组"的通知
中农大党发〔2021〕56号	中共中国农业大学委员会关于2021年评选表彰先进党组织、优秀共产党员、优秀党务工作者的通知
中农大党发〔2021〕58号	中共中国农业大学委员会关于表彰先进党组织、优秀共产党员和优秀党务工作者的决定
中农大党发〔2021〕59号	关于印发《中国农业大学党史学习教育巡回指导专项工作方案》的通知
中农大党发〔2021〕65号	中共中国农业大学委员会关于秦瀚翔等同志任职的通知
中农大党发〔2021〕70号	中共中国农业大学委员会关于加强新时代关心下一代工作的意见
中农大党发〔2021〕73号	关于印发《中国农业大学贯彻落实〈深化新时代教育评价改革总体方案〉的工作方案》的通知
中农大党发〔2021〕75号	关于印发《中共中国农业大学委员会关于加强对"一把手"和领导班子监督的工作举措》的通知

续表

文号	文件标题
中农大党发〔2021〕77 号	中共中国农业大学委员会关于印发《处级领导干部兼职管理办法(2021 年修订)》的通知
中农大党发〔2021〕78 号	关于印发《中国农业大学校长办公会议议事规则(2021 年修订)》的通知
中农大党发〔2021〕79 号	中共中国农业大学委员会关于张漫等同志试用期满正式任职的通知
中农大党发〔2021〕80 号	关于印发《中国共产党中国农业大学委员会常务委员会会议议事规则》(2021 年修订)的通知
中农大党发〔2021〕81 号	中共中国农业大学委员会关于给予徐正航同学通报表彰的决定
中农大党发〔2021〕82 号	关于印发《中国农业大学师德建设委员会工作规定》的通知
中农大党发〔2021〕84 号	中共中国农业大学委员会关于印发《党委理论学习中心组学习规定(2021 年修订)》的通知
中农大党发〔2021〕85 号	关于印发《中国农业大学政治理论学习质量提升行动方案》的通知
中农大党发〔2021〕86 号	关于印发《中国农业大学网络舆情管理与处置办法》的通知
中农大党发〔2021〕87 号	关于印发《中共中国农业大学委员会关于加强巡察干部队伍建设的实施意见(试行)》的通知
中农大党发〔2021〕88 号	中共中国农业大学委员会关于印发《中国农业大学教职工党支部工作规程(2021 年修订)》的通知
中农大党发〔2021〕89 号	中共中国农业大学委员会关于印发《中国农业大学二级党组织工作规程(2021 年修订)》的通知
中农大党发〔2021〕90 号	关于成立中国农业大学出版社管理委员会的通知
中农大党发〔2021〕91 号	关于印发《中国农业大学加强新时代马克思主义学院建设行动计划》的通知
中农大党发〔2021〕94 号	中共中国农业大学委员会关于调整部分二级党组织设置的通知
中农大党发〔2021〕95 号	中共中国农业大学委员会关于党委巡察工作领导小组及办公室更名的通知
中农大党发〔2021〕96 号	关于印发《中国农业大学党建和思想政治工作提升行动方案》的通知
中农大党发〔2021〕97 号	关于印发《中国农业大学学习宣传贯彻党的十九届六中全会精神工作方案》的通知
中农大党发〔2021〕99 号	中共中国农业大学委员会关于开展 2021 年度师德考核工作的通知
中农大党发〔2021〕100 号	中共中国农业大学委员会关于开展 2021 年度处级干部考核工作的通知
中农大党发〔2021〕101 号	关于印发《中国农业大学学生党支部工作规程》的通知
中农大党发〔2021〕102 号	中共中国农业大学委员会关于印发《2021 年度二级党组织书记抓基层党建工作述职评议考核实施方案》的通知
中农大党任〔2021〕1 号	中共中国农业大学委员会关于吴华杰等同志任职的通知
中农大党任〔2021〕2 号	中共中国农业大学委员会关于刘军等同志任职的通知

续表

文号	文件标题
中农大党任〔2021〕3 号	中共中国农业大学委员会关于周志强同志任职的通知
中农大党任〔2021〕4 号	中共中国农业大学委员会关于刘姝言等同志任免职的通知
中农大党任〔2021〕5 号	中共中国农业大学委员会关于钟占蓉等同志任免职的通知
中农大党任〔2021〕6 号	中共中国农业大学委员会关于荆忠海同志免职的通知
中农大党任〔2021〕7 号	中共中国农业大学委员会关于葛树林同志免职的通知
中农大党任〔2021〕8 号	中共中国农业大学委员会关于王扬等同志任免职的通知
中农大党任〔2021〕9 号	中共中国农业大学委员会关于张立伟等同志任免职的通知
中农大党文〔2021〕2 号	中共中国农业大学委员会关于林万龙同志兼任中国农学会教育专业委员会副主任的请示
中农大党政办发〔2021〕2 号	中国农业大学关于做好海淀区第十七届人民代表大会代表换届选举有关工作的通知

2021 年中国农业大学校发文件目录

文号	文件标题
中农大保字〔2021〕1 号	关于调整中国农业大学“平安校园”建设工作领导小组的通知
中农大保字〔2021〕2 号	关于调整中国农业大学安全稳定工作领导小组的通知
中农大保字〔2021〕4 号	关于调整中国农业大学交通安全工作部门联席会议的通知
中农大保字〔2021〕5 号	关于调整中国农业大学消防安全委员会的通知
中农大保字〔2021〕6 号	关于调整中国农业大学社会治安综合治理委员会的通知
中农大财字〔2021〕2 号	关于调整中国农业大学盘活财政存量资金工作小组的通知
中农大财字〔2021〕3 号	关于调整中国农业大学财经工作领导小组的通知
中农大财字〔2021〕8 号	关于印发《中国农业大学决算管理办法(2021 年修订)》的通知
中农大财字〔2021〕9 号	关于印发《中国农业大学支票管理办法(2021 年修订)》的通知
中农大财字〔2021〕10 号	关于印发《中国农业大学部门预算下拨经费使用管理办法(2021 年修订)》的通知
中农大财字〔2021〕11 号	关于印发《中国农业大学现金管理办法(2021 年修订)》的通知
中农大财字〔2021〕12 号	关于印发《中国农业大学国库集中支付管理办法(2021 年修订)》的通知
中农大财字〔2021〕13 号	关于印发《中国农业大学基本建设项目财务管理办法(2021 年修订)》的通知
中农大财字〔2021〕14 号	关于印发《中国农业大学改善基本办学条件专项资金及项目管理办法(2021 年修订)》的通知

续表

文号	文件标题
中农大财字〔2021〕15 号	关于印发《中国农业大学公务卡管理办法(2021 年修订)》的通知
中农大财字〔2021〕16 号	关于印发《中国农业大学非财政性收入分配管理办法(2021 年修订)》的通知
中农大财字〔2021〕17 号	关于印发《中国农业大学票据管理办法(2021 年修订)》的通知
中农大财字〔2021〕18 号	关于印发《中国农业大学资金使用审批办法(2021 年修订)》的通知
中农大财字〔2021〕20 号	关于印发《中国农业大学应收款管理办法(2021 年修订)》的通知
中农大财字〔2021〕21 号	关于印发《中国农业大学人文社科类纵向科研项目经费管理实施细则(2021 年修订)》的通知
中农大财字〔2021〕22 号	关于印发《中国农业大学收费管理办法(2021 年修订)》的通知
中农大财字〔2021〕23 号	关于印发《关于规范校外基地科研经费管理的规定(2021 年修订)》的通知
中农大财字〔2021〕29 号	关于印发《中国农业大学科研项目间接费用管理办法(2021 年修订)》的通知
中农大财字〔2021〕30 号	关于印发《中国农业大学科研经费管理办法(2021 年修订)》的通知
中农大财字〔2021〕32 号	关于调整中国农业大学财经工作领导小组的通知
中农大规划字〔2021〕1 号	关于调整“国际会议中心”管理体制等有关事宜的通知
中农大规划字〔2021〕2 号	中国农业大学关于成立作物智能育种生物学北京高精尖学科领导小组和工作小组的通知
中农大规划字〔2021〕4 号	关于印发《关于加强中国农业大学前沿交叉科学研究院建设的工作方案》的通知
中农大国资字〔2021〕1 号	关于调整中国农业大学国有资产监督管理委员会的通知
中农大国资字〔2021〕2 号	关于调整中国农业大学公用房出租管理委员会的通知
中农大国资字〔2021〕13 号	关于调整中国农业大学招标采购工作领导小组的通知
中农大国资字〔2021〕14 号	关于调整中国农业大学国有资产监督管理委员会的通知
中农大国资字〔2021〕15 号	关于调整中国农业大学公用房出租管理委员会的通知
中农大国资字〔2021〕21 号	关于印发《中国农业大学固定资产丢失、损坏赔偿处理暂行办法》的通知
中农大后勤字〔2021〕1 号	关于调整中国农业大学人防工作领导小组成员组成的通知
中农大后勤字〔2021〕2 号	关于调整中国农业大学绿化委员会成员的通知

续表

文号	文件标题
中农大后勤字〔2021〕3号	关于调整中国农业大学建设节约型校园领导小组成员的通知
中农大后勤字〔2021〕4号	关于调整中国农业大学爱国卫生运动委员会成员的通知
中农大后勤字〔2021〕5号	关于调整中国农业大学“平抑资金”管理领导小组的通知
中农大后勤字〔2021〕6号	关于调整中国农业大学住房管理委员会的通知
中农大后勤字〔2021〕7号	关于印发《中国农业大学后勤维修预备费使用管理办法》的通知
中农大后勤字〔2021〕8号	关于印发《中国农业大学新时代爱国卫生运动工作实施方案》的通知
中农大后勤字〔2021〕9号	关于印发《中国农业大学加强无烟学校建设工作实施方案》的通知
中农大后勤字〔2021〕10号	关于印发《中国农业大学无烟学校建设管理规定》的通知
中农大后勤字〔2021〕12号	关于印发《中国农业大学绿色学校创建工作方案》的通知
中农大后勤字〔2021〕13号	关于调整中国农业大学住房管理委员会的通知
中农大后勤字〔2021〕14号	关于印发《中国农业大学“光盘行动”实施办法》的通知
中农大后勤字〔2021〕15号	关于印发《中国农业大学节水管理规定》的通知
中农大后勤字〔2021〕16号	关于印发《中国农业大学水电管理办法》的通知
中农大后勤字〔2021〕17号	关于印发《中国农业大学绿色学校建设会议制度》的通知
中农大后勤字〔2021〕18号	关于印发《中国农业大学能源资源统计和公示管理办法》的通知
中农大基字〔2021〕1号	关于调整中国农业大学校园建设规划委员会的通知
中农大基字〔2021〕3号	关于印发《中国农业大学修缮工程项目管理办法》的通知
中农大基字〔2021〕4号	关于印发《中国农业大学建设工程暂估价专业工程、暂估价材料及设备采购管理办法》的通知
中农大基字〔2021〕5号	关于印发《中国农业大学建设工程变更及签证管理暂行办法(2021年修订)》的通知

续表

文号	文件标题
中农大基字〔2021〕6号	关于印发《中国农业大学建设工程项目合同管理办法(2021年修订)》的通知
中农大基字〔2021〕7号	关于印发《中国农业大学建设工程施工管理办法(2021年修订)》的通知
中农大基字〔2021〕8号	关于印发《中国农业大学基本建设管理办法(2021年修订)》的通知
中农大基字〔2021〕9号	关于印发《中国农业大学建设工程移交管理办法(2021年修订)》的通知
中农大基字〔2021〕10号	关于印发《中国农业大学建设工程保修管理办法(2021年修订)》的通知
中农大继教字〔2021〕1号	中国农业大学关于增加2021年成人教育招生计划的请示
中农大教字〔2021〕1号	关于印发《中国农业大学推荐优秀应届本科毕业生免试攻读研究生实施办法(2020年修订)》的通知
中农大教字〔2021〕2号	关于印发《中国农业大学劳动教育实施方案》的通知
中农大教字〔2021〕3号	关于成立中国农业大学课程思政教学研究与培训中心的通知
中农大教字〔2021〕4号	关于印发《中国农业大学青年教师教学基本功比赛管理办法》的通知
中农大教字〔2021〕5号	关于印发《中国农业大学青年教师育人能力培训方案》的通知
中农大教字〔2021〕6号	关于印发《中国农业大学教材建设管理办法》的通知
中农大教字〔2021〕8号	中国农业大学关于聘任国家级实验教学示范中心和国家级虚拟仿真实验教学中心主任的通知
中农大教字〔2021〕9号	中国农业大学关于表彰2021届校级优秀毕业论文(设计)获奖学生及指导教师的决定
中农大教字〔2021〕11号	关于印发《中国农业大学迎接本科教育教学审核评估工作实施方案》的通知
中农大教字〔2021〕12号	关于印发《中国农业大学美育改革方案》的通知
中农大教字〔2021〕13号	关于印发《中国农业大学体育教育改革方案》的通知
中农大教字〔2021〕14号	关于成立中国农业大学语言文字工作领导小组的通知
中农大教字〔2021〕15号	关于成立中国农业大学体育工作委员会的通知
中农大教字〔2021〕16号	关于成立中国农业大学美育工作委员会的通知
中农大教字〔2021〕17号	关于成立中国农业大学劳动教育工作委员会的通知
中农大教字〔2021〕18号	中国农业大学关于公布2021年校级教学成果奖获奖名单的通知
中农大人字〔2021〕2号	中国农业大学关于给予李宁开除处分的决定
中农大人字〔2021〕3号	关于成立"中国农业大学农村基层党建研究中心"的通知
中农大人字〔2021〕4号	中国农业大学关于公布2020年度管理职员晋升聘任人员名单的通知
中农大人字〔2021〕5号	关于成立"中国农业大学农业无人机系统研究院"的通知
中农大人字〔2021〕6号、中农大人字〔2021〕7号	关于印发《中国农业大学专业技术职务聘任管理办法》的通知;关于印发《中国农业大学专业技术职务晋升聘任实施细则》的通知
中农大人字〔2021〕8号	关于成立"中国农业大学国家农业科技战略研究院"的通知

续表

文号	文件标题
中农大人字〔2021〕9号	中国农业大学关于2020年度专业技术职务晋升聘任的通知
中农大人字〔2021〕10号	关于印发《中国农业大学博士后校地合作（资源拓展）专项管理办法（暂行）》的通知
中农大人字〔2021〕12号	中国农业大学关于公布2020年度考核优秀人员名单的通知
中农大人字〔2021〕13号	中国农业大学关于工人技术职务聘任的通知
中农大人字〔2021〕14号	中国农业大学关于张敬芝等科级干部任免职的通知
中农大人字〔2021〕15号	关于印发《中国农业大学专业技术人员校外兼职管理暂行办法》的通知
中农大人字〔2021〕16号	关于成立“中国农业大学四川现代农业产业研究院”的通知
中农大人字〔2021〕17号	关于成立“中国农业大学生物安全三级实验室”的通知
中农大人字〔2021〕19号	关于成立中国农业大学新一届人才工作分委员会的通知
中农大人字〔2021〕20号	关于聘任国家农业科技战略研究院常务副院长和副院长的通知
中农大人字〔2021〕21号	中国农业大学关于表彰奖励2021年度优秀教职工的决定
中农大人字〔2021〕24号	中国农业大大学关于给予张俊鹏降低岗位等级处分的决定
中农大人字〔2021〕25号	中国农业大大学关于给予王冰莹警告处分的决定
中农大人字〔2021〕26号	中国农业大学关于王婷等科级干部任免职的通知
中农大人字〔2021〕30号	关于印发《中国农业大学关于进一步加强博士后队伍建设的改革意见》的通知
中农大人字〔2021〕31号	关于印发《中国农业大学博士后管理办法（试行）》的通知
中农大人字〔2021〕32号	关于印发《中国农业大学博士后合作导师支持与奖励有关规定》的通知
中农大人字〔2021〕33号	关于印发《中国农业大学优秀博士后奖励有关规定》的通知
中农大人字〔2021〕34号	关于印发《中国农业大学兴农青年学者暂行规定》的通知
中农大人字〔2021〕35号	关于印发《中国农业大学教职工延迟退休补充规定》的通知
中农大人字〔2021〕36号	关于印发《中国农业大学专任教师校级返聘管理办法》的通知
中农大人字〔2021〕37号	中国农业大学关于2021年教职工年度考核的通知
中农大人字〔2021〕39号	中国农业大学关于2021年度职员晋升聘任的通知
中农大人字〔2021〕40号	中国农业大学关于解除何非处分的决定
中农大社服字〔2021〕1号	关于印发《中国农业大学国家知识产权试点高校建设工作方案》的通知
中农大社服字〔2021〕2号	关于印发《中国农业大学科技成果作价投资管理办法（试行）》的通知
中农大社服字〔2021〕3号	关于调整中国农业大学对口支援与对口合作工作领导小组的通知

续表

文号	文件标题
中农大社服字〔2021〕4 号	关于调整中国农业大学科技成果转移转化领导小组的通知
中农大社服字〔2021〕5 号	关于印发《中国农业大学校外基地管理办法(试行)》的通知
中农大社服字〔2021〕9 号	关于成立中国农业大学全国农业科技现代化先行县工作领导小组的通知
中农大审字〔2021〕1 号	关于印发《中国农业大学园艺学院原院长韩振海同志任期经济责任审计报告》的通知
中农大审字〔2021〕2 号	关于印发《中国农业大学农学院院长金危危同志任期经济责任审计报告》的通知
中农大审字〔2021〕3 号	关于调整中国农业大学审计工作领导小组的通知
中农大审字〔2021〕4 号	关于调整中国农业大学经济责任审计工作领导小组的通知
中农大审字〔2021〕5 号	关于印发《中国农业大学内部控制审计实施办法》的通知
中农大审字〔2021〕6 号	关于印发《中国农业大学科研经费审计实施办法》的通知
中农大审字〔2021〕7 号	关于印发《中国农业大学校属机构领导人员经济责任审计实施办法》的通知
中农大审字〔2021〕8 号	关于印发《中国农业大学审计信息公开实施办法》的通知
中农大审字〔2021〕9 号	关于印发《中国农业大学财务收支审计实施办法》的通知
中农大审字〔2021〕10 号	关于印发《中国农业大学预算执行与决算审计实施办法》的通知
中农大审字〔2021〕11 号	关于印发《中国农业大学国际学院原院长黄冠华同志任期经济责任审计报告》的通知
中农大审字〔2021〕12 号	关于印发《中国农业大学马克思主义学院院长张晖同志任期经济责任审计报告》的通知
中农大审字〔2021〕13 号	关于印发《中国农业大学植物保护学院原院长彭友良同志任期经济责任审计报告》的通知
中农大实验字〔2021〕1 号	中国农业大学关于公布 2020 年度实验室安全工作考核结果的通知
中农大实验字〔2021〕2 号	关于印发《中国农业大学实验耗材采购管理办法(试行)》的通知
中农大实验字〔2021〕3 号	关于调整中国农业大学实验室安全管理领导小组的通知
中农大实验字〔2021〕4 号	关于印发《中国农业大学实验室危险化学品安全管理办法(2021 年修订)》的通知
中农大实验字〔2021〕6 号	中国农业大学关于开展实验室安全隐患排查整治工作的通知

续表

文号	文件标题
中农大实验字〔2021〕7号	关于印发《中国农业大学大型仪器设备开放共享管理办法(2021年修订)》的通知
中农大实验字〔2021〕8号	中国农业大学关于开展2021年度实验室安全工作考核的通知
中农大外字〔2021〕1号	关于调整中国农业大学外事工作领导小组的通知
中农大外字〔2021〕2号	关于调整中国农业大学国家留学基金委员会资助出国留学项目领导小组及工作小组的通知
中农大外字〔2021〕9号	关于成立中国农业大学教育对外开放工作领导小组的通知
中农大校产字〔2021〕4号	中国农业大学关于调整校属企业体制改革工作机构的通知
中农大校产字〔2021〕8号	中国农业大学关于同意注销北京海淀农大书店的决定
中农大校产字〔2021〕10号	中国农业大学关于办理北京中农大地科技发展有限公司国有资产产权变更登记的请示
中农大校产字〔2021〕15号	关于印发《中国农业大学向资产经营公司派出董事、监事管理暂行办法》的通知
中农大校产字〔2021〕16号	关于印发《中国农业大学所属企业国有资产管理暂行办法》的通知
中农大校产字〔2021〕17号	关于调整中国农业大学经营性资产管理委员会的通知
中农大校任〔2021〕1号	中国农业大学关于曲瑛德等同志任职的通知
中农大校任〔2021〕2号	中国农业大学关于刘姝言同志任职的通知
中农大校任〔2021〕3号	中国农业大学关于曹志军等同志任免职的通知
中农大校任〔2021〕5号	中国农业大学关于李冬梅等同志任免职的通知
中农大校任〔2021〕6号	中国农业大学关于白菲等同志任免职的通知
中农大校任〔2021〕7号	中国农业大学关于荆忠海同志任职的通知
中农大校任〔2021〕8号	中国农业大学关于张陈文等同志任免职的通知
中农大校任〔2021〕9号	中国农业大学关于束景丹等同志任免职的通知
中农大校任〔2021〕10号	中国农业大学关于倪中福等同志任免职的通知
中农大校字〔2021〕1号	关于调整中国农业大学新型冠状病毒感染的肺炎疫情防控工作领导小组成员及工作机构的通知
中农大校字〔2021〕3号	中国农业大学关于调整校园网运行分担费政策的通知
中农大校字〔2021〕4号	关于印发《中国农业大学网络安全和信息化工作管理办法》的通知
中农大校字〔2021〕5号	关于印发《中国农业大学网络基础设施管理办法》的通知

续表

文号	文件标题
中农大校字〔2021〕6 号	关于印发《中国农业大学信息系统建设管理办法》的通知
中农大校字〔2021〕7 号	关于印发《中国农业大学数据管理办法》的通知
中农大校字〔2021〕8 号	关于印发《中国农业大学网络与信息安全管理办法》的通知
中农大校字〔2021〕9 号	关于印发《中国农业大学计划生育奖励、处罚规定(2021 年修订)》的通知
中农大校字〔2021〕10 号	关于印发《中国农业大学教职工公费医疗管理办法(2021 年修订)》的通知
中农大校字〔2021〕11 号	关于印发《中国农业大学学生公费医疗管理办法(2021 年修订)》的通知
中农大校字〔2021〕12 号	关于成立中国农业大学第六届学术委员会及下设专门委员会的通知
中农大校字〔2021〕13 号	关于印发《中国农业大学关于加强学校法治工作的实施方案》的通知
中农大校字〔2021〕14 号	中国农业大学关于做好庆祝 2021 年教师节有关工作的通知
中农大校字〔2021〕15 号	中国农业大学关于报送《2020—2021 年度信息公开工作报告》的报告
中农大校字〔2021〕16 号	关于印发《中国农业大学"十四五"事业发展规划》的通知
中农大校字〔2021〕18 号	中国农业大学关于成立体育教学部和美育教学中心的通知
中农大校字〔2021〕19 号	中国农业大学关于废止和宣布失效若干规章制度的通知
中农大学处字〔2021〕1 号	中国农业大学关于给予赵云冲留校察看处分的决定
中农大学处字〔2021〕2 号	中国农业大学关于给予史亚东严重警告处分的决定
中农大学处字〔2021〕3 号	中国农业大学关于给予王龙飞严重警告处分的决定
中农大学处字〔2021〕4 号	中国农业大学关于给予徐梓峰记过处分的决定
中农大学处字〔2021〕5 号	中国农业大学关于给予李辉严重警告处分的决定
中农大学处字〔2021〕6～19 号	中国农业大学关于给予白天等 14 人违纪处分的决定
中农大学处字〔2021〕20 号	中国农业大学关于给予靳显赫记过处分的决定
中农大学处字〔2021〕21 号	中国农业大学关于给予李隆睿记过处分的决定
中农大学处字〔2021〕22 号	中国农业大学关于给予肉斯铁木·努尔萨德克记过处分的决定
中农大学处字〔2021〕23、24、25 号	中国农业大学关于给予于惠等 3 人违纪处分的决定

续表

文号	文件标题
中农大学处字〔2021〕26号	中国农业大学关于给予徐雯记过处分的决定
中农大学处字〔2021〕28号	中国农业大学关于给予王炜超留校察看处分的决定
中农大学处字〔2021〕29号	中国农业大学关于给予谷雨严重警告处分的决定
中农大学处字〔2021〕30号	中国农业大学关于给予郭富龙严重警告处分的决定
中农大学字〔2021〕1号	关于调整中国农业大学学生就业创业工作领导小组的通知
中农大学字〔2021〕2号	关于调整中国农业大学创新创业工作领导小组的通知
中农大学字〔2021〕3号	关于调整中国农业大学学生学业指导工作领导小组的通知
中农大学字〔2021〕4号	中国农业大学关于表彰第十四届"志愿农大"优秀志愿者、优秀志愿服务团体、优秀志愿服务项目的决定
中农大学字〔2021〕5号	中国农业大学关于做好促进2021届毕业生就业八件实事的通知
中农大学字〔2021〕7号	中国农业大学关于表彰2021年度"五四青年标兵"和"五四青年标兵集体"的决定
中农大学字〔2021〕8号	关于表彰2021届北京市普通高等学校优秀毕业生和中国农业大学优秀毕业生的决定
中农大学字〔2021〕9号	关于印发《中国农业大学奖学金管理办法(2021年修订)》的通知
中农大学字〔2021〕11号	关于印发《中国农业大学2021年新生引航工程实施方案》的通知
中农大学字〔2021〕13号	中国农业大学关于表彰2021年暑期社会实践优秀团队、优秀个人和优秀成果的决定
中农大研生字〔2021〕1号	关于调整中国农业大学研究生招生工作领导小组的通知
中农大研生字〔2021〕2号	关于印发《中国农业大学学位授予工作细则(2021年修订)》的通知
中农大研生字〔2021〕3号	关于调整中国农业大学第六届学位评定委员会的通知
中农大研生字〔2021〕4号	中国农业大学关于表彰2021年校级研究生优秀学位论文作者及指导教师的决定
中农大研生字〔2021〕5号	关于印发《中国农业大学新时代研究生教育改革发展实施方案》的通知
中农大研生字〔2021〕7号	关于印发《中国农业大学研究生学籍管理规定(2021年修订)》的通知

续表

文号	文件标题
中农大研字〔2021〕1号	关于修订《中国农业大学动物病原微生物实验室生物安全事故应急处置预案》的通知
中农大研字〔2021〕2号	关于调整中国农业大学农业转基因生物安全领导小组和农业转基因生物安全委员会的通知
中农大研字〔2021〕5号	关于调整《中国农业大学学报(社会科学版)》编辑委员会的通知
中农大研字〔2021〕7号	中国农业大学关于表彰2020年度校级代表性科研成果与重大社会服务贡献的决定
中农大研字〔2021〕9号	关于印发《分子设计育种前沿科学中心管理办法》的通知
中农大研字〔2021〕12号	关于成立“中国农业大学生物安全三级实验室生物安全管理委员会”的通知
中农大研字〔2021〕15号	关于调整“中国农业大学实验动物福利与动物实验伦理审查委员会”的通知
中农大研字〔2021〕16号	关于调整“中国农业大学人体研究伦理委员会”的通知
中农大研字〔2021〕17号	关于印发《中国农业大学知识产权管理办法(2021年修订)》的通知
中农大研字〔2021〕19号	中国农业大学关于调整“农业农村部饲料效价与安全监督检验测试中心(北京)”等五个中心主任的通知
中农大研字〔2021〕20号	关于“国家林业和草原局草种子质量检验检测中心(北京)”中心主任调整的通知
中农大研字〔2021〕22号	中国农业大学关于变更农业节水与水资源教育部工程研究中心主任人选的通知
中农大研字〔2021〕23号	中国农业大学关于变更作物杂种优势研究与利用教育部重点实验室负责人的通知
中农大研字〔2021〕24号	中国农业大学关于成立畜禽育种国家工程实验室优化整合评估领导小组的通知
中农大研字〔2021〕25号	关于聘任畜禽育种国家工程实验室主任和副主任、理事会成员、技术委员成员等人员的通知
中农大研字〔2021〕29号	关于印发《中国农业大学校级研究机构管理办法(2021年修订)》的通知
中农大研字〔2021〕30号	关于印发《中国农业大学“包干制”项目科研经费管理办法》的通知
中农大研字〔2021〕31号	关于印发《中国农业大学关于深化科技创新管理改革的若干意见》的通知
中农大研字〔2021〕32号	关于印发《中国农业大学科研违约尽职免责和失职追责暂行规定》的通知
中农大研字〔2021〕33号	关于印发《中国农业大学横向科研项目及经费管理办法(2021年修订)》的通知

2021年度科研获奖成果

序号	奖励名称	成果名称	第一完成人	所属学院	获奖等级	参与形式
1	2020年度国家自然科学奖	水稻驯化的分子机理研究	孙传清	农学院	二等奖	主报
2	2020年度国家技术发明奖	小麦耐热基因发掘与种质创新技术及育种利用	孙其信	农学院	二等奖	主报
3	2020年度国家技术发明奖	良种牛羊卵子高效利用快繁关键技术	田见晖	动物科学技术学院	二等奖	主报
4	2020年度国家科学技术进步奖	食品动物新型专用药物的创制与应用	肖希龙	动物医学院	二等奖	主报
5	2020年度国家科学技术进步奖	畜禽饲料质量安全控制关键技术创建与应用	王红英	工学院	二等奖	参报
6	2020年度国家科学技术进步奖	猪圆环病毒病的免疫预防关键技术研究及应用	杨汉春	动物医学院	二等奖	参报
7	2020年度国家科学技术进步奖	特色浆果高品质保鲜与加工关键技术及产业化	吴晓蒙	食品科学与营养工程学院	二等奖	参报
8	2020—2021年度神农中华农业科技奖	小麦化控防倒抗逆增产关键技术创建及应用	段留生	农学院	一等奖	主报
9	2020—2021年度神农中华农业科技奖	麦蚜精准化控关键技术及应用	高希武	植物保护学院	一等奖	主报

续表

序号	奖励名称	成果名称	第一完成人	所属学院	获奖等级	参与形式
10	2020—2021 年度神农中华农业科技奖	酪蛋白-多糖凝胶稳态化关键技术及在发酵乳中的应用	赵　亮	食品科学与营养工程学院	一等奖	主报
11	2020—2021 年度神农中华农业科技奖	农田景观生物多样性保护及生态景观建设关键技术与应用	宇振荣	资源与环境学院	二等奖	主报
12	2020—2021 年度神农中华农业科技奖	北方农牧交错带气候智慧型旱地农业关键技术与应用	潘志华	资源与环境学院	二等奖	主报
13	2020—2021 年度神农中华农业科技奖	小麦条锈病早期监测预警关键技术与应用	马占鸿	植物保护学院	三等奖	主报
14	2020—2021 年度神农中华农业科技奖	中国农业大学现代农作制创新团队	陈　阜	农学院	团队奖	主报
15	2020—2021 年度神农中华农业科技奖	中国农业大学农产品生物加工创新团队	江正强	食品科学与营养工程学院	团队奖	主报
16	2020—2021 年度神农中华农业科技奖	中国农业大学鲜切花品质调控创新团队	高俊平	园艺学院	团队奖	主报
17	2020—2021 年度神农中华农业科技奖	中国农业大学农畜产品无损检测创新团队	彭彦昆	工学院	团队奖	主报
18	2020—2021 年度神农中华农业科技奖	中国农业大学水泵与泵站创新团队	王福军	水利与土木工程学院	团队奖	主报

第二届全国农业专业学位研究生实践教育成果奖获奖名单(2021 年)

序号	成果名称	成果主要完成人	获奖等级
1	科技小院“三结合 三支撑 五保障”研究生培养体系创新与实践	张福锁、王冲、焦小强、侯勇、张宏彦	特等奖
2	基于牛精英专项的全产业链实践育人模式创新与示范	曹志军、李胜利、苏华维、高健、王军军	特等奖
3	面向产业需求的农业硕士“专项制”培养模式改革与实践	郭鑫、陈巧莲、王美玉、刘哲、牛国卫	一等奖
4	国际视野草产品加工人才培养实践	杨富裕、玉柱、徐春城、倪奎奎、吴哲	一等奖

续表

序号	成果名称	成果主要完成人	获奖等级
5	“精准扶贫-乡村振兴”专项人才培养模式创新与实践	朱万斌、臧华栋、陈源泉、王小芬、胡跃高	一等奖
6	依托产业研究院的农业专业学位硕士研究生“三段式”实践教学体系的建设研究	李季、魏雨泉、丁国春、许艇、田光明	二等奖
7	创立“五多立体模式”培育黑土地农业现代化专业人才	李保国、李子忠、王祥、卢奕丽、任图生	二等奖
8	以创新实践能力为核心的植物保护专业人才培养模式和评价	杜相革、王晓丹、闫硕、周涛、刘志琦	二等奖

2021 年北京市级及以上教学成果获奖名单

序号	课程名称	教学团队	荣誉称号
1	资源利用与植物保护技术进展	张福锁、张宏彦、张林、焦小强、王冲、罗来鑫、李晓林、江荣风	教育部课程思政示范课程、教学名师和教学团队
2	青贮与全混合日粮制作	李胜利、曹志军、苏华维、王蔚、刘楠、王炳、肖鉴鑫	北京市课程思政示范课程、教学名师和教学团队
3	作物育种方法与实践	李保云、宋伟彬、刘晨旭、宿振起、赵悦	北京市课程思政示范课程、教学名师和教学团队
4	自然辩证法概论	刘巍	教育部“拓金计划”示范课程

2021 年中国农业大学教学成果奖名单

序号	完成单位	成果名称	获奖者	成果等级
1	理学院	树情怀筑能力：农林特色化学领军后备人才培养的十二年探索与实践	杜凤沛、饶震红、郭红超、周志强、吴学民、聂海瑜、高玉霞、徐勇	特等奖
2	动物科学技术学院	“二元融合、五维拓展”的拔尖领军畜牧人才培养模式创新与推广	呙于明、曹志军、郭晓旭、刘剑锋、袁建敏、张微、俞英、苏华维、张帅、李菁菁	特等奖
3	研究生院	面向农业产业需求的专业硕士专项制培养模式改革与实践	郭鑫、段留生、李健强、张福锁、康绍忠、曹志军、李保国、廖小军、叶敬忠、林万龙	特等奖

续表

序号	完成单位	成果名称	获奖者	成果等级
4	农学院	新时代农科菁英人才培育模式创新与实践	金危危、陈源泉、孙其信、张海林、朱万斌、曾昭海、杨海岩、王婷、胡云、孙群	特等奖
5	土地科学与技术学院	土壤学教材立体化改革与创新(教材)	李保国、吕贻忠、王祥、赵小蓉、肖波、李子忠、李贵桐、任图生	特等奖
6	工学院	新工科新农科交融、多元化培养的农业机械化及其自动化专业创新型人才培养模式创建与实践	李洪文、徐丽明、何进、王庆杰、刘彩玲、谭彧、杨敏丽、李海涛、尤泳、崔涛	特等奖
7	食品科学与营养工程学院	食品类研究生"四模块五要素"育人体系的探索与实践	廖小军、朱鸿亮、胡小松、郭顺堂、王增利、季俊夫、苗敬、李文、石宝霞	特等奖
8	经济管理学院	创新实践教学环节，培养"知农爱农"经管人才	任金政、陈秀凤、何婧、李军、刘宏曼、洪如玲、魏占祥、郑小平、郭淑媛、朱葛军、祝森祺	特等奖
9	动物医学院	以动物医学专业实践教学体系改革为核心的立体化人才培养模式探索与实践	沈建忠、张国中、夏兆飞、林德贵、陈耀星、杨汉春、郭鑫、李格宾、张欣、王继凤	特等奖
10	本科生院	价值引领、知行合一：知农爱农新型人才培养的"中农方案"	孙其信、王涛、林万龙、谭豫之、曹志军、何志巍、崔情情、张银、金帷、周志强	特等奖
11	水利与土木工程学院	"一流课程＋精品教材＋创新科研"三位一体的水泵与水泵站专业人才培养模式	王福军、姚志峰、杨魏、肖若富、严海军、唐学林、陈鑫	特等奖
12	人文与发展学院	涉农高校彰显特点与特色的"六位一体"社会科学人才培养体系创新与实践	叶敬忠、李玉梅、武晋、刘娟、何慧丽、龚利、吴惠芳、潘璐、唐丽霞、敖松	特等奖
13	食品科学与营养工程学院	食品类专业"一体两翼三融合"教学体系的创新与应用	殷丽君、姚志轶、韩淇安、周忻、高慧慧、张博雅、刘毅、毛立科、杨婉若、李媛	特等奖
14	生物学院	创新基层教育教学组织建设，全面提升高水平创新人才培养质量的实践	于静娟、王娜、周波、王宝青、吴晓岚、苏俊、曹勤红、彭静、许会敏、宋致远、孙德昊、马俊瑜	特等奖
15	资源与环境学院	面向农业绿色发展的知农爱农新型人才培养体系构建与实践	张福锁、张宏彦、王冲、张卫峰、陈范骏、张朝春、焦小强、黄成东、江荣风、侯勇	特等奖

续表

序号	完成单位	成果名称	获奖者	成果等级
16	信息与电气工程学院	面向"智慧农业"前沿的电子信息人才融通培养模式重构与创新实践	张漫、孙红、李道亮、李振波、王忠义、孙瑞志、李民赞、李寒、杨玮、许朝辉	特等奖
17	理学院	自然科学类课程思政育人功能的探索与实践	周志强、杜凤沛、何志巍、王鹏、庞慧慧、李春燕、马晓栋、甄苓	特等奖
18	植物保护学院	打造4C协同育人体系，培养卓越昆虫学人才	彩万志、石旺鹏、李志红、刘志琦、李虎、刘星月、杨定、刘姝言、高峰、柳丽君	一等奖
19	动物医学院	创新动物解剖学课程教学模式，深化课程育人教学改革	曹静、陈耀星、董玉兰、王子旭	一等奖
20	理学院	随风潜入，润物无声：理学类课程思政育人的实践	陈奎孚、刘霞、李洪栋、刘彬、刘玉颖、侯士聪、李春燕、徐义田、经玲	一等奖
21	信息与电气工程学院	面向新农科大学生创新创业素养教育的核心通识课程体系建设与实践	陈一飞、臧日宏、刘巍、吴学民、李德发、吕春利、臧华栋、韩建勇、董乔雪、孙明	一等奖
22	食品科学与营养工程学院	基于"产、学、研、用"联动的葡萄酒学科复合型卓越人才培养体系建设与实践	段长青、何非、燕国梁、潘秋红、王军、周忻、高慧慧	一等奖
23	园艺学院	产业需求牵引的新型设施园艺人才培养模式创新与实践	高丽红、田永强、朱元娣、张常青、李志芳、马男、沈火林、杨文才、洪波、马超	一等奖
24	人文与发展学院	基于创新人才培养的"农业推广学"课程改革与建设	高启杰、乔佳梅、李争鸣	一等奖
25	信息与电气工程学院	解决复杂工程问题智慧农业拔尖创新工程科技人才培养模式研究与实践	高万林、段留生、杨正洪、陈一飞、李振波、薛一鸣、石庆兰、井天军、史银雪、陶莎	一等奖
26	食品科学与营养工程学院	食品安全"三阶段"案例教学方式的示范与推广	郭顺堂、廖小军、许文涛、何计国、苗敬、刘毅、张泽俊、张燕、石英、梁建芬	一等奖
27	园艺学院	"植物生物技术"课程体系与教材建设	郭仰东、翟红、周立刚、朱元娣、何绍贞、孔瑾、王忆、赵宁、张娜、崔福浩	一等奖
28	园艺学院	博采众长，聚焦创新——"园艺学研究与seminar"课程建设与博士研究生创新培养	韩振海、邓秀新、陈发棣、杜永臣、束怀瑞、张启翔、张绍玲、姜全、许勇、段长青	一等奖
29	工学院	产业对接，创新引领——农业工程专业研究生实践创新育人体系建设	黄光群、王红英、杨增玲、杨德勇、刘贤、吴敏、刘嫣红、肖红伟、周宇光、郑志伟	一等奖

续表

序号	完成单位	成果名称	获奖者	成果等级
30	资源与环境学院	“农业气象学”课程实验教学校际协作创新模式	姜会飞、廖树华、任勃、杨卫君、潘仕梅、郭巍、李雪莹	一等奖
31	水利与土木工程学院	农工交融特色专业“六位一体”复合型人才培养体系创建与实践	李保明、郑炜超、赵淑梅、王朝元、滕光辉、童勤、段娜、奚雪松、施正香、黄仕伟	一等奖
32	农学院	一条主线贯穿的混合式双螺旋教学理念和多元化全过程学习评价体系的探索	李保云、尤明山、刘杰	一等奖
33	理学院	虚实相辅、强基赋能，大学物理实验开放式混合教学模式的构建与实践	李春燕、何志巍、沈慧星、朱世秋、王学进、周梅、张建军、徐艳月、全玉杰	一等奖
34	工学院	“全程多维、产教融合、交叉创新”培养农产品干燥领域的卓越人才创新实践	李栋、吴敏、汪立君、吕为乔、肖红伟、殷丽君、刘嫣红、杨德勇、程永强、魏青	一等奖
35	工学院	涉农工程专业“两融合、三协同、四维一体”创新创业能力培养模式改革与实践	李海涛、董向前、陈雨、王玲、张文强、刘星星、杜岳峰、柳沙、马荣华	一等奖
36	信息与电气工程学院	基于新工科的“四维度全过程”涉农人才培养体系构建与实践	李辉、高万林、张漫、陈一飞、谭豫之、张标、韦笑、陈奎孚、吕春利、胡梅	一等奖
37	水利与土木工程学院	创建“一主链、四平台、六融合”实践教学体系，培养知农爱农卓越农林工程人才	李云开、丁涛、王朝元、肖若富、严海军、赵淑梅、杨魏、刘浏、彭红涛、袁林娟	一等奖
38	工学院	基于企业需求“命题式设计”的“微合作课堂”教学模式及实践创新	刘平义、李海涛、王海强、邱冀重、李守忠	一等奖
39	马克思主义学院	塑价值 宽视野 厚素养 促创新——“自然辩证法概论”教学平台建设及混合式教学改革	刘巍、刘彬、尹北直、史志乐、彭光华	一等奖
40	水利与土木工程学院	“4C驱动、三新举措”农业院校工科研究生全球化视野培养与实践	刘志丹、李保明、董仁杰、卢海凤、王朝元、段娜、赵淑梅、郑炜超、蒋伟忠、司哺春	一等奖
41	水利与土木工程学院	“三种课堂”协同互补的顶天立地育人新模式创建与实践	牛俊、郝新梅、杜太生、李云开、毛晓敏、丁日升、刘志丹、王素芬、佟玲、康绍忠	一等奖
42	体育与艺术教学部	敢为人先开新局，体育教育教学质量全面提升	束景丹、吴敏、王正然、梁勇、翟强、王永生、贾凌宇、屈珊珊、耿晟杰	一等奖

续表

序号	完成单位	成果名称	获奖者	成果等级
43	经济管理学院	“实战导向”的产业兴旺人才培养模式	司伟、谷征、付文阁、任金政、陈红华、李海燕、朱杰、龙园园	一等奖
44	农学院	基于“互联网＋教育”背景的“四化”《作物育种学》新形态数字化教材的建设与开发(教材)	孙其信、李保云、辛明明、尤名山、解超杰、胡兆荣、张洪亮、姚颖垠、倪中福	一等奖
45	人文与发展学院	实践教学与社会服务的对话与融合:《村史留痕》《枣缘社会》	孙庆忠	一等奖
46	本科生院	中国农业大学教师育人能力全过程培育体系构建	谭豫之、姜蔺、庞慧慧、李盈、韩宇、王娜、马晓栋、陈建	一等奖
47	食品科学与营养工程学院	“动静交替、赛教互促、学研结合”的三贯通食品工程创新教学体系	汪立君、殷丽君、张昊、刘毅、周忻、张博雅、洪惠	一等奖
48	资源与环境学院	多学科融合的资源环境类本科生“T型”人才培养体系建立与实践	王靖、崔振岭、罗文海、胡琦、尹蛟、王冲、江荣风、刘依、吴华杰	一等奖
49	理学院	“四元一体”卓越农林人才理学教育体系构建与实践	王鹏、杜凤沛、侯松波、庞慧、甄苓、周志强、李春燕、刘玉颖、聂海瑜、古丽	一等奖
50	土地科学与技术学院	“认知－基础－应用”一体化地学课程实践教学体系的创建与成效	王数、李保国、吕贻忠、王国安、郭景恒、张洪军、李子忠、李贵桐、高伟达、朱堃、孔祥斌、杨建宇	一等奖
51	生物学院	构建多维度知识体系,提升科学素养,激活创新能力——“微生物学/实验”核心课教学实践	文莹、王磊、陈文峰、陈芝、王颖、杨金水、李宝珍、张永亮、宋渊	一等奖
52	继续教育学院	构建继续教育服务三农人才培养体系 助力打赢脱贫攻坚战	吴海芹、吴志刚、朱雯雯、王艳霞、巩在暖、杨继军、熊文、林孟君、雷红港	一等奖
53	资源与环境学院	面向生态文明建设的“双阵地双课堂”生态学育人模式创新与实践	吴文良、刘云慧、李洁明、张炜平、王庆刚、王冲、许艇、郭岩彬、魏雨泉、赵磊	一等奖
54	生物学院	优化考核方式,全方位培养学生主动学习能力及创新能力的生物化学改革实践	杨海莲、董江丽、韩海棠、吴玮	一等奖
55	图书馆	新农科建设背景下信息素养教育体系构建与实践	袁永翠、周群、周丽英、郜向荣、赵锦辉、王利萍、乔春晓、王晓兰、姜雪琴、孙会军	一等奖

续表

序号	完成单位	成果名称	获奖者	成果等级
56	马克思主义学院	以问题为导向的“三三制”协同育人思政课教学模式改革探索	张晖、卢兆彤、张晓红、吕文林、陈东琼、王冬梅、李明、刘武根、王琳、乔琪雯	一等奖
57	信息与电气工程学院	面向智慧农业的创新人才培养模式改革与实践	张漫、孟繁佳、陈一飞、井天军、仲崇山、马钦、吕春利、孙红、杨德昌、祁欢欢	一等奖
58	理学院	构筑“数学＋”教育教学新基建，助力培养卓越农林人才和行业领军人才	甄苓、庞慧慧、林海波、马晓栋、申振才、刘晓军、盛洁、吕同玲、唐明筠、郎红蕾	一等奖
59	经济管理学院	基于“两性一度”的涉农企业经营管理实训实验教学的探索与实践	郑小平、任金政、李晓红、谷征、张希玲、祝淼祺、郭淑媛、魏占祥	一等奖
60	理学院	依托优质团队，以能力培养为驱动的数学公共基础课集群化改革与实践	邹辉、侯松波、谭俊艳、姚玉芹、路静、王新平、陈静、周志坚、庞慧慧、杨丽明	一等奖
61	园艺学院	构建“双融、三维”的专业学位教育教学体系，培养新农科风景园林高层次人才	常青、李险峰、刘剑、徐峰、崔山、李明、黄越、冯旭	二等奖
62	马克思主义学院	“概论”课“五环节、四融合”教学模式探索与实践	陈东琼、王娜、张玲玲、张亚东、周东娜、李茜、张晓群、周琬、赵卫涛、范鹏	二等奖
63	食品科学与营养工程学院	两育并重、多科融合，推进食品安全通识课程混合式教学模式改革与实践	陈芳、沈群、吴晓蒙、季俊夫、宋弋、朱雨辰、罗颖华、薛勇、董丽、马晨	二等奖
64	食品科学与营养工程学院	以生为本、文化引领、立德树人——“食品微生物学”课程教学改革与实践	陈晶瑜、李平兰、梁志宏、赵亮、郝彦玲、郑浩、翟征远	二等奖
65	人文与发展学院	国家级精品资源共享课“农业推广学”教材建设	高启杰	二等奖
66	经济管理学院	面向乡村振兴的普惠金融人才培养的实践教学体系	何婧、李晓峰、郭沛、黄纯纯、鞠荣华、刘拥军、田国强、臧日宏、翟留栓、任金政	二等奖
67	食品科学与营养工程学院	“五育并举、交叉融通、以赛促教、以文促学”——本科生创新精神与实践能力培养探索与实践	贺晓云、黄昆仑、许文涛、梁志宏、车会莲、周忻、马丽艳、高慧慧、梅晓宏、仝涛	二等奖

续表

序号	完成单位	成果名称	获奖者	成果等级
68	生物学院	激发学生自主探究，“分子生物学”生态型教学平台的迭代提升与实践	胡剑、何群、汪洋	二等奖
69	资源与环境学院	“应用气候学实习”新形态教学资源与课程设计	胡琦、潘学标、徐琳、王靖、龙步菊、黄彬香	二等奖
70	食品科学与营养工程学院	“脚踏实地成就薪火相传，集思广益凝聚推陈出新”育人模式探索与实践	胡小松、沈群、陈芳、张燕、吴继红、王红梅、倪元颖、廖小军、宋弋、季俊夫	二等奖
71	动物医学院	“兽医公共卫生学”思政教学改革与实践	胡艳欣、田纪景、刘天龙、李浩、李青山、高铭宇、邵丹	二等奖
72	食品科学与营养工程学院	“校企联动　产教融通”专业硕士培养体系建设与实践探索	黄昆仑、贺晓云、许文涛、朱鸿亮、梁志宏、姚志轶、马丽艳、罗云波、李文、苗敬	二等奖
73	信息与电气工程学院	基于新工科理念的计算机系统能力教学改革，培养一流智慧农业创新人才	黄岚、段青玲、史银雪、刘云玲、孙瑞志、袁钢、王耀君、赵景博、胡宏伟、张宪	二等奖
74	信息与电气工程学院	以评促建—以工程教育专业认证三层体系建设全面推进本科一流专业建设	井天军、张漫、耿光飞、苏娟、孙瑞志、马钦、王忠义、董乔雪	二等奖
75	动物医学院	现代马病学本科教学体系建设与国际化提升	李靖、朱怡平、汤小朋、张国中、韩军、夏兆飞、董玉兰、王继凤、张海燕、张欣	二等奖
76	马克思主义学院	“学生为本”“经典为基”的本硕博思政课一体化教学探索	李明、吕文林、陈东琼、张月昕、项荣建、李浩、董济杰、冯淑萍、耿品、周东娜	二等奖
77	园艺学院	“求真、向善、尚美”的新农科美育——校级核心通识课“美术鉴赏与实践”	李险峰、李华君、常青、刘剑、徐峰、崔山、李天红	二等奖
78	国际学院	中外合作办学专业课群发挥思政功能的研究与实践	李岩、齐岩、周东娜、刘武根、李上红、栾志强、柴利、刘亚楠	二等奖
79	生物学院	育人铸才——基于人文素养与创新能力提升的“植物学A”课程建设与实践	刘朝辉、孟雷、王丽、黄淑莉、李连芳、彭静、张军、陈艳梅、许会敏	二等奖
80	植物保护学院	面向绿色农业的创新型植保专业学位研究生培养体系构建与实践	刘鹏飞、刘西莉、张灿、毕扬、王岩	二等奖

续表

序号	完成单位	成果名称	获奖者	成果等级
81	理学院	服务国家战略需求，打造一流无机及分析化学公共基础核心课程	刘霞、张莉、段红霞	二等奖
82	理学院	基于数据分析能力培养的“概率论与数理统计”课程多维立方体教学体系建设与实践	刘旭华、盛洁、马晓栋、庞慧慧、李秋月、王燕飞、古丽	二等奖
83	理学院	对接国际，多层次的大学物理优质课程构建与实践	刘玉颖、朱世秋、申兵辉、宋敏、李春燕、左淑华、何志巍、王学进、韩萍	二等奖
84	信息与电气工程学院	课堂变“社区”、“讲师”变“教练”的教学改革实践	吕春利、孙瑞志、李振波、井天军、赵明、程新荣、杨颖、袁钢、孙红、米阳	二等奖
85	经济管理学院	面向终身学习的乡村振兴创新创业人才培养体系	吕建军、任金政、侯云先、徐洁怡、陈黎明、洪如玲、谷征、杨树、路西、骆聰	二等奖
86	马克思主义学院	以问题为导向的“马克思主义基本原理”课对照式专题互动教学研究	吕文林、张晖、王琳、刘巍、刘彬、董济杰、项荣建、史志乐、孙碧云、郗希	二等奖
87	资源与环境学院	国际视角下“课堂-田间-产业”三维融合构建有机农业专业硕士培养模式	乔玉辉、郭岩彬、魏雨泉、刘云慧、王冲、张炜平、吴文良	二等奖
88	水利与土木工程学院	基于三全育人的“四协同、四载体、四专题”本科生学业指导体系建构与实践	沈立峰、李云开、华博、王胜男、边明慧、孙艳京、张立伟、严海军	二等奖
89	工学院	新时代新工科背景下涉农高校车辆工程新型人才培养模式探索与实践	宋正河、杜岳峰、张庆、张学敏、何志祝、李臻、朱忠祥、江发潮、赵建柱、黄韶炯	二等奖
90	农学院	基于产教融合种业实践教学体系的构建与应用	孙群、王建华、张海林、叶建荣、赵悦、顾日良	二等奖
91	信息与电气工程学院	以工程实践创新能力培养为目标的计算机科学与技术专业“三全育人”模式实践	孙瑞志、马钦、刘云玲、陶莎、陈雷、杨颖	二等奖
92	工学院	机电专业五维度创新型复合人才培养实践教学体系构建与实践	谭彧、陈建、刘星星、王新、张春龙、吕昊暾、王玲、苏道毕力格、王子蒙、王想	二等奖
93	人文与发展学院	“一懂两爱”人才培养的实践教学机制创新	唐丽霞、于乐荣、赵雪娇、武晋、徐秀丽、齐顾波、李小云	二等奖

续表

序号	完成单位	成果名称	获奖者	成果等级
94	生物学院	新工科背景下面向未来食品工业人才的生物化学实验课程建设	王娜、杨海莲、李溱、王瑜、李媛、汪洋	二等奖
95	继续教育学院	需求导向、多元引领、创新驱动——工商管理专业教学体系改革实践	王瑞梅、张希玲、徐洁怡、王素义、栾玲	二等奖
96	经济管理学院	中国管理实践与创新视角的管理学原理课程教学改革	王瑞梅、廖媛红、徐洁怡、栾玲、马威、杨树、路西、宋默西、洪如玲、魏占祥	二等奖
97	北京建设大学	以需求和问题为导向、注重理论和实践相融合的大学科技园创新创业人才培养模式	吴加志、马少军、冯慧茹	二等奖
98	水利与土木工程学院	大手拉小手，大中小学知农爱农人才“三全五育”融合培养模式构建与实践	奚雪松、郑炜超、王胜男、王朝元、王晋、孙艳京、黄仕伟、王玉华、段娜、童勤	二等奖
99	理学院	以发展学生能力为中心的线上线下混合交互式有机化学教学体系的构建与实践	肖玉梅、马晓东、张成、郭红超、傅滨、黄家兴、袁德凯、林燕	二等奖
100	水利与土木工程学院	创建“科教融合-创新文化并重”多途径多平台培养模式，协同提升水利类研究生国际化视野	熊云武、徐旭、黄权中、黄冠华、霍再林、刘浏	二等奖
101	工学院	新工科新农科为导向的生物生产机器人创新实践课程体系构建	徐丽明、刘星星、张凯良、王红英、张宾、毛宁、王树东	二等奖
102	人文与发展学院	发展人才培养课程创新——以“普通发展学”和“普通发展学实践”为例	徐秀丽、王妍蕾、齐顾波	二等奖
103	工学院	基于在线课程的混合式教学模式研究与实践——以工程材料及成形技术课程为例	徐杨、凌刚、简建明、周敏、侯书林	二等奖
104	理学院	夯实数学基础，培养知农爱农的拔尖创新人才	徐义田、庞慧慧、周志坚、杨建平、林海波、王新平、马晓栋、刘旭华	二等奖
105	理学院	基于“数学建模”课程的“学、用、练、赛”教学体系建设与实践	杨建平、邹辉、唐明筠、吕同玲、刘旭华、石媛昌、李国辉、庞慧慧	二等奖
106	土地科学与技术学院	面向智慧国土的产-科-教深度融合创新人才培养模式研究与实践	杨建宇、苏伟、刘哲、郭浩、冯权泷、黄健熙、张晓东、徐艳、姚晓闯、王佳月、汤怀志	二等奖

续表

序号	完成单位	成果名称	获奖者	成果等级
107	人文与发展学院	推行良师益友型模拟法庭教学，探索小型法学院系教改新路径	杨述兴、瓮怡洁、张雅	二等奖
108	生物学院	以科研转化教学为特色，综合性实验课程“植物基因工程实验技术”创建和实践	于静娟、胡剑、赵倩、王娜、施怡婷、许会敏、关丽娟	二等奖
109	工学院	专业教师主导“赛练协同”的工程训练项目制实习模式改革与实践	张宾、张文强、李海涛、农克俭、刘景云、高改梨、徐杨、简建明、周敏、税勇	二等奖
110	资源与环境学院	教、学与用交叉融合创新植物营养学教学模式(教材)	张俊伶、程凌云、黄成东、米国华、张林、李晓林	二等奖
111	草业科学与技术学院	草业科学人才培养方案改造提升与实践	张万军、张英俊、张蕴薇、杜玲、刘楠、马西青、吴哲、倪奎奎、李志强	二等奖
112	工学院	基于乡村产业劳动教育的涉农工程类专业知农爱农新型人才培育模式构建	张学敏、宋正河、刘平义、柳沙、陈度、尹宜勇	二等奖
113	生物学院	以能力培养为导向，以教学资源库为载体，植物生理学B教学新体系的构建与实施	张学琴、吴晓岚、张晓燕、陈其军、汤赛君、陈益芳、陈智忠	二等奖
114	信息与电气工程学院	基于工程图学系列课，思维实践并重，构建“学习者”的大课堂	张彦娥、吴红丹、梅树立、刘韶军、王海华、李丽	二等奖
115	党委学生工作部	“互动体验式心理大课堂”教育教学模式	张银、施钢、周蜜、钟姝、宋京晶、李冬梅、刘建一、祁麟	二等奖
116	食品科学与营养工程学院	基于OBE理念的食品科学与工程专业人才培养体系 建设	赵亮、郭慧媛、毛立科、季俊夫、庞思成、姚志轶、周忻、石英、韩淇安、柳冈	二等奖
117	信息与电气工程学院	依托产学合作育人的“人工智能”课程建设和实践	赵明、马钦、刘云玲	二等奖
118	土地科学与技术学院	土地资源管理专业“全链条-一站式”系统教学与实践基地培养体系	朱道林、孙丹峰、徐艳、伦飞、袁承程、段文技、张雪靓、吕国玮、吴昭军	二等奖
119	土地科学与技术学院	基于治理现代化理念的土地管理学教材建设(教材)	朱道林、艾东	二等奖

2021年中国农业大学优秀教师名单

序号	教学单位	姓名	职称
1	草业科学与技术学院	李曼莉	副教授
2	动物科学技术学院	罗海玲	教授
3	动物科学技术学院	王书敏	副教授
4	动物科学技术学院	张　毅	副教授
5	动物医学院	林珈好	副教授
6	动物医学院	汪　洋	教授
7	动物医学院	张国中	教授
8	动物医学院	周向梅	教授
9	工学院	陈　建	副教授
10	工学院	陈　雨	讲师
11	工学院	刘彩玲	副教授
12	工学院	马少春	副教授
13	国际学院	李上红	讲师
14	经济管理学院	李　军	教授
15	经济管理学院	廖媛红	副教授
16	经济管理学院	赵启然	副教授
17	理学院	段红霞	副教授
18	理学院	黄　峰	教授
19	理学院	郑　冰	副教授
20	理学院	钟　萍	教授
21	理学院	朱文涛	副教授
22	马克思主义学院	李桂华	副教授
23	马克思主义学院	王　琳	副教授
24	农学院	隋　鹏	教授
25	农学院	孙　群	副教授
26	农学院	翟　红	教授
27	人文与发展学院	杜　洋	副教授
28	人文与发展学院	李庆风	高级实验师
29	人文与发展学院	汪淳玉	副教授

续表

序号	教学单位	姓名	职称
30	人文与发展学院	衣　莉	副教授
31	人文与发展学院	张传红	副教授
32	生物学院	傅静雁	教授
33	生物学院	何　群	教授
34	生物学院	王　毅	教授
35	生物学院	邢怡明	教授
36	生物学院	于舒洋	教授
37	食品科学与营养工程学院	李　媛	教授
38	食品科学与营养工程学院	燕国梁	副教授
39	食品科学与营养工程学院	张　燕	教授
40	水利与土木工程学院	郭　萍	教授
41	水利与土木工程学院	严海军	教授
42	水利与土木工程学院	郑炜超	副教授
43	体育与艺术教学部	贾凌宇	讲师
44	体育与艺术教学部	张天鹏	副教授
45	土地科学与技术学院	刘峻明	副教授
46	土地科学与技术学院	朱道林	教授
47	信息与电气工程学院	陈一飞	教授
48	信息与电气工程学院	程　强	副教授
49	信息与电气工程学院	吕春利	副教授
50	信息与电气工程学院	王鹏新	教授
51	信息与电气工程学院	张彦娥	教授
52	营养与健康系	许文涛	教授
53	园艺学院	崔　山	副教授
54	园艺学院	朱元娣	教授
55	植物保护学院	李　燕	副教授
56	植物保护学院	刘小侠	教授
57	植物保护学院	赵紫华	副教授
58	资源与环境学院	胡　琦	高级实验师
59	资源与环境学院	乔玉辉	教授
60	资源与环境学院	张俊伶	教授

北京高校第十二届青年教师教学基本功比赛获奖名单(2021年)

序号	学院	获奖人	奖项
1	工学院	陈　建	一等奖
2	农学院	刘　杰	一等奖
3	人文与发展学院	曲　甜	一等奖
4	马克思主义学院	段　蕾	一等奖
5	动物科学与技术学院	王书敏	二等奖
6	经济与管理学院	路　西	二等奖
7	动物医学院	周雪影	三等奖
8	马克思主义学院	张月昕	三等奖
9	农学院	刘　杰	最佳教案奖
10	人文与发展学院	曲　甜	最佳教案奖
11	马克思主义学院	段　蕾	最佳教案奖
12	动物科学与技术学院	王书敏	最佳教案奖
13	人文与发展学院	曲　甜	最佳教学反思奖
14	马克思主义学院	段　蕾	最佳教学反思奖
15	农学院	刘　杰	最佳现场展示奖
16	动物医学院	周雪影	最佳现场展示奖
17	农学院	刘　杰	最受学生欢迎奖
18	人文与发展学院	曲　甜	最受学生欢迎奖
19	动物医学院	周雪影	最受学生欢迎奖
20	工学院	谭　彧	优秀指导教师奖
21	工学院	谭豫之	优秀指导教师奖
22	农学院	李保云	优秀指导教师奖
23	人文与发展学院	齐顾波	优秀指导教师奖
24	马克思主义学院	张　晖	优秀指导教师奖
25	马克思主义学院	王冬梅	优秀指导教师奖

首届全国高校教师教学创新大赛获奖名单(2021年)

序号	学院	获奖人	参赛组别	奖项
1	水利与土木工程学院	韩　宇	副高组	全国二等奖

第一届北京高校教师教学创新大赛获奖名单(2021年)

序号	学院	获奖人	参赛组别	奖项
1	水利与土木工程学院	韩　宇	副高组	北京市特等奖
2	马克思主义学院	段　蕾	中级(及以下)组	北京市一等奖
3	动物医学院	董玉兰	正高组	北京市三等奖
4	经济管理学院	臧日宏	正高组	北京市三等奖

第一届中国农业大学教师教学创新大赛获奖名单(2021年)

序号	学院	获奖人	参赛组别	奖项
1	经济管理学院	臧日宏	正高组	一等奖
2	动物医学院	董玉兰	正高组	一等奖
3	水利与土木工程学院	韩　宇	副高组	一等奖
4	生物学院	胡　剑	副高组	一等奖
5	马克思主义学院	段　蕾	中级(及以下)组	一等奖
6	动物医学院	金艺鹏	正高组	二等奖
7	农学院	李保云	正高组	二等奖
8	工学院	徐　杨	正高组	二等奖
9	生物学院	韩海棠	副高组	二等奖
10	理学院	李春燕	副高组	二等奖
11	信息与电气工程学院	王海华	副高组	二等奖
12	经济管理学院	廖媛红	副高组	二等奖
13	动物科学技术学院	俞　英	正高组	三等奖

续表

序号	学院	获奖人	参赛组别	奖项
14	马克思主义学院	李明	正高组	三等奖
15	园艺学院	郭仰东	正高组	三等奖
16	食品科学与营养工程学院	胡小松	正高组	三等奖
17	理学院	肖玉梅	正高组	三等奖
18	植物保护学院	刘志琦	副高组	三等奖
19	食品科学与营养工程学院	汪立君	副高组	三等奖
20	人文与发展学院	朱智毅	中级(及以下)组	三等奖
21	国际学院	李上红	中级(及以下)组	三等奖

2021年第二届中国农业大学教师教学创新大赛获奖名单

序号	学院	获奖人	参赛组别	奖项
1	信息与电气工程学院	孙　红	正高组	一等奖
2	理学院	庞慧慧	副高组	一等奖
3	人文与发展学院	李玉梅	副高组	一等奖
4	食品科学与营养工程学院	汪立君	副高组	一等奖
5	经济管理学院	孟　婷	中级(及以下)组	一等奖
6	资源与环境学院	张俊伶	正高组	二等奖
7	土地科学与技术学院	苏　伟	正高组	二等奖
8	工学院	杜岳峰	副高组	二等奖
9	生物学院	孟　雷	副高组	二等奖
10	经济管理学院	刘宏曼	副高组	二等奖
11	植物保护学院	李　贞	副高组	二等奖
12	信息与电气工程学院	王耀君	中级(及以下)组	二等奖
13	经济管理学院	马　骥	正高组	三等奖
14	动物医学院	胡艳欣	正高组	三等奖
15	信息与电气工程学院	苏　娟	副高组	三等奖
16	资源与环境学院	丛汶峰	副高组	三等奖
17	动物科学技术学院	张　帅	副高组	三等奖
18	水利与土木工程学院	李淑芹	副高组	三等奖
19	工学院	金晓萍	副高组	三等奖

续表

序号	学院	获奖人	参赛组别	奖项
20	理学院	刘玉颖	副高组	三等奖
21	烟台研究院	刘珊珊	中级(及以下)组	三等奖
22	水利与土木工程学院	杨　魏	正高组	优秀奖
23	农学院	张明才	正高组	优秀奖
24	资源与环境学院	邵小明	正高组	优秀奖
25	生物学院	王　超	正高组	优秀奖
26	园艺学院	李冰冰	正高组	优秀奖
27	烟台研究院	刘　峰	正高组	优秀奖
28	人文与发展学院	潘　璐	正高组	优秀奖
29	理学院	谭俊艳	副高组	优秀奖
30	植物保护学院	刘鹏飞	副高组	优秀奖
31	园艺学院	田永强	副高组	优秀奖
32	生物学院	王　磊	副高组	优秀奖
33	马克思主义学院	尹北直	副高组	优秀奖
34	信息与电气工程学院	王海华	副高组	优秀奖
35	动物医学院	高　健	副高组	优秀奖
36	食品科学与营养工程学院	宋　弋	副高组	优秀奖
37	土地科学与技术学院	赵圆圆	副高组	优秀奖
38	信息与电气工程学院	吕春利	副高组	优秀奖
39	农学院	刘凤霞	副高组	优秀奖
40	人文与发展学院	周　超	副高组	优秀奖
41	园艺学院	刘兴旺	副高组	优秀奖
42	农学院	李　莉	副高组	优秀奖
43	土地科学与技术学院	张　倩	副高组	优秀奖
44	植物保护学院	王海光	副高组	优秀奖
45	国际学院	齐　岩	副高组	优秀奖
46	动物科学技术学院	张　毅	副高组	优秀奖
47	草业科学与技术学院	王克华	副高组	优秀奖
48	烟台研究院	张舰文	中级(及以下)组	优秀奖
49	马克思主义学院	张月昕	中级(及以下)组	优秀奖
50	动物医学院	胡宇声	中级(及以下)组	优秀奖
51	工学院	才　胜	中级(及以下)组	优秀奖
52	资源与环境学院	宋瑞平	中级(及以下)组	优秀奖
53	烟台研究院	郝彦菊	中级(及以下)组	优秀奖

2021年北京高校教书育人"最美课堂"评选获奖名单

序号	学院	获奖人	参赛课程	奖项
1	马克思主义学院	王　娜	毛泽东思想和中国特色社会主义理论体系概论	北京市一等奖
2	动物医学院	董玉兰	动物解剖学	北京市一等奖
3	马克思主义学院	段　蕾	中国近现代史纲要	北京市二等奖

2021年中国农业大学"最美课堂"教师教学比赛获奖名单

序号	学院	获奖人	参赛课程	奖项
1	生物学院	胡　剑	分子生物学	一等奖
2	植物保护学院	李志红	植物检疫学	一等奖
3	人文与发展学院	李玉梅	法理学	一等奖
4	人文与发展学院	曲　甜	政治学	二等奖
5	动物科学技术学院	王书敏	动物繁殖学	二等奖
6	信息与电气工程学院	孙　红	机器视觉与视频分析技术	二等奖
7	农学院	李保云	植物育种原理	二等奖
8	水利与土木工程学院	杨　魏	流体力学与叶栅理论	二等奖
9	资源与环境学院	张俊伶	植物营养学	二等奖
10	理学院	甄　苓	高等数学A(上)	三等奖
11	植物保护学院	刘志琦	普通昆虫学	三等奖
12	经济管理学院	王瑞梅	管理学原理	三等奖
13	理学院	陈奎孚	理论力学	三等奖
14	动物科学技术学院	俞　英	动物育种学	三等奖
15	信息与电气工程学院	苏　娟	电力系统暂态分析	三等奖
16	园艺学院	刘兴旺	园艺作物栽培学(下)(蔬菜)	三等奖
17	水利与土木工程学院	卢海凤	废水资源化处理与利用	三等奖

续表

序号	学院	获奖人	参赛课程	奖项
18	食品科学与营养工程学院	李　媛	食品物理化学	三等奖
19	动物医学院	范　开	中兽医学	优秀奖
20	食品科学与营养工程学院	陈晶瑜	食品微生物学	优秀奖
21	生物学院	孟　雷	植物学A	优秀奖
22	经济管理学院	陈红华	市场营销学	优秀奖
23	国际学院	李　岩	管理学原理与应用	优秀奖
24	经济管理学院	洪如玲	人力资源管理	优秀奖
25	土地科学与技术学院	王　数	地质与地貌学	优秀奖
26	动物医学院	周雪影	兽医内科学	优秀奖
27	理学院	刘玉颖	大学物理	优秀奖
28	体育与艺术教学部	贾凌宇	乒乓球基础	优秀奖
29	体育与艺术教学部	白子杰	跆拳道基础	优秀奖
30	土地科学与技术学院	张　倩	管理学概论	优秀奖
31	资源与环境学院	张朝春	根际微生态学	优秀奖
32	信息与电气工程学院	吕春利	网络安全	优秀奖
33	信息与电气工程学院	马　钦	人工智能	优秀奖
34	动物科学技术学院	张　帅	猪营养	优秀奖
35	体育与艺术教学部	屈珊珊	足球基础	优秀奖
36	农学院	张英华	作物栽培学A	优秀奖
37	工学院	张俊雄	机械制造工程学	优秀奖
38	农学院	周于毅	植物田间技术	优秀奖
39	生物学院	朱　蕾	细胞生物学	优秀奖
40	植物保护学院	王　颖	普通植物病理学	优秀奖
41	人文与发展学院	朱智毅	行政法与行政诉讼法	优秀奖
42	土地科学与技术学院	吴昭军	土地法学	优秀奖
43	烟台研究院	刘珊珊	统计学	优秀奖
44	资源与环境学院	张炜平	生态学原理与生态文明实践	优秀奖
45	工学院	杜岳峰	液压与气压传动	优秀奖
46	植物保护学院	李　贞	普通昆虫学(农学专业)	优秀奖
47	工学院	刘彩玲	农业机械与设备	优秀奖
48	草业科学与技术学院	刘　楠	苜蓿生产学	优秀奖

2021年北京市先进基层党组织

动物科学技术学院党委

2021年北京市优秀共产党员

沈建忠

2021年云南省脱贫攻坚先进个人

刘　军　　李克江

第二批全国高校"百个研究生样板党支部"(2021年)

农学院种子科学与技术研究中心研究生党支部

2021年第二批全国高校"百名研究生"

农学院研究生　杨勇琴

2021年中国农业大学先进党组织

(21个)

动物科学技术学院党委
农学院党委区域农业发展研究中心研究生第一党支部
资源与环境学院党委曲周实验站教工党支部
动物科学技术学院党委动物遗传育种科学系教职工党支部
动物医学院党委本科生2016级党支部
食品科学与营养工程学院党委食品营养与安全教职工党支部
工学院党委农工研究生第一党支部
信息与电气工程学院党委电气工程教工党支部
水利与土木工程学院党委水利研究生第一党支部
水利与土木工程学院党委本科生第五党支部

理学院党委教工第一党支部
经济管理学院党委本科经管党支部
人文与发展学院党委发展管理系教工党支部
马克思主义学院党总支马克思主义原理系党支部
国际学院党委教职工党支部
草业科学与技术学院党委教职工第一党支部
机关党委党政办公室党支部
机关党委社会服务处党支部
机关党委科研院党支部
离退休党委第 48 党支部
图书馆党总支档案与校史馆党支部

2021 年中国农业大学优秀共产党员

（共计 101 人）

(一)教职工(51 人)

于舒洋	马　钦	马宪玲	王　颖	王显国	王鲁燕	邢雨凝
巩志忠	朱　奎	朱作峰	朱殿春	伍　越	刘　贤	刘芮宁
刘国世	齐　莹	孙　钰	杜风沛	李子忠	李春顶	李保明
李洪文	杨培岭	杨婉若	束景丹	肖志刚	沈建忠	张　华
张亚东	张克云	张希玲	张英华	张领先	欧阳永志	罗来鑫
洪　波	姚炳乾	徐启飞	高　峰	郭岩彬	崔振岭	梁爱荣
韩　军	程永强	谢彦明	甄　苓	雷新云	臧　宇	谭　彧
谯仕彦	潘志华					

(二)学生(50 人)

王　妍	王　佳	王　洋	王旭东	王奕博	王美娇	王晓璐
孔德亮	邓　学	石　坚	白皓宸	冯靖雯	邢诗晗	权梦萍
吕传翰	刘　娜	刘冰洋	刘香凝	关雅琴	李　嘉	李许红
李欣育	李思标	李恒朝	杨圣慧	杨昕坦	杨凯涛	杨垸钦
杨浩天	吴伟鑫	吴若旻	汪子钧	张嗣禹	陆　瑶	苗　琪
林子涵	罗　涛	郑宇慧	赵泽阳	耿仕夏	高　芮	高纹曾
郭子璠	彭兴伟	董佳玉	蒋沁宏	韩　冰	程业棋	谢文凤
鲍欣蕾						

2021中国农业大学优秀党务工作者

（共计20人）

毛立科	叶　馨	史　博	边明慧	任素梅	李　虎	李　洋
杨梦妍	何志祝	何绍贞	汪　洋	张　旺	陈黎明	周　波
俞　英	骆　骢	翁雨晴	栾志强	常　正	潘　璐	

2021年中国农业大学优秀教育工作者

农学院	张战营		
园艺学院	丁荣娥		
植物保护学院	周立刚		
生物学院	郭　岩		
资源与环境学院	张玲娥		
动物科学技术学院	呙于明	吴　浩(2017032)	
草业科学与技术学院	杜　玲		
动物医学院	潘伯阳	王继凤	
食品科学与营养工程学院	梁建芬		
工学院	江发潮	朱玉龙	
信息与电气工程学院	许朝辉	张　鑫(2016067)	
理学院	戚成庭		
经济管理学院	马　骥	杨　欣	
马克思主义学院	卢兆彤		
国际学院	张卓群		
党政办公室	张　虎		
党委统战部	刘秀梅		
发展规划处	曲瑛德		
本科生院	李　璐		
人事处	王　迎		
经资委办公室	张　越(201033)		
国际合作与交流处	郑晓琳		
社会服务处	杜金昆		
后勤保障处	皇甫国胜		
校工会	任树原		
图书馆	李智英		
校医院	陈淑珍		
后勤实体	高秋林	刘书华	唐广凡
北京建设大学	吴加志		
烟台研究院	辛秀琛		
上庄实验站	陈少方		
曲周实验站	吕振宇		
涿州教学实验场	常淑敏		

2021 年全国三八红旗手

陈　芳

2021 年北京市先进工作者

康绍忠　　　沈建忠

2021 年首都劳动奖章获得者

曹志军　　　张海涛

北京市高校第十二届青年教师教学基本功比赛获奖名单(2021 年)

一等奖	陈　建	刘　杰	曲　甜	段　蕾		
二等奖	王书敏	路　西				
三等奖	周雪影	张月昕				
优秀指导教师奖	谭　彧	谭豫之	李保云	齐顾波	张　晖	王冬梅
最佳教案奖	陈　建	刘　杰	王书敏	曲　甜	段　蕾	
最佳现场展示奖	陈　建	刘　杰	周雪影			
最受学生欢迎奖	陈　建	刘　杰	周雪影	曲　甜		
最佳教学反思奖	陈　建	曲　甜	段　蕾			

2021 年北京市教育工会先进教职工小家

机关一分工会　　后勤基建分工会　　图书馆分工会　　农学院分工会

2021 年北京工会职工暖心驿站

食品科学与营养工程学院工会食品科学与工程系小组

机关二工会研究生院工会小组

农学院工会上庄实验站小组

动物医学院工会基础兽医学系小组
园艺学院工会蔬菜系工会小组
图书馆工会西馆流通与情报小组
继续教育学院工会第一小组
机关三工会财务第一小组
水利与土木工程学院分工会办公室小组
后勤基建分工会水电暖管理中心运行一部工会小组
动物医学院分工会动医学院行政办公小组
马克思主义学院分工会马院工会小组
资源与环境学院分工会曲周实验站工会小组

四届四次教代会优秀提案奖(2021 年)

范志红

四届四次教代会提案优秀办理单位奖(2021 年)

财务处

2021 年中国农业大学分工会品牌项目奖

农学院分工会	园艺学院分工会	植物保护学院分工会
生物学院分工会	资源与环境学院分工会	动物科学技术学院分工会
动物医学院分工会	食品科学与营养工程学院分工会	工学院分工会
信息与电气工程学院分工会	水利与土木工程学院分工会	理学院分工会
经济管理学院分工会	马克思主义学院分工会	草业科学与技术学院分工会
机关一分工会	机关二分工会	机关三分工会
后勤基建分工会	继续教育学院分工会	校办产业分工会

2021 年中国农业大学优秀教职工之友

孙德昊　　王　雯　　高铭宇　　张　晖　　束景丹

2021 年中国农业大学工会工作贡献奖

侯玉峰　　董　清

2021 年中国农业大学优秀工会干部

杜明伟　姜　峰　刘姝言　王　娜　于福同　王朝霞　王帅玉
范志红　吕昊暾　赵　然　徐双卿　宋慧芳　陶益清　揣君健
刘晓林　尹北直　秦小云　王永生　伦　飞　马丽娜　刘晓航
杨媛媛　刘思曼　李　浩　贾尧风　吴志刚　齐　莹　朱　彤
唐立晶

2021 年中国农业大学工会先进个人

申　思　田沁兰　李　欣　马　斯　徐　宁　赵章武　侯　健
王向锋　王　欣　李　辕　李扬阳　许　艇　陈　爽　袁建敏
郑　楠　陈艳红　马少芹　时　丽　劳　菲　袁长梅　陈　建
辛　喆　李　莉　李寿涛　蔡羽羽　韩　宇　段红霞　马晓栋
张亮亮　陈　超　高　旭　朱　杰　敖　松　刘亚东　周学军
李　浩　栾志强　李书峰　邓　婷　张　倩　尹学伟　张立伟
寇光涛　苏　琳　闻　雯　赵　磊　董丽丽　黄家强　王紫燕
蓝　民　雷小文　李鹏慧　周　陆　李翰卿　金　芝　闫丽宇
司建新　韩　啸　张　蕾　王蔚燕

2021 年中国农业大学工会宣传工作先进单位

人文与发展学院分工会　继续教育学院分工会　动物医学院分工会　理学院分工会
信息与电气工程学院分工会　生物学院分工会　图书馆分工会

2021 年中国农业大学文体协会先进个人

于福同　万京一　周　波　才　胜　田彩琴　姜　伟　卢可新
张金月　范力军

2021年北京市“三好学生”

学院	姓名	学院	姓名
农学院	刘冰洋	信息与电气工程学院	苏晗宇
农学院	毛文轩	信息与电气工程学院	郭若皓
园艺学院	盖时霖	水利与土木工程学院	王雨泉
植物保护学院	王　皓	理学院	赵浩然
生物学院	孙沁心	经济管理学院	张　磊
生物学院	郅明雷	经济管理学院	梁世彤
资源与环境学院	杨梦乔	人文与发展学院	朱龙奕
动物科学技术学院	郑宇慧	人文与发展学院	程业棋
动物科学技术学院	赵舒然	国际学院	郝思媛
动物医学院	张慧欣	土地科学与技术学院	唐　辉
动物医学院	吕金泽	草业科学与技术学院	江　楠
食品科学与营养工程学院	冯金璐	烟台研究院	程小珂
食品科学与营养工程学院	李羽葳	烟台研究院	齐　滢
工学院	杨圣慧	马克思主义学院	杜晓童
工学院	刁金鹏		

2021年北京市“优秀学生干部”

学院	姓名	学院	姓名
生物学院	刘乔治	经济管理学院	周艺昕
食品科学与营养工程学院	陈秋水	农学院	王　瑶
动物科学技术学院	郑宇慧	工学院	刘恩宏
资源与环境学院	陈宇翔	经济管理学院	王亚军
食品科学与营养工程学院	王勃然	土地科学与技术学院	焦　心
人文与发展学院	杜鹏程		

2021 年北京市“先进班集体”

学院	班级	学院	班级
食品科学与营养工程学院	食安 182	人文与发展学院	传播 192
农学院	农学 181	动物科学技术学院	动科 191
土地科学与技术学院	土科 192	生物学院	生物 182
园艺学院	园林 191	信息与电气工程学院	自动 181
经济管理学院	经管 181		

2020—2021 年度北京市“先锋杯”优秀团学基层组织

荣誉称号	名称
“先锋杯”优秀基层团支部	农学院精准扶贫、“1+3”专项团支部
	园艺学院园林 181 团支部
	植物保护学院彭友良实验室团支部
	生物学院生物 182 团支部
	资源与环境学院资环 182 团支部
	动物科学技术学院动科 191 团支部
	动物医学院动医 172 团支部
	食品科学与营养工程学院食安 172 团支部
	工学院新闻通讯社临时团支部
	信息与电气工程学院试验 182 团支部
	水利与土木工程学院农建 182 团支部
	理学院化学 171 团支部
	经济管理学院经管 181 团支部
	人文与发展学院法学 182 团支部
	马克思主义学院直属团支部
	国际学院经济 184 团支部
	草业科学与技术学院草业 181 团支部
	烟台研究院公管 183 团支部
	图书馆直属团支部
	机关团委机关一支部
	后勤基建处团委西区幼儿园团支部
	中国农业大学研究生支教团临时团支部
“先锋杯”优秀基层学生会组织	食品科学与营养工程学院研究生会
“先锋杯”优秀学生社团	中国农业大学国旗班

2020—2021 学年中国农业大学“三好学生”

张雨琪	田金翔	郗　望	汤　晟	邬月新	邱可仪	郑明慧
黎绮旻	曹　剑	黄一航	邓森耀	王一波	郑玉玲	刘文静
金雨卡	赵　茜	杨心语	陈喜亚	徐圆荃	李昭缘	刘若岩
胡　兢	吴孝旭	王卓珺	赵语焘	刘海鑫	许嘉杰	刘宇航
彭　硕	张家菡	周一凡	孙　晨	张奚晨	梁紫越	陈兴琼
阿不都热合曼·沙吾提		杜　瑶	傅漫琪	高游慧	霍旖旎	阚正荣
雷薪玉	李惠静	李可心	李平春	李娓娓	李元佳	李云飞
梁超波	刘冰洋	刘秋月	刘　洋	刘　迎	卢静洁	吕一涵
马玲玲	马小如	马聿荣	苗　壮	任丹阳	桑长杰	史梦霞
隋一平	孙　磊	涂柯玲	王玉坤	徐铖堂	徐佳琛	徐忆楠
杨　华	杨　群	杨勇琴	赵炯超	郑楠楠	魏倩涵	李　元
郑　义	张　全	刘马养	韦　丹	王　月	冯喜梅	李　杨
樊　悦	朱　萌	邢诗晗	侯珂辰	安洋洋	王海江	周婕妤
刘仕锦	赵　楠	吴月颖	渠纯纯	王语新	于可可	谢留伟
张　盾	李文雅	佟越强	许珍妮	罗鑫兰	杨镜琪	刘淑雅
李羽佳	张宇豪	吴茂林	邓宇慧	熊云慧	罗涵月	余雍雁
胡宇坤	张　睿	李欣瑶	石雯静	杨　林	杨繁婧	臧乐菲
黄雨虹	黄宇欣	黄心怡	罗　菁	闫世昂	桂雨阳	李锦娜
蒋荣玮	杨雨洁	党泽超	马明浩	吴美佳	何成勇	孙月婷
戴正蓉	冯　琛	王　喆	王岩岩	池　海	李梦珂	鲁任翔
王浩淼	李　杰	侯圣凡	赵晓丽	郝瑞龙	王　涛	王志荣
张亚琦	王中一	刺世凯	刘　颖	卢小红	马雯月	刘梦霜
郭一聪	李　欣	李艾桐	王广辉	薛渝凡	高学凯	于　蕊
李静如	田　愉	辛　印	李　垚	陈佳敏	胡子祎	潘　祺
高付望	卢　珊	朱镱妮	周湘婷	梁诗繁	肖雨晴	李若涵
刘倩男	杨欣怡	郭　熙	郭心雨	聂张尧	杨伊格	贾筱沄
肖以琪	廖祖兴	高艺升	王　曾	温宇旸	彭　涛	谢沛言
王　楠	杨留军	马　玥	解晋川	郭　奥	杨燕晓	王　欣
张宇宸	王鹿鸣	唐菁薇	范逸文	蔡伊博	曹阳阳	陈喜凤
周芳宇	王婉蕙	丁子玮	梁芷健	孙语晴	周岳阳	辛佳宁
李冰艳	曾令瑜	陈　瑶	申荣荣	赵　岩	祝　琳	何梦君
吴林云	李静茹	姜蕴芸	张博文	滕李洁	吴春艳	祁厚辰
贾煜婕	彭　硕	徐士雯	王婧瑜	董　斌	梁艳新	王帅帅

李雪明	王　娟	王翔宇	周梦轲	沈婧欢	胡成慧	龚慧玲
王梦瑶	郑云娜	林爱丽	程　杰	单金琼	高云昊	王小雪
顾　岩	王皎洁	田雨阳	杨雪琳	呼　倩	曾　玮	陈　曦
马文娣	李　洁	张秀琪	李思维	薛梦瑶	邱天成	周惠汝
钱　宁	李秋睿	鲍雅萱	海腾飞	李　骞	裴欣然	孙沁心
祁保竣	张焓溪	周佳琦	刘乔治	何明楷	陈珂焕	梅傲冬
林子涵	江依然	王乐滢	孔　源	王　凡	王兆祥	贾　佳
黎　岚	韩瀚文	任墨涵	杨子吟	任思凡	严湘奕	赵悦杉
耿宛莹	杨飞月	黄甘沁	刘羽佳	唐羽翔	王凤仪	夏　彤
迟心玥	郑　阳	李明阳	陈奥捷	李佳顺	骆申家	刘以宁
朱宇哲	王婧娆	赵雨林	刘嘉芳	李佳蕙	李佳怡	陈奎全
王昕欣	闫梦雪	相　往	孙佳桐	杨美婷	朱　帆	黄昊天
沈　晨	袁晓红	赵丹阳	杨　宁	肖　童	刘　晓	刘香凝
石晓晨	刘国永	刘胜男	付海奇	贾陇忠	左真子	魏晨曦
郑文影	张春娇	季英芮	姜婷婷	陈　腊	刘克寒	戴石琦
狄丹雅	贾玉文	张子薇	张浩炜	谢　佳	王美娇	冯子懿
刘妍汝	敬　思	强治全	梅　娟	姜媛媛	岳　宁	房晓东
周立凡	李文莉	陈燕林	郑小杰	张定谅	卜李那	朱晓宁
沈文静	王亦秋	高楚泽	杨晓迪	王天鹏	吕晋萌	付馨漫
尹　叶	王岩超	高　洁	王雨洛	刘佳豪	谭　兵	万千若
曾　雯	葛依凝	王雨菲	许明旭	肖　悦	熊玲诗语	李梦晗
徐文文	李霄贺	张　昊	宋　琛	董彦君	陈宇翔	赵佳辰
杨梦乔	何姝萌	陈　婧	徐雨萌	黄怡珏	崔楚源	徐世梦
赵一涵	向雅欣	田浩良	李王轶朴	毛佳俊	段明鸣	邓瑾艺
恩格尔	赵金月	陈欣瑶	陈思羽	张伊珂	王诺婷	陈星宇
陈梓蔚	王梦颖	汪梓寒	刘梓桐	安志超	徐波杰	王国英
王美娜	陈俊豪	吴英杰	宋晓彤	周亚岚	吴长征	李　扬
郑东方	杨丽扬	于保港	张　凯	李　强	马雪晴	聂嘉谊
唐文晶	尹俊慧	王朝勇	李炎龙	刘同庆	杨　茜	田玉婷
李晓露	舒阳蕾	王朋强	刘子平	丁　飞	胡灿民	赫东煜
宋　娜	周屏帆	杨　燕	王　森	糜欣苑	周丽涛	李　娥
钱　云	高纹曾	李碧滢	孙欣然	郭钟惠	尹晓童	廖雨佳
陈　杰	杨　佳	范贝贝	姚佳慧	刘译泽	伍梦起	刘　珊
张基茂	郭　彬	白　洁	刘凌玥	高　亮	彭　瀑	钟　维
王迎朝	薛圣霖	陶怡竹	秦佳鑫	李　佳	杨桐桐	赵岩岩
卢诗雨	张美琳	路博文	杜梓桓	刘思源	许静漪	牛柏雯
何汶骏	曾治钦	赵舒然	邹雨虹	马烨桦	于小艺	肖瑀轩
朱　琪	张玉颖	陈　群	高梓豪	李紫欣	吉虹锦	马盈盈

王毓甜	郭子盈	马卓然	李 晶	邓伊凡	王 剑	刘苏捷
蔡 爽	张树敏	崔晓婧	陈志明	易 鑫	史长笑	王炜康
张 帆	彭 容	陈天宇	解 湉	李斯旋	刘梦瑶	游筱彤
贺腾飞	程俊豪	刘禹辰	李晓琴	温俊辉	靳佳铭	吕慧娇
肖莲梅	张 涵	雒亚彪	白珂瑞	赵 越	毕晓昆	马宇浩
何帅涵	韩紫燕	王君岩	张钰鑫	王 曦	金永鹏	王士维
宋 双	米思远	赵冰茹	张 宇	李佳芮	刘亚楠	马妙琳
朱 颖	许晏维	石小童	巩 璐	姜 雯	罗艺萌	张 素
冯梓鑫	周钊灿	罗园园	严 丹	杨瑞华	李雨珏	胡 宜
陈思彦	蒋旖瑶	赵雨晨	牛婉珑	俞栋颖	李怡霖	吕金泽
马天瀛	胡重重	郑 好	李得宇	刘天娇	赵扬阳	杜柳青
司徒天欣	周舒雯	刘诗羽	董鹏程	张嘉麟	陈 爽	刘鑫如
胡愉娟	刘苏涵	隋卓君	张帅华	刘艺博	张晓萌	林雨睿
陈 莉	昝依依	臧 浩	张文楷	罗子珺	杨 娜	周诗翼
葛怡敏	吴若骐	吕 燕	白宇琛	王心彤	冶冬阳	裴星瑶
王成飞	杜静静	王梓乐	张艺佳	李 笑	刘 颖	王朋朋
李亚楠	王先梅	王浩然	陈丝雨	刘激雨	王怡轩	辜银萍
李馨秋	邓亦宁	陈明月	宋士凯	潘彦彤	赵全红	周 勇
袁 栩	孙若栖	梁冰纯	董玉慧	葛 昕	张 雪	郭建英
刘 璐	高旭雯	陈莹娴	邓舒琪	郑兰艳	陈登金	张 晗
黄婧洁	李 苗	徐嘉璐	刘 羽	杨昕坦	孙 霈	唐杏珍
吴 丛	汪 菲	于颖惠	邱晓彤	王梦瑶	谢一丁	刘天仪
纪瑞阳	崔芯文	刘雨文	吴一凡	余京京	隆浩渊	彭雨欣
刘羽嘉	宋江流	张睿琪	彭希一禾	李名洋	李佳洋	董 亮
角 霖	刘敖一	孙瑞璐	石 媚	卢纯青	苗维娜	王 腾
黄天卓	王泠洁	徐天罡	周可忆	袁字怡	谷雨阁	崔 伊
袁景怡	刘天月	吕永康	陈蕴淇	刘思淼	畅若萌	秦昊文
宗厚汝	赵佳佳	朱 雯	贾丽君	杨钦月	贺韦衡	张梦雨
刘沁楠	吴静雯	李恩泽	李 桐	方梦轩	张严予	陈宇晨
马菁雯	姚 影	焦 腾	徐冉月	杨丰临	张灏昊	向竹昕
孙 璐	王 润	宋雪宁	周 帅	曾致远	张振哲	张 龙
韩立华	武瑞赟	赵 旭	徐 延	艾静雅	廖文艳	赵 爽
马 涛	李 燕	闫文佳	赵卿宇	庄 帅	陈雨露	彭贞贞
李泽坤	冯金璐	王 媛	高 婧	肖可人	张侨娟	侯力睿
刘 博	肖梦圆	段惠娟	沈星星	刘子豪	屈媛媛	李奇科
赵齐燕	薛 茂	杨静怡	于文珺	沈超钰	申 靖	邓 欢
徐紫净	陈君玉	周宇星	孟彦彤	王珂雯	张新悦	罗 琪
徐新格	蒋燕萍	姜玉池	陆 瑶	李伊宁	刘美希	陆 瑶

罗　涛	舒　心	张　坤	黄明飞	卞筱嘉	李　菲	刘端木
高源远	王宇婷	林孜茹	苏静静	樊继萍	牛雅琪	刘子豪
张一帆	李文硕	杨永毫	焦亚林	苏　童	周　璇	樊柯君
蓝　鸿	于济榕	刘瑜晗	洪天宇	史耀利	潘佳勇	杜宇凌
陈梦晗	高永正	聂晓茜	周奥博	康淞皓	陈友亮	杨石冲
赵英华	王治伟	王丽涛	王子傲	乐雯歆	于瑞航	王国栋
张博涵	陈蜀豫	余泽豪	尹茂源	王　瑶	盛　基	吴丽宁
梁　健	李祎辰	李佳仪	郭　沁	孙　帆	张梓涵	吕禹龙
李哲宇	刁金鹏	杨　妍	何蔚然	向卓航	周　涛	李家琪
李　昂	叶水俊	贾金涛	邓金龙	黄彦元	闫奕霏	王荣泽
宋宇桐	林炯辉	徐海祥	刘润泽	李　腾	顾　桓	陈怡婷
武锡彭	金邱虎	马艺鸣	武晓宇	徐微唯	谢雨彤	张景媛
郭珊睿	王亚虹	温昌凯	刘　欢	朱文佳	王　通	王国强
黄　莹	张熙烨	阮炜涛	孙　鹏	齐道新	宋战胜	蒋建华
孙厚杰	王　禹	吕东晓	杨英杰	薛镇涛	张聪丽	杨圣慧
王欣歌	谢圣桥	李　由	倪亚婷	张军昌	丁贤博	周　航
高　金	张　宇	陈科涵	太健健	丁　宁	任　雯	李晓婷
管昀毅	单　蕾	梁云东	李　欢	吴志跃	姜萌萌	于畅畅
赵诗建	马新春	马　帅	张　悦	姜大龙	王　辉	周钰浩
裴昱鹏	王文杰	张梦杰	徐进超	万军杰	郇晓龙	王红达
解茹越	吕　谦	何丁平	祖圣宣	韩佳姝	苏晗宇	赵　青
胡雪丰	顾佴彬	赖家城	陈宗彪	瞿李傲	丁骁驰	刘彧希
柯　颖	邓秋卓	李一鸣	易湘诚	李　游	郝梦泽	付子玉
郭新元	赵　佳	于昌平	陈浩哲	许文龙	安睿泽	陈　杨
苟箭豪	朱博文	杨颖妍	彭驿钦	黄子毅	许若琳	张子璇
杜路高	高义超	贾博宇	刘禹含	陈旭日	张雨菲	张　焱
龙　海	梁　朴	孟令昶	程思悦	廖子翔	毛新瑞	石柏源
罗扬杰	邓伊琳	魏　健	刘　鹏	金政祥	田雪昀	张迈匀
秦兆阳	许新宇	孙　菁	熊　已	刘斯怡	邢纪琛	谢馨仪
袁　懿	吴华杰	郝　佳	王楚添	毛涵宸	钟　涛	周　琳
王子伊	郭凡漪	胡文吉	王肖琦	杜嘉烨	韩玲玲	梁薷爻
余雪琪	游佳凝	张桢权	顾心语	李默非	林　墅	勾　通
段家庆	张皓源	贾　冉	旷欣然	李子青	朱倩倩	吴必克
林雨欣	林天懿	张　婧	张　宇	夏健钧	梁雅暄	李晗霖
聂钰洪	吴沛豪	徐　腾	赖振宇	万晓涵	张语嫣	李鸣高
李　博	姚杰鹏	王　芝	薛　丽	周新辉	李　冬	田惠仁
王照琪	苏　洁	路　朋	张　莉	周亚中	张宏旭	张　宁
谢　哲	裴　铭	柏　召	樊宇星	吴雨寒	徐益民	孙一平

邵志明	宋朝阳	黄　炎	张鸿飞	邓雅茜	叶中华	李建伟
马殿坤	路　逍	刘虎斌	赵文馨	陈　鑫	任雪薇	胡永康
李浩榛	董　峰	魏琛豪	王继有	戴　引	谈陆军	程月兰
李红权	凌菁华	刘鑫来	张玉泉	李林泽	王雅宁	周　雅
曾　韵	陈鸿绪	杨子馨	刘运颖	涂运安	马郝燕	蒋沅均
王楚凡	张佳怡	袁　睿	赖桂桦	罗媛元	刘雨龙	乔泽宇
沙明慧	施艺舒	田稼禾	王志彤	岳星妍	韩明霞	余浩天
何芊芃	游煜铃	蒲思远	高　邯	郭晨广	罗　明	刘宇轩
周斐然	江冰冰	胡润芝	郝佳敏	王奕诚	刘佳祺	郭　悦
胡曾杰	孙思晟	余午阳	刘姝畅	张艺璇	高一鸣	张荣鹏
何若洋	陈泽熹	李婧琦	吴　怡	刘岑凌	姜燚萍	李翩翩
王　迪	韩潇琳	张建鹏	路　畅	汤玮娅	赵　娜	李雨浓
王宣宣	李　松	鲁赛红	宋　姝	徐晓宇	吴章生	翁　桢
张惠迪	苏权巍	贾江婷	郝　泽	王子涵	罗　彪	郑颖慧
伦玉蕊	徐浩林	卢　娜	曹　涵	贾冰楠	张庆玲	王　静
王本宏	齐　飞	李永振	黄　茜	颜谱臣	廖德海	曾永顺
刘晓东	徐永洞	魏永祥	岳　琼	张田媛	田　雷	付　婧
高　磊	李　浩	王　宁	王　枭	何思蒙	班秋实	李　科
蔡呈丰	燕飞云	冯　涛	李昱惟	邱玥婷	黄庆辉	张裕枫
张家瑞	王鹏博	于启娜	陈星月	李雅璇	郭庆宇	杜　睿
申珅玉	何　苗	陈嘉萌	李冰雪	程海燕	赵浩然	张榕婕
代思波	周　贝	孙　震	甄　硕	左右方圆	谷婧妍	常京京
钱仁智	张艳超	王奕升	刘晨辉	张富杰	龚易成	周思琪
龚宇威	刘佳朋	王亚会	曾天奥	张纹溪	白海日	白晗儒
韩卓君	李慧一	娄嘉成	龚韦西	吴欣悦	张　璐	万鹏举
张儒磊	旷子晨	宁永富	付思婷	萧　楠	何欣然	王欣婵
邵　煜	陈世君	董玉洁	王文卓	王晓阳	尹伊君	李光辉
孙　迪	赵世恒	安　然	孙　萍	陈　蕊	陈祥光	侯昊楠
李　栋	李慧琳	李子璐	刘　阳	潘世香	潘　婷	王玉娇
闫　森	张　强	周奕霏	朱建慧	袁常健	段懿烜	王义森
黄逸凡	王　丹	周邦栋	戴鹳谕	朱　润	唐珈雯	李昕潼
郭　莹	赵逸凡	杨新泽	达咏涵	赵　朗	朱奕天	王俊楠
苗子晴	安鑫冉	董俊奇	徐子茵	白　龙	章博语	张倩倩
王若琳	孙　钰	石　稳	夏凯悦	颜佳琪	侯欣玉	刘昊林
周淑娟	贾宏毅	赵康利	左晨诚	李　想	娄米莉	刘　畅
曹艳艳	冯晴晴	王博凡	袁汶茵	朱昱文	孟凡雨	张芮嘉
娄雪晗	申悦琳	李　蕊	王　璇	金怡恬	杨璨瑜	贺佳圆
钱开涤	宋　涵	王雯静	梁世彤	柳雅静	董国华	胡嘉欣

许可馨	张存雨	李娴怡	罗玉格	王雪娇	李玺宁	曹子琦
侯沛彬	张欣悦	李子潇	王诗韵	谷薇薇	吴潇同	王子鋆
梅林芳	于 惠	许鸿宇	陈正道	胡宇翔	李佳洳	陈 娴
徐 月	陈思逸	张淳恺	郭姜裔	陈宏伟	杨思雨	郭延景
聂赟彬	魏加威	张 磊	田懿行	王如玉	程鹏飞	李 婕
刘起林	上官霜月	段静琪	万凌霄	陈晓洁	张瀚文	王逸飞
胡 月	刘梦珣	王红纱	谢慧敏	韩亭辉	杨雨欣	王 琪
王子权	王鸿屹	吕一丹	梁 潇	陈新超	李心怡	张志远
魏 冕	李永威	李 靖	刘雪雯	黄修萍	刘瑞钰	邓晓玲
刘天扬	王晓妍	张晓雅	王 恒	陈菊慧	吴宗燚	汪春芝
谢政璇	田明升	张 斌	赖继惠	支雅柔	郭 荣	王雨璇
王晓玲	张 攀	田 奥	刘潇璐	张婷婷	朱雅琼	周凌风
魏佳朔	李育辉	杨怡轩	周宇文	霍雨荻	王斯熠	罗毓琦
王 洁	张亦心	龚德锟	忻 欣	刘钊辰	李杭梅	孙泳琳
童湘涵	孙茹馨	邸 鸥	许庆亮	龙家娟	陈敏扬	吴瑜欣
吴嘉玲	何惠茜	李燕秋	刘晓睿	宫雅琪	刘懿文	李 暖
张恩齐	徐紫涵	李墨涵	陈博洋	袁倩倩	陈 诺	熊芊然
甘 婷	李渊冰	沈家逸	官 正	张 顺	尚雨乐	王 宁
高 源	王艺霖	李梦文	李子越	桂紫莹	刘禹池	周珊斋
龚子恒	张有倩	于 菲	季嘉慧	张宜卓	徐 展	和姝言
肖佳怡	朱真妍	李瑶佳	冯月瑶	王梅凡	宋邦阁	乐韶华
徐梦卓	曹 原	朱恬怡	李 尧	李佩凌	申 澳	刘泽莹
冯 钰	娄嘉丽	宋雅楠	胡金秋	孙景怡	罗颖楦	闫孜萌
李梦晗	李佟劼	苏青松	张一珂	李世雄	何云婷	高雅罕
林晓莉	刘雅慧	聂召英	李阳阳	钟丽娜	王雅楠	王婉怡
范泽帅	刘雨璇	刘佳玲	庞洪州	黄蔓雯	李长欣	林丽娇
刘懿锋	郑添禄	黄明雪	柴家玉	黄翰遥	张 旭	黄義红
李 尤	董俊芳	陈家碧	孔 铭	刘慧茹	张梦佳	李雪莹
卢丽芳	王占梅	康美静	陆蓓蓓	陈梅琼	刘启慧	叶巧莉
杜鹏程	刘京雨	唐 薇	张秀玲	林 颖	梁 枫	林秋香
孙兴斌	司小圆	白 旭	杜晓童	陈楚颖	晁欣玥	陈亦凡
李芮昕	孙笑宇	常汭琳	向雨婷	李楚桐	李沁坤	冼子桐
孙家熙	邱弋翀	刘佳慧	窦云瀚	姜静仪	李若水	刘译阳
温 帅	周恬宇	赵佳禾	陈艺璇	田 甜	吴雪莎	谢天心
于昊龙	李欣璐	郭勃宏	李 赞	赵若涵	李玥然	谢东岳
刘正信	刘学远	曾岑嘉	刘欣园	薛雅丹	张雪扬	刘建行
许鹤瀛	赖雨欣	倪知行	陈映彤	周小薇	吕殊蕴	王毓诺
杨冰清	杨馥瑞	寇育晰	叶雨霏	于宛禾	谭思沩	蔡 荻

蔡辛玥	倪弘晔	谢铭苁	柳显春	王欣怡	徐露芮	于沛夏
温秀芸	陈　玥	董怡杉	王龚辰	马溟远	梁　菱	汪一凡
王一涵	毛梓帆	姜伊菲	吴　可	陈雯婧	姜世云	都雨青
王嘉仪	王靖童	王韵茗	姚楚州	向奕潼	赵画伊	董心意
陈博闻	成　奇	戴舒雨	龚昕晴	姜涵钺	于凌竹	陈相西
李莫寒	张靖函	戴静涵	于茗越	梁伊琛	黄浩洋	陆威融
孙正祈	汪怡衡	姚琳文	杨斐然	李嘉琪	袁欣然	徐梓炎
张凯杰	王御洁	刘家宏	王佑涵	周正楷	郭炎明	刘释疑
陆鹤霄	王梓濛	张依涵	苏　澄	王柳月	王心宇	张心蔚
赵涤非	尹心怡	陈蕴颖	陆君言	王舒涵	徐旗阳	蒋朝为
寇雯齐	孙慧琳	王轶璇	朱钰铭	陈泊安	崔立晗	丁蓓蓓
胡　欢	霍　静	姜　萌	李胜龙	李瑶瑶	李　卓	林　倩
刘立程	刘　玮	刘燕青	刘　颖	彭　薇	阮楚晋	孙福海
程　建	陶万成	万　炜	肖　聪	谢此萱	邢丹妮	徐国莲
闫　帅	杨　靖	杨智慧	张　强	张学友	米春娇	黄可心
孙云磊	李智林	沈亿莹	肖　晴	周小力	杜珠梅	位晓婷
刘希强	孙志强	张　涵	韩　冰	泰尔格力	岳佳铭	洪　流
李　沛	刘　琳	王　磊	王雪萌	俞胡伟	李　桐	黄　鑫
付齐仙	朱韶华	任晨宇	孙　晨	赵罗衣	孙斐凡	王福庆
徐小淳	侯昱辉	尹艺璇	张　昕	吕昊泉	卢　月	鹿　凯
秦安琪	樊雯雯	赵羡文	韩筱晨	司笑宇	赵楷雯	王　烨
安静雯	郝艺卓	齐　滢	李安琪	郭天乐	程佳敏	李雨佳
王　纯	魏　欣	岳圆梦	查玉宁	郭玮童	马　浩	闫泽惠
张于婧	王　忱	谢晓良	赵菲儿	王欣睿	张　哲	陈虹瑶
杨志清	齐　烨	孔睿敏	陈思源	娄馨月	郭若琳	杨丽雯
曾慧云	张孟祎	蒋文青	徐家冰	黑雪荷	杨玉卓	梁晶晶
崔友川	唐子渲	闫明浩	王　然	孙　颖	朱佳音	李　泽
张潇坤	孙牟琳	程小珂	林欣源	张军鸣	刘心怡	纪春兰
戴雪儿	郑青昊	刘欣怡	曹允格	孙子晞	周广硕	宋晓勇
赵泓凯	范雪彤	孙　玮	王圣伟	王艺凝	徐　皓	袁行健
吴兴国	徐雯琦	庞玉龙	徐瑞璇	冯钰婷	刘栎妍	侯林格
王一贺	魏冰青	冯锦坤	杜飞飞	张龙闯	李梓怡	王　琦
常龙波	窦世龙	王海默	王舒淇	陈梦麒	郝兴华	蔺雯雯
张馨文	杜新科	于　航	郑　奕	刘泉妤	李姿萱	刘辰昊
李文瑾	杨　帆	张冀野	苗润泽	孙浩	李众琪	刘梦雨
郝正旺	范宏博	张雨萱	胡子毅	曹傲然	李　潇	胡飞宇
许梦柯	谌东海	宋思瑶	张荷香	邱大伟	许建华	孙　静
齐浛羽	李映辉	恽雅勤	苏秋爽			

2020—2021 学年中国农业大学“优秀学生干部”

徐圆荃	孙舒畅	安 琦	田金翔	梁文瀚	杨景雅	白 宇
刘若岩	韩雯萱	陈昕杰	干崇谊	李鑫晨	许湘茹	赵唯彤
杨富淇	王凯澄	顾明琪	于永洪	杨颖慧	刘继鲁	谢小明
权梦萍	周白雪	赵白杨	苌淑敏	陈昕慧	梁诗繁	刘笑含
李佳琪	王雨昂	黄宇欣	赵诗琪	邓 笑	王 萌	岳晓涵
尚雍恺	宋思远	孙玉佳	马明浩	李昭航	薛渝凡	高学凯
王浩淼	肖雨晴	池 海	顾冰洁	温 国	张 宁	赖志勇
董 斌	蔡雨豪	孙天乐	赵子璇	韦一帆	严彦然	王 皓
孙宇聪	王怡湜	杨 扬	杨 也	董佳玉	段雅雯	付璇璇
刘子娟	汪 洋	段雪艳	李 筑	朱高锋	张小渔	宋 毓
杨 武	邹卓君	胡凌雯	裴欣然	孙沁心	王一诺	李旻雅
张焓溪	曲 卓	鲍雅萱	任墨涵	管雪姿	耿宛莹	林思睿
李佳顺	魏嘉诚	骆申家	吴耀威	孙晔晖	刘 平	王美娇
季英芮	乔李锦	朱腾飞	王梦瑶	房晓东	吕晋萌	张春娇
付馨漫	赫景儒	沙 婷	宋凌波	李金琳	赵金月	侯 晋
于佳洁	王雨洛	谭 兵	陈兴豪	刘玎琳	何姝萌	李王轶朴
冯心瑶	陈 龙	刘 璨	王梦颖	何京昱	杨小童	申志强
王相宜	王 恺	李亦奇	李经纬	高浩然	郑诗然	崔明堂
马 静	柴亚博	张梦茜	李凤丽	王 越	邹雨虹	高梓豪
崔一梦	路博文	刘思源	许静漪	刘羽畅	杨若辰	王显立
赖嘉晖	王岩露	宋 双	张 涵	刘苏捷	刘梦瑶	游筱彤
韩紫燕	胡奇乐	王吉东	罗艺萌	张钰鑫	刘灿风	薛 瑛
姜丁歌	赵涔希	李瑜祥	张慧欣	贾丽妍	张艳香	陈 爽
何柳青	刘艺博	司徒天欣	席一凡	颜滟鳗	阮锦洋	杜柳青
臧晓宇	杨昕坦	于颖惠	杜凡姝	李馨秋	孙若栖	樊艾琳
王怡轩	王冬冬	刘 睿	杜静静	王成飞	刘佳琛	杨 瑶
李 熔	杨铁童	王一川	刘思森	樊溶溶	申 瑶	彭希一禾
吕江如	江 月	刘天仪	侯力天	谢一丁	刘田宠	姜贞良
刘宸希	苗维娜	王一鸣	黄天卓	王 睿	董一童	崔 伊
周可忆	李欣芮	刘天月	高 炀	宗厚汝	赵佳佳	贺韦衡
焦 腾	陈雨露	冯金璐	屈媛媛	刘美希	陆 瑶	罗 涛
申 靖	蒋昆宜	刘恩宏	金邱虎	汪阳枫	王国强	李 昂
王世龙	张一帆	郝震铄	刘 喆	周纪元	吴子健	季 坤

王瑞国	于瑞航	盛 基	吕禹龙	曹芳存	王荣泽	张贺怡
张琬秋	刘润泽	肖 傲	谢雨彤	郑嘉懿	扶兰兰	邢静静
贾增杰	贾 梅	邓 学	管昀毅	林 鑫	王善钰	曹晓慧
范 奔	付晗宇	杜佳诚	王柳清	李 冲	张远晖	王万里
杨 晟	王雪蓉	余 果	罗力凡	柴管鹏	何海童	许新宇
林邦皓	张宇菁	于乐天	田雪昀	李明泽	原靖洋	张随缘
刘成成	程思悦	朱 革	高义超	周 晗	李典睿	王笛静
亢健慧	勾 通	马晓颖	李善英	詹 金	梁 朴	王永婧
王 楠	茹 瑶	李心羽	路 晴	李祎涵	赵江楠	夏楚阳
黄煜杰	赵 青	吴 晗	刘成启	郝子源	杨 普	全超群
李 嘉	张 英	贾伟娥	秦 佳	原育慧	徐 畅	张 杨
狄文杰	刘岑凌	姜燚萍	鲁函博	白一铭	许 敬	方 奇
张瑞瑶	蒋沅均	路嘉诚	文思懿	刘莉晨	郝佳敏	程湫雅
冯渝茜	余浩天	何若洋	陈天琪	娜地热阿·努都别克		刘宇轩
潘亚平	陈俊霖	陆婉玲	杜俊彪	霍礼琪	韩志晟	胡宗光
王宏畅	徐沈涵	李墨玖	白恩琦	陈 红	崔祉潇	高 芮
黄航行	孔德亮	杨孝辉	侯 玥	王 琮	李 畅	刘 源
刘佳伟	满 哲	刘兵洋	余书帆	徐 凡	常京京	田雨鑫
张 阳	李嘉琪	黄菲菲	滕汉宇	费翼珏	代思波	甄 硕
刘雨姗	赵浩然	张星雨	归莫默	姚汶瑄	李陈如愿	余治苑
孙 震	王馨澜	李冰雪	张儒磊	邹欣月	鞠紫薇	李 想
李晓晗	肖守淳	孙 伟	王 琳	李心怡	郭富铜	蔡晓蕾
娄雪晗	汪子钧	袁 敏	辛垚屿	张成鹏	王雨洁	吕姿阳
贾之怡	杨思雨	李玺宁	金怡恬	赵明月	于 惠	杨泽宇
王子嫣	石菁菁	王晓玲	包昀航	夏凯悦	龙沛源	王义森
赵日昕	李昕潼	赵 阳	赵逸凡	刘梓麒	王笑梅	才子倩
周尧非	闫 瑾	马欣雨	冯晴晴	王亚珠	钟 鸣	朱瑞欣
周 琳	董云琪	黄品清	桑 迪	王怡菲	张芮嘉	刘 畅
张哲宁	王子涵	李子婧	王博凡	高 翔	甘春艳	王晓丽
张志远	李永威	王 恒	王晓妍	汪春芝	王雨璇	张 攀
刘潇璐	毛佩锦	李梦雅	汪梦琪	李佩凌	朱恬怡	龙家娟
王 飞	王宜宁	张晓雯	巩雅奇	郑佳玥	纪思羽	娄凯皓
李墨涵	朱真妍	李 暖	王心怡	罗杨新月	赵雅婕	范泽帅
刘雨璇	刘一达	朱浩铭	徐牧琦	周 坤	熊芊然	王禹丹
陈桂阳	孙茹馨	李晓瑞	王 宁	雷若涵	宋雅楠	兰新凯
王俊童	童湘涵	赵芊芊	周 丹	王艺霖	苏姗姗	唐黛晴
徐紫涵	魏 莱	何海涛	周诗敏	高雨欣	徐 展	肖 懿
张 萌	李佟劼	黄翰遥	刘雅慧	刘启慧	杜昱庭	赵泽阳

黄義红	黄蔓雯	张继月	霍萌萌	刘懿锋	王　舒	张晏齐
石如玉	张博源	王子涵	赵一宁	周天欣	倪弘晔	王雨茜
张六韬	刘洋铭	虞珮瑶	朱佳宁	彭雨阳	罗瑞奇	陈　玥
朱俊羽	李思佳	张鹤萌	邱弋翀	童一凡	徐天洋	李佳龙
张清扬	郭相仪	王梓悦	倪知行	宁　馨	张婧依	冼子桐
何明浩	武翰非	葛语斐	唐新光	赵涤非	孙慧琳	王琦涵
陈梓文	魏芯蕊	汪　犇	李　旭	罗钰柠	马睿川	陈子彦
李乐昕	刘慧晶	张　悦	唐　辉	谷泽铫	李新宇	孙福海
孙立超	王一博	余佳乐	黄健毅	石雨川	张可意	孙　铭
孙伟红	郑敬茹	王　佳	姚皓宇	王　童	栾可心	王继光
曲水清	白辰宇	盖彦吉	张翔宇	王洪钦	张　旭	董梦辰
李　泽	孙　哲	牛善斌	王耀辉	窦世龙	朱绍彰	张　翔
刘小雨	宋晓勇	周金婷	吴天昊	李乐源	程小珂	张军鸣
李文瑾	张子缘	张庆威	杨玉卓	徐瑞璇	刘玉妍	贾馨蕊
许睿智	芦星宇	高梓涵	吴戴鋆			

2020—2021 学年中国农业大学“优秀班集体”

学院	班级	学院	班级
农学院	种科 191	动物医学院	动医 193
农学院	农学 204	食品科学与营养工程学院	食工 201
园艺学院	园林 201	食品科学与营养工程学院	食工 203
园艺学院	园艺 202	食品科学与营养工程学院	食工 194
植物保护学院	植保 194	工学院	农工 201
植物保护学院	植保 184	工学院	机械 204
生物学院	生物 201	工学院	机化 191
生物学院	试验 191	工学院	车辆 193
资源与环境学院	资环 192	工学院	车辆 191
资源与环境学院	资环 181	工学院	机电 2 班
资源与环境学院	2020 级气象硕士班	信息与电气工程学院	自动 181
资源与环境学院	2020 级环境硕士班	信息与电气工程学院	试验 192
动物科学技术学院	动科 192	信息与电气工程学院	试验 202
动物科学技术学院	动科 183	信息与电气工程学院	信电 204
动物医学院	动医 202	水利与土木工程学院	水利 201

续表

学院	班级	学院	班级
水利与土木工程学院	水利 202	土地科学与技术学院	土科 192
水利与土木工程学院	水利 206	草业科学与技术学院	草业 191
理学院	化学 182	草业科学与技术学院	博士班
理学院	数学 192	烟台研究院	营销 192
理学院	化学 194	烟台研究院	营销 194
经济管理学院	经济 201	烟台研究院	营销 195
经济管理学院	工商 201	烟台研究院	公管 193
经济管理学院	金融 191	烟台研究院	公管 194
人文与发展学院	传播 192	烟台研究院	设施 191
人文与发展学院	发展 191	烟台研究院	水产 191
人文与发展学院	社会 191	烟台研究院	水产 193
人文与发展学院	发展 202	烟台研究院	水产 181

2020—2021 学年中国农业大学“优秀团员”

朱　恬　谢润之　赵　茜　李冰月　黄华榕　马梦茹　薛雨晴
赵　彤　王靖恺　郑钧瑶　侯浩楠　刘　婧　刘文胜　齐佳伟
房新宇　谭志新　房　正　杨　媛　刘翰林　石文君　马瑞瑞
赵双慧　王浩瑛　辛鸿娟　鲍润灏　刘亚莘　林百健　薄晓智
吕锦程　娄　昕　盖时霖　石春霞　米尔萨力江·达吾提　黄宇欣
张　睿　石雯静　李锦娜　孙玉佳　杨雨洁　林　悦　冯萌欣
顾冰洁　肖雨晴　纪国翡　崔茜茜　金罗兰　张津沪　张开开
刘梓溪　许美静　焦嘉乐　费丽彬　谢慧婷　王时雨　杨雨馨
余红敏　李学士　庞昊天　程颖然　陈锦华　查世钰　宋日丹
王　柔　高凡丁　范鸣原　蔡铭铭　尤凤至　张慧颖　赵欣欣
刘艺甜　林晓菊　罗　丽　李竹茵　龚思宇　车　琳　王　也
李泽林　朱　然　刘乔治　蓝旆纯　李子问　黎　岚　黄甘沁
施沐华　夏　彤　陈奥捷　李明阳　潘天田　徐　宁　韩昊喆
孙承岳　杨佳璇　王　雪　邵瑞华　汪　蓉　朱腾飞　包鑫桧
乔李锦　吴欣媛　宋　祎　谢　佳　赵田园　陈国经纬　张慧聪
温智琰　李文莉　刘　璇　刘　平　司国辉　李昭茜　魏佳欣
付晨露　王晶晶　王逢林　李　想　滕　旭　于佳洁　付婧瑄

李思逸	张　骞	崔蔚轩	于文佳	杜学军	李　红	骆文宾
晏　婷	刘佳鸿	姜　康	孙家正	侯兆育	韩　帅	秦彦怡
刘婉欣	刘霞霞	杨　焱	左一琳	马恬恬	孟　杰	郭迎新
邱沛沛	杨桐桐	熊梦琴	何汶骏	刚依晨	吉虹锦	李珮琪
卢春秋	金殷泽	张美琳	赵彬彬	李晓琴	崔晓婧	陈志明
崔亚芳	毕晓昆	何帅涵	马宇浩	王君岩	石小童	巩　璐
张　宇	张　帆	王炜康	陈天宇	王　曦	李清萌	任睿孜
祝君远	周雨涵	胡愉娟	刘鑫如	黄宇宸	冷尚格	郑　好
牛睿辰	陈　莉	隋卓君	吴若骐	刘润邦	于　昊	李获朋
张文卓	张秋利	陈　宇	田欣睿	冯子轩	孙　铭	王晓楠
汤子澈	曹玉颖	殷唯佳	刘　铭	叶瑞华	余　瑛	刘海悦
陈　敏	蒋东纬	袁思淼	杨　晨	高兢桧	郑子昂	李　熔
董佳蓓	王泠洁	吴杨美雪	陈蕴淇	高善行	董新博	向竹昕
罗怡曼	周　帅	张振哲	董卓尔	傅　娆	黄云星	姜泽放
蒋燕萍	李艾潼	李泓利	李苏婉	刘端木	刘攀航	刘欣然
史　歌	苏静静	武瑞赟	徐嘉悦	薛　娇	姚启蒙	赵齐燕
周　幸	周　璇	蓝　鸿	刘瑜晗	史耀利	潘佳勇	杜宇凌
聂晓茜	阎欣峰	王国栋	陈蜀豫	王建国	许嘉靖	吴　冰
黄光远	贾金涛	黄彦元	闫奕霏	杨晓进	武晓宇	宁佳杰
程安淇	刘　月	赵智强	王亚虹	朱文佳	王　通	刘恩宏
孙　鹏	蒋建华	杨英杰	张聪丽	张炫炫	位旭阳	牛　丛
杨恺雯	邹　宇	陈　杨	程晓磊	徐泽昕	韩瑞球	余　浩
杨　妍	冯　宁	魏　健	毛新瑞	周　琳	张雨菲	程云来
刘　鹏	金政祥	王楚添	胡文吉	崔靖怡	王晗旭	刘　佳
刘子煊	张卓辉	周俊羽	朱倩倩	朱大垚	梁霈爻	时婉玲
林邦皓	单　淳	丁骁驰	陈浩哲	柴昕煜	刘明佳	杨少辰
程郡秀	陈宗彪	张　澜	贾云嵩	巩雯雯	齐建芳	孙希蓓
朱晓风	王　铭	吴娴萍	王　博	耿　磊	柯志鑫	张启承
孔　雨	郭　晨	岳哲伟	田　阔	高　雅	丁　洁	王　琦
王　琨	贺钰蕊	韩　恒	汪诗雨	李　妥	张　云	何庆儒
王伟奇	钮元硕	王鸿儒	扎西达杰	陈千石	盘应旎	吴一伦
孙涵石	江朱叶	杨　然	孙壹然	武凝楠	邵茹涵	张　啸
王培君	刘思易	王一博	张文歆	昝虹羽	潘品好	贾蕙榕
张儒磊	孙　震	甄　硕	张艳超	资云江	张富杰	张　璇
白海日	李慧一	吴欣悦	赵宇航	杨　婧	于启娜	张雅茹
姚春联	何欣然	熊亚兵	鲍振萍	刘成成	王春梅	王晓阳
王长凯	张　强	王义森	周邦栋	朱　润	郭　莹	章博语

王若琳	石 稳	李一璇	周淑娟	贾宏毅	左晨诚	蔡晓蕾
钱开涤	梁世彤	许可馨	冯时雨	柳雅静	罗玉格	薛天坤
梅林芳	胡宇翔	陈 娴	徐 月	梁政新	张淳恺	张成鹏
王逸飞	王晓璐	胡 月	吕雨桐	杨钰莹	杨雨欣	梁 潇
陈新超	田明升	张 斌	支雅柔	栾宏宇	金吴文浩	张婷婷
孙 冉	魏 冕	李 靖	邱亦轩	邸 鸥	杜佳明	张黛眉
李日正	官 正	李洁瑾	龚子恒	王 佳	肖佳怡	杜 坤
罗 兰	罗冬梅	戴明伦	李梦文	孙洪章	颜嘉琪	林玉贤
孔虹凯	闫 童	闫孜萌	赵芊芊	周 丹	何云婷	杨 婧
胡雅林	张浩鹏	郑金源	李昌琪	董文琪	贺邵华	王思贤
张 洁	刘佳玲	王婉怡	马利雅	黄河水	王雅楠	莫媛媛
陈亦凡	童若娴	李欣璐	沈向往	欧于萌	马一丹	于昊龙
谢宇菲	张颖秋	王 琛	杨天睿	薛雅丹	赵文迪	贾樱乔
王毓诺	于宛禾	黄恬恬	唐嘉雯	陈骥鹏	刘畅然	刘芷萱
倪智武	吴慧萱	杨蕙菁	葛雨桐	亢北望	吕殊蕴	石润坤
董怡杉	常汭琳	周正楷	胡惊博	李 璐	连冬杰	刘芮涵
孙哲伦	姚佳锐	吕俊飞	王凯歌	张 谦	季秀香	张国梁
汪嫦红	张 猛	俞国江	周孙楠	陈吕彦烨	王转玲	许慧中
岳丽楠	田逢博	徐小婷	高雪巍	崔玉洁	王欣燚	李梓若
秦明绪	代莹莹	徐 赫	杨 晨	李彦瑶	张 哲	朱诗雨
王志远	黑雪荷	唐子渲	张潇坤	尹俊颖	曹仁凤	付彩红
张亚菲	张起瑞	邱子硕	刘玉蕊	王伟玮	田裕加	田其坤
徐 莉	王世兴	唐湘霖	孙 畅	董玉昕	孙 玮	路 耕
张 铠	亓守贺	于 斐	李文星	齐雪松	丁子安	张议文
芦 遥	王江坤	刘艳君	梁 爽	黄 鹰	朱颖雪	

2020—2021 学年中国农业大学“优秀团干部”

徐圆荃	冯怀茹	邹晓蔓	白 宇	毛文轩	邬月新	陈天文
陈泽权	黄一航	杨彪仔	成 嘉	陈喜亚	周慧慧	简 瑞
赵语焘	孙 晨	秦佳辰	盖时霖	邓宇慧	臧乐菲	吴美佳
张子萱	刘怡含	胡化涛	池 海	刘金奎	钟 硕	李梦璐
郑 策	宋 昱	姚 珺	陈丁铭	莫 非	朱 丽	艾俞每
汪华晨	常文婧	段伊禧	李旻雅	王 凡	王伟飓	叶兴宇
严湘奕	林思睿	朱宇哲	游彬鑫	赵雨林	黄江涛	吴欣媛
吕鹏博	曹文馨	李纪凯	彭 可	崔楚源	林浩玮	段明鸣

聂伟豪	赵金月	吴若瑜	顾育竹	王诺婷	郝梓伊	王　琦
高纹曾	王　淼	杨佳明	黄之育	杜梓桓	王水青	朱　琪
曾治钦	巩思佳	彭　容	刘　汶	唐永杰	易　鑫	郝　畅
姜丁歌	赵扬阳	刘苏涵	陈胤竹	王忆文	申　晴	蔡慧敏
吕金泽	朱峻滢	白千玉	潘晴云	吴亚棋	袁　栩	陈登金
杨　瑶	李　熔	常　菲	孙　璐	杜青宏	窦翊丹	黄思源
张心泉	王一川	张宇航	王梦瑶	王勃然	李佳洋	刘鸣雨
王　腾	陆　璐	畅若萌	杨钦月	彭星云	李奇科	李伊宁
陆　瑶	王宇婷	高源远	陈蜀豫	张博涵	颜　浩	王丽涛
王　梓	乐雯歆	王艺霏	潘语尘	吴镔芮	张雨庭	李家琪
高远鹏	周小艺	李孟伟	马新春	姜　鑫	陈媛媛	林　静
李文虎	赵江楠	刘文帅	吴承骏	邓秋卓	郭华语	郭凡漪
黄嘉华	谢馨仪	钟　涛	丘浩彤	安睿泽	冯一凡	陈旭日
罗晶晶	师圣铎	周珈任	林行健	邵亚民	易一帆	于昌平
徐飞平	张　文	宋　迪	方　舒	王　婕	陈虎圣	王　懂
霍文歌	高一鸣	白一铭	许　敬	郝佳敏	路嘉诚	徐良嗣
陈昱妍	王语萌	李　霖	张　桂	潘　琦	沈倩西	赵雨晓
张方芳	董林玥	李彤姝	秦　康	黄　俊	杨雨帆	蔡一杰
张泽熙	刘峻溪	付思维	赵舒月	陈嘉萌	何　谐	贾蕙榕
旷子晨	杜　睿	谷婧妍	刘晨辉	刘　晨	王富祥	封荣召
朱瑞欣	李云蕾	张芝莹	邱云韬	沈贝宁	汪子钧	宿傲嘉
张欣悦	吴嘉雨	任唯嘉	刁　婵	李莘莘	郭懿泽	李子霄
王誉儒	辛垚屿	董国华	杨欣雨	崔昊洋	王心彤	许鸿宇
陈嘉瑶	刘天扬	周凌风	郭　荣	郎新旭	王　宁	李雪豪
郭荷昕	王俊童	朱龙奕	罗颖楦	李　杰	李佩凌	王毓婧
张恩齐	向麟玉	杜鹏程	朱浩铭	王肖晓	陈星宇	王　飞
李墨涵	何惠茜	唐黛晴	宫雅琪	米胤瑜	冉惟嘉	王可馨
胡金秋	张有倩	李世雄	董鹏程	程业棋	王　雯	叶巧莉
刘慧茹	曹力元	温　帅	史昕雨	周正楷	晁欣玥	郝思媛
晁欣玥	杨冰清	赵润鹏	崔宸东	王佑涵	边时羽	史子恒
田博文	刘炫麟	刘哲元	温秀芸	李玥然	丁宇泽	马若婧
李明琪	周　珺	张渊婕	张家奇	刘奕婷	石金玉	吴崇源
田小雨	王佳一	孙斐凡	王　晓	于宜辰	刘心怡	曹凤仪
陈思源	贾珂馨	徐　皓	任　品	宋康宁	秦佳妮	夏雨欣
张启凯	王文卓	靳恒泽	伍　琼	刘子珩		

2020—2021学年中国农业大学“优秀团支部”

序号	学院名称	支部名称
1	农学院	种科191团支部
2	农学院	农学203团支部
3	农学院	农学202团支部
4	农学院	农学201团支部
5	园艺学院	园林191团支部
6	园艺学院	园艺193团支部
7	园艺学院	园艺192团支部
8	植物保护学院	植保202团支部
9	植物保护学院	植保203团支部
10	植物保护学院	植保204团支部
11	植物保护学院	植保191团支部
12	植物保护学院	植保194团支部
13	植物保护学院	彭友良实验室团支部
14	生物学院	生物201团支部
15	生物学院	试验191团支部
16	生物学院	生物191团支部
17	生物学院	生物192团支部
18	资源与环境学院	本科生气象191团支部
19	资源与环境学院	本科生资环182团支部
20	动物科学技术学院	动科191团支部
21	动物科学技术学院	动科183团支部
22	动物科学技术学院	动科194团支部
23	动物医学院	动医201团支部
24	动物医学院	动医191团支部
25	食品科学与营养工程学院	食工201团支部
26	食品科学与营养工程学院	食工203团支部
27	食品科学与营养工程学院	食工205团支部
28	食品科学与营养工程学院	食工207团支部
29	食品科学与营养工程学院	食工194团支部

续表

序号	学院名称	支部名称
30	食品科学与营养工程学院	食品 183 团支部
31	食品科学与营养工程学院	葡工 181 团支部
32	工学院	新闻通讯社临时团支部
33	工学院	励耘班临时团支部
34	工学院	机械 205 团支部
35	工学院	机电 191 团支部
36	工学院	车辆 191 团支部
37	工学院	农工研究生第八团支部
38	信息与电气工程学院	试验 192 团支部
39	信息与电气工程学院	计算机 192 团支部
40	信息与电气工程学院	试验 202 团支部
41	信息与电气工程学院	信电 203 团支部
42	信息与电气工程学院	信电 204 团支部
43	信息与电气工程学院	信电 206 团支部
44	信息与电气工程学院	计算 202 团支部
45	水利与土木工程学院	水利 205 团支部
46	水利与土木工程学院	农建 192 团支部
47	水利与土木工程学院	能动 191 团支部
48	水利与土木工程学院	农建 191 团支部
49	水利与土木工程学院	土木 191 团支部
50	理学院	化学 194 团支部
51	理学院	化学 204 团支部
52	理学院	化学 182 团支部
53	理学院	数学 181 团支部
54	经济管理学院	经济 201 团支部
55	经济管理学院	工商 202 团支部
56	经济管理学院	金融 191 团支部
57	经济管理学院	金融 192 团支部
58	经济管理学院	电商 191 团支部
59	人文与发展学院	博 20 级团支部
60	人文与发展学院	硕法学 20 团支部
61	人文与发展学院	传播 202 团支部

续表

序号	学院名称	支部名称
62	人文与发展学院	英语 201 团支部
63	人文与发展学院	社会 201 团支部
64	人文与发展学院	发展 202 团支部
65	马克思主义学院	硕士第二团支部
66	土地科学与技术学院	土科 201 团支部
67	土地科学与技术学院	土科 202 团支部
68	土地科学与技术学院	土科 191 团支部
69	草业科学与技术学院	草业 181 团支部
70	图书馆	图书馆团支部
71	烟台研究院	营销 204 团支部
72	烟台研究院	水产 203 团支部
73	烟台研究院	公管 201 团支部
74	烟台研究院	公管 202 团支部
75	烟台研究院	公管 204 团支部
76	烟台研究院	水产 192 团支部
77	后勤基建分团委	东区幼儿园团支部
78	社团团工委	国旗班团支部
79	社团团工委	丝绸之路文化社团支部
80	艺术团团工委	合唱团团支部

2021 年中国农业大学“五四青年标兵”

序号	姓名	学院
1	于　荷	动物医学院
2	刘子涵	党委研工部
3	刘冰洋	农学院
4	李伊宁	食品科学与营养工程学院
5	李　浩	水利与土木工程学院
6	张　平	土地科学与技术学院
7	贺腾飞	动物科学技术学院
8	秦瀚翔	信息与电气工程学院
9	袁盼盼	工学院
10	徐志程	资源与环境学院

2021 年中国农业大学“五四青年标兵集体”

序号	集体名称	序号	集体名称
1	乡村振兴创业团队	6	卓越临床兽医专项
2	水院本科生第三党支部	7	理学院志愿者支队
3	北京统农科技小院	8	梨树实验站党支部
4	生物 181 团支部	9	领头羊培养创新实践团队
5	励耘党支部	10	绿脉环保协会

2021 年“青年服务国家”首都大中专学生暑期社会实践获奖名单

序号	先进工作者		
	姓名	职务	申报身份
1	李　慧	校团委副书记	专职团干部
2	汪子钧	校团委兼职副书记	兼职团干部
3	曲　甜	人文与发展学院讲师	专业教师
4	蒋晓彤	园艺学院分团委书记	专职团干部
5	史　博	党委研究生工作部副部长	专职团干部
6	杨智昊	党委学生工作部科员	专职团干部

序号	优秀团队	
	团队名称	团队负责人
1	学史增才促振兴纵队	刘　熙
2	“星火百年”实践小队	盖时霖
3	重温党史启航，助力乡村振兴实践队	袁　敏
4	莱阳梨文化保护小队	路　耕
5	中国农业大学峰云社人文科考队	胡钦清
6	“个十百千万”稼穑青年聚力首都乡村振兴专项行动小队	王　曾

序号	先进个人	
	参与团队名称	姓名
1	重温党史启航，助力乡村振兴实践队	朱龙奕
2	无	王玉坤
3	莱阳梨文化保护小队	李文瑾
4	科技助农——电波小队	黑晓捷
5	科技兴农助力乡村振兴小分队	颜　浩
6	学史增才促振兴纵队	刘　熙

2021 年度知行计划优秀青年导师

颁奖单位：中国大学生社会实践知行促进计划

获奖姓名：吕　佳

2021 年青少年高校科学营北京获奖名单

青少年高校科学营北京营先进个人：穆鹤天

青少年高校科学营北京营优秀工作者：路惠然

青少年高校科学营北京营优秀志愿者：王松杰、颜　浩、黄启航、任慧敏

青少年高校科学营全国营优秀志愿者：颜　浩、任慧敏

2021 年"挑战杯"获奖名单

竞赛名称	主办单位	项目名称	获奖等级	学生姓名	指导教师姓名
第十七届"挑战杯"全国大学生课外学术科技作品竞赛	共青团中央、教育部等	转"危"为"机"：疫情期间高校线上教学效果和优化路径研究——以北京市某双一流高校为例	一等奖	李玺宁 金怡恬 韩文彤 胡　琪	邢雨凝
		"不能"还是"不愿"？农户的非认知能力对数字金融使用的影响——以山东、河南、贵州的 1 595 户农户为例	三等奖	杨璨瑜 杨晨祎 戴思琪 吕俊霖 侯玉腾	何　婧
		纳米纤维素基液态金属柔性电路快速制造技术	三等奖	史耀利 毛羿茹 吴宜襄	何志祝
		一种基于计算机视觉的大豆籽粒参数提取装置	三等奖	师圣铎 周珈任 李典睿	王敏娟 郑丽华
		人工智能加速食源性功能活性肽的筛选	三等奖	王立扬 赵新杰 王小丫 王诗韵 朱泽洋	薛　勇 廖小军 沈　群

续表

竞赛名称	主办单位	项目名称	获奖等级	学生姓名	指导教师姓名
第十一届“挑战杯”首都大学生课外学术科技作品竞赛	北京团市委、市教委等	不同发展水平下农村宅基地政策效用差异性研究——以河北省曲周县为例	二等奖	陈子彦 牛紫冰 丁宇泽 陆君言 崔昊洋	艾　东
		点胶-纸带式小粒径蔬菜精密播种机	二等奖	黄嵘彪 李方林 郜占鹏	刘彩玲
		陈皮柑自动划皮开皮装置	三等奖	盛　基 孟泽江 许嘉靖	刘嫣红
		数字时代乡村产业振兴的多主体协同机制研究——以北京市平谷区“互联网＋大桃”项目为例	三等奖	黄蔓雯 郑添禄 娄凯皓 刘懿锋 赵泽宇 金怡恬	曲　甜
		绿色认证对电商平台农产品价格的影响分析——以大米为例	三等奖	马欣雨 刘梓麒 王　璇 白　龙	孟　婷 穆月英 赵　霞
		我国秸秆还田的固碳减排综合效应及其潜力研究	三等奖	王旭东 贺　聪 庄俊杰	赵　鑫 张海林
		对环境水样及茶汤中拟除虫菊酯类杀虫剂残留萃取方法的研究——基于石墨烯和磁性β－环糊精新型吸附剂材料	三等奖	许钦沁	周文峰
		低黏荞麦咖啡饮料稳态化加工技术的研究开发与产品创制	三等奖	宗厚汝 王一鸣 陈俊林 黄明飞	彭星云
		天然分子对面团流变学特性的影响机制	三等奖	赵春扉 郭艺展 纪瑞阳	杨　栋
		基于MR实时水质数据库分析及可视化应用	三等奖	谷际岐 廖雨佳 宋　鹏 赵炳杰 赫景儒	邵小明

续表

竞赛名称	主办单位	项目名称	获奖等级	学生姓名	指导教师姓名
第十七届“挑战杯”全国大学生课外学术科技作品竞赛“红色专项”活动	共青团中央、教育部等	故地新颜，脱贫奇迹——一个西南少数民族深度贫困村的“蜕变”	一等奖	陈玮萱 宋艳伶 郑添禄 刘奇文 张怡然 韩国天 陈　瑜 王　洁 王泽恒	李小云 侯玉峰 徐　进
第十一届“挑战杯”首都大学生课外学术科技作品竞赛“红色实践”专项赛	北京团市委、市教委等	重温建军历史，感悟今昔变迁	特等奖	王嘉辉 乐韶华 贾宏毅 崔昊洋 托合提·艾尔肯	孟　婷
		红色引擎-新时代党建引领乡村振兴的时代逻辑与运行机理	特等奖	盖时霖 朱绍彰 王心怡 刘晓睿 李玉娇	马　铃 陈东琼 蒋晓彤
		“红色基因＋绿色发展”双轮驱动的冀北山区乡村振兴新模式	一等奖	冯昱昕 李乐昕 赵玉萱 刘慧晶 胡世成	张雪靓 张　倩 张亚东
		安仁古镇的文化产业发展与乡村振兴	一等奖	郭思雨 杜柳青	田纪景
		“上山下海”：一个背山面海渔村的产业融合发展现状调研——基于青岛市青山村的发展实践	一等奖	黄梅雪 王福庆 王　京 徐　萌 焦海洋 王家起 郭　豪 张　帆 张翔宇	王翊加
		乡村振兴背景下家乡变化与红色文化精神传承情况调研报告	一等奖	张慧欣 辜银萍 郑兰艳	胡宇声 刘钟杰
		百年传承，无问西东	一等奖	霍雨荻 杨雨潇 高　兴	张曼玲

续表

竞赛名称	主办单位	项目名称	获奖等级	学生姓名	指导教师姓名
第十一届“挑战杯”首都大学生课外学术科技作品竞赛“红色实践”专项赛	北京团市委、市教委等	中国农业大学艺术团内蒙古支教项目	一等奖	王思齐	齐顾波
				曹哲源	
				韩龙馨	
				贝明多	
				张　宸	
				姜佩弦	
		深入乡村解民艰，助力脱贫促振兴	二等奖	阿不都热合曼·沙吾提	王　婷
				周白雪	
				李平春	
				史明睿	
				吕一涵	
				任鑫玉	
				李文雅	
				赵白杨	
				李娓娓	
				娄正浩	
		抗美援朝老兵的家国情怀——寻访泸州志愿军战士	二等奖	陈　菲	杨富裕
				徐晶晶	
		党旗指路解民艰，一懂两爱育英才	二等奖	李少华	陈源泉 谭伟明
				娄凯皓	
				邬月新	
		回顾发展历程 探索美好未来	二等奖	张　男	龙步菊
				吴昀灿	
				崔楚源	
				万思晨	
				林浩玮	
				周书宇	
				郭家驹	
				张右文	
		解民生之艰，寻发展之迹	二等奖	毛文轩	陈源泉
				黄华榕	
				张玉颖	
				王相哲	
				邓宇慧	
				谢　雨	
				王胡敏	
				丘浩彤	

续表

<table>
<tr><th>竞赛名称</th><th>主办单位</th><th>项目名称</th><th>获奖等级</th><th>学生姓名</th><th>指导教师姓名</th></tr>
<tr><td rowspan="39">第十一届“挑战杯”首都大学生课外学术科技作品竞赛“红色实践”专项赛</td><td rowspan="39">北京团市委、市教委等</td><td rowspan="6">婺秀雅畈——浙江省金华市婺城区雅畈镇实践调研</td><td rowspan="6">二等奖</td><td>恩格尔</td><td rowspan="6">于秋洁</td></tr>
<tr><td>徐世梦</td></tr>
<tr><td>谢宇佳</td></tr>
<tr><td>陈星宇</td></tr>
<tr><td>徐雨萌</td></tr>
<tr><td>王逢林</td></tr>
<tr><td rowspan="2">传承会师精神，奔向幸福小康——关于“会师圣地会宁”的调研</td><td rowspan="2">二等奖</td><td>张文歆</td><td rowspan="2">郑炜超</td></tr>
<tr><td>金文卿</td></tr>
<tr><td rowspan="5">追忆红色峥嵘　展望复兴之路</td><td rowspan="5">二等奖</td><td>孙　帆</td><td rowspan="5">无指导教师</td></tr>
<tr><td>韩筱晨</td></tr>
<tr><td>杨宗府</td></tr>
<tr><td>张　帆</td></tr>
<tr><td>李闻曦</td></tr>
<tr><td rowspan="9">传承王杰精神　恭祝中国伟梦</td><td rowspan="9">二等奖</td><td>张军鸣</td><td rowspan="5">原　玲</td></tr>
<tr><td>杨东晖</td></tr>
<tr><td>王文俊</td></tr>
<tr><td>刘欣怡</td></tr>
<tr><td>郑青昊</td></tr>
<tr><td>刘心怡</td><td rowspan="4"></td></tr>
<tr><td>刘玉蕊</td></tr>
<tr><td>于宜辰</td></tr>
<tr><td>张　贤</td></tr>
<tr><td rowspan="7">红色实践“传承红色基因，践行初心使命”</td><td rowspan="7">二等奖</td><td>李墨玖</td><td rowspan="7">谭君位</td></tr>
<tr><td>玉人文欣</td></tr>
<tr><td>邢慧雯</td></tr>
<tr><td>凌　瑄</td></tr>
<tr><td>刘姝畅</td></tr>
<tr><td>陈　旭</td></tr>
<tr><td>姜梓璇</td></tr>
<tr><td rowspan="7">寻红色尤溪之源，启乡村振兴之路</td><td rowspan="7">二等奖</td><td>汪子钧</td><td rowspan="7">吕　佳</td></tr>
<tr><td>朱龙奕</td></tr>
<tr><td>朱祎彦</td></tr>
<tr><td>梁世彤</td></tr>
<tr><td>贾海玲</td></tr>
<tr><td>李梦文</td></tr>
<tr><td>秦瀚翔</td></tr>
<tr><td rowspan="3">脱贫攻坚硕果丰，深入乡村看振兴——以礼县金鸡项目为例探究产业扶贫成果</td><td rowspan="3">二等奖</td><td>陈若晨</td><td rowspan="3">郑江霞</td></tr>
<tr><td>王润哲</td></tr>
<tr><td>梁　卉</td></tr>
</table>

续表

竞赛名称	主办单位	项目名称	获奖等级	学生姓名	指导教师姓名
第十一届“挑战杯”首都大学生课外学术科技作品竞赛“红色实践”专项赛	北京团市委、市教委等	小远落——你在哪里	三等奖	孙海钰	无指导教师
				胡潇颖	
				柏素娟	
		岛城绿洲的荒岛故事与荒岛精神	三等奖	赵雅婕	无指导教师
		春暖光坡	三等奖	周宇星	宋　弋 丁　倩
		传承红色基因　厚植家乡情怀	三等奖	曹梦奇	无指导教师
				裴佳颖	
				薄旭辉	
				王浩川	
				孙　毅	
第十七届“挑战杯”全国大学生课外学术科技作品竞赛“黑科技”专项赛	共青团中央、教育部等	能源电力技术在农村“双碳目标”中的解决方案	三等奖	侯林格	杨守军
第十一届“挑战杯”首都大学生课外学术科技作品竞赛“揭榜挂帅”专项赛	北京团市委、市教委等	大学生 Dream Car ——科技赋能未来	一等奖	曹　剑	李　臻
				马诗雨	
				周　际	
				翟润泽	
				连冬杰	
				刘海帆	
				孙　晨	
		基于“三圈照护”理念的困境人群保障资源整合路径探究	一等奖	宫雅琪	张克云 张　栋
				王泽恒	
				朱龙奕	
				朱祎彦	
				胡烜瑜	
				毛贝南	
				刘京雨	
				刘懿锋	
				叶巧莉	
				王彦珺	
		兜底线，保基本，促融合——对新时代困境人群扶持路径的探索	一等奖	诸品璋	潘　璐
				王小萌	
				王思怡	
				王梅凡	
				陆辰汐	

续表

竞赛名称	主办单位	项目名称	获奖等级	学生姓名	指导教师姓名
第十一届“挑战杯”首都大学生课外学术科技作品竞赛“揭榜挂帅”专项赛	北京团市委、市教委等	揭榜挂帅——大学生的 dream car	二等奖	周　璇 杨浩然 张睿妍	才　胜
		leARn 团队:基于 AR 的古建筑 BIM 云平台方案构想与规划	二等奖	赵新杰 张一帆 王诗韵 崔容嘉 周尧非	杜岳峰
		“揭榜挂帅”竞标书——数字经济背景下青年灵活就业问题研究	二等奖	李佩凌 朱恬怡 曹　原 栗知非	王　昊 封小郡
		划分群众问题——形成长期有效的物业考评与反馈机制	三等奖	卓佳麟 王方艺 彭　可	郑红娥
		基层社会救助服务模式的困境与转变——以丰台区 A 社区为例	三等奖	王琳娜 苏姗姗 周　丹 唐　娜	张艳霞
		浅谈数字经济背景下青年灵活就业问题	三等奖	侯欣玉 李曼州	无指导教师
第十一届“挑战杯”首都大学生课外学术科技作品竞赛“科技冬奥”专项赛	北京团市委、市教委等	浸渍冷冻智能化装备助理科技冬奥安全办赛	特等奖	陆　瑶 任婉玉 王婉馨 孙欢欢 李继福 王宇琛 白皓宸 李羽葳 吴　浩 王东慧	王增利 贾　璐
		分解者-基于专利技术的冬奥环境清洁装置	一等奖	李　泽 袁行健 刘彧希 陈虹瑶 徐家冰 张孟祎 林欣源 纪春兰	徐绍荣

续表

竞赛名称	主办单位	项目名称	获奖等级	学生姓名	指导教师姓名
第十一届“挑战杯”首都大学生课外学术科技作品竞赛“科技冬奥”专项赛	北京团市委、市教委等	基于神经网络的智能垃圾分类系统	一等奖	李　航	袁　挺 尹宜勇
				宋宇桐	
				王　瑶	
		基于景观绩效评价的首钢碳中和交互小程序设计	一等奖	刘怡含	常　青 蒋晓彤
				王雅茹	
				苏欣怡	
				罗涵月	
				吴　凡	
				靳丹云	
				兰星月	
				罗　菁	
				汪梦琪	
				闫　蕾	
		冬奥圈——基于AR合影的冬奥会社交系统	二等奖	彭驿钦	王　庆
				杨新宇	
				崔昊洋	
		Reservationer——冬奥场馆预约管控系统	二等奖	李昕樾	李振波
				万　蓉	
				林宇昌	
		“便”废为宝——宠物粪便城市处理新方案	三等奖	费予帆	曹勤红
				张博雅	
		赛事场馆内自适应行走多功能平台	三等奖	肖　傲	刘平义
				魏玉宁	
				亢应然	
		机遇与挑战:北京冬奥会背景下的食品安全与饮食文化	三等奖	刘端木	梁志宏
				范宇瑶	
		2022年绿色冬奥背景下冰雪旅游产业发展预测——基于奥运经济角度	三等奖	左晨诚	伍建平
		功能化磁性β-环糊精聚合物故乡萃取茶汤中的拟除虫菊酯类农药	三等奖	许钦沁	周文峰 鲁润华
		基于红外图像的土壤入渗性能自动测量装置	三等奖	张　权	王　伟
				刘瑜晗	
				梁雨同	

2021 年毕业生、学位获得者名单

获得学历教育博士学位人员名单

（总计 779 人）

郭子锋	刘路平	卢家玲	余阔海	范开建	郝杨凡	柴　朋
李　旭	吴　贝	张桂粉	郑彩霞	王彦涛	刘　静	张晓飞
聂　静	贺乾坤	刘强波	杨　芳	娄鹏博	孙　振	张苏红
元欣欣	齐志红	盛晓乐	王　芳	姚英鹏	徐俊杰	闫　浩
李丽莉	吕梦雅	牛　薇	姜志豪	何林高楠	曹　青	路晓蕊
苗　挺	周祎珂	许国进	李　佳	张佳伟	曹学敏	张少民
李可力	张　东	卢巧芳	钟妍婷	毛　钧	续　珍	郝　毅
温　章	李仲玄	郭　瑶	苏山春	宋星桔	王　思	张　恒
董慧君	陈善斌	李　扬	熊　炜	杜仲尧	高晓彤	顾春凯
林腾飞	张　超	李新武	田朋姣	李同辉	徐成善	崔　宪
吴　勇	白雪冰	张向南	李　丹	李虎岗	李昌见	冯　忍
蔡东玉	吴现兵	肖　洋	周　云	董利利	王祥云	姜　峰
王梦醒	罗　丽	黄　东	李彬彬	李　倩	于浩淼	苑军军
杨馨逸	朱司航	马瑞明	次仁央金	周晓楠	刘　洋	郭　庆
齐海坤	杨逗逗	刘希伟	祁剑英	张　震	周　琳	姜雨林
王媛媛	邢嘉鹏	何思洋	卢　捷	孟　璐	王　兴	李晓伟
熊丽娜	李德林	陈　明	陈文康	刘行芹	冯　阳	魏子尧
李国梁	李玲红	陈　琛	张　蜓	郭　雨	梁亚盟	王　敏
张博琦	邓穗宁	杜　冰	冯　曼	高日新	高玉姣	龚央庆
胡书婷	蒋聪慧	李亚鹏	刘羿杉	吕　娅	王珊珊	温绍哲
吴琳华	武　晟	张倩倩	赵为朋	钟舒阳	周雷娜	谭文清
焦炎炎	李　彤	郑辰星	王小波	马小倩	娄鸿耀	邱丽娜

夏媛媛	高 翔	赵天瑶	陈卫卫	张婷婷	杨志昆	高艳梅
钱景琪	张 越	李 源	董海强	范灵姣	张琛蔚	王 燕
张伟伟	郑文燕	单冬茜	吴传宝	张 懿	李都岳	胡亚楠
刘振华	王 旋	崔青青	程志华	李 红	吴 浪	刘金秋
汪生林	刘 伦	王 庆	张 磊	肖 凯	罗 陈	刘 洋
刘欣童	史英霞	马志敏	邹 婧	闫大琦	阎维巍	王振花
徐晓晖	韩树英	刘 航	马毅楠	张逸彬	顾小飞	陈 伟
陈永攀	方 媛	焦志远	刘 宁	柳 慧	徐 丹	原 恺
周 爽	张传杰	杜开通	蔚 越	庄路博	王为镇	芦文博
王雄雅	彭争科	何莉梅	田文华	张瑞凤	丁双玫	刘彦君
孙成贤	王 秀	王 原	张莎莎	冯增贝	刘馨超	王雪丽
魏红爽	马云龙	赵亚茹	冯建路	赵嫄盛	杜振勇	马中正
莫东青	刘盈祺	唐静月	牛俊凡	唐 刚	阳 威	杨佳乐
张 岳	邓金萍	裴 丹	荆 朦	李幽平	肖惠鑫	李欣岳
王志芳	时会影	梁晓燕	韩 润	吕 健	杜庆国	卢宏运
张 力	田 原	李 果	石 跃	仝甘璐	万紫慧	孟祥照
李希伟	郝珊珊	刘晶晶	毕雪云	于 迪	于 翔	杨 月
陶加栋	刘 亮	屈玉玲	李晓林	王大鹏	李召雷	胡佳成
卢娜娜	张蕴之	何小娟	危亚熵	张 馨	崔文靖	郭亚真
李金玉	王若楠	韩 笑	王雪婷	张成成	郑锋振	冯雪莹
高宗玉	张 樾	韩 君	饶 喻	马文强	刘冰颖	李 辛
鹿晓慧	郭晓莉	王润铭	张丽君	边 成	郭紫航	段小月
马慧芳	刘新艳	郑茗之	胡加祥	连娴奕	马雪莲	付 晨
柯 杰	管西林	苗 琪	刘 璐	刘 智	王瑞丰	张 玲
王亚芳	张青松	李腾腾	陈秀秀	樊苗苗	廖 丹	韩天富
李 堃	程 陈	黄明霞	张 悦	韩国琳	胡莉婷	王佳琳
郭尔静	王若楠	虞光辉	叶彦辉	李蕾蕾	吴 纱	彭 懿
徐巧林	胡文浩	李 奎	沙志鹏	彭宇涛	何欣月	李欣欣
李丹阳	王 康	秦泽峰	王 一	张家星	张 帅	徐 磊
李 楠	窦金焕	冯 文	刘 娟	王 政	付 玉	李 瑶
武 鑫	刘 菁	史文姝	张丰霞	王 迪	张 莹	杜 恒
陈建飞	林 珊	刘夏仪	汤启国	闫 超	杨 峰	尹忠涛
李彦品	曹素梅	苏传友	李 爽	李文祥	高月锋	黄 帅
娜仁高娃	尚庆辉	王 波	宋柏辰	王仁杰	李鹤琼	刘尧君
张连华	陈美霞	李森林	马东立	张云常	王友利	高 健
胡 聪	吕知谦	王斐然	李 娜	王黎琦	郭永鹏	黄冰冰
黄彩云	龙沈飞	杨 攀	叶倩红	张 刚	赵玉超	徐胜奎
任承龙	于国泳	于 丹	滕雯迪	王立博	李相昕	毕 爽
潘寒姁	柯维馨	曾祥权	徐 雷	高 兢	卢 烽	

罗依扎·瓦哈甫 谢宏凯 郭擎 刘理顺 周子逸 孙博文
韦云路 刘斌 顾浩峰 孙杰 李媛媛 邵萌萌 张欣珂
王坤立 何磊 韩倩云 李倩倩 苏佳琪 韦阳 颜金鑫
尹瑞旸 王丽娟 侯殿志 张克 陈小雪 史然 卜潇
温海超 熊尧 孟娇 钱旭 黄婷 王宇 张莹
程静 石玉琴 王蔚然 王超 程修沛 余杨 刘俊孝
李玉环 李涛 丁友强 李龙 李星仪 袁全春 陶雅
刘翊昊 刘学强 金楠 傅生辉 顾进恒 李伟 张真
葛鲁振 鲁兵 高筱钧 文永双 董俊 冯欢欢 冯青春
贾贝贝 王术波 孙冬 白慧娟 宿佃斌 龙新佳妮 牟华伟
张沛祯 马文鹏 刘亚超 高崇风 王鑫磊 姚玉梅 尹冬敏
方鹏 程湞湞 惠云婷 刘宁 刘子良 王文胜 赵楠
贾楠 张俊逸 范利锋 张稳 李震 郑玲燕 杨硕
周鹏 蔡杲哲 王蕾 张迁迁 张金鑫 周西嘉 王洪美
郝霞 马军 杨立然 褚晓泉 张建龙 吴厚凯 曹孟冰
邢浩翰 李大鹏 郑建锋 王影娴 罗安荣 薛万来 王亚晖
刘锦涛 李波 马长健 时荣超 董长娟 韩信 陈修之
周惠萍 邹民忠 袁宇森 李雪敏 王玉丰 庞凯文 叶长亮
陈世超 王云玲 王友芝 王超越 赵引 于聪伟 熊可洁
张洁 孟志远 赵锋 周泽昊 王冬伟 董雅雯 钱乐
贾铭 刘子恺 潘理想 徐玉芳 宋霜雨 袁梦 张璐瑶
白慧 杨倩 张云朋 黄扬明 高星 李阳 刘鑫磊
刘雪莲 杨立新 王少华 张瑛杰 甄文瑞 王臣荣 李爽
王倩倩 段雨路 周信荣 赵殿郑 段春慧 张思新 王超越
王晶晶 曲胜华 李芳韬 马超 孙浩然 魏孝辉 许晓琳
赵浩然 程佳 庄翠翠 程楠 李欢欢 邹云婧 张振彪
段聪 郭亮 钟佳 刘飞 郑丕苗 白玉 赵晓乐
张莹 宋祥彬 肖红芝 连朋敬 朱建宇 陈上 付玉林
高婷 郭柳川 李静云 凌卓人 卢嘉茵 王铁 宋银娟
杨璐 张茜茜 张瑞 刘剑波 胡雅淇 任慧 王嘉宁
王立杰 程竹 李朝柱 王震 冯娜娜 华中昱 霍雨佳
邢璐瑶 关佳晨 丁志超 李辛一 栾健 宦梅丽 曾梦杰
李亚娟 李晓涛 祝伟 罗屹 杜凯 姚志 翟世贤
贺子轩 樊慧丽 王芸娟 康婷 方航 徐依婷 炎天尧
朱文博 张诩 余洁 吕静 田雅群 周雨晴 许魁
马烈 海琴 庞洁 杨丽娟 张慧泽 张雨薇 肖荣荣
蒋燕 武文亚 史博丽 焦芳芳 许菡芬 赵梦媛 陈健
桑坤 杨光耀 吴金凤 陈鑫 孙晓兵 卢龙辉 宋洋
陈爱琪 雷鸣 樊嘉琦 孙雪 张慧琦 史鑫蕊 张琳

王计磊	黄新君	朱晓艳	杜梦雅	李　营	王恒飞	朱晓亚
李双伟	熊　全	杜贞容	杜振博	欧　聪	刘帝佑	许瑞轩
刘　丽	高　润	肖　红	郭琳娜	王可心	王学凯	谢艺潇
许　鑫	张　强	朱海峰	王　娟	陈秋燕	魏　宇	冀佳悦
江　滢	华国营	吕东颖	石少磊	吴　昊	杨柳青	柳泽华
付永霞	张文姣	马力群	赵国萍	王镇东	王风磊	范永奎
龚章鹏	刘长卿	李守学	张季琴	路　朋	李进海	李　莉
熊吕阳	周启圳	刘　洋	谭丽丽	王　洋	张明政	周　蒙
陈宝珍	康海琪	鞠劭芃	迟　亮	曹丹丘	苗海民	占　鹏
冷熙媛	张靖娜					

MOUSSA CONDE(穆沙)
ABEER ABDELFATTAH GABER MAHMOUD
MAHMOOD UL HASSAN
MUHAMMAD ADEEL
PHAM VAN HIEU
MOSTAFA SOBHI IBRAHIM ALI MOHAMED
NASIR ABBAS KHAN
SHABBIR AHMAD
MUHAMMAD SUHAIB SHAHID
MUHAMMAD OWAIS SHAHID
NAZISH AIJAZ
ANISUR RAHMAN
VU NGOC TUAN
ESTHER ASHERY GABAGAMBI
FADZAI CHIPATO
GHULAM MUJTABA

获得同等学力博士学位人员名单

（总计 12 人）

易红梅	刘晓颖	徐　鹏	马艳明	周建川	张艳英	崔宽波
王国强	张跃彬	杨　杰	曲继松	燕　磊		

获得兽医博士学位人员名单

（总计 23 人）

路建彪	程晋龙	吉　星	吴逸璠	王嗣涵	赵　颖	黄　钰
李　湾	杜孟泽	王展慧	曹婷婷	张海霞	徐阿慧	王胜华
傅业全	李　娜	李定刚	李雪松	马国明	颜　忠	涂　飞
李奇润	夏　楠					

获得硕士学位人员名单

（总计 497 人）

蔡　鹏	张子帆	常　月	汪正阳	张三飒	卜苗羽	张　怡

李永强	赵严毅	张嘉会	白　兰	常亚敏	黄彤彤	李建芳
陈德光	李茂振	王　汝	张　青	王　琦	贾　博	贺　婷
刘洋秀	周声宇	黄雪玲	邵　震	张　学	秦安然	余　静
王炳寅	张文凯	韩　雨	邢子正	张　柳	陈秋月	高　振
郝　帅	靳开元	阮梦洁	安佳慧	曹新凯	曹咏翔	曾　浩
陈泽秋	郭笑楠	郭心全	刘　婷	乔振铎	饶源兴	任强强
尚飞宇	史晓晨	肖昕塽	于志远	胡顺帆	刘思宇	王雨欣
杨钰茜	张　琦	边　麟	徐芷怡	陶翾羽	王　智	张　新
秦文超	杨正钊	赵翔宇	冯昭钰	刘少荣	许书林	孙一博
黎雨灵	曹华春	周红润	卞　悦	陈鹏召	高　翔	苏　欣
魏露阳	张　凡	付甜甜	胡加辉	孙圣杰	王　伟	薛　佩
张峰超	赵新杰	荣　容	白博文	宋　雅	张志清	杨　倩
刘郑煜	张　静	霍　斌	李方玲	左颖钊	覃　慧	戴玉洁
郑姝旻	郭银雪	刘　莉	徐玉丽	梁掌潜	邓文丽	刘鹏熙
许佳佳	逯腾飞	王浩然	毕雨菁	高　丽	杨振宁	祝密密
黎孟菲	孙　艳	王　慧	赵思雨	孙铭雪	董　莎	丁同滨
贾　茜	陈　卓	洪婉婷	侯玉雪	张喆慧	敖园园	刘　飒
杨紫杭	张　玲	刘秀婷	于丁一	王海燕	詹　杉	陈惠莹
黄文凤	韩精华	李　慧	马玉龙	管　玥	孙国峰	张　聚
王艺璇	朱　茜	苏正娥	陈　翛	刘思妤	万　璐	樊英杰
那书豪	王芷迪	严　景	程光发	葛　闫	黄文洁	王　健
任胜男	杨思培	丰思捷	郭炳茹	陈雅杰	陈　玥	刘　凌
尹晓玮	王辰瑶	王一锟	石晶晶	郝子恒	任素贤	晋波燕
罗慧敏	吕高杰	贾雪峰	刘梦圆	唐若桐	高宝林	田　雪
焦晓楠	高　田	靳嘉雯	米子冬	姚启星	陈　洁	胡文华
郑丁瑀	张兰霞	李　娜	王　涛	韩婷婷	薛晶晶	马　瑜
赵娜娜	王　宁	许　可	刘名扬	陈学林	杜　鹃	常　瑶
程静然	李广胜	李浩然	高朝煜	朱　婷	郭思凡	王倩玉
赵媛媛	徐　珂	高　清	李阳阳	张　婷	罗潇潇	康芷箐
苑　蕤	吴一鸣	只永芳	杜梦雪	刘宇晗	王智生	董志荣
周赛花	田　欣	张月夕	陈晓琳	万思捷	冯　婕	贾雨锜
王　旭	戴翊超	林海森	王春艳	王军元	李运思	张　悦
李泽峰	黄琬茹	窦　爽	张贸越	刘子书	崔乾慧	华晓晗
廖敏杰	王思琪	王晓钰	曹家蕊	姜凯睿	刘春雪	刘治平
孙瑜阳	姚　璐	殷菲敏	郑红霞	朱　迪	黄晓玲	许嘉璐
于心睿	杨　钰	关乐颖	郑　军	李　婷	李旭晖	朱莉娅
王雪松	李　雪	尹长林	王　浩	段东帅	冯翔宇	夏国艺
郑良琪	刘　俊	陈　馨	范　润	高　启	卜一译	程相林
胡　号	李文军	王振虎	温诗谦	徐弘祯	徐先宝	王　辰

张　涵	赵金龙	岑朝君	黄家运	黄帅琪	焦怡莎	李雁乔
廖文璇	刘锦涛	刘　锐	米家奇	宋丽华	王爱萍	王东旭
王靖夫	魏　琼	杨　柳	原变鱼	张佳婧	张凯锋	张所向
张馨心	张馨月	周　晗	程赛赛	吴向阳	张庆辉	关　昕
闫婷婷	傅景泉	张　艳	赵　云	韩盛柏	李重霄	王　杰
叶必润	马国星	贾玉姣	曲　媛	史望宇	吴国兴	吴文静
于双双	李　岩	刘　阳	唐瀚宇	尹　立	赵彦硕	王继庆
赵云涛	强诗瑗	贺雯娟	黄小倩	马　蓉	牛雯婷	毛中蕙
王成男	平一帆	李彬蔚	资琦韬	尚宇澄	王培帆	葛猜猜
刘香雨	罗　寒	李　岳	刘　泽	余铭晖	刘纪昕	王阛艺
叶文义	李林蔚	柴丽丽	于季菲	杨　璨	郭艺璇	刘子涵
马诗越	伍校甫	赵清华	张博琨	张　丁	侯冬瑾	王心瑜
张静萍	贺健平	王　超	高　迪	占敏露	孟祥楠	沈雅君
杨婷婷	温和顺	朱艺园	邢艺伟	王璐璠	杨　露	苗菁婧
徐　彤	郭书颖	刘欣然	李珂珂	王国强	马新宁	魏逸清
吴晓芳	孙勤豪	李荷园	戴政达	梁燕丽	赵璐雨	郑志远
张阳萍	廖敏伶	何　玮	牛亚楠	孟雅睿	许　航	杨　柳
余晓睿	常鏐鏐	杜朋东	秦亚琪	崔理华	冯靖雯	施栩婕
罗　猛	李晓敏	张建东	秦　晴	李星琛	法　慧	魏玉凯
黄海潮	赵海乐	张　蕾	王　轩	尹梦晗	赵江萌	王重阳
朱文洁	刘　奎	王亚楠	鹿　鸣	李兰杰	李梦娇	曾　辉
杜鹏飞	王俊涛	李菁菁	杨　甜	明　泽	孔令宇	潘书玲
王芳芳	雍路路	张　怡	罗秋菊	谢文琳	韩　苗	胡江鹏
魏晓庆	尹　冉	吉德昌	孟文洁	张　婷	毛　秀	申孟远
陈婉铃	董　镱	任天威	张心璐	周　舟	唐仁富	安广琪
姚沫男	林　园					

HAMMED AYANSOLA	FARHAN AKHTAR
CARLO JOHN B. ARCEO	ABDUL RASOOL
BASIT ALI TALPUR	ISSOUFOU KALIDOU ABDOULKARIM
HAJER AHMED ABDALAZEZ ADAM	GELGELO GEZAHEGN ADEME
AUNG ZAW PHYO	PAULOS AWANO DAKO
TESFAYE MENGISTIE DEBALKIE	ALBINO GUOT DENG DENG
SANTOSH DHAKAL	
IBRAHIM MOHEMMED AHAMED ELNAGER	KENNEDY ADAMS GEDO
PEMPHO HERBERT JEMI	INNOCENT KADAMMANJA
CHIKONDI DEBORAH KATETA	BELAY KOJABE BRIAB
MUSTAPHA KPOSOWA	KAPELIELI MILITONI LANUMATA
SEBABATSO JOYCE MOLEFI	PACHARO MTONGA

MEZEREDIN HUSSEN MUKTAR	SUHROB NAIMOV
GABRIEL KANUTI NDIMBO	NTSOAKI EVODIA RAPAKENG
ELIAS SALAH PHILIP SIMON	BA THOMAS TARR
KEOPE TEBALO	JEROME KOMLA TETTEY
TLOU THABANG	ASNAKE BELETE YITAYEW
LARAIB YOUSAF	PALWASHA KHAN
ONDREJ HAVLIK	DENIS KUPR
RAEDA MOHAMMEDHAMED OSMAN	NADIR NADIRLI
ANDAM ANDIN NDI BUMA	

获得农业推广/农业硕士学位人员名单

（总计 551 人）

高永泽	袁小龙	郭晨阳	高　巍	张雨辰	田启晨	张博炎
孙明明	胡金华	靳宇航	姚　远	王君滔	张源威	卿鹏程
侯景僖	张　亮	马振华	岑剑涛	姬小军	金凤吉	陈　希
邢天琪	杨　伦	顾玉章	周鹏宇	张　和	黄民洲	郑　楠
董亚亚	孙彦博	邓　涛	杜　萌	高媛辉	贾思遥	蒋　娟
李恒昌	李康利	李少华	李帅帅	刘涵瑜	邱婷婷	王　铭
王　琪	王雪苹	王艳君	许行春	闫　岩	闫　烨	严炤璇
周方圆	熊灿东	杨国威	陈馨蕊	王惠茹	祝瑞芳	刘晋初
安　泰	郝帅丞	杨雨欣	刘艺杰	魏泽欣	龚莉莎	肖　洋
于　强	刘衍宏	代卓儒	王　照	吴一凡	马怀英	李明扬
王　琛	陈爱艳	王　杰	李国妍	罗　凡	李攀锋	赵晨林
韩超群	类洪瑞	侯佳敏	朱淑称	王　梦	高　文	王子骞
吕心悦	王彦茜	白雨蒙	刘露露	贺雨馨	王　辰	古双臻
赵　阳	张正睿	李　玥	李思语	井震寰	姜宁佳	孙　莹
刘雨晴	王　杰	李凤元	周景雪	吴海月	许献丹	王　萍
向秋燕	陈瑞珂	宋超利	潘　同	霍美英	陈子怡	张亚茹
韩　萌	王　霞	金　足	阚伯文	邓明江	高德航	朱圣娇
蔡世熊	马纪昆	黑开云	陈　童	苏　慧	贺　青	张营营
席志远	郑　雨	黄学旺	孙玉现	刘明珠	郝加敏	鲍欣蕾
张爽爽	陈　为	翟梓棋	何玉娇	李梦雨	王紫薇	冯泽坤
齐美霞	孔令霞	郭鹏靖	田宏伟	王梦蕊	闫　安	董雯宸
徐宏伟	高月恒	李晓倩	汤迪霏	王亚楠	占　程	张文博
李　莉	张曼玉	刘晓惠	张艳利	王艳琼	于　璐	张录雯
杨业凯	高　天	刘雪洋	刘港华	申孟瑞	邢美玲	唐尚振
张　纯	赵瑞仝	张　慧	顾　鑫	冯小璐	高顺利	潘莉虹

刘　蓉	李倩玉	张凯利	王自龙	张海佳	段学兰	高慧鸽
巩巧楠	韩昌坪	黄新霁	霍鑫荣	李　航	李浩文	李佩瑜
李　震	刘锦涛	刘奇正	刘　琪	刘　悦	任爱新	施菲菲
石　盼	陶新婷	佟佳慧	王　琳	王　颖	王　宇	王玉玺
魏瑜岭	杨　畅	杨　晓	阴　晴	于　昕	张丹丹	张相敏
张笑天	张怡静	赵卿颖	周成方	周　佩	周悦妍	纳　莹
徐小满	庞　悦	谢宇宙	马　岚	胡　超	李玮洁	芦　钰
赵以君	谢　帅	字良语	赵靖暄	高　琪	吴雨红	杜丹丹
常　秦	高　雪	张小涵	刘　坤	黄莉群	龚丽凤	谭　灿
樊　强	顾家瑶	边文娅	唐梦卿	洪雨欣	曾珂昕	刘力宁
田　文	秦梦真	郭令紫	陈志怡	冯振国	孙　滔	荣雪笛
张瑾逸	王　嘉	苏瑞雪	李志芳	俞　音	郑康凯	苗艳娇
吕明杰	陈明优	陈　雪	陈彦廷	邓丽娟	董鹏波	付　康
付艳丹	郝尉好	郝展宏	胡议佳	黄晓芙	焦文峰	靖梦华
雷景霞	李成成	李惠丽	李晓斐	李　兴	刘恩琪	刘　晖
刘　琪	刘　悦	卢馨怡	马海龙	马明芳	满吉勇	孟　雅
潘昭隆	秦　雪	石如岳	宋　涛	汤继旺	田芳芳	王晨珲
王国豪	王君玮	王少群	王新宇	王兴邦	王玉娜	吴　洲
夏思瑶	向赛男	徐俊平	徐　蕾	阎雪容	杨俊雪	杨雪莲
杨垸钦	姚　匠	叶松林	袁　凯	张　晶	张俊娜	张苏芮
赵彩虹	赵　凌	郑俊涛	钟佳慧	周骥晨	王玉宁	郗路莎
韩文静	周　东	刘　聪	郑彦思	王梦真	李　蓉	杨欠荣
邹智超	杨梦颖	蒋露丹	孙天然	原燕燕	刘　学	李若晨
蔡星丽	左蕙端	李　婧	张雨雪	刘汉锁	秦晓娟	孙静静
汪德华	王卫涵	姚昱君	陈　笛	娄文琦	彭　朋	王俊健
夏添兰	李锦南	邵天琦	王　羿	赵琦琪	关　紫	舒高乐
郑伟杰	毛智琼	谷　爽	杨梦友	田承鹏	杨玉泽	代冬梅
李先玉	刘云洁	韩会刚	杨家钧	刘春兰	高铭坤	王新宇
张明睿	何恒迅	张新雨	曹　恒	左淑贤	彭思嘉	赵　莹
杨　明	李　哲	王诗岚	何琳娟	唐镇海	袁天瑶	王俊永
李　森	毛昌发	宋秋红	刘芮兵	张若琪	赵　琳	吴　敏
张　乐	张　腾	师　想	粟　元	张小妹	柴凡淅	陈　颖
程昊天	郝雅晏	黄卓凡	姜天依	刘肖楠	刘　晓	刘洋儿
刘一璇	刘祖希	瞿兴玥	王东慧	王庆霖	王　怡	王子辰
吴　浩	许铵颀	余俊燕	岳慧敏	张　帅	赵凯楠	赵　彤
刘　畅	王米其	倪丹丹	任怡镁	曾庆峰	李艺铭	唐　荣
傅麒嘉	姚　蓝	闫　妍	刘　瑶	杨东晴	欧阳晗颖	王芯媛
任　爽	车佳玲	刘　旭	李金焱	李　玲	王嘉峰	尹　峥

何宇	王福星	原开斐	乔琛	胡汉成	曹智杰	刘荣飞
陈杰	王志荣	柯雪龙	刘一平	刘峻麟	姜若谦	李博闻
王凯琳	张潇	雷锦锋	许溪	贾志宏	张驰	刘莎
王舒琦	牛小草	魏淑闵	谢晓通	白晶	郭晨晓	王丹
李志	付雅云	吴彤	巩瑶	林杰	刘诗梦	汪明昊
王惠	李恒	侯玉倩	赵馨宇	安若水	侯忠林	王亚茹
余何宁	徐晓蕾	宋嘉程	周涛	周颖	朱治羽	秦一帆
解天琪	张秀梅	陈亦玲	李欣月	刘悦忻	王依璐	陈方正
马玲	徐清风	张智勇	冯志忠	张炎	潘亚飞	刁霏霏
温娜	吉嘉倩	李佳辉	杨皓煜	曹浩轩	李嘉晨	郭鹏
车振通	陈文豪	毕小媛	刘林凯	牛牧	肖潇	张永翔
高超超	许笑笑	彭钰梅	周一敏	王琳璇	杨浩	常玉旸
邸媛媛	张蓝月	肖鹏	徐孟瑶	贾奥博	王洋	姜博森
赵维强	卢尉宣	李鹏珍	逄悦	张慧	罗樱宁	徐晶晶
徐生阳	尤虹	丁琦	宋正洋	郭美琪	金萍	宋璟
孙熙喏	邹雄	赖金花	米热阿地力·库尔班			
阿卜杜赛米江·阿不都克里木						

获得工商管理硕士学位人员名单

（总计162人）

陈鸥	李云帆	刘文静	王泽华	张沫	张译天	李贵璞
白丽雪	高萍	林浩	刘琦	任园园	宋薇珊	孙宏颖
王艳华	杨慧	杨康	杨振华	岳迎迎	张磊	张馨
杨媛媛	李洪超	马晓飞	张永兴	郭子健	罗朝中	赵佳
钟镇辉	李一昂	关丽媛	张川	吴佳奇	胡明昊	吕鹏伟
毕向群	高阳	闫德	彭永洪	樊文慧	谢希思	王世平
刘晓鹏	周妍	张杉杉	范玉姣	刘新宇	贾婧文	许景红
都兴哲	万鹏丽	商孟栋	李斌	薛羽	马跃	马蒙蒙
王倩倩	李德	尹小芬	安璐璐	李昱	陈楠	孙学敏
郎硕	檀瑞	杨雪	傅春雨	郁辉	董延琼	刘伊莉
刘鸿燕	宋大伟	叶金	王润泽	杨帆	高智勇	李淑展
郭寅	黄漪辰	张振	马晓勇	徐涛	孟繁伟	郑孜雯
马跃	李盛北	刘乃莹	李建勇	吴丽丽	林晓冬	赵蕾
王聪	迟志鹏	张洪涛	王鹏	王刚	候俊龙	邢影
谢婷	公维晓	李磊	娄琳毅	王经纬	杨振雄	丁汇

张　亮	王彦丰	祖　越	田梦琦	谷秀峰	施登基	王润华
雷海平	郑康乐	夏　凯	韩建秋	付林超	李华宇	靖　菁
杨　智	杨丰宁	张梦涵	张园园	马思蕊	庞嘉辰	陈晓霞
刘　燕	关　迪	梁丽芬	赵　柠	赵艳彩	魏晓静	贺迎春
徐秋兰	钟亚鸣	吕冰悦	王　萍	方腾娇	轩飞飞	王子莉
刘义刚	史　宬	安俊龙	李　兵	甄　帅	刘颖超	张　旭
石　林	梁福伟	潘针针	康怀玉	孙学海	袁文斌	何　彬
郝玉龙	侯艳粉	孟祥宇	郑利传	王敏聪	汪　超	潘　沿
王　萍						

获得公共管理硕士学位人员名单

（总计155人）

李　亭	宋　佳	齐潇冉	孙　铮	谢海超	陈莲莲	盖　丽
韩　雪	黄　哲	李莹莹	刘立燕	娄恒康	吴　栋	吴长杰
肖　邦	徐　阳	俞　敏	张　强	张秀芹	赵向前	郑松松
周克瑞	戴晓鹏	张　欣	黄　滢	张　澄	李　菲	谷凤江
孙晓俊	薛红立	张颖辉	徐　杰	柏林杰	胡丽娜	梁洪娟
秦玉琢	渠　婷	王从峥	武　斌	张　飞	赵晨杰	单雅馨
陈金萍	张凤兰	沈宝敏	李艳美	张　露	张雨萌	李　聪
王慧君	张海园	孟　燕	郑祎凡	王　前	于笑冬	马文倩
陈　宇	康子运	王　也	李慎玉	李晓芳	史博宇	舒丽然
赵彩真	王信众	张伟男	王　珊	张　鑫	张守立	王　新
段晓晔	许阳阳	董绍璇	张　静	魏思齐	黄　廷	魏　森
佟文露	朱彦姝	程　义	李　伟	张　荐	吴亚男	尹　航
刘　茹	张　辉	褚婧婧	姜　艺	程克闪	王景良	史　哲
林　琪	胡晓康	孙　攀	王　玉	胡晓杰	花婷婷	尹　颖
张晓彤	陈冉冉	曹丹荔	时淑蕾	洪　宇	王玉明	董巍伟
刘治敏	程　迪	何　璇	孔　帅	马云涛	韩冰玉	姚永智
房鲁鲁	周清华	张圣宇	余乐乐	彭誉葆	周　晨	吴雨洁
江鹏飞	丁煜洁	秦嘉泰	马秋月	刘琳琳	田　野	孙志鹏
李　敏	王慕琛	詹小娜	曾华倩	马倩倩	张　娟	李亚蝶
王　波	王　思	王　悦	安姿颐	张亚平	刘建春	任玉娟
苏　蕾	马晓娜	张　琦	黄　河	胥　阁	吕　苗	么　冬
张凯丽	吕　璇	段祥义	彭雅男	王淑霞	孙　雪	单晓飞
孙红喆						

获得风景园林硕士学位人员名单

（总计 12 人）

陈　益	韩　玥	张　杨	王月莹	陈　雪	陈思雨	杨玉萍
白茂颖	王　新	封成佳	鲁海萍	卫思同		

获得工程硕士学位人员名单

（总计 478 人）

苗　统	程佳丽	冯　帅	刘金华	周靖凯	陈　然	段夏云
李金燐	李鹏程	刘　强	王薇嘉	高霖汉	刘奥迪	时　爽
汪　伟	杨成飞	谷怡珠	李丹春	赵权威	刘京贺	申乾荣
张志祥	时云瞳	闫彬伟	闫　欢	赵英海	王　丹	韩怡语
赵蔺林	杨　轩	范再碧	王　茜	李　楠	崔旖旎	孔艺霖
张　冉	孙　涛	张怡然	郭文秀	李雨欣	黄　博	李凯晋
李家轶	张思荟	蔡子轩	崔　昶	董冰欣	龚佳晨	谷燕君
胡　娟	胡　丽	柯翔宇	郎浩宇	李雪宇	林佳璐	刘肇龙
张登娅	张佳帆	张　雷	张云峰	赵益文	王笑竹	王　叶
张新雪	杨　欣	吴元浩	邓文亚	王梦立	徐　娟	秦剑冉
安梦娇	杨　熙	赵匀淑	陈　滢	李雪松	谢美林	徐若婷
赵喆禛	刘　楠	栾林众	杨紫恒	陈丹丹	王欣宇	王占占
薛　佳	崔然然	覃秋杏	宋方旭	李继福	梅建华	张玉慧
李轶铭	徐菲菲	李　畅	杨　玥	高翠翠	朱慧娟	杨子涵
李　艺	邱稼飞	程俞杰	沈志超	王娅茹	肖子群	杨舒乔
蒋雅楠	陆佳俊	焦亚丹	李航远	李雅男	花　蕴	杨雪洁
雷文亚	李冉冉	贾艺彬	张　沛	张　璞	张　晴	邓志怡
邢小雪	李思源	史　鑫	张修身	邓江媛	李文雪	尚文博
孙小磊	董明月	朱永胜	姜嘉雯	余永霞	梁中信	江净涵
任　腾	王　淼	李春晖	徐　珍	赵雪菲	臧雯岚	陈志斌
李　崇	李尚杰	刘伟洪	王烁烁	袁训腾	姚文广	穆述豪
邓志恒	张　凯	吴伟先	毕　涛	陈海阔	冉　伟	张　浩
马治国	孙显顺	闫　安	胡子召	罗　坤	张　超	白翰钦
吴　凯	侯启航	余应波	祁理科	扶　君	饶　涛	王咏琳
翟毅豪	侯泽禹	高　超	汪学沛	谢雅洁	李浩东	王　靖
田金元	邓凯元	冀鸿翼	宋云龙	张　超	任　杰	王　强
杨延铭	黄嵘彪	刘瑾如	雷登文	任鸿飞	乔　鑫	田文健
侯　振	贾　旋	吕　杰	罗　俊	雷逸群	赵子都	陈相安

徐 鹏	栗 阳	张 帅	王吉强	丁 鑫	杨光照	胡 恒
吴亚蓝	宋玉港	陈书峰	洪 权	刘名洋	彭 旷	李家坤
赵 凯	张维通	姚 廪	万好雨	班 超	王小龙	韦 祎
刘理汉	陈俞安	侯松涛	李思哲	王中豪	李 君	汪圆圆
王 庆	邢钰婷	张峰源	李志军	马 奔	李雪风	田 颖
付秀青	李永胜	刘邦硕	马昌武	左轩夷	王琳涛	张延宝
阮永豪	张 舵	郭泽德	关素鹏	闫子艺	刘振众	亓睿鑫
戴 路	任长云	袁发骏	杨业振	刘兴家	赵 康	马精蔓
王子贺	于浩海	周天浦	李定乾	李欣育	李梓豪	梁洁锋
刘越琳	王健凯	王 良	薛文景	于海波	袁明飞	高 天
曾丽婷	刘玥昊	陈彦君	马雅蓉	卢 莹	宋 智	赵 轩
李松霖	王安琪	杨志杰	李嘉彬	李 奇	刘国栋	曹 璟
陈帅华	褚晓飞	郭 超	胡闰智	兰 红	李保科	李佳利
李文姝	李 鑫	李 晔	刘高杨	刘晓辰	罗 石	马旭颖
马亚芳	穆义卓	潘秀魁	史杨晶	宋兵兵	王璐瑶	王晓东
王玉竹	王 园	王 悦	王振鹏	吴梦柳	武博文	徐晓玲
杨泳波	姚 佳	游学杭	张竞琪	张 倩	张雯欣	钟 勇
周小诗	陈垣荣	王 博	田港陆	陈潇贤	朱文静	刘卓林
刘航源	李 萌	陈雅茹	施国庆	赵华建	张景泽	张 琦
陈 炎	严浩然	尹政清	韩浩源	朱 佳	冯 宇	高 阳
郭昱辰	侯 羽	霍晓婷	蓝 天	刘超峰	任晓惠	孙建桐
薛金丹	于光辉	张旭东	张智勇	赵奇慧	于 淞	孙 恒
向 阳	李朋成	杜顺利	叶荣珂	金志坤	李 松	李晨阳
王怀彬	宿 丽	贾帅政	马 超	赵文锴	李星霖	白雪婷
葛鸥翔	陈 辉	万忠杨	张宇宁	王 莹	王子玉	郭玲玲
党 飞	李明明	张桐彬	刘兴婷	荆 珮	程 涛	陈 金
朱 倩	赵 冰	常立功	毕超然	柯 锐	陶威达	张嘉栋
张力升	孙美娜	于亚光	宋宁宁	张晓丽	母丹红	任佳辉
骆玉奇	沈 超	黄 聪	张朋后	许舒瑶	于鑫蕾	姜灵伟
徐梦婷	符诗富	王英利	魏 睿	陈天新	彭海青	何 婷
朱丽蓉	王 婷	周胜楠	刘 磊	宋子豪	郑智仁	刘昊宇
王贵永	蒋雷生	李 松	满守政	肖居辉	耿思远	杜煜心
齐 鑫	叶惠强	刘宣冶	韩 倩	唐 中	贾昊晨	金浩楠
孙 政	吴国发	卡德尔·赛买提		曹环宇	梁承鹏	刘锦宇
宣俊杰	师晓靖	周 蔚	黄 晨	赵 越	薛梦云	许济凡
王艺灵	江信宽	赵 钱	吉 林	付 山	潘 帅	程超逊
马 强	鄂 雷	尹世杰	陈春琳	魏旭超	陈国恒	袁 赟
田 丰	封 玲	张 雪	纪宪伟	邱晨晖	杨 婷	高 鑫
张稀梓	杨升华	朱馨月	王重阳	董乘谕	刘雪迎	高彩斌

吕明哲	马　喆	姚　婵	马在营	宫娜娜	韩珂珂	张秋羽
毛佳奇	孙　悦	吴　滔				

获得兽医硕士学位人员名单

（总计 79 人）

全洪坤	徐玉娟	禹彬彬	尚　斌	崔朝勇	程洁琼	宫浩涵
姜瑞婕	李　玲	李　晓	刘　骝	鲁翊尧	孟　婷	秦　涛
宋　可	邢梓尧	俞东才	赵俊杰	李　娜	李青青	柳梓晨
陆智颖	宋　昱	杨春燚	梁贝贝	韦思远	白　雪	朱一帆
王雪初	杨忆斐	段罗艳	李雪晴	孙星雅	王一彦	胡　巧
张倩格	张心蕊	孙　燕	陈雅婕	于　荷	段禹宏	肖瑞琪
杨均启	涂凯航	冯国佼	梅　隐	孟文文	刘嘉怡	伊　冰
白　杨	张　艺	王　昱	明月香	胡雨晴	吕　迪	陈淑蕾
马裔寒	王雪帆	隋　艺	宋宛蓉	陈念慈	王　佳	王　旭
徐　乐	毛艺融	钟小红	蒋艺佳	黄　蓉	王丽仰	徐梓萌
佘光会	潘贝贝	赵厚筠	林仲宣	吴厚娴	施　展	汪　伟
薛　麒	张　楠					

获得会计硕士学位人员名单

（总计 36 人）

许静宜	杨彩月	孙　菲	卜晨露	王　琳	付煜博	开　妍
李嘉轩	徐益文	王　涓	李彤妍	毕子玲	柴晓融	阎　敏
韩佳敏	黄　琦	尹　颖	阮正超	姜　丰	王伟娜	张冰洁
刘文君	温佳敏	李晓敏	张　玥	王静坤	徐三三	尹欣宇
范文萱	廖琳琳	李弘旭	李　斌	田　雨	杨　菲	雷　雨
高春霞						

获得金融硕士学位人员名单

（总计 47 人）

王天琦	王奕成	王漪澜	班令伟	严丽敏	郑子伟	董其琪
侯昊天	李梦琪	徐逢良	陈静怡	褚子晔	李依韩	谭明良
洪彦菊	高　含	鲜沛玲	夏雨嫣	夏雨薇	黄律己	宋　寒
黄小秦	靳　琛	韩雅茹	孙　璐	董　娜	张　爽	钟慧安

范思祥	刘斯佳	林浡夏	郭向静	马玉洁	马文瑞	冯密丹
朱媛媛	李玉彬	侯晨昕	沈婷婷	王　燊	常济开	阮青青
徐伟佳	汪隆宇	刘　埝	王宗旭	张　瑜		

2021年本科毕业生名单

农学院

农学专业(82人)

何雅文	荆泉月	匡敏喆	赵　轩	张雅琦	黄诗慧	陆骋昊
任晓萌	李小涵	周俊锋	罗清云	王菁与	顾雪琪	汪梓静
孙嘉逸	张笑晨	苏　晓	德西央宗	李天祎	庞瑞鑫	莫嫦娟
宋　帆	徐丝璇	杨　眉	张　欢	施　磊	周雨蓓	李博慷
陶青竹	程航远	王　晗	张　瑜	安静雯	李香宇	闫菊萍
徐　茁	郭紫钰	陈娇月	李盈佳	褚俊聪	杨牧宇	罗智恒
王　卫	沈华苑	龙　源	马　圣	李玄霜	梁芳婷	何文欣
韦兴坡	马千涵	包　罗	罗文凯	达卓娅	张世壮	黄　欣
许策欣	庄俊杰	黄　姝	程诗阳	孙思远	冶青芳	赵　聪
朱汉蓉	王露曼	吴冰卉	王桂萍	付　玉	林　嵩	马金轩
王飞宇	王钰淇	易嘉丽	谷孝辉	张泽诚	张子迁	马丰渝
米　克	迪娜·木拉提		黄宇熳	李隆睿	付哲俊	

种子科学与工程专业(22人)

王　莹	武　林	覃　静	王永琪	吴　昊	代雨婷	段　焱
吴伟锋	刘天品	张依林	宋　睿	钟娅丹	刘沁怡	李均吾
王旭东	郑童馨	陈欣怡	杨　逸	白一苇	陈天贺	赵高兴
金恩址						

园艺学院

园林专业(34人)

胡楠楠	黄子乐	刘心怡	耿若楠	孔令蓉	张中品	罗紫薇
吴雨洋	纪昕怡	王雅茹	高宇童	刘　煊	蒋泽萱	李昌昊
王小江	郭　画	景美兮	陈婧怡	白鹊羽	马　丁	赖星月
刘浩玮	王　想	刘蕴仪	苏欣怡	杨晨晔	沈玲珠	刘佳音
王语桐	余嘉玺	李　森	刘伟祎	刘丰瑞	利文婷	

园艺专业(62人)

颜羽平	张成坤	冯佳珺	贾晶晶	李　素	麦麦提江·奥布力	

赵凰舒	陈可滢	张诗琦	卢　杉	贺文琪	李禹佳	姚君涵
王冠桥	蔡玉婷	王沅芷	孙华淋	李星博	王世尧	刘菁菁
李博文	黎眉铄	胡玉娟	陈世君	张林凤	何雨婷	李冬蕾
陈　晨	任　唯	陈　孟	孙瑶瑶	郭鑫一	金莲玉	熊婷婷
胡　晨	梁尚谊	赵航呈	刘雨铭	谢雯竹	牛　韬	石佩佩
张钟仁	邵亚楠	杜英珂	陈雨童	郭子璠	晁弋茹	魏　怡
何杨柳	于依雯	严示猛	孟　威	李晓荣	其　梅	王翠翠
刘宇峰	王雨萱	袁欣冉	王　颖	马敏玥	巴勒古丽·艾力吉给提	
谢雨萱						

植物保护学院

植物保护专业(94 人)

赵鸿雁	段　旭	许京华	王源锌	周昕雨	谢边悦	刘宗杰
李灏森	李筱婷	茹　悦	黄兆祥	陈　杰	曹　雯	薛晓敏
唐廷喜	马秋萌	李志垚	张质斌	吴　迪	许熠鑫	杨可佳
张翙瑶	史　阳	孙佳颖	杜美达	杨俊杰	李洪蕊	刘昊柟
刘　芳	付家锦	邓温歆	李颖健	李升郅粲	甘雨来	侯羽柔
马志豪	李杨璞	熊　博	万洁桢	尹媛稚	常欣悦	徐小燕
俞心研	曹文强	凌佳妮	李美琪	李鹏举	田京京	苏楚晴
郭园康	伍晓艳	张欣悦	任天怡	顾　蒙	王嘉璐	王圣辰
洛桑曲珍	罗惟钰	王博宇	陈　暄	黄春肖	蒋沁宏	王秀茹
古丽奴尔·阿哈买江		樊梦希	毕　玥	王　翊	崔纪翔	葛豆豆
冯　听	阴昭华	李以雪	鲍方维	李盈曦	苑轲轲	刘　涵
高凯星	阿　旺	顾子轩	徐殊琬	胡心平	王雨颀	石嘉伟
色木巴提·打吾提汗		张以涵	董轩瑜	刘真理	张嘉澄	李　然
李卓峻	黄玉乾	吴小宇	李昭原	朵文凯		

生物学院

生物科学专业(73 人)

郭玮琳	袁立扬	韦委位	倪徐平	马直先	卞江月	刘若谷
王　寅	李婧滢	谭象天	岳嘉雪	赵济楚	王文浩	刘雅婕
陈　坚	刘惟昊	魏羽桐	杨　爽	付舒畅	李郭美慧	孟泽宁
周栀子	周止桐	范瑶函	陈怡人	朱学莹	方玉欣	吕高锋
苗文博	和　莹	尹　瑶	刘可欣	王　雨	伍家乐	李　潇
孙铭浩	赵　敏	张心怡	白家琦	何默耘	刘梓锋	郑　磊
石　晶	吕晓晖	罗江兴	古　晨	郭剑韬	张玉洁	李子萱
杨　宏	孙　科	葛　格	丁　畅	张　章	李玫蓉	韩天硕

刘　冉　李郁非　丁冉冉　陈　曦　谢文瑞　何若楠　魏　冕
李唯琛　方　彬　孙兆誉　刘柏妤　赵海月　孟元浩　卢金旺
王一飞　王绍同　张冰岩

生物科学(理科试验班)专业(27人)

周羽帆　程玘轩　马学君　阎彧萱　赵夕雅　张梦琦　旷小宇
陈伟杰　孙　雯　姚佳依　王　帅　李慧之　黄晨亮　支帅骅
柳力桁　宋奕泓　王宣宁　徐飞扬　李子煜　宋　可　肖　楠
李怡然　雷一鸣　刘宇宁　尚林阔　李家琪　花　萌

生物技术专业(7人)

陈孟茜　万茜瑶　白立辰　李雅诗　陈雨琦　万颖诗　肖雨潼

生物技术(理科试验班)专业(7人)

周嫣然　杨蔚文　韩　硕　蔡舒怡　李祎林　褚天明　杨立乾

动物医学(理科试验班)专业(3人)

袁明童　高梦彤　徐云杉

园林(理科试验班)专业(1人)

梁姝昕

园艺(理科试验班)专业(1人)

李素素

资源与环境学院

环境工程专业(33人)

梁　雨　樊浩君　殷实磊　何孟轲　杨婧奕　许家辉　井凌琨
李天智　范雯霆　王珂嘉　袁文医　胥炆佳　李承汉　韩瑞天
蒋思楠　冯日达　陈　辉　赵明浩　陈澳回　安邦硕　谢英英
樊　玉　高林燕　刘文俊　司慧玲　刘星漫　姜汝琦　周皓媛
李　颖　王　有　薛　颖　马天缘　张雪敏

生态学专业(31人)

李明泉　冯　旭　程　岚　沈晓彤　陈燕然　张翔宇　谢雅雯
林　雍　徐静怡　初明若　许玮涵　马梦瑶　李佳宁　王苹苹
王雪依　黄宏俊　李东哲　余浪芹　喻　悦　陈　雨　宋长春
叶明月　李佩轩　练文华　陈　冉　龙小雨　赵　磊　窦志扬
王海锋　钟昊业　刘皓秋

应用气象学专业(16人)

张佳莹 吴昊 钟洋洋 王茜 刘媛媛 李盼盼 王悦颖
彭慧文 李美萱 潘荟晓 池泳霖 俞逸烽 许明瑞 李卓阳
穆丽都力·巴合提 何明俊

资源环境科学专业(27人)

马卓娅 刘敏 颜振 裴丁仪 董陶然 张李俊 景天放
阿力曼·卡克瓦提 丁天宇 冯艺萱 朱良辉 戴杰 王禹凡
张校凡 艾思木巴提·叶尔肯别克 刘静怡 张雪儿 郝玺文 杨静雯
邹彤 高慧敏 郭洪基 刘子瑜 李航宇 周林 翁凌胤
赵海洋

动物科学技术学院

动物科学专业(95人)

郭晓旭 曾正程 王润哲 范玥 樊雨昕 石丽 刁文静
岳一帆 陈元信 章琼胤 孔令昌 王文涛 何志伟 刘振
徐坤彪 赵欣婕 李林洁 谢欣 甘昊霖 刘璐 颜海波
王澳 邓嘉杰 刘祺 翁艳平 索木卓嘎 黄妍奕 龚睿
张灵玉 比莎娜·阿扎提 杨顺然 闫琛 姚鸿钦 孙健
刘鸿宇 李潭放 王博玄 李洁 张嗣禹 胡子尧 史素欣
高清 杨瑞瑞 王铭正 欧阳潼 王汐琳 林逍然 张赫
孙愉洪 卢瑾昱 黄千千 罗苏琳 施霁桢 周行健 杨圳
贾肖轩 旦增欧珠 李显阳 陈若晨 张四维 阿茹娜 文秋
程梓宸 毛乙臻 益西桑姆 杨李晗 陈科良 罗豪睿 沙漠
刘健辉 杨美雪 李雨琪 傅奕涵 张愈旸 沈淳 赵禹欣
彭舒玥 唐高健 张镜宇 刘立萌 雷斯琪 罗一飞 沈炯莹
王雨菡 吴城勇 黄越川 恒巴提·沙哈提 文一丹 马明心
孙洋 刘雅辉 马亦珩 吴泽辉 艾力亚斯·艾斯卡尔 杨智超

动物医学院

动物医学专业(90人)

艾则麦提江·玉素甫 曹新越 郭泽明 向昭颖 季思铭 陈一凡
张新瑞 姜易彤 周子慧 郑泽男 陈慧娴 张格格 叶奂
许烁 刘佳靓 赵一萌 杨腾昆 符莹莹 黄周人杰 李铭婕
龙美贞 杨洛 王天逸 杨舒宇 俞斯若 阿曼·努尔别克
丁宇丽 杨思源 陈若怡 田馨媛 李雯乔 孟坦 姚欣然
付婧洁 刘美玲 蒋霁捷 郜平平 乔康佳 吴伟鑫 燕星月
张钦志 岳文茜 周玲杉 梁依琳 王佳敏 黄家模 马畅怿

桑杰多吉	韩笑天	唐努尔·乌恩哈提别克	冯军利	陈彦松	徐　卓	
徐沁怡	孔屹桧	张宝立辰	贾茜钰	冯岚迪	高　蕾	裴　颖
王思宇	李宜霏	黄　曦	应璐宇	王玉珏	吴伟林	姜晓彤
杨　柳	方　政	唐丽华	巫荣峥	王娴瑶	廖佳玮	左　扬
杨卓玉	李　卫	张雪慧	张明伟	杨晓愉	任虹霖	田宇晴
张姝婧	何庆贤	戈一帆	谢　凤	赵海平	陈佳昇	黄嘉琪
阿力木·阿布地日木	任园波					

食品科学与营养工程学院

葡萄与葡萄酒工程专业(20人)

吴杨鹏	林晟豪	董筱睿	钟辰辰	伍思佳	刘敏欣	汪逸然
张佳音	邹　睿	张小寒	肖宇平	隋文萱	董镇汉	赵浚竹
李雅欣	张　可	吕昕洁	陈思乐	劳梦笛	金智恩	

生物工程专业(28人)

郭艺展	张雨薇	傅景贤	王伊宁	张文静	权炳任	刘亚东
李泽阳	马子鸣	张静宇	赵春扉	徐　妙	胡朝卉	王鸿轩
蔡韵菲	余周阳	陆方舟	王琼敏	韩潇莹	梁曦予	安　妮
梁洪睿	张世圆	孔令颖	牟康义	王海莹	向芷璇	边巴欧珠

食品科学与工程专业(90人)

艾颖超	余千慧	刁梦萱	孙　宁	梁立坤	胡雨楠	罗伊曼
钱亦然	李炳毅	陈利然	王雅茳	常茹欣	吴雨卿	栾慧琳
李晨晨	王　理	李晓楠	朱国茵	龚润华	朱师晨	周泽坤
王雨卓	刘　茜	张碧霄	王薇妍	张怡然	李　月	王烁辰
洪可欣	凌　菲	郭　琛	余勤业	王晓冰	赖孟钧	刘铭夕
谢京颖	陈禹蒙	张　硕	毛子钰	许　潇	齐蔚僮	刘　燕
王　安	王立言	郭九超	廖梦雨	曾　懿	贾心悦	孙思远
李博莹	李晓慧	李蔚然	倪蕴琪	王笑语	贾丰羽	单子明
于丹阳	成　贺	卢梦雨	郝小婷	温瑞雪	杨清向	庞　德
蒋文韬	洪佳瑞	王朝敏	梁宇琪	孙明炀	赵维佳	刘璐明
李　想	李意涵	马嘉欣	毕原铭	邢彤旭	董思悦	杜伊晗
汪弘扬	吴　浩	钱萧冉	张子月	梁释介	赵洁羽	吴梦婷
戴霁安	施润颉	胡红柯	陈学敏	张若宁	赵心若	

食品质量与安全专业(61人)

陈攀峤	宋　丞	王立扬	刘　娅	曹越维	胡嘉鑫	姜雨欣
宋　蕊	张雨嫣	张雨凝	罗颖婷	周雨竹	王馨苗	庄康元
胡逸凡	孙雨阁	唐静仪	张鑫洋	韩晨瑞	娄鑫玲	曾冰蕙

郑佳琦 陈宇绮 王京晨 魏　明 兰若溪 石岳骄 连梓萌
刘真阳 王宇琛 毕金甜 季骁宇 栾怡雪 蔡妍培 吴　彤
刘冰娴 袁　欣 王倩玮 帅冰莹 任璐婷 谢文凤 白皓宸
王　超 宋　熙 刘　欣 施颖尘 侯鹏颉 许津阁 郑一玮
龚晓惠 敖疏影 刘玫彤 于梦淇 屠星宇 李可馨 杜凌志
冯　源 孙慧娟 刘亚诗 李鸣泽 林欣怡

工学院

车辆工程专业(59 人)

朱江桦 袁诗璇 马悦琦 朱哲慧 兰天然 刘昊昊 李孝慈
田　宇 王利政 任慧敏 罗　震 李雪薇 张　鹏 王　亮
高　煊 廖　悦 祁海东 秦亚飞 江正勇 吴宜襄 金铭心
陈钊宇 李冠宇 冯秋硕 王　昆 田　璨 尚宇航 黄宇轩
李文焘 曲宇平 李思标 李世梁 范著伟 郭苇洁 刘慧敏
许艺斌 郑　熠 赵亚宁 付祖航 王一杰 马若飞 瞿张杰
刘海帆 张竞杰 朱海安 王庆泽 毛羿茹 董昊轩 舒　唯
郑禧腾 马金磊 吴飞凡 张力铭 李万雄 吴家炜 郭明阳
蔡田茂 马增辉 季　阳

工业设计专业(35 人)

杨寅腾 赵雪雯 卜初阳 李　琳 陆　军 王乐淇 乐舒蔚
陈　奎 熊远波 付　迅 孙　旸 孙佳欣 赵　晨 吴春洋
刘一凡 陈　馨 王译正 赵　诣 王　越 胡世琪 曲百儒
魏昱彬 吴永昊 吴官泽 纪奇研 林淑昀 尚煜欣 王　虎
谢焦莉 程文亮 赵苡苏 王以俨 彭文博 姚　莹 路其修

机械电子工程专业(45 人)

王程笑 李朝阳 马培锋 郭奇志 孙晓辉 张润田 赵宇航
郑宇航 李光宇 封煜亮 张　辉 郑岚育 施万捷 赵鸿健
王哲恒 马启航 黄小楼 何建全 郭彩平 李　波 童子俊
严彩莹 吴彦泽 李　敬 朱子熠 车金宁 黄源博 桂莉敏
车霁峰 徐心宇 张馨月 陈家瑞 王寅松 韦　浩 朱　程
王子元 张　辉 邵　帅 王珠辉 聂思凡 李警益 张凌清
潘红超 白一男 韩　玉

机械设计制造及其自动化专业(45 人)

仲伟婷 田达川 陈锦阳 韦舒文 王　鲁 江　林 黄靖然
龚知学 王晓欢 王海森 姚萧萧 王希元 王佳俊 于　晴

徐滥濠	汪龙明	胡悦晨	文钧民	阿克祖力·叶尔江		袁亚明
刘春雷	彭　川	常玉冲	张伯伦	冉　寒	刘晓婷	王天一
王文峰	孟　晴	郝琛亮	周智智	徐　鹏	陈　一	李作轩
何林蔚	张永恒	肖燚萱	付昊天	解津一	王宇杰	蒋　波
许崔文童	冀子贤	胡成安	钱思成			

农业工程专业(31人)

韩默渊	陈卓翔	王馨若	吴岱宗	刘艺璇	程子源	黄子丰
谢心禾	方　晨	陈诗颖	雷　捷	农植嵩	梁玉莹	王　淳
宋　凯	朴胜亚	章　勋	高　乐	周城屹	李素文	熊皓翔
乔向荣	侯佳杰	郭思琼	曲慧文	付　翁	刘睿瑶	邹　铭
张之桐	王子涵	李星磊				

农业机械化及其自动化专业(22人)

杜泽宇	覃荣义	蔡培原	李国华	刘逸凡	朱　蕾	吕兰兰
高　源	宋尔文	李鸿盛	林翔宇	唐　毓	张佳欣	田传哲
穆太力普·麦麦提		高思程	白杨凡	王柄雄	曾奕程	吴汉杰
秦　衍	林闻轩					

信息与电气工程学院

电气工程及其自动化专业(51人)

朱泽平	王启亨	金宇飞	刘　萌	孙奉超	任玉杰	田欣哲
游智凯	胡明颉	蓝雪丹	高　畅	张　博	简子淋	姜嘉楠
邓　卓	高攀婕	高　彬	许　诺	郝建福	叶慧君	李文俊
韩泽阳	何　珊	张　帅	李洪辉	李　拓	杨凯涛	欧阳雪蕾
韩照洋	王　彬	付宇鹏	王毅恒	李琲琲	王天琪	王兆阳
李贞逸	金忆非	孙康乐	孙璟瑜	哲书玉	高　婷	李志宇
苏家明	陶星百	姜铭渝	李思言	汪子铃	刘雨澄	王佳禾
王　言	刘大为					

电气工程及其自动化(理科试验班)专业(7人)

杜昊亭	王建祥	关轶文	李奕霖	佟　博	张子玉	刘峻玮

电子信息工程专业(30人)

贾皓凯	车昊来	张　蔓	王若男	邵益梓	吴　狄	曲宗正
周芷若	韦炫百	王玥心	胡鼎煜	米　丰	谢　郅	方　瑶
张雅涵	任书卉	李　赛	王　丹	钱　煜	王若水	王永琛
陈　珏	刘佳雷	张松阳	刘青昊	马励远	孔思婧	黄天成

马武丰　王雪雪

电子信息工程(理科试验班)专业(3人)

岳之凌　李焕菁　吕传翰

计算机科学与技术专业(61人)

金倩倩　赵晋行　李　丰　陈翰雲　李万万　吴政娴　曾丽丽
王　靖　张梓葳　韩　茂　孙昊驿　段秋宇　赵岩岩　郭书恒
张　瑜　毕　蓓　李昕茹　孙逸伟　王博宇　王昕玥　林　超
张靖祥　郭际虎　颜君峻　马红飞　余家骏　申子悦　唐嘉谦
冯昱箫　周睿琪　李怡蕾　杨　天　唐　微　宋怡馨　钟路迦
赵　颖　超　博　程宇铭　夏秀泽　张　浩　王千航　王灵婉
周慧铭　高　东　欧非凡　刘　宁　郭雪航　陈　峰　黄浩识
余文康　刘逸鹏　肖梓璇　梁　晨　张维芳　刘卓柳　谢凌烺
胡冕琳　姚皓曦　杜秉明　车思聪　孙　帅

计算机科学与技术(理科试验班)专业(21人)

余楷文　钱鹏昊　王思诺　张靖仪　崔立昊　张云豪　徐晟轩
陈晖萱　柳天滋　李子昂　陈昂轩　许振邦　刘珂筝　赵筱钰
胡雪萌　周泉锡　潘慧瑶　张品戈　时雨萌　董玉博　胡丹蕾

通信工程专业(27人)

周盛国　赵　睿　巫　华　薛焱文　颜泽卿　宁思琴　束东东
杨　莹　纪思雪　彭占德　谢　敏　熊亚岚　袁瑞辛　王楚瑜
张秋莲　叶尔夏提·艾依塔洪　向子依　杨　路　贾　润　郑智源
王佳杰　张徐霖　李炎培　索朗尼玛　李汶怡　周林森　王健明

通信工程(理科试验班)专业(3人)

于小航　邓昕薇　王心彤

自动化专业(27人)

韩永飞　朱梦思　王子朔　彭艺颖　王欣蔚　荆贤君　罗济雨
刘座辰　王志立　纪康宁　刘宇瑾　刘祚德　郭　森　史曼祎
郭慧妮　林君健　李英杰　李宜敏　李健鹏　王　楠　丁逸潇
王　越　谷天烨　雷小盈　高　杰　田　新　卫一航

自动化(理科试验班)专业(1人)

陶涵滤

水利与土木工程学院

能源与动力工程专业(18 人)

苏春萌　吕嘉葆　张志海　王一凡　杨世杰　忻佳丽　金　骁
望喻虎　全　濠　张力川　郭怡心　安外尔·奥斯曼　韩小波
张　歌　陈　喆　谭宏静　李佳欣　王路祥

农业建筑环境与能源工程专业(39 人)

林新宇　麦热亚木·热合曼　彭晓丽　彭　澄　郭宇博　弓　艺
陈　琰　汪诗垚　洪　帆　康文昕　达瓦次仁　张志远　刘青姗
苏子悦　孙宇轩　刘　璐　史凌杰　牛文娟　李　萍　周　玲
周　飒　孙诗冉　张　煜　金　凯　邓泽宽　鲁天云　明司齐
徐皎艺　马晓春　党昊昱　魏思琪　唐　毅　陆沛羽　韩　非
胡　博　陈　昊　刘炯一　强成洲　马蔷薇

农业水利工程专业(29 人)

辛腾龙　王浩莎　胡　卿　顾子涵　冯学敏　苏兰琳　向　钰
杨小丽　李灏智　李子涵　杨建男　龙廷源　宫津萌　朱思恬
邵梦璇　王　昊　张兴峰　陈俊旭　董千雨　温舒钦　李浙灿
梁传彬　温嘉鑫　吴沛锦　李怡霖　邹辰逸　王馨宜　冯杨明
曹圣祺

水利水电工程专业(37 人)

马靖可　苏比努尔·吐依洪　谭　昊　王津津　王乾懿　孟　乐
曹誉馨　曲笑颖　何春汛　胡子龙　章　君　张雨泽　曹文轩
侯新好　周炳旭　吴昕蕾　刘　俊　李桂松　孙小雨　旦增珠扎
周　易　吕　龙　刘　强　张建亮　易培庚　程泳铭　黄格非
张雪纯　罗　琳　李　敏　郑　翰　张稚岚　卢明优　刘疏桐
吾木提别克·卓来　王　成　祁志峰

土木工程专业(34 人)

刘　铮　汪　赢　张焱辉　张思远　郑　冰　张　喆　冉光页
丁同宇　杜苁蓉　苏白巴赫　张宇烁　宋薏铭　任　然　安　锐
史钦豪　王亚曦　吕玲慧　孙哲正　王　鑫　张　静　龚叶寒
李可欣　罗承双　宋君儒　李百丰　吴若旻　杜曼·阿依提拜
李　兴　马哈孜·布尔列斯别克　段　练　滕海洋　张　萌　于孟洋
代兆胜

理学院

工程力学专业(22人)

谢冯启 唐彦哲 马新宇 黄　鑫 马星荃 申红星 卓启同
何忆南 时　涛 梁志强 王泽华 余王昕 苗笑羽 侯　科
马子菁 吴　雯 李　莹 李玉辉 张　轲 钟贻冰 陈绘宇
廖国良

化学专业(44人)

刘艳秋 张城凤 刘翔宇 张玥欣 谷依萱 张铮钰 王灵晓
孙晓璇 何　翎 蒋绍冬 秦　骥 谢雨杉 骆筱桐 魏辛宇
赵雨霖 雷子振 吴浩平 安鑫鲲 马　越 吴长杰 肖昕愉
李弘翔 吕圣晨 许钦沁 方耀锋 刘紫燕 都菡青 李增辉
朱洪浪 朴世香 于佳骥 晏正阳 赵宏晔 申思涌 严　陈
张保会 朱信宇 葛欣仪 李正亚 聂寅宇 刘　淼 奚也珣
邓鑫胜 韩永辰

数学与应用数学专业(52人)

阚淑文 李顺烨 戴堪原 梁　壹 周梓怡 严梓文 孙荣祥
曾　斌 雷雨果 蒋浩南 王　菲 秦贝贝 于泳博 王汤越
盛　娴 宋章帅 余　亚 王玮珺 厉玉涵 吕天娇 赵　问
张政凯 衣春晓 千雅茹 张志强 杨雅涵 杜欣然 周　羽
曹钰婕 李夷峰 杨小丫 鲁皓宇 李秋梦 张　澈 刘书棋
曹宇舟 陈子萌 丁一夫 高宇珂 刘致涵 于泽洋 占嘉骏
刘佳琪 夏若尘 丁　梦 杨刘昊玥 董瀚琪 高　佳 杨　航
段玮婵 张　钰 田佳露

应用化学专业(56人)

王奕博 李银勃 周翼璐 赵英儒 李佳宁 宋馨宁 石新蕾
伍仁杰 郑　恩 沈鸿静 马金铃 韩　虎 尚春阳 丁希权
王　帅 李润泽 郭嘉欣 贺冰滢 吴星仪 莫秋丽 李明君
何晶晶 涂红艳 张　澳 金博闻 闵奕豪 刘海山 龙诗奕
牛可歆 刘紫嫣 刘致均 刘　昊 黄文韬 徐天意 王爱征
陈煜璞 陈柏宇 武　尚 吴若月 马艺篪 何承依 乔晨曦
杨雪莉 庄琬月 彭　佳 周可佳 黄嘉玮 陈云飞 赵　斌
孙雪瑜 马　媛 常莎莎 卢　昕 张松豪 王　楠 乐衣凡

经济管理学院

电子商务专业(7人)

唐树坤 许罗豪 包珊珊 章雅璇 刘钟榴 蒋　竞 崔　瑾

工商管理专业(30人)

崔婷雯 库勒米拉·喀得尔别克 常可涵 苏明泽 何　铭 郭城镇
黄苏逸豪 来泽璐 何泽宇 陈烁恒 廖程扬 韩杰栩 张钰艳
王兴佩 次仁央金 贺玥琛 毛珺涵 刘　健 徐煜媛 高广志
刘雨欣 杨宜恩 乔　丹 王紫薇 周家锐 李　峥 张晓颖
潘星羽 闫　祥 李卓锦

国际经济与贸易专业(38人)

刘园婷 周　笑 李小二 王　药 刘倚恒 张　瑞 李金晓
杨逸萌 郭梦婷 李晨璐 赵之菡 谢雨珂 张佳璐 彭玉波
克丽曼·依斯拉依力 曾　兮 杨慕超 沙玛力·解恩斯 朱子轩
张浩天 李　显 王欣怡 沈　泽 王兆雄 李晗阳 何章成
罗　莺 徐一婕 张　可 王希贤 黄麟雅 扎乌热·叶尔太
薛宜昂 曾嘉怡 王乔炫 汪用浩 曹庆玲 陈阿丽

会计学专业(69人)

杨月星 李若兰 李志绚 崔　雪 陈慧文 刘致君 张璐阳
晏灵慧 宋雨涵 冯嘉迪 何奕璇 韦丽樱 曹湘麦 聂汐倩
包红艳 王子辰 盖　欣 李佳雯 陈兆静 石雨欣 魏雪宁
庞雪琳 陈韵伊 蔡　琪 徐石蔚 董雨彤 苏玮佳 张亚慧
戴小鱼 刘乐羽 高宇辰 金光妍 贺霁锜 杜　卓 刘乌拉
郭凌浩 任　佳 孙名池 谭　鸿 胡亚婷 盛　心 李　晴
周琪雅 钱安淇 吴　庆 黄小凡 邱　穗 梁金莹 谭书玲
王亚玮 杨宇铭 汪　音 刘海峡 邢凯旋 刘世琪 张一甜
范锡蒙 伊美辑 高夕淼 王晓萌 胡汝成 文佳敏 沈娅婷
武文婧 向李祯 霍炜琦 陈卉芊 刘　逸 凌红雨

金融学专业(72人)

秦　洁 侯玉腾 王伟达 王　锴 江　竹 曹佳阳 俞　萌
贾金梦 余　帅 李心如 方墨涵 朱碧滢 贡加诺 顾佳琰
张浚哲 艾　阳 李　倩 赵立颖 邹尚瑾 钟子昕 唐睿哲
潘心怡 马如琳 吴佳钰 周博雅 朱　玉 王　元 路钰秾
褚菁菁 李明俐 王斌洁 杨蓥浠 胡予馨 许亦可 王　畅
杨　可 翁秋月 黄嵩瑶 朱嘉恬 王玮晨 鲍佳乐 晋　锐

崔子盈	宋 超	李雨桐	张苏琰	邵子钰	张 楠	李周睿琪
张咏琪	吕俊霖	李嘉睿	程至立	谢一玮	凌心妍	闫博童
熊 灵	张文韬	姬一丹	郝梦媛	代令如	王瑞君	原楚然
吴凤琴	侯雨萱	刘一诺	蒋笑天	韩毓聪	向东熠	刘梓童
张嘉怡	高铭熙					

农林经济管理专业(28人)

王 瑞	张 驰	黎海月	段瑞豪	李若彤	王晋安	纪恬恬
姚通利	陈潇宇	刘 娜	周小余	陆 霖	吴志濂	晋 娴
张文豪	梁江源	段中涛	冯子凌	张 弛	李金轩	孙思敏
冯心怡	陈泽宇	于明正	李浩源	温成韬	邢 嘉	蔡 滢

人文与发展学院

传播学专业(51人)

张琨悦	曹毅博	喻笑箫	郭思宇	刘毅仑	唐语新	李序芃
潘有恒	曹梓渲	王 拓	朱子奇	穆阿热木·乃吉米丁		沈艳丽
蒋文凌	季海轩	任 杰	李 格	张梦瑶	范良正	郭一磊
张依萌	陈永佳	钱星羽	张沛瑶	杨钧显	阙大为	石晓慧
郝兆佳	高佳璇	李子微	韩嘉艺	刘文婧	蒋 涵	旦 珍
胡 蕾	惠嘉蕴	王天帅	曹海钥	徐凡晰	毛羿超	胡 琰
牛 童	王青雨	陈文萱	林 琳	戴璞聪	李 馨	苏华雨
徐 颖	昙 昊	陈文慧				

法学专业(52人)

魏旭丹	努尔沙提·努尔艾合麦提		侯佳彤	赵 安	蔺一凡	胡 琪
魏 汇	刘 鑫	崔楷悦	蔡美辰	徐梦娇	王玉婷	王洁玲
关 昕	孙浩钟	刘 润	王 桐	段成涛	张晓雯	梁宇凤
杜 楠	赵春青	吴 琪	朱俐君	杨 芸	刘佳怡	乔 埴
温蔚宁	刘俊辰	仙 田	徐正然	梁新宇	韩曹宏	蒋依伶
袁 梦	冯冰杨	王诗雨	李 颜	霍双杰	张 炜	徐圣洁
冯 昊	郑军傲	李梓源	衣津林	田佳慧	于宝训	辛帅伟
覃俏晗	刘正豪	任思嘉	杨晓花			

农村区域发展专业(47人)

曹靖婕	丁宇涵	常玉婷	张梦旭	热伊莱·艾山江		陈昱希
富楚楚	金 晶	邹 豪	周晗玥	张雨睿	梁柏潇	何知芪
祝云凤	李婧怡	任泊凝	雷心怡	唐人义	王 嵘	李选菊
买合木江·司马义		刘可媛	王晟业	王子超	马 茹	雷冰儿

张菁菁 张沅嘉 边 琼 刘幸诗 范振杰 胡 涂 张琼雨
周子筠 刘新铭 易诗原 聂光玲 史一彤 郑云鸿 刘 怡
彭正猩 顾鼎元 王寅安 古丽拜克热木·吐尼亚孜 彭澍雨 江愫敏
何子佳

社会学专业(27人)

吾里巴提·吐尔洪江 王铭涓 何星乐 蒲雨欣 余令令 鲁泽权
张铨颖 唐艺殊 陈玉洁 努苏热提·克衣木 赵天琥 傅 钰
江 璐 王佳媛 蒋永航 贺泽恩 罗文康 庄 琳 琼措姆
邓八千 冯瑜云 段 冶 马平川 朱释然 王 豪 索朗曲措
单一玲

英语专业(29人)

姜雨希 曹乐萌 王 颖 刘运心 陈爱兰 兰婧晰 元思雨
张佳明 王文冰 梁 玉 罗诗颖 王欣然 黄骞婷 王 晨
郭 昕 邓兆宇 李文杰 王 静 宋文心 石雨佳 郑明仪
胡仇簪 李墨瀚 王嘉俊 李文鑫 邹梦妤 冉一凡 程舒宁
程昕雨

国际学院

传播学专业(63人)

杨蕊宁 李 诺 李润泽 毕 鑫 李欣悦 梁振轩 鲍 钰
左西西 张卓群 陈旭峥 刘子涵 邱天一 莫筱婧 黄显惠
冉 楠 谢 静 张景茜 姚皓腾 乔思琦 许 晨 卫芷菲
宋雨凝 牛嘉锐 刘婧思 赵天时 徐 语 胡韵捷 马一丹
陶依然 史家影 李廷轩 王宇宁 金智豪 赵思明 高舜宇
孙沐瑶 刘婧宇 任意歌 王启伟 王行广 万博雯 陈 韵
张蓝方 宋雪辰 吴羽凡 易若曈 蒋鸿增 丁秋豪 石伊琳
徐嘉璐 陈宛宜 吴旻玥 郑嘉意 俞子晗 国天民 王思佳
田绍弘 王汇鑫 曾泽宇 王翼飞 张祎宁 吴心远 赵安达

国际经济与贸易专业(112人)

张育铭 何穆欣 刘思洋 王嘉瑞 高杨越卓 曲安齐 汪典青
张硕恒 冯星宇 匡文蔚 刁 菲 霍传智 李 想 符 锐
张羽翔 曲 可 毛士诚 毛存异 郭皓嘉 刘嘉音 吴 璠
徐语杉 吕尚俞 朱浩天 李舒桐 罗嘉祺 肖励贝 张重天
王 全 韩艾曦 王佩媛 张山依 邱 雯 韦佳妤 赵 倬
杨小雨 李雨桐 洪紫煊 李 艺 宋雯丹 刘姝彤 王若曦

郭燕辉	顾轩豪	洪思雯	程月伴	朱雪慧	原祺沐	王子胥
都本明	周艺洁	姬中慧	孙 莹	罗雅昀	杨浩天	李 越
王祎洁	何枫霖	韩子萱	安宇路	王 恒	王少鑫	李晓晗
邹一滔	肖博文	徐 荆	韩欣然	曹一一	温卓迪	郑云帆
刘宇涵	李霂涵	马云从	余询之	黄延喆	赵思羽	吴天娇
方铃博	徐心悦	韩雨萱	康凯云	王文璇	朱信宇	付紫彦
周天豪	杨 源	赵文杰	曹双凝	袁宾健	李雨容	陈 果
师嘉敏	魏志伟	赵睿馨	何金芮	谢子昂	张 琼	王一阁
程 毓	郭恺多	李 想	葛修岑	李一凝	周书弈	陶思源
程 浩	郭雨萌	罗子翔	伊钒熙	路发顺	郝兴晨	蔚 悦

农林经济管理专业(59人)

李明鑫	刘逸楠	胡幸子	钱金鑫	石伟岳	李承霖	余佳玮
张玮钦	于台泽	孙奕佳	张皓宇	桂晨烨	何京骏	张郡洹
赵泽函	吴依桉	肖正扬	史清源	王紫乔	杨新迪	丁禹中
顾亦晗	高航淇	赵彧欣	岳雨衡	辛笑丛	陈潇晗	王 钦
李 言	刘子雄	魏 通	杨玟轩	张田欣	石慧杰	范芸菲
黄紫玉	庞婧瑜	郑淞元	庞斯允	林怀莲	王欣盈	高一丁
刘心蕊	裴佳璇	闫东方	刘雅青	李嘉雯	于天添	李秭初
侯怡巍	黄钰淇	庄 远	左丰铭	程 曦	王竟如	熊莞倪
王 京	刘天鸿	杨滨莲				

土地科学与技术学院

地理信息科学专业(19人)

韩 芳	刘嫚姝	乔怿雅	范 超	李春梅	李春泽	贾诗瑾
李思捷	徐铭鸿	吴见欢	吴超清	唐诗叶	淳于晓文	贺莘雅
吴雨清	王铭鑫	王玺森	先清新	成东霞		

土地资源管理专业(35人)

李许红	张韫琦	马玮哲	陶明儒	马 原	徐乔迪	陈思雨
王清韵	侯雨辰	刘泠岑	曾麟岚	廖清婷	王子彤	郭谌予
刘 琪	宋佳熙	韩静雯	陈正航	张文丽	李 唱	陈秀雯
王 璇	戴 瑶	赵浚夷	高逸萌	康亚文	张美聪	张琨玥
陈紫雯	牟春燕	蓝 杨	林 溪	沙依甫加玛丽·玉素甫		许冰洁
徐浩男						

草业科学与技术学院

草业科学专业(19人)

王玉婷	吴蓉兰	林诗豪	卓兴良	李茂雅	韩子晨	蒲　征
赵若涵	陈睿昕	杨灵婧	朱凯迪	黄博洋	胡峻铭	王　彦
吴金阳	吉怡欣	马　敭	益西拉珍	李美慧		

烟台研究院

公共事业管理专业(103人)

刘景华	李志豪	武　月	杜鑫妍	牟晓雨	葛雅南	尚倾越
王　旭	焦天硕	白雅文	何颂一	吴　昊	于　俊	王绍龚
王天仪	李函臻	范维珂	白钰璘	臧昕彤	赵　红	王齐兴
薄欣然	初　颖	刘园园	徐馨琦	刘首东	王天一	董铠瑞
刘浩林	邓万春	梁金强	柴晓彤	樊雯琪	刘延卫	范　帅
王姝懿	廖鹏程	李　璇	王　烁	安伯阳	王家乐	孙嘉晖
于　畅	赵汗青	赵瑞铭	郜月园	赵漪泽	徐　存	刘　欣
王嘉轩	张　屹	何玉玲	宋玉洁	胡凯玥	衣明丽	于　泓
安云帆	尉韩旭	刘星辰	乔金玲	高天娇	王鑫宇	徐慧聪
王雪纯	陈　阳	刘　娜	王雅哲	吕雨轩	肖　雨	曹振川
赵文思	张艺佳	张家旺	孟祥旭	冯兆慧	伦如月	神英喃
马源骏	范峻铭	张馨文	王仲楚	张丹阳	张育菡	刘曰恒
安英达	马　列	张容玮	杭　琦	王梦迪	冯丽伟	刘宛芯
唐语梦	司媛媛	刁甜甜	张业奇	宋晓雨	西　睿	黄邦汉
孙华敏	徐瑞皓	王茂春	张晨阳	丛　林		

设施农业科学与工程专业(72人)

严添潇	陈　炀	王钰菲	王　琛	张　月	于筱薇	王泽家
高希龙	陈　焱	李建伟	迟明钊	白同豪	谷瑞越	赵静林
李煜喆	于恒昊	周素如	冉祥蔚	程玉峰	丁　蔓	原　也
王颢頔	邓婧涵	薄雨馨	田润东	刘原辰	温正阳	王德睿
孟晨星	杨佳昊	董媛媛	郭文政	张英明	黄晓睿	唐圣奎
杨宗儒	张新莲	孙　婧	陈翔宇	杜运强	黄　韬	张逸帆
国一凡	李　达	魏　茜	马鸿祯	房孝娟	谢雨岑	梁嘉威
杨俊铭	徐欣瑜	张浩林	韩梦琪	黄明慧	刘昊林	孙晓彤
王祺斌	孔雀飞	陆书童	轩　阜	张倩茹	白润昊	荣博文
陈咨嘉	朱泽粮	孙君龄	史芳铭	郭俊杰	闫家铭	赵雪晴
戴孚岳	吕盈慧					

市场营销专业(120人)

刘　珂	孙令坤	郭宇涵	韩慧莹	艾钰栋	战　颖	张宇清
崔　钰	王　睿	刘家浩	赵铮然	梁清萍	赵子茜	徐　杰
刘雪凝	宫佳林	邵　悦	宁一晗	崔冠云	王凯言	张肖丹
张烈晓	李柔葭	隋　轩	白雪彤	胡晓宁	丛家骏	贾景皓
董　震	毕金润	李　煊	盖宇姮	滕玉杰	马立涛	汤煜祥
李梦晗	杨　帅	卢　敏	宁向楠	高海钦	王　榕	迟文峥
牟彦丰	盖云昊	王　涵	张释允	李　慧	程曾哲	张皓月
吕佳霖	渊　蕾	陈铁凝	薛志扬	郝　然	文丽敏	周海洋
贾永顺	李梦超	张宇艳	冀国欣	王镜涵	陈奕菲	卢爱平
丁燕宁	国德政	阮梦娇	杨　易	姜梓涵	季俊霖	侯胜婷
葛晓翰	闵豫嵩	于嘉澍	孙　盈	毕真霖	张超越	张梦蝶
吕佳耘	赵资敏	张鹤霖	黄江宇	张婉婷	王云坤	卢语涵
殷　超	张可欣	康洪伟	王云皓	崔子宁	秦荷雨	臧梦瑶
赵　兮	郭金阳	邢璐瑶	哈静怡	姜　来	李　玥	贾　宁
赵　卓	高　上	王麒超	王奇月	张笑涵	路紫玥	朱维娅
曲志强	李静娴	张惟惠	张文青	孙　溪	郭思齐	胡旭永
周东阳	王昆仑	邢旺	刘潍嘉	马子煜	于君英	辛康平
王军帅						

水产养殖学专业(56人)

张宇晴	牟启铭	阴佳滢	孙凤仪	王　菲	荀昱霖	韩　骁
颜　寒	贾　朔	李书文	李煜政	王淑英	王钟玉	孟晨媛
高海鑫	李奥璞	王奕敏	彭　雪	马雪剑	刘友晴	王丹阳
于晓琦	赵孝凤	栾佳璐	李长艳	张亚豪	刘子文	王沁园
林爱齐	李士霖	刘天相	程　爽	丁　硕	韦金淄	孙启孟
霍彦铭	韩文辉	孙宇瑶	王梦昕	尹舜开	杨思宇	周晓月
李宏祥	门湛钧	王筱宸	王佳璇	丁崇航	张家琪	李　超
李邦泽	尹圣威	李厚奇	唐梦雪	张志恒	姜力源	孙　源

2021年重要媒体报道目录索引

年鉴

序号	题目	媒体名	日期
1	中欧投资协定谈判冲刺完成“朋友圈”再扩大 经济复苏注入动力	南方日报	2021-01-02
2	【中国三农报道】聚焦中央农村工作会议 怎样“衔接”才“有效”	中央电视台农业农村频道	2021-01-03
3	专家寄语·中国农业大学农业生态学教授 李维炯	农业科技报	2021-01-04
4	实现乡村振兴要处理好“三农”关系	农民日报	2021-01-04
5	“十四五”时期,乡村振兴迎来哪些新变化?	光明网	2021-01-04
6	中国农业大学国家大学科技园金华园区合作共建项目签约	金华日报	2021-01-05
7	如何辨识“山寨食品”? 提示来了	中国市场监管报微信公众号	2021-01-05
8	【思享家】构建城乡一体化的相对贫困削减体系	光明网	2021-01-05
9	农村产业融合发展需要“四链重构”	光明网	2021-01-05
10	原味带皮的核桃才有益	人民网	2021-01-05
11	‘Soy stability plan’ not to impact beans imports in 2021	Global Times App	2021-01-05
12	中国农业大学落实立德树人根本任务　践行强农兴农办学使命——“推进新时代高等农林教育发展”系列之一	教育部	2021-01-06
13	【学习明理】精准扶贫:马克思主义反贫困理论中国化的新贡献	中国社会科学网	2021-01-07
14	中国农业大学在沁源建立研究生实践基地	中国新闻网	2021-01-07
15	全国劳模何培雄:扎根北大荒的雄鹰	中工网	2021-01-08
16	以更有力的举措、更强大的力量全面推动乡村振兴	学习强国	2021-01-09

续表

序号	题目	媒体名	日期
17	中国农业大学与沁源联手建立“微生物工厂”为全国首家	黄河新闻网	2021-01-11
18	葛长银:如何让企业存货占用资金为零	界面新闻	2021-01-11
19	他把化学残留挡在餐桌之外	科技日报	2021-01-11
20	李小云:贫困是因为懒惰吗?	人民日报 App	2021-01-11
21	徐秀丽:“国际发展合作”新在哪里	环球网	2021-01-11
22	理论观察丨脱贫攻坚:在发展中消除贫困的创新实践	北京理论平台学习强国号	2021-01-11
23	非热加工让食品味美色鲜	中国科学报	2021-01-12
24	南财快评:中毛自由贸易协定正式生效掀开中非合作新机遇	21 财经 App	2021-01-12
25	建设智慧农场　引领现代农业发展	农民日报	2021-01-13
26	牛羊肉多元化进口:立足国内供给,丰富进口补充	光明网	2021-01-13
27	乡村建设行动该怎么行动?——访中国农业大学农民问题研究所所长朱启臻教授	农民日报	2021-01-14
28	中坦双方扎实合作,“小技术大丰收”项目助力当地农业增收	头条三农今日头条号	2021-01-14
29	China Agricultural University and Morogoro Regional Office Jointly Held the Awarding Ceremony for Best Agricultural Extension Workers	Global Thinker	2021-01-14
30	十名在坦桑尼亚推广中国农业技术的农业推广员受到表彰	央视网	2021-01-14
31	王克大使出席中坦合作“小技术大丰收”玉米增产项目线上交流	中国驻坦桑尼亚大使馆微信公众号	2021-01-14
32	中坦玉米合作项目表彰十佳农技推广员	人民网	2021-01-14
33	南财快评:12 月和全年外贸增速成为世界的亮点和标杆	21 财经 App	2021-01-14
34	坦桑尼亚官员感谢中方帮助提高农业技术	新华社	2021-01-14
35	着力提升全球食物安全水平	新华日报	2021-01-14
36	筑牢应变局开新局的“压舱石”——就学习理解中央农村工作会议精神对话中国农业大学教授李小云	解放军报	2021-01-14
37	Educational cooperation brings Chinese ag tech to rural Africa	中国日报中文网	2021-01-14
38	从“援助”到“伙伴”——读懂南南合作实践中的中国贡献	光明网	2021-01-15
39	科研人员提出新模式让蔬菜生产系统更“绿色”	新华网	2021-01-15

续表

序号	题目	媒体名	日期
40	中坦合作“小技术大丰收”玉米增产项目举办线上交流	中国教育在线	2021-01-15
41	中国农大校外实践基地将落户邯郸涉县	学习强国	2021-01-16
42	观中国|中国农业大学教授:大国耕地保护之痛	中国日报中文网	2021-01-16
43	世界首次8例犬经心尖夹合器瓣膜修复手术成功	中国科学报	2021-01-16
44	广大高校把先进的理念、人才、技术等落地到贫困地区——“打赢这场硬仗,我们派出最强阵容”(深聚焦·教育扶贫攻坚克难②)	人民日报	2021-01-17
45	农业大学司伟:加强扶贫资产的管理和监督	经济观察网	2021-01-18
46	钱江源乡村振兴研究院发布首部村播教材　开化校地合作再结硕果	浙江日报	2021-01-18
47	新媒体技术助力乡村治理	人民论坛网	2021-01-18
48	秦岭野生大熊猫受伤　施救及时伤势已好转	西安新闻网	2021-01-19
49	2021年外贸有望承前启后保持增长	上海证券报	2021-01-19
50	【实践新论】探索“三权分置”,盘活利用宅基地	光明网	2021-01-19
51	李小云:防疫普及做到位,农村老百姓会配合	观察者网	2021-01-21
52	【中国三农报道】中国农业大学畜禽疫病诊断研究中心取得新认证　动物疫病检测结果可在全球60多个国家与地区得到互认	中央电视台农业农村频道	2021-01-21
53	【深度观察】黑土地保护性耕作的梨树模式,已在东北四省区推广5 000万亩　保护好“耕地中的大熊猫”	人民日报	2021-01-22
54	Environmental Pollution:纳米硒对茶树叶片氧化应激的潜在影响	农业环境科学微信公众号	2021-01-22
55	中国农业大学在校内为寒假返乡学生提供免费核酸检测	中国教育在线	2021-01-22
56	何雄奎:空中有无人机,地上有机器狗,我用它们来精准打农药	我是科学家 iScientist 微信公众号	2021-01-22
57	百里边关走基层　农大研支团开展甘蔗砍收实践	中国青年网	2021-01-25
58	中国农业大学校长孙其信:高校要培养更多知农爱农的新型人才	人民网	2021-01-25
59	Closer to China with Robert Kuhn	CGTN	2021-01-26
60	益生股份将与中国农业大学开展科技、人才合作	新京报网	2021-01-26
61	欧元区经济:阴霾无碍拥抱阳光	国际商报	2021-01-26
62	【每日一习话】没有千千万万家庭幸福美满　就没有国家繁荣发展	央广网	2021-01-28

续表

序号	题目	媒体名	日期
63	守护好“耕地中的大熊猫”——聚焦东北黑土地保护	光明日报	2021-01-28
64	中国农业大学团队研究表明纳米硒可提升茶叶品质减少农药使用	新华网	2021-01-28
65	三农论坛丨应对我国耕地“非粮化”的思考与建议	农村工作通讯	2021-01-28
66	南财快评:中新自由贸易协定升级推动经贸合作再上新台阶	21财经App	2021-01-29
67	“水油焖”蔬菜适合老人吃	人民网	2021-01-29
68	全面推进乡村振兴　提升组织力是关键	农民日报	2021-01-30
69	京城第一食堂:这所985名校因饭菜太好吃,被称为“中国吃饭大学”	新浪网	2021-02-01
70	中国农大研支团扎根农村书写新时代“三农”故事	中国青年网	2021-02-01
71	小技术大丰收”书写中非基层合作典范——中国农业大学推进中坦农业合作纪实	农民日报	2021-02-02
72	青海省海晏县高原藏区牦牛繁育养殖专业合作社“4+”种草养畜经营模式闯新路	中国农网	2021-02-02
73	【北京您早】留校学生大幅增加　学校准备特色年夜饭	北京卫视	2021-02-02
74	留校大学生数倍增加　学校保障十足	北京时间	2021-02-02
75	【特别关注】留校大学生数倍增加　学校保障充足	北京卫视	2021-02-02
76	中国农业大学　为返乡学生免费核酸检测	北京考试报	2021-02-03
77	呈贡万溪冲:打造昆明首个“都市驱动型乡村振兴文旅小镇”	云报客户端	2021-02-03
78	【奋斗百年路　启航新征程】一粒种子的执着——记优秀共产党员、小麦育种专家赵瑜	陕西日报	2021-02-04
79	九三学社中国农业大学委员会第二支社召开2020年度工作总结会议	九三学社北京市委员会	2021-02-04
80	固体饮料冒充“特医奶粉”事件再现　广州能婴公司被罚	中国经济网	2021-02-05
81	中国期货市场目标应是国际性定价中心	澎湃新闻	2021-02-05
82	防范化解重大突发风险对北京“菜篮子”稳定的冲击——访现代农业产业技术体系北京市果类蔬菜产业经济岗位专家、中国农业大学经济管理学院教授穆月英	中国农网	2021-02-05
83	“双循环”格局下消费的阶段性特征研判	人民论坛	2021-02-05
84	年夜饭,加上吉祥蒸菜	生命时报	2021-02-06
85	“4+”种草养畜模式形成牦牛养殖新格局	农民日报	2021-02-06

续表

序号	题目	媒体名	日期
86	济南市莱芜区羊里街道举办“青鸟计划——家乡感知行”系列活动	鲁网	2021-02-06
87	英国缩减援助预算的动因及影响	光明网	2021-02-07
88	菠菜,挑深绿叶厚的	生命时报	2021-02-07
89	建设一支“三过硬”的乡村振兴干部队伍	中国农村杂志社学习强国号	2021-02-07
90	较真|每周多吃一桶薯片就离心脏病不远了？最新研究给了我们什么启示？	腾讯网	2021-02-08
91	李再贵:正确认识膳食纤维　健康中国需要善吃杂粮	新浪网	2021-02-09
92	建党100周年征文 | 高校红色基因形成过程与育人途径探讨——以中国农业大学为例	北京教育(高教)	2021-02-10
93	推进中国民间组织与海外投资有机衔接	中国社会科学网	2021-02-10
94	脱贫攻坚需要在五个方面实现与乡村振兴的有效衔接	中国农村经济	2021-02-10
95	植根土地的文化追寻——农业文化遗产的永续价值与保护实践	光明日报	2021-02-10
96	中国农业大学为4 800余名留校生准备56道年夜饭菜品	新京报网	2021-02-11
97	【北京新闻】高校师生的年夜饭:五湖四海　共享华年	北京卫视	2021-02-12
98	坚持“中国特色”建设一流大学	高校马克思主义理论教育研究	2021-02-15
99	如何评价今年央视春晚？这些重要知识点不可错过	怀柔融媒腾讯新闻号	2021-02-15
100	中国农业大学——会吃的985大学,“京城高校第一食堂”就问还有谁	中国高校前言观察百度百家号	2021-02-15
101	动物园博士夫妇留京过年,在实验室里度过春节假期	新京报网	2021-02-15
102	China lends helping hand to nations	China Daily app	2021-02-18
103	【中国攻坚进行时】中国特色扶贫开发谱写人类反贫困历史新篇章	中国社会科学网	2021-02-18
104	花巷雁塔喜迎春	经济日报客户端	2021-02-19
105	行走在中国|宋冬林等:东北黑土地保护利用的政治经济学解析——基于梨树模式	人大政治经济学论坛微信公众号	2021-02-20
106	李小云:应警惕乡村振兴成为乡建运动和竞赛	新京报网	2021-02-20
107	【脱贫攻坚】第二集·精准施策	中央电视台综合频道	2021-02-20
108	【中国三农报道】2021年中央一号文件发布　专家解读六大亮点	中央电视台农业农村频道	2021-02-21

续表

序号	题目	媒体名	日期
109	【关注中央一号文件】何进：建议适度兼顾西北华北保护性耕作示范推广	新京报网	2021-02-21
110	中央一号文件解读：如何推动脱贫攻坚与乡村振兴有效衔接？	第一财经 App	2021-02-21
111	【关注中央一号文件】任大鹏：稳慎推进农村宅基地改革需要更完善的制度设计	新京报网	2021-02-21
112	【关注中央一号文件】吕建军：11 年后一号文件再提农村消费　农村市场仍有巨大潜力	新京报网	2021-02-21
113	【关注中央一号文件】中国农业大学教授李小云：乡村振兴战略是脱贫攻坚的升级版	新京报网	2021-02-21
114	【关注中央一号文件】沈建忠院士：将加强非洲猪瘟等重大动物疫病防控应用研究	新京报网	2021-02-21
115	【关注中央一号文件】汪懋华院士：发展现代农业是国家第一大事	新京报网	2021-02-21
116	【关注中央一号文件】中国农业大学副校长林万龙：五年过渡期是关键时间点的关键设置	新京报网	2021-02-21
117	【关注中央一号文件】李德发院士：乡村振兴战略能让农民真正富起来	新京报网	2021-02-22
118	【代表委员履职记】韩鲁佳委员：强化乡村振兴人才支撑	科技日报	2021-02-22
119	科学家提出笼形蛋白设计策略	科学网	2021-02-22
120	【关注中央一号文件】王庆杰："黑土地保护"已升格至国家层面的"持久战"	新京报网	2021-02-22
121	宋正河：智能农机是未来国际农业装备竞争焦点	新京报网	2021-02-22
122	【Global Watch】Rural Vitalizaition China sets 2021 targets to boost rural development	CGTN	2021-02-22
123	刘武根：农业现代化与农村现代化一体设计一并推进首次写入文件	新京报网	2021-02-22
124	【e 视界】中央一号文件发布　全面擘画中国乡村振兴新蓝图	中国教育电视台	2021-02-22
125	高校教授工作站助力港口区农业发展	广西新闻网	2021-02-23
126	北京超帅男神：国家二级运动员，曾赴美国交流，如今直博清华	中国教育那些事百度百家号	2021-02-23
127	何为当前中国经济增长第一驱动力	人民论坛网	2021-02-24
128	系列微纪录片·中国脱贫故事|河边村的青春与白发	新华社客户端	2021-02-24
129	【脱贫攻坚】第七集：命运与共	中央电视台综合频道	2021-02-24

续表

序号	题目	媒体名	日期
130	冬奥你我他　在“雪游龙”绽放青春梦想　大学生志愿者在冬奥测试活动中展现风采	北京日报	2021-02-25
131	乡土文化建设是乡村振兴的灵魂	光明日报	2021-02-25
132	【新闻1+1】从“脱贫攻坚”走向“乡村振兴”!	中央电视台新闻频道	2021-02-25
133	多元主体如何更好参与中非绿色农业合作	中国农网	2021-02-25
134	从认定到实施再到摘帽　脱贫攻坚成果是怎样评估的?	新京报网	2021-02-26
135	党晓龙与中国农业大学、光明日报社、中国音乐学院和中国铁道建筑集团有限公司高层进行工作座谈	保定微讯微信公众号	2021-02-26
136	好文推荐｜打造一支“永不走”的扶贫工作队——中国农业大学定点扶贫云南镇康工作纪实	北京教育(高教)	2021-02-27
137	用科学的粮食安全观端牢饭碗	农民日报	2021-03-01
138	“扶贫教授”李小云农大开讲扶贫故事	北京日报客户端	2021-03-01
139	【党外人士学《条例》】孙其信:担当新使命　奋斗新时代	统战新语微信公众号	2021-03-01
140	从2021年一号文件看“三农”发展新思路	光明网	2021-03-01
141	杨宁:攻坚脱贫,靠的是国家层面的凝聚力	新京报 App	2021-03-01
142	中国农业大学防城港教授工作站成员在港口区光坡镇栏冲村指导农户开展红香薯种植	防城港日报	2021-03-01
143	一号文件解读｜辛贤:保护好耕地不仅关系我国粮食安全,更关乎民族兴亡	微观“三农”微信公众号	2021-03-02
144	创造更为公平的受教育机会(新数据　新看点)党的十八大以来,514万建档立卡贫困学生接受高等教育	人民日报客户端	2021-03-02
145	中国农业大学师生和云南贫困村的扶贫路	中国教育电视台	2021-03-02
146	中国农大举行学习贯彻全国脱贫攻坚总结表彰大会精神座谈会	北京工人客户端	2021-03-02
147	中国农业大学发布新书讲述脱贫攻坚中的农大故事	新京报 App	2021-03-02
148	【中国三农报道】中国农业大学:群策群力　助力乡村振兴	中央电视台农业农村频道	2021-03-02
149	科学建设农业品牌　高质量实现“保供”“衔接”	农民日报	2021-03-03
150	中国农业大学发布《玉汝于成——脱贫攻坚伟大事业中的中国农大》	新华社北京客户端	2021-03-03
151	【北京您早】陈芳:食品安全领域的守护人	北京卫视	2021-03-04
152	中国农业大学以“全覆盖　双提升”创新育人工作	中国大学生在线	2021-03-04
153	李小云:电网发展支撑乡村全面振兴	国家电网杂志	2021-03-05
154	科技自立自强才能端稳中国饭碗	科技日报	2021-03-05

续表

序号	题目	媒体名	日期
155	专家谈乡村振兴,关键在于双循环的格局下促进城乡融合发展	南方都市报 App	2021-03-06
156	【专家学者看两会】全方位保障我国粮食安全	光明网	2021-03-06
157	【对话】脱贫之后新答卷	中央电视台财经频道	2021-03-06
158	全国政协委员、中国农业大学工学院前院长韩鲁佳:加快农林生物质发电产业可持续发展	中国农机化导报微信公众号	2021-03-07
159	南财快评:扩大内需的关键是增加农民收入	21 财经 App	2021-03-07
160	【两会声音】韩鲁佳委员:完善农林生物质发电产业可持续发展支持政策	北京日报	2021-03-08
161	每经热评:脱贫攻坚向乡村振兴过渡　呼唤“三农”全面发展	每日经济新闻	2021-03-08
162	巾帼心向党　奋斗新征程　首都各界优秀妇女风采展示	北京日报	2021-03-08
163	【北京新闻】致敬最美巾帼奋斗者　陈芳:食品安全领域的守护人	北京卫视	2021-03-08
164	赵晓燕代表:扩大招生　创新机制　解决农科人员匮乏问题	新华社	2021-03-09
165	加大对职业教育的经费投入	中国科学报	2021-03-09
166	李小云:为何中国越说“不干涉内政”,西方越来劲?丨文化纵横	文化纵横	2021-03-09
167	两会丨专家解读 5 年过渡期里要预防怎样的风险?	新京报客户端	2021-03-09
168	两会丨专家解读　留住和吸引人才是乡村振兴的基础	新京报网	2021-03-09
169	【两会你我他】2021 年 3 月 9 日	中央电视台新闻频道	2021-03-09
170	专家带你读报告丨当好排头兵、做好压舱石,黑龙江有个小目标!	东北网	2021-03-10
171	打造“智库”,推进乡村振兴!中国农大组建这个研究中心	北京日报客户端	2021-03-11
172	中国农业大学组建农村基层党建研究中心	“三农”号 App	2021-03-11
173	专家解读政府工作报告:乡村要发展,就要让年轻人有舞台	澎湃新闻	2021-03-11
174	在五育并举中凝心聚魂、立德树人	中国共青团杂志微信公众号	2021-03-11
175	“中国农业大学农村基层党建研究中心成立大会”成功举办	中国社会科学网	2021-03-12

续表

序号	题目	媒体名	日期
176	青海门源救护雪豹最新进展:确诊低血钙　恢复后将放归野外	中国新闻网	2021-03-12
177	【中国经济大讲堂】化肥,你真的了解吗?	中央电视台财经频道	2021-03-14
178	中国农业大学农村基层党建研究中心成立	中国教育在线	2021-03-15
179	深入把握新时代高校思政课课程目标	光明网	2021-03-15
180	南财快评:数字经济助力打造战略性全局性产业链	21财经 App	2021-03-15
181	中国农业大学"十三五"科研成果显著	中国科技网	2021-03-16
182	姜沛民、孙其信:玉汝于成! 中国农业大学在脱贫攻坚战中的使命与担当	中国教育在线	2021-03-17
183	"延河联盟"9所高校成立红色育人基地	中央电视台新闻频道	2021-03-17
184	雪豹误闯农家,被补钙后放归……	人民日报微信公众号	2021-03-17
185	入世20年　中国与世界共赢	国际商报	2021-03-17
186	自然资源部将对耕地开展每半年一次动态监测监管	中央电视台新闻频道	2021-03-18
187	李小云:乡村振兴核心在城乡融合	经济观察网	2021-03-19
188	中国农业大学樊胜根:未来种子产业的方向不应只是增产	新浪网	2021-03-20
189	设耕读劳动专区　延河联盟劳动教育基地在农大涿州教学实验场揭牌	新京报网	2021-03-20
190	"延河联盟"劳动教育基地在中国农大涿州教学实验场揭牌	河北新闻网	2021-03-21
191	李小云谈三方合作的三大原则:以人为本放在第一　要强调包容性发展	新浪网	2021-03-21
192	【每日一习话】伟大事业孕育伟大精神　伟大精神引领伟大事业	央广网	2021-03-21
193	深刻理解和把握中国特色反贫困理论	光明日报	2021-03-22
194	中国农业大学举行2021年学校科技创新大会	"三农"号 App	2021-03-22
195	朱启臻:培养公卫专业人才　补齐农村公卫短板	新京报	2021-03-22
196	小山村迎来CEO	临沧日报	2021-03-22
197	农大和华为牵手,共同研究智慧育种	北京日报客户端	2021-03-22
198	多位专家解读:脱贫攻坚如何更好衔接乡村振兴	新京报客户端	2021-03-22
199	中国农业大学举行2021年学校科技创新大会	北京头条客户端	2021-03-22
200	中国农业大学举行2021年学校科技创新大会	中国科技网	2021-03-22
201	中国农业大学举行2021年学校科技创新大会	中国教育在线	2021-03-22

续表

序号	题目	媒体名	日期
202	【中国三农报道】“延河联盟”劳动教育基地在河北涿州揭牌　将为中国农大等多所高校学生提供劳动实践教育平台	中央电视台农业农村频道	2021-03-22
203	新型城镇化战略全面助推乡村振兴	每日经济新闻	2021-03-23
204	守护好现存草原中的“大熊猫”	中国自然资源报	2021-03-23
205	中国农大举行科技创新大会	中国科学报	2021-03-23
206	中国农业大学举行2021年学校科技创新大会	新华网	2021-03-23
207	【中国三农报道】朱启臻：科技特派员制度助推乡村振兴	中央电视台农业农村频道	2021-03-23
208	中国农业大学传承红色基因　弘扬爱国奋斗正能量	中国大学生在线	2021-03-23
209	中国农业大学科技创新大会：为全面实施乡村振兴提供更有利的科技支撑	中国教育电视台	2021-03-23
210	破解细菌耐药性密码　促养殖产业提质增效	科技日报	2021-03-24
211	甘南乡村振兴路上　有位天津“牛博士”	科技日报	2021-03-24
212	中国农大推出“八大行动”　全面提升科技创新能力	人民网	2021-03-24
213	双轮驱动　走出中国农业自立自强之路	科技日报	2021-03-25
214	中国农业大学樊胜根：未来种子产业的方向不应只是增产	广州日报	2021-03-25
215	中国农业大学传承红色基因　弘扬爱国奋斗正能量	全国高校思想政治工作网	2021-03-25
216	张福锁：应加快农业绿色低碳技术创新	中国科学报	2021-03-25
217	专家学者解读中央文件：脱贫攻坚如何有效衔接乡村振兴	中国青年报	2021-03-25
218	高原捡拾车：让牧民手捡肩背牛粪成为历史	中国教育电视台	2021-03-25
219	中国农业大学国家大学科技园金华园区揭牌成立	中国经济新闻网	2021-03-25
220	【中国“三农”报道】中国农业大学：加大原始创新　助推农业农村现代化	中央电视台农业农村频道	2021-03-25
221	应对全球气候变暖　小麦耐热基因研究显神通	中国教育电视台	2021-03-26
222	王玉斌：脱贫县与乡村振兴重点帮扶县先期重合比例不宜过高	中国青年报客户端	2021-03-26
223	青海夏华：“八位一体”推进现代畜牧业发展	农民日报	2021-03-27
224	黑土地保护科技：让农业迈上可持续发展新台阶	中国教育电视台	2021-03-27
225	百年大党的100个故事：乔冠华的笑	前线客户端	2021-03-29

续表

序号	题目	媒体名	日期
226	中国农业大学人文与发展学院教授朱启臻：农民是乡村文化创造者传承者	民生周刊	2021-03-29
227	学百年光辉党史　做强农兴农青年	中国大学生在线	2021-03-29
228	民盟“乡村振兴”论坛在中国农业大学举行	中国教育新闻网	2021-03-29
229	临沧市临翔区：小山村迎来 CEO	云南卫视	2021-03-29
230	乡村振兴的昆明实践：能人＋产业＋城乡互动，打造旅游网红村	澎湃新闻	2021-03-30
231	中国农大公布八大科创行动　持续为乡村振兴提供科技支撑	新京报客户端	2021-03-30
232	中国农业大学传承红色基因　弘扬爱国奋斗正能量	中国大学生在线	2021-03-30
233	公益人士王石、教授李小云、县委书记李绍俊共话乡村振兴	新京报网	2021-03-30
234	李小云对话王石：乡村振兴需要赋能人才与产业兴旺	中国网	2021-03-30
235	两位大学生进村成为乡村 CEO　对话王石李小云谈人才振兴	新京报客户端	2021-03-31
236	我国有能力应对国际粮价上涨挑战	经济日报	2021-03-31
237	“前进在新征程上”系列访谈（十）|朱启臻：政策落实落稳是全面推进乡村振兴的关键	新华社	2021-03-31
238	加强农业面源污染防治推进农业绿色发展	中国环境报	2021-03-31
239	超大城市如何治理？18位专家学者建言献策	新京报客户端	2021-03-31
240	贵州毕节七星关：农业高科技人才把论文写在山头地块上	中国新闻网	2021-03-31
241	“科技小院”的乡村振兴之路——中国农业大学“科技小院”研究生驻点帮扶七星关区撒拉溪镇龙凤村工作侧记	毕节日报	2021-03-31
242	新时代中外合作办学如何评估	中国教育报	2021-04-01
243	农业高校为中小学劳动教育扩容	中国教育报	2021-04-01
244	Yunnan’s Hebian village shows promise of a diversified future	CHINA DAILY App	2021-04-01
245	大瓦窑村的红色记忆：北京第一个农村党支部诞生在这里	新京报客户端	2021-04-02
246	科学家建立草莓果实信号转导研究新方法	科学网	2021-04-02
247	“蓼城大讲堂”引领乡村振兴	六安新闻网	2021-04-02
248	【中国“三农”报道】我国玉米种业将在绿色优质方向发力	中央电视台农业农村频道	2021-04-02

续表

序号	题目	媒体名	日期
249	清明将至，中国农大青年师生朗诵书信致敬林孔唐等39名烈士	新京报客户端	2021-04-02
250	中国农大青年师生圆明园祭英烈、学党史	北京头条客户端	2021-04-02
251	助力乡村振兴新模式——平谷“科技小院” 让科技走入田间地头	北京社区报微信公众号	2021-04-03
252	中国农业大学科技小院扎根田间地头助农为农	中国新闻社	2021-04-03
253	【首都晚间报道】高校携手华为 推进智慧育种	北京电视台新闻频道	2021-04-03
254	百年大党的100个故事：小球转动大球	前线客户端	2021-04-05
255	图片新闻	科技日报	2021-04-06
256	百年大党的100个故事：毛泽东在北大	前线客户端	2021-04-06
257	再生农业让耕地“青春常在”	中国科学报	2021-04-06
258	百年大党的100个故事：黄洋界上炮声隆	前线客户端	2021-04-06
259	国家粮食和物资储备局：健全粮食产后服务体系	中国证券时报	2021-04-06
260	首个西藏绵羊高质量参考基因组发布	科学网	2021-04-06
261	加大政策扶持力度 让新农人引得回留得住	科技日报	2021-04-06
262	立德树人守初心，课程思政育新人——中国农业大学不断深化课程思政创新改革取得实效	中国大学生在线	2021-04-07
263	学术不端事件给国家科研诚信体系建设的启示	中国教育在线	2021-04-07
264	百年大党的100个故事：小平您好	前线客户端	2021-04-07
265	【China 24】Lessons From Poverty Fight	CGTN	2021-04-07
266	多所高校师生有序接种新冠疫苗	人民网	2021-04-07
267	百年大党的100个故事：饿倒在挑子旁的运粮官	前线客户端	2021-04-08
268	以人民为中心 经济增长成果全社会共享 为人类减贫提供中国方案	中国青年报	2021-04-08
269	好文推荐丨关于高校少数民族大学生教育培养工作的思考	北京教育(高教)	2021-04-08
270	中坦农业技术合作结硕果	人民日报	2021-04-08
271	2021年强基计划启动，中国农大报考亮点	环球网	2021-04-08
272	“沉睡”的资产“活”起来 传统的村落美起来 机制创新赋能昆明乡村振兴	昆明日报	2021-04-09
273	中国农业大学情系乡土 扎根一线 以定点扶贫工作助推乡村振兴	教育部	2021-04-09
274	百年大党的100个故事：《沁园春·雪》引发的热潮	前线客户端	2021-04-09
275	里程碑意义的大事	人民日报	2021-04-09

续表

序号	题目	媒体名	日期
276	中国农业大学成立党委理论学习宣讲团	北京头条客户端	2021-04-09
277	【e视界】新修订《粮食流通管理条例》 首次明确"粮食安全实行党政同责"	中国教育电视台	2021-04-09
278	百年大党的100个故事:小岗村的创造	前线客户端	2021-04-10
279	封面故事|小云教授的乡村公益	中国慈善家	2021-04-10
280	所谓"北斗掉线",锅该卫星来背吗?	北京日报微信公众号	2021-04-10
281	【焦点访谈】破解中国减贫密码	中央电视台综合频道	2021-04-10
282	【全国教育新闻联播】中国农业大学:整合资源 讲好党史故事	中国教育电视台	2021-04-10
283	中国农业大学成立党委理论学习宣讲团	中国社会科学网	2021-04-10
284	百年大党的100个故事:毛泽东与柳亚子的交往、唱和	前线客户端	2021-04-11
285	【"三农"早报】高标准农田建设	中央人民广播电台中国乡村之声	2021-04-11
286	百年大党的100个故事:牺牲在扶贫路上的90后夫妻	前线客户端	2021-04-12
287	老字号里的"豆腐西施"	中工网	2021-04-12
288	首个西藏绵羊高质量参考基因组发布	中国科学报	2021-04-13
289	耕地安全 加强安全管控,谨防耕地红线"褪色"	中国自然资源报	2021-04-13
290	科学保护修复治理黑土地	经济日报	2021-04-13
291	盐碱地保护性开发刻不容缓	经济日报	2021-04-13
292	百年大党的100个故事:八女投江	前线客户端	2021-04-13
293	南财快评:一季度外贸"开门红"中的基数效应与增长效应还能持续多久?	21财经App	2021-04-14
294	看穿畜禽繁育"黑箱" 生猪产业走上智能高效路	科技日报	2021-04-14
295	中国农业大学调研组到鲁甸县调研乡村振兴工作	鲁甸融媒今日头条号	2021-04-14
296	"国际发展援助与国家形象提升"学术研讨会在京举办	中国报道	2021-04-14
297	中国农业大学 种子科学与工程 动物科学强基计划招生增两专业——访中国农业大学招生办主任付立忠	北京考试报	2021-04-14
298	加强理论宣讲 整合更强力量 农大成立党委理论学习宣讲团	北京考试报	2021-04-14
299	全省首家!中国农业大学"科技小院"落户毕节	天眼客户端	2021-04-14
300	中国农业大学和烟台赛春生物科技举行校企合作实习基地揭牌仪式	水母网	2021-04-14
301	中国农业大学教授李小云:海南将成为中国"种业硅谷"	南海网	2021-04-14

续表

序号	题目	媒体名	日期
302	中国工程院院士、中国农业大学教授　张福锁：要加快农业低碳技术研发与应用	中华合作时报	2021-04-15
303	封面文章|大健康产业在乡村有广阔空间——专访中国农业大学副校长林万龙	健康中国观察	2021-04-15
304	兜牢农村养老保障网	光明日报	2021-04-15
305	中国农业大学专家来宁就禽流感防控项目合作进行交流对接	潇湘晨报	2021-04-15
306	播下科技火种服务乡村振兴——乐陵市科技小院助力现代农业发展调查	乐陵市报	2021-04-15
307	【每日一习话】让红色基因、革命薪火代代传承	央广网	2021-04-15
308	科技助农备春耕　高校师生同上田野“大课堂”	人民网	2021-04-16
309	1.2万棵新品种番茄苗“住”进科技小院	北京城市副中心报	2021-04-16
310	悟思想　工委党史学习教育宣讲团系列宣讲高潮迭起	亦城时报	2021-04-16
311	“进机关、进街道、进企业”！北京经开区掀起党史学习教育热潮	北京亦庄官方发布北京号	2021-04-16
312	乐陵：科技小院“显身手”　乡村振兴劲头足	德州日报	2021-04-16
313	推进扶贫产业东西部梯度转移	农民日报	2021-04-16
314	助力乡村振兴，“十四五”全国农科学子联合实践行动启动	经济日报客户端	2021-04-17
315	林万龙：中国农业现代化的主要方向要走外部经济之路	新京报网	2021-04-17
316	林万龙：县域内城乡融合发展是全面实施乡村振兴战略的重点	新京报网	2021-04-17
317	2021新京智库春季峰会分论坛政学商聚焦“三农”热点	新京报客户端	2021-04-17
318	姜沛民：继承弘扬延安精神　坚守为党育人使命	中国高等教育	2021-04-18
319	【新闻直播间】36所试点高校启动2021年“强基计划”招生　优化培养方案开启　本硕贯通培养模式	中央电视台新闻频道	2021-04-18
320	加强人才队伍建设　助力乡村振兴	光明网	2021-04-18
321	【新闻直播间】36所试点高校启动2021年“强基计划”招生　适应国家重大战略需求　部分专业有调整	中央电视台新闻频道	2021-04-18
322	全国农科学子联合实践行动：走进乡土乡村　助力乡村振兴	中国教育电视台	2021-04-18
323	聚力乡村振兴！“十四五”全国农科学子联合实践行动启动	中国新闻网	2021-04-18
324	中国“卡脖子”风险究竟在哪？林万龙：粮食安全	新京报客户端	2021-04-18

续表

序号	题目	媒体名	日期
325	安宁雁塔村:文旅融合助推乡村振兴	掌上春城客户端	2021-04-18
326	中国农业大学副校长林万龙:要做好小农户与现代农业有机衔接	新京报客户端	2021-04-18
327	中美携手气候合作,释放三重积极	海外网	2021-04-19
328	探索新农人培养机制,形成助力脱贫攻坚高校范式	中国科技网	2021-04-19
329	李小云:全球粮食安全不是绝对数量供给问题,而是分配不平等问题	新京报客户端	2021-04-19
330	左停:农业治理现代化是农业现代化重要一环	新京报客户端	2021-04-19
331	南财快评:贸易顺差"拐点论"为时尚早	21 财经 App	2021-04-20
332	科学认识农业生产性服务业创新发展中的若干问题	农民日报	2021-04-20
333	百年大党的 100 个故事:大生产运动	前线客户端	2021-04-20
334	北京知联会三届七次会长会召开	北京日报	2021-04-20
335	悟思想　企业职工放弃午休午餐赶来听宣讲	亦城时报	2021-04-21
336	中国农业大学文科讲席教授李小云:海南要研发更多中国种业"芯片"	海南日报	2021-04-21
337	百余幅传统农耕村落精美照片亮相中国农大"种子"摄影展	新京报客户端	2021-04-21
338	百年大党的 100 个故事:新中国的第一条铁路	前线客户端	2021-04-21
339	党史故事百校讲述 | 立救国救民、改造社会之志,听中国农大讲述詹乐贫的故事	新华网	2021-04-21
340	加快农业新业态发展需要跳出传统思维	经济日报	2021-04-22
341	大学四年级,我们能做些什么?——一位大学生在《时代楷模发布厅》参加"东深供水工程建设者群体"录制后的感想	中国大学生在线	2021-04-22
342	破解乡村振兴难题需要制度和实践双创新	新京报客户端	2021-04-22
343	为了保护黑土,我教东北农民懒汉种地 | 李保国	我是科学家 iScientist 微信公众号	2021-04-22
344	中国期货业协会专家委员会主任常清:广期所起点高、国际化色彩浓厚	南方日报	2021-04-22
345	百年大党的 100 个故事:红旗渠	前线客户端	2021-04-22
346	点燃爱党热情　激励报国之志　宣讲进企入园掀起党史学习教育热潮	亦城时报	2021-04-23
347	青年说地球 | 中国农业大学汪嫦红:从现在做起　爱护每一寸土地	i 自然学习强国号	2021-04-23

续表

序号	题目	媒体名	日期
348	假如爱宠可以克隆	经济观察网	2021-04-24
349	院士谈中国农大生物育种强基计划	中国教育在线	2021-04-25
350	实施“全覆盖　双提升”，开创“三全育人”新局面	北京教育（德育）	2021-04-25
351	“传承红色基因，讲好农大故事”，弘扬爱国奋斗正能量	北京教育（德育）	2021-04-25
352	攻坚克难　玉汝于成　脱贫攻坚展现使命担当	北京教育（德育）	2021-04-25
353	抓实做细巡察全覆盖，实现政治建设整体提升	北京教育（德育）	2021-04-25
354	深入实施统战“三大工程”，谱写新时代凝心聚力新篇章	北京教育（德育）	2021-04-25
355	【中国“三农”报道】中国农大云南昆明试点都市驱动型乡村振兴	中央电视台农业农村频道	2021-04-25
356	草地退化　脆弱“病人”的艰难复健	新京报客户端	2021-04-27
357	中国农业大学“科技小院”落户七星关	贵州日报	2021-04-27
358	今年的春耕不一般　耕地保护措施密集出台	新京报客户端	2021-04-27
359	黑土地治理　保护和利用之争	新京报客户端	2021-04-27
360	中国农大“五四”举办“百年征程　初心不忘”系列文化活动	北京头条客户端	2021-04-27
361	中国农业大学李伟教授团队荣获2020年度吴文俊人工智能技术发明奖	中国经济网	2021-04-27
362	当盐碱遍布农田　改土治碱就是开天辟地	新京报客户端	2021-04-27
363	一场高层理论思维和基层乡村实践的生动碰撞　我县举办首期“有缙道”乡村振兴论坛	缙云发布微信公众号	2021-04-28
364	为我国农业带来多重利好	经济日报	2021-04-28
365	中国农业大学讲席教授、国际食物政策研究所原所长樊胜根：“三个模式”在国际上有借鉴意义	齐鲁网	2021-04-28
366	农村三产融合　民营企业或可发挥更大力量	新京报客户端	2021-04-28
367	【中国三农报道】黄元仿：应制定土地复垦方案　加强被毁坏农田的培肥管护	中央电视台农业农村频道	2021-04-28
368	九三学社中国农业大学委员会参加校统战部活动	九三学社北京市委	2021-04-30
369	【中国三农报道】2021中国农业发展论坛在京举行	中央电视台农业农村频道	2021-04-30
370	农业劳动变迁：从刀耕火种到机械化　未来会彻底摆脱体力劳动吗	新京报客户端	2021-05-01
371	【中国三农报道】2021中国农业发展论坛　杨汭华：农业保险发展需要专业人才支撑	中央电视台农业农村频道	2021-05-02

续表

序号	题目	媒体名	日期
372	【中国三农报道】2021中国农业发展论坛　樊胜根:改善居民膳食结构　有利于农业节粮减排	中央电视台农业农村频道	2021-05-02
373	设立脱贫攻坚过渡期的政策指向和多重意蕴	中工网	2021-05-03
374	【青年科研之路】马玲君:90后副教授的三十而立	新华社客户端	2021-05-04
375	聚焦乡村振兴促进法:强化法治保障　为全面推进乡村振兴赋能	人民网	2021-05-05
376	百年大党的100个故事:黄克功案件	前线客户端	2021-05-05
377	促进乡村振兴　农民何权?政府何责?专家详解《乡村振兴促进法》	新京报客户端	2021-05-05
378	全国人大代表、中国农业大学校长孙其信:构建学科发展新格局	人民日报	2021-05-06
379	百年大党的100个故事:开发南泥湾	前线客户端	2021-05-06
380	产业扶贫的中国特色与长效机制	中国社会科学网	2021-05-06
381	打开高水平对外开放的“新窗口”	光明日报	2021-05-07
382	百年大党的100个故事:恢复高考	前线客户端	2021-05-07
383	《e视界》面包卖不完　只能“扔掉”吗?	中国教育电视台	2021-05-07
384	李小云:从扶贫到乡村振兴,公益组织如何应“变”?	社会创新家官方澎湃号	2021-05-08
385	助力农业农村现代化与高质量发展——2021中国农业发展论坛综述	农民日报	2021-05-08
386	教育圆桌小记者参观中国农大“种子”展览	北京头条客户端	2021-05-09
387	走进西柏坡:学党史、强信念、跟党走	光明日报客户端	2021-05-10
388	RCEP距生效实施还有多远	国际商报	2021-05-11
389	吕建军:农村人口减少为乡村振兴战略带来挑战	新京报客户端	2021-05-11
390	陆继霞:农村人口减少是发展必然趋势　促进新产业让乡村人气回温	新京报客户端	2021-05-11
391	潘璐:农村中的女性力量值得持续关注	新京报客户端	2021-05-11
392	熊春文:创新产业模式　留住乡村人才	新京报客户端	2021-05-11
393	俯首闻得泥土香——中国农大李小云团队助力乡村振兴的云南实践	云报客户端	2021-05-11
394	“2021届全国高校毕业生就业促进周”工作推进会在京召开	国际在线	2021-05-11
395	叶敬忠:未来人口会从城市流动到乡村吗?	新京报客户端	2021-05-11

续表

序号	题目	媒体名	日期
396	【新闻直播间】十九届中央第七轮巡视进驻中央第九巡视组进驻清华大学中国农业大学	中央电视台新闻频道	2021-05-11
397	【新闻联播】十九届中央第七轮巡视完成进驻　以巡视推动高等教育事业高质量发展	中央电视台综合频道	2021-05-11
398	【每日一习话】革命理想高于天	央广网	2021-05-11
399	朱启臻：人口外流不等于乡村衰败	新京报客户端	2021-05-11
400	唐丽霞：依据农村人口结构现状　需出台政策解决养老问题	新京报客户端	2021-05-11
401	专家观点丨左停：统筹谋划乡村振兴战略，健全农村低收入人口常态化帮扶机制	中国社会报	2021-05-12
402	法律规范乡村概念　助推乡村振兴	农民日报	2021-05-12
403	英国对华援助的目标与复杂态度	光明网	2021-05-12
404	教育部新闻通气会：全力做好909万高校毕业生就业工作	微言教育	2021-05-13
405	贫困如何终结	光明日报客户端	2021-05-13
406	【育见】中国农业大学：在“大国三农”中锻造思想金课	中国教育电视台	2021-05-13
407	中国农业大学纪念蔡旭、吴仲贤诞辰110周年　继承爱国奉献精神　实现民族伟大复兴	中国教育电视台	2021-05-14
408	中国农业大学吉林梨树实验站获选国家级专家服务基地	吉林日报彩练新闻人民日报客户端号	2021-05-15
409	苹果的“护花使者”：让果园产好果，让果农多挣钱	中国科技网	2021-05-15
410	中国农大纪念吴仲贤、蔡旭诞辰110周年	中国科学网	2021-05-16
411	中国农业大学食品学院团委开展“建党百年　薪火相传”系列主题团日活动	中国青年网	2021-05-16
412	2021届高校毕业生就业促进周在京启动	中国青年报客户端	2021-05-17
413	国家重大科技基础设施“天蓬工程”将在河北涿州建成	中国经济网	2021-05-17
414	2021就业季丨就业促进周系列活动在京启动	中国教育报客户端	2021-05-17
415	俯首闻得泥土香——中国农大李小云团队助力乡村振兴的云南实践	云南日报	2021-05-17
416	抢抓关键冲刺期　促进毕业生顺利毕业尽早就业　高校毕业生就业创业指导委员会成立大会暨就业促进周启动仪式举行	教育部	2021-05-17
417	他们为什么毕业后去基层就业？	中国科技网	2021-05-17
418	【新闻联播】2021届高校毕业生就业促进周今天启动	中央电视台综合频道	2021-05-17

续表

序号	题目	媒体名	日期
419	北京农学院赴中国农业大学参观“脱贫攻坚”主题展览	未来网	2021-05-17
420	突破机器视觉关键技术　助农业机器人“占领”果园、农田	科技日报	2021-05-17
421	百年大党的100个故事:四渡赤水	前线客户端	2021-05-17
422	提供岗位2.3万个:教育部24365校园招聘服务京津冀专场线下招聘会举行	中新网	2021-05-17
423	北京高校思政课教学基本功聚焦“课堂实效”	中国教育报客户端	2021-05-17
424	2021高校毕业生就业促进周启动	中国青年网	2021-05-17
425	“在基层逐梦青春”:全国高校毕业生基层就业主题座谈会举行	中新网	2021-05-17
426	孙春兰在考察高校毕业生就业促进周时强调促进高校毕业生更加充分更高质量就业	新华社	2021-05-17
427	【晚间新闻】孙春兰考察高校毕业生就业促进周	中央电视台综合频道	2021-05-17
428	【朝闻天下】2021届高校毕业生就业促进周　京津冀专场招聘会线上线下同步进	中央电视台新闻频道	2021-05-18
429	【朝闻天下】2021届高校毕业生就业促进周　搭建平台促进就业供需精准对接	中央电视台新闻频道	2021-05-18
430	百年大党的100个故事:1978年的出国考察潮	前线客户端	2021-05-18
431	举办校园招聘、校企供需对接大会、就业主题教育　高校毕业生就业促进周系列活动启动	人民日报	2021-05-18
432	二〇二一届高校毕业生就业促进周启动	中国青年报	2021-05-18
433	李小云:一个发展主义者的扶贫自画像	社会创新家微信公众号	2021-05-18
434	【学《条例》| 党外人士大家谈】孙其信:担当新使命　奋斗新时代	北京统战微信公众号	2021-05-18
435	京津冀专场招聘会提供超9万个岗位　线上线下昨日同时启动招聘　涉及行政管理、市场销售、技术研发等多领域	北京青年报	2021-05-18
436	909万大学毕业生如何更好就业——2021届高校毕业生就业促进周系列活动观察	中国教育报	2021-05-18
437	【全国教育新闻联播】孙春兰:促进高校毕业生更加充分更高质量就业	中国教育电视台	2021-05-18
438	“我爱你,开化!”中国农业大学留学生来开化探究中国乡村发展故事	开化新闻网	2021-05-19
439	促进农村劳动力充分就业　全面推进乡村振兴	中国劳动保障报	2021-05-19

续表

序号	题目	媒体名	日期
440	理论观察|当前我国消费新特征、新趋势	北京学习平台学习强国号	2021-05-19
441	人才振兴，法律怎么规定	农民日报	2021-05-19
442	乡村贫困的共性是“现代性缺失”：对话中国农业大学教授李小云	南方周末	2021-05-20
443	中国农业大学农村基层党建研究中心曲周基地揭牌成立	曲周发布微信公众号	2021-05-20
444	院士专家解读《中国消费者全谷物认知状况报告(2021)》	中国科技网	2021-05-20
445	南财快评：放宽外国投资者限制，扩大投资开放	21财经App	2021-05-20
446	张建慧带队到中国农业大学进行合作洽谈	商丘网	2021-05-20
447	野生大熊猫“唐唐”痊愈回家	人民日报客户端	2021-05-21
448	【新闻1+1】食物银行来了，“存”的是爱心，“取”的是简朴	中央电视台新闻频道	2021-05-21
449	中国农业大学：《在灿烂阳光下》《唱支山歌给党听》《新的天地》	现代教育报学习强国号	2021-05-21
450	互联护苗2021 | 谣言“辨”形记：酸性体质导致“体弱多病”？	北京学习平台学习强国号	2021-05-23
451	中国农大师生自发悼念袁隆平：农学青年将传承他的遗志继续前进	中国青年网	2021-05-23
452	【新闻直播间】陕西伤病大熊猫“唐唐”经救护后痊愈成功放归	中央电视台新闻频道	2021-05-23
453	【中国三农报道】戴景瑞：袁隆平院士一生对农业充满热爱和执着	中央电视台农业农村频道	2021-05-23
454	做好“三农”传播　为乡村振兴营造良好舆论环境	科技日报	2021-05-24
455	让儿童从吃好到吃对　这7个育娃难题你遇到过吗？	北青网	2021-05-24
456	CEO来了之后——临翔乡村振兴正当时	微播临翔微信公众号	2021-05-24
457	【中国三农报道】第四届“牛精英挑战赛”在陕西杨凌举办	中央电视台农业农村频道	2021-05-24
458	中国青年学子联合倡议：系好科研生涯中“每一粒扣子”	中国新闻网	2021-05-24
459	常清：壮大人才队伍增强企业大宗商品价格管理能力	中国证券报	2021-05-25
460	草业科学：小草成就大事业	阳光高考网	2021-05-25
461	第十一届北京(通州)国际都市农业科技节开幕	北京通州官方发布北京号	2021-05-25

续表

序号	题目	媒体名	日期
462	【中国三农报道】创新农牧人才培养体系中国农业大学"牛人"养成记	中央电视台农业农村频道	2021-05-25
463	"光明杯"第四届牛精英挑战赛落幕　创新畜牧领域人才培养模式	中国青年报客户端	2021-05-26
464	盘活土地要素,依法保障乡村振兴的建设用地需求	农民日报	2021-05-26
465	中国农业大学附属小学管乐团在国家图书馆　奏响精彩乐章	魅力学校大风号	2021-05-26
466	探讨:在中国农业大学就读是一种怎么样的体验呢?	腾讯网	2021-05-27
467	2021,吉林振兴ING丨特别报道:中国农大实验站的"气象哨"在梨树织了一张智慧大"网"	中国吉林网	2021-05-27
468	非洲小农如何借鉴中国经验挖掘潜力?	中国新闻网	2021-05-27
469	2021,吉林振兴ING丨镜头下的中国农业大学梨树实验站	中国吉林网人民号	2021-05-27
470	中国农业大学招生分三类　设立"四位一体"资助体系	新华网	2021-05-27
471	李小云:穷人的生活是他们自己的选择吗?	南都慈善家微信公众号	2021-05-27
472	Plant Cell丨中国农业大学马男课题组揭示维持月季花瓣中ROS动态平衡的新机制	BioArt植物网易号	2021-05-28
473	中国银行烟台分行与中国农业大学烟台研究院签署"廉洁伙伴"合作协议	胶东在线	2021-05-28
474	中国农业大学发布"农货新消费报告":2021年农产品线上零售额将达8千亿	江西网络广播电视台	2021-05-28
475	中国农业大学举办庆祝中国共产党成立一百周年书画作品展	北京社区报微信公众号	2021-05-28
476	中国农业大学举办庆祝中国共产党成立100周年书画作品展	中国新闻社	2021-05-29
477	李志鹏:科研路上"逐鹿"而行	吉林日报	2021-05-29
478	【朝闻天下】教育部　高校毕业生就业率高于去年同期	中央电视台新闻频道	2021-05-30
479	京津冀甘薯产业发展联盟开展种苗联合调研	河北新闻网	2021-05-30
480	争创高产纪录!中国农大校长孙其信到鸡泽实验站考察小麦育种情况	精彩鸡泽微信公众号	2021-05-30
481	烟台中行与中国农业大学烟台研究院签署"廉洁伙伴"合作协议	水母网	2021-05-30
482	大国科创　青春正澎湃	新华社	2021-05-30

续表

序号	题目	媒体名	日期
483	农村改革的历史逻辑——中国农业大学首场中国乡村大讲堂开讲	中国教育在线	2021-05-31
484	第四届牛精英挑战赛在陕西杨凌圆满落幕	中国教育在线	2021-05-31
485	从深度治理到互联网运营　一个深度贫困村的振兴之旅	证券日报网	2021-05-31
486	唐丽霞:要尊重农民的主体地位　体现在这三方面	中央电视台农业农村频道	2021-05-31
487	走出校门进入农门,年轻学子让科研成果扎根田野　科技小院建到田间地头	大众日报	2021-06-01
488	中国农业大学推动大宣讲同频共振,激荡新时代奋进力量	党史学习教育官网	2021-06-01
489	朱启臻:三孩开放后,乡村年轻人更愿意生育吗?	新京报客户端	2021-06-01
490	牛奶怎么喝才健康?2021世界牛奶日乳制品知识大讲堂在京举行	新华网	2021-06-01
491	中国农业大学教授张燕:透明质酸等生物活性成分作为新食品原料可改善居民健康	金融界百度百家号	2021-06-01
492	蔡旭院士:“抗棍棒”的小麦人生	中国科学报	2021-06-01
493	你会喝牛奶吗?全国乳品营养周进社区　居民“涨姿势”	中国经济网	2021-06-02
494	专家研讨奶牛胚胎繁育新技术	科技日报	2021-06-02
495	中国农业大学教授毛学英:全脂牛奶不会引起一般人群体重的增加	新华网	2021-06-02
496	中国农业大学举办青春学思会,挖掘“校史中的党史”	新京报客户端	2021-06-02
497	【每日一习话】做到真学真懂真信真用	央广网	2021-06-03
498	“全国脱贫攻坚先进个人”、著名扶贫专家李小云推出新书《贫困的终结》	广州日报人民号	2021-06-03
499	中国农业大学信电学院研究生校外实践基地落户汉鑫科技	胶东在线	2021-06-03
500	把黑土地用好养好	求是网微信公众号	2021-06-03
501	打文创的“牌”举无糖的“旗”　令人倒吸一口凉气的雪糕	北京晚报	2021-06-03
502	中国农业大学乡村振兴红色万里行启动仪式及首站活动在古田举行	红色文化周刊人民号	2021-06-03
503	全市首家国家级“科技小院”挂牌	泰州日报	2021-06-03
504	中国乡村大讲堂首场报告会在中国农大举行	人民网	2021-06-03

续表

序号	题目	媒体名	日期
505	四川选调生何津：从中国农业大学毕业后在川工作经历分享	选调生人民号	2021-06-03
506	四川选调生阿别小兵：从中国农业大学毕业后在川工作经历分享	选调生人民号	2021-06-03
507	【新闻联播】第四轮高校毕业生“三支一扶”计划启动实施	中央电视台综合频道	2021-06-03
508	李小云：鼓励生育　儿童早期发展不平等将成为挑战	新京报客户端	2021-06-04
509	第三届中国渔业渔村振兴论坛举行	中国经济网	2021-06-04
510	科技小院引来“取经人”	北京城市副中心报	2021-06-04
511	“90 后海归”争当“新农人”	农村青年杂志人民号	2021-06-04
512	北京建成 54 个科技小院，将培养百名新农人	新京报网	2021-06-04
513	四川选调生王伦：从中国农业大学毕业后在川工作经历分享	选调生人民号	2021-06-04
514	四川选调生吴新新：从中国农业大学毕业后在川工作经历分享	选调生人民号	2021-06-04
515	四川选调生牛培平：从中国农业大学毕业后在川工作经历分享	选调生人民号	2021-06-04
516	四川选调生易丹钦：从中国农业大学毕业后在川工作经历分享	选调生人民号	2021-06-04
517	昭通市举办乡村振兴专题培训	昭通新闻网	2021-06-05
518	红色文物青年说 ｜ 具有划时代意义的《中国土地法大纲》	央视网	2021-06-05
519	中国农业大学专家赴特克斯县考察蝗虫发生情况	新华网	2021-06-06
520	都市驱动型乡村振兴创新实验区麦地冲小组核心示范区启动运营	掌上春城客户端	2021-06-06
521	央视记者到我县报道中国农大科技富农和三夏生产	曲周融媒	2021-06-06
522	【全国教育新闻联播】青春学思会：学百年光辉党史　做强农兴农青年	中国教育电视台	2021-06-06
523	中国农业大学农业部生物防治重点实验室课题组来巩留指导蝗虫防治工作	巩留县融媒体中心	2021-06-07
524	评论｜全球疫情期间食品价格为何上涨？	21 财经 App	2021-06-07
525	中国农业大学到龙桑寺镇调研党建引领合作社发展	商河县人民政府网站	2021-06-07
526	昆明都市驱动型乡村振兴创新实验区取得新进展	“三农”号 App	2021-06-07
527	法治保障激活乡村产业	中国名牌	2021-06-07

续表

序号	题目	媒体名	日期
528	中国经验赋能非洲小农	经济日报	2021-06-07
529	宜良麦地冲村打造乡村振兴“样板间”	昆明日报	2021-06-07
530	昆明都市驱动型乡村振兴创新实验区麦地冲核心示范区启动运营	新华网	2021-06-07
531	昆明都市驱动型乡村振兴创新实验区显振兴雏形	县域经济网	2021-06-07
532	中国农业大学与昆明市共同推动　都市驱动型乡村振兴创新实验初显成效	农民日报	2021-06-07
533	都市驱动型乡村振兴创新实验区麦地冲小组核心示范区启动运营	昆明电视台新闻综合频道	2021-06-07
534	院士高考回忆录丨汪懋华:70年前,奔走两天去“赶考”	新京报客户端	2021-06-07
535	果蔬陆续成熟　土壤改良先行	北京城市副中心报	2021-06-08
536	农学:新农业科技革命的先锋专业	光明日报	2021-06-08
537	经参时评|外贸连续高速增长奠定全年增速的基调	新华社	2021-06-08
538	【观点】董强||乡村建设的推进关键是要找到农民为主体的撬动点	重农评微信公众号	2021-06-08
539	藏粮于技:滨海盐碱地小麦喜获丰收——中国农业大学土壤改良试验示范区测产记	农民日报	2021-06-08
540	中国农业大学党史学习教育大型主题展演举办	中国新闻网	2021-06-08
541	河口区政府与中国农业大学举行共建教授工作站签约仪式	东营市政府网站	2021-06-08
542	百年·百业·百人丨朱永达:致力“三农”发展　躬耕机械化节水农业	大河网	2021-06-09
543	【建党100周年·心声】孙其信:百年芳华初心不改　凝聚共识携手奋进	统战新语微信公众号	2021-06-09
544	追寻红色足迹,共圆伟大复兴中国梦——各民主党派中央负责人和无党派人士代表赴上海、浙江嘉兴参观学习座谈发言摘编	人民日报	2021-06-09
545	迈向高等教育强国:普及化与“双一流”	光明日报	2021-06-09
546	东营市河口区人民政府与中国农业大学举行共建教授工作站签约仪式	河口发布新华号	2021-06-09
547	奶奶珍藏4年的冬瓜水,差点让孙女丧命	北京科学中心人民号	2021-06-09
548	乡村CEO扎根基层　建设现代化乡村	昆明信息港	2021-06-09
549	【中国三农报道】潘云瑞:我是村里的“首席执行官”	中央电视台农业农村频道	2021-06-09

续表

序号	题目	媒体名	日期
550	【中国三农报道】盘活农村闲置资产　提高农民收入	中央电视台农业农村频道	2021-06-09
551	以数字乡村建设保障农产品质量安全	国家治理	2021-06-10
552	经济大家谈丨数字乡村建设助力构建新发展格局	人民论坛网	2021-06-10
553	中国农业大学第二学士学位招生　烟台承担530个名额培养任务	烟台日报	2021-06-10
554	【全国教育新闻联播】中国农大举行“百年风雨　稼穑同行”大型展演	中国教育电视台	2021-06-10
555	“百年风雨　稼穑同行——中国农业大学党史学习教育大型主题展演”举行	党史学习教育官网	2021-06-10
556	【首都晚间新闻】中国农业大学党史学习教育大型主题展演举办	北京电视台新闻频道	2021-06-10
557	推动新时代乡村文化振兴	中国社会科学网	2021-06-11
558	中国农技协“科技小院”联盟(吉林)建设工作推进会在长春召开	吉林省科协微信公众号	2021-06-11
559	涡阳县对领导干部进行乡村振兴专题培训	亳州市政府网	2021-06-11
560	南财快评:海南自由贸易港法实施助推自贸港建设迈入新阶段	21财经App	2021-06-11
561	环境科学与工程类专业:以所学守护绿水青山	阳光高考	2021-06-11
562	中国农业大学教授　乡村振兴研究院副院长左停:怒江下一步怎么落实乡村振兴	怒江传媒微信公众号	2021-06-11
563	中国农业大学学习中国共产党纪律建设史	中国社会科学网	2021-06-11
564	【中国“三农”报道】直击三夏现场　河北曲周:中国农大实验站里的“三夏”	中央电视台农业农村频道	2021-06-11
565	中国农业大学教授工作站揭牌仪式在杭锦后旗大博金田机械有限公司举行	你好杭后微信公众号	2021-06-12
566	【中国三农报道】直击“三夏”现场让科研成果及时转化在农田里落地生根	中央电视台农业农村频道	2021-06-12
567	中国农业大学何雄奎教授:科技创新,助云南烟草智慧升级	农资导报农药微信公众号	2021-06-13
568	【重庆新闻联播】简讯　中国农业大学与市农科院将共建研究生校外实践基地	重庆卫视	2021-06-13
569	科技加持,让肉牛业“牛”起来	科学网	2021-06-13
570	【中国三农报道】直击“三夏”现场　国际交流取长补短　助推农业技术推广落地	中央电视台农业农村频道	2021-06-13

续表

序号	题目	媒体名	日期
571	鸡泽:抗旱优质强筋小麦新品系“农大136”亩产772.1公斤 实现新突破	长城网	2021-06-14
572	中国农业大学教授、博士生导师张正河:构建大流转格局	经济日报	2021-06-14
573	在人才奖励、平台建设、科研创新等方面提供强力支持 防城港十年孜孜聚英才	广西日报	2021-06-14
574	让地里来的回到地里去	苏州日报	2021-06-14
575	实现新突破、展示好前景！中国农大鸡泽实验站举办抗旱强筋新品系小麦“农大136”实收测产现场会	邯郸新闻网人民号	2021-06-15
576	行走・国缘|结缘在坦桑尼亚田垄间	《环球》杂志新华社客户端号	2021-06-15
577	经济大家谈 | “一基两翼”推动数字乡村建设	人民论坛网	2021-06-15
578	陈颖博士:生态健康的创新耕耘者	中国网	2021-06-15
579	百年大党的100个故事:蒋先云的抉择	前线客户端	2021-06-15
580	中国农业大学参与建设,全程无人化管理,这个智慧果园采用了哪些高科技?	农资导报农药微信公众号	2021-06-15
581	新中国成立初期的干部业余理论学校	党的文献微信公众号	2021-06-15
582	鹤峰风光再登《中国农业大学学报(社会科学版)》封面	云上恩施	2021-06-16
583	【新闻超链接】植物肉登上餐桌,真的“香”吗?	中央人民广播电台中国之声	2021-06-16
584	为农科强“芯” 为教育铸魂——记小麦育种专家、杨凌职业技术学院研究员赵瑜	各界新闻网	2021-06-16
585	特医食品科学普及丨三分钟认识特殊医学用途配方食品	中国食品科学技术学会微信号	2021-06-16
586	百年大党的100个故事:时代楷模张桂梅	前线客户端	2021-06-16
587	套书出版！喜迎建党百年,全面展示中国科技发展之路!	中国农资传媒微信公众号	2021-06-16
588	【新闻直播间】关注2021年高校毕业生就业 精准施策促就业 暖心服务助学子	中央电视台新闻频道	2021-06-16
589	乡村建设要找到以农民为主体的撬动点	农民日报	2021-06-16
590	中国农业大学王伟教授团队到西昌玉米园区开展学术交流与合作	凉山彝族自治州农业农村局网站	2021-06-17
591	河北曲周:特色种植增收入 农家绽开“富裕花”	人民网	2021-06-17
592	熊春文|两极化:流动儿童群体文化背后的教育制度结构	探索与争鸣	2021-06-17

续表

序号	题目	媒体名	日期
593	百年大党的100个故事:重庆谈判	前线客户端	2021-06-17
594	《健康食堂建设管理规范》团体标准正式发布	中国消费者报	2021-06-17
595	施用新型肥料后可节肥28.1%、减排氨47.8%、增产9% 曲周小麦种植探出舒心路子	中国环境报	2021-06-17
596	社会组织齐聚昆明麦地冲 研讨对接乡村振兴战略	中国县域经济报	2021-06-17
597	中国农业大学发布《初心弥坚:中国农业大学许党报国的红色故事》	"三农"号 App	2021-06-18
598	【智库思享】巴枫:碳中和成全球气候治理"新入场券"	中国网	2021-06-18
599	【全国教育新闻联播】传承红色基因 讲好农大故事	中国教育电视台	2021-06-18
600	【今日聚焦】石羊河流域:节水倒逼农业转型升级	甘肃卫视	2021-06-18
601	北京市农林科学院植环所与中国农大植保学院签署共建实验示范基地合作协议	北京市农林科学院网站	2021-06-18
602	陈昌:毛泽东挚友兼助手	湖南日报	2021-06-18
603	京津冀对蝗虫联防联控	天津日报	2021-06-19
604	第五届中科羊草种业发展现场观摩与研讨会在内蒙古开鲁县召开	中国农网	2021-06-19
605	20天,1 459公里!杭州夫妻骑自行车去北京参加儿子毕业典礼,昨天傍晚一家人在大学门口团聚	都市快报微信公众号	2021-06-19
606	【新闻直播间】扎根乡村沃土,到祖国最需要的地方去!	中央电视台新闻频道	2021-06-19
607	线上线下齐学习,博兴街道组织开展"博兴讲堂"活动	博兴街道人民号	2021-06-20
608	何为临期食品?临期食品到底能不能吃?如何捡漏和保存临期食品?一文了解↓	央视新闻客户端	2021-06-20
609	【每日一习话】实践没有止境 理论创新也没有止境	央广网	2021-06-20
610	食品专家提醒:吃不对鲜银耳可能中毒	生命时报	2021-06-21
611	米好还是面好,关键在吃法	生命时报	2021-06-21
612	专家宣讲助力北京经开区荣华街道党史学习教育再升温	北京亦庄官方发布北京号	2021-06-21
613	后疫情时代 方便面逆势生长,专家有话说	北青网	2021-06-21
614	聚焦西部乡村振兴的理论研究和政策实践 首届"西部乡村振兴论坛"暨陕西省社科界第十五届学术年会分场活动在西北大学举办	中国社会科学网	2021-06-21
615	中国农业大学国家农业科技战略研究院院长高旺盛一行来民勤县调研	大美民勤腾讯号	2021-06-21
616	穿越长征路主题美术书法作品展在中国农业大学开幕	中国网	2021-06-21

续表

序号	题目	媒体名	日期
617	眼中有图、心中不慌，麦收时节北斗大数据送上这份大礼包	中国科技网	2021-06-21
618	穿越长征路“五个一百工程”推进会在北京召开	中国网	2021-06-21
619	推进一体化防控　京津冀农区蝗虫联防联控活动成功举办	河北新闻网	2021-06-22
620	玉米籽粒淀粉含量遗传机理获解析	中国科学报	2021-06-22
621	2021云上河北高招会丨好消息！中国农大今年招生类型及专业在河北均有增加	河北新闻网	2021-06-22
622	夯实全面小康基础　重要农产品保障水平稳步提升	中国证券报新华社客户端	2021-06-22
623	《初心弥坚：中国农业大学许党报国的红色故事》新书发布	人民网	2021-06-22
624	架起各国人民民心相通的桥梁——习近平给北京大学的留学生们回信引发热烈反响	中国教育报	2021-06-23
625	如何通过课堂向留学生展示一个真实、立体、全面的中国？	中国科技网	2021-06-23
626	百年大党的100个故事：国际主义战士白求恩	前线客户端	2021-06-23
627	中国农业大学蒲县教授工作站在该县现代农业示范园揭牌	黄河新闻网	2021-06-23
628	“植物肉”有助于减脂？专家：热量通常比动物肉还高	中国新闻网	2021-06-23
629	我是选调生，我在村丨我是选调寻梦人	乡村干部网	2021-06-23
630	互联网企业党史学习教育专题辅导班举办	亦城时报北京号	2021-06-23
631	住建部等3部门印发《关于加快农房和村庄建设现代化的指导意见》——乡村居住条件将有大变化	人民日报海外版	2021-06-23
632	助推驴产业良性发展产品价格回归至合理区间	中国农网	2021-06-23
633	李小云：疫情后国际发展合作走向扁平化	环球时报	2021-06-24
634	牛奶三步“变”酸奶您该如何步步“精”心	中国消费报	2021-06-24
635	托起乡亲“富足梦”——记云南省第二十三届劳动模范陶春艳	曲靖日报	2021-06-24
636	九三学社中国农业大学委员会启动“课程思政”调研工作	九三学社北京市委员会	2021-06-24
637	破解“卡脖子”难题　助力乳业高质量发展	人民网	2021-06-24
638	买一赠一、第二件半价……这类食品经常在超市卖出“白菜价”！能买吗？	北京交通广播企鹅号	2021-06-24

续表

序号	题目	媒体名	日期
639	苹果打败橙子成为“太空水果”，为什么连航天员都点名苹果？	生命时报企鹅号	2021-06-24
640	在抖音，他用玩梗科普自然	南方人物周刊企鹅号	2021-06-24
641	“共享菜园”迎丰收　大兴区长子营镇共建共享润邻里	北京大兴官方发布百度百家号	2021-06-24
642	中国农业大学乡村振兴课题组来高新专题调研	高新视讯微信公众号	2021-06-24
643	中国农业大学以决胜脱贫攻坚战的生动故事讲好“大思政课”	教育部网站	2021-06-25
644	2021高招光明大直播走进中国农业大学	光明网	2021-06-25
645	百年大党的100个故事：百姓谁不爱好官	前线客户端	2021-06-25
646	回答世界之问③：中国哪些脱贫经验值得世界借鉴	中国日报中文网	2021-06-25
647	庆祝建党100周年书法教育现场会在中国农大附小举办	央视画廊微信公众号	2021-06-25
648	“三区三州”特别节目《路》| 第1集《弯路》	中央电视台农业农村频道	2021-06-26
649	《银行业金融机构绿色金融评价方案》7月1日起实施	中国产业经济信息网人民号	2021-06-26
650	积极向留学生展示立体全面的中国	香港文汇报	2021-06-26
651	联合国开发计划署中国扶贫项目创新乡村扶贫机制	新华社	2021-06-26
652	中国农大4 966名学生毕业，有毕业生父母骑行1 459公里来京	新京报网	2021-06-26
653	孙宝国院士：公众对食品安全的认知仍有很多误区	中国科技网	2021-06-26
654	延庆区气象局联合区应急局召开延庆区2021年气象防灾减灾暨防雷安全培训会	首都文明网	2021-06-27
655	“三区三州”特别节目《路》| 第2集《路标》	中央电视台农业农村频道	2021-06-27
656	【全国教育新闻联播】中国农业大学毕业典礼：怀抱理想解民多艰	中国教育电视台	2021-06-27
657	中国农业大学赖锦盛教授团队开发高效低成本测序技术HITAC-seq	BioArt植物网易号	2021-06-28
658	百年大党的100个故事：铁血将军的伟大一生	前线客户端	2021-06-28
659	回望百年　聊聊咱们的“幸福事儿”	中国三农报道央视频号	2021-06-28
660	“三区三州”特别节目《路》| 第3集《思路》	中央电视台农业农村频道	2021-06-28

续表

序号	题目	媒体名	日期
661	村庄里唱响的红色经典——团结就是力量	中央人民广播电台乡村之声	2021-06-28
662	四平百年　百人　百事　百地——中国黑土地博物馆	四平广播电视台新华号	2021-06-28
663	送上太空的“神秘”种子，究竟如何“变身”？	科技日报	2021-06-29
664	名校来了丨中国农业大学：全国预计增加招生计划 320 人　新增专业类型多样	搜狐网	2021-06-29
665	梨树经济开发区举办庆祝建党 100 周年文艺演出	智慧梨树微信公众号	2021-06-29
666	2021，吉林振兴 ING 丨综述：“黑科技”带来的黑土地“硬核”生产力	中国吉林网	2021-06-29
667	“三区三州”特别节目《路》丨第 4 集《路灯》	中央电视台农业农村频道	2021-06-29
668	南财快评：如何看待猪肉价格波动的趋势？	21 财经 App	2021-06-29
669	创新驱动，院士把脉！甘肃打造旱作农业高质量发展样板	新甘肃客户端	2021-06-29
670	考生们看过来　农科专业在向你招手	中国三农报道央视频号	2021-06-29
671	康保县举行乡村振兴与城乡统筹融合发展专题讲座	绿色康保澎湃号	2021-06-29
672	中国医药集团中国农业大学与天水市签约发展合作协议	新天水	2021-06-29
673	【全国教育新闻联播】延河联盟：同根同源九校联盟　各行各业激扬青春	中国教育电视台	2021-06-30
674	【Asia Today】Group expected to reaffirm commitment to addressing hunger and other food emergencies	CGTN	2021-06-30
675	新冬 60 号再创南疆小麦单产最高纪录	中国农网	2021-06-30
676	FAO Director-General opens the 8th World Congress on Conservation Agriculture	FAO	2021-06-30
677	“三区三州”特别节目《路》丨第 5 集《路口》	中央电视台农业农村频道	2021-06-30
678	北京创新团队岗位专家何绍贞受邀第 94 批中国博士后科技服务团走进恩施	中国农网	2021-06-30
679	油、盐、酱、醋怎么存放更长久，看看这些小妙招	新京报网	2021-07-01
680	大会幕后丨并肩战斗　志愿者伉俪终圆梦	北京日报客户端	2021-07-01
681	73 年党龄老党员张仲威：我见证了农业与国家同步的现代化进程	新京报客户端	2021-07-01

续表

序号	题目	媒体名	日期
682	又一项水稻新技术在吉水县试验示范，中国农业大学专家教授亲临指导	吉水在线网微信公众号	2021-07-01
683	保护好“耕地中的大熊猫”	吉林日报	2021-07-02
684	百年大党的100个故事：库尔班大叔为啥想见毛主席	前线客户端	2021-07-02
685	【百名党员　百个故事　致敬党的百年华诞】梅玲丽：在金色烟田收获美好	云南网	2021-07-02
686	【强国使命，我们担当!】首都师生热议总书记在庆祝中国共产党成立100周年大会上的重要讲话	北京考试报微信公众号	2021-07-02
687	【中工漫评】“深闺”农产品“出圈”带动新农人返乡就业	中工网	2021-07-02
688	习近平总书记在庆祝中国共产党成立100周年大会上的重要讲话在我市引发强烈反响	烟台时刻	2021-07-03
689	百年大党的100个故事：闽宁村里的山海情	前线客户端	2021-07-03
690	第94批中国博士后科技服务团走进恩施	恩施日报	2021-07-03
691	北京茅台文化研究会携手中国农业大学共建韩北忠教授工作站	凤凰网	2021-07-03
692	林德贵：从兽医眼里看猫咪的健康	宠业家搜狐号	2021-07-03
693	【新闻联播】摆脱贫困为全面小康作出关键性贡献	中央电视台综合频道	2021-07-03
694	百年初心使命的生动描绘——文献专题片《敢教日月换新天》获好评	新华社	2021-07-03
695	始终不忘合作初心同心共筑伟大梦想——北京市各民主党派、工商联和无党派人士畅谈学习贯彻习近平总书记在庆祝中国共产党成立100周年大会上的重要讲话精神	北京日报	2021-07-04
696	宜良九乡麦地冲村：打造昆明乡村振兴“样板间”	云南网	2021-07-04
697	百年大党的100个故事：小瓜子写出了大文章	前线客户端	2021-07-04
698	全国首个“社会政策”本科专业落户中国农业大学	社工速递微信公众号	2021-07-04
699	服务国家战略　建设教育强国——习近平总书记在庆祝中国共产党成立100周年大会上的重要讲话持续引发高校师生强烈共鸣	中国教育报	2021-07-04
700	他花6年时间，在云南改造了一个诗意的村子，终于理解：为什么中国能终结绝对贫困……	财经国家周刊微信公众号	2021-07-04
701	“政府＋高校＋社会组织”齐聚昆明 共商乡村振兴行动计划	公益时报	2021-07-04
702	对百年初心使命的生动描绘——文献专题片《敢教日月换新天》圆满收官	光明日报	2021-07-04

续表

序号	题目	媒体名	日期
703	为实现中华民族伟大复兴再立新功	北京青年报	2021-07-05
704	创造新业绩　担当新使命——九三学社中国农业大学二支社组织观看“七一勋章”颁授仪式	九三学社北京市委员会	2021-07-05
705	不负时代、不负韶华，请党放心、强国有我——习近平总书记在庆祝中国共产党成立100周年大会上的重要讲话在女大学生中引起热烈反响	中国妇女网	2021-07-05
706	聚焦人力资本开发　创新乡村振兴模式	中国劳动保障报学习强国号	2021-07-05
707	小龙虾死亡超两小时食用易中毒？死虾常温下腐烂速度很快	健康时报	2021-07-05
708	在玉米“故乡”从事聚焦人力资本开发 创新乡村振兴模式玉米研究的中国青年学者任姣姣	国际在线	2021-07-05
709	【每日一习话·礼赞一百年】中华民族为人类文明进步作出了不可磨灭的贡献	央广网	2021-07-05
710	坚定理想信念，努力为党和人民争取更大光荣——观礼师生热议习近平总书记在庆祝中国共产党成立100周年大会上的重要讲话	人民网	2021-07-05
711	中老青年党员云端共话“我和我的党”	环球伙伴 GlobalPartnership 微信公众号	2021-07-05
712	2035玉米大豆生产新图景绘就	中国科学报	2021-07-06
713	【心路】第三篇章·砥砺奋进——唱响建设时代的壮歌	中国教育电视台	2021-07-06
714	清河源：以产业兴旺推动脱贫成果与乡村振兴有效衔接	中国农网	2021-07-06
715	科学家总结园艺作物腺体表皮毛发生新进展	科学网	2021-07-06
716	研究发现水稻调控细胞死亡及逆境胁迫因子	科学网	2021-07-06
717	【美术新闻】穿越长征路主题美术书法作品展在中国农业大学举行	中央电视台书画频道	2021-07-06
718	【Global Watch】LIVING IN XIAOKANG China aims to push forward rural vitalization	CGTN	2021-07-06
719	六盘水市科技局与中国农业大学土地科学与技术学院商讨开展合作共建	六盘水市政府	2021-07-07
720	【聚焦学理中国】全面建成小康社会：创新共享发展	中国社会科学网	2021-07-07
721	【心路】第四篇章　不忘初心——拥抱伟大的时代	中国教育电视台	2021-07-07
722	分会动态｜中国农业大学老科协举行“迎七一庆建党百年”座谈会	北京老科技工作者之家微信公众号	2021-07-07
723	数字化给农业全产业链插上翅膀	中国网	2021-07-07

续表

序号	题目	媒体名	日期
724	【焦点评析】沈建忠院士:科学认识合理使用兽药	“三农”号 App	2021-07-07
725	为党育人　为国育才——驻烟高校师生认真学习贯彻习近平总书记在庆祝中国共产党成立100周年大会上的重要讲话精神	水母网	2021-07-08
726	河北曲周:绿色先行区长出“蓝小麦”	长城网	2021-07-08
727	推动农业品牌建设,政府要在生产和营销两大环节上“花力气”	新华报业网	2021-07-08
728	配备百人导师团!中国农业大学强基计划人才培养有这些亮点	北京考试报客户端	2021-07-08
729	【新闻联播】团结向前汇聚实现民族复兴的磅礴力量——习近平总书记在庆祝中国共产党成立100周年大会上的重要讲话在各民主党派、工商联和无党派人士中引发热烈反响	中央电视台综合频道	2021-07-08
730	1 456名农大师生将在北京开展社会实践　助力首都乡村振兴	北京时间客户端	2021-07-09
731	中国农业大学“研究生校外实践基地”揭牌仪式在根力多股份总部圆满举行	邢台市政府	2021-07-09
732	推动自由探索　产生原创成果	中国教育报	2021-07-09
733	揭示植物与根际微生物在干旱下互作机制	科学网	2021-07-09
734	【教育新闻直播间】中国农大“强基计划”百人导师团:发展基础学科　筑牢国家根基	中国教育电视台	2021-07-09
735	重塑乡村活力　给留守儿童更多关爱(新视点)	人民日报	2021-07-09
736	中国实践的世界贡献	光明网	2021-07-09
737	中国农业大学张福锁:创新“政产学研农”　推动绿色发展和乡村振兴	新华网	2021-07-09
738	壶关县与中国农业大学省校合作基地建设正式启动	上党先锋号微信公众号	2021-07-10
739	【专家教授谈感受】芮玉奎:商河把党建和产业振兴很好地结合起来,把农民的人心和村庄的人气有效地聚集起来!印象深刻!	爱商河　宣传部微信公众号	2021-07-10
740	【专家教授谈感受】任大鹏:组织优势得到充分发挥是“商河模式”一个重要的经验!	爱商河　宣传部微信公众号	2021-07-10
741	中国农业大学资源与环境学院党委书记王雯一行来曲考察对接	曲周县网信办官方澎湃号	2021-07-10
742	姜沛民:建党百年视野下的中国特色社会主义大学	北京教育(高教)	2021-07-10
743	海南热带特色高效农业绿色发展研讨会在京举办	中国科技网	2021-07-11

续表

序号	题目	媒体名	日期
744	中国农业大学教授马会勤:“综试区”的挂牌为宁夏“紫色名片”带来无限可能	人民网	2021-07-11
745	黑土地上的“袁隆平”	四平新闻网	2021-07-12
746	【论坛观点】中国农业大学教授李小云:乡村振兴需要新的制度性贡献	天眼新闻 App	2021-07-12
747	省农业农村厅举办“数字乡村引领我国乡村振兴”专题讲座	江苏省农业农村厅	2021-07-12
748	中国农业大学甘肃省农业科学院考察团一行赴中国农业大学石羊河实验站参观考察	甘肃省水利厅	2021-07-12
749	用了纠纷少　大家都说好——“京郊旅游保”推动休闲农业和乡村旅游发展	农民日报	2021-07-12
750	绥化市与中国农业大学举行战略合作洽谈会	绥化日报微信公众号	2021-07-13
751	中国农业大学校长孙其信一行来渝北考察交流	渝北发布微信公众号	2021-07-13
752	【特别关注】1 456 名农大师生将在首都乡村开展社会实践	北京卫视	2021-07-13
753	吴仲贤:能“文”能“理”的遗传学家	中国科学报	2021-07-13
754	关于保护修复耕地　建设生态型农业的思考	农村工作通讯	2021-07-13
755	表型组学技术:精准挖掘玉米抗旱基因	中国科学报	2021-07-13
756	【中国三农报道】我也是医生　宠物医生的日常:如何给“毛孩子”看病(一)	中央电视台农业农村频道	2021-07-13
757	我市与中国农业大学、南京大学、华中师范大学、西南交通大学、南昌大学签订合作协议	重庆日报	2021-07-14
758	5 所高校来渝“结亲”　带来哪些“彩礼”	重庆日报	2021-07-14
759	上半年我货贸进出口比增 27.1%,专家分析认为:“全年外贸增长大约在 15%～20%”	南方日报	2021-07-14
760	创新驱动　院士把脉　甘肃旱作农业注重关键技术创新	每日甘肃网	2021-07-14
761	120 万元! 又一知识产权成功转换　助力海南打造热带果业健康饮品产业	南海网	2021-07-14
762	王格庄镇:“土味”红色文化墙　引来了城里大学生	水母网	2021-07-14
763	中央农村集体产权制度改革第三方督查抽查组到凤城市督促抽查农村集体产权制度改革工作	丹东市政府	2021-07-14
764	《2021 年农技协与科技志愿服务调查研究》项目启动会在中国农业大学召开	中国农村专业技术协会微信公众号	2021-07-14
765	驴产品价格回归合理区间尚需多方努力	农民日报	2021-07-14

续表

序号	题目	媒体名	日期
766	他奋战一线20年　只为保证苹果花期顺利授粉	科技日报	2021-07-14
767	互联网给农业全产业链插上翅膀	农民日报	2021-07-14
768	【中国三农报道】我也是医生宠物医生的日常:动物医院的悲欢故事(二)	中央电视台农业农村频道	2021-07-14
769	百年大党的100个故事:志愿军战俘营里的奥运会	前线客户端	2021-07-15
770	高原捡拾车志愿服务活动即将启程	中国西藏网	2021-07-15
771	中国农业大学助力灵丘乡村振兴献言献策研讨会召开	灵丘县融媒体中心	2021-07-15
772	三亚崖州湾知识产权特区完成一起专利技术转让　一套果蔬深加工技术卖了120万元	海南日报	2021-07-15
773	市委十三届第69次理论学习中心组学习(扩大)会召开　专题学习"三农"工作	琼海市政府	2021-07-15
774	人才振兴中的高素质农民队伍建设	农村工作通讯	2021-07-15
775	活的益生菌必须要冷藏,挑选时做好4点	生命时报	2021-07-15
776	碳和磷在土壤有机质分解中如何互动	科学网	2021-07-15
777	【新闻联播】中国共产党历史展览馆今起面向社会公众开放	中央电视台综合频道	2021-07-15
778	【中国三农报道】我也是医生　宠物医生的日常:优质宠物医生市场缺口巨大(三)	中央电视台农业农村频道	2021-07-15
779	百年大党的100个故事:深藏功名的张富清	前线客户端	2021-07-16
780	中国农大农学院与灵丘县签约深化省校合作共建"12大基地"	灵丘县融媒体中心	2021-07-16
781	【云岭新气象】全国第一个鲜切花类"科技小院"落户晋宁	云南网	2021-07-16
782	简讯丨中国农业大学王明博士到南沙调研交流	大湾区博士后公共研究中心微信公众号	2021-07-16
783	中国工程院张福锁院士来甘开展土壤质量调研考察	甘肃省农业科学院网站	2021-07-16
784	史斌:让村民的日子过得更加殷实	晋品人民号	2021-07-16
785	中美反刍动物营养师认证项目正式启动　嘉吉助力行业人才培养	中国质量新闻网	2021-07-16
786	海南热带特色高效农业绿色发展研讨会举办,专家建议——以科技创新促循环农业跨越发展	海南日报	2021-07-17
787	百年大党的100个故事:湘西剿匪记	前线客户端	2021-07-17
788	中国奶牛种业高质量发展推进会在合肥举办	中国奶业协会微信公众号	2021-07-18

续表

序号	题目	媒体名	日期
789	“一碗面”教授和他的“苹果天团”——记中国农业大学苹果育种技术与砧木育种团队	光明日报	2021-07-18
790	中国农业大学园艺学院教授韩振海：创新要在“顶天立地”上下功夫	光明日报	2021-07-18
791	反刍动物营养师认证项目在合肥启动	安徽网	2021-07-19
792	百年大党的100个故事：湘西剿匪记	前线客户端	2021-07-19
793	雪豹“凌夏”不适宜放归　目前暂居西宁野生动物园豹馆	青海新闻网	2021-07-19
794	四平：打造“梨树模式”升级版，建设现代农业生产单元	吉林日报百度百家号	2021-07-19
795	【多彩保定】涿州：国家重大科技基础设施“天蓬工程”有序推进　预计年底全面竣工	河北电视台公共频道	2021-07-19
796	中国农业大学李小云教授一行到福安召开乡村振兴工作推进会	福安六坊微信公众号	2021-07-19
797	【最强党支部建设】开鲁县农牧系统老干部党支部深入镇场巡回指导红干椒应用微生态剂技术试验示范工作	开鲁党建澎湃号	2021-07-19
798	2021中国奶业20强(D20)峰会在合肥召开	中国食品安全网	2021-07-19
799	中国农业大学秦峰教授一行来我院开展学术交流	甘肃省农业科学院网站	2021-07-19
800	中国工程院咨询研究重点项目“农业全产业链融合绿色发展战略与途径”项目结题评审会在京召开	中国工程院网站	2021-07-19
801	我国奶牛育种行业形势紧迫　需多方发力打好种业翻身仗	新华网	2021-07-19
802	食话实说丨“网红食品”如何升级“长红佳品”？	中国经济网	2021-07-19
803	用了兽药肉品就不安全吗	农民日报	2021-07-19
804	跨省代购奶茶引关注　高额代购费用是否合法合规	央广网	2021-07-19
805	中国农业大学食品科学与营养工程学院教授李再贵：正确认识膳食纤维，健康中国需要善吃杂粮	CC讲坛央视频号	2021-07-19
806	把青春写在田间地头——记拉萨市达孜区农业技术推广站站长扎西顿珠	西藏日报	2021-07-20
807	保卫黑土地　筑牢大粮仓丨VLOG：在黑土地主题邮局，邮寄一张来自黑土地的明信片	中国吉林网	2021-07-20
808	保卫黑土地　筑牢大粮仓丨VLOG：在黑土地博物馆，感受黑土地的更多“奥秘”	中国吉林网	2021-07-20
809	中国农业大学中国县域经济研究中心调研组来我县调研乡村振兴战略工作	平定县政府网站	2021-07-20

续表

序号	题目	媒体名	日期
810	中国农大附中校长王军:以"农·人"情怀耕耘教育沃土	民生网	2021-07-20
811	当轻食成为"新社交"　这门生意怎么做	中国青年报	2021-07-20
812	带领村民靠农业致富的山东菏泽玉皇庙村党支部书记关志洁——走在乡间小路的女博士	人民日报	2021-07-20
813	"大思政课"这样上更有效	光明日报	2021-07-20
814	黑土地保护"上新"啦——吉林保护黑土地新观察	新华社	2021-07-20
815	高清图:推广育秧新技术　节约成本增效益	人民网	2021-07-20
816	玉米也套袋　陕西科学院专家七年选育出花青素鲜食玉米	西部网三农人民号	2021-07-21
817	南财快评:理性看待猪肉价格反弹,合理安排生猪生产出栏	21财经 App	2021-07-21
818	安徽合肥:反刍动物营养师认证项目正式启动	新华网	2021-07-21
819	增产增收不破坏土地　黑土地保护有了"硬核秘籍"	新华网	2021-07-21
820	"小绿洲"给沙漠添彩　"示范园"带乡村致富	新华社客户端	2021-07-21
821	黑土地掀起"种地革命"　吉林四平推广493万亩"梨树模式"	新京报网	2021-07-22
822	中国的小康　全球的贡献	中国社会科学报	2021-07-22
823	中国高等教育学会成立高等农林教育分会	中国教育新闻网	2021-07-22
824	高端访谈丨汪懋华院士:献身农业工程引领学科发展,竭力推进农业农村现代化进程	农业工程	2021-07-22
825	探访中国黑土地博物馆　感受东北黑土区的变迁与保护	光明网	2021-07-22
826	给大地盖上棉被——黑土地保护性耕作的"梨树模式"	中国新闻网	2021-07-22
827	中日韩合作秘书处举办"疫情背景下的中日韩农业发展和乡村振兴"线上研讨会	中国新闻网	2021-07-22
828	开展特色劳动教育　突出耕读主题——3 000名大学生走进中国农业大学涿州教学实验场开荒种田	美丽中国乡村行央视频号	2021-07-22
829	Resilience of small farmers in Africa must be improved	China Daily Global	2021-07-22
830	第七届梨树黑土地论坛暨吉林四平黑土地保护日活动在梨树开幕	人民网	2021-07-22
831	中国农业大学资环学院一行到建三江调研	建三江政务微信公众号	2021-07-22
832	梨树模式:保护型耕作引得蚯蚓来	人民政协网	2021-07-22

续表

序号	题目	媒体名	日期
833	让"耕地中的大熊猫"永葆活力——黑土地保护利用国际论坛侧记	吉林日报	2021-07-23
834	把年谱作为方法——《许璇纪念文集(附年谱)》读后	乐清网	2021-07-23
835	相聚钱江源头　追梦共同富裕|首届"开化论坛"隆重开幕	开化新闻网	2021-07-23
836	"开化倡议"发布！共商社会科学投身乡村振兴战略的使命担当	开化新闻网	2021-07-23
837	多位学者共同发起"开化倡议":倡导社科学者投身乡村振兴	新京报 App	2021-07-23
838	吉林·四平黑土地保护日活动暨第七届梨树黑土地论坛开幕	四平日报	2021-07-23
839	中国农业大学教授任华中在我区考察指导　区政协主席李飞参加	长治市潞州区政府网站	2021-07-23
840	"开化论坛"在浙江省成功举办	中国社会科学网	2021-07-23
841	智库沙龙|聚焦河南特大暴雨:极端天气考验城市应"极"管理能力	中经报智库微信公众号	2021-07-23
842	【每日一习话·第二个百年奋斗目标】改革开放是决定当代中国前途命运的关键一招	央广网	2021-07-23
843	共推科技成果转化落地　共商现代农业发展大计	中国新闻网	2021-07-23
844	300余名专家学者齐聚钱江源头话共富　首届"开化论坛"在浙江开化开幕	新华网	2021-07-23
845	产业提档升级　致富更有底气	人民日报	2021-07-23
846	葡萄酒产业如何"破冰"　业界:应培育"中国风格"	中国新闻网	2021-07-23
847	中国农业大学马克思主义学院到雁鸣湖镇调研	人民网	2021-07-23
848	中国农业大学调研组来我市开展校地合作对接活动	阳泉日报	2021-07-24
849	聚焦农林人才培养　服务乡村振兴	中国教育电视台	2021-07-24
850	李小云:建党百年,给年轻人讲述中国扶贫的全球意义	观察者网	2021-07-24
851	红色微课堂|碧血丹心吕惠生	安徽博物院人民号	2021-07-24
852	专家解读三:依法保障肉食品安全	农业农村部网站	2021-07-24
853	保证生猪产品质量安全　让人民群众吃上"放心肉"　我国生猪屠宰行业踏上高质量发展的新征程	法制网	2021-07-25
854	【每日一习话·第二个百年奋斗目标】祝愿各族群众生活好上加好	央广网	2021-07-25
855	【中国三农报道】首届"开化论坛"在浙江开化举办　专家学者与地方政府共同探索乡村振兴实践路径	中央电视台农业农村频道	2021-07-25

续表

序号	题目	媒体名	日期
856	相约夏日躬行,激荡青春力量	牛城晚报	2021-07-26
857	《廊坊市数字乡村发展规划(2021—2025年)》发布	网信河北中国青年号	2021-07-26
858	百年大党的100个故事:边境线上的“活界碑”魏德友	前线客户端	2021-07-26
859	七星关区龙凤村:科技“小”院“大”作为——中国农业大学派员调研“科技小院”驻点帮扶龙凤村巩固脱贫成果、助推乡村振兴工作成效	毕节市政府网站	2021-07-26
860	激励学者投身乡村振兴伟业	中国社会科学网	2021-07-26
861	100名共产党员深情献语党的百年华诞(八)丨中国党政干部论坛	中国党政干部论坛微信公众号	2021-07-26
862	灵丘县与中国农业大学商谈省校合作共建“12大基地”工作	共产党员网	2021-07-26
863	“为什么很多城市家长拼命在孩子身上投资” 投资儿童 下一个减贫议题	中国青年报	2021-07-26
864	扛起“两军”建设重任 涉农高校需处理好“三个关系”	科技日报	2021-07-26
865	Into the woods	China Daily Global	2021-07-26
866	蔡奇与农业农村部、中国农业大学领导调研平谷区,要求打造一流的“农业中关村”!	北京日报微信公众号	2021-07-27
867	百年大党的100个故事:他把生命永远定格在扶贫路上	前线客户端	2021-07-27
868	走进乡村|“学霸”返乡,当起“新农人”! 中国农业大学硕士研究生陈代涛回乡创业,带领百姓增收致富	大小新闻	2021-07-27
869	【北京新闻】平谷区:建设“农业中关村”打造“农业中国芯”	北京卫视	2021-07-27
870	【北京新闻】蔡奇到平谷区调研时强调建设农业科技创新示范区打造一流的“农业中关村”	北京卫视	2021-07-27
871	乡村振兴,防城港科技特派员在行动	防城港日报	2021-07-27
872	蒙牛集团与中国农业大学签署战略合作协议 产学研结合助力奶业高质量发展	乳业时报微信公众号	2021-07-27
873	应对极端天气,家中需备好应急食物	中国妇女报	2021-07-27
874	吃完蛋糕变“蓝牙”,添加这么多食品色素安全吗?	北京科协澎湃号	2021-07-27
875	【新闻超链接】奥运小知识:体重VS训练,谁决定了力量?	中央人民广播电台中国之声	2021-07-27
876	“一带一路”跑出互利共赢加速度	国际商报	2021-07-28
877	何雄奎:精准施药 守护环境和餐桌安全	光明网	2021-07-28
878	新《生猪屠宰管理条例》为肉食品安全提供强有力保障	科技日报微信公众号	2021-07-28

续表

序号	题目	媒体名	日期
879	市委中心组学习(扩大)会召开	赣南日报	2021-07-29
880	灵丘县扎实有序推进深化省校合作工作	大同日报	2021-07-29
881	中国农业大学完成首个河南洪涝淹没农田遥感监测分析报告	新京报客户端	2021-07-29
882	【动态】中国农业大学马克思主义学院赴江北乡棋盘村开展农村基层党建调研工作	精彩龙潭微信公众号	2021-07-29
883	中国农业大学教授工作站落户夹江	四川在线	2021-07-29
884	阳高县与中国农业大学县校合作助推乡村振兴	阳高党建网	2021-07-29
885	叶敬忠:讲好中国故事　是学者在乡村振兴中的理论使命	新京报客户端	2021-07-29
886	百年大党的100个故事:古田会议放光芒	前线客户端	2021-07-29
887	“一个好栏目,两位真榜样!”——刘守仁、沈世钊院士事迹激励青年心向边疆、担当奋斗	光明日报	2021-07-29
888	河北涿州国家农业科技园高附加值农业助农民增收	美丽乡村中国行央视频号	2021-07-29
889	【每日一习话·第二个百年奋斗目标】中华民族伟大复兴进入了不可逆转的历史进程	央广网	2021-07-29
890	回应青年群体关切,用民生实事检验党史学习教育实效　云南:用办实事让青年感受“共青团在身边”	中国青年报	2021-07-29
891	论文写在黑土地!梅里斯与中国农业大学教授工作站揭牌	聚焦梅里斯微信公众号	2021-07-30
892	梅里斯达斡尔族区举行中国农业大学教授工作站揭牌仪式	聚焦梅里斯微信公众号	2021-07-30
893	南财快评:灾情对粮食产量的影响有限,秋粮生产稳定	21财经App	2021-07-30
894	关于乡村振兴,中国农业大学王涛教授这堂专题讲座干货满满!	聚焦梅里斯微信公众号	2021-07-30
895	【涿州新闻】省政协副主席徐建培到涿州调研	涿州电视台	2021-07-30
896	本-硕-博贯通成高校人才选拔培养新趋势	中国教育和科研计算机网	2021-07-30
897	为什么奥运冠军赛间都爱吃香蕉?	@生命时报微博	2021-07-30
898	乡村为何成为洪灾重灾区?专家:农村不设防的状况未根本改变	澎湃新闻	2021-07-30
899	雪豹“凌夏”不适宜放归　将“定居”西宁野生动物园	中国新闻网	2021-07-30
900	辽宁首个“科技小院”在营口市红旗镇挂牌	科技日报	2021-07-30

续表

序号	题目	媒体名	日期
901	中国农大石羊河实验站三套“组合拳”助力武威节水型社会建设	武威市政府网站	2021-07-31
902	中国农业大学校长孙其信率队赴大方县开展巩固拓展脱贫攻坚成果调研	大方统战微信公众号	2021-07-31
903	印台区专家人才工作站召开2021年果业发展研讨及技术培训会	农业科技报人民号	2021-07-31
904	中国农业大学马克思主义学院赴江北乡棋盘村开展农村基层调研工作	中国吉林网	2021-08-02
905	中国农业大学来昌乐开展为农服务调研	山东省气象局网站	2021-08-02
906	每经热评|以服贸会为契机　推动数字农业服贸发展	每日经济新闻客户端	2021-08-02
907	中国农大国家农业市场研究中心主任韩一军:农业产业逐步向特色乡村产业转变	中国农网	2021-08-02
908	“弘扬脱贫攻坚精神　全面推进乡村振兴”理论与实践研讨会在京举行	人民网	2021-08-02
909	提升农民科学素质　实现“三位一体”的乡村振兴目标	科技日报	2021-08-02
910	杨倩家乡冠军墙每天吸引数千游客　专家建议打造特色村庄	新京报网	2021-08-03
911	百年大党的100个故事:奇袭白虎团	前线客户端	2021-08-03
912	情系乡村促振兴!中国农业大学学生开展暑期乡村振兴实践活动纪实	齐鲁壹点客户端	2021-08-03
913	专家指出乳糖不耐受的解决方法	中广食安人民号	2021-08-03
914	天津市第五十七中学活动纪实|认知三农之重　感受科技之力	知识就是力量人民号	2021-08-03
915	中国农业大学调研组赴昆明库森农业产业基地开展调研	中国网	2021-08-03
916	中国农业大学四川晟兴教授工作站成立	中国农网	2021-08-03
917	Live: How has an impoverished village turned into a tourism hotspot?	CGTN	2021-08-03
918	晋商故里　智创未来——晋中市立足特色优势全力推动“12大基地”建设	山西日报	2021-08-04
919	百年大党的100个故事:“吃亏书记”李连成	前线客户端	2021-08-04
920	Z时代的新爱　主打健康概念的气泡水成市场宠儿	每日商报	2021-08-04
921	聚焦关键问题　引领农业品牌高质量发展——专访《区域公用品牌建设标准》项目首席专家陆娟	农民日报	2021-08-04
922	这些大学生把论文写在希望的黑土地上	新华社客户端	2021-08-04

续表

序号	题目	媒体名	日期
923	“七一”重要讲话精神在基层|这群大学生，在黑土地上绽放青春	新华社	2021-08-04
924	【百万庄小课堂】“食品级”化妆品真的能吃吗？专家：实验室里可以达到	中国新闻网	2021-08-04
925	党的十八大以来教育援藏助力西藏改善办学条件、提高教育教学质量　为雪域高原浇灌希望的花朵	人民日报	2021-08-04
926	树老了，种桃人年纪也大了　水蜜桃好吃产业存隐忧	中国江苏网	2021-08-05
927	临沂市临沭县发改局：多点发力　助力乡村振兴	鲁网	2021-08-05
928	中国农业大学校长孙其信一行来武威考察调研	武威日报微信公众号	2021-08-05
929	教育机构员工冒充学校老师推销课程，中国农业大学提醒学生勿上当	新京报网	2021-08-05
930	菜园免费摘　小黑垡村和科技小院打造“共治共享”模式	新京报网	2021-08-05
931	以青春之力投身乡村振兴——中国农业大学认真学习贯彻习近平总书记“七一”重要讲话精神	光明日报	2021-08-05
932	2021“新一代人工智能与智慧农业”学科专业建设研讨会在烟台举行	中国科技网	2021-08-05
933	李小云：实现脱贫攻坚与乡村振兴有效衔接，关键靠什么？	新华社客户端	2021-08-05
934	中国人的“饭碗”要牢牢端在自己手中	光明网	2021-08-05
935	我国首个《外卖智能取餐柜管理规范》团体标准发布	中国经济网	2021-08-05
936	守护无接触配送“最后一公里”　《外卖智能取餐柜管理规范》标准发布	人民网	2021-08-05
937	【图片新闻】武威市石羊河实验站　科研人员用地面高光谱仪检测田间玉米生长指标	武威日报	2021-08-06
938	工作状态饱满　项目落实落地　朔州市加快全方位省校合作	朔州日报	2021-08-06
939	中国大学生知行促进计划、路易达孚“乡村创变者”可持续农业青年行动于峪口镇举行	首都文明网	2021-08-06
940	中国农业大学校长孙其信一行在天祝县调研	甘肃·天祝网	2021-08-06
941	中国农业大学暑期社会实践小队在温泉县　开展暑期志愿服务活动	博尔塔拉蒙古自治州政府网站	2021-08-06
942	佳木斯市委市政府与中国农业大学携手共建绿色农业与黑土地保护创新研究中心	佳木斯市政府网站	2021-08-06

续表

序号	题目	媒体名	日期
943	中国农业大学学生校外实践基地（灵川县海洋乡）正式揭牌	天上海洋微信公众号	2021-08-06
944	“梨树模式”：耕地保护利用的重构性创新	i自然学习强国号	2021-08-06
945	中国可通过灵活性诸边谈判机制推动WTO改革	21世纪经济报道	2021-08-06
946	恰是风华正茂　奋斗再立新功	经济参考报	2021-08-06
947	运动员吃香蕉引发网友热议，香蕉到底有啥好？	健康时报网	2021-08-06
948	“快乐成长　营养先行”学生营养与健康科普宣传进校园活动在京启动	中国青年网	2021-08-06
949	科研“妙手”　循环高效——专家为农业农村废弃物循环利用建言献策	农民日报	2021-08-06
950	“云洽谈”深合作　谋发展促共赢	昔阳县政府网站	2021-08-07
951	学生营养与健康科普宣传进校园活动启动	光明网	2021-08-07
952	城乡要素双向流动　有效促进农业农村现代化	农民日报	2021-08-07
953	【教育新闻直播间】“2021新一代人工智能与智慧农业”研讨会在烟台举行	中国教育电视台	2021-08-08
954	中国农业大学举办“开化论坛”	人民日报	2021-08-08
955	聘教授为荣誉村长　聘博士为新村民　安宁雁塔村乡村人才振兴出新招	云报客户端	2021-08-09
956	繁育“中国种”解决卡脖子难题　两位白头翁　还在种玉米	北京晚报	2021-08-09
957	一朝护城，一生守城，一代为城，代代为城——一家三代接力70年守护金山岭长城	河北新闻网	2021-08-09
958	周红波会见中国工程院院士沈建忠	三亚发布微信公众号	2021-08-09
959	7年，他点亮了山村文化之魂	人民政协报微信公众号	2021-08-09
960	安宁创新引入人才机制　探索乡村振兴新路径	工人日报客户端	2021-08-09
961	中国农业大学深入推进课程思政建设	教育部网站	2021-08-09
962	中国农业大学社会实践小队赴博州开展实践活动	博尔塔拉报	2021-08-10
963	稼穑青年向红星！中国农业大学学子到沾化开展暑期乡村振兴实践活动	滨州网	2021-08-10
964	问土地要答案：青年科学家和新一代农民的探索	农民日报微信公众号	2021-08-10
965	云南安宁雁塔村人才振兴结硕果，喜添“教授村长”“博士村民”	农民日报云南新闻“三农”号	2021-08-10
966	多吃鸡肉有什么害处？怎样吃鸡不发胖？	中国经济网	2021-08-10

续表

序号	题目	媒体名	日期
967	请教授当“村长” 请博士当“村民” 云南安宁雁塔村探索乡村振兴新路径	人民网	2021-08-10
968	平定县与中国农业大学签署深化省校合作框架协议	阳泉日报	2021-08-11
969	平顺县与中国农业大学农业规划设计研究所完成战略合作框架协议“云签约”	i长治网	2021-08-11
970	灵丘生物资源农用科研转化项目启动	大同日报	2021-08-11
971	边熬夜边吃保健品 劝父母自己却入坑 二三十岁人的假养生	北京晚报	2021-08-11
972	百年大党的100个故事:扶贫楷模黄文秀	前线客户端	2021-08-11
973	科普粮识丨全谷杂粮中“全谷与粗粮”真正的区别	新疆粮食微信公众号	2021-08-11
974	躬耕沃野育良种 时和岁稔粮满仓	陕西农村网	2021-08-11
975	炒菜机器人推动农产品精深加工、电商配送、标准化融合发展——厨房“新人”带来产业“新机”	农民日报	2021-08-11
976	为“技术与农业”融合添活力 第二届多多农研科技大赛全球招募参赛队伍	农民日报	2021-08-11
977	卢怀玉:擦亮“冀棉援疆”这张名片	中工网	2021-08-11
978	三亚中国农业大学研究院:立足崖州湾 布局海南岛	三亚日报	2021-08-12
979	走出空调房,晒得黑乎乎 靖江300多“00后”奔赴防疫一线	靖江日报	2021-08-12
980	【图片新闻】中国农业大学石羊河实验站旱区积累重要科学数据	武威日报	2021-08-12
981	百年大党的100个故事:英雄机长刘传健	前线客户端	2021-08-12
982	低糖软饮市场规模增长 熬夜水真能熬出健康吗	中国消费者报	2021-08-12
983	【朝闻天下】新修订的《土地管理法实施条例》9月1日起施行细化土地征收程序保障农民合法权益	中央电视台综合频道	2021-08-12
984	【朝闻天下】新修订的《土地管理法实施条例》9月1日起施行明确集体经营性建设用地入市交易规则	中央电视台综合频道	2021-08-12
985	生物资源农用转化科研平台延伸基地在灵丘揭牌	山西新闻网资讯中青看点号	2021-08-12
986	张福锁:科学施肥让农业迈向绿色高产高效|《“三农”大家谈》第4季第3期	农民日报微信公众号	2021-08-12
987	中国农业大学暑期社会实践小队赴平邑县调研乡村振兴活动纪实	琅琊新闻网	2021-08-13
988	百年大党的100个故事:银元之战和米棉之战	前线客户端	2021-08-13

续表

序号	题目	媒体名	日期
989	【Dialogue】Achieving Moderate Prospertiy China's development in past decades	CGTN	2021-08-13
990	昭通为什么适合发展乡村旅游?	昭通新闻网	2021-08-14
991	保护集中连片耕地,更利于保护农田生态系统	i自然学习强国号	2021-08-14
992	校研究生颂百年(136)弘扬爱国奋斗精神　建功立业新时代　走进蔡旭院士的"小麦人生"	中国研究生微信公众号	2021-08-15
993	康绍忠:最好的奋斗时代,要为人民多作贡献	光明日报	2021-08-15
994	中国首次进口非洲干辣椒,是从当地这个经济发展最快的国家	北京日报客户端	2021-08-16
995	创新主体入滇科研成果落地　2 500余项目为全省各产业发展注入动能	昆明信息港	2021-08-16
996	我是化妆品检查员|胡晓彤:厚植专业技术　守护用妆安全	中国食品药品网	2021-08-16
997	中卢智慧农业战略合作协议签署	凤凰网	2021-08-16
998	云南曲靖团结村发展壮大产业,为乡亲们创造更多工作岗位——就业不离家　挣钱又顾家	人民日报	2021-08-16
999	【深化省校合作　共促高质量发展】运城:架起合作金桥　推动校地共赢	山西日报	2021-08-17
1000	百年大党的100个故事:不朽的英雄番号"刘老庄连"	前线客户端	2021-08-17
1001	咖啡吧书屋启动试运营　万溪冲乡村振兴再添新亮点	昆明信息港	2021-08-17
1002	百年大党的100个故事:陈云家的两辆红旗牌车	前线客户端	2021-08-17
1003	海归支教教师带村里孩子圆梦	中国青年报	2021-08-17
1004	微生物需要的营养来源	新华网	2021-08-17
1005	专家建议完善立法秉持平等对待和整体利益最大化原则　疫情波动,旅游订单该不该无损退订	法治日报	2021-08-17
1006	河北曲周:牵紧"人才"线,铺就振兴路	河北共产党员网	2021-08-18
1007	新赛道吸聚新人才　新人才引领新未来|中国农业大学暑期实习交流活动正圆满闭幕	成都新津人民号	2021-08-18
1008	曲甜:从技术与组织关系分析人工智能的治理模式	中新经纬客户端	2021-08-18
1009	【三农群英汇】坝上草原的守望者	中央电视台农业农村频道	2021-08-18
1010	山西灵丘:省校合作共建"12大基地"进入新阶段	人民网	2021-08-18
1011	小村落变身昆明乡村振兴"样板间"	昆明日报	2021-08-19

续表

序号	题目	媒体名	日期
1012	乡村新榜 YOUNG丨先完成个小目标！三位大学生的“桃”金路	齐鲁晚报	2021-08-19
1013	中国蛋鸡 40 年：四大育种困境待突破，未来 20 年是黄金期	第一财经	2021-08-19
1014	利弊争议不断，咖啡到底该怎么喝？	中国新闻周刊百度百家号	2021-08-19
1015	屯留区与中国农业科学院中国农业大学签署校地合作协议	长治日报	2021-08-20
1016	【科普营养】预防肥胖的七大关键期	临床营养网微信公众号	2021-08-20
1017	为了可爱的中国丨汪懋华：深耕农业工程　尽显精细智慧	中国民主法制出版社学习强国号	2021-08-20
1018	暴雨又来　河南防汛应急如何备战	北京商报网	2021-08-22
1019	【第一时间】宠物墓地市场调查宠物殡葬用地无法律依据消费维权无保障	中央电视台财经频道	2021-08-22
1020	灵丘县深化省校合作再突破　灵丘智库基地揭牌	山西新闻网	2021-08-23
1021	对外援助需有效传播	环球新华社客户端	2021-08-23
1022	逐梦青春　中国农大社团赴西藏日喀则进行暑期实践	中国西藏网	2021-08-23
1023	专家观点丨乡村振兴资金面临四大缺口	新京报客户端	2021-08-23
1024	北京第一个农村党支部的建立	北京市档案馆北京号	2021-08-23
1025	南财快评：实施自贸区提升战略，助推全面开放新格局	21 财经 App	2021-08-23
1026	反季水果不健康？应保持多样性	光明网	2021-08-23
1027	炒菜机器人加盟　餐饮走向智能化	人民日报海外版	2021-08-23
1028	椰子油到底是什么，健康吗？	光明网	2021-08-23
1029	羊肉大跌？养羊亏损？并非如此	经济日报	2021-08-23
1030	智慧农业高峰论坛举行　提升系统数字化能力　助力乡村全面振兴	重庆日报	2021-08-24
1031	机械“果农”种桃　“未来果园”破解桃农老龄化难题	北京日报	2021-08-24
1032	本科博士毕业于中国农业大学，以第一或通讯作者在 Plant Cell/Plant Physiol 等期刊发表论文，获国家杰青项目资助	植物微生物最前线微信公众号	2021-08-24
1033	智慧农业路在何方？大咖专家齐聚山城论道	新华网	2021-08-24
1034	农业农村如何高质量发展？政企专家共话“智慧农业”	人民网	2021-08-24
1035	穆家营子镇肉牛养殖由传统走向现代	中国农网	2021-08-24

续表

序号	题目	媒体名	日期
1036	百年大党的100个故事:抗日民族英雄马本斋	前线客户端	2021-08-24
1037	金所军会见中国农大教授张天柱	阳泉日报	2021-08-25
1038	中国乡村变迁的理论与历史逻辑的新探索——评陈文胜《论中国乡村变迁》	华声在线	2021-08-25
1039	这个暑假　河北易县桑岗村的孩子们有了图书室	新京报网	2021-08-25
1040	乐天宇:甘作九嶷山下的园丁	永州日报	2021-08-25
1041	南方草山草坡或可更科学合理地开发利用	中国绿色时报	2021-08-25
1042	推进乡村振兴的理论前沿问题	中国社会科学网	2021-08-25
1043	【育见】曹兵海:牢记总书记嘱托　坚持农村调研求真务实	中国教育电视台	2021-08-25
1044	进博会:扩大农产品进口的助推器	中国商务新闻网	2021-08-25
1045	【观察与思考】非洲族群冲突的殖民统治根源|中国投资	中国投资参考微信公众号	2021-08-25
1046	昆明共青团为大学生打造田间课堂直通车	中国青年报	2021-08-25
1047	【Global Business】FOOD CRISIS What will happen to the hunger situation in Afghanistan if assistance does not reach in time?	CGTN	2021-08-25
1048	油盐酱醋等调料怎么存放更长久	中国妇女报	2021-08-26
1049	科学家揭示玉米"化石"结构变异动态进化和功能	科学网	2021-08-26
1050	老茶馆"变身"社区大学　青神让村民在家门口享文化大餐	川观新闻	2021-08-27
1051	加快高素质农民队伍建设　推进乡村人才振兴	农村新报	2021-08-27
1052	以立德树人为根本　以强农兴农为己任——中国农业大学扎实推动党史学习教育走向深入	光明日报	2021-08-27
1053	打造一支理论学习宣讲的"集团军"	光明日报	2021-08-27
1054	一个乡村研究学者的自豪与荣幸	光明日报	2021-08-27
1055	诠释乡村振兴内涵、探索农村改革路径　"开化倡议"呼吁社会科学学者积极投身乡村振兴	中国农网	2021-08-27
1056	一个农民合作社的提质增效路	人民日报	2021-08-27
1057	【正点财经】畜禽良种提升加快肉牛新品种培育基础数据仍有短板	中央电视台财经频道	2021-08-27
1058	【正点财经】创新育种模式　突破关键技术　我国奶牛育种寻求突破	中央电视台财经频道	2021-08-27
1059	百年大党的100个故事:平型关大捷	前线客户端	2021-08-27

续表

序号	题目	媒体名	日期
1060	OECD最新报告:民间社会组织参与国际发展援助的三大特点	光明网	2021-08-28
1061	迈向昆明:生物多样性保护的南方契机	中国科技网	2021-08-28
1062	百年大党的100个故事:井冈山会师	前线客户端	2021-08-28
1063	聚焦构建"农业+保险"生态圈 "保险服务乡村振兴论坛"在京举办	人民网	2021-08-29
1064	百年大党的100个故事:飞夺泸定桥	前线客户端	2021-08-29
1065	自称健康的轻食"赢"在了哪?	武汉晚报	2021-08-30
1066	刚死的螃蟹能吃吗?哪些部位不能吃?误食可能会死人…	北京科协澎湃号	2021-08-30
1067	科学家解析农药施用对黄瓜果实代谢影响	科学网	2021-08-30
1068	植物通过种间促进作用影响生态系统功能获揭示	科学网	2021-08-30
1069	"重质量+强实效"统筹推进农村厕所改造	新华财经客户端	2021-08-30
1070	百年大党的100个故事:共产主义战士赵世炎	前线客户端	2021-08-30
1071	陕西选调生黄敬文:为群众办实事,做村民贴心人	选调生人民号	2021-08-31
1072	观察|国内外民间组织正式被纳入到中国对外援助体系	凤凰网公益凤凰新闻客户端	2021-08-31
1073	养羊利润收窄,专家建议节本增效长远打算	中国农网	2021-08-31
1074	百年大党的100个故事:防治血吸虫病	前线客户端	2021-08-31
1075	中国农大研究生受聘担任义务科技推广员	多彩贵州网	2021-09-01
1076	孙占祥:论文写在大地上,成果送到农民家	辽宁日报	2021-09-01
1077	网红低脂面包能量超宣传值被点名	北京青年报	2021-09-01
1078	不断开创教育高质量发展新局面——"不忘初心、牢记使命"中国共产党历史展览引发首都高校师生热烈反响	光明日报	2021-09-01
1079	中国农大迎来8 000余名新生 传统"中兽医"专业恢复招生	北京头条客户端	2021-09-02
1080	中国农大今明两日新生报到,社会政策等新增专业首迎新生	新京报客户端	2021-09-02
1081	中国农业大学植物保护学院用5万年古DNA与基因组大数据分析解密小种群濒危物种的演化和保护	中国报道网	2021-09-02
1082	清华、中国农大迎来2021级新生	北京青年报	2021-09-03
1083	既要藏粮于地,又要藏粮于技	光明网	2021-09-03
1084	中国农业大学积极开展洪涝受灾学生资助工作	中国报道网	2021-09-03

续表

序号	题目	媒体名	日期
1085	农大开学季丨学霸坚持学农：有些路总要有人走的	中国三农报道央视频号	2021-09-04
1086	农大开学季丨你听说过中兽医吗？	中国三农报道央视频号	2021-09-04
1087	农大开学季丨中兽医的“凡尔赛”	中国三农报道央视频号	2021-09-04
1088	农大开学季丨你知道“动物育种”有多重要吗？	中国三农报道央视频号	2021-09-04
1089	象来，向未来	光明网	2021-09-04
1090	【中国三农报道】中国农业大学“强基计划”培养生物育种方向人才	中央电视台农业农村频道	2021-09-04
1091	中国农业大学鸡泽实验站被评定为中国农业大学校级研究生实践基地	河北新闻网	2021-09-05
1092	学科70年丨陈有民：造园学组的设立和园林专业教育初创	中国风景园林学会微信公众号	2021-09-05
1093	北京证券交易所将助力实体经济高质量发展	中国经营网	2021-09-05
1094	【新闻联播】十九届中央第七轮巡视完成反馈以巡视整改促进新时代高等教育高质量发展	中央电视台综合频道	2021-09-05
1095	南南合作与服务贸易国际论坛：倡导数字经济助力南南合作	新华网	2021-09-05
1096	七星关区：山乡热土写青春	毕节日报	2021-09-06
1097	【市校合作】高平本色农业科技有限公司与中国农业大学共建智库合作基地	高平市政府网站	2021-09-06
1098	他们，要把论文写在毕节大地	毕节发布微信公众号	2021-09-06
1099	新《对外援助管理办法》的六大亮点	中国乡村振兴在线	2021-09-06
1100	中国农业大学在2021服贸会发布《南南合作在行动》专题报告	中国妇女网	2021-09-06
1101	中国农业大学迎来3 623位普通本科新生、4 435位研究生新生	中国教育新闻网	2021-09-06
1102	中国农业大学党委书记姜沛民寄语新生：争做有志气、有骨气、有底气的一代新人	中国教育在线	2021-09-06
1103	中国农业大学：开展党史学习教育　凝聚每一颗石榴籽	高校辅导员工作室微信公众号	2021-09-06
1104	South-South in Action report shares Chinese experience	Shenzhen Daily	2021-09-06
1105	一天吃几个鸡蛋最好？这次终于知道答案了……	腾讯医典人民号	2021-09-06

续表

序号	题目	媒体名	日期
1106	南财快评:透过服贸会触摸服务贸易新未来	21 财经 App	2021-09-06
1107	学史力行践初心——党史学习教育“我为群众办实事”实践活动综述	人民日报	2021-09-06
1108	【中国农业大学与南南合作】多学科共话数字经济如何助力南南合作	中国网	2021-09-06
1109	农大研支团在镇康一中开学第一课开展励志讲座	中国青年网	2021-09-06
1110	黑龙江虎林市:跨区种植优质水稻喜获丰收	中国周刊人民号	2021-09-07
1111	服务“三农”发展　助推乡村振兴　“百业百人讲百年”宣讲团成员刘俊清宣讲背后的故事	晋中晚报	2021-09-08
1112	【中国农业大学与南南合作】“科技小院”里的“洋学员”	中国乡村振兴在线	2021-09-08
1113	推进 SDG 实现进程　中国农大在 2021 服贸会发布《南南合作在行动》专题报告	中国科技网新华号	2021-09-08
1114	GLOBALink | Uganda boosts agricultural commercialization with help of Chinese technologies	XINHUA NET	2021-09-08
1115	(Recast) Roundup: Experts call for Ugandan youths to grasp opportunities in agriculture to confront pandemic	XINHUA NET	2021-09-08
1116	刚死的螃蟹能吃吗？哪些部位不能吃？误食后果很严重……	新华网微信公众号	2021-09-08
1117	完善分配制度　缩小收入差距	时事报告	2021-09-08
1118	秋雨蒙蒙　中国农业大学 7 000 余名新生开启新学期	北京时间	2021-09-09
1119	科技动态|省科技厅组织干部前沿知识讲座,邀请高旺盛教授作乡村振兴专题报告	科技彩云南微信公众号	2021-09-09
1120	【全国教育新闻联播】中国农大开学第一课:争做为实现中华民族伟大复兴的一代新人	中国教育电视台	2021-09-09
1121	增速逆市上扬彰显外贸韧性	经济参考报	2021-09-09
1122	节粮减损促进世界粮食安全	经济日报	2021-09-09
1123	“接过前辈们的接力棒,该我上场了”——三封青年读者的来信	光明日报	2021-09-09
1124	欠发达地区农户缘何“不舍”闲置宅基地	光明网	2021-09-09
1125	20 所“领头羊计划”联盟高校共同倡议:学习刘守仁院士精神	中国农网	2021-09-09
1126	【中国三农报道】奥运冠军杨扬走进中国农大　开讲志愿人生第一课	中央电视台农业农村频道	2021-09-09
1127	朱启臻:共同富裕愿景下　让乡村教育回归本质	新京报客户端	2021-09-10

续表

序号	题目	媒体名	日期
1128	【全国教育新闻联播】我的老师吴仲贤:科研报国精神代代相传	中国教育电视台	2021-09-10
1129	给农业机器人配上“火眼金睛”	农民日报	2021-09-10
1130	过夜西瓜为啥这么“毒”？细菌总量唬人　安全食用没问题	中国经济网	2021-09-10
1131	临沧镇康:稻田深处小软米香又甜	新华社客户端	2021-09-10
1132	六集大型纪录片《奔小康路上·彩云深处》	新华社客户端	2021-09-10
1133	百年大党的100个故事:他用最坚忍的潜伏,完成了最勇猛的突击	前线客户端	2021-09-10
1134	聚焦国际粮食减损大会⑮丨廖小军:大会推动全球范围内的粮食减损工作	大众日报客户端	2021-09-11
1135	【云南生物多样性数字化百科图谱】苔藓植物·并齿藓:不用怀疑,这的确是苔藓,而且口味还挺重	云南网微信公众号	2021-09-11
1136	【焦点访谈】为农业装上“中国芯”	中央电视台综合频道	2021-09-11
1137	国际粮食减损大会闭幕　取得哪些共识性成果？	央广网	2021-09-11
1138	市热科院与三亚中国农业大学研究院签署战略合作协议	三亚发布澎湃号	2021-09-12
1139	增速逆市上扬彰显外贸韧性	中评网	2021-09-12
1140	朱启臻:乡村教育要回归乡村本质	新京报	2021-09-13
1141	百年大党的100个故事:第一位女党员缪伯英	前线客户端	2021-09-13
1142	百年大党的100个故事:一场无与伦比的体育盛会	前线客户端	2021-09-13
1143	第三批科技小院授牌暨科技小院交流观摩活动在我县举行	平和新闻微信公众号	2021-09-13
1144	奥运冠军杨扬与中国农业大学青年学子畅谈“冰雪奇缘”	北京2022年冬奥会和冬残奥会组委会网站	2021-09-13
1145	【中国农业大学与南南合作】为全球粮农和减贫治理贡献力量	中国乡村振兴在线	2021-09-13
1146	中国农大鸡泽实验站获评校级研究生实践基地	河北经济报	2021-09-13
1147	助推“双碳目标”达成　《中国乳业促进绿色低碳可持续发展倡议书》发布	新华网	2021-09-13
1148	中国之治精讲②丨怎么理解“党是领导一切的”	北京日报客户端	2021-09-13
1149	中国之治精讲⑥丨中国GDP突破百万亿意味着什么	北京日报客户端	2021-09-13
1150	宜良县麦地冲村:激活“人才引擎”,赋能乡村振兴	云南网	2021-09-14

续表

序号	题目	媒体名	日期
1151	百年大党的100个故事:孟良崮战役	前线客户端	2021-09-14
1152	全面小康社会的内涵、标准和评估	中国网	2021-09-14
1153	乡村振兴　不是乡村过度产业化	衢州日报	2021-09-15
1154	百年大党的100个故事:他誓作振兴祖国、革命到底之“女”	前线客户端	2021-09-15
1155	现代可持续农业-食物系统的认知和实践演变	中国发展门户网	2021-09-15
1156	深度好文！一文读懂堆肥	河北农网	2021-09-15
1157	中国民间组织走出去为何扎堆东南亚?	中国慈善家杂志微信公众号	2021-09-15
1158	京台社区视频连线　共迎中秋、共享防疫经验	中国新闻网	2021-09-15
1159	运城市就业服务中心与中国农业大学上庄试验站达成合作意向	黄河新闻网	2021-09-16
1160	潍坊青州:以高层次人才助推特色产业转型升级	大众日报客户端	2021-09-16
1161	百年大党的100个故事:帕米尔雄鹰拉齐尼·巴依卡	前线客户端	2021-09-16
1162	6层月饼4层包装！中秋“套娃”式包装玩出新花样	中国教育电视台	2021-09-16
1163	月饼“隔空品尝”指南　请查收	中国消费者报	2021-09-16
1164	把技术送进万家	中国农网	2021-09-16
1165	总台CGTN与联合国机构联袂推出全球减贫行动特别报道《创新助力发展　行动改变命运》	央视网	2021-09-16
1166	创新科技推动农业绿色转型　院士张福锁为江西乡村振兴献策	大江网	2021-09-17
1167	云南雁塔村聘请高校教授当“荣誉村长”	乡村干部报	2021-09-17
1168	小小萝卜干撬动大产业,看新理念新技术助推乡村创业	农民日报澎湃号	2021-09-17
1169	樊胜根:食物系统须转型以应对营养不良和气候变化的挑战	新华财经	2021-09-17
1170	中国农业大学李道亮教授到淡水水产所“聚智问道”大讲堂作专题讲座	九派新闻百度百家号	2021-09-18
1171	千里共婵娟,融情月饼间——“校徽月饼”搭起中农大校内外感情联结的桥梁	中国金融信息网	2021-09-18
1172	海垦南繁产业集团有限公司副总经理艾力吐热克:发挥自身优势　当好桥梁纽带	海南农垦报	2021-09-18
1173	南财快评:高标准农田建设规划为粮食安全保驾护航	21财经App	2021-09-18
1174	青州邵庄镇:校企合作为产业增添人才“智动力”	大众日报客户端	2021-09-20

续表

序号	题目	媒体名	日期
1175	齐齐哈尔梅里斯嫩江边上第一次盛开啤酒花	黑龙江日报百度百家号	2021-09-20
1176	“驻村大学生”忙碌在“未来果园”	新华社客户端	2021-09-20
1177	土壤专家李保国:保护土壤就是保护我们自己	新京报客户端	2021-09-22
1178	瞭望丨贡献更多中国力量	瞭望新华号	2021-09-22
1179	瞭望丨为黑土地盖被子	瞭望新华号	2021-09-22
1180	第二届“多多农研科技大赛”初赛落幕,全球 15 支农研团队比拼“AI 种番茄”	观察者网微信公众号	2021-09-22
1181	新消费促增收	南方农村报	2021-09-22
1182	《对外援助管理办法》有关社会组织条款的政策解读	公益时报	2021-09-22
1183	2021“强国青年科学家”:中国农业大学李媛	中国青年网	2021-09-23
1184	中国农业大学来宁调研座谈会召开	宁陕新闻网	2021-09-23
1185	让年轻人看到劳动的未来图景　劳动最光荣　创造最伟大	中国青年报	2021-09-23
1186	丰收节,话耕保	i 自然全媒体微信公众号	2021-09-23
1187	丰收是什么颜色的?来听听专家怎么说!	乡村服务社央视频号	2021-09-23
1188	【首都晚间报道】扎根“科技小院”　探索可持续发展的绿色农业之路	北京电视台新闻频道	2021-09-23
1189	产后节粮减损大有可为	经济日报	2021-09-23
1190	探班丰收节晚会,一起说说丰收的故事	央视频	2021-09-23
1191	项目签约、分享创新案例、参观智慧大田……丰收节,来看成都乡村新面貌	成都日报	2021-09-24
1192	食品安全消费提示　懒人快手菜:要方便更要安全	中国消费者报	2021-09-24
1193	【三农三人谈】一部“法”蕴藏的幸福密码	农影智造学习强国号	2021-09-24
1194	以活促富　以富促强　万溪冲社区全面推进“都市驱动型乡村振兴创新实验区”建设	云报客户端	2021-09-24
1195	寻访“强国青年科学家”　强国一代当追“科技之星”	中国青年报	2021-09-24
1196	揭秘宝珠梨前世今生　呈贡第九届“万溪宝珠梨采摘节”启幕	云南信息报	2021-09-24
1197	厘清耕地生态保护的内涵	中国自然资源报	2021-09-24
1198	为农村财务管理“立规矩”	中国会计报	2021-09-24
1199	服务乡村振兴战略　共铸全球农业盛会　中国农业大学与世信国际会展集团战略合作签约	中国经济新闻网	2021-09-26

续表

序号	题目	媒体名	日期
1200	常喝牛奶和不常喝奶的人，真的差很多	腾讯医典澎湃号	2021-09-26
1201	服务小农户是篇大文章	经济日报	2021-09-26
1202	二氧化碳人工合成淀粉，未来不用种地了吗？	新京报客户端	2021-09-27
1203	加强耕地质量建设　推动农业绿色发展	农民日报	2021-09-28
1204	国家奶牛产业技术体系首席专家、中国农业大学教授李胜利在中国乳制品工业协会第二十七次年会上的演讲	中国乳制品工业协会微信号	2021-09-28
1205	“同样是苹果，价差30倍”，打造全球知名农产品品牌迫在眉睫	新华社客户端	2021-09-28
1206	中国东盟：共育农产品贸易繁花硕果	国际商报	2021-09-28
1207	实现共同富裕最大的难点在农村根本出路在发挥农村集体所有制优势	中国农村网	2021-09-28
1208	激活“人才引擎”，赋能乡村振兴　中国一汽乡村振兴旗手训练营一期班成功举办	人民网	2021-09-29
1209	“把双脚扎进泥土里，把论文写在田地上”涉农师生热议总书记讲话	人民网	2021-09-29
1210	中国能建葛洲坝集团与涿州市人民政府、中国农业大学签署战略合作协议	中国葛洲坝微信公众号	2021-09-29
1211	构建政校企合作新模式　打造京保协同创新典范　共建保定国家农业高新技术产业示范区　打造引领产业发展的国家级乡村振兴先行区	保定日报	2021-09-29
1212	张涛会见中国农业大学教授张天柱一行	河北新闻网	2021-09-30
1213	鸡泽县与中国农业大学研讨　农业科技现代化先行县共建工作	邯郸市政府网站	2021-09-30
1214	乡村振兴急需更多优秀“新农人”——我国涉农高校农业人才培养现状透视	光明日报	2021-09-30
1215	百年大党的100个故事：缉毒“神探”	前线客户端	2021-09-30
1216	百年大党的100个故事：周恩来和那次永载史册的盛会	前线客户端	2021-09-30
1217	让“三驾马车”更好推动经济稳定运行	经济参考报	2021-09-30
1218	生物质能在我国实现碳达峰与碳中和的巨大潜力	中国电力报微信公众号	2021-10-01
1219	同升一面旗，共诉爱国情　全国多所高校举行国庆升旗仪式　庆祝新中国成立72周年	人民网	2021-10-01
1220	尖峰岭护林员苏红华二十余载守青山：发表科研论文的护林员	海南日报	2021-10-01

续表

序号	题目	媒体名	日期
1221	平度这对双胞胎兄弟再续传奇，携手进入世界名校！国庆节，他们为祖国送祝福	半岛网	2021-10-01
1222	安宁市县街花巷雁塔首届文化节活动启动	工人日报客户端	2021-10-02
1223	经济转型过程中的中国农业农村现代化	南京农业大学学报社科版微信公众号	2021-10-02
1224	“古村忆乡愁　三泊沁花香”　花巷雁塔文化节活动拉开帷幕	云报客户端	2021-10-03
1225	百年大党的100个故事：她是“中国无产阶级永远的爱人”	前线客户端	2021-10-03
1226	百年大党的100个故事：“十朝古都”焕新颜	前线客户端	2021-10-03
1227	丰收时节，献礼祖国	光明网	2021-10-04
1228	金秋时节收获忙	新华社客户端	2021-10-04
1229	守护公平正义，传递“检察温度”——记全区政法系统先进个人景南南	内蒙古日报	2021-10-04
1230	【瀕湖论坛】中国农业大学朱奎教授为师生作学术报告	湖北中医药大学新闻网	2021-10-04
1231	中国农业大学林发勤教授为我院师生作学术报告	南京农业大学经济管理学院网站	2021-10-04
1232	百年大党的100个故事：“七一”建党纪念日的由来	前线客户端	2021-10-04
1233	国潮为什么成了这届年轻人的新宠？	传媒茶话会新华号	2021-10-05
1234	把论文写在田间地头——南繁青年的别样假期	新华社	2021-10-05
1235	【中国三农报道】农为邦本　砥砺奋斗　强化党的农村基层组织建设　筑牢乡村振兴根基	中央电视台农业农村频道	2021-10-05
1236	【中国三农报道】农为邦本　砥砺奋斗　既塑形又铸魂　乡村振兴焕发新气象	中央电视台农业农村频道	2021-10-06
1237	大学生夫妻追梦田野　誓将种粮进行到底	泰安之声西瓜视频号	2021-10-06
1238	“我这辈子就是为研究藏药而生”——记中国科学院西北高原生物研究所研究员魏立新	青海日报	2021-10-07
1239	让“三驾马车”更好推动经济稳定运行	中评网	2021-10-07
1240	【全国教育新闻联播】中外青年人文交流活动　聚焦乡村振兴与节粮科技	中国教育电视台	2021-10-07
1241	姚安县举行中国农业大学高俊平教授工作站签约仪式	姚安县政府网站	2021-10-08
1242	土壤微生物学家陈文新院士逝世	光明日报微信公众号	2021-10-08
1243	【每日一习话】恪守互利共赢的合作观，营造包容普惠的发展前景	央广网	2021-10-09

续表

序号	题目	媒体名	日期
1244	高校大学生热议习近平总书记在纪念辛亥革命110周年大会上的讲话	中国青年报客户端	2021-10-09
1245	中国农业大学副教授吴才聪:北斗助力农业现代化进程	C114通信网	2021-10-09
1246	土壤微生物学家#陈文新院士因病逝世#	人民网微博	2021-10-09
1247	北京这位女教授:突破动物结核病诊断瓶颈,成果登国际期刊,引发关注!	国际科学编辑企鹅号	2021-10-10
1248	【北京新闻】在京高校发布2022年研招新规	北京卫视	2021-10-10
1249	氮肥管理有了“定额”新方案	科学网	2021-10-10
1250	北京种业故事丨走向全球的北京鸭	南方农村报人民号	2021-10-10
1251	自然灾害频发　经济损失如何降至最低	北京商报网	2021-10-10
1252	土壤微生物学家、中国科学院院士、中国农业大学生物学院教授陈文新逝世　执着冷门研究建全球最大根瘤菌资源库	新京报	2021-10-11
1253	水中的“碧螺春”,咳嗽、易疲劳的人要常吃	重庆卫视人民号	2021-10-11
1254	Helping Yunnan village prosper, professor learns vital life lessons	China Daily	2021-10-11
1255	保护生物多样性与减贫如何兼得? 中国方案亮了	海外网	2021-10-11
1256	朱启臻:写《后院》这本书的初衷就是想告诉大家什么是农业	新京报客户端	2021-10-11
1257	南财快评:诺贝尔经济学奖回归实证,寻找有用的经验性证据	21财经App	2021-10-11
1258	中国农大、四川农大前往泸州市乌蒙山供销合作社调研乌鸡产业发展	中国网	2021-10-12
1259	调查|食品包装上的营养词汇越来越洋气,求问成分到底是啥?	北京日报客户端	2021-10-12
1260	昆明晋宁区:“引才借智”助力“一县一业”花卉产业提档升级	云南网	2021-10-12
1261	青海有机肥替代化肥三年走了多远?	青海日报	2021-10-13
1262	全球公共品:新发展叙事下的多行动者治理	观察者网	2021-10-13
1263	中国主张为何频频被国际认可? 背后是呈现全球公共品特征	BT财经微信公众号	2021-10-13
1264	弘扬志愿服务的魅力——记志愿教授张晓红和她的志愿者学生	中国青年报	2021-10-14
1265	【IDT】中国发展人记录	IDT	2021-10-14

续表

序号	题目	媒体名	日期
1266	数字马院虚拟教研室集体备课会在中国农业大学顺利举办	数字马院微信公众号	2021-10-14
1267	徐正航,你“暴露”了!	青春北京微信公众号	2021-10-14
1268	中国农大研一学生十一假期勇救落水母子:我只是做了自己该做的	新京报客户端	2021-10-14
1269	中国农业大学教授李小云:阿里淘菜菜精准助推小农户对接大市场	金融界	2021-10-14
1270	北京房山区大峪沟村:义诊、饺子宴共度重阳	新京报客户端	2021-10-14
1271	绿色智能复合肥研究院揭牌成立	中安在线	2021-10-15
1272	“重新体会到对自然的尊重与向往”——科普活动助力生物多样性保护	新华社	2021-10-15
1273	我国种业振兴急不得、等不得,也慢不得	中国科技网	2021-10-15
1274	生态文明论坛主题论坛各方嘉宾分享经验智慧——推动生物多样性走上恢复之路	云南网	2021-10-15
1275	市委统战部为5家新建科技小院授牌	北京日报客户端	2021-10-15
1276	中盐红四方肥业携手张福锁院士团队共建绿色智能复合肥研究院	大众网	2021-10-15
1277	一长了之、一长就灵?谨防“某长制”形式大于内容	半月谈新华号	2021-10-15
1278	学院路街道:“院长讲习”让党的理论宣讲出彩出新、更接地气	人民日报客户端北京频道	2021-10-15
1279	全球公共产品:新发展叙事下的多行动者治理——跨学科学者的思想碰撞	中国社会科学网	2021-10-15
1280	中国农业大学,生日快乐!	新华网微信公众号	2021-10-16
1281	习近平与三位农业科学家的故事	新华社微信公众号	2021-10-16
1282	“全球发展与地方经验”青年学者特场研讨会召开——青年学者探讨如何推动全球发展与地方经验的融合	科学网	2021-10-16
1283	徐正航,你“暴露”了!	人民日报微信公众号	2021-10-17
1284	中国农业大学举办首届世界顶尖涉农大学联盟与国际组织论坛	中国日报网	2021-10-18
1285	习近平总书记关切事|“耕地中的大熊猫”要保护好	新华社	2021-10-18
1286	全球贫困与乡村振兴:挑战与经验	观察者网	2021-10-18
1287	特邀中国农业大学教授到五华区开展新型城镇化和乡村振兴协同发展课题调研	春城人才网	2021-10-18
1288	任大鹏:保护动物与防控危害并不矛盾	新京报	2021-10-18

续表

序号	题目	媒体名	日期
1289	陈文新:为“中华根瘤菌”正名	中国科学报	2021-10-19
1290	中国农大农机装备能力提升班曲周开班	中国农网	2021-10-19
1291	中外学者共议国际减贫经验——乡村振兴是推进全球减贫的重要动力	农民日报	2021-10-19
1292	如何构建新发展援助叙事?专家:在修正西方问题基础上建体系	澎湃新闻	2021-10-19
1293	氮肥管理有了“定额”新方案	中国科学报	2021-10-19
1294	中国区域国别与国际发展合作圆桌对话在京举行	中国社会科学网	2021-10-19
1295	Correct use of resources crucial for food security	China Daily App	2021-10-19
1296	中国农业大学国际发展与全球农业学院院长、人文与发展学院教授徐秀丽——中国的国际发展合作强调“授人以渔”	文汇报	2021-10-20
1297	嫩江:专家把脉会诊　共商大豆产业发展良策	央广网	2021-10-20
1298	全国涉农高校书记校长共话新农科——为强农兴农蓄势　为乡村振兴赋能	中国教育报	2021-10-20
1299	中国工程院院士、大学校长来为这些科技小院揭牌啦!	半岛都市报莱西新闻人民号	2021-10-20
1300	许勇:朴实坚韧情寄西瓜,育种创新甜蜜事业	北京农业微信公众号	2021-10-20
1301	传承创新之火　照亮种业未来——第二十一次全国动物遗传育种学术讨论会在北京召开	农民日报客户端	2021-10-20
1302	中国农大:小农发展驱动乡村振兴	中国教育报	2021-10-20
1303	乡村艺术有乡村艺术的规律	农民日报	2021-10-20
1304	教育领域的共同富裕如何实现　这些专家有话说	央广网	2021-10-20
1305	安宁雁塔村:村规民约“让”出一条振兴路	掌上春城客户端	2021-10-20
1306	科学配方开启国产猫粮新时代,蓝氏携手中国农业大学推进系列产品研发	江西网络广播电视台	2021-10-20
1307	开启校地合作,赋能乡村振兴!中国农业大学河北乐亭教授工作站揭牌!	唐山市政府网站	2021-10-20
1308	沧州市科技局与中国农业大学开展对接交流活动	河北省科技厅网站	2021-10-20
1309	《IDS Bulletin》“中国与国际发展:知识、治理与实践”专刊预发布专场在京举行	中国社会科学网	2021-10-21
1310	李明|思想建党、理论强党:百年大党的鲜明特色和光荣传统	人民智库微信公众号	2021-10-21
1311	山东省区域农业绿色发展产教融合研究生联合培养示范基地暨科技小院揭牌仪式在莱西市店埠镇举行	半岛网	2021-10-21

续表

序号	题目	媒体名	日期
1312	喜！铅山采用育秧新技术实现水稻增产27%	江西网	2021-10-21
1313	邓中夏与北京市第一个农村党支部的建立	北京丰台官方发布北京号	2021-10-21
1314	中国农业大学教授李胜利到我县调研奶业发展情况	绿色康保澎湃号	2021-10-21
1315	2021年读懂中国　征文讲述53:中国农业大学艾荫谦	中国大学生在线央视频号	2021-10-21
1316	英国《国际发展研究院季刊》预发布	中国发展门户网	2021-10-22
1317	国内外专家共议多边合作助力非洲可持续发展	中国乡村振兴在线	2021-10-22
1318	博士也要会开拖拉机？中国农业大学开设农机装备应用培训班	中国教育新闻网	2021-10-22
1319	【镇康新闻】镇康县勐堆乡:傣家村寨的美丽蝶变	镇康电视台	2021-10-22
1320	王雪姣:棉田守护者	新疆日报	2021-10-22
1321	樊胜根:推动乡村振兴应重塑农业与食物系统	中国农网	2021-10-22
1322	我区举办"书香农村:基于乡村价值的乡村振兴"主题讲座	云冈区政府网站	2021-10-22
1323	为了粮食安全,曲周2 000名学生来到这里……	河北省政府网站	2021-10-22
1324	碳中和征程起始之年,农村沼气"持续发酵"	农民日报	2021-10-22
1325	鸡泽县以高效农业为乡村振兴插上腾飞之翼	河北共产党员网	2021-10-22
1326	河北易县:"科技小院"解决农技服务"最后一公里"难题	长城网	2021-10-22
1327	百年大党的100个故事:"渡江英雄"马毛姐	前线客户端	2021-10-22
1328	百年大党的100个故事:第一颗人造卫星"东方红一号"	前线客户端	2021-10-23
1329	百年大党的100个故事:我们的女政委	前线客户端	2021-10-23
1330	河北易县:"科技小院"打通科技成果转化助推特色产业发展	人民网	2021-10-24
1331	【中国三农报道】种业振兴　农安天下　"以用促保"积极培育高端国产肉牛品种	中央电视台农业农村频道	2021-10-24
1332	好食物延寿又环保	生命时报	2021-10-26
1333	农大、人大等高校联合举办"全球治理与比较公共管理"对话	中国乡村振兴在线	2021-10-26
1334	南南农业合作助力非洲国家可持续发展	中国乡村振兴在线	2021-10-26
1335	最全实验室安全说明书	中国网	2021-10-26
1336	长期间套作增产增肥效应明显	中国科学报	2021-10-26
1337	褚橙科技小院揭牌　2021年褚橙10月30日开园采摘	中国网	2021-10-26

续表

序号	题目	媒体名	日期
1338	【中国三农报道】中国农业大学发布种业科技创新十大行动	中央电视台农业农村频道	2021-10-27
1339	【中国三农报道】我国农业用种安全总体有保障　需集中力量补短板	中央电视台农业农村频道	2021-10-27
1340	培地力　可持续！中国国际农业机械展专家会议聚焦保护性耕作新技术	农民日报客户端	2021-10-27
1341	抢农时　北京农机智能装备助力小麦播种	中国农网	2021-10-27
1342	中国农业大学发布种业科技创新十大行动	人民网	2021-10-27
1343	＃中国农大种业科技创新十大专项行动发布＃	@科技日报微博	2021-10-27
1344	打好种业翻身仗　培养定制种业人才！农大发布种业创新十大行动	北京时间	2021-10-27
1345	打造种业战略科技力量　中国农大发布种业科技创新十大专项行动	新京报客户端	2021-10-27
1346	牟平区科技局把农业科技创新拓展到田间林下	水母网	2021-10-27
1347	蔬菜“水油焖”更适合老幼	中国妇女报	2021-10-27
1348	孙其信:从吃饱到吃出健康　种业科技创新体系还待进一步完善	新京报客户端	2021-10-28
1349	【全国教育新闻联播】强化科技创新　支撑种业振兴	中国教育电视台	2021-10-28
1350	中国农业大学发布种业科技创新十大行动	新华社客户端	2021-10-28
1351	【中国三农报道】孙其信:我国种业科技创新需加速补短板	中央电视台农业农村频道	2021-10-28
1352	我爱体育课——射击课走入北京中学校园	新华网	2021-10-28
1353	专家论道:县域金融差异化服务之路	中国金融信息网	2021-10-28
1354	我爱体育课|瞄准,射击！看这所学校是怎么给孩子减压的	新华社	2021-10-28
1355	河池市自然资源局与中国农业大学就设立中国农业大学河池教授工作站进行会谈	河池市自然资源局网站	2021-10-28
1356	中国农大种业科技创新十大行动发布	中国科技网	2021-10-28
1357	三亚国际玉米研究中心落户崖州湾科技城	海南日报	2021-10-29
1358	2021年中国农业大学科技成果转化项目签约及推介会召开	中国科技网	2021-10-29
1359	全球连线|“中非科技小院”为非洲提供农业科技人才支撑	新华社	2021-10-29
1360	我国设施园艺进入发展新时代——2021中国设施园艺学术年会在海口举办	中国农网	2021-10-29

续表

序号	题目	媒体名	日期
1361	中国这一举措，让联合国提前10年完成目标	中国报道微信公众号	2021-10-29
1362	科研人员育成新型高油高效单倍体诱导系	科学网	2021-10-29
1363	为什么动员农民参与乡村振兴这么难？	新京报客户端	2021-10-29
1364	志愿者陆续开展培训，参与测试赛志愿服务工作——为奥运盛会贡献青春力量	人民日报	2021-10-30
1365	“领头羊计划”发布国内羊场十大技术需求	农民日报	2021-10-30
1366	中国农业大学发布种业创新十大行动	北京电视台新闻频道	2021-10-30
1367	“种”下一块布　土壤能“体检”	科学网	2021-10-31
1368	GOVS基因组优化设计模型加速玉米杂交育种	科学网	2021-11-01
1369	经常吃醋，到底有什么好处？	丁香医生澎湃号	2021-11-01
1370	Alter food system to avoid climate risks	China Daily App	2021-11-01
1371	徐正航：是救人“英雄”更是“暖男”辅导员	中国青年报客户端	2021-11-02
1372	粮食在收获环节就已损失4%　如何从田间地头节粮减损	中国商报网	2021-11-02
1373	燃！创意灯光秀迎冬奥，中国农业大学用灯光诉说冬奥情	极目新闻客户端	2021-11-02
1374	收获颇丰！军科宣讲团赴高校招聘文职人员	中国军网	2021-11-02
1375	乡村振兴　公益力量能做什么？	新京报客户端	2021-11-03
1376	科普达人无穷小亮获赞过亿　过去一年抖音科普类内容增207%	扬子晚报网	2021-11-03
1377	水稻、小麦、玉米等10项成果获国家科技奖	大武汉客户端	2021-11-03
1378	中国农业大学七项成果获得2020年度国家科学技术奖	新京报客户端	2021-11-03
1379	专家证实　橘子吃多了会变“小黄人”	中国新闻网	2021-11-03
1380	中国农业大学调研组深入镇康县调研乡村振兴工作	九派新闻百度百家号	2021-11-03
1381	面包起酥油到底是啥油	中国消费者报	2021-11-04
1382	安宁市委党校成立昆明县(市)区党校首家名师工作室	今日安宁	2021-11-04
1383	建设安全、稳定、繁荣的网络空间　推动构建网络空间命运共同体	人民日报	2021-11-05
1384	进博会为推动世界经济复苏贡献力量	中国报道微信公众号	2021-11-05
1385	专访农业经济学家樊胜根：中国粮食安全有保障，不建议盲目囤货	中国新闻网	2021-11-05
1386	中国农业大学“现代农机装备应用综合能力提升”项目开班	农民日报	2021-11-05

续表

序号	题目	媒体名	日期
1387	百年大党的100个故事:这次会议标志着党的进一步成熟	前线客户端	2021-11-05
1388	Pic story: veterinarian works at Veterinary Teaching Hospital of China Agricultural University in Beijing	XINHUA NET	2021-11-06
1389	立冬邂逅初雪,今天的北京高校朋友圈美爆了!	北京考试高考微信公众号	2021-11-07
1390	我国有机食品消费市场正以每年25%的速度增长——有机食品持续走热	经济日报	2021-11-07
1391	大江东|拉手还是松手?世界开放指数印证开放即共赢	人民日报客户端	2021-11-07
1392	玉米智能设计模型加速新品种培育	科学网	2021-11-07
1393	抖音:过去一年,7亿人次点赞自然科普短视频	中国经济网	2021-11-08
1394	构建新时代的食品安全监管体系	光明网	2021-11-10
1395	《关于鼓励企业标注乳制品食用期限的公告》发布　鼓励乳制品生产企业明确标注保质期到期日	消费日报网	2021-11-10
1396	新模型为玉米智能育种注入"加速剂"	农业科技报	2021-11-10
1397	百年大党的100个故事:麻风病防治专家李桓英	前线客户端	2021-11-10
1398	追忆袁隆平:他的人生历程是一部杂交水稻发展史	中国科技网	2021-11-11
1399	多位院士回忆袁隆平:他让杂交稻走出国门、走向世界	新京报网	2021-11-11
1400	衡阳县:大学生返乡当"猪倌",智能化养殖提效益	红网	2021-11-11
1401	朱有勇:"农民在前,院士在后"	曲靖新闻网	2021-11-11
1402	百年大党的100个故事:"两弹一星"元勋钱学森	前线客户端	2021-11-11
1403	百年大党的100个故事:转战陕北	前线客户端	2021-11-11
1404	百年大党的100个故事:把一生浸在稻田里,把功勋写在大地上	前线客户端	2021-11-11
1405	纯属炒作概念让人焦灼不分　大家唯恐吃错了盐	北京晚报	2021-11-12
1406	农业科技工作者追忆袁隆平:敢创新淡名利,胸怀国家粮食安全	澎湃新闻	2021-11-12
1407	首都6所高校176位大学生志愿者已服务"雪游龙"	北京日报客户端	2021-11-12
1408	十九届六中全会公报中的"十个坚持"应该这样解读	央广网	2021-11-12
1409	酸奶门道多　谁买谁蒙圈　选酸奶别看价格看成分	北京晚报	2021-11-12
1410	村里来了个发展"智囊团"	贵州日报	2021-11-12
1411	农业科技界追忆袁隆平:一位真正的耕耘者	科学网	2021-11-13
1412	3 500亩黑土地上的智慧农业试验	中国青年网	2021-11-13
1413	"科技小院"让老梨园焕发新青春	杭州网	2021-11-14

续表

序号	题目	媒体名	日期
1414	3 500亩试验田走出“科技范儿”	中国青年报	2021-11-15
1415	【新闻联播】以史为鉴　同心向党　为实现中华民族伟大复兴的中国梦不懈奋斗——十九届六中全会在各民主党派中央、全国工商联和无党派人士中引起热烈反响	中央电视台综合频道	2021-11-15
1416	洱海流域面源污染防控与农业绿色发展研讨会召开	大理日报	2021-11-15
1417	中国农业大学汉阴教授工作站成立	汉阴发布微信公众号	2021-11-15
1418	土豆长芽了，切掉还能吃？牛奶应不应该放进冰箱？食物储存这事，很多人都做错了…	科普中国微信公众号	2021-11-15
1419	小技术大丰收10年成果会下午召开　分享中非精彩农业合作故事	新京报客户端	2021-11-16
1420	他是我国著名昆虫学家，参加过开国大典，用一生践行“科学救国”的信念	科技日报客户端	2021-11-16
1421	去非洲与坦桑农民一起种玉米	新京报	2021-11-17
1422	非洲烙饼与重庆火锅　被种玉米改变的年轻人	新京报	2021-11-17
1423	在非洲|一个村庄的十年之变	新京报	2021-11-17
1424	李小云：我们为何要去非洲种玉米	新京报	2021-11-17
1425	中国农业大学专利转化再添硕果	中国知识产权报	2021-11-17
1426	强国青年|勇救落水母子的中国农大研究生	中国青年报学习强国号	2021-11-17
1427	以自然为师　“基因敲高”获突破	科学网	2021-11-17
1428	“不断续写中坦农业合作佳话”——小技术大丰收10年成果现场会召开	人民网	2021-11-17
1429	我在非洲种玉米丨李小云：“我们不再是被动加入地球村的成员”	新京报客户端	2021-11-17
1430	Feature: China-Tanzania agricultural cooperation lifts farmers out of poverty	XINHUA NET	2021-11-17
1431	我在非洲种玉米丨徐秀丽：“他们住最简单的房子但非常乐观”	新京报客户端	2021-11-17
1432	最美好的事情莫过于志愿服务——海淀区十大明星志愿者封煜亮	北京海淀人民号	2021-11-18
1433	“不断续写中非农业合作佳话”一一“小技术大丰收10年成果现场会”召开	环球网	2021-11-18
1434	从“果脆弱”到“果坚强”　中国农大报告称“农地云拼”让产业链更“皮实”	界面新闻	2021-11-18

续表

序号	题目	媒体名	日期
1435	毛主席给她上了根瘤菌第一课,后来她成为我国这个领域的开拓者	科技日报微信公众号	2021-11-18
1436	我在非洲种玉米丨唐丽霞:“再到瓦辛巴村发现很多人盖了新房”	新京报客户端	2021-11-18
1437	我在非洲种玉米丨武晋:“我们更希望强调的是示范作用”	新京报客户端	2021-11-18
1438	鱼身上各个部位都是“宝”,但国人吃鱼普遍不足　不辜负每一口鱼肉补足“鱼”额	武汉晚报	2021-11-19
1439	第六届中非民间论坛—减贫经验交流平行分论坛在京举办	中工网	2021-11-19
1440	“非洲丰收十年”——小技术大丰收10年成果现场会顺利举办	新华网	2021-11-19
1441	黄振翔,言传身教志愿精神	北京冬奥组委网站	2021-11-19
1442	雪橇世界杯开赛　冬奥会国际测试赛首次迎来现场观众	中国日报网	2021-11-20
1443	邯郸鸡泽县:农业科技现代化先行县网上共建签约	长城网	2021-11-20
1444	孙其信一行深入临沧市调研定点帮扶和乡村振兴工作	今日临沧微信公众号	2021-11-21
1445	云南:农科教协同创新　打造服务乡村振兴新范式	科技日报	2021-11-22
1446	大国良师是怎样炼成的	中国教育报	2021-11-22
1447	GLOBALink | China-Tanzania agricultural cooperation helps farmers get rid of poverty	Xinhua News App	2021-11-22
1448	江苏苏州吴中区:践行有机循环　推动农业绿色发展	苏州学习平台学习强国号	2021-11-22
1449	China-Tanzania agricultural cooperation helps farmers get rid poverty	The Guardian	2021-11-22
1450	王予波与中国农业大学校长孙其信举行工作会谈	云南发布微信公众号	2021-11-22
1451	百年大党的100个故事:雷锋,一颗永不生锈的螺丝钉	前线客户端	2021-11-22
1452	全国研究生教育战线特色育人工作新探索汇展(7)——中国农业大学	中国研究生微信公众号	2021-11-22
1453	十院士访谈——戴景瑞院士谈转基因育种与农业生产	人民网	2021-11-22
1454	中国农大与云南共建高原特色农业与乡村振兴研究院	光明日报	2021-11-23
1455	孙其信率队到我县调研定点帮扶和乡村振兴工作	镇康新闻微信公众号	2021-11-23
1456	专家:增强农业产业链韧性　推动农民增收增益	经济参考报	2021-11-24
1457	李羽葳:心中有梦,眼里有光	北京冬奥组委网站	2021-11-24

续表

序号	题目	媒体名	日期
1458	动物医学类专业:培养动物和人类的健康守护者	北京考试报	2021-11-24
1459	中国农业大学校长孙其信率队调研安宁市都市驱动型乡村振兴工作	今日安宁	2021-11-24
1460	阎隆飞:治学穷天机　育人如琢玉	中国科学报	2021-11-25
1461	新晋院士谯仕彦:研究饲料 30 多年　用最少的粮食产最多的肉蛋奶	新京报客户端	2021-11-25
1462	外卖取餐柜进中国农大,供师生长期免费使用	北京日报客户端	2021-11-25
1463	第六届中非民间论坛分论坛发布《非洲发展展望》四大系列报告	新京报网	2021-11-25
1464	专访新晋院士谯仕彦:我国畜禽饲料中豆粕占比下降到 15.6%	新京报客户端	2021-11-25
1465	扫码开箱　无接触配送　高校引入“双面”外卖取餐柜	北京晚报	2021-11-26
1466	“中非合作的全球意义:从政策到实践”论坛报告发布会举行	人民网	2021-11-26
1467	乡村振兴需要更多职业经理人!中国农业大学-腾讯为村乡村职业经理人培养计划启动	中国乡村振兴微信公众号	2021-11-26
1468	《2021 年非洲发展展望》智库报告发布	中国日报中文网	2021-11-26
1469	农大联合腾讯培养“乡村 CEO”,优秀学员将获创业基金	北京日报客户端	2021-11-26
1470	村里要有“CEO”了!	法治日报微信公众号	2021-11-26
1471	中国农业大学-腾讯为村乡村职业经理人培养计划启动	北京头条客户端	2021-11-26
1472	乡村振兴需要什么样的人才?乡村产业发展也需要 CEO	新京报客户端	2021-11-26
1473	第六届中非民间论坛“中非合作的全球意义:从政策到实践”平行分论坛举行	中国新闻网	2021-11-26
1474	“中非合作的全球意义:从政策到实践”报告发布会举办	中国发展门户网	2021-11-26
1475	环球深壹度｜非洲为何缺粮?	新华社客户端	2021-11-26
1476	【每日一习话·十个坚持】必须坚持和发展中国特色社会主义不动摇	央广网	2021-11-27
1477	农业文化遗产推进人与自然和谐共生	光明日报	2021-11-27
1478	测试赛志愿者将成为冬奥会骨干	北京日报	2021-11-27
1479	乡村振兴需要更多职业经理人	农民日报	2021-11-27
1480	试点“1+2”新模式　吴中区处理有机废弃物	姑苏晚报	2021-11-28
1481	李国胜摆向阳到中国农业大学商谈合作事宜	商丘日报	2021-11-28
1482	【每日一习话·十个坚持】坚持创新是第一动力	央广网	2021-11-29

续表

序号	题目	媒体名	日期
1483	公路不是晒粮场，可粮食该晒在哪儿？	人民日报	2021-11-29
1484	为什么干黄花菜比鲜的更安全？	北京青年报	2021-11-29
1485	天目新闻现场探访：@全国高校　这样的“双面取餐柜”会风靡你家校园吗？	天目新闻	2021-11-30
1486	农业科技自强重在重塑和融合	经济日报	2021-11-30
1487	重大突破！我国突破猪胚胎多能干细胞建系的国际难题	中国科技网	2021-12-01
1488	“陈校长”帮学生改造房子走红　专家称乡村女童普遍缺少私密空间	新京报客户端	2021-12-01
1489	从脱贫攻坚到乡村振兴需超越小衔接实现大转型	中国社会科学报	2021-12-01
1490	【新闻联播】立德树人　培根铸魂　为民族复兴提供人才支撑	中央电视台综合频道	2021-12-02
1491	聚焦第八个世界土壤日　我国盐碱地改良已步入产能提升和生态保护相结合新阶段	人民网	2021-12-05
1492	首个番茄单倍体诱导系创建成功	科技日报	2021-12-06
1493	我国创制首个番茄单倍体诱导系，突破关键技术瓶颈	扬子晚报网	2021-12-06
1494	中国农业大学召开党的十九届六中全会精神专题报告会	中国教育新闻网	2021-12-06
1495	“吃鸡”自由了，我国自主培育白羽肉鸡品种通过审定	中国科技网	2021-12-06
1496	专家解读|大豆减产是正常市场波动	新京报客户端	2021-12-06
1497	粮食产量增长2%　专家总结十八连丰数据中的“中国经验”	新京报客户端	2021-12-06
1498	追逐光，靠近光，散发光　总书记提到的“立德树人”，他们这样践行	人民网	2021-12-07
1499	全球连线｜小技术、大丰收：在坦桑尼亚，我们一起种玉米	新华社客户端	2021-12-07
1500	中外专家学者聚焦全域有机农业与县域乡村振兴	中国新闻网	2021-12-08
1501	第八届中国·大同车河国际论坛　展现全域有机农业中国方案	中国经济新闻网	2021-12-08
1502	牢牢守住18亿亩耕地红线	经济日报	2021-12-08
1503	我国新冠病毒感染模型研究取得新进展	央广网	2021-12-08
1504	“疯狂”的玉米：为什么产量、进口量“双高”？	第一财经	2021-12-09
1505	中国农大农产品市场研究中心：淘菜菜猪肉期货模式给养殖户一个定心丸	人民网	2021-12-09

续表

序号	题目	媒体名	日期
1506	破解家畜干细胞不能承受　长周期、多次基因编辑难题	科技日报	2021-12-09
1507	立德树人有道　春风化雨无声——来自高校思想政治工作一线的调研	光明日报	2021-12-10
1508	培养担当民族复兴大任的时代新人	人民日报	2021-12-10
1509	黄振翔:言传身教志愿精神	北京青年报	2021-12-10
1510	向新型农机要生产力	尚一网	2021-12-10
1511	临翔区萝卜山:小农发展激发乡村活力	今日临沧微信公众号	2021-12-10
1512	“领头羊计划”为羊产业输送领军人才	农民日报	2021-12-11
1513	广大农业院校师生以强农兴农为己任,助力乡村振兴在希望的田野上建功立业	人民日报	2021-12-12
1514	“双谷”再添发展新引擎　中国农业大学落户大鹏新区	深圳新闻网	2021-12-13
1515	氨减排怎么牵住“牛鼻子”?	中国环境报	2021-12-13
1516	今年前三季度,农村居民人均工资性收入同比名义增长15.3%　“饭碗”端得牢　农民鼓腰包	人民日报	2021-12-13
1517	中国共产党百年农村基层党建高端论坛举行	光明日报客户端	2021-12-14
1518	教育部:成立全国学校食品安全与营养健康工作专家组	央视网	2021-12-14
1519	赵舒月:这个“信使”很重要	北京青年报	2021-12-14
1520	口重爱吃咸,真的会催肥	中国妇女网	2021-12-14
1521	吕建军:冷链物流高质量发展为乡村振兴奠定产业基础	人民网	2021-12-15
1522	食安辟谣:乙烯利催熟蔬果可致性早熟	中国质量新闻网	2021-12-15
1523	GLOBALink丨简单技术,大收获:中坦农业合作项目十年	新华网	2021-12-15
1524	2021中非合作论坛—减贫与发展会议召开——深化减贫合作,共建新时代中非命运共同体	中国农网	2021-12-16
1525	冬奥来了丨1.4万名首都高校大学生将在冬奥会赛区提供志愿服务	中央电视台新闻频道	2021-12-16
1526	公益如何助力共同富裕	央广网	2021-12-16
1527	甘肃:科技特派员在乡村振兴中“放光彩”	中国科技网	2021-12-16
1528	中国农业大学马院举办中国共产党百年农村基层党建论坛	党建网	2021-12-16
1529	干细胞克隆猪取得突破	南方周末	2021-12-16
1530	人民网2021大学校长论坛北京分会场:聚焦高校如何更好担当服务国家科技自立自强的使命	人民网	2021-12-17

续表

序号	题目	媒体名	日期
1531	人民网2021年度优秀校园新闻作品发布　41所高校作品入选	人民网	2021-12-17
1532	各民主党派、工商联、无党派人士：发挥统战法宝作用　凝聚共同奋斗力量	中国新闻网	2021-12-17
1533	首届中国-东盟兽药与疫苗国际研讨会在京召开	兴村振兴TV新华号	2021-12-17
1534	怎样给植物补充营养？如何给土壤做体检？张福锁院士带你走进农学的世界｜院士科普	中国青年报客户端	2021-12-17
1535	【强国课堂】食品科学家李媛：你每天都在吃的食物，谁在保障它的安全？	中国青年报客户端	2021-12-17
1536	“沃德158”“沃德188”，加速中国平谷农业中关村建设步伐	中国科技网	2021-12-18
1537	夯实农村基层党建　全面推动乡村振兴	中国教育电视台	2021-12-19
1538	吉林省四平市十余年磨一剑，推行黑土地保护利用“梨树模式”——保护耕地中的“大熊猫”	中国自然资源报	2021-12-20
1539	助力棉花产业高质量发展“数字棉花产业科技平台”上线	中国经济网	2021-12-20
1540	中国农业大学：奥运情怀和志愿精神一脉相承	北京冬奥组委网站	2021-12-20
1541	四川省中国农业大学校友会与成都市温江区国家农业科技园区开启战略合作	教育导报网	2021-12-20
1542	中国历史上的官箴	学习时报	2021-12-20
1543	中国农业大学人文与发展学院院长叶敬忠：乡村治理关键在建设“社会”	民生周刊	2021-12-21
1544	2021“三农”保险发展论坛举办	人民网	2021-12-21
1545	科技支撑全球通往碳中和之路——解读文献视角下的世界碳中和研究趋势│今日视点	中国科技网	2021-12-21
1546	“飞花科技”正式上线，推动数字棉花新革命	中国日报中文网	2021-12-21
1547	清华、人大等19所高校成立乡村建设高校联盟　将开展五大行动	新京报客户端	2021-12-21
1548	“科技小院”全方位服务农民　培养农村人才	中央电视台农业农村频道	2021-12-21
1549	李小云：从建设城市的现代化到建设乡村的现代化	乡村发现微信公众号	2021-12-22
1550	聚科研英才筑强国之基——首届全国博士后创新创业大赛侧记	中国劳动保障报	2021-12-22
1551	葛长银：“直播带货”税收征管值得探讨的几个问题	界面新闻	2021-12-22

续表

序号	题目	媒体名	日期
1552	中管高校扎实开展党史学习教育——学以致用　服务社会	人民日报	2021-12-23
1553	中国农业大学烟台研究院科技助农“为群众办实事”	大小新闻	2021-12-23
1554	“科技小院”把论文写在大地上	人民网	2021-12-23
1555	近 2000 名高校志愿者服务延庆赛区	北京青年报	2021-12-24
1556	奶业持续振兴需要政策稳定支撑	科学网	2021-12-24
1557	第二届农业科技发展战略智库论坛举行	中国科技网	2021-12-26
1558	林万龙:解民生之多艰,育天下之英才,培养更多知农爱农新型人才	人民网	2021-12-26
1559	中国农业科技强国实现度达到 62%	科技日报	2021-12-27
1560	Restarting Africa	China Daily	2021-12-27
1561	经济学篇　百年经济理论创新,形成四个基本特征	北京日报	2021-12-27
1562	中央农村工作会议丨柯炳生:三农工作影响整个社会影响 14 亿人	中国三农报道央视频号	2021-12-27
1563	中国农业科技强国实现度达 62%	中国教育报客户端	2021-12-27
1564	谱写校企协同育人新篇章　中国农业大学-百度松果人才培养实践基地正式成立	千龙网	2021-12-27
1565	为种子“芯片”提供科技支撑！中国农业大学作物分子育种创新中心项目在河北涿州开工	河北新闻网	2021-12-27
1566	“入世”20 年　中国农机行业的发展变化与趋势展望——访原农业部 WTO 专家组成员、中国农业大学经济管理学院教授田志宏	中国农机化导报	2021-12-27
1567	2021 年农林高校大学生未来农业律师大赛在京举办	人民日报客户端	2021-12-28
1568	李保国:耕地质量提升需要多方合力	新京报客户端	2021-12-28
1569	中国农大作物分子育种创新中心项目落户河北涿州	中国新闻网	2021-12-28
1570	中国农业大学启动北京高校首家智能化垃圾分类驿站	北京头条客户端	2021-12-28
1571	《领导决策信息》:乡村振兴需要更多“乡村 CEO”	领导决策信息头条号	2021-12-28
1572	全国教育系统关工委“十佳创新案例”(中国农业大学关工委)	教育部关工委微信公众号	2021-12-29
1573	怀仁专家智库新增 4 名中国农大教授	山西青年报	2021-12-30
1574	姜沛民:探索创新“科技小院”模式　促进服务社会和人才培养深度融合	北京教育(高教)	2021-12-30
1575	北京高校首家！农大设智能化垃圾分类驿站,让小事变有趣	北京日报客户端	2021-12-30

续表

序号	题目	媒体名	日期
1576	全国乡村振兴高校联盟成立	中国科技网	2021-12-30
1577	萝卜山里的先驱实践	今日临沧微信公众号	2021-12-30
1578	牢牢守住底线　扎实推进乡村振兴	人民网	2021-12-30
1579	【志愿者话冬奥】农大志愿者团队护航“雪游龙”	北京时间	2021-12-30
1580	中国农业大学牵头成立全国乡村振兴高校联盟	人民网	2021-12-31
1581	【育见】中国农业大学:以强农兴农为己任　在希望的田野上建功立业	中国教育电视台	2021-12-31
1582	全国乡村振兴高校联盟成立	新华网	2021-12-31
1583	科研人员成功创制苜蓿雄性不育系统	科学网	2021-12-31
1584	中国农大首发《社区电商发展研究报告》:淘菜菜数字化助农显成效	财经网	2021-12-31
1585	42 所高校发起成立全国乡村振兴高校联盟	中国教育新闻网	2021-12-31
1586	萝卜山里的先驱实践　走进中国农业大学-临沧市小农发展驱动乡村振兴实验区	临沧日报	2021-12-31

2021 年大事记

1 月

4 日，副校长田见晖率专家团队赴平谷区座谈，加速推进五大科研平台落地建设工作。

5 日，华为技术有限公司监事会主席李杰一行来校洽谈合作。

5 日，校长孙其信到本科生院就本科人才培养工作进行专题调研。

7 日，教育部高校对口支援塔里木大学十周年大会暨 2020 年工作例会以线上会议形式召开，校长孙其信出席会议。

8 日，农业农村部科教司副司长孙法军带队来校进行专项调研。

12 日，农业农村部对外经济合作中心亚洲合作处处长王先忠，带队来校调研"澜湄合作专项基金"项目开展情况。

13 日，学校召开疫情防控工作部署会，党委副书记王勇主持会议。

13 日，由坦桑尼亚莫罗戈罗省政府、我校国际发展与全球农业学院、坦桑尼亚苏科因农业大学共同举办的中坦合作"小技术大丰收"玉米增产项目交流会在线上举行，副校长杜太生出席会议。

13 日，校长孙其信主持召开学校科技创新工作会，专题调研学校"十四五"科技创新工作。

15 日，学校举行年轻干部培训班结业典礼，党委常务副书记张东军出席会议。

15 日，学校召开巡察整改监督检查工作动员视频会，党委副书记、纪委书记秦世成出席会议。

18 日，学校举办第四届大禹青年学者主论坛，校长孙其信出席论坛，副校长辛贤主持论坛。

20 日，学校党委理论学习中心组召开 2021-01 次专题学习会，学习习近平总书记在中央农村工作会议上的重要讲话精神和 2021 年中央一号文件精神，党委书记姜沛民主持学习会。

22 日，学校举办首届教师教学创新大赛，臧日宏、董玉兰、韩宇、胡剑、段蕾五位教师获得一等奖，副校长林万龙出席大赛开幕会并致辞。

22 日,学校召开疫情防控保障组工作会议,副校长钱学军主持会议。

25 日,学校召开与中国职业技术教育学会战略合作推进会,会议深入研讨涉农行业人才培养、共建职业教育实训基地等重点合作领域,推进签订战略合作协议。中国职业技术教育学会会长、教育部原副部长鲁昕,校长孙其信出席会议。

26 日,学校召开 2020 年度本科教学工作会,会议在系统总结学校“十三五”期间本科教学工作的主要成绩和基本经验基础上,围绕学校未来的本科人才培养模式改革问题展开深入讨论,党委书记姜沛民主持会议,校长孙其信发表讲话。

26 日,中国共产党中国农业大学第四届纪律检查委员会召开第四次全体会议,专题传达学习十九届中央纪委五次全会精神,纪委书记秦世成同志主持会议。

26 日,学校召开二级党组织书记工作会,部署迎接“北京市党建和思政工作先进校”评选入校检查工作,党委常务副书记张东军主持会议。

27 日,正大集团资深副董事长兼中国区 CEO 杨小平一行来校访问,推动校企合作事宜。

28 日,学校召开网络安全和信息化领导小组全体会议,审议“十四五”信息化专项规划,党委书记姜沛民,校长孙其信出席会议,副校长杜太生主持会议。

29 日,党委书记姜沛民带队检查假期校园安全,副校长杜太生、党委副书记王勇等参加检查。

29 日,校长孙其信主持召开专题研讨会,专题调研学校“十四五”社会服务与办学资源拓展工作,副校长田见晖参加会议。

是月,校长孙其信主持召开学生代表座谈会,介绍学校疫情防控工作情况、假期安排和校园生活保障总体部署,面对面回应学生关切问题,副校长林万龙、党委副书记王勇出席座谈会。

是月,坦桑尼亚总统办公室致信感谢“小技术大丰收”玉米增产项目取得成效。

是月,动物医学院郭鑫教授、信息与电气工程学院赵明教授获北京市教学名师奖,信息与电气工程学院吕春利副教授获北京市青年教学名师奖。

是月,刘国世教授团队在小分子代谢物抗生殖衰老研究领域取得重要进展。

是月,我校在第三十七届全国部分地区大学生物理竞赛中再创佳绩,63 名参赛学生获奖,其中特等奖 1 人、一等奖 11 人、二等奖 19 人、三等奖 32 人。

是月,理学院农药创新研究中心潘灿平教授课题组在国际期刊 *Environmental Pollution* 上发表了纳米硒叶面强化提升茶叶品质和缓解农药胁迫的最新研究成果。

是月,作物生态与农作学系教工党支部书记工作室入选第二批全国高校“双带头人”工作室建设名单。

是月,校领导分别看望离退休校领导,走访慰问两院院士。

是月,国际衰老研究领域著名杂志 *Aging Cell* 在线发表了动物科学技术学院刘国世教授团队在抗生殖衰老方向的最新研究进展:“α-ketoglutarate delays age-related fertility decline in mammals”。

是月,资源与环境学院王兴副教授在 *Nature* 子刊 *Communications Biology* 发表了题为“Amynthas corticis genome reveals molecular mechanisms behind global distribution”的研究文章。

2 月

9 日，教育部党组成员、副部长钟登华来校调研校园疫情防控和寒假留校学生服务保障工作，党委书记姜沛民、校长孙其信、党委副书记王勇等陪同调研。

11 日，农历牛年除夕，党委书记姜沛民、校长孙其信、副校长钱学军、党委副书记王勇分别到东西校区看望慰问春节期间坚守工作一线的员工和留校过节的学生，代表学校向他们致以诚挚的问候和新春的祝福。

25 日，全国脱贫攻坚总结表彰大会在北京人民大会堂隆重举行，李小云教授荣获全国脱贫攻坚先进个人，农学院荣获全国脱贫攻坚先进集体。

25 日，保定市委书记党晓龙带队来校访问，推动校地合作。

25 日，北京市委统战部部长孙梅君一行赴黄安坨科技小院调研。

26 日，学校召开冬奥会测试活动志愿者返校座谈会，校党委副书记王勇出席会议。

是月，园艺学院高俊平和马男教授团队在 *The Plant Cell* 杂志上在线发表论文，揭示月季响应乙烯调节花朵开放的分子机制。

是月，草业科学与技术学院张万军副教授课题组在改良柳枝稷生物量及品质性状方面取得研究新进展。

是月，*eLife* 杂志在线发表生物学院于舒洋研究组题为“The kinase PDK1 is critical for promoting T follicular helper cell differentiation”的研究论文。

是月，校友工作办公室和北京校友会联合开展“学子留京过大年，北京校友送饺子”活动。

是月，张福锁院士荣获 2019—2020 年度“首都精神文明建设奖”。

是月，教授樊胜根以第一作者在学术期刊 *Global Food Security* 发表题为“Food system resilience and COVID-19—Lessons from the Asian experience”的文章。

是月，经管学院教师冯晓龙以第一作者在学术期刊 *Science of The Total Environment* 杂志发表题为“The impact of climate change on livestock production in pastoral areas of China”的文章。

是月，四川省人民政府副省长罗强向学校党委书记姜沛民、校长孙其信分别致函表达感谢和期待合作。

是月，园艺学院眭晓蕾课题组在 *PNAS* 杂志上在线发表了题为“Transcriptional control of local auxin distribution by the CsDFB1-CsPHB module regulates floral organogenesis in cucumber”的研究论文。

是月，生物学院于舒洋课题组、中国科学院北京基因组研究所杨运桂课题组和第三军医大学叶丽林课题组在 *Nature Communications* 杂志在线发表了题为“METTL3-dependent m6A modification programs T follicular helper cell differentiation”的研究论文。

是月，联合国粮农组织出版政策建议与创新家庭农场专题研究案例专辑，将“科技小院"模式树立为在农业生产一线开展科学创新和技术服务的典型案例。

是月，动物科技学院李胜利教授以共同通讯作者在国际著名医学杂志 Gut 发表题为“Multiomics analysis reveals the presence of a microbiome in the gut of fetal lambs”的文章。

3月

1日，学校举行学习贯彻全国脱贫攻坚总结表彰大会精神座谈会，并举行《玉汝于成——脱贫攻坚伟大事业中的中国农大》新书发布会，党委书记姜沛民主持会议，校长孙其信发表讲话，其他校领导班子成员出席会议。

1日，开学第一天，副校长林万龙带队检查东西校区教学楼教室准备情况并抽查部分课程在线授课情况。

1日，学校新申报的兽医公共卫生、土地科学与技术、食品营养与健康、社会政策四个专业全部获准增设，专业布局进一步优化。

2日，学校党委理论学习中心组召开2021-02次专题学习会，学习习近平总书记在党史学习教育动员大会上的重要讲话精神和中共中央《关于在全党开展党史学习教育的通知》，党委书记姜沛民主持学习会。

2日，动物医学院沈建忠院士团队在*Advanced Science*期刊发表题为"Efficient killing of multidrug-resistant internalized bacteria by AIEgens in vivo"的研究论文。

3日，国家农业科技战略研究院召开耕地保护科技创新座谈会，就耕地保护面临的新问题、新趋势、新策略、新技术等方面进行研讨，副校长田见晖出席会议。

3日，学校启动《红色足迹：中国农大许党报国的奋斗故事》图书编纂工作，党委书记姜沛民、党委常务副书记张东军、党委副书记李培景出席启动会。

5日，学校举行2021年春季入伍学生欢送会，党委书记姜沛民到会为即将入伍的学生送行，党委副书记王勇参加会议。

5日，第五届学术委员会主任、生物学院教授武维华；十三届全国人大常委会委员、校长孙其信；全国政协委员、工学院教授韩鲁佳参加全国两会。

8日，学校组织申报的坦桑尼亚与东南非研究中心成功入选教育部高校国别与区域研究备案中心。

11日，学校召开中国农业大学农村基层党建研究中心成立大会，党委书记姜沛民、党委常务副书记张东军、党委副书记李培景出席大会。

11日，学校召开党史学习教育专题报告会，原中央党史研究室主任、中国中共党史学会原会长、中国中共党史人物研究会原会长欧阳淞，应邀做题为"关于认真学习党的百年历史的几个问题"的报告。学校党委书记姜沛民和学校党委理论学习中心组成员出席报告会。

11日，学校召开2020年度离退休工作领导小组会议，党委常务副书记张东军，副校长钱学军出席会议。

12日，北京冬奥组委志愿者部副部长张秀峰带队来校访问交流冬奥志愿者工作。

14日，学校组织召开国家野外科学观测研究站建设方案咨询会。

16日，"中国科学家精神"教育基地授牌仪式在曲周王庄科技小院举行，曲周科技小院入选"中国科学家精神"教育基地。

17日，学校召开党的建设和全面从严治党工作领导小组会，专题研究学校党史学习教育实施方案，党委书记姜沛民主持会议并讲话。

18日，学校召开2020年度学校领导班子及成员考核暨干部选拔任用工作"一报告两评议”会议，党委书记姜沛民代表党政班子作述职报告，党委常务副书记张东军主持会议。

18 日，云南省临沧市人民政府副市长赵贵祥带队来校访问，推动校地合作事宜，党委书记姜沛民、党委常务副书记张东军会见赵贵祥一行。

19 日，曲周县委书记李凡带队来校座谈，推动深化合作。

20 日，“延河联盟”劳动教育基地在涿州教学实验场举行揭牌仪式，副校长钱学军主持仪式。

21 日，学校召开 2021 年科技创新大会，部署“十四五”科技工作，党委书记姜沛民主持会议，校长孙其信出席会议并讲话。

24 日，学校召开党史学习教育动员大会，对全校开展党史学习教育进行部署，党委书记姜沛民出席会议并讲话，党委常务副书记张东军主持会议。

26 日，学校举行“学百年光辉党史 做强农兴农青年”学生党史学习教育启动仪式，党委副书记王勇主持会议。

26 日，党委书记姜沛民、副校长林万龙视察经管学院工商管理硕士（MBA）复试现场。

30 日，学校召开二级党组织书记工作例会，交流研讨党建工作，党委书记姜沛民主持会议并讲话。

30 日，中国农业领域工程科技未来 20 年发展战略研究项目启动会采用线上线下相结合的方式召开，专项负责人康绍忠院士主持会议。

31 日，党委书记姜沛民、校长孙其信、副校长钱学军会见学院路街道党工委书记米佳一行。

是月，资源与环境学院生态与功能农业课题组郭岩彬副教授在生态环境科学和工程领域 Top 期刊 *Journal of Hazardous Materials* 发表题为“Highly stable selenium nanoparticles: Assembly and stabilization via flagellin FliC and porin OmpF in Rahnella aquatilis HX2”的文章。

是月，食品科学与营养工程学院陈芳教授荣获全国三八红旗手称号。

是月，土地学院申请的全国首个“土地科学与技术”专业（代码 090205T）通过教育部审批。

是月，食品精准营养与质量控制重点实验室李媛研究团队在 *Advanced Functional Materials* 上发表了关于“脂肪靶向的辣椒素纳米递送载体微针贴片的减肥功效”研究成果，该论文被选为封面论文，并且被 Advanced Science News 选为 Highlight 亮点工作进行报道。

是月，国家乡村振兴局向学校发来感谢信，向学校为如期完成脱贫攻坚目标任务作出的突出贡献表示衷心感谢并致以崇高敬意。

是月，党委书记姜沛民出席“延河联盟”红色育人基地揭牌活动。

是月，学校党委理论学习中心组举办专题读书班，党委书记姜沛民全程主持读书班学习研讨并讲话。

是月，动物医学院相关科研团队联合在国际病原学领域权威学术期刊 *Plos Pathogens* 发表题为“Resident bacteria contribute to opportunistic infections of the respiratory tract"的研究论文。

4月

1日，北京市委常委、教育工委书记夏林茂来校调研，了解学校历史沿革、党史学习教育、意识形态阵地管理、学科建设、疫情接种等工作情况，党委书记姜沛民、校长孙其信陪同调研并参加座谈。

1日，校长孙其信、副校长林万龙视察工学院研究生复试现场。

2日，青年师生以"缅怀革命英烈 传承红色基因"为主题开展"学党史 强信念 跟党走"系列学习实践活动。

2日，"中美农业圆桌论坛教育对话"之"农业教育领袖"专场以视频方式举行，校长孙其信应邀出席参加并致辞。

6日，副校长田见晖带队赴深圳市政府驻京办事处，推进市校科技合作。

6日，保定市政府副秘书长王国勇带队来校访问，就校地合作具体事宜进行洽商，副校长钱学军会见王国勇一行。

7日，学校召开加强意识形态工作交流研讨会，党委书记姜沛民出席会议，党委副书记李培景主持会议。

9日，中国农业大学党委理论学习宣讲团成立大会暨首场宣讲报告顺利举行，党委书记姜沛民、党委副书记李培景出席大会。

9日，学校召开2020—2021学年春季学期本科教育教学工作会议，副校长林万龙出席会议。

9日，康绍忠院士与校长孙其信共同承担的中国工程院战略研究与咨询项目《面向2035的农业新兴、前沿、交叉学科研究》启动会召开。

9日，校长孙其信出席农学门类学科专业目录和专业学位类别修订工作研讨会。

12日，学校公费医疗委员会召开工作会议，党委常务副书记张东军出席会议，党委副书记、公费医疗委员会主任王勇主持会议。

13日，中国农业大学建党百年专题网上线。

13日，北京化工大学副校长王峰一行来校就国际合作、中外合作办学进行专题工作调研。

14日，校长孙其信到学校动物医院进行专题调研，听取医院未来建设发展的工作汇报，副校长钱学军陪同调研。

16日，食品科学与营养工程学院罗云波教授荣获全国食品安全工作先进个人称号。

16日，学校召开贯彻落实《深化新时代教育评价改革总体方案》专题研讨会，研究部署学校教育评价改革有关重要事项和重点工作，党委常务副书记张东军、副校长田见晖出席会议。

17日，学校成立第六届学术委员会，选举产生新一届主任、常务副主任及副主任委员，党委书记姜沛民出席会议，校长孙其信主持会议。经学校提名、委员举手表决，武维华当选主任委员。

18日，党委书记姜沛民在《中国高等教育》上发表署名文章《继承弘扬延安精神 坚守为党育人使命》。

19 日，浙江农林大学副校长沈月琴带队来校访问，双方就人才培养质量提升、“金课”课程打造、人才引进和人事制度改革等方面展开交流与讨论。

19 日，学校与中国银行签署战略合作协议 。

20 日，学校开展“玉汝于成——脱贫攻坚伟大事业中的中国农业大学”主题展览。

20 日，东北林业大学副校长翟雪峰带队来校交流访问。

23 日，邯郸市委副书记、市长樊成华带队来校访问，就进一步深化市校合作事宜与校领导进行座谈。

23 日，中国高等教育学会高等农林教育分会筹备会在校举行。

23 日，农业农村部国际合作司向学校发来感谢信，感谢学校大力支持对柬埔寨动物疫苗捐赠工作。

23 日，学校举行全国高等农林高校教师教学发展联盟筹备会，副校长林万龙出席会议并致辞。

23 日，学校召开实验室安全工作会议，副校长杜太生出席会议，并对学校实验室安全工作提出要求。

25 日，党委巡察工作领导小组召开 2021 年第 1 次会议，研究审议巡察整改监督检查情况报告和反馈意见、学校党委 2021—2025 年巡察工作规划和 2021 年党委巡察工作计划。

25 日，本科生院常务副院长、动物科学技术学院教授曹志军，工会常务副主席张海涛荣获首都劳动奖章称号。

28 日，学校召开 2021 年全面从严治党工作会，总结部署学校全面从严治党工作，党委书记姜沛民主持会议并对抓好全面从严治党工作提出要求。

28 日，学校在东、西校区操场同时举办“青春心向党 奋斗新征程”五四升旗主题团日活动暨集中入团仪式。

28 日，邯郸市委副书记、市长樊成华到学校曲周实验站调研。

28 日，学校党委召开党风监督员换届工作会，总结第三届党风监督员工作，聘任邓波等 17 位同志为第四届党风监督员。

29 日，学校举办“五四青年标兵”“五四青年标兵集体”表彰大会暨“青春之我”庆祝建党 100 周年青春诗会，党委书记姜沛民、党委副书记王勇出席活动。

30 日，中国农业发展论坛暨中国与全球食物政策报告发布会在学校国际会议中心举行。

30 日，副校长田见晖带队前往中国气象局访问，推进深化局校合作事宜。

30 日，刘军、李克江两位同志荣获“云南省脱贫攻坚先进个人”荣誉称号。

30 日，校长孙其信出席内蒙古现代农牧研究院揭牌仪式。

是月，经管学院陈祁晖副教授以独立作者身份在学术期刊 *Economics and Human Biology* 杂志发表题为“Population policy, family size and child malnutrition in Vietnam-Testing the trade-off between child quantity and quality from a child nutrition perspective”的论文。

是月，文科讲席教授、国际发展与全球农业学院名誉院长李小云应邀参加博鳌亚洲论坛年会。

是月，山西省灵丘县委书记李润军，县委副书记、县长张磊来校访问，推动深化合作。

是月，工学院李伟教授团队主持完成的“非结构环境下农业机器人机器视觉关键技术与应用”项目获得2020年度吴文俊人工智能技术发明奖二等奖。

是月，工学院刘贤副教授团队成果入选外交部2021年“澜沧江-湄公河合作专项基金成果展”。

是月，生物学院于舒洋教授课题组在 *Science Advances* 杂志上发表题为“SRSF1 serves as a critical posttranscriptional regulator at the late stage of thymocyte development”的研究论文。

是月，学校吉林梨树实验站获选国家级专家服务基地。

是月，学校喜获三项国家社科基金重大重点项目立项，分别为人文与发展学院何慧丽教授的“实施乡村建设行动研究”（重大项目），左停教授的“实现巩固拓展脱贫攻坚成果同乡村振兴有效衔接研究”（重点项目）和饶静教授的“城乡社区治理和服务体系建设研究”（重点项目）。

是月，动物科学技术学院王军军教授在国际知名学术期刊 *Gut Microbes* 上在线发表了题为“Cohousing-mediated microbiota transfer from milk bioactive components-dosed mice ameliorate colitis by remodeling colonic mucus barrier and lamina propria macrophages” 的最新研究成果。

是月，人发学院法律系代表队获全国大学生环境资源模拟法庭大赛特等奖。

5 月

6 日，校长孙其信接受《人民日报》采访，以《构建学科发展新格局》为题谈建设中国特色世界一流大学。

7 日，中央第九巡视组对中国农业大学党委开展常规巡视。

8 日，党委副书记李培景出席2021—2022年度牛精英联盟战略合作伙伴签约仪式暨十周年启动会并致辞。

9 日，学校主办的土地学科建设研讨会在京召开，校长孙其信参加研讨会。

10 日，校长孙其信会见以色列驻华大使潘绮瑞一行，副校长杜太生陪同出席活动。

12 日，农学院举办蔡旭先生诞辰110周年纪念会。

12 日，校长孙其信主持召开经营性资产管理委员会2021-02次会议。

12 日，动物科学技术学院举行吴仲贤教授诞辰110周年纪念活动。

12 日，校长孙其信主持召开审计工作领导小组2021-01次会议。

17 日，“2021届全国高校毕业生就业促进周”启动仪式及主会场活动在我校举行，中共中央政治局委员、国务院副总理孙春兰到校考察高校毕业生就业促进周。

19 日，“中国农业大学农村基层党建研究中心曲周研究基地”揭牌仪式在曲周县举办。

20 日，我校在“挑战杯”首都大学生课外学术科技作品竞赛中斩获佳绩，共获得61个奖项，捧得“优胜杯”并荣获优秀组织奖。

26 日，学校党委理论学习中心组与工学院党委理论学习中心组在东校区主楼433会议室开展联学活动，深入学习习近平总书记关于把握新发展阶段、贯彻新发展理念、构建新发展格局的重要论述和习近平总书记在清华大学考察时的重要讲话精神，党委书记姜沛民主持学习会。

27日，校长孙其信主持召开研讨会推进作物智能育种生物学北京高精尖学科建设。

27日，全国政协副主席巴特尔率团赴重庆视察中国农业大学垫江教授工作站。

28日，学校召开平谷专项工作组2021-01次工作会，审议并通过了《区校全面战略合作2021年工作要点》和《区校2021年人才共建工作方案》，党委书记姜沛民出席会议，校长孙其信主持会议。

28日，学校举办中国乡村大讲堂首场报告会，全国政协经济委员会副主任、农业农村部原党组书记、部长韩长赋受邀以《农村改革的历史逻辑》为题作报告。

是月，党委书记姜沛民在《高校马克思主义理论教育研究》上发表题为《坚持"中国特色"建设一流大学》的署名文章，阐释中国特色一流大学建设。

是月，生物学院吴森课题组在*Genome Research*杂志上在线发表了题为"A HIT-trapping strategy for rapid generation of reversible and conditional alleles using a universal donor"的研究论文。

是月，工学院汤修映教授团队摘夺2021年度"CISILE自主创新金奖"。

是月，植物保护学院陈东钦教授课题组与美国Gary Stacey教授课题组联合在*Nature Communications*上发表了题为"S-acylation of P2K1 mediates extracellular ATP-induced immune signaling in Arabidopsis"的研究论文。

是月，中国绿色食品发展中心张华荣主任、南志标院士等人调研曲周实验站和科技小院。

是月，云南省临沧市副市长赵贵祥一行来访我校，推动校地合作事宜。

是月，北京市高等学校新闻与文化传播研究会公布了北京高校2019、2020年度"好新闻"入围作品，我校获得7项奖励。

是月，国际知名期刊*Microbiome*在线发表讲席教授杨宁团队题为"Joint contributions of the gut microbiota and host genetics to feed efficiency in chickens"的研究论文。

6月

3日，学校党委理论学习中心组召开2021-06次专题学习会，深入学习习近平总书记在中国科学院第二十次院士大会、中国工程院第十五次院士大会、中国科协第十次全国代表大会上的重要讲话精神，党委书记姜沛民主持学习会。

3日，教育部职业教育与成人教育司司长陈子季一行来校座谈调研，就落实习近平总书记在全国职业教育大会对职业教育工作做出的重要指示、服务乡村振兴战略需求、服务涉农职业教育师资培养体系建设等工作进行了深入交流，党委书记姜沛民、校长孙其信出席座谈会。

4日，北京市党建和思政工作先进校评选考察组一行入校考察。

4日，学校召开"强基计划"专项工作会议，副校长林万龙参加会议。

4日，学校承建的3家北京科技小院获"十佳北京科技小院"称号。

7日，学校举行"百年风雨　稼穑同行——中国农业大学党史学习教育大型主题展演"。

7日，学校召开“十四五”事业发展规划专家咨询会，党委书记姜沛民主持会议，校长孙其信出席会议。

9日，学校党委理论学习中心组参观香山革命纪念馆并召开2021-07次专题学习会，党委书记姜沛民主持会议。

10日，副校长田见晖带队前往中粮营养健康研究院调研并商谈合作。

10日，学校党委召开“坚持党建引领 推动事业发展”二级党组织书记经验交流会。

10日，学校举行“百年风雨 稼穑同行”党史学习教育大型主题展演第二场。

11日，学校召开党史学习教育领导小组办公室会议，会议就“七一”前后开展的各项重点工作进行深入研讨。

11日，学校举办共青团融媒体中央厨房揭牌仪式，党委副书记王勇出席仪式并为中央厨房揭牌。

15日，曲周县委副书记刘伟一行带队来校座谈，推动县校深化合作。

17日，中国工程院院士、动物医学院院长沈建忠荣获“北京市优秀共产党员”称号，动物科学技术学院党委荣获“北京市先进基层党组织”称号。

18日，学校举行《初心弥坚：中国农业大学许党报国的红色故事》新书发布会，党委书记姜沛民、校长孙其信出席活动，党委副书记李培景主持仪式。

18日，“初心弥坚：中国农业大学许党报国的红色故事”主题展览开展。

21日，学校多部门联合召开科研业务管理培训会，副校长田见晖出席会议。

22日，百位艺术家百幅作品“讲党史” 穿越长征路美术书法作品展在学校开幕。

22日，我校13名师生参加中央新党员代表入党宣誓活动。

23日，教育部党史学习教育第一巡回指导组入校指导工作，并召开学校党史学习教育工作汇报会。

23日，第六届校学位评定委员会召开第八次全体会议，校学位评定委员会主席孙其信教授主持会议。

24日，学校举行“奋斗百年路 永远跟党走”2021年教职工合唱比赛。

24日，学校举行“两优一先”表彰大会，授予动物科学技术学院党委等21个党组织“中国农业大学先进党组织”荣誉称号，沈建忠等101名党员“中国农业大学优秀共产党员”荣誉称号，毛立科等20名党务工作者“中国农业大学优秀党务工作者”荣誉称号。

25日，烟台研究院举行2021年毕业典礼暨学位授予仪式。

26日，学校举行2021年毕业典礼暨学位授予仪式。

29日，著名作曲家、我校革命烈士吕惠生之子吕其明获“七一勋章”。

是月，学校合唱团、舞蹈团荣获全国第六届大学生艺术展演一等奖。

是月，学校工程教育专业认证再获佳绩，计算机科学与技术、食品科学与工程两个专业顺利通过认证。

是月，云南省多方来函感谢我校助力当地乡村振兴工作。

是月，学校师生参加“网上重走长征路”收官暨青年大学生主题诗诵会，党委书记姜沛民与师生一起观看展演。

是月，叶敬忠教授团队、李小云教授团队获得北京市第十六届哲学社会科学优秀成果奖。

是月，我校在非洲实施的千户万亩小技术大丰收项目入选中国脱贫攻坚成就展的“伟大胜利”展厅的“国际贡献”版块。

是月，生物学院于政权教授课题组在肿瘤学专业期刊 *Oncogene* 上在线发表了题为“Msi1 promotes breast cancer metastasis by regulating invadopodia-mediated extracellular matrix degradation via the Timp3-Mmp9 pathway”的研究文章。

是月，动物医学院刘金华教授团队在 *Nature Microbiology* 上发表了题为“IFI16 directly senses viral RNA and enhances RIG-I transcription and activation to restrict influenza virus infection”的研究论文。

是月，学校党委向老党员颁发“光荣在党 50 年”纪念章。

是月，西校区一站式师生服务大厅试运行。

7 月

1 日，学校 24 名师生受邀到现场参加庆祝中国共产党成立 100 周年大会。

1 日，学校党委理论学习中心组召开 2021-08 次专题学习会，学习习近平总书记在庆祝中国共产党成立一百周年大会上的重要讲话，党委书记姜沛民主持学习会。

2 日，学校召开党史学习教育领导小组工作会，研究部署全校师生深入学习贯彻习近平总书记在庆祝中国共产党成立一百周年大会上的重要讲话精神，研究推进下一阶段学校党史学习教育工作。

2 日，中国农业大学动物医学标本馆正式开馆，近万件标本展出，党委书记姜沛民，党委常务副书记张东军出席揭牌仪式。

2 日，党委书记姜沛民、党委常务副书记张东军带队视察西校区师生服务大厅、心灵花园。

2 日，中国共产党中国农业大学第四届纪律检查委员会召开第 9 次全体会议，党委副书记、纪委书记秦世成主持会议。

2 日，学校组织统战系统成员召开“初心百年同奋斗，共话伟业启新程”学习习近平总书记在庆祝中国共产党成立 100 周年大会上的讲话精神座谈会。

5 日，西南大学副校长王进军带队来校访问，围绕本科专业认证、人才培养模式改革、人才培养质量提升等方面进行研讨交流。

6 日，黑龙江省委组织部副部长于志伟带队来校访问，推动省校全面合作。

6 日，国家林业和草原局向学校发来感谢信，对学校大力支持林草事业发展表示感谢。

7 日，学校举行强基计划百人导师团聘任仪式，5 位院士、112 位教授受聘强基计划学业导师。

7 日，国家林业和草原局刘东生副局长一行就松材线虫防治等林草科技工作来我校调研。

8 日，学校党委理论学习中心组召开 2021-09 次专题学习(扩大)会，深入学习习近平总书记“七一”重要讲话，党委书记姜沛民主持学习会。

8 日，教育部党史学习教育第一巡回指导组组长、中国人民大学原党委书记程天权一行入校考察，深入马克思主义学院检查指导党史学习教育工作，学校党委书记姜沛民、党委副书记李培景陪同检查指导。

9日，学校召开党史学习教育工作推进会，就下一阶段工作进行安排部署，党委书记姜沛民出席会议，党委常务副书记张东军主持会议。

9日，校长孙其信会见三亚市委书记周红波一行，深化推进校市合作

9日，学校召开第四届教职工暨工会会员代表大会第五次会议，会议听取和讨论了校长孙其信作的学校“十四五”事业发展规划工作报告。

10日，学校“本科生劳动教育实践周”学习正式启动。

11日，学校第六届学术委员会召开2021-02次全体委员会议，会议对拟增设的本科新专业和学位授权点以及学校“十四五”事业发展规划(征求意见第三稿)进行了审议。

12日，教育部职业教育与成人教育司司长陈子季一行来校座谈，沟通交流发展职业本科教育相关事宜，党委书记姜沛民出席座谈会。

13日，学校与重庆市人民政府签署科技战略合作协议。

14日，平谷区与学校召开座谈会，进一步推进区校合作，党委书记姜沛民，校长孙其信出席座谈会。

14日，学校召开“碳达峰碳中和”战略与农业发展对策专家座谈会。

15日，学校党委理论学习中心组举办读书班，重点学习习近平《中国共产党简史》一书。

15日，学校召开第六届校学位评定委员会第九次全体会议，校学位评定委员会副主席林万龙教授主持会议。

15日，中国农大人才培育发展支持计划青年科学家创新团队学术交流活动成功举办。

16日，校长孙其信视察2021年普通本科招生录取现场，检查指导招录工作，看望慰问工作人员。

16日，学校组织召开模式动物大设施建设和运行推进会议。

22日，“第七届梨树黑土地论坛暨吉林·四平黑土地保护日活动”在梨树实验站举行，校长孙其信发表视频讲话，副校长田见晖现场参会。

23日，新疆理工学院党委书记张百合带队来校访问，党委副书记、纪委书记秦世成会见了张百合一行。

26日，北京市委书记蔡奇赴平谷调研“农业中关村”建设情况，并了解学校平谷校区筹建进展，校长孙其信、副校长辛贤等陪同调研。

29日，我校农业农村部农业灾害遥感重点实验室师生为应对河南特大暴雨和洪涝灾害提供遥感监测服务。

29日，*Advanced Science* 在线发表了中国工程院院士、动医学院教授沈建忠团队题为“Mobile Colistin Resistance Enzyme MCR-3 Facilitates Bacterial Evasion of Host Phagocytosis”的研究论文。

29日，河北省政协副主席徐建培一行到模式动物表型与遗传研究国家重大科技基础设施项目进行调研。

是月，学工系统举行学习习近平总书记“七一”重要讲话精神座谈会，党委副书记王勇出席会议。

是月，我校学生在第七届中国“互联网+”大学生创新创业大赛(北京赛区)斩获一等奖，获奖数再创新高。

是月，资源与环境学院师生党员完成“访红迹”党史学习教育 60 个红色地标宣讲。

是月，中国农业大学出版社 2020 年度社会效益评价考核获“优秀”等级。

是月，学校荣获全国第二批“百个研究生样板党支部”和“百名研究生党员标兵”。

是月，学校沈建忠、陈芳、孔祥斌入选 2021 年“最美科技工作者”候选人。

是月，学校在北京高校第十二届青年教师教学基本功比赛中获 4 个一等奖，19 项奖励。

是月，植物保护学院沈杰、杜相革教授团队在美国化学会期刊 *ACS Applied Materials & Interfaces* 在线发表了题为“Simple osthole/nanocarrier pesticide efficiently controls both pests and diseases fulfilling the need of green production of strawberry”的原创性研究论文。

8 月

6 日，校长孙其信主持召开新一轮“双一流”建设研讨会。

6 日，黑龙江省与 46 所国内“双一流”高校举行省校合作线上推进会，党委书记姜沛民、副校长田见晖出席会议。

18 日，副校长田见晖与拜耳(中国)集团副总裁高勇一行围绕种子科技创新、青年人才培养举行座谈交流。

18 日，学校获批 2021 年度国家自然科学基金项目 233 项。

19 日，学校召开深入学习宣传贯彻党的教育方针专项行动工作会，学校党委副书记李培景主持会议。

20 日，学校党委理论学习中心组参观“‘不忘初心、牢记使命’中国共产党历史展览”。参观结束后，党委书记姜沛民带领中心组成员一起重温入党誓词。

20 日，学校党委理论学习中心组举办党史学习教育第二期专题读书班第二次集中学习活动，重点研读《中国共产党简史》一书，党委书记姜沛民主持读书班学习研讨。

24 日，内蒙古自治区科学技术厅党组书记冯家举带队来校访问，推进区校科技合作事宜。

25 日，学院路街道党工委书记郑鹏、街道办事处主任康云一行来校走访调研。

26 日，学校召开新一轮“双一流”建设方案编制工作部署会，校长孙其信对学校新一轮“双一流”建设工作进行动员部署，副校长辛贤主持会议。

26 日，学校在平谷举行农业绿色发展与科技小院建设研讨观摩会。

27 日，学校召开农业工程学科建设第三次研讨会。

30 日，学校召开绿色低碳、智慧校园现场交流服务工作会。

30 日，学校国家乡村振兴研究院召开院长办公会扩大会议，校长、研究院院长孙其信，副校长、研究院副院长林万龙出席会议。

是月，信电气学院李振波教授课题组论文“SOTR：Segmenting Objects with Transformers”被计算机视觉领域顶级会议 ICCV(国际计算机视觉大会)录用。

是月，动物科学技术学院马曦教授团队在领域权威学术期刊 *Nano Today* (IF=

20.722）在线发表题为“Design，optimization，and nanotechnology of antimicrobial peptides：From exploration to applications” 的综述论文。

是月，“人才培育发展支持计划”青年科学家创新团队、教学动物医院中兽医门诊团队在 *Veterinary Sciences*（*Q1 in Veterinary Sciences Category*）杂志上发表文章“Research Progress on the Mechanism of the Acupuncture Regulating Neuro-Endocrine-Immune Network System”。

是月，草业科学与技术学院张英俊教授指导的许瑞轩博士研究成果“苜蓿套种青贮玉米高产高效生产技术”通过 2021 年农业农村部重大引领性技术遴选。

是月，生物学院吴森、杜旭光课题组在 *Cell Discovery* 杂志上在线发表了题为“Establishment of a humanized swine model for COVID-19”的研究论文。

是月，校长孙其信一行考察石羊河实验站并看望慰问在站工作的师生。

是月，资源与环境学院李洁明副教授课题组在环境科学与生态学领域 Top 期刊 *Water Research* 上发表题为“Long-term and strong suppression against Microcystis growth and microcystin-release by luteolin continuous-release microsphere：Optimal construction，characterization，effects and proteomic mechanisms”的文章。

是月，植物保护学院昆虫演化与基因组学课题组副教授刘山林博士在 *Cell* 杂志上发表了题为“Ancient and modern genomes unravel the evolutionary history of the rhinoceros family”的研究论文。

是月，动物医院中兽医门诊团队在 *Veterinary Sciences*（*Q1 in Veterinary Sciences Category*）杂志上发表文章“Research Progress on the Mechanism of the Acupuncture Regulating Neuro-Endocrine-Immune Network System”。

是月，动科学院副教授王波在 *Nature Communications* 发表文章，揭示杀虫剂毒死蜱导致动物肥胖的新途径。

9 月

1 日，学校举行 2021 年新入职教职工岗前培训开班仪式，校长孙其信出席开班仪式并讲话，副校长辛贤主持会议。

1 日，中国农业领域工程科技未来 20 年发展战略研究项目工作推进会在我校国际会议中心召开。

2 日，中央第九巡视组向中国农业大学党委反馈巡视情况。

3 日，党委书记姜沛民、校长孙其信看望 2021 级新同学，慰问迎新工作人员和志愿者。

5 日，学校举行 2021 年开学典礼，7 000 余名新生齐聚东区操场，党委书记姜沛民讲授开学第一课。

7 日，马连洼街道党工委书记王树彦、街道办事处主任刘永泉一行来校走访调研。

7 日，学校召开 2021—2022 学年秋季学期本科教育教学工作会。

8 日，奥运冠军杨扬做客中国农大“志愿人生第一课”。

8 日，学校党委理论学习中心组召开 2021-10 次专题学习（扩大）会，开展巡视整改专题学习，党委书记姜沛民主持学习会。

9 日，共青团北京市委书记李军会率队来校调研共青团工作，党委书记姜沛民会见李军会一行，党委副书记王勇参加调研活动。

9 日，学校举行教师节表彰大会暨立德树人论坛，校领导姜沛民、秦世成、辛贤、李培景、林万龙、杜太生、王勇与 200 多名教师欢聚一堂，共同庆祝第 37 个教师节。

10 日，学校与中国农业大学附属中学签署战略合作协议，副校长林万龙出席会议并签署战略合作协议。

14 日，内蒙古呼和浩特市人大常委会党组书记、主任常培忠一行带队来校访问，推进校地合作事宜。

15 日，学校召开新一轮本科教育教学审核评估试点工作部署会。

17 日，学校荣获“北京市党的建设和思想政治工作先进高等学校”，“以‘科技小院’模式促进服务社会和人才培养深入融合”项目，荣获第一批北京高校党建和思想政治工作特色项目。

17 日，学校举行服务保障庆祝中国共产党成立 100 周年活动总结座谈会，党委副书记王勇出席并讲话。

22 日，学校举办新一轮本科教育教学审核评估试点培训会。

24 日，水利部副部长陆桂华来校调研指导工作，党委书记姜沛民、中国工程院院士康绍忠等会见了陆桂华一行。

26 日，中国农大第十八次学生代表大会、第十六次研究生代表大会顺利召开。

26 日，学校召开 2021 年秋季学期中层干部会，校长孙其信回顾了 2021 年前三季度工作亮点并对下一步重点工作进行部署，巡视整改工作领导小组组长、党委书记姜沛民主持会议并代表学校党委进行整体部署，提出工作要求。

26 日，全国人大常委会副委员长、九三学社中央主席、中国科学院院士武维华率队来到三亚研究院视察工作。

28 日，学校召开贯彻落实习近平总书记对档案工作重要批示精神专题会，推进学校档案管理工作。

28 日，学校与河北保定市人民政府签署农业科技创新合作协议，共建保定国家农业高新技术产业示范区，打造引领产业发展的国家级乡村振兴先行区，党委书记姜沛民、校长孙其信出席并讲话。

29 日，学校召开二级党组织书记落实巡视整改工作汇报会，党委书记姜沛民出席会议并讲话，党委副书记李培景出席会议并就学校进一步强化意识形态工作作出部署。

29 日，中牧实业股份有限公司总经理吴冬荀一行来校商谈校企合作。

29 日，学校举办中国研究生乡村振兴科技强农+“拼多多杯”第一届科技小院大赛中国农业大学校内选拔赛。

29 日，学校承办国家自然科学基金委种质资源保护和利用研讨会。

30 日，学校召开基础学科建设研讨会，副校长辛贤出席会议并发表讲话。

是月，动物医学院林德贵教授团队在 *Frontiers in pharmacology* 上发表题为“A polysaccharide from the whole plant of Plantago asiatica L. enhances the anti-tumor activity of dendritic cell-based immunotherapy against breast cancer”的研究论文。

是月，学校 10 个项目入选 2021 年北京高校“优质本科课程”和“优质本科教材”。

是月，学校作品获评教育部“2021年新时代教师风采短视频征集活动”优胜奖。

是月，动物科技学院王军军教授在国际知名学术期刊*Microbiome*上在线发表了题为“Gut microbiota from green tea polyphenol-dosed mice improves intestinal epithelial homeostasis and ameliorates experimental colitis”的最新研究成果。

是月，生物学院于舒洋课题组在*Cellular & Molecular Immunology*杂志上发表了题为“SRSF1 plays a critical role in invariant natural killer T cell development and function”的研究论文。

是月，中国农业大学/吉林农业大学孙文献课题组在国际知名学术期刊*Nature Communications*发表了题为“A bacterial kinase phosphorylates OSK1 to suppress stomatal immunity in rice”的研究论文。

是月，资源与环境学院崔振岭教授课题组在*Global Change Biology*杂志上在线发表了题为“Evaluation of variation in background nitrous oxide emissions: A new global synthesis integrating the impacts of climate, soil and management conditions”的研究论文。

是月，中国国际经济技术交流中心向学校发来感谢信，感谢学校在2021南南合作与服务贸易国际论坛中所做的工作。

是月，食品科学与营养工程学院李媛教授获2021“强国青年科学家”称号。

是月，教师徐菲聆、王帅分获第十四届全运会女双、男双冠军。

是月，学校联合马拉维科技大学在撒哈拉以南非洲主食营养添加研究方面取得开创性进展。

是月，学校“肉鸡集约化多层平养健康环境节能调控技术与成套装备”项目成果荣获第二届发明创业奖成果奖一等奖。

是月，学校获评第六届教育部直属高校精准帮扶典型项目。

10月

8日，党委巡察工作领导小组召开第十四次会议，会议由党委书记、党委巡察工作领导小组组长姜沛民主持。

9月，北京市2022年度定向选调和“优培计划”招聘应届优秀大学毕业生政策宣讲会在我校举行。

9日，科技部批准学校2个国家野外站建设，分别为：中国工程院院士、水利与土木工程学院教授康绍忠负责的“甘肃武威绿洲农业高效用水野外科学观测研究站”和中国工程院院士、资源与环境学院教授张福锁负责的“河北曲周农业绿色发展野外科学观测研究站”。

13日，学校召开绿色学校创建工作领导小组会议，研究进一步推进绿色学校创建工作。

14日，学校2021年“实验室安全文化月”活动正式启动。

14日，学校“中农优苗”项目在第七届中国国际“互联网＋”大学生创新创业大赛全国总决赛中获得金奖。

14日，学校承建的统农058号昌平区兴寿镇科技小院和统农060号顺义区赵全营镇科技小院授牌仪式在顺义区举行。

14 日，第二十一次全国动物遗传育种学术讨论会在北京开幕，本次大会由中国畜牧兽医学会动物育种学分会主办，我校动物科学技术学院承办。

14 日，学校举办首届世界顶尖涉农大学联盟与国际组织论坛，校长孙其信、A5 联盟各院校的校长和国际组织主要负责人参会。

15 日，塔里木大学党委书记赵光辉、副校长赵峰华一行来我校访问，就推进对口支援工作等事宜进行交流，党委书记姜沛民、校长孙其信、副校长田见晖会见了客人。

19 日，姜沛民书记带队参加全国新农科建设工作推进会。

19 日，学校承办的中国工程院"细菌耐药性形成及防控策略国际高端论坛暨第一届细菌耐药青年学术论坛"顺利召开。

19 日，学校召开"我为师生办实事"实践活动工作推进会，党委常务副书记张东军、副校长钱学军出席会议。

21 日，学校召开第七届中国国际"互联网＋"大学生创新创业大赛总结交流会。

21 日，学校召开试用期满干部座谈会，党委书记姜沛民出席会议并与试用期满干部集体谈话，党委常务副书记张东军主持会议。

22 日，学校党委理论学习中心组召开 2021-11 次专题学习会，深入学习习近平总书记在中央人才工作会议上的重要讲话，党委书记姜沛民主持学习会。

21 日，离退休党委举办 2021 年度党支部书记培训班，党委常务副书记张东军同志做开班动员讲话并做校情通报。

25 日，学校与世界顶尖涉农大学联盟（A5 联盟）院校圣保罗大学举行视频签约仪式，两校签署合作办学协议，并展望未来建设与发展。

25 日，中国农大与德国霍恩海姆大学"玉米-磷"合作项目第一期总结会召开。

27 日，学校举行种业科技创新论坛，论坛发布种业科技创新十大行动，助力种业装上更多"中国芯"。

是月，*Nature* 子刊《自然-通讯》（*Nature Communications*）在线发表了资源与环境学院李隆教授课题组以"Long-term increased grain yield and soil fertility from intercropping"（长期间套作增加粮食产量和土壤肥力）为题的研究论文。

是月，*Nature* 子刊《自然-通讯》（*Nature Communications*）在线发表了我校动物科技学院家禽遗传育种团队侯卓成教授课题组以"Three chromosome-level duck genome assemblies provide insights into genomic variation and selection during domestication"为题的最新研究成果。

是月，学校在首届全国教材建设奖中荣获 6 项荣誉。

是月，张福锁院士荣获 2021 年度"杰出教学奖"。

是月，我校学生在第七届中国国际"互联网＋"大学生创新创业大赛全国总决赛中斩获"一金一银"。

是月，学校荣获 2021 中国最具社会影响力高校网络与继续教育学院等 7 项奖励。

是月，学校 6 项科技成果亮相国家"十三五"科技创新成就展。

是月，我校学生在第九届全国大学生农业建筑环境与能源工程相关专业创新创业竞赛中再创佳绩。

是月，我校学生在2021年中国农业机器人大赛中斩获佳绩。

是月，学校完成的《消除绝对贫困 中国的实践》报告被写入《中国联合国合作立场文件》。

是月，*PNAS* 在线发表了植物保护学院刘俊峰/彭友良团队以"A designer rice NLR immune receptor confers resistance to the rice blast fungus carrying noncorresponding avirulence effectors"为题的最新研究成果。

11月

1日，教育部党组成员、驻部纪检监察组组长吴道槐来校指导督促巡视整改工作，党委书记姜沛民代表学校党委汇报了学校巡视整改工作情况。

2日，学校党委书记姜沛民主持召开巡视整改工作领导小组办公室扩大会，持续抓好整改落实工作。

5日，学校召开教师思政和师德建设暨中央巡视整改师德师风专题推进会，党委副书记李培景出席会议，并对学校教师思政及师德师风建设工作提出要求。

10日，学校与中国农科院、湖南省农科院共同举办袁隆平精神学习交流会。

10日，学校纪委召开第四季度二级党组织纪委书记、纪检委员工作会议。

16日，党委书记姜沛民主持召开巡视整改工作领导小组办公室第八次工作例会，强调重点问题整改要一抓到底，落地见效。

17日，学校召开本科教育教学审核评估工作推进会，校长孙其信出席会议并讲话。

18日，党委书记姜沛民主持召开学校巡视整改领导小组办公室扩大会议，用了三个半天时间，认真听取分管校领导牵头的各项巡视整改工作汇报，全面检视整改落实成效。

18日，学校召开人事人才工作部署会，面向各教学单位分管人事人才工作负责人进行解读和宣讲。

18日，动物医学院与大北农集团签署战略合作协议。

19日，国家农业绿色发展研究院张福锁院士团队与荷兰瓦赫宁根大学合作研究成果"全球农作物间套作种植模式的增产效应"入选2021中国农业科学十大重大进展。

26日，学校党委召开中央巡视整改专题民主生活会。

27日，"面向2035的农业新兴、前沿、交叉学科"研究项目专家咨询会召开，项目由中国工程院院士、水利与土木工程学院康绍忠教授和校长孙其信教授共同主持。

30日，国家卫生健康委员会党组成员、副主任雷海潮来校调研食品安全与营养健康工作。

是月，2020年度国家科学技术奖励大会在北京人民大会堂隆重召开。学校共有7项科技成果获得2020年度国家科学技术奖励，其中4项主报项目实现三大奖大满贯。

是月，经济管理学院刘玉梅教授以通讯作者身份在学术期刊 *Journal of Dairy Science* 杂志上发表了题为"Consumer trust in the dairy value chain in China: the role of trustworthiness, the melamine scandal and the media"的论文。

是月，学校喜获11项2020—2021年度神农中华农业科技奖。

是月，学校获准牵头建设13个"科创中国""一带一路"国际农业科技创新院。

是月，动物科学技术学院谯仕彦教授当选为中国工程院农业学部院士。

是月，郑浩团队利用蜜蜂、熊蜂模式体系在肠道菌群传递方面研究取得新进展。

是月，李孟华教授团队在 *Communications Biology* 期刊发表题为“Whole-genome sequence analysis unveils different origins of European and Asiatic mouflon and domestication-related genes in sheep”的研究论文。

是月，我校学子勇摘 2021 年国际遗传工程机器大赛金牌。

是月，*Remote Sensing of Environment* 发表了信电学院引进优秀人才张瑶副教授以“Transfer-learning-based approach for leaf chlorophyll content estimation of winter wheat from hyperspectral data”为题的最新研究成果。

12 月

1 日，学校召开课程思政“双融合、双促进”工程建设成果交流会。

2 日，学校召开国有资产管理工作会议，部署国有资产管理信息交流、业务培训及年终工作。

2 日，保定市委副书记商黎兵一行到涿州教学实验场考察调研。

3 日，中央宣讲团成员欧阳淞同志来校宣讲党的十九届六中全会精神。

4 日，农民日报社副总编杨志华一行来校交流访问。

4 日，以“农业‘卡脖子’关键技术及突破途径”为主题的中国工程科技论坛在我校召开。

6 日，校长孙其信出席第八届中国·大同车河国际有机农业论坛并致辞。

6 日，学校召开学生工作党委成立会议，宣布中国农业大学学生工作党委正式成立。

8 日，科技部党组成员、副部长邵新宇一行来校调研学校科技工作，校长孙其信、副校长田见晖陪同调研并参加座谈。

9 日，学校党委书记姜沛民、校长孙其信会见河南省委常委、组织部部长陈舜一行。

10 日，云南镇康县委副书记、代理县长段寿华带队来校座谈，学校党委书记姜沛民、校长孙其信会见了段寿华一行。

10 日，学校举行 2021 年研究生导师培训会，副校长兼研究生院院长林万龙出席会议。

13 日，江西省赣州市政府副市长罗瑞华一行来访学校，推进富硒产业发展校地合作事宜。

14 日，副校长杜太生线上出席第三届“一带一路”中巴农业论坛开幕式并致辞。

14 日，全国人大宪法和法律委员会主任委员李飞率队来校调研。

16 日，校长孙其信带队赴三亚研究院及南繁育种基地考察调研。

16 日，校长孙其信出席国际种业科学家大会暨国际种业科学家联盟(联合体)成立仪式并致辞。

17 日，党委书记姜沛民会见来校访问的曲周县委书记孟凡雄一行，并就进一步深化校县合作进行了座谈。

17 日，学校召开 2021 年暑期社会实践总结表彰暨共青团实践育人工作发展交流座谈会。

21 日，为纪念一二·九爱国运动，庆祝中国共产党成立一百周年，学校举行一二·九文艺展演。

23日，学校召开大型仪器设备开放共享工作推进会，副校长杜太生出席并主持会议。

24日，平谷区副区长刘堃带队来校对接区校战略合作工作。

26日，国家农业科技发展战略智库联盟第二届农业科技发展战略智库论坛在中国农大国际会议中心举行，论坛由中国农业大学主办。

27日，学校召开2021年度财务工作会，副校长辛贤主持会议并讲话。

27日，作物分子育种创新中心开工典礼在涿州教学实验场举行。

28日，学校启动北京高校首家智能化垃圾分类驿站。

28日，学校与大北农集团战略合作协议签约仪式在大北农集团中关村大厦举行。

28日，北京市教育系统关工委主任张雪一行考察学校科普基地。

29日，全国人大常委会副委员长、农工党中央主席陈竺率农工党中央调研组来校调研。

29日，2021年本科招生工作总结表彰会举办，优秀组织和代表分享了招生宣传工作经验。

30日，学校牵头成立全国乡村振兴高校联盟，联盟由全国42所具有不同学科及地域特点的高校共同发起成立。

30日，大北农集团副总裁王洪彬带队来校座谈，推进校企开展省域合作。

31日，农业农村部种业管理司司长张兴旺一行来校调研。

31日，学校召开2021年度档案工作总结会，通报盘点2021年度学校档案工作。

是月，中国民间组织国际交流促进会向国际发展与全球农业学院发来感谢信，感谢全球学院为第六届中非民间论坛的成功举办做出的重要贡献。

是月，中国农大获批3项2021年度国家社科基金重大重点项目，分别为人文与发展学院左停教授的“建立和完善农村低收入人口常态化帮扶机制研究”（重大项目），徐秀丽教授的“中国与一带一路国家有效分享减贫经验的模式与策略研究”（重大项目）和李红艳教授的“新媒体在乡村治理中的角色和功能研究”（重点项目）。

是月，陈绍江教授和刘晨旭副教授联合其他研究团队，在植物领域知名期刊 *Plant Biotechnology Journal* 上发表题为“In vivo maternal haploid induction in tomato”的研究成果。

是月，北京市教育委员会公布了首批市级高校就业指导名师工作室遴选结果，中国农业大学“种·未来”就业指导工作室入选。

是月，食品科学与营养工程学院杨栋副教授在国际材料科学顶级期刊 *Biomaterials* 在线发表了题为“Mechanism differences between reductive and oxidative dough rheology improvers in the formation of 1D and 3D gluten network”的研究型论文。

是月，*Nature* 子刊《自然-植物》(*Nature Plants*)在线发表了宋伟彬课题组题为“Loss-of-function alleles of ZmPLD3 cause haploid induction in maize”的研究论文。

是月，动物科学技术学院李孟华教授课题组在国际知名学术期刊 *Molecular Biology and Evolution* 在线发表题为“Whole-genome resequencing of worldwide wild and domestic sheep elucidates genetic diversity, introgression and agronomically important loci”的研究论文。

是月，*Journal of Experimental Botany* 在线发表了植物保护学院范军教授团队题为“Fungal oxysterol-binding protein-related proteins promote pathogen virulence and activate plant immunity”的研究论文。

是月，土地学院李保国教授获“为全面建成小康社会作贡献社会服务优秀成果”表彰。

是月，学校成果荣获第 25 届全国发明展览会发明创业奖创新奖一等奖。

是月，学校荣获 2021 中国年度最佳高校-就业人气奖。

是月，学校荣获 2021 年全国大中专学生志愿者暑期“三下乡”社会实践优秀单位等多项荣誉称号。

是月，食品科学与营养工程学院李媛教授研究成果获第十届高校科技创新成果展示推介会“创新金奖”。

是月，动物科学技术学院田见晖教授团队的青年拔尖人才安磊教授在国际著名期刊 *Journal of Biological Chemistry*（JBC）在线发表了题为“A proteomic atlas of ligand-receptor interactions at the ovine maternal-fetal interface reveals the role of histone lactylation in uterine remodeling”的研究论文。

是月，首届北京高校系统管理岗位青年教职工职业能力竞赛成绩揭晓，由校友工作办公室骆骢、发展规划处李憑峰和党委宣传部刘铮 3 名选手组成的参赛团队获一等奖。

是月，叶林教授团队发表论文荣获 2021 年中国电机工程学会优秀论文一等奖。

是月，学校关工委荣获全国教育系统关心下一代工作先进集体。